수자원공학

이 재 수 저

Water Resources Engineering

도서출판
구미서관

PREFACE

수자원의 효율적인 관리는 인류의 복지, 경제적 번영 그리고 환경의 중요성으로 볼 때 지역적, 국가적 더 나아가서는 세계적으로 매우 중요한 문제가 되고 있으며, 물은 인간이 생명을 유지하는데 없어서는 안 될 귀중한 자원인 한편, 매년 가뭄과 홍수로 엄청난 인명 및 재산피해를 입고 있는 것을 고려할 때 그 중요성은 더욱 증가하고 있다.

이와 같은 중요한 부분을 담당하고 있는 수자원공학 분야는 도시, 산업 및 농업지역에서의 물의 공급 및 사용, 하천 및 지하수의 수량 및 수질, 지표면 및 하천에서의 침식 및 퇴적, 생태계 및 자연자원의 보호, 도시지역 배수시스템, 수력발전, 수변 위락 및 주운시설 그리고 홍수피해 저감 등과 관련된 문제 해결을 다루고 있다. 또한 수자원공학 분야에서는 개수로 및 관수로에서의 물의 역학에 대해 다루는 수리학과 물의 순환과정 전반을 다루는 수문학의 기술을 필요로 하며, 이를 바탕으로 인간 및 환경에 필요한 물의 양, 질 그리고 시간적 및 공간적인 분포를 조절하기 위한 수자원시스템의 설계, 운영 및 관리를 하게 되며 이와 관련된 지식이 필요하다.

따라서 본서는 수리학 및 수문학에 대한 지식이 있는 학생들뿐 만 아니라 처음 접하는 학생들도 수자원공학에 대해 지식을 쌓을 수 있도록 구성하였으며, 현재 실무에서 활동하고 있는 관련기술자들에게도 수자원공학을 이해하고 실무적용에 도움이 되도록 하는 한편, 수자원기술사를 준비하는데 참고가 되도록 준비하였다.

본서는 크게 기초편인 1장~8장과 응용편인 9장~17장으로 구성되어 있으며, 기초편에서는 수리학 및 수문학 전반에 걸쳐 중요한 기초개념 및 이론을 소개하였고, 응용편에서는 기초편에서 소개한 개념과 이론을 바탕으로 수자원공학 실무에서 활용할 수 있는 내용들에 대해 설명을 하였다. 특히, 기초편에 해당하는 내용은 이미 출판된 수리학 및 수문학을 참조하면 더욱 심도 있는 개념을 얻을 수가 있다.

본서의 각 장별 내용을 개략적으로 소개하면 1장 서론에서는 수자원공학의 역사 및 장래 그리고 세계 및 우리나라의 수자원현황에 대해 소개를 하였고, 2장 수문순환과정에서는 대기 중에서의 물의 분포 및 순환을 설명하는 수문기상, 강수의 형성과정 및 측정 그리고 분석방법, 증발 및 증산 그리고 증발산량의 산정 및 측정방법, 토양속으로 물이 이동하는 침투의 원리 및 측정방법 그리고 이론적인 침투량 산정방법 등에 대해 소개하였다. 3장유출해석에서는 유출곡선의 해석방법 및 NRCS의 유효우량산정방법 그리고 첨두유출량 산정방법, 단위유량도의 유도 및 적용방법 그리고 합성단위도의 유도방법 등에 대해 설명하였다. 4장 홍수추적에서는 홍수추적의 기본개념과 저수지, 하도 및 유역에서의 수문학적 홍수추적기법 그리고 수리학적 홍수추적 방법에 대해 소개하였다.

5장 정수 및 동수역학에서는 정수중의 물체에 작용하는 힘, 동수역학 해석의 기본이 되는 검사체적, 연속방정식, Bernoulli방정식 및 역적운동량방정식의 유도 및 응용에 대해 다루었다. 6장 관수로 흐름에서는 관수로 내 흐름의 층류와 난류의 특성인 마찰응력 및 유속분포와 함께 점성유체의 흐름 원리 및 이를 이용한 마찰로 인한 에너지 손실 및 관의 변화로 인한 미소손실, 단일관로 및 복합관로를 포함하는 관로시스템과 관망에서의 정상류 해석방법에 대해 소개하였다. 7장 개수로 흐름해석에서는 정상등류의 경험공식 및 계산절차 그리고 최적수리단면의 결정, 정상부등류 해석에서 필요한 비에너지 및 비력에 대한 개념을 소개하고, 점변류의 기본방정식 유도 및 수면곡선의 분류 그리고 점변류의 계산절차, 개수로 흐름 측정을 위한 시설에 대해 알아보았다. 8장 지하수 흐름에서는 지하수의 생성과 성질, 피압대수층 및 비피압대수층에서의 지하수의 흐름 그리고 관정을 통한 지하수의 양수에 대해 설명하고, 지하수 함양 방법 및 해수의 침입 등에 대해 소개를 하였다.

9장 수자원통계분석에서는 수공설계를 위한 자료의 기본적인 통계분석방법, 자료계열처리 및 회귀분석, 설계수문량을 산정하기 위한 확률분포, 검정 및 빈도해석 그리고 불확실성 분석에 대해 소개하였다. 10장 용수 수요 및 공급에서는 물 부족의 원인, 각종 용수수요 산정방법, 하천유지 및 관리용수의 산정방법 그리고 우리나라의 용수공급능력에 대해서 알아보았다. 11장 댐과 저수지에서는 저수지 용량결정방법, 각종 여수로 설계방법 그리고 흐름에너지를 감소시키기 위한 감세수로 설계에 대해 소개하였다. 12장 수력발전 및 댐 운영에서는 수력발전계획, 수력발전 방식, 터빈의 종류, 수력 에너지의 산정절차 그리고 다목적 저수지의 운영에 대해 설명하였다. 13장 홍수피해 저감계획에서는 홍수피해를 최소화 하기 위한 구조적 및 비구조적 대책에 대해 소개하였다.

14장 도시호우배수시스템에서는 도시지역에서의 호우로 인한 침수 또는 홍수피해를 방지하기 위한 호우 배수계획, 설계강우량 산정, 지표면 및 하도유출, 관거 입구부설계, 우수관거시스템 및 암거 등에 대해 소개하였다. 15장 저류 및 침투시설에서는 도시지역 하류의 홍수 피해를 감소시키기 위한 저류지 및 침투시설 그리고 수질개선을 위한 호우 습지에 대해 설명하였다. 16장 유사량 산정 및 분석에서는 하천에서의 유사의 거동에 대한 기본 개념 및 역학적인 관계, 지표면 토양유실량 산정방법, 하천을 통해 이동하는 소류사와 부유유사 및 총 유사의 이론적인 산정방법과 함께 이들 유사량의 측정원리, 방법 및 측정도구에 대해서 소개를 하였다. 마지막으로 17장 수자원 경제분석에서는 수자원 및 관련사업의 경제적인 평가에 필요한 경제분석으로 기본적인 내용과 함께, 할인방법, 비용편익분석 그리고 수자원 사업의 타당성 평가방법에 대해 소개하였다.

본서는 토목분야의 학부수준에서 수자원과 관련된 과목인 수리학, 수문학, 하천공학, 수자원공학, 수공설계 등의 강의교재로 전부 또는 부분적으로 사용할 수가 있다. 수리학인 경우 5장~8장 그리고 12 및 16장을 선택하여 강의할 수 있고, 수문학인 경우 1장~4장 그리고 9장을 선택하여 강의할 수 있으며, 수자원공학에서는 9장~15장 그리고 17장을 선택하여 강의할 수가 있다. 또한 대학원 과정의 수자원공학 설계관련 과목에서는 9장~17장의 내용들을 부분적으로 포함시켜 강의 할 수가 있다. 본서의 이해를 돕기 위해 270여개의 예제를 수록하였으며, 복습을 위해 연습문제에도 예제와 같은 유형의 문제를 포함하여 410여개의 문제를 준비하여 도움이 되도록 하였다.

저자의 짧은 지식과 경험으로 본서를 출간하여 매우 염려스러우며, 수자원공학 분야를 공부하는 후학 및 실무자들에게 조금이나마 도움이 된다면 무한한 영광이며, 앞으로도 지속적으로 수정보완 할 계획이다.

본서가 출판되기까지 많은 협조와 배려를 해주신 구미서관의 임해진 사장님과 기인수 상무님 그리고 편집 및 그림 작성에 수고를 많이 한 직원들의 노고에 감사를 드린다. 또한 자료정리에 수고를 많이 한 전주대학교 토목환경공학과 수자원연구실 학생들에게도 감사의 뜻을 전한다.

2008년 8월

이 재 수

Water Resources Engineering

CONTENTS

Water Resources Engineering

Water Resources Engineering

Chapter 4
홍수추적

Chapter 5
정수 및 동수역학

Chapter 6
관수로 흐름해석

Chapter 7

개수로 흐름해석

Chapter 8

지하수 흐름

Chapter 9

수자원 통계분석

Chapter 10
용수 수요 및 공급

Chapter 11
댐과 저수지

Chapter 12
수력발전 및 댐운영

Chapter 13
홍수조절계획

Water Resources Engineering

Chapter 17 수자원 경제분석

부록

Water Resources Engineering

Chapter 1
서 론

1.1 서론

인류의 역사를 통해 볼 때 물은 인류의 생존에 결정적으로 중요한 자연자원으로 여겨져 왔다. 초기의 고대문명은 나일(Nile)강, 유프라테스(Euphrates)강, 티그리스(Tigris)강 및 인더스(Indus)강과 같은 주요 강을 따라 건설되고 번영하였으며, 이와 같이 인류의 역사는 물과 인류의 상호작용에 의해 이루어졌다고 해도 과언이 아니다. 식수, 농경 및 운송에 대한 물의 접근성은 인류의 생존에 중요한 조건이 되며, 인류의 생존 및 번성은 정기적인 물의 획득 및 통제에 영향을 받게 된다. 홍수 및 가뭄은 큰 고통을 초래하고, 인간 및 가축의 생명을 앗아가기도 한다. 이와 같이 물로부터 인간을 보호하고 물을 이용하기 위한 수자원공학(Water resources engineering)은 인류가 물을 통제하고 저장하기 위한 수리구조물을 개발하면서 시작되었다.

수자원공학은 인간의 생활 및 환경에 필요한 물의 양, 질, 시간 및 분배를 통제하기 위한 시스템의 분석 및 설계에 대해 연구하는 학문이라 할 수 있다. 한편 관리적인 관점에서 보면 수자원공학은 물 공급관리와 물 초과관리를 위한 학문이라 할 수 있다. 또한 수자원시스템의 공학적 및 환경적인 면 외에도 수자원개발 과정 중에 법적, 경제적, 재정적, 정치적 및 사회적 관점에서의 타당성도 고려하는 종합적인 학문이다.

수자원공학과 관련된 주제들에는 물의 공급, 홍수통제, 주운시설 및 다양한 종류의 수리구조물의 계획 및 설계; 지하수 및 지표수 흐름 및 수질관측; 물과 관련된 사업의 타당성 및 환경영향분석 등과 관련 있는 수문학적 및 수리학적 방법 그리고 지하수분석 등이 포함된다. 수자원 공학과 관련된 분야를 좀 더 구체적으로 나타내면, 지표수 수문학, 지하수 수문학, 유체역학, 개수로수리학, 유사이송 그리고 댐, 여수로, 수로, 주운 홍수통제시설, 물공급시스템, 해안보호, 수력발전 및 관개구조물과 같은 수리구조물의 설계 등이 있다. 이와 같이 수자원공학은 물과 관련된 다양한 분야를 포함하고 있으므로 수자원공학 또는 수자원관리와 관련된 학문분야도 공학, 기상학, 해양학, 생물학, 물리학, 사회과학 등과 같이 다양하다.

1.2 수자원 개발의 역사

역사를 통해 보면 수자원의 개발, 관리 및 정책 등은 다양한 방법으로 발전되어 왔다. 건조한 중동지역에서는 식량과 섬유를 생산하기 위해 수천 년 전에 정교한 관개사업이 이루어졌으며, 티그리스강과 유프라테스강 사이는 고대의 관개 사업으로 인해 물이 풍부하여 비옥한 지역으로 알려졌다. 중국에서는 오늘날에도 이용되고 있는 사람과 화물 및 동물을 운송하기 위한 수로가 약 B.C. 600년 경에 건설되었으며, 후에 유사한 축조기술이 서부유럽에서의 정교한 물 공급시스템으로 발전되었다. 그리스 및 로마에서 약 2,000년 전에 개발된 수차의 기술은 서부유럽의 경제를 변화시키기도 하였으며, 고대 사회는 물 공급이 적절하게 관리될 때 번영하였고, 이와는 반대로 관리가 제대로 이루어지지 않을 경우 질병의 발생 및 사회의 몰락을 초래하기도 하였다.

1.2.1 식수공급

물은 지구상의 생물체에게 가장 중요하며 모든 문명의 기초가 되고 있다. 고대 문명이 발생하기 오래전부터 신석기 시대의 인류는 샘이나 호수와 같은 식수원과 근접한 동굴에서 생활하였다. 초기에는 단순히 식량, 물 그리고 주거지만 필요하였지만, 시간이 흘러 인구가 증가하자 선사시대의 공동사회가 중앙아프리카의 호수근처, 중동, 중국북부 그리고 인도지역에서의 강을 따라 형성되기 시작하였다. 아프리카 동부의 소말리아 유목민들은 사막의 이동경로를 따라 일정한 간격으로 우물을 파 유목민과 가축행렬에 물을 공급하기도 하였으며, 후에 사막에서 공동사회가 형성되는 기초가 되었고, 결국 이러한 지하수 공급원 주위에 큰 도시로 발전하게 된다.

기원전 1,000년경부터 서남아시아, 북아프리카, 중동지역에서 안정적인 지하수원을 얻기 위해 카나트(qanat)가 건설되어 지하수 공급시스템이 좀 더 세련되게 발전하였다. 카나트는 그림 1.2.1과 같이 인근 지역사회로 연결된 긴 지하공급시스템에 연결된 모정(mother well)으로 구성되어 있다. 그림 1.2.1b는 중국 신강(Xinjiang) 동부에 위치하고 있는 투루판(Turfan)박물관의 카나트 모형을 보여주고 있다. 카나트는 길이가 약 40~45km, 깊이가 122m까지 건설된 것도 있으며, 아프가니스탄, 파키스탄 및 중국 서부에서는 모정을 가진 지하수공급 터널시스템을 카레즈(karez)라 한다. 이러한 카나트는 지속적인 물의 공급원이 없는 지역에서 고대 사회를 발전시킨 수공학적 성과라 할 수 있으며, 오늘날 대부분의 카나트는 이란에서 찾아볼 수가 있다.

카나트는 중동 및 중국 일부지역에서 아직도 전통적인 물 공급원으로의 역할을 하고 있으며, 이라크 북부지역에서는 오래된 도시에 물을 공급하는데 이용되고 있다. 이란에서는 최근까지도 사용되고 있는 물의 약 75%를 22,000여 개의 카나트가 공급하고 있다. 카나트을 건설하기 위해 지하터널을 파는 것

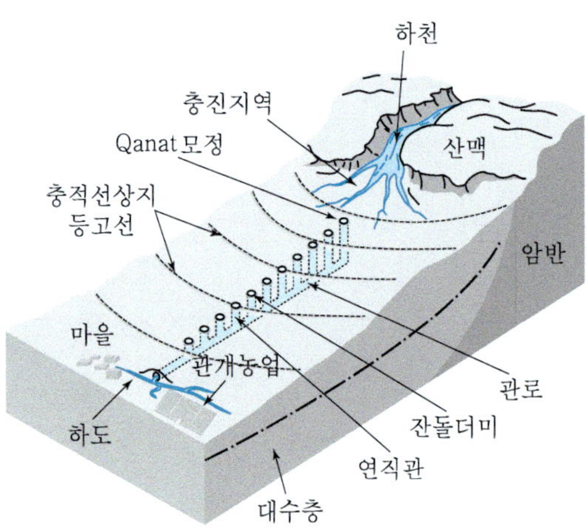

그림 1.2.1 전형적인 카나트(qanat) 시스템

은 매우 위험하여 지하에 매몰되는 일이 허다했으며, 하층민들이 이러한 일들을 담당하였다.

고대 로마에서는 도시에 물을 공급하기 위해 지표수 및 지하수를 도시 근처의 높은 지역에 석회암을 파거나 점토로 마무리한 지하저수지(citerns)에 저장하였다. 이곳에 저장된 물은 중력에 의해 구운 점토로 만든 관망을 통해 시민, 공공분수 및 목욕탕으로 공급되었으며, 하수는 도시 도로의 지하에 매설된 하수 관망을 통해 하천으로 배출하였다. 도수관 및 기타 물공급 시설의 건설로 인해 로마의 도시들은 규모 및 인구가 증가하였고, 물 공급 관망, 도수관 및 기타 물 공급시설들은 성숙된 사회의 상징이 되었다. 로마인들은 또한 호수나 습지의 물을 배수시키기 위한 수로를 건설함으로서 자연 상태의 수자원의 특성을 변경시켰는데, 54년 로마 황제 클라우디우스(Claudius)는 인근의 비옥한 토양에 물을 공급하여 작물을 경작하기 위해 로마근처에 자연적으로 형성된 Fucinus호로 산을 관통하여 직경 2m, 길이 5km의 수로를 건설하기도 하였다. 로마제국은 프랑스, 이탈리아, 네덜란드 및 영국에도 광범위한 물 공급 시스템을 구축하였다.

영국에서는 1,236년 런던에 템즈(Thames)강과 인근의 샘으로부터 도시에 물을 공급하기 위해 관망시스템이 건설되었다. 1,619년에 민영회사인 New River Company가 런던 전역에 물을 공급함으로서, 관망을 통해 도시 각 가정에 처음으로 물이 공급되기 시작하였으며, 1,800년대 말에 영국 대부분의 도시에서 물 공급시스템을 갖게 되었다. 영국의 일부 지역사회에서는 주식을 발행하여 민영 물 회사를 설립함으로서 공공 물 시스템을 사설화하였다.

1.2.2 관개 및 홍수조절

오늘날에도 관개(irrigation)사업은 전 세계에서 활발히 수행되고 있지만, 건조한 기간이 지속되면 양식부족으로 인해 문명이 지속될 수가 없었으므로 나일강, 인더스강, 양쯔강과 같은 주요하천을 따라 수천 년 전부터 시작되었다.

아프리카 북동부지역에서는 연간 약 25mm의 강우만 내리기 때문에 영구적인 정착생활을 위해서는 관개가 필수적이다. 고대 이집트에서는 홍수기 동안 나일강 제방이 넘쳐 인근 지역으로 자연적으로 관개가 이루어진다. 인구가 증가하여 더 많은 식량이 필요함에 따라 물을 공급하기 위해 제방 및 관개수로가 건설되었으며, 새로운 관개수로의 건설은 식량생산 및 세금의 증가 그리고 경제적 번영을 통해 이집트 문명의 힘과 부의 증가를 가져왔다. 이집트인들은 또한 경작지로 물을 보내기 위해 양수 장치를 고안해 내었다. 이러한 고대의 장치들로는 그림 1.2.2와 같이 축에 물동이를 연결한 긴 막대를 들어 올리는 지레의 원리를 이용한 shadouf, 아르키메데스(Archimedes)에 의해 고안되어 아르키메데스의 나사(screw)로도 불리는 나선모양의 장치인 tambour 그리고 동물에 의해 작동되는 여러 개의 물통이 달린 수차인 saqia 등이 있다. 이러한 장치들은 초기의 관개를 위해 펌프 개념으로 고안된 것이며, 중동지역에서는 오늘날에도 사용되는 것들이 있다.

중국에서는 황하(Yellow River)가 중국문명의 발상지였다. 황하는 반복되는 엄청난 홍수와 각 왕조들이 이 분노의 강을 정복하기 위한 오랜 역사를 가지고 있다. 우(Yu)는 중국에서 물과 관련된 첫번째 관리자로 약 B.C. 2,280년경 황제 요(Yao)는 우에게 백성의 안전과 번영을 위해 황하를 따라 댐과 제방 및 기타 수리시설을 건설하라고 하였다. 우가 성공적으로 땅을 개척하고 홍수를 통제한 후, 요의 뒤를 이은 황제 순(Shun)이 죽자 우는 중국의 황제가 되며, 후에 중국의 모든 수자원 기술자의 표상이 되었다.

그림 1.2.2 고대의 양수장치

홍수와 함께 중국에서는 식량 부족이 반복 되자 정부에서는 관개사업에 투자를 하여 백성들이 굶주리지 않도록 노력하였다. B.C. 560년경 근대화된 허난(Henan)의 북부 중앙 지역에 물을 공급하기 위한 정저우(Chengchow) 관개수로가 건설되었다. 약 B.C. 300년경 주왕조 동안 정부의 공공사업부에서는 물관리, 제방보수, 관개수로의 청소, 홍수의 배수 및 저수지의 저류 등을 담당하였다. 당시의 왕조는 그들이 건설한 관개시스템의 관리 및 개선 정도에 따라 좋은 또는 나쁜 왕조로 평가되었다.

고대 수메르(Sumerian) 문화는 매우 불안정한 하천인 티그리스강과 유프라테스강을 가지고 있었으며, 이들 하천에는 다양한 관개사업이 이루어졌고, 홍수방어에 대한 기술이 잘 발달되어 있었다. 약 B.C. 2,400년경에 지금의 터키, 이란, 이라크 및 시리아지역에 위치하였던 아시리아(Assyrian)에서는 다양한 관개 법령을 제정하였으며, 강수, 지하수 그리고 지하저류지로부터 얻은 물의 사용을 위한 다양한 규정들이 만들어졌다. 관개 혜택을 입는 모든 사람들은 유속이 작은 물로 인해 관개수로에 퇴적된 모래나 자갈을 제거하는 일에 동참하였다. 또한 관개인들은 물의 오염을 최소화하고, 홍수후의 수로의 보수를 지원하며, 수로의 하류부분에 있는 사람도 적정한 물을 사용할 수 있도록 노력하였다. 이와 같은 규칙들을 위반하는 관개자들은 목을 베거나 돌로 죽임을 당하기도 하였다.

오늘날 사용하고 있는 방법과 유사한 수경재배시스템은 인도서부의 타르(Thar) 사막에서 개발되었다. 석벽, 지하저류지, 댐 및 물탱크 등을 이용하여 강우로부터 사막에 사는 수천 명의 사람들이 생활하기에 충분한 물을 확보하였다. 약 800년 경 로마인의 스페인과 포르투갈에 대한 침략으로 인해 이베리아(Iberian) 반도에 관계기술이 전파되었고, 물방아 및 저수지와 함께 관계수로가 개발되었다. 남미에서는 안데스 산맥의 급경사에서 계단식으로 물을 배수하기 위한 석벽이 발견되었으며, 페루에서는 잃어버린 도시인 마추피추(Machu Picchu)가 고대 잉카(Incas) 공학기술의 기념비가 되었다. 비슷한 기술들이 볼리비아, 에콰도르, 콜롬비아 및 수리남 등에서 사용되었다.

미국에서의 대규모 관개는 약 800년경 Hohokam 인디언들의 노력으로 시작되었다. 그들은 9~18m의 폭을 가진 수로로 Salt강으로부터 물을 전환하여 현재 아리조나주 Phoenix 근처 지역으로 관개를 하였다. 15세기에 스페인 이주민들이 멕시코로부터 북쪽으로 현재의 캘리포니아, 아리조나, 뉴멕시코지역으로 이주하면서 스페인 선교사들은 그들의 교회 근처에서 곡물을 경작하기 위해 여러 개의 소규모 관개수로를 건설하였다. 1,847년에 Brigham Young과 몰몬교(Mormon) 추종자들이 연간 380mm의 비가 내리는 건조한 지역인 유타의 Salt호 계곡에 거주하면서 새로운 관개역사가 시작되었다. 의회에서 1,862년에 서부지역의 개발에 시발점이 된 홈스테드법(Homestead Act)이 통과되면서 많은 사람들이 건조한 서부로 이주하게 되자 물의 관개가 중요한 관심이 되었다. 하천이 흐르는 지역에서는 정착민들은 늘어나는 공동체에 식량을 공급하기 위해 관개수로를 건설하였고, 그렇지 않은 지역에서는 지하수 우물을 파서 풍차를 이용하여 지상으로 물을 양수하였다.

시민전쟁이 끝나고, 사크라멘토, 캘리포니아, 오마하, 네브라스카를 잇는 횡단철도 건설이 1,869년에 공표되자, 1,870년경에 New York Tribune지의 편집자인 Horace Greeley는 서부로의 이주를 장려하였고, 정착민들이 새로운 지역에 도착하자마자 곧 관개수로의 건설이 시작되었다. 말과 노새를 이용하여 slips라 불리는 금속 고무래를 끌어 Greeley 관개회사 수로인 24km 정도의 수로를 구축했다. 그 후, 20세기에 들어 관개 사업이 미국 전역으로 확장되었다. 건조한 지역의 정착민들은 작물들을 재배하기 위해 관개에 의존하게 되었으며, 관개용수가 충분하지 않은 서부의 정착민들은 미시시피 강 동부의 좀 더 습한 지역으로 이주하거나, 다른 직업을 얻기 위해 도시지역으로 이주하였다. 1930년대의 대가뭄으로 인해 수천 명의 농장 및 목장 이주민들이 도시지역으로 이동하게 되면서 초기의 농업사회가 붕괴되게 된다.

1.2.3 수력발전

인간에 의해 만들어진 초기 기계의 동력원으로 흐르는 물에 포함된 에너지가 사용되었다. 곡물을 분쇄하기 위해 처음으로 수차가 개발되었고, 후에 섬유, 제재소 그리고 금속기계를 생산하기 위한 공장에 수차 기술이 사용되었다. 최근에는 현대화된 수차가 수력발전소 시설 내에 건설되어 전기를 생산하고 있다.

메소포타미아와 고대 이집트에서는 버킷이 달인 수차(noria)가 하천이나 우물로부터 관개를 위한 물을 취수하기 위해 사용되었다. 이 수차는 수레에 의해 회전하는 흙으로 만든 항아리가 여러 개 연결된 양수기로, 항아리에 채워진 물이 양수되어 관개수로에 유입되도록 되어 있다. 그리스에서는 B.C. 100년경에 곡물을 분쇄하기 위한 수차가 사용되었으며, 이러한 기술이 급속하게 전파되어 중국에서는 100년경에 사용되었다. 300년경에 로마인들은 연직축에 부착된 수평 동력축을 사용함으로서 수차의 성능을 개선하였다.

영국에서는 1,086년에 약 5,000여개의 방앗간이 수력에 의해 운영되고 있었다. 1,800년대에 이르러서는 유럽 전역에 방앗간의 수가 약 50만개로 증가하였다. 많은 방앗간이 수차에 일정한 물을 공급하기 위해 하천으로부터 물을 취수하기 위한 수로를 가지고 있었다. 수차에 의해 동력을 얻는 방앗간은 콩, 밀 등을 분쇄하였고, 철을 만들기 위한 송풍기와 망치에 동력을 전달하였으며, 종이를 만들기 위한 재료를 분쇄하고 나무를 절단하였으며, 기름을 얻기 위해 올리브 나무를 분쇄하고 섬유공장에 동력을 제공하였다.

미국 로드아일랜드(Rhode Island)의 Blackstone강은 구간별로 최대 122m의 낙차가 있어 수차 개발의 요지가 되었으며, Woonsocket는 1,800년대에 미국에서 최대의 섬유공장 중심지 중의 하나가 되었다. 1,759년에 온타리오(Ontario)와 뉴욕의 경계인 나이아가라(Niagara)강의 산업적인 이용이 고려되었고, 1,875년에 나이아가라폭포 수력공업회사(Hydraulic Power & Manufacturing Com.)는 폭 11m, 깊이 2.4m로 나아아가라폭포 위로부터 아래의 제재소로 물을 보내기 위한 수로를 건설했다. 46m의 높이차는 수차를 회전하는데 막대한 양의 에너지를 공급하였으며, 몇 년 후 이들 수차들이 전기를 발생시켰다. 에디슨이 발명한 백열전구로 인해 발전을 위한 값싸고 풍부한 동력원이 필요하게 되었으며, 이를 위한 최초의 수력발전소는 1,882년에 위스콘신의 Fox강에 설치된 수차였다. Westinghouse사는 Buffalo 근처의 나이아가라폭포를 따라 최초의 발전소를 건설하였다.

1.2.4 주운시설

수세기 동안 사람과 물건을 운송하기 위해 하천이나 운하와 같은 내륙 수로가 사용되었다. 현재 전 세계적으로 강 및 호수에서의 주운이 운송수단으로서 중요한 역할을 하고 있으며, 매일 곡물, 섬유, 면화, 목재, 연료 그리고 수많은 물건들이 선적되어 강 및 호수의 다양한 노선을 따라 운송되고 있다.

중국의 상업은 주로 황하와 양쯔강을 이용한 하천 수송에 의존했다. 이 두 하천의 광범위한 수로를 연결하면 8,000km의 주운항로가 형성된다. 두 하천이 서쪽으로부터 동쪽으로 흐르기 때문에 화물, 곡물 및 군인을 수송하기 위한 북남쪽의 대운하가 건설되었다. 대운하는 북쪽의 베이징(Beijing)으로부터 남쪽의 항조우(Hangzhou)까지 길이 약 1,600km, 깊이 약 3m로 유지가 되었고, 전체 길이를 통해 고저차가 약 42m밖에 나지 않았다. 하지만 배들은 몇몇 지역에서의 6~9m의 급경사를 거슬러 이동해야 했다. 어떤 지역에서는 점진적으로 변하는 수위를 유지하기 위해 대운하를 필요한 깊이까지 파기가 불가능 하였으나, 기술이 발전됨에 따라 초기의 갑문이 건설되었다. 약 600년경에 대운하의 일부가 북쪽의 군인들에게 군수품을 공급하기 위해 베이징까지 확장됨으로서, 중국의 방위력이 증가하였고, 북쪽 및 남쪽 지역간에 경제 교역이 증가하였다. 주운으로 더욱 많은 곡물들이 도시 시장으로 유입될 수 있었으므로 중국 경제는 주운에 크게 의존하였고, 증가하는 곡물 판매로 인해 중국 정부는 더 많은 세금을 걷어 들일 수가 있었다.

고대 이집트에서는 사막지역에 도로가 거의 없었으므로 상업이 나일강과 그 지류 그리고 인공운하를 따른 운항에 의존하였으며, 여러 왕조를 거치는 동안 주운 및 관개를 위해 나일강 계곡에 약 80여개의 운하가 건설되었다. 그리스에서는 에게해(Aegean)와 이오니안해(Ionian)를 연결하기 위해 코린트(Corinth)의 수에즈지협을 가로지르는 주운목적의 운하를 건설하였다.

서부유럽에서도 많은 운하가 건설되었다. 루아르(Loire)강과 세느(Seine)강을 연결하는 프랑스 최초의 주운 운하인 Briare운하의 건설은 약 1,610년에 완공되었으며, 그 길이는 약 43km 정도였다. Midi운하는 루이14세 때인 1,681년에 건설되었는데 그 당시까지 유럽에서 가장 큰 공사였다. 프랑스는 주운 가능한 하천 약 7,400km를 연결하는 약 4,800km의 인공운하를 건설하였다. 영국의 템즈(Thames)강에는 주운을 위한 적정한 수심을 유지하기 위해 수문이 많이 사용되었다.

미국은 19세기 초만 하더라도 단지 160km의 운하만 가지고 있었다. 하지만 1,808년 의회에 Gallatin보고서가 제출된 직후 운하에 관심을 갖기 시작하였다. 버지니아, 펜실바니아, 메릴랜드, 뉴욕, 오하이오, 뉴저지, 인디아나 그리고 일리노이 주 정부는 운하 건설 사업에 착수하였고, Erie호와 펜실바니아를 잇는 주 노선과 체서피크와 오하이오 운하를 건설하였다. 이와 같은 새로운 운송 노선은 농부들에게 열린 시장을 제공하였고, 미국 서부 지역의 고립을 종식시켰다. Allegheny산맥의 서쪽으로 유입되는 이주민들에 의해 소도시의 증가 및 고용이 증가하였으며, 국가의 경제가 튼튼해졌다. Erie 운하는 뉴욕시과 버팔로 간의 이동시간을 20일에서 6일로 단축하였고, 화물 운송료도 100달러에서 5달러로 감소시켰다. 1,800년대 말에 미국은 6,400km길이의 운하를 갖게 되었다.

미시시피강 또한 미국의 주운 역사에 중요한 역할을 하였다. 1,800년대에 증기선이 보급되기 전까지 1,700년대에는 평저선(keelboat)과 너벅선(flatboat)이 미시시피강의 주요 운송 수단이었다. 1,800년대에는 미시시피강을 따라 운항하는데 많은 장애 요소들이 있었다. 홍수, 침식 및 유량의 변화 등이 혼합되어 강을 따라 운항하는데 위험하였으며, 물에 숨어있는 사주(sandbar)와 암초(snag)는 끊임없이 괴롭혔다. 1,800년대에 증기선은 미시시피 강을 따라 뉴올리언즈로부터 북쪽으로 세인트루이스, 북동쪽으로 오하이오강, 북서쪽으로 몬타나까지 이동할 수 있었다. 주운은 철도가 건설되어 증기선으로부터의 사업을 빼앗아가기까지 서부도시에 물건을 공급하는데 주요한 역할을 하였다.

1.3 물의 상태변화 및 순환

물 분자(Water molecule)는 전자를 서로 공유하는 수소와 산소 원자의 단일 결합체이다. 전자의 대칭적인 분포는 물 분자의 한쪽 면에 양전하를 띠게 하고, 이는 물 분자간에 정전기 인력을 초래하게 된다. 물 분자는 4개의 약한 수소결합(hydrogen bond)을 형성할 수가 있으며, 물 분자들의 수소결합은 분자 내의 수소와 산소간의 공유결합(covalent bond)보다 훨씬 약하다. 이러한 수소결합이 물 분자들을 사면체 모양의 집단으로 만들며, 고체인 경우 결합된 사면체 배열이 사면체 결정구조로 변하게 된다. 액체 상태인 경우에는 온도의 증가로 수소결합이 약해지고, 따라서 온도의 변화에 따라 물의 상태가 변하게 된다.

일반적으로 물질은 온도가 내려가면 부피가 줄어들고 온도가 올라가면 부피가 늘어나는 성질이 있다. 열차 레일 사이를 조금씩 띄어놓는 것은 무더운 여름철에 레일의 부피가 늘어나 뒤틀리는 현상을 방지하기 위해서인데 바로 이런 물질의 특성 때문이다. 그러나 물의 경우는 다르다. 물은 섭씨 4도에서 밀도가 가장 크다. 4도까지는 물도 일반 물질과 같이 온도가 떨어지면 부피가 줄어들고 밀도가 커지나, 그 아래로 온도가 내려가면 밀도가 커지기보다 오히려 작아지고 부피도 줄지 않고 반대로 늘어난다.

이런 물의 특성 즉, 얼음의 밀도가 4도인 물의 밀도보다 작다는 것 때문에 지구상의 생명체가 존재할 수 있는 이유가 된다. 만약 물이 다른 물질처럼 온도가 떨어지면 부피가 줄어드는 성질 즉, 밀도가 높아지게 되면 겨울에 얼음이 호수 밑바닥으로 가라앉아 모두 얼어버리게 되며 물속의 모든 생물은 살수가 없게 된다.

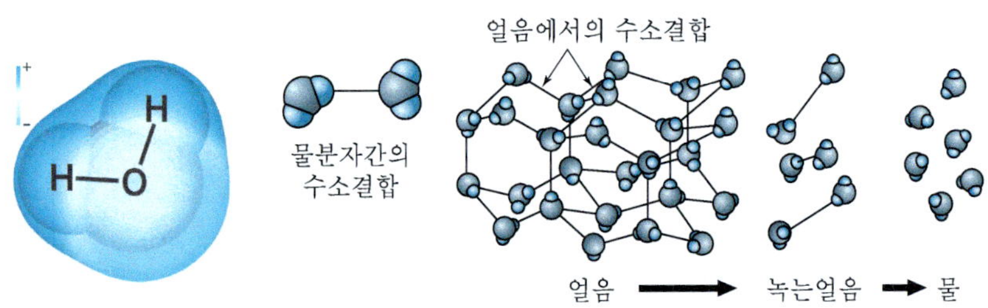

그림 1.3.1 물 분자의 구조

1.3.1 물의 상태변화

수증기는 대기에 다른 가스들과 함께 자유롭게 혼합되어 있는 무색, 무취의 가스이다. 대기의 99%를 구성하고 있는 산소 및 질소는 고체에서 액체 및 기체로의 상태변화가 −200℃ 정도의 극저온에서 이루어지게 된다. 하지만 수증기는 일상적으로 경험할 수 있는 온도 및 압력에서 상태의 변화가 이루어지게 된다.

물이 수증기로 변해 바다를 떠나 액체로 다시 돌아오는 것은 이러한 일상적인 온도에서 상태변화가 발생하기 때문이다. 물의 상태변화 과정에는 그림 1.3.2와 같이 열의 흡수 및 방출이 필요하다. 이러한 열에너지는 칼로리로 나타내며 1칼로리는 1g의 물을 1℃ 높이는데 필요한 열이다. 따라서 1g의 물에 10칼로리의 열을 가하게 되면 온도가 10℃ 올라간다.

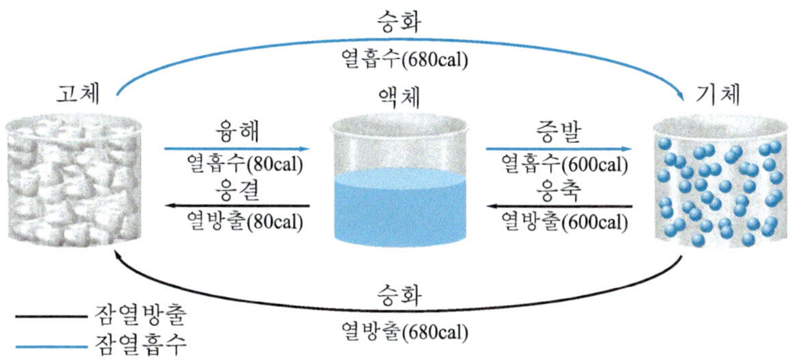

그림 1.3.2 물의 상태 변화

어떤 조건하에서는 물질에 온도의 변화 없이 열을 가할 수가 있다. 예를 들어 온도가 0℃인 얼음물이 담겨있는 통에 열을 가해보자. 열을 계속 가하더라도 모든 얼음이 녹을 때 까지는 온도는 일정하게 유지되고 그 후 온도가 올라가게 된다.

얼음이 녹을 동안 가해진 열은 어디로 간 것인가? 이 경우 에너지는 얼음 결정의 내부구조를 교란시켜 물분자가 주위로 자유롭게 움직이게 하는 즉, 얼음을 녹이는데 사용된 것이다. 이 열에너지는 온도의 변화와 관련이 없기 때문에 잠재열(latent heat)이라 부르며, 액체가 고체로 변하여 열을 방출하기 전까지는 쓸 수가 없는 열이다. 이와 같은 과정에서 얼음이 녹을 동안 가해진 열 즉, 잠재열은 얼음 결정의 내부구조를 교란시켜 물분자가 주위로 자유롭게 움직이게 하는 즉, 얼음을 녹이는데 사용된다. 이 열에너지는 온도의 변화와 관련이 없기 때문에 잠재열이라 부르며, 액체가 고체로 변하여 열을 방출하기 전까지는 쓸 수가 없는 열이다.

액체가 기체로 변하는 과정을 증발이라 하며 1g의 물을 수증기로 변화시키는데 약 600cal의 에너지가 필요하다. 증발하는 동안에 물분자에 의해 흡수된 에너지는 물분자가 액체표면을 이탈하여 수증기로 변하는데 사용되며, 이러한 에너지를 잠재기화열(latent heat of vaporization)이라 한다. 잠재기화열은 40℃까지는 다음 식으로부터 산정할 수 있다.

$$H_v = 597.3 - 0.564T \tag{1.3.1}$$

여기서, H_v는 잠재기화열(cal/g), T는 온도(℃)이다.

응축(condensation)은 수증기가 액체상태로 변하는 과정이다. 응축이 일어나기 위해서 물분자는 증발할 때 흡수한 것과 같은 크기의 저장된 에너지를 방출해야 한다. 이와 같이 응축이 일어날 때 방출하는 에너지를 잠재응축열(latent heat of condensation)이라 한다. 융해(melting)는 고체가 액체로 변하는 과정으로 1g의 얼음을 물로 변화시키는데 약 80cal의 에너지를 흡수하며, 이를 잠재융해열(latent heat of melting)이라 한다. 이와 반대의 과정을 응결(freezing)이라하고 1g의 물이 얼음으로 변하는데 80cal의 에너지를 방출한다. 승화(sublimation)는 고체로부터 액체상태를 거치지 않고 직접 기체상태로 변하는 것이며, 이와 반대로 기체에서 직접 고체로 변하는 과정도 승화(deposition)라 한다.

그림 1.3.3a처럼 밀폐된 용기에 절반은 물로 그리고 나머지 절반은 건조한 공기를 채워 놓을 경우, 처음에는 물 표면으로부터 증발이 일어나 물분자가 수증기로 변하여 공기 중에 존재하게 된다. 증발 초기 단계에서는 수증기량이 작기 때문에 응축이 별로 발생하지 않아 증발율이 응축율보다 커 수증기의 양이 점차 증가하게 된다(그림 1.3.3b). 하지만 수증기의 양이 증가함에 따라 응축율도 증가하게 되고, 물 표면에는 응축율과 증발율이 같을 정도로 수증기의 양이 충분해지게 된다. 결국 증발과 응축이 서로 상쇄되어 물표면 위의 수증기의 양은 일정하게 되며, 이러한 평형상태를 포화(saturation)라 한다.

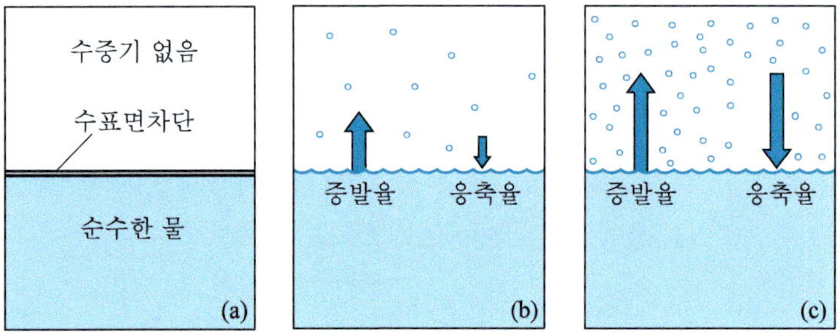

그림 1.3.3 증발, 응축 및 포화관계

1.3.2 물의 순환

물의 순환(hydrologic cycle)은 그림 1.3.4와 같이 물이 지표면으로부터 증발하거나 바다로부터 증발하여 습한 공기기단을 형성한 후 육지로 이동하고, 적합한 조건이 형성되면 강수를 초래하는 연속적인 과정이라 할 수 있다. 구름으로부터 지표면으로 떨어지는 강수는 여러 경로를 통해 물의 순환과정을 따라 이동하게 된다. 강수(precipitation) 또는 강우(rainfall)의 일부는 떨어진 곳의 토양에 저류되어 증발(evaporation)을 통해 수증기로 변하거나, 식물조직을 통해 증산(transpiration)되어 대기 중으로 되돌아간다. 이와 같이 물의 손실이라고 할 수 있는 증발과 증산을 합하여 증발산(evapotranspiration)이라 한다.

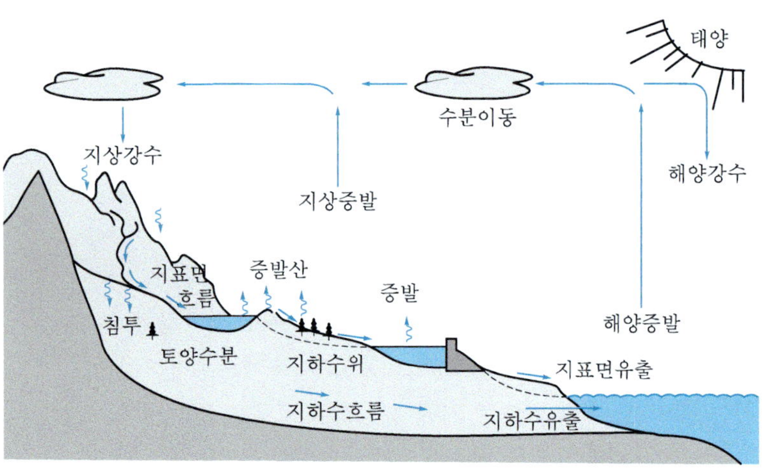

그림 1.3.4 물의 순환

강수의 일부는 지표면흐름(overland flow)이나 유출을 통해 하천과 강으로 이동하게 된다. 지표면에 떨어진 강우의 일부는 침투(infiltration)를 통해 토양 속으로 이동하며, 토양 속에 침투된 강우는 침루(percolation)를 통해 지하수위까지 내려가게 되며, 이러한 지하수의 일부는 지하공간을 채우게 된다. 침투된 물의 일부는 증발하거나 지표면으로 다시 유출되어 흐르게 된다.

지표수 및 지하수는 높은 곳에서 낮은 곳으로 이동하여 결국 바다로 유출되게 된다.

하지만 많은 양의 지표수 및 지하수는 증발 또는 증발산을 통해 대기로 되돌아가 자연적인 수문순환의 과정을 마무리 한다. 강수는 수문순환의 주요 원동력이자 중요한 기후 인자가 된다.

1.4 세계의 수자원

오늘날 전 세계적으로 심각하고 복잡한 문제 중의 하나가 수자원의 합리적인 사용과 보존문제라고 할 수 있다. 물 문제와 관련하여 가장 중요한 문제는 홍수로부터 안전성을 보장하고, 깨끗하며 적절한 물을 공급하는 것이다. 따라서 수자원 계획이 물의 통제와 사용에 있기 때문에 적절한 계획을 수립하기 위해서는 지구상의 물이 어디에 얼마나 존재하고 있는가를 파악하는 것이 중요하며, 또한 이러한 수자원을 어떻게 사용하고 있는지 알 필요가 있다.

1.4.1 수자원 분포 및 이용

지구상에 존재하고 있는 물은 일부가 영구 동토층의 얼음형태와 습지로 이루어져 있어 정확히 산정할 수는 없지만, 물의 총 양은 13억8,600만km^3 정도로 추정되고 있으며, 이는 지구 전체를 2.7km 깊이로 덮을 수 있는 양이다. 이중 바닷물이 97.5%인 13억5,100만km^{3}이고, 나머지 2.5%인 3,500만km^{3}이 담수로 존재하고 있다. 담수는 지구 전체를 약 70m 깊이로 덮을 수 있는 양인데 담수 중 69% 정도인 2,400만km^{3}는 빙산, 빙하형태로 존재하고 있고 지하수는 30%인 1,100만km^3 정도이며, 나머지 1%인 100만km^{3}이 담수호나 강, 하천, 늪, 등의 지표수와 대기층에 존재하고 있다. 빙설을 제외한 담수의 대륙별 분포비율을 보면 아시아 21%, 북미 26%, 아프리카 28% 그리고 기타지역이 25%를 나타내고 있다.

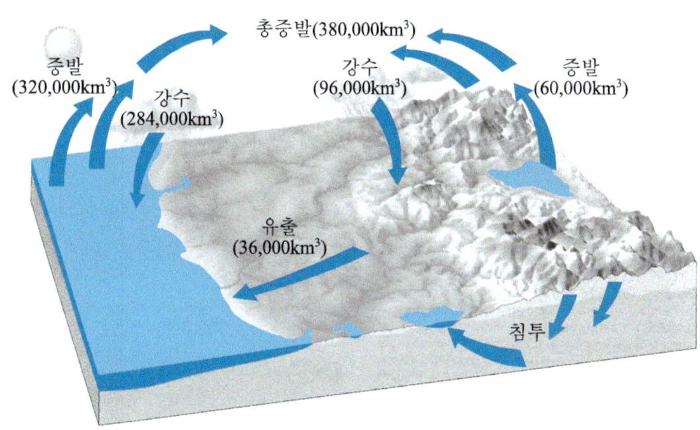

그림 1.4.1 지구상의 물수지

지구상의 물은 수증기나 물, 얼음과 같이 그 모습을 달리하면서 대기와 지구표면 그리고 지하 및 바다를 끊임없이 순환하고 있다. 담수의 근원은 바다 표면에서 일어나는 증발이 주를 이루며, 이것이 비나 눈이 되어 지상에 내리는데 전체 강수량 중 약 80%는 바다에 내리고 20%가 육지에 내린다. 바다에서 증발된 물이 육지로 이동하고, 이는 다시 강물이나 지하수의 형태로 바다로 흘러가 전체적인 물의 균형을 이루고 있다. 지구상에서 물이 순환하는 기간은 해양에서 약 2,500년, 빙하로 1,600~9,700년, 지하수로 1,400년, 담수호로 17년, 하천에서 16일 그리고 대기에서는 8일 정도 머무는 것으로 산정되고 있다.

표 1.4.1 지구상의 수자원 분포

구 분	부피 (백만km^3)	비율 (%)	비 고	
총 량	1,386	100		
염 수	1,351	97.5	지하염수, 염수호수 포함	
담 수	35	2.5	담수 중 상대적인 비율 (%)	100
빙설 (빙하, 빙산, 영구동토)	24	1.76		69.59
지 하 수	11	0.76		30.07
호수, 하천 등	0.1	0.0086		0.34

표 1.4.2~3,5 및 7은 구소련의 과학자 Shiklomanov(1993)에 의해 산정된 지구상의 수자원 분포 및 이용 상황을 보여주고 있다. 표 1.4.2는 인간의 활동 분야별 물의 사용량 나타내고, 표 1.4.3은 대륙별 연 유출량 및 물 사용량을 보여주고 있으며, 표 1.4.4는 국가별 수자원 부존량 및 이용률을 나타내고 있다. 표 1.4.5는 대륙별 가용 수자원량을 보여주고, 표 1.4.6은 국가별 1인당 연간 사용가능 수자원 그리고 표 1.4.7은 존재 형태별 지구상의 수자원분포를 보여주고 있다. 우리나라의 경우 총 수자원량은 연간 1,240억m^3의 강수가 내려 이중 723억m^3이 유출되며 유출량 중 47%인 337억m^3을 이용하고 있다.

표 1.4.2 인간 활동에 의한 물의 사용

물 사용	1900 (km^3/년)	1940 (km^3/년)	1950 (km^3/년)	1960 (km^3/년)	1970 (km^3/년)	1975 (km^3/년)	1980 (km^3/년)	1980 (%)	1990 (km^3/년)	1990 (%)	2000 (km^3/년)	2000 (%)
농업												
취수	525	893	1,130	1,550	1,850	2,050	2,290	69.0	2,680	64.9	3,250	62.68
소비	409	679	859	1,180	1,400	1,570	1,730	88.7	2,050	86.9	2,500	6.2
산업												
취수	37.2	124	178	330	540	612	710	21.4	973	23.6	1,280	24.7
소비	3.5	9.7	14.5	24.9	38.0	47.2	61.9	3.2	88.5	3.8	117	4.0
도시공급												
취수	16.1	36.3	52.0	82.0	130	161	200	6.0	300	7.3	441	8.5
소비	4.0	9.0	14	20.3	29.2	34.3	41.1	2.1	52.4	2.2	64.5	2.2
저수지												
취수	0.3	3.7	6.5	23.0	66.0	103	120	3.6	170	4.1	220	4.2
소비	0.3	3.7	6.5	23.0	66.0	103	120	6.2	170	7.2	220	7.6
합계												
취수	579	1,060	1,360	1,990	2,590	2,930	3,320	100	4,130	100	5,190	100
소비	417	701	894	1,250	1,540	1,760	1,950	100	2,360	100	2,900	100

표 1.4.3 대륙별 연 유출량 및 물 사용량

대륙 및 지역	연평균 유출 (mm)	연평균 유출 (km^3/년)	건조 지수 (R/LP)	물소비 (km^3/년) 1980 계	1980 비회수	1990 계	1990 비회수	2000 계	2000 비회수
Europe	310	3,210	–	435	127	555	178	673	222
North	480	737	0.6	9.9	1.6	12	2.0	13	2.3
Central	380	705	0.7	141	22	176	28	205	33
South	320	564	1.4	132	51	184	64	226	73
European USSR(North)	330	601	0.7	18	2.1	24	3.4	29	5.2
European USSR(Sorth)	150	525	1.5	134	50	159	81	200	108
North Amercia	340	8,200	–	663	224	724	255	796	302
Canada 및 Alaska	390	5,300	0.8	41	8	57	11	97	15
United States	220	1,700	1.5	527	155	546	171	531	194
Central America	450	1,200	1.2	95	61	120	73	168	93
Africa	150	4,570	–	168	129	232	165	317	211
North	17	154	8.1	100	79	125	97	150	112
South	68	349	2.5	23	16	36	20	63	34
East	160	809	2.2	23	18	32	23	45	28
West	190	1,350	2.5	19	14	33	23	51	34
Central	470	1,909	0.8	2.8	1.3	4.8	2.1	8.4	3.4
Asia	330	14,410	–	1,910	1,380	2,440	1,660	3,140	2,020
North China 및 Mongolia	160	1,470	2.2	395	270	527	314	677	360
South	490	2,200	1.3	668	518	857	638	1,200	865
West	72	490	2.7	192	147	220	165	262	190
South-east	1,090	6,650	0.7	461	337	609	399	741	435
Central Asia 및 Kazakhstan	70	170	3.1	135	87	157	109	174	128
Siberia 및 Far East	230	3,350	0.9	34	11	40	17	49	25
Trans-Caucasus	410	77	1.2	24	14	26	18	33	21
South America	660	11,760	–	111	71	150	86	216	116
Northern area	1,230	3,126	0.6	15	11	23	16	33	20
Brazil	720	6,148	0.7	23	10	33	14	48	21
West	740	1,714	1.3	40	30	45	32	64	44
Central	170	812	2.0	33	20	48	24	70	31
Australia 및 Oceania	270	2,390	4.0	29	15	38	17	47	22
Australia	39	301	0.6	27	13	34	16	42	20
Oceania	1,560	2,090		2.4	1.5	3.3	1.8	4.5	2.3
Land area	–	44,500	–	3,320	1,450	4,130	2,360	5,190	2,900

표 1.4.4 국가별 수자원 부존량 및 이용률

국 가 명	총수자원량 (억m^3)	유출량 (억m^3)	이용수량 (억m^3)	이용율 (%)
한 국	1,240	723	337	47
일 본	5,312	4,490	867	19
미 국	91,908	24,600	4,472	18
영 국	1,844	1,220	109	9
프 랑 스	3,576	1,680	264	16

표 1.4.5 대륙별 가용수자원량

대륙 및 지역	면적 ($10^6 km^2$)	실제 물가용량($10^3 m^3$/인/년)				
		1950	1960	1970	1980	2000
Europe	10.28	5.9	5.4	4.9	4.6	4.1
North	1.32	39.2	36.5	33.9	32.7	30.9
Central	1.86	3.0	2.8	2.6	2.4	2.3
South	1.76	3.8	3.5	3.1	2.8	2.5
European USSR(North)	1.82	33.8	29.2	26.3	24.1	20.9
European USSR(Sorth)	3.52	4.4	4.0	3.6	3.2	2.4
North Amercia	24.16	37.2	30.2	25.2	21.3	17.5
Canada and Alaska	13.67	384.0	294.0	246.0	219.0	189.0
United States	7.83	10.6	8.8	7.6	6.8	5.6
Central America	2.67	22.7	17.2	12.5	9.4	7.1
Africa	30.10	20.6	16.5	12.7	9.4	5.1
North	8.78	2.3	1.6	1.1	0.69	0.21
South	5.11	12.2	10.3	7.6	5.7	3.0
East	5.17	15.0	12.0	9.2	6.9	3.7
West	6.96	20.5	16.2	12.4	9.2	4.9
Central	4.08	92.7	79.5	59.1	46.0	25.4
Asia	44.56	9.6	7.9	6.1	5.1	3.3
North China and Mongolia	9.14	3.8	3.0	2.3	1.9	1.2
South	4.49	4.1	3.4	2.5	2.1	1.1
West	6.82	6.3	4.2	3.3	2.3	1.3
South-east	7.17	13.2	11.1	8.6	7.1	4.9
Central Asia and Kazakhstan	2.43	7.5	5.5	3.3	2.0	0.7
Siberia and Far East	14.32	124.0	112.0	102.0	96.2	95.3
Trans-Caucasus	0.19	8.8	6.9	5.4	4.5	3.0
South America	17.85	105.0	80.2	61.7	48.8	28.3
North	2.55	179.0	128	94.8	72.9	37.4
Brazil	8.51	115.0	86	64.5	50.3	32.2
West	2.33	97.9	77.1	58.6	45.8	25.7
Central	4.46	34.0	27	23.9	20.5	10.4
Australia and Oceania	8.59	112.0	91.3	74.6	64.0	50.0
Australia	7.62	35.7	28.4	23.0	19.8	15.0
Oceania	1.34	161.0	132.0	108.0	92.4	73.5

표 1.4.6 국가별 1인당 연간 사용가능 수자원 (2002년)

순위	국가명	수자원량 (m^3/인)	순위	국가명	수자원량 (m^3/인)
1	그린랜드	10,767,857	102	북한	3,464
2	미국 알라스카	1,563,168	104	프랑스	3,439
3	구이아나(프)	812,121	106	일본	3,383
4	아이슬란드	609,319	127	영국	2,465
6	수리남	292,566	128	중국	2,259
7	콩고	275,679	133	인도	1,880
8	파푸아뉴기니	166,563	134	독일	1,878
9	가봉	133,333	146	한국	1,493
11	캐나다	94,353	151	덴마크	1,128
12	뉴질랜드	86,554	167	이스라엘	276
13	노르웨이	854,783	171	싱가포르	149
63	미국(50개주)	10,837	180	쿠웨이트	10

표 1.4.7 형태별 지구상의 수자원분포

존재형태	분포면적 (10^3km^2)	부피 (10^3km^3)	층두께 (m)	지구자원에 대한 백분율	
				전체 물	담수
지구해양	361,300	1,338,000	3,700	96.5	–
지하수	134,800	23,400	174	1.7	–
담수		10,530	78	0.76	30.1
토양수분		16.5	0.2	0.001	0.05
빙하 및 만년설	16,227	24,064	1,463	1.74	68.7
남극	13,980	21,600	1,546	1.56	61.7
그린란드	1,802	2,340	1,298	0.17	6.68
북극	226	83.5	369	0.006	0.24
산악지역	224	40.6	181	0.003	0.12
지표면 얼음/영구동토층	21,000	300	14	0.022	0.86
호수에서의 수자원	2,058.7	176.4	85.7	0.013	–
담수	1,236.4	91	73.6	0.007	0.26
염수	822.3	85.4	103.8	0.006	–
습지의 물	2,682.6	11.47	4.28	0.0008	0.03
하천유출	148,800	2.12	0.014	0.0002	0.006
생물학적 물	510,000	1.12	0.002	0.0001	0.003
대기수	510,000	12.9	0.025	0.001	0.04
총 물 저류량	510,000	85,984	2,718	100	–
총 담수 저류량	148,800	35,029	235	2.53	100

1.4.2 세계의 주요하천

표 1.4.8은 평균유출량으로 본 세계의 10대 하천을 보여주고 있다. 남미의 여러 나라를 거쳐 흐르는 아마존강이 평균유출량 212,400m^3/sec로 가장 크며, 우기 때에는 Obidos지점에서 수심 약 48m로 370,000m^3/sec이 흐르기도 하였다. 유역면적 또한 5,778,000km^2로 가장 넓으며 남미 면적의 약 38%를 차지하고 있다. 우리나라 한강의 평균유출량 약 600m^3/sec, 유역면적 25,954km^2임을 비교하면 그 규모를 짐작할 수 있다. 세계에서 길이가 가장 긴 강은 나일강으로 6,670km에 달한다. 표 1.4.9는 세계의 주요 하천에서 기록된 최대 유출량을 보여주고 있다.

표 1.4.8 평균유출량으로 본 세계의 10대 강

순위	강 이름	국가	유역면적 (km^2)	평균유출량 (m^3/s)
1	아마존	브라질	5,778,000	212,400
2	콩고	자이레	4,014,500	39,650
3	양쯔	중국	1,942,500	21,800
4	브라마푸트라	방글라데시	935,000	19,800
5	갠지스	인도	1,059,300	18,700
6	예니세이	러시아	2,590,000	17,400
7	미시시피	미국	3,222,000	17,300
8	오리노코	베네수엘라	880,600	17,000
9	레나	러시아	2,424,000	15,500
10	파라나	아르헨티나	2,305,000	14,900

표 1.4.9 주요 하천의 최대 관측 유출량

국가	하천	관측소	유역면적(km^2)	발생일	유출량(m^3/s)
Austria	Danude	Vienna	10,700	1899/9/18	10,500
Brazil	Amazon	Obidos	46,40,300	1953	3,70,000
Burma	Irrawaddy	–	3,60,000	1877	63,700
Cambodia	Mekong	Kratie	6,46,000	1939	75,700
China	Changjiang	Yichang	10,10,000	1870/7/20	1,10,000
Egypt	Nile	Aswan	30,00,000	–	13,500
France	Rhine	Beaucaine	96,500	1856/05/31	11640
India	Brahmputra	Pandu	4,04,000	1973/8/8	51100
	Ganga	Farakka	9,35,340	1971/8/22	70500
	Godavari	Dolaishwaram	3,07,800	1959/9/17	78700
	Krishna	vijaywada	2,51,360	1916/11/2	33500
	Narmada	Garudeshwar	87,900	1970/9/6	69400
Netherlands	Rhine	Lobith	1,60,000	1926/1/4	12280
Pakistan	Indus	Attock	2,64,000	1929	23200
USA	Mississippi	Columbus	23,87,950	1937/02/27	70,792
	Ohio	Cairo	5,28,300	1937/02/04	55,218
USSR	Lena	Kusur	24,30,000	1944/06/11	194,000
	Volga	Volgograd	13,50,000	1926/5/29	51900
Zambia	Zambezi	Kariba	6,33,040	1958/03/05	16,990
Zaire	Zaire	Kinshasa	37,47,300	1970/12/2	67930

1.5 우리나라의 수자원현황

1.5.1 수자원현황

우리나라의 연간 강수량은 1,245mm로 세계 평균 973mm의 1.3배이나 높은 인구밀도로 인해 1인당 수자원 부존량은 매우 적어 1인당 강수량이 2,705m^3/년으로 세계 22,096m^3/년의 12%에 불과한 형편이다. 우리나라의 수자원 총량은 1,240억톤으로 이중 손실량에 해당되는 증발산량은 517억톤으로 전체 수자원량의 42%를 차지하고 있다. 나머지 58%가 하천을 통해 유출되고 있는데 이중 홍수시 유출량이 522억톤(42%), 평상시 유출이 201억톤(16%)이다. 하천유출량 중 366억톤(31%)이 그대로 바다로 흘러가고 있으며 우리가 사용하는 수자원량은 하천수 127억톤(10%), 댐용수 177억톤(14%), 지하수 37억톤(3%)으로 총 337억톤(27%)이다.

과거 수자원 부존량 및 이용현황을 보면 수자원 총량이 약간 증가하는 가운데, 댐 건설 등 이수시설의 확충으로 총 이용량은 1965년에 비해 1998년에는 6배 이상 크게 증가하였다. 또한 인구증가로 생활용수의 이용량이 상대적으로 높은 증가추세를 보이고 있으며, 농업용수를 제외한 그 외 용도의 수자원 이용량도 꾸준히 증가하는 추세이다.

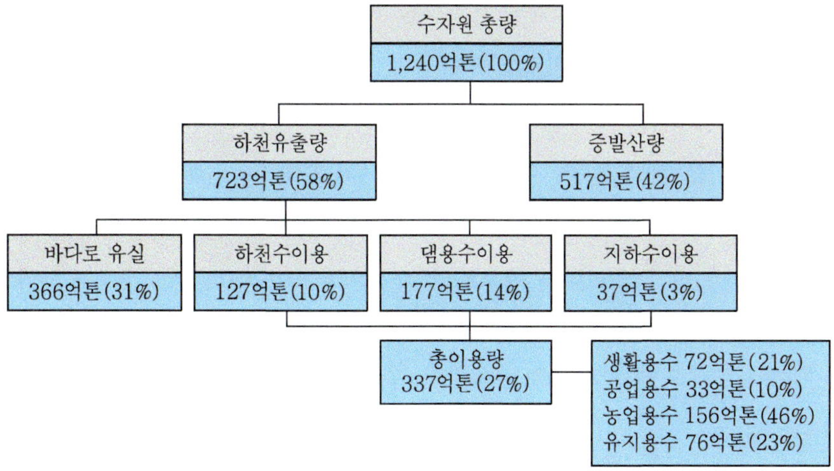

그림 1.5.1 수자원 장기종합계획(2006)

국제인구행동연구소(PAI)는 1990년, 1995년, 2000년, 2002년의 인구와 연간 사용 가능한 수자원량을 기준으로 2025년의 1인당 사용 가능한 수자원량을 예측한 바 2002년을 기준으로 할 때 우리나라의 연간 1인당 이용할 수 있는 사용가능 수자원의 양(연평균 자연하천유출량/인구)을 1,493m^3으로 예측하고, 2025년에는 인구가 5,200만명으로 11% 정도 증가한다는 가정 하에 그 양이 1,341m^3으로 줄어들 것으로 예측하고 있다.

전국을 4대강(한강, 낙동강, 금강, 영산강 및 섬진강)유역으로 구분하여 장래 용수 수급전망을 보면, 전국적으로 2011년에 약 18억m^3의 용수 부족이 발생할 것으로 예상하고 있다. 이중에 노후

표 1.5.1 수자원 부존량 및 이용현황 변화 (단위 : 억m^3/년)

구분	1965	1980	1990	1994	1998	2003
수자원 총량	1,100	1,140	1,267	1,267	1,276	1,240
총 이용량	51.2(100%)	153(100%)	249(100%)	301(100%)	331(100%)	337(100%)
생활용수	2.3(4%)	19(12%)	42(17%)	62(21%)	73(22%)	76(23%)
공업용수	4.1(8%)	7(5%)	24(10%)	26(8%)	29(9%)	26(8%)
농업용수	44.8(88%)	102(67%)	147(59%)	149(50%)	158(48%)	160(47%)
유지용수	–	25(16%)	36(14%)	64(21%)	71(21%)	75(22%)

표 1.5.2 4대권역 용수수급전망 (단위 : 백만m^3)

구 분 \ 년 도	2001	2006	2011	2016	2020
용수수요량	33,741	34,728	36,998	37,437	37,791
생활용수	7,219	7,550	8,644	8,815	8,915
공업용수	3,345	3,695	4,031	4,299	4,553
농업용수	15,629	15,746	15,955	15,955	15,955
유지용수	7,548	7,737	8,368	8,368	8,368
용수공급량	33,801	34,626	35,162	35,169	35,158
하천수	15,877	16,110	16,481	16,314	16,120
지하수	3,153	3,311	3,476	3,650	3,833
댐공급량	14,771	15,205	15,205	15,205	15,205
과부족량	+60	−102	−1,836	−2,268	−2,633

관 개량, 절수기기 사용 등 생공용수 절감, 농업용수 절감 등 수요관리로 해결하고, 댐 연계운영 등 기존시설의 효율적인 활용으로 물을 추가로 확보할 계획이지만, 그래도 물 부족이 발생될 것으로 예상되고 있다.

1.5.2 우리나라의 하천

우리나라 대부분의 하천은 유역면적이 작고 유로연장이 짧으며, 또한 산지가 많기 때문에 하천의 경사도 급한 곳이 많다. 우리나라를 남북으로 관통하는 태백산맥이 수원지대의 역할을 하여 각 하천에 물을 공급하고 있으며, 남북한을 합한 면적의 70%가 산지이다. 지질학적으로 보면 우리나라는 대지각운동이 있은 후 제3기의 단층작용을 지나 제4기를 이루는 사이에 조산운동이 있었을 뿐 근대에 와서는 별다른 지각운동이 없었으므로 지표면은 풍화작용과 침식작용을 받아 고저기복이 적은 노년기말의 지형을 이루고 있다.

우리나라의 산지는 동쪽이 급하고 서쪽이 완만한 형태로 동해안 쪽은 유로가 짧고 경사가 급하며, 서쪽의 하천은 비교적 유로가 길고 경사가 완만하다. 표 1.5.3은 우리나라 10대 하천의 발원지 및 하구, 유역면적, 유로연장, 연평균유출량, 연평균강수량을 보여주고 있다. 북한을 제외한 우리

표 1.5.3 우리나라 10대 하천

이 름	발원지	하구	유역 면적 (km^2)	유로 연장 (km)	연평균 유출량 (억m^3)	연평균 강수량 (mm)
한 강	강원 태백시 창죽동 금태봉(1,418.1m) 북서쪽 계곡(골지천 상류)	경기 김포시 월곶면	25,954	494	189	1,301
낙동강	강원 태백시 화전동 삼각점(1,442.3m) 동쪽 계곡(황지천 상류)	경남 김해시 명지면 부산시 서구	23,384	510	138	1,186
금 강	전북 장수군 장수읍 수분리 신무산 (896.8m) 동쪽 계곡(수분천 상류)	전북 군산시 미면	9,912	398	66	1,272
섬진강	전북 진안군 백운면 신암리 팔공산 (1,151.0m) 서쪽 계곡(섬진강 상류)	경남 하동군 남면 전남 광양시 진월면	4,960	224	39	1,412
영산강	전남 담양군 월산면 병풍산(822m) 북쪽계곡(황룡강~북하천 상류)	전남 나주시 동강면	3,468	137	27	1,318
안성천	경기 용인시 이동면 시궁산(471m) 동쪽 계곡(진위천~용덕사천 상류)	경기 평택시 현덕면 충남 아산시 인주면	1,656	60	13	1,269
삽교천	충남 청양군 화성면 장계리 백월산 북쪽 계곡(무한천~산정천 상류)	충남 아산시 인주면 충남 당진군 신평면	1,650	59	10	1,235
만경강	전북 완주군 동상면 사봉리 삼각점 (675.4m) 남서쪽 계곡(만경강 상류)	전북 군산시 구읍면 전북 김제시 진봉면	1,504	81	10	1,254
형산강	경북 경주시 서면도리 인내산 삼각점 (388.6m) 동쪽 계곡(심곡천 상류)	경북 영일군 포항읍 포항리	1,133	63	6	1,138
동진강	전북 정읍시 내장동 내장산 까치봉 (717m) 북쪽 계곡(정읍천 상류)	전북 김제시 진봉면	1,124	51	8	1,278

나라에서 유역면적과 연평균유출량을 기준으로 보면 한강이, 유로연장을 기준으로 보면 낙동강이 규모가 가장 큼을 알 수 있다. 그리고 10대 하천 중 유역 내 강수량이 가장 많은 곳은 섬진강이다.

우리나라 하천의 평수량 및 갈수량의 크기는 대단히 작은 반면 홍수량은 대단히 커서 연간 하천 유량의 변동이 극심하여 수자원개발 및 관리라는 측면에서 불리한 형편이다. 표 1.5.4를 보면 주요하천의 최대유량과 최소유량의 비로 표시되는 유량변동계수(하상계수)가 나타나 있다. 우리나라 하천은 외국의 주요 하천에 비해 최대유량과 최소유량의 격차가 매우 커 연중 강수량의 변동이 심한 기상조건을 그대로 나타내고 있다.

다목적댐이 건설되기 전에는 4대강 평균치가 400 이상이었던 점을 고려하면, 이러한 유출특성은 하천의 물이용 여건이 유럽이나 다른 외국에 비해 상대적으로 열악하다고 할 수 있다. 또한 우리나라 하천유역은 산지가 많아 홍수기에는 홍수 직후 1~3일 이내에 상류의 물이 하구에 도달하므로, 이수측면에서 보면 강수특성상 홍수기에 집중되는 강우를 모아 갈수기 동안 사용할 수 있는 합리적인 방안을 강구할 필요가 있다.

표 1.5.4 국내외 주요하천의 유량변동계수

하 천 명	유량변동계수	하 천 명	유량변동계수
한 강	90(390)	테임즈강	8
낙동강	260(372)	세 느 강	34
금 강	190(300)	라 인 강	18
섬진강	270(390)	나 일 강	30
영산강	130(320)	미시시피강	3
양자강	22	요 도 강	114

( )는 댐에 의한 홍수조절을 하기 전의 유량변동계수

1.5.3 우리나라의 댐

앞에서 설명한 바와 같이 우리나라의 유출특성이 물을 효율적으로 이용하기에 매우 불리하므로 홍수기에 물을 저장하여 갈수기에 공급할 수 있도록 댐을 건설하여 사용하고 있다. 다목적댐은 홍수기에 홍수조절을 통해 물로 인한 피해를 방지하고, 가뭄기에는 물을 안정적으로 방류하여 생활용수와 농업용수, 공업용수로 공급하며, 수력발전을 통한 에너지 공급을 하고 있다. 이처럼 다목적댐은 주요한 사회간접자본 시설이지만 댐적지의 감소, 환경에 대한 관심 증가, 수몰지역발생과 재산권행사 지장으로 인한 반발 등 여러 가지 이유로 댐 건설을 지속적으로 하기가 점차 어려워지고 있다.

2001년 현재 건설 중인 시설을 포함한 우리나라의 댐 및 저수지 총 개수는 약 18,000개소이며, 그 중 높이 15m 이상, 높이 10~15m로서 길이가 2,000m 이상이거나 저수용량 300만톤 이상인 댐은 1,206개소이다. 유효저수량을 기준으로 보면 15개 다목적댐이 64%를 차지해 나머지 댐 저

표 1.5.5 우리나라의 주요 댐

구분	합계	다목적댐	생공용수댐	수력발전댐	농업용수댐	홍수조절댐
유효저수량(백만톤)	13,777	8,825	1,548	957	1,857	590
개소	1,206	15	60	16	1,114	1
한강수계	127	3	4	7	112	1
낙동강수계	308	5	5	5	293	–
금강수계	137	2	4	2	129	–
섬진강수계	103	3	1	1	98	–
영산강수계	72	–	9	–	63	–
기타	459	2	37	1	419	–

수용량의 1.8배에 달하고 있다. 전국 다목적댐의 총 저수용량은 약 124억톤 규모이며, 발전시설용량 약 104만kW, 홍수조절 능력 약 25억톤을 갖추고 있으며, 이들 다목적댐의 연간 용수공급능력은 약 108억톤이다. 저수용량으로 보면 소양강댐이 29억톤으로 가장 많고, 연간 용수공급능력으로 보면 충주댐이 34억톤으로 가장 크고, 발전시설용량은 충주댐이 41만kW로 가장 크다.

표 1.5.6 전국 다목적댐 현황

수계명	댐 명	유역면적 (km^2)	제원 높이 (m)	제원 길이 (m)	총저수량 (백만m^3)	유효 저수용량 (백만m^3)	발전시설 용 량 (천kW)	사업효과 홍수조절 (백만m^3)	사업효과 용수공급 (백만m^3/년)	공사기간
계					12,388.9	8,654.2	1,044.6	2,459.8	10,756	
한 강	소양강	2,703	123	530	2,900	1,900	200	500	1,213	67~73
	충주	6,648	97.5	447	2,750	1,789	412	616	3,380	78~86
	횡성댐	209	48.5	205	86.9	73.4	1.0	9.5	112	90~00
낙동강	안동	1,584	83	612	1,248	1,000	90	110	926	71~77
	임하	1,361	73	515	595	424	51	80	592	84~93
	합천	925	96	472	790	560	101.2	80	599	82~89
	남강댐	2,285	34	1,126	309	299.7	14	270	573	87~99
	밀양댐	95.4	89	535	73.6	69.8	1.3	6	73	90~01
금 강	대청	4,134	72	495	1,490	790	90	250	1,649	75~81
	용담댐	930	70	498	815	672	24.4	137	650	90~01
섬진강	섬진강	763	64	344	466	370	34.8	32	350	61~65
	주암	1,010	58	330	457	352	0.5	60	270	84~92
	주암 조절지	134.6	99.9	562.6	250	210	22.5	20	219	84~92
직소천	부안댐	59	50	282	41.5	35.6	0.2	9.3	35	91~96
웅천천	보령댐	163.6	50	291	116.9	108.7	0.7	10	107	92~98

1.6 수자원의 장래

수자원계획 및 관리는 장래에도 중요한 분야가 될 것이며, 인구의 증가, 물의 오염, 식량부족 및 기후변화는 수자원 문제에 있어 곤란한 상황을 초래할 것이 예견되므로 더욱 관심을 두어야 할 분야이다. 일부 국가에서는 관개, 용수공급 및 홍수방지를 위해 큰 하천에 대규모의 댐을 건설함으로서 이에 대처할 수 있지만, 그 외 지역에서는 경제적 및 환경적 문제 또는 신뢰성 있는 물 공급의 부족으로 댐 건설이나 다른 물 개발 선택이 실현 가능성이 없게 되고, 물의 보존, 지하수 함양 및 해수의 담수화 등이 더 일반적이 될 수가 있다.

지구상의 모든 국가들이 증가하는 인구의 수요에 맞추어 물을 공급하기가 쉽지만은 않다. 1,700년대 말까지 세계의 인구는 약 10억 명에 불과했던 것이 1,800년대에는 17억 명으로 증가하였으며, 1,999년 10월 UN이 조사한 바에 의하면 60억 명을 넘어서게 되었다. 출산 억제 등의 정책으로 인해 증가율이 다소 감소하겠지만, 2,025년에 가서는 약 80억 명, 2,050년에는 약 92억 명으로 추산하고 있다. 이와 같은 인구 증가와 함께 저개발국가에서는 깨끗한 식수를 구하기가 쉽지않고, 지구 전체 인구의 약 1/4이 깨끗한 물의 부족으로 질병과 사망에 시달리게 될 것으로 예견되고 있다.

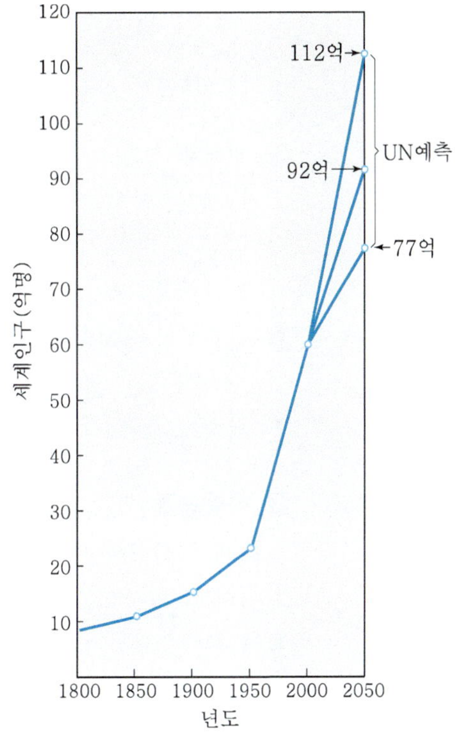

그림 1.6.1 UN의 인구예측

1.6.1 수자원의 위협

최근 들어 수자원 계획 및 관리에 많은 어려움들이 발생하고 있다. 물의 위기가 재난으로 바뀔지 여부는 사회가 외부의 지원 없이 효과적인 대책을 세울 수 있는지 여부에 달려있다고 할 수 있다. 물과 관련된 재난의 장기적인 영향은 일반적으로 즉각적인 복원에 대한 노력과 조정의 부족 때문에 기인한다고 할 수 있다. 엘리뇨와 같은 기후 변화의 영향 또한 즉각적인 조치를 필요로 한다. 1997~1998년의 극심한 엘리뇨로 엄청난 재해를 초래하여 약 1억 6천만 명이 피해를 입었다. 가뭄과 같이 서서히 다가오는 재해도 상당한 시간이 지나서야 이를 감지하여 피해를 입게 된다.

① 오염되는 물

물은 인간에 있어 건강 및 생명을 유지하기 위해 가장 기본적이며 필수적인 물질이지만 지구상의 가난한 국가에서는 이러한 최소한의 필요조차 충족시키지 못하고 있다. 약 12억 명이 안전한 식수를 확보하지 못하고 있으며, 지구상의 인구의 약 절반정도가 적절한 하수시설을 구비하고 있지 못하다. 매년 2백만 명의 어린이를 포함하여 3~4백만 명이 수인성 질병에 의해 사망하고 있으며, 부실한 하수시설은 기생충 감염을 초래하여 영양에 많은 영향을 미친다. 산업의 발전으로 발생하는 새로운 오염물질로 인한 수질오염 또한 큰 문제가 되고 있다.

② 생태계 보호

강, 호수 및 습지에서의 수중 생태계는 다양한 자원의 중요한 근원이며, 생물 다양성의 보고이고, 수문 순환의 중요한 기능을 하고 있다. 세계의 여러 지역에서 이러한 생태 공간 및 질이 감소되고 있으며, 현재의 이와 같은 추세를 되돌리지 않으면 사회가 생존하는데 필요한 물질 및 기능을 제공하지 못하게 될 것이다. 많은 하천들이 수중 생물이 존재하지 않는 거대한 하수구로 변하고, 오염물질을 운반하여 해안 및 해양 생태계가 오염이 될 것이다. 생물의 종 및 서식처의 손실은 세계의 생물 다양성을 크게 감소시키게 된다.

③ 식량공급

세계의 식량생산에서 농업이 물 사용량에서 가장 큰 부분을 차지하고 있으며, 개발국가에서는 전체의 약 90%가량을 농업에 사용하고 있다. 수중생태계 및 산림 등으로부터 얻는 식량은 빈곤국가에서는 중요하지만, 세계 식량생산의 주축은 농업지역에서의 수확이라고 할 수 있다. 인구의 증가와 소비형태의 변화로 인해 곡물에 대한 수요는 향후 25년간 30~40%정도 증가할 것으로 예측되고 있다. 따라서 농업시스템에 미치는 수자원의 압박이 증가하게 될 것이다.

④ 수자원의 공유

하천유역은 담수의 주요 근원이 된다. 하천 유역 내에서의 다양한 물리적인 상호작용에 의해 수자원 관리가 단순하지가 않다. 전 세계적으로 약 300개의 수자원 경계가 존재하고, 인구의 전반정도가 하천 유역을 공유하는 곳에서 살고 있다. 따라서 공유 하천 유역에 대한 협동 관리가 필요하다. 지속가능한 하천 유역 관리를 달성하기 위해서 강변의 국가들은 같은 하천 유역의 다른 강변국가들을 고려하여야 한다.

⑤ 수자원관련 재해

과도한 물은 사람 및 재산에 위험을 초래하게 되며, 너무 적은 물 또한 생명에 영향을 미치게 된다. 큰 호우와 관련된 홍수는 최악의 자연재해들 중의 하나이다. 통계에 의하면 지난 25년간 전세계적으로 약 6천 6백만 명 이상이 호우 및 홍수피해를 입었다. 인구의 증가는 사람들을 점점 더 홍수에 취약한 지역에 살게 하고, 지하수를 과도하게 양수하고 있다. 가뭄이 발생하게 되면 전쟁에 의한 것보다 더 많은 난민들이 발생하게 된다.

1.6.2 수자원 위기관리

수자원 관리는 크게 3가지 범주로 나누어 볼 수가 있다. 즉, 물 공급관리, 물 초과관리 그리고 환경의 회복으로 구분 할 수 있다. 오늘날 대부분의 다목적 수자원사업들은 물 공급 및 물 초과관리 목적으로 설계되고 건설되고 있다. 사실 인류의 역사를 통해 보더라도 수자원 사업들은 위의 세 가지 범주 중의 하나 또는 그 이상의 목적으로 설계 및 건설되었다. 수자원 시스템은 특정 지역에서의 가용한 물을 사회적인 수요에 맞게 시간 및 공간적으로 재분배하는 시스템이라 할 수 있다. 수자원에 대해 논의할 때 수량과 수질을 모두 고려해야 하며, 물의 순환에 대해서도 수질 및 수량의 항으로 고려되어야 한다. 오늘날의 물의 문제는 매우 복잡하여 문제를 해결하기 위해서는 다양한 분야 즉, 생물, 공학, 물리 및 사회과학 등의 연구가 관여하게 된다.

최근 들어 우리의 개발, 산업화 및 자원의 이용 양상의 지속 가능성에 많은 문제점이 발생하고 있다. 개발도상국에서의 인구의 급격한 증가, 지구 기후변화의 불확실한 영향, 물의 분배에 대한 갈등, 오존층의 감소, 열대우림의 감소 그리고 습지, 농지 및 재생가능자원에 대한 위협 등 새로운 문제들이 나타나고 있다. 이러한 문제들은 우리가 이전에 접했던 문제와는 매우 다르게 나타나며, 또한 우리가 자연에 대해 이해하지 못하는 사실들이 너무나도 많기 때문에 지속가능한 수자원 개발과 관리가 더욱 어려워지고 있다. 이러한 문제들을 해결하기 위해 앞에서 설명한 수자원의 위협 각 항목에 대한 대책과 함께 다음과 같은 내용들을 생각해 볼 필요가 있다.

① 물 처리 및 물 공급의 민영화

대부분의 시기에 걸쳐 대다수의 정부가 모든 국민들에게 안전하고 신뢰성 있는 물을 공급한 적이 그리 많지 않으므로 물 처리 및 공급에서 민영화를 이루면 물 공급업자는 수요에 맞추어 최대의 서비스를 제공할 수가 있다. 특히 산업화가 덜 된 국가에서는 더욱 효과적이라 할 수가 있다.

물 시스템의 민영화 경향은 산업화가 진행된 국가에서도 나타나고 있다. 영국의 물 공사(water utility)인 Thames Water는 영국 뿐만 아니라, 칠레로부터 호주 그리고 터키로부터 중국까지 국제 사업을 통해 많은 고객을 가지고 있으며, 최근에는 RWE Aqua와 합병하여 독일 및 헝가리에도 물을 공급하고 있다. 이와 같이 민영 물 공급업자들은 전 세계에서 물의 개발, 처리 및 분배에서 중요한 역할을 하기 시작하였으며, 정부가 관리하는 수자원시스템에서 일부 비효율적인 면을 보완하기 위한 민영에 의한 물 공급을 생각해 볼 수도 있다.

② 지하수 함양

지하 대수층의 재 충진은 장래에 많은 지역에서 물 공급을 확대할 수가 있다. 미국의 경우 캘리포니아 및 서부의 다른 주들에서 현재 하천으로부터 메마른 연못, 건조한 계곡의 하상 또는 다른 적절한 지역에 물을 충진하기 위해 노력하고 있다. 그 곳에서 물은 지하 대수층으로 침루가 발생할 때까지 저류되게 된다. 지표면 아래의 토양이 자갈 또는 다공성 물질로 구성된 투수성 지역이 적절한 재 충진 장소로 사용된다. 또한 대수층은 적절한 포화층의 두께를 가지고 있어야 하고, 지하수위는 지표면으로부터 많은 물이 침투될 수 있도록 충분히 깊어야 한다. 이와 같은 지하수의 재충진 방법은 비교적 비용이 적게 든다.

오늘날 지하수 재 충진에 사용하는 방법에 관입정(injection well)이 있으며, 처리된 물이 수백 미터 깊이의 대수층으로 주입되어 지하수위를 높이게 된다. 주입되는 물은 최상의 수질과 적절한 수온을 유지해야 하며, 오염물질이 지하수로 유입되지 않도록 관입정의 입구를 잘 관리해야 한다. 이 방법은 물을 주입하기 전에 처리해야 하고, 물을 보충하기 위해 주입 및 제거에 펌프를 사용하므로 비용이 많이 든다.

③ 물의 절약

일부 국가에서는 더 이상의 수자원 개발이 용이하지 않아 물의 보존을 통해 장래의 수요에 추가적으로 물을 공급할 수가 있다. 단지 하나의 누수 수도꼭지로부터 연간 엄청난 물이 낭비되므로 가정의 물 시스템의 간단한 수리만으로도 많은 양의 물을 절약할 수가 있다. 소량의 변기 물통, 절약형 샤워기 및 세탁기 등이 모두 물을 절약하는데 도움이 된다. 건조한 기후지역에서는 가뭄에 잘 견디는 식물을 사용하여 관개에 필요한 물의 양을 줄이고 있다. 이와 같은 내건조성 식물을 사용함으로서 50% 정도까지 물을 절약할 수가 있으며, 무더운 여름철에 더욱 효과적이다.

④ 댐의 건설

스위스에 본부를 둔 세계 댐 위원회에 따르면 현재 전 세계 국가의 약 1/3이 전기 공급의 절반 이상을 수력발전에 의존하고 있는 반면, 전 세계 대댐의 절반가량이 관개 목적으로 사용되고 있다. 전 세계의 저수지에 의해 침수되어 이주하는 인구가 약 4~8천만 명이 된다. 인구 증가로 2,025년경에는 관개용수가 15~20% 증가하게 될 수가 있으며, 이 때쯤이면 약 35억 명이 물에 의해 스트레스를 받는 지역에 살 것이다. 현재 20억 명이 전기 없이 살고 있으며 그 수요는 더욱 늘어날 것으로 예견되며, 담수호에 사는 생물 특히 물고기는 지속적으로 위협을 받게 되고, 습지는 사라지고 환경에 중요한 기능을 하는 생태계의 능력이 감소될 것으로 전망하고 있다.

인구가 증가하고 물 공급량이 줄어듦에 따라 많은 국가에서 실행 가능한 대안으로 댐 건설을 택하고 있다. 과거 수천 년 동안 전 세계적으로 최소한 45,000여개의 댐이 건설되었으며, 오늘날 세계 하천의 약 절반가량이 최소한 하나 이상의 대댐을 가지고 있다. 21세기에 충분한 물의 공급, 식량 생산, 홍수통제 그리고 전력생산에 대한 필요가 증가함에 따라 많은 저개발국가에서는 물의 수요를 맞추기 위해 대댐의 건설이 필요하다.

Chapter 2
수문순환과정

2.1 서론

수자원 문제를 해결하기 위한 적절하고 효과적인 수자원 관리를 위해서는 앞 장에서 설명한 지구상의 수자원 분포 및 이용과 함께 어떠한 과정을 통해 수자원이 공간 및 시간적으로 분포하고 이동하는지에 대해 알 필요가 있다. 이와 같은 지구상의 물의 이동과정을 수문순환(hydrologic cycle)이라하며 바다, 하천, 호수 및 지표면으로부터의 증발, 대기에서의 수증기의 응축, 강수, 지표면 아래로의 이동인 침투 그리고 지표면을 통한 지표면 유출 등으로 구성된다. 이러한 수문순환에 대해 연구하는 학문이 수문학이며, 따라서 수자원공학을 바탕으로 한 적절한 수자원 관리 및 이용을 위해서는 수문학에 대한 공부가 선행되어야 한다.

본 장에서는 지구상의 물의 순환을 다루는 수문학에 대해 간략히 알아보고, 물의 순환 과정 중 강수(precipitation), 증발산(evaporanspiration) 및 침투(infiltration)에 대해 설명하기로 하고 수자원 설계에 중요한 지표면 유출에 해당하는 내용은 3장에서 소개하기로 한다.

2.2 수문학의 정의 및 물수지

2.2.1 수문학의 정의

물의 과학으로 대기, 지표 그리고 지하에서의 물의 생성, 분포 그리고 순환에 대한 연구를 하여 인간 및 자연에 유익한 방향으로 물을 관리하는 학문인 수문학(hydrology)은 지구상에서의 대기수, 지표수 및 지하수의 발생, 순환, 저장 및 분포를 다루는 학문이다. 물의 관리는 홍수통제, 물의 공급, 하수처리, 운송, 관개, 레크리에이션 및 수력발전과 같이 치수 및 이수목적으로 이루어지며 성공적인 물의 관리는 수문학에 대한 이해를 필요로 한다.

수문학 분야는 일반적으로 수문기상학(hydrometeorology), 지표수 수문학(surface hydrology) 그리고 지하수 수문학(groundwater hydrology)으로 구분할 수 있다. 수문순환의 복잡한 특성과 기상 및 기후 패턴, 토양의 종류, 지형 및 지질 그리고 다른 인자들과의 관련성 때문에 수문학은 다른 지구과학 즉, 기상학, 지형학, 지질학, 해양학 및 생태학 등의 지식을 필요로하며 서로 긴밀하게 연계되어 연구가 이루어지고 있다.

2.2.2 물수지

물의 순환(hydrologic cycle)은 1.3.2절에서 설명한 바와 같이 물이 지표면으로부터 증발하거나 바다로부터 증발하여 습한 공기기단을 형성한 후 육지로 이동하고, 적합한 조건이 형성되면 강수를 초래하는 연속적인 과정이라 할 수 있다. 유역 내에서의 정상적인 물의 순환에 이상이 생기면 결국 홍수나 가뭄으로 이어지게 된다. 홍수나 가뭄은 유역내로 들어오는 물과 나가는 물의 양의 차이에 따라 발생하게 되며, 이러한 분석에는 물수지 개념을 기본으로 하게 된다. 물수지(water budget)는 모든 가능한 방향에서 물이 이동되는 정도를 비교분석하는 것이라 할 수 있으며, 특정 지역에서 물의 양이 어떻게 변하는지를 산정할 경우 물이 이동하고 저류되는 지역적인 경계의 결정과 함께 시간도 고려되어야 한다. 물수지 분석에서 유역의 구성성분과 사용목적에 따라 그 복잡성은 변하게 되며, 넓은 지역에서의 물수지는 많은 인자들을 고려해야 하므로 매우 복잡하다.

2.3 수문기상

지구상의 물의 순환을 이해하기 위해서는 지구상의 에너지 및 대기의 순환에 대한 이해가 필수적이며, 대기 중의 물 및 에너지의 이동에 관한 이해는 대기 중의 기상학적 현상에 대한 이해를 필요로 한다. 대기 중 수분의 이동, 강수의 형성, 지표에서의 물의 증발 등과 같이 지상과 대기사이의 물의 이동은 태양복사에너지, 대기의 순환, 기온, 압력, 습도, 바람 등과 같은 기상학적인 인자들에 의해 지배를 받게 된다.

2.3.1 태양 복사 및 지구에너지

수문순환은 태양으로부터 오는 복사에너지에 의해 추진되는 엔진과도 같다고 할 수 있으며, 지구상의 모든 물의 순환 과정은 지구 내부에너지와 함께 주로 태양복사에너지(solar radiation)에 의해 영향을 받게 된다. 수문기상학에서는 지구표면으로부터 대기의 하부층에서 발생하는 기상현상에 관심이 있으며 이 공간에서 태양복사에너지의 역할은 매우 중요하다.

복사율은 단위 면적 또는 시간당 에너지단위로 측정 된다. 국제단위제(SI단위)에서는 에너지로 Joule(J)을 사용하고 있다. 1J은 1Newton(N)의 힘으로 1m를 움직일 때에 해당하는 에너지이며, 1N은 1kg의 질량에 단위가속도(1m/sec^2)가 작용하는 힘이다. 동력(Power)은 Watt(W)로 나타내며 J/sec를 의미한다. 에너지의 단위로 칼로리(cal)도 사용하며 1cal는 4.186J이다. 단위면적당 복사에너지는 일반적으로 제곱센티미터 당 칼로리(cal/cm^2)로 표현하고, 1cal/cm^{2}를 langley(ly)라고 부른다. 따라서 복사율은 시간 당 langley 즉, ly/sec, ly/min, ly/day로 표현된다.

1) 지구의 운동 및 복사에너지 분포

지구-대기시스템은 태양으로부터의 총 방출에너지 중 극히 일부 즉, 단위면적 당 방출되는 태양에너지의 약 0.002% 정도만 받고 있다. 우리가 받는 태양복사에너지는 일정한 강도를 가지고 있다. 태양으로부터 방출되는 복사에너지와 직각인 상부 대기에서의 강도는 약 1,353J/m^2/s 또는 1.94cal/cm^2/min으로 이를 태양상수(solar constant)라 부르며, 보통 2.0cal/cm^2/min (2.0ly/min)

으로 나타낸다. 하지만 지구는 구의 형태를 이루고 있고, 태양주위를 23° 27' 기울어진 각도로 회전하고 있으므로 지구표면에 도달되는 복사에너지의 강도는 시간 및 장소에 따라 변하게 된다.

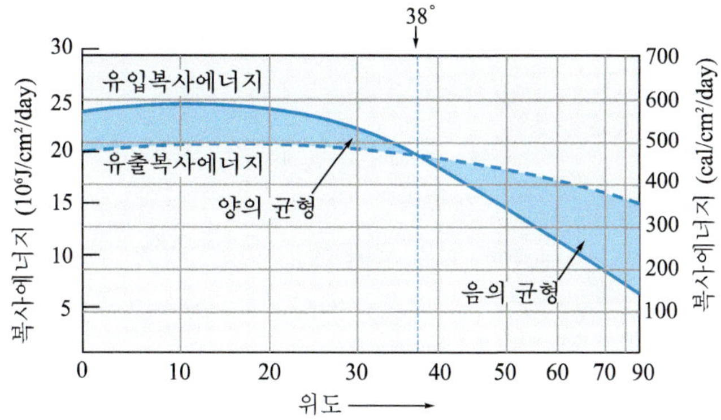

그림 2.3.1 위도에 따른 유입 및 유출 복사에너지의 분포

그림 2.3.1과 같이 적도에 가까운 위도에서는 복사에너지의 유입이 유출보다 많고 북쪽으로 갈수록 유입보다 유출되는 복사에너지가 많다. 따라서 지구의 에너지 균형을 이루기 위해서는 저위도지역에서 고위도지역으로 에너지가 이동하게 된다. 바람, 해류 그리고 수증기 등이 이러한 에너지의 운반자 역할을 하게 된다.

2) 단파 및 장파복사에너지

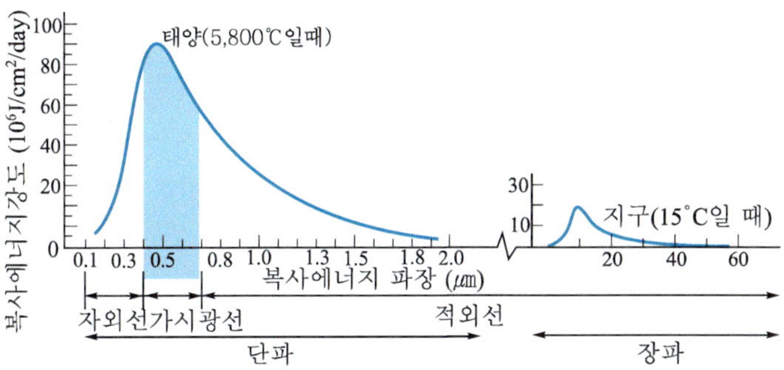

그림 2.3.2 태양 및 지구에 의해 방출되는 복사에너지의 파장분포

태양으로부터 방출되는 에너지는 약 100,000 ly/min이며 지구에 도달하는 에너지인 태양상수는 2.0 ly/min으로 태양에서 방출되는 에너지의 극히 일부분이다. 복사에너지는 단파(shortwave) 및 장파(longwave)복사로 구분할 수 있으며, 온도가 높아질수록 파장이 짧아지게 된다. 그림 2.3.2는 복사에너지의 파장별 분포를 보여주고 있으며, 태양은 단파 복사에너지를 방출하는 반면에 지구는 장파 복사에너지를 방출하게 된다.

2.3.2 지구대기 시스템

시간 및 공간적으로 불균등한 복사에너지 분포는 지구-대기시스템을 통한 온도의 불균형을 초래하고 결과적으로 지구 에너지의 불균형을 가져온다. 지구-대기시스템에서는 에너지의 재분포를 위해 다양한 기상 및 수문과정들이 발생하게 된다. 지구 및 대기는 통상적으로 발생하는 대규모의 질량 이동을 포함한 에너지 이동의 매체가 되며, 이러한 에너지의 이동에 의해 기후 및 기상현상이 나타나고 결국 물의 순환에 영향을 미치게 된다.

1) 에너지의 이동

지구를 둘러싸고 있는 공기는 일반적으로 50km를 기준으로 하여 상부 및 하부대기로 나뉘어지며 대부분의 중요한 질량 및 에너지 이동이 발생하는 곳은 하부 대기층으로 성층권(stratosphere)과 대류권(troposphere)으로 나뉜다. 에너지균형에서의 불균등은 지구 및 대기시스템 간에 질량 및 운동량뿐 만 아니라 일련의 에너지 이동을 발생시키게 된다. 에너지의 교환 및 이동은 해양, 육지 및 대기 사이에서 발생하게 되며, 이러한 에너지의 주된 이송과정에는 전도(conduction), 대류 및 수평대류(convection 및 advection) 그리고 복사(radiation)가 있다. 비록 이와 같은 과정들을 편의를 위해 서로 분리해서 설명하지만 지구 및 대기시스템에서는 동시에 발생하게 된다.

그림 2.3.3 에너지의 이송과정

전도는 분자의 운동에 의해 인접한 물질간에 분자가 충돌할 때 높은 온도로부터 낮은 온도로 에너지의 교환이 이루어지는 것이다. 전도는 지구표면과 이에 직접 접촉하고 있는 대기 간에 중요한 역할을 하지만 대기 자체적으로는 전도에 의한 에너지의 이동이 그리 중요하지는 않다. 대기에서 대부분의 에너지 이동은 대류에 의해서 발생한다. 대류는 물질 내에서 질량의 이동 및 순환에 의해 에너지가 이동되는 것으로 분자의 움직임이 비교적 쉬운 해수나 대기의 공기와 같은 유체를 통해 발생하게 된다.

마지막으로 에너지의 이동과정에서 중요한 과정이 복사에너지이며, 에너지원으로부터 모든 방향으로 이동한다. 전도와 대류가 에너지를 이동시키기 위한 매체가 필요한 것과는 달리 복사에너지는 진공상태에서도 전달될 수 있다. 따라서 복사는 태양에너지가 지구로 전달되는 역할을 하고 있는 것이다. 그림 2.3.3은 에너지의 이송의 예를 보여주고 있다.

2) 대기의 순환

북반구 및 남반구 모두 고위도지역으로 갈수록 유입되는 복사에너지보다 유출되는 복사에너지가 많아 복사에너지의 부족이 나타나는 반면에, 저위도에서는 에너지의 초과가 나타난다. 지구상의 현재와 같은 온도분포는 에너지의 재분포를 통해서만 가능하다. 대기의 순환은 일반적으로 열적인 원인에 의해 발생하지만 지구의 회전과도 관계가 있으며 지구의 압력 분포와도 밀접한 관계가 있다. 그림 2.3.4a와 같이 회전하지 않는 지구는 단순하게 남과 북의 에너지 순환만 발생시킬 것이다. 이러한 이상적인 열의 순환은 지구의 회전 즉, 편향력(Corliolis force) 및 낮은 공기기단과 지표면과의 마찰에 의해

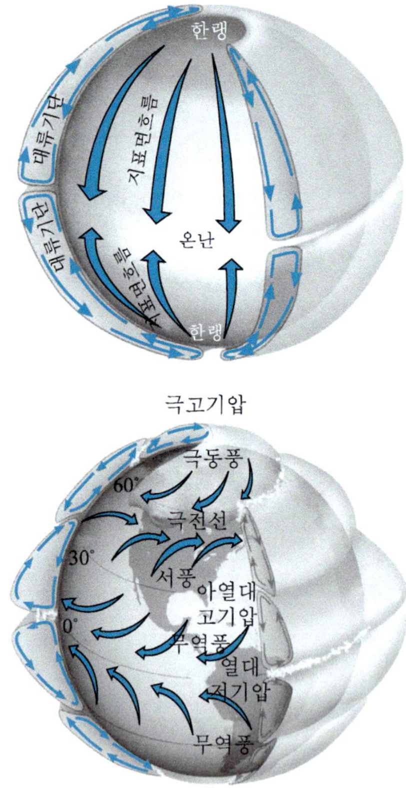

그림 2.3.4 대기의 순환
a) 회전하지 않는 경우, b) 회전하는 경우

상당히 변하게 된다. 지구가 회전하여 편향력이 작용할 때의 대기 순환이 그림 2.3.4b와 같으며, 지구가 구처럼 둥글고 표면이 매끈한 경우로 가정하여 나타낸 것으로 실제로는 지표와 해상에서 지형학적인 영향과 열 영향에 의해 대기의 순환은 더욱 복잡하게 전개 된다.

2.3.3 기온의 변화

기온(air temperature)은 낮 동안에는 올라가고 밤에는 내려가게 되며, 태양복사에너지가 최대로 유입될 때와 온도가 가장 높을 때와는 몇 시간의 차이가 나게 된다. 이러한 차이는 최대 태양복사에너지 유입과 지구로부터 방출되는 최대 복사에너지간의 차이 때문에 발생하게 된다. 육지에서 하루 동안의 온도변화는 바다에서의 온도변화보다 크게 나타나게 되며, 바다는 물속에 에너지를 보다 효과적으로 분포시켜 빠르게 온도가 변하는 것을 방지하기 때문이다. 계절적인 온도변화 또한 유입되는 태양복사에너지의 연간 주기와 매우 밀접하다. 지구로 유입되는 태양복사에너지와 지구로부터 지체되어 방출되는 태양복사에너지간의 차이로 최고치 간에 차이가 나타난다. 이러한 완충효과는 해양이나 해양에 의해 영향을 받는 지역에서 더욱 뚜렷하게 나타나며, 표 2.3.1은 우리나라 주요도시의 월평균기온을 보여주고 있다.

대류권에서의 온도는 고도가 높아짐에 따라 감소하며, 선형적으로 다음과 같이 변한다.

$$T = T_o - \alpha z \tag{2.3.1}$$

여기서, T는 고도 z에서의 기온(℃), T_o는 지표면 온도(℃), α는 기온체감률(lapse rate)로 km당 5~8℃정도이다. 건조한 공기가 주위와 에너지의 교환 없이 상승하며 기온이 낮아지는 것을 건조단열 기온체감률(dry adiabatic lapse rate)이라하며, 100m 당 약 1℃정도가 된다. 만일 공기가

표 2.3.1 우리나라 주요도시의 월평균기온 (℃)

지역	1월	2월	3월	4월	5월	6월	7월	8월	9월	10월	11월	12월	평 균
서 울	−2.5	−0.3	5.2	12.1	17.4	21.9	24.9	25.4	20.8	14.4	6.9	0.2	12.2
인 천	−2.4	−0.5	4.5	10.7	15.9	20.4	24.0	24.9	20.7	14.5	7.2	0.6	11.7
수 원	−3.2	−1.0	4.5	11.2	16.7	21.4	24.8	25.2	20.2	13.4	6.1	−0.4	11.6
철 원	−5.3	−2.6	3.4	10.4	16.0	20.7	23.7	24.0	18.5	11.2	4.2	−2.3	10.2
춘 천	−4.5	−1.8	4.2	11.4	16.8	21.5	24.5	24.3	18.9	12.1	4.8	−1.7	10.9
대관령	−7.6	−5.9	−0.8	6.6	11.8	15.6	19.1	19.0	13.9	8.2	1.6	−4.5	6.4
강 릉	0.3	1.4	5.9	12.6	17.6	20.6	24.1	24.4	20.1	15.1	9.0	3.3	12.9
울릉도	1.3	1.6	5.2	10.8	15.4	18.6	22.3	23.4	19.7	15.1	9.5	4.4	12.3
대 전	−1.9	0.2	5.4	12.4	17.6	22.0	25.3	25.5	20.3	13.8	6.8	0.7	12.3
전 주	−0.6	0.9	5.9	12.6	17.8	22.2	25.8	26.1	21.1	14.7	7.9	1.9	13.0
광 주	0.5	1.9	6.5	12.9	17.8	22.0	25.5	26.1	21.4	15.4	8.7	2.8	13.5
목 포	1.8	2.6	6.5	12.3	17.0	21.1	24.8	26.0	22.0	16.6	10.2	4.4	13.8
여 수	2.2	3.4	7.6	13.0	17.4	20.8	24.2	25.7	22.1	17.0	10.7	4.9	14.1
포 항	1.6	3.1	7.4	13.4	17.9	21.0	24.8	25.4	21.3	16.1	9.9	4.0	13.8
대 구	0.2	2.1	7.1	13.8	18.7	22.5	25.7	26.1	21.3	15.4	8.6	2.5	13.7
부 산	3.0	4.3	8.3	13.4	17.4	20.5	24.2	25.7	22.1	17.3	11.3	5.6	14.4
제 주	5.6	6.0	8.9	13.6	17.5	21.2	25.7	26.5	22.7	17.8	12.6	8.0	15.5

수증기로 포화되어 있으면 상승하면서 응축현상이 발생하고, 이에 따라 수증기가 가지고 있는 에너지를 방출하여 건조한 공기보다 체감률이 작아지게 되는데, 이것을 포화단열 기온체감률(saturated adiabatic lapse rate)이라 하고 100m 당 약 0.6℃정도가 된다.

2.3.4 습도

습도(humidity)는 공기에 포함되어 있는 수증기의 양을 나타내며, 강우의 양은 결국 대기 중의 수증기의 양에 따라 변하므로 습도의 측정 및 산정은 수자원시스템의 입력인 강우량을 예측하는 데 매우 중요하다.

1) 증기압과 습도

다른 기체와 마찬가지로 수증기도 대기에 작용하는 총 압력에 기여를 하고 있다. 증기압(vapor pressure)은 대기의 총 압력 중에서 수증기에 의한 압력을 말하며 온도와 수증기분자의 밀도에 따라 변한다. 공기 중에 수증기가 포화되었을 때의 증기압을 포화증기압(saturation vapor pressure)이라 하며, 그림 2.3.5 및 표 2.3.2와 같이 온도가 증가할수록 포화수증기압이 증가하고, 다음과 같이 산정할 수 있다.

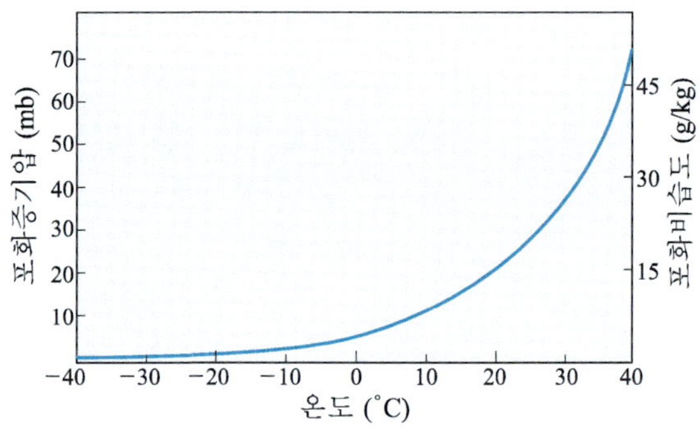

그림 2.3.5 온도에 따른 포화증기압곡선

$$e_s \approx 33.8639[(0.00738t+0.8072)^8-0.000019\,|\,1.8t+48\,|\,+0.001316] \qquad (2.3.2)$$

또는

$$e_s = 6.11\exp\left(\frac{17.27t}{237.3+t}\right) \qquad (2.3.3)$$

여기서, e_s는 포화증기압(mb), t는 대기의 온도(℃)이다.

예제 2.3.1

대기의 온도가 14℃일 때 식 (2.3.2) 및 식 (2.3.3) 그리고 표 2.3.2를 이용하여 포화증기압을 구하고 서로 비교하라.

풀이

식 (2.3.2)에 의하면

$$e_s \approx 33.8639[(0.00738t+0.8072)^8-0.000019\,|\,1.8t+48\,|\,+0.001316]$$
$$=33.8639[(0.00738\times14+0.8072)^8-0.000019|1.8\times14+48|+0.001316]=15.99\text{mb}$$

간략식 (2.3.3)에 의하면 $e_s = 6.11\exp\left(\frac{17.27t}{237.3+t}\right)=6.11\exp\left(\frac{17.27\times14}{237.3+14}\right)=15.99\text{mb}$

표 2.3.2에 의하면 14℃일 때 11.98mmHg이므로 11.98×1.33=15.93mb

표 2.3.2 온도에 따른 포화증기압 e_s (mmHg), 1mmHg = 1.33milibar

t (℃)	0.0	0.1	0.2	0.3	0.4	0.5	0.6	0.7	0.8	0.9
−10	2.15									
−9	2.32	2.30	2.29	2.27	2.26	2.24	2.22	2.21	2.19	2.17
−8	2.51	2.49	2.47	2.45	2.43	2.41	2.40	2.38	2.36	2.34
−7	2.71	2.69	2.67	2.65	2.63	2.61	2.59	2.57	2.55	2.53
−6	2.93	2.91	2.89	2.86	2.84	2.81	2.80	2.77	2.75	2.73
−5	3.16	3.14	3.11	3.09	3.06	3.04	3.01	2.99	2.97	2.95
−4	3.41	3.39	3.37	3.34	3.32	3.29	3.27	3.24	3.22	3.18
−3	3.67	3.64	3.62	3.59	3.57	3.54	3.52	3.49	3.46	3.44
−2	3.97	3.94	3.91	3.88	3.85	3.82	3.79	3.76	3.73	3.70
−1	4.26	4.23	4.20	4.17	4.14	4.11	4.08	4.05	4.03	4.00
0	4.58	4.55	4.52	4.49	4.46	4.43	4.40	4.36	4.33	4.29
0	4.58	4.62	4.65	4.69	4.71	4.75	4.78	4.82	4.86	4.89
1	4.92	4.96	5.00	5.03	5.07	5.11	5.14	5.18	5.21	5.25
2	5.29	5.33	5.37	5.40	5.44	5.48	5.33	5.57	5.60	5.64
3	5.68	5.72	5.76	5.30	5.84	5.89	5.93	5.97	6.01	6.06
4	6.10	6.14	6.18	6.23	6.27	6.31	6.36	6.40	6.45	6.49
5	6.54	6.58	6.54	6.68	6.77	6.77	6.82	6.86	6.91	6.96
6	7.01	7.06	7.11	7.16	7.20	7.25	7.31	7.36	7.41	7.46
7	7.51	7.56	7.61	7.67	7.72	7.77	7.82	7.88	7.93	7.98
8	8.04	8.10	8.15	8.21	8.26	8.32	8.37	8.43	8.48	8.54
9	8.61	8.67	8.73	8.78	8.84	8.90	8.96	9.02	9.08	9.14
10	9.20	9.26	9.33	9.39	9.46	9.52	9.58	9.65	9.71	9.77
11	9.84	9.90	9.97	10.03	10.10	10.17	10.24	10.31	10.38	10.45
12	10.52	10.58	10.66	10.72	10.79	10.86	10.93	11.00	11.08	11.15
13	11.23	11.30	11.38	11.75	11.53	11.60	11.68	11.76	11.83	11.91
14	11.98	12.06	12.14	12.22	12.96	12.38	12.46	12.54	12.62	12.70
15	12.78	12.86	12.95	13.03	13.11	13.20	13.28	13.37	13.45	13.54
16	13.63	13.71	13.80	13.90	13.99	14.08	14.17	14.26	14.35	14.44
17	14.53	14.62	14.71	14.80	14.90	14.99	15.09	15.17	15.27	15.38
18	15.46	15.56	15.56	15.76	15.96	15.96	16.06	16.16	16.26	16.36
19	16.46	16.37	16.68	16.79	16.90	17.00	17.10	17.21	17.32	17.43
20	17.53	17.64	17.75	17.86	17.97	18.08	18.20	18.31	18.43	18.54
21	18.65	18.77	18.88	19.00	19.11	19.23	19.35	19.46	19.58	19.70
22	19.82	19.94	20.06	20.19	20.31	20.43	20.58	20.69	20.80	20.93
23	21.05	21.19	21.31	21.45	21.58	21.71	21.84	21.97	22.10	22.23
24	22.27	22.50	22.63	22.76	22.91	23.05	23.19	23.31	23.45	23.60
25	23.75	23.90	24.03	24.20	24.35	24.49	24.64	24.79	24.94	25.08
26	25.31	25.45	25.60	25.74	25.89	26.03	26.18	26.32	26.46	26.60
27	26.74	26.90	27.05	27.21	27.37	27.53	27.69	27.85	28.00	28.16
28	28.32	28.49	28.66	28.83	29.00	29.17	29.34	29.51	29.68	29.85
29	30.03	30.20	30.38	30.56	30.74	30.92	31.10	31.28	31.46	31.64
30	31.82	32.00	32.19	32.38	32.57	32.76	32.95	33.14	33.33	33.52

2) 상대습도

상대습도(relative humidity, RH)는 특정 온도에서의 공기에 최대로 포함시킬 수 있는 수증기의 양에 대한 실제로 포함되어 있는 수증기 양의 비율로 다음과 같다.

$$\mathrm{RH} = \frac{e}{e_s} \times 100\% \tag{2.3.4}$$

여기서, e는 온도 t℃에서의 실제증기압, e_s는 온도 t℃에서의 포화증기압이다. 상대습도는 기온 및 이슬점을 이용하여 −25℃~45℃ 사이에서 다음과 같이 산정할 수도 있다.

$$RH = \left(\frac{112 - 0.1t + t_d}{112 + 0.9t}\right)^8 \times 100\% \qquad (2.3.5)$$

여기서, t는 대기의 온도(℃), t_d는 이슬점(℃)이다.

예제 2.3.2

대기의 온도가 14℃, 이슬점이 8℃일 때 식 (2.3.4) 및 식 (2.3.5)를 이용하여 상대습도를 산정하라.

풀이

대기의 온도가 14℃이므로 예제 2.3.1로부터 포화증기압 e_s=15.93mb이다. 14℃일 때의 실제증기압 e는 이슬점 8℃에서의 포화증기압과 같으므로 표 2.3.2로부터 8℃에서의 포화증기압은 8.04mmHg×1.33=10.68mb가 된다. 식 (2.3.4)에 의한 상대습도

$$RH = \frac{e}{e_s} \times 100\% = \frac{10.68}{15.93} \times 100\% = 67\%$$

이슬점을 이용한 식 (2.3.5)에 의한 상대습도

$$RH = \left(\frac{112 - 0.1t + t_d}{112 + 0.9t}\right)^8 \times 100\% = \left(\frac{112 - 0.1 \times 14 + 8}{112 + 0.9 \times 14}\right)^8 \times 100\% = 67.38\%$$

3) 이슬점

이슬점(dew point)은 포화되지 않은 공기가 온도가 내려감에 따라 포화상태에 도달할 때의 온도를 말하며 다음과 같이 구할 수 있다.

$$t - t_d \simeq (14.55 + 0.114t)x + [(2.5 + 0.007t)x]^3 + (15.9 + 0.117t)x^{14}$$

$$x = 1.0 - \frac{RH}{100} \qquad (2.3.6)$$

여기서, t는 대기의 온도(℃), RH는 상대습도(%)이다.

예제 2.3.3

대기의 온도가 14℃, 상대습도가 60%일 때 식 (2.3.5) 및 식 (2.3.6)을 이용하여 이슬점을 산정하라.

풀이

식 (2.3.6)에 의한 이슬점은

$$x = 1.0 - \frac{RH}{100} = 1.0 - \frac{60}{100} = 0.4$$

$$14 - t_d \simeq (14.55 + 0.114 \times 14)0.4 + [(2.5 + 0.007 \times 14)0.4]^3 + (15.9 + 0.117 \times 14)0.4^{14}$$

$$= 6.4584 + 1.1223 + 17.538 \times 0.4^{14} = 7.5807$$

따라서 이슬점 $t_d = 14 - 7.5807 = 6.42°C$

식 (2.3.5)를 이용하여 이슬점으로 나타내면

$$t_d = RH^{1/8}(112+0.9t) - 112 + 0.1t = 0.6^{1/8}(112+0.9\times 14) - 112 + 0.1\times 14 = 6.29°C$$

4) 습도의 측정

습도를 측정하기 위해서는 그림 2.3.6과 같이 건구 및 습구온도계(dry and wet bulb thermometer)를 함께 연결한 회전식습도계(sling psychrometer)를 이용한다. 습구온도 강하(wet bulb depression)를 이용하여 실제증기압 e를 다음과 같이 산정할 수 있다.

$$e = e_w - \gamma(t - t_w) \tag{2.3.7}$$

여기서, e는 온도 t(℃)에서의 실제증기압(mb), t_w는 습구온도계의 온도(℃), e_w는 t_w에서의 포화증기압(mb), γ는 습도계상수(mb 단위일 때 0.660, mmHg 단위일 때 0.485)이다. 표 2.3.3을 이용하여 건구온도 및 습구온도강하에 해당하는 상대습도를 찾을 수도 있다.

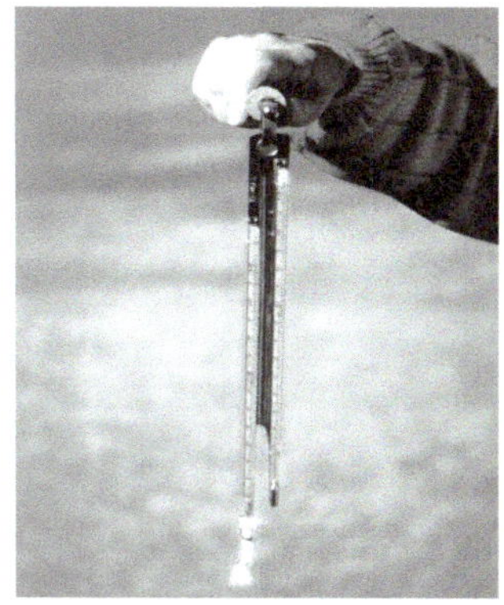

그림 2.3.6 회전식 습도계

표 2.3.3 습구온도강하를 이용한 상대습도 측정 (압력 = 990mb = 99.0kPa)

공기 온도℃	습구온도강하 (℃)															
	0	1	2	3	4	5	6	7	8	9	10	11	12	13	14	15
−10	91	60	31	2												
−8	93	65	39	13												
−6	94	70	46	23	0											
−4	96	74	53	32	11											
−2	98	78	58	39	21	3										
0	100	81	63	46	29	13										
2	100	84	68	52	37	22	7									
4	100	85	71	57	43	29	16									
6	100	86	73	60	48	35	24	11								
8	100	87	75	63	51	40	29	19	8							
10	100	88	77	66	55	44	34	24	15	6						
12	100	89	78	68	58	48	39	29	21	12	4					
14	100	90	79	70	60	51	42	34	26	18	10	3				
16	100	90	81	71	63	54	46	38	30	23	15	8				
18	100	91	82	73	65	57	49	41	34	27	20	14	7			
20	100	91	83	74	66	59	51	44	37	31	24	18	12	6		
22	100	92	83	76	68	61	54	47	40	34	28	22	17	11	6	
24	100	92	84	77	69	62	56	49	43	37	31	26	20	15	10	5
26	100	92	85	78	71	64	58	51	46	40	34	29	24	19	14	10
28	100	93	85	78	72	65	59	53	48	42	37	32	27	22	18	13
30	100	93	86	79	73	67	61	55	50	44	39	35	30	25	21	17
32	100	93	86	80	74	68	62	57	51	46	41	37	32	28	24	20
34	100	93	87	81	75	69	63	58	53	48	43	39	35	30	26	23
36	100	94	87	81	75	70	64	59	54	50	45	41	37	33	29	25
38	100	94	88	82	76	71	66	61	56	51	47	43	39	35	31	27
40	100	94	88	82	77	72	67	62	57	53	48	44	40	36	33	29

표 2.3.4 우리나라 주요도시의 월평균습도 (%)

지역	1월	2월	3월	4월	5월	6월	7월	8월	9월	10월	11월	12월	평균
서 울	62.6	61.0	61.2	59.3	64.1	71.0	79.8	77.4	71.0	66.2	64.6	63.8	66.8
인 천	63.8	63.6	65.7	66.7	70.6	76.6	82.4	80.1	74.2	68.7	66.0	64.8	70.3
수 원	68.1	67.3	67.1	65.5	69.4	74.6	80.6	79.8	76.9	74.1	72.2	70.3	72.2
철 원	69.2	65.9	63.1	59.1	65.9	72.1	79.8	79.6	76.6	72.6	71.3	71.1	70.5
춘 천	70.8	67.5	65.1	61.6	66.4	72.7	79.9	80.4	79.0	76.1	74.8	73.6	72.3
대관령	68.9	69.0	70.5	64.4	67.7	79.4	85.8	87.0	84.4	76.3	72.2	69.7	74.6
강 릉	52.0	55.4	59.6	57.0	60.8	73.5	77.9	79.4	74.9	63.8	56.4	50.4	63.4
울릉도	70.7	71.1	71.0	71.0	72.4	82.1	86.1	85.3	80.3	72.7	69.8	68.8	75.1
대 전	68.9	66.0	63.8	61.6	65.8	73.2	80.1	79.8	77.6	73.7	73.4	71.8	71.3
전 주	71.2	69.8	67.2	64.1	67.2	74.0	78.7	77.7	75.7	72.7	72.8	72.0	71.9
광 주	70.5	68.9	66.2	65.2	68.4	75.1	80.6	79.0	75.8	71.0	71.6	71.7	72.0
목 포	69.5	70.4	69.1	70.0	73.0	78.9	83.4	80.4	75.9	70.2	68.9	69.5	73.3
여 수	57.8	58.5	61.4	65.8	70.4	79.5	85.1	80.6	72.9	65.3	62.8	60.0	68.3
포 항	51.9	54.1	59.5	60.6	64.4	74.6	78.2	78.3	75.2	66.6	60.2	53.6	64.8
대 구	58.5	57.3	57.9	56.8	60.0	67.6	74.3	74.0	72.0	66.5	63.8	60.5	64.1
부 산	51.0	53.6	59.1	64.6	69.6	79.3	84.8	80.8	74.3	65.2	59.5	52.9	66.2
제 주	69.2	69.4	69.3	71.2	73.7	80.1	81.6	79.8	75.8	70.7	69.3	68.9	73.3

예제 2.3.4

습도계로부터 건구의 온도가 14℃이고, 습구의 온도가 8℃일 때 실제증기압과 상대습도를 식 (2.3.7) 및 표 2.3.3을 이용하여 산정하라.

풀이

온도 8℃에서의 포화증기압은 8.04mmHg×1.33=10.68mb이고,

14℃에서의 포화증기압은 e_s=15.93mb이다

그러므로 식 (2.3.7)에 의해 14℃에서의 실제증기압은

$$e = e_w - \gamma(t - t_w) = 10.68 - 0.66(14-8) = 6.72\text{mb}$$

따라서 상대습도 $RH = \frac{e}{e_s} \times 100\% = \frac{6.72}{15.93} \times 100\% = 42.18\%$

표 2.3.3에서 건구의 온도 14℃, 습구온도강하 14−8=6℃를 이용하면 상대습도는 42%가 된다.

2.3.6 바람

바람은 기압의 수평적인 변화 때문에 발생하며, 고기압지역에서 저기압지역으로 이동한다. 바람은 기압을 불균형에서 균형을 이루기 위한 자연적인 현상이라 볼 수 있으며, 지표면의 불균등 가열이 압력의 불균형을 가져오므로 결국 태양에너지가 바람의 궁극적인 원동력이라 할 수 있다. 만일 지구가 회전하지 않고, 움직이는 공기와 지표면간에 마찰이 없다면 공기는 고기압에서 저기압 쪽으로 직선적으로 이동하게 된다. 하지만 이 두 가지 인자가 존재하기 때문에 바람은 압력경사력과 편향력(Coriolis force) 그리고 마찰력(friction)의 조합에 의해 영향을 받게 된다.

대기의 순환은 전 지구적으로 볼 때 대규모의 바람이라 할 수 있다. 이와는 달리 국지성 바람은

지역적으로 발생하는 압력경사로 인해 야기된 단순한 소규모의 바람으로 지형적인 영향이나 지구 표면의 구성성분이 다양하기 때문에 발생한다고 볼 수 있다. 따뜻한 여름에 해안지역에서는 낮 동안 지표면이 인접한 바다보다 더욱 강하게 가열받게 되어 해풍이 불고, 밤에는 반대현상이 일어나게 되어 육지가 바다보다 더 빨리 냉각되고 육풍이 발생한다. 산악지역에서는 낮 동안에는 산 사면에 있는 공기가 같은 높이의 계곡 바닥 쪽에 있는 공기보다 더 강하게 가열되어 계곡풍이 발생하고, 해가 진 뒤 산사면에서의 급격한 냉각으로 산악풍이 발생한다.

바람의 측정치로 방향과 속도가 있으며, 바람은 불어오는 방향에 의해 명칭을 붙이게 된다. 북풍은 북쪽에서 불어와 남쪽으로 불어가는 바람이고, 동풍은 동쪽에서 불어와 서쪽으로 부는 바람을 말한다. 바람의 방향을 결정하는데 가장 일반적으로 사용하는 기구로 풍향계(wind vane)가 있으며, 바늘은 바람의 방향을 나타내는데 방위(N, NE, E, SE 등)나 0°~360°의 각도로 표현된다. 풍속은 km/hr, mi/hr, m/sec 또는 노트(knot)로 표시하며 다음과 같은 관계가 있다.

$$1\text{km/hr} = 0.621\text{mi/hr} = 0.278\text{m/sec} = 0.54\text{knots} \quad (2.3.8)$$

$$1\text{knots} = 1.852\text{km/hr} = 1.151\text{mi/hr} = 0.514\text{m/sec} \quad (2.3.9)$$

지표면 위 마찰층(약 600m까지)에서는 높이에 따라 풍속이 증가하고 지표면으로 갈수록 건물 및 산악에 의해 풍속이 감소된다. 이와 같은 마찰층에서의 높이에 따른 풍속곡선은 멱함수곡선식(power-law profile) 또는 대수분포곡선식(logarithmic profile)을 사용하여 구할 수 있으며, 이 중 멱함수곡선식은 다음과 같다.

$$\frac{\bar{v}}{\bar{v}_1} = \left(\frac{z}{z_1}\right)^k \quad (2.3.10)$$

여기서, $\bar{v}$는 높이 z 위치에서의 평균풍속, $\bar{v}_1$는 기준높이 z_1에서 측정한 평균풍속, k는 지표면의 조도와 대기의 안정 상태에 따라 변하는 지수로 표 2.3.5와 같이 약 0.1~0.8의 범위를 갖는다.

표 2.3.5 지표면의 조도와 대기의 안정상태에 따는 지수 k값

지표면 유형	지표면상 높이 (m)	과단열	중립	안정	불안정
초원	10~ 70	0.25	0.27	–	0.61
평지	11~ 49	0.16	0.20	0.25	0.36
잔디	8~120	0.14	0.17	0.27	0.32~0.77
비행장	9~ 27	0.09	0.08	0.18	–
사막	6~ 61	0.15	0.18	0.22	–
산림근처	11~124	0.19	0.29	0.35	–

예제 2.3.5

지상 50m에 설치된 풍속계로부터 관측된 풍속이 54km/hr일 때, 지상 10m에서의 풍속을 k=1/5와 k=1/10에 대해 멱함수곡선식을 사용하여 산정하라.

풀이

지상 50m에서 관측된 풍속이 54km/hr이므로 이는 15m/sec와 같다. 따라서 멱함수곡선식에 값을 대입하면 k=1/5인 경우 $\frac{15}{\bar{v}_{10}} = \left(\frac{50}{10}\right)^{1/5}$ 따라서 $\bar{v}_{10} = 10.87\text{m/sec}$

k=1/10인 경우 $\frac{15}{\bar{v}_{10}} = \left(\frac{50}{10}\right)^{1/10}$ 따라서 $\bar{v}_{10} = 12.77\text{m/sec}$

표 2.3.6 우리나라 주요도시의 월평균풍속 (m/sec)

지역	1월	2월	3월	4월	5월	6월	7월	8월	9월	10월	11월	12월	평균
서 울	2.5	2.7	2.9	2.9	2.6	2.3	2.3	2.1	1.9	2.0	2.3	2.3	2.4
인 천	3.7	4.0	4.0	4.0	3.4	2.8	3.0	2.8	2.6	2.7	3.5	3.7	3.4
수 원	1.5	1.8	1.9	2.0	1.7	1.6	1.6	1.4	1.3	1.2	1.4	1.4	1.6
철 원	1.3	1.5	2.0	2.2	2.0	1.9	2.0	1.7	1.6	1.4	1.5	1.4	1.7
춘 천	1.3	1.6	1.8	1.9	1.7	1.4	1.3	1.3	1.2	1.2	1.3	1.3	1.4
대관령	4.9	4.5	3.9	4.4	4.0	2.9	3.3	2.8	2.6	3.4	4.5	5.1	3.9
강 릉	3.5	3.1	2.8	2.8	2.5	1.8	1.7	1.7	2.0	2.5	3.0	3.6	2.6
울릉도	4.0	4.1	4.3	4.9	4.6	3.6	3.8	3.8	3.6	3.8	4.0	3.9	4.0
대 전	1.4	1.7	2.0	2.2	2.1	1.9	1.9	1.8	1.5	1.3	1.3	1.3	1.7
전 주	1.1	1.3	1.5	1.6	1.5	1.4	1.5	1.4	1.2	1.1	1.1	1.1	1.3
광 주	2.2	2.4	2.5	2.5	2.3	2.1	2.4	2.1	1.9	1.8	1.9	2.0	2.2
목 포	4.8	5.2	4.8	4.3	3.9	3.5	3.9	3.7	3.6	3.9	4.3	4.4	4.2
여 수	4.8	4.9	4.5	3.9	3.3	3.0	3.2	3.5	4.0	3.9	4.1	4.2	3.9
포 항	3.1	3.1	3.1	3.2	3.0	2.7	2.8	3.0	3.0	2.7	2.7	2.9	2.9
대 구	3.1	3.2	3.2	3.2	3.1	3.0	2.9	2.9	2.5	2.4	2.6	2.9	2.9
부 산	4.1	4.2	4.3	4.4	3.9	3.6	4.2	4.1	3.8	3.6	3.8	3.9	4.0
제 주	4.9	4.7	4.1	3.7	3.2	3.1	3.2	3.2	3.2	3.5	4.1	4.6	3.8

2.4 강수

강수(precipitation)는 수문순환과정에서 가장 중요한 입력 자료이며, 강우(rain), 눈(snow), 우박(hail), 이슬비(drizzle) 등 구름이 응축되어 지상으로 떨어지는 모든 형태의 수분을 말한다. 강수는 대기 중의 수분이 기원이 되며 강수의 형태나 양은 바람, 온도, 대기압과 같은 기후인자의 영향을 받는다. 대륙내부의 공기기단은 일반적으로 건조하므로 대부분의 강수는 해양에서 증발한 습한 해양 대기로부터 유래한다.

2.4.1 강수의 형성 및 종류

공기중의 수증기가 물로 변할 때 응축현상이 일어나게 되며, 이러한 응축현상의 결과로 이슬, 안개 및 구름이 형성되게 된다. 일반적으로 수증기가 응축하기 위해서는 응축이 발생하기 위한 접촉 표면이 필요하며, 공기 중에서 응축이 발생할 때는 응결핵(condensation nuclei)이라는 작은 입자가 수증기의 응축 표면을 제공하게 된다. 미세한 먼지, 연기, 바다로부터의 소금입자 등이 응결핵의 역할을 하며 주로 하부대기층에서 풍부하게 존재한다.

1) 강수의 형성

일반적으로 강수를 형성하기 위해서는 다음과 같은 다섯 가지의 조건이 구비되어야 한다. 즉, ① 대기가 이슬점 이하로 충분히 냉각되어야 하고, ② 대기 중에 응결핵이 존재해야 하며, ③ 응결핵으로 응축이 발생하여야 하고, ④ 물방울 입자들의 크기가 충분히 증가해야 하며 그리고 ⑤ 빗방울로 내리기 위한 충분한 양의 수분이 모여야 한다. 이러한 조건들은 비교적 짧은 순간에 발생하고 동시에 나타나게 된다.

수증기를 포함한 공기가 상승하여 온도가 낮아지게 되면 포화상태에 이르게 되고, 대기중의 작은 입자인 응결핵을 중심으로 응축되어 작은 구름입자가 형성된다. 이러한 구름입자의 크기는 평균 10~20μm 정도이며 작은 물방울 입자가 되어 지상으로 떨어지려면 약 10만배인 2mm정도가 되어야 한다. 증발되지 않고 지표면에 도달하기에 충분히 큰 빗방울(raindrop)은 구름방울보다 수백만 배나 많은 물을 포함하게 된다. 따라서 강수가 형성되기 위해서는 수백만의 구름방울들이 낙하하는 동안 충분한 크기의 물방울로 응집(coalesce)되어야 한다. 이와 같이 대기 중의 구름입자가 빗방울크기로 변하여 강우가 형성되기 위해서는 버거론 또는 빙정과정(Bergeron 또는 ice crystal process)과 충돌-응집과정(collision-coalescence process)을 거치게 된다.

2) 인공강우

대기 중에 빙정핵이 존재하면 0℃보다 약간 낮은 온도에서 빙정핵을 중심으로 수분이 응결하여 얼음입자를 형성하게 된다. 이와 같이 대기 중 영하의 온도에서 빙정핵이 충분히 존재해야 구름입자가 얼음입자로 변하게 되는데, 빙정핵으로 작용하는 물질이 적어 대부분 과냉각물방울로 공기 중에 떠 있게 된다. 이때 빙정핵을 투입하면 과냉각물방울은 증발하고 빙정은 더 커지게 된다. 성장한 입자는 자연 낙하하면서 다른 과냉각입자들과 충돌하여 합쳐짐으로서 더욱 크게 성장하여 눈송이가 되어 지상에 떨어지거나 녹아서 빗방울이 되어 떨어진다. 이 과정은 주로 한랭구름에서 인공강우를 유도하는 방법으로 과냉각 구름입자 중에 인공 빙정핵을 투입하거나 드라이아이스 또는 요오드화은(AgI)을 뿌려 주위의 과냉각 구름입자로부터 빙정으로 수분을 이동시켜 강우를 형성하게 하는 것이다.

또한 대기 중에 0℃ 이상의 기온에서 수증기가 과포화 되어 있을 때 응결핵이 존재하게 되면 응결핵 주위의 수증기가 응집되어 물방울이 커지게 된다. 이 과정은 온난구름에서 인공강우를 유도하는 방법으로 구름 속에 응결핵이나 소금가루 등의 친수성 물질을 뿌려 큰 물방울로 변하게 하거나, 처음부터 빗방울과 비슷한 물방울을 뿌려 줌으로서 많은 강수가 발생하도록 한다.

3) 강수의 종류

열대지역에서 강수는 주로 충돌-응집과정에 의해서 발생하고, 따라서 강우로만 내리게 된다. 중위도 지역에서는 빙정과정이 주를 이루며 낙하하는 동안의 공기 온도분포에 따라 고체 또는 액체의 강수가 내리게 된다. 만일 강수가 녹지 않고 지표면에 도달하게 되면 눈이 되고 중간에 녹으면 강우로 내리게 된다. 강우가 지표면에 도달하기 전후의 상태에 따라 표 2.4.1과 같이 다양한 종류의 강수가 나타난다.

표 2.4.1 강수의 종류

종류	크기	상태	설명
안개 (mist)	0.005~0.05mm	액체	공기가 1m/s로 이동할 때 얼굴로 느낄 수 있을 정도로 큰 물방울, 층운과 관련이 있음
이슬비 (drizzle)	0.5mm 이하	액체	층운으로부터 떨어지는 작고 균일한 물방울, 일반적으로 수 시간 동안 지속
강우 (rain)	0.5~5mm	액체	일반적으로 난층운 및 적란운에 의해 발생, 강하게 내릴 경우 지역마다 높은 다양성을 보임
진눈깨비 (sleet)	0.5~5mm	고체	강우가 낙하하며 얼 때 형성되는 작고, 둥근 얼음 입자, 크기가 작기 때문에 피해는 일반적으로 작다.
우빙 (glaze)	1mm~2cm 두께	고체	과냉각된 빗방울이 고체면과 접촉하여 얼 때 생김, 우빙은 두껍게 누적되어 무게로 인해 나무나 전선에 피해 줌
서리 (rime)	쌓이는 정도에 따라 변함	고체	바람이 부는 방향으로 쌓인 얼음깃털로 서리같은 형태로 과냉각된 구름이나 차가운 물체에 안개 접촉시 발생
눈 (snow)	1mm~2cm	고체	눈의 결정체로 6면 결정, 판, 바늘형태 등 여러 가지 형태로 구성, 과냉각된 구름에서 형성
우박 (hail)	5mm~10cm 또는 그 이상	고체	단단하고 둥근 돌모양 또는 불규칙적으로 생긴 얼음 형태, 대류형 적란운에서 발생
싸라기눈 (graupel)	2mm~5mm	고체	부드러운 우박이라고도 불리는데 우박과는 달리 일반적으로 충돌하면 납작하게 됨.

4) 강수의 유형

공기기단간의 경계를 전선(front)이라 하며, 찬 공기가 더운 공기를 대체하면 한랭전선(cold front)이 형성되고, 따뜻한 공기가 찬 공기로 밀고 오면 온난전선(warm front)이 형성된다. 두 경우 따뜻한 공기가 상승하며 냉각되어 강수가 발생하게 된다. 강수의 유형은 공기기단의 상승과 관련하여 다음과 같이 분류할 수 있다.

① 대류형 강수

대류형 강수(convective precipitation)는 맑은 여름날에 대기 하부층의 공기가 가열되어 높이 상승할 때 내리는 강수를 말한다. 대기 하부층의 공기는 주로 지표면의 복사열로 가열되는데, 가열 속도는 지점마다 다르며 따라서 주위의 공기보다 빨리 가열되어 불안정해진 공기는 상승하기 시작하고, 이슬점 온도 이하로 냉각되어 응결이 시작되며 그 결과 적운으로 나타난다. 가열된 공기는 주위의 공기와 온도가 같아질 때까지 상승한다. 대류형 강수는 열대 습윤 지역에서는 연중 내내, 중위도 지역에서는 주로 여름철에 내리며 국지적으로 내리는 것이 특색이다.

② 산악형 강수

산악형 강수(orographic precipitation)는 습윤한 공기가 산지를 넘을 때 내리는 비나 눈을 말한다. 바다에서 불어오는 습윤한 공기가 산지로 상승할 때 이슬점 온도에 빨리 도달하며, 그 이후에도 계속 상승하면 산 사면에 비가 내린다. 산악형 강수는 집중호우와 뇌우를 동반할 때가 많으며, 특히 바다에서 불어오는 고온 다습한 바람이 해안지방의 높은 산지로 불어 올라가는 경우에 자주 나타나는데, 대량의 수증기 응축으로 잠열이 많이 방출되면 조건부로 불안정하던 공기에서도 대류 현상이 활발하게 일어나기 때문이다. 산지가 많은 우리나라에서도 강수량의 지역적인 분포는 주로 지형적인 요인에 의하여 영향을 많이 받고 있다.

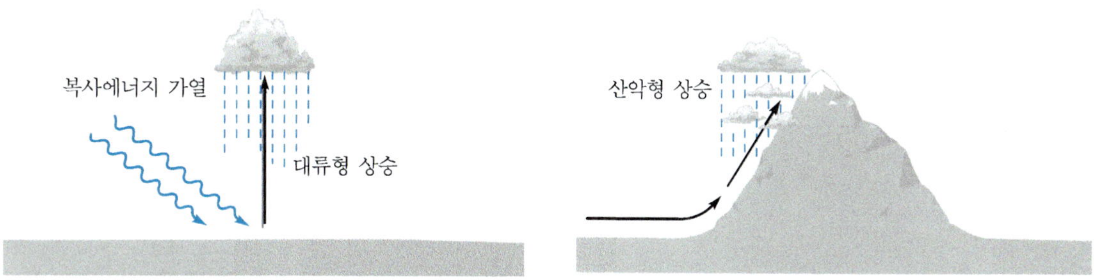

그림 2.4.1 대류형 강수 및 산악형 강수

③ 선풍형 강수

선풍형 강수(cyclonic precipitation)는 저기압을 중심으로 성질이 서로 다른 대규모의 두 공기 기단이 모여들어 상승함으로서 발생한다. 공기기단의 이동은 고기압에서 저기압으로 이루어지며 이때 서로 다른 기압의 기단이 만나 전선이 형성되며, 차가운 공기 위로 따뜻한 공기가 상승하여 전선형 강수(frontal precipitation)가 형성된다. 한랭전선형 강수는 찬 공기가 따뜻한 공기 아래로 밀고 들어 올 때 형성되며, 좁은 지역에 강한 비를 내리게 된다. 온난전선형 강수는 찬 공기 위로 따뜻한 공기가 밀고 올 때 형성되며, 넓은 지역에 내리고 강우 강도도 한랭전선형보다는 작다.

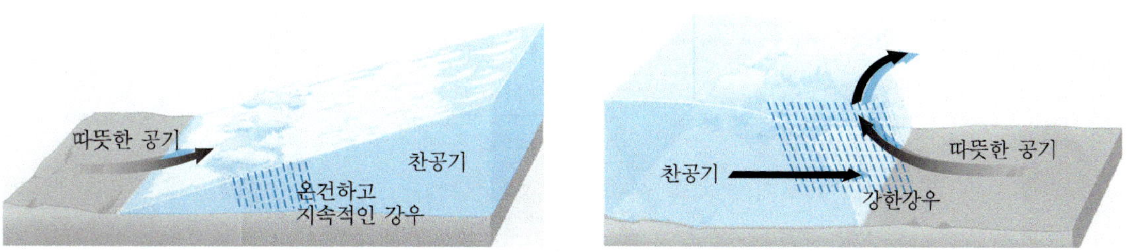

그림 2.4.2 온난전선 및 한랭전선

④ 열대성저기압

그림 2.4.3 열대성 저기압(태풍)

열대성저기압(tropical cyclones)은 열대지역에서 수표면 온도가 일반적으로 26℃보다 높을 때 발생하는 강한 회오리바람이며 바람의 속도는 33m/sec보다 크다. 열대성저기압을 멕시코만 지역에서는 허리케인(hurricane), 서태평양 지역에서는 태풍(typhoon), 인도양 지역에서는 사이클론(cyclone)이라 부르며, 그림 2.4.3과 같이 눈(eye)이라는 중심이 있고, 이를 주위로 북반구에서는 반시계방향으로 회전을 한다. 지속적인 바람과 강우를 발생시키기 위해서 열대성저기압은 따뜻한 물위에 위치하여 에너지를 지속적으로 공급받아야 하며, 대부분의 지역에서 열대성저기압은 많은 비를 내리게 된다.

⑤ 장마

하지를 전후하여 7월 하순까지 장마가 형성 되는데, 차고 습한 해양성기단인 오호츠크해고기압이 형성되면서 불어오는 북동기류와 태평양에서 불어오는 따뜻하고 습한 남서기류인 북태평양고기압이 충돌하여 생기는 정체전선인 장마전선은 오랜 장마의 원인이 된다. 장마전선이 우리나라에 완전히 상륙하게 되면 북태평양고기압으로부터 고온·다습한 열대기류가 전선상으로 흘러 들어오기 때문에 자연적으로 집중호우가 내리는 경우가 많다. 이러한 우기를 가리켜 우리나라에서는 장마, 중국에서는 메이유, 일본에서는 바이우라고 한다.

2.4.2 강수의 측정

일상생활에서 강수가 매우 중요한 영향을 주고 있으므로 다양한 방법을 통해 강수를 측정하고 있다. 강수는 관측기구가 설치된 지점에 떨어진 물의 깊이(눈인 경우 녹인 물)로 측정하게 되며, 단위는 보통 mm로 나타낸다.

1) 측우기

그림 2.4.4 측우기와 측우대

세계 최초의 우량관측기기는 우리나라에서 세종23년(1441년) 8월에 발명된 측우기이다. 측우기는 서울과 각 도의 군·현에 설치하였으며, 주철 또는 청동으로 만든 원통형의 측우기 본체와 이를 설치하기 위해 돌로 만든 측우대, 그리고 고인 빗물의 깊이를 재기 위한 자 등으로 이루어져 있다. 측우기를 올려놓기 위한 받침돌로 화강석, 대리석 또는 일반 석재로 만들어진 측우대를 사용하였는데 모양이 다양하며 윗면에 원형으로 오목하게 파서 측우기를 설치할 수 있도록 되어 있다.

2) 우량계

강우는 일반적으로 보통우량계(raingage)를 사용하여 측정하며, 직경이 20cm, 높이가 60cm의 윗부분이 열린 원통형으로 구리 또는 아연도금판으로 되어 있다. 측정은 매일 1회 오전 10부터 다음날 오전 10시까지의 우량을 측정하여 일우량으로 한다. 여러 가지 수문현상을 올바르게 해석하기 위해서는 일강우량 뿐만 아니라 시간에 따른 연속적인 강우량을 관측할 필요가 있다. 이러한 목적으로 자기우량계를 이용하게 되며, Tipping-bucket형 자기우량계, 중량측정형(weighing-bucket) 및 부자형(float type) 자기우량계가 있다.

Tipping-bucket형 자기우량계는 우량계 내에 2개의 회전하는 컵이 있으며, 우량계 표면에 내린 비가 깔대기를 통해 컵으로 모이게 되어 일정한 높이가 되면 회전하여 즉시 다른 빈 컵이 대체되고 기존의 컵 속의 물은 비워지게 된다. 이와 같이 컵의 회전수를 전기회로를 통해 기록하여 연속적인 강우량을 측정한다. 중량측정용 자기우량계는 누적된 강우량을 계속적으로 기록하는 점에서는 Tipping-bucket형 자기우량계와 비슷하며, 우량계 내에 누적된 물의 무게를 강우 깊이로 환산하여 기록한다. 부자형 자기우량계는 우량계 내에 모아진 강우량이 증가하여 수면이 상승함에 따라 기록펜이 부착된 부자가 상승함으로서 기록지에 누가 강우량을 기록할 수 있는 우량계이다.

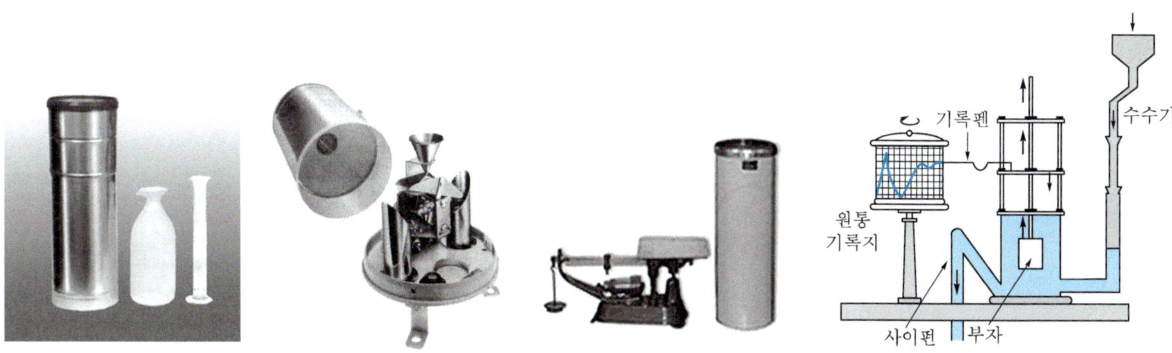

(a) 보통 (b) Tipping-bucket (c) 중량측정형 (d) 부자형

그림 2.4.5 우량계

3) 기상레이더

기존 우량계가 한 지점에서만 강수를 측정하는 것과는 달리 기상레이더(weather radar)는 일정한 면적에 대한 강수를 관측할 수 있다는 장점 때문에 우리나라를 비롯하여 여러 나라에서 광범위하게 사용하고 있다. 레이더 강수관측은 시간 및 공간 해상도의 증가로 강수의 연속적인 표현이 가능하며, 모든 종류의 강수를 다룰 수 있다는 장점이 있다.

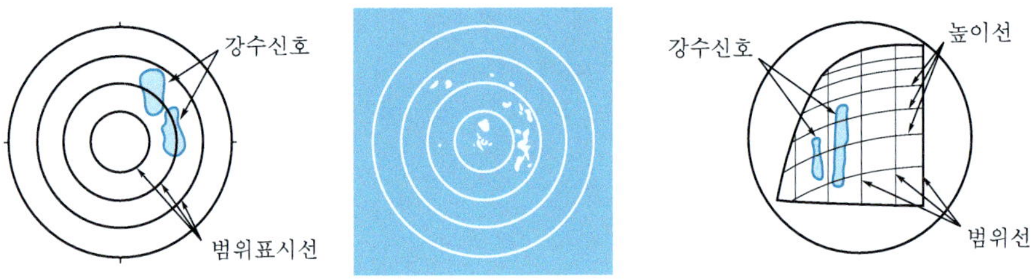

그림 2.4.6 레이더 표현 형태 (왼쪽 : PPI, 오른쪽 : RHI)

레이더는 좁은 주파수대의 전자기(electromagnetic) 에너지를 방출하며, 방출된 에너지가 강수와 마주치면 이 에너지는 부분적으로 흡수(absorbed), 산란(scattered) 그리고 반사(reflected)된다. 반사된 에너지의 일부는 송신기(transmitter)로 되돌아오고 총 에너지의 이동시간은 신호가 목표물(강수)에 도달하는 시간과 되돌아오는 시간을 합한 것이 되며 빛의 속도로 전파된다. 강수와의 상호작용이 이루어지는 동안 방출된 에너지는 약해지게 되므로 반사된 에너지는 다른 파장대의 반사에너지와 비교하기 위해 정규화 및 증폭과정을 거치게 된다. 레이더로 관측된 강수의 양상을 나타내는 방법은 일반적으로 두 가지를 사용하며, 그림 2.4.6과 같이 평면위치표시기(plan position indicator, PPI)와 고저범위표시기(range height indicator, RHI)가 있다.

4) 기상위성

위성관측은 대기에서 복사에너지가 여러 파장으로 전파하는데 기본 원리를 두고 있다. 대부분의 위성은 가시광선 및 열적외선 파장의 복사에너지를 감지하고 있으며, 가시(visible)광선의 파장은 0.77~0.91μm이고, 열적외선(thermal infrared)은 8.0~9.2μm, 10.2~12.4μm 그리고 17.0~22μm의 파장을 가지고 있다.

현재 사용 되어지고 있는 위성은 극궤도(polar-orbiting)위성과 정지(geostationary)위성으로 구분할 수 있다. 극궤도위성은 약 1,000km의 상공에서 극 지역을 하루에 두 번씩 회전하며, 정지위성은 36,000km의 상공에서 지구의 회전과 같은 속도로 움직이고 있어 한 지점에 정지하고 있는 효과를 얻게 된다. 그림 2.4.7은 정지기상위성의 위치를 보여주고 있으며, 지상에서 강수 관측망이 드물거나 아예 없는 지역 또는 강수의 공간적인 분포를 알아내기 위해 위성관측이 유용하게 사용될 수 있다.

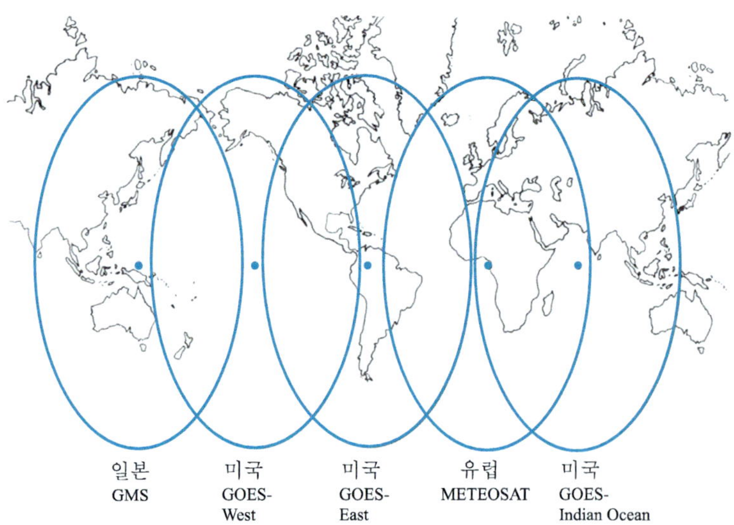

그림 2.4.7 5개의 지구정지위성의 관측범위

표 2.4.2 우리나라 주요도시의 월평균강수량 (mm)

지역	1월	2월	3월	4월	5월	6월	7월	8월	9월	10월	11월	12월	평 균
서 울	21.6	23.6	45.8	77.0	102.2	133.3	327.9	348.0	137.6	49.3	53.0	24.9	1344.2
인 천	20.8	20.5	40.8	70.7	91.3	110.9	261.5	288.9	126.5	48.9	49.2	22.3	1152.3
수 원	23.5	24.0	47.0	76.0	94.8	133.2	302.7	305.8	133.5	52.3	51.0	24.1	1267.9
철 원	21.8	25.1	41.9	53.4	108.9	134.0	376.6	304.8	143.8	45.9	56.2	23.3	1335.7
춘 천	20.3	23.7	39.8	69.5	100.1	131.3	318.6	310.4	143.5	43.1	44.1	22.4	1266.8
대관령	59.8	50.1	73.3	96.5	114.2	182.1	291.8	375.1	243.7	111.2	81.5	37.8	1717.1
강 릉	65.3	58.7	72.2	77.5	84.4	122.0	196.5	288.2	207.0	104.2	82.4	43.5	1401.9
울릉도	110.5	84.2	68.2	75.6	86.1	108.2	125.6	148.0	150.7	79.0	98.5	101.4	1236.0
대 전	29.5	36.4	60.5	87.2	97.0	174.3	292.2	296.5	141.5	56.9	51.7	30.1	1353.8
전 주	33.9	39.2	59.0	83.9	93.8	173.6	266.7	254.8	134.4	59.7	56.8	31.0	1286.8
광 주	38.0	43.9	64.5	95.3	97.3	190.3	281.9	276.0	137.7	55.3	55.4	32.4	1368.0
목 포	33.7	44.5	60.8	79.1	86.6	172.5	214.1	174.3	130.9	51.0	49.6	27.9	1125.0
여 수	27.6	38.9	78.0	126.1	145.2	222.8	257.2	249.1	138.9	55.0	47.8	20.9	1407.5
포 항	40.5	43.4	67.1	79.4	74.6	138.9	182.4	207.9	159.7	52.3	47.9	26.2	1120.3
대 구	21.6	27.1	51.6	75.2	75.3	140.7	206.7	205.8	129.6	42.0	37.1	15.2	1027.9
부 산	37.8	44.9	85.7	136.3	154.1	222.5	258.8	238.1	167.0	62.0	60.1	24.3	1491.6
제 주	63.0	66.9	83.5	92.1	88.2	189.8	232.3	258.0	188.2	78.9	71.2	44.8	1456.9

2.4.3 강수량 자료의 분석

수공구조물의 설계나 수자원분석을 위해서는 강수량 자료의 분석이 필수적이다. 강수에 대한 잘못된 자료나 분석은 결국 모든 수공구조물이나 수자원 관련 분석의 잘못으로 연결된다. 따라서 강수에 대한 잘못된 결정을 내리는 것을 피하기 위해 관측된 강수자료에 대한 충분하고 적절한 분석이 필요하다.

1) 강수 결측치의 보완

우량관측소에서 관측자의 실수 또는 관측 장비의 문제 등으로 인해 일정기간 자료가 결측된 경우 결측된 값을 관측된 값으로부터 보완할 필요가 있다. 결측된 자료를 산정하기 위해서는 결측된 관측소와 가능하면 등간격으로 분포되어 있는 인접한 3개의 관측소의 값을 선택하여 이용한다.

인접한 세 관측소의 정상연평균강수량(normal annual precipitation) N_A, N_B, N_C와 결측된 관측소의 정상연평균강수량 N_X의 차가 10% 이내일 경우에는 인접한 세 관측소에서의 강수량 P_A, P_B, P_C를 단순히 산술평균함으로써 결측된 강수량 P_X를 구할 수 있다. 결측 관측소의 정상연평균강수량과 인접한 세 관측소의 정상연평균강수량 중 어느 하나라도 차가 10% 이상이 되면 정상년강수량 비율법(normal-ratio method)을 사용하게 된다.

$$\left|\frac{N_{A,B,C}-N_X}{N_X}\right| \le 10\% \text{ 인 경우} \qquad P_X = \frac{1}{3}(P_A + P_B + P_C) \tag{2.4.1}$$

$$\left|\frac{N_{A,B,C}-N_X}{N_X}\right| > 10\% \text{ 인 경우} \qquad P_X=\frac{N_X}{3}\left(\frac{P_A}{N_A}+\frac{P_B}{N_B}+\frac{P_C}{N_C}\right) \tag{2.4.2}$$

결측 강수자료를 산정하는 또 다른 방법으로 역거리제곱법(inverse distance squared method)이 있다. 이 방법은 결측된 관측소를 기준으로 동서남북 4방향에서 인접한 관측소를 각각 1개소씩 선택하므로 사분위법(quadrant method)으로도 불린다. 역거리제곱법에서는 결측 관측소 X와 인접한 관측소간의 거리의 제곱의 역을 가중인자로 사용한다.

$$P_X=\sum_{i=1}^{n}\left[\left(\frac{1}{d_i^2}\right)P_i\right] \Big/ \sum_{i=1}^{n}\left(\frac{1}{d_i^2}\right) \tag{2.4.3}$$

여기서, d_i는 결측 관측소 X와 인접 관측소 사이의 거리이다. 이 밖에 등우선보간법(isohyetal interpolation method), 회귀분석기법(regression technique method) 그리고 크리깅(kriging) 등 다양한 방법으로 결측 강수량을 산정하고 있다.

예제 2.4.1

그림 2.4.8과 같은 유역에 X지점 우량계의 고장으로 한 달간 우량관측을 할 수 없었다. 인접한 A, B, C 세 관측소의 자료를 이용하여 X지점의 결측된 월강수량을 산정하라. 각 관측소에서 관측된 월강수량과 정상 연평균강수량이 표 2.4.3에 주어져 있다.

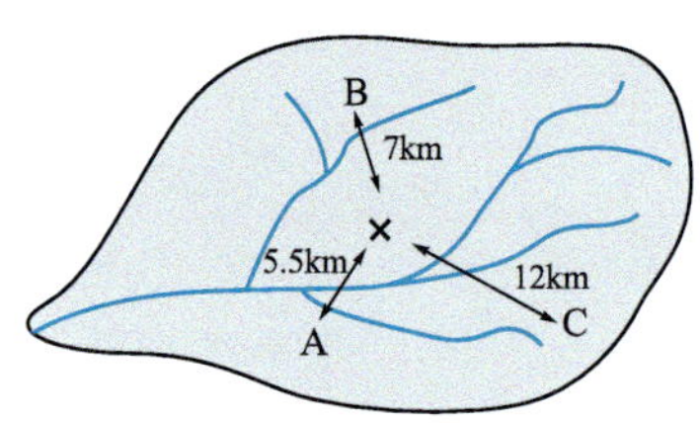

그림 2.4.8 강수 결측치의 보완

표 2.4.3 결측 강수량을 산정하기 위한 자료

관측소	관측 월강수량 (mm)	정상연평균강수량 (mm)	X관측소와의 거리 (km)
A	200.0	1090.0	5.5
B	150.0	1205.0	7.0
C	170.0	1117.0	12.0
X		1180.0	

풀이

결측 관측소와 인접관측소간의 정상연평균강수량의 차가 10% 이내이므로 산술평균방법을 사용하면

$$P_X=\frac{200+150+170}{3}=173\text{mm}$$

비교를 위해 정상연강수량비율법과 역거리제곱법을 적용하여 구하면 다음과 같다.

$$P_X=\frac{1180}{3}\left(\frac{200}{1090}+\frac{150}{1205}+\frac{170}{1117}\right)=181\text{mm}$$

$$P_X=\sum_{i=1}^{n}\left[\left(\frac{1}{d_i^2}\right)P_i\right] \Big/ \sum_{i=1}^{n}\left(\frac{1}{d_i^2}\right)=\frac{\frac{200}{30.25}+\frac{150}{49}+\frac{170}{144}}{0.0604}=180\text{mm}$$

2) 강수자료의 일관성 분석

관측기기의 교체, 관측방법의 변경, 관측소의 위치이동 그리고 기타 인위적이거나 자연적인 변화 때문에 발생하는 강수자료의 일관성(consistency) 변화는 이중누가우량분석(double mass analysis) 방법을 이용하여 분석한다. 이중누가우량곡선은 일관성에 의심이 가는 관측소의 자료와 인접한 관측소(1개 관측소 또는 여러 관측소)의 자료를 함께 표시한 곡선으로, 가로축에는 인접관측소의 누가우량, 세로축에는 의심이 가는 관측소의 누가우량을 나타낸다. 만일 관측 조건이 변하지 않았다면 두 개의 누가우량곡선은 일관성 있는 선형관계를 나타내게 되나, 일관성에 의심이 가는 관측소의 누가우량곡선은 관측 자료의 변화로 인해 변화가 없는 인접 관측소의 누가우량곡선과 그림 2.4.9와 같이 어느 순간부터 다른 기울기를 나타내게 된다. 변화가 있기 전 및 후의 자료의 중요성을 판단하여 변화 전의 자료가 중요하면 변화 후의 자료를 수정하고, 변화 후의 자료가 중요하면 변화 전의 자료를 수정하게 된다.

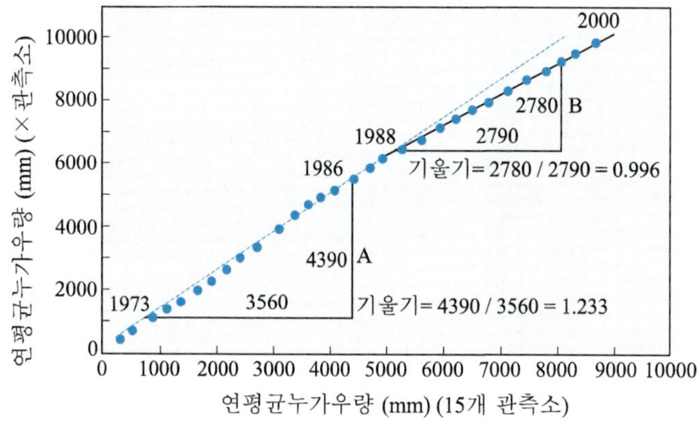

그림 2.4.9 이중누가우량분석

예제 2.4.2

X관측소의 30년간의 연강우량자료와 인근 15개 관측소의 연평균강우량자료가 표 2.4.4와 같이 주어져 있다. 이중누가우량분석을 실시하여 X관측소 자료의 일관성 분석, 자료의 수정하지 않았을 경우와 수정하였을 경우의 X관측소의 연평균강우량을 산정하라?

표 2.4.4 X관측소 연강우량 및 인근 15개 관측소의 연평균강우량 및 누가치

년도 (year)	연강우량 (mm)		연강우량 누가값 (mm)		년도 (year)	연강우량 (mm)		연강우량 누가값 (mm)	
	X관측소	15개 관측소평균	X관측소	15개 관측소평균		X관측소	15개 관측소평균	X관측소	15개 관측소평균
1971	470	290	470	290	1986	360	340	5520	4420
1972	240	210	710	500	1987	350	280	5870	4700
1973	420	360	1130	860	1988	280	230	6150	4930
1974	270	260	1400	1120	1989	290	330	6440	5260
1975	250	230	1650	1350	1990	320	330	6760	5590
1976	350	300	2000	1650	1991	390	350	7150	5940
1977	290	260	2290	1910	1992	250	260	7400	6200
1978	360	260	2650	2170	1993	300	290	7700	6490
1979	370	260	3020	2430	1994	230	280	7930	6770
1980	350	280	3370	2710	1995	370	340	8300	7110
1981	580	400	3950	3110	1996	340	330	8640	7440
1982	410	260	4360	3370	1997	300	350	8940	7790
1983	340	240	4700	3610	1998	280	260	9220	8050
1984	200	220	4900	3830	1999	270	250	9490	8300
1985	260	250	5160	4080	2000	340	350	9830	8650

풀이

1) X관측소와 인근 15개 관측소의 강우량자료를 누가시킨 결과가 표 2.4.4와 같으며, 이를 도시한 그림 2.4.9와 같이 1988년부터 자료의 일관성이 결여되는 것을 알 수 있다.
2) 자료를 수정하지 않을 경우 X관측소 강우량의 총 누가치 9,830을 전체 자료수 30으로 나누면 평균=327.7mm이다.
3) 자료가 일관성이 있도록 최근 자료를 수정할 경우에는 자료의 경사비 1.233/0.996=1.238를 최근의 자료에 곱해주어 평균치를 구하면 된다.

$$p = \frac{(1971 \sim 1988\text{년누가치}) + (1989 \sim 2000\text{년누가치}) \times 1.238}{\text{자료수}}$$
$$= \frac{1}{30}(6150 + 3680 \times 1.238) = 356.9\text{mm}$$

자료가 일관성이 있도록 과거 자료를 수정할 경우에는 자료의 경사비 0.996/1.233=0.808를 과거의 자료에 곱해주어 평균치를 구하면 된다.

$$p = \frac{(1971 \sim 1988\text{년누가치}) \times 0.808 + (1989 \sim 2000\text{년누가치})}{\text{자료수}}$$
$$= \frac{1}{30}(6150 \times 0.808 + 3680) = 288.3\text{mm}$$

3) 유역 평균강우량 산정

우량관측소의 강우량은 한 지점에서의 점 강우량을 관측한 것이며, 대부분의 수자원분석에서 강우-유출모형은 일반적으로 입력자료로서 유역(basin) 또는 소유역(subbasin)의 평균강우량을 이용하므로 점 강우량을 면적평균 강우량으로 변환시킬 필요가 있다. 면적 평균강우량을 산정하는 방법에는 산술평균법(arithmetic average method), 티센다각형법(Thiessen polygon method) 그리고 등우선법(isohyetal method)이 주로 사용되고 있다.

① 산술평균법

면적 평균강우량을 산정하는 방법 중 가장 간단한 방법이 산술평균법이며, 유역 내에 있는 강우량자료를 단순히 산술평균하는 방법으로 각 관측소마다 동일한 가중치 1/n을 부여하여 평균강우량을 구하게 된다.

$$P_m = \frac{P_1 + P_2 + \dots + P_n}{n} = \frac{1}{n}\sum_{i=1}^{n} P_i \qquad (2.4.4)$$

여기서, P_m은 유역의 평균강우량, P_1, …, P_n은 유역내 n개 관측소에서 관측된 강우량이다.

산술평균법은 평야지역에서 우량관측소가 균등하게 분포되어 있고, 각 관측소의 관측치가 유역의 평균치와 크게 벗어나지 않을 때 비교적 정확한 결과를 주게 된다. 즉, 강우에 대한 산악효과나 우량관측소의 분포상태, 밀도 등에 대한 고려 없이 모든 관측소의 값을 동일한 조건으로 고려하므로 비교적 평야지역이나 강우분포가 균일한 경우에 사용한다.

② 티센다각형법

티센다각형법은 각 관측소에서 관측된 강우량에 유역내의 관측소 주위로 작도한 티센다각형의 면적 비를 가중치로 부여하여 평균강우량을 산정하는 방법으로 유역 내 우량관측소의 상대적인 위치와 관측망의 상대적인 밀도 등을 고려하고 있어 산술평균법보다는 좋은 결과를 주지만 고도에 따른 강수의 변화 즉, 산악효과를 고려하지는 못한다.

$$P_m = \frac{A_1P_1 + A_2P_2 + \ldots + A_nP_n}{A_1 + A_2 + \ldots + A_n} = \frac{\sum_{i=1}^{n} A_iP_i}{\sum_{i=1}^{n} A_i} \quad (2.4.5)$$

여기서, P_m은 유역의 평균강우량, P_1,, …, P_n은 유역 내 n개 관측소에서 관측된 강우량, A_1, …, A_n은 각 관측점의 지배면적이다.

③ 등우선법

등우선법은 각 우량관측소에서 관측된 강우자료와 관측소 사이의 강우량을 보간하는데 필요한 정보를 이용하여 등우선을 작도한 후, 등우선 간의 면적을 구하여 유역의 평균강우량을 산정하는 방법으로 산악효과를 고려할 수가 있다.

$$P_m = \frac{A_1P_{1m} + A_2P_{2m} + \ldots + A_nP_{nm}}{A_1 + A_2 + \ldots + A_n} = \frac{\sum_{i=1}^{n} A_iP_{im}}{\sum_{i=1}^{n} A_i} \quad (2.4.6)$$

여기서, P_m은 유역의 평균강우량, P_{im}은 두 인접 등우선간의 면적에 대한 평균강우량, n은 등우선에 구분되는 면적구간의 수, A_1, …, A_n은 등우선에 의해 구분되는 면적이다.

예제 2.4.3

그림 2.4.10은 가상유역 내, 외에서 관측된 강우량을 보여주고 있다. 이 강우량을 이용하여 1) 산술평균법, 2) 티센다각형법 그리고 3) 등우선법에 의한 유역평균 강우량을 산정하라. 티센다각형과 등우선을 작성한 결과는 그림 2.4.11 및 2.4.12와 같고, 관련 면적은 표 2.4.5 및 2.4.6과 같다.

풀이

1) 산술평균법 : 유역내 다수의 관측소가 위치하고 있으므로 유역내의 자료만 이용하여 산술평균법으

로 구하면 다음과 같다.

$$P_m = \frac{37.1+48.8+68.3+114.3+75.7+127.0}{6} = 78.5\text{mm}$$

2) 티센다각형법 : 각 관할면적을 가중치로 하여 강우량을 평균한 결과가 표 2.4.5의 3란과 같다.

표 2.4.5 티센다각형법에 의한 평균강우산정

강우량 P_i (mm)	관할면적 A_i (km^2)	가중된 강우 $P_iXA_i/\Sigma Ai$ (mm)
16.5	18	0.18
37.1	311	7.12
48.8	282	8.49
68.3	311	13.10
39.1	52	1.25
75.7	238	11.12
127.0	212	16.61
114.3	197	13.89
계	ΣA_i = 1,621	P_m = 71.8

3) 등우선법 : 등우선에 의해 구분된 면적의 평균강우량은 인접한 등우선의 평균치를 사용하고, *는 상황을 고려하여 정한 평균치이다. 구간면적을 가중치로 면적평균강우량을 구한 결과가 표 2.4.6의 4란과 같다.

표 2.4.6 등우선법에 의한 평균강우산정

등우선 (mm)	구간면적 A_i (km^2)	평균강우량 P_{im} (mm)	가중된 강우 $A_iXP_{im}/\Sigma A_i$ (mm)
127	34	135*	2.83
102	199	114.5	14.06
76	300	89	16.47
51	508	64	20.06
25	500	38	11.72
<25	80	20*	0.99
계	ΣA_i = 1,621		P_m = 66.1

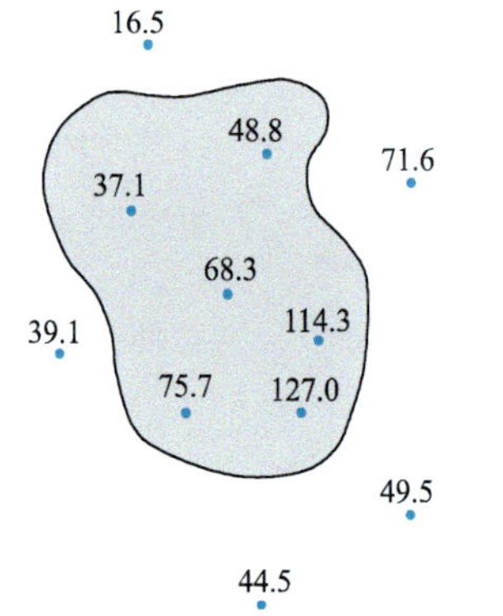

그림 2.4.10 산술평균법

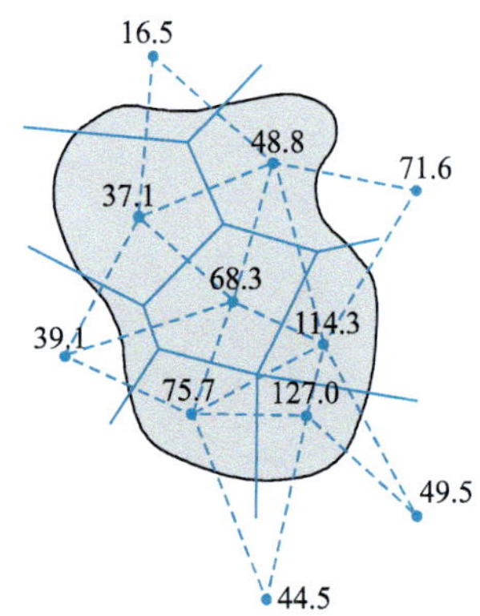

그림 2.4.11 티센다각형법

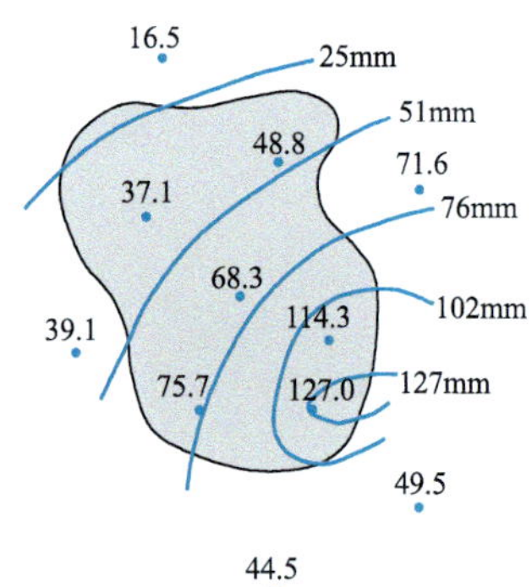

그림 2.4.12 등우선법

2.4.4 설계강우

각종 수자원분석 및 설계시 관측된 강수량의 기간별 자료뿐만 아니라 강우강도(rainfall intensity), 지속기간(duration), 발생빈도(frequency) 그리고 지역적인 범위(areal extent)에 대한 분석이 필요하다. 강우강도는 단위시간에 내린 강우의 양(mm/hr)으로 일정시간 동안 내린 강우량을 1시간으로 환산하여 나타낸다. 강우의 지속기간은 강우가 내리기 시작하여 끝날 때까지의 시간을 의미하며, 지속기간은 강우자료의 사용목적에 따라 다르게 되며 짧게는 10분 단위에서 1시간, 2시간, …, 24시간 등으로 나타내게 된다. 강우의 발생빈도는 재현기간(return period 또는 recurrence interval)이라고도 하며, 일정한 기간 동안에 어떤 크기의 호우가 발생할 횟수 또는 어떤 크기의 호우가 발생하는 데 걸리는 시간을 의미한다.

1) IDF곡선

일반적으로 발생빈도가 같을 경우 강우의 지속기간이 길어지게 되면 강우강도는 작아지게 된다. 강우강도와 지속기간 및 발생빈도의 관계를 나타내는 식을 재현기간별 강우강도식이라 하며, 지역적인 특성을 보이고, 여러 가지 목적의 설계 즉, 대규모 단지설계, 비행장 및 주차장설계, 도로의 암거 및 도시지역의 우수관거 등을 설계할 때 강우의 지속기간에 따른 설계강우량을 산정하고 이를 유출량으로 환산하여 유용하게 사용할 수 있다.

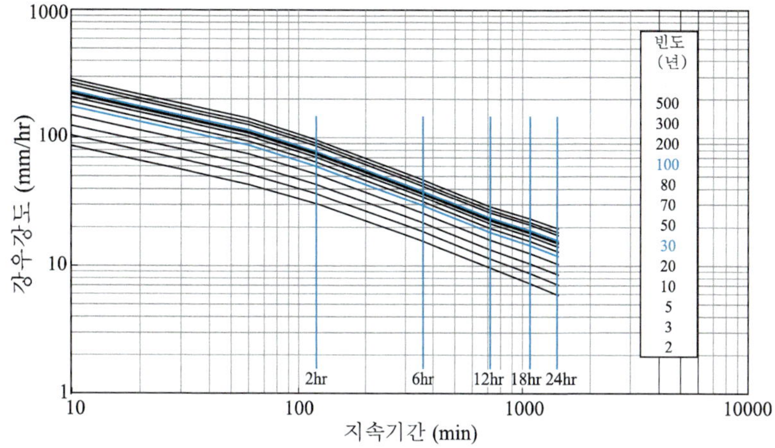

그림 2.4.13 서울지역의 강우강도-지속기간-발생빈도(IDF)곡선

강우강도-지속기간에 발생빈도 또는 재현기간을 고려하여 수공구조물의 설계 및 수자원 분석에 사용되는 설계강우량을 산정하게 되며, 이를 위해서는 강우강도-지속기간-발생빈도(intensity-duration-frequency, IDF)곡선이 필요하다. IDF곡선에서 재현기간을 결정하면 강우강도-지속기간의 관계를 나타내는 하나의 곡선만 남게 되며, 최소자승법을 이용하여 강우강도식을 얻을 수 있고, 강우강도식의 형태에는 Talbot형, Sherman형, Japanese형 그리고 Semi-log형 등이 주로 사용된다.

- Talbot형 $$I = \frac{b}{t+a} \tag{2.4.7}$$
- Sherman형 $$I = \frac{c}{t^n} \tag{2.4.8}$$
- Japanese형 $$I = \frac{d}{\sqrt{t+e}} \tag{2.4.9}$$
- Semi-log형 $$I = a + b \times \log(t) \tag{2.4.10}$$

여기서, I는 강우강도(mm/hr), t는 지속기간(min), a, b, c, d, e, n은 지역에 따라 변하는 지역상수이다. IDF곡선으로부터 직접 강우강도식을 구하면 재현기간이 포함된 강우강도식을 얻게 되며, 건설교통부(2000)에서는 전국 22개 관측소 강우자료를 빈도분석하여 최적확률분포형으로 Gumbel

분포를 채택하여 다음과 같은 강우강도식을 제시하였다.

$$I(T,t)=\frac{a+b\times \ln(T/t^{n})}{c+d\times \ln(\sqrt{T}/t)+\sqrt{t}} \tag{2.4.11}$$

여기서, a, b, c, d 및 n은 지역별로 결정되는 상수로 우리나라 주요지점별 지역상수 값은 표 2.4.7과 같다.

표 2.4.7 강우강도식을 적용하기 위한 지역상수

지점	구분		지역상수 a	b	c	d	n
서울	120분	단기간	153.0746	144.5254	0.6011	0.1562	−0.1488
		장기간	324.7979	91.6429	−2.8899	0.0176	0.2685
인천	120분	단기간	322.0633	147.1074	2.1344	0.2689	0.1109
		장기간	338.1145	97.8410	−2.0748	0.0655	0.2937
수원	30분	단기간	79.1287	78.0319	−0.2551	0.1088	−0.6026
		장기간	828.3783	144.8427	4.9127	0.1139	0.6580
대전	90분	단기간	157.7852	98.5065	0.1822	0.1356	−0.2843
		장기간	521.6633	101.0004	−0.1721	−0.0005	0.5153
전주	180분	단기간	412.1723	138.2680	1.9288	0.3150	0.3174
		장기간	351.8756	82.1814	−2.3994	0.0696	0.3885
부산	90분	단기간	253.5492	159.1007	1.6795	0.1470	0.0109
		장기간	380.9872	118.4000	−0.5210	0.0627	0.2784
광주	60분	단기간	185.4785	97.5953	0.5941	0.1531	−0.1131
		장기간	354.2587	78.4099	−0.6737	−0.0313	0.3859
춘천	전체	전체	172.6329	82.6687	0.0555	0.1444	−0.0073
포항	120분	단기간	51.8427	72.6780	−0.2845	0.1044	−0.3374
		장기간	266.0319	91.7480	3.0201	0.5121	0.2019
대구	90분	단기간	147.9781	98.0911	0.2046	0.1725	−0.0518
		장기간	310.0363	66.9800	−1.8327	−0.0354	0.4384
군산	90분	단기간	317.0764	96.5720	1.9521	0.1943	0.1353
		장기간	888.6918	100.2966	2.9299	−0.5044	1.0673
목포	60분	단기간	140.3045	74.9801	−0.0001	0.1289	−0.1577
		장기간	350.2751	76.0617	1.1267	0.1034	0.3669
강릉	120분	단기간	98.1820	78.2095	0.1927	0.1525	−0.1758
		장기간	188.0071	101.6393	3.5588	0.5308	0.0141
울산	30분	단기간	569.2767	185.9155	4.6126	0.2583	0.4327
		장기간	255.6156	124.4030	1.2410	0.2497	0.1373
청주	60분	단기간	206.9811	93.6890	0.1992	0.1380	−0.0266
		장기간	194.5685	67.0847	−1.7755	0.0855	0.0791
속초	240분	단기간	93.7767	77.1755	1.1261	0.2165	−0.2620
		장기간	158.2023	82.0172	2.8169	0.6434	−0.0835

예제 2.4.4

식 (2.4.11)을 이용하여 서울지역에 대한 재현기간 50년 및 100년, 지속기간 1시간 및 3시간에 대한 강우강도를 산정하라.

풀이

지속기간 60분인 경우 서울지역에서 단기간으로 분류가 되므로 상수값 a=153.0746, b=144.5254, c=0.6011, d=0.1562, n=−0.1488을 적용하고 재현기간 T를 50년에 대해 적용하면 다음과 같다.

$$I(50,60) = \frac{a + b \times \ln(50/60^n)}{c + d \times \ln(\sqrt{50}/60) + \sqrt{60}} = 100.6\text{mm/hr}$$

같은 방법으로 재현기간 T=100년에 대해 적용하면 강우강도는 112.4mm/hr가 된다.

지속기간 180분인 경우는 장기간으로 분류가 되므로 상수값 a=324.7979, b=91.6429, c=−2.8899, d=0.0176, n=0.2685을 적용하고 재현기간 T를 50년에 대해 적용하면 53.1mm/hr가 되고, 100년에 대해 적용하면 59.1mm/hr가 된다.

2.4.5 강우의 공간적 분포

점강우량은 한 유역에 대한 면적 강우량과는 달리 단일 관측지점에서 관측한 강우량으로 유역면적이 증가할수록 평균강우량은 점강우량보다는 작아지게 된다. 이를 고려하여 점강우량을 면적강우량으로 환산하기 위해 그림 2.4.14와 같은 강우량-면적관계곡선을 사용한다. 건설교통부(2000)에서 한강유역의 강우량자료를 분석하여 재현기간별, 지속기간별, 면적별 면적감소계수를 구하여 회귀식을 얻은 결과가 식 (2.4.12)와 같고 재현기간과 지속기간별 매개변수 M, a, b는 표 2.4.8과 같으며, 면적감소계수를 적용하는 면적의 범위는 25km²이상을 추천하고 있다.

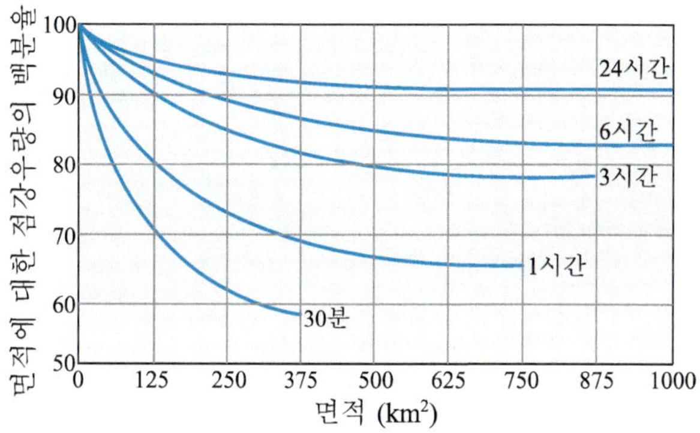

그림 2.4.14 점강우량-면적강우량 환산 곡선

$$ARF(A) = 1 - M \cdot \exp^{-[aA^b]^{-1}} \tag{2.4.12}$$

여기서, A는 면적(km²), ARF(A)는 면적 A에 대한 면적감소계수, M, a 및 b는 매개변수이다.

예제 2.4.5

유역면적이 1,000km²인 어떤 지역에서 점 강우량을 빈도해석 한 결과 재현기간 100년, 지속기간 24시간인 확률강우량이 400mm로 나타났다. 이를 면적 확률강우량으로 환산하라.

풀이

표 2.4.8로부터 재현기간 100년, 지속기간 24시간인 경우 매개변수는 M=1.7808, a=0.1646, b=0.1124이므로

$$ARF(A) = 1 - M \cdot \exp^{-[aA^b]^{-1}} = 1 - 1.7808 \times \exp^{-[0.1646 \times 1000^{0.1124}]^{-1}} = 0.8912$$

따라서 면적강우량은 400×0.8912=356.5mm이다.

표 2.4.8 면적감소계수 관계식에서의 매개변수

재현기간 (년)	매개변수	지속기간 (hr)						
		0.5	1	2	3	6	12	24
2	M	2.4287	3.4312	3.9660	5.3167	0.9116	1.0720	1.3319
	a	0.1712	0.1867	0.1602	0.1410	0.1155	0.1192	0.1195
	b	0.1721	0.1221	0.1259	0.1191	0.2406	0.1864	0.1450
3	M	3.1380	3.9124	4.5831	7.0366	1.6828	0.9662	1.1229
	a	0.1790	0.1897	0.1630	0.1418	0.1409	0.1007	0.1350
	b	0.1471	0.1128	0.1177	0.1085	0.1691	0.2225	0.1463
5	M	3.6486	3.6220	5.1082	6.8533	4.2678	3.7612	0.9835
	a	0.1815	0.1944	0.1642	0.1446	0.1451	0.1319	0.1442
	b	0.1357	0.1153	0.1126	0.1089	0.1156	0.1178	0.1531
10	M	3.0931	3.7249	6.7562	10.7957	3.7574	2.9752	3.2710
	a	0.1834	0.1966	0.1621	0.1417	0.1495	0.1348	0.1453
	b	0.1473	0.1128	0.1018	0.0946	0.1194	0.1285	0.0957
20	M	3.7566	3.5125	9.3566	14.4697	5.9626	4.0555	4.3961
	a	0.1854	0.1998	0.1584	0.1387	0.1463	0.1349	0.1448
	b	0.1329	0.1147	0.0913	0.0874	0.1025	0.1164	0.0869
30	M	2.6730	3.7203	9.9311	13.5588	7.3204	4.3371	8.9801
	a	0.1841	0.1996	0.1579	0.1403	0.1450	0.1356	0.1358
	b	0.1594	0.1115	0.0895	0.0887	0.0956	0.1138	0.0719
50	M	2.7129	3.7410	11.2864	15.9672	8.8585	5.4253	1.5786
	a	0.1856	0.2008	0.1565	0.1387	0.1428	0.1338	0.1633
	b	0.1576	0.1106	0.0858	0.0849	0.0906	0.1071	0.1185
100	M	2.7718	3.7278	11.0670	17.9015	11.4217	6.2567	1.7808
	a	0.1869	0.2018	0.1581	0.1376	0.1405	0.1336	0.1646
	b	0.1552	0.1105	0.0855	0.0825	0.0840	0.1027	0.1124
200	M	3.4280	3.4252	15.4089	15.9854	13.3671	7.2174	2.5280
	a	0.1884	0.2047	0.1521	0.1397	0.1387	0.1332	0.1661
	b	0.1384	0.1141	0.0784	0.0847	0.0807	0.0983	0.0994

2.4.6 설계우량주상도

재현기간별 지속기간에 대한 설계강우량이 결정되었으면, 그 지역을 대표하는 강우분포 양상을 고려하여 설계우량주상도(design hyetograph)를 결정해야 한다. 즉, 설계 대상 유역에서 관측된 과거의 호우사상 분석을 통해 그 유역의 전형적인 호우에 대한 강우의 시간적인 분포를 결정해야 한다. 설계강우량을 어떻게 분포시키는가에 따라 유출수문곡선의 모양, 첨두홍수의 크기 및 발생시간이 변하게 된다. 설계강우량을 시간에 따라 분포시키는 방법은 Mononobe 방법, Huff 방법, 삼각형 우량주상도법(triangular hyetograph method), 교호블록법(alternating block method), 순간강우강도법(instantaneous intensity method) 등이 있다.

1) Mononobe 방법

Mononobe 방법은 설계강우량에 시간구간을 곱하여 설계 강우량을 시간별로 분포시키는 방법으로 다음과 같은 식을 사용하여 분포시킨다.

$$R_t = \frac{R_T}{T}\left(\frac{T}{t}\right)^n \times t \tag{2.4.13}$$

여기서, R_T는 지속기간 T시간인 설계 강우량(mm), R_t는 강우시작부터 t시간까지의 누가우량(mm), T는 강우지속기간으로 보통 24시간을 사용(hr) 그리고 n은 상수(일반적으로 2/3)이다.

식 (2.4.13)으로부터 구한 R_t는 t시간까지의 누가우량이므로 임의의 시간구간 $\Delta t = t_2 - t_1$에 대한 강우량은 $R_{t2} - R_{t1}$으로 구한 각 시간구간 Δt별 설계강우량을 구한 후, 그림 2.4.15와 같이 전진형(advanced type), 중앙집중형(centered type) 그리고 지체형(delayed type) 중에서 그 유역의 강우분포양상과 비슷한 형태를 선택하여 시간별 강우량을 분포시킨다.

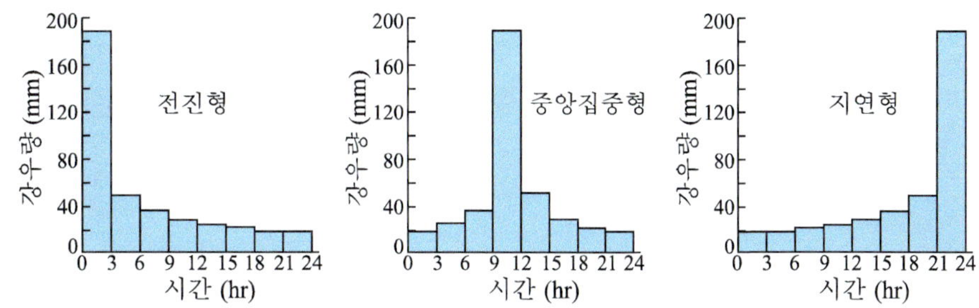

그림 2.4.15 강우분포 형태

예제 2.4.7

어떤 지역에서 강우빈도해석을 한 결과 재현기간 100년, 지속기간 24시간인 확률강우량이 376.4mm로 나타났다. 이지역에서 유도된 3시간 단위도를 적용하기 위한 24시간 확률강우량을 전진형, 중앙집중형 그리고 지연형에 맞추어 설계우량주상도를 작성하라. 단, n=2/3을 적용하라.

풀이

Mononobe공식을 적용하여 24시간 확률강우량을 3시간 단위로 누가우량을 구한 결과가 표 2.4.9의 2란과 같다. 예를 들어 강우가 시작된 후 3시간까지의 누가 우량은

$$R_t = \frac{R_T}{T}\left(\frac{T}{t}\right)^n \times t = \frac{376.4}{24}\left(\frac{24}{3}\right)^{2/3} \times 3 = 188.2\text{mm}$$

매 시간구간에서 이전 시간구간의 우량을 빼면 3란과 같이 각 시간 구간에서의 강우량을 얻을 수 있

표 2.4.9 Mononobe방법에 의한 설계우량주상도의 유도

시간 (hr) (1)	누가우량 (mm) (2)	구간별우량 (mm) (3)	전진형 (mm) (4)	중앙집중형 (mm) (5)	지연형 (mm) (6)
0	0.0				
3	188.2	188.2	188.2	18.0	16.4
6	237.1	48.9	48.9	23.1	18.0
9	271.4	34.3	34.3	34.3	20.2
12	298.7	27.3	27.3	188.2	23.1
15	321.8	23.1	23.1	48.9	27.3
18	342.0	20.2	20.2	27.3	34.3
21	360.0	18.0	18.0	20.2	48.9
24	376.4	16.4	16.4	15.4	188.2

다. 이와 같이 각 시간구간별 강우량을 구한 후 전진형, 중앙집중형 및 지연형으로 배치한 결과가 4~6란과 같으며 그림 2.4.15와 같이 설계우량주상도를 유도하게 된다.

2) Huff 방법

Huff(1967)는 미국 Illinois주에 위치한 면적이 400mi^{2}까지 다양한 유역에서 발생한 호우에 대해 시간분포를 분석하여 시간분포 양상을 1분위 호우부터 4분위 호우 등 네 가지의 강우분포로 분류하였다. 이와 같이 네 가지 분위로 분류한 후 각 분위에 속해있는 개개의 강우를 지속기간 및 총우량으로 무차원화하기 위해 다음과 같이 각 지속기간과 이에 해당하는 누가우량을 총 지속기간과 총 우량으로 나누게 된다. 이때 보통 지속기간은 10개의 간격으로 한다.

$$t = \frac{T_d}{N} \tag{2.4.14}$$

$$X_i = \frac{t \times i}{T_d} \times 100\% \qquad i = 1, 2, \ldots, N \tag{2.4.15}$$

$$Y_i = \frac{p_i}{P} \times 100\% \qquad i = 1, 2, \ldots, N \tag{2.4.16}$$

여기서, N은 지속기간의 구간수(보통 10개), T_d는 총 강우지속기간(분), t는 단위시간(분), X_i는 구간 i에서의 강우지속시간 비(%), P는 지속기간 T_d의 총 우량(mm), p_i는 구간 i까지의 누가우량(mm), Y_i는 구간 i에서의 누가우량 비(%)이다.

각 분위별로 속해 있는 무차원화 된 강우자료들에 대해 무차원 지속기간(%)별로 강우량(%)을 확률도시위치공식을 사용하여 초과확률 10%, 20%, .., 90%에 해당하는 강우량(%)을 결정한다. 이와 같은 방법으로 각 분위에 대해 지속기간(%)별 각 초과확률에 해당하는 강우량(%) 및 누가강우량(%)를 얻을 수 있다.

그림 2.4.16은 Huff가 분석한 1분위 및 2분위 호우에 대한 확률분포를 보여주고 있다. 그림에서 총강우시간을 100%로 하고 10개 구간으로 나누어 총강우의 각 10%에 해당하는 시간구간에서의 강우를 총강우량에 대한 %로 나타내고 있다. 그림 2.4.17은 1분위 호우에 대해 발생 초과확률이 10, 50, 90% 되는 우량주상도를 보여주고 있으

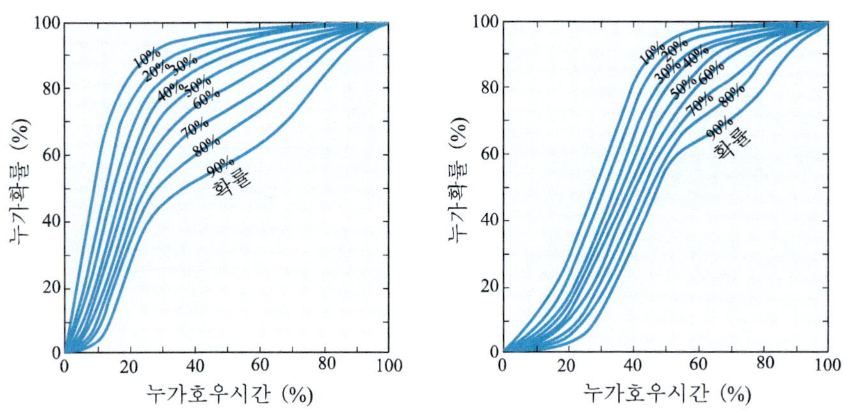

그림 2.4.16 1분위 및 2분위 호우에 대한 시간 분포

며, 이러한 강우분포를 이용하여 설계강우량에 대한 우량 주상도를 작성할 수가 있다.

각 분위별로 발생확률 10~90%의 9가지 분포형태가 존재하지만 첨두 강우가 해당 분위의 중심에 위치하는 50%를 주로 선택하여 산정하게 된다. 우리나라에서도 건설교통부(2,000)에서 전국 주요지점에 대해 강우분석을 하여 Huff의 분위별 누가강우량을 산정하였으며, 서울지역의 각 분위별 초과확률 50%에 해당하는 누가강우량이 그림 2.4.18 및 표 2.4.10과 같다.

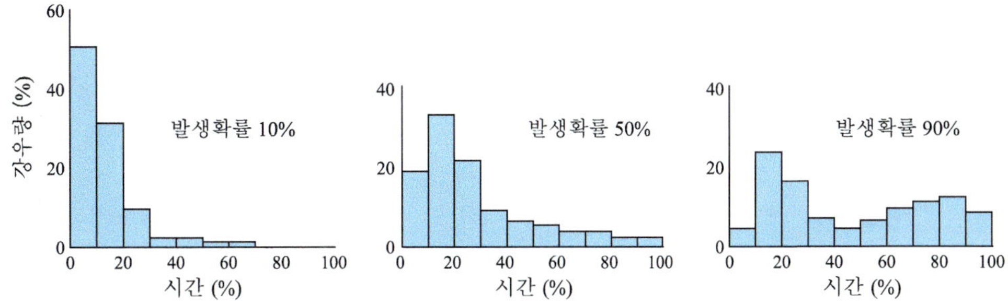

그림 2.4.17 1분위 호우에서 선택한 세 가지 확률의 강우 분포형태

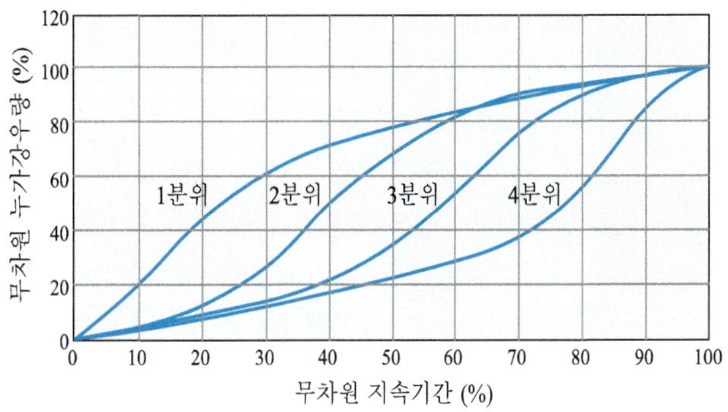

그림 2.4.18 각 분위별 발생확률 50%에 해당하는 누가우량(서울)

표 2.4.10 서울지역의 각 분위별 발생확률 50%에 해당하는 누가우량

구 분		지속기간 (%)										
		0	10	20	30	40	50	60	70	80	90	100
누가강우량 (%)	1분위	0.0	21.0	45.2	62.5	72.4	77.8	83.6	88.0	92.9	96.9	100
	2분위	0.0	4.5	12.6	26.8	50.0	69.8	82.0	90.1	94.6	97.9	100
	3분위	0.0	3.8	7.9	14.3	21.6	34.2	54.3	75.7	91.1	96.9	100
	4분위	0.0	3.8	7.9	11.4	16.4	22.4	28.6	37.5	56.9	83.9	100

만일 설계우량주상도의 지속기간의 수를 10개로 나누지 않고 임의의 수로 나눌 경우에는 각 지점별로 주어진 무차원 누가우량곡선을 도시하여 곡선으로부터 원하는 수만큼 읽어서 사용하거나 다음과 같이 곡선의 회귀방정식을 구해 지속기간 X(%)에 따른 누가우량 Y(%)를 산정할 수 있다.

$$Y = C_0 + C_1X + C_2X^2 + C_3X^3 + \ldots + C_nX^n \tag{2.4.17}$$

이와 같이 지속기간(%)별 누가우량(%)을 산정하면 각 지속기간 구간 i에 대한 우량(%)은 식 (2.4.18)과 같이 구하게 되고, 산정된 지속기간(%)과 우량(%)에 총 지속기간 및 총 우량을 곱하면 설계우량주상도를 얻게 된다.

$$R_i = Y_i - Y_{i-1} \tag{2.4.18}$$

여기서, Y_i는 i시간구간까지의 누가우량(%), Y_{i-1}는 i-1시간구간까지의 누가우량(%), R_i는 i시간구간에서의 우량(%)이다.

예제 2.4.8

어떤 지역에서 강우빈도해석을 한 결과 재현기간 100년, 지속기간 2시간인 확률강우량이 156.1mm이다. Huff의 방법을 사용하여 설계우량주상도를 유도하라. 이지역의 강우분포는 2분위에 적절하다고 가정하고 확률 50%의 누가확률곡선을 사용하라. 단, 지속기간은 10개로 나누어 적용하라.

풀이

이지역의 2분위, 확률 50%에 해당하는 지속기간별 누가우량이 표 2.4.11의 1, 2줄과 같다. 지속기간 구간별 우량은 2줄의 누가우량 각 구간에서 이전 구간의 값을 빼주면 3줄과 같다. 설계우량주상도를 구하기 위해 1줄의 % 지속기간에 실제 지속기간 120분을 곱하면 4줄과 같고 3줄의 % 구간우량에 확률강우량 156.1mm를 곱하면 5줄과 같다. 따라서 실제 지속기간 별 강우량은 그림 2.4.19와 같다.

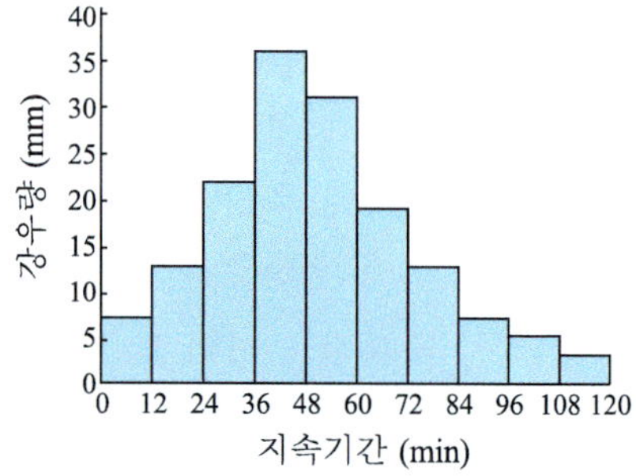

그림 2.4.19 Huff 방법에 의한 설계우량주상도

표 2.4.11 Huff 방법에 의한 설계우량주상도 유도

지속기간 (%)	10	20	30	40	50	60	70	80	90	100
누가우량 (%)	4.5	12.6	26.8	50.0	69.8	82.0	90.1	94.6	97.9	100.0
구간우량 (%)	4.5	8.1	14.2	23.2	19.8	12.2	8.1	4.5	3.3	2.1
지속기간 (min)	12	24	36	48	60	72	84	96	108	120
실제우량 (mm)	7.0	12.6	22.2	36.2	30.9	19.0	12.6	7.0	5.2	3.3

3) 삼각형 우량주상도법

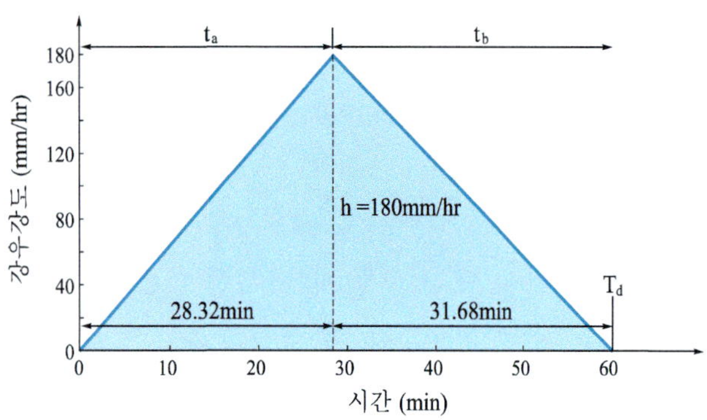

그림 2.4.20 삼각형 설계 우량주상도

삼각형 우량주상도법은 우량주상도가 삼각형 형태로 이루어진다는 가정으로 설계강우량 P와 지속기간 T_d를 안다면 삼각형 우량주상도의 밑변길이와 높이가 결정되기 때문에 설계 우량주상도를 간단하게 유도할 수 있다. 그림 2.4.20과 같은 삼각형 우량주상도에서 밑변의 길이가 T_d이고, 높이가 h이므로 우량주상도의 총강우량은 $P=0.5T_dh$이고, 따라서 높이 h는

$$h = \frac{2P}{T_d} \tag{2.4.19}$$

호우전진계수(storm advancement coefficient) r은 다음과 같이 총 지속기간 T_d에 대한 첨두가 발생할 때까지의 시간 t_a의 비율이라고 정의한다.

$$r = \frac{t_a}{T_d} \tag{2.4.20}$$

따라서 감소시간(recession time) t_b는 다음과 같다.

$$t_b = T_d - t_a = (1 - r)T_d \tag{2.4.21}$$

만일 r=0.5이면 첨두 강우강도가 호우의 중앙에서 발생(중앙집중형)하고, r<0.5이면 호우의 전반부에서 발생(전진형)하며, r>0.5이면 호우의 후반부에서 발생(지연형)하게 된다. 표 2.4.12는 우리나라 및 외국의 주요지점에서 산정된 r값을 보여주고 있으며, 우리나라의 경우 r값이 0.5 주위로 분포하는 중앙집중형으로 나타나고 있고, 외국의 경우 많은 지역의 r값이 0.5보다 작은 전진형으로 나타나고 있다.

표 2.4.12 호우전진계수 r

우리나라	r값	우리나라	r값	외국	r값	외국	r값
서울	0.472	강릉	0.522	Baltimore	0.399	Cleveland	0.375
부산	0.509	전주	0.449	Chicago	0.375	Ontario	0.480
대전	0.456	포항	0.490	Cincinnati	0.325	Philadelphia	0.414

예제 2.4.9

어떤 지역에서의 수문설계를 위한 재현기간 20년 지속기간 1시간에 대한 삼각형 우량주상도를 산정하라. IDF곡선으로부터 구한 재현기간 20년 지속기간 1시간에 대한 강우강도는 90mm/hr이다.

풀이

이지역의 호우전진계수는 0.472이고 첨두 강우강도 h는

$$h = \frac{2P}{T_d} = \frac{2 \times 90}{1.0} = 180\text{mm/hr}$$

첨두강우강도 발생까지의 시간 t_a는 및 감소시간 t_b는 다음과 같다.

$$t_a = rT_d = 0.472 \times 1.0 = 0.472\text{hr} = 28.32\text{min}$$

$$t_b = T_d - t_a = 1.0 - 0.472 = 0.528\text{hr} = 31.68\text{hr}$$

이와 같이 구한 삼각형 우량주상도가 그림 2.4.20과 같다.

4) 교호블록법

교호블록법은 IDF곡선으로부터 설계우량주상도를 유도하는 간단한 방법으로 이 방법에 의해 유

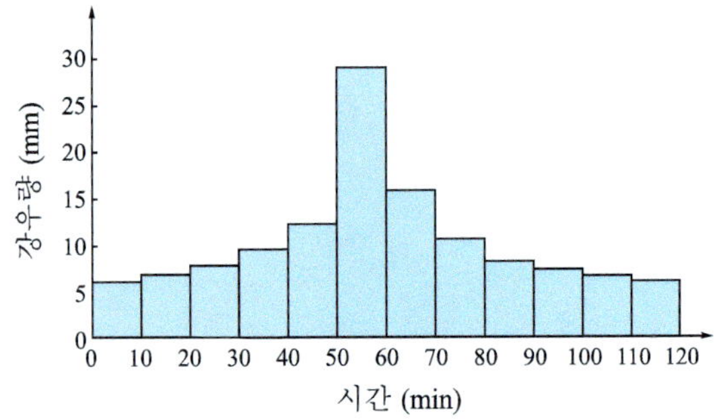

그림 2.4.21 교호블록방법

도된 설계우량주상도는 총 지속시간 $T_d(=\Delta t)$동안에 시간구간 Δt를 가진 n개의 강우량을 나타낸다. 설계 재현기간을 결정한 후 IDF곡선으로부터 각 지속시간 Δt, $2\Delta t$, $3\Delta t$,...에 대해 강우강도를 읽는다. 이 강우강도에 지속시간을 곱하면 지속시간에 대한 누가우량을 얻을 수 있다. 임의 지속시간에 대한 누가우량으로부터 전 시간단계의 지속시간에 대한 누가우량을 빼면 각 Δt에 대한 강우량을 얻게 된다. 이와 같은 Δt별 강우량을 그림 2.4.21과 같이 지속시간 T_d의 중앙에 최대 강우량이 위치하도록 재배치하고, 그 다음으로 큰 강우량을 그 오른쪽에 그 다음 크기는 왼쪽에 위치시키며 이와 같은 순서로 모든 강우량을 배치하여 설계우량주상도를 유도하게 된다.

예제 2.4.10

재현기간별 지속시간에 따른 강우강도식이 식 (2.4.11)과 같을 때 교호블록법에 의해 재현기간 20년 지속기간 2시간인 설계우량주상도를 구하라. 단, 시간 증가는 10분으로 하고 강우강도식을 적용하기 위한 서울지역의 지역상수는 표 2.4.7의 값을 이용하라.

풀이

강우강도식 (2.4.11)에 현기간 T=20년, 서울지역의 상수값 a=153.0746, b=144.5254, c=0.6011, d=0.1562, n=−0.1488을 적용하고 t를 10분 단위로 2시간동안 적용하면 표 2.4.13의 2란과 같이 강우강도를 구할 수 있다. 2란은 강우강도 즉, 시간당 내리는 율이므로 1란의 지속시간을 곱하면 3란과 같이 누가강우량을 구할 수 있다. 즉, 지속시간 20분인 경우 강우강도가 134.4mm/hr이므로 지속시간 1/3시간을 곱하면 44.8mm를 얻을 수 있다. 3란의 누가강우량으로부터 각 지속시간별 강우량을 구하면 4란과 같고 가장 큰 강우량을 강우중심에 위치시키고 그 다음으로 큰 것을 오른쪽, 왼쪽 순으로 배열하면 6란과 같고 그림 2.4.21은 교호블록법에 의한 설계우량주상도를 구한 결과를 보여주고 있다.

표 2.4.13 교호블록법에 의한 설계우량주상도유도

지속시간 (min) (1)	강우강도 (mm/hr) (2)	누가강우량 (mm) (3)	시간별강우 (mm) (4)	시간 (min) (5)	설계우량주상도 (mm) (6)
10	174.7	29.1	29.1	0~10	6.1
20	134.4	44.8	15.7	10~20	6.7
30	114.0	57.0	12.2	20~30	7.7
40	101.1	67.4	10.4	30~40	9.2
50	91.9	76.6	9.2	40~50	12.2
60	84.9	84.9	8.3	50~60	29.1
70	79.3	92.6	7.7	60~70	15.7
80	74.8	99.7	7.2	70~80	10.4
90	71.0	106.5	6.7	80~90	8.3
100	67.7	112.9	6.4	90~100	7.2
110	64.9	119.0	6.1	100~110	6.4
120	62.4	124.8	5.8	110~120	5.8

5) 순간강우강도법

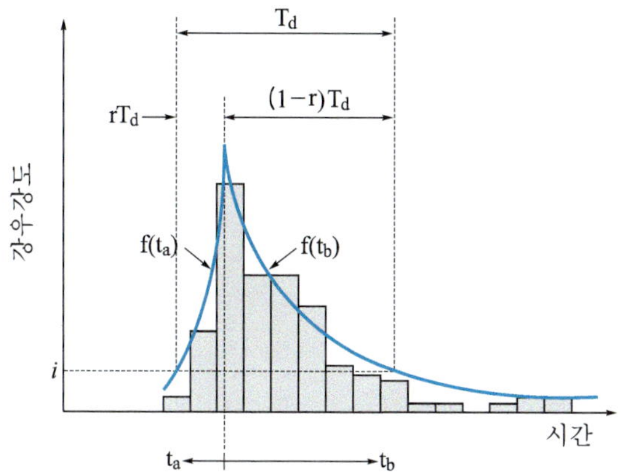

그림 2.4.22 IDF곡선에 의한 우량주상도의 적합

순간강우강도법은 Keifer-Chu방법이라고도 하며, 만일 IDF곡선을 나타내는 식을 알고 있다면 설계우량주상도의 시간에 따른 강우강도의 변화에 대한 식을 얻을 수 있다. 이 방법은 교호블록방법과 유사한데 호우의 첨두 주위로 나타나는 지속기간 T_d에 대한 강우량은 IDF곡선 또는 공식에 의해 주어진 값과 동일하며, 다른 점은 강우강도가 호우를 통해 연속적으로 변한다.

그림 2.4.22의 우량주상도에서 특정 강우강도 i에 대해 우량주상도에 수평으로 그은 점선은 우량주상도를 첨두 전, 후로 교차하게 된다. 첨두 강우강도지점을 기준으로 시간을 나타낼 때 첨두 발생 전에서 교차하는 시간을 t_a, 첨두 발생 이후에 교차하는 시간을 t_b라 하자. 그러면 교차지점간의 총 시간 T_d는 다음과 같다.

$$T_d = t_a + t_b \tag{2.4.22}$$

삼각형 우량주상도법에서 설명한 바와 같이 호우전진계수 r은 교차지점간의 시간 T_d에 대한 첨두 발생 이전의 시간 t_a에 대한 비로 정의할 수 있다.

$$r = \frac{t_a}{T_d} \tag{2.4.20}$$

따라서 식 (2.4.22)와 (2.4.20)으로부터

$$T_d = \frac{t_a}{r} = \frac{t_b}{1-r} \tag{2.4.23}$$

그림 2.4.22에 보인 바와 같이 한 쌍의 곡선 $i_a=f(t_a)$와 $i_b=f(t_b)$는 우량주상도의 강우강도에 적합한 곡선이라 가정하자. 여기서, i_a와 i_b는 첨두 발생 전, 후의 강우강도이다. 따라서 시간 T_d내의 총 강우량 R은 곡선 아래의 면적으로 다음과 같이 적분하여 구할 수 있다.

$$R = \int_0^{rT_d} f(t_a)dt_a + \int_0^{(1-r)T_d} f(t_b)dt_b \tag{2.4.24}$$

주어진 시간 T_d에 대해 $f(t_a)=f(t_b)$이므로 식 (2.4.24)를 T_d에 대해 미분하면

$$\frac{dR}{dT_d} = f(t_a) = f(t_b) \tag{2.4.25}$$

만일 지속기간 T_d에 대한 평균 강우강도를 i_{ave}라고 하면

$$R = T_d \, i_{ave} \tag{2.4.26}$$

식 (2.4.26)을 T_d에 대해 미분하면

$$\frac{dR}{dT_d} = i_{ave} + T_d \frac{di_{ave}}{dT_d} = f(t_a) = f(t_b) \tag{2.4.27}$$

Keifer와 Chu(1957)는 미국 시카고의 하수시스템 설계에 사용하기 위해 이러한 형태의 합성 우량주상도를 다음과 같이 개발하였으며, 재현기간에 따른 a, b 및 c값을 구해 적용한다.

$$i_{ave} = \frac{a}{T_d^b + c} \tag{2.4.28}$$

식 (2.4.28)을 미분하고 그 결과를 식 (2.4.27)에 대입하면 우량주상도에 수평으로 그어 지속기간이 T_d가 되는 강우강도 i를 다음과 같이 얻게 된다.

$$i = \frac{a\left[(1-b)T_d^b + c\right]}{(T_d^b + c)^2} \tag{2.4.29}$$

첨두 발생 전, 후의 시간 t_a, t_b에 대한 강우 강도 i_a, i_b의 식은 식 (2.4.23)의 T_d를 식 (2.4.29)에 대입함으로서 다음과 같이 구할 수 있다.

$$i_a = \frac{a\left[(1-b)(t_a/r)^b + c\right]}{\left[(t_a/r)^b + c\right]^2} \quad \text{그리고} \quad i_b = \frac{a\left[(1-b)(t_b/(1-r))^b + c\right]}{\left[(t_b/(1-r))^b + c\right]^2} \tag{2.4.30}$$

예제 2.4.11

어떤 지역에서 재현기간 20년에 대한 강우강도를 식 (2.4.28)에 의해 산정할 수 있고 이때 상수 a=6630, b=1, c=37이라 할 때 지속기간 2시간의 설계우량주상도를 순간강우강도법에 의해 구하라. 호우전진계수 r=0.5와 0.25 두 경우에 대해 적용하라.

풀이

호우전진계수 r=0.5이므로 지속기간 120분에 대한 첨두 강우강도는 60분에서 나타나게 된다. 첨두 전후의 상대 시간 t_a와 t_b는 표 2.4.14의 2란과 같으며 첨두강우강도를 정확히 나타내기 위해 첨두 주위의 10분 동안은 2분 간격으로 구분하고 그 외에는 10분 간격으로 계산하였다.

r=0.5이므로 강우강도 $i_a=i_b$이다. 즉 첨두 전과 후의 강우강도가 대칭으로 나타나게 된다. 예를 들어 t=40분인 경우 첨두로부터 떨어진 시간 t_a=60−40=20분이므로 $T_d=t_a/r$=20/0.5=40분이 된다.

표 2.4.14 순간강우강도법에 의한 설계우량주상도 유도

r = 0.5인 경우				r = 0.25인 경우			
지속시간 (min) (1)	상대시간 (min) (2)	강우강도 (mm/hr) (3)	구간별강우 (mm) (4)	지속시간 (min) (1)	상대시간 (min) (2)	강우강도 (mm/hr) (3)	구간별강우 (mm) (4)
0	60	10.0		0	30	10.0	
10	50	13.1	1.9	10	20	17.9	2.3
20	40	17.9	2.6	20	10	41.4	4.9
30	30	26.1	3.7	22	8	51.5	1.5
40	20	41.4	5.6	24	6	65.9	2.0
50	10	75.5	9.7	26	4	87.3	2.6
52	8	87.3	2.7	28	2	121.1	3.5
54	6	102.2	3.2	30	0	179.2	5.0
56	4	121.1	3.7	32	2	155.9	5.6
58	2	145.9	4.5	34	4	136.9	4.9
60	0	179.2	5.4	36	6	121.1	4.3
62	2	145.9	5.4	38	8	108.0	3.8
64	4	121.1	4.5	40	10	96.8	3.4
66	6	102.2	3.7	50	20	60.5	13.1
68	8	87.3	3.2	60	30	41.4	8.5
70	10	75.5	2.7	70	40	30.1	6.0
80	20	41.4	9.7	80	50	22.8	4.4
90	30	26.1	5.6	90	60	17.9	3.4
100	40	17.9	3.7	100	70	14.4	2.7
110	50	13.1	2.6	110	80	11.9	2.2
120	60	10.0	1.9	120	90	10.0	1.8

따라서, $i = i_a = \dfrac{6630[(1-1)40^1+37]}{(40^1+37)^2} = 41.4\text{mm/hr}$

첨두 발생 후의 강우강도도 같은 방법으로 계산하며 그 결과가 3란에 나타나 있다.

계산된 강우강도는 각 시간에 있어서의 순간 강우강도 값이므로 각 시간구간별 강우량은 시간 구간사이의 강도곡선을 적분하면 구할 수가 있다. 4란은 각 시간구간 사이의 강우량을 사다리꼴 공식에 의해 구한 결과를 보여주고 있다. 예를 들어 처음 10분 구간에서는

$\dfrac{10+13.1}{2} \times \dfrac{10}{60} = 1.9\text{mm}$가 된다.

같은 방법으로 r=0.25인 경우의 설계우량주상도 유도결과가 5란~8란에 주어져 있다. 이 때 주의할 것은 첨두 이전의 강우강도는 식 (2.4.30)의 i_a를 사용하고 첨두 이후에는 i_b를 적용하게 된다. 두 경우의 호우전진계수에 대한 설계우량주상도가 그림 2.4.23에 나타나 있으며, 호우전진계수가 변하더라도 첨두의 크기는 변하지 않고 위치만 이동하게 됨을 알 수 있다.

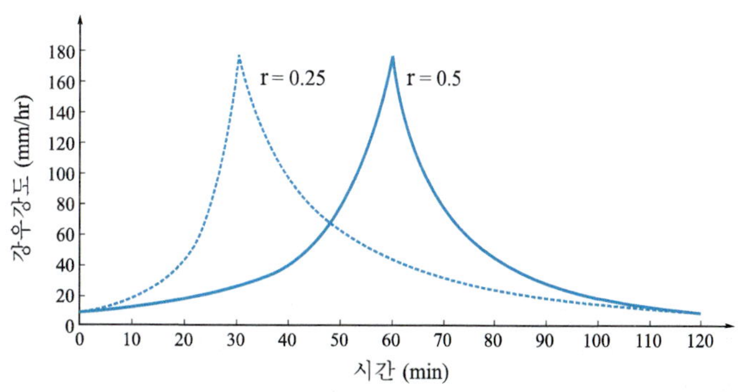

그림 2.4.23 순간강우강도법에 의한 설계우량주상도 유도

2.4.7 극한 호우

다양한 종류의 수문설계 기준을 결정하기 위해 많은 한계치가 존재하지만 치수 설계에 사용되는 산정한계치(ELV)에는 가능최대강수(probable maximum precipitation, PMP), 가능최대호우(probable maximum storm, PMS), 표준설계강우(standard project storm, SPS) 그리고 PMP로 인한 가능최대홍수(probable maximum flood, PMF)와 SPS로 인한 표준설계홍수(standard project flood, SPF) 등이 주로 이용된다. 가능최대강수는 단지 강우량만 제공하므로 가능최대호우를 형성하기 위해서는 강우의 시간분포를 결정해야 한다. 가능최대호우는 강우-유출 모형의 입력으로 사용되며, 유출통제구조물의 설계를 위한 가능최대홍수를 유도하는데 사용된다.

1) 가능최대강수량

가능최대강수량(PMP)은 미국립기상청(NWS)에 의하면 특정유역에서 주어진 지속기간에 대하여 생성될 수 있는 가장 극심한 기상조건하에서 발생 가능한 최대강수량이라 할 수 있다. PMP는 대규모 댐과 같이 파괴될 경우 엄청난 피해를 발생시키는 대규모 수공구조물의 설계시 기준으로 삼는 강수량이다. PMP는 기상학적으로 극심한 경우에 발생하게 되며 대기 중의 수분, 바람, 기온 등 호우를 발생시킬 수 있는 특성과, 유역의 지형특성 및 계절 등 여러 가지가 복합적으로 작용하여 형성된다.

우리나라 건설교통부(2000)에서는 전국에서 발생한 주요 호우를 바탕으로 지속기간 1시간, 2시간, 6시간, 12시간, 24시간, 48시간, 72시간과 강우면적 25km^2, 100km^2, 200km^2, 1000km^2, 2000km^2, 7000km^2, 10000km^{2}에 대한 가능최대강수량도(PMP도)를 작성하여 실무에 사용하고 있으며 전계절 24시간 25km^2 PMP도가 부록 J에 수록되어 있다. PMP를 산정하는 방법에는 다음과 같이 세 가지로 구분할 수 있다.

① 기상학적방법

이 방법은 앞에서 언급한 바와 같이 상당한 기상학적 정보를 필요로 한다. 이는 기상학적으로 발생 가능한 최대강수량을 산정하는 것이므로 대기 중의 수분량을 산정하기 위한 이슬점, 기온, 바람, 기압 등의 기상자료를 필요로 한다.

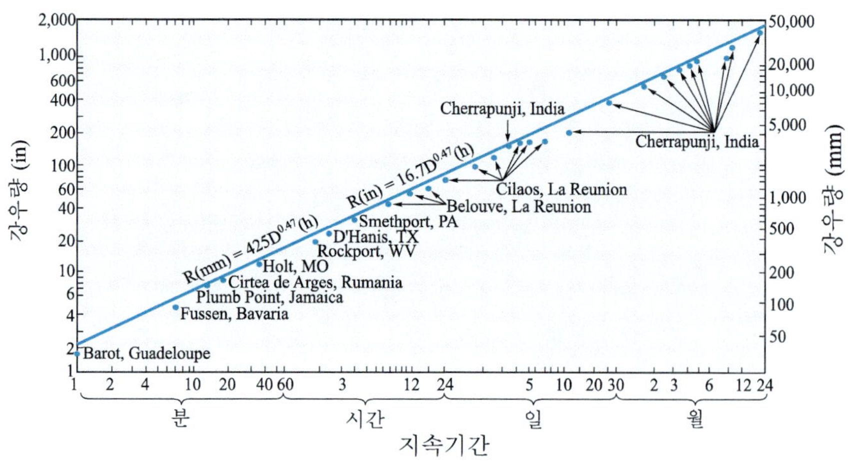

그림 2.4.24 PMP산정을 위한 세계 최대의 점강우량

② 포락선방법

이 방법은 기상학적인 방법의 약점을 배제하기 위해 사용하며, 세계적으로 가장 극심했던 강우량의 포락선(envelop curve)을 작성하여 PMP를 산정하게 된다. 그림 2.4.24는 세계기상기구에서 PMP를 산정하기 위해 전세계의 극심한 강우량을 도시하여 포락선을 구한 것으로 이 포락선의 근사식은 다음과 같다.

$$PMP = 421.6D^{0.47} \quad \text{(Paulhus)} \tag{2.4.31}$$

$$PMP = 393.7D^{0.5} \quad \text{(Bleasdale)} \tag{2.4.32}$$

우리나라의 경우

$$PMP = 118.6D^{0.449} \quad (D \leq 24hr) \tag{2.4.33}$$

$$PMP = 186.8D^{0.306} \quad (D > 24hr) \tag{2.4.34}$$

여기서, PMP는 가능최대강수(mm), D는 지속시간(hr)이다. 표 2.4.15는 지속시간별 세계 최대점 강우량을 나타내고 있다.

표 2.4.15 세계 최대 관측 강우량

지속기간	강우량(cm)	지 역	날 짜
1분	3.8	Barot, Guadeloupe(인도서부)	1970. 11. 26
1시간	40.1	Shanghi, Inner Mongolia(중국)	1975. 7. 3
1일	187.0	Cilaos, Reunion(인도양)	1952. 3. 15-16
1주	465.3	Commerson, Reunion	1980. 1. 21-27
1달	930.0	Cherrapunji(인도)	1861, 7, 1-31
1년	2,646.1	Cherrapunji(인도)	1860. 8. 1-1861. 7. 31

예제 2.4.12

지속시간 24시간에 해당하는 가능최대강수량을 산정하라.

풀이

식 (2.4.31)을 이용하여 산정하면

$$PMP = 421.6D^{0.47} = 421.6 \times 24^{0.47} = 1,878mm$$

표 2.4.15의 24시간 최대 관측우량 187cm와 유사하게 나타남을 알 수 있다.

③ 통계학적방법

이 방법은 우량관측소에서의 일 강우량의 연 최대치계열을 작성하여 통계학적인 방법을 통해 빈도해석을 하여 PMP를 산정하는 방법이다. 지속기간이 24시간인 PMP를 산정하기 위한 경험공식은 다음과 같다.

$$PMP_{24} = \overline{P} + K\sigma \tag{2.4.35}$$

여기서, $\overline{P}$는 각 관측지점의 24시간 연 최대우량의 평균치, σ는 각 관측지점의 24시간 연 최대우량의 표준편차, K는 지속기간 및 $\overline{P}$에 상응하는 빈도계수로 Hershfield는 2,600여개의 관측소에서 지속시간 24시간 강우를 분석한 결과 15를 제안하였으며, 후에 다른 연구자에 의하면 지속시간 24기간 강우에 대해서 20을 제시하고 있다.

예제 2.4.13

어떤 열대지역의 도시에서 24시간 연 최대 강우량을 분석한 결과 평균이 15.2cm이고, 표준편차가 4.8cm로 나타났다. 이 지역에서의 가능최대강수량을 산정하라.

풀이

주어진 자료로부터 $\overline{P}$=15.2cm, σ=4.8cm이며, K=20을 적용하면

$$PMP_{24} = \overline{P} + K\sigma = 15.2 + 20 \times 4.8 = 111\text{cm}$$

2) 가능최대호우

가능최대호우(PMS)는 강우의 시간적인 분포를 포함하고 있으며, 일반적으로 특정 지속기간에 대한 최대 누가 강우량으로 주어지게 된다. PMS 우량주상도를 얻기 위해서는 PMP의 시간 및 공간적인 분포가 필요하다. PMP의 분포방법은 앞에서 소개한 강우분포방법을 사용하는데 가장 일반적으로 적용되는 강우의 발생순서는 강우의 최대치가 전반부에 발생하고 후반부에는 계속 감소하는 전진형(advanced type) 분포이지만 여러 가지 분포방법을 사용하여 분포시킨 후 이에 상응하는 가능최대 홍수량(PMF)이 가장 크게 나타나는 방법을 택하여 설계의 기준으로 삼는다.

3) 표준설계강우

대규모 댐의 설계에 중요한 또 다른 강우량으로 표준설계강우(SPS)가 있다. SPS는 합리적으로 예측할 수 있는 최대의 강우로 유역의 인근에서 발생한 최대 호우의 분석으로부터 얻을 수 있으며 표준설계홍수량(SPF)을 산정하는데 사용된다. SPS는 강우 양상의 자세한 분석과 강우로 인한 최대유출이 발생하는 지점으로 전이(transition)를 통해 유도하게 되며, 전이의 한계는 기후학적 유사성, 기상양상 그리고 대기과정에 기본을 두고 있다.

2.5 증발산

수문순환과정에서 수증기의 연직방향 이동이라 할 수 있는 증발(evaporation)은 물이 액체상태에서 기체상태로 변하는 것을 의미한다. 잠재증발(potential evaporation)은 증발표면으로 물의 양이 제한되지 않고 공급될 때 발생하는 증발율을 의미한다. 증산(transpiration)은 식물의 잎의 기공을 통해 발생하는 증발이며, 증발과 증산을 합한 개념으로 증발산(evapotranspiration)이란 용어를 사용하고, 일반적으로 식생이 지표면을 완전히 덮고 있지 않으므로 이 두 현상을 분리하기가 매우 어렵기 때문에 증발산을 사용하게 된다.

2.5.1 증발접시를 이용한 증발량 측정

증발접시(evaporation pan)는 증발량을 측정하기 위해 가장 광범위하게 사용되는 도구로 증발접시에 깨끗한 물을 넣은 후, 다음 날 관측시각에 관측한 값과의 차를 구하여 전일의 증발량으로 산정하며 비가 내렸을 경우에는 비의 양을 감하여 증발량을 구한다. 소형증발접시는 지름 20cm, 깊이 10cm의 원통형 용기로 청동이나 그 이상의 재질로 구성되어 있으며, 테두리는 청동의 주물이나 두꺼운 판으로 감아있고, 배수구가 하향으로 되어 있다. 대형증발접시는 지름 120cm, 깊이 25cm의 아연도금 철재판이나 스테인리스-강 등의 원통형 용기로 되어 있다.

증발접시는 설치위치에 따라 지상식 증발접시(surface pan), 함몰식 증발접시(sunken pan) 그리고 부유식 증발접시(floating pan)로 구분할 수 있다. 지상식 증발접시는 증발접시 밑에 격자판 형식의 받침대를 만들어 그 위에 위치시킨 것으로, 이물질이 증발접시 안으로 들어가는 것을 방지할 수 있으며 설치비 및 유지관리비가 저렴하다. 하지만 지표면 위에 금속성으로 만들어진 증발접시가 노출되어 있으므로 접시 벽면에서의 열전도로 인해 실제증발량보다 과도하게 측정될 수 있다. 함몰식 증발접시는 접시의 일부 또는 전부가 땅속에 매몰되도록 설치하는 형식으로 지상식 증발접시의 열전도로 인한 영향을 감소시킬 수 있는 반면 지열의 영향을 받게 된다. 또한 지표면의 높이와 거의 비슷하게 설치되어 있으므로 이물질이 증발접시 안으로 들어가기가 쉬우며 설치 및 유지관리비가 비교적 많이 든다. 부유식 증발접시는 수표면상에 특수 장치를 이용하여 증발접시

(a) (b) (c)

그림 2.5.1 소형증발접시(a, b) 및 대형증발접시(c)

를 띄우는 것으로 물과 접촉하고 있으므로 열전도의 영향이 적고 수표면에서의 증발량과 가장 비슷하게 측정할 수 있다. 하지만 이 방법은 설치비 및 유지관리비가 많이 들고 증발량을 측정하기 위한 접근이 불편하다.

증발접시는 규모가 작고, 벽면에서의 열전도효과, 바람의 영향 등으로 인해 자연 상태의 수표면보다 더 많은 증발량을 나타내게 된다. 이러한 영향을 고려하기 위해 증발접시 증발량에 대한 수표면에서의 실제 증발량의 비인 증발접시계수(pan coefficient)를 적용하게 된다. 증발접시의 형태 및 위치에 따라 변하는 증발접시계수를 증발접시로부터 관측한 증발량에 곱함으로서 실제 증발량을 산정하게 된다. 증발접시계수는 0.6~0.8의 범위로 평균 0.7의 값을 나타낸다. 함몰식 증발접시인 경우 0.75~0.95 범위의 값을 보이고, 부유식 증발접시는 0.8의 값을 사용하게 된다.

2.5.2 증발량 산정

호수, 바다 그리고 포화된 토양과 같은 자유수표면에서의 증발량을 산정하기 위한 방법으로 에너지수지 방법, 공기동력학적 방법 그리고 에너지수지 및 공기동력학적 방법의 혼합방법 등이 있다. 이들 방법들에 의한 증발량 산정치는 저수지에서의 증발과 관련된 연구에 직접적으로 이용할 수 있을 뿐만 아니라, 잠재증발산량을 산정할 경우에도 적용할 수 있다.

1) 에너지수지 방법

에너지수지(energy balance) 방정식은 저수지시스템 내에 저장된 에너지의 양에 의해 저수지시스템으로 유입되고 유출되는 에너지간의 수지를 나타내는데, 관측 자료의 신뢰성과 정확성에 따라 많은 차이를 나타낼 수 있으며, 양호한 조건에서 산정치의 평균오차는 여름철에 10%, 겨울철에는 20%를 보인다. 저수지에 대한 에너지수지 방정식은 다음과 같이 표현할 수 있다.

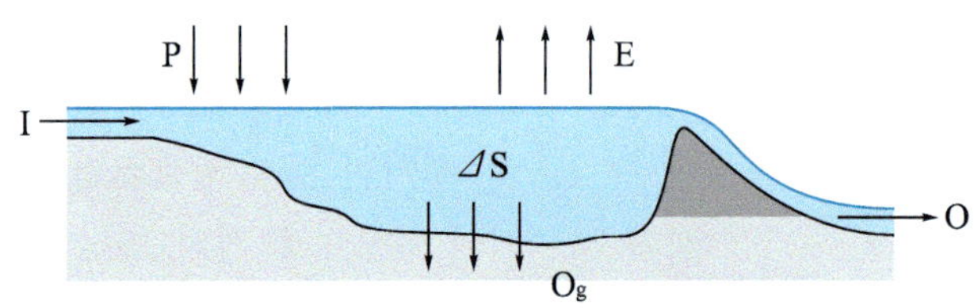

그림 2.5.2 저수지에서의 에너지수지

$$Q_\theta = Q_s - Q_r + Q_a - Q_{ar} - Q_{bs} + Q_v - Q_e - Q_h - Q_w \tag{2.5.1}$$

여기서, Q_θ는 물에 의해 저장된 에너지의 증가량, Q_s는 수표면에 도달되는 태양복사에너지, Q_r은 반사되는 태양복사에너지, Q_a는 수표면으로 도달되는 대기로부터 장파복사에너지, Q_{ar}은 반사되는 장파복사에너지, Q_{bs}는 물로부터 방출되는 장파복사에너지, Q_v는 저수지로 유입 또는 유출되는 물에 의한 순에너지 변화량, Q_e는 증발에 사용된 에너지, Q_h는 감열로 물로부터 대기로 전도된 에너지 그리고 Q_w는 증발된 물로 인해 손실된 에너지이다.

식 (2.5.1)에서 모든 항은 cal/cm^2/day의 단위를 가지며, 화학적 및 생물학적 과정, 저수지 바닥을 통한 전도에 의한 에너지의 손실, 응축과정에 있어서의 에너지이동 등은 무시한다. 에너지수지 방정식에서 Q_w는 다른 항에 비해 그 크기가 작으므로 생략하고, 수표면에서의 장파복사에너지 교환량 $Q_b=Q_{ar}+Q_{bs}-Q_a$로 나타낼 수 있으므로 다음과 같이 간략하게 정리할 수 있다.

$$Q_\theta = Q_s - Q_r - Q_b + Q_v - Q_e - Q_h \tag{2.5.2}$$

식 (2.5.2)에서 물로부터 대기로 전도된 에너지 Q_h는 직접적인 측정이 어려우므로 Bowen은 증발에 사용된 에너지 Q_e와 전도에너지 Q_h와의 비를 다음과 같이 정의하였으며, 이를 Bowen비(Bowen ratio)라 한다.

$$B = \frac{Q_h}{Q_e} = 0.61\left(\frac{T_o - T_a}{e_o - e_a}\right)\frac{P}{1{,}000} \tag{2.5.3}$$

여기서, T_o 및 T_a는 수표면 및 공기의 온도(℃), e_o는 수표면 온도에서의 포화증기압(mb), e_a는 공기 온도에서의 실제증기압(mb), P는 대기압(mb)이다. 따라서 에너지수지 방정식에 Bowen비를 이용하여 $Q_h=BQ_e$를 대입하고 증발에 사용된 에너지 Q_e로 다시 정리하면 다음과 같다.

$$Q_e = \frac{Q_s - Q_r - Q_b - Q_\theta + Q_v}{1+B} \tag{2.5.4}$$

식 (2.5.4)로부터 증발에 사용된 에너지 Q_e를 산정하게 되면, 잠재증기화열(latent heat of evaporation) L_e를 사용하여 식 (2.5.5)에 의해 증발량 E를 산정할 수 있다.

$$E = \frac{Q_e}{\rho L_e} \tag{2.5.5}$$

여기서, E는 증발량(cm/day), Q_e는 증발에 사용된 에너지(cal/cm^2/day), ρ는 증발된 물의 밀도(g/cm^3), L_e는 $597.3 - 0.564T_o$, T_o는 수표면 온도(℃)이다. 최종적으로 에너지수지 방법에 의한 증발량을 산정하기 위한 에너지 방정식을 정리하면 다음과 같다.

$$E = \frac{Q_s - Q_r - Q_b - Q_\theta + Q_v}{\rho L_e(1+B)} \tag{2.5.6}$$

① 태양복사에너지 Q_s의 산정

Black(1968)은 태양복사에너지 Q_s를 산정하기 위하여 Q_s와 운도(cloud cover), 일조시간 등과 같은 기상학적 변수들 간에 회귀분석을 실시하여 다음과 같은 식을 제시하였다.

$$Q_s = I_o(0.803 - 0.340C - 0.458C^2) \tag{2.5.7}$$

여기서, Q_s는 특정 월의 일평균 태양복사에너지(cal/cm^2/day), I_o는 특정 월의 일평균 태양상수

(cal/cm^2/day)(표 2.5.1 및 2.5.2), C는 소수로 나타낸 운도이다.

표 2.5.1 및 표 2.5.2는 지구 범위 및 우리나라 범위에서의 태양상수 값을 보여주고 있다. 일조시간이 관측되는 지역에 대해 Angstrom(1924)은 다음과 같은 식을 제시하였다.

$$Q_s = I_o\left(a + b\frac{n}{N}\right) \tag{2.5.8}$$

여기서, a 및 b는 경험적으로 결정되는 지역상수로 표 2.5.3에 일부지역에 대한 값이 나타나 있으며, n은 해당 월에 관측된 일조시간(hr/month) 그리고 N은 해당지역에서의 최대가능일조시간(hr/month)으로 표 2.5.4와 같다.

표 2.5.1 지구범위에서의 태양상수 I_o(cal/cm^2/day)

위도	1월	2월	3월	4월	5월	6월	7월	8월	9월	10월	11월	12월
90° N	–	–	–	465	880	1070	930	660	155	–	–	–
80	–	–	105	460	860	1050	970	625	235	10	–	–
70	–	65	255	540	800	1000	870	670	400	140	5	–
60	75	205	400	655	860	975	925	750	500	275	110	55
50	200	350	540	750	910	985	950	820	620	430	155	175
40	355	490	650	820	880	985	960	870	740	550	395	325
30	500	620	750	870	945	975	955	900	792	670	540	465
20	640	725	820	895	930	930	930	900	850	760	660	610
10	755	820	870	895	885	870	870	885	880	830	770	730
0	855	885	895	870	820	790	795	840	880	885	860	840
10	930	930	885	810	730	685	705	770	845	900	920	930
20	985	940	855	740	630	570	595	680	790	900	965	990
30	1015	930	800	640	505	445	465	575	705	870	985	1030
40	1020	895	715	525	375	305	335	450	630	810	960	1045
50° S	1000	835	620	400	240	175	200	315	505	735	950	1040

표 2.5.2 우리나라 범위에서의 태양상수 I_o(cal/cm^2/day)

위도	1월	2월	3월	4월	5월	6월	7월	8월	9월	10월	11월	12월
33° N	473.3	591.7	742.2	878.3	965.7	997.8	978.6	908.4	790.7	642.7	505.8	437.6
34	458.8	578.4	732.7	873.6	965.4	999.7	979.5	905.5	783.1	631.2	491.9	422.8
35	444.2	565.4	723.0	868.6	964.7	1001.3	980.1	902.4	775.4	619.4	477.8	407.9
36	429.5	552.2	713.2	863.4	963.9	1002.6	980.5	899.1	767.4	607.5	463.6	393.0
37	414.8	538.9	703.1	857.9	962.8	1003.8	980.6	895.5	759.2	595.4	449.4	378.1
38	400.1	525.5	692.7	852.2	961.4	1004.8	980.6	891.7	750.8	583.2	435.1	363.2
39	385.3	511.9	682.2	846.2	959.9	1005.5	980.3	887.6	742.1	570.8	420.7	348.2
40	370.5	498.2	671.5	840.0	958.1	1006.0	979.8	883.3	733.2	558.2	406.3	333.3
41	355.6	484.4	660.6	833.5	956.1	1006.4	979.1	878.8	724.1	545.5	391.8	318.4
42	340.8	470.5	649.4	826.9	953.9	1006.5	978.1	874.0	714.8	532.6	377.2	303.5
43	325.9	456.5	638.5	820.0	951.4	1006.5	977.0	869.0	705.3	519.6	362.6	288.6
44	311.1	442.4	626.6	812.8	948.8	1006.3	975.7	863.8	695.5	506.5	348.0	273.7

표 2.5.3 Q_s 산정을 위한 지역상수 a, b값

지역	a	b	지역	a	b
세계	0.23	0.48	영국 남부	0.18	0.55
미국 Virginia	0.22	0.54	캐나다 5~8월	0.25	0.60
호주 Canberra	0.25	0.54	9~10월	0.34	0.52

표 2.5.4 최대가능일조시간 (hr/month)

위도	1월	2월	3월	4월	5월	6월	7월	8월	9월	10월	11월	12월
50°N	265	280	366	415	480	490	495	450	380	330	274	252
40	303	300	370	400	445	450	455	425	375	345	300	290
30	324	314	370	388	425	420	430	410	370	353	320	316
20	341	324	370	378	407	400	410	400	366	360	335	338
10	360	327	370	370	390	380	390	385	366	366	352	356
0	375	340	375	363	375	363	375	375	363	375	363	375
10	388	350	378	355	363	346	360	364	360	380	378	396
20	410	360	378	350	346	328	340	344	360	388	393	414
30	430	370	380	342	330	306	328	345	360	404	410	435
40	466	380	385	334	310	280	302	330	360	415	432	463
50°S	490	403	387	320	276	242	266	315	356	427	465	508

표 2.5.5 우리나라 주요도시의 월평균 일조시간 (1971~2000)

지역 \ 월	1월	2월	3월	4월	5월	6월	7월	8월	9월	10월	11월	12월	연 간
서 울	158.4	163.3	197.5	210.7	224.3	187.8	130.7	155.3	184.5	200.5	151.3	149.9	2114.2
인 천	175.6	179.5	208.3	219.2	240.0	206.2	166.1	195.1	205.5	209.8	166.3	165.6	2337.2
수 원	166.1	170.8	204.5	218.6	233.1	199.4	156.4	173.7	192.2	199.9	157.7	157.6	2230.0
철 원	149.6	162.5	178.4	202.9	209.9	181.8	143.4	176.9	188.6	195.2	142.4	139.4	2071.0
춘 천	164.2	175.6	206.3	220.6	233.4	208.4	161.4	176.4	181.0	179.9	142.3	148.3	2197.8
대관령	198.8	192.0	210.5	233.1	249.7	198.1	164.3	154.0	164.3	198.5	173.9	190.2	2327.4
강 릉	185.5	171.6	183.9	206.9	221.4	164.1	148.7	153.9	161.5	186.3	168.7	183.6	2136.1
울릉도	87.2	97.2	163.1	205.0	228.3	165.0	154.9	159.8	161.1	177.0	125.4	102.6	1826.6
대 전	156.7	161.0	196.4	220.6	237.7	200.3	168.2	188.0	186.5	201.3	153.2	151.1	2221.0
전 주	148.8	152.2	190.2	214.6	226.2	176.4	149.3	175.7	178.5	198.7	151.4	143.5	2105.5
광 주	162.1	164.9	197.9	216.8	232.1	177.4	163.1	188.2	181.8	205.9	163.7	160.0	2213.9
목 포	144.6	149.4	185.0	203.2	222.7	174.4	167.0	213.6	186.7	207.6	163.7	145.8	2163.7
여 수	199.5	189.2	212.4	218.4	232.1	179.6	171.8	211.7	189.8	219.9	195.8	203.2	2423.4
포 항	181.5	168.2	185.7	207.5	225.9	165.7	158.8	167.4	157.7	187.7	173.3	185.7	2165.1
대 구	192.1	181.3	203.7	220.9	235.3	184.4	161.8	173.7	170.3	202.2	175.0	189.1	2289.8
부 산	198.0	180.8	192.9	208.0	227.0	173.7	171.9	203.9	169.6	203.2	190.2	203.3	2322.5
제 주	73.5	99.6	159.7	195.1	217.9	174.6	203.4	205.2	168.8	180.0	129.2	91.9	1898.9

② 반사복사에너지 Q_r의 산정

지표면에 도달한 태양복사에너지 Q_s는 일부가 지표면의 반사효과로 반사되어 지표면을 떠나며, 이와 같이 지표면에 도달한 태양복사에너지와 반사된 에너지간의 비를 반사율(albedo, A)이라 한다.

$$Q_r = A Q_s \tag{2.5.9}$$

지표면을 구성하고 있는 상태에 따라 반사율은 다양하게 변하며 지구의 평균 반사율은 0.34이다. 표 2.5.6은 자연적인 지표면과 일부 식생상태에 따른 반사율을 보여주고 있다.

표 2.5.6 자연표면의 반사율 A

표면	반사율 A	표면	반사율 A	표면	반사율 A
Water	0.03~0.40	Bright, fine sand	0.37	Grass dried in sun	0.19
Black, dry soil	0.14	Rock	0.12~0.15	Tops of oak	0.18
Black, moist soil	0.08	Densely urbanized areas	0.15~0.25	Tops of pine	0.14
Gray, dry soil	0.25~0.30			Tops of fir	0.10
Gray moist soil	0.10~0.12	Snow	0.40~0.85	Cotton	0.20~0.22
Blue, dry loam	0.23	Sea ice	0.36~0.50	Rice field	0.12
Blue, moist loam	0.16	Spring wheat	0.10~0.25	Lettuce	0.22
Desert loam	0.29~0.31	Winter wheat	0.16~0.23	Beets	0.18
Yellow sand	0.35	Winter rye	0.18~0.23	Potatoes	0.19
White sand	0.34~0.40	High, dense grass	0.18~0.20	Heather	0.10
River sand	0.43	Green grass	0.26		

③ 장파복사에너지 교환량 Q_b의 산정

에너지수지 방정식에서 장파복사에너지 교환량 Q_b는 대기로부터 지표면으로 도달하는 장파복사에너지 Q_a와 수표면에서 방출 및 반사 되는 장파복사에너지 $Q_{ar}+Q_{bs}$의 교환을 의미하는 것으로 대기의 온도, 공기 중의 수증기의 양, 일조시간 등에 영향을 받으며 다음과 같이 산정할 수 있다.

$$Q_b = \sigma T_a^4(\varepsilon_a - 1)\left(0.1 + 0.9\frac{n}{N}\right) \tag{2.5.10}$$

여기서, Q_b는 장파복사에너지 교환량(cal/cm^2/day), T_a는 대기의 절대온도(℃+273), σ는 Stefan-Boltzman상수(1.17×10^{-7}cal/cm^2/°K/day), n은 해당 일에 관측된 일조시간(hr), N은 해당지역에서의 최대가능일조시간(hr), ε_a는 대기의 방사율이다.

Stefan-Boltzman법칙에 의하면 물체에 의해 방사(emitted)된 총 복사에너지는 물체의 절대온도의 4승에 비례한다. 흑체(blackbody)는 복사에너지의 완전한 흡수체이자 방사체인 이론적인 물체로 실제로는 존재하지 않는 가상적인 물체이다. 방사율(emissivity) ε_a는 같은 온도에서의 흑체에서의 방사와 어떤 물체에서의 방사와의 비를 말한다. 따라서 흑체의 방사율은 1.0이 된다. 대기의 방사율 ε_a는 공기 중의 수증기의 양에 따라 변하며 다음과 같이 구할 수 있다.

$$\varepsilon_a = c + d\sqrt{e_a} \tag{2.5.11}$$

여기서, c와 d는 경험적인 지역상수, e_a는 지상 2m에서의 공기의 실제증기압(mmHg)이다.

표 2.5.7 경험적인 지역상수 c, d

지역	c	d	지역	c	d
세계	0.51	0.066	스웨덴	0.43	0.082
미국 Washington D.C.	0.44	0.061	영국	0.53	0.065
미국 California	0.50	0.032	호주	0.47	0.063
미국 Oklahoma	0.68	0.036	인도	0.62	0.029

④ 물에 의해 저장된 에너지 Q_θ의 산정

일정 기간 동안 저수지 수온의 변화에 따라 저장된 에너지의 변화가 있을 수 있다. 저수지내에서의 온도는 저수지 상류 유입부로부터 출구지점까지 횡방향 뿐만 아니라, 연직방향의 밀도차로 인해 연직방향으로도 변한다. 온도변화를 무시할 수 있는 기간동안이라면 Q_β를 무시할 수도 있다. 만일 저수지의 연직방향으로의 온도분포가 주어지고, 깊이에 따른 물의 면적관계가 주어진다면 저장된 에너지의 변화량 Q_β는 저수지의 깊이를 N개의 층으로 나누고 각 층에서의 에너지를 구한 후 합하여 산정할 수 있다.

⑤ 물의 유입 및 유출에 따른 에너지 변화 Q_v의 산정

저수지로 유입되거나 유출되는 물의 온도는 항상 변하므로 저수지에 저장되어 있는 에너지에도 변화를 주게 된다. 저수지로 유입 및 유출되는 물의 양 및 온도차에 의해 저수지에 저장되어 있는 순에너지의 변화가 생기므로 Q_v를 고려할 필요가 있다. 저수지로 유입하는 물과 유출되는 물의 온도와 양이 같은 경우나 간략화를 위한 경우 $Q_v=0$으로 적용한다.

예제 2.5.1

북위 35°인 지역에 위치한 저수지로부터 8월의 증발량을 에너지수지방법으로 산정하라. 8월 중 하루의 수표면 온도는 19℃, 평균기온는 21℃이고 상대습도는 60%였다. 이날의 일조율은 n/N=0.5이고 대기압은 1,010mb였다. 단, 저수지로의 유입 및 유출량 그리고 저수지내의 온도변화는 무시하라.

풀이

1) 태양복사에너지 Q_s의 산정

북위 35°인 지역의 8월의 태양상수는 표 2.5.2로부터 I_o=902.4(cal/cm²/day)이다. 지역상수 a, b는 표 2.5.3에서 미국 버지니아주의 값을 택하면 a=0.22, b=0.54이다. 따라서 태양복사에너지는

$$Q_s = I_o\left(a + b\frac{n}{N}\right) = 902.4(0.22 + 0.54 \times 0.5) = 442.2\text{cal/cm}^2\text{/day}$$

2) 반사복사에너지 Q_r의 산정

표 2.5.6으로부터 수표면에서의 반사율을 A=0.15로 선택한다.

$$Q_r = A \times Q_s = 0.15 \times 442.2 = 66.33\text{cal/cm}^2\text{/day}$$

3) 장파복사에너지 교환량 Q_b의 산정

대기온도 21℃일 때의 포화수증기압은 표 2.3.2로부터 18.65mmHg이므로 실제증기압 e_s는 상대습도 60%를 곱하면 11.19mmHg가 된다. 또한 표 2.5.7에서 지역상수 c, d를 미국 워싱턴에서의 값을 사용하면 c=0.44, d=0.061이 된다.

$$\varepsilon_a = c + d\sqrt{e_a} = 0.44 + 0.061\sqrt{11.19} = 0.644$$

따라서 장파복사에너지 교환량은

$$Q_b = \sigma T_a^4(\varepsilon_a - 1)\left(0.1 + 0.9\frac{n}{N}\right) = 1.17 \cdot 10^{-7} \times (273 + 21)^4(0.644 - 1)(0.1 + 0.9 \times 0.5)$$
$$= -171.15\text{cal/cm}^2/\text{day}$$

4) Bowen비

증발에 소요되는 에너지 Q_e와 전도에너지 Q_h의 비인 Bowen비는 다음과 같이 구하게 되며 수표면 온도 19℃에서의 포화증기압은 16.46mmHg=21.94mb이고, 대기온도에서의 실제증기압은 앞에서 구한 11.19mmHg=14.92mb이다.

$$B = \frac{Q_h}{Q_e} = 0.61\left(\frac{T_o - T_a}{e_o - e_a}\right)\frac{p}{1{,}000} = 0.61\left(\frac{19 - 21}{21.94 - 14.92}\right)\frac{1010}{1000} = -0.1755$$

5) 증발량 산정

물의 밀도를 1g/cm^3으로 가정하고 잠재증기화열은 다음과 같이 구하면

$$L_e = 597.3 - 0.564T_o = 597.3 - 0.564 \times 19 = 586.58\text{cal/g}$$

$$E = \frac{Q_s - Q_r - Q_b}{\rho L_e(1 + B)} = \frac{1}{586.58(1 - 0.1755)}[442.2 - 66.33 + 171.15] = 1.131\text{cm/day}$$

2) 공기동력학적 방법

공기동력학적(aerodynamic) 방법은 증발표면으로부터 대기로의 난류이송개념에 기본 바탕을 두고 있으며, 대부분이 다음과 같이 Dalton에 의해 처음 제시된 증발량과 증기압 사이의 관계와 비슷한 형태를 가지고 있다.

$$E = C(e_o - e_a)(a + bW) \tag{2.5.12}$$

여기서, E는 증발률(mm/day), e_o는 수표면에서의 포화증기압(mb), e_a 및 W는 수면으로부터 임의 높이에서의 실제증기압(mb) 및 풍속(m/sec) 그리고 a, b 및 C는 상수이다.

미국 Hefner호수에서의 자료를 이용하여 얻은 Dalton형 공식들은 다음과 같으며, 식 (2.5.13)은 Mead호수 및 다른 호수에서도 적용결과가 양호하고, 식 (2.5.14)는 연 증발량의 산정에는 만족할 만한 결과를 주나 계절적으로는 다소 왜곡된 결과를 주는 것으로 나타나고 있다.

$$E = 1.22(e_o - e_2)W_4 \tag{2.5.13}$$

$$E = 0.97(e_o - e_8)W_8 \tag{2.5.14}$$

$$E = 1.09(e_o - e_8)W_4 \tag{2.5.15}$$

여기서, E는 저수지수표면에서의 증발률(mm/day), e_o는 수표면에서의 포화증기압(kPa), e_h는 수면으로부터 hm 높이에서의 실제증기압(kPa), W_h는 수면으로부터 hm 높이에서의 풍속(m/sec)이다. Harbeck(1962)는 수표면적이 120km^2에 이르는 여러 저수지에 대해 분석한 결과 다음과 같

은 식을 제시하였다.

$$E = 0.29A^{-0.05}W_2(e_o - e_a) \tag{2.5.16}$$

여기서, E는 저수지 수표면에서의 증발률(cm/day), A는 저수지 수표면적(m^2), e_o는 수표면에서의 포화증기압(kPa), e_a는 공기의 실제증기압(kPa), W_2는 수면으로부터 2m 높이에서의 풍속(m/sec)이다. Dune(1978)은 증발량을 산정하기 위해 다음과 같은 식을 제시하였다.

$$E = (0.013 + 0.00016W_2)e_o[(100 - RH)/100] \tag{2.5.17}$$

여기서, E는 증발률(cm/day), RH는 상대습도(%), W_2는 수면으로부터 2m 높이의 풍속(km/day), e_o는 수표면의 포화증기압(mb)이다.

예제 2.5.2

수표면적이 20km^{2}인 저수지에서 수표면의 평균온도 19℃이고 기온은 21℃이다. 상대습도는 60%이고 수표면으로부터 2m 및 4m 높이에서의 풍속이 2m/sec와 3m/sec일 때 공기동력학적 방법에 의해 저수지에서의 일 증발량을 산정하라.

풀이

수면온도 19℃일 때의 포화증기압은 표 2.3.2로부터 16.46mmHg=21.94mb=2.194kPa이고, 대기온도 21℃에서의 실제증기압은 포화증기압 18.65mmHg에 상대습도 60%를 곱한 11.19mmHg=14.92mb=1.492kPa이다. 풍속 2m/sec=172.8km/day이다. 따라서

$$E = 1.22(e_o - e_2)W_4 = 1.22(2.194 - 1.492) \times 3 = 2.57\text{mm/day}$$

Harbeck의 공식을 이용하면

$$E = 0.29A^{-0.05}W_2(e_o - e_a) = 0.29 \times (20 \times 10^6)^{-0.05} \times 2(2.194 - 1.492) = 0.176\text{cm/day}$$

Dune의 공식을 이용하면

$$E = (0.013 + 0.00016 \times 172.8) \times 21.94 \times [(100 - 60)/100] = 0.357\text{cm/day}$$

3) 에너지수지 및 공기동력학적 방법 혼합

실제 증발이 발생하는 상황에서는 에너지수지 방법과 공기동력학적 방법이 개별적으로 작용하는 것이 아니라 동시에 발생하는 경우가 대부분이다. 따라서 이 두 방법을 조합하여 단일 공식을 유도하여 적용하게 되며, 가장 대표적인 것이 Penman(1948) 공식으로 다음과 같다.

$$E_o = \frac{\Delta}{\Delta + \gamma}E_n + \frac{\gamma}{\Delta + \gamma}E_a \tag{2.5.18}$$

여기서, E_o는 저수지 증발량(cm/day), E_n 및 E_a는 에너지수지방법 및 공기동력학적 방법에 의해 산정한 증발량(cm/day), γ는 습도계 상수(mb : 0.66, mmHg : 0.485), Δ는 온도 대 포화증기압 곡선의 기울기로 다음과 같다.

$$\Delta = \frac{de}{dT} = \frac{e_o - e_s}{T_o - T_a} = \frac{e_s - e_o}{T_a - T_o} \simeq (0.00815T_a + 0.8912)^7 \tag{2.5.19}$$

식 (2.5.18)에서 E_n은 순에너지복사(Q_n)에 의한 증발량을 의미하며 Q_n을 Penman이 제시한 식 (2.5.20)으로 구한 다음, 1g 즉 $1cm^3$를 증발시키는데 590cal가 필요하므로 $590cal/cm^3$으로 나누어주면 cm/day단위로 구하게 된다.

$$\begin{aligned} Q_n &= I_o(1-0.06)\left(0.18+0.55\frac{n}{N}\right) \\ &\quad -(117.74\times10^{-9})T_a^4(0.47-0.077\sqrt{e_a})\left(0.2+0.8\frac{n}{N}\right) \end{aligned} \tag{2.5.20}$$

$$E_n = Q_n/590 \tag{2.5.21}$$

여기서, Q_n은 순복사에너지($cal/cm^2/day$), I_o는 태양상수($cal/cm^2/day$), T_a는 대기의 절대온도(℃+273), e_a는 대기온도에서의 실제증기압(mb), n은 해당 일에 관측된 일조시간(hr), N은 해당 지역에서의 최대가능일조시간(hr)이다.

Dunne과 Leopold(1978)는 공기동력학적 방법에 의한 증발량 E_a를 구하는 식을 다음과 같이 제시하였다.

$$E_a = (0.013 + 0.00016W_2)(e_s - e_a) \tag{2.5.22}$$

여기서, E_a는 공기동력학적 방법에 의한 증발량(cm/day), W_2는 수표면으로부터 2m 상공에서의 풍속(km/day), e_s는 수표면에서의 포화증기압(mb), e_a는 대기온도에서의 실제증기압(mb)이다.

Priestley와 Taylor(1972)는 Penman공식의 두 번째 항이 첫 번째 항의 약 30%에 해당한다는 것을 알아내고 평균치 30%를 적용함으로써 다음과 같이 식을 간단히 제시하였다.

$$E_o = \alpha\frac{\Delta}{\Delta+\gamma}E_n \tag{2.5.23}$$

여기서, α는 1.3이며, Priestley-Taylor공식은 습한 지역보다 건조한 지역에 적용성이 높다.

예제 2.5.3

북위 35°인 지역에 위치한 저수지로부터 8월의 증발량을 Penman방법으로 산정하라. 8월 중 하루의 수표면 온도는 19℃, 평균기온는 21℃이고 상대습도는 60%였다. 저수지 표면으로부터 2m 위치에서의 풍속은 2m/sec이며, 이날의 일조율은 n/N=0.5이다.

풀이

풍속 2m/sec=172.8km/day

수표면에서의 포화증기압 e_s=16.46mmHg=21.94mb

대기온도에서의 실제증기압 e_a=24.81mb×0.6=14.89mb

$$E_a = (0.013 + 0.00016W_2)(e_s - e_a) = (0.013 + 0.00016 \times 172.8)(21.94 - 14.89) = 0.287\text{cm/day}$$

습도계상수 $\gamma = 0.66$, $\Delta = (0.00815T + 0.8912)^7 = (0.00815 \times 21 + 0.8912)^7 = 1.527$

$$Q_n = I_o(1-0.06)\left(0.18 + 0.55\frac{n}{N}\right) - (117.74 \times 10^{-9})T_a^4(0.47 - 0.077\sqrt{e_a})\left(0.2 + 0.8\frac{n}{N}\right)$$

$$= 902.4(1-0.06)(0.18 + 0.55 \times 0.5) - (117.74 \times 10^{-9})294^4(0.47 - 0.077\sqrt{14.89})(0.2 + 0.8 \times 0.5)$$

$$= 294.86\text{cal/cm}^2\text{/day}$$

$$E_n = 294.86/590 = 0.4998\text{cm/day}$$

$$E_o = \frac{\Delta}{\Delta + \gamma}E_n + \frac{\gamma}{\Delta + \gamma}E_a = \frac{1.527 \times 0.4998}{1.527 + 0.66} + \frac{0.66 \times 0.287}{1.527 + 0.66} = 0.436\text{cm/day}$$

2.5.3 증발산량 산정

증발산량을 측정하는 방법에는 크게 증발산계(evapotranspirometer)에 의한 측정방법, 물수지 방법, 에너지수지방법 및 기상자료에 의한 방법으로 구분할 수 있다. 잠재증발산량을 산정하기 위한 다양한 공식들이 개발되었으며, 대표적인 방법으로 ① Thornthwaite 방법, ② Blaney-Criddle 방법, ③ 수정 Jensen-Haise 방법, ④ Penman 방법 그리고 ⑤ Penman-Monteith 방법 등이 있으며, 그림 2.5.3은 상황에 따른 적절한 공식을 선택하기 위한 기준을 보여주고 있다. 본 절에서는 Thornthwaite방법 및 Blaney-Criddle 방법에 대해서 소개하고, 미국 식품농촌국(FAO)에서 증발산량을 산정하기 위해 추천하는 방법인 Penman FAO-24 방법은 10.4.5절에서 소개하기로 한다.

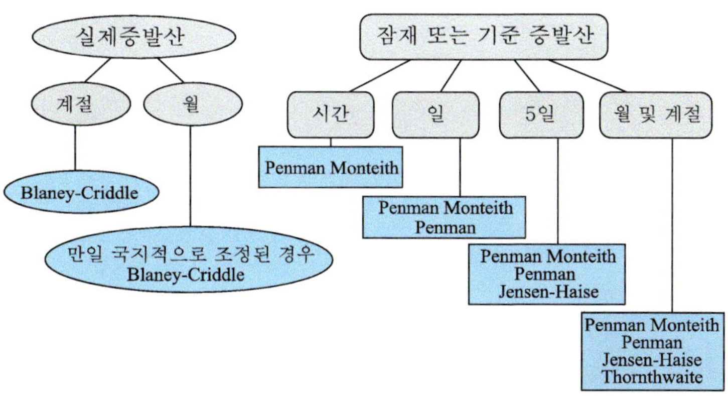

그림 2.5.3 기상자료를 이용한 증발산량 산정방법

1) Thornthwaite 방법

Thornthwaite 방법은 잠재증발산량을 산정하기 위해 주요 변수로서 월평균기온을 사용하고 있으며, 이 방법은 단순하지만 월평균기온 자료를 쉽게 구할 수 있기 때문에 많은 지역에서 광범위하게 사용되고 있다. Thornthwaite는 북위 29°~30°사이의 미국 전역에 걸쳐 증발산계 측정에 의해 자료를 수집하여 평균기온 및 일조시간과 잠재증발산량과의 관계를 연구하여 다음과 같은 경험식을 제시하였다.

월평균기온을 t_n℃(여기서, n = 1, 2, 3, …, 12)라 하고, 월열지수(monthly heat index) j_n을 다음과 같이 산정한다.

$$j_n = \left(\frac{t_n}{5}\right)^{1.514} = 0.0875 t_n^{1.514} \tag{2.5.24}$$

매월의 월열지수를 합하여 연열지수(yearly heat index) J를 구한다.

$$J = \sum_{n=1}^{12} j_n \qquad (t_n > 0℃ \text{ 인 경우}) \tag{2.5.25}$$

1개월을 평균 30일로 잡고 월평균 일조시간을 12시간으로 가정하면, 임의 월의 잠재증발산량은 다음과 같이 산정할 수 있다.

$$E_{tp}' = 16\left(\frac{10t_n}{J}\right)^a \tag{2.5.26}$$

여기서, E_{tp}'는 실제일수 및 일조시간으로 보정하지 않은 잠재증발산량(mm/month)이고, a는 다음과 같이 산정한다.

$$a = 0.49 + 0.0179J - 0.000077J^2 + 0.000000675J^3 \tag{2.5.27}$$

따라서 실제일수 및 일조시간을 고려하여 보정한 임의 월의 잠재증발산량은 다음과 같다.

$$E_{tp} = E_{tp}' \frac{DT}{30 \times 12} = CE_{tp}' \tag{2.5.28}$$

여기서, E_{tp}는 임의 월의 실제일수(D)와 일조시간(T)을 고려하여 보정한 잠재증발산량(mm/month)이며 보정계수 C값은 표 2.5.8을 이용하여도 된다.

표 2.5.8 Thornthwaite 방법에 대한 보정계수 C

위도	1월	2월	3월	4월	5월	6월	7월	8월	9월	10월	11월	12월
60° N	0.54	0.67	0.97	1.19	1.33	1.56	1.55	1.33	1.07	0.84	0.58	0.48
50	0.71	0.84	0.98	1.14	1.28	1.36	1.33	1.21	1.06	0.90	0.76	0.68
40	0.80	0.89	0.99	1.10	1.20	1.25	1.23	1.15	1.04	0.93	0.83	0.78
30	0.87	0.93	1.00	1.07	1.14	1.17	1.16	1.11	1.03	0.96	0.89	0.85
20	0.92	0.96	1.00	1.05	1.09	1.11	1.10	1.07	1.02	0.98	0.93	0.91
10	0.97	0.98	1.00	1.03	1.05	1.06	1.05	1.04	1.02	0.99	0.97	0.96
0	1.00	1.00	1.00	1.00	1.00	1.00	1.00	1.00	1.00	1.00	1.00	1.00
10	1.05	1.04	1.02	0.99	1.97	0.96	0.97	0.98	1.00	1.03	1.05	1.06
20	1.10	1.07	1.02	0.98	0.93	0.91	0.92	0.96	1.00	1.05	1.09	1.11
30	1.16	1.11	1.03	0.96	0.89	0.85	0.87	0.93	1.00	1.07	1.14	1.17
40	1.23	1.15	1.04	0.93	0.83	0.78	0.80	0.89	0.99	1.10	1.20	1.25
50° S	1.33	1.19	1.05	0.89	0.75	0.68	0.70	0.82	0.97	1.13	1.27	1.36

예제 2.5.4

Thornthwaite 방법에 대한 보정계수 C가 표 2.5.8과 같이 주어지고 월평균기온이 표 2.5.9과 같을 때 8월에 대한 잠재증발산량 E_{tp}를 산정하라. 산정 지점의 위치는 40°N이다.

표 2.5.9 월평균기온 (℃)

월	1	2	3	4	5	6	7	8	9	10	11	12
기온	−1.9	1.1	4.8	9.6	14.9	20.2	25.3	23.8	18.3	11.7	4.3	−0.9

풀이

월열지수를 기온이 영상일 경우에만 적용하며 8월인 경우는

$$j_8 = \left(\frac{t_8}{5}\right)^{1.514} = \left(\frac{23.8}{5}\right)^{1.514} = 10.61$$

따라서 연열지수 $J = \sum_{n=1}^{12} j_n = 51.03$이다.

$$a = 0.49 + 0.0179 \times 51.03 - 0.000077 \times 51.03^2 + 0.000000675 \times 51.03^3 = 1.29$$

8월을 평균 30일, 월평균 일조시간 12시간으로 하여 구한 잠재증발산량은

$$E_{tp}' = 16\left(\frac{10 \times 23.8}{51.03}\right)^{1.29} = 116.6\text{mm/month}$$

따라서 8월 달의 보정계수 C=1.15를 적용하면 잠재증발산량은

$$E_{tp} = 11.66 \times 1.15 = 13.41\text{cm/month}$$

다른 달에 대한 월증발산량은 표 2.5.10에 주어져 있다.

표 2.5.10 계산표

월	1	2	3	4	5	6	7	8	9	10	11	12
기온	−1.9	1.1	4.8	9.6	14.9	20.2	25.3	23.8	18.3	11.7	4.3	−0.9
j_i	0	0.101	0.940	2.685	5.224	8.281	11.64	10.61	7.130	3.622	0.796	0
E_{tp}'	0	0.221	1.478	3.614	6.373	9.437	12.62	11.66	8.308	4.665	1.283	0
C	0.80	0.89	0.99	1.10	1.20	1.25	1.23	1.15	1.04	0.93	0.83	0.78
E_{tp}	0	0.197	1.463	3.975	7.647	11.79	15.52	13.41	8.64	4.339	1.065	0

2) Blaney-Criddle 방법

Blaney-Criddle 방법은 계절단위의 실제증발산량을 산정하는 방법으로 미국 자연자원보전국(NRCS)에서 농작물 경작지에 대한 관개용수를 산정할 때 추천하고 있는 방법이다. 이 방법은 미국 서부지역의 작물 소비수량자료와 월평균기온 그리고 백분율로 나타낸 일조시간 사이의 상관관계를 기본으로 하여 개발되었다. 관개시스템 설계에서 총 물 수요량을 결정할 필요가 있으며, 수요량은 식물의 성장에 필요한 소비수량(consumptive use)과 관개수로를 통해 도수하는 과정에서의 증발 및 침투로 인한 손실량을 더한 것이다.

Blaney-Criddle 방법에 의한 소비수량(증발산량)의 산정은 다음과 같다.

① 해당지역의 월평균기온 T_a(°F)을 얻는다.

② 연간 총 일조시간에 대한 월간 일조시간의 백분율 P(%)를 산정한다(표 2.5.11).

③ 각 월의 소비수량 인자 f를 다음과 같이 구한다.

$$f = \frac{T_a \times P}{100} \tag{2.5.29}$$

④ 월 소비수량 인자에 작물별 계절 소비수량계수 K(표 2.5.12)를 곱해 월별 소비수량 u를 산정.

$$u = K \times f \tag{2.5.30}$$

⑤ 작물 성장 전 기간에 대한 소비수량 U(in)는 월별 소비수량을 합하여 구한다.

$$U = \sum_{i=1}^{n} u = \sum_{i=1}^{n} (K \times f) = \sum_{i=1}^{n} \left(\frac{K \times T_a \times P}{100} \right) \tag{2.5.31}$$

표 2.5.11 연간 총 일조시간에 대한 월간 일조시간의 백분율 P(%)

위치	1월	2월	3월	4월	5월	6월	7월	8월	9월	10월	11월	12월
60°N	4.70	5.67	8.11	9.69	11.78	12.41	12.31	10.68	8.54	6.95	5.02	4.14
58	5.02	5.84	8.14	9.59	11.50	12.00	11.93	10.52	8.53	7.06	5.30	4.54
56	5.31	5.98	8.17	9.48	11.26	11.68	11.67	10.36	8.52	7.18	5.52	4.87
54	5.56	6.10	8.19	9.40	11.04	11.39	11.42	10.22	8.50	7.28	5.74	5.16
52	5.79	6.22	8.21	9.32	10.85	11.14	11.19	10.10	8.48	7.36	5.92	5.42
50	5.99	6.32	8.24	9.24	10.68	10.92	10.99	9.99	8.46	7.44	6.08	5.65
48	6.17	6.41	8.26	9.17	10.52	10.72	10.81	9.89	8.45	7.51	6.24	5.85
46	6.33	6.50	8.28	9.11	10.38	10.53	10.65	9.79	8.43	7.58	6.37	6.05
44	6.48	6.57	8.29	9.05	10.25	10.39	10.49	9.71	8.41	7.64	6.50	6.22
42	6.61	6.65	8.30	8.99	10.13	10.24	10.35	9.62	8.40	7.70	6.62	6.39
40	6.75	6.72	8.32	8.93	10.01	10.09	10.22	9.55	8.39	7.75	6.73	6.54
38	6.87	6.79	8.33	8.89	9.90	9.96	10.11	9.47	8.37	7.80	6.83	6.68
36	6.98	6.85	8.35	8.85	9.80	9.82	9.99	9.41	8.36	7.85	6.93	6.81
34	7.10	6.91	8.35	8.80	9.71	9.71	9.98	9.34	8.35	7.90	7.02	6.93
32	7.20	6.97	8.36	8.75	9.62	9.60	9.77	9.28	8.34	7.95	7.11	7.05
30	7.31	7.02	8.37	8.71	9.54	9.49	9.67	9.21	8.33	7.99	7.20	7.16
28	7.40	7.07	8.37	8.67	9.46	9.39	9.58	9.17	8.32	8.02	7.28	7.27
26	7.49	7.12	8.38	8.64	9.37	9.29	9.49	9.11	8.32	8.06	7.36	7.37
24	7.58	7.16	8.39	8.60	9.20	9.19	9.40	9.06	8.31	8.10	7.44	7.47
22	7.67	7.21	8.40	8.56	9.22	9.11	9.32	9.01	8.30	8.13	7.51	7.56
20	7.75	7.26	8.41	8.53	9.15	9.02	9.24	8.95	8.29	8.17	7.58	7.65
18	7.83	7.31	8.41	8.50	9.08	8.93	9.16	8.90	8.29	8.20	7.65	7.74
16	7.91	7.35	8.42	8.47	9.01	8.85	9.08	8.85	8.28	8.23	7.72	7.83
14	7.98	7.39	8.43	8.43	8.94	8.77	9.00	8.80	8.27	8.27	7.76	7.93
12	8.06	7.43	8.44	8.40	8.87	8.69	8.92	8.76	8.26	8.31	7.85	8.01
10	8.14	7.47	8.45	8.37	8.81	8.61	8.85	8.71	8.25	8.34	7.91	8.09
8	8.21	7.51	8.45	8.34	8.74	8.53	8.78	8.66	8.25	8.37	7.98	8.18
6	8.28	7.55	8.46	8.31	8.68	8.45	8.71	8.62	8.24	8.40	8.04	8.26
4	8.36	7.59	8.47	8.28	8.62	8.37	8.64	8.57	8.23	8.43	8.10	8.34
2	8.43	7.63	8.49	8.25	8.55	8.29	8.57	8.53	8.22	8.46	8.16	8.42
0	8.50	7.67	8.49	8.22	8.49	8.22	8.50	8.49	8.21	8.49	8.22	8.50

표 2.5.12 작물별 계절 소비수량계수 K

작물 및 지역	1월	2월	3월	4월	5월	6월	7월	8월	9월	10월	11월	12월
알팔파												
애리조나주 메사	0.35	0.55	0.75	0.90	1.05	1.15	1.15	1.10	1.00	0.85	0.65	0.45
캘리포니아주 로스엔젤레스	0.35	0.45	0.60	0.70	0.85	0.95	1.00	1.00	0.95	0.80	0.55	0.30
캘리포니아주 데이비스				0.70	0.80	0.90	1.10	1.00	0.80	0.70		
유타주 로건				0.55	0.80	0.95	1.00	0.95	0.80	0.50		
옥수수												
노스다코다주 맨돈					0.50	0.65	0.75	0.80	0.70			
목화												
애리조나주 피닉스				0.20	0.40	0.60	0.90	1.00	0.95	0.75		
캘리포니아주 베이커스필드					0.30	0.45	0.90	1.00	1.00	0.75		
텍사스주 웨슬레코			0.20	0.45	0.70	0.85	0.85	0.80	0.55			
자몽												
애리조나주 피닉스	0.40	0.50	0.60	0.65	0.70	0.75	0.75	0.75	0.75	0.70	0.60	0.50
오렌지												
캘리포니아주 로스엔젤레스	0.30	0.35	0.40	0.45	0.50	0.55	0.55	0.55	0.50	0.50	0.45	0.30
감자												
캘리포니아주 데이비스				0.45	0.80	0.95	0.90					
유타주 로건						0.40	0.65	0.85	0.80			
노스다코다주					0.45	0.75	0.90	0.80	0.40			
밀												
애리조나주 피닉스	0.20	0.40	0.80	1.10	0.60							
귀리												
네브라스카주 스코츠블러프					0.50	0.90	0.85					
사탕수수												
애리조나주 피닉스						0.40	1.00	0.85	0.70			
텍사스주 대평원연구소						0.30	0.75	1.10	0.85	0.50		

예제 2.5.5

위도 40°N 지역에서의 알팔파에 대한 소비수량을 Blaney-Criddle방법을 이용하여 산정하라. 알팔파의 성장기간은 4월부터 9월까지이며, 각 월의 기온이 표 2.5.13에 주어져 있다.

풀이

위도 40°N 지역에 대한 총 일조시간에 대한 월간 일조시간의 백분율 P(%)를 표 2.5.11로부터 구한 결과가 표 2.5.13의 3란에 주어져 있다. 월 소비수량 인자 f는 기온 T와 P를 곱한 후 100으로 나누면 되고, 작물별 계절 소비수량계수 K는 표 2.5.12에서 로스앤젤레스 지역의 값을 적용하였다. 월별 소비수량 u는 f와 K를 곱해 산정한다. 따라서 알팔파의 성장기간 동안의 총 소비수량은 88.57cm가 된다.

표 2.5.13 계산표

월	T (°F)	P (%)	f	K	E_{tp}	
					(in)	(cm)
4	49.2	8.93	4.39	0.70	3.08	7.81
5	58.8	10.01	5.89	0.85	5.00	12.71
6	68.3	10.09	6.89	0.95	6.55	16.63
7	77.5	10.22	7.92	1.00	7.92	20.12
8	74.8	9.55	7.14	1.00	7.14	18.14
9	65.0	8.39	5.45	0.95	5.18	13.16
계					34.87	88.57

2.6 침투

침투는 강수가 지표면을 통해 토양 속으로 이동하는 것으로, 침투과정은 토양 속으로 물의 유입, 토양집단 내에서의 물의 저류 그리고 지하수대까지 지속적으로 물이 이동하는 침루(percolation)로 나눌 수 있다. 이와 같은 과정 중 어떠한 요소라도 제한을 받게 되면 지표면에서의 침투를 감소시키게 된다. 물을 토양 속으로 이동시키는 힘은 중력과 모세관흡인력(capillary suction)이다. 중력은 균열 및 용해된 물질의 공간과 같은 토양의 틈을 통해 물을 아래로 끌어당기고, 중력에 의해 토양 속으로 내려간 물은 모세관력에 의해 더 깊은 토양 속으로 내려가게 된다.

2.6.1 토양의 종류

토성(soil texture)은 서로 다른 크기의 입자 비율로 토양이 물이나 공기를 함유하거나 통과시키는데 중요한 역할을 하므로 토양의 가장 기본적이고 중요한 특성이라 할 수 있다. 모래질 토양은 배수가 빠르며 따라서 빨리 건조해 지는 반면, 점토질 토양은 간극이 매우 좁기 때문에 배수가 잘 일어나지 않는다. 토양은 점토(clay), 실트(silt) 그리고 모래(sand)의 구성비율을 바탕으로 한 토성도(texture diagram)를 만들어 분류하고 있으며, 미국 농림성(USDA)에서 사용하는 표준 분류표가 그림 2.6.1과 같다.

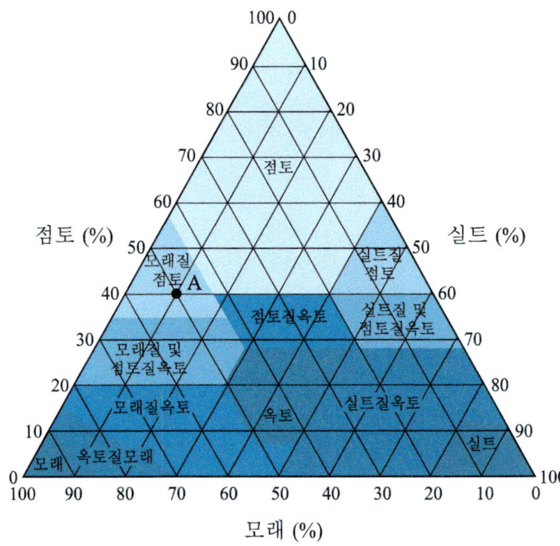

그림 2.6.1 USDA 토양분류법에 사용되는 토성도

토양의 종류 및 함수정도 또한 침투를 결정하는 중요한 인자이다. 침투는 토성과 직접적으로 관련 있으며, 표 2.6.1은 토성 분류에 따른 최소 침투율을 보여주고 있다. 미국 자연자원보전국(Natural Resources Conservation Service, NRCS)은 3,000가지 이상의 토양 종류로부터 표 2.6.2와 같이 네 가지 수문학적 그룹으로 분류하고 있다.

표 2.6.1 토성에 의해 분류된 수문학적 토양특성

토성분류	유효 저류능 (in/in)	최소침투율 (in/hr)	NRCS 분류	토성분류	유효 저류능 (in/in)	최소침투율 (in/hr)	NRCS 분류
Sand	0.35	8.27	A	Clay loam	0.14	0.09	D
Loamy sand	0.31	2.41	A	Silty clay loam	0.11	0.06	D
Sandy loam	0.25	1.02	B	Sandy clay	0.09	0.05	D
Loam	0.19	0.52	B	Silty clay	0.09	0.04	D
Silt loam	0.17	0.27	C	Clay	0.08	0.02	D
Sandy clay loam	0.14	0.17	C				

표 2.6.2 NRCS 수문학적 토양 그룹

토양그룹	토양의 특성	침투율 (mm/h)
Type A	유출이 가장 작음. 침투율이 가장 큼. 실트와 점토를 약간 포함한 모래층 및 자갈층으로 배수 양호	7.62~11.43
Type B	비교적 낮은 유출율, 비교적 높은 침투율 자갈이 섞인 사질토로 배수가 대체로 양호	3.81~7.62
Type C	비교적 높은 유출율, 비교적 낮은 침투율 상당수의 점토와 콜로이드질을 포함하고 있어 배수불량	1.27~3.81
Type D	유출율이 가장 큼. 침투율이 가장 낮음 대부분이 점토질로 이루어져 배수가 대단히 불량	0~1.27

2.6.2 공극률 및 함수비

공극률(porosity) η는 토양 속에 있는 공극의 백분율로 공극의 총부피 V_V를 토양의 총부피 V_T로 나누어 구한다.

$$\eta = \frac{V_V}{V_T} \tag{2.6.1}$$

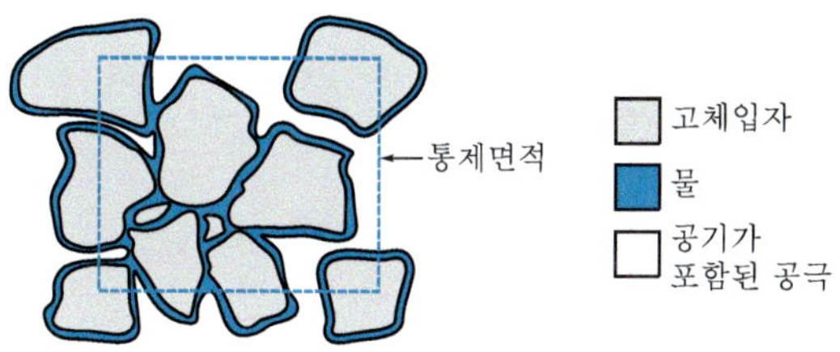

그림 2.6.2 비포화 공극을 나타내는 토양단면)

공극률은 일반적으로 모래가 25%~45%, 실트는 35%~ 50%, 점토는 40%~70%의 범위를 가지고 있다. 공극 내에 있는 물의 총부피 V_W를 토양의 총부피로 나눈 것을 토양함수비(soil moisture content) θ라 한다.

$$\theta = \frac{V_W}{V_T} \tag{2.6.2}$$

따라서 토양함수비의 범위는 $0 \le \theta \le \eta$이며 포화상태일 때 함수비와 공극률이 같아지게 된다.

2.6.3 침투능 및 누가침투량

토양 표면에 물이 고인다면 침투는 지속적으로 발생하고, 그림 2.6.3과 같이 순간적인 침투능은 변하게 된다. 일정기간동안에 침투된 물의 총 양은 침투능에 따라 변하고 시간의 함수가 된다. 순간적인 침투능 f(cm/hr)와 누가침투량 F(cm)는 다음과 같이 나타낼 수 있다.

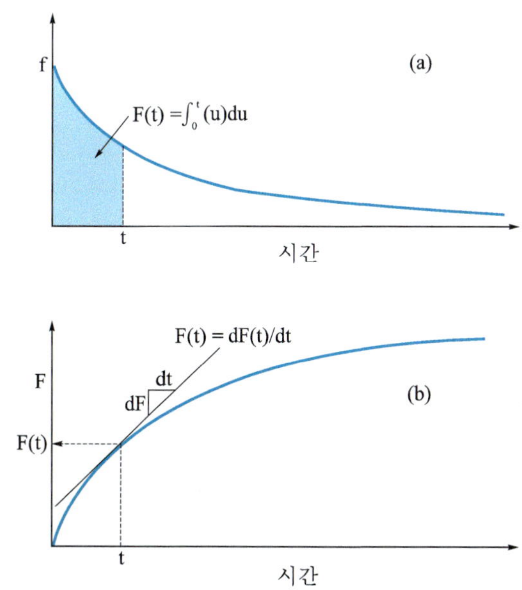

그림 2.6.3 침투능(a) 및 누가침투량(b)곡선

$$f(t) = \frac{dF(t)}{dt} \tag{2.6.3}$$

$$F(t) = \int_0^t f(u)du \tag{2.6.4}$$

식 (2.6.4)는 누가침투량 F(t)가 침투능 f(t)의 정적분으로 표현됨을 보여주고 있다. 즉, 누가침투량 F(t)는 침투능곡선 f(t) 아래의 면적과 같다(그림 2.6.3a).

예제 2.6.1

표 2.6.3의 1~4란과 같이 누가침투량 F(t)가 주어질 때 침투능 f(t)를 구하라.

표 2.6.3 침투능 계산표

순서	시간 (분)	누가침투량 F(t)		침투능 f(t)	
		inch	cm	in/hr	cm/hr
0	0	0.00	0.00	–	–
	5	–	–	2.40	6.10
1	10	0.40	1.02	–	–
	15	–	–	1.26	3.20
2	20	0.61	1.55	–	–
	25	–	–	0.90	2.29
3	30	0.76	1.93	–	–
	35	–	–	0.54	1.37
4	40	0.85	2.18	–	–
	45	–	–	0.48	1.22
5	50	0.93	2.36	–	–
	55	–	–	0.42	1.07
6	60	1.00	2.54	–	–

풀이

연속함수 f(t)와 F(t)는 시간구간 Δt=10분=0.167시간을 취함으로서 이산함수 f_t와 F_t로 나타낼 수가 있다. 시간 0, 10, 20, 30, 40, 50 그리고 60분에 대해 이에 상응하는 누가침투량 F(t)이 표 2.6.3의 4란과 같으므로 이산형 침투능 f_t는 다음과 같이 나타낼 수가 있다.

$$f_t = \frac{\Delta F}{\Delta t} = \frac{F_t - F_{t-1}}{\Delta t}$$

예를 들어 10분 간격동안 침투능이 일정하다고 가정하고 처음 구간(0~10분)에 대한 침투능을 계산하면

$$f_1 = (0.40 - 0.00)/10 = 0.04\text{in}/\text{분}$$
$$= 2.4\text{in}/\text{hr} = 6.1\text{cm}/\text{hr}$$

이와 같이 계산된 침투능이 6란에 나타나 있고 이를 침투능곡선으로 나타낸 것이 그림 2.6.4와 같다.

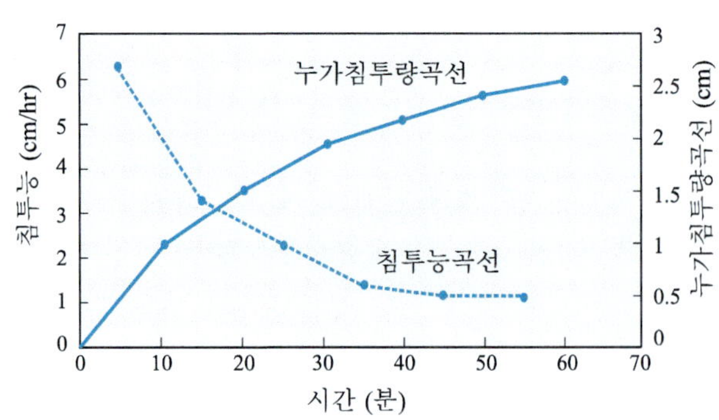

그림 2.6.4 침투능 및 누가침투량곡선

2.6.4 침투량 측정방법

침투에 영향을 주는 모든 인자들이 시간과 공간에 따라 변하므로 침투 또한 시간 및 공간적으로 균일하지가 않다. 토성은 토양 내에서 수평 및 연직방향으로 변화가 있으며, 고도, 지형, 계절 및 인간의 활동에 따라 식생은 변한다. 선행강수는 이전에 발생한 호우와 현재 사이의 건조한 기간의 정도에 따라 변한다. 이와 같은 변수들의 값이 주어지더라도 작은 면적의 지역에서 조차 침투량을 정확히 산정하기가 거의 불가능하다. 따라서 평균 침투량은 토양의 특성 및 식생피복을 기본으로 산정하며, 일반적인 침투량 측정방법에는 침투계에 의한 측정, 강우모의기에 의한 측정 등이 있다.

1) 침투계에 의한 측정

침투는 원형침투계(ring infiltrometer)를 사용하여 측정할 수 있으며, 단일원형침투계는 10~30cm의 직경을 가진 원통형으로 깊이가 45~60cm 범위를 가지고 있고, 지중에 10~50cm 깊이로 설치한다. 원통안의 수심이 일정하게 유지되도록 물을 공급하고 일정한 시간간격으로 수심을 유지하기 위해 보충한 물의 양을 측정함으로서 침투량을 산정할 수 있다. 원형침투계의 장점은 이동 및 설치가 간편하여 짧은 기간에 여러 번의 측정을 할 수 있으며, 단점은 침투계 벽에 인접한 토양에서의 흐름으로 인한 교란이 생기는데, 자연 상태보다 최대 10배까지 측정될 수 있다. 이러한 단효과(end effect)를 줄이기 위해 이중원형침투계가 개발되어 사용되고 있다.

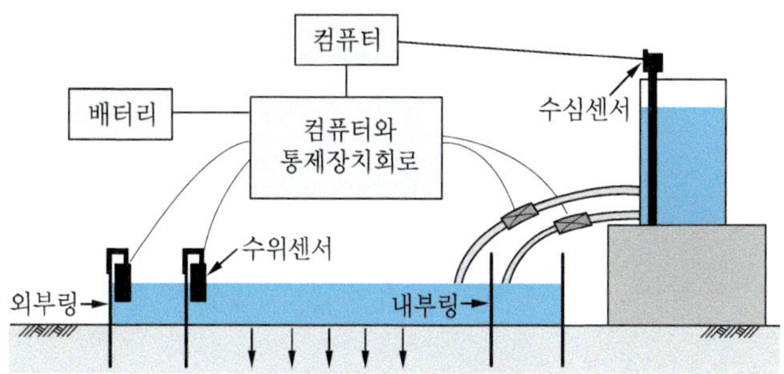

그림 2.6.5 원형침투계

2) 강우모의기에 의한 측정

강우모의기 또는 스프링클러 침투계(sprinkler infiltrometer)는 원형침투계보다 넓은 면적에서의 침투량을 산정할 수 있다. 적절한 지역을 선택하여 그 위에 스프링클러를 설치하고, 관측지역 토양사면 끝단에 지표면 유출을 모을 수 있는 장치를 설치한다. 스프링클러 노즐 및 수압은 다양한 강우강도, 물방울의 크기 및 낙하속도를 발생시킬 수 있도록 조정한다. 연속방정식을 이용함으로서 유입량, 유출량 그리고 저류량을 측정하여 침투량을 산정한다.

2.6.5 침투량 산정방법

침투능을 산정하기 위한 방법에는 침투지수법(infiltration index) 및 경험적인 공식과 개념적인 공식에 의한 방법이 있다. 침투지수법은 유역에서의 강우량과 유출량 자료가 있는 경우 간편하게 침투량을 산정할 수 있는 방법이다. 경험적인 공식들은 시간의 함수로서 침투량을 계산하는 반면, 개념적인 공식들은 공극을 통한 흐름의 물리적인 과정을 사용하여 침투량을 산정한다.

1) 침투지수법

강우가 발생하면 지표면에 물이 고이기 시작하고 침투가 시작된다. 강우강도가 침투능보다 커지면 지표면에 고인 물은 증가하고 지표면 유출이 시작된다. 만일 강우기간 동안의 증발량이 작아 무시한다면 유역에 내린 총 강우량에서 유역출구점에서의 유출량을 빼면 그 차이가 바로 총 침투량을 나타낸다. 총 침투량을 강우지속기간으로 나누면 평균침투능이 되고 이를 침투지수라 한다. 침투지수법은 강우 초기의 실제 큰 침투능을 반영하지 못하고, 강우 종기에는 낮은 침투능을 과대하게 산정하게 된다. 따라서 침투지수법은 강우의 지속기간이 크고 강우 강도도 큰 경우에 적용하기 적합하다. 이와 같은 침투지수법에는 ϕ-지수법이 있다.

ϕ-지수는 침투능을 산정하기 위한 가장 간단한 방법으로 유역에 의해 저류된 강우의 양을 강우지속기간으로 나눈 것이다. ϕ-지수를 구하는 방법은 먼저 호우 사상에 대한 우량주상도를 구해 총 강우량을 산정하고, 유역 출구지점에서의 유출량을 측정하여 면적으로 나누어 직접유출량(초과강우량)을 산정한다. 우량주상도 위 부분부터 수평선을 그어 수평선위의 강우량과 직접유출량이 같은 선을 구하면, 이선에 해당하는 강우강도가 유역의 평균 침투능 즉, ϕ-지수가 된다. 또는 우량주상도 없이 총 강우량과 직접유출량 그리고 강우지속기간만 이용하여 다음과 같이 구할 수 있다.

$$\phi = \frac{F}{T} = \frac{P - Q}{T} \tag{2.6.5}$$

여기서, ϕ는 ϕ-지수(mm/h), F는 총 침투량 (mm), P는 총 강우량(mm), Q는 직접유출량(mm), T는 강우지속기간(hr)이다.

예제 2.6.2

어떤 유역에 2008년 7월 10일 오전 4시부터 1시간 간격으로 10mm, 20mm, 30mm, 40mm, 20mm, 10mm의 강우가 내렸다. 우량주상도를 그리고 유역의 출구에서 측정한 직접유출고가 60mm일 때 ϕ-지수를 구하고 우량주상도상에 표시하라.

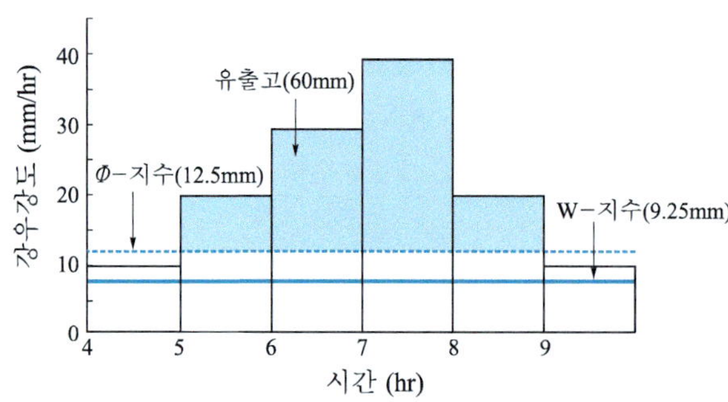

그림 2.6.6 ϕ-지수법에 의한 평균침투능 산정

풀이

1) ϕ-지수

총강우량 : 10+20+30+40+20+10=130mm

ϕ-지수가 10mm와 15mm 사이에 있다고 가정하면

$$(20-\phi)+(30-\phi)+(40-\phi)+(20-\phi)=60 \rightarrow 110-4\phi=60$$

그러므로 ϕ=12.5mm/hr이고 주상도에 나타낸 것이 그림 2.6.6과 같다.

2) Horton의 침투능

가장 잘 알려진 침투능 산정 경험공식으로 Horton의 공식이 있으며 다음과 같다.

$$f_p(t) = f_c + (f_o - f_c)e^{-Kt} \quad (2.6.6)$$

여기서, $f_p(t)$는 시간에 따른 침투능(mm/h), f_c는 종기침투능(mm/h)으로 투수성과 같으며, f_o는 초기침투능(mm/h), K는 감소상수(1/hr), t는 강우시작부터 소요된 시간(hr)이다.

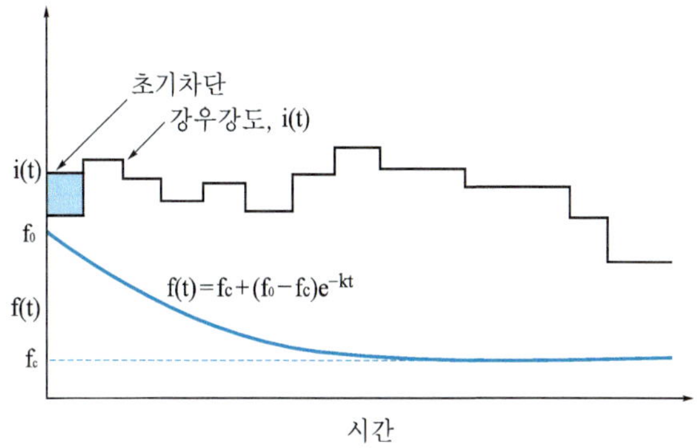

그림 2.6.7 Horton의 침투능

Horton의 침투능은 식 (2.6.6)과 그림 2.6.7로 나타낼 수 있으며, 침투능곡선 아래의 면적이 총 침투량이 되며 강우강도 아래의 면적이 총 강우량이 된다. 강우시작 시간부터 임의의 시간 t까지의 총 침투량은 침투능곡선을 시간 t까지 적분함으로서 산정할 수 있다.

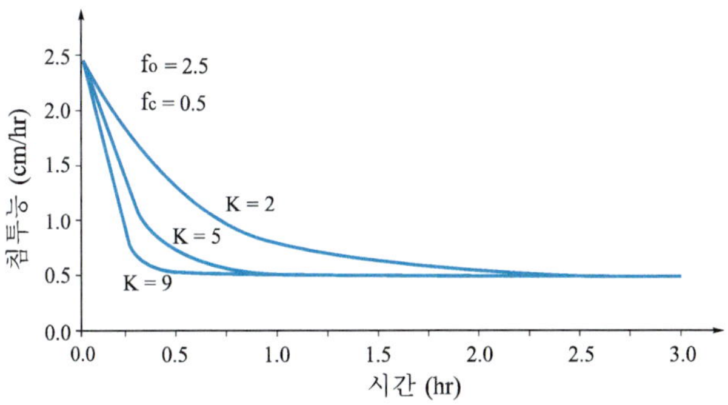

그림 2.6.8 K에 따른 침투능의 변화

$$F = \int_0^t f_p t dt = \int_0^t f_c dt + \int_0^t (f_0 - f_c)e^{-Kt}dt$$

$$= f_c t + \frac{1}{K}(f_0 - f_c)(1 - e^{-Kt}) \quad (2.6.7)$$

Horton의 공식에서 토양의 종류 및 초기조건이 주어진다면 유일한 변수는 시간 t가 된다. 그림 2.6.8은 감소상수 K에 따른 침투능의 변화를 보여주고 있다. K가 크면 침투능은 빠르게 f_c로 접근한다.

예제 2.6.3

어떤 유역에서의 초기침투능이 3.5cm/hr이고 감소상수 K가 0.5/hr로 산정되었다. 종기침투능이 0.5cm/hr인 경우 Horton의 침투능공식을 사용하여 1, 2, 3, 4, 5, 10시간에서의 침투능을 구하고 10시간에 걸친 총 침투량을 산정하라.

풀이

Horton의 침투능곡선식에서 $f_p(t) = f_c + (f_o - f_c)e^{-Kt} = 0.5 + 3e^{-0.5t}$

표 2.6.4 토양의 종류에 따른 Horton 공식의 변수값

토양의 종류	초기침투능 f_o		종기침투능 f_c		감소상수 K
	(cm/hr)	(in/hr)	(cm/hr)	(in/hr)	(1/hr)
Alpha loam	48.26	19.00	3.56	1.40	38.29
Carnegie sandy loam	47.68	14.77	4.49	1.77	19.64
Cowarts loamy sand	38.81	15.28	4.95	1.95	10.65
Dothan loamy sand	8.81	3.47	6.68	2.63	1.40
Fuquay pebbly loamy sand	15.85	6.24	6.15	2.42	4.70
Leefield loamy sans	28.80	11.34	4.39	1.73	7.70
Robertsdale loamy sand	31.52	12.41	2.99	1.18	21.75
Stilson loamy sand	20.59	8.11	3.94	1.55	6.55
Tooup sand	58.45	23.01	4.57	1.80	2.71
Tifton loamy sand	24.56	9.67	4.14	1.63	7.28

따라서 각 시간별로 t값을 적용하면 표 2.6.5와 같다.

10시간에 걸친 누가침투량은 다음과 같다.

$$F = f_c t + \frac{1}{K}(f_0 - f_c)(1 - e^{-Kt}) = 0.5 \times 10 + \frac{1}{0.5}(3.5 - 0.5)(1 - e^{-0.5 \times 10}) = 10.96\text{cm}$$

표 2.6.5 Horton의 침투능

시간 (hr)	1	2	3	4	5	10
f_p (cm/hr)	2.32	1.60	1.17	0.91	0.75	0.52

3) Green-Ampt의 침투능

Green과 Ampt는 침투능 공식을 유도하기 위해 그림 2.6.9와 같은 개념을 이용하였다. 그림에서 습윤선(wetting front)은 토양함수비 θ_i를 가진 아래 부분과 윗부분의 함수비 η를 가진 포화된 토양을 구분하는 경계선이라 할 수 있다. 습윤선은 침투가 시작한지 t시간 동안 L 깊이로 진행되고 있다. 토양 표면에는 h_o깊이로 물이 보류되어 있다. 그림과 같이 단위 횡단면적을 가지고 있는 연직 토양기둥에서 토양표면과 깊이 L 사이의 습한 토양을 통제용적(control volume)으로 간주하자. 초기에 토양의 전체기둥을 통해 함수비가 θ_i라면 습윤선이 진행함에 따라 함수비는 θ_i로부터 η(공극률)까지 증가한다. 함수비 θ는 통제용적 전체 부피에 대한 물의 부피이므로,

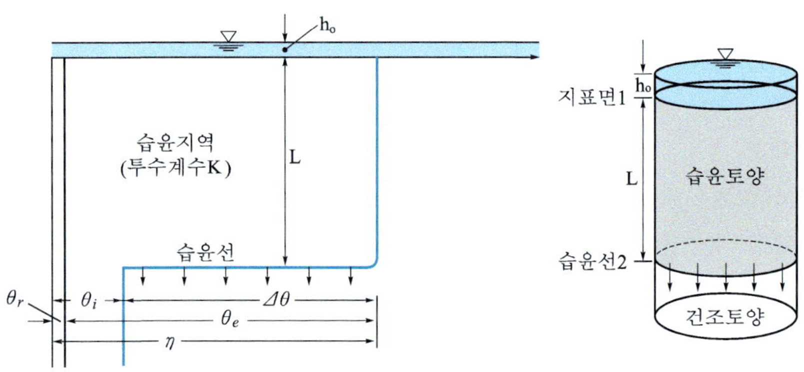

그림 2.6.9 Green-Ampt 침투공식에서의 변수 및 토양기둥

침투에 의한 통제용적 내 단위면적당 저장된 물의 증가는 $L(\eta-\theta_i)$가 된다. 정의에 따라 이것이 바로 토양으로 침투한 누가침투량이 된다. 따라서

$$F(t)=L(\eta-\theta_i)=L\Delta\theta \tag{2.6.8}$$

여기서 잠시 다공성(porous) 매체를 통한 흐름을 표현하는 다음과 같은 Darcy의 법칙을 알아보기로 하자

$$q=\frac{Q}{A}=KS_f \tag{2.6.9}$$

여기서, q는 Darcy 흐름(flux), Q는 다공성 매질을 통해 흐르는 유량, A는 단면적, K는 투수계수, S_f는 에너지선의 경사이다.

흐름이 연직방향이고 흐름에 의한 총 수두를 h라 하면, 에너지선의 경사는 $S_f=-\partial h/\partial z$가 된다. 여기서, 음으로 표현된 것은 마찰에 의해 흐름방향으로의 전수두가 감소하고 있음을 의미한다. 따라서 Darcy의 법칙은 다음과 같이 표현할 수 있다.

$$q=-K\frac{\partial h}{\partial z} \tag{2.6.10}$$

이 경우 Darcy 흐름 q는 전 깊이를 통하여 일정하며 침투능과 같다. 따라서 q는 윗 방향으로 양의 값을 보이고 f는 아랫방향으로 양의 값을 가지므로 q=−f로 놓을 수 있다. 그림 2.6.9와 같이 지표면의 위치를 1, 습윤선의 위치를 2라 하면 식 (2.6.10)은 다음과 같이 나타낼 수 있다.

$$f=K\left(\frac{h_1-h_2}{z_1-z_2}\right) \tag{2.6.11}$$

지표면에서의 수두 h_1은 지면에 보류된 물의 깊이 h_o와 같고, 습윤선 아래의 건조한 토양에서의 수두 h_2는 $-\Psi-L$과 같다. 수두 h는 길이의 단위로 나타낼 수 있지만 물의 단위중량당 에너지로 나타낼 수도 있다. 비포화 된 다공성 매질에서 토양 흡인력에 의해 물이 가지고 있는 총 에너지의 일부를 흡인수두 Ψ라 한다. 만일 저류 수두 h_o가 Ψ 및 L에 비해서 무시할 수 있다면 식 (2.6.11)은 다음과 같이 다시 표현할 수 있다.

$$f=K\left(\frac{h_o-(-\Psi-L)}{L}\right)=K\left(\frac{\Psi+L}{L}\right) \tag{2.6.12}$$

식 (2.6.8)로부터 $L=F/\Delta\theta$이므로 식 (2.6.12)는

$$f=K\left(\frac{\Psi\Delta\theta+F}{F}\right) \tag{2.6.13}$$

침투능은 누가침투량의 미분에 해당하므로 식 (2.6.13)은 누가침투량 F에 대한 미분방정식으로 표현할 수 있다.

$$\frac{dF}{dt} = K\left(\frac{\Psi\Delta\theta + F}{F}\right) \tag{2.6.14}$$

F를 구하기 위해 양변의 분모, 분자를 교차하여 곱하고 정리하면 다음과 같다

$$\left(\frac{F}{F+\Psi\Delta\theta}\right)dF = Kdt \tag{2.6.15}$$

$$\left[\left(\frac{F+\Psi\Delta\theta}{F+\Psi\Delta\theta}\right) - \left(\frac{\Psi\Delta\theta}{F+\Psi\Delta\theta}\right)\right]dF = Kdt \tag{2.6.16}$$

위 식을 시간 t에 대해 적분하면

$$\int_o^{F(t)}\left(1-\frac{\Psi\Delta\theta}{F+\Psi\Delta\theta}\right)dF = \int_0^t Kdt \tag{2.6.17}$$

$$F(t) - \Psi\Delta\theta \ln\left(1+\frac{F(t)}{\Psi\Delta\theta}\right) = Kt \tag{2.6.18}$$

식 (2.6.18)이 Green-Ampt의 누가침투량 공식이다. 이 식을 사용하여 누가침투량 F(t)를 산정할 수 있으므로 식 (2.6.13)을 이용하여 침투능 f(t)를 산정할 수 있다.

$$f(t) = K\left(\frac{\Psi\Delta\theta}{F(t)} + 1\right) \tag{2.6.19}$$

식 (2.6.18)은 누가침투량 F(t)에 대한 비선형방정식이므로 다음과 같이 정리하여 시행착오법으로 산정하게 된다.

$$F(t) = Kt + \Psi\Delta\theta \ln\left(1+\frac{F(t)}{\Psi\Delta\theta}\right) \tag{2.6.20}$$

즉, K, t, Ψ 그리고 $\Delta\theta$가 주어졌을 때 F의 초기값으로 Kt를 이용하여 오른쪽 항에 초기값 F를 대입하여 왼쪽항의 F를 구해 대입한 값과 같은지 비교한다. 만일 다르면 계산된 F값을 다시 오른쪽 항에 넣어 새로운 왼쪽항의 F를 구한다. 이와 같이 입력한 F와 계산된 F가 같은 때까지 반복하여 누가침투량 F가 산정되면 식 (2.6.19)를 이용하여 침투능을 구하게 된다.

Green-Ampt 공식을 적용하기 위해서는 매개변수인 투수계수 K, 공극률 η, 습윤선에서의 토양흡인수두 Ψ 그리고 함수비의 변화 $\Delta\theta$를 산정하여야 한다. 표 2.6.6에 토양의 종류에 따른 K, η, Ψ의 값이 주어져 있지만, $\Delta\theta$를 산정하여야 하므로 유효포화도(effective saturation) S_e를 이용한다. 만일 토양이 완전히 배수된 후에도 남아 있는 수분을 잔류함수량(residual moisture content) θ_r이라 하면, 유효포화도 S_e는 다음과 같이 나타낸다.

$$S_e = \frac{\theta - \theta_r}{\eta - \theta_r} \tag{2.6.21}$$

$\eta - \theta_r$을 유효공극률(effective porosity) θ_e라 하고 $\Delta\theta = \eta - \theta_r$을 적용하여 식 (2.6.21)을 다시 정리하면 다음과 같이 $\Delta\theta$를 산정할 수 있다.

$$\Delta\theta = (1 - S_e)\theta_e \tag{2.6.22}$$

표 2.6.6 Green-Ampt 공식에 적용하는 매개변수의 값

토양 종류	공극률 η	유효공극률 θ_e	습윤선 흡인수두 Ψ (cm)	투수계수 K (cm/hr)
Sand	0.437 (0.374~0.500)	0.417 (0.354~0.480)	4.95 (0.97~25.36)	11.78
Loamy sand	0.437 (0.363~0.506)	0.401 (0.329~0.473)	6.13 (1.35~27.94)	2.99
Sandy loam	0.453 (0.351~0.555)	0.412 (0.283~0.541)	11.01 (2.67~45.47)	1.09
Loam	0.463 (0.375~0.551)	0.434 (0.334~0.534)	8.89 (1.33~59.38)	0.34
Silt loam	0.501 (0.420~0.582)	0.486 (0.394~0.578)	16.68 (2.92~95.39)	0.65
Sandy clay loam	0.398 (0.332~0.464)	0.330 (0.235~0.425)	21.85 (4.42~108.0)	0.15
Clay loam	0.464 (0.409~0.519)	0.309 (0.279~0.501)	20.88 (4.79~91.10)	0.10
Silty caly loam	0.471 (0.418~0.524)	0.432 (0.347~0.517)	27.30 (5.67~131.5)	0.10
Sandy clay	0.430 (0.370~0.490)	0.321 (0.207~0.435)	23.90 (4.08~140.2)	0.06
Silty clay	0.479 (0.425~0.533)	0.423 (0.334~0.512)	29.22 (6.13~139.4)	0.05
Clay	0.475 (0.427~0.523)	0.385 (0.269~0.501)	31.63 (6.39~156.5)	0.03

예제 2.6.4

초기에 30%의 유효포화도를 가진 점토질 옥토(silt loam)에 대해 1시간 후의 침투능과 누가침투량을 산정하라.

풀이

표 2.6.6으로부터 점토질옥토에 대한 유효공극율 θ_e=0.486, 습윤선 흡인수두 Ψ=16.7cm 그리고 투수계수 K=0.65cm/hr이다. 초기 유효포화도가 0.3이므로

$$\Delta\theta = (1 - S_e)\theta_e = (1 - 0.3)0.486 = 0.340, \qquad \Psi\Delta\theta = 16.7 \times 0.340 = 5.68\text{cm}$$

1시간 후의 누가침투량을 산정하기 위해 초기치 F(t)=Kt=0.65cm를 이용하면

$$F(t) = Kt + \Psi\Delta\theta \ln\left(1 + \frac{F(t)}{\Psi\Delta\theta}\right) = 0.65 \times 1 + 5.68 \ln\left(1 + \frac{0.65}{5.68}\right) = 1.27\text{cm}$$

F(t)=1.27을 오른쪽에 다시 넣고 계산하면 F(t)=1.79cm가 나온다.

같은 값이 나올 때까지 반복하면 F(t)=3.17cm로 수렴하게 된다. 따라서 이 값이 1시간 동안의 누가침투량이 된다. 침투능은 다음과 같이 구한다.

$$f(t) = K\left(\frac{\Psi\Delta\theta}{F(t)} + 1\right) = 0.65\left(\frac{5.68}{3.17} + 1\right) = 1.81\text{cm/h}$$

연습문제

2.1 기온체감률이 7.2℃/km라고 가정하자. 2℃의 기온을 가진 공기기단이 고도 3,000m에서 유입될 때 이 공기기단이 상승할지 또는 하강할지 판단하라. 지표면의 온도는 24℃이다.

2.2 해발 500m에 위치하던 20℃의 습한 기단이 상승하기 시작하여 1,500m 위치에서 포화상태가 되어 강우가 발생하였고 2,000m의 산을 넘어 반대편 지역의 처음 높이로 하강할 때 이 기단의 온도는 얼마가 되겠는가. 단, 건조단열기온체감율은 1℃/100m, 포화단열기온체감율은 0.6℃/100m를 적용하라.

2.3 대기의 온도가 20℃일 때 식 (2.3.2) 및 식 (2.3.3) 그리고 표 2.3.2를 이용하여 포화증기압을 구하고 서로 비교하라.

2.4 대기의 온도가 20℃이고 이슬점이 12℃일 때 상대습도를 산정하라.

2.5 대기의 온도가 20℃이고 상대습도가 70%일 때 이슬점을 산정하라.

2.6 습도계로부터 건구의 온도가 20℃이고 습구의 온도가 12℃일 때 실제증기압과 상대습도를 산정하라.

2.7 건구온도 25℃, 습구온도 18℃일 때 1) 포화증기압, 2) 실제증기압, 3) 상대습도, 4) 이슬점을 산정하라.

2.8 지상 40m에 설치된 풍속계로부터 관측된 풍속이 20m/sec일 때 지상 5m에서의 풍속을 k=1/5와 k=1/10에 대해 멱함수곡선식을 사용하여 산정하라.

2.9 지상 5m와 50m 위치에 설치한 풍속계로 측정한 풍속이 각각 5m/sec 및 10m/sec일 때 지상 30m에서의 풍속을 계산하라.

2.10 표 2.10과 같은 유역에 X지점 우량계의 고장으로 한 달간 우량관측을 할 수 없었다. 인접한 A, B, C 세 관측소의 자료를 이용하여 X지점의 결측된 월 강우량을 산정하라. 각 관측소에서 관측된 강우량과 정상 연평균강수량이 다음과 같다.

표 2.10 결측 강수량을 산정하기 위한 자료

관측소	관측 강수량 (mm)	정상연평균강수량 (mm)	X관측소와의 거리 (km)
A	165.0	1096.0	8.5
B	193.0	1213.0	6.2
C	181.0	1124.0	4.8
X		1050.0	

2.11 인접한 4개의 관측소에서 관측한 장기간 강우자료 중 한 관측소에서 어떤 해에 우량계의 고장으로 6, 7, 8월에 걸쳐 강우관측을 하지 못하였다. 인접한 관측소의 월별 강우량(mm)과 장기간에 걸친 평균 강우량(mm)이 표 2.11과 같이 주어질 때 결측 관측소의 월별 강우량을 산정하라.

표 2.11 결측 강수량을 산정하기 위한 자료

관측소 \ 월	1		2		3		결측
	월강우량	장기월평균	월강우량	장기월평균	월강우량	장기월평균	장기월평균
6	55	60	65	65	75	70	67
7	47	50	50	55	45	65	60
8	45	45	40	47	55	60	55

2.12 연습문제 2.11에서 결측 관측소와 인접한 관측소의 거리가 각각 5km, 1km, 10km일 때 역거리제곱법을 사용하여 결측 관측소의 월별 강우량을 산정하라.

2.13 표 2.13과 같이 X관측소의 36년간의 연강우량자료와 인근 20개 관측소의 연평균강우량자료가 주어질 때 이중누가우량분석을 실시하여 다음을 구하라.

1) X관측소 자료의 일관성을 분석하라.
2) 자료의 수정하지 않았을 경우의 X관측소의 연평균강우량은 얼마인가?
3) 인근자료를 이용하여 수정하였을 경우 X관측소의 연평균강우량은 얼마인가?

표 2.13 X관측소 연강우량 및 인근 20개 관측소의 연평균강우량 및 누가치

년도 (year)	X관측소 (mm)	20개관측소 평균 (mm)	년도 (year)	X관측소 (mm)	20개관측소 평균 (mm)	년도 (year)	X관측소 (mm)	20개관측소 평균 (mm)
1965	1042	1029	1977	853	853	1989	610	739
1966	907	838	1978	739	754	1990	671	846
1967	922	945	1979	655	709	1991	648	867
1968	983	846	1980	846	998	1992	686	701
1969	960	937	1981	518	701	1993	914	1113
1970	914	686	1982	671	1082	1994	549	709
1971	1166	1052	1983	853	937	1995	861	1052
1972	1311	907	1984	724	693	1996	625	853
1973	968	823	1985	808	701	1997	884	892
1974	823	815	1986	617	693	1998	930	1158
1975	960	846	1987	884	998	1999	556	686
1976	1448	1082	1988	853	793	2000	564	793

2.14 그림 2.14와 같은 유역내에 설치된 우량관측소에서 관측된 강우량과 티센망을 작성하여 구한 면적비가 표 2.14와 같을 때 산술평균법과 티센다각형법을 이용하여 유역평균강우량을 산정하라.

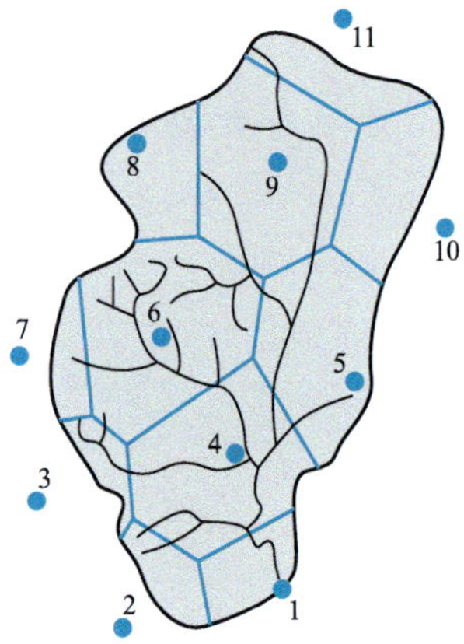

표 2.14 우량관측소

표 2.14 티센다각형법에 의한 평균강우산정

관측소	강우량 (mm)	면적비 (%)
1	15.6	5
2	29.5	4
3	34.4	3
4	29.1	15
5	41.7	11
6	42.1	19
7	27.0	4
8	24.5	7
9	38.8	21
10	39.8	6
11	25.1	5
계		100

2.15 그림 2.15와 같은 유역내외의 우량관측소에서 관측한 우량자료가 표 2.15와 같고 티센망도와 등우선도가 그림 2.15와 같이 주어질 때 산술평균법, 티센방법 그리고 등우선법에 의한 유역평균강우량을 산정하라.

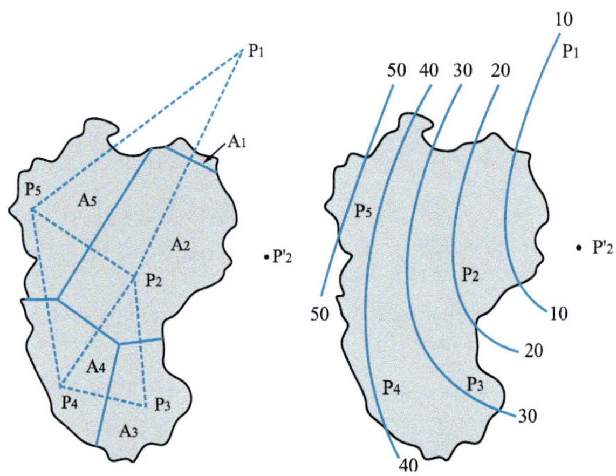

그림 2.15 티센망도 및 등우선도

표 2.15 티센다각형 및 등우선법에 의한 평균강우산정 (*는 가정치)

관측소	강우량 (mm)	티센 다각형 면적 (km^2)	등우선법	
			평균등우선 (mm)	면적 (km^2)
P1	10	0.22	5*	0.88
P2	20	4.02	15	1.59
P3	30	1.35	25	2.24
P4	40	1.60	35	3.01
P5	50	1.95	45	1.22
			53*	0.20

2.16 어떤 유역에 30분간 지속된 집중 호우로부터 기록된 5분 간격 우량이 표 2.16과 같을 때 지속시간 5분씩 증가시킨 간격별로 최대 강우강도를 구하라.

표 2.16 시간별 강우량

시간 (분)	0~5	5~10	10~15	15~20	20~25	25~30
강우량 (mm)	3.0	4.5	7.0	6.0	4.5	5.0

2.17 식 (2.4.11)을 이용하여 부산지역에 대한 재현기간 50년 및 100년, 지속기간 1시간 및 2시간에 대한 강우강도를 산정하라.

2.18 유역면적이 500km^{2}인 어떤 지역에서 수공구조물을 설계하기 위해 점 강우량을 빈도해석 한 결과 재현기간 50년, 지속기간 24시간인 확률강우량이 300mm로 나타났다. 이를 면적 확률강우량으로 환산하라.

2.19 서울지역에서 강우빈도해석을 한 결과 재현기간 200년, 지속기간 24시간인 확률강우량이 415mm로 나타났다. 서울지역의 한 유역에서 유도된 단위도의 지속시간이 4시간일 때 단위도를 적용하기 위한 24시간 확률강우량을 전진형, 중앙집중형 그리고 지연형에 맞추어 설계우량주상도를 작성하라. 단, n=2/3을 적용하라.

2.20 서울지역에서 강우빈도해석을 한 결과 재현기간 100년, 지속기간 1시간인 확률강우량이 114.6mm이다. Huff의 방법을 사용하여 설계우량주상도를 유도하라. 서울지역의 강우분포는 3분위에 적절하다고 가정하고 확률 50%의 누가확률곡선을 사용하라. 단, 지속기간은 10개로 나누어 적용하라.

2.21 서울지역에서의 IDF곡선으로부터 구한 재현기간 30년, 지속기간 2시간에 대한 강우강도가 70mm/hr일 때 수문설계를 위한 재현기간 30년, 지속기간 2시간에 대한 삼각형 우량주상도를 산정하라.

2.22 재현기간별 지속시간에 따른 강우강도식이 식 (2.4.11)과 같을 때 교호블록법에 의해 재현기간 30년, 지속기간 2시간인 설계우량주상도를 구하라. 단, 시간 증가는 10분으로 하고 강우강도식을 적용하기 위한 서울지역의 지역상수는 표 2.4.7의 값을 이용하라.

2.23 어떤 지역에서 재현기간 20년에 대한 강우강도를 식 (2.4.28)에 의해 산정할 수 있고 상수 a=450, b=0.5, c=1.01이라 할 때 재현기간 20년, 지속기간 2시간의 설계우량주상도를 순간강우강도법에 의해 구하라. 호우전진계수 r=0.5와 0.25 두 경우에 대해 적용하라.

2.24 지속시간 1시간 및 12시간에 해당하는 가능최대강수량을 산정하라.

2.25 어떤 열대지역의 도시에서 24시간 연 최대 강우량을 분석한 결과 평균이 24cm이고, 표준편차가 5.5cm로 나타났다. 이 지역에서의 가능최대강수량을 산정하라. 단, K=20이다.

2.26 북위 36°인 지역에 위치한 저수지로부터 6월의 증발량을 에너지수지방법으로 산정하라. 6월 중 하루의 수표면 온도는 18℃, 평균기온은 20℃이고 상대습도는 40%였다. 이날의 일조율은 n/N=0.3이고 대기압은 1,010mb였다. 단, 저수지로의 유입 및 유출량 그리고 저수지내의 온도변화는 무시하라.

2.27 위도 40°N 지역에 위치한 한 호수에서 8월에 대해 태양복사에너지 Q_s와 반사복사에너지 Q_r을 청명한 날과 운도 40%에 대해 각각 구하라.

2.28 위도 40°N 지역에 위치한 한 호수에서의 8월에 대해 다음 조건에 대한 순복사에너지 Q_n을 산정하라. 운도 40%, 수면 2m 상공에서의 기온 30℃, 상대습도 60%, 수표면 온도 20℃, 반사도 0.07이다.

2.29 산정된 순복사에너지 Q_n=560.27cal/cm^2/day이 모두 증발에 사용되었다고 할 때 수표면 온도가 10℃이고 밀도가 1g/cm^{3}일 때 호수 수표면에서의 증발량을 산정하라.

2.30 수표면적이 50km^{2}인 저수지에서 수표면의 평균온도 20℃이고 기온은 25℃이다. 상대습도는 40%이고 수표면으로부터 2m 및 4m 높이에서의 풍속이 2m/sec와 4m/sec일 때 공기동력학적 방법에 의해 저수지에서의 일 증발량을 산정하라.

2.31 북위 36°인 지역에 위치한 저수지로부터 6월의 증발량을 Penman방법으로 산정하라. 6월 중 하루의 수표면 온도는 20℃, 평균기온는 22℃이고 상대습도는 40%였다. 저수지 표면으로부터 2m 위치에서의 풍속은 3m/sec이며, 이날의 일조율은 n/N=0.6이다.

2.32 Penmann방법을 이용하여 다음 조건에 대해 증발량을 산정하라. 에너지수지방법에 의한 증발량 E_n=0.79cm/day, 수표면온도 22℃, 대기온도 25℃, 상대습도 40%, 풍속 110km/day이다.

2.33 Thornthwaite방법에 대한 보정계수 C가 표 2.5.8과 같이 주어지고 월평균기온이 표 2.33과 같을 때 7월에 대한 잠재증발산량 E_{tp}를 산정하라. 산정 지점의 위치는 40°N이다.

표 2.33 월평균기온

월	1	2	3	4	5	6	7	8	9	10	11	12
기온 (℃)	3.0	6.5	10.8	16.2	22.4	28.5	34.0	32.2	26.7	19.3	10.1	3.8

2.34 위도 40°N 지역에서의 옥수수에 대한 소비수량을 Blaney-Criddle방법을 이용하여 산정하라. 옥수수의 성장기간은 5월부터 9월 15일까지이며 각 월의 기온은 표 2.34와 같다.

표 2.34 월평균기온

월	5	6	7	8	9
기온 (°F)	58.8	68.3	77.5	74.8	65.0

2.35 표 2.35와 같이 누가침투량 F(t)가 주어질 때 침투능 f(t)를 구하라.

표 2.35 침투능 계산표

순서	시간(분)	누가침투량		침투능	
		inch	cm	in/hr	cm/hr
0	0	0.00	0.00		
	5	–	–		
1	10	0.12	0.25		
	15	–	–		
2	20	0.22	0.51		
	25	–	–		
3	30	0.30	0.76		
	35	–	–		
4	40	0.36	0.89		
	45	–	–		
5	50	0.41	1.02		
	55	–	–		
6	60	0.45	1.14		

2.36 어떤 유역에 2008년 7월 15일 오전 4시부터 1시간 간격으로 5mm, 18mm, 15mm, 3mm, 10mm, 5mm의 강우가 내렸다. 우량주상도를 그리고 유역의 출구에서 측정한 직접유출고가 26mm일 때 ϕ-지수를 구하고 우량주상도상에 표시하라.

2.37 표 2.37에 주어진 강우량자료를 이용하여 ϕ-지수를 산정하라. 유역의 면적은 2.5km^2이고 유출량은 $3\times10^5\text{m}^3$이다.

표 2.37 시간별 강우강도

시간 (hr)	0~2	2~5	5~7	7~10	10~12
강우강도 (cm/hr)	3.56	6.35	2.79	2.29	0.76

2.38 면적 250km^2인 유역에서 침투능을 산정하려고 한다. 표 2.38과 같이 시간별 강우가 내렸을 때 유역출구에서 관측한 직접유출고가 73mm였다면 ϕ-지수는 얼마인가?

표 2.38 시간별 강우량

시 간 (hr)	1	2	3	4	5	6
강우량 (mm)	15	22	38	31	26	14

2.39 어떤 유역에서의 초기침투능이 1.5cm/hr이고 감소상수 K가 0.35/hr로 산정되었다. 종기침투능이 0.2cm/hr인 경우 Horton의 침투능공식을 사용하여 10분, 30분, 1시간, 2시간, 6시간에서의 침투능을 구하고 6시간에 걸친 총 침투량을 산정하라.

2.40 초기침투능 f_o=74mm/hr이고 감소상수 K=0.3/hr, 종기침투능 f_c=13mm/hr일 때 Horton의 침투능곡선식을 나타내고, 20시간까지 침투능을 계산하고 곡선을 도시하라. 단 처음 1시간 동안은 15분 단위로, 1~10시간까지는 1시간 단위로, 10~20시간까지는 5시간 단위로 계산하라. 또한 처음 8시간 동안의 누가침투량을 산정하라.

2.41 강우가 8시간 지속되는 동안에 측정된 누가침투량이 52mm이다. 종기침투능이 1.0mm/hr이고 감소상소 K가 0.4일 때 초기침투능 f_o를 구하고 침투능곡선식을 구하라.

2.42 초기에 20%의 유효포화도를 가진 모래에 대해 1시간 후의 침투능과 누가침투량을 산정하라.

2.43 잔류함수비 θ_r이 5%이고 초기의 함수비가 25%인 실트질 옥토(silt loam)의 유효공극률 θ_e= 0.486, 습윤선 흡인수두 Ψ=16.68 그리고 투수계수 K=0.65cm/hr일 때 1시간, 2시간 및 3시간 후의 누가침투량과 침투능을 산정하라.

Water Resources Engineering

Chapter 3 유출해석

3.1 서론

유출(runoff)은 다른 흐름 성분과 함께 강우의 일부분으로 영구적 또는 간헐적으로 지표하천을 통해 흐르는 흐름으로, 유역(drainage basin 또는 watershed)으로부터 모인 물을 유역출구 지점에서 관측하게 된다. 강수는 여러 경로를 통해 최종적으로 유역출구에서 유출로 나타나며, 강수와 유출간의 관계를 규명하여 수자원설계에서 다양하게 활용하기 때문에 강수와 함께 유출은 가장 중요한 부분이라 할 수 있다.

3.2 하천유역

수자원분석과정에서 가장 중요한 부분 중의 하나인 유출수문곡선(runoff hydrograph)은 시간에 따른 유출을 나타내는 것으로 강우와 그 결과로 나타나는 유출수문곡선 간에는 유역특성이 지배적인 역할을 한다. 유역특성에는 유역면적, 경사, 지표면이용, 지표 및 하도특성, 하천경사, 토양의 침투능 등 여러 가지가 있으며, 이러한 특성치들의 정확한 산정 및 분석은 유역의 유출량 산정에 있어 매우 중요하다.

3.2.1 유역면적

유역(watershed, basin, catchment)이란 하천의 임의 지점을 통과하는 유량에 직접적으로 기여하는 지역의 범위를 말한다. 유역의 경계는 일반적으로 지형적인 분수계에 의해 나뉘어지며, 이러한 경계로 둘러싸인 면적을 유역면적(drainage area)이라 한다. 따라서 하천의 어떤 지점에서도 그 지점 고유의 유역이 존재하며, 유역의 크기는 하류로 내려갈수록 점점 증가하고 바다에 이르면 최대가 된다.

유역면적은 유출량과 직접적인 관계가 있기 때문에 오랫동안 강우-유출관계식의 중요한 인자로 사용되어져 왔으며, 유역면적을 이용하여 유출량을 산정하기 위한 간단한 형태는 다음과 같다.

$$Q = kA^{n} \tag{3.2.1}$$

여기서, Q는 유량(m^3/sec), A는 유역면적(km^2), k와 n은 유역면적과 유량자료로부터 회귀분석을 하여 얻는 변수이다. 유역면적과 하천길이 또한 밀접한 관계를 가지고 있으며, 하천이 길이(L)의 차원을 가지고 있고, 유역면적은 면적(L^2)의 차원을 가지고 있으므로 일반적으로 멱함수(power function)의 형태를 가지며 일반적으로 $L=A^{0.5}$로 나타낼 수 있다.

3.2.2 유역 및 하천길이

유역의 길이는 결국 하천의 길이와 비례관계가 있으므로 유역 내 하천을 통해서 물이 이동하는 시간을 계산하는데 이용된다. 유역크기의 척도로 유역면적 외에 여러 형태의 길이가 사용되며 대부분의 경우 길이 측정은 유역이나 하천의 길이가 된다.

① 유역길이 : 유역길이(basin length)는 유역의 출구지점에서 본류를 따라 유역의 경계까지의 거리(L)를 나타낸다.

② 하천연장 : 하천연장(main stream length) 또는 본류길이는 유역의 출구지점에서 본류를 따라 하천이 시작하는 지점까지의 거리(L_c)를 나타낸다.

③ 유역중심거리 : 유역중심거리(length to center of area)는 유역의 출구지점에서 본류를 따라 유역의 중심에 가장 가까운 본류상의 지점까지의 거리(L_{ca})를 나타낸다.

④ 조정거리 : 조정거리는 유역출구지점에서부터 본류를 따라 하천길이의 10%부터 85%되는 지점까지의 거리(L_{10-85})를 나타낸다.

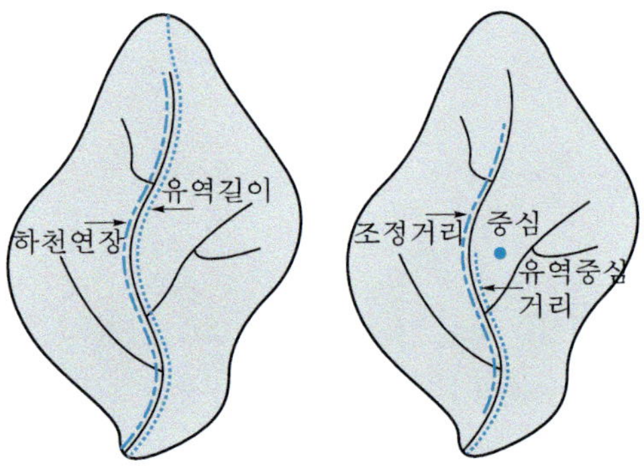

그림 3.2.1 유역길이 정의

3.2.3 유역형상

유역의 형상은 지도의 평면상에 투시된 형태로 유출특성에 상당한 영향을 미친다. 그림 3.2.2는 유역형상에 따른 유출변화를 보여주고 있으며, A처럼 폭이 좁은 유역은 첨두홍수량이 지체되어 발생하는 반면에 둥근 유역은 첨두홍수량이 크고 발생시간도 짧다. Horton은 유역면적과 본류길이의 비인 무차원 값의 형상계수(shape factor)를 다음과 같이 제시하였다.

$$R_f = \frac{A}{L_c^2} \tag{3.2.2}$$

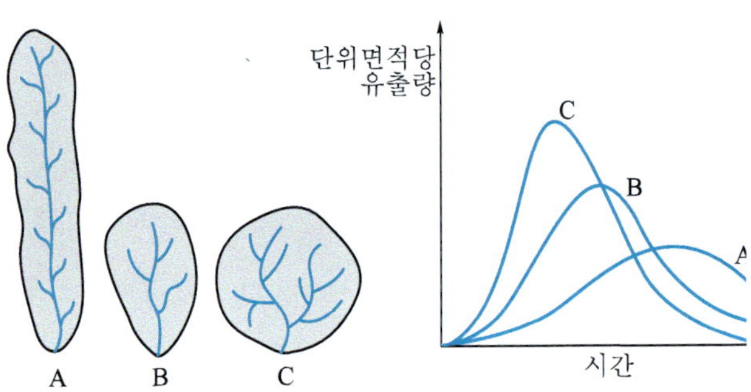

그림 3.2.2 유역형상에 따른 유출변화

여기서, R_f는 형상계수로 1보다 작은 값, A는 유역면적(km^2), L_c는 본류의 길이(km)이다. 따라서 정사각형유역인 경우 R_f=1, 원형유역인 경우 R_f=0.79의 값을 나타낸다. 유역면적 A를 본류길이 L_c로 나눈 값을 유역평균폭이라 한다. 밀집도(compactness ratio) R_c는 유역과 동일한 면적을 갖는 등가원의 원주길이와 유역 경계길이의 비로 나타내며 1보다 큰 값을 나타낸다.

$$R_c = \frac{0.282P}{A^{1/2}} \tag{3.2.3}$$

여기서, P는 유역의 경계길이(km), A는 유역면적(km^2)이다.

형상계수와 밀집도에 따른 유역의 강우-유출반응을 보면 다른 조건이 동일할 때 형상계수가 크고 밀집도가 1에 가까우면 첨두홍수량도 크고 발생시간도 짧다. 반대로 형상계수가 작거나 밀집도가 1보다 훨씬 크게 되면 첨두홍수량의 크기도 줄고 발생시간도 지체된다.

3.3 유출수문곡선

3.3.1 유출의 구성성분

강수로 지표면에 내린 물이 유역 출구지점까지 흘러가는 과정은 크게 지표면유출(surface runoff), 지표하유출 또는 중간유출(subsurface runoff) 그리고 지하수유출(groundwater runoff)로 구성된다. 지표면유출은 지표면을 통해 흐른 물이 각종 수로 및 하천을 통해 유역의 출구에 도달하는 유출의 한 부분이며, 지표면을 통해 하천으로 도달하기까지의 지표면 유출을 지표류(overland flow)라 한다. 지표류가 일단 하천으로 유입되면 다른 유출성분과 합류하여 총 유출(total runoff)을 형성하게 된다. 지표류와 구분하여 하천수로 내에서 흐르는 유출을 하천유출(streamflow)이라 한다. 지표하유출은 강수가 지표토층에 침투한 후 토양 상부층을 통해 횡방향으로 흐르는 유출을 의미하며 지하수위보다 높은 층을 통해 흐른다. 지표하유출의 일부는 하천으로 곧바로 흘러 들어갈 수도 있으며, 나머지는 상당기간에 걸쳐 하천으로 흘러 들어온다. 지하수유출은 지표토층을 통해 침투한 물이 더 깊은 곳으로 침루하여 지하수를 형성하는 유출의 일부분으로 결국에는 중력에 의해 낮은 곳으로 흘러 하천 및 바다로 흘러들어가게 된다.

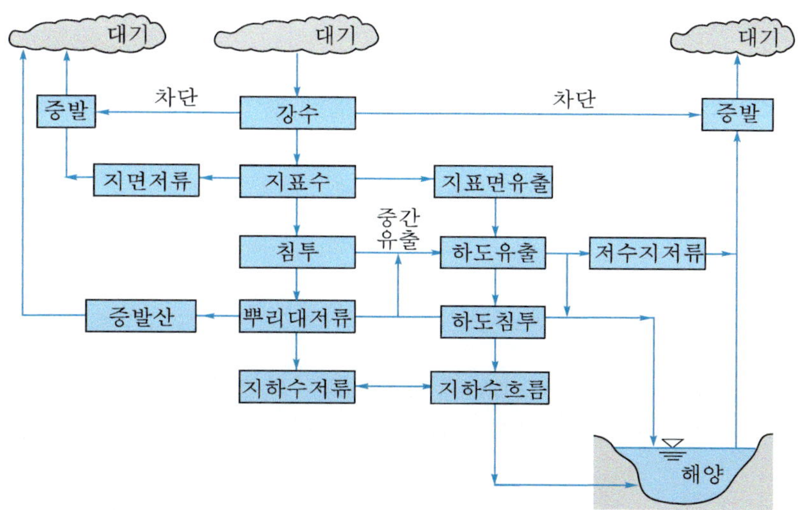

그림 3.3.1 유출의 구성

실무적인 목적으로 유출해석을 할 경우 하천을 통한 총 유출은 일반적으로 직접유출(direct runoff)과 기저유출(base flow)로 분류하게 된다. 직접유출은 강수나 눈이 녹은 직후 하천으로 비교적 단시간에 흘러 들어가는 유출의 한 부분을 말하며 지표면 유출, 지표하유출 중 단기간에 유출되는 조기지표하유출(prompt subsurface runoff) 그리고 하천 수로 위로 직접 떨어지는 수로상강수(channel precipitation)의 합으로 구성된다. 기저유출은 맑은 날씨에서의 유출로, 비가오지 않을 때 이전에 내린 비의 영향으로 하천을 통해 빠져 나오는 유출의 일부분이라 할 수 있다. 기저유출은 지하수유출과 지체지표하유출(delayed subsurface runoff)로 구성된다. 이상과 같은 유출의 구성을 강수와 관련시켜 정리하면 그림 3.3.1과 같다.

3.3.3 유출에 영향을 주는 인자

유출은 기상학적 인자(climatic factor)와 지형학적 인자(physiographic factor)에 영향을 받는다. 기상학적 인자에는 다양한 형태의 강수, 차단, 증발, 증산 등이 있으며, 이들은 모두 기후환경에 따라 계절적인 변동성을 보이고 있다. 지형학적 인자는 다시 유역특성과 하도특성으로 나눌 수 있다. 유역특성에는 유역의 크기, 형태, 경사, 지하수의 형성 능력 및 투수능, 호수 및 습지의 존재여부 그리고 지표면 이용 상태 등이 포함되고, 하도특성에는 하천흐름 및 하도저류의 결정과 관련된 하도단면의 모양, 경사, 조도 등과 같은 수리학적 특성이 포함된다.

1) 기상학적 인자

유출에 영향을 미치는 기상학적 인자에는 강수의 종류와 형태, 차단, 증발산, 침투 등이 있으며, 이들은 모두 기온, 수온, 압력 등과 같은 기후학적 인자들에 의해 영향을 받는다. 강수는 유출에 영향을 주는 가장 큰 기상학적 인자라 할 수 있다. 강수의 종류, 형태, 지속기간, 시간적 및 공간적 분포, 발생빈도, 강우의 이동방향, 선행강수 및 토양수분 등이 모두 유출에 영향을 미치게 된다. 차단(interception)은 식물에 보류된 물로 주로 호우의 특성, 식생의 종류, 밀도, 성장과정 그리고 계절에 따라 변하게 된다. 강수의 일부가 증발로 인해 대기 중으로 되돌아가며, 증발율은 물과 공기의 증기압에 영향을 받고, 증기압은 물과 공기의 온도, 기압, 수질 그리고 증발표면의 형상 등과 같이 기후 및 기상에 직접적인 영향을 받는다. 증산에 영향을 미치는 인자에는 기공의 밀도 및 특성, 잎의 구조, 온도, 태양에너지, 바람 그리고 식물이 시들 때의 토양함수량 등이 있다.

2) 지형학적 인자

유출에 영향을 미치는 지형학적 인자에는 유역의 크기, 형태, 경사, 투수능, 호수 및 습지의 존재여부, 지표면 이용상태 그리고 하도특성 등이 포함된다. 유역면적이 클수록 첨두유출량(peak runoff)은 증가하지만 단위면적당 유량($m^3/sec/km^2$)인 비유량(specific runoff)으로 환산한 첨두유출량은 감소한다. 강우의 이동방향이 계절성을 가진 경우 유역의 출구지점이 어느 방향으로 위치하는가에 따라 도달시간이 달라져 첨두유출량 발생시기 및 크기가 변하게 된다.

유역의 형상도 유출특성에 상당한 영향을 미치는데, 그림 3.3.2a는 동일 면적을 가진 서로 다른 형태의 유역을, 그림 3.3.2b는 유출의 시간적 변화를 보여주고 있다. 동심원의 간격을 유역출구로 도달하는 시간이라 하고 다른 조건들은 같다고 가정하면, A유역에 비가 내릴 경우 유역의 가장 먼 곳에 내린 비가 출구점까지 도달하는데 걸리는 시간은 10시간, B유역은 5시간, C유역은 9시간이므로 B, C, A유역순서로 첨두유출이 발생하게 된다.

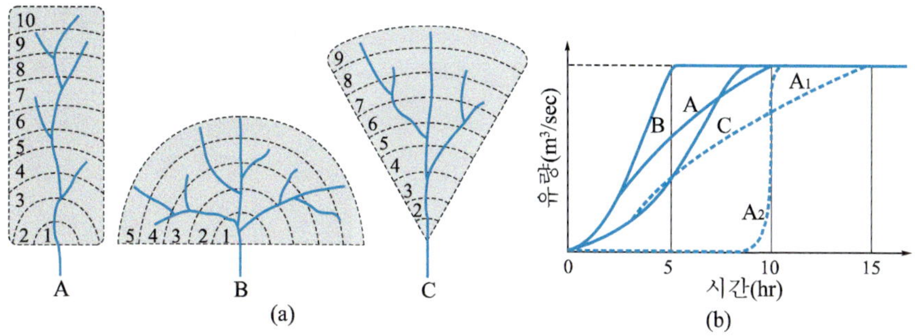

그림 3.3.2 유역형상에 따른 유출변화

그림 3.3.3과 같이 다양한 지형학적 인자에 따른 유출을 알아보기로 하자. 유역의 경사가 급하면 지표면유출의 속도도 빨라져 첨두유출 발생시간이 짧아지고 첨두유출량의 크기도 커지며, 유역의 경사가 완만하면 유출속도가 늦어져 첨두유출 발생시간이 길어지고, 지표면에서의 침투 기회가 많아져 첨두유출량은 감소하게 된다(그림 3.3.3a). 유역 및 하천의 조도가 큰 경우 흐름이 늦어져 첨두유출 발생시간이 지체되고 첨두유출량이 감소한다(그림 3.3.3b). 유역 내에 대규모의 저수지, 호수, 홍수터, 늪지대 등과 같은 저류공간이 풍부하다면 강우가 내려도 곧바로 하천 출구지점으로 유출되지 않고, 일단 저류공간을 거쳐 천천히 유출되므로 저류 공간이 없는 경우 보다 첨두유출은 지체되고 감소한다(그림 3.3.3c). 도시화가 진행됨에 따라 이전의 자연 녹지가 불투수성의 도로, 아스팔트, 콘크리트 등으로 대체되어 침투할 공간이 부족하여 첨두유출량의 증가와 발생시간의 단축을 초래한다(그림 3.3.3d).

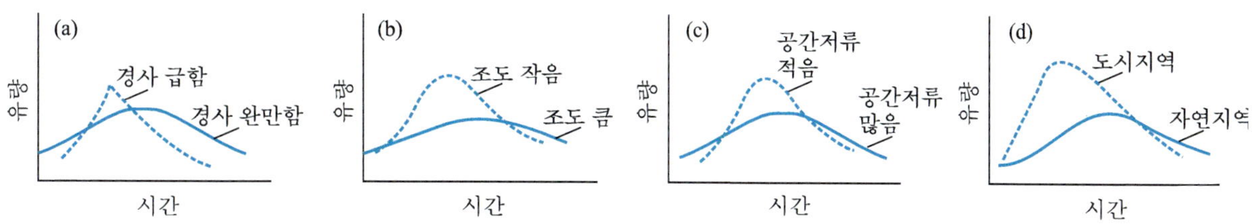

그림 3.3.3 지형학적 인자에 따른 유출변화

3.3.4 유출수문곡선

유출수문곡선(runoff hydrograph)은 유역 출구지점에서 시간에 따른 유출율을 보여주는 그래프를 말하며, 특정 배수유역에서의 강우 및 유출간의 관계를 지배하는 지형과 기후특성의 종합적인 결과라고 할 수 있다. 결국 강우가 지상에 내려 다양하고 복잡한 경로를 거쳐 유역출구지점으로 유출 되며, 다른 경로에서의 관측에 비해 비교적 명확하게 유량을 측정할 수 있다. 다양한 목적의 수자원분석은 유출수문곡선에 주로 의지하게 되며, 이 유출수문곡선에는 강우와 유출사이의 물의 순환에 대한 모든 정보를 포함하고 있다.

1) 수문곡선의 구성

호우수문곡선(storm hydrograph)은 수자원의 이수목적보다 치수목적의 홍수유출 분석에 주로 사용된다. 그림 3.3.4는 단일 호우기간 동안의 유출수문곡선의 네 가지 구성 요소를 보여주고 있다.

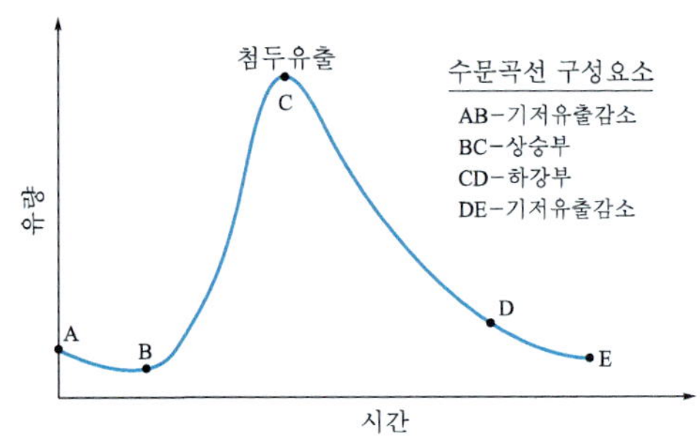

그림 3.3.4 유출수문곡선의 구성

수문곡선은 지표면유출과 지하로부터 하천으로 방출된 지하수유출로 구성되어 있다. 장기간 지속되는 지하수의 방출이 바로 기저유출이며, 단기간에 걸친 지하수 방출은 지표하유출 또는 중간유출(interflow)이 된다.

직접유출수문곡선은 기저유출을 제외한 유출부분으로 그림 3.3.5와 같이 상승부, 정점부 또는 첨두유량 그리고 하강부의 세 부분으로 구성된다. 초과강우 또는 유효우량의 체적은 유출량의 체적(수문곡선의 아랫부분의 면적)과 같으며, 이 유효우량과 유역특성으로 인해 직접유출수문곡선은 다음과 같은 특성치를 가지고 있다.

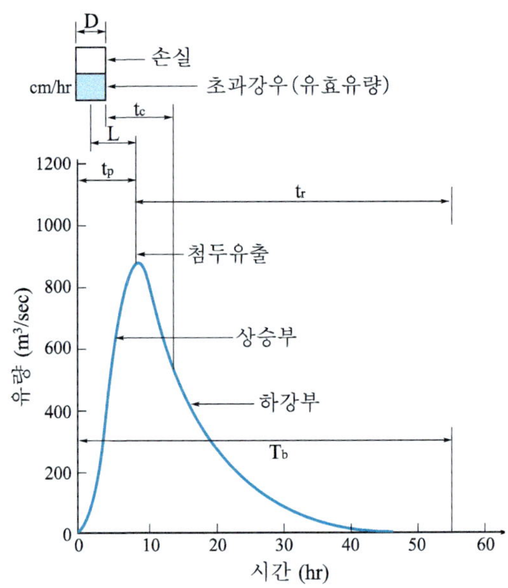

그림 3.3.5 직접유출수문곡선

① 지체시간(lag time, L) : 유효강우의 질량중심과 이로 인한 유출수문곡선의 첨두발생 시간과의 시간차
② 첨두발생시간(time to peak, t_p) : 유효우량의 시작부터 첨두유출 발생까지의 시간
③ 도달시간(time of concentration, t_c) : 유효우량이 끝나는 시간부터 감수곡선상의 변곡점(기울기가 변하는 지점)까지의 시간(NRCS 분석할 때), 또는 유역 내에 가장 먼 곳에 떨어진 강우가 유역출구지점까지 도달하는데 걸리는 시간(합리식 적용시)
④ 감수시간(recession time, t_r) : 첨두유출 발생시간부터 지표면 유출이 끝나는 지점까지의 시간
⑤ 기저시간(time base, T_b) : 지표면유출의 발생부터 끝나는 지점까지의 시간

2) 수문곡선의 분리

수문곡선을 직접유출과 기저유출로 분리하는 것을 수문곡선의 분리(hydrograph separation)라 하며, 후에 설명할 단위도(unit hydrograph)를 적용하여 임의의 하천지점에서의 유출량을 예측하기 위해 필요하다. 이와 같은 수문곡선의 분리 방법에는 주 지하수 감수곡선법(master ground water depletion curve method), 수평직선분리법(straight line method), N-day법, 수정 N-day법(fixed base method), 가변경사법(variable slope method) 등이 있다.

① 주 지하수 감수곡선법

주 지하수 감수곡선법은 분석지점에서의 과거 수문곡선이 구비되어 있을 때 수문곡선의 감수곡선들을 중첩시켜 유역의 대표적인 감수곡선을 얻는 것으로 다음과 같이 구한다. 즉, ① 과거 수년간의 연속적인 유량기록을 그림 3.3.6a와 같이 도시하고 이 중에서 감수곡선들을 선택한다. ② 선택된 감수곡선을 반대수지(유량을 대수축에 작성)에 유량이 작은 것부터 오른쪽에서 왼쪽으로 나열한다(그림 3.3.6b). ③ 감수곡선의 최저값에 개략적인 접선을 그린다(그림 3.3.6b). ④ ③에서 구한 접선을 산술축으로 나타내면 수문곡선을 대표하는 주 지하수 감수곡선이 된다(그림 3.3.6c). ⑤ 실제 수문곡선의 감수부분에 앞에서 구한 주 지하수 감소곡선을 중첩시켜 곡선이 분리되는 점을 찾아 상승부 기점과 연결하여 직접유출과 기저유출을 분리한다(그림 3.3.6d).

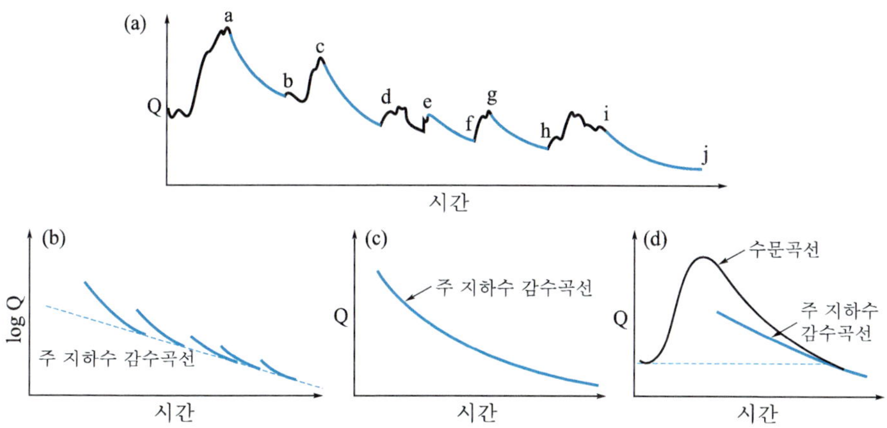

그림 3.3.6 주 지하수 감수곡선법

② 수평직선 분리법

이 방법은 지표면유출이 발생하는 지점(상승부 기점)과 수평선을 그어 감수곡선과 만나는 선을 그어 직접유출과 기저유출을 분리한다(그림 3.3.7a). 호우시 유효우량에 비해 기저유량이 매우 작으므로 다른 방법에 비해 기저유량 산정에 차이가 그리 많지 않으므로 실무에서 많이 사용된다.

③ N-day법

이 방법은 첨두가 발생한 시점부터 N일 후의 감수곡선에 해당하는 지점을 택해 직접유출이 발생하는 상승부기점과 연결하여 직접유출과 기저유출을 분리한다(그림 3.3.7b). 이때 N일(day)은 다음과 같이 유역면적 A(km^2)를 이용하여 산정한다.

$$N = 0.827A^{0.2} \tag{3.3.1}$$

④ 수정 N-day법

이 방법은 첨부발생시기까지는 기저유량이 감소하는 추세로 유지하다가 첨두발생시부터 N일 후의 감수곡선상의 지점을 직선으로 연결하여 직접유출과 기저유출을 분리한다(그림 3.3.7c).

⑤ 가변경사법

이 방법은 수정 N-day법과 마찬가지로 첨두발생시기까지는 기저유량이 지속적으로 감소하고, 감수곡선에서 경사가 급변하는 지점을 결정하여 이곳에서부터 하강부 곡선의 변곡점발생 시간까지 거꾸로 보간하여 첨두발생시의 기저유량과 직선으로 연결하여 직접유출과 기저유출을 분리한다(그림 3.3.7d). 감수곡선에서 경사가 급변하는 지점의 결정은 감수부를 반대수지 상에 도시하여 경사가 변하는 점을 찾거나, 감수부에 대해 일정한 간격의 유량비를 계산하고 이 비를 시간에 대해 도시하여 경사가 변하는 점을 찾는다.

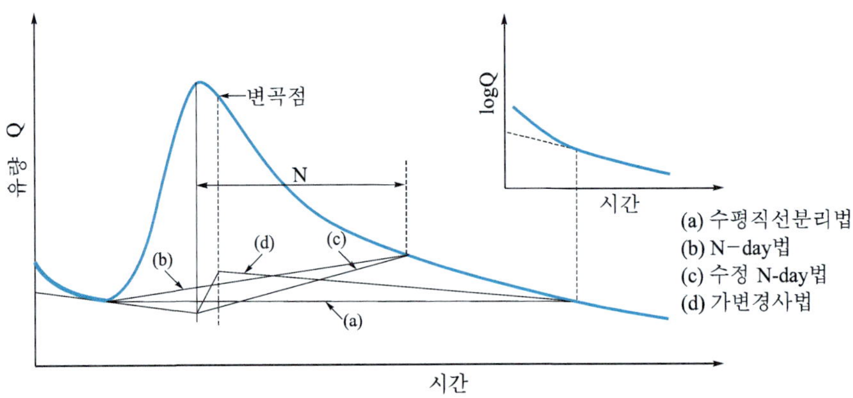

그림 3.3.7 수문곡선 분리방법들

3.4 유효우량 산정

유효우량 또는 초과강우량(rainfall excess)은 총 강우량 중에서 직접유출에 기여하는 부분으로 차단, 지면저류, 증발, 침투 등의 강우 손실분을 총 강우량에서 빼줌으로서 산정할 수 있다. 총 강우량 중에서 유효우량을 산정하는 방법에는 2.6.5절에서 소개한 바와 같이 침투능곡선을 이용하거나, 또는 유출량자료가 있을 경우에는 ϕ-지수를 이용하여 산정할 수 있다. 하지만 유역의 유출량자료가 없는 경우에는 유역 및 수문학적 조건 등을 이용하여 유효우량을 산정하게 된다.

강우량 중에서 침투량과 유효우량을 분리하기 위한 많은 경험식들이 제시되고 있으며, 그 중 널리 사용되고 있는 방법이 미국의 자연자원보존국(Natural Resources Conservation Service, NRCS)에서 개발한 유출곡선지수방법(runoff curve number method)이다. 이 방법에서는 침투 및 유효우량의 크기에 영향을 미치는 인자로 토양의 종류, 토지이용상태, 식생의 피복상태 및 선행토양함수조건 등을 고려하여 유효우량을 산정하고 있다.

3.4.1 총우량-유효우량관계

호우사상에서 유효우량 또는 직접유출량 P_e는 총우량 P보다는 작거나 같다. 한편 유출이 시작된 후 유역에 저류된 추가적인 물의 양 또는 침투량 F_a는 최대잠재보유수량(potential maximum retension) S보다 작거나 같다(그림 3.4.1). 강우초기에는 유출에 기여하지 못하는 손실우량 I_a가 존재하므로 잠재적인 유출량은 $P-I_a$가 된다. NRCS방법에서는 강우량 및 저류량간의 실제 및 잠재량의 비가 같다고 가정하고, 실험에 의한 초기손실 I_a와 최대잠재보유수량 S와의 관계 $I_a=0.2S$를 고려하여 유효우량 P_e를 다음과 같이 제시하였다.

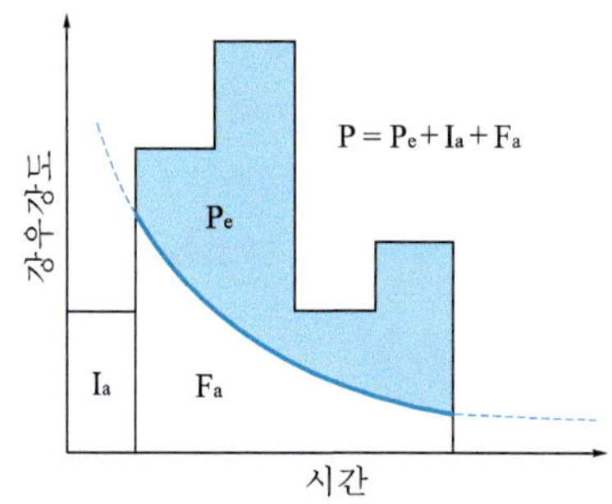

그림 3.4.1 유효우량 산정을 위한 NRCS방법의 변수들

$$P_e = \frac{(P - 0.2S)^2}{P + 0.8S}, \qquad P \geqq 0.2S \tag{3.4.1}$$

여러 유역의 자료로부터 총우량 P와 유효우량 P_e를 도시한 결과 NRCS는 그림 3.4.2와 같이 여러 가지의 곡선이 있음을 알아내고, 이 곡선을 표준화하여 0에서 100 사이의 값을 가지는 무차원 유출곡선지수(runoff curve numver) CN을 개발하였으며, CN과 유역의 최대잠재보유수량 S와는 다음과 같은 관계가 있다.

$$CN = \frac{25,400}{S + 254} \qquad \text{또는} \qquad S = \frac{25,400}{CN} - 254 \tag{3.4.2}$$

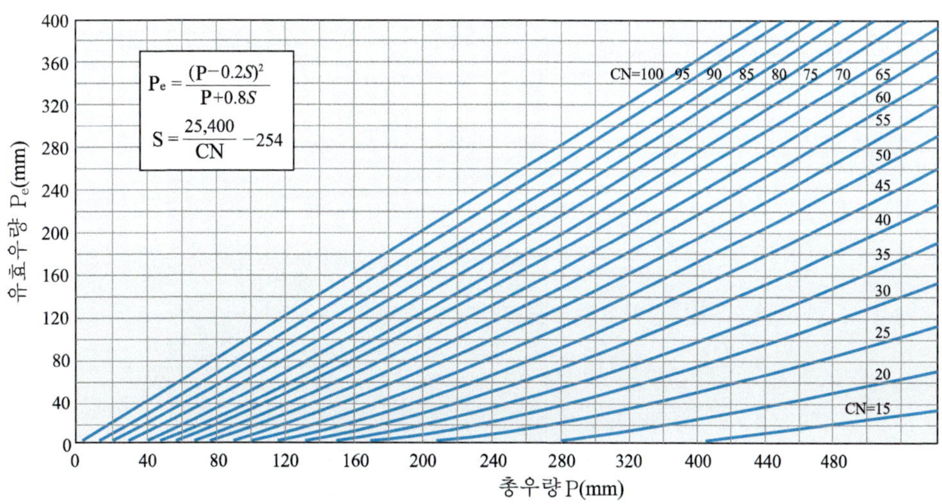

그림 3.4.2 총우량-유효우량관계도

3.4.2 유역의 선행토양함수조건

유역에 동일한 강우가 내릴 경우 그 이전에 내린 강우(선행강우)가 많다면 토양이 함유하고 있는 수분이 많아 침투가 감소하여 유출율이 높아지게 된다. 반대로 선행강우가 적거나 없을 경우, 토양은 건조하여 침투율이 높아 유출율은 감소하게 된다. 이와 같은 총강우량과 유효우량의 분석에 있어 선행강우는 중요한 역할을 하며, 주로 5일 또는 30일 선행강우가 이용되고, NRCS방법에서는 5일 선행강우를 적용하고 있다. NRCS방법에서는 선행토양함수조건(Antecedent soil Moisture Condition, AMC)을 표 3.4.1과 같이 세 가지로 구분하고, 1년을 성수기와 비성수기로 구분하여 5일 선행강수량의 크기에 따라 결정하고 있다.

NRCS방법에서는 AMC-II인 경우의 토양의 종류 및 토지이용상태에 따른 유출곡선지수 CN값을 표 3.4.3 및 3.4.4와 같이 제시하고 있으며, 실제 상황에 해당하는 AMC에 맞도록 CN값을 식 (3.4.3)을 사용하거나, 표 3.4.2를 사용하여 변환하게 된다.

$$CN(I) = \frac{4.2CN(II)}{10 - 0.058CN(II)} \quad \text{그리고} \quad CN(III) = \frac{23CN(II)}{10 + 0.13CN(II)} \tag{3.4.3}$$

표 3.4.1 선행토양함수조건

AMC	선행토양수분상태	5일 선행 강우량 P_5(mm)	
		성수기	비성수기
I	토양이 건조한 상태로 유출율이 낮은 상태	$P_5 < 35.56$	$P_5 < 12.70$
II	토양의 수분과 유출율이 보통인 상태	$35.56 \le P_5 < 53.34$	$12.70 \le P_5 < 27.94$
III	선행강우로 인하여 토양이 포화상태로 유출율이 높은 상태	$P_5 \ge 53.34$	$P_5 \ge 27.94$

예제 3.4.1

유역면적이 $10km^2$인 지역에 5cm의 강우가 내렸다. 유역의 토양형과 토지이용상태로부터 AMC-II 조건에서 평균 CN값을 산정한 결과 84로 나타났다. 만일 AMC-I 및 AMC-III 조건이라면 유효우량은 얼마나 되겠는가?

풀이

식 (3.4.3)에 의해 AMC-I 및 AMC-III 조건으로 CN값을 변환하면

$$CN(I) = \frac{4.2 \times 84}{10 - 0.058 \times 84} = 68.8, \qquad CN(III) = \frac{23 \times 84}{10 + 0.13 \times 84} = 92.4$$

AMC-I 인 경우의 최대잠재보유수량 S와 유효우량은

$$S = \frac{25,400}{68.8} - 254 = 115.19, \qquad P_e = \frac{(50 - 0.2 \times 115.19)^2}{50 + 0.8 \times 115.19} = 5.1mm$$

AMC-III 인 경우의 최대잠재보유수량 S와 유효우량은

$$S = \frac{25,400}{92.4} - 254 = 20.89, \qquad P_e = \frac{(50 - 0.2 \times 20.89)^2}{50 + 0.8 \times 20.89} = 31.5mm$$

표 3.4.2 선행함수조건에 따른 유출곡선지수의 조정

AMC별 CN			S (AMC II)	AMC			S (AMC II)	AMC			S (AMC II)
II	I	III	(mm)	II	I	III	(mm)	II	I	III	(mm)
100	100	100	0	65	43.8	81.0	136.8	30	15.3	49.6	592.7
99	97.7	99.6	2.57	64	42.7	80.3	142.9	29	14.6	48.4	621.9
98	95.4	99.1	5.18	63	41.7	79.7	149.2	28	14.0	47.2	653.1
97	93.1	98.7	7.86	62	40.7	79.0	155.7	27	13.4	46.0	686.7
96	91.0	98.2	10.58	61	39.6	78.2	162.4	26	12.9	44.7	722.9
95	88.9	97.8	13.37	60	38.7	77.5	169.3	25	12.3	43.4	762.0
94	86.8	97.3	16.21	59	37.7	76.8	176.5	24	11.7	42.1	804.3
93	84.8	96.8	19.12	58	36.7	76.1	183.9	23	11.1	40.7	850.4
92	82.8	96.4	22.09	57	35.8	75.3	191.6	22	10.6	39.3	900.6
91	80.9	95.9	25.12	56	34.8	74.5	199.6	21	10.0	37.9	955.5
90	79.1	95.4	28.22	55	33.9	73.8	207.8	20	9.5	36.5	1016
89	77.3	94.9	31.39	54	33.0	73.0	216.4	19	9.0	35.0	1082
88	75.5	94.4	34.64	53	32.1	72.2	225.3	18	8.4	33.5	1157
87	73.8	93.9	37.95	52	31.3	71.4	234.5	17	7.9	32.0	1240
86	72.1	93.4	41.35	51	30.4	70.5	244.0	16	7.4	30.5	1333
85	70.4	92.9	44.82	50	29.6	69.7	254.0	15	6.9	28.9	1439
84	68.8	92.4	48.38	49	28.8	68.8	264.4	14	6.4	27.2	1560
83	67.2	91.8	52.02	48	27.9	68.0	275.2	13	5.9	25.6	1700
82	65.7	91.3	55.76	47	27.1	67.1	286.4	12	5.4	23.9	1863
81	64.2	90.7	59.58	46	26.4	66.2	298.2	11	4.9	22.1	2055
80	62.7	90.2	63.50	45	25.6	65.3	310.4	10	4.5	20.4	2286
79	61.2	89.6	67.52	44	24.8	64.4	323.3	9	4.0	18.5	2568
78	59.8	89.1	71.64	43	24.1	63.4	336.7	8	3.5	16.7	2921
77	58.4	88.5	75.87	42	23.3	62.5	350.8	7	3.1	14.8	3375
76	57.1	87.9	80.21	41	22.6	61.5	365.5	6	2.6	12.8	3979
75	55.8	87.3	84.67	40	21.9	60.5	381.0	5	2.2	10.8	4826
74	54.4	86.7	89.24	39	21.2	59.5	397.3	4	1.7	8.7	6096
73	53.2	86.1	93.95	38	20.5	58.5	414.4	3	1.3	6.6	8213
72	51.9	85.5	98.78	37	19.8	57.5	432.5	2	0.8	4.5	12446
71	50.7	84.9	103.8	36	19.1	56.4	451.6	1	0.4	2.3	25146
70	49.5	84.3	108.9	35	18.4	55.3	471.7				
69	48.3	83.7	114.1	34	17.8	54.2	493.1				
68	47.2	83.0	119.5	33	17.1	53.1	515.7				
67	46.0	82.4	125.1	32	16.5	52.0	539.8				
66	44.9	81.7	130.9	31	15.9	50.8	565.4				

3.4.3 유출곡선지수 CN의 결정

NRCS방법에서는 총우량 중에서 유효우량에 영향을 미치는 토양의 종류 및 지표의 이용 상태를 고려하여 유출곡선지수 CN을 결정한 후 유효우량을 산정하고 있다. 유역의 침투 및 유출은 토양의 종류에 따라 서로 다른 양상을 보이게 되며, NRCS는 토양의 침투능을 기준으로 표 2.6.2와 같이 4개의 토양그룹으로 분류하고 있다. 토양의 침투능은 Type A에서 Type D로 갈수록 작아지고 유출율은 커지게 되고, 우리나라 정밀토양도의 토양분류기준과 NRCS분류방법과의 연관성이 부록 G에 나타나 있다.

총우량과 유효우량간의 관계는 토양의 종류뿐만 아니라 유역의 토지이용상태 및 식생피복상태 그리고 토양의 수문학적조건에 따라 변하게 된다. NRCS방법에서는 이와 같은 지표의 상황에 따른 유출곡선지수 CN값을 도시지역 및 농촌지역에 따라 결정하는 방법을 표 3.4.3 및 표 3.4.4와 같이 제시하고 있다.

표 3.4.3 도시지역의 유출곡선지수 (AMC-II인 경우)

지표면 상태		토양 종류			
지표면 종류 및 수문학적 상태	평균 불투수 면적 비율(%)	A	B	C	D
완전히 개발된 도시지역					
·개활지(잔디, 공원, 골프장, 묘지 등)					
– 불량한 상태(초지피복율 < 50%)		68	79	86	89
– 보통 상태 (초지피복율 50~75%)		49	69	79	84
– 양호한 상태(초지피복율 > 75%)		39	61	74	80
·불투수지역					
– 포장된 주차장, 지붕, 접근로 등 (도로포함, 도로용지 불포함)		98	98	98	98
·도로					
– 포장도로 : 곡선길 및 우수거(도로용지 불포함)		98	98	98	98
– 포장도로 : 도로용지 포함		83	89	92	93
– 자갈도로 : 도로용지 포함		76	85	89	91
– 흙 도로 : 도로용지 포함		72	82	87	89
·도시지역					
– 상업 및 사무실 지역	85	89	92	94	95
– 공업지역	72	81	88	91	93
·주거지역(지역 크기에 따라 결정)					
– 1/8 acre (150평, 500m2) 이하	65	77	85	90	92
– 1/4 acre (150~300평, 500~1,010m^2)	38	61	75	83	87
– 1/3 acre (300~400평, 1,010~1,350m^2)	30	57	72	81	86
– 1/2 acre (400~610평, 1,350~2,030m^2)	25	54	70	80	85
– 1 acre (610~1,220평, 2,030~4,050m^2)	20	51	68	79	84
– 2 acres (1,220~2,450평, 4,050~8,100m^2)	12	46	65	77	82
개발중인 지역					
·새로 조성된 지역(투수지역만, 식생없음)		77	86	91	94
·공휴지(표 3.4.4와 유사한 지표면상태를 이용하여 CN결정)					

예제 3.4.2

유역면적 5km^2인 지역에 4.5cm의 강우가 내렸다. 이유역의 토양형은 모두 B형이며, 이 중 4km^2는 논으로 수평경작을 하고 있으며 수문학적 조건은 양호하다. 0.7km^2는 4,000m^2의 주택지를 포함한 주거지역이며, 0.3km^2는 포장도로로 구성되어 있다. AMC-II 조건하에서 유효우량을 산정하라.

풀이

도시지역의 CN값 산정표로부터 해당 면적에 대한 CN값을 구한 결과가 표 3.4.5와 같다.
유역의 평균 CN값을 면적을 가중치로 산정하면 다음과 같다.

$$CN = \frac{4}{5} \times 78 + \frac{0.7}{5} \times 68 + \frac{0.3}{5} \times 89 = 77.3$$

표 3.4.4 농촌지역의 유출곡선지수 (AMC-II인 경우)

지표면 상태			토양 종류			
토지이용	경작상태	토양의 수문학적상태	A	B	C	D
휴경지 (fallow)	나지(bare soil)	–	77	86	91	94
	작물 잔여물 존재 (crop residual cover, CR)	배수불량	76	85	90	93
		배수양호	74	83	88	90
이랑경작지 논 (row crops)	수평경작 (straight row, SR)	배수불량	72	81	88	91
		배수양호	67	78	85	89
	SR+CR	배수불량	71	80	87	90
		배수양호	64	75	82	85
	등고선경작 (contoured, C)	배수불량	70	79	84	88
		배수양호	65	75	82	86
	C+CR	배수불량	69	78	83	87
		배수양호	64	74	81	85
	등고선 또는 테라스경작 (contoured & terraced, CT)	배수불량	66	74	80	82
		배수양호	62	71	78	81
	CT+CR	배수불량	65	73	79	81
		배수양호	61	70	77	80
조밀경작지 밭 (Small grain)	수평경작	배수불량	65	76	84	88
		배수양호	63	75	83	87
	SR+CR	배수불량	64	75	83	86
		배수양호	60	72	80	84
	등고선경작	배수불량	63	74	82	85
		배수양호	61	73	81	84
	C+CR	배수불량	62	73	81	84
		배수양호	60	72	80	83
	등고선 또는 테라스경작	배수불량	61	72	79	82
		배수양호	59	70	78	81
	CT+CR	배수불량	60	71	78	81
		배수양호	58	69	77	80
콩과식물 (close-seeded legumes) 또는 윤번초지 (rotation meadow)	수평경작	배수불량	66	77	85	89
		배수양호	58	72	81	85
	등고선경작	배수불량	64	75	83	85
		배수양호	55	69	78	83
	등고선 또는 테라스경작	배수불량	63	73	80	83
		배수양호	51	67	76	80
목초지 (pasture) 또는 목장 (range)		배수불량	68	79	86	89
		배수보통	49	69	79	84
		배수양호	39	61	74	80
	등고선경작	배수불량	47	67	81	88
		배수보통	25	59	75	83
		배수양호	6	35	70	79
초지 (meadow		배수양호	30	58	71	78
삼림 (woods)		배수불량	45	66	77	83
		배수보통	36	60	73	79
		배수양호	25	55	70	77
관목숲(forests)	매우 듬성듬성함		56	75	86	91
농가 (farmsteads)	건물, 시골길, 도로 및 주변	–	59	74	82	86
도로	진흙	–	72	82	87	89
	단단한 표면	–	74	84	90	92

유역의 최대잠재보유수량은 $S = \frac{25,400}{CN} - 254 = \frac{25,400}{77.3} - 254 = 74.59$

따라서 유출고에 해당하는 유효우량은 다음과 같다.

$$P_e = \frac{(P-0.2S)^2}{P+0.8S} = \frac{(45-0.2\times74.59)^2}{45+0.8\times74.59} = 8.7\text{mm}$$

표 3.4.5 CN값의 산정

토지이용	면적 (km^2)	토양형	처리	수문상태	선행강수조건	CN
논	4	B	수평경작	양호	II	78
주거지 - 4,000m^{2}의 주택지	0.7	B			II	68
포장도로 - 시골길	0.3	B			II	89

3.4.4 NRCS방법에 따른 유효우량 산정절차

지금까지 NRCS방법에 의한 총우량으로부터 유효우량을 산정하는 세부 내용들에 대해 알아보았으며, 실제로 적용하는 절차를 요약하면 다음과 같다.

① 대상유역을 선정하고 지형도 및 토양도를 이용하여 토양그룹별 분포도를 작성한다.

② 유역의 토지이용상태를 표 3.4.3 및 3.4.4의 분류에 따라 구분하여 지형도상에 분포시킨다.

③ 구적기를 이용하여 유역의 토양형별-토지이용상태별 분포면적을 구하고 표 3.4.3 및 표 3.4.4를 이용하여 각 유출곡선지수 CN(AMC-II 조건하)값을 구한다.

④ 각 토지이용상태마다 토양형별 CN값에 해당 면적을 가중인자로 곱하여 합산한 후, 해당 토지이용상태 면적으로 나누어 토지이용상태별 평균 CN값을 산정한다.

⑤ 각 토지이용상태별 평균 CN값에 해당 면적을 가중치로 곱하여 합산한 후, 총 유역면적으로 나누어 유역평균 CN(AMC-II 조건하)값을 구한다.

⑥ 대상호우 이전의 5일 선행토양함수를 계산하고 표 3.4.1에 따라 AMC조건을 결정 한다.

⑦ 표 3.4.2나 식 (3.4.3)을 이용하여 ⑤에서 산정한 AMC-II조건하에서의 CN값을 해당 AMC조건으로 조정한다.

⑧ 대상호우의 총강우 P를 결정하고, 식 (3.4.2)를 이용하여 잠재보유수량 S를 산정 한 후, 식 (3.4.1)을 이용하여 유효우량을 산정한다. 또는 P와 CN값을 이용하여 그림 3.4.2를 이용하여 유효우량을 산정한다.

예제 3.4.3

어떤 소유역의 토양종류 및 토지이용상태가 표 3.4.6 및 그림 3.4.3과 같이 주어질 때 이 소유역의 평균 유출곡선지수 CN을 산정하라. 또한 이를 AMC-I 및 AMC-III 조건으로 환산하라.

표 3.4.6 소유역의 토양종류 및 토지이용상태별 면적

토지이용상태	토양종류				계 (km²)
	A	B	C	D	
논	0.376	1.094	0	0	1.470
밭	0.423	0.775	0	0	1.198
도로	0.204	0.247	0	0.028	0.479
하천	0.050	0.057	0	0.002	0.109
주거지	0.129	0.149	0	0	0.278
산지	6.185	0.584	0	1.007	7.776
계 (km²)	7.367	2.906	0	1.037	11.31

풀이

토양 종류 및 토지이용상태별 CN 값은 표 3.4.3 및 표 3.4.4로부터 선택한다. 논과 밭인 경우 표면은 수평경작이며 토양의 수문학적 조건은 양호하다는 조건하에 토양종류별 CN값을 선택하고, 주거지인 경우 농가로 선택하였으며 산지는 배수조건이 나쁜 경우로 선택하였다. 도로는 표 3.4.3에서 포장도로를 선택하였으며 하천에서의 유출율을 100%로 보고 CN값을 100 산정하였다. 이와 같이 선택된 CN 값이 표 3.4.7에 주어져 있다.

토지이용상태별 평균 CN값은 논인 경우 토양종류별 면적에 각 CN 값을 곱해 더한 후 총 논의 면적 $1.47km^2$으로 나누면 75.19가 된다.

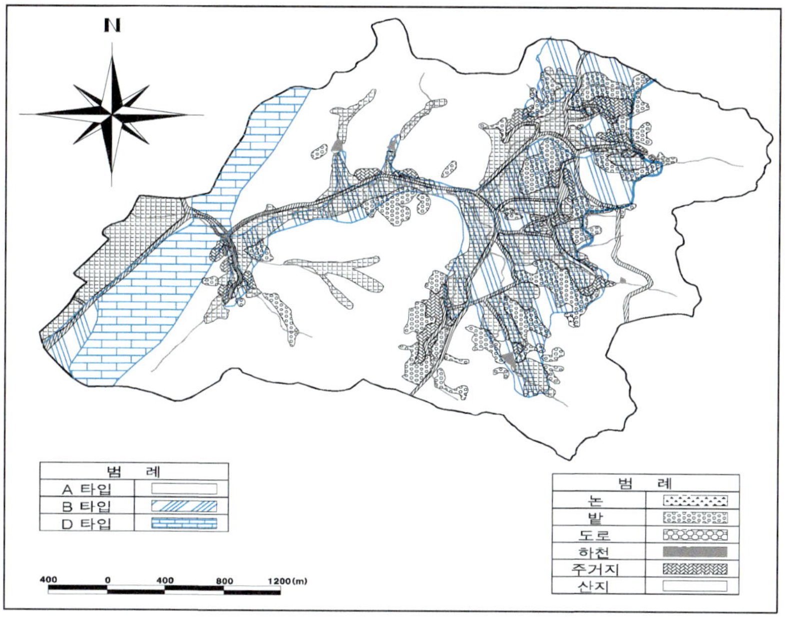

그림 3.4.3 소유역의 토양종류 및 토지이용도

표 3.4.7 AMC-II 조건하에서의 유역 평균유출곡선지수 산정

토지이용상태	토양종류								토지이용별 총면적 (km²)	평균 CN
	A		B		C		D			
	면적 (km²)	CN	면적 (km²)	CN	면적 (km²)	CN	면적 (km²)	CN		
논	0.376	67	1.094	78	0	85	0	89	1.470	75.19
밭	0.423	63	0.775	75	0	83	0	87	1.198	70.76
도로	0.204	98	0.247	98	0	98	0.028	98	0.479	98.00
하천	0.050	100	0.057	100	0	100	0.002	100	0.109	100.00
주거지	0.129	59	0.149	74	0	82	0	86	0.278	67.04
산지	6.185	45	0.584	66	0	77	1.007	83	7.776	51.50
면적합계 및 유역평균 CN값	7.367		2.906		0		1.037		11.310	59.44

이와 같이 토지이용상태별 평균 CN값이 표 3.4.7의 11란에 주어져 있고, 이를 다시 10란의 토지이용별 총면적을 가중인자로 하여 평균하면 유역의 평균유출곡선지수는 AMC-II 조건하에서 59.44가 된다. 이를 표 3.4.2 또는 식 (3.4.3)을 이용하면 AMC-I 조건하에서는 38.1, AMC-III 조건하에서는 77.1이 된다.

예제 3.4.4

예제 3.4.3과 같은 소유역에 표 3.4.8과 같은 강우가 발생하였을 때 강우별 유효우량을 NRCS방법을 이용하여 산정하라.

표 3.4.8 강우발생기간 및 강우량

강우발생기간	강우량 (mm)	선행강수량 P_5(mm)
2004. 7. 25~7. 28	126.4	0.0
2004. 7. 30~8. 1	87.3	126.4
2004. 8. 9~8. 11	78.5	0.0
2004. 8. 15~8. 16	32.9	39.6

풀이

강우발생기간이 모두 성수기이므로 표 3.4.1로부터 표 3.4.8의 선행강수량에 대한 AMC 조건을 결정하면 표 3.4.9의 4란과 같고 이에 따른 CN값은 예제 3.4.3에서 구한 결과 5란과 같다.

첫 번째 강우에 대해 $S = \dfrac{25,400}{CN} - 254 = \dfrac{25,400}{38.1} - 254 = 412.7$

따라서 유효우량은 $P_e = \dfrac{(P-0.2S)^2}{P+0.8S} = \dfrac{(126.4-0.2\times 412.7)^2}{126.4+0.8\times 412.7} = 4.2\text{mm}$

같은 방법으로 나머지 강우에 대해서 구한 유효우량이 7란에 주어져있다. 첫 번째 및 세 번째 강우인 경우 5일 선행강수가 없으므로 토양이 비교적 건조하여 많은 비가 내렸지만 유효우량은 작으며, 두 번째 강우인 경우는 5일 선행강수가 커 토양이 습한 상태로 유효우량이 크게 산정되어 유출량이 많음을 알 수 있다.

표 3.4.9 강우별 유효우량 산정

강우발생기간	강우량 (mm)	선행강수량 P_5(mm)	AMC조건	CN	유효우량 (mm)
7. 25~7. 28	126.4	0.0	I	38.1	4.2
7. 30~8. 1	87.3	126.4	III	77.1	35.3
8. 9~8. 11	98.5	0.0	I	38.1	0.6
8. 15~8. 16	54.2	39.6	II	59.4	2.0

3.5 첨두홍수량 산정

치수목적으로 이루어지는 대부분의 수자원분석 및 설계에서는 수문곡선 전체를 해석하기 보다는 최대로 흐를 때의 유출량을 필요로 할 경우가 많이 있다. 비행장의 활주로, 도시지역의 우수관거, 암거, 대규모 주차장 등을 설계할 경우 비가 내리는 전 과정의 수문곡선보다는 최대로 많이 흐를 때의 유량을 구해 이를 원활히 소통시킬 수 있는 규모로 수리구조물을 설계할 필요가 있다. 이와 같이 첨두홍수량을 산정하는 방법 중 대표적인 것이 합리식(rational method)이다.

3.5.1 합리식

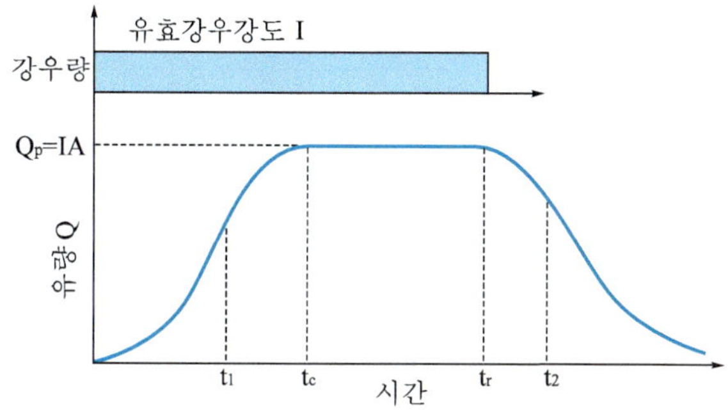

그림 3.5.1 균일 유효강우강도로 인한 유출수문곡선

합리식은 아일랜드의 Mulvaney(1850)에 의해 제안된 개념으로 오늘날에도 소규모유역의 강우 배수시설물 설계시 가장 널리 사용되는 방법이다. 합리식의 배경이 되는 개념은 그림 3.5.1과 같이 만일 강도 I인 강우가 순간적으로 내리기 시작하여 무한히 지속된다면 유출량은 유역의 모든 지역이 유역출구 유출에 기여 하는 도달시간(time of concentration) t_c까지는 계속 증가한다는 것이다. 도달시간 이후에는 강우강도 I와 유역면적 A를 곱한 IA만큼 일정하게 유역으로 유입되는 평형상태가 t_r까지 지속된다. 자연 상태의 유역출구에서 발생하는 첨두유출량 Q는 침투 등 손실량이 있기 때문에 IA보다 작은 값이 되며, IA와 Q의 비율을 유출계수 C라 하고 합리식에 의한 첨두유출량은 다음과 같이 나타낼 수 있다.

$$Q = 0.2778CIA \tag{3.5.1}$$

여기서, Q는 유출량(m^3/sec), I는 강우강도(mm/hr), C는 유출계수($0 \le C \le 1$) 그리고 A는 유역면적(km^2)이다. 유출계수 C는 유역의 토지이용상태에 따라 결정되며, 자연하천유역과 도시 및 농경지 지역에서의 유출계수가 표 3.5.1 및 표 3.5.2와 같다.

강우강도 I는 강우의 도달시간 t_c를 강우의 지속기간으로 하고, 설계하고자 하는 구조물의 목적과 중요도에 따라 재현기간을 결정하여 2.4.4절에서 설명한 바와 같이 강우강도-지속기간-재현기간(IDF) 관계곡선 또는 재현기간별 강우강도식으로부터 결정한다.

이와 같이 산정한 첨두홍수량을 배수시키기 위한 우수관거의 직경은 Manning의 공식으로부터 다음과 같이 산정할 수 있다.

표 3.5.1 자연하천유역의 유출계수

유역상태	유출계수	유역상태	유출계수
급경사 산지	0.75 ~ 0.90	산지하천	0.75 ~ 0.85
기복이 있는 토지와 수림	0.50 ~ 0.75	평지하천	0.45 ~ 0.75
평탄한 전지(밭)	0.45 ~ 0.60	유역의 반 이상이 평지인 대하천	0.50 ~ 0.75
관개중인 논	0.70 ~ 0.80		

표 3.5.2 도시 및 농경지역에서의 유출계수

토지이용		C
상업지역	도심지역	0.70~0.95
	근린지역	0.50~0.70
주거지역	단독주택	0.30~0.50
	독립주택단지	0.40~0.60
	연립주택단지	0.60~0.75
	교외지역	0.25~0.40
	아파트	0.50~0.70
공업지역	산재지역	0.50~0.80
	밀집지역	0.60~0.90
공원, 묘역		0.10~0.25
운동장		0.20~0.35
철도지역		0.20~0.40
미개발지역		0.10~0.30
도로	아스팔트	0.70~0.95
	콘크리트	0.80~0.95
	벽돌	0.70~0.85
차도 및 보도		0.75~0.85
지 붕		0.75~0.95

토지이용				C
잔디	사질토	평탄지(2%)		0.05~0.10
		보통경사지(2~7%)		0.10~0.15
		급경사지(7% 이상)		0.15~0.20
	중토	평탄지(2%)		0.13~0.17
		보통경사지(2~7%)		0.18~0.22
		급경사지(7% 이상)		0.25~0.35
농경지	나지	평탄한곳		0.30~0.60
		거친곳		0.20~0.50
	경작지	사질토	작물 있음	0.30~0.60
			작물 없음	0.20~0.50
		중토	작물 있음	0.20~0.40
			작물 없음	0.10~0.25
		관개중인 답		0.70~0.80
	초지	사질토		0.15~0.45
		점토		0.05~0.25
산지	급경사 산지			0.40~0.80
	완경사 산지			0.30~0.70

$$D = \left(\frac{3.21Qn}{\sqrt{S_o}} \right)^{3/8} \tag{3.5.2}$$

여기서, Q는 첨두홍수량(m^3/sec), D는 관거의 직경(m), n은 조도계수, S_o는 하상경사이다.

예제 3.5.1

그림 3.5.2와 같은 5개의 소유역으로 구성된 가상적인 배수구역이 있다. 이 유역에 재현기간 10년에 해당하는 강우가 내릴 때 각 우수관거별로 유입하는 유량 및 이를 소통시키기 위한 우수관거의 직경을 산정하라. 재현기간 10년에 해당하는 강우강도식은 $I = \frac{6630}{t+37}$ mm/hr을 이용하고, Manning의 조도계수는 0.015이다. 소유역별 관련자료 및 관거의 자료가 표 3.5.3에 주어져 있다.

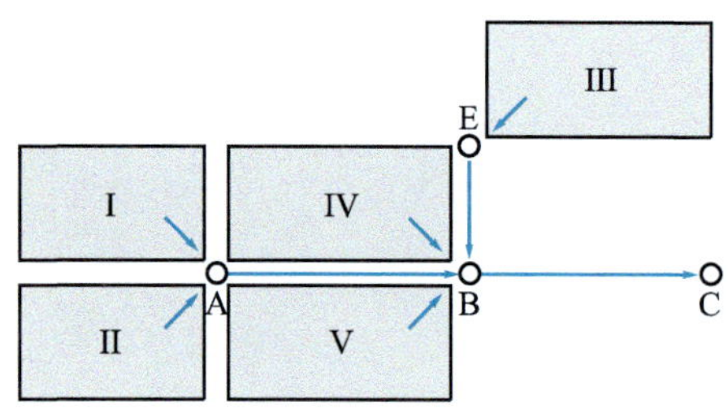

그림 3.5.2 가상적인 배수구역

표 3.5.3 소유역별 자료

소유역	면적 A (km^2)	유출계수 C	입구도달시간 t_i (min)	우수관거	관거길이 (m)	경사 S_0	배수면적 (km^2)
I	0.0162	0.7	10	EB	250	0.0032	0.0324
II	0.0244	0.6	15	AB	320	0.0040	0.0406
III	0.0324	0.5	18	BC	250	0.0032	0.1494
IV	0.0324	0.5	17				
V	0.0440	0.6	20				

풀이

1) 우수관거 EB를 통한 유량과 관거 직경 결정

소유역 III의 강우강도는 $I = \frac{6,630}{t+37} = \frac{6,630}{18+37} = 120.5\text{mm/hr}$

유출량 $Q = 0.2778CIA = 0.2778 \times 0.5 \times 120.5 \times 0.0324 = 0.542\text{m}^3/\text{sec}$

우수관거의 직경 $D = \left(\frac{3.21Qn}{\sqrt{S_o}}\right)^{3/8} = \left(\frac{3.21 \times 0.542 \times 0.015}{\sqrt{0.0032}}\right)^{3/8} = 0.748\text{m}$

관거내의 유속 $V = Q/A = 0.542/0.44 = 1.23\text{m/sec}$

관거내의 이동시간 $t = L/V = 250/1.23 = 203.25\text{sec} = 3.39\text{min}$

2) 우수관거 AB를 통한 유량과 관거직경 결정

AB관거로는 I, II유역의 우수가 유입되므로 유입시간이 긴 15분을 입구 도달시간으로 사용한다.

따라서 강우강도는 $I = \frac{6630}{t+37} = \frac{6630}{15+37} = 127.5\text{mm/hr}$

평균유출계수 $C = (0.7 \times 0.0162 + 0.6 \times 0.0244)/0.0406 = 0.64$

유출량 $Q = 0.2778CIA = 0.2778 \times 0.64 \times 127.5 \times 0.0406 = 0.92\text{m}^3/\text{sec}$

우수관거의 직경 $D = \left(\frac{3.21Qn}{\sqrt{S_o}}\right)^{3/8} = \left(\frac{3.21 \times 0.92 \times 0.015}{\sqrt{0.0040}}\right)^{3/8} = 0.875\text{m}$

관거내의 유속 $V = Q/A = 0.92/0.6 = 1.53\text{m/sec}$

AB 관거 내의 이동시간 $t = L/V = 320/1.53 = 209.15\text{sec} = 3.49\text{min}$

3) 우수관거 BC를 통한 유량과 관거직경 결정

BC관거의 B지점까지 각 유역에서 유입되는 시간을 보면 소유역 I에서는 10+3.49=13.49분, 소유역 II에서는 15+3.49=18.49분, 소유역 III에서는 18+3.39=21.39분, 소유역 IV에서는 17분, 소유역 V에서는 20분이다. 따라서 강우의 지속기간을 가장 긴 21.39분으로 한다. 강우강도는

$$I = \frac{6630}{t+37} = \frac{6630}{21.39+37} = 113.55\text{mm/hr}$$

평균유출계수 $C = (0.64 \times 0.0406 + 0.5 \times 0.0324 + 0.5 \times 0.0324 + 0.6 \times 0.0440)/0.1494 = 0.5675$

유출량 $Q = 0.2778CIA = 0.2778 \times 0.5675 \times 113.55 \times 0.1494 = 2.67\text{m}^3/\text{sec}$

우수관거의 직경 $D = \left(\frac{3.21Qn}{\sqrt{S_o}}\right)^{3/8} = \left(\frac{3.21 \times 2.74 \times 0.015}{\sqrt{0.0032}}\right)^{3/8} = 1.36\text{m}$

관거내의 유속 $V = Q/A = 2.67/1.45 = 1.84\text{m/sec}$

BC 관거내의 이동시간 $t = L/V = 250/1.84 = 135.87\text{sec} = 2.26\text{min}$

3.5.2 유역의 도달시간

모든 유역이 유역출구지점의 유출에 기여하기 시작하는 도달시간 t_c에 이르면 첨두유출이 발생한다고 가정한다. 유역의 도달시간은 강우가 지표면을 통해 이동하여 하천이나 우수관거까지 도착하는데 걸리는 유입시간(inlet time) t_o와 하천이나 우수관거를 통해 유역의 출구지점까지 흐르는데 걸리는 유하시간(flow time) t_f의 합으로 결정한다.

$$t_c = t_o + t_f \tag{3.5.3}$$

1) 유입시간의 산정

유입시간 t_o는 자연하천유역 면적이 $2km^2$ 이내인 경우 급경사유역은 20분, 산지유역은 30분으로 정하고 있으나 다소 크게 설정되어 유량이 작게 나타나는 경향이 있다. 또한 도시지역인 경우 개발이 되어 불투수지역인 경우 5분, 주거 밀도가 낮은 개발도시지역은 10~15분, 주거지역은 20~30분이 채택되기도 하나 일반적으로 10~20분이 적용된다. Kerby는 자연하천유역 및 도시하천유역에서의 유입시간을 산정하는 공식을 다음과 같이 제시하고 있다.

- 자연하천유역 :
$$t_o = 36.264\frac{(L \times n)^{0.467}}{S^{0.2335}} \tag{3.5.4}$$
- 도시하천유역 :
$$t_o = 36.264\left(\frac{L^{1.5} \times n}{H^{0.5}}\right)^{0.467} \tag{3.5.5}$$

여기서, t_o는 유입시간(min), L은 지표거리(km), S는 유역평균경사, H는 표고차(m), n은 조도계수(표 3.5.4)이다.

표 3.5.4 Kerby공식을 위한 조도계수

자연하천유역		도시하천유역	
지표상태	조도계수	지표상태	조도계수
불투수성의 완만한 표면	0.02	포장지역	0.02
나지의 비포장 표면	0.10	거친 나대지	0.10
초지가 없는 나지의 거친 표면	0.20	거칠고 풀이 없는 지역	0.30
초지로 구성된 표면	0.40	잔디	0.40
낙엽으로 덮인 수목지역	0.60	나무나 풀이 빽빽한 지역	0.80
초지와 산림이 우거지 표면	0.80		

2) 유하시간의 산정

우수관거로 물이 유입되어 유역출구까지 관거를 통해 흐를 경우 관거 내에서의 유하시간은 다음과 같이 산정할 수 있다.

$$t_f = \sum_{i=1}^{n}\frac{L_i}{V_i} \tag{3.5.6}$$

여기서, t_f는 유하시간(sec), L_i는 i번째 관거의 길이(m), V_i는 i번째 관거에서의 유속(m/sec)이다. 한편 자연하천유역인 경우 다음과 같은 식들이 사용되고 있다.

- Kirpich 공식 : 농경지 소유역 대상

$$t_f = 3.976\frac{L^{0.77}}{S^{0.385}} \tag{3.5.7}$$

여기서, t_f 는 유하시간(min), L은 하천길이(km), S는 하천평균경사이다.

- Rziha 공식 : 자연하천의 상류부(S≥1/200)

$$t_f = 0.833\frac{L}{S^{0.6}} \tag{3.5.8}$$

- Kraven 공식(I) : 자연하천의 중하류부(S≤1/200)

$$t_f = 0.444\frac{L}{S^{0.515}} \tag{3.5.9}$$

- Kraven 공식(II) : 자연하천의 경사별 유속적용

$$t_f = 16.667\frac{L}{V} \tag{3.5.10}$$

여기서, S≤1/200인 경우　　V = 2.1m/sec
1/200〈S〈1/100인 경우　　V = 3.0m/sec
S≥1/100인 경우　　V = 3.5m/sec

- SCS 공식 : 유역면적이 $8km^2$ 이하에 적용

$$t_f = \frac{L^{0.8}(2540-22.86CN)^{0.7}}{0.56149CN^{0.7}S^{0.5}} \tag{3.5.11}$$

여기서, CN은 유출곡선지수이다.

예제 3.5.2

그림 3.5.3과 같은 유역의 A지점부터 E지점까지의 도달시간을 산정하려고 한다. 각 구간별로 도달시간을 산정하기 위한 값들이 표 3.5.5와 같을 때 A지점에서 E지점까지의 도달시간을 산정하라.

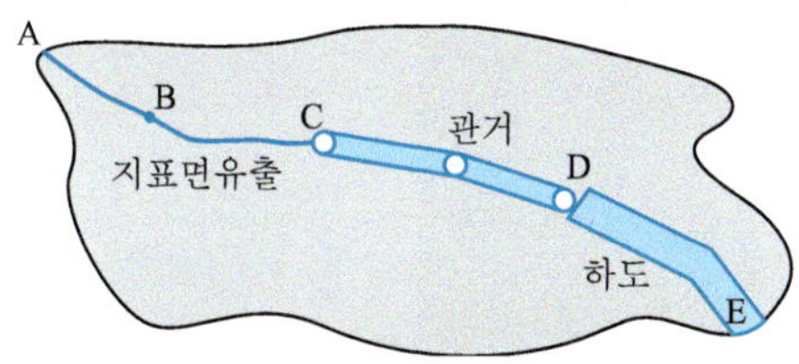

그림 3.5.3 유역 유출구성도

표 3.5.5 구간별 유출특성 및 제원

구간	유출특성	경사 (%)	길이 (m)
A-B	지표면유출(자연하천유역, 낙엽으로 덮인 수목지역)	7	150
B-C	지표면유출(자연하천유역, 초지로 구성된 표면)	2	300
C-D	우수관거(n=0.015, 직경 1m)	1.5	600
D-E	자연하천	0.5	900

풀이

A-B 구간은 자연하천유역의 지표면 유출이므로 Kerby의 유입시간 산정공식을 적용한다. 낙엽으로 덮인 수목지역이므로 Kerby의 조도계수는 n=0.6을 채택하면

$$t_{A-B} = 36.264\frac{(L\times n)^{0.467}}{S^{0.2335}} = 36.264\frac{(0.15\times 0.6)^{0.467}}{0.07^{0.2335}} = 21.92\,\text{min}$$

B-C 구간은 자연하천유역의 초지로 구성된 표면이므로 Kerby의 조도계수는 n=0.4를 적용한다.

$$t_{B-C} = 36.264\frac{(L\times n)^{0.467}}{S^{0.2335}} = 36.264\frac{(0.3\times 0.4)^{0.467}}{0.02^{0.2335}} = 33.59\,\text{min}$$

C-D 구간은 우수관거이므로 Manning의 유속공식을 사용하여 관거내의 유속을 구하면

$$V = \frac{1}{n}R_h^{2/3}S^{1/2} = \frac{1}{0.015}\left(\frac{1}{4}\right)^{2/3}(0.015)^{1/2} = 3.24\text{m/s}$$

$$t_{C-D} = \frac{L}{V} = \frac{600\text{m}}{3.24\text{m/s}} = 3.09\text{min}$$

D-E 구간은 자연하천이고 경사가 0.005=1/200이므로 Kraven공식(I)을 적용하면

$$t_{D-E} = 0.444\frac{L}{S^{0.515}} = 0.444\frac{0.9}{0.005^{0.515}} = 6.12\text{min}$$

따라서 A부터 E까지의 총 도달시간은 21.92+33.59+3.09+6.12=64.72min이 된다.

3.5.3 강우량-유출고 관계

유역의 수자원 개발 및 관리를 위한 수공구조물의 설계, 이수 및 치수목적의 저수지 용량결정 또는 저수지 운영을 위해 월별, 계절별 그리고 연별 유출용적에 관한 자료가 필요할 경우가 많다. 하지만 장기간의 강우자료를 단순 강우-유출관계 공식에 적용하기에는 유출에 영향을 미치는 여러 인자들이 호우기간별로 다양하게 변하므로 곤란하다. 이때 월 강우량과 유출고간의 관계가 수립되어 있다면 월별 강우량을 이용하여 월 유출고 및 연 유출고를 구할 수 있다. 현재 실무에서 간편하게 사용하고 있는 유출고 산정공식으로는 가지야마의 월 유출고공식이 있다.

$$R = \sqrt{P^2 + (138.6f + 10.2)^2} - 138.6f + E \qquad (3.5.12)$$

여기서, R은 월별 유출고(mm), P는 월별 강우량(mm), E는 월별 보정계수(mm)(표 3.5.6), f는 유역의 유출특성과 관련된 상수(표 3.5.7)이다.

표 3.5.6 가지야마의 월별 보정계수 E

월강우량 (mm/m)	1	2	4	5	6	9	10	비고
0	−2.5	−2.5	5.0	−	−2.0	6.0	7.0	
10	−2.0	−2.0	5.5	−	−3.0	6.4	6.3	
20	−1.5	−1.5	6.0	−	−4.0	6.8	5.6	
30	−1.0	−1.0	7.5	−	−6.0	7.2	4.9	
50	−	−	8.5	−2.4	−9.0	8.0	3.5	3, 7, 8,
70	−	−	9.0	−3.6	−12.0	8.8	2.1	11, 12월의
80	−	−	10.5	−6.0	−17.0	9.2	1.4	보정계수
100	−	−	5.0	−12.0	−20.0	10.0	−	E = 0
150	−	−	−	−6.0	−26.0	11.0	−	
200	−	−	−	−	−30.0	12.0	−	
250	−	−	−	−	−22.5	9.0	−	
300	−	−	−	−	−15.0	6.0	−	

표 3.5.7 가지야마의 월 유출고공식의 상수 f

유 역 특 성	f
경작지 및 임야가 많고, 경사가 완만하여 손실우량과대	1.4
경작지 및 임야가 많고, 경사가 완만하여 손실우량 대	1.2
경작지 및 임야가 많고, 경사가 완만하여 손실우량 중	1.0
경작지 및 임야가 적고, 경사가 급하여 손실우량 소	0.8
경작지 및 임야가 적고, 경사가 급하여 손실우량 최소	0.6

예제 3.5.3

어떤 유역에서 월평균 강우량이 표 3.5.8과 같이 주어질 때 연간 총유출량을 산정하라. 또한 연 강우량 자료를 이용하여 수자원 부존량을 산정하고 손실량이 얼마인지 산정하라. 유역의 면적은 287.48km^2 이다. 가지야마 월 유출고 공식의 f는 1.0으로 가정하라.

표 3.5.8 가지야마공식에 의한 연 유출량 산정

월	월평균강우 P (mm)	유역계수 f	보정계수 E	유출고 C (mm)	유출량 Q ($\times 10^6$m^3)
1	23.3	1.0	−1.5	10.5	3.022
2	30.8	1.0	−1.0	12.4	3.552
3	46.7	1.0	0.0	17.4	4.990
4	68.0	1.0	9.0	34.0	9.775
5	65.9	1.0	−3.6	20.5	5.905
6	148.0	1.0	−26.0	45.3	13.014
7	233.0	1.0	0.0	137.9	39.632
8	194.4	1.0	0.0	106.2	30.534
9	120.3	1.0	10.0	62.7	18.038
10	42.1	1.0	3.5	19.5	5.618
11	37.6	1.0	0.0	14.9	4.277
12	17.4	1.0	0.0	11.2	3.224
계	1027.5			492.5	141.580

풀이

월별 강우량이 표 3.5.8에 주어져 있으며 이를 합한 연 강우량은 1,027.5mm이다. 각 월별로 강우량에 따른 보정계수 E는 표 3.5.6으로부터 가장 가까운 근사치를 적용하였으며 이 값이 4란에 주어져 있다. 월별 유출고는 다음 식에 의해 산정하며 예를 들어 4월인 경우

$$R = \sqrt{68^2 + (138.6 \times 1 + 10.2)^2} - 138.6 \times 1 + 9.0 = 34\text{mm} \text{ 이다.}$$

월별 유출고가 5란에 산정되어 있으며 여기에 유역면적 287.48km^{2}을 곱하고 단위변환을 한 월별 유출량이 6란에 산정되어 있다. 따라서 월별 유출량을 합한 연 유출량은 141.580×10^{6}m^3/년이 된다. 수자원 부존량은 연 강우량 1,027.5mm에 유역면적 287.48km^{2}을 곱한 296.36×10^{6}m^{3}이 된다. 따라서 손실량은 수자원부존량에서 유출량을 뺀 154.78×10^{6}m^{3}이 된다.

3.6 단위유량도

지표면에 내린 총 강우량은 침투량, 지표면저류량, 증발량 그리고 초과강우량(직접유출량)으로 구성된다. 초과강우량이 결정되면 이를 직접유출량으로 변환할 필요가 있으며, 이러한 대표적인 방법으로 단위유량도가 있다.

3.6.1 단위유량도의 개념

초과강우가 어떻게 유출수문곡선으로 전환되는가를 이해하기 위해서는 시간-면적 주상도(time-area histogram)의 개념을 이용하면 도움이 된다. 이 개념에서는 초과강우가 유역의 저류효과를 무시하고 일정한 유속으로 유역출구지점으로 이동하여 유출수문곡선으로 전환된다고 가정한다. 유역에 내린 강우가 출구지점으로 유출되는데 걸리는 시간에 따라 소유역을 그림 3.6.1a와 같이 유역출구지점에서 상류방향으로 같은 이동시간에 해당하는 등시간선으로 구분한다. 만일 균일한 강도의 강우가 유역전체에 내린다면 첫 번째 유출은 유역출구에 인접한 면적으로부터 나타나게 되며, 유출에 기여하는 총 면적의 비율은 시간이 지남에 따라 증가하게 된다. 따라서 임의 시간에서의 유출량은 다음과 같이 나타낼 수 있다.

$$Q_n = P_n A_1 + P_{n-1} A_2 + ... + P_1 A_j \tag{3.6.1}$$

여기서, Q_n은 시간 n에서의 수문곡선의 종거(m^3/sec), P_n은 시간 n에서의 초과강우량의 종거(mm/sec), A_j는 시간 j에서의 시간-면적 주상도의 종거(m^2)이다.

시간-면적 개념은 시간에 따른 지표면 유출현상을 이해하는데 도움을 주지만 실제로는 유역에서의 저류효과를 고려해야 하므로 실질적인 적용에는 한계가 있다. 실무적용에서 좀 더 일반적인 개념이 단위유량도(unit hydrograph)로 시간-면적방법은 단위유량도개념의 특별한 경우라 할 수 있다. 유출수문곡선 아래의 면적은 유출용적을 의미한다. 즉, 단위유량도 아래의 면적은 유역전체에 걸쳐 단위 깊이(1cm)의 유효우량이 내렸을 때의 유출용적과 같다. 다시 말하면 단위유량도란 특정 단위시간동안 균일한 강도로 유역전체에 걸쳐 균등하게 내리는 단위유효우량(unit effective rainfall)으로 인한 직접유출수문곡선이라 할 수 있다.

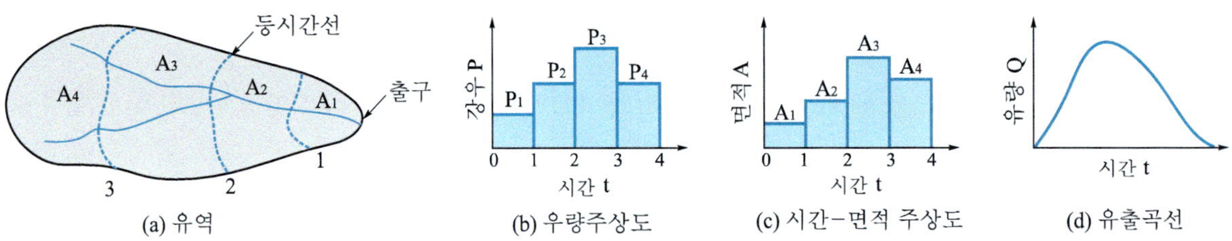

그림 3.6.1 시간-면적 방법

3.6.2 단위유량도의 가정 및 유도

단위유량도 또는 단위도는 유출과정에 영향을 미치는 유역의 특성을 반영하는 한편, 단위도의 모양은 비슷한 강우사상에 대해 같은 거동을 보이는 지표 및 토양의 특성을 나타내고 있다. 만일 강우의 지속기간이 변하면 단위도의 지속시간도 변하게 된다. 단위도는 다음과 같은 몇 가지 가정하에 개발되었으므로 가능한 한 이러한 가정에 위배되지 않는 상황에 대해 적용하여야 한다.

1) 단위유량도의 기본가정

단위도의 주요 가정에는 일정 기저시간가정, 비례가정, 중첩가정이 있으며 그 외에 몇 가지 가정이 있다.

① 일정 기저시간가정(principle of equal base time)

동일한 유역에 유효강우의 강도는 다르지만 지속기간이 같은 유효강우가 내릴 경우 단위도의 기저시간(base time, T_b)은 항상 동일하다. 즉, 유효강우의 지속기간만 동일하다면 유효강우의 강도에는 상관없이 단위도에서의 첨두유량의 발생시간, 감수시간 그리고 직접유출이 시작하여 끝나는 시간인 기저시간이 변화 없이 동일하다.

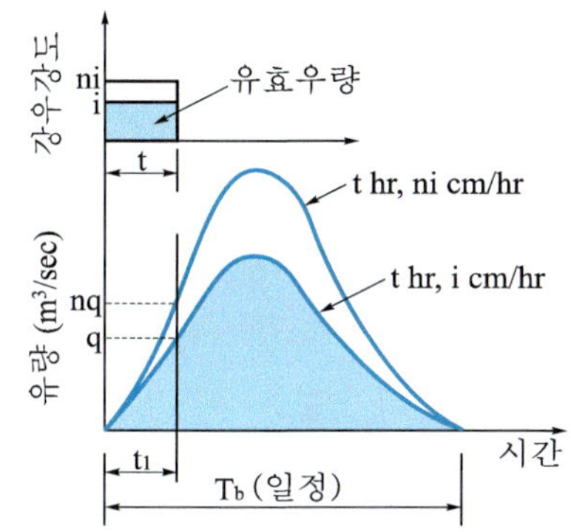

그림 3.6.2 일정 기저시간 및 비례가정

② 비례가정(principle of proportionality)

특정지속기간을 가진 유효강우로 인한 직접유출수문곡선의 종거는 유효강우 강도의 종거에 직접 비례한다. 즉, 유효강우의 지속기간이 동일한 경우 강우강도가 두 배가 되면 단위도의 종거도 두 배가 된다.

③ 중첩가정(principle of superposition)

일정 기간동안 균일한 강도를 가진 일련의 유효강우에 의한 총 직접유출량은 각 기간의 유효우량에 의한 개개 유출량을 산술적으로 합한 것과 같다. 예를 들어 그림 3.6.3과 같이 유효우량이 R_1, R_2, R_3가 내렸을 경우 이로 인한 각각의 유출량은 q_1, q_2, q_3가 되고 동일한 시간별로 각 유출량의 종거를 합하면 세 개의 유효우량으로 인한 직접유출수문곡선을 얻게 된다.

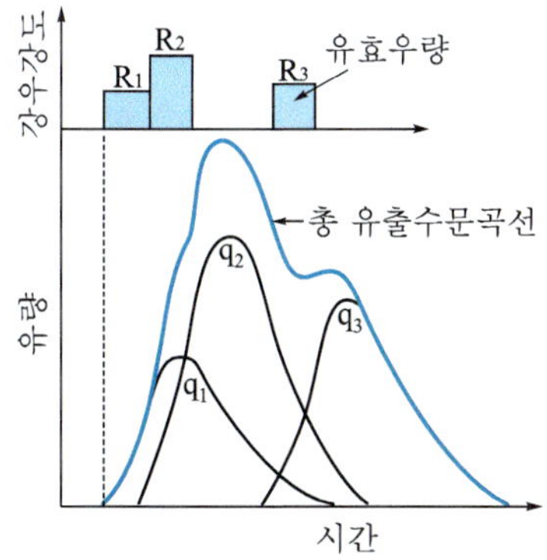

그림 3.6.3 중첩가정

2) 단위유량도의 유도

단위도를 유도하기 위해서는 단위도의 개념 및 기본가정에 적합하도록 다음과 같은 내용을 고려해야 한다. 즉, ① 유역전체에 대해 시간 및 공간적으로 균일한 단일 강우사상을 선택한다. ②

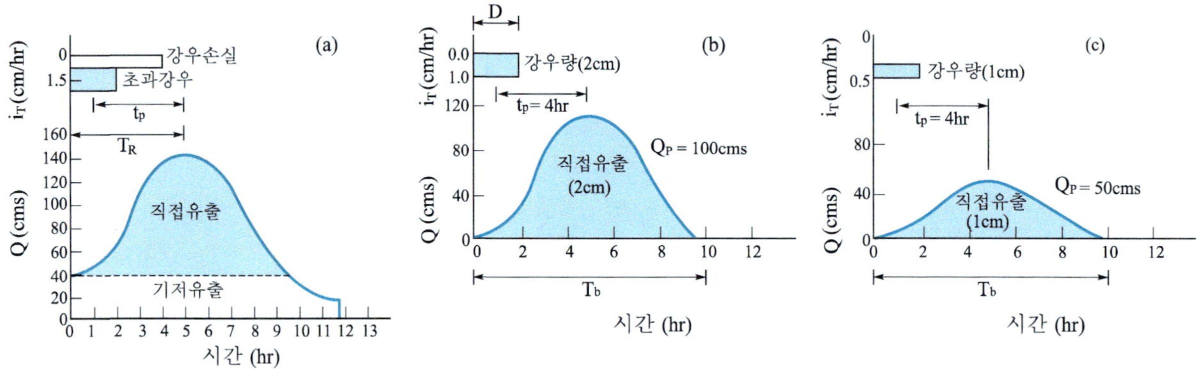

그림 3.6.4 단위도의 유도과정

유역의 크기는 일반적으로 3~2,500km^{2}범위가 적절하다. ③ 강우로 인한 직접유출량은 10~50mm범위가 적절하다. ④ 유효우량의 지속기간 D는 지체시간 t_p의 약 25~ 30%가 적절하다. ⑤ 비슷한 지속기간을 가진 강우사상을 여러 가지 분석하여 같은 지속기간에 대한 유역의 평균 단위도를 얻는다. ⑥ 다른 지속기간을 가진 강우사상에 대해서도 ⑤번의 과정을 반복한다.

유역출구지점에서의 유출수문곡선과 우량주상도가 그림 3.6.4와 같으며, 이와 같은 단일 강우사상으로부터의 단위도 유도과정은 다음과 같다.

① 총 유출량자료로부터 기저유량을 분리(3.3.5절)하여 그림 3.6.4a와 같이 직접유출수문곡선을 얻는다. 이때 직접유출수문곡선의 시작과 끝나는 시간이 단위도의 기저시간 T_b가 되며, 그림에서 기저시간은 약 9.5시간이 된다.

② 직접유출수문곡선 아래의 면적을 계산한다. 이때 가로축은 시간(hr), 세로축은 유량(m^3/sec)의 단위이므로 면적은 직접유출량의 체적(m^3)이 된다.

③ 직접유출수문곡선 아래의 면적 즉, 유출체적(m^3)을 유역면적(km^2)으로 나누어 유역 전체에 내린 등가깊이의 유효우량(cm)을 산정한다(그림 3.6.4b에서 2cm).

④ 우량주상도로부터 ϕ-지표법 또는 NRCS방법을 이용하여 ③에서 구한 유효우량과 동일하도록 총우량으로부터 유효우량과 손실량을 분리한다. 그림 3.6.4a 우량주상도에서 유효우량이 2cm가 되도록 ϕ-지표법으로 손실량과 분리하였다.

⑤ 우량주상도에서 분리된 유효우량의 기저시간이 단위도의 지속기간 D가 된다. 그림 3.6.4a 및 b에서 유효우량의 지속기간 즉, 단위도의 지속기간은 2시간이 됨을 알 수 있다.

⑥ 직접유출 수문곡선은 ③에서 구한 유효우량으로 인한 유출량이므로 1cm의 유효우량으로 인한 단위도를 얻기 위해 직접유출수문곡선의 종거를 유효우량으로 나눈다. 그림 3.64b에서 2시간에 걸친 2cm의 유효우량으로 인한 유출수문곡선이므로 1cm의 유효우량으로 인한 2시간 단위도를 얻기 위해 유출수문곡선을 2cm로 나누면 그림 3.6.4c와 같은 1cm의 유효우량으로 인한 지속기간 2시간의 단위도를 얻을 수 있다.

⑦ 단위도 아래의 면적을 구해 유역면적으로 나눌 때 유효우량인 1cm가 되도록 모양을 조정한다.

한 유역을 대표하는 평균단위도 또는 대표단위도는 지속기간이 서로 다른 여러 개의 강우사상에 대해 위의 과정을 반복하여 각 강우사상에 대한 단위도를 유도한 후, 지속기간을 동일하게 변경하여 그림 3.6.5와 같이 첨두유출량과 첨두발생시간을 평균하여 대표단위도의 첨두유출과 발생시간으로 전환하여 결정하게 된다. 이 때 단위도의 모양에 맞추어 그 아래의 면적이 1cm의 유효우량으로 인한 유출량과 같도록 모양을 조정한다.

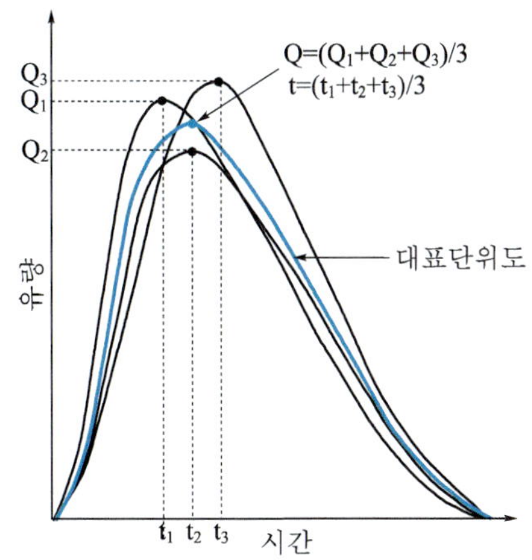

그림 3.6.5 대표단위도의 작성

예제 3.6.1

유역면적이 765km²인 어떤 유역에 표 3.6.1의 2란과 같은 강우가 내려 3란과 같은 유출이 발생하였다. 수평직선 분리법에 의해 기저유량을 분리하고 단위유량도를 유도하라.

표 3.6.1 단위도 유도과정

시간 (hr)	강우강도 (mm/hr)	총유량 (m^3/sec)	기저유량 (m^3/sec)	직접유출량 (m^3/sec)	단위도 (m^3/sec)
0	1.7	33	33	0	0.00
1	19.3	150	33	117	40.49
2	14.2	284	33	251	87.08
3	10.3	461	33	428	148.61
4	4.5	719	33	686	238.33
5	1.2	977	33	944	327.71
6		1049	33	1016	352.92
7		884	33	851	295.63
8		669	33	636	220.76
9		464	33	431	149.65
10		305	33	272	94.44
11		210	33	177	61.46
12		142	33	109	37.85
13		105	33	72	25.00
14		85	33	52	18.06
15		68	33	35	12.15
16		54	33	21	7.29
17		47	33	14	4.86
18		44	33	11	3.82
19		37	33	4	1.39
20		30	33	0	0.00
계	51.2			6127	

풀이

3란의 총유량으로부터 수평직선 분리법에 의해 기저유량(33m³/sec)을 뺀 직접유출량의 종거가 4란에 나타나 있으며 직접유출수문곡선 아래의 면적을 유역면적으로 나누어 cm단위로 나타내면 유효우량 2.88cm를 얻을 수 있다.

$$R = \frac{6127\text{m}^3/\text{sec} \times 1\text{hr}}{765\text{km}^2} = 2.88\text{cm}$$

5시간에 걸쳐 내린 총강우량은 51.2mm (5.12cm)이므로 ϕ-지표법에 의해 우량주상도로부터 유효우량을 분리하면 ϕ-지표는 5mm가 된다. 유효우량에 포함된 시간구간은 3시간이므로 유도된 단위유량도는 3시간 지속기간의 단위유량도가 된다. 단위유량도는 곡선아래의 면적을 유역면적으로 나눌 때 1cm가 되어야 하므로 5란의 직접유출량을 유효우량 2.88cm로 나누면 6란의 단위도를 얻게 된다. 그림 3.6.6은 단위도 유도와 관련된 과정을 그림으로 보여주고 있다.

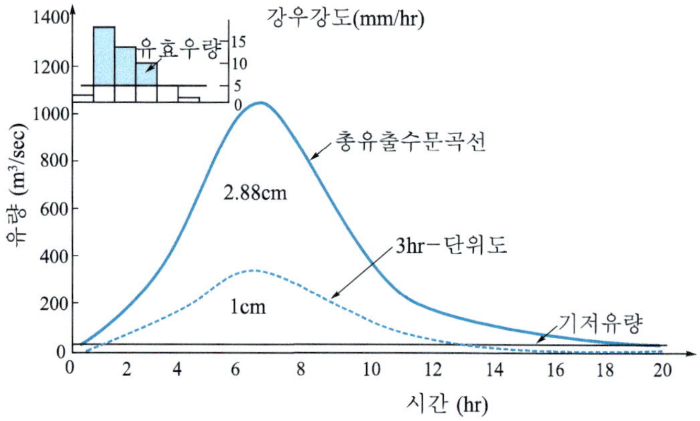

그림 3.6.6 단위도 유도

3.6.3 단위도 지속시간 변경

단위도의 지속기간은 단위도를 유도하는 과정 중에 결정되므로 사용된 강우사상과 유출상황에 따라 서로 다른 지속기간을 가진 단위도를 얻게 된다. 따라서 유도된 임의 지속기간의 단위도를 원하는 지속기간의 단위도로 변경시킬 필요가 있으며, 이 때 정수배(integer multiple)방법과 S-곡선(S-curve)방법 등을 사용한다.

1) 정수배 방법

정수배 방법은 특정 지속기간을 가진 단위도로부터 정수배로 지속기간을 확장시킬 때 사용하는 방법으로 기존 단위도를 지체시킨 후 중첩가정에 의해 중첩시켜 변경시키므로 지체-중첩방법이라고도 한다. 그림 3.6.7 및 표 3.6.2와 같이 지속기간이 1시간인 단위도가 있을 때 이를 2시간의 지속기간을 가진 단위도로 변경시키기 위해서는 먼저 첫 번째의 1시간 동안 1cm의 유효우량 옆에 또 다른 1시간 동안의 1cm의 유효우량이 더 내린 것으로 위치시킨다. 즉, 첫 번째의 단위도를 한 시간 오른쪽으로 그대로 이동시키면 되고, 표에서는 아래로 1시간씩 지체시킨다(3란). 이 두 수문곡선의 종거를 합한 유출곡선은 2시간동안 2cm의 유효우량으로 인한 수문곡선이 된다(4란). 단위도는 특정 지속기간 동안에 1cm의 유효우량으로 인한 유출수문곡선이므로 앞에서 구한 2cm의 수문곡선의 종거를 2로 나누면 2시간 지속기간을 가진 1cm의 유효우량으로 인한 단위도를 얻게 된다(5란). 같은 방법으로 3시간, 4시간 등과 같이 정수배로 지속기간을 확장시킬 수 있다.

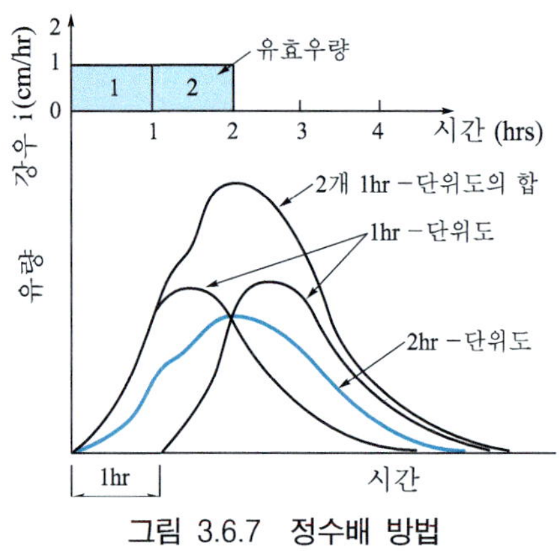

그림 3.6.7 정수배 방법

표 3.6.2 정수배 방법에 의한 지속기간의 변경

시 간 (hr)	1시간 단위도 (m^3/sec)	1시간 지체 단위도 (m^3/sec)	두 단위도의 합 (m^3/sec)	2시간 단위도 (m^3/sec)
0	0.0		0.0	0.00
1	7.5	0.0	7.5	3.75
2	25.0	7.5	32.5	16.25
3	30.0	25.0	55.0	27.50
4	27.5	30.0	57.5	28.75
5	20.0	27.5	47.5	23.75
6	10.0	20.0	30.0	15.00
7	7.5	10.0	27.5	13.75
8	5.0	7.5	12.5	6.25
9	0.0	5.0	5.0	2.50
10		0.0	0.0	0.00

예제 3.6.2

예제 3.6.1에서 유도한 3시간 단위유량도를 정수배 방법을 이용하여 12시간 단위도로 유도하라.

풀이

표 3.6.3 3시간-단위도로부터 12시간-단위도의 유도

시간 (hr) (1)	3hr-단위도 (m^3/sec) (2)	3hr지체 단위도 (m^3/sec) (3)	6hr지체 단위도 (m^3/sec) (4)	9hr지체 단위도 (m^3/sec) (5)	(2)+(3)+(4)+(5) (m^3/sec) (6)	12hr-단위도 (6)/4 (7)
0	0.00				0.00	0.00
1	40.49				40.49	10.12
2	87.08				87.08	21.77
3	148.61	0.00			148.61	37.15
4	238.33	40.49			278.82	69.71
5	327.71	87.08			414.79	103.70
6	352.92	148.61	0.00		501.53	125.38
7	295.63	238.33	40.49		574.45	143.61
8	220.76	327.71	87.08		635.55	158.89
9	149.65	352.92	148.61	0.00	651.18	162.80
10	94.44	295.63	238.33	40.49	668.89	167.22
11	61.46	220.76	327.71	87.08	697.01	174.25
12	37.85	149.65	352.92	148.61	689.03	172.26
13	25.00	94.44	295.63	238.33	653.40	163.35
14	18.06	61.46	220.76	327.71	627.99	157.00
15	12.15	37.85	149.65	352.92	552.57	138.14
16	7.29	25.00	94.44	295.63	422.36	105.59
17	4.86	18.06	61.46	220.76	305.14	76.29
18	3.82	12.15	37.85	149.65	203.47	50.87
19	1.39	7.29	25.00	94.44	128.12	32.03
20	0.00	4.86	18.06	61.46	84.38	21.10
21		3.82	12.15	37.85	53.82	13.46
22		1.39	7.29	25.00	33.68	8.42
23		0.00	4.86	18.06	22.92	5.73
24			3.82	12.15	15.97	3.99
25			1.39	7.29	8.68	2.17
26			0.00	4.86	4.86	1.22
27				3.82	3.82	0.96
28				1.39	1.39	0.35
29				0.00	0.00	0.00

예제 3.6.1에서 유도한 3시간 단위도가 표 3.6.3의 2란에 주어져 있다. 정수배 방법에 의하면 3시간에 걸친 1cm의 유효우량이 4개 연속하여 발생하면 12시간에 걸쳐 4cm의 유효우량이 발생하게 된다. 따라서 3시간씩 지체시킨 단위도가 3, 4, 5란에 나타나 있으며 중첩가정에 의해 2, 3, 4, 5란을 더하면 4cm의 유효우량으로 인한 유출수문곡선(6란)을 얻을 수 있다. 12시간에 걸친 유효우량(6란)을 4cm로 나누면 12시간에 걸친 1cm의 유효우량으로 인한 12시간 단위유량도(7란)가 유도 된다.

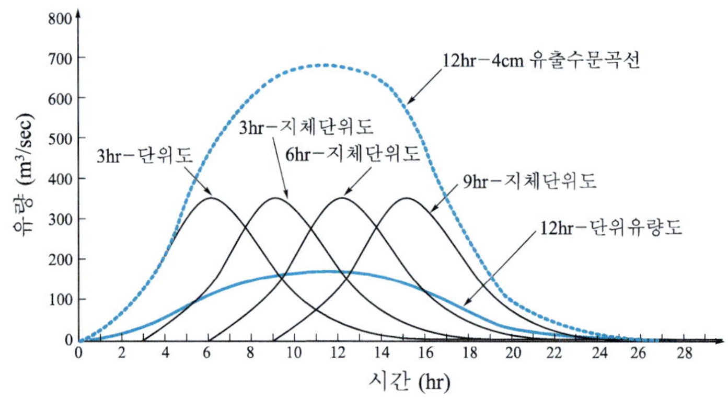

그림 3.6.8 12시간 단위도의 유도

2) S−수문곡선 방법

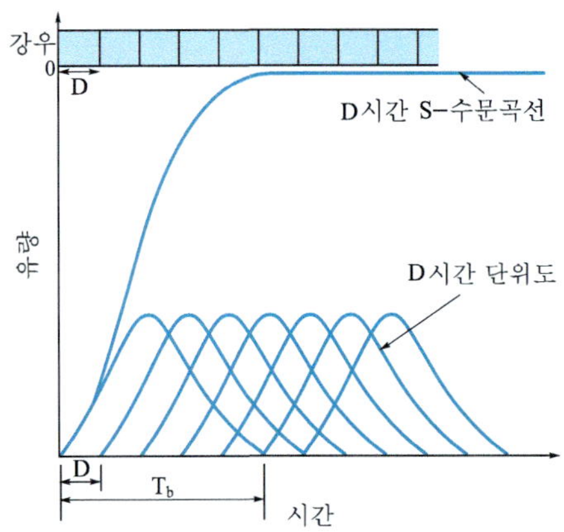

그림 3.6.9 S−수문곡선의 계산

S-수문곡선(S-hydrograph) 방법에 의한 단위도 지속기간의 변경은 앞에서 소개한 정수배 방법과는 달리 지속기간이 긴 시간뿐 만 아니라 짧은 시간으로도 변경할 수 있는 방법이다. S-수문곡선은 특정지속기간을 가진 무한히 연속되는 유효강우로 인한 유출수문곡선을 의미한다. 단위도 이론에 따르면 S-수문곡선은 특정 지속기간을 가진 단위도의 무한한 합이 되며, 이러한 S-수문곡선이 그림 3.6.9과 같다.

D시간 S-수문곡선은 D시간 지체된 D시간 단위도들을 합하여 얻을 수 있으며, 첨두 평형유출(equilibrium outflow) Q_e는 가정한 균일 유효강우의 강도가 1/D이므로 다음과 같다.

$$Q_e = \frac{1\,\text{cm}}{D\,(\text{hr})} \times A\,\text{km}^2 = 2.78\frac{A}{D}\,\text{m}^3/\text{sec} \qquad (3.6.2)$$

여기서, Q_e는 평형유출량(m^3/sec), D는 단위도의 지속기간(hr), A는 유역면적(km^2)이다. D시간 S-수문곡선으로부터 임의 지속기간 t에 해당하는 단위도를 얻는 절차는 다음과 같다(그림 3.6.10).

① S-수문곡선(곡선1)을 t시간 지체시킨다(곡선2).

② 곡선1의 종거에서 지체시킨 곡선2의 종거를 빼면 면적이 t/Dcm에 해당하는 곡선3을 얻게 된다. 즉, t시간 동안 t/Dcm의 유효우량으로 인한 유출수문곡선이 된다.

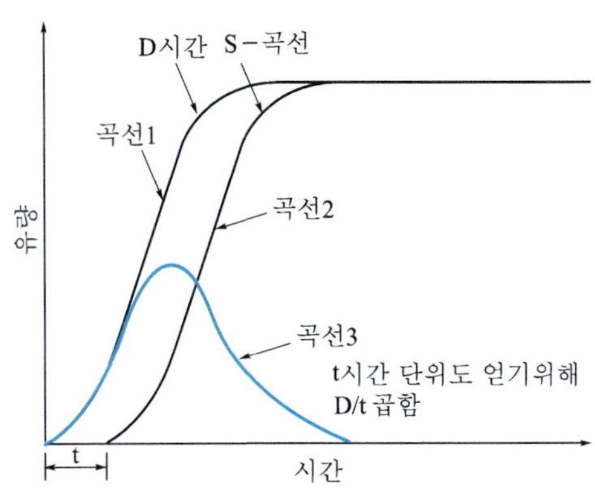

그림 3.6.10 D시간 S−수문곡선으로부터 t시간 단위도의 유도

③ 단위도는 곡선아래의 면적이 1cm의 유효우량에 해당하므로 ②에서 얻은 곡선에 D/t를 곱해 면적이 1cm가 되도록 한다. 이것이 바로 D시간으로부터 유도된 t시간 단위도가 된다.

예제 3.6.3

예제 3.6.1에서 유도한 3시간 단위유량도를 S곡선 방법에 의해 2시간 및 5시간으로 변환하라.

풀이

표 3.6.4의 2란에 3시간 단위유량도가 주어져 있으며 단위유량도를 3시간씩 지체시킨 후 모두 더한 3시간 S-곡선이 3란 및 그림 3.6.11에 주어져 있다. S-곡선의 값이 평형치에 갈수록 진동을 하므로 이를 조정한 S-곡선이 4란과 그림에 나타나 있다. 2시간 단위유량도를 구하기 위해 4란의 S-곡선을 2시간 지체시킨 후 4란 S-곡선으로부터 뺀 값이 6란에 주어져 있다. 이는 2시간에 걸쳐 2/3cm의 유효우량으로 인한 유출곡선이므로 1cm의 유효

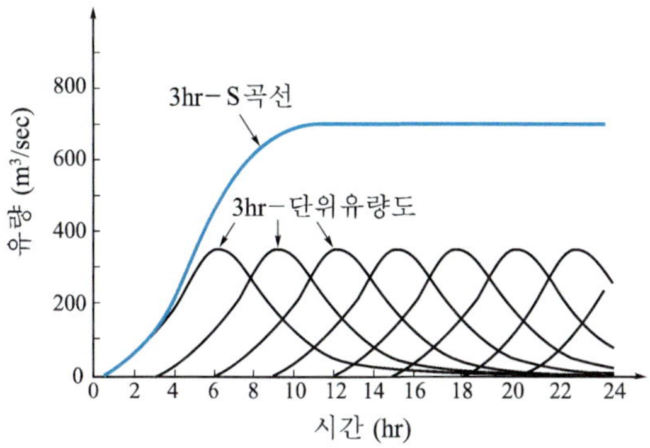

그림 3.6.11 S-곡선의 계산

표 3.6.4 S-곡선방법에 의한 단위도 지속기간의 변경

시간 (hr) (1)	3시간 단위도 (m^3/sec) (2)	3시간 S곡선 (m^3/sec) (3)	조정한 S곡선 (4)	2시간 지체 S곡선 (5)	S곡선 종거차 (4)−(5) (6)	2시간 단위도 (6)X(3/2) (7)	5시간 지체 S곡선 (8)	S곡선 종거차 (4)−(8) (9)	5시간 단위도 (9)X(3/5) (10)
0	0.0	0.0	0.0	−	0.0	0.0	−	0.0	0.0
1	40.5	40.5	40.5	−	40.5	60.7	−	40.5	24.3
2	87.1	87.1	87.1	0.0	87.1	130.6	−	87.1	52.3
3	148.6	148.6	148.6	40.5	108.1	162.2	−	148.6	89.2
4	238.3	278.8	278.8	87.1	191.7	287.6	−	278.8	167.3
5	327.7	414.8	412.0	148.6	263.4	395.1	0.0	412.0	247.2
6	352.9	501.5	501.5	278.8	222.7	334.1	40.5	461.0	276.6
7	295.6	574.4	574.4	412.0	162.4	243.7	87.1	487.4	292.4
8	220.8	635.6	626.0	501.5	124.5	186.7	148.6	477.4	286.4
9	149.7	651.2	662.0	574.4	87.6	131.3	278.8	383.2	229.9
10	94.4	668.9	682.0	626.0	56.0	84.0	412.0	270.0	162.0
11	61.5	697.0	697.0	662.0	35.0	52.5	501.5	195.5	117.3
12	37.8	689.0	703.0	682.0	21.0	31.5	574.4	128.6	77.1
13	25.0	693.9	707.0	697.0	10.0	15.0	626.0	81.0	48.6
14	18.1	715.1	709.0	703.0	6.0	9.0	662.0	47.0	28.2
15	12.2	701.2	712.0	707.0	5.0	7.5	682.0	30.0	18.0
16	7.3	701.2	714.0	709.0	5.0	7.5	697.0	17.0	10.2
17	4.9	719.9	716.0	712.0	4.0	6.0	703.0	13.0	7.8
18	3.8	705.0	718.0	714.0	4.0	6.0	707.0	11.0	6.6
19	1.4	702.6	720.0	716.0	4.0	6.0	709.0	11.0	6.6
20	0.0	719.9	720.0	718.0	2.0	3.0	712.0	8.0	4.8
21	−	705.0	720.0	720.0	0.0	0.0	714.0	6.0	3.6
22	−	702.6	720.0	720.0	−	−	716.0	4.0	2.4
23	−	719.9	720.0	720.0	−	−	718.0	2.0	1.2
24	−	705.0	720.0	720.0	−	−	720.0	0.0	0.0
25	−	702.6	720.0	720.0	−	−	720.0	−	−

우량으로 환산하기 위해 3/2를 곱한 결과가 7란에 있으며 이것이 2시간 단위유량도이다. 같은 방법으로 5시간 단위도를 유도하기 위해서 4란의 S-곡선을 5시간 지체시킨 후(8란) 4란으로부터 뺀 값(9란)은 5시간에 걸쳐 5/3cm의 유효우량에 의한 유출곡선이므로 1cm의 유량으로 환산하기 위해 3/5cm를 곱하면(10란) 5시간 단위유량도를 유도할 수 있다.

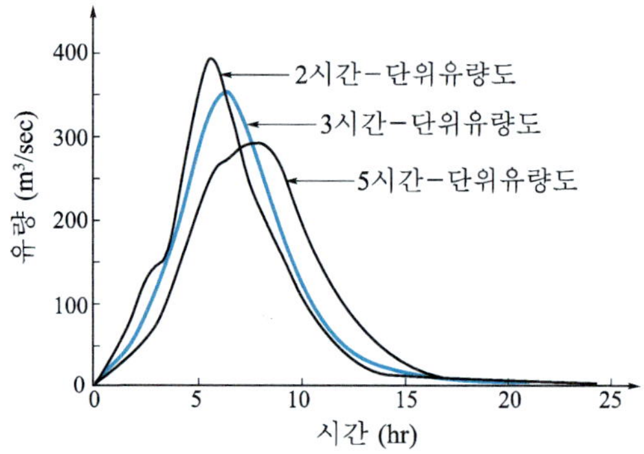

그림 3.6.12 유도된 단위도

3.6.4 단위도 적용

어떤 유역에 표 3.6.5와 같이 여섯 시간에 걸쳐 내린 강우와 이에 해당하는 유출계수가 주어져 있고, 2시간 단위도가 표 3.6.6과 같이 주어져 있을 때, 기저유량을 10m^3/sec로 가정하고 단위도를 적용하여 유출수문곡선을 유도해보기로 한다. 두 시간 간격의 강우량에 유출계수를 곱하면 유

표 3.6.5 강우 및 유출계수

일 시	강우량 (mm)	유출계수	유효우량 (mm)
8/6 14:00~16:00	27.3	0.55	15.0
16:00~18:00	56.7	0.60	34.0
18:00~20:00	31.4	0.70	22.0

표 3.6.6 유출수문곡선 합성과정

시간 (hr) (1)	2hr-단위도 (m^3/sec) (2)	(2)×1.5 (m^3/sec) (3)	(2)×3.4 (m^3/sec) (4)	(2)×2.2 (m^3/sec) (5)	직접유출곡선 (m^3/sec) (6)	기저유량 (m^3/sec) (7)	유출수문곡선 (m^3/sec) (8)
0	0.0	0.0			0.0	10.0	10.0
1	6.8	10.2			17.0	10.0	27.0
2	10.2	15.3	0.0		25.5	10.0	35.5
3	14.6	21.9	23.1		59.6	10.0	69.6
4	29.3	44.0	34.7	0.0	107.9	10.0	117.9
5	20.2	30.3	49.6	15.0	115.1	10.0	125.1
6	12.1	18.2	99.6	22.4	152.3	10.0	162.3
7	7.2	10.8	68.7	32.1	118.8	10.0	128.8
8	4.1	6.2	41.1	64.5	115.9	10.0	125.9
9	2.6	3.9	24.5	44.4	75.4	10.0	85.4
10	1.5	2.3	13.9	26.6	44.3	10.0	54.3
11	0.9	1.4	8.8	15.8	26.9	10.0	36.9
12	0.6	0.9	5.1	9.0	15.6	10.0	25.6
13	0.3	0.5	3.1	5.7	9.5	10.0	19.5
14	0.1	0.2	2.0	3.3	5.6	10.0	15.6
15	0.0	0.0	1.0	2.0	3.0	10.0	13.0
16			0.3	1.3	1.7	10.0	11.7
17			0.0	0.7	0.7	10.0	10.7
18				0.2	0.2	10.0	10.2
19				0.0	0.0	10.0	10.0
20						10.0	10.0

효우량을 구할 수 있으며, 이 값이 표 3.6.5의 4란과 같다. 첫 번째 두 시간동안에 유효우량이 1.5cm 내렸으므로 표 3.6.6의 2란 단위도에 비례가정에 의해 1.5를 곱하여 3란에 기록한다.

그 다음 두 번째 내린 유효우량 3.4cm에 의한 유출은 2란 단위도에 3.4를 곱한 값이 된다. 하지만 두 번째의 강우로 인한 유출은 비가 내리기 시작한 지 두 시간이 지나서야 발생하므로 두 시간을 지체시켜 4란과 같이 기록한다. 마지막 강우로 인해서는 유효우량이 2.2cm이므로 2란 단위도에 2.2를 곱하여 4시간을 지체시켜 5란에 기록한다. 같은 시간 별로 3란부터 5란의 값을 더하면 여섯 시간동안의 강우로 인한 직접유출 수문곡선(6란)을 얻을 수 있고, 여기에 기저유량(7란)을 더하면 총 유출수문곡선을 얻게 되며, 그림 3.6.13은 각 항목에 대한 수문곡선을 보여주고 있다.

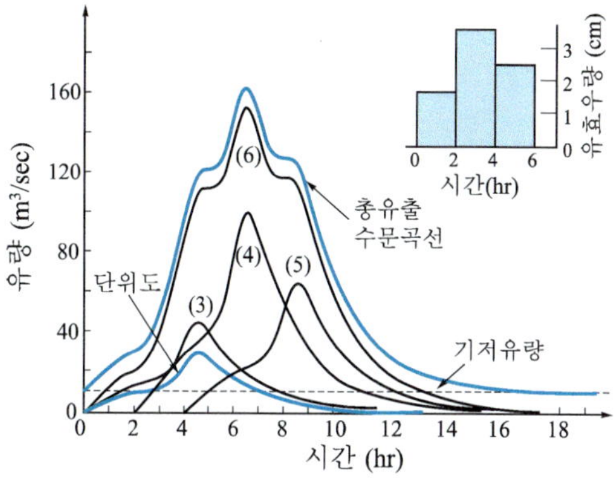

그림 3.6.13 단위도에 의한 유출곡선 합성

3.6.5 순간단위도

순간단위도(instantaneous unit hydrograph, IUH)는 지속기간이 0에 가까운 순간적으로 내린 유효우량으로 인한 유출수문곡선을 말하며, 실제로는 이러한 강우는 없지만 수문곡선 해석에 사용하기 위한 가상의 개념이다.

1) 순간단위도의 유도

순간단위도를 유도하는 방법에는 여러 가지가 있지만 앞에서 소개한 S-수문곡선을 이용하여 구하는 방법을 설명하기로 한다. 그림 3.6.14와 같이 지속기간 D시간 단위도로부터 지속기간 t시간 단위도를 유도하는 경우 다음과 같다.

$$UH(t, D) = \frac{D}{t}(S_D - S_{D-t}) \tag{3.6.3}$$

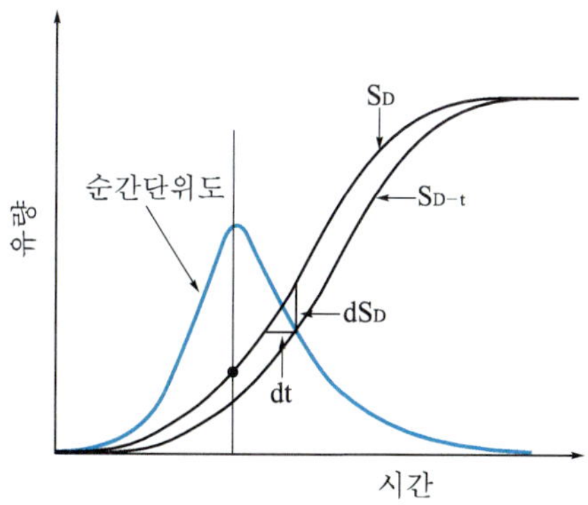

그림 3.6.14 순간단위도의 유도

여기서, UH(t, D)는 D시간 단위도로부터 유도된 t시간 단위도, S_D는 D시간 S-수문곡선, S_{D-t}는 D시간 S-수문곡선을 t시간만큼 지체시킨 S-수문곡선이다. 만약 t가 0에 가까워지면 두 S-수문곡선은 거의 겹치게 되어 식 (3.6.3)의 t는 미소시간 dt로 나타낼 수 있으며, 두 S-수문곡선의 종거차는 dS_D로 타나내어 식 (3.6.3)을 다음과 같이 표현할 수 있다.

$$UH(0, D) = D\frac{dS_D}{dt} \tag{3.6.4}$$

식 (3.6.4)에서 임의시간 t에서의 순간단위도의 종거는 시간 t에서의 S-수문곡선의 접선경사에 S-수문곡선을 유도한 단위도의 지속기간 D를 곱해 구하게 된다. S-수문곡선의 접선경사는 변곡점에서 가장 크게 되므로 순간단위도는 S-수문곡선의 변곡점 지점에서 첨두유량이 발생하게 된다.

예제 3.6.4

예제 3.6.1에서 유도한 3시간 단위유량도로부터 S-곡선방법에 의한 순간단위도를 유도하라.

풀이

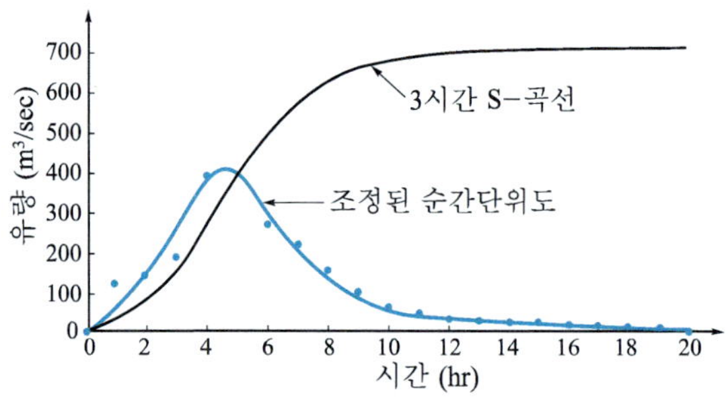

그림 3.6.15 순간단위도 유도

식 (3.6.4)를 보면 임의시간 t에서의 순간단위도의 종거는 시간 t에 있어서의 S-수문곡선의 접선경사 dS_D/dt에 S-수문곡선을 유도한 단위도의 지속기간 D를 곱해 구하게 된다. 표 3.6.7의 2란에 3시간 단위도가 주어져 있으며 예제 3.6.3에서 구한 조정된 3시간 S-곡선이 3란에 주어져 있다. S-곡선의 매시간에서의 접선경사 dS_D/dt는 매시간 마다 전시간에 대한 S-곡선의 종거차를 구해 개략적으로 구할 수 있으며 4란에 결과가 나타나 있다. 그러므로 순간단위도는 S-곡선의 접선경사(4란)에 단위도의 지속기간 D=3시간을 곱하여 5란과 같이 구하게 된다. 이와 같이 산정한 순간단위도를 조정한 것이 6란과 그림 3.6.15에 나타나 있다.

표 3.6.7 순간단위도 유도

시간 (hr) (1)	3시간 단위도 (m^3/sec) (2)	조정한 3시간 S곡선 (3)	dSD/dt $(3)_{i+1}-(3)_i$ (4)	IUH (4)×3hr (5)	조정된 IUH (6)
0	0.0	0.0	0.0	0.0	0.0
1	40.5	40.5	40.5	121.5	66.0
2	87.1	87.1	46.6	139.8	139.8
3	148.6	148.6	61.5	184.6	249.0
4	238.3	278.8	130.2	390.6	390.6
5	327.7	412.0	133.2	399.5	399.5
6	352.9	501.5	89.5	268.6	291.0
7	295.6	574.4	72.9	218.8	206.0
8	220.8	626.0	51.6	154.7	142.0
9	149.7	662.0	36.0	108.0	95.0
10	94.4	682.0	20.0	60.0	60.0
11	61.5	697.0	15.0	45.0	36.0
12	37.8	703.0	6.0	18.0	18.0
13	25.0	707.0	4.0	12.0	12.0
14	18.1	709.0	2.0	6.0	9.0
15	12.2	712.0	3.0	9.0	9.0
16	7.3	714.0	2.0	6.0	6.0
17	4.9	716.0	2.0	6.0	6.0
18	3.8	718.0	2.0	6.0	6.0
19	1.4	720.0	2.0	6.0	6.0
20	0.0	720.0	0.0	0.0	0.0

2) 순간단위도로부터 단위도의 유도

특정유역에 대한 순간단위도를 유도하였으면 이를 이용하여 임의의 지속기간을 가진 단위도를 유도할 수 있다. 순간단위도는 지속기간이 거의 0에 가까우므로 순간단위도를 D시간 지체시킨 후 매 시간마다 두 순간단위도의 종거를 평균하면 D시간 단위도를 얻게 된다. 그림 3.6.16에 순간단위도로부터 D시간 단위도를 유도하는 과정이 나타나 있다.

예제 3.6.5

예제 3.6.4에서 유도한 순간단위도를 이용하여 1시간 단위유량도를 유도하라.

풀이

순간단위도(표 3.6.8의 2란)로부터 지속시간 D(1시간)의 단위유량도를 유도하기 위해서는 순간단위도를 D(1시간)시간만큼 지체시킨다(3란). 2란과 1시간 지체된 단위도를 평균하면 1시간 단위유량도(4란)를 유도하게 된다. 순간단위도로부터 1시간 단위도를 유도한 결과가 그림 3.6.17과 같다.

표 3.6.8 순간단위도로부터 1시간 단위도의 유도

시간 (hr) (1)	IUH (m^3/sec) (2)	1시간 지체 IUH (3)	1시간 단위도 ((2)+(3))/2 (4)	시간 (hr) (1)	IUH (m^3/sec) (2)	1시간 지체 IUH (3)	1시간 단위도 ((2)+(3))/2 (4)
0	0.0	–	0.0	12	18.0	36.0	27.0
1	66.0	0.0	33.0	13	12.0	18.0	15.0
2	139.8	66.0	102.9	14	9.0	12.0	10.5
3	249.0	139.8	194.4	15	9.0	9.0	9.0
4	390.6	249.0	319.8	16	6.0	9.0	7.5
5	399.5	390.6	395.1	17	6.0	6.0	6.0
6	291.0	399.5	345.3	18	6.0	6.0	6.0
7	206.0	291.0	248.5	19	6.0	6.0	6.0
8	142.0	206.0	174.0	20	0.0	6.0	3.0
9	95.0	142.0	118.5	21	–	0.0	0.0
10	60.0	95.0	77.5	22	–	–	–
11	36.0	60.0	48.0				

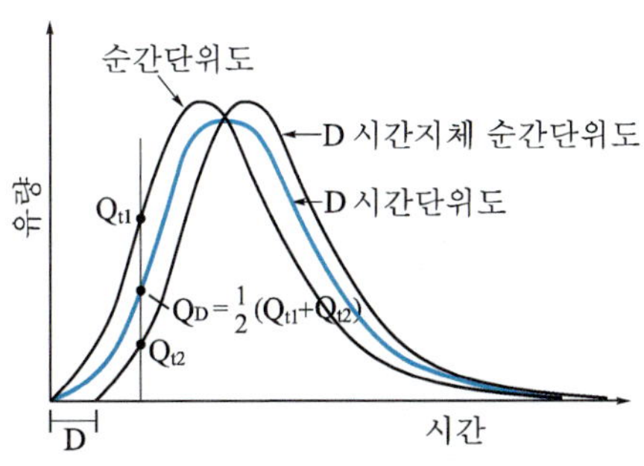

그림 3.6.16 D시간단위도의 유도

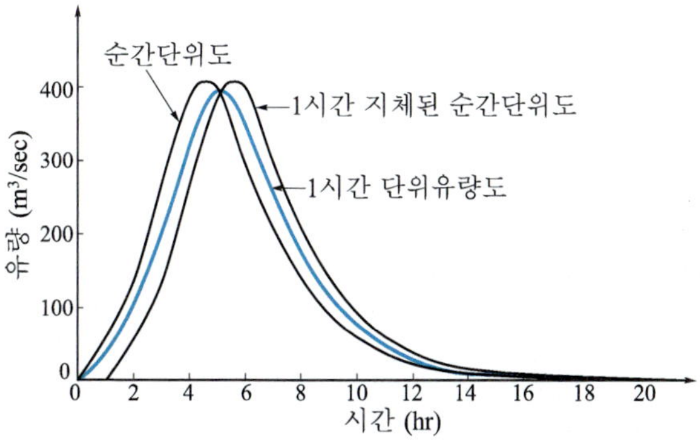

그림 3.6.17 순간단위도로부터 1시간 단위도 유도

3.7 합성단위유량도

강우 및 유출이 관측된 유역으로부터 단위도를 유도하는 과정과 지속기간의 변경 및 단위도의 적용에 관해 알아보았지만 강우 및 유출자료가 없는 유역에 대해서는 단위도를 유도하기가 곤란하다. 따라서 관측 자료가 없는 유역에서 첨두유출 및 시간에 따른 유역의 특성인자들과 관련 있는 이론 및 경험공식에 바탕을 둔 합성단위유량도(synthetic unit hydrograph)의 유도방법들이 개발되었으며 Snyder, SCS, Nakayasu의 합성단위도법 그리고 Clark의 합성단위도법 등이 있다.

3.7.1 단위도와 유역특성

특정 유역에 대한 단위도의 모양 및 시간을 결정하기 위해서는 관련인자들을 결정해야 하며, 이러한 인자에는 지체시간 t_p와 도달시간 t_c뿐 만 아니라 첨두 발생시간 T_R과 기저시간 T_b도 많이 사용된다. 이러한 인자들은 합성단위도 유도 시 유역의 특성치들과 통계적 또는 이론적으로 매우 밀접한 관계가 있다. 특정 유역에서 유도된 합성단위도는 과거 관측자료나 설계강우에 대해 출구지점에서의 유출수문곡선 산정에 이용하며, 시간이 지남에 따라 유역내의 상황이 변하므로 지표이용 및 하도변경 등을 대변할 수 있도록 단위도는 수정되어야 한다.

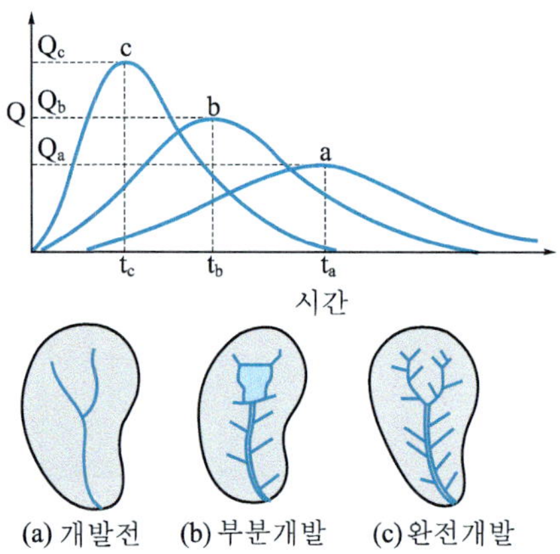

그림 3.7.1 단위도의 변화

유역의 저류특성은 경사, 토양의 종류, 지형, 하도의 조도 및 형태와 관련이 있다. 만일 상류 저수지가 하류의 인공하도와 직접적으로 연결되어 있다면 유속의 증가와 도시개발로 인한 침투능의 감소로 인해 단위도는 그림 3.7.1b와 같이 변하게 된다. 또한 긴 형상의 유역이 완전히 개발되어 있다면 초기의 단위도 a에 비해 첨두유량이 증가하고, 첨두발생시간도 빨라진 c와 같은 단위도로 변하게 될 것이다. 초창기의 합성단위도 방법에서는 도시화의 영향을 고려하지 않고 있으나, 현대의 경험적인 공식들은 도시하천, 불투수층의 비율 또는 우수관거 지역의 비율 등을 고려하고 있다. 그림 3.7.2는 유역의 형상 및 지표면 개발에 따른 단위도의 일반적인 반응을 보여주고 있다.

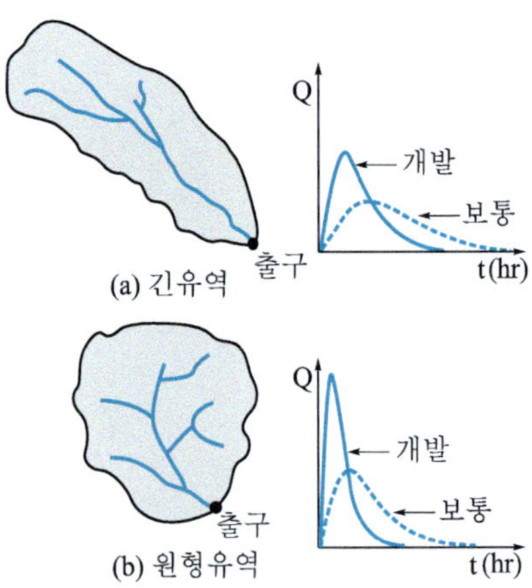

그림 3.7.2 유역형상 및 지표이용에 따른 단위도의 변화

3.7.2 Snyder 합성단위도법

이 방법은 Snyder(1938)에 의해 처음으로 제시된 합성단위도 유도방법으로 유역의 지체시간 t_p, 첨

두유량 Q_p, 기저시간 T_b, 유효강우지속기간 D 그리고 단위도의 폭 W_{50} 및 W_{75}를 구하여 단위도를 합성하게 된다. Sysder는 유효강우의 중심과 첨두발생까지의 시간인 지체시간을 유역의 하천길이로부터 산정하고 나머지 유역특성치들은 계수에 포함시켜 다음과 같이 제시하고 있다.

$$t_p = C_t (LL_c)^{0.3} \tag{3.7.1}$$

여기서, t_p는 유역의 지체시간(hr), L은 유역경계부터 출구까지 본류의 길이(km), L_c는 유역출구부터 유역의 중심에 가장 가까운 본류지점까지의 거리(km), C_t는 계수(1.4~1.7)이다.

첨두유량 Q_p, 기저시간 T_b 그리고 유효강우지속시간 D는 다음과 같다.

$$Q_p = C_p \frac{A}{t_p} \tag{3.7.2}$$

$$T_b = 3 + 3\left(\frac{t_p}{24}\right) \tag{3.7.3}$$

$$D = \frac{t_p}{5.5} \tag{3.7.4}$$

여기서, Q_p는 첨두유출량(m^3/s), A는 유역면적(km^2), t_p는 지체시간(hr), C_p는 저류계수(1.5~ 1.9), T_b는 기저시간(day) 그리고 D는 강우지속기간(hr)이다.

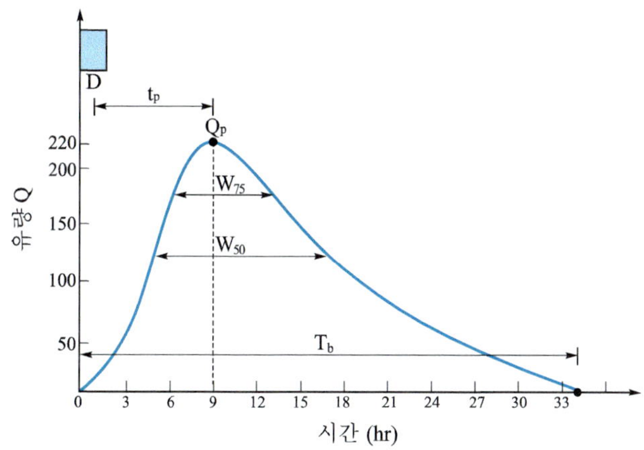

그림 3.7.3 Snyder 합성단위도법

식 (3.7.1)~(3.7.4)는 단위도의 지속기간이 D시간인 유효강우로 인한 값들이다. 만일 임의의 지속기간 D'을 가진 단위도를 유도할 경우에는 다음 식에 의해 지체시간을 조정하여 t_p대신 t_p'를 식 (3.7.2), (3.7.3)에 적용하면 된다.

$$t_p' = t_p + \frac{1}{4}(D' - D) \tag{3.7.5}$$

미육군공병단(U.S. Army Corps of Engineer)에서는 다음과 같이 첨두유량의 50% 및 75%에 해당하는 단위도의 시간폭을 결정하는 방법을 제시하고 있으며, 계산된 단위도 시간폭의 1/3은 첨두유량의 앞부분에 그리고 2/3는 뒷부분에 분포시킬 것을 권하고 있다.

$$W_{50} = 2.14\left(\frac{Q_p}{A}\right)^{-1.08}, \qquad W_{75} = 1.22\left(\frac{Q_p}{A}\right)^{-1.08} \tag{3.7.6}$$

여기서, W_{50}은 첨두유량의 50%에 해당하는 단위도의 시간축(hr), W_{75}는 첨두유량의 75%에 해당하는 단위도의 시간축(hr), Q_p는 단위도의 첨두유출량(m^3/s) 그리고 A는 유역면적(km^2)이다.

예제 3.7.1

유역면적이 $2,350 km^2$ 인 지역에서 3시간 단위유량도를 Snyder방법으로 합성하라. 하천의 길이 L=130km, L_c=70km이며, 산정된 계수는 C_t=1.63과 C_p=1.81이다.

풀이

유역의 지체시간

$$t_p = C_t(LL_c)^{0.3} = 1.63(130 \times 70)^{0.3}$$
$$= 25.11 hr$$

강우지속시간

$$D = t_p/5.5 = 25.11/5.5 = 4.57 hr$$

합성하려는 단위도의 지속시간은 3시간이므로 강우지속시간 D=4.57시간과는 다르다. 따라서 지속시간 D'=3시간에 대한 지체시간 t_p'를 구하면

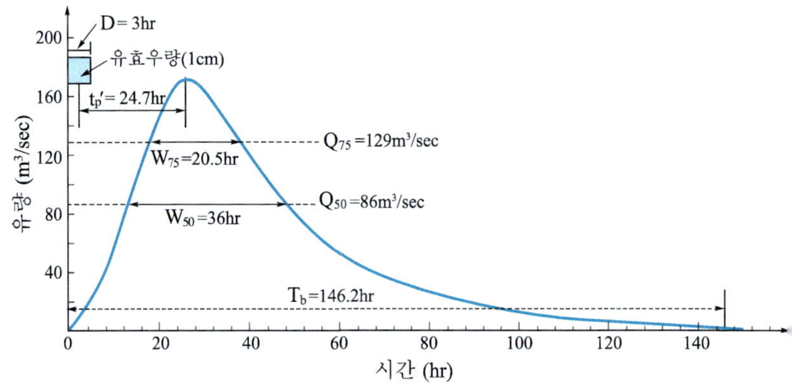

그림 3.7.4 Snyder 방법에 의한 합성단위도 유도

$$t_p' = t_p + \frac{1}{4}(D' - D) = 25.11 + 0.25(3 - 4.57) = 24.72 hr$$

첨두유량은 새로운 지체시간 t_p'를 사용하면

$$Q_p = C_p \frac{A}{t_p'} = 1.81 \frac{2350}{24.72} = 172.06 m^3/sec$$

기저시간 $T = 3 + 3\left(\frac{t_p'}{24}\right) = 3 + 3\left(\frac{24.72}{24}\right) = 6.09 day = 146.2 hr$

단위도폭 $W_{50} = 2.14\left(\frac{Q_p}{A}\right)^{-1.08} = 2.14\left(\frac{172.06}{2350}\right)^{-1.08} = 36.03 hr$

$$W_{75} = 1.22\left(\frac{Q_p}{A}\right)^{-1.08} = 1.22\left(\frac{172.06}{2350}\right)^{-1.08} = 20.54 hr$$

$$Q_{50} = Q_p \times 0.5 = 86.03 m^3/sec$$

$$Q_{75} = Q_p \times 0.75 = 129.04 m^3/sec$$

이상과 같이 산정한 값들을 이용하여 단위도 아래의 면적을 유역면적을 나눌 때 1cm가 되도록 단위유량도를 합성한 결과가 그림 3.7.4와 같다.

3.7.3 NRCS 합성단위도법

이 방법은 미자연자원보존국(NRCS)의 전신인 토양보존국(SCS)이 개발한 방법으로 미국내 여러 지역의 대소유역으로부터 얻은 다수의 단위도를 이용하여 얻은 무차원 단위도(dimensionless hydrograph)에 기본을 두고 있다. 초기에는 간단한 삼각형의 단위도로 가정하여 무차원 단위도로 발전하였다.

1) 삼각형 단위도

NRCS의 삼각형 단위도법은 그림 3.7.5와 같이 강우지속기간을 D, 첨두발생시간을 T_R, 감수시간을 B 그리고 첨두유출량을 Q_p로 나타내고 있으며, 직접유출량의 체적 V는 다음과 같다.

$$V = \frac{Q_p T_R}{2} + \frac{Q_p B}{2} \tag{3.7.7}$$

$$Q_p = \frac{2V}{T_R + B} \tag{3.7.8}$$

다양한 단위도를 분석한 결과 감수시간 B는 다음과 같이 주어진다.

$$B = 1.67T_R \tag{3.7.9}$$

식 (3.7.9)를 식 (3.7.8)에 대입하여 1cm의 유효우량에 대한 첨두유량을 나타내면

$$Q_p = 2.08\frac{A}{T_R} \tag{3.7.10}$$

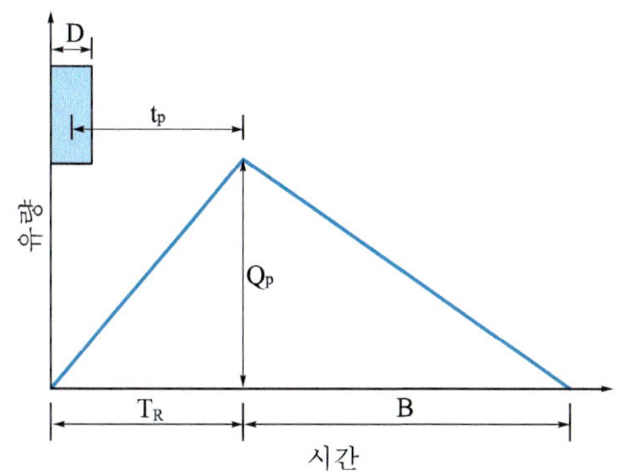

그림 3.7.5 NRCS의 삼각형 단위도법

여기서, Q_p는 첨두유출량(m^3/sec), A는 유역면적(km^2), T_R은 첨두발생시간(hr)이다. 그림 3.7.5로부터 첨두발생 시간은 다음과 같이 표현된다.

$$T_R = \frac{D}{2} + t_p \tag{3.7.11}$$

여기서, D는 유효우량의 지속기간(hr), t_p는 지체시간(hr)으로 다음과 같다.

$$t_p = 0.6t_c \tag{3.7.12}$$

여기서, t_c는 도달시간(hr)이다.

2) 무차원 단위도

NRCS 무차원 단위도법은 유량을 첨두유량과의 비로 그리고 시간을 첨두시간과의 비로 나타낸 합성단위도로 단위도의 첨두유량 Q_p와 발생시간 T_R은 앞의 삼각형 단위도법과 동일하다. 일단 첨두유량과 발생시간이 산정되면 표 3.7.1 및 그

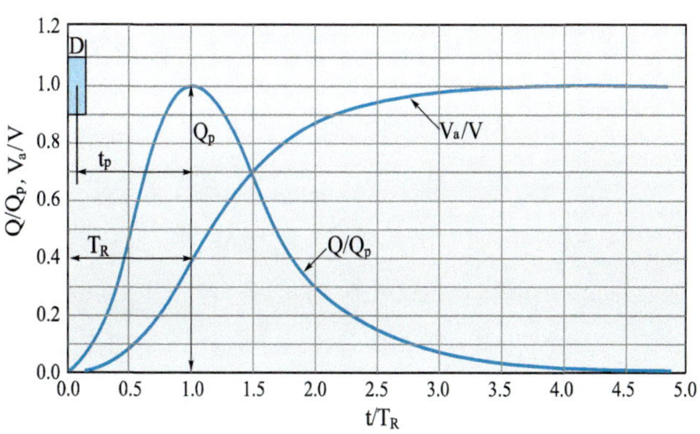

그림 3.7.6 NRCS 무차원 단위도 그래프

림 3.7.6의 무차원곡선을 이용하여 무차원 시간축 t/T_R에 발생시간 T_R을 곱하고, 무차원 유량축 Q/Q_p에 첨두유출량 Q_p곱하여 단위도를 합성하게 된다. V는 총유출체적, V_a는 시간 t에서의 누가유출체적이다.

표 3.7.1 NRCS 무차원 단위도의 시간별 종거

시간비 (t/T_R)	유량비 (Q/Q_p)	누가체적비 (V_a/V)	시간비 (t/T_R)	유량비 (Q/Q_p)	누가체적비 (V_a/V)	시간비 (t/T_R)	유량비 (Q/Q_p)	누가체적비 (V_a/V)
0.0	0.000	0.000	1.1	0.990	0.450	2.4	0.147	0.934
0.1	0.030	0.001	1.2	0.930	0.522	2.6	0.107	0.953
0.2	0.100	0.006	1.3	0.860	0.589	2.8	0.077	0.967
0.3	0.190	0.012	1.4	0.780	0.650	3.0	0.055	0.977
0.4	0.310	0.035	1.5	0.680	0.700	3.2	0.040	0.984
0.5	0.470	0.065	1.6	0.560	0.751	3.4	0.029	0.989
0.6	0.660	0.107	1.7	0.460	0.790	3.6	0.021	0.993
0.7	0.820	0.163	1.8	0.390	0.822	3.8	0.015	0.995
0.8	0.930	0.228	1.9	0.330	0.849	4.0	0.011	0.997
0.9	0.990	0.300	2.0	0.280	0.871	4.5	0.005	0.999
1.0	1.000	0.375	2.2	0.207	0.908	5.0	0.000	1.000

예제 3.7.2

유역면적이 250km^2인 지역에 SCS방법으로 단위도를 합성하려고 한다. 유역의 도달시간이 9.5시간일 때 NRCS의 삼각형 단위도법과 무차원단위도법을 사용하여 지속시간 2시간 단위유량도를 합성하라.

풀이

1) 삼각형 단위도법

도달시간 9.5시간이므로 지체시간 $t_p=0.6\times9.5=5.7$시간.

2시간 단위도를 합성하므로 D=2시간

첨두발생시간 $T_R = D/2 + t_p = 1 + 5.7 = 6.7$시간

첨두홍수량 $Q_p = 2.08\dfrac{250}{6.7} = 77.61\text{m}^3/\text{sec}$

감수시간 $B = 1.67T_R = 1.67 \times 6.7 = 11.2\text{hr}$

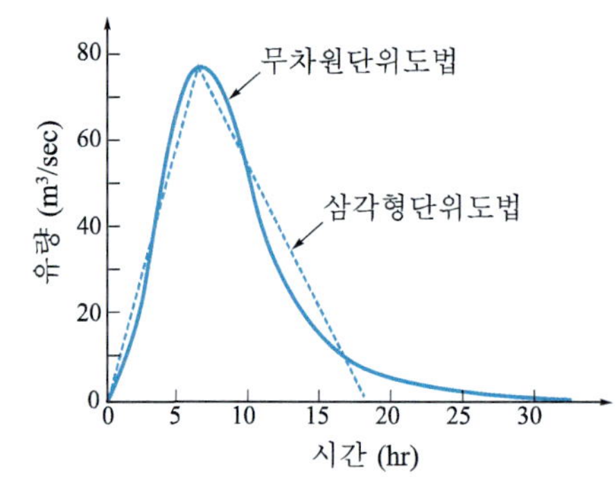

그림 3.7.7 NRCS 방법에 의한 합성단위도 유도

2) 무차원 단위도법

첨두발생시간 T_R=6.7시간, 첨두홍수량 $Q_p=77.61\text{m}^3/\text{s}$이므로 표 3.7.2의 1, 5란 시간비에 6.7을 곱하고(3,7란) 2,6란의 유량비에 77.61을 곱하면(4, 8란) 합성단위도의 시간 및 유량을 얻을 수 있다. 그림 3.7.7에 삼각형 단위도법과 무차원 단위도법에 의해 합성된 단위도의 모양이 나타나 있다.

표 3.7.2 NSCS 방법에 의한 합성단위도 유도

무차원 단위도		합성단위도		무차원 단위도		합성단위도	
시간비 (t/T_R) (1)	유량비 (Q/Q_p) (2)	시간(hr) (1)×6.7 (3)	단위도 (2)×77.61 (4)	시간비 (t/T_R) (5)	유량비 (Q/Q_p) (6)	시간(hr) (1)×6.7 (7)	단위도 (2)×77.61 (8)
0.00	0.00	0.00	0.00	1.70	0.46	11.39	35.70
0.10	0.03	0.67	2.33	1.80	0.39	12.06	30.27
0.20	0.10	1.34	7.76	1.90	0.33	12.73	25.61
0.30	0.19	2.01	14.75	2.00	0.28	13.40	21.73
0.40	0.31	2.68	24.06	2.20	0.21	14.74	16.07
0.50	0.47	3.35	36.48	2.40	0.15	16.08	11.41
0.60	0.66	4.02	51.22	2.60	0.11	17.42	8.30
0.70	0.82	4.69	63.64	2.80	0.08	18.76	5.98
0.80	0.93	5.36	72.18	3.00	0.06	20.10	4.27
0.90	0.99	6.03	76.83	3.20	0.04	21.44	3.10
1.00	1.00	6.70	77.61	3.40	0.03	22.78	2.25
1.10	0.99	7.37	76.83	3.60	0.02	24.12	1.63
1.20	0.93	8.04	72.18	3.80	0.02	25.46	1.16
1.30	0.86	8.71	66.74	4.00	0.01	26.80	0.85
1.40	0.78	9.38	60.54	4.50	0.01	30.15	0.39
1.50	0.68	10.05	52.77	5.00	0.00	33.50	0.00
1.60	0.56	10.72	43.46				

3.7.4 Nakayasu 합성단위도법

Nakayasu는 일본 내 여러 유역에서 유도된 단위도를 이용하여 특성변수와 유역의 지형학적 인자간의 관계를 분석하여 그림 3.7.8과 같은 합성단위도를 개발하였다. Nakayasu에 의한 단위도의 합성방법에서는 지속기간이 D(hr)인 유효우량 R_o(mm)에 대해 그림 3.7.8과 같이 단위도를 상승부와 하강부로 나누어 계산하게 된다.

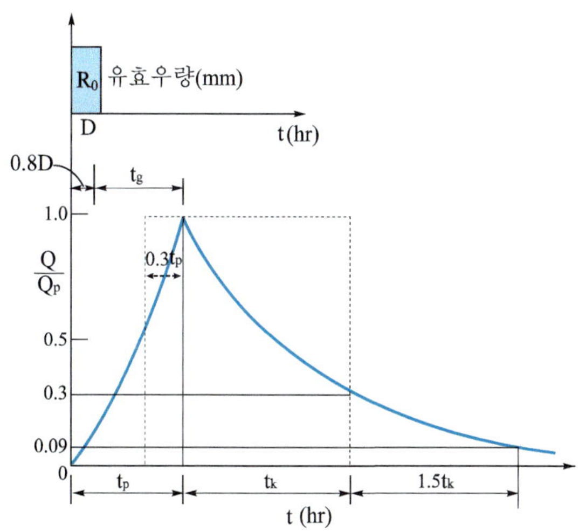

그림 3.7.8 Nakayasu에 의한 단위도 합성

- 상승부 곡선

$$\frac{Q}{Q_p} = \left(\frac{t}{t_p}\right)^{2.4} \qquad (3.7.13)$$

- 하강부 곡선

$$0.3 \le \frac{Q}{Q_p} \le 1.0 \quad \text{일 때} \quad \frac{Q}{Q_p} = (0.3)^{\frac{t-t_p}{t_k}} \qquad (3.7.14)$$

$$0.3^2 \le \frac{Q}{Q_p} \le 0.3 \quad \text{일 때} \quad \frac{Q}{Q_p} = (0.3)^{\frac{t-t_p+0.5t_k}{1.5t_k}} \qquad (3.7.15)$$

$$0.3^3 \le \frac{Q}{Q_p} \le 0.3^2 \quad \text{일 때} \quad \frac{Q}{Q_p} = (0.3)^{\frac{t-t_p+1.5t_k}{2t_k}} \qquad (3.7.16)$$

여기서, Q는 시간 t(hr)에 있어서의 유량(m^3/sec), Q_p는 첨두유량(m^3/sec), t_k는 유량이 Q_p에서 $0.3Q_p$로 감소하는데 걸리는 시간, $1.5t_k$는 유량이 $0.3Q_p$에서 0.3^2Q_p로 감소하는데 걸리는 시간, $2t_k$는 유량이 0.3^2Q_p에서 0.3^3Q_p로 감소하는데 걸리는 시간, t_p는 첨두유량 발생시간(hr)이다.

첨두유량 발생시간 t_p는 0.8D에 지체시간 t_g를 더하여 결정하게 되며, 지체시간과 t_k는 유역의 면적, 하천길이, 유역경사 및 형상 등에 관계가 있으며 하천의 길이에 따라 다음과 같이 산정한다.

$$L < 15\text{km}\text{일 때} \qquad t_g = 0.21L^{0.7} \tag{3.7.17}$$

$$L > 15\text{km}\text{일 때} \qquad t_g = 0.4 + 0.058L \tag{3.7.18}$$

그리고

$$t_k = 0.47(AL)^{0.25} \tag{3.7.19}$$

여기서, L은 하천의 최대길이(km), A는 유역면적(km^2)이다.

Nakayasu의 합성단위도 아래의 면적은 유효우량 R_o(mm)에 의한 직접유출량과 같으므로 첨두유출량은 다음과 같이 산정할 수 있다.

$$\int_0^\infty Q dt \simeq Q_p(0.3t_p + t_k) = 0.2778R_oA \tag{3.7.20}$$

$$\therefore Q_p = \frac{0.2778R_oA}{0.3t_p + t_k} \tag{3.7.21}$$

이상과 같이 그림 3.7.8을 참조하여 지체시간 t_g 및 t_k를 산정하고 단위도의 지속기간 D를 결정한 다음, 식 (3.7.21)에 의해 첨두유량 Q_p를 결정한다. 식 (3.7.15)~(3.7.18)을 이용하여 시간 t에 따른 Q/Q_p를 구한 후, 첨두유량 Q_p를 곱해주면 Nakayasu의 합성단위도를 얻을 수 있다.

예제 3.7.3

유역면적이 250km^2, 하천의 길이 L=35km인 지역에서 Nakayasu방법으로 2시간 단위유량도를 합성하라.

풀이

하천의 길이가 L=35lm〉15lm이므로

$$t_g = 0.4 + 0.058 \times 35 = 2.43\text{hr}$$

$$t_k = 0.47(250 \times 35)^{0.25} = 4.55\text{hr}$$

단위도의 지속시간이 D=2시간이므로 첨두발생

시간은 $\quad t_p = 0.8 \times 2 + 2.43 = 4.03\text{hr}$

첨두홍수량 $\quad Q_p = \dfrac{0.2778 \times 10 \times 250}{0.3 \times 4.03 + 4.55} = 120.68\text{m}^3/\text{sec}$

첨두가 발생하는 $0 \le t \le 4.03$hr까지 단위도의 증가부는 다음과 같다.

$$\frac{Q}{Q_p} = \left(\frac{t}{t_p}\right)^{2.4} = \left(\frac{t}{4.03}\right)^{2.4} \qquad \text{(a)}$$

하강부는 다음과 같이 세 구간으로 나누어서 유량을 산정한다.

$0.3 \le Q/Q_p \le 1.0$ 일 때 $t_p \le t \le t_p + t_k$이므로 $4.03hr \le t \le 8.58hr$

$$\frac{Q}{Q_p} = (0.3)^{\frac{t-t_p}{t_k}} = (0.3)^{\frac{t-4.03}{4.55}} \qquad \text{(b)}$$

$0.3^2 \le Q/Q_p \le 0.3$ 일 때 $t_p + t_k \le t \le t_p + 2.5t_k$이므로 $8.58hr \le t \le 15.39hr$

$$\frac{Q}{Q_p} = (0.3)^{\frac{t-t_p+0.5t_k}{1.5t_k}} = (0.3)^{\frac{t-4.03+2.27}{6.82}} \qquad \text{(c)}$$

$0.3^3 \le Q/Q_p \le 0.3^2$ 일 때 $t_p + 2.5t_k \le t$이므로 $15.39hr \le t$

$$\frac{Q}{Q_p} = (0.3)^{\frac{t-t_p+1.5t_k}{2t_k}} = (0.3)^{\frac{t-4.03+6.82}{9.09}} \qquad \text{(d)}$$

앞에서 첨두홍수량 $120.68m^3/sec$를 산정하였으므로 각 시간 t마다 해당하는 식을 선택하여 Q를 구하면 단위도를 얻을 수 있고, 계산 결과가 표 3.7.3 및 그림 3.7.9와 같다.

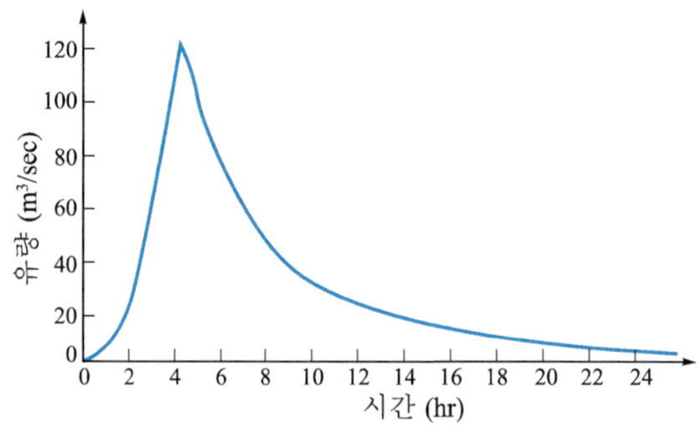

그림 3.7.9 Nakayasu방법에 의한 합성단위도 유도

표 3.7.3 Nakayasu방법에 의한 합성단위도 유도

시간 (hr)	적용식	단위도 (m^3/sec)	시간 (hr)	적용식	단위도 (m^3/sec)	시간 (hr)	적용식	단위도 (m^3/sec)
0	a	0.00	8	b	42.17	16	d	10.02
1	a	4.26	8.58	b	36.21	17	d	8.78
2	a	22.46	9	c	33.59	18	d	7.69
3	a	59.43	10	c	28.15	19	d	6.74
4	a	118.54	11	c	23.60	20	d	5.90
4.03	a	120.68	12	c	19.78	21	d	5.17
4.6	b	109.42	13	c	15.58	22	d	4.53
5	b	93.34	14	c	13.89	23	d	3.97
6	b	71.62	15	c	11.64	24	d	3.47
7	b	54.96	15.39	c	10.87	25	d	3.04

3.7.5 Clark의 합성단위도법

Clark의 합성단위도법은 먼저 유역특성을 고려하여 시간면적(time area, TA)곡선을 작성한다. TA곡선은 유역의 총 면적에 대한 유출에 기여하는 부분면적을 시간과 연관지어 나타내게 되며, 강우시작부터 유역의 총 도달시간간의 시간구간별로 기여하는 면적을 결정하여 작성한다. 이와 같은 시간구간을 그림 3.7.10과 같이 유역도 위에 표시하며, 각 등시간선(isochrones)에 의해 구분된 면적을 결정한다.

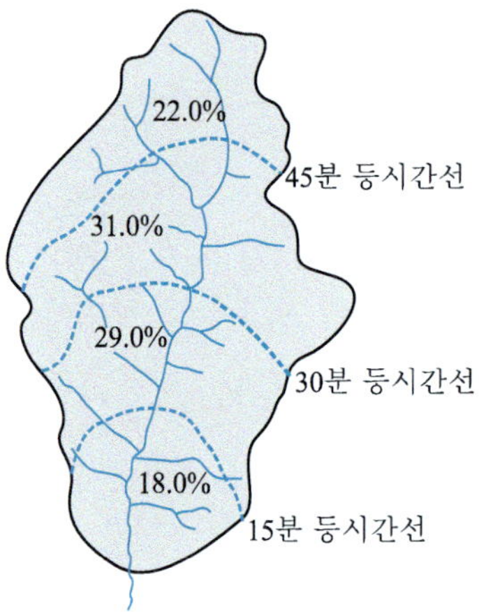

그림 3.7.10 시간-면적구분

유역의 총 도달시간을 시간구간의 수로 구분하고, 각 구간에 대해 총 도달시간에 대한 비율을 다음과 같이 계산한다.

$$T_i = \frac{t_i}{t_c} \tag{3.7.22}$$

여기서, T_i는 총 도달시간에 대한 i번째 시간구간의 비, t_c는 유역의 총 도달시간, t_i는 고려하는 시간구간으로 만일 실제 유역에 대한 시간면적 곡선이 없다면 누가 TA곡선은 다음과 같이 구한다.

$$TA_i = 1.414 T_i^{1.5} \qquad (0 \le T_i < 0.5) \tag{3.7.23}$$

$$1 - TA_i = 1.414(1 - T_i)^{1.5} \qquad (0.5 \le T_i < 1.0) \tag{3.7.24}$$

여기서, TA_i는 시간면적곡선의 누가치, T_i는 총 도달시간에 대한 i시간구간의 비이다.

TA곡선이 준비되면 두 번째 단계로 저류상수 K과 함께 선형저수지 개념을 통해 TA를 추적함으로서 Clark의 단위도를 얻게 된다. 추적계수(routing coefficient) C는 저류상수 K를 사용하여 다음과 같이 결정한다.

$$C = \frac{2\Delta t}{2K + \Delta t} \tag{3.7.25}$$

여기서, C는 선형추적계수, K는 Clark의 저류상수(time), Δt는 시간구간(time)이다. Clark의 저류상수 K는 그림 3.7.11과 같이 관측된 수문곡선의 감수부 변곡점의 평균유량을 변곡점의 기울기로 나눈 값과 같다.

$$K = -\frac{Q}{dQ/dt} \tag{3.7.26}$$

유량관측 자료가 없을 경우 다음과 같은 경험식을 이용해서 구한다.

$$K = \frac{cL}{\sqrt{S}} \qquad \text{(Clark식)} \tag{3.7.27}$$

$$K = \frac{bL\sqrt{A}}{\sqrt{S}} \qquad \text{(Linsley식)} \tag{3.7.28}$$

$$K = \frac{t_c}{1.46 - 0.0867\dfrac{L^2}{A}} \qquad \text{(Sabol식)} \tag{3.7.29}$$

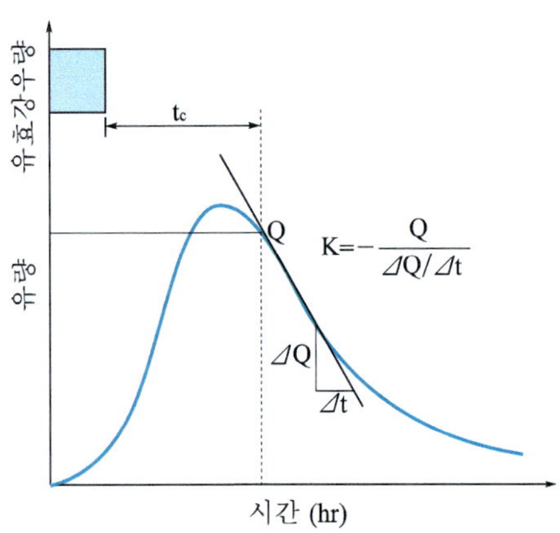

그림 3.7.11 저류상수의 결정

여기서, K는 저류상수(hr), L은 하천길이(km), S는 하천의 평균경사,

A는 유역면적(km^2), t_c는 도달시간(hr), c는 상수(0.5~1.4), b는 상수(0.01~0.03)이다.

앞에서 산정한 추적계수 C와 TA곡선을 이용하여 순간단위도(IUH)를 다음과 같이 유도한다.

$$IUH_i = C\overline{TA}_i + (1-C)IUH_{i-1} \tag{3.7.30}$$

여기서, IUH_i는 순간단위도의 종거, C는 추적계수, $\overline{TA}_i$는 시간구간 i에서의 평균 시간면적 종거 $(=0.5(TA_i+TA_{i-1}))$이다. 최종적인 합성단위도는 시간구간 Δt차이가 나는 두 개의 순간단위도를 평균함으로서 얻어지게 된다.

$$UH_i = \frac{1}{2}(IUH_i + IUH_{i-1}) \tag{3.7.31}$$

여기서, IUH_i는 및 UH_i는 순간단위도 및 합성단위도의 시간구간 i에서의 종거이다.

예제 3.7.4

유역면적이 20km^2인 유역에서 도달시간이 7시간이고, Clark의 저류상수가 8시간으로 산정되었을 때 Clark의 합성단위도법을 사용하여 2시간 단위유량도를 합성하라.

풀이

첫 번째 단계로 유역에서의 TA곡선을 작성한다. 시간구간은 1시간을 사용하였다. 먼저 식 (3.7.22)를 이용하여 시간구간의 비를 구한 결과가 표 3.7.4의 2란에 나타나 있다. 예를 들어 시간구간 2에서 도달시간 t_c=7시간이므로 $T_2=t_2/t_c=2/7=0.28$이다. 2란의 T_i가 0.5보다 작으면 식 (3.7.23) 크면 (3.7.24)를 이용하여 TA곡선을 구할 수 있으며 그 결과가 3란에 나타나 있다. 예를 들어 시간구간 2에서 T_i값이 0.286〈0.5이므로 $TA_i=1.414T_i^{1.5}$ =1.414×0.2861.5=0.216이 된다. 4란은 3란의 TA_i값에서 시간별 증가분을 구한 것이다.

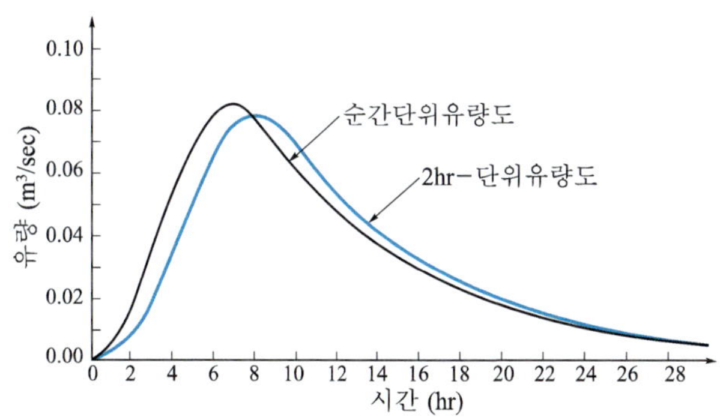

그림 3.7.12 Clark 방법에 의한 단위도의 합성

TA곡선은 식 (3.7.25)와 추적계수를 이용하여 저수지추적을 하며 추적계수 C는 다음과 같다.

$$C = \frac{2\Delta t}{2K+\Delta t} = \frac{2(1)}{2(8)+1} = 0.1176$$

선형 저수지를 통해 TA를 추적한 후 식 (3.7.30)을 사용하여 순간단위도를 유도한다. 예를 들어 시간구간 2에서

$$IUH_2 = C\overline{TA}_2 + (1-C)IUH_1$$
$$= 0.1176 \times (0.076+0.140)/2 + (1-0.1176) \times 0.004 = 0.017$$

이와 같이 구한 순간단위도(5란)를 2시간 지체시켜 6란을 작성하고 5란과 6란의 평균치를 구해 최종 합성단위도(7란)를 유도한다. 그 결과가 그림 3.7.12 및 표 3.7.4와 같다.

표 3.7.4 Clark 방법에 의한 단위도의 합성

시간구간 (hr) (1)	T_i 시간비 (t_i/t_c) (2)	TA곡선 (3)	TA 증가치 (4)	IUH (m^3/sec) (5)	2시간 지체 IUH (6)	합성단위도 (m^3/sec) (7)
0	0.000	0.000*	0.000	0.000		0.000
1	0.143	0.076*	0.076	0.004		0.002
2	0.286	0.216*	0.140	0.017	0.000	0.008
3	0.429	0.397*	0.181	0.034	0.004	0.019
4	0.571	0.606**	0.207	0.052	0.017	0.035
5	0.714	0.784**	0.181	0.069	0.034	0.051
6	0.857	0.924**	0.140	0.080	0.052	0.066
7	1.000	1.000**	0.076	0.083	0.069	0.076
8				0.078	0.080	0.079
9				0.069	0.083	0.076
10				0.061	0.078	0.069
11				0.053	0.069	0.061
12				0.047	0.061	0.054
13				0.042	0.053	0.048
14				0.037	0.047	0.042
15				0.032	0.042	0.037
16				0.029	0.037	0.033
17				0.025	0.032	0.029
18				0.022	0.029	0.025
19				0.020	0.025	0.022
20				0.017	0.022	0.020
21				0.015	0.020	0.017
22				0.013	0.017	0.015
23				0.012	0.015	0.014
24				0.011	0.013	0.012
25				0.009	0.012	0.011
26	* $TA_i = 1.41T_i^{1.5}$			0.008	0.011	0.009
27				0.007	0.009	0.008
28	** $1-TA_i = 1.414(1-T_i)^{1.5}$			0.006	0.008	0.007
29				0.006	0.007	0.006
30				0.005	0.006	0.006

연습문제

3.1 유역면적인 2,645km^{2}인 하천출구지점에서 1일부터 유출관측을 시작하여 3일부터 비가 내리기 시작하였다. 유량측정결과가 표 3.1과 같을 때 수평직선분리법, N-day법, 수정 N-day법을 사용하여 직접유출과 기저유출을 분리하라.

표 3.1 유량측정결과

시간 (day)	유량 (m^3/sec)	시간 (day)	유량 (m^3/sec)	시간 (day)	유량 (m^3/sec)	시간 (day)	유량 (m^3/sec)
1	3,230	5	25,000	9	4,300	13	2,060
2	2,760	6	14,000	10	3,230	14	1,770
3	2,340	7	8,960	11	2,760	15	1,520
4	34,300	8	5,740	12	2,340	16	1,320

3.2 연습문제 3.1과 같이 직접유출과 기저유출을 분리할 경우 각 방법별로 직접유출용적을 산정하라.

3.3 유역면적이 2,047km^{2}인 유역출구에서의 유출량이 표 3.3과 같이 측정되었다. 수평직선분리법을 사용하여 기저유량을 분리하고 직접유출고를 산정하라.

표 3.3 유량측정결과

시간 (day)	유량 (m^3/sec)	시간 (day)	유량 (m^3/sec)	시간 (day)	유량 (m^3/sec)	시간 (day)	유량 (m^3/sec)
1	122	5	531	9	223	13	140
2	1137	6	429	10	185	14	132
3	950	7	347	11	161		
4	627	8	285	12	149		

3.4 유역면적이 25km^{2}인 지역에 12.5cm의 강우가 내렸다. 유역의 토양형과 토지이용상태로부터 AMC-II 조건에서 평균 CN값을 산정한 결과 78.5로 나타났다면 유효우량은 얼마인가? 만일 AMC-I 및 AMC-III 조건이라면 유효우량은 얼마나 되겠는가?

3.5 유역면적 20km^{2}인 지역에 10cm의 강우가 내렸다. 이유역의 토양형은 모두 B형이며 이중 10km^{2}는 이랑경작지로 등고선경작을 하고 있으며 수문학적 조건은 불량하다. 4km^{2}는 상업지역이고, 3km^{2}는 2,000m^{2}의 주택지를 포함한 주거지역이며, 2km^{2}은 포장된 주차장 그리고 1km^{2}는 도시포장도로로 구성되어 있다. AMC-III 조건하에서 유효우량을 산정하라.

3.6 유역면적이 20km^{2}인 어떤 지역에 10cm의 강우가 내렸다. 유역의 토양형은 B형으로 구성되어 있으며 선행강수조건은 II상태이다. 도시화 이전에는 이랑경작지로 등고선경작을 하는 수문조건이 불량한 상태였는데 도시화로 인해 연습문제 3.5와 같이 토지이용상태가 변하였다. 이와 같은 도시화로

인해 유출고가 얼마나 증가하겠는가.

3.7 어떤 유역에 표 3.7과 같이 강우가 내렸다. 이 유역의 CN값이 78이고 선행강수조건이 AMC-II일 때 시간별 초과강우량을 산정하라.

표 3.7 시간별 누가강우량

시간 (hr)	누가강우량 P(mm)	시간 (hr)	누가강우량 P(mm)
0	0.0	4	92.7
1	20.3	5	126.5
2	36.8	6	148.8
3	60.2	7	158.8

3.8 어떤 소유역의 토양종류 및 토지이용상태가 그림 3.8 및 표 3.8과 같이 주어질 때 이 소유역의 평균 유출곡선지수 CN을 산정하라. 또한 이를 AMC-I 및 AMC-III 조건으로 환산하라.

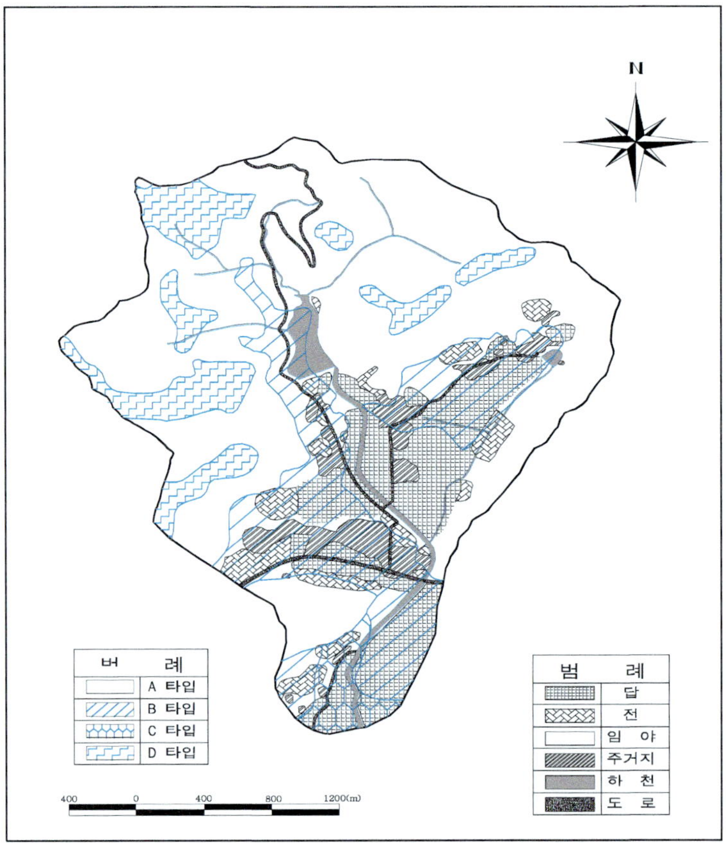

그림 3.8 소유역의 토양종류 및 토지이용도

표 3.8 소유역의 토양종류 및 토지이용상태별 면적

토지이용상태	토양종류				계 (km^2)
	A	B	C	D	
논	0.376	0.654	0.203	0	1.233
밭	0.137	0.246	0.007	0	0.390
도로	0.060	0.067	0.006	0	0.133
하천	0.025	0.157	0.022	0.001	0.205
주거지	0.098	0.273	0.003	0	0.374
산지	3.906	0.545	0.035	1.007	5.493
계 (km^2)	4.602	1.942	0.276	1.008	7.828

3.9 연습문제 3.8과 같은 소유역에 표 3.9와 같은 강우가 발생하였을 때 강우별 유효우량을 NRCS방법을 이용하여 산정하라.

표 3.9 강우발생기간 및 강우량

강우발생기간	강우량 (mm)	선행강수량 P_5(mm)
2004. 8. 15~8. 16	84.7	0.0
2004. 8. 18~8. 21	98.5	84.7
2004. 8. 24~8. 26	52.4	41.8

3.10 그림 3.10과 같은 7개의 소유역으로 구성된 가상적인 배수구역 자료가 표 3.10과 같다. 이 유역에 재현기간 10년에 해당하는 강우가 내릴 때 각 우수관거별로 유입하는 유량 및 이를 소통시키기 위한 우수관거의 직경을 산정하라. 재현기간 10년에 해당하는 강우강도식은 $I=6630/(t+37)$mmhr을 이용하고, 조도계수는 $n=0.015$이다.

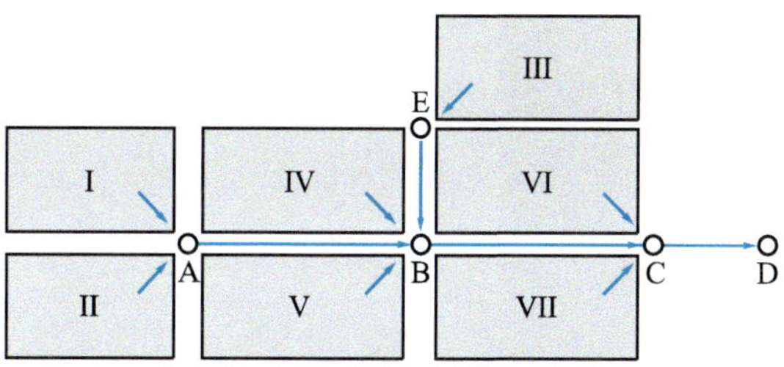

그림 3.10 가상적인 배수구역

표 3.10 소유역별 자료

소유역	면적 A (km^2)	유출계수 C	입구도달시간 t_i (min)	우수관거	관거길이 (m)	경사 S_0	배수면적 (km^2)
I	0.0081	0.7	5	EB	140	0.0064	0.0162
II	0.0122	0.7	7	AB	170	0.0081	0.0203
III	0.0162	0.6	10	BC	120	0.0064	0.0747
IV	0.0162	0.6	10	CD	140	0.0064	0.1111
V	0.0220	0.5	15				
VI	0.0182	0.5	15				
VII	0.0182	0.5	15				

3.11 예제 3.5.2의 그림 3.5.3과 같은 유역의 A지점에서부터 E지점까지의 도달시간을 산정하려고 한

다. 각 구간별로 도달시간을 산정하기위한 값들이 표 3.11과 같이 주어질 때 A지점에서 E지점까지의 도달시간을 산정하라.

표 3.11 구간별 유출특성 및 제원

구간	유출특성	경사 (%)	길이 (m)
A-B	지표면유출(도시하천유역, 잔디)	5	580
B-C	지표면유출(도시하천유역, 포장지역)	2	1570
C-D	우수관거(n=0.015, 직경 1.5m)	1.2	2350
C-E	도시하천	0.3	4720

3.12 표 3.12와 같이 월평균 강우량이 주어질 때 년간 총유출량을 산정하라. 또한 년 강우량자료를 이용하여 수자원 부존량을 산정하고 손실량이 얼마인지 산정하라. 유역의 면적은 $24.31km^2$이다. 가지야마 월유출고 공식의 f는 1.0으로 가정하라.

표 3.12 월평균강우

월	월평균강우 P(mm)	월	월평균강우 P(mm)	월	월평균강우 P(mm)
1	35.0	5	93.5	9	139.8
2	39.9	6	106.9	10	59.8
3	57.8	7	277.9	11	56.2
4	96.8	8	252.6	12	29.9

3.13 유역면적이 $579km^2$인 어떤 유역에 표 3.13과 같은 강우와 유출이 발생하였다. 수평직선 분리법에 의해 기저유량을 분리하고 단위유량도를 유도하라.

표 3.13 강우 및 유출량

시간 (hr)	강우강도 (mm/hr)	총유량 (m^3/sec)	시간 (hr)	강우강도 (mm/hr)	총유량 (m^3/sec)	시간 (hr)	강우강도 (mm/hr)	총유량 (m^3/sec)
0	1.5	15	10		171	20		42
1	4.8	68	11		142	21		39
2	15.3	129	12		119	22		35
3	13.1	207	13		100	23		30
4	10.2	327	14		82	24		26
5	5.3	444	15		71	25		22
6	3.7	477	16		64	26		19
7	2.1	402	17		58	27		14
8		304	18		53	28		10
9		224	19		48			

3.14 연습문제 3.13에서 유도한 3시간 단위유량도를 정수배 방법을 이용하여 9시간 단위도로 유도하라.

3.15 어떤 유역에서 유도된 2시간 단위도가 표 3.15와 같을 때 정수배 방법에 의해 4시간 및 6시간 단위도를 유도하라.

표 3.15　2시간 단위도

시간 (hr)	2시간 단위도 (m^3/sec)	시간 (hr)	2시간 단위도 (m^3/sec)	시간 (hr)	2시간 단위도 (m^3/sec)	시간 (hr)	2시간 단위도 (m^3/sec)
0	0	5	6000	10	2600	15	800
1	800	6	5200	11	2200	16	600
2	5000	7	4400	12	1800	17	400
3	8000	8	3800	13	1400	18	200
4	7000	9	3200	14	1000		

3.16 연습문제 3.13에서 유도한 3시간 단위유량도를 S곡선 방법에 의해 2시간 및 5시간 단위유량도로 유도하라.

3.17 어떤 유역에 대해 유도된 4시간 단위도가 다음과 같을 때 S-곡선을 구하고 2시간 및 6시간 단위도를 유도하라.

표 3.17　4시간 단위도

시간 (hr)	4시간 단위도 (m^3/sec)	시간 (hr)	4시간 단위도 (m^3/sec)	시간 (hr)	4시간 단위도 (m^3/sec)	시간 (hr)	4시간 단위도 (m^3/sec)
0	0	6	6100	12	2200	18	400
1	400	7	5200	13	1800	19	200
2	2500	8	4500	14	1400	20	100
3	4400	9	3800	15	1100	21	0
4	6000	10	3200	16	800		
5	7000	11	2700	17	600		

3.18 어떤 유역에 표 3.18a와 같이 8시간에 걸쳐 내린 강우와 이에 해당하는 유출계수가 주어져 있다. 또한 2시간 단위도가 표 3.18b와 같이 주어져 있다. 기저유량을 25m^3/sec로 가정하고 유출수문곡선을 산정하라.

표 3.18a　강우 및 유출계수

일　시	강우량 (mm)	유출계수
8/9　14:00 ~ 16:00	36.5	0.55
16:00 ~ 18:00	62.8	0.60
18:00 ~ 20:00	42.6	0.65
20:00 ~ 22:00	12.4	0.70

표 3.18b　2시간 단위도

시간 (hr)	2시간 단위도 (m^3/sec)	시간 (hr)	2시간 단위도 (m^3/sec)	시간 (hr)	2시간 단위도 (m^3/sec)	시간 (hr)	2시간 단위도 (m^3/sec)
0	0.0	4	44.0	8	6.2	12	0.9
1	6.3	5	30.3	9	3.9	13	0.5
2	15.3	6	18.2	10	2.3	14	0.2
3	27.6	7	10.8	11	1.4	15	0.0

3.19 연습문제 3.13에서 유도한 3시간 단위유량도로부터 S-곡선방법에 의한 순간단위도를 유도하라.

3.20 연습문제 3.19에서 유도한 순간단위도를 이용하여 1시간 단위유량도를 유도하라.

3.21 유역면적이 1,250km^{2}인 지역에서 2시간 단위유량도를 Snyder방법으로 합성하라. 하천의 길이 L=80km, L_c=45km이며 산정된 계수는 C_t=1.68, C_p=1.6이다.

3.22 유역면적이 360km^2, 하천의 길이 L=25km, L_c=10km인 지역에서 C_t=1.5, C_p=1.7일 때 3시간 단위도를 Snyder방법으로 유도하라.

3.23 유역면적이 472km^{2}인 지역에 NSCS방법으로 단위도를 합성하려고 한다. 유역의 도달시간은 14.3시간이다. NSCS의 삼각형 단위도법과 무차원단위도법을 사용하여 지속시간 4시간인 단위유량도를 합성하라.

3.24 면적이 500km^{2}인 유역에서 지체시간이 10시간일 때 NSCS의 무차원 단위도법을 사용하여 4시간 단위도를 유도하라.

3.25 유역면적이 100km^2, 하천의 길이 L=13.5km인 지역에서 Nakayasu방법으로 2시간 단위유량도를 합성하라.

3.26 유역면적이 450km^2, 하천의 길이 L=40km인 지역에서 Nakayasu방법으로 4시간 단위유량도를 합성하라.

3.27 유역면적이 250km^{2}인 유역에서의 도달시간이 11시간이고, Clark의 저류상수가 5시간으로 산정되었을 때 Clark의 합성단위도법을 사용하여 6시간 단위유량도를 합성하라.

Water Resources Engineering

Chapter 4
홍수추적

4.1 서론

홍수추적(flood routng)이란 상류의 수문곡선이 하도나 저수지를 통해 하류로 이동해 감에 따라 어떻게 변화하는가를 분석하는 과정이며, 크게 수문학적 홍수추적(hydrologic flood routing)과 수리학적 홍수추적(hydraulic flood routing)으로 구분할 수 있다. 수문학적 홍수추적은 저류개념을 나타내는 연속방정식의 변형인 저류방정식을 해석하는 방법으로 수리학적 방법에 비해 비교적 간단하다. 수리학적 홍수추적은 홍수파의 흐름해석을 수리학적으로 나타내는 부정부등류의 지배방정식인 편미분 연속방정식 및 운동방정식에 경계조건을 적용하여 풀이하는 방법으로 해석과정이 수문학적 방법에 비해 복잡하고 계산시간이 많이 소요된다.

수문학적 홍수추적방법은 다시 저수지추적(reservoir routing), 하도추적(channel routing) 그리고 유역추적(watershed routing)으로 구분된다. 저수지추적은 저수지를 통과하는 홍수파에 미치는 저수지의 홍수조절효과를 분석하는 것으로 저수지 홍수조절용량의 결정, 댐 및 여수로의 규모 등 댐 부속구조물의 수리학적 설계를 위한 설계 수문량을 산정하게 된다. 하도추적은 하도가 홍수파에 미치는 저류효과를 분석하는 것으로, 홍수벽이나 제방의 설계수위 결정 등과 같은 하천 개수계획 수립에 기준이 되는 설계 수문량을 산정하고 홍수예경보에도 이용된다. 유역추적은 자연하천유역의 홍수 저류효과를 고려하여 유역출구지점에서의 홍수유출수문곡선을 예측함으로서 각종 수공구조물의 설계 홍수량을 제공한다.

4.2 홍수추적 개념

홍수추적 개념은 그림 4.2.1을 보면 쉽게 이해 할 수 있다. 그림 4.2.1b에 소규모 저수지의 유입(inflow) 및 유출(outflow) 수문곡선이 함께 표시되어 있으며, 면적 A는 t_1시간까지 저수지에 저류된 물의 양을 의미하고, 시간 t_1에서 유입량과 유출량이 같아지며, 이때 저류량이 최대에 도달하고, 시간 t_1이 지나서는 유출량이 유입량보다 많아져 저수지 저류량은 감소하게 된다. 면적 C는 저수지로부터 빠져나간 물의 양이며 만일 유입 및 유출의 시점 및 종점에서 저수지 수위가 서로 동일하다면 면적 A와 같게 된다. 저수지로부터의 첨두유출은 그림과 같이 유출이 오직 저수지

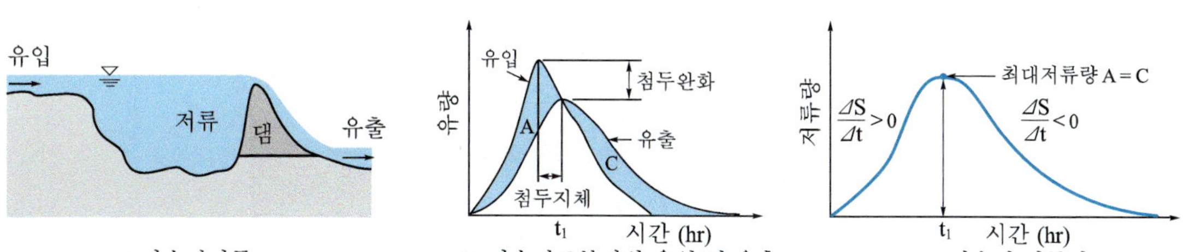

(a) 저수지저류 (b) 저수지로부터의 유입 및 유출 (c) 저수지 저류량

그림 4.2.1 저수지추적

의 저류량 또는 수위에 의해 결정되기 때문에 유입수문곡선과 교차하게 된다.

저수지를 통한 저류량의 추적은 일반적으로 유입수문곡선과 비교하여 유출수문곡선의 첨두유량이 감소하게 되고, 첨두시간 또한 지체되어 발생하게 된다. 저수지에서 저류량의 변화율은 연속방정식을 이용하여 다음과 같이 표현할 수 있다.

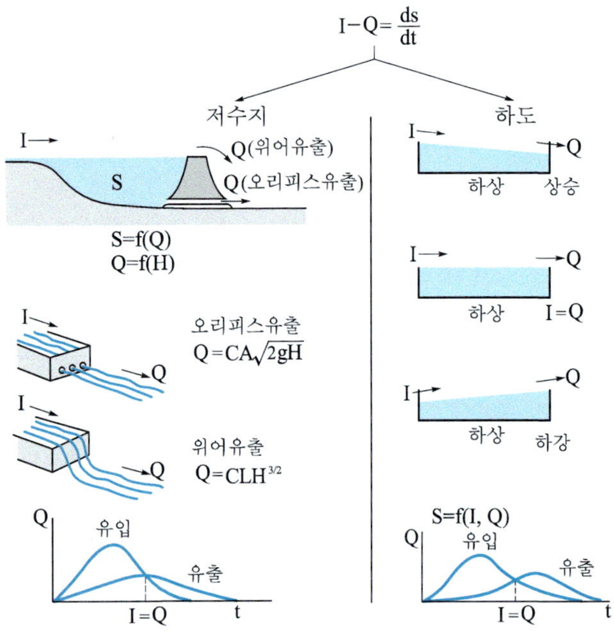

그림 4.2.2 저수지추적 및 하도추적의 개념 비교

$$I - O = \frac{\Delta S}{\Delta t} \tag{4.2.1}$$

여기서, I는 유입량, O는 유출량, ΔS는 저류량의 변화, Δt는 시간의 변화이다. 즉, 일정한 시간 구간 Δt동안의 유입량과 유출량의 차가 바로 저류량의 변화가 된다.

하도추적은 그림 4.2.2와 같이 하천구간에서의 저류량이 단지 유출량에만 의존하지 않기 때문에 저수지추적과는 다르다. 하도구간에서 유출수문곡선의 첨두는 유입수문곡선의 첨두에 비해 감소되고 지체가 되지만 반드시 유입수문곡선과 교차하지는 않는다. 하도구간에서의 저류량은 수위의 상승 또는 감소에 따라 변하기 때문에 하도 구간에서의 유입량 및 유출량의 함수가 된다.

4.3 수문학적 홍수추적

수문학적 홍수추적에서는 연속방정식을 통한 유입량, 유출량 그리고 저류량간의 물수지를 적용하며, 저수지시스템의 저류량-유출량관계를 필요로 한다. 그동안 수문학적 컴퓨터 모형들이 많이 개발되어 왔으며, 이러한 모형들은 강우자료를 입력자료로 하여 유출수문곡선으로 변환하고, 하천 및 저수지를 통한 수문곡선을 추적하게 된다.

4.3.1 저류방정식

수문학적 홍수추적은 식 (4.2.1)과 같은 저류방정식에 기초를 두고 있으며, 추적기간 Δt의 시작시간과 종료시간 사이에 유입 및 유출량의 변화가 있을 수 있으므로 평균 유입량 $\bar{I}$와 평균 유출량 $\bar{O}$를 사용하여 식 (4.2.1)을 다시 나타내면

$$\bar{I} - \bar{O} = \frac{\Delta S}{\Delta t} \qquad 또는 \qquad (\bar{I} - \bar{O})\Delta t = \Delta S \tag{4.3.1}$$

여기서, $\bar{I}$ 및 $\bar{O}$는 시간구간 Δt동안의 평균유입량 및 평균유출량(m^3/sec), ΔS는 시간구간 Δt동안의 저류량의 변화(m^3)이다. 위 식을 추적기간 초기 및 종기의 유입량 I_1, I_2와 유출량 O_1, O_2 그리고 저류량 S_1, S_2로 표시하면 다음과 같다.

$$\frac{I_1 + I_2}{2}\Delta t - \frac{O_1 + O_2}{2}\Delta t = S_2 - S_1 \tag{4.3.2}$$

저류방정식에서는 추적기간 Δt사이의 평균 유입량 및 유출량 그리고 이에 따른 저류량의 변화를 나타내므로 추적기간을 길게 잡으면 홍수파의 첨두치를 제대로 반영하지 못하거나 그대로 지나칠 수가 있다. 추적기간 Δt는 일반적으로 홍수파가 계산구간을 통과하는데 소요되는 시간의 1/2~1/3 정도로 선택한다.

저수지 홍수추적을 위해 저류방정식 (4.3.2)를 사용할 경우 추적기간 동안의 유입량 I_1과 I_2 그리고 초기 유출량 O_1과 저류량 S_1은 이미 알고 있는 값이므로 종기 유출량 O_2와 저류량 S_2를 결정해야 한다. 따라서 유출량 O와 저류량 S와의 관계를 나타내는 또 다른 관계식이 필요하며, 저수지 표고별 저류량과 표고별 유출량을 구한 후, 표고를 기준으로 저류량과 유출량간의 관계를 맺어줌으로서 얻게 된다.

1) 저수지 표고별 저류량 결정

저수지 표고별 저류량은 지형도의 등고선을 이용하여 결정할 수 있다. 예를 들어 표고 h_i에 해당하는 등고선으로 둘러싸인 면적을 a_i, 표고 h_{i+1}에 의한 면적을 a_{i+1}이라고 하면 높이 $\Delta h = h_{i+1} - h_i$ 사이의 저류량 ΔS는 다음과 같다.

$$\Delta S = \frac{1}{2}(a_i + a_{i+1})\Delta h \tag{4.3.3}$$

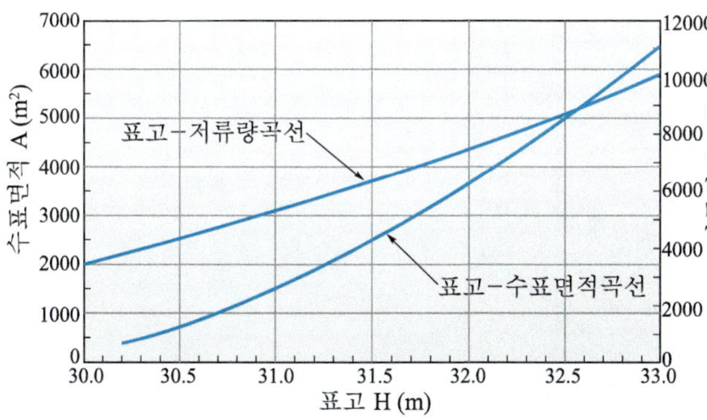

그림 4.3.1 저수지 표고별 저류량 및 수표면적

따라서 등고선 간격이 Δh로 일정하고 각 등고선간에서의 면적이 a_o, a_1, a_2, ..., a_n이라 하면 n번째 등고선까지의 총 저류량 S는 다음과 같다.

$$S = \frac{1}{2}\Delta h[(a_o + a_1) + (a_1 + a_2) + \ldots + (a_{n-1} + a_n)]$$
$$= \frac{1}{2}\Delta h\left(a_o + a_n + 2\sum_{i=1}^{n-1} a_i\right) \tag{4.3.4}$$

식 (4.3.4)를 이용하여 표고별 저류량을 도시하면 그림 4.3.1과 같은 형태로 나타난다.

2) 저수지 표고별 유출량 결정

저수지에서 유출량은 방류구조물의 형태에 따라 다양하게 변하지만, 모두 수위의 함수로서 표고에 따라 유출량을 산정할 수 있다. 평상시에 저수지에서의 유출은 여수로를 통한 방류 없이 주로 방류수로를 통해 이루어지며, 홍수시에는 방류수로와 함께 여수로를 통해 유출이 발생하게 된다. 일반적으로 방류수로를 통한 유출은 오리피스 공식을 사용하고, 여수로를 통한 유출은 위어공식을 이용하여 산정하며, 기타 유출구조물에 의한 유출은 각 상황에 맞는 공식을 이용하게 된다.

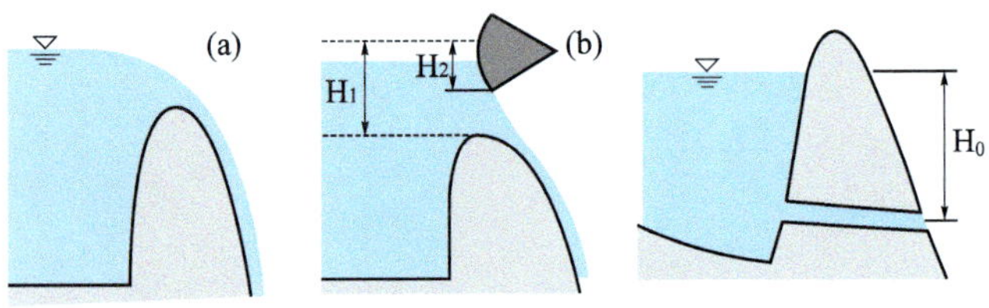

그림 4.3.2 여수로(a : 수문이 없는 경우, b : 있는 경우) 및 방류수로

① 여수로

- 수문이 없는 경우 : $O = CLH^{3/2}$ (4.3.4)
- 수문이 있는 경우 : $O = \frac{2}{3}\sqrt{2g}\,CL\,(H_1^{3/2} - H_2^{3/2})$ (4.3.5)

여기서, O는 유출량(m^3/sec), C는 유량계수, L은 여수로 폭(m), H 및 H_1은 여수로에서의 전수두(m), H_2는 수문하단부에서의 전수두(m), g는 중력가속도(m/sec^2)이다.

② 방류수로

$$O = C_o A\sqrt{2gH_o} \quad (4.3.6)$$

여기서, C_o는 오리피스의 유량계수, A는 방류수로의 단면적(m^2), H_o는 방수로 중심축에서의 전수두이다.

3) 저류량-유출량관계곡선

앞에서 산정한 표고별 저류량 및 표고별 유출량곡선을 이용하여 저수지 홍수추적에 필요한 저류량-유출량곡선을 그림 4.3.3과 같이 얻을 수가 있다. 먼저 특정 표고 H에 대해 표고별 저류량곡선에서 저류량 S를 구하고(a), 표고별 유출량곡선에서는 유출량 O를 구한다(b). 유입수문곡선의 시간 간격을 Δt라 하면 2S/Δt+O를 계산할 수 있고 이 값을 가로축, 유출량을 세로축으로 하여 도시한다(c). 이와 같이 표고별로 반복하면 저류량-유출량 관계곡선이 얻어진다.

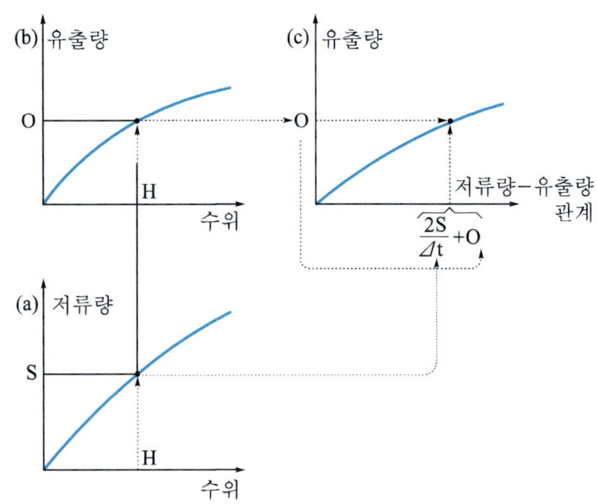

그림 4.3.3 저류량-유출량관계곡선 작성

예제 4.3.1

저수지에서의 저류량-유출량관계곡선을 다음 절차에 의해 작성하라.

1) 바닥 표고가 30m이며 이때의 밑면적이 2,000m^2인 원형의 저수지가 있다. 저수지의 측면경사는 6:1이라 할 때 표고별 수표면적 및 저류량 관계곡선을 구하라.
2) 정점표고가 31m이고 길이가 10m인 월류형 여수로가 설치되어 있을 경우 표고별 유출량관계를 구하라. 여수로의 유량계수는 1.6으로 가정하라.
3) 위에서 구한 표고별 저류량 및 표고별 유출량관계를 이용하여 저류량-유출량관계곡선을 구하라. 시간간격 Δt는 30분 간격으로 한다.

풀이

1) 수표면적 및 저류량 관계

저수지의 기하학적인 모양으로부터 표고별 수표면적 관계를 먼저 수립해야 한다. 측면경사 6:1은 저수지의 반경이 높이 h에 따라 6h만큼 증가함을 의미한다. 저수지 바닥의 밑면적이 2,000m^2이므로 이에 해당하는 반경 R은 πR^2=2,000으로부터 R=25.24m가 된다. 따라서 표고 H에 따른 반경이 표 4.3.1의 2란과 같다. 예를 들어 30.2m인 경우

$$R = 25.24 + 6(H - 30) = 25.24 + 6(30.2 - 30) = 26.44\text{m}$$

저수지 수표면적은 표고별로 다음과 같이 구할 수 있다.(3란)

$$A = \pi[25.24 + 6(H - 30)]^2 = \pi[25.24 + 6(30.2 - 30)]^2$$
$$= \pi(26.44)^2 = 2{,}195\text{m}^2$$

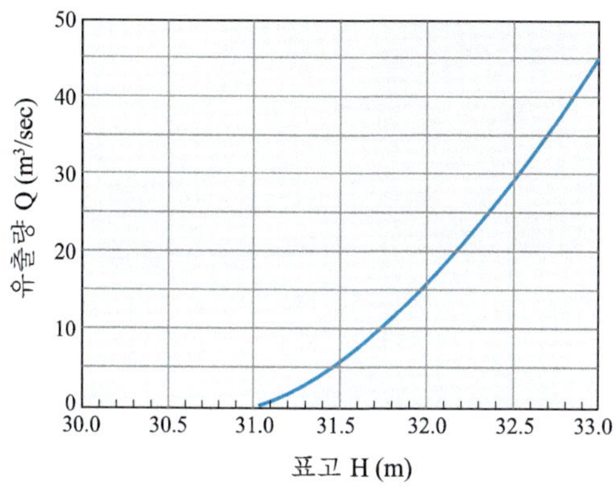

그림 4.3.4 표고별 유출량

저류량은 두 표고별 수표면적의 평균에 높이차를 곱하면 되고, 계산된 결과가 5란과 같다. 누가저류량은 6란과 같으며, 표고별 수표면적 및 저류량 관계곡선은 그림 4.3.1과 같다.

표 4.3.1 표고별 수표면적 및 저류량계산표

표고 H(m)	반경 R(m)	수표면적 A(m^2)	높이차 h(m)	구간저류량 S(m^3)	누가저류량 S(m^3)
30.0	25.24	2000			
30.2	26.44	2195	0.2	419.55	420
30.4	27.64	2399	0.2	459.40	879
30.6	28.84	2612	0.2	501.05	1380
30.8	30.04	2834	0.2	544.52	1925
31.0	31.24	3064	0.2	589.80	2515
31.2	32.44	3304	0.2	636.88	3152
31.4	33.64	3553	0.2	685.78	3838
31.6	34.84	3811	0.2	736.48	4574
31.8	36.04	4078	0.2	788.99	5363
32.0	37.24	4355	0.2	843.31	6206
32.2	38.44	4640	0.2	899.44	7105
32.4	39.64	4934	0.2	957.37	8062
32.6	40.84	5237	0.2	1017.12	9079
32.8	42.04	5550	0.2	1078.67	10158
33.0	43.24	5871	0.2	1142.04	11300

2) 표고별 유출량관계

여수로의 정점표고가 31m이므로 표고가 31m와 같거나 작을 경우에는 유출이 발생하지 않는다. 수표면 표고 H가 31m보다 높을 경우 즉, 수표면 표고가 32m인 경우는

$$O = CL(H-31)^{3/2} = 1.6 \times 10(32-31)^{3/2} = 16\,m^3/sec$$

이와 같이 산정된 표고별 유출량이 표 4.3.2 및 그림 4.3.4과 같다

표 4.3.2 표고별 유출량 계산표

표고 H(m)	유출량 O(m^3/sec)	표고 H(m)	유출량 O(m^3/sec)	표고 H(m)	유출량 O(m^3/sec)
30.0		31.2	1.43	32.4	26.50
30.2	0.00	31.4	4.05	32.6	32.38
30.4	0.00	31.6	7.44	32.8	38.64
30.6	0.00	31.8	11.45	33.0	45.25
30.8	0.00	32.0	16.00		
31.0	0.00	32.2	21.03		

3) 저류량-유출량관계

저류량-유출량관계를 구하기 위해 먼저 2S/Δt+O를 계산 한다. 시간간격 Δt를 30분(1,800초)이라 했으므로 표고 32m에 대한 2S/Δt+O는 (2×6,206)/1,800+16=22.9m^3/s가 된다.

이와 같이 계산한 결과가 표 4.3.3의 4란과 같으며 표고별로 O~2S/Δt+O를 도시한 곡선은 그림 4.3.5과 같다.

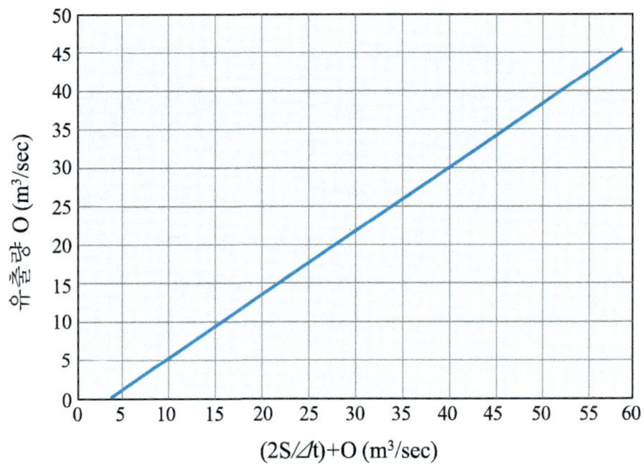

그림 4.3.5 저류량-유출량관계곡선

표 4.3.3 저류량-유출량관계 계산표

표고 H(m)	유출량 O(m^3/sec)	저류량 S(m^3)	(2S/Δt)+O (m^3/sec)
30.0			
30.2	0.00	420	0.47
30.4	0.00	879	0.98
30.6	0.00	1380	1.53
30.8	0.00	1925	2.14
31.0	0.00	2515	2.79
31.2	1.43	3152	4.93
31.4	4.05	3838	8.31
31.6	7.44	4574	12.52
31.8	11.45	5363	17.41
32.0	16.00	6206	22.90
32.2	21.03	7105	28.93
32.4	26.50	8062	35.46
32.6	32.38	9079	42.47
32.8	38.64	10158	49.93
33.0	45.25	11300	57.81

4.3.2 저수지 홍수추적

저류량-유출량간의 관계곡선을 얻었으면 저수지 홍수추적이 가능하다. 저류방정식 (4.3.2)에서 추적기간 동안의 유입량 I_1과 I_2, 초기 유출량 O_1과 저류량 S_1은 이미 알고 있는 값이며, 종기 유출량 O_2와 저류량 S_2는 미지의 값이므로 기지항을 좌변에 미지항을 우변으로 놓고 정리하면

$$\frac{1}{2}(I_1+I_2)\Delta t+(S_1-\frac{1}{2}O_1\Delta t)=(S_2+\frac{1}{2}O_2\Delta t) \qquad (4.3.7)$$

식 (4.3.7)을 이용하여 저수지 홍수추적을 실시하는 방법을 Puls방법이라 한다. 식 (4.3.7)의 양변에 $2/\Delta t$를 곱하면 다음과 같은 식을 얻을 수 있다.

$$(I_1+I_2)+\left(\frac{2S_1}{\Delta t}-O_1\right)=\frac{2S_2}{\Delta t}+O_2 \qquad (4.3.8)$$

식 (4.3.8)에 의해 저수지를 추적하는 방법을 수정 Puls방법이라 한다. 이 두 방법의 다른 점은 Puls방법에서는 $S\pm(1/2)O\Delta t$가 저류량(m^3)의 단위지만, 수정 Puls방법에서는 $2S/\Delta t\pm O$가 유량(m^3/sec)의 단위로 나타나게 된다. 따라서 저류량-유출량 관계를 Puls방법에서는 $O\sim S\pm(1/2)O\Delta t$, 수정 Puls방법에서는 $O\sim 2S/\Delta t+O$ 관계를 사용하며, 앞에서 수정 Puls방법에 의한 관계곡선의 유도에 대해 설명하였으므로 수정 Puls방법에 의한 저수지추적방법을 설명하기로 한다.

일반적으로 저수지 추적 초기에 유입량 I_1, I_2, 유출량 O_1 그리고 저류량 S_1은 주어지게 되므로 식 (4.3.8)의 좌변항은 계산이 가능하며 오른쪽 항의 $2S_2/\Delta t+O_2$값이 결정된다. 이 값을 이용하여 그림 4.3.3과 같이 구한 $O\sim 2S/\Delta t+O$ 관계곡선 또는 표로부터 O_2를 구하면 첫 번째 추적기간에 대한 추적이 끝나게 된다. 다음 추적기간에 대해서는 I_2, O_2, S_2가 I_1, O_1, S_1이 되어 동일한 방법을 계속하여 유입수문곡선에 대한 유출수문곡선을 얻게 된다. 이때 다음 단계의 $2S_2/\Delta t-O_2$는 다음과 같은 관계를 이용하여 구한다.

$$\left(\frac{2S_2}{\Delta t}-O_2\right)=\left(\frac{2S_2}{\Delta t}+O_2\right)-2O_2 \qquad (4.3.9)$$

예제 4.3.2

홍수량을 저류하기 위한 저수지의 면적이 4,000m^2이며 수직벽으로 이루어져 있다. 배수구조물로 직경 1.5m의 콘크리트 배수관이 설치되어 있으며 수위별 배수관을 통한 유출량이 표 4.3.4의 1, 2란과 같다. 시간별 저수지로의 유입수문곡선이 표 4.3.5의 2, 3란과 같이 주어질 때 저수지추적 방법을 이용하여 저수지로부터의 유출수문곡선을 계산하라. 초기에 저수지는 비어있다고 가정하라.

풀이

유입수문곡선의 시간 구간이 10분이므로 Δt=10분=600초이다. 저수지의 단면적이 4,000m^2이고 수

표 4.3.4 수위별 유출량과 저류량

수위 H(m) (1)	유출량 O(m^3/sec) (2)	저류량 S(m^3) (3)	($2S/\Delta t$)+O (m^3/sec) (4)	수위 H(m) (1)	유출량 O(m^3/sec) (2)	저류량 S(m^3) (3)	($2S/\Delta t$)+O (m^3/sec) (4)
0.0000	0.000	0	0.000	1.6764	4.418	6706	26.770
0.1524	0.085	610	2.117	1.8288	4.899	7315	29.283
0.3048	0.227	1219	4.291	1.9812	5.381	7925	31.797
0.4572	0.481	1829	6.577	2.1336	5.806	8534	34.254
0.6096	0.850	2438	8.978	2.2860	6.174	9144	36.654
0.7620	1.218	3048	11.378	2.4384	6.542	9754	39.054
0.9144	1.699	3658	13.891	2.5908	6.853	10363	41.397
1.0668	2.209	4267	16.433	2.7432	7.165	10973	43.741
1.2192	2.747	4877	19.003	2.8956	7.476	11582	46.084
1.3716	3.313	5486	21.601	3.0480	7.788	12192	48.428
1.5240	3.880	6096	24.200				

직벽으로 되어 있으므로 수위별 저류량은 4,000×H가 되며 표 4.3.4의 3란에 계산되어 있다. 이와 같이 구한 수위별 유출량 및 저류량 곡선은 그림 4.3.6과 같다. 이에 상응하는 4란의 $2S/\Delta t+O$는 다음과 같이 계산할 수 있다. 예를 들어 수위가 0.1524m일 경우 저류량이 610m^3, 유출량이 0.085m^3/sec이므로

$$\frac{2S}{\Delta t}+O=\frac{2\times 610}{600}+0.085=2.117\text{m}^3/\text{sec}$$

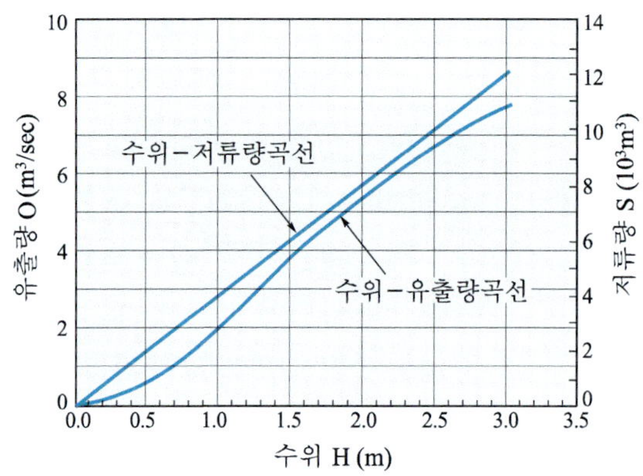

그림 4.3.6 수위별 유출량 및 저류량 곡선

이와 같이 구한 $O\sim 2S/\Delta t+O$ 곡선이 그림 4.3.7과 같다. 이상과 같이 저류량-유출량 관계가 준비되었으면 표 4.3.5와 같은 계산과정을 거쳐 저수지 추적을 하게 된다. 첫 번째 시간구간에서는 초기에 저수지가 비어있다고 가정하였으므로 $S_1=O_1=0$이다. 따라서 $2S_1/\Delta t+O_1=0$이다.

$I_1=1$, $I_2=1.7m^3$/sec이므로 $I_1+I_2=1.7m^3$/sec이다(3란). 첫 번째 시간구간 끝에서

$$\left(\frac{2S_2}{\Delta t}+O_2\right)=(I_1+I_2)+\left(\frac{2S_1}{\Delta t}-O_1\right)$$

$$=1.7+0=1.7\text{m}^3/\text{sec}\ (5\text{란})$$

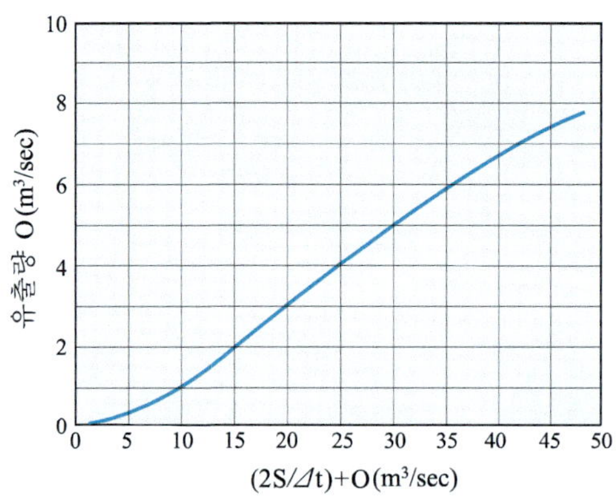

그림 4.3.7 저류량-유출량 관계곡선

따라서 O_2는 $O\sim 2S/\Delta t+O$곡선 또는 표 4.3.4에서 계산된 값을 이용하여 보간법으로 산정할 수가 있다. 예를 들어 표 4.3.4에서 첫 번째 시간구간 $2S/\Delta t+O$를 x_1이라 하고, 유출량 O를 y_1이라 하면 $x_1=0$, $y_1=0$이다. 두 번째 시간구간에 대해서는 $2S/\Delta t+O$를 x_2, 유출량을 y_2라 하면 $x_2=2.117$, $y_2=0.085$이다. 따라서 앞에서 계산한 $2S/\Delta t+O=1.7$을 x라 하면 이에 대한 유출량 $y=O_2$는 보간법에 의해

$$y = y_1 + \frac{(y_2 - y_1)}{(x_2 - x_1)}(x - x_1) = 0 + \frac{(0.085 - 0)}{(2.117 - 0)}(1.7 - 0) = 0.07 = O_2 \ (6란)$$

그러므로 다음 시간구간을 위한 4란의 값은 다음과 같이 구한다.

$$\left(\frac{2S_2}{\Delta t} - O_2\right) = \left(\frac{2S_2}{\Delta t} + O_2\right) - 2O_2 = 1.7 - 2 \times 0.07 = 1.56\text{m}^3/\text{sec}$$

다음 시간 구간에 대해 $I_2+I_3=1.7+3.4=5.1\text{m}^3/\text{sec}$가 되고(3란)

$$\left(\frac{2S_3}{\Delta t} + O_3\right) = (I_2 + I_3) + \left(\frac{2S_2}{\Delta t} - O_2\right)$$

$$= 5.1 + 1.56 = 6.66\text{m}^3/\text{sec} \ (5란)$$

이 값에 대해 보간법으로 O_3를 구하면 $0.49\text{m}^3/\text{sec}$가 된다.(6란)

다음 시간구간에 대한 4란의 값은

$$\left(\frac{2S_3}{\Delta t} - O_3\right) = \left(\frac{2S_3}{\Delta t} + O_3\right) - 2O_3$$

$$= 6.66 - 2 \times 0.49 = 5.68\text{m}^3/\text{sec}$$

이상과 같이 반복적으로 계산을 실시하면 표 4.3.5와 같은 결과를 얻고 따라서 저수지 추적을 통한 유출수문곡선(그림 4.3.8)을 얻을 수 있다.

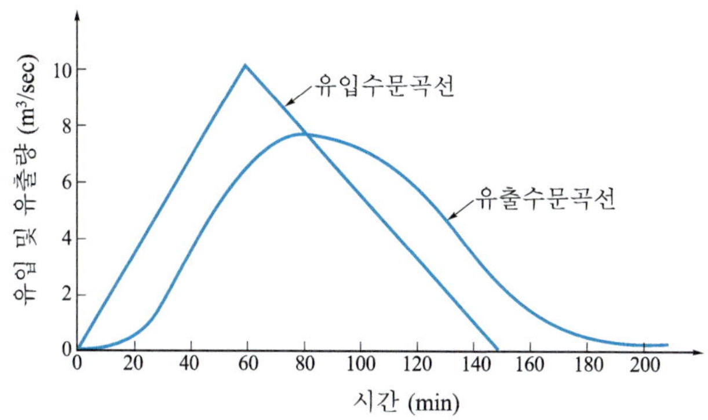

그림 4.3.8 저수지추적 방법에 의한 유출수문곡선

표 4.3.5 저수지추적을 위한 계산표

시간 (min)	유입량 I (m^3/sec)	$I_1 + I_2$ (m^3/sec)	$(2S_1/\Delta t)-O_1$ (m^3/sec)	$(2S_2/\Delta t)+O_2$ (m^3/sec)	유출량 O (m^3/sec)
0	0.00	–	0.00	–	0.00
10	1.70	1.70	1.56	1.70	0.07
20	3.40	5.10	5.68	6.66	0.49
30	5.10	8.50	10.66	14.18	1.76
40	6.80	11.90	15.52	22.56	3.52
50	8.50	15.30	20.64	30.82	5.09
60	10.20	18.70	26.20	39.34	6.57
70	9.06	19.26	30.68	45.46	7.39
80	7.93	16.99	32.29	47.67	7.69
90	6.80	14.73	31.82	47.02	7.60
100	5.66	12.46	29.82	44.28	7.23
110	4.53	10.19	26.63	40.01	6.69
120	3.40	7.93	22.86	34.56	5.85
130	2.27	5.67	19.03	28.53	4.75
140	1.13	3.40	15.45	22.43	3.49
150	0.00	1.13	12.10	16.58	2.24
160	–	0.00	9.38	12.10	1.36
170	–	–	7.56	9.38	0.91
180	–	–	6.30	7.56	0.63
190	–	–	5.40	6.30	0.45
200	–	–	4.70	5.40	0.35
210	–	–	4.16	4.70	0.27

4.3.3 하도 홍수추적

하도 홍수추적은 특정 구간 하도에서의 저류량이 유출량에만 의존하지 않기 때문에 저수지추적과는 다르다. 하도구간에서의 저류량이 수위가 상승하는가 또는 감소하는가에 따라 변하기 때문에 저류량은 하도 구간에서의 유입량 및 유출량의 함수가 된다.

1) 하도저류

홍수파가 하도구간을 통과함에 따라 하도의 저항 및 저류능력 때문에 첨두는 감소되고 발생시간은 지체가 된다. 하도구간 전체에서의 저류를 고려할 때 그림 4.3.9a의 음영부분으로 나타나는 유입 및 유출수문곡선의 종거차는 식 (4.3.2)와 같이 하도구간에서 저류량의 변화율과 같다. 하도구간에서 유출량에 대한 저류량을 도시하면 그림 4.3.9c와 같이 고리(loop)형태의 곡선으로 나타나며, 이는 유출량이 일정할 경우 홍수위가 상승할 때보다 하강할 때 저류량이 큼을 의미한다.

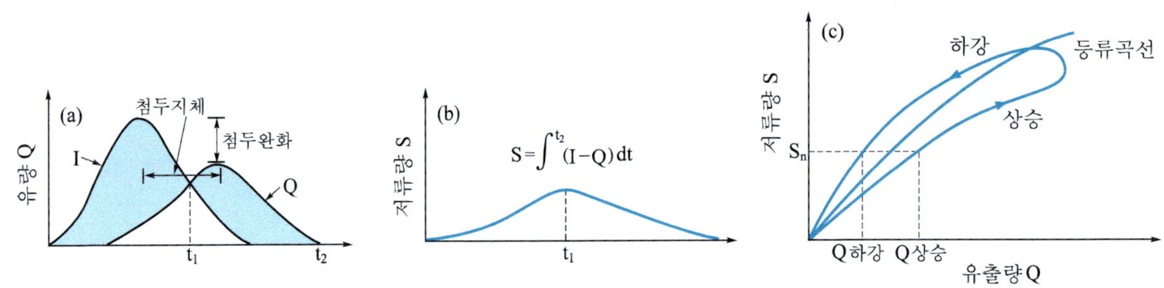

그림 4.3.9 하도구간에서의 저류

홍수파가 통과하는 동안 하도구간에서의 저류는 대상저류(prism storage)와 쐐기저류(wedge storage)로 구분할 수 있다. 그림 4.3.10에 보인 바와 같이 상승기에는 유출량이 증가하기 전에 상당한 양의 쐐기저류가 존재한다. 하강시에는 유출량보다는 유입량이 급격히 떨어져서 쐐기저류는 음의 값이 된다. 따라서 하도에서의 수문학적 홍수추적은 쐐기저류량을 나타내는 유출량-저류량 관계를 필요로 하며, 이는 다음에 소개할 Muskingum 방법처럼 저류량을 유입량과 유출량의 함수로 나타냄으로서 고려할 수 있다.

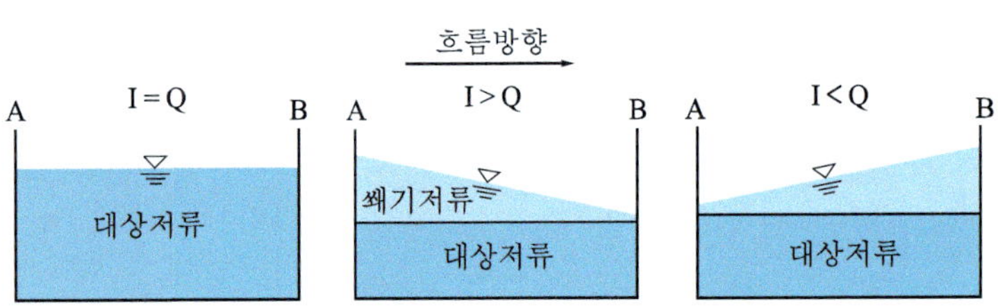

그림 4.3.10 대상 및 쐐기저류개념

2) Muskingum방법

하도 홍수추적을 위한 Muskingum방법에서는 저류량이 유입량 및 유출량과 관계가 있으며 연속방정식을 이용하고 있다. 기하학적으로 균일한 하도구간을 선택하고 하도의 상류부에서 유입량과 저류량이 상류부 수심으로, 하류부에서의 유출량과 저류량이 하류부 수심으로 표현된다고 가정한다.

$$I = ay_u^n \quad \text{그리고} \quad S_I = by_u^m \tag{4.3.10}$$

$$O = ay_d^n \quad \text{그리고} \quad S_o = by_d^m \tag{4.3.11}$$

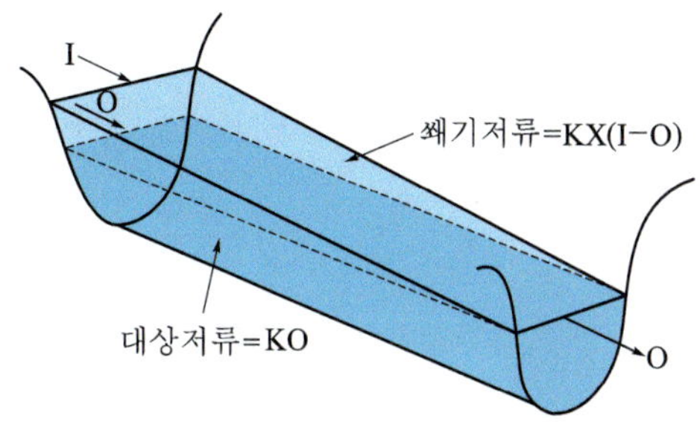

그림 4.3.11 하도에서의 대상 및 쐐기저류

여기서, I는 유입량(m^3/sec), S_I는 상류에서의 저류량(m^3), y_u는 상류부의 수심(m), a, b, n, m은 하도구간 상수, O는 유출량(m^3/sec), S_o는 하류에서의 저류량(m^3), y_d는 하류부의 수심(m)이다. 상류 및 하류부의 각 수심을 매개로 정리하면

$$S_I = \left(\frac{b}{a^{m/n}}\right)(I^{m/n}), \qquad S_O = \left(\frac{b}{a^{m/n}}\right)(O^{m/n}) \tag{4.3.12}$$

하도구간에서 저류량 S를 상류 및 하류에서의 저류량에 가중치 X를 주어 나타내면

$$S = XS_I + (1-X)S_O = \frac{b}{a^{m/n}}[XI^{m/n} + (1-X)O^{m/n}] \tag{4.3.13}$$

여기서, $b/a^{m/n}$=K, m/n=x라 하면 식 (4.3.13)은 다음과 같이 나타낼 수 있다.

$$S = K[XI^x + (1-X)O^x] \tag{4.3.14}$$

여기서, K는 저류상수 또는 이동시간(hr), X는 가중인자(0~0.5)이다.

사각형하도에서는 n=5/3, m=1 그리고 x=0.6이 주로 사용되며, 자연하천인 경우 x값은 커지게 되어 일반적으로 1.0을 사용한다. Muskingum 방법에서는 x=1.0을 사용하며 다음과 같다.

$$S = K[XI + (1-X)O] \tag{4.3.15}$$

식 (4.3.15)의 상수들은 각 하도구간에서 관측된 유출자료를 이용하거나 경험을 바탕으로 결정하며, 관측된 하천유출자료를 이용한 결과 K값은 하도구간에서의 이동시간과 거의 비슷한 것으로 나타나고 있다. 관측자료가 있을 경우 식 (4.3.15)는 다음과 같이 추적기간 Δt동안의 시점과 종점을 고려해서 나타낼 수 있으며, 홍수추적기간 Δt는 K보다는 작고 2KX보다는 큰 범위에서 결정한다.

$$S_2 - S_1 = K[X(I_2 - I_1) + (1-X)(O_2 - O_1)] \tag{4.3.16}$$

식 (4.3.16)을 저류방정식 (4.3.2)에 대입하면

$$\frac{I_1 + I_2}{2}\Delta t - \frac{O_1 + O_2}{2}\Delta t = K[X(I_2 - I_1) + (1-X)(O_2 - O_1)] \tag{4.3.17}$$

위 식을 O_2에 관해 정리하면 다음과 같다.

$$O_2 = C_o I_2 + C_1 I_1 + C_2 O_1 \tag{4.3.18}$$

여기서, $C_o = \dfrac{-KX + 0.5\Delta t}{K - KX + 0.5\Delta t}$

$$C_1 = \frac{KX + 0.5\Delta t}{K - KX + 0.5\Delta t} \tag{4.3.19}$$

$$C_2 = \frac{K - KX - 0.5\Delta t}{K - KX + 0.5\Delta t}$$

$$C_o + C_1 + C_2 = 1.0 \tag{4.3.20}$$

Muskingum 하도추적은 식 (4.3.18)에서 (4.3.20)까지 이용하여 이루어지며 I_1, I_2, O_1 및 Δt는 이미 정해져 있는 값이므로 K와 X만 기왕의 홍수자료로부터 결정하면 Muskingum방법에 의한 홍수추적이 가능하다.

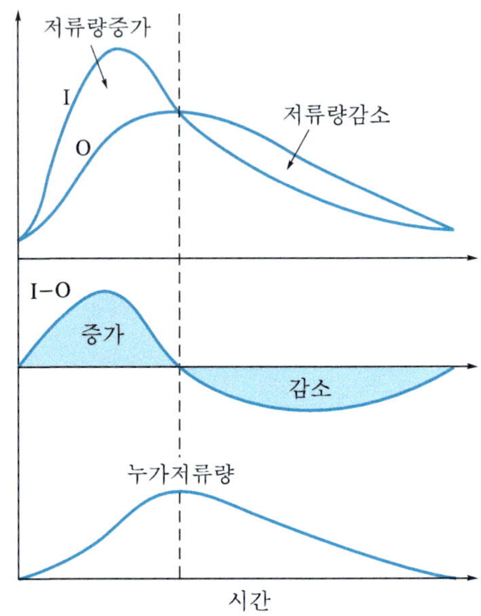

그림 4.3.12 수문곡선으로부터의 저류량 산정

3) 상수 K 및 X의 산정방법

Muskingum 방법에서 상수 K 및 X를 산정하는 방법으로 먼저 관측된 유입 및 유출수문곡선이 없는 경우에는 일반적으로 K는 홍수파의 이동시간, X는 0.2를 택한다. 만일 유입 및 유출수문곡선이 있다면 X값을 가정하여 시간구간별로 평균저류량 $\bar{S} = \bar{I} - \bar{O}$를 구하고 이를 누가하여 누가저류량 S를 산정한다(그림 4.3.12). 또한 시간구간별 가중 저류량 [XI+(1−X)O]를 구해 누가저류량 S와 함께 도시한다. 도시된 가중저류량과 누가저류량이 고리형태를 보이면 X를 다시 가정하여 직선에 가까울 때까지 반복한다. 그림 4.3.13과 같이 가중저류량과 누가저류량이 직선에 가까우면 그 때의 X값이 구하는 값이고 직선의 기울기가 K값이 된다.

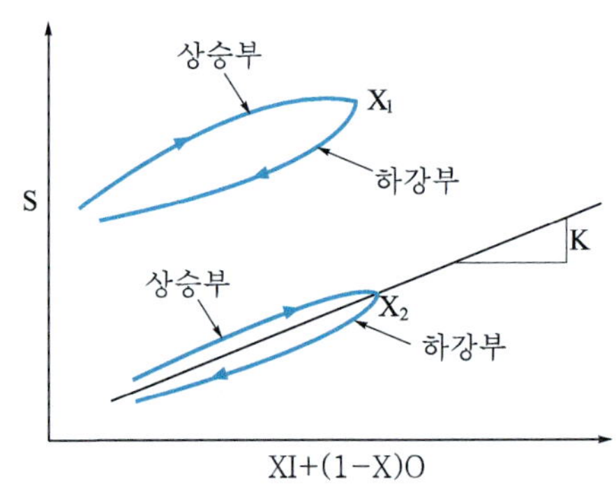

그림 4.3.13 상수 K 및 X의 산정방법

예제 4.3.3

다음 표 4.3.6과 같이 유입량과 유출량이 주어질 때 Muskingum의 상수 K와 X를 결정하라.

풀이

표 4.3.6에 유입 및 유출수문곡선에 따른 누가저류량이 4란에 나타나 있으며 다음과 같이 산정한다.

$$S_{n+1} = S_n + \Delta t\left(\frac{I_n + I_{n+1}}{2}\right) - \Delta t\left(\frac{O_n + O_{n+1}}{2}\right)$$

표 4.3.6 저류량 및 상수계산

시간 (hr) (1)	유입량 (m^3/sec) (2)	유출량 (m^3/sec) (3)	저류량 (m^3/sec−hr) (4)	XI+(1−X)O (m^3/sec) X=0.15 (5)	X=0.25 (6)	X=0.4 0(7)
1	30	30	0	30	30	30
2	60	32	14	36	39	43
3	120	54	61	64	71	80
4	210	101	149	117	128	145
5	330	181	278	203	218	241
6	420	278	423	299	314	335
7	480	370	549	387	398	414
8	510	440	639	451	458	468
9	480	480	674	480	480	480
10	420	475	647	467	461	453
11	330	434	567	418	408	392
12	210	360	440	338	323	300
13	120	261	295	240	226	205
14	60	169	170	153	142	125
15	30	99	81	89	82	71
16	30	56	33	52	50	46

또한 5~7란에는 가정한 X=0.15, 0.25, 0.40에 대한 가중저류량이 나타나 있다. 그림 4.3.14에 나타난 바와 같이 X=0.25일 때 직선에 가까우므로 Muskingum 상수 X는 0.25로 결정한다. 이때의 기울기는 K= 150/100=1.5이며 추적기간이 1시간 간격이므로 K=1.5×1hr=1.5시간이 된다.

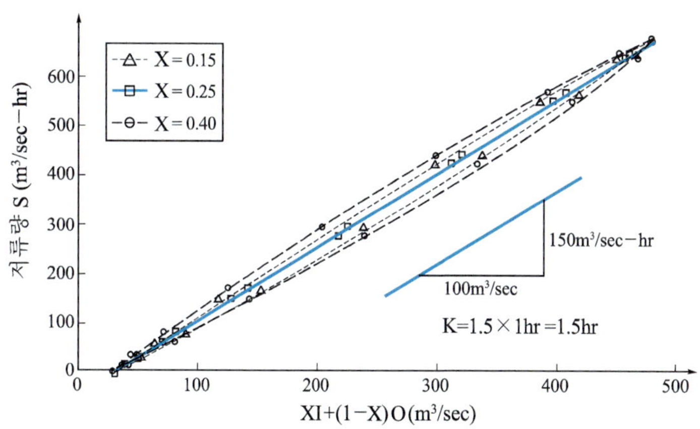

그림 4.3.14 상수 K 및 X의 결정

예제 4.3.4

표 4.3.7의 1~2란과 같이 하도구간에서의 유입량이 주어질 때 Muskingum방법에 의해 하도 홍수추적을 실시하고 첨두유출량을 구하라. 단, Muskingum의 K=1.5일, X=0.25를 적용하라.

풀이

추적시간 Δt=1일로 결정하고 다음 식으로부터 Muskingum 추적을 위한 값들을 결정한다. K=1.5일, X=0.25를 적용하면

$$C_o = \frac{-1.5\times 0.25 + 0.5\times 1}{1.5 - 1.5\times 0.25 + 0.5\times 1} = 0.0769, \qquad C_1 = \frac{1.5\times 0.25 + 0.5\times 1}{1.5 - 1.5\times 0.25 + 0.5\times 1} = 0.5385$$

$$C_2 = \frac{1.5 - 1.5\times 0.25 - 0.5\times 1}{1.5 - 1.5\times 0.25 + 0.5\times 1} = 0.3846$$

$C_o+C_1+C_2=1.0$이 됨을 알 수 있다. 따라서

$$O_2 = C_oI_2 + C_1I_1 + C_2O_1 = 0.0769I_2 + 0.5385I_1 + 0.3846O_1$$

위 식을 이용하여 각 시간구간별 기지의 I_1, I_2 및 O_1로부터 O_2를 산정한 결과가 표 4.3.7과 같다.

표 4.3.7 Muskingum 방법에 의한 하도홍수추적

시간 (day)	유입량 I	C_0I_2	C_1I_1	C_2O_1	유출량 O
1	30				30.000
2	32	2.461	16.155	11.538	30.154
3	54	4.153	17.232	11.597	32.982
4	101	7.767	29.079	12.685	49.531
5	181	13.919	54.389	19.050	87.357
6	278	21.378	97.469	33.597	152.444
7	370	28.453	149.703	58.630	236.786
8	440	33.836	199.245	91.068	324.149
9	480	36.912	236.940	124.668	398.520
10	475	36.528	258.480	153.271	448.278
11	434	33.375	255.788	172.408	461.570
12	360	27.684	233.709	177.520	438.913
13	261	20.071	193.860	168.806	382.737
14	169	12.996	140.549	147.201	300.745
15	99	7.613	91.007	115.667	214.286
16	56	4.306	53.312	82.414	140.032

처음 시간구간에서는 O_1의 자료가 없으므로 유입량과 같은 30m³/sec로 가정하였다. 따라서 2일째의 유출량 O_2는 다음과 같이 산정된다.

$$O_2 = 0.0769 \times 32 + 0.5385 \times 30 + 0.3846 \times 30 = 30.154\text{m}^3/\text{sec}$$

같은 방법을 매 시간구간에 대한 유출량을 6란과 같이 산정할 수 있으며 유입량과 유출량의 곡선은 그림 4.3.15와 같다. 따라서 첨두유출량은 11일에 461.57m³/s가 된다.

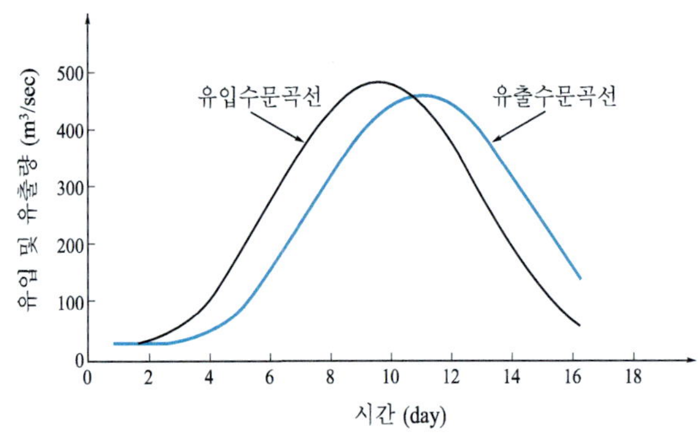

그림 4.3.15 Muskingum 방법에 의한 하도홍수추적

4.3.4 유역홍수추적

유역홍수추적(watershed routing)은 유역전체가 연속적인 저수지와 하도로 구성되어 있다고 가정하여 유역으로부터의 유출수문곡선을 홍수추적방법에 의해 산정하는 것이다. 즉, 한 유역으로부터의 유출은 선형으로 연결된 유역내의 저수지와 하도의 저류영향을 받아 유역출구지점에서의 유출수문곡선으로 나타난다는 개념으로, 선형저수지 개념을 가장 단순화하여 하나의 저수지로 보는 경우가 X=0일 때의 Muskingum 홍수추적방법이다.

1) Nash의 유역추적방법

Nash의 유역추적방법은 선형저수지모형(linear reservoir model)이라고도 하며, 유역전체가 그

림 4.3.16과 같이 연속된 n개의 저수지로 구성되어 있으며, 각 저수지에서의 유입 및 유출량은 선형관계를 가지고 있다고 가정한다.

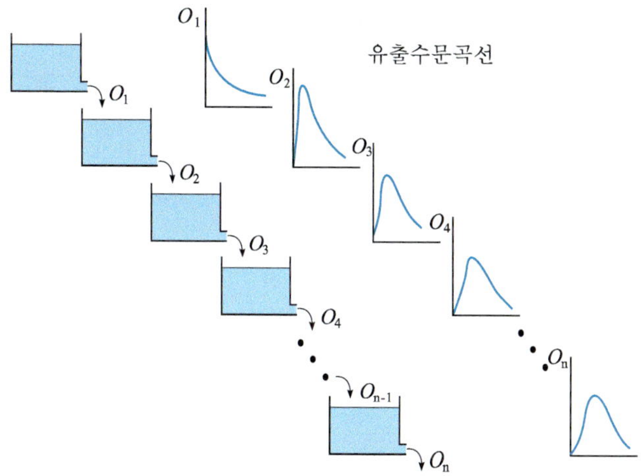

그림 4.3.16 Nash의 선형저수지 모형

유역전체에 걸쳐 순간적으로 단위유효우량(1cm)의 비가 내렸다고 가정하고, 선형저수지 방법을 통해 홍수추적을 하여 유역출구에서의 유출수문곡선을 구하면 이것이 바로 순간단위도(IUH)가 된다. 유역전체에 순간적으로 비가 내려 n개의 저수지가 만수된 상태에서 첫 번째 저수지에서의 유출이 두 번째 저수지의 유입이 되면, 두 번째 저수지에서의 유출은 세 번째 저수지의 유입이 된다. 이와 같이 마지막 n번째의 저수지를 통과하는 유역출구지점에서의 유출량은 다음과 같다.

$$O_n(t) = \frac{1}{K(n-1)!}\left(\frac{t}{K}\right)^{n-1} \exp\left(-\frac{t}{K}\right) \tag{4.3.21}$$

이와 같이 Nash의 선형저수지 방법을 이용하여 유역출구에서의 유출수문곡선 즉 순간단위도의 종거를 얻을 수 있다. 순간단위도를 유도하기 위해서는 유역내의 가상 저수지의 수 n과 저류상수 K를 결정해야 한다. 일반적으로 강우-유출자료가 있는 경우에는 저수지의 수와 저류상수의 곱 nK는 유효우량의 질량중심과 유출수문곡선의 첨두까지의 시간인 유역의 지체시간 t_p와 같다고 가정하여 n과 K를 결정한다. 9장에서 설명할 확률분포함수개념으로 본다면 식 (4.3.21)은 2변수 Gamma 분포와 동일하다. 식 (4.3.21)을 0에서 ∞까지 시간 t에 대해 적분하면 1(유효우량 1cm)이 되며, 이는 확률밀도함수곡선 아래의 면적이 1(100%)이 됨과 동일하다. 따라서 순간단위도인 식 (4.3.21)을 2변수 Gamma 분포로 본다면 매개변수는 n과 K가 되고, 원점(t=0)에 대한 1차 및 2차 모멘트는 다음과 같게 된다.

$$M_1 = nK \tag{4.3.22}$$

$$M_2 = n(n+1)K^2 \tag{4.3.23}$$

1차 모멘트 M_1은 순간단위도 중심까지의 지체시간을 나타내는데, 만일 유역의 유효우량과 직접유출량 자료가 있다면 M_1은 유효우량의 중심과 직접유출량의 중심간의 시간차가 되며 앞에서 언급한 지체시간 t_p와 같다고 가정한다.

확률개념인 모멘트법에 의해 유효우량과 직접유출량을 이용하여 n과 K를 산정할 수도 있다. 만일 M_{I1}이 유효우량의 원점에 대한 1차 모멘트를 총 유효우량으로 나눈 값이라 하고, M_{O1}을 직접유출량의 원점에 대한 1차 모멘트를 총 직접유출량으로 나눈 값이라 하면 다음과 같다.

$$M_{O1} - M_{I1} = nK \qquad (4.3.24)$$

같은 방법으로 M_{I2}가 유효우량의 원점에 대한 2차 모멘트를 총 유효우량으로 나눈 값이라 하고, M_{O2}를 직접유출량의 원점에 대한 2차 모멘트를 총 직접유출량으로 나눈 값이라 하면 다음과 같이 나타낼 수 있다.

$$M_{O2} - M_{I2} = n(n+1)K^2 + 2nKM_{I1} \qquad (4.3.25)$$

M_{I1}, M_{O1}, M_{I2} 그리고 M_{O2}는 유효우량과 직접유출량으로부터 구할 수 있으므로 식 (4.3.24)와 (4.3.25)를 이용하여 n과 K를 산정할 수 있고, 순간단위도를 결정할 수 있게 된다. 만일 강우-유출자료가 없는 경우에는 저류상수 K는 3.7.5절의 식 (3.7.27)~(3.7.29)와 같은 경험식을 이용해서 산정하고, n을 적절하게 가정하여 순간단위도를 구한 후, 실측 강우량에 적용하여 합성된 유출수문곡선을 관측된 유출수문곡선과 비교하여 가장 유사한 결과를 주는 n값을 선택하게 된다.

예제 4.3.5

그림 4.3.17과 같이 유효우량과 직접유출량이 주어질 때 Nash 방법에 의한 순간단위도를 작성하기 위한 n과 K를 산정하라.

풀이

그림에서 유효우량과 직접유출량 주상도의 시간구간이 6시간으로 되어 있으며, 단위의 일치를 위해 유효우량에는 유역면적을 곱하여 직접유출량과 같은 단위인 m^3/sec로 환산하였다. 따라서 유효우량와 직접유출량의 값은 각각 $700m^3/sec$로 동일하며 면적 즉, 유출용적은 $700 \times 6hr = 4,200(m^3/sec) \times hr$이 된다. 유효우량에 대한 1차 및 2차 모멘트를 구해 총 유효우량으로 나누면 다음과 같다.

$$M_{I1} = \frac{6}{4200}(100 \times 3 + 300 \times 9 + 200 \times 15 + 100 \times 21) = 11.57hr$$

$$M_{I2} = \frac{6}{4200}[(100 \times 3^2 + 300 \times 9^2 + 200 \times 15^2 + 100 \times 21^2) + \frac{1}{12}6^3(100 + 300 + 200 + 100)] = 166.3hr^2$$

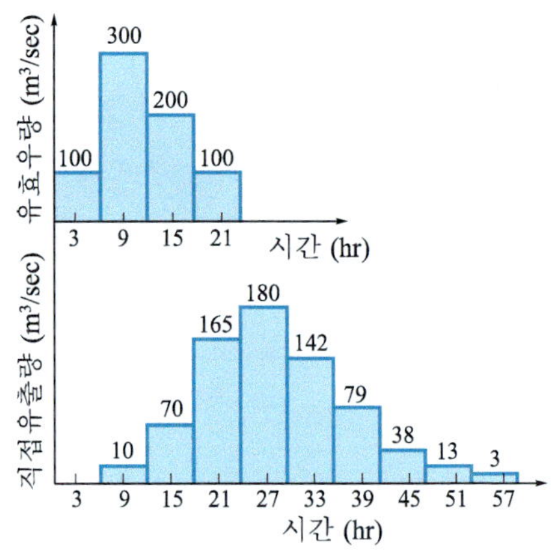

그림 4.3.17 유효우량 및 직접유출량 주상도

같은 방법으로 직접유출량에 대한 1차 및 2차 모멘트를 구해 직접유출량으로 나누면 다음과 같다.

$$M_{O1} = 28.25hr, \qquad M_{O2} = 882.8hr^2$$

식 (4.3.24)로부터 $nK = M_{O1} - M_{I1} = 28.25 - 11.57 = 16.68hr$

식 (4.3.25)로부터 $M_{O2} - M_{I2} = n(n+1)K^2 + 2nKM_{I1} = n^2K^2 + nK \times K + 2nKM_{I1}$

$$882.8 - 166.3 = (16.68)^2 + 16.68K + 2 \times 16.68 \times 11.57$$

따라서, K=3.14hr가 되고 n=16.68/K=5.31이 된다. K와 n값을 식 (4.3.21)에 적용하면 순간단위도를 얻게 된다.

예제 4.3.6

유역면적이 325km^{2}이고 지체시간이 15hr인 경우 n을 5로 할 경우와 6으로 할 경우의 Nash방법에 의한 순간단위도를 구하여 비교하라.

풀이

지체시간이 15시간이므로 n을 5로 할 경우 K=15/5=3 시간이 된다. 따라서 순간단위도는

$$O_5(t) = \frac{1}{3(5-1)!}\left(\frac{t}{3}\right)^{5-1}\exp(-\frac{t}{3}) = \frac{1}{5832}t^4\exp\left(-\frac{t}{3}\right)$$

이와 같이 구한 순간단위도는 단위가 cm/hr로 나타나므로 유출량단위 m^3/sec로 나타내기 위해 유역면적 325km^{2}을 곱해 단위를 환산하면 표 4.3.8의 2란과 같다.

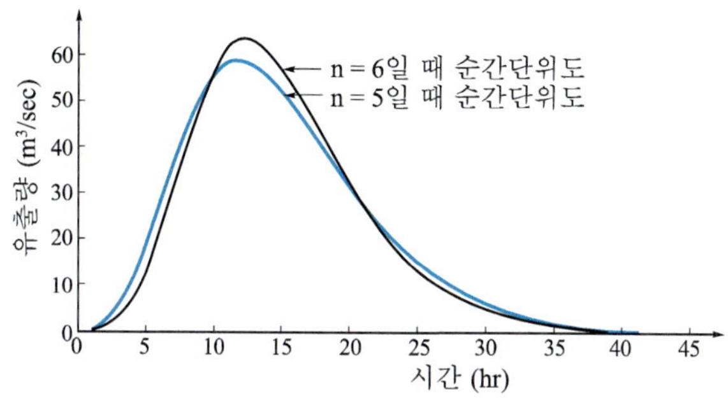

그림 4.3.18 n값에 따른 순간단위도의 변화

표 4.3.8 n값에 따른 순간단위도의 계산

시간 (hr) (1)	n=5 IUH종거 (m^3/sec) (2)	n=6 IUH종거 (m^3/sec) (3)	시간 (hr) (1)	n=5 IUH종거 (m^3/sec) (2)	n=6 IUH종거 (m^3/sec) (3)
1	0.111	0.021	26	12.184	11.143
2	1.272	0.443	27	10.153	9.021
3	4.613	2.256	28	8.414	7.252
4	10.447	6.371	29	6.938	5.794
5	18.275	13.033	30	5.693	4.601
6	27.153	21.739	31	4.651	3.634
7	36.044	31.496	32	3.784	2.855
8	44.059	41.162	33	3.066	2.232
9	50.569	49.722	34	2.476	1.737
10	55.227	56.444	35	1.992	1.346
11	57.937	60.934	36	1.598	1.039
12	58.796	63.108	37	1.277	0.798
13	58.027	63.122	38	1.018	0.612
14	55.925	61.289	39	0.810	0.467
15	52.807	58.007	40	0.642	0.355
16	48.982	53.692	41	0.508	0.269
17	44.729	48.734	42	0.401	0.204
18	40.283	43.475	43	0.315	0.154
19	35.833	38.188	44	0.248	0.115
20	31.523	33.082	45	0.194	0.087
21	27.455	28.302	46	0.152	0.065
22	23.695	23.939	47	0.119	0.048
23	20.282	20.041	48	0.092	0.036
24	17.230	16.620	49	0.072	0.027
25	14.536	13.663	50	0.056	0.020

같은 방법으로 n을 6으로 할 경우 K=15/6=2.5시간이 된다. 따라서 cm/hr단위로 나타낸 순간단위도는

$$O_6(t) = \frac{1}{2.5(6-1)!}\left(\frac{t}{2.5}\right)^{6-1}\exp\left(-\frac{t}{2.5}\right) = \frac{1}{29297}t^5\exp\left(-\frac{t}{2.5}\right)$$

면적을 곱해 m^3/s 단위로 환산하면 3란과 같다. 두 경우에 대한 순간단위도가 그림 4.3.18과 같다.

2) Clark의 유역추적방법

이 방법은 Clark에 의해 제안된 방법으로 자연하천유역에 순간단위유효우량(instantaneous unit effective rainfall)이 내릴 때 유역의 도달시간-유역면적관계를 이용하여 유역출구지점에서의 유출수문곡선인 순간단위도를 구하는 방법으로 유역의 저류효과를 고려하고 있으므로 자연하천유역에 적용하기 적합한 방법이다. Clark은 유역의 출구지점에 1개의 선형저수지가 존재한다고 가정하고, 이 저수지로의 각 시간구간별 유입량은 도달시간 구간별 면적상에 내린 유효우량을 유량으로 환산한 값으로 가정했다. 따라서 유역전반에 걸쳐 순간적으로 유효우량이 1cm가 내렸다면 임의의 시간구간 동안에 저수지로 유입하는 유량은 다음과 같다.

$$I_i = \frac{A_i \times 10^6}{\Delta t \times 3600 \times 100} = 2.78\frac{A_i}{\Delta t} \tag{4.3.26}$$

여기서, I_i는 시간구간 i에서의 유입량(m^3/sec), A_i는 시간구간 i에 해당하는 유역면적(km^2)이다. 유역출구에 위치하고 있는 저수지의 저류량-유출량관계는 식 (4.3.2)와 S=KO관계를 이용하여 다음과 같이 표현할 수 있다.

$$\frac{I_1 + I_2}{2}\Delta t - \frac{O_1 + O_2}{2}\Delta t = K(O_2 - O_1) \tag{4.3.27}$$

이 식을 유출량 O_2에 관해 풀면 다음과 같다.

$$O_2 = M_o I_2 + M_1 I_1 + M_2 O_1 \tag{4.3.28}$$

$$M_o = \frac{0.5\Delta t}{K + 0.5\Delta t}, \quad M_1 = \frac{0.5\Delta t}{K + 0.5\Delta t}, \quad M_2 = \frac{K - 0.5\Delta t}{K + 0.5\Delta t} \tag{4.3.29}$$

S=KO 관계는 Muskingum의 저류방정식에서 X=0일 경우와 동일하므로 결국 Clark 방법은 Muskingum 방법의 특별한 경우라 할 수 있다. 도달시간-면적곡선에서 그림 3.6.1c와 같이 주상도 형태로 나타내게 되면 추적기간 Δt동안의 시점 및 종점의 유입량을 동일하게 볼 수 있으므로 식 (4.3.28)에서 $I_1=I_2$가 되어 다음과 같이 나타낼 수 있다.

$$O_2 = (M_o + M_1)I + M_2 O_1 \tag{4.3.30}$$

따라서 Muskingum방법과 동일한 방법으로 적용할 수 있으며, 일단 저류상수 K와 추적기간 Δt

를 결정하게 되면 식 (4.3.29)에 의해, M_o, M_1 및 M_2를 산정할 수 있으며 식 (4.3.29)를 이용하여 축차적으로 계산함으로서 유역출구지점에서의 유출수문곡선인 순간단위도를 얻을 수 있다. 이와 같이 얻은 순간단위도는 식 (3.7.31)을 이용하여 임의의 지속기간을 가진 단위도로 변환할 수 있다.

Clark방법에서의 저류상수 K는 Nash방법과 같이 강우-유출자료가 없을 경우에는 유역의 지체시간 t_p와 같다고 가정하고 경험공식에 의해 산정하게 된다. 만일 강우-유출자료가 있는 경우에는 3.7.5절에서 설명한 바와 같이 관측된 수문곡선의 감수부 변곡점에서의 직접유출량을 변곡점의 기울기로 나눈 식 (3.7.26)을 사용하거나 경험식을 이용하여 산정한다.

예제 4.3.7

그림 3.6.1과 같이 유역면적이 57km²인 유역이 등시간선에 의해 구분되어 있으며 도달시간에 따른 소유역 면적이 표 4.3.9와 같이 주어져 있을 때 Clark의 유역추적법을 이용하여 순간단위도를 구하고 2hr 단위도를 유도하라. 저류상수 K를 결정하기 위해 과거의 홍수수문곡선으로부터 구한 변곡점에서의 유량이 370m³/sec, 변곡점에서의 접선경사가 90m³/sec/hr, 그리고 기저유량은 20m³/sec이다.

표 4.3.9 도달시간별 소유역면적

구 분	A	B	C	D
도달시간 (hr)	1	2	3	4
소유역면적 (km²)	4	13	24	16

풀이

Clark의 유역추적법을 이용하기 위해서는 먼저 저류상수 K값을 산정해야 한다.

$$K = -\frac{O}{dO/dt} = -\frac{370-20}{-90} = 3.9\text{hr}$$

식 (4.3.29)를 이용하면

$$M_o = M_1 = \frac{0.5\Delta t}{K+0.5\Delta t} = \frac{0.5 \times 1}{3.9+0.5\times 1} = 0.1136$$

$$M_2 = \frac{K-0.5\Delta t}{K+0.5\Delta t} = \frac{3.9-0.5\times 1}{3.9+0.5\times 1} = 0.7727$$

따라서

$$O_2 = (M_o + M_1)I + M_2 O_1 = 0.227I + 0.773O_1$$

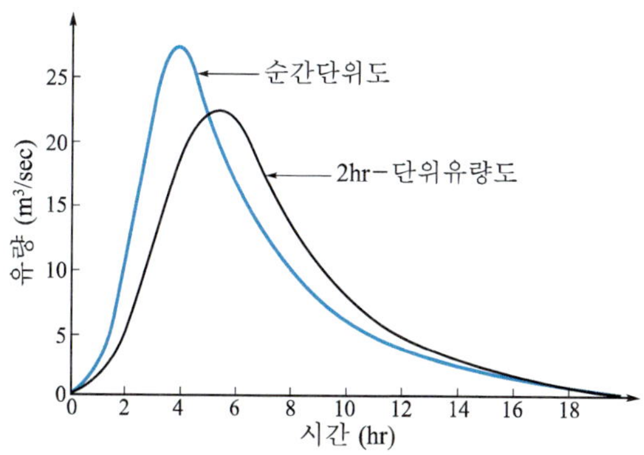

그림 4.3.19 Clark 방법에 의한 단위도 유도

표 4.3.10의 3란은 $I=2.78A_i/\Delta t$관계를 이용하여 2시간 구간인 경우 2.78×0.227×13/1=8.2m³/s로 계산되며 4란은 5란의 전 시간 구간의 값 2.52에 0.773을 곱한 1.95가 된다.

5란의 순간단위도는 3란의 8.2와 4란의 1.95를 합한 10.15m³/s가 된다. 이와 같은 방법으로 반복하여 계산한 결과가 표 4.3.10에 나타나 있다.

2시간 단위도를 유도하기 위해서는 5란의 순간단위도를 2시간 지체시켜(6란) 5란과 6란의 순간단위도를 더하여 2로 나누면 7란과 같이 유도할 수 있다.

표 4.3.10 Clark의 유역추적방법에 의한 단위도 유도

시간 (hr)	시간-면적 (km^2)	0.227I (m^3/sec)	$0.773O_1$ (m^3/sec)	순간단위도 (m^3/sec)	2hr지체 IUH (m^3/sec)	2hr 단위도 (m^3/sec)
0	0	0.00	0.00	0.00	0.00	0.00
1	4	2.52	0.00	2.52	0.00	1.26
2	13	8.20	1.95	10.15	0.00	5.07
3	24	15.13	7.84	22.98	2.52	12.75
4	16	10.09	17.76	27.85	10.15	19.00
5			21.53	21.53	22.98	22.25
6			16.64	16.64	27.85	22.25
7			12.86	12.86	21.53	17.20
8			9.94	9.94	16.64	13.29
9			7.69	7.69	12.86	10.28
10			5.94	5.94	9.94	7.94
11			4.59	4.59	7.69	6.14
12			3.55	3.55	5.94	4.75
13			2.74	2.74	4.59	3.67
14			2.12	2.12	3.55	2.84
15			1.64	1.64	2.74	2.19
16			1.27	1.27	2.12	1.69
17			0.98	0.98	1.64	1.31
18			0.76	0.76	1.27	1.01
19			0.59	0.59	0.98	0.78
20			0.45	0.45	0.76	0.61

예제 4.3.8

예제 4.3.7과 동일한 유역에 다음과 같이 각 소유역마다 유효우량이 1시간 동안 내릴 경우 Clark의 유역추적법에 의한 유출수문곡선을 유도하라.

표 4.3.11 소유역별 강우강도

시간별 소유역	1	2	3	4
강우강도 (mm/hr)	10	20	30	20

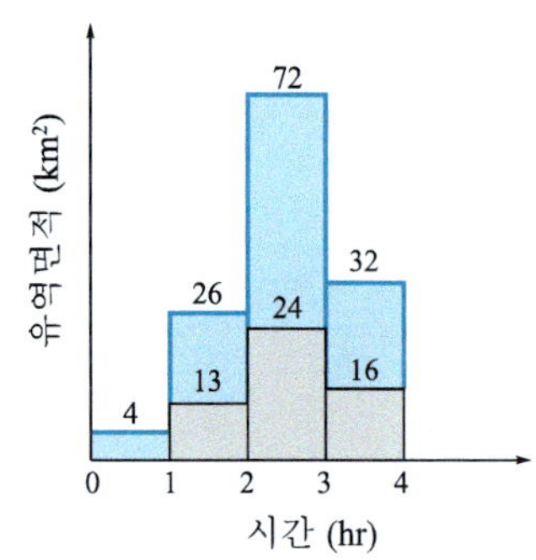

그림 4.3.20 면적환산

풀이

Clark의 유역추적법에서는 각 소유역마다 1cm의 유효우량이 내렸을 경우의 순간단위도를 구하는 것 이므로 위와 같이 내린 유효우량이 각 소유역마다 1cm의 유효우량이 내린 것처럼 소유역 면적을 변경시키면 된다. 즉 2시간 구간의 소유역 $13km^2$에 2cm의 유효우량이 내렸으므로 $26km^2$의 소유역에 1cm가 내린 것으로 환산할 수 있다. 이와 같이 각 소유역별로 1cm의 유효우량이 내린 것처럼 환산할 수 있다. 이와 같이 각 소유역별로 1cm의 유효우량이 내린 것처럼 환산한 결과가 그림 4.3.20과 표 4.3.12의 3란과 같다. 따라서 예제 4.3.7에서 구한 결과를 이용하면

$$O_2 = (M_o + M_1)I + M_2O_1 = 0.227I + 0.773O_1$$

4란은 $I = 2.78A_i/\Delta t$관계를 이용하여 2시간 구간인 경우

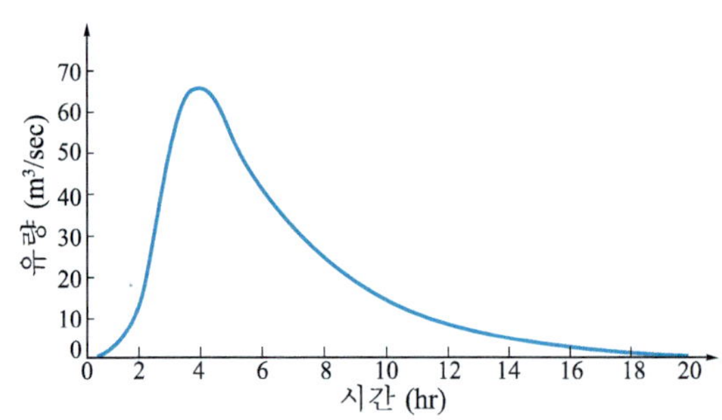

그림 4.3.21 Clark방법에 의한 유출수문곡선

$2.78 \times 0.227 \times 26/1 = 16.4 m^3/sec$로 계산되며 5란은 6란의 전 시간 구간의 값 2.52에 0.773을 곱한 1.95가 된다. 6란의 유출량은 4란의 16.4와 6란의 1.95를 합한 $18.35 m^3/sec$가 된다. 이와 같은 방법으로 반복하여 계산한 유출수문곡선이 그림 4.3.21과 같다.

표 4.3.12 Clark 방법에 의한 유출수문곡선 계산

시간 (hr)	시간-면적 (km^2)	조정된 시간-면적	0.227I (m^3/sec)	$0.773O_1$ (m^3/sec)	유출량 (m^3/sec)
0	0	0	0.00	0.00	0.00
1	4	4	2.52	0.00	2.52
2	13	26	16.40	1.95	18.35
3	24	72	45.40	14.18	59.58
4	16	32	20.18	46.06	66.24
5				51.20	51.20
6				39.58	39.58
7				30.59	30.59
8				23.65	23.65
9				18.28	18.28
10				14.13	14.13
11				10.92	10.92
12				8.44	8.44
13				6.53	6.53
14				5.05	5.05
15				3.90	3.90
16				3.01	3.01
17				2.33	2.33
18				1.80	1.80
19				1.39	1.39
20				1.08	1.08

4.4 수리학적 홍수추적

수리학적 홍수추적(hydraulic routing)은 개수로에서의 부정류흐름에 대한 연속방정식과 운동방정식의 해석에 기본을 두고 있으며, 수문학적 홍수추적보다 정확하지만 더 복잡하다. 수리학적 추적을 위한 미분방정식들은 컴퓨터를 이용한 수치해석을 통해 해석을 하게 되며 Saint-Venant 방정식으로 알려져 있다. 하천, 저수지 그리고 해안에서의 부정류는 조수, 홍수파 그리고 급격한 저수지의 방출 등에 의한 장파(longwave) 흐름에 의해 발생하게 된다. 이러한 홍수 파형들은 오직 Saint-Venant 방정식에 의해서만 적절히 표현할 수 있다. 대부분의 경우 지배방정식은 일차원 연속방정식과 등류관계로 단순화 할 수 있으며, 이를 운동파추적(kinematic wave routing)이라 한다.

4.4.1 부정류 흐름방정식

수리학적 홍수추적은 분포형 추적(distributed routing)이라고도 하며, 공간 및 시간의 함수로

수심 및 유량을 계산하게 된다. 부정류 흐름방정식인 Saint-Venant 방정식은 유량과 면적의 항으로 표현하는 보전(conservation) 형태와 유속과 수심으로 표현하는 비보전(non conservation) 형태로 구성된다. 운동량방정식은 흐름 운동을 지배하는 물리적 과정의 항 즉, 시간에 대한 유속의 변화로 인한 운동량의 변화를 나타내는 국지(local)가속항, 하도를 따라 변하는 유속으로 인한 운동량의 변화를 나타내는 이송(convective)가속항, 하도를 따라 변하는 수심에 비례하는 압력항, 하상경사 S_o에 비례하는 중력항 그리고 마찰경사 S_f에 비례하는 마찰력항으로 구성된다.

수리학적 홍수추적 모형은 운동파모형(kinematic wave model), 확산파모형(diffusion wave model) 그리고 동력파모형(dynamic wave model)으로 구분하며, 연속방정식의 모든 항을 사용하고 운동량 방정식의 일부 항의 생략에 따라 분류된다. 가장 간단한 분포형 모형인 운동파모형은 운동량 방정식의 국지가속항, 이송가속항 및 압력항을 생략하고 있다. 즉, $S_o=S_f$로 가정하고 마찰력과 중력이 서로 평형을 이룬다고 가정한다. 확산파모형에서는 운동량 방정식에서 국지 및 이송 가속항은 생략하지만 운동파모형과는 달리 압력항은 고려하고 있다. 동력파모형에서는 운동량 방정식의 모든 항을 고려하여 해석하게 된다. 다음은 Saint-Venant 방정식을 구성하고 있는 연속방정식 및 운동량 방정식의 각 항을 보여주고 있다.

○ 연속방정식

보전형태 : $$\frac{\partial Q}{\partial x}+\frac{\partial A}{\partial t}=0 \qquad (4.4.1)$$

비보전형태 : $$V\frac{\partial y}{\partial x}+\frac{\partial V}{\partial x}+\frac{\partial y}{\partial t}=0 \qquad (4.4.2)$$

○ 운동량방정식

보전형태 : $$\frac{1}{A}\frac{\partial Q}{\partial t}+\frac{1}{A}\frac{\partial}{\partial x}\left(\frac{Q^2}{A}\right)+g\frac{\partial y}{\partial x}-g(S_o-S_f)=0 \qquad (4.4.3)$$

비보전형태 : $$\frac{\partial V}{\partial t}+V\frac{\partial V}{\partial x}+g\frac{\partial y}{\partial x}-g(S_o-S_f)=0 \qquad (4.4.4)$$

국지가속항 　 이송가속항 　 압력항 　 중력항 　 마찰력항

|← (중력항부터) 운동파모형

|← (압력항부터) 확산파모형

|← (국지가속항부터) 동력파모형

4.4.2 운동파 홍수추적

관성력 및 압력이 중요하지 않은 흐름에서는 운동파가 지배하게 되고, 대하천에서의 큰 홍수파가 지나갈 때와 같이 관성력 및 압력이 중요할 경우에는 동력파가 흐름을 지배하게 된다. 운동파 모형에서는 중력 및 마찰력이 평형을 이루게 되고, 따라서 흐름은 가속되지 않는다. 운동파 모형에서는 에너지선이 하상과 평행하고, 흐름은 계산 구간 내에서 정상등류가 되며, 동력파 모형에서는 계산 요소에서 에너지선 및 수표면이 하상과 평행하지가 않다.

1) 운동파방정식

파(wave)란 유량이나 수위의 변화와 같은 흐름의 변화를 말하며, 파의 전파속도(wave celerity)는 하도를 따라 이러한 변화가 전파되는 속도를 의미한다. 전파속도는 파의 종류에 따라 변하며 물의 흐름속도와는 다르다. 운동파 모형에서는 운동량방정식에서 가속항과 압력항을 무시하게 되고, 파의 운동은 주로 연속방정식으로 표현된다. 운동학(kinematics)이 질량 및 힘의 영향을 배제한 흐름에 대해 다루고 있으므로 운동파란 이름을 붙이게 되고, 반면에 동력학(dynamics)에서는 이들의 영향을 고려하므로 동력파란 이름을 사용한다.

운동파 모형은 다음과 같은 연속방정식 및 운동량방정으로 나타낸다.

$$\text{연속방정식} \quad : \frac{\partial Q}{\partial x} + \frac{\partial A}{\partial t} = q(x, t) \tag{4.4.5}$$

$$\text{운동량방정식} : S_o = S_f \tag{4.4.6}$$

여기서, q(x,t)는 하도의 단위길이 당 순 측면 유입량, A는 단면적을 의미한다. 운동량방정식은 다음과 같은 형태로 표현할 수가 있다.

$$A = \alpha Q^{\beta} \tag{4.4.7}$$

만일 Manning의 공식을 적용하면 식 (4.4.7)은 다음과 같이 나타난다.

$$A = \left(\frac{nP^{2/3}}{S_o^{1/2}} \right)^{3/5} Q^{3/5} \tag{4.4.8}$$

여기서, n은 Manning의 조도계수, P는 윤변 그리고 S_o는 하상경사이다. 따라서 식 (4.4.7)과 비교하면 $\alpha = (nP^{2/3}/S_o^{1/2})^{3/5}$가 되고, $\beta = 3/5$가 된다.

식 (4.4.5)는 두 개의 종속변수 Q와 A를 포함하고 있다. 먼저 $\partial A/\partial t$를 얻기 위해 식 (4.4.7)을 시간 t로 미분하면

$$\frac{\partial A}{\partial t} = \alpha\beta Q^{\beta-1} \frac{\partial Q}{\partial t} \tag{4.4.9}$$

식 (4.4.9)를 식 (4.4.5)에 대입하여 정리하면

$$\frac{\partial Q}{\partial x} + \alpha\beta Q^{\beta-1} \frac{\partial Q}{\partial t} = q(x, t) \tag{4.4.10}$$

만일 운동량방정식에서 유량을 다음과 같이 단면적의 함수로 나타내면

$$Q = aA^{B} \tag{4.4.11}$$

이를 Manning의 공식으로 표현하면 다음과 같다.

$$Q = \left(\frac{S_o^{1/2}}{nP^{2/3}} \right)^{5/3} A^{5/3} \tag{4.4.12}$$

따라서 식 (4.4.11)과 비교하면 $a=(S_o^{1/2}/nP^{2/3})^{5/3}$가 되고, B=5/3이 된다. $\partial Q/\partial x$는 다음과 같이 나타낼 수 있으므로

$$\frac{\partial Q}{\partial x} = \frac{dQ}{dA}\frac{\partial A}{\partial x} \tag{4.4.13}$$

지배방정식 식 (4.4.5)는 다음과 같이 표현된다.

$$\frac{\partial A}{\partial t} + \frac{dQ}{dA}\frac{\partial A}{\partial x} = q(x, t) \tag{4.4.14}$$

한편 식 (4.4.11)을 A에 대해 미분하면

$$\frac{dQ}{dA} = aBA^{B-1} \tag{4.4.15}$$

식 (4.4.15)를 식 (4.4.14)에 대입하면

$$\frac{\partial A}{\partial t} + aBA^{B-1}\frac{\partial A}{\partial x} = q(x, t) \tag{4.4.16}$$

즉, 운동량방정식을 식 (4.4.7)과 같이 적용하면, 유량이 종속변수인 식 (4.4.10)이 지배방정식이 되고, 운동량방정식을 식 (4.4.11)과 같이 적용하면, 단면적 A가 종속변수인 식 (4.4.16)이 지배방정식이 된다.

2) 운동파 전파속도

운동파는 유량의 변화로 인해 나타나므로 유량의 변화를 전미분 형태로 나타내면 다음과 같다.

$$dQ = \frac{\partial Q}{\partial x}dx + \frac{\partial Q}{\partial t}dt \tag{4.4.17}$$

양변을 dx로 나누고 정리하면

$$\frac{\partial Q}{\partial x} + \frac{dt}{dx}\frac{\partial Q}{\partial t} = \frac{dQ}{dx} \tag{4.4.18}$$

식 (4.4.18)에서 dQ/dx와 dx/dt를 다음과 같이 나타내면 식 (4.4.10)과 식 (4.4.18)은 같게 된다.

$$\frac{dQ}{dx} = q(x, t) \tag{4.4.19}$$

$$\frac{dx}{dt} = \frac{1}{\alpha\beta Q^{\beta-1}} \tag{4.4.20}$$

식 (4.4.7)을 A에 대해 미분하고 정리하면

$$\frac{dQ}{dA} = \frac{1}{\alpha\beta Q^{\beta-1}} \tag{4.4.21}$$

식 (4.4.20)과 식 (4.4.21)의 우변항이 동일하므로

$$\frac{dx}{dt} = \frac{dQ}{dA} = C_k \tag{4.4.22}$$

여기서, C_k는 운동파의 전파속도이다. 만일 관측자가 C_k의 속도로 흐름과 같이 이동한다면 dQ/dx=q의 율로 유량이 증가하는 것을 보게 되고, 측방향 유입량 q=0이면 유량은 변화가 없게 된다. 식 (4.4.19)와 식 (4.4.22)가 운동파의 특성방정식(characteristic equation)이며, 두 미분방정식은 연속방정식 및 운동량방정식과 수학적으로 동일하다.

하폭을 B라하면 dA=Bdy이므로 식 (4.4.22)는 수심의 항으로 나타낼 수 있다.

$$\frac{1}{B}\frac{dQ}{dy} = C_k \tag{4.4.23}$$

운동파 및 동력파 운동은 자연상태의 홍수파의 거동을 나타낸다고 할 수 있다. 대부분의 경우 하도 경사는 운동량방정식을 지배하므로, 대부분의 홍수파는 운동파로 이동하게 된다.

3) 지표면 유출 및 하도 홍수추적에 대한 운동파 모형

유출계산 모형인 미육군공병단에서 개발한 HEC-1 컴퓨터 프로그램에서는 두 가지 운동파 형태가 적용되고 있다. 첫 번째로는 운동량방정식의 지배방정식 (4.4.16)을 양해성 유한차분(explicit finite difference)형태를 사용하여 해석하게 된다.

$$\frac{\partial A}{\partial t} + aBA^{B-1}\frac{\partial A}{\partial x} = q \tag{4.4.16}$$

여기서, 각 항목은 다음과 같이 나타낸다.

$$\frac{\partial A}{\partial t} = \frac{A_{i+1}^{j+1} - A_{i+1}^{j}}{\Delta t} \tag{4.4.24}$$

$$\frac{\partial A}{\partial x} = \frac{A_{i+1}^{j} - A_{i}^{j}}{\Delta x} \tag{4.4.25}$$

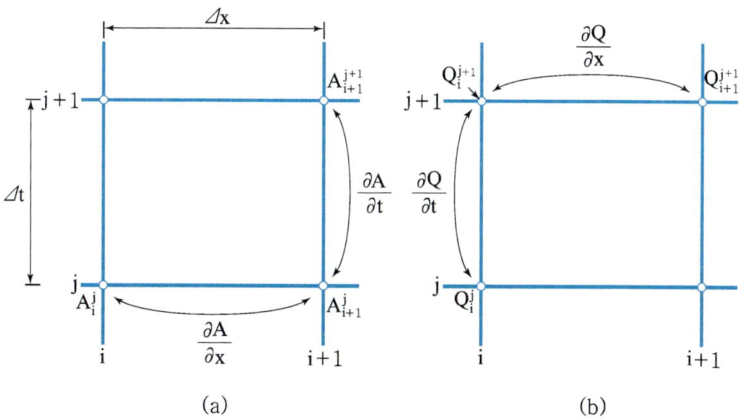

그림 4.4.1 단면적과 유량에 대한 유한차분형태

$$A = \frac{A_{i+1}^{j} + A_{i}^{j}}{2} \tag{4.4.26}$$

$$q = \frac{q_{i+1}^{j+1} - q_{i+1}^{j}}{2} \tag{4.4.27}$$

이들 유한차분 개략식을 식 (4.4.16)에 적용하면 다음과 같다.

$$\frac{1}{\Delta t}\left(A_{i+1}^{j+1} - A_{i+1}^{j}\right) + aB\left(\frac{A_{i+1}^{j} + A_{i}^{j}}{2}\right)^{B-1}\left(\frac{A_{i+1}^{j} - A_{i}^{j}}{\Delta x}\right) = \frac{q_{i+1}^{j+1} + q_{i+1}^{j}}{2} \tag{4.4.28}$$

여기에서 미지항은 오직 A_{i+1}^{j+1}이며, 이 미지항에 대해 정리하면

$$A_{i+1}^{j+1} = A_{i+1}^{j} - aB\left(\frac{\Delta t}{\Delta x}\right)\left(\frac{A_{i+1}^{j} + A_{i}^{j}}{2}\right)^{B-1}\left(A_{i+1}^{j} - A_{i}^{j}\right) + \left(q_{i+1}^{j+1} + q_{i+1}^{j}\right)\frac{\Delta t}{2} \tag{4.4.29}$$

시간선을 따라 상류로부터 하류방향으로 각 격자에 대한 A_{i+1}^{j+1}를 계산한 후 식 (4.4.11)과 같은 식 (4.4.30)으로부터 유량을 계산한다.

$$Q_{i+1}^{j+1} = a\left(A_{i+1}^{j+1}\right)^{B} \tag{4.4.30}$$

HEC-1 모형에서는 다음과 같이 표현되는 안정계수 R이 1보다 작은 경우 위와 같은 운동파 모형을 사용하게 된다.

$$R = \frac{a}{q\Delta x}\left[\left(q\Delta t + A_{i}^{j}\right)^{B} - \left(A_{i}^{j}\right)^{B}\right] \qquad q > 0 \text{ 인 경우} \tag{4.4.31}$$

$$R = aB\left(A_{i}^{j}\right)^{B-1}\frac{\Delta t}{\Delta x} \qquad q = 0 \text{ 인 경우} \tag{4.4.32}$$

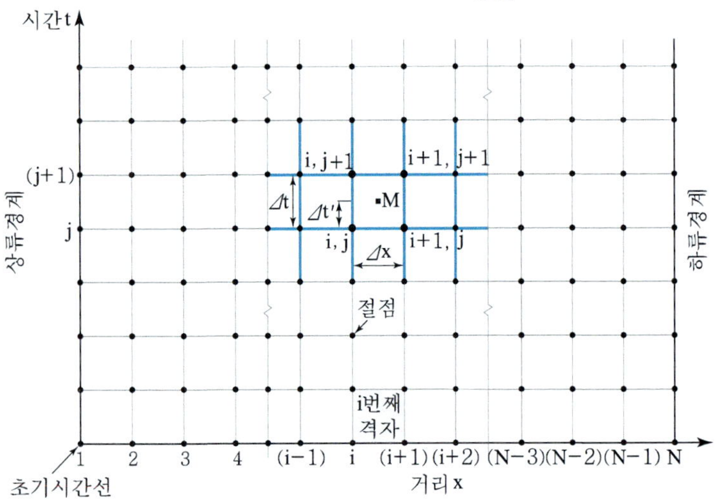

그림 4.4.2 시간 및 공간에 대한 유한차분형태

위의 조건을 만족하지 못하는 경우 연속방정식 (4.4.5)의 각 항을 다음과 같이 나타낸다.

$$\frac{\partial Q}{\partial x} = \frac{Q_{i+1}^{j+1} - Q_{i}^{j+1}}{\Delta x} \tag{4.4.33}$$

$$\frac{\partial A}{\partial t} = \frac{A_{i}^{j+1} - A_{i}^{j}}{\Delta t} \tag{4.4.34}$$

따라서 식 (4.4.5)는

$$\frac{Q_{i+1}^{j+1} - Q_{i}^{j+1}}{\Delta x} + \frac{A_{i}^{j+1} - A_{i}^{j}}{\Delta t} = q \tag{4.4.35}$$

식 (4.4.35)에서도 미지항은 오직 Q_{i+1}^{j+1}이므로 이에 대해 정리하면

$$Q_{i+1}^{j+1} = Q_i^{j+1} + q\Delta t - \frac{\Delta x}{\Delta t}\left(A_i^{j+1} - A_i^j\right) \tag{4.4.36}$$

따라서 식 (4.4.30)을 사용하여 A_{i+1}^{j+1}에 대해 풀게 된다.

$$A_{i+1}^{j+1} = \left(\frac{1}{a} Q_{i+1}^{j+1}\right)^{1/B} \tag{4.4.37}$$

초기조건(initial condition) 즉, 그림 4.4.2와 같이 격자를 따라 시간 0일 때 A와 Q값은 초기 유량에 대해 등류 또는 부등류로 가정하여 계산한다. 상류경계(upstream boundary)는 유입수문곡선으로부터 구하게 된다.

4) KINEROS 하도추적 모형

앞에서 설명한 바와 같이 HEC-1 모형에서 사용하고 있는 운동파 기법은 매우 단순화한 것으로 운동파 기법의 좀 더 개선된 형태가 다음과 같이 Woolhiser 등(1990)에 의해 제시되어 KINEROS 하도추적모형에 사용되고 있는 식 (4.4.14)와 같은 형태의 운동파 방정식이다.

$$\frac{\partial A}{\partial t} + \frac{dQ}{dA}\frac{\partial A}{\partial x} = q(x,t) \tag{4.4.14}$$

식 (4.4.14)에서의 시간 및 공간에 대한 미분은 음해성(implcit) 유한차분기법을 사용하여 다음과 같이 나타낼 수 있다.

$$\frac{\partial A}{\partial x} = \theta \frac{A_{i+1}^{j+1} - A_i^{j+1}}{\Delta x} + (1-\theta)\frac{A_{i+1}^j - A_i^j}{\Delta x} \tag{4.4.38}$$

$$\frac{dQ}{dA}\frac{\partial A}{\partial x} = \theta\left(\frac{dQ}{dA}\right)^{j+1}\left(\frac{A_{i+1}^{j+1} - A_i^{j+1}}{\Delta x}\right) + (1-\theta)\left(\frac{dQ}{dA}\right)^{j+1}\left(\frac{A_{i+1}^j - A_i^j}{\Delta x}\right) \tag{4.4.39}$$

$$\frac{\partial A}{\partial t} = \frac{1}{2}\left(\frac{A_i^{j+1} - A_i^j}{\Delta t} + \frac{A_{i+1}^{j+1} - A_{i+1}^j}{\Delta t}\right) = \frac{A_{i+1}^{j+1} - A_{i+1}^j + A_i^{j+1} - A_i^j}{2\Delta t} \tag{4.4.40}$$

식 (4.4.38)~(4.4.40)을 식 (4.4.14)에 대입하면

$$\frac{A_{i+1}^{j+1} - A_{i+1}^j + A_i^{j+1} - A_i^j}{2\Delta t} + \theta\left(\frac{dQ}{dA}\right)^{j+1}\left(\frac{A_{i+1}^{j+1} - A_i^{j+1}}{\Delta x}\right) + (1-\theta)\left(\frac{dQ}{dA}\right)^{j+1}\left(\frac{A_{i+1}^j - A_i^j}{\Delta x}\right)$$
$$= \frac{1}{2}\left(q_{i+1}^{j+1} + q_i^{j+1} + q_{i+1}^j + q_i^j\right) \tag{4.4.41}$$

식 (4.4.41)에서 미지항은 오직 A_{i+1}^{j+1}이며, 이 항은 Newton-Raphson 방법과 같은 반복기법을

사용하여 수치적으로 해석하게 된다. Woolhiser 등(1990)은 하도의 유량과 단면간의 다음과 같은 관계를 사용하였다.

$$Q = \alpha R^{m-1} A \qquad (4.4.42)$$

여기서, Manning의 식에 대해 R은 동수반경, $\alpha = S_o^{1/2}/n$ 그리고 m=5/3이다.

4.4.3 Muskingum-Cunge 모형

Cunge(1969)는 Muskingum 방법을 기본으로 한 변형된 운동파 방법을 제시하였다. 그림 4.4.2에 나타나 있는 유한차분형태를 이용하여 미지의 유출항인 Q_{i+1}^{j+1}은 다음과 같이 Muskingum 식을 사용하여 나타낼 수가 있다.

$$Q_{j+1} = C_o I_{j+1} + C_1 I_j + C_2 Q_j \qquad (4.4.43)$$

$$Q_{i+1}^{j+1} = C_o Q_i^{j+1} + C_1 Q_i^j + C_2 Q_{i+1}^j \qquad (4.4.44)$$

여기서, $Q_{i+1}^{j+1} = Q_{j+1}$, $Q_i^{j+1} = I_{j+1}$, $Q_i^j = I_j$ 그리고 $Q_{i+1}^j = Q_j$ 이다. Muskingum의 계수들은

$$C_o = \frac{\Delta t - 2KX}{2K(1-X)+\Delta t},\quad C_1 = \frac{\Delta t + 2KX}{2K(1-X)+\Delta t},\quad C_2 = \frac{2K(1-X)-\Delta t}{2K(1-X)+\Delta t} \qquad (4.4.45)$$

K와 X가 일정한 상수로 고려되면 식 (4.4.44)는 운동파 모형의 근사해가 된다. 또한 K와 X가 다음과 같이 주어지면 식 (4.4.44)는 확산파 모형의 근사해가 된다.

$$K = \frac{\Delta x}{C_k} = \frac{\Delta x}{dQ/dA} \qquad (4.4.46)$$

$$X = \frac{1}{2}\left(1 - \frac{Q}{BC_k S_o \Delta x}\right) \qquad (4.4.47)$$

여기서, C_k는 Q와 B에 상응하는 전파속도이고, B는 수표면의 폭이다. 식 (4.4.46)의 $\Delta x/(dQ/dA)$의 값은 하도구간 길이 Δx에 대한 주어진 유량의 전파시간을 의미한다. 수치적인 안정을 위해서는 $0 \le X \le 0.5$이 요구되고, 해를 구하는 절차는 운동파 모형와 근본적으로 같다.

4.4.4 음해성 동력파 모형

Saint-Venant 방정식의 보존형태는 하천에서의 점진적인 장기간의 홍수파로부터 댐 파괴로 인한 급작스런 파에 이르기까지 광범위한 흐름에 대해 모의할 수가 있으므로 자주 사용되어 진다. 동력파 방정식은 연속방정식의 보존형태인 식 (4.4.48)과 수위 h의 변화를 수심 y와 하상고 z의

변화로 나타낸 식 (4.4.49)로부터 얻어진다.

$$\frac{\partial Q}{\partial x}+\frac{\partial A}{\partial t}-q=0 \tag{4.4.48}$$

$$\frac{\partial h}{\partial x}=\frac{\partial y}{\partial x}+\frac{\partial z}{\partial x} \tag{4.4.49}$$

Saint-Venant 방정식과 함께 동력파 홍수추적을 위해 식 (4.4.50)~(4.4.52)과 같이 주어진 가중 4점 유한차분법을 사용한다. $\partial Q/\partial x$ 및 $\partial h/\partial x$와 같은 거리에 대한 미분은 다음과 같이 표현된다.

$$\frac{\partial Q}{\partial x}=\theta\frac{Q_{i+1}^{j+1}-Q_i^{j+1}}{\Delta x_i}+(1-\theta)\frac{Q_{i+1}^{j}-Q_i^{j}}{\Delta x_i} \tag{4.4.50}$$

$$\frac{\partial h}{\partial x}=\theta\frac{h_{i+1}^{j+1}-h_i^{j+1}}{\Delta x_i}+(1-\theta)\frac{h_{i+1}^{j}-h_i^{j}}{\Delta x_i} \tag{4.4.51}$$

시간에 대한 미분은 다음과 같다.

$$\frac{\partial (A+A_o)}{\partial t}=\frac{(A+A_o)_i^{j+1}+(A+A_o)_{i+1}^{j+1}-(A+A_o)_i^{j}-(A+A_o)_{i+1}^{j}}{2\Delta t_j} \tag{4.4.52}$$

$$\frac{\partial Q}{\partial t}=\frac{Q_i^{j+1}+Q_{i+1}^{j+1}-Q_i^{j}-Q_{i+1}^{j}}{2\Delta t_j} \tag{4.4.53}$$

미분형태가 아닌 q와 A는 다음과 같이 인접한 격자점들의 값을 이용하여 나타낸다.

$$q=\theta\frac{q_i^{j+1}+q_{i+1}^{j+1}}{2}+(1-\theta)\frac{q_i^{j}+q_{i+1}^{j}}{2}=\theta\bar{q}_i^{j+1}+(1-\theta)\bar{q}_i^{j} \tag{4.4.54}$$

$$A=\theta\left(\frac{A_i^{j+1}+A_{i+1}^{j+1}}{2}\right)+(1-\theta)\left(\frac{A_i^{j}+A_{i+1}^{j}}{2}\right)=\theta\bar{A}_i^{j+1}+(1-\theta)\bar{A}_i^{j} \tag{4.4.55}$$

여기서, $\bar{q}_i$와 $\bar{A}_i$는 하도구간 Δx_i에 대한 횡방향 유입 및 횡단면의 평균치이다.

연속방정식의 유한차분 형태는 식 (4.4.50), (4.4.52) 및 (4.4.54)를 식 (4.4.48)에 대입하여 얻게 된다.

$$\theta\left(\frac{Q_{i+1}^{j+1}-Q_i^{j+1}}{\Delta x_i}-\bar{q}_i^{j+1}\right)+(1-\theta)\left(\frac{Q_{i+1}^{j}-Q_i^{j}}{\Delta x_i}-\bar{q}_i^{j}\right)$$
$$+\frac{(A+A_o)_i^{j+1}+(A+A_o)_{i+1}^{j+1}-(A+A_o)_i^{j}-(A+A_o)_{i+1}^{j}}{2\Delta t_j}=0 \tag{4.4.56}$$

같은 방법으로 보존형태의 운동량방정식 (4.4.3)은 다음과 같이 유한차분형태로 나타낼 수 있다.

$$\frac{Q_i^{j+1}+Q_{i+1}^{j+1}-Q_i^j-Q_{i+1}^j}{2\Delta t_j} \tag{4.4.57}$$
$$+\theta\left[\frac{(\beta Q^2/A)_{i+1}^{j+1}-(\beta Q^2/A)_i^{j+1}}{\Delta x_i}+g\overline{A}_i^{j+1}\left(\frac{h_{i+1}^{j+1}-h_i^{j+1}}{\Delta x_i}+(\overline{S}_f)_i^{j+1}+(\overline{S}_e)_i^{j+1}\right)-(\overline{\beta q v_x})_i^{j+1}\right]$$
$$+(1-\theta)\left[\frac{(\beta Q^2/A)_{i+1}^{j}-(\beta Q^2/A)_i^{j}}{\Delta x_i}+g\overline{A}_i^{j}\left(\frac{h_{i+1}^{j}-h_i^{j}}{\Delta x_i}+(\overline{S}_f)_i^{j}+(\overline{S}_e)_i^{j}\right)-(\overline{\beta q v_x})_i^{j}\right]=0$$

연속방정식의 4점 유한차분형태는 식 (4.4.56)에 Δx_i를 곱해 다음과 같이 나타낼 수가 있다.

$$\theta\left(Q_{i+1}^{j+1}-Q_i^{j+1}-\overline{q}_i^{j+1}\Delta x_i\right)+(1-\theta)\left(Q_{i+1}^{j}-Q_i^{j}-\overline{q}_i^{j}\Delta x_i\right)$$
$$+\frac{\Delta x_1}{2\Delta t_j}\left[(A+A_o)_i^{j+1}+(A+A_o)_{i+1}^{j+1}-(A+A_o)_i^{j}-(A+A_o)_{i+1}^{j}\right]=0 \tag{4.4.58}$$

같은 방법으로 Δx_i를 곱해 운동량방정식을 수정하면

$$\frac{\Delta x_i}{2\Delta t_j}\left(Q_i^{j+1}-Q_{i+1}^{j+1}-Q_i^j-Q_{i+1}^j\right) \tag{4.4.59}$$
$$+\theta\left\{\left(\frac{\beta Q^2}{A}\right)_{i+1}^{j+1}-\left(\frac{\beta Q^2}{A}\right)_i^{j+1}+g\overline{A}_i^{j+1}\left[h_{i+1}^{j+1}-h_i^{j+1}+(\overline{S}_f)_i^{j+1}\Delta x_i+(\overline{S}_e)_i^{j+1}\Delta x_i\right]-(\overline{\beta q v_x})_i^{j+1}\Delta x_i\right\}$$
$$+(1-\theta)\left\{\left(\frac{\beta Q^2}{A}\right)_{i+1}^{j}-\left(\frac{\beta Q^2}{A}\right)_i^{j}+g\overline{A}_i^{j}\left[h_{i+1}^{j}-h_i^{j}+(\overline{S}_f)_i^{j}\Delta x_i+(\overline{S}_e)_i^{j}\Delta x_i\right]-(\overline{\beta q v_x})_i^{j}\Delta x_i\right\}=0$$

각 구간에서의 평균치는 다음과 같이 나타낸다.

$$\overline{\beta}_i=\frac{\beta_i+\beta_{i+1}}{2},\quad \overline{A}_i=\frac{A_i+A_{i+1}}{2},\quad \overline{B}_i=\frac{B_i+B_{i+1}}{2},\quad \overline{Q}_i=\frac{Q_i+Q_{i+1}}{2} \tag{4.4.60}$$

그리고 Manning의 공식을 사용할 때

$$\overline{R}_i=\frac{\overline{A}_i}{\overline{B}_i} \tag{4.4.61}$$

Manning의 공식에서 S_f는 식 (4.4.62)의 형태로 적용하게 되며, 여기서, $|Q|Q$항은 Q^2과 크기가 같으며 흐름이 하류 또는 상류인지에 따라 양 또는 음의 값을 갖는다.

$$(\overline{S}_f)_i=\frac{\overline{n}_i^2|\overline{Q}_i|\overline{Q}_i}{\overline{A}_i^2\overline{R}_i^{4/3}} \tag{4.4.62}$$

하도의 수축 및 확장으로 인한 미소손실수두는 상, 하류 유속의 제곱의 차이 및 수축 또는 확장 손실계수 K_e에 비례한다.

$$(\overline{S}_e)_i = \frac{(K_e)_i}{2g\Delta x_i}\left[\left(\frac{Q}{A}\right)^2_{i+1} - \left(\frac{Q}{A}\right)^2_i\right] \tag{4.4.63}$$

식 (4.4.58)과 식 (4.4.59)에서의 위첨자 j를 포함하는 항은 이전 시간 단계에서의 Saint-Venant 식으로부터 구하거나, 초기조건으로부터 구하게 된다. 또한 g, Δx_i, β_i 그리고 K_e는 기지의 값이고 해석에 독립적으로 적용하게 된다. 미지의 항들은 Q_i^{j+1}, Q_{i+1}^{j+1}, h_{i+1}^{j+1}, A_i^{j+1}, A_{i+1}^{j+1}, B_i^{j+1} 그리고 B_{i+1}^{j+1}항이 있지만, 이들 모든 항들이 미지항 Q_i^{j+1}, Q_{i+1}^{j+1}, h_i^{j+1} 및 h_{i+1}^{j+1}항으로 표현되므로, 실제로 미지수는 4개가 된다. 이들 미지항들의 지수가 1이 아니므로 식 (4.4.58)과 식 (4.4.59)는 비선형 방정식이 된다.

연속방정식 및 운동량방정식이 그림 4.4.2와 같이 상류경계 i=1에서부터 하류경계 i=N 사이의 N-1개 사각형 격자 각각에 대해 고려되므로 2N-2개의 식이 형성된다. N개의 각 격자점에 유량 Q 및 수심 h 두개의 미지항이 있으므로, 전체적으로 2N개의 미지항이 존재하게 된다. 따라서 해를 구하기 위해서는 두 개의 추가적인 식이 필요하며, 이는 상류 및 하류의 경계조건으로부터 구하게 된다. 상류 경계조건은 기지의 유입수문곡선을 적용할 수가 있고, 하류 경계조건은 기지의 수위수문곡선, 유출수문곡선 또는 수위-유량관계곡선을 적용할 수가 있다.

연습문제

4.1 유입 및 유출수문곡선이 표 4.1과 같을 때 유입 및 유출수문곡선을 그리고 다음을 계산하라

표 4.1 유입 및 유출량

시간 (day)	유입량 (m^3/sec)	유출량 (m^3/sec)	시간 (day)	유입량 (m^3/sec)	유출량 (m^3/sec)	시간 (day)	유입량 (m^3/sec)	유출량 (m^3/sec)
0	0	0	4	330	520	8	0	28
1	330	105	5	170	356	9	0	0
2	990	514	6	60	214	10	0	0
3	610	645	7	0	108			

1) 각 날(Δt=1)에 대한 평균저류량을 계산하고 시간별 저류량을 도시하라. 저수지는 초기에 비어 있다고 가정한다(S_0=0).

2) 최대의 저류가 발생할 때는 언제 얼마인가.

4.2 밑면적이 2,500m^2이고 표고가 25m인 원형저수지가 있다. 저수지의 측면경사가 8:1일 때 표고별 수표면적 및 저류량 관계곡선을 표고 35m까지 0.5m 간격으로 구하라.

4.3 연습문제 4.2와 같은 저수지에 배수를 위한 콘크리트 배수관로가 5개 설치되어 있다. 배수관로의 직경은 1m이고 관로 중심의 높이는 27m일 때 표고별 유출량관계를 구하라. 배수관로는 관로가 완전히 잠기는 27.5m부터 배수를 한다고 가정하라. 오리피스의 유량계수는 0.7로 가정하라.

4.4 연습문제 4.2와 4.3에서 구한 표고별 저류량 및 표고별 유출량관계를 이용하여 저류량-유출량관계곡선을 구하라. 시간간격 Δt는 30분 간격으로 한다.

4.5 홍수량을 저류하기 위한 저수지가 있다. 저수지의 면적은 2,200m^2이며 수직벽으로 이루어져 있다. 배수구조물로 직경 2.0m의 콘크리트 배수관이 설치되어 있으며 수위별 배수관을 통한 유출량이 표 4.5와 같이 주어져 있다. 저수지추적을 위한 유출량-저류량 관계곡선을 구하라. 시간구간은 10분으로 하라.

표 4.5 수위별 유출량

수위 H (m)	유출량 O (m^3/sec)	수위 H (m)	유출량 O (m^3/sec)	수위 H (m)	유출량 O (m^3/sec)	수위 H (m)	유출량 O (m^3/sec)
0.000	0.00	0.914	2.55	1.829	5.73	2.743	8.22
0.152	0.08	1.067	3.14	1.981	6.19	2.896	8.60
0.305	0.34	1.219	3.72	2.134	6.59	3.048	9.00
0.457	0.70	1.372	4.24	2.286	7.02		
0.610	1.29	1.524	4.81	2.438	7.40		
0.798	2.08	1.676	5.28	2.591	7.83		

4.6 연습문제 4.5에서 구한 유출량-저류량관계를 이용하여 시간별 저수지로의 유입수문곡선이 다음과 같이 주어질 때 저수지추적 방법을 이용하여 저수지로부터의 유출수문곡선을 계산하라. 초기에 저수지는 비어있다고 가정하라.

표 4.6 수위별 유출량

시간 (min)	유입량 I (m^3/sec)	시간 (min)	유입량 I (m^3/sec)	시간 (min)	유입량 I (m^3/sec)	시간 (min)	유입량 I (m^3/sec)
0	0.00	60	6.12	120	2.04	180	–
10	1.02	70	5.44	130	1.36	190	–
20	2.04	80	4.76	140	0.68	200	–
30	3.06	90	4.08	150	0.00	210	–
40	4.08	100	3.40	160	0.00		
50	5.10	110	2.72	170	–		

4.7 표 4.7과 같이 유입량과 유출량이 주어질 때 Muskingum의 상수 K와 X를 결정하라. 하도의 횡단면 및 경사는 일정하다고 가정하라.

표 4.7 유입량 및 유출량

시간 (day)	평균유입량 $(I_1+I_2)/2$ (m^3/sec)	평균유출량 $(O_1+O_2)/2$ (m^3/sec)	시간 (day)	평균유입량 $(I_1+I_2)/2$ (m^3/sec)	평균유출량 $(O_1+O_2)/2$ (m^3/sec)
1	0	0	7	100	250
2	350	100	8	50	150
3	950	500	9	0	100
4	600	600	10	0	50
5	350	500	11	0	0
6	200	350			

4.8 표 4.8과 같이 특정하도구간에서의 유입량과 유출량이 주어질 때 하도구간에서의 일별 저류량을 산정하라.

표 4.8 유입량 및 유출량

시간 (day)	유입량 (m^3/sec)	유출량 (m^3/sec)	시간 (day)	유입량 (m^3/sec)	유출량 (m^3/sec)	시간 (day)	유입량 (m^3/sec)	유출량 (m^3/sec)
1	46	36	9	440	681	16	84	150
2	58	43	10	328	560	17	71	124
3	121	42	11	251	437	18	60	104
4	346	61	12	196	341	19	52	86
5	575	149	13	153	272	20	46	73
6	717	326	14	124	218	21	41	62
7	741	536	15	101	180	22	37	30
8	612	674						

4.9 연습문제 4.8에서 주어진 유입량 및 유출량을 이용하여 Muskingum의 K와 X를 산정하라.

4.10 연습문제 4.8에서 주어진 유출량이 하도구간에서의 유입량이라고 할 때 Muskingum방법에 의해 하도 홍수추적을 실시하고 첨두유출량을 구하라. 단, Muskingum의 K=27hr, X=0.2를 적용하라.

4.11 그림 4.11과 같이 유효우량과 직접유출량이 주어질 때 Nash방법에 의한 순간단위도를 작성하기 위한 n과 K를 산정하라.

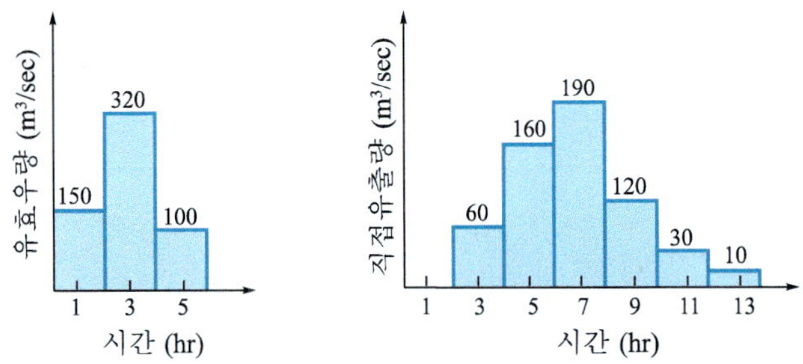

그림 4.11 유효우량 및 직접유출량 주상도

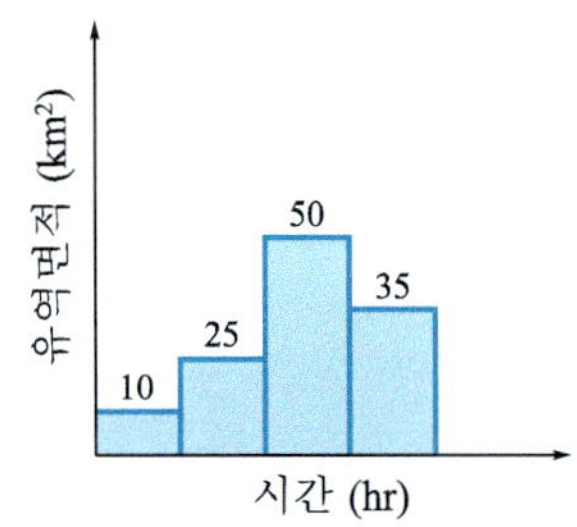

그림 4.13

4.12 유역면적이 550km^{2}이고, 지체시간이 10hr인 경우 n을 6으로 할 경우와 8로 할 경우의 Nash방법에 의한 순간단위도를 구하여 비교하라.

4.13 그림 4.13과 같이 유역면적이 120km^{2}인 유역이 등시간선에 의해 구분되어 있으며 도달시간에 따른 소유역 면적이 표 4.13과 같이 주어져 있을 때 Clark의 유역추적법을 이용하여 순간단위도를 구하고 2hr 단위도를 유도하라. 저류상수 K를 결정하기 위해 과거의 홍수수문곡선으로부터 변곡점에서의 유량이 450km^3/sec, 변곡점에서의 접선경사가 100m^3/sec/hr이고 기저유량은 50m^3/sec였다.

표 4.13 도달시간별 소유역면적

구 분	A	B	C	D
도달시간 (hr)	1	2	3	4
소유역면적 (km^2)	10	25	50	35

4.14 연습문제 4.13과 동일한 유역에 표 4.14와 같이 각 소유역마다 유효우량이 1시간 동안 내릴 경우 Clark의 유역추적법에 의해 유출수문곡선을 계산하라.

표 4.14 소유역별 강우강도

시간별 소유역	1	2	3	4
강우강도 (mm/hr)	8	25	40	15

Chapter 5

정수 및 동수역학

5.1 서론

정수역학(hydrostatic)에서는 물 입자 간에 상대적인 운동이 없는 즉, 흐르지 않고 정지하고 있는 물의 역학에 대해 다루며, 치수 및 이수를 위한 댐 및 수문에 작용하는 힘, 수조의 적정설계, 수중구조물에 작용하는 힘 등에서 정수역학의 원리가 적용된다. 한편 물이 흐르는 경우 물의 이동거리, 유속 및 가속도 그리고 물에 의한 힘을 고려하여 해석하게 된다. 이와 같이 물의 움직임은 운동학(kinematics) 및 동수역학(hydrodynamics)의 원리에 의해 해석되며, 수리역학의 가장 기본적인 방정식인 연속방정식과 에너지방정식 및 역적운동량방정식을 적용하게 된다.

5.2 정수역학

5.2.1 정수압

정지하고 있는 유체의 모든 지점에서는 특정한 크기의 압력이 작용하며, 이 유체가 물인 경우 작용하는 압력을 정수압(hydrostatic pressure)이라 한다. 정수압은 접촉하고 있는 물체에 항상 직각방향으로 작용하며, 이때 단위면적당 작용하는 압력을 압력강도(pressure intensity)라 한다. 즉, 정수압 p는 물에 의한 단위면적당 작용하는 힘 F(kg/cm^2, ton/m^2)를 말한다.

$$p = \frac{F}{A} \qquad (5.2.1)$$

1) 한 점에 작용하는 정수압

그림 5.2.1과 같은 자유물체도(free body diagram) 즉, 수중의 작은 삼각형 쐐기 모양을 한 가상적인 수체(water body)를 생각해 보자. 정수 중에는 물 분자간의 상대적인 움직임이 없으므로 전단응력이 발생하지 않고, 쐐기 모양의 수체에 작용하는 힘은 오직 물에 의한 압력 및 중력에 의한 무게만 작용하게 된다. 편의상 쐐기의 수체가 x방향으로 단위 두께를 가지고 무게는 −z방향으로 작용한다고 하면, 정수 중 쐐기 수체는 어느 한 쪽으로도 움직이지 않고 평형상태에 있으므로 y 및 z방향의 평형방정식은 다음과 같이 나타낼 수가 있다.

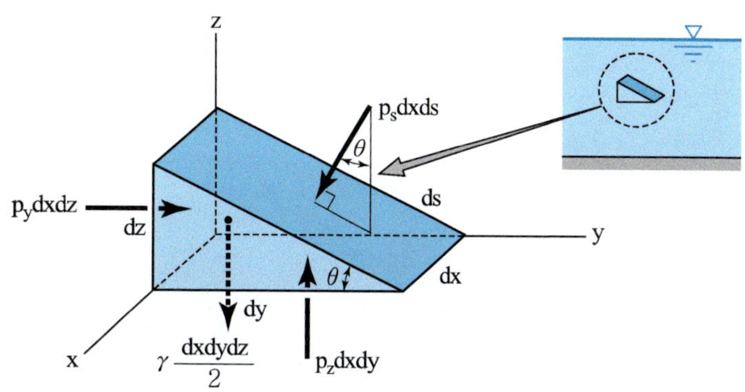

그림 5.2.1 유체의 임의의 쐐기모양의 수체에 작용하는 힘

$$\sum F_y = p_y dxdz - p_s dxds \sin\theta = 0 \quad (5.2.2)$$

$$\sum F_z = p_z dxdy - p_s dxds \cos\theta - \gamma\frac{dxdydz}{2} = 0 \quad (5.2.3)$$

여기서, p_s, p_y 및 p_z는 각 면에 작용하는 평균압력이고, γ는 물의 단위중량이다. 쐐기 수체의 기하학적인 형태로부터 $dy=ds\cos\theta$, $dz=ds\sin\theta$이므로 식 (5.2.2)로부터 $p_y=p_s$가 된다. 또한 수중의 한 점에 대해 고려하고 있으므로 쐐기의 각 변의 길이 dz, dy 및 ds가 각도 θ를 그대로 유지한 채 0으로 되면 $p_z=p_s$가 되어 결국 $p_y=p_z=p_s$와 같은 결과를 얻게 된다. 따라서 쐐기 수체의 각도 θ를 임의로 설정하였으므로 정수 중에 있는 한 점에 작용하는 수압은 모든 방향에서 동일함을 알 수 있다.

2) 연직방향의 정수압 변화

연직방향의 압력변화를 알아보기 위해 그림 5.2.2와 같이 정수중의 dx, dy 및 dz의 길이를 갖는 미소육면체의 수체를 생각해 보자. 이 수체에 작용하는 힘은 압력에 의해 수체의 표면에 작용하는 힘과 중력에 의한 수체의 무게가 있다. 수체의 중심부에서의 압력을 p라 하면 수체의 각 표면에서의 압력은 그림 5.2.2와 같이 중심부의 압력 p와 압력변화율로 나타낼 수가 있다. 이 수체는 정수 중에 있어 움직이지 않고 정지하고 있으므로 모든 방향으로의 힘이 평형을 유지하고 있다고 가정하고 x 및 y방향의 평형방정식을 세우면 다음과 같다.

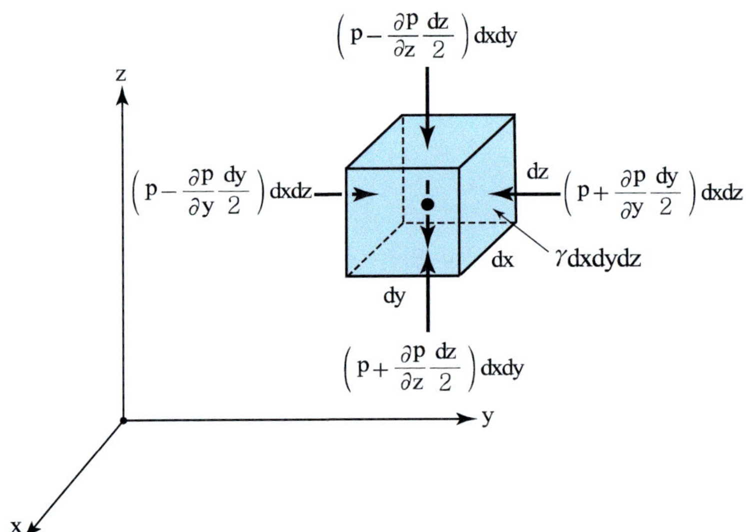

그림 5.2.2 수중의 수체에 작용하는 힘

$$\sum F_x = \left(p - \frac{\partial p}{\partial x}\frac{dx}{2}\right)dydz - \left(p + \frac{\partial p}{\partial x}\frac{dx}{2}\right)dydz = 0 \quad (5.2.4)$$

$$\sum F_y = \left(p - \frac{\partial p}{\partial y}\frac{dy}{2}\right)dxdz - \left(p + \frac{\partial p}{\partial y}\frac{dy}{2}\right)dxdz = 0 \quad (5.2.5)$$

식 (5.2.4) 및 (5.2.5)로부터

$$\frac{\partial p}{\partial x}dxdydz = 0 \quad \rightarrow \quad \frac{\partial p}{\partial x} = 0 \qquad \therefore\ p_x \text{ 일정} \quad (5.2.6)$$

$$\frac{\partial p}{\partial y}dxdydz = 0 \quad \rightarrow \quad \frac{\partial p}{\partial y} = 0 \qquad \therefore\ p_y \text{ 일정} \quad (5.2.7)$$

따라서 정수 중에서 수평방향으로는 압력의 변화가 없이 항상 일정함을 알 수가 있다.

연직방향의 평형관계를 적용할 때는 수체의 무게를 고려하여 다음과 같이 나타낼 수가 있다.

$$\sum F_z = \left(p - \frac{\partial p}{\partial z}\frac{dz}{2}\right)dxdy - \left(p + \frac{\partial p}{\partial z}\frac{dz}{2}\right)dxdy + \gamma dxdydz = 0 \quad (5.2.8)$$

$$\frac{\partial p}{\partial z}dxdydz = \gamma dxdydz \quad \rightarrow \quad \frac{\partial p}{\partial z} = \gamma \quad (5.2.9)$$

따라서 연직방향으로의 압력변화는 물의 단위중량과 같다. 결국 수평방향으로는 압력의 변화가 없고, 압력 p는 연직방향 z에 따라서만 변하므로 식 (5.2.9)는 다음과 같이 표현할 수 있다.

$$\frac{dp}{dz} = \gamma \quad \rightarrow \quad p = \gamma z + p_o \quad (5.2.10)$$

여기서 p_o는 수표면에 작용하는 대기압이며, 깊이 h에 따른 물에 의한 압력만 고려하면

$$p = \gamma h \quad (5.2.11)$$

예제 5.2.1

지하의 기름저장 탱크에 누수가 발생하여 1m 깊이의 물이 스며들었다. 물 위로 기름이 5m 깊이로 떠 있을 때 물과 기름의 접촉면 및 탱크 바닥에서의 압력을 계산하라. 단, 기름의 비중은 0.7이다.

풀이

물과 기름의 접촉면에서는 기름에 의한 압력만 작용하므로

$$p = \gamma z = S\gamma_w z = 0.7 \times 1{,}000\text{kg/m}^3 \times 5\text{m} = 3{,}500\text{kg/m}^2$$

탱크 바닥에서는 기름에 의한 압력과 물에 의한 압력이 함께 작용하므로

$$p = 3{,}500\text{kg/m}^2 + 1{,}000\text{kg/m}^3 \times 1\text{m} = 4{,}500\text{kg/m}^2$$

5.2.2 수중의 평면에 작용하는 힘

수중에 물체가 놓여있을 때 물에 의하여 물체의 표면에 압력이 작용하게 되고, 따라서 수압에 의한 힘을 받게 된다. 이러한 힘들의 적절한 결정은 수조, 선박, 댐 및 다양한 수리 구조물의 설계에 있어 매우 중요하다.

1) 수면과 평행한 경우

그림 5.2.3의 수조 바닥과 같이 수면과 평행하게 수평으로 놓여 있는 경우 작용하는 물에 의한 힘의 크기는 단위면적당 작용하는 압력 p에 압력이 작용하는 총 면적 A를 곱하여 얻는다.

$$F = pA = \gamma hA \quad (5.2.12)$$

압력이 수조의 바닥면에 균일하게 작용하고 있으므로 힘의 작용점은 수조 바닥의 중심 즉, 도심(centroid)을 통과하게 된다.

예제 5.2.2

그림 5.2.3과 같은 수조에 물이 1.5m 깊이로 차 있을 때 바닥 면에 작용하는 힘의 크기를 구하라. 수조바닥의 면적은 3m×4m이다.

풀이

수면과 평행한 수조의 바닥에 작용하는 힘은

$$F = pA = \gamma hA = 1{,}000\text{kg/m}^3 \times 1.5\text{m} \times 3\text{m} \times 4\text{m} = 18{,}000\text{kg}$$

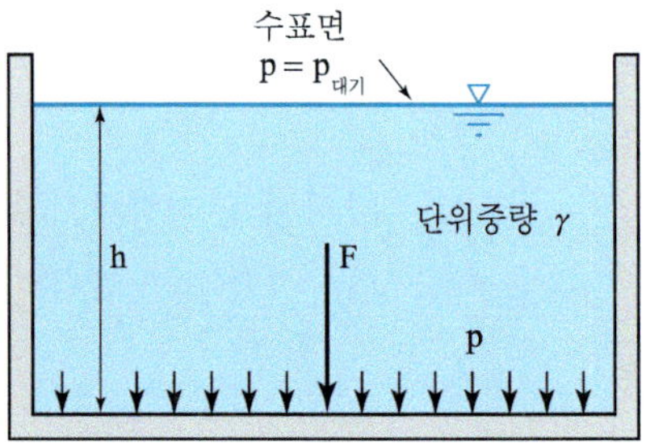

그림 5.2.3 평면에 작용하는 힘

2) 수면과 경사진 경우

수중에 놓여 있는 평면의 일반적인 경우로 그림 5.2.4와 같이 특정 각도로 기울어져 있는 경우를 예를 들 수 있다. 수표면이 대기에 노출되어 있고 원점 O에서 평면의 기울어진 각도가 θ라 하고, 원점 O에서 평면 방향을 y축, 이에 직각인 방향을 x축으로 설정하여 x-y좌표를 정하고 평면의 면적을 A라 하자. 이 경우 평면에 작용하는 힘의 크기, 방향 및 위치를 결정해 보기로 한다.

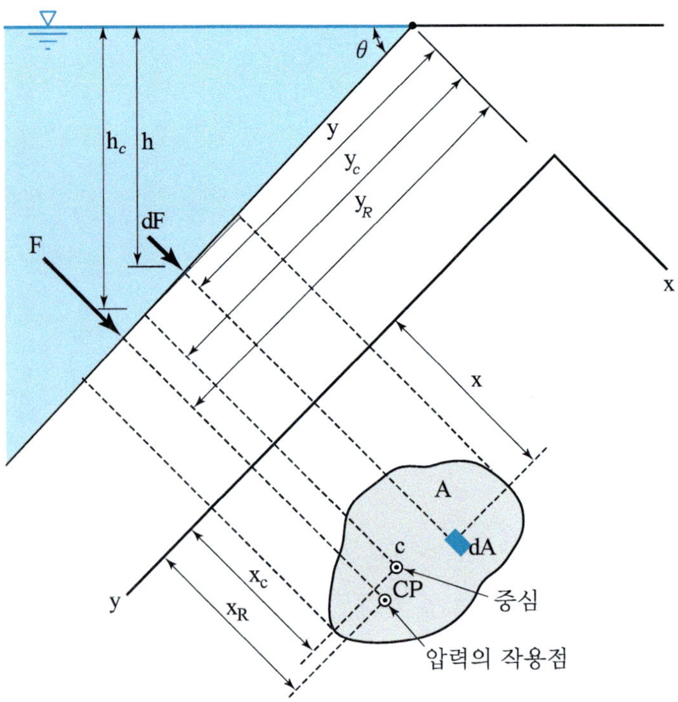

그림 5.2.4 경사진 경우에 작용하는 힘과 작용점

임의의 깊이 h에서의 미소면적 dA에 작용하는 힘 dF는 다음과 같고 평면에 직각으로 작용한다.

$$dF = \gamma h dA = \gamma y \sin\theta \, dA \tag{5.2.13}$$

따라서 평면 전체에 작용하는 힘은 이러한 미소면적에 작용하는 모든 힘을 합한 것과 같고, 물의 단위중량 γ와 평면의 경사각 θ는 일정하므로 다음과 같이 나타낼 수가 있다.

$$F = \int_A \gamma h dA = \int_A \gamma y \sin\theta dA = \gamma \sin\theta \int_A y dA \tag{5.2.14}$$

식 (5.2.14)에서 적분 안은 x축에 대한 단면 1차 모멘트를 의미하며, 이는 전체 면적 A에 x축으로부터 평면의 도심까지의 거리 y_c를 곱한 것과 같다.

$$\int_A y dA = y_c A \tag{5.2.15}$$

따라서 식 (5.2.14)는 다음과 같다.

$$F = \gamma A y_c \sin\theta \qquad (5.2.16)$$

거리 y_c를 수표면으로부터 도심까지의 연직거리 h_c로 나타내면

$$F = \gamma h_c A \qquad (5.2.17)$$

식 (5.2.17)로부터 수중의 경사진 평면에 작용하는 힘은 경사각 θ와 상관없이 평면의 도심에 작용하는 압력에 평면의 면적을 곱하여 구하게 되며 평면에 직각으로 작용하게 된다.

힘 F가 작용하는 y축 상의 거리 y_R은 x축에 대한 모멘트들을 합하여 결정할 수가 있다. 즉, 합력 F의 모멘트는 미소면적에 작용하는 힘에 대한 모멘트들의 합과 같다.

$$F y_R = \int_A y dF = \int_A \gamma \sin\theta y^2 dA \qquad (5.2.18)$$

식 (5.2.16)에서 $F = \gamma A y_c \sin\theta$이므로 식 (5.2.18)에 대입하고 y_R에 관해 정리하면

$$y_R = \frac{\int_A y^2 dA}{y_c A} \qquad (5.2.19)$$

식 (5.2.19)의 분자에 있는 적분은 x축에 대한 단면 2차 모멘트(관성모멘트) I_x와 같다. x축에 대한 단면 2차 모멘트는 x축과 평행하며 평면의 도심을 지나는 축에 대한 단면 2차 모멘트로 나타낼 수가 있으며, x축에 대한 단면 2차 모멘트 I_x와 도심에 대한 단면 2차 모멘트 I_{xc}와의 관계는 다음과 같다.

$$I_x = I_{xc} + y_c^2 A \qquad (5.2.20)$$

따라서 식 (5.2.19)는 다음과 같이 나타낼 수가 있다.

$$y_R = y_c + \frac{I_{xc}}{y_c A} \qquad (5.2.21)$$

식 (5.2.21)로부터 우변의 두 번째 항은 항상 양의 값을 가지므로 평면에 작용하는 힘의 작용점은 도심 y_c보다 항상 아래쪽에 작용함을 알 수 있다.

y축으로부터 x축 방향으로 떨어져 있는 합력 F가 작용하는 거리 x_R도 같은 방법으로 y축에 대한 모멘트를 고려함으로서 구할 수가 있으며 다음과 같다.

$$x_R = x_c + \frac{I_{xyc}}{y_c A} \qquad (5.2.22)$$

여기서, I_{xyc}는 평면의 도심에 대한 x축 및 y축에 방향의 단면 2차모멘트의 곱이다. 만일 수중에

놓인 평면이 도심을 통과하는 축에 대해 좌우 대칭이고, x축 또는 y축에 대해 평행하면 $I_{xyc}=0$이 되므로 합력은 $x=x_c$선상에 놓이게 된다. 일반적으로 사용되는 단면에 대한 도심의 위치 및 단면적 A, 단면 2차모멘트 I_{xc}, I_{yc} 그리고 I_{xyc}가 표 5.2.1에 나타나 있다.

표 5.2.1 각종 형태의 도심, 단면적 및 단면 2차모멘트

단면 형태	A	I_{xc}	I_{yc}	I_{xyc}
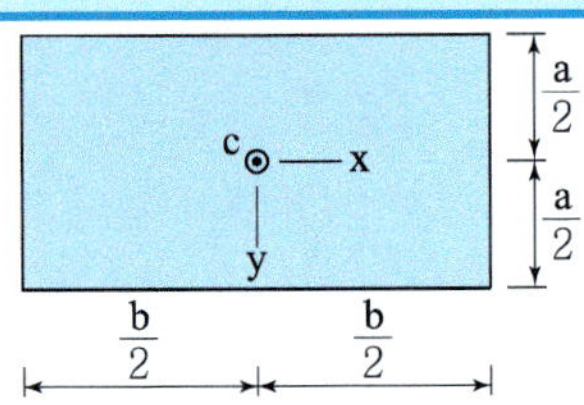	ba	$\frac{1}{12}ba^3$	$\frac{1}{12}ab^3$	0
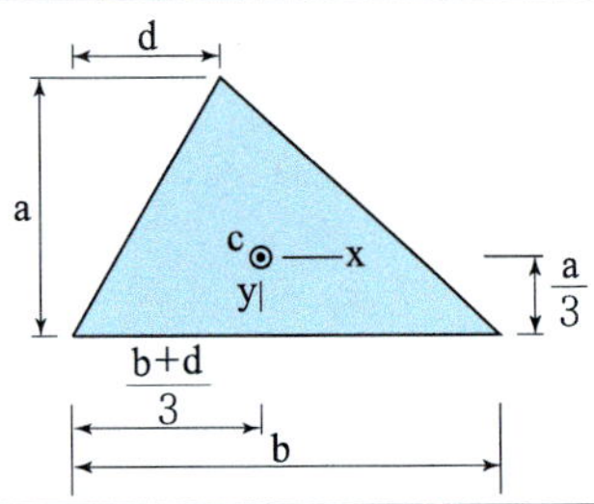	$\frac{ab}{2}$	$\frac{ba^3}{36}$	–	$\frac{ba^2}{72}(b-2d)$
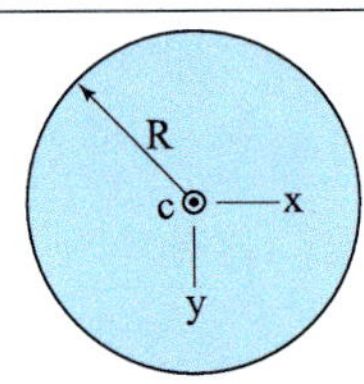	πR^2	$\frac{\pi R^4}{4}$	$\frac{\pi R^4}{4}$	0
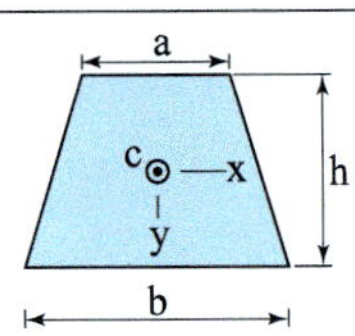	$\frac{h}{2}(a+b)$	$\frac{h^3(a^2+4ab+b^2)}{36(a+b)}$	–	–
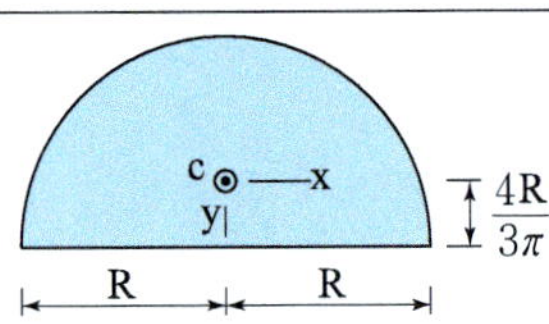	$\frac{\pi R^2}{2}$	$0.1098R^4$	$0.3927R^4$	0
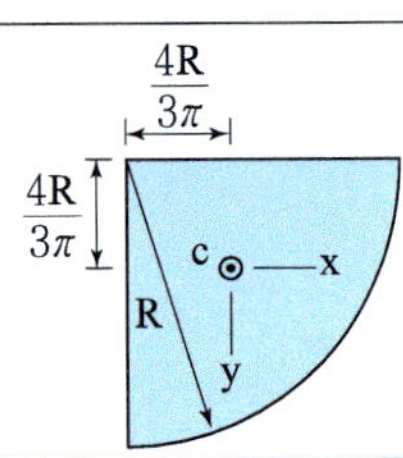	$\frac{\pi R^2}{4}$	$0.05488R^4$	$0.05488R^4$	$-0.01647R^4$

예제 5.2.3

그림 5.2.5와 같은 저수지의 경사면에 직경 4m의 원형 수문이 설치되어 있다. 수문의 중심으로부터 수면까지의 깊이가 10m이다. 물에 의해 수문에 미치는 힘의 크기와 작용점을 구하라.

풀이

물에 의해 작용하는 힘의 크기는

$$F = \gamma h_c A = 1{,}000\text{kg/m}^3 \times 10\text{m} \times 4\pi\text{m}^2 = 125{,}600\text{kg}$$

힘이 작용하는 지점 y_R은 식 (5.2.21)로부터

$$y_R = y_c + \frac{I_{xc}}{y_c A} = \frac{10\text{m}}{\sin 60^\circ} + \frac{(\pi/4)\times(2\text{m})^4}{(10\text{m}/\sin 60^\circ)\times(4\pi\text{m}^2)} = 11.6\text{m}$$

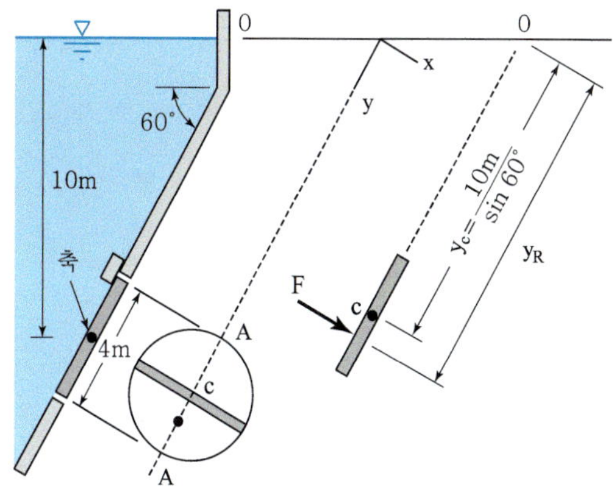

그림 5.2.5 경사진 수문에 작용하는 힘

3) 수면과 연직인 경우

폭 b인 수조에 깊이 h로 물이 담겨져 있을 경우 압력은 깊이에 따라 직선적으로 변하므로 그림 5.2.6a와 같이 수표면에서는 압력이 0, 바닥에서는 압력이 γh인 직선분포를 얻게 된다. 따라서 사각형 평면에 작용하는 힘은 다음과 같이 나타낼 수가 있다.

$$F = p_{ave}A = \gamma\left(\frac{h}{2}\right)A = \gamma h_c A \tag{5.2.23}$$

이는 수조의 벽면이 수면과 90°를 이루고 있어 식 (5.2.16)에서 $\theta = 90°$인 경우와 같고, 도심까지의 경사길이 y_c가 수면으로부터 도심까지의 연직거리 h_c와 같으므로 결국 같은 결과를 얻게 된다.

또한 그림 5.2.6a에 나타난 압력분포를 연직평면 전체에 나타내면 그림 5.2.6b와 같은 압력분포를 보이게 된다. 이는 연직평면을 밑면으로 하는 압력프리즘으로 볼 수가 있으며, 연직평면에 작용하는 힘은 압력프리즘의 부피와 같다. 따라서 압력프리즘으로 본 연직평면에 작용하는 힘은 식 (5.2.23)과 같게 된다.

$$F = \frac{1}{2}(\gamma h)(bh) = \gamma\left(\frac{h}{2}\right)A = \gamma h_c A \tag{5.2.24}$$

이 힘의 작용점의 위치 h_R은 압력프리즘의 도심을 지나게 된다. 즉, 연직평면이 좌우대칭을 보이는 중심축을 따라 밑면으로부터 h/3되는 지점에 힘이 작용하게 된다. 이는 경사진 평면에서의 힘의 작용점을 구하는 식 (5.2.21)에 $\theta = 90°$에 해당하는 y_c, y_R 대신에 h_c, h_R을 적

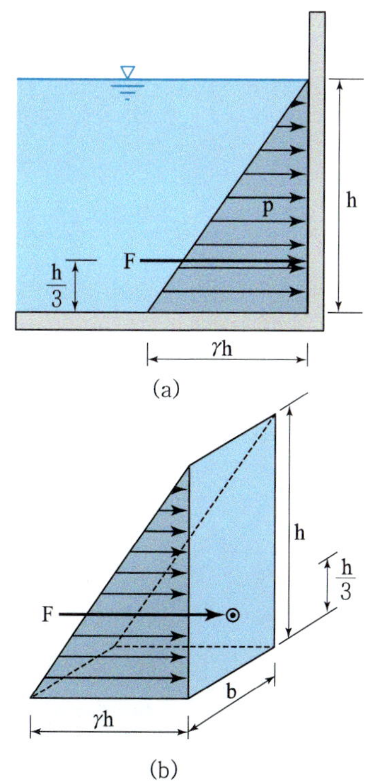

그림 5.2.6 연직 평면에 작용하는 힘

용함으로서 구할 수도 있다. 즉,

$$h_R = h_c + \frac{I_{xc}}{h_c A} \qquad (5.2.25)$$

여기서, I_{xc}는 폭 b, 높이 h인 사각형의 중심에서의 x축에 대한 단면 2차모멘트이므로 표 5.2.1로부터 $I_{xc}=bh^3/12$가 되고 $h_c=h/2$, $A=bh$이므로 이들을 식 (5.2.25)에 대입하면 $h_R=2h/3$를 얻는다.

예제 5.2.4

그림 5.2.7과 같이 폭 2m의 직사각형 수로에 설치된 수문에 작용하는 힘과 작용점을 구하라.

풀이

수문의 왼쪽에서 작용하는 힘은

$$F_1 = \gamma h_{C1} A_1 = 1 \times 3 \times 6 \times 2 = 36t$$

작용점은 $h_{R1} = 3 + \dfrac{2 \times 6^3/12}{3 \times 6 \times 2} = 4m$

수문의 오른쪽에서 작용하는 힘은 $F_2 = \gamma h_{C2} A_2 = 1 \times 1.5 \times 3 \times 2 = 9t$

작용점은 $h_{R2} = 1.5 + \dfrac{2 \times 3^3/12}{1.5 \times 3 \times 2} = 2m$

따라서 수문에 작용하는 총 힘은 $F=F_1-F_2=27t$으로 왼쪽에서 오른쪽으로 작용한다.

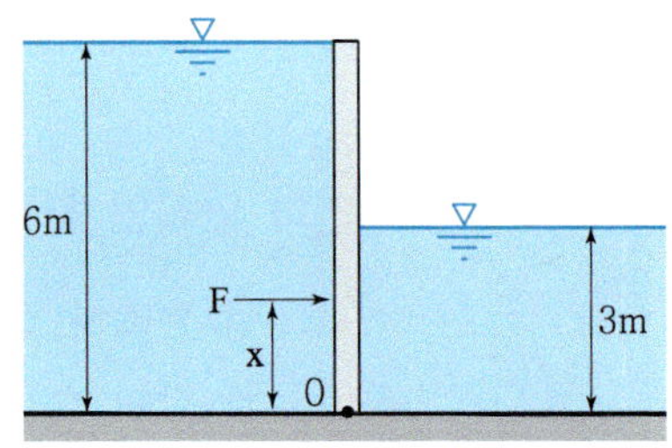

그림 5.2.7 연직 수문에 작용하는 힘

총 힘 F의 작용점을 구하기 위해 O점에 대해 작용하는 힘들의 모멘트를 취하면

$$F \times x = F_1 \times 2 - F_2 \times 1 \quad \rightarrow \quad 27 \times x = 36 \times 2 - 9 \qquad \therefore\ x=2.33m$$

그러므로 총 힘은 수로 바닥으로부터 2.33m위에 작용한다.

5.2.3 수중의 곡면에 작용하는 힘

우리가 관심 있는 구조물들 즉, 댐, 관로, 수조 등과 같은 구조물의 물과 접촉하고 있는 면이 곡면으로 이루어진 것이 많다. 이와 같이 수중의 곡면에 작용하는 힘은 곡면과 이 곡면의 연직 및 수평방향의 투영면으로 둘러싸인 수체에 작용하는 힘의 평형관계를 이용하여 구할 수가 있다. 그림 5.2.8a와 같이 지면과 직각방향으로 단위 길이를 가진 수조의 곡면 BC에 작용하는 힘의 합력을 구해보기로 한다. 먼저 곡면 BC와 수평면 AB 그리고 연직면 AC로 경계 지어지는 그림 5.2.8b와 같은 자유물체도로 분리한다. 수평면 AB와 연직면 AC에 작용하는 힘 F_1과 F_2는 앞에서 알아본 수중의 평면에 작용하는 힘을 구하는 방법으로 결정할 수 있다. 자유물체도의 무게 W는 자유물체도의 부피에 물의 단위중량을 곱해 구할 수 있고, 작용점은 자유물체도의 무게중심을 통과한다. 수평반력 F_H와 연직반력 F_V는 수조가 물에 가하는 힘으로 나타낼 수 있다.

이러한 자유물체도가 평형을 유지하려면 수평반력 F_H는 연직평면 AC에 작용하는 힘 F_2와 같아야 하고, 연직반력 F_V는 수평면 AB에 작용하는 힘 F_1과 자유물체도의 무게 W의 합력과 같아야 한다. 따라서

$$F_H = F_2 \tag{5.2.26}$$

$$F_V = F_1 + W \tag{5.2.27}$$

곡면 BC에 작용하는 반력은 수평반력 F_H와 연직반력 F_V의 합력이 된다.

$$F = \sqrt{F_H^2 + F_V^2} \tag{5.2.28}$$

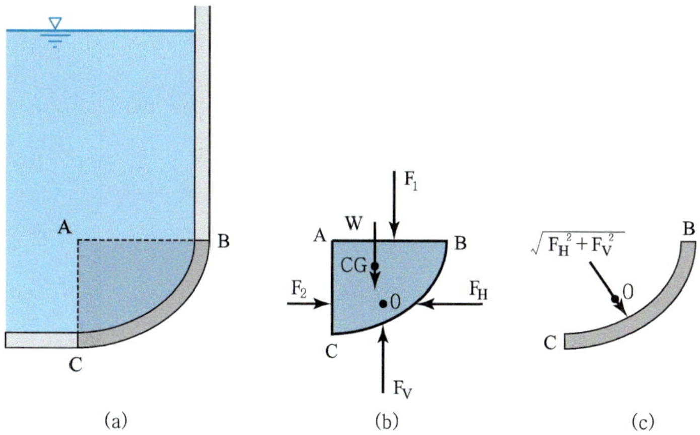

그림 5.2.8 수중의 곡면에 작용하는 힘

힘 F는 점 O를 통과하고 그 위치는 각 힘들의 모멘트로부터 구할 수 있다. 수중의 곡면 BC에 작용하는 힘은 자유물체도의 반력 F와 같고, 방향은 반대 방향인 그림 5.2.8c와 같다. 따라서 수중의 곡면에 작용하는 수평방향의 힘은 곡면을 수평방향으로 투영한 평면에 작용하는 힘과 같고, 작용점은 수중의 연직면에 작용하는 힘의 작용점과 같다. 또한 곡면에 연직방향으로 작용하는 힘은 그 곡면을 밑면으로 하는 물기둥의 무게와 같고, 그 작용점은 물기둥의 무게 중심을 통과하게 된다.

예제 5.2.5

그림 5.2.9와 같이 반경이 1m인 원관에 물이 반쯤 차서 흐르고 있다. 단위 길이당 BC곡면에 작용하는 힘과 작용점을 구하라.

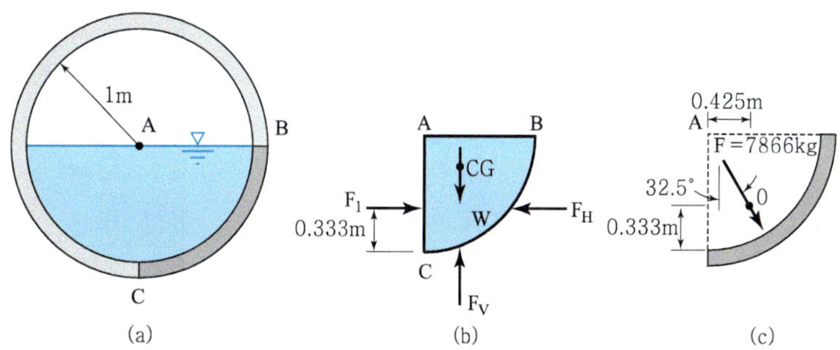

그림 5.2.9 곡면에 작용하는 힘

풀이

그림 5.2.9b와 같이 수평으로 AB단면, 연직으로 AC단면에 의해 분리한 자유물체도를 작성한다. AC단면에 직각으로 작용하는 수평력 F_1, 수체의 무게 W, 그리고 반력성분 F_H, F_V가 작용하고 있다.

$$F_1 = \gamma h_c A = 1{,}000\text{kg/m}^3 \times 0.5\text{m} \times 1\text{m}^2 = 500\text{kg} = F_H$$

$$W = \gamma V = 1{,}000\text{kg/m}^3 \times \pi \times 1^2\text{m}^2/4 \times 1\text{m} = 785\text{kg} = F_V$$

따라서 $F = \sqrt{F_H^2 + F_V^2} = \sqrt{500^2 + 785^2} = 931\text{kg}$

표 5.2.1의 값을 이용하면 A점으로부터 단면의 중심 O까지의 수평거리는 $4R/3\pi=0.425$m, 수직거리는 $2/3=0.667$m이다. 그러므로 $\tan\theta=0.425/0.667$ $\therefore\ \theta=32.5°$

5.3 검사체적

유체의 흐름에서 개개의 입자들을 서로 구분하기가 쉽지 않다. 따라서 주어진 유체의 질량에만 관심을 가지기 보다는 유체가 흐르는 공간에 초점을 맞추어 문제를 해결하기 위한 방법이 필요하다. 이러한 방법에 Reynolds 이송이론(transport theorem) 또는 검사체적(control volume) 방법이 있으며, 유체역학 및 수리학에서 다양하고 광범위하게 적용되고 있다.

5.3.1 외적 및 내적 특성

검사체적공식을 유도하기에 앞서 외적(extensive) 특성과 내적(intensive) 특성에 대해 알아보자. 외적 특성들에는 질량 M, 운동량 MV, 그리고 에너지 E가 있다. 이에 상응하는 내적 특성들에는 단위질량 당 질량 m(=1), 단위질량 당 운동량 v, 그리고 단위질량 당 에너지 e가 있다. 즉, 외적 특성은 전체질량을 대변하는 특성이고, 내적 특성은 단위질량 당의 특성을 의미한다.

실제로 검사체적 방법을 적용할 때 서로 다른 시간에서 서로 다른 외적 및 내적 특성들을 고려하므로, 외적 특성을 나타내는 기호를 B로 나타내기로 하고, 이에 상응하는 내적 특성을 기호 β로 나타내기로 한다. 내적 특성은 단위질량 당 외적 특성을 의미하므로 주어진 시스템에서 내적 특성과 외적 특성간의 관계는 다음과 같이 나타낼 수가 있다.

$$B = \int \beta \, dm = \int \beta \rho \, d\mathbf{V} \tag{5.3.1}$$

여기서, dm 및 d**V**는 미소 질량 및 체적을 나타내며, 적분은 주어진 순간에 시스템을 채우는 전체 특성을 의미한다.

검사체적은 흐름 문제를 해석하기 위해 설정한 공간상의 일정한 지역이며, 검사표면(control surface)은 검사체적을 둘러싸고 있는 표면이다. 대부분의 문제에서 검사표면의 일부는 그림 5.3.1에 보인 1차원 관로 흐름의 벽과 같이 물리적인 경계와 일치하게 된다. 이 경우 검사표면의 나머지 부분은 유체가 흐를 수 있는 가상적인 단면이 된다.

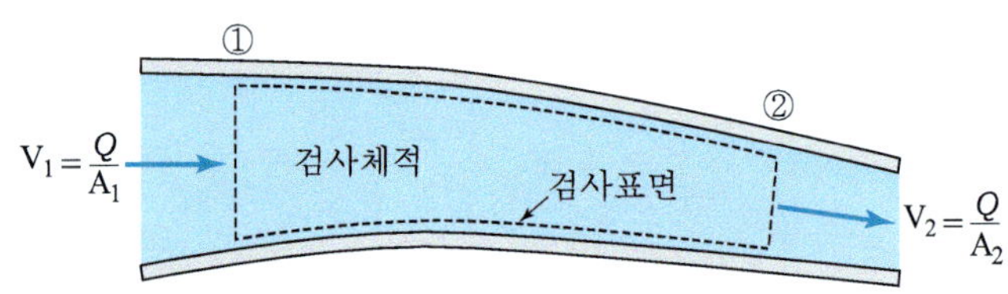

그림 5.3.1 검사체적 및 검사표면

5.3.2 검사체적으로의 유입 및 유출

주어진 단면적 A를 통한 흐름의 체적은 다음과 같이 나타낼 수 있다.

$$Q = \vec{V} \cdot \vec{A} \tag{5.3.2}$$

여기서, $\vec{V}$는 흐름의 속도벡터이고, $\vec{A}$는 면적벡터로 면적의 크기를 가지고 방향은 관련 단면적과 직각방향을 나타낸다. 검사체적 방법에서 면적벡터는 항상 검사체적 바깥쪽을 향한다고 간주한다. 따라서 그림 5.3.2와 같이 일차원 흐름에 대한 면적벡터의 방향을 나타낼 수가 있다. $\vec{V}_1$과 $\vec{A}_1$간의 각에 대한 cosine은 −1이고, $\vec{V}_2$와 $\vec{A}_2$간의 cosine은 1이므로 검사체적으로부터의 유출율에서 검사체적으로의 유입율을 빼면

$$Q_{out} - Q_{in} = V_2A_2 - V_1A_1 = \vec{V}_2 \cdot \vec{A}_2 + \vec{V}_1 \cdot \vec{A}_1 = \sum_{cs} \vec{V} \cdot \vec{A} \tag{5.3.3}$$

식 (5.3.3)은 검사체적으로의 모든 유입 및 유출에 대한 내적(dot product) $\vec{V} \cdot \vec{A}$를 합하면 순 유출율을 얻을 수 있음을 의미한다. 만일 내적의 합이 양의 값이면 검사체적으로부터의 순 유출을 나타내고, 음의 값이면 검사체적으로의 순 유입을 나타낸다.

검사체적으로부터의 순 질량흐름을 나타내고 싶으면 체적흐름에 밀도 ρ를 곱하면 된다.

$$\dot{m} = \sum_{cs} \rho \vec{V} \cdot \vec{A} \tag{5.3.4}$$

같은 방법으로 검사체적으로부터의 외적 특성 B의 순 흐름을 나타내고 싶으면 내적 특성 β에 질량흐름을 곱하면 된다.

$$\dot{B} = \sum_{cs} \beta \rho \vec{V} \cdot \vec{A} \tag{5.3.5}$$

식 (5.3.3) ~ 식 (5.3.5)는 모든 1차원 흐름에 적용할 수가 있다. 만일 속도가 흐름 단면을 통해 변하면 흐름율을 구하기 위해 전체단면에 대해 속도를 적분할 필요가 있다. 따라서 검사체적으로부터 외적 특성의 순 흐름의 일반적인 표현은 다음과 같다.

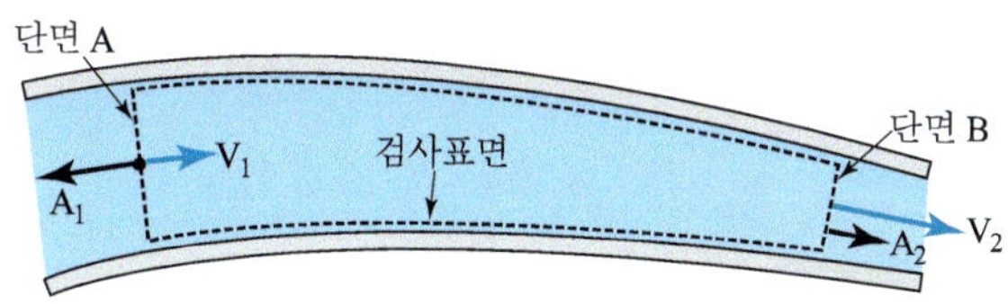

그림 5.3.2 검사체적에서의 속도 및 면적벡터

$$\dot{B} = \int_{cs} \beta \rho \vec{V} \cdot d\vec{A} \tag{5.3.6}$$

5.3.3 검사체적 공식의 유도

검사체적 방법의 기본 식은 검사체적을 통해 흐르는 유체 시스템의 외적 특성의 변화율을 고려하여 유도하게 된다. 그림 5.3.3에서 실선은 검사체적을 둘러싸고 있는 검사표면이 시간 t에서의 주어진 유체질량을 가진 시스템을 정의한다. 시간 t+Δt에서 이 시스템 즉, 유체의 질량은 그림 5.3.3에서 점선으로 나타낼 수가 있으며 하류로 이동하였다. 시스템의 외적 특성 B의 변화율 dB_{sys}/dt는 미분의 기본 정의에 따라 다음과 같이 나타낼 수 있다.

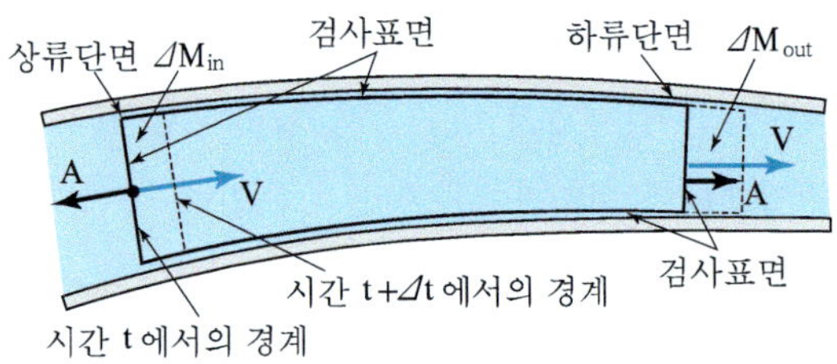

그림 5.3.3 시스템의 이동

$$\frac{dB_{sys}}{dt} = \lim_{\Delta t \to 0}\left(\frac{B_{t+\Delta t} - B_t}{\Delta t}\right) \tag{5.3.7}$$

시간 t+Δt에서의 시스템의 질량은 시간 t+Δt에서의 검사체적 내 유체의 질량에 시간 Δt동안 검사체적 밖으로 이동한 질량 ΔM_{out}을 더하고, 검사체적 안으로 이동한 질량 ΔM_{in}을 뺀 것과 같다. 같은 개념으로 시간 Δt동안 검사체적 밖으로 이동한 시스템의 외적 특성을 ΔB_{out}, 검사체적 안으로 이동한 시스템의 내적 특성을 ΔB_{in}이라 하자. 따라서 시간 t+Δt에서의 시스템의 외적 특성 B는 $B_{cv,\Delta t}+\Delta B_{out}-\Delta B_{in}$이 되고, 시스템의 외적 특성의 시간에 따른 변화율은 다음과 같이 나타낼 수가 있다.

$$\begin{aligned}\frac{dB_{sys}}{dt} &= \lim_{\Delta t \to 0}\left(\frac{(B_{cv,t+\Delta t} + \Delta B_{out} - \Delta B_{in}) - (B_{cv,t})}{\Delta t}\right)\\ &= \lim_{\Delta t \to 0}\left(\frac{B_{cv,t+\Delta t} - B_{cv,t}}{\Delta t}\right) + \lim_{\Delta t \to 0}\left(\frac{\Delta B_{out} - \Delta B_{in}}{\Delta t}\right)\end{aligned} \tag{5.3.8}$$

식 (5.3.8) 우변의 첫 번째 항은 시간 t에서의 검사체적 내 유체의 외적 특성 B의 시간에 따른 변화율을 의미한다. 따라서

$$\lim_{\Delta t \to 0}\left(\frac{B_{cv,t+\Delta t} - B_{cv,t}}{\Delta t}\right) = \frac{dB_{cv}}{dt} \tag{5.3.9}$$

식 (5.3.9)를 식 (5.3.1)에 적용하면

$$\lim_{\Delta t \to 0}\left(\frac{B_{cv,t+\Delta t} - B_{cv,t}}{\Delta t}\right) = \frac{dB_{cv}}{dt} = \frac{d}{dt}\int_{cv} \beta\rho d\mathbf{V} \tag{5.3.10}$$

식 (5.3.8) 우변의 두 번째 항은 다음과 같이 분석할 수 있다. $\Delta B_{out}-\Delta B_{in}$의 크기는 시간 Δt동안 검사체적을 통과해 나간 외적 특성 B의 양에서 검사체적을 통해 들어온 외적 특성 B를 뺀 값이다. 따라서 이 값을 Δt로 나누고 Δt→0으로 하면 검사체적으로부터 B의 유출율에서 검사체적으로의 B의 유입율을 뺀 것 즉, 검사체적으로 부터 B의 순 유출율이 된다. 이 값은 식 (5.3.5)와 같은 의미이므로 결국 식 (5.3.8)의 우변 두 번째 항에 식 (5.3.5)를 적용하면

$$\frac{dB_{sys}}{dt} = \frac{d}{dt}\int_{cv} \beta\rho d\mathbf{V} + \sum_{cs} \beta\rho \vec{V} \cdot \vec{A} \tag{5.3.11}$$

식 (5.3.11)에서 우변 두 번째 항의 Σ의 의미는 전체 검사표면을 통해 흐르는 특성의 합을 의미

한다. 식 (5.3.11)의 유도에서 먼저 시스템의 외적 특성 B의 변화율 dB_{sys}/dt를 고려하였고, 이는 검사체적 내 B의 변화율에 검사체적으로부터 B의 순 유출율을 더해준 것으로 표현하였다. 따라서 식 (5.3.11)의 좌변은 아직 시스템의 외적 특성의 변화율이지만 우변은 검사체적 내의 상태와 검사표면을 통한 흐름을 나타낸다. 또한 식 (5.3.11)의 유도에서 1차원흐름으로 가정하였지만 흐름 단면을 통해 속도가 변한다면 다음과 같이 표현된다.

$$\frac{dB_{sys}}{dt} = \frac{d}{dt}\int_{cv} \beta \rho d\mathbf{V} + \int_{cs} \beta \rho \vec{V} \cdot d\vec{A} \tag{5.3.12}$$

만일 검사체적의 유입 및 유출단면을 통해 특성치들(밀도, 속도 그리고 외적 특성 β)이 균일한 고정된 검사체적이라면 1차원 흐름에 대해 식 (5.3.11)은 다음과 같이 나타낼 수 있다.

$$\frac{dB_{sys}}{dt} = \frac{d}{dt}\int_{cv} \beta \rho d\mathbf{V} + \rho_2 A_2 V_2 \beta_2 - \rho_1 A_1 V_1 \beta_1 \tag{5.3.13}$$

정상류인 경우 식 (5.3.11) 우변의 첫 번째 항을 생략할 수가 있다. 따라서

$$\frac{dB_{sys}}{dt} = \sum_{cs} \beta \rho \vec{V} \cdot \vec{A} \tag{5.3.14}$$

또는

$$\frac{dB_{sys}}{dt} = \rho_2 A_2 V_2 \beta_2 - \rho_1 A_1 V_1 \beta_1 \tag{5.3.15}$$

예제 5.3.1

그림 5.3.4와 같은 검사체적에서 흐름이 정상류일 때 검사체적 내 시스템에서의 에너지 변화율을 구하라. 각 단면에서의 흐름 특성치들은 표 5.3.1과 같다.

표 5.3.1 흐름 특성치

단면	종류	밀도 $\rho\,(kg_o/m^3)$	유속 V(m/s)	단면적 $A(m^2)$	에너지 e(J/kg)
1	유입	800	5.0	2.0	300
2	유입	800	8.0	3.0	100
3	유출	800	17.0	2.0	150

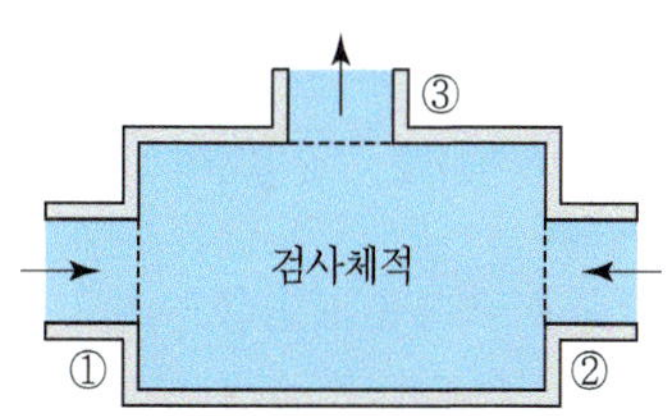

그림 5.3.4

풀이

적용하려는 흐름 특성이 에너지이므로 B=E가 되고 따라서 β=dE/dm=e 즉, 단위질량당 에너지이다. 이를 식 (5.3.15)에 적용하면

$$\frac{dE_{sys}}{dt} = -e_1\rho_1 A_1 V_1 - e_2\rho_2 A_2 V_2 + e_3\rho_3 A_3 V_3$$

윗 식에 표 5.3.1의 흐름 특성치들을 적용하면

$$\frac{dE_{sys}}{dt} = -300\text{J/kg} \times 800\text{kg/m}^3 \times 2\text{m}^2 \times 5\text{m/s} - 100 \times 800 \times 3 \times 8 + 150 \times 800 \times 2 \times 17$$
$$= -2{,}400{,}000 - 1{,}920{,}000 + 4{,}080{,}000 = -240{,}000\text{J/s}$$

따라서 이 시스템은 240,000J/s의 율로 에너지를 손실하고 있음을 알 수 있다.

5.4 연속방정식

연속방정식(continuity equation)은 질량보존의 법칙에 바탕을 둔 식으로 검사체적과 같은 공간으로부터 유출되는 질량유량에서 공간으로 유입되는 질량유량을 뺀 것은 공간으로부터 방출된 질량유량과 같다는 것을 의미한다. 기본 검사체적공식에서 내적 특성 β를 1로 두면 일반적인 연속방정식을 얻을 수가 있다.

5.4.1 일반 연속방정식

먼저 시스템의 외적 특성 B가 질량인 일반 연속방정식에 대해 알아보자. 이러한 경우 내적 특성 β는 1이 된다. 따라서 식 (5.3.12)는

$$\frac{d(\text{mass})}{dt} = \frac{d}{dt}\int_{cv} \rho d\mathbf{V} + \int_{cs} \rho \vec{V} \cdot d\vec{A} \tag{5.4.1}$$

이 식의 좌변은 시스템에서의 질량의 변화율을 의미한다. 하지만 질량보존의 법칙에 의해 시스템 내의 질량은 일정하므로 좌변은 0이 되어 다음과 같이 표현할 수 있다.

$$\int_{cs} \rho \vec{V} \cdot d\vec{A} = -\frac{d}{dt}\int_{cv} \rho d\mathbf{V} \tag{5.4.2}$$

식 (5.4.2)를 일반 연속방정식이라 하며, 이는 검사체적으로부터의 질량유량의 순 유출율은 검사체적 내에서의 질량의 감소율과 같다는 의미를 나타낸다. 흐름 단면을 통해 속도가 변하지 않고 일정하다면 연속방정식은 다음과 같다.

$$\sum_{cs} \rho \vec{V} \cdot \vec{A} = -\frac{d}{dt}\int_{cv} \rho d\mathbf{V} \tag{5.4.3}$$

만일 흐름이 정상류이면 식 (5.4.2)는 다음과 같다.

$$\int_{cs} \rho \vec{V} \cdot d\vec{A} = 0 \qquad \text{또는} \qquad \sum_{cs} \rho \vec{V} \cdot \vec{A} = 0 \tag{5.4.4}$$

예제 5.4.1

그림 5.4.1과 같이 개방된 수조에 유속 7m/s, 단면적 $0.0025m^2$의 분사류에 의해 물이 유입되고 수조 하단부의 오리피스를 통해 $0.003m^3/s$로 물이 방출될 때 수조에 물이 채워지는 율을 구하라.

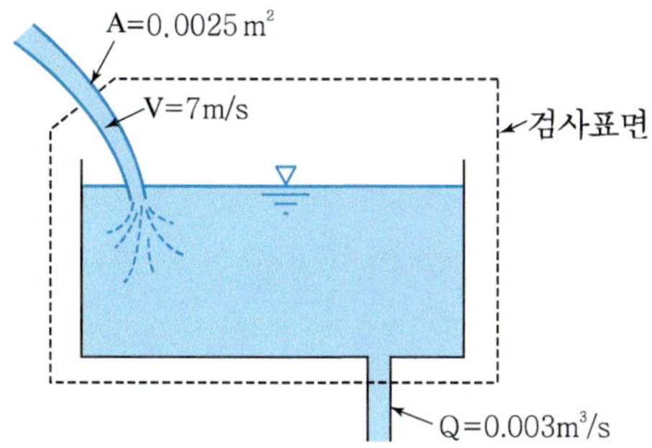

그림 5.4.1

풀이

그림 5.4.1의 점선과 같이 검사체적을 설정하면 수조 내에 물이 비워지는 율은 식 (5.4.3)과 같게 된다.

그러므로 $\Sigma\rho\vec{V}\cdot\vec{A} = \rho Q_{out} - \rho A_1V_1 = 1,000\times0.003 - 1,000\times7\times0.0025 = -14.5\text{kg/s}$

따라서 수조는 -14.5kg/s=$-0.0145m^3/s$의 율로 비워진다. 즉, Q=$0.0145m^3/s$의 율로 채워진다.

5.4.2 1차원 정상류 연속방정식

그림 5.4.2와 같이 단면 ①과 단면 ②를 끝단으로 하는 검사체적을 설정하고, 이 검사체적을 통해 흐르는 유량에 대해 연속방정식을 적용하면

$$\Sigma\,\rho\vec{V}\cdot\vec{A} = 0 \tag{5.4.5}$$

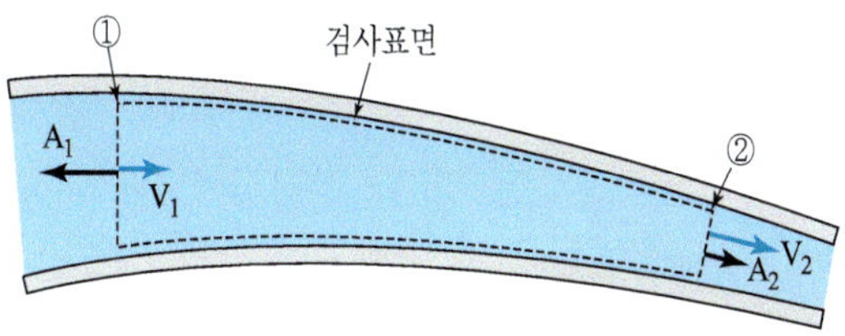

그림 5.4.2 1차원 흐름의 검사체적

주어진 상황에 맞도록 식 (5.4.5)를 정리하면

$$\rho_1V_1A_1 = \rho_2V_2A_2 \tag{5.4.6}$$

식 (5.4.6)은 검사체적의 두 단면 ①과 ②를 임의로 설정하였으므로 결국 모든 단면을 통과하는 질량유량(ρVA)은 항상 일정하다는 것을 의미한다. 식 (5.4.6)의 양변에 중력가속도 g를 곱하면 물의 단위중량 $\gamma = \rho g$ 이므로 결국 중량유량(γVA)도 모든 단면에서 일정하게 된다.

$$\gamma V_1A_1 = \gamma V_2A_2 \tag{5.4.7}$$

만일 비압축성 유체로 간주하여 밀도가 일정하다고 가정하면

$$V_1A_1 = V_2A_2 \tag{5.4.8}$$

식 (5.4.8)은 단면 ①에서의 체적유량은 단면 ②에서의 체적유량과 동일하며 결국 모든 단면에서의 유량이 일정함을 의미한다. 이 식은 가장 일반적인 연속방정식의 형태로 1차원 비압축성유체를 다룰 경우 가장 광범위하게 적용되며, 수리학에서도 기본적으로 물의 압축성을 무시하므로 이와 같은 체적유량을 주로 사용한다. 이 체적유량을 일반적으로 유량(discharge)으로 표현하며 m^3/sec의 단위로 나타낸다.

예제 5.4.2

직경 1.2m 및 0.6m의 관로가 직렬로 연결되어 있다. 관로를 통해 흐르는 유량이 $2m^3/s$일 때 각 관로에서의 유속을 구하라.

풀이

연속방정식에 의하면 $Q = A_{1.2}V_{1.2} = A_{0.6}V_{0.6} = 2m^3/s$

직경 1.2m 관로에서의 단면적은 $A_{1.2} = \frac{\pi}{4} \times 1.2^2 = 1.13m^2$

따라서 $V_{1.2} = \frac{Q}{A_{1.2}} = \frac{2m^3/s}{1.13m^2} = 1.77m/s$, $V_{0.6} = V_{1.2}\left(\frac{A_{1.2}}{A_{0.6}}\right) = V_{1.2}\left(\frac{1.2}{0.6}\right)^2 = 7.08m/s$

5.5 에너지방정식

물이 흐름에 따라 압력, 유속 및 위치가 변하게 되며, 이에 따라 물이 가지고 있는 에너지도 변하게 된다. 동수역학에서 광범위하게 적용되고 있는 에너지 방정식인 Bernoulli 방정식의 모체가 되는 Euler 방정식과 Bernoulli 방정식의 유도 및 이의 적용에 대해 알아보기로 한다.

5.5.1 Euler 방정식

그림 5.5.1과 같은 yz평면에 대해 생각해 보자. 운동방정식은 유선을 따르는 변위 s를 기준 축으로 하여 나타낼 수가 있다. 미소 육면체에 해당하는 유체의 부피는 dsdndx이며 중심에서의 압력을 p라 하자. 이 미소 육면체의 운동은 Newton의 제2법칙인 $F=m\alpha$를 적용하여 나타낼 수가 있다. 이 미소 육면체의 유선방향에 작용하는 힘은 양쪽면의 압력차와 육면체의 체적에 해당하는 중력의 운동방향 성분이 작용한다. 먼저 미소육면체의 양쪽 면에 작용하는 압력차는 다음과 같다.

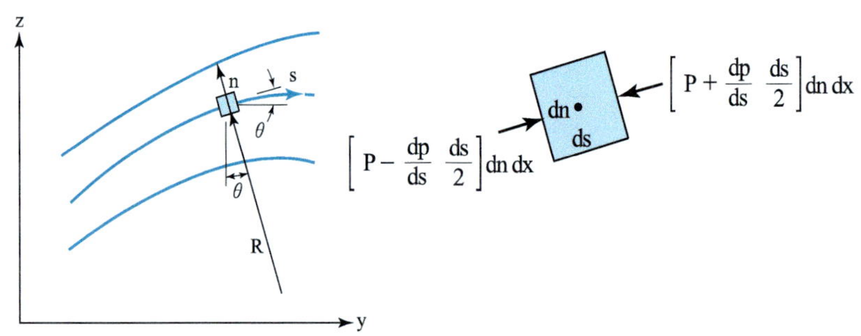

그림 5.5.1 유선을 따라 운동하는 유체입자

$$\left(p - \frac{dp}{ds}\frac{ds}{2}\right)dndx - \left(p + \frac{dp}{ds}\frac{ds}{2}\right)dndx = -\frac{dp}{ds}ds\,dndx \tag{5.5.1}$$

미소 육면체 중량의 운동방향 성분은

$$-\rho g ds\,dn\,dx \sin\theta = -\rho g ds\,dn\,dx\left(\frac{dz}{ds}\right) = -\rho g dz\,dn\,dx \tag{5.5.2}$$

미소 육면체의 질량은

$$dm = \rho ds\,dn\,dx \tag{5.5.3}$$

한편 유선방향의 가속도는

$$\alpha = \frac{dV}{dt} = \frac{dV}{ds}\frac{ds}{dt} = V\frac{dV}{ds} \tag{5.5.4}$$

따라서 미소 육면체에 Newton의 제 2법칙 dF=dm·α를 적용하면

$$-\frac{dp}{ds}ds\,dn\,dx - \rho g dz\,dn\,dx = \rho ds\,dn\,dx\,V\frac{dV}{ds} \tag{5.5.5}$$

양변을 ρdsdndx로 나누어 정리하면 1차원 정상류 흐름에 대한 Euler 방정식을 얻게 된다.

$$\frac{1}{\rho}\frac{dp}{ds} + V\frac{dV}{ds} + g\frac{dz}{ds} = 0 \tag{5.5.6}$$

5.5.2 Bernoulli 방정식

이상유체에 대한 Euler 방정식은 흐름공간에서 유속 및 압력이 주어진다면 적용할 수가 있으며, Euler 방정식에 ds를 곱하고 정리하면

$$\frac{dp}{\rho} + \frac{1}{2}d(V^2) + gdz = 0 \tag{5.5.7}$$

여기서, 각 항은 압력 p, 유속 V 그리고 높이 z의 변화를 의미한다. 식 (5.5.7)을 적분하면

$$\int\frac{dp}{\rho} + \frac{V^2}{2} + gz = \text{일정} \tag{5.5.8}$$

이는 좌변의 세항을 합한 값이 유선을 따라 항상 일정함을 의미하며, 이상유체에 대해 식 (5.5.8)의 양변을 중력가속도 g로 나누면

$$\frac{p}{\gamma} + \frac{V^2}{2g} + z = \text{일정} = H \tag{5.5.9}$$

이 식이 Bernoulli의 에너지 방정식으로 좌변의 첫째항은 압력수두(pressure head), 두 번째 항은 속도수두(velocity head) 그리고 마지막 항은 위치수두(potential head)라 하며, 이 세 가지의 수두를 합한 총 수두(total head)는 항상 일정함을 나타낸다. 각 항들은 단위중량 당 압력, 속도

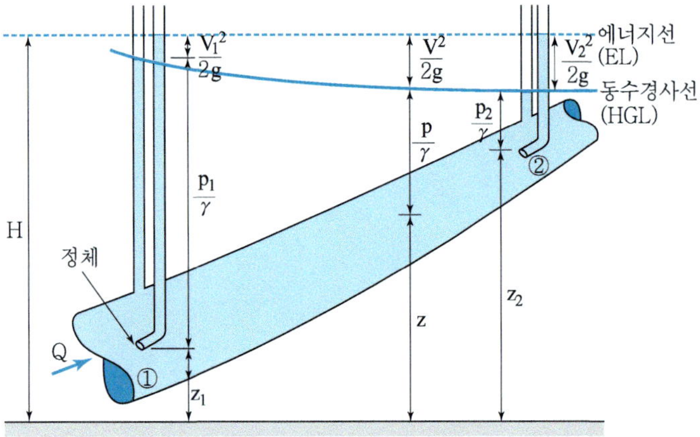

그림 5.5.2 에너지선 및 동수경사선

그리고 위치에너지(kg·m/kg)이지만 실제 단위는 길이(m)로 나타나므로 수두란 말을 사용한다.

그림 5.5.2에서 두 단면 ①과 ②에 Bernoulli 방정식을 적용하면

$$\frac{p_1}{\gamma}+\frac{V_1^2}{2g}+z_1=\frac{p_2}{\gamma}+\frac{V_2^2}{2g}+z_2 \qquad (5.5.10)$$

유선을 따라 흐름이 가지고 있는 총 수두 즉, 총 에너지를 연결한 선을 에너지선(energy line, EL)이라 하며, 에너지선의 위치는 그림 5.5.2와 같이 Pitot관을 이용한 정체압력으로부터 구할 수가 있고, Pitot관에 물이 올라간 높이가 바로 총 수두가 된다. 한편 수압관(piezometer)으로 측정한 높이는 압력수두와 위치수두를 합한 높이가 되고, 이 높이를 수압관 수두라 하며, 유선을 따라 수압관 수두를 연결한 선을 동수경사선(hydraulic grade line, HGL)이라 한다. 식 (5.5.10)을 압력 항으로 나타내기 위해 양변에 단위중량 γ를 곱하면

$$p_1+\frac{\rho V_1^2}{2}+\gamma z_1=p_2+\frac{\rho V_2^2}{2}+\gamma z_2 \qquad (5.5.11)$$

이 식 좌변 또는 우변의 첫 번째 항은 정압력, 두 번째 항은 동압력 그리고 세 번째 항은 위치압력이 된다. Bernoulli 방정식은 유선을 따라 압력변화에 대한 유속 및 위치의 변화를 나타내기 때문에 유체역학 또는 수리학적 문제 해결에 아주 유용한 식으로, 이 식을 유도할 때 가정한 조건에 합당한 흐름에서만 적용이 가능하다. 즉, 이 식은 1) 정상류 흐름, 2) 비압축성 유체, 3) 비점성 유체 그리고 4) 유선을 따르는 흐름 조건에 적용하여야 한다.

예제 5.5.1

그림 5.5.3과 같이 관로를 통해 물이 단면 ①로부터 단면 ②로 흐르고 있다. 단면 ①에서 직경이 25mm, 유속이 3m/s, 압력이 4kg/cm²이고, 단면 ②에서의 직경은 50mm이며, 단면 ①보다 2m 높이에 있다. 에너지 손실을 무시한다고 가정하고 단면 ②에서의 압력을 구하라.

풀이

에너지 방정식 (5.5.11)로부터

$$p_2=p_1+\gamma\left(z_1-z_2+\frac{V_1^2-V_2^2}{2g}\right)$$

단면적은

$$A_1=\pi(25\text{mm})^2/4=491\text{mm}^2,\ A_2=\pi(50\text{mm})^2/4=1{,}963\text{mm}^2$$

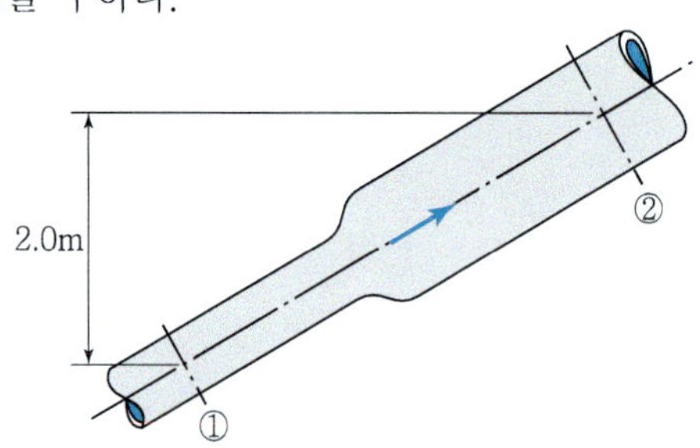

그림 5.5.3 관로의 압력

단면 ②에서의 유속은

$$V_2 = V_1(A_1/A_2) = 3.0\text{m/s} \times (491\text{mm}^2/1{,}963\text{mm}^2) = 0.75\text{m/s}$$

따라서 $p_2 = \dfrac{40{,}000\text{kg}}{\text{m}^2} + \dfrac{1{,}000\text{kg}}{\text{m}^3}\left[-2\text{m} + \dfrac{(3\text{m/s})^2 - (0.75\text{m/s})^2}{2 \times 9.81\text{m/s}^2}\right]$

$$= 38{,}430\text{kg/m}^2 = 3.843\text{kg/cm}^2$$

5.5.3 에너지 출입에 따른 Bernoulli 방정식

에너지 방정식을 적용하는 두 단면 사이에 펌프나 터빈이 설치되어 있는 경우 시스템과 외부로부터 에너지의 출입이 발생하게 된다. 펌프가 설치되어 있는 경우에는 전기에너지가 펌프를 통해 물로 유입되어 에너지가 증가하게 되고, 터빈이 설치된 경우는 물이 가지고 있던 에너지가 터빈을 통해 유출되어 에너지가 감소하게 된다. 그림 5.5.4와 같은 경우 Bernoulli 방정식은 다음과 같이 표현할 수 있다.

$$\frac{p_1}{\gamma} + \frac{V_1^2}{2g} + z_1 + E_P = \frac{p_2}{\gamma} + \frac{V_2^2}{2g} + z_2 \qquad (5.5.12)$$

$$\frac{p_1}{\gamma} + \frac{V_1^2}{2g} + z_1 = \frac{p_2}{\gamma} + \frac{V_2^2}{2g} + z_2 + E_T \qquad (5.5.13)$$

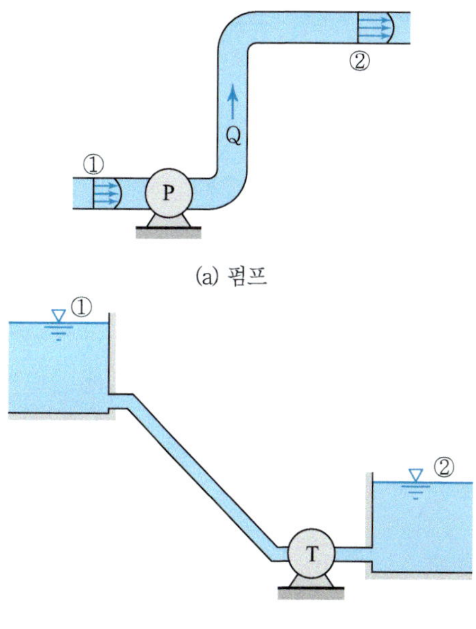

(a) 펌프

(b) 터빈

그림 5.5.4 펌프와 터빈이 있는 경우

여기서, E_P는 그림 5.5.4a의 단면 ①과 ②사이에서 펌프에 의해 물에 유입된 에너지수두 즉 단위무게 당 에너지이고, E_T는 그림 5.5.4b의 단면 ①과 ②사이에서 터빈에 의해 유출된 단위무게 당 에너지이다. 이와 같이 계산된 에너지는 펌프나 터빈에서 기계적인 에너지 손실이 없을 경우에 해당하는 값이며, 기계적인 에너지 손실이 발생할 경우 1보다 작은 값인 효율 η를 곱하게 된다.

펌프나 터빈에 의한 에너지는 보통 동력(power)으로 표시되며, 동력(kg·m/sec)은 단위중량당 에너지(kg·m/kg)에 중량유량(kg/sec)을 곱해 구하게 된다. 동력은 또한 kW와 마력(HP)의 단위로 나타내기도 하며, 이 경우 단위변환은 다음과 같다.

$$P = \gamma QE(\text{kg} \cdot \text{m/sec}) = \frac{\gamma QE}{102.04}(\text{kW}) = \frac{\gamma QE}{75}(\text{HP}) \qquad (5.5.14)$$

예제 5.5.2

그림 5.5.4a와 같은 관로에서 ①지점으로부터 ②지점으로 $0.5\text{m}^3/\text{s}$의 율로 물을 보내려고 한다. z_1=30m,

p_1=0.7kg/cm²이고, z_2=40m, p_2=3.5kg/cm²이다. 관의 직경은 50cm일 때 이러한 조건을 유지시키기 위한 펌프의 소요동력을 마력으로 계산하라. 단, 손실수두는 무시하라.

풀이

연속방정식에 의해 $V_1 = V_2 = \frac{Q}{A} = \frac{0.5}{3.14 \times 0.5^2/4} = 2.55\text{m/s}$

펌프로 인한 단위중량당 에너지 수두는

$$E_P = \frac{p_2 - p_1}{\gamma} + z_2 - z_1 = \frac{35{,}000 - 7{,}000}{1{,}000} + 40 - 30 = 38\text{m}$$

따라서 펌프의 동력 $P = \gamma Q E_P = \frac{1{,}000\text{kg}}{\text{m}^3} \times \frac{0.5\text{m}^3}{\text{s}} \times 38\text{m} = 19{,}000\frac{\text{kg} \cdot \text{m}}{\text{s}} \times \frac{1}{75} = 253\text{HP}$

예제 5.5.3

그림 5.5.5와 같은 수력발전소에서 발전을 위해 141m³/s의 물을 방류하고 있다. 유입부, 관로 및 유출부에서의 손실수두가 1.52m일 때 발전량을 kW로 나타내라. 단, 터빈의 효율은 90%이다.

풀이

상부저수지와 하부저수지 수면사이에 에너지 방정식을 적용하면

$$\frac{p_1}{\gamma} + \frac{V_1^2}{2g} + z_1 = \frac{p_2}{\gamma} + \frac{V_2^2}{2g} + z_2 + E_T + h_L$$

저수지 수표면에서의 압력은 0이므로 $p_1=p_2=0$이다. 또한 저수지 수위의 변화가 거의 없다면 $V_1=V_2=0$이다.

따라서 에너지 방정식은

$$E_T = z_1 - z_2 - h_L = 610\text{m} - 1.52\text{m} = 608.5\text{m}$$

발전량은 $P = \gamma Q E_T = \frac{1{,}000\text{kg}}{\text{m}^3} \times \frac{141\text{m}^3}{\text{s}} \times 608.5\text{m}$

$$= 85{,}798{,}500\frac{\text{kg m}}{\text{s}} \times \frac{1}{102.04} = 840{,}832\text{KW}$$

따라서 효율을 고려한 발전량은 840,832×0.9=756,749kW이다.

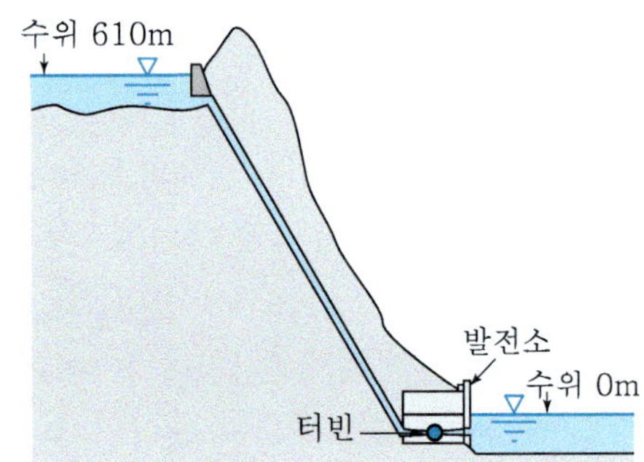

그림 5.5.5 수력발전소

5.6 운동량방정식

관수로나 개수로에서의 흐름을 해석하기 위한 기본 방정식으로 연속방정식과 에너지 방정식에 대해 알아보았다. 하지만 운동하고 있는 물의 흐름을 해석하기 위해서는 이외에 수체에 작용하는 힘과 이로 인한 운동량의 관계를 나타내는 운동량 방정식(momentum equation)이 필요하다.

5.6.1 운동량 방정식의 유도

운동량 방정식을 유도하기 위해 먼저 5.3절에서 소개한 검사체적 방정식 (5.3.11)을 고려해보자.

$$\frac{dB_{sys}}{dt} = \frac{d}{dt}\int_{cv} \beta \rho d\mathbf{V} + \int_{cs} \beta \rho \vec{V} \cdot d\vec{A} \qquad (5.3.11)$$

식 (5.3.11)에서 외적특성 B를 운동량이라 하면 식의 좌변 dB/dt는 유체가 가지는 운동량의 시간에 따른 변화율을 의미하게 된다. 운동량은 질량에 유속을 곱한 mV가 되고, 내적 특성 β는 단위질량 당 운동량이므로 결국 유속이 된다. 따라서 식 (5.3.11)을 운동량의 변화율로 나타내면

$$\frac{d(\text{운동량})}{dt} = \int_{cs} \vec{V} \rho \vec{V} \cdot d\vec{A} + \frac{d}{dt}\int_{cv} \vec{V} \rho d\mathbf{V} \qquad (5.6.1)$$

Newton의 제 2법칙에 의하면 유체에 작용하는 모든 외적인 힘들의 합은 유체가 가지는 운동량의 변화율과 같으므로 $\Sigma \vec{F} = d(\text{운동량})/dt$가 된다. 따라서 식 (5.6.1)은

$$\Sigma \vec{F} = \int_{cs} \vec{V} \rho \vec{V} \cdot \vec{A} + \frac{d}{dt}\int_{cv} \vec{V} \rho d\mathbf{V} \qquad (5.6.2)$$

위 식의 좌변 힘의 항에는 검사체적의 유체에 작용하는 표면력(surface force) $\vec{F}_S$와 물체력(body force) $\vec{F}_B$가 포함되므로 식 (5.6.2)는 다음과 같이 표현할 수 있다.

$$\Sigma \vec{F}_S + \Sigma \vec{F}_B = \int_{cs} \vec{V} \rho \vec{V} \cdot d\vec{A} + \frac{d}{dt}\int_{cv} \vec{V} \rho d\mathbf{V} \qquad (5.6.3)$$

이 식이 운동량 방정식의 기본식이다. 만일 흐름상태가 정상류이고 검사표면을 통과하는 흐름의 유속이 균일하다면 식 (5.6.2)는 다음과 같이 나타낼 수 있다.

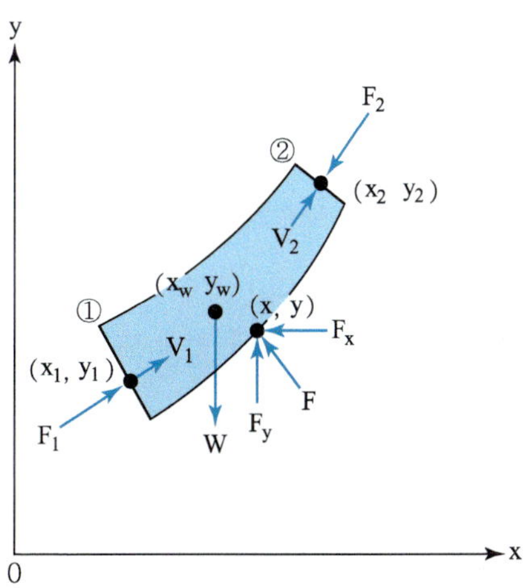

그림 5.6.1 운동량방정식의 성분

$$\begin{aligned}\Sigma \vec{F} &= \Sigma \vec{V} \rho \vec{V} \cdot \vec{A} \\ &= \vec{V_1}(-\rho \vec{V_1} \vec{A_1}) + \vec{V}_2(+\vec{V}_2 \vec{A}_2) = \rho Q(\vec{V}_2 - \vec{V}_1) \qquad (5.6.4)\end{aligned}$$

식 (5.6.4)는 벡터 방정식으로 이를 x, y 및 z축 방향으로 분리하여 적용하는 것이 편리하다. 따라서 그림 5.6.1과 같이 힘 및 유속을 x, y 및 z축 방향(지면방향)으로 분리하여 운동량 방정식을 나타내면 다음과 같다.

$$\text{x방향} \quad : \quad \Sigma F_x = \rho Q(V_{2x} - V_{1x}) \qquad (5.6.5)$$

$$\text{y방향} \quad : \quad \Sigma F_y = \rho Q(V_{2y} - V_{1y}) \qquad (5.6.6)$$

$$\text{z방향} \quad : \quad \Sigma F_z = \rho Q(V_{2z} - V_{1z}) \qquad (5.6.7)$$

여기서, $\sum F_x$, $\sum F_y$ 및 $\sum F_z$는 x, y, z축 방향으로 작용하는 힘들의 합이며, V_x, V_y, 및 V_z는 x, y 및 z축 방향의 속도성분, 그리고 첨자 1과 2는 단면의 위치를 의미한다.

5.6.2 운동량 방정식의 응용

운동량 방정식은 관수로 및 개수로 흐름의 다양한 경우에 적용할 수가 있으며, 일반적인 경우가 유량과 압력이 주어진 상태에서 관의 만곡부, 터빈 및 수리구조물에 작용하는 힘을 구하는 것이다. 연속방정식과 에너지 방정식만으로 해결이 안 되는 문제인 경우 운동량 방정식을 적용하면 대부분의 수리학적인 문제들을 해결할 수가 있다.

1) 만곡관의 벽에 작용하는 힘

그림 5.6.2와 같이 관이 일정한 각도로 휘어진 경우 물이 관 속에서 방향을 바꾸며 관에 힘을 가하게 된다. 관의 변화가 있는 부분에 검사체적을 설정하여 운동량 방정식을 적용하면 만곡관의 벽에 작용하는 힘을 구할 수 있다. 그림 5.6.2b와 같은 검사체적에 작용하고 있는 유속과 압력의 x 및 y방향 성분에 대해 운동량 방정식 (5.6.5)와 (5.6.6)을 적용하면

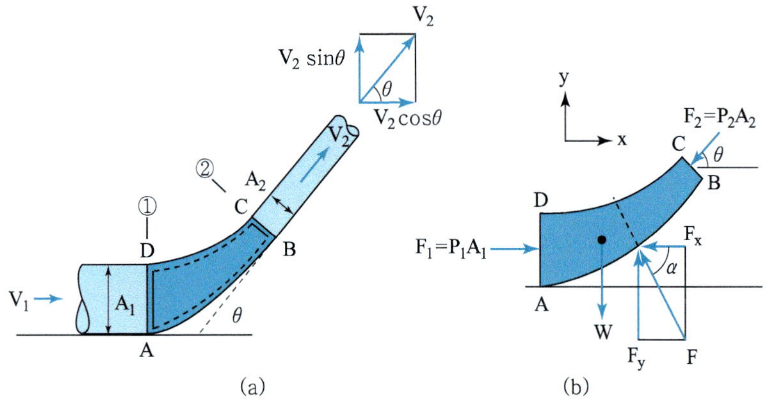

그림 5.6.2 만곡관의 벽에 작용하는 힘

$$\sum F_x = F_{1x} - F_{2x} - F_x = \rho Q(V_{2x} - V_{1x}) \tag{5.6.8}$$

$$\therefore F_x = F_{1x} - F_{2x} - \rho Q(V_{2x} - V_{1x}) = p_1 A_1 - p_2 A_2 \cos\theta - \rho Q(V_2 \cos\theta - V_1) \tag{5.6.9}$$

$$\sum F_y = F_{1y} - F_{2y} - W + F_y = \rho Q(V_{2y} - V_{1y}) \tag{5.6.10}$$

$$\therefore F_y = -F_{1y} + F_{2y} + W + \rho Q(V_{2y} - V_{1y}) = 0 + p_2 A_2 \sin\theta + W + \rho Q(V_2 \sin\theta - 0) \tag{5.6.11}$$

여기서, 유량 $Q=A_1V_1=A_2V_2$이고, 검사체적에 해당하는 물의 무게 $W=\gamma V$가 된다. 이와 같이 x방향 및 y방향에 대한 힘 F_x,와 F_y를 구하면 합력 F를 구할 수 있고, 따라서 만곡관의 벽에 작용하는 힘은 크기는 F이고 방향은 F와 반대방향이 된다.

$$F = \sqrt{F_x^2 + F_y^2} \tag{5.6.12}$$

$$\alpha = \tan^{-1}\left(\frac{F_y}{F_x}\right) \tag{5.6.13}$$

예제 5.6.1

그림 5.6.2와 같이 60°로 휘어진 만곡관내에 물이 흐를 때 만곡관의 벽에 작용하는 힘을 구하라. 단면 ①의 직경은 30cm, 압력은 5ton/m^{2}이고, 단면 ②의 직경은 20cm, 유량은 0.2m^3/s이다. 단면 ①, ② 사이의 부피는 0.1m^{3}이며, 두 단면의 중립축 표고차는 1m이다.

풀이

단면 ①과 ②에서의 단면적 및 유속은 다음과 같다.

$$A_1 = \frac{\pi}{4}\times 0.3^2 = 0.0707\text{m}^2 \qquad V_1 = \frac{Q}{A_1} = \frac{0.2}{0.0707} = 2.829\text{m/s}$$

$$A_2 = \frac{\pi}{4}\times 0.2^2 = 0.0314\text{m}^2 \qquad V_2 = \frac{Q}{A_2} = \frac{0.2}{0.0314} = 6.369\text{m/s}$$

두 단면의 중립축 사이에 에너지 방정식을 적용하면

$$\frac{p_1}{\gamma} + \frac{V_1^2}{2g} + z_1 = \frac{p_2}{\gamma} + \frac{V_2^2}{2g} + z_2 \rightarrow \quad \frac{p_2}{\gamma} = \frac{5}{1} + \frac{2.829^2 - 6.369^2}{2\times 9.81} - 1 = 2.34\text{m} \qquad \therefore\ p_2 = 2.34\text{t/m}^2$$

단면 ①과 ② 사이의 물의 무게는 $W = 0.1\text{m}^3 \times 1\text{t/m}^3 = 0.1\text{t}$

식 (5.6.9)과 (5.6.11)로부터

$$F_x = 5\times 0.0707 - 2.34\times 0.0314\cos 60^\circ - \frac{1}{9.81}\times 0.2\times(6.369\cos 60^\circ - 2.829) = 0.3095\text{t}$$

$$F_y = 2.34\times 0.0314\sin 60^\circ + 0.1 + \frac{1}{9.81}\times 0.2\times(6.369\sin 60^\circ - 0) = 0.2671\text{t}$$

따라서 합력은 $F = \sqrt{F_x^2 + F_y^2} = \sqrt{0.3095^2 + 0.2671^2} = 0.4088\text{t}$

작용방향은 $\alpha = \tan^{-1}\left(\frac{F_y}{F_x}\right) = \tan^{-1}\left(\frac{0.2671}{0.3095}\right) = \tan^{-1}(0.863) = 40.79^\circ$

2) 고정 날개에 작용하는 힘

노즐을 통해 분출된 물이 휘어진 날개에 부딪히게 되면 날개의 모양에 따라 방향이 변하며 흐르게 되고, 이때 날개에 힘을 가하게 된다. 그림 5.6.3과 같이 노즐을 통해 수평으로 분출된 물이 일정한 속도 V_1으로 고정날개로 흘러들어와 θ각도로 휘어져 나갈 때 날개를 지지하기 위한 지지력을 구하는 경우를 생각해 보자. 이때 날개 위로 지나가는 자유 분출수는 대기와 접하고 있으므로 압력은 0이 되고, 압력에 의

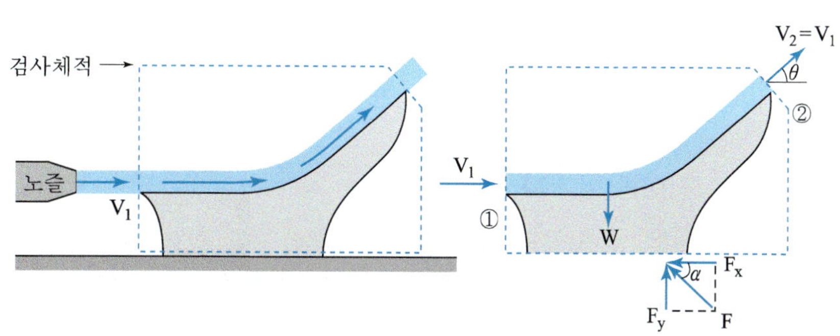

그림 5.6.3 고정 날개에 작용하는 힘

한 힘도 0이 된다. 따라서 날개에 작용하는 힘은 지지력 F와 분출수의 무게 W만 작용한다. 이 경우 검사체적에 x 및 y방향의 운동량 방정식을 적용하면

$$\Sigma F_x = -F_x = \rho Q(V_{2x} - V_{1x}) \quad \rightarrow \quad F_x = -\rho Q(V_2 \cos\theta - V_1) \tag{5.6.14}$$

$$\Sigma F_y = -W + F_y = \rho Q(V_{2y} - V_{1y}) \quad \rightarrow \quad F_y = W + \rho Q(V_2 \sin\theta - 0) \tag{5.6.15}$$

예제 5.6.2

그림 5.6.3과 같이 60°로 휘어진 고정날개로 분출되는 물에 의해 가해지는 힘을 구하라. 직경 10cm의 노즐을 통해 분출되는 물의 유속은 20m/s이다. 분류의 무게는 무시하라.

풀이

노즐을 통해 분출되는 유량 $Q = \frac{\pi}{4} \times 0.1^2 \times 20 = 0.157\mathrm{m^3/s}$

식 (5.6.14)와 식 (5.6.15)로부터

$$F_x = -\rho Q(V_2\cos\theta - V_1) = -\frac{1}{9.81} \times 0.157 \times (20\cos 60^\circ - 20) = 0.16\mathrm{t}$$

$$F_y = W + \rho Q(V_2\sin\theta - 0) = \frac{1}{9.81} \times 0.157 \times (20\sin 60^\circ) = 0.277\mathrm{t}$$

따라서 합력 및 작용방향은

$$F = \sqrt{F_x^2 + F_y^2} = \sqrt{0.16^2 + 0.277^2} = 0.32\mathrm{t}, \quad \alpha = \tan\left(\frac{0.277}{0.16}\right) = 60^\circ$$

예제 5.6.3

그림 5.6.4와 같이 수평으로부터 직경 5cm의 노즐을 통해 20m/s의 속도로 분출되는 분류가 연직판에 90°로 충돌하여 방향이 변할 때 연직판에 작용하는 힘을 구하라.

풀이

노즐을 통해 분출되는 유량은

$$Q = \frac{\pi \times 0.05^2}{4} \times 20 = 0.03925\mathrm{m^3/sec}$$

수평으로 유입되기 때문에 판에 y방향으로 작용하는 힘은 0이다.

따라서 x방향으로 작용하는 힘은

$$F_x = -\rho Q(V_{2x} - V_{1x}) = -\frac{1}{9.81} \times 0.03925 \times (0 - 20) = 0.08\mathrm{t}$$

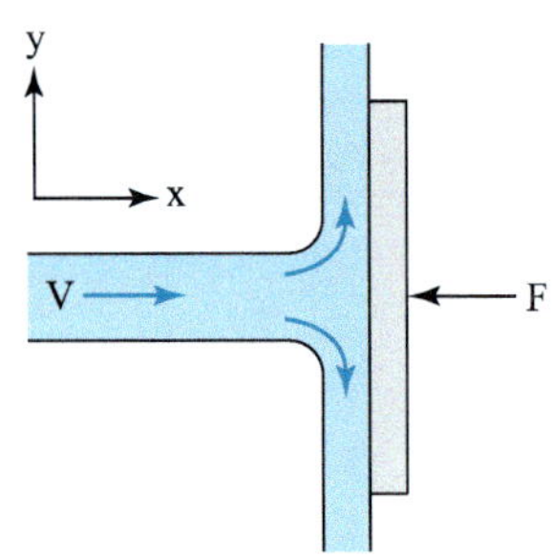

그림 5.6.4

3) 이동 날개에 작용하는 힘

고정날개인 경우 분출수로부터 받은 힘으로 일을 할 수가 없지만, 이동하는 날개인 경우 분출수로부터 받은 힘으로 일을 할 수가 있으며, 이러한 원리를 이용한 것으로 터빈이나 펌프와 같은 유체기계가 있다. 그림 5.6.6과 같이 날개가 수평으로 V_o의 속도로 움직이고 있을 때 노즐을 통해 V_1의 속도로 분출된 물이 날개에 의해 각도 θ로 휘어지며 흐를 경우를 생각해 보자. 이 경우 날

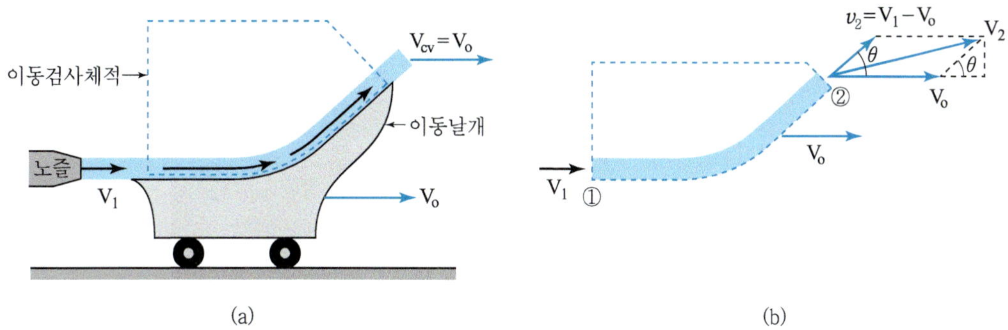

그림 5.6.6 이동 날개에 작용하는 힘

개를 빠져 나오는 분출수는 날개의 각도 θ와 다른 각도로 분출하게 된다. 또한 날개로 들어오는 분출수와 빠져 나가는 분출수의 상대속도는 모두 $v_1=v_2=(V_1-V_o)$가 된다. 결국 이동 날개를 빠져 나가는 분출수의 절대 속도는 날개의 이동속도 V와 분출수의 상대속도 (V_1-V_o)의 벡터합이 된다. 따라서 그림 5.6.6의 경우에 x 및 y방향의 운동량 방정식을 적용하면

$$\Sigma F_x = -F_x = \rho Q(V_{2x} - V_1 x) \tag{5.6.16}$$

$$F_x = -\rho Q(V_{2x} - V_{1x}) = -\rho Q[\{V_o + (V_1 - V_o)\cos\theta\} - V_1)]$$

$$\therefore F_x = \rho Q(V_1 - V_o)(1 - \cos\theta) \tag{5.6.17}$$

$$\Sigma F_y = F_y = \rho Q(V_{2y} - V_{1y}) = \rho Q[(V_1 - V_o)\sin\theta - 0]$$

$$\therefore F_y = \rho Q(V_1 - V_o)\sin\theta \tag{5.6.18}$$

식 (5.6.17)과 (5.6.18)에서 유량 Q는 날개가 연속되어 있어 분출수를 연속적으로 받을 수 있는 경우에는 $Q=A_1V_1$으로 적용하지만, 날개가 단일 날개인 경우에는 분출수의 속도를 상대속도 (V_1-V_o)로 적용하여 $Q=(V_1-V_o)A_1$으로 적용하여야 한다.

이동 날개에 작용하는 연직방향의 힘 F_y는 거의 축 방향과 일치하게 작용하므로 터빈 축에 대한 모멘트는 F_x에 비해 무시하여도 된다. 따라서 분출수로부터 터빈에 전달되는 동력은

$$P = F_x V_o = \rho Q(V_1 - V_o)(1 - \cos\theta)V_o \tag{5.6.19}$$

만일 날개의 이동속도 $V_o=0$이면 고정날개에 해당되고, $V_o=V_1$이면 분출수가 날개에 힘을 미치지 못하므로 이런 경우에는 동력 P=0이 된다. 최대의 동력을 얻기 위한 조건을 구하기 위해 식 (5.6.19)의 P를 V에 대해 미분하여 0으로 놓으면

$$\frac{dP}{dV_o} = \rho Q(1 - \cos\theta)(V_1 - 2V_o) = 0 \tag{5.6.20}$$

$$\therefore V_o = \frac{1}{2}V_1 \tag{5.6.21}$$

식 (5.6.21)로부터 날개의 이동속도가 분출수 속도의 절반이 될 때 최대 동력을 얻게 됨을 알 수 있다. 이 때 최대 동력은 다음과 같이 나타난다.

$$P_m = \rho Q\left(V_1 - \frac{V_1}{2}\right)(1-\cos\theta)\frac{V_1}{2} = \frac{1}{4}\rho Q V_1^2(1-\cos\theta) \tag{5.6.22}$$

만일 날개의 각도 θ를 180°로 할 경우 식 (5.6.22)로부터 얻을 수 있는 최대 동력은

$$P_m = \frac{1}{2}\rho Q V_1^2 = \gamma Q\frac{V_1^2}{2g} \tag{5.6.23}$$

이는 노즐을 통해 분출되는 분출수가 가지고 있는 속도에너지가 모두 동력으로 변환될 경우에 해당된다. 하지만 날개의 각도를 180°로 하는 경우 작동에 문제가 발생하므로 약 165°정도로 제작하며, 이 경우의 최대 동력 V_o=0.48V_1정도로 할 때 첨두효율 90%까지 얻을 수가 있게 된다.

예제 5.6.4

직경 10cm인 노즐을 통해 분출되는 유속 30m/s의 물에 의해 직경 1m인 충격식 터빈이 200rpm으로 회전하고 있을 때 165°의 각도를 가진 날개에 작용하는 수평력과 이로 인해 발생하는 동력을 계산하라.

풀이

노즐로부터 분출되는 유량 $Q = \frac{\pi \times 0.1^2}{4} \times 30 = 0.2355 \text{m}^3/\text{sec}$

터빈이 분당 200회전하고 있으므로 이를 각속도 ω로 변환하면

$$\omega = 2\pi\left(\frac{200}{60}\right) = 20.93 \text{rad/sec}$$

따라서 날개의 이동속도 및 상대속도는

$$V_o = r\omega = 0.5 \times 20.93 = 10.47 \text{m/s}, \quad v_1 = v_2 = V_1 - V_o = 30 - 10.47 = 19.53 \text{m/s}$$

날개에 수평방향으로 작용하는 힘은 식 (5.6.17)에 의해

$$F_x = \rho Q(V_1 - V_o)(1-\cos\theta) = \frac{1,000}{9.81} \times 0.2355 \times 19.53 \times (1-\cos 165^\circ) = 921.7 \text{kg}$$

따라서 발생동력 $P = F_x V_o = 921.7 \times 10.47 = 9,650 \text{kg·m/s} \div 75 = 128.7 \text{HP}$

4) 수문에 작용하는 힘

하도 상에 그림 5.6.7과 같은 수문(sluice gate)이 설치되어 있는 경우 수문과 접하고 있는 부분의 상단부는 이 지점에서 유속이 비교적 작기 때문에 정수압 분포를 나타낸다고 할 수 있다. 하지만 수문 하단부 근처에서는 유속이 비교적 크며 정수압 분포와는 차이를 보이게 된다. 수문에 작용하는 힘을 산정하기 위해 그림 5.6.7의 검사체적에 포함되어 있는 물에 운동량 방정식을 적용할 수가 있다. 수문 상류와 하류의 검사표면을 통과하는 물이 정상등류이고 비점성이라 가정하면, 단면 ①과 단면 ②에서의 압력분포는 정수압 분포를 나타내게 된다. 상류측 단면 ①에 작용하는 정

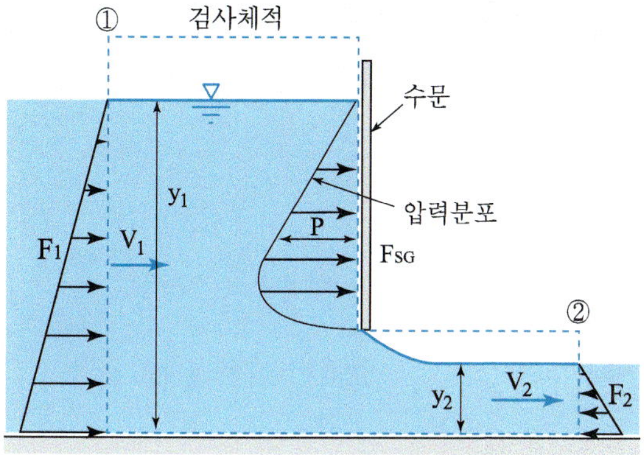

그림 5.6.7 수문에 작용하는 힘

수압은 왼쪽에서 오른쪽으로(양의 방향) 검사체적내의 물에 작용하게 되며, 하류측 단면 ②에 작용하는 정수압은 오른쪽에서 왼쪽으로(음의 방향) 검사체적내의 물에 작용하게 된다. 따라서 수평하도의 수문에 대해 x방향의 운동량 방정식을 적용하면

$$\Sigma F_x = F_1 - F_2 - F_{SG} = \rho Q(V_2 - V_1) \qquad (5.6.24)$$

$$\therefore F_{SG} = F_1 - F_2 - \rho Q(V_2 - V_1)$$

$$= \frac{\gamma y_1^2 b}{2} - \frac{\gamma y_2^2 b}{2} - \rho Q(V_2 - V_1) \qquad (5.6.25)$$

여기서, b는 하도의 폭이다. F_{SG}는 수문이 검사체적 내의 물에 가하는 힘이므로 결국 물이 수문에 가하는 힘은 F_{SG}와 크기가 같고 방향이 반대가 된다. 만일 점성유체라면 점성에 의한 마찰효과 때문에 하상에서의 마찰력을 고려해 주어야 한다. 식 (5.6.24)로부터 유량 또는 수문 상류 및 하류에서의 수심이 주어진다면 수문에 작용하는 힘을 구할 수 있다. 만일 유량과 유속이 모두 주어지지 않는다면 단면 ①과 ②의 수면간에 Bernoulli 방정식을 세우고 연속방정식을 이용하여 유속과 유량을 구할 수가 있다.

$$\frac{V_1^2}{2g} + y_1 = \frac{V_2^2}{2g} + y_2 \qquad (5.6.26)$$

$$by_1V_1 = by_2V_2 \qquad (5.6.27)$$

위 두식을 연립하면 V_1과 V_2를 구할 수 있다.

예제 5.6.5

그림 5.6.7과 같은 수문에서 상류의 수심이 5m, 하류의 수심이 1m일 때 수문에 작용하는 힘을 구하라.

풀이

단면 ①과 ②의 수면에 에너지 방정식을 적용하면 $\frac{V_1^2}{2g} + 5 = \frac{V_2^2}{2g} + 1$

연속방정식은 $q=5V_1=1V_2$

에너지 방정식과 연속방정식을 연립하여 풀면

$$V_1 = 1.81\text{m/s} \qquad V_2 = 9.05\text{m/s} \qquad \therefore q = 9.05\text{m}^3/\text{s/m}$$

수로의 단위폭 당 작용하는 힘은

$$F_1 = 1{,}000 \times \frac{5^2}{2} = 12{,}500\text{kg/m}, \qquad F_2 = 1{,}000 \times \frac{1^2}{2} = 500\text{kg/m}$$

따라서 식 (5.6.25)에 의해 수문에 작용하는 힘은

$$F_{SG} = F_1 - F_2 - \rho q(V_2 - V_1) = 12{,}500 - 500 - \frac{1{,}000}{9.81} \times 9.05 \times (9.05 - 1.81) = 5{,}321\text{kg/m}$$

연습문제

5.1 지하의 기름저장 탱크에 누수가 발생하여 0.5m 깊이의 물이 스며들었다. 물 위로 기름이 3m 깊이로 떠 있을 때 물과 기름의 접촉면 및 탱크 바닥에서의 압력을 계산하라. 단, 기름의 비중은 0.75이다.

5.2 밀폐된 용기 안에 수은이 1m 깊이로 채워져 있으며 수은표면에서 $500kg/m^2$의 압력이 작용할 때 용기 바닥에서의 압력을 계산하라. 단, 수은의 비중은 13.6이다.

5.3 해저 깊이 2,000m에서의 정수압을 구하라. 단, 해수의 비중은 1.025이다.

5.4 수중의 두 지점에서 압력을 측정하였더니 $p_1=500kg/m^2$, $p_2=5,400kg/m^2$ 이었다. 두 지점간의 거리차를 구하라.

5.5 바다에서 임의깊이 두 지점에서 압력을 측정하였더니 $p_1=300kg/m^2$, $p_2=2,200kg/m^2$ 이었다. 두 지점간의 거리차를 구하라. 단 해수의 비중은 1.025이다.

5.6 그림 5.2.3과 같은 수조에 물이 0.5m 깊이로 차 있을 때 바닥면에 작용하는 힘의 크기를 구하라. 수조 바닥의 크기는 2.0m×3.5m이다.

5.7 그림 5.2.5와 같은 저수지의 경사면에 직경 2.5m의 수문이 설치되어 있다. 원형 수문의 중심에 축이 설치되어져 있으며 중심으로부터 수면까지의 깊이가 5m이다. 물에 의해 수문에 미치는 힘의 크기와 작용점을 구하라.

5.8 그림 5.8과 같은 댐의 길이가 30.5m이고 수심이 8m이다. 댐의 사면이 $\theta=60°$일 때 물에 의해 댐에 가해지는 힘과 작용점을 구하라.

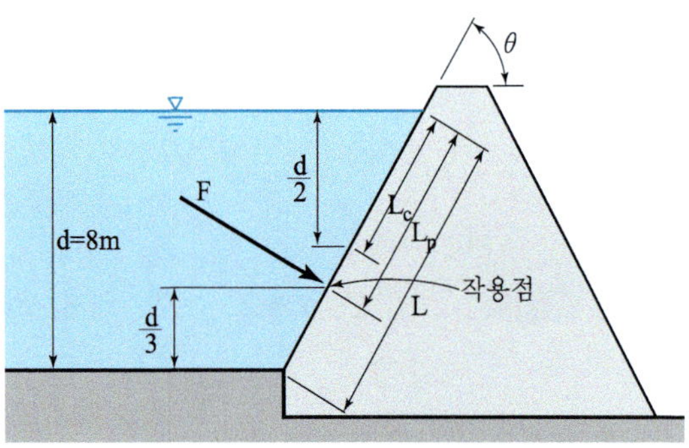

그림 5.8

5.9 예제 5.2.4에서 폭 3m의 직사각형 수로에 설치된 수문에 작용하는 힘과 작용점을 구하라.

5.10 예제 5.2.5에서 반경이 1.2m인 원관에 물이 반쯤 차서 흐르고 있다. 단위 길이당 BC곡면에 작용하는 힘과 작용점을 구하라.

5.11 그림 5.11과 같은 폭이 2m인 테인터 수문에 작용하는 총 힘과 작용점을 구하라.

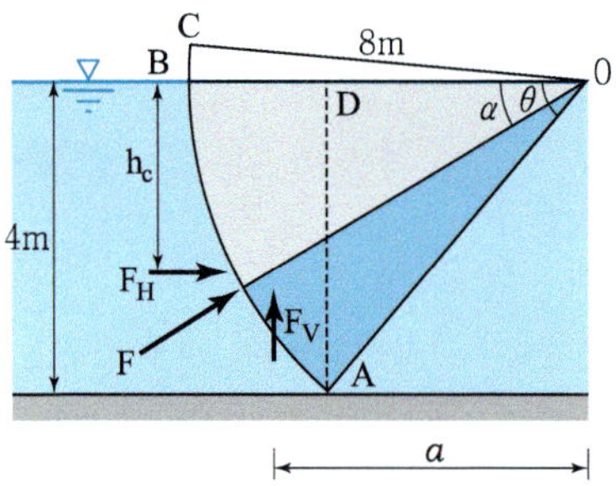

그림 5.11

5.12 예제 5.3.1의 그림과 같은 검사체적에서 흐름이 정상류일 때 검사체적 내 시스템에서의 에너지 변화율을 구하라. 각 단면에서의 흐름 특성치들은 표 5.12와 같다.

표 5.12 흐름특성치

단면	종류	밀도 $\rho(kg_o/m^3)$	유속 V(m/s)	단면적 $A(m^2)$	에너지 e(J/kg)
1	유입	900	7.0	3.0	200
2	유입	900	10.0	2.0	150
3	유출	900	15.0	3.0	150

5.12 예제 5.4.1의 그림과 같이 개방된 수조에 유속 5m/s, 단면적 $0.004m^2$의 jet류에 의해 물이 유입되고 수조 하단부의 오리피스를 통해 $0.005m^3/s$로 물이 방출되고 있다. 수조에 물이 채워지는 율을 구하라.

5.13 폭 3m의 사각형 단면 수로에서 $5m^3/s$의 유량이 1.5m/s의 유속으로 흐를 때 수심을 얼마인가.

5.14 직경이 d_1에서 d_2로 변하고, 유속이 V_1에서 V_2로 변할 때 유속비 V_1/V_2에 해당하는 관 지름의 비는 얼마인가.

5.15 직경 100cm 및 80cm의 관로가 직렬로 연결되어 있다. 관로를 통한 유량이 $1.5m^3/s$일 때 각 관로에서의 유속을 구하라.

5.16 그림 5.16과 같은 저수지에서 상류로부터 $500m^3/s$의 물이 유입되고 $350m^3/s$의 물이 방수로를 통해 유출되고 있다. 저수지 수표면적이 $5km^2$라면 저수지 수면의 상승률은 얼마인가.

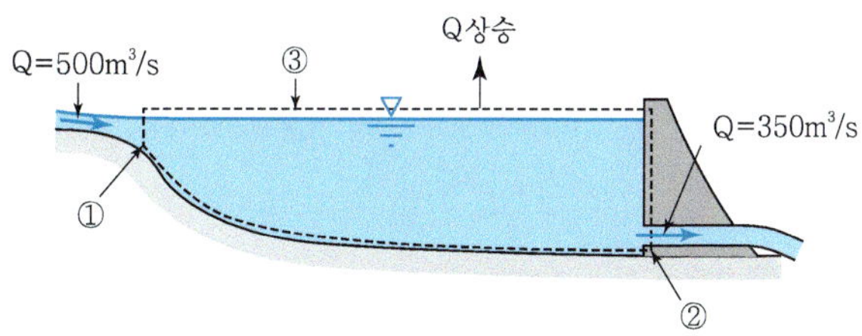

그림 5.16

5.17 그림 5.16과 같은 저수지에서 상류로부터 $250m^3/s$의 물이 유입되고 $100m^3/s$의 물이 방수로를 통해 유출되고 있다. 저수지 수표면적이 $10km^2$라면 수면의 상승률은 얼마인가.

5.18 그림 5.18과 같은 직경 0.5m의 수조로 물이 유입되어 $0.2m^3/s$로 유출이 이루어지고 있다. 유입관의 단면적이 $0.1m^2$이고 유속이 0.5m/s일 때 수조 수면의 상승률은 얼마인가.

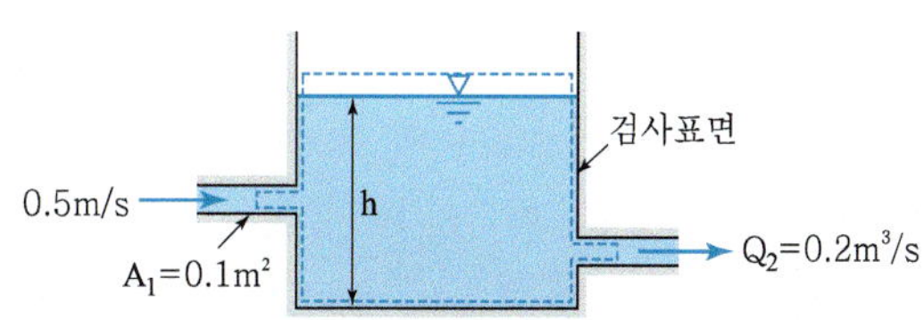

그림 5.18

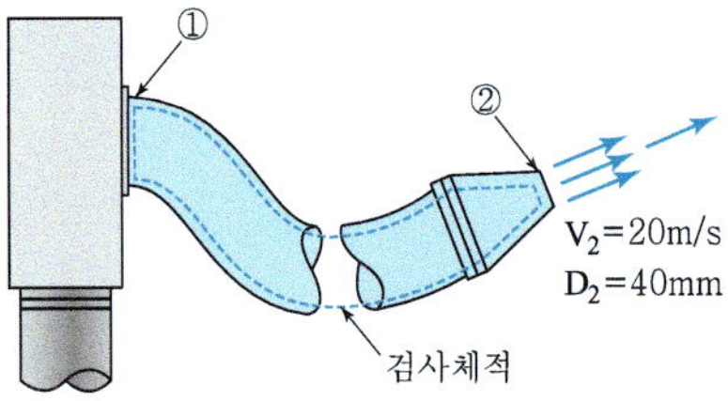

그림 5.19

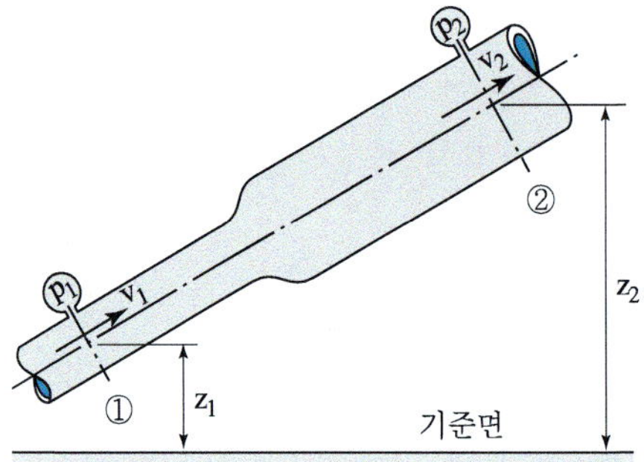

그림 5.20

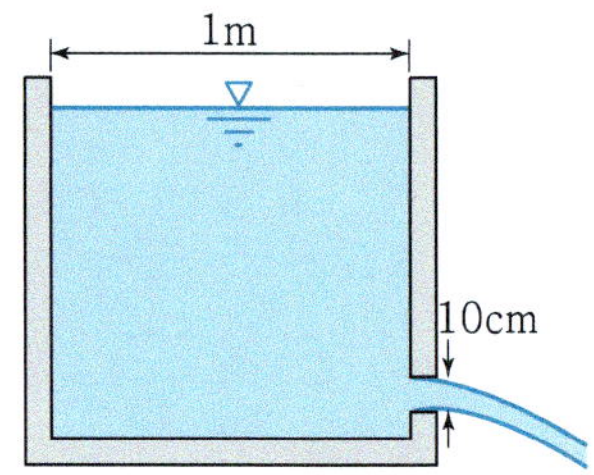

그림 5.21

5.19 그림 5.19와 같이 펌프로부터 소방호스 노즐을 통해 해수를 공급하고 있다. 노즐에서의 분출 유속을 최소 20m/s로 유지하기 위해서는 펌프의 최소용량(m^3/s)을 얼마로 해야 하는가.

5.20 그림 5.20과 같은 관로에서 ① 및 ② 단면에서의 직경이 15cm 및 20cm이다. ① 단면에서의 유속이 5m/s일 때 1) ② 단면에서의 유속, 2) 유량, 3) 중량유량 그리고 4) 질량유량을 계산하라.

5.21 그림 5.21과 같이 직경 1m인 수조의 측벽에 직경10cm의 오리피스 구멍이 뚫려있다. 오리피스를 통해 분출되는 물의 유속이 2m/s일 때 유량은 얼마인가. 또한 수조의 표면의 낙하속도는 얼마인가.

5.22 그림 5.22와 같이 직경 10cm 단면에서 유속이 3m/s로 흐르는 흐름이 2cm직경의 노즐을 통해 분출될 때 분출되는 유속은 얼마인가. 또한 이 때의 유속은 얼마인가.

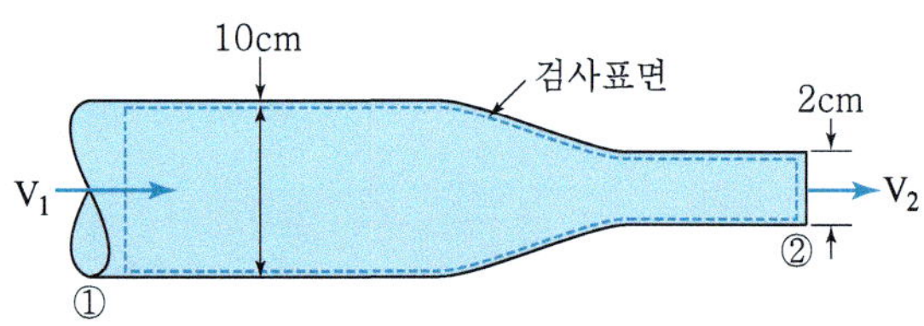

그림 5.22

5.23 예제 5.5.1과 같은 관로를 통해 물이 단면 ①로부터 단면 ②로 흐르고 있다. 단면 ①에서 직경이 50mm, 유속이 2m/s, 압력이 5kg/cm^{2}이고, 단면 ②에서의 직경은 100mm이고 단면 ①보다 3m 높이에 있다. 에너지 손실을 무시한다고 가정하고 단면 ②에서의 압력을 구하라.

5.24 그림 5.24와 같이 사이폰을 통해 수영장의 물을 배수시키고 있다. 사이폰의 직경은 50mm이고 끝단은 직경 20mm의 노즐이 연결되어 있다. 에너지 손실을 무시하고 노즐을 통해 배수하는 유량과 B, C, D 그리고 E지점에서의 압력을 구하라.

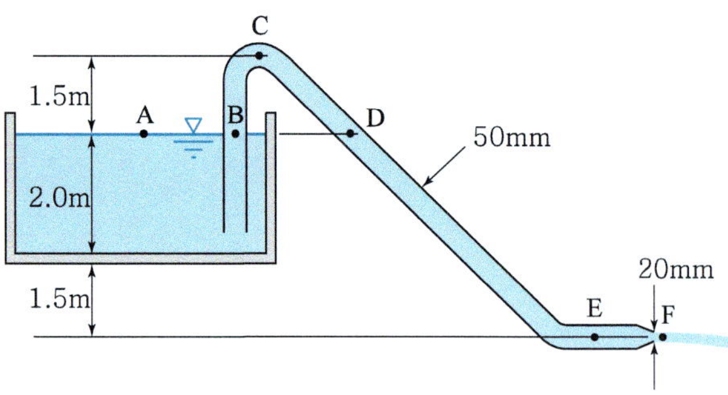

그림 5.24

5.25 예제 5.5.2와 같은 관로에서 ①지점으로부터 ②

지점으로 $1.0m^3/s$의 율로 물을 보내려고 한다. z_1=15m, p_1=1.2kg/cm^2이고, z_2=30m, p_1=2.7kg/cm^2이다. 관의 직경은 30cm일 때 이러한 조건을 유지시키기 위한 펌프의 소요동력을 마력으로 계산하라. 단, 손실수두는 무시하라.

5.26 예제 5.5.3과 같은 수력발전소에서 발전을 위해 $50m^3/s$의 물을 방류하고 있다. 유입부, 관로 및 유출부에서의 손실수두가 2m일 때 발전량을 kW로 나타내라. 단, 두 저수지 수면의 높이차는 200m이고, 터빈의 효율은 95%이다.

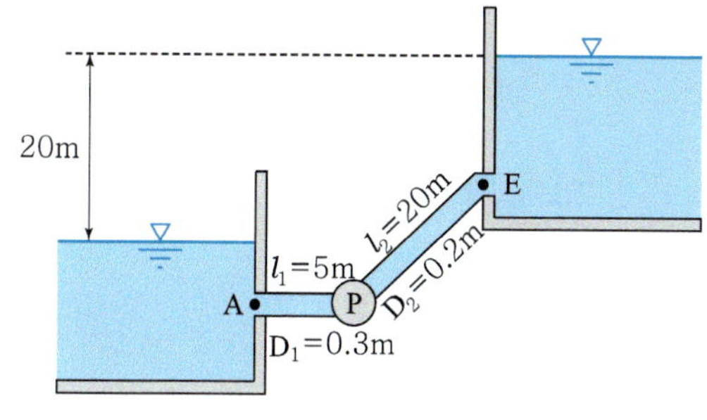

그림 5.27

5.27 그림 5.27과 같이 하부 저수지로부터 20m 높이의 상부 저수지로 $2m^3/s$의 물을 양수하는데 필요한 펌프의 동력을 kW 및 마력으로 계산하라. 모든 손실은 무시하고 펌프의 효율은 90%로 가정하라.

5.28 그림 5.28과 같은 터빈을 통해 물이 $0.25m^3/s$로 흐르고 있다. A와 B지점에서의 압력이 각각 2kg/cm^2 및 5kg/cm^2일 때 물에 의해 터빈에 전달되는 동력을 kW로 계산하라.

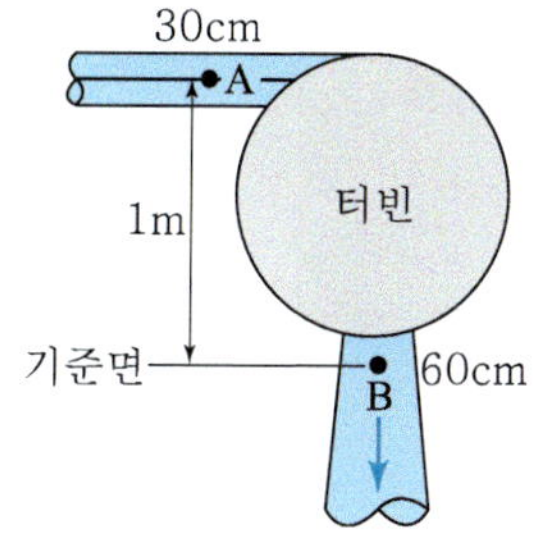

그림 5.28

5.29 예제 5.6.1과 같이 60°로 휘어진 만곡관내에 물이 흐를 때 만곡관의 벽에 작용하는 힘을 구하라. 단면 ①의 직경은 40cm, 압력은 15ton/m^2이고, 단면 ②의 직경은 30cm이고 유량은 $0.35m^3/s$이다. 단면 ①과 ②사이의 부피는 $0.1m^3$이며 두 단면의 중립축 표고차는 1m이다.

5.30 예제 5.6.2와 같이 60°로 휘어진 고정날개로 분출되는 물에 의해 가해지는 힘을 구하라. 직경 5cm의 노즐을 통해 분출되는 물의 유속은 30m/s이다. 분류의 무게는 무시하라.

5.31 예제 5.6.3과 같이 수평으로부터 직경 10cm의 노즐을 통해 50m/s의 속도로 분출되는 분류가 연직판에 90°로 충돌하여 방향이 변할 때 연직판에 작용하는 힘을 구하라.

5.32 그림 5.32와 같이 직경 10cm의 노즐로부터 20m/s의 속도로 물이 분출되어 60°로 경사진 고정벽에 충돌하여 두개의 수맥으로 분류되고 있다. 이때 벽에 가해지는 힘과 분류유량을 구하라. 충돌로 인한 손실수두는 무시하라.

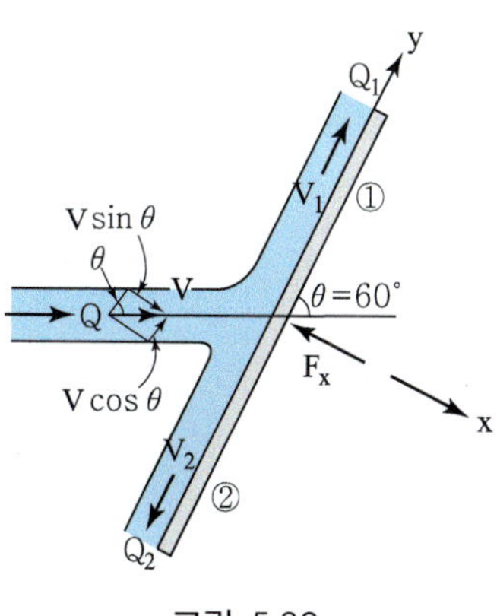

그림 5.32

5.33 예제 5.6.4와 같이 직경 5cm의 노즐로부터 10m/s의 속도로 물이 분출되어 60°로 경사진 고정벽에 충돌하여 두개의 수맥으로 분류되고 있다. 이때 벽에 가해지는 힘과 분류유량을 구하라. 충돌로 인한 손실수두는 무시하라.

5.34 직경 5cm인 노즐을 통해 분출되는 유속 40m/s의 물에 의해 직경 2m인 충격식 터빈이 150rpm으로 회전하고 있을 때 150°의 각도를 가진 날개에 작용하는 수평력과 이로 인해 발생하는 동력을 계산하라.

5.35 예제 5.6.5와 같은 수문에서 상류의 수심이 3m, 하류의 수심이 0.5m일 때 수문에 작용하는 힘을 구하라.

Chapter 6

관수로 흐름해석

6.1 서론

관수로 내에서의 유체 특히 물의 이동은 관수로를 통한 물의 공급과 같이 우리의 일상생활과 아주 밀접하게 연관되어 있다. 이와 같은 관수로 시스템을 구성하는 전형적인 요소들이 그림 6.1.1과 같다. 다양한 직경의 관과 개개의 관을 연결하는 접합부, 유량조절장치인 밸브, 관수로내의 물에 에너지를 추가하거나 물로부터 에너지를 획득하기 위한 펌프 및 터빈 등과 같은 요소로 이루어져 있다. 본 장에서는 점성유체의 흐름 원리 및 이를 이용한 마찰로 인한 에너지 손실 그리고 관의 변화로 인한 미소손실 등에 대해 알아보고 다양한 관수로 흐름의 해석에 대해 소개하기로 한다.

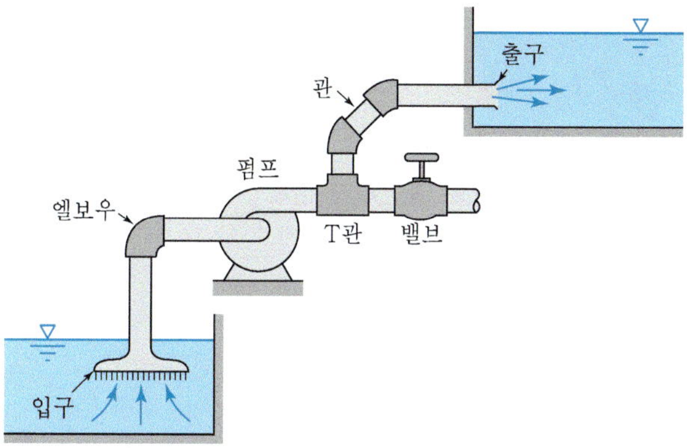

그림 6.1.1 일반적인 관수로 시스템

6.2 점성유체의 흐름

유체의 분류시 점성의 유무에 따라 점성유체(viscous fluid)와 비점성유체(invicid fluid)로 구분할 수가 있고, 압축성에 따라 압축성(compressible)유체와 비압축성(incompressible)유체로 분류하게 된다. 수리학에서는 일반적으로 물의 압축성을 무시하고 흐름을 해석한다. 따라서 물은 점성의 유무에 따라 비압축성 비점성유체(이상유체)와 비압축성 점성유체(실제유체)로 구분할 수가 있다.

점성유체는 점성으로 인해 유체층간 또는 유체입자와 경계면 사이에 마찰이 발생하여 흐름의 저항을 초래하고, 따라서 유체는 이 저항을 이기고 흐르기 위해 일을 하며, 이때 유체가 가지고 있는 에너지가 열에너지로 변환되어 에너지 손실이 발생한다. 또한 마찰로 인해 관내의 유속분포가 균일하지 않고 관 중심으로 갈수록 증가하는 포물선형 분포를 보이게 된다.

점성흐름은 다시 층류(laminar)와 난류(turbulent)로 분류하게 된다. 층류는 인접한 입자들끼리 잘 혼합되지 않고 층을 이루며 흐르는 흐름이며, 난류는 유체 입자들이 서로 무작위로 혼합되어 흐르는 흐름으로 유속이 작은 경우 층류로 흐르다가 유속이 증가하면 점차 난류로 변하게 된다.

6.2.1 Reynolds수

흐름이 층류인지 난류인지를 구분하기 위해서는 층류 및 난류상태에서의 흐름 특성을 알아볼 필요가 있으며, Reynolds가 실험을 통해 이러한 특성을 보여주었다. Reynolds는 해석적 및 실험적

연구를 통해 난류뿐 만 아니라 층류와도 관계있는 기본 변수인 Reynold수(number)를 그림 6.2.1과 같은 실험장치를 통해 제시하였다. 유리관 내의 유속이 작아 색소가 흐트러지지 않고 실과 같이 흐르는 흐름을 층류라 하고, 유속이 커져 색소가 흐트러져 혼탁해지는 흐름을 난류라 한다.

이러한 실험을 통해 Reynolds수(R_e)라는 무차원변량을 다음과 같이 정의하였다.

$$R_e = \frac{\rho V d}{\mu} \quad \text{또는} \quad \frac{Vd}{\nu} \tag{6.2.1}$$

여기서, ρ는 유체의 밀도, V는 유리관 내의 평균유속, d는 유리관의 직경, μ 및 ν는 유체의 점성계수 및 동점성계수이다.

실험을 통해 얻은 층류, 난류 및 천이흐름(transitional flow)간의 R_e의 범위는 명확하지가 않으며, 층류로부터 난류로의 실제적인 전환은 유리관의 진동, 입구부의 조도 및 모양 등에 따라 교란되어 다양한 R_e에서 일어나게 된다. 따라서 일반적으로 인정하는 R_e의 범위는 원형관인 경우 R_e가 2,100보다 작으면 층류이고, R_e가 4,000보다 크면 난류가 된다. R_e가 2,100~4,000 범위이면 층류와 난류가 공존하여 발생하는데 이러한 흐름을 천이흐름이라 한다.

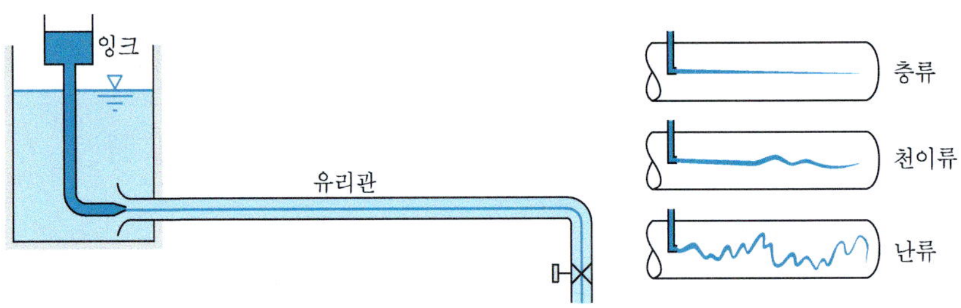

그림 6.2.1 Reynolds 실험장치

예제 6.2.1

직경 150mm인 원관에 0℃의 물이 3.6m/s로 흐르고 있을 때 Reynolds수와 흐름 상태를 판단하라. 단, 0℃에서의 물의 동점성계수는 $1.787 \times 10^{-6} m^2/s$이다.

풀이

Reynolds 수는 $R_e = \frac{Vd}{\nu} = \frac{3.6 \times 0.15}{1.787 \times 10^{-6}} = 302{,}182 > 4{,}000$ $\therefore$ 난류

예제 6.2.2

비중이 0.85인 기름이 직경 15cm의 관내에 흐르고 있을 때 층류로 흐를 수 있는 최대 평균유속과 이때의 유량을 구하라. 단, 기름의 동점성계수는 $6 \times 10^{-4} m^2/s$이다.

풀이

층류의 상한계가 R_e=2,100이므로 $R_e = \frac{V \times 0.15}{6 \times 10^{-4}} = 2{,}100$ $\therefore V = 8.4 m/s$

따라서 유량은 $Q = AV = \frac{\pi}{4} \times 0.15^2 \times 8.4 = 0.148 m^3/s$

6.3 관수로 내 마찰응력 및 유속분포

Reynolds수에 의해 흐름이 층류 및 난류로 구분되며, 두 흐름 상태에서의 유속 및 마찰응력분포가 서로 다르게 나타난다. 본 절에서는 관수로 내 층류 및 난류의 마찰응력 및 유속분포에 대해 알아보기로 한다.

6.3.1 층류의 마찰응력 및 유속분포

1) 층류의 마찰응력분포

그림 6.3.1과 같이 직경 D인 수평관로의 시간 t에서 반경 r, 길이 l인 원통형 물 요소를 생각해 보자. 관로 단면을 통해 유속분포가 균일하지 않기 때문에 초기시간 t에서의 원통형 물 요소 끝단의 편평한 단면이 시간 t+dt에서는 왜곡된 형태(점선)로 이동하게 된다. 만일 중력의 영향을 무시한다면 관로의 서로 다른 단면에서는 압력이 변하지만 임의의 단면에서의 연직방향의 압력은 동일하다. 따라서 단면 ①에서의 압력이 p_1이라면 흐름 방향으로 압력이 감소하므로 단면 ②에서는 $p_2=p_1-\Delta p$로 나타낼 수가 있다. 또한 원통형 물 요소 표면에 마찰응력 τ가 작용하며, 이 마찰응력은 원통형 물 요소 반경 r의 함수가 된다.

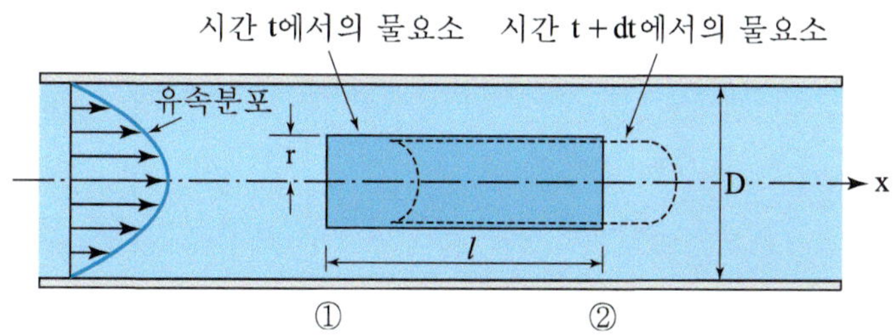

그림 6.3.1 관수로 내의 원통형 물 요소의 운동

이 원통형의 물 요소를 그림 6.3.2와 같이 검사체적으로 하여 Newton의 제2법칙 F=mα를 적용해 보자. 이 경우 물이 움직이고 있지만 가속되지는 않고 있으므로 α=0이다. 따라서 완전히 발달된 수평관로에서의 흐름은 오직 압력과 점성력만이 평형을 이루고 있다. 즉, 단면적 πr^2인 원통형 끝단에서 압력차가 작용하고 있고, 마찰응력은 둘레 $2\pi r$에 해당하는 원통의 표면에 작용하게 된다. 이러한 압력과 마찰력간의 평형을 식으로 나타내면

$$p_1\pi r^2-(p_1-\Delta p)\pi r^2=\tau 2\pi r l \qquad (6.3.1)$$

이 식을 간단히 정리하면

$$\Delta p=\frac{2\tau l}{r} \qquad (6.3.2)$$

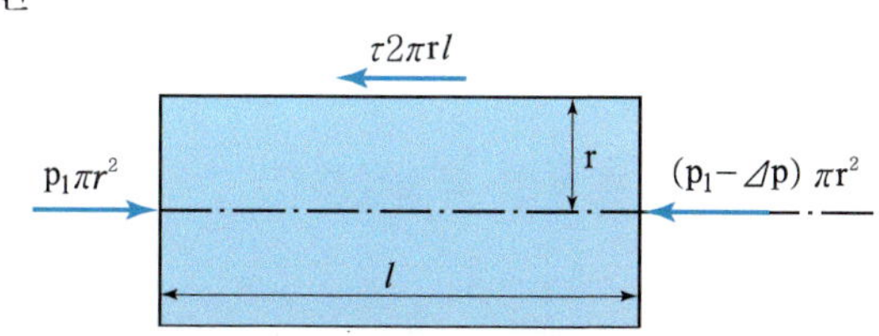

그림 6.3.2 원통형 물 요소의 검사체적

식 (6.3.2)는 관수로 내에서 물 입자들이 일정한 유속을 가지고 흐르는데 필요한 힘의 기본적인 평형을 나타낸다. Δp나 l이 반경 r과 관계가 없기 때문

에 $2\tau/r$도 반경 r에 영향을 받지 않는다. 즉, $\tau=Cr$로 나타낼 수 있으며 여기서, C는 상수이다. 관로의 중심(r=0)에서 마찰응력 $\tau=0$이고, 관로의 벽(r=D/2)에서는 마찰응력이 최대인 벽마찰응력(wall shear stress) τ_w가 된다. 따라서 $C=2\tau_w/D$가 되며 관로 내의 마찰응력분포는 선형으로 그림 6.3.3에서 보는 바와 같이 다음과 같이 표현할 수 있다.

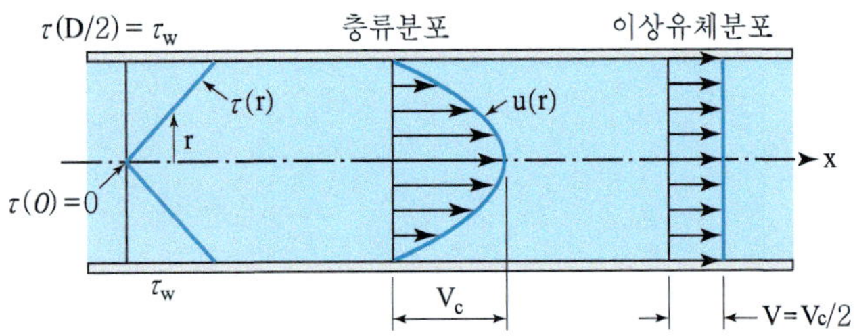

그림 6.3.3 관수로 내 마찰응력 및 유속분포

$$\tau = \frac{2\tau_w r}{D} \qquad (6.3.3)$$

식 (6.3.2)와 (6.3.3)으로부터 압력강하량을 마찰응력으로 나타내면

$$\Delta p = \frac{4l\tau_w}{D} \qquad (6.3.4)$$

Newton 유체의 층류에서는 마찰응력이 단순히 속도경사에 비례하게 되며, 따라서 관수로에서 층류의 마찰응력은 다음과 같이 표현할 수 있다.

$$\tau = -\mu\frac{du}{dr} \qquad (6.3.5)$$

여기서, μ는 동점성계수이다.

예제 6.3.1

직경 50cm인 원형관에서 물이 100m를 흐르는 동안 압력강하가 1kg/cm^2 발생하였을 때 관벽 및 관벽에서 10cm 떨어진 지점에서의 마찰응력을 구하라.

풀이

관벽에서의 마찰응력 $\tau_w = \dfrac{\Delta pr}{2l} = \dfrac{1\text{kg/cm}^2 \times 25\text{cm}}{2 \times 10{,}000\text{cm}} = 0.00125\text{kg/cm}^2$

관벽에서 10cm 떨어진 지점 $\tau = \dfrac{\Delta pr}{2l} = \dfrac{1\text{kg/cm}^2 \times 15\text{cm}}{2 \times 10{,}000\text{cm}} = 0.00075\text{kg/cm}^2$

2) 층류의 유속분포

층류의 유속분포는 층류의 마찰응력을 나타내는 식 (6.3.2)와 식 (6.3.5)를 연계하여 얻은 미분방정식을 적분한 후, 경계조건을 적용하면 다음과 같이 얻을 수 있다.

$$u(r) = \left(\frac{\Delta p D^2}{16\mu l}\right)\left[1 - \left(\frac{2r}{D}\right)^2\right] = V_c\left[1 - \left(\frac{2r}{D}\right)^2\right] \qquad (6.3.6)$$

여기서, V_c는 관 중심에서의 최대 유속으로 다음과 같다.

$$V_c = \frac{\Delta p D^2}{16\mu l} \tag{6.3.7}$$

식 (6.3.6)을 압력 강하량 Δp대신 식 (6.3.4)를 이용하여 관 벽에서의 마찰응력 τ_w로 나타내면

$$u(r) = \frac{\tau_w D}{4\mu}\left[1-\left(\frac{r}{R}\right)^2\right] \tag{6.3.8}$$

여기서, R은 관로의 반경이다. 식 (6.3.6) 또는 식 (6.3.8)을 이용하여 층류의 유속분포를 나타내면 그림 6.3.3과 같으며 관의 중심에서 최대유속 V_c가 되고 관 벽에서는 최소(0)가 된다.

관수로를 통해 흐르는 유량은 관수로 단면전체에 걸쳐 유속분포를 적분하면 얻을 수가 있다. 관수로인 경우 중심축에 대해 대칭이므로 그림 6.3.4와 같이 중심으로부터 r만큼 떨어진 미소두께 dr에 해당하는 원환의 물 요소에서는 유속이 일정하다. 따라서

$$Q = \int u dA = \int_{r=o}^{r=R} u(r) 2\pi r\, dr = 2\pi V_c \int_0^R \left[1-\left(\frac{r}{R}\right)^2\right] r\, dr \tag{6.3.9}$$

$$\therefore Q = \frac{\pi R^2 V_c}{2} \tag{6.3.10}$$

평균유속은 유량을 단면적으로 나누면 되므로

$$V = \frac{\pi R^2 V_c}{2\pi R^2} = \frac{V_c}{2} = \frac{\Delta p D^2}{32\mu l} \tag{6.3.11}$$

따라서 관수로 내 층류에서의 평균유속은 관 중심에서의 최대유속의 절반이 됨을 알 수 있다. 또한 유량은 다음과 같이 나타낼 수 있다.

$$Q = \frac{\pi D^4 \Delta p}{128\mu l} \tag{6.3.12}$$

식 (6.3.12)로부터 층류에서의 유량은 압력 강하량과 직접 비례하고, 점성 및 관거의 길이와는 반비례하며, 관거 직경의 4승에 비례함을 알 수 있다. 이 식은 Hagen과 Poiseuille의 실험에 의해 수립되어 Hagen-Poiseuille 흐름이라 하며 보통 Poiseuille의 법칙이라고 한다.

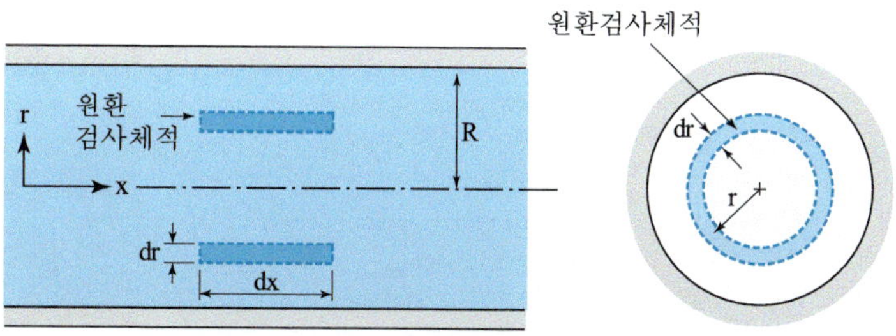

그림 6.3.4 관수로내 미소 원환 물 요소

예제 6.3.2

비중이 0.85인 기름이 직경 15cm의 원관에서 $0.02m^3/s$의 율로 흐를 때 100m를 흐르는 동안 발생하는 손실수두와 관 중심선에서의 유속 그리고 중심선으로부터 5cm 떨어진 지점에서의 유속을 구하라. 단, 기름의 동점성계수는 $6\times10^{-4}m^2/s$이다.

풀이

원관을 통한 평균유속은 $V=\dfrac{Q}{A}=\dfrac{0.02}{\pi D^2/4}=\dfrac{0.02}{3.24\times0.15^2/4}=1.13m/s$

Reynolds 수는 $R_e=\dfrac{VD}{\nu}=\dfrac{1.13\times0.15}{6\times10^{-4}}=283<2{,}100$ ∴ 층류이다.

따라서 식 (6.3.11)에서 $\Delta p=\gamma h_L$을 적용하고 손실수두 h_L에 대해 정리하면

$$h_L=\frac{32\mu lV}{\gamma D^2}=\frac{32\nu lV}{gD^2}=\frac{32\times6\times10^{-4}\times100\times1.13}{9.81\times0.15^2}=9.83m$$

관 중심선에서의 최대유속은 평균유속의 2배이므로

$$V_c=2V=2\times1.13=2.26m/s$$

관 중심선에서 5cm 떨어진 지점의 유속은 식 (6.3.6)으로부터

$$u=V_c\left[1-\left(\frac{r}{R}\right)^2\right]=2.26\times\left[1-\left(\frac{0.05}{0.075}\right)^2\right]=1.26m/s$$

6.3.2 난류의 마찰응력 및 유속분포

1) 난류의 마찰응력분포

관수로 내의 실제 흐름이 대부분 난류이며 매우 복잡한 흐름을 나타내기 때문에 아직도 완전히 이해가 되지 않는 부분이 많이 있다. 그림 6.3.5와 같이 처음에 물이 가득 차 있는 긴 관로에서 관의 밸브를 열기 시작하면 유속 즉, Reynolds 수(R_e)가 증가하기 시작한다. 초기 단계에서는 R_e가 작아 층류가 형성되며, R_e가 2,100에 도달하면 부분적인 난류가 형성된다. R_e가 더 증가하여 약 4,000을 초과하게 되면 관수로 단면 전체에 난류가 형성된다.

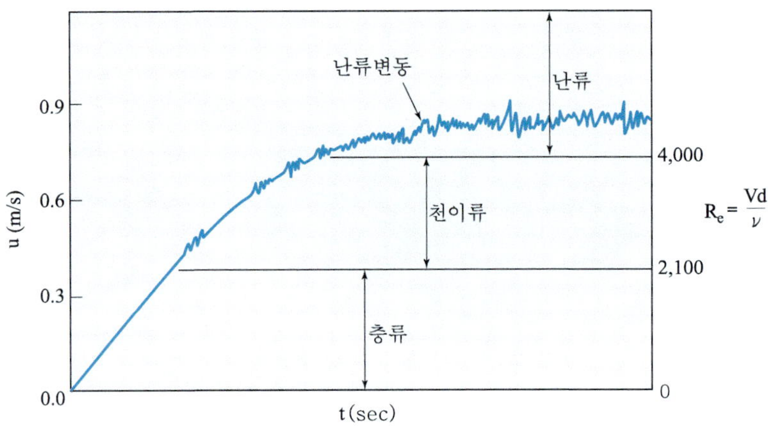

그림 6.3.5 관수로 내 흐름의 변화

그림 6.3.6과 같은 수평 관로의 난류에서 물 입자들은 흐름을 통해 무작위하게 움직이고 있다. 어떤 순간에 물 입자가

유속의 변동성분 v'에 의해 미소면적 dA를 통과하여 더 빠른 x방향의 속도성분을 가진 인접한 층으로 이동하여 인접한 층을 속도를 감소시키고, 이와 반대로 빠른 유속을 가진 층에 있는 물 입자가 낮은 유속을 가진 층으로 이동하면 유속이 낮은 층의 유속을 가속시키게 된다. 따라서 미소면적 dA를 통과하는 물 입자의 무작위 운동으로 인해 발생하는 x방향의 힘은

$$dF = -\rho v' dA\, u' \qquad (6.3.13)$$

여기서, u'는 운동량 교환에 의한 x방향 속도의 음의 변화이다. 따라서 난류 마찰응력은

$$\tau_{turb} = \frac{dF}{dA} = -\rho u' v' \qquad (6.3.14)$$

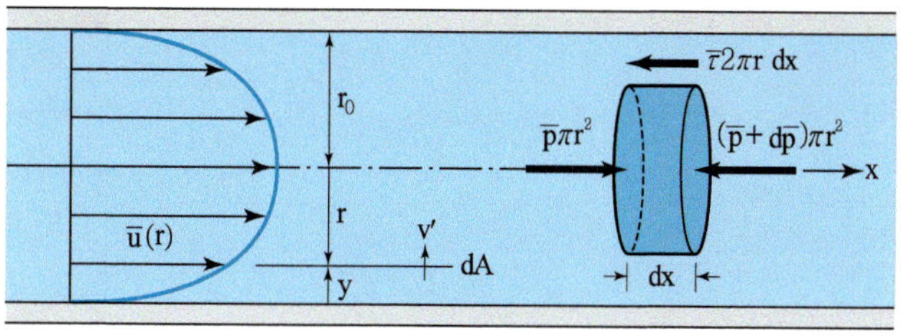

그림 6.3.6 관수로 내의 난류

여기서, v'는 양의 값이고 u'는 음의 값이므로 u'v'는 음의 값을 나타내게 되며, 식 (6.3.14)에 음의 부호가 포함되어 있으므로 결국 양의 마찰응력이 된다. 시간에 대해 평균한 마찰응력을 외견상 마찰응력(apparent shear stress)이라 하며 다음과 같다.

$$\tau_{turb} = -\rho\overline{u'}\,\overline{v'} \qquad (6.3.15)$$

특정 지점에서의 총 마찰응력은 위에서 설명한 바와 같이 점성 및 운동량의 교환에 의한 것이므로

$$\tau = \tau_{lam} + \tau_{turb} = \mu\frac{d\bar{u}}{dy} - \rho\overline{u'}\,\overline{v'} \qquad (6.3.16)$$

층류인 경우 u'=v'=0이므로 $\overline{u'}\,\overline{v'}$=0이 되고, 따라서 층류의 마찰응력에 해당하는 항만 남게 된다. 난류인 경우 운동량의 교환에 의한 마찰응력 $-\rho\overline{u'}\,\overline{v'}$가 양의 값이므로 마찰응력은 층류보다는 난류가 더 크게 된다. 운동량의 교환에 의한 마찰응력을 Reynolds 응력이라고 한다. 난류의 마찰응력을 나타내는 또 다른 형태로 와점성계수(eddy viscosity) η의 항으로 나타낼 수가 있다.

$$\tau_{turb} = \eta\frac{d\bar{u}}{dy} \qquad (6.3.17)$$

따라서

$$\tau = \mu\frac{d\bar{u}}{dy} + \eta\frac{d\bar{u}}{dy} = (\mu+\eta)\frac{d\bar{u}}{dy} \qquad (6.3.18)$$

Reynolds의 응력 $\rho\overline{u'}\,\overline{v'}$를 정확히 산정하기 곤란한 것과 마찬가지로 와점성계수도 실제로 산정하기가 곤란하다. 독일의 물리학자 Prandtl은 난류과정을 임의 유속 지점에서 다른 유속 지점까지의 거리인 혼합거리(mixing length) l_m에서의 물 입자 무리의 무작위 이동으로 볼 수 있다고 제시하였다. 혼합거리는 u' 및 v'와 du/dy 간의 비례상수로 다음과 같이 나타낼 수 있다.

$$u' = l_m \frac{du}{dy}, \qquad v' = l_m \frac{du}{dy} \tag{6.3.19}$$

식 (6.3.19)에서 동질난류(homogeneous turbulent)로 간주하여 u'=v'로 가정하였다. 따라서 식 (6.3.19)를 Reynolds의 응력에 적용하면

$$\tau_{turb} = \rho l_m^2 \left(\frac{d\bar{u}}{dy}\right)^2 \tag{6.3.20}$$

식 (6.3.20)을 식 (6.3.17)과 비교하면 와점성계수는 다음과 같다.

$$\eta = \rho l_m^2 \frac{d\bar{u}}{dy} \tag{6.3.21}$$

Karman은 혼합거리를 다음과 같이 제시하였다.

$$l_m = \kappa\left(\frac{d\bar{u}}{dy} \Big/ \frac{d^2\bar{u}}{dy^2}\right) \tag{6.3.22}$$

여기서, κ는 Karman의 비례상수로 실험에 의하면 약 0.4의 값을 가진다. 따라서 식 (6.3.22)를 식 (6.3.20)에 대입하면 다음과 같은 Prandtl-Karman 공식을 얻게 된다.

$$\tau_{turb} = \rho\kappa^2 \left(\frac{d\bar{u}}{dy}\right)^4 \Big/ \left(\frac{d^2\bar{u}}{dy^2}\right)^2 \tag{6.3.23}$$

예제 6.3.3

하천의 한 지점에서 정밀한 유속계를 이용하여 2초 간격으로 유속을 측정하였다. 흐름방향의 유속 u와 흐름과 직각방향의 유속 v가 표 6.3.1의 1, 2란과 같을 때 Reynolds의 응력, 혼합거리 그리고 와동점성계수를 구하라. 단, 평균흐름의 속도구배는 0.3m/s이다.

표 6.3.1 유속측정 자료

시간(sec)	u	v	u'	v'	u'^2	v'^2	u'v'
0	1.840	−0.130	0.096	−0.193	0.0092	0.0372	−0.0185
2	1.730	0.080	−0.014	0.017	0.0002	0.0003	−0.0002
4	1.770	0.150	0.026	0.087	0.0007	0.0076	0.0023
6	1.630	−0.180	−0.114	−0.243	0.0130	0.0590	0.0277
8	1.890	0.310	0.146	0.247	0.0213	0.0610	0.0361
10	1.640	0.190	−0.104	0.127	0.0108	0.0161	−0.0132
12	1.780	−0.090	0.036	−0.153	0.0013	0.0234	−0.0055
14	1.500	0.370	−0.244	0.307	0.0595	0.0942	−0.0749
16	1.810	0.140	0.066	0.077	0.0044	0.0059	0.0051
18	1.850	−0.210	0.106	−0.273	0.0112	0.0745	−0.0289
계	17.440	0.630	0.000	0.000	0.1316	0.3792	−0.0700
평균	1.744	0.063	0.000	0.000	0.0132	0.0379	−0.0070

풀이

흐름방향 및 흐름에 직각인 방향의 유속 평균은

$$\bar{u} = 1.744\text{m/s} \qquad \bar{v} = 0.063\text{m/s}$$

따라서 각 방향 유속의 평균치에 대한 편차 u' 및 v'가 4란 및 5란과 같다.

Reynolds의 응력은 $\tau = -\rho\overline{u'}\overline{v'} = -\dfrac{\gamma}{g}\overline{u'}\overline{v'} = -\dfrac{1,000}{9.81} \times (-0.0070) = 0.7136\text{kg/m}^2$

혼합거리는 $l_m = \dfrac{\sqrt{\tau/\rho}}{d\bar{u}/dy} = \dfrac{\sqrt{0.7136/(1,000/9.81)}}{0.3} = 0.2789\text{m}$

와동점성계수는 식 (6.3.21)로부터 와점성계수를 밀도 ρ로 나누면 되므로

$$\epsilon = l_m^2\left(\frac{d\bar{u}}{dy}\right) = 0.2789^2 \times 0.3 = 0.0233\text{m}^2/\text{s}$$

2) 난류의 유속분포

실험을 통해 구한 매끈한 관로에서의 완전히 발달된 난류의 유속분포가 그림 6.3.7과 같다. 그림에서 두 부분의 서로 다른 영역으로 구분할 수 있는데, 하나는 벽면 근처의 층류저층 또는 점성저층(laminar or viscous sublayer)으로 이 영역에서는 점성이 중요한 역할을 하고 있다. 다른 영역은 외층(outer layer)으로 층류저층과는 반대이다. 벽과 매우 가까이 있는 점성마찰이 지배적인 층류저층에서는 평균유속분포가 다음과 같은 관계를 보인다.

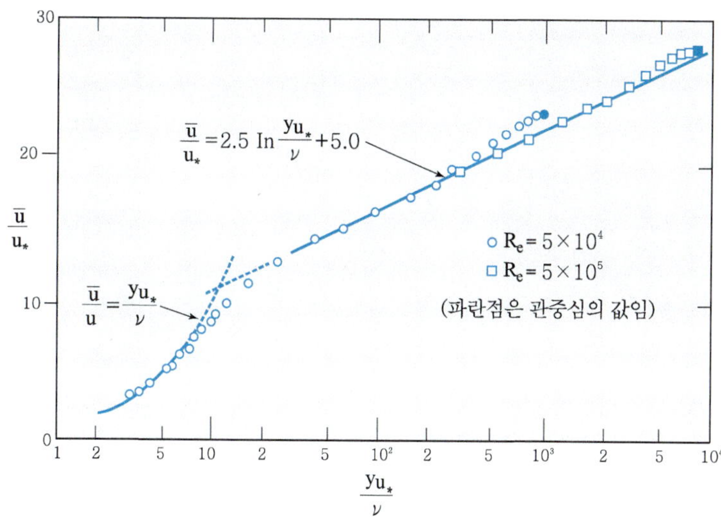

그림 6.3.7 매끈한 관로에서의 완전히 발달한 난류의 유속분포

$$\frac{\bar{u}}{u_*} = \frac{yu_*}{\nu} \qquad \left(0 \le \frac{yu_*}{\nu} \le 5\right) \tag{6.3.24}$$

여기서, y=R−r은 벽면으로부터의 거리이고, R은 관의 반경이다. $\bar{u}$는 시간 평균된 x방향의 속도이며, $u_* = \sqrt{\tau_w/\rho}$는 마찰속도, τ_w는 벽면에서의 마찰응력이다.

점성과 난류마찰이 모두 중요한 외층에서의 유속분포는 다음과 같다.

$$\frac{\bar{u}}{u_*} = 2.5\ln\frac{yu_*}{\nu} + 5.0 \qquad \left(30 < \frac{yu_*}{\nu},\ \frac{y}{R} < 0.15\right) \tag{6.3.25}$$

그림 6.3.7로부터 식 (6.3.25)의 유속분포가 관로의 중심까지 유사하게 나타남을 알 수 있다. 난류 마찰이 지배적인 관로의 중심지역에서는 다음과 같은 식이 제시되고 있다.

$$\frac{V_c - \bar{u}}{u_*} = 2.5\ln\frac{R}{y} \tag{6.3.26}$$

여기서, V_c는 관 중심에서의 유속이다.

또 다른 경험공식으로 다음과 같은 멱함수(power law) 유속분포가 있다.

$$\frac{\bar{u}}{V_c} = \left(1 - \frac{r}{R}\right)^{1/n} \tag{6.3.27}$$

여기서, n은 Reynolds 수의 함수로 그림 6.3.8과 같으며, 실제 적용할 경우 n=7을 주로 사용하고, 이 때 식 (6.3.27)을 7승근법칙(seventh root law)이라 한다. 그림 6.3.9는 전형적인 층류의 유속분포와 n값에 따른 난류의 유속분포를 보여주고 있다.

식 (6.3.27)의 유속분포를 이용하여 평균 유속은 다음과 같이 산정할 수가 있다.

$$V = \frac{\int_0^R \bar{u}(r)2\pi r\,dr}{\pi R^2} = \frac{2n^2}{(n+1)(2n+1)}V_c \tag{6.3.28}$$

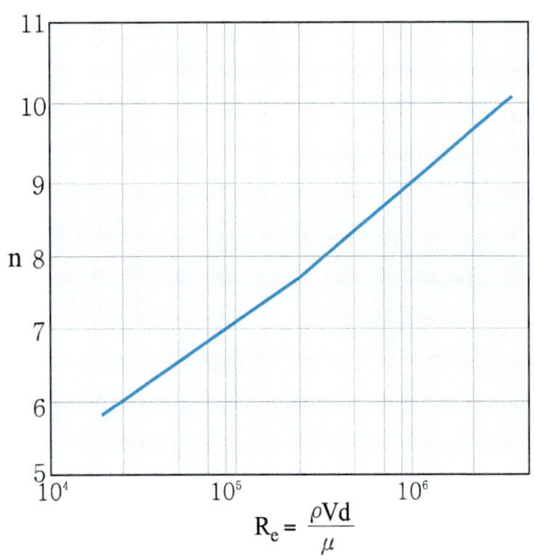

그림 6.3.8 멱함수 유속분포에서의 R_e와 n값의 관계

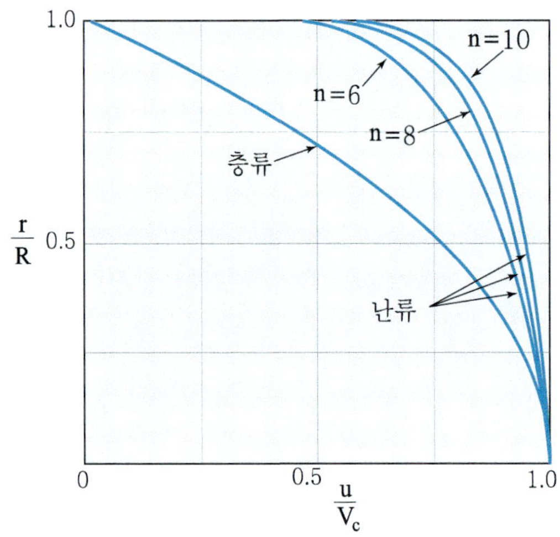

그림 6.3.9 층류 및 난류의 유속분포

예제 6.3.4

직경 0.1m의 수평관로에 ℃의 물(ρ=101.79kg·s^2/m^4, ν=1.004×10^{-6}m^2/s)이 0.004m^3/s의 율로 흐르고 있다. 압력강하가 단위길이 당 260kg/m^{2}일 때, 1) 층류저층의 두께, 2) 관중심에서의 유속 그리고 3) 관의 중심과 관 벽 사이의 중간지점(r=0.025m)에서 난류와 층류의 마찰응력의 비를 구하라.

풀이

1) 층류저층의 두께

그림 6.3.7과 식 (6.3.24)에서 층류저층의 적용범위가 5까지이므로 이를 적용하면

$$\frac{yu_*}{\nu}=5 \text{ 즉, } y=5\frac{\nu}{u_*}$$

식 (6.3.4)로부터 $\tau_w=\frac{D\Delta p}{4l}=\frac{0.1\text{m}\times 260\text{kg/m}^2}{4\times 1\text{m}}=6.5\text{kg/m}^2$

마찰속도는 $u_*=\left(\frac{\tau_w}{\rho}\right)^{1/2}=\left(\frac{6.5\text{kg/m}^2}{101.79\text{kg}\cdot\text{s}^2/\text{m}^4}\right)^{0.5}=0.253\text{m/s}$

층류저층의 두께는 $y=5\frac{\nu}{u_*}=\frac{5\times 1.004\times 10^{-6}\text{m}^2/\text{s}}{0.253\text{m/s}}=1.98\times 10^{-5}\text{m}\simeq 0.02\text{mm}$

2) 관 중심에서의 유속

관로의 평균유속은 $V=\frac{Q}{A}=\frac{0.04\text{m}^3/\text{s}}{\pi(0.1)^2/4}=5.09\text{m/s}$

식 (6.3.28)로부터 $V_c=\frac{(n+1)(2n+1)}{2n^2}V=\frac{8\times 15}{2\times 7^2}\times 5.09=6.23\text{m/s}$

3) 난류와 층류의 마찰응력의 비 τ_{turb}/τ_{lam}

식 (6.3.3)은 층류 및 난류에 대해 적용할 수 있으므로

$$\tau=\tau_{turb}+\tau_{lam}=\frac{2\tau_w r}{D}=\frac{2\times 6.5\text{kg/m}^2\times 0.025\text{m}}{0.1\text{m}}=3.25\text{kg/m}^2$$

멱함수 유속분포식 (6.3.27)의 평균유속을 r에 대해 미분하면

$$\frac{d\bar{u}}{dr}=-\frac{V_c}{nR}\left(1-\frac{r}{R}\right)^{(1-n)/n}=-\frac{6.23}{7\times 0.05}\left(1-\frac{0.025}{0.05}\right)^{(1-7)/7}=-32.24/\text{s}$$

따라서 층류에 대한 마찰응력은

$$\tau_{lam}=-\mu\frac{d\bar{u}}{dr}=-\nu\rho\frac{d\bar{u}}{dr}=-1.004\times 10^{-6}\times 101.79\times(-32.24)=0.0033\text{kg/m}^2$$

그러므로 층류와 난류의 마찰력의 비는

$$\frac{\tau_{turb}}{\tau_{lam}}=\frac{\tau-\tau_{lam}}{\tau_{lam}}=\frac{3.25-0.0033}{0.0033}=984$$

따라서 이 지점에서의 난류흐름에서 마찰응력은 대부분이 난류마찰응력임을 알 수 있다.

6.4 관 마찰손실

관수로 내의 흐름에서는 점성으로 인한 마찰 때문에 물이 가지고 있는 에너지의 일부를 잃어버리게 되며, 이와 같은 점성으로 인한 에너지 손실을 주손실(major losses) h_L이라 한다. 또한 관수로 유입부, 접합부, 관로 단면의 변화, 만곡부 및 밸브 등으로 인해 에너지가 손실되게 되며, 이

러한 손실을 미소손실(minor losses) h_m이라 한다.

6.4.1 마찰손실수두

그림 6.4.1과 같은 관수로 흐름 내 검사체적의 단면 ①, ②에서의 연속방정식과 마찰손실을 고려한 에너지 방정식은 다음과 같다.

$$Q = A_1 V_1 = A_2 V_2 \tag{6.4.1}$$

$$\frac{p_1}{\gamma} + \frac{V_1^2}{2g} + z_1 = \frac{p_2}{\gamma} + \frac{V_2^2}{2g} + z_2 + h_L \tag{6.4.2}$$

유량이 일정하고 두 단면의 면적이 동일하므로 연속방정식에 의해 $V_1=V_2$이다. 따라서

$$h_L = \frac{\Delta p}{\gamma} + \Delta z \tag{6.4.3}$$

즉, 관수로에서의 에너지 손실은 압력에너지 및 위치에너지의 손실로 나타난다. 두 단면사이에 운동량 방정식을 적용하면

$$\Sigma F = \rho Q (V_2 - V_1) = 0 \tag{6.4.4}$$

따라서

$$\Delta p \pi R^2 + \gamma \pi R^2 \Delta L \sin\theta - \tau_w (2\pi R) \Delta L = 0 \tag{6.4.5}$$

양변을 $\gamma\pi R^2$으로 나누고 $\Delta L\sin\theta=\Delta z$를 적용하면

$$\frac{\Delta p}{\gamma} + \Delta z - \frac{2\pi R \tau_w \Delta L}{\gamma \pi R^2} = 0 \tag{6.4.6}$$

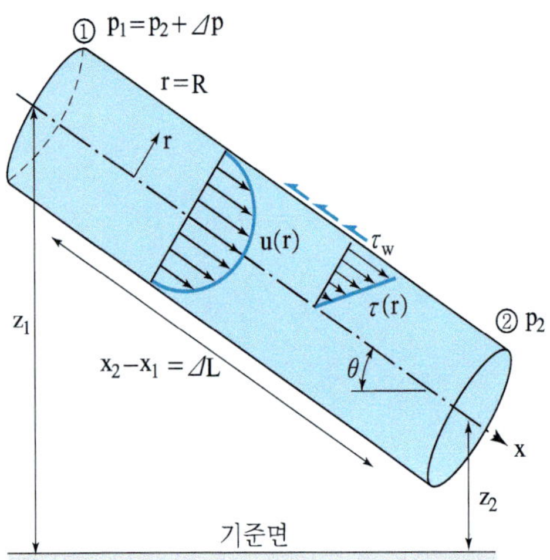

그림 6.4.1 관수로 내 흐름의 검사체적

동수반경 R_h=A(단면적)/P(윤변)이라 하면 식 (6.4.3)과 (6.4.6)으로부터 마찰손실수두는

$$h_L = \frac{\tau_w \Delta L}{\gamma R_h} \tag{6.4.7}$$

원형관인 경우 동수반경 $R_h=r/2$가 되므로

$$\tau_w = \frac{\gamma h_L R}{2\Delta L} \tag{6.4.8}$$

마찰응력은 관 중심 r=0에서 0이고 관벽 r=R에서 τ_w인 직선분포를 보이므로 중심으로부터 임의의 지점 r까지의 마찰응력은 다음과 같이 나타낼 수 있다.

$$\tau = \left(\frac{\gamma h_L}{2\Delta L}\right) r \qquad (6.4.9)$$

예제 6.4.1

가로 1m, 세로 1.5m인 사각형 관로에서 물이 가득차서 100m를 흐를 때 손실수두가 10m였다면 관벽에 작용하는 평균 마찰응력은 얼마인가.

풀이

사각형 관로이므로 식 (6.4.7)로 부터

$$R_h = \frac{A}{P} = \frac{1 \times 1.5}{2(1+1.5)} = 0.3\text{m}, \quad \tau_w = \frac{\gamma R_h h_L}{\Delta L} = \frac{1{,}000 \times 0.3 \times 10}{100} = 30\text{kg/m}^2$$

6.4.2 마찰손실계수

점성 때문에 발생하는 마찰로 인한 마찰손실 및 마찰응력에 대해 알아본 결과 식 (6.4.7) 및 (6.4.8)과 같이 서로 연결되어 있어 결국 마찰손실수두를 산정하기 위해서는 마찰응력을 직접 또는 간접적으로 산정할 필요가 있다. 마찰응력은 물의 밀도 ρ, 관의 직경 d, 물의 점성계수 μ, 유속 V 및 관의 조도 ε과 관련이 있으므로 다음과 같이 이들의 함수로 나타낼 수 있다.

$$\tau_w = F(\rho, V, \mu, d, \varepsilon) \qquad (6.4.10)$$

차원해석(dimensional analysis)을 통해 마찰응력과 이들 변수간의 관계를 구하면 다음과 같은 결과를 얻을 수가 있다.

$$\frac{8\tau_w}{\rho V^2} = f = F\left(R_e, \frac{\varepsilon}{d}\right) \qquad (6.4.11)$$

여기서, f는 Dracy의 마찰손실계수(friction factor)이며 손실수두와 속도수두, 관의 길이 및 직경간의 관계를 나타내는 비례상수로 Reynolds수와 관의 상대조도 ε/d를 알면 Moody 도표를 이용하여 산정할 수가 있다. 식 (6.4.7)과 식 (6.4.11)을 이용하여 다음과 같이 관수로내의 마찰로 인한 주손실 h_L을 나타낼 수 있다.

$$h_L = f\frac{L}{d}\frac{V^2}{2g} \qquad (6.4.12)$$

이 식을 Darcy-Weisbach 공식이라 하며, 관수로에서의 층류 및 난류에 모두 적용하여 점성으로 인한 마찰손실수두를 산정하게 된다.

예제 6.4.2

직경 0.5m인 관로에 유속 2m/s로 물이 흐를 때 100m 구간에서 발생하는 손실수두를 구하라. 단, 마찰손실계수는 0.019로 가정하라.

풀이

Darcy-Weisbach 공식을 적용 $h_L = f\frac{L}{d}\frac{V^2}{2g} = 0.019 \times \frac{100}{0.5}\frac{2^2}{2 \times 9.81} = 0.775\text{m}$

6.4.3 Moody 도표

차원해석을 통해 마찰손실계수가 Reynolds수와 관의 상대조도 ε/d의 함수로 표현되는 것을 알게 되었으며, 관의 조도에 따른 완전히 발달한 관수로내 흐름에서의 R_e와 ε/d에 대한 다양한 실험이 이루어졌다. 이러한 실험자료로부터 그림 6.4.2와 같은 Moody 도표가 제시되었다. 층류에서의 압력강하와 유속간의 관계는 식 (6.3.11)에 $\Delta p=\gamma h_L$을 적용하고 손실수두 h_L에 관해 정리하면

$$h_L = \frac{32\mu LV}{\gamma d^2} \tag{6.4.13}$$

식 (6.4.13)과 (6.4.12)를 비교하면

$$h_L = \frac{32\mu LV}{\gamma d^2} = \frac{64\mu}{\rho Vd}\frac{L}{d}\frac{V^2}{2g} = f\frac{L}{d}\frac{V^2}{2g} \tag{6.4.14}$$

따라서 층류에서의 마찰손실계수는 다음과 같다.

$$f = \frac{64}{R_e} \tag{6.4.15}$$

이 결과는 실험 자료로부터 구한 Moody 도표에서의 층류에 대한 마찰계수와 일치함을 알 수 있다.

Moody 도표로부터 층류역역에서는 관의 조도에 상관없이 마찰손실계수 f는 R_e에 의해 결정되며, R_e가 매우 큰 난류영역에서는 R_e에 상관없이 관의 상대조도 ε/d에 의해 결정되고, 그 사이의 흐름 영역에서는 R_e 및 ε/d에 의해 결정됨을 알 수 있다. 층류와 난류사이의 천이류 영역에서는 흐름 조건에 따라 층류 또는 난류로 흐르기 때문에 마찰손실계수가 명확히 정의되지 않는다.

Blasius는 매끈한 관로 내의 난류영역($4,000 < R_e < 10^5$)에 대해 f를 다음과 같이 제시하였다.

$$f = \frac{0.3164}{R_e^{0.25}} \tag{6.4.16}$$

Moody 도표를 대신하여 설계목적으로 일부 수리학적 값들이 주어질 때 손실수두, 유량 그리고 직경을 구하기 위해 Swamme 및 Jain은 다음과 같은 경험식들을 제시하였다.

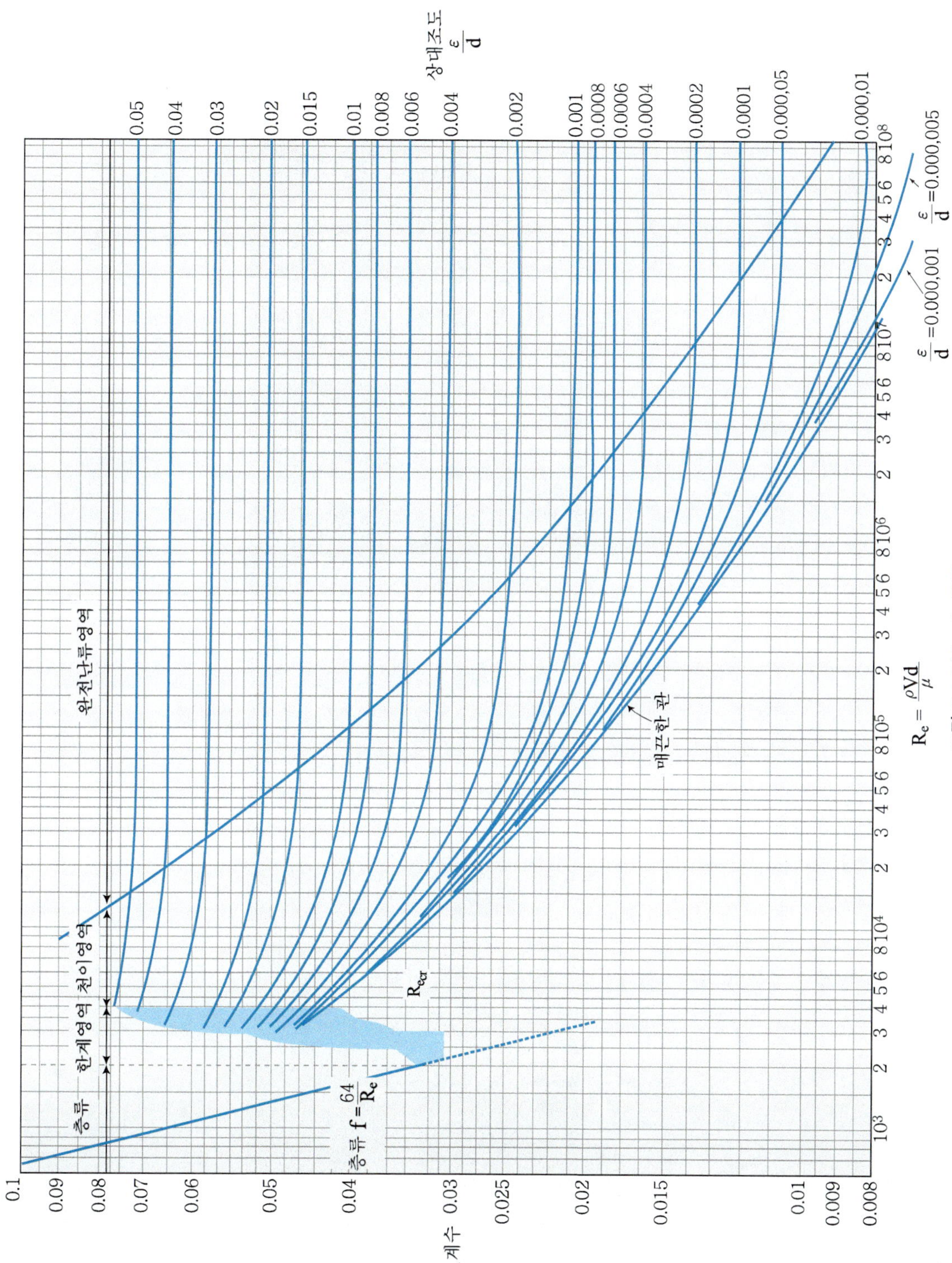

그림 6.4.2 Moody 도표

$$h_L = 1.07\frac{Q^2L}{gd^5}\left\{\ln\left[\frac{\varepsilon}{3.7d}+4.62\left(\frac{\nu d}{Q}\right)^{0.9}\right]\right\}^{-2} \qquad (3{,}000 < R_e < 3\times10^8) \qquad (6.4.17)$$

$$Q = -0.965\left(\frac{gd^5h_L}{L}\right)^{0.5}\ln\left[\frac{\varepsilon}{3.7d}+\left(\frac{3.17\nu^2L}{gd^3h_L}\right)^{0.5}\right] \qquad (2{,}000 < R_e) \qquad (6.4.18)$$

$$D = 0.66\left[\varepsilon^{1.25}\left(\frac{LQ^2}{gh_L}\right)^{4.75}+\nu Q^{9.4}\left(\frac{L}{gh_L}\right)^{5.2}\right]^{0.04} \qquad (5{,}000 < R_e < 3\times10^8) \qquad (6.4.19)$$

이 식들은 영국단위제 및 국제단위제 모두 적용할 수가 있다. 다양한 종류의 관에 대한 등가조도(equivalent roughness) ε의 값은 표 6.4.1과 같다.

표 6.4.1 관 종류별 등가조도

관의 종류	등가조도 ε (mm)	관의 종류	등가조도 ε (mm)
리벳트 강관	0.9~9.0	아연철	0.15
콘크리트	0.3~3.0	상업용강관 및 단철	0.045
나무관	0.18~0.9	호스	0.0015
주철	0.26	플라스틱, 유리	0.0 (매끈함)

예제 6.4.3

직경 0.2m인 관의 벽이 0.12mm의 가는 모래로 피복되어 있다. 20℃의 물(ν=1.004×$10^{-6}$$m^2$/s)이 0.005$m^3$/s의 율로 1,000m를 흐를 때 발생하는 손실수두를 구하라. 매끈한 관일 경우의 손실수두는 얼마인가. 또한 식 (6.4.17)을 이용하여 손실수두를 구하라.

풀이

관로내 유속, Reynold 수 및 상대조도는

$$V = \frac{0.05}{\pi\times0.2^2/4} = 1.59\text{m/s}, \quad R_e = \frac{VD}{\nu} = \frac{1.59\times0.2}{1.004\times10^{-6}} = 3.17\times10^5, \quad \frac{\epsilon}{d} = \frac{0.12\text{mm}}{200\text{mm}} = 0.0006$$

Moody 도표로부터 f값을 읽으면 f=0.019가 된다. 따라서 Darcy-Weisbach 공식으로부터

$$h_L = f\frac{L}{d}\frac{V^2}{2g} = 0.019\times\frac{1{,}000}{0.2}\times\frac{1.59^2}{2\times9.81} = 12.2\text{m}$$

매끈한 관인 경우 식 (6.4.16)으로부터

$$f = \frac{0.3164}{R_e^{0.25}} = \frac{0.3164}{(3.17\times10^5)^{0.25}} = 0.0134, \quad h_L = f\frac{L}{d}\frac{V^2}{2g} = 0.0134\times\frac{1{,}000}{0.2}\times\frac{1.59^2}{2\times9.81} = 8.63\text{m}$$

식 (6.4.17)로 부터

$$h_L = 1.07\times\frac{0.05^2\times1{,}000}{9.81\times0.2^5}\left\{\ln\left[\frac{0.00012}{3.7\times0.2}+4.62\left(\frac{1.004\times10^{-6}\times0.2}{0.05}\right)^{0.9}\right]\right\}^{-2} = 12.1\text{m}$$

6.4.4 비 원형 단면에서의 손실수두

비 원형 단면에서의 손실수두를 결정할 경우 동수반경 R_h로 Darcy-Weisbach 공식을 적용할 수가 있다. 원형관인 경우의 동수반경은

$$R_h = \frac{A}{P} = \frac{\pi d^2/4}{\pi d} = \frac{d}{4} \qquad \therefore d = 4R_h \tag{6.4.23}$$

이와 같이 직경은 동수반경의 4배에 해당하므로 이러한 조건을 Darcy-Weisbach 공식에 적용하면

$$h_L = f\frac{L}{4R_h}\frac{V^2}{2g} \tag{6.4.24}$$

하지만 동수반경을 사용한 이 관계는 관수로 내 흐름이 난류인 경우에 사용할 수 있으나, 점성으로 인한 마찰현상이 지배적인 층류에서는 적절하지 못한 것으로 나타나고 있다.

예제 6.4.4

30cm×20cm의 매끄러운 수평 사각형관로에 20℃의 물(ν=1.004×$10^{-6}$$m^2$/s)이 0.24$m^3$/s의 율로 흐르고 있다. 500m를 흐르는 동안 발생하는 압력 강하량을 구하라.

풀이

동수반경은 $R_h = \frac{A}{P} = \frac{0.3\times 0.2}{(0.3+0.2)\times 2} = 0.06\text{m}$

유속 및 Reynolds 수는 $V = \frac{Q}{A} = \frac{0.24}{0.3\times 0.2} = 4\text{m/s}$, $R_e = \frac{V4R_h}{\nu} = \frac{4\times 4\times 0.06}{1.004\times 10^{-6}} = 9.6\times 10^5$

Moody 도표에서 매끈한 관로에 대해 f를 읽으면 0.0115가 된다. 그러므로 손실수두는

$$h_L = f\frac{L}{4R_h}\frac{V^2}{2g} = 0.0115\times\frac{500}{4\times 0.06}\times\frac{4^2}{2\times 9.81} = 19.22\text{m}$$

따라서 압력강하량은 $\Delta p = \gamma h_L = 1{,}000\times 19.22 = 19{,}220\text{kg/m}^2$

6.5 관수로 유량 경험공식

Darcy-Weisbach 공식은 관수로 내에서의 평균유속과 손실수두와의 관계를 나타내는 식으로 마찰손실계수가 주어지면 평균유속이나 손실수두를 구할 수가 있다. 하지만 마찰손실계수는 Reynold 수와 관의 상대조도의 함수로 Moody 도표를 이용해야 하는 불편함이 있다. 따라서 마찰

손실계수를 경험적으로 구하기 위한 방법들이 많이 제안되고 있으며, 이에 따른 유속 및 유량을 산정하는 경험식이 제시되고 있다. 이 중 관수로 내 유량을 산정하기 위한 경험공식으로 Hazen-Williams공식과 Manning의 공식 등이 있다.

6.5.1 Hazen-Williams공식

Hazen-Williams공식은 비교적 큰 관(d>5cm)에서 유속이 3m/s보다 작은 경우의 상수도 송수관 설계에 적용할 수 있는 경험식으로 유량은 다음과 같이 산정한다.

$$Q = 0.849 C_{HW} A R_h^{0.63} S^{0.54} \tag{6.5.1}$$

여기서, Q는 유량(m^3/s), A는 단면적(m^2), R_h는 동수반경(m), S는 에너지선의 경사(m/m) 그리고 C_{HW}는 Hazen-Williams의 계수로 표 6.5.1과 같다.

표 6.5.1 Hazen-Williams의 계수

관재료	C_{HW}	관재료	C_{HW}	관재료	C_{HW}
석면시멘트	140	주철(40년)	64~83	강철(신품)	140~150
청동	130~140	콘크리트(강철거푸집)	140	리벳강철	110
벽돌	100	콘크리트(합판거푸집)	130	주석	130
주철(신품)	130	아연철	120	나무관	120
주철(10년)	107~113	유리	140	구리	120
주철(20년)	89~200	납	130~140	토관	110
주철(30년)	75~90	프라스틱	140~150	소방호스	110~140

6.5.2 Manning공식

Manning공식은 관수로 경험공식으로 개수로 설계에도 널리 사용되며 다음과 같이 산정한다.

$$Q = \frac{1}{n} A R_h^{2/3} S_o^{1/2} \tag{6.5.2}$$

Manning공식에서 관로의 조도는 조도계수 n으로 적용되며 관 재료별 조도계수는 표 6.5.2와 같다. 완전난류인 경우 Darcy-Weisbach의 마찰손실계수 f와 Manning의 n과의 관계는 다음과 같다.

$$f = \frac{8gn^2}{R_h^{1/3}} = \frac{124.5n^2}{d^{1/3}} \tag{6.5.3}$$

Darcy-Weisbach 공식과 Hazen-Williams 및 Manning의 공식을 비교해보면 경험공식은 실제 적용에 있어 많은 제한을 가지게 된다. 이들 경험공식들은 난류에 대해서 적용이 가능하며, Manning의 공식은 관로 내의 완전히 거친 흐름 영역에서만 적용할 수 있다.

표 6.5.2 Manning의 조도계수 n값

관재료	n	관재료	n
유리, 청동, 구리	0.009~0.013	시멘크 몰탈면	0.011~0.015
매끈한 시멘트면	0.010~0.013	타일	0.011~0.017
나무	0.010~0.013	단철	0.012~0.017
매끈한 하수관	0.010~0.017	벽돌(몰탈 접착)	0.012~0.017
주철	0.011~0.015	리벳트 강관	0.014~0.017
콘크리트	0.011~0.015	주름진 금속배수관	0.020~0.024
에나멜수지 코팅관	0.009~0.010	용접강관	0.010~0.013

예제 6.5.1

직경이 0.3m인 관에서 물이 500m를 흐르는 동안 발생한 손실수두가 15m일 때 유량을 Hazen-Williams 방법과 Manning의 방법을 이용하여 구하라. 단, 계수 C_{HW}=110, Manning의 n값은 0.012이다.

풀이

500m를 흐르는 동안 손실수두가 15m이므로 에너지선의 경사 및 동수반경은

$$S_o = \frac{h_L}{L} = \frac{15}{500} = 0.03, \quad R_h = \frac{d}{4} = \frac{0.3}{4} = 0.075\text{m}$$

Hazen-Williams 방법에 의한 유량

$$Q = 0.849 C_{HW} A R_h^{0.63} S_o^{0.54} = 0.849 \times 110 \times \frac{\pi}{4} \times 0.3^2 \times 0.075^{0.63} \times 0.03^{0.54}$$

$$= 0.194\text{m}^3/\text{s}$$

Mannig 방법에 의한 유량

$$Q = \frac{1}{n} A R_h^{2/3} S_o^{1/2} = \frac{1}{0.012} \frac{\pi \times 0.3^2}{4} \times 0.075^{2/3} \times 0.03^{1/2}$$

$$= 0.181\text{m}^3/\text{s}$$

예제 6.5.2

두 저수지의 수면표고차가 10m일 때 500m 길이의 콘크리트관을 사용하여 초당 1m^3의 물을 송수하려면 직경을 얼마로 하여야 하는가. Hazen-Williams 방법과 Manning의 방법을 이용하여 구하라.

풀이

Hazen-Williams 방법에서 계수는 콘크리트관(합판거푸집)인 경우 C_{HW}=130이다.
따라서 식 (6.5.1)로부터

$$1 = 0.849 \times 130 \times \frac{\pi}{4} \times d^2 \times \left(\frac{d}{4}\right)^{0.63} \left(\frac{10}{500}\right)^{0.54} \qquad \therefore d = 0.571\text{m}$$

Mannig의 방법에서 콘크리트 관인 경우 조도계수 n=0.013을 적용한다. 따라서 식 (6.5.2)로부터

$$1 = \frac{1}{0.013} \times \frac{\pi}{4} \times d^2 \times \left(\frac{d}{4}\right)^{2/3} \times \left(\frac{10}{500}\right)^{1/2} \qquad \therefore d = 0.644\text{m}$$

6.6 미소손실수두

관수로를 통해 흐르는 물은 다양한 변화를 겪게 된다. 즉, 물은 유입부 및 유출부, 밸브 및 부속물, 만곡부, 단면의 급변화 및 점변화 등을 통해 이동한다. 이러한 변화를 겪는 동안 물이 가지고 있는 에너지가 손실되며, 이러한 손실을 미소손실(minor losses) h_m이라 한다. 미소손실수두는 실험에 의하면 다음과 같이 속도수두에 비례하는 것으로 나타나고 있다.

$$h_m = K_L \frac{V^2}{2g} \tag{6.6.1}$$

여기서, K_L은 미소손실계수로 각 상황에 대한 이론 및 실험으로부터 얻은 값을 이용한다.

6.6.1 단면 급확대 손실

단면이 급확대되는 경우는 주로 관로의 출구부가 큰 수조나 저수지에 연결되어 있는 경우라 할 수 있다. 그림 6.6.1과 같이 작은 단면의 관으로부터 유출되어 큰 단면의 관으로 유입되는 물은 분사(jet) 형태로 흐르다 곧 큰 단면 전체로 퍼지게 된다. 이와 같은 단면 급확대로 인한 에너지 손실을 구하기 위해 연속방정식과 운동량 방정식 그리고 에너지 방정식을 적용 한다. 단면 ①, ② 및 ③에서 흐름은 균일하고 검사체적 왼쪽에서의 압력은 일정($p_a = p_b = p_c = p_1$)하다고 가정한다.

$$\text{연속방정식} \quad : \ A_1 V_1 = A_2 V_2 = A_3 V_3 \tag{6.6.2}$$

$$\text{운동량방정식} : \ p_1 A_3 - p_3 A_3 = \rho A_3 V_3 (V_3 - V_1) \tag{6.6.3}$$

$$\text{에너지방정식} : \ \frac{p_1}{\gamma} + \frac{V_1^2}{2g} = \frac{p_3}{\gamma} + \frac{V_3^2}{2g} + h_m \tag{6.6.4}$$

식 (6.6.3)과 식 (6.6.4)를 $(p_1 - p_3)/\gamma$로 정리하여 서로 같게 놓으면

$$\frac{V_3(V_2 - V_1)}{g} = \frac{V_3^2 - V_1^2}{2g} + h_m \tag{6.6.5}$$

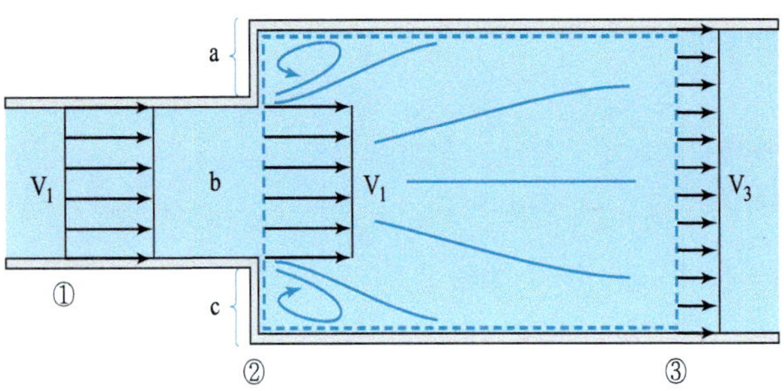

그림 6.6.1 단면 급확대에 대한 검사

식 (4.6.5)에 $V_3 = A_1 V_1 / A_3$와 $A_3 = A_2$를 적용하여 손실수두 h_m에 대해 정리하면

$$h_m = \frac{(V_1 - V_3)^2}{2g} = \left(1 - \frac{A_1}{A_2}\right)^2 \frac{V_1^2}{2g} \tag{6.6.6}$$

따라서 단면 급확대로 인한 미소손실계수는

$$K_{se} = \left(1 - \frac{A_1}{A_2}\right)^2 \qquad (6.6.7)$$

관수로의 출구부가 저수지나 수조로 연결된 경우는 $A_1/A_2=0$에 해당하므로 단면 급확대 미소손실계수 $K_{se}=1$이 된다. 이 경우 흐름의 운동에너지가 수조나 저수지로 유입됨에 따라 모두 소실되고 결국 흐름이 정지하게 된다. 면적비에 따른 단면급확대로 인한 미소손실계수는 그림 6.6.2를 이용하여 구할 수도 있다.

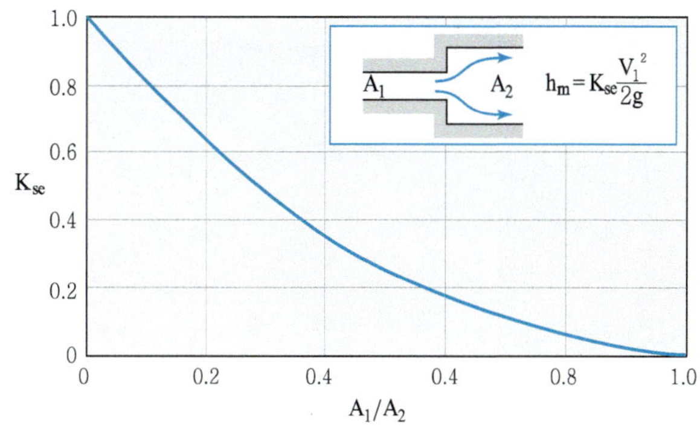

그림 6.6.2 단면 급확대로 인한 미소손실계수

예제 6.6.1

그림 6.6.1과 같이 직경이 0.1m에서 0.5m로 급확대 되는 관로에서 물이 $0.2\text{m}^3/\text{s}$의 율로 흐를 때 단면 급확대로 인한 손실수두를 구하라. 만일 직경 0.1m에서 큰 단면의 수조로 유입된다면 손실수두는 얼마인가. 마찰로 인한 손실은 무시하라.

풀이

두 단면의 단면적 및 유속은

$$A_1 = \frac{3.14}{4} \times 0.1^2 = 0.0079\text{m}^2, \quad A_2 = \frac{3.14}{4} \times 0.5^2 = 0.1963\text{m}^2, \quad V_1 = \frac{Q}{A_1} = \frac{0.2}{0.0079} = 25.32\text{m/s}$$

미소손실계수는 $K_{se} = \left(1 - \frac{A_1}{A_2}\right)^2 = \left(1 - \frac{0.0079}{0.1963}\right)^2 = 0.92$

급확대로 인한 손실수두는 $h_m = K_{se}\frac{V_1^2}{2g} = 0.92 \times \frac{25.32^2}{2 \times 9.81} = 30.06\text{m}$

만일 큰 단면의 수조로 물이 유입되면 $A_1/A_2 \simeq 0$이 되어 $K_{se}=1$이 되므로 물이 가지고 있는 운동에너지가 모두 손실된다. 그러므로

$$h_m = K_{se}\frac{V_1^2}{2g} = 1 \times \frac{25.32^2}{2 \times 9.81} = 32.68\text{m}$$

6.6.2 단면 급축소 손실

단면 급축소는 직경이 큰 관으로부터 직경이 작은 관으로 급격하게 단면이 축소되거나, 저수지나 수조로부터 관로로 유입되는 경우에 발생한다. 이러한 경우 그림 6.6.3a와 같이 축소된 관의 입구부에서는 물이 90°로 휘어져 흐를 수가 없기 때문에 수축단면(vena contracta)이 형성된다. 만일 수축단면에서의 빠른 유속이 효율적으로 감속된다면 운동에너지가 압력에너지로 바뀌며, 그림 6.6.3b와 같이 이상적인 압력에너지 분포(점선)를 나타내며 에너지손실이 발생하지 않을 것이

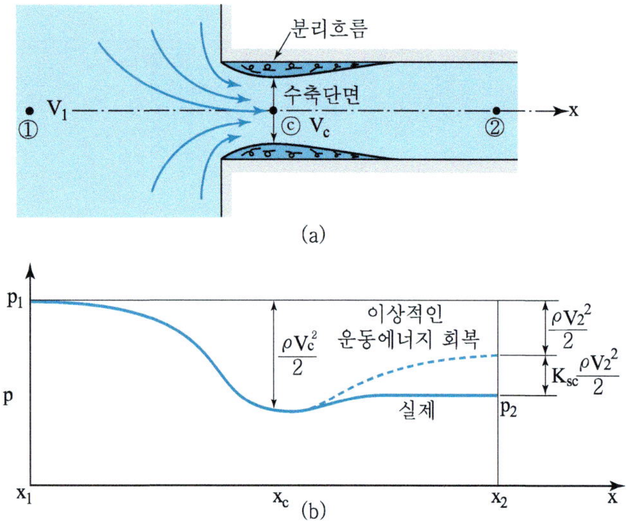

그림 6.6.3 단면 급축소로 인한 에너지손실

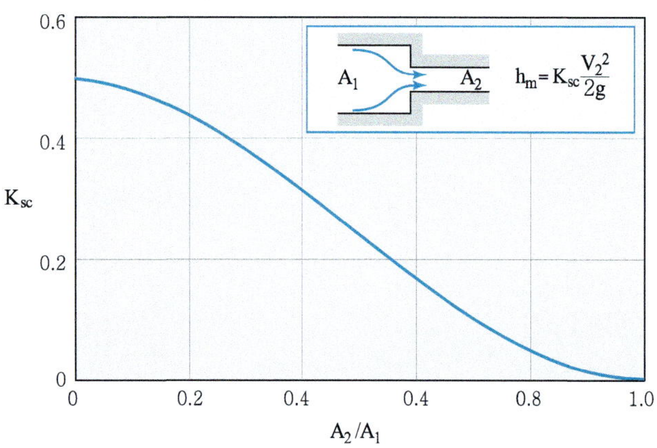

그림 6.6.4 단면 급축소로 인한 미소손실계수

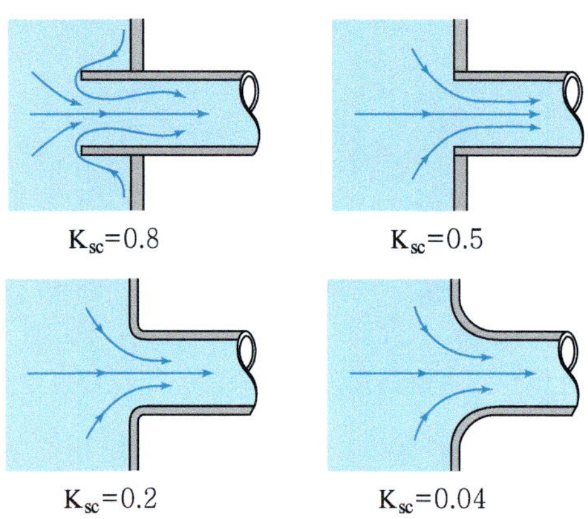

6.6.5 유입부 형태에 따른 손실계수

다. 하지만 감속시 에너지의 일부가 손실되며 그림 6.6.3b의 실선과 같은 압력분포를 보이게 된다. 이와 같은 단면 급축소로 인한 손실수두는 다음과 같이 나타낼 수 있다.

$$h_m = \frac{(V_c - V_2)^2}{2g} = \left(\frac{V_c}{V_2} - 1\right)^2 \frac{V_2^2}{2g} \tag{6.6.8}$$

수축단면과 단면 ②에서의 연속방정식을 적용하여 식 (6.6.8)을 다시 나타내면

$$h_m = \left(\frac{A_2}{A_c} - 1\right)^2 \frac{V_2^2}{2g} = \left(\frac{1}{C_c} - 1\right)^2 \frac{V_2^2}{2g} \tag{6.6.9}$$

따라서 단면 급축소로 인한 손실계수는 다음과 같다.

$$K_{sc} = \left(\frac{1}{C_c} - 1\right)^2 \tag{6.6.10}$$

여기서, $C_c = A_c/A_2$는 단면수축계수이고 다음과 같이 개략적으로 산정할 수 있다.

$$C_c = 0.62 + 0.38\left(\frac{A_2}{A_1}\right)^3 \tag{6.6.11}$$

실제로는 수축단면에서 단면 ②지점까지의 손실 이외에 축소 전 단면 말단부에서의 가속으로 인한 에너지손실도 발생하며 이를 고려하여 단면 급축소로 인한 손실계수를 나타내면 그림 6.6.4와 같다.

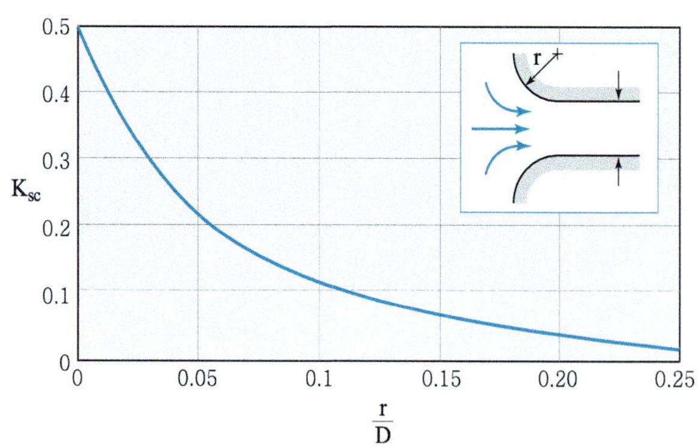

6.6.6 유입부 끝단의 둥근 정도에 따른 손실계수

저수지나 수조로부터 관로로 물이 유입되는 경우는 단면 급축소에서 $A_2/A_1=0$에 해당하는 경우라 할 수 있다. 이때 유입부의 형태에 따라 손실계수가 그림 6.6.5와 같이 다양하게 변하며, 유입부 끝단이 둥근 경우 직경 D에 대한 끝단 곡률반경 r에 대한 비를 이용하여 그림 6.6.6으로부터 손실계수를 산정할 수 있다.

예제 6.6.2

직경 0.3m의 관로가 직경 0.1m로 급축소 될 때 유량이 0.2m³/s라면 단면 급축소로 인한 손실수두는 얼마인가. 마찰로 인한 손실은 무시하라.

풀이

두 단면에서의 면적 및 유속은

$$A_1=\frac{3.14}{4}\times0.3^2=0.0707\mathrm{m}^2,\quad A_2=\frac{3.14}{4}\times0.1^2=0.0079\mathrm{m}^2,\quad V_2=\frac{Q}{A_2}=\frac{0.2}{0.0079}=25.32\mathrm{m/s}$$

단면수축계수는 $C_c=0.62+0.38\left(\frac{A_2}{A_1}\right)^3=0.62+0.38\left(\frac{0.0079}{0.0707}\right)^3=0.6205$

따라서 손실수두는 $h_m=\left(\frac{1}{C_c}-1\right)^2\frac{V_2^2}{2g}=\left(\frac{1}{0.6205}-1\right)^2\times\frac{25.32^2}{2\times9.81}=12.22\mathrm{m}$

6.6.3 단면 점확대 손실

단면이 점진적으로 확대되는 경우를 확대관(diffuser)이라 하며, 그림 6.6.7과 같이 직경비 D_2/D_1과 확대각 θ에 의해 에너지손실이 결정되며, 다음과 같이 나타낼 수가 있다.

$$h_m=K_{ge}\frac{(V_1-V_2)^2}{2g}\qquad(6.6.12)$$

여기서, K는 단면 점확대 손실계수로 그림 6.6.7과 같이 직경비 및 확대각에 의해 결정한다. 확대관에서 확대각은 중요한 역할을 하는데 확대각이 작은 경우 확대부가 길어지게 되고, 대부분의 손실이 관 벽에서의 마찰로 인해 발생하게 된다. 확대각이 약 8°인 경우 최소의 손실계수를 나타내게 된다. 직경비가 1.5인 경우 확대각이 약 40°이상이 되면 손실계수가 1보다 크게 되어 급확대인 경우보다 에너지손실이 크게 된다.

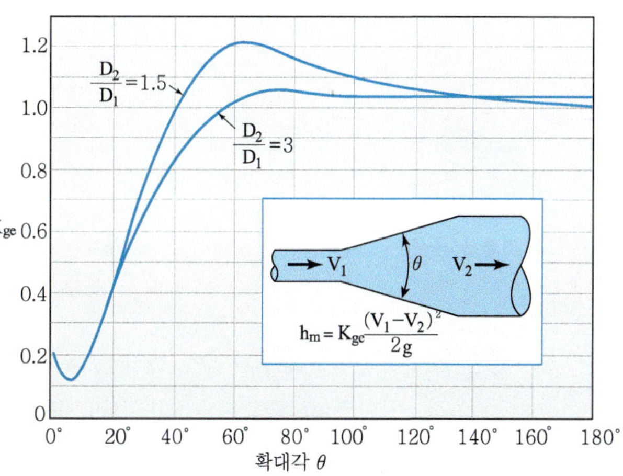

그림 6.6.7 단면 점확대로 인한 손실계수

예제 6.6.3

직경 0.1m의 관로가 직경 0.3m로 점확대 될 때 유량이 $0.2m^3/s$라면 단면 점확대로 인한 손실수두는 얼마인가. 확대각은 40°이며, 마찰로 인한 손실은 무시하라.

풀이

두 단면에서의 면적과 유속을 구하면

$$A_1 = \frac{\pi d_1^2}{4} = \frac{3.14}{4} \times 0.1^2 = 0.0079m^2, \qquad A_2 = \frac{\pi d_2^2}{4} = \frac{3.14}{4} \times 0.3^2 = 0.0707m^2$$

$$V_1 = \frac{Q}{A_1} = \frac{0.2}{0.0079} = 25.32m/s, \qquad V_2 = \frac{Q}{A_2} = \frac{0.2}{0.0707} = 2.83m/s$$

그림 6.6.7로부터 확대각 40°, 직경비 $D_2/D_1=3$을 이용하면 점확대 손실계수는 $K_{ge}=0.83$이 된다. 따라서 단면 점확대로 인한 손실수두는

$$h_m = K_{ge}\frac{(V_1 - V_2)^2}{2g} = 0.83 \times \frac{(25.32 - 2.83)^2}{2 \times 9.81} = 21.40m$$

6.6.4 단면 점축소 손실

단면이 점진적으로 축소(gradual contraction)되는 경우도 점확대인 경우와 마찬가지로 축소각 θ와 축소 전후 단면의 면적비에 의해 결정된다. 단면 점축소로 인한 에너지손실은 다음과 같다.

$$h_m = K_{gc}\frac{V_2^2}{2g} \tag{6.6.13}$$

여기서, 점축소 손실계수 K_{gc}를 Weisbach는 다음 식과 같이 제시하였으며, 축소 전후의 면적비 및 축소각에 따른 손실계수가 그림 6.6.8과 같다.

$$K_{gc} = \frac{0.025}{8\sin\frac{\theta}{2}}\left[1 - \left(\frac{A_2}{A_1}\right)^2\right] \tag{6.6.14}$$

여기서, θ는 축소각, A_1 및 A_2는 축소 전, 후의 단면적이다.

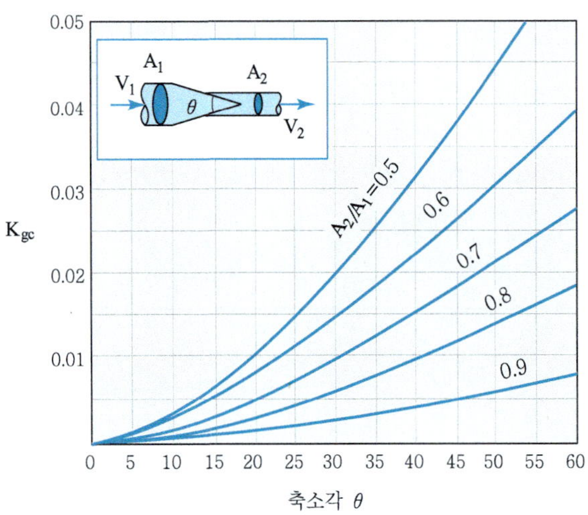

그림 6.6.8 단면 점축소로 인한 에너지손실계수

예제 6.6.4

직경 0.3m의 관로가 직경 0.1m로 점축소 될 때 유량이 $0.2m^3/s$라면 단면 점축소로 인한 손실수두는 얼마인가. 축소각은 20°이며, 마찰로 인한 손실은 무시하라.

풀이

두 단면에서의 면적과 유속을 구하면

$$A_1 = \frac{\pi d_1^2}{4} = \frac{3.14}{4} \times 0.3^2 = 0.0707\text{m}^2, \qquad A_2 = \frac{\pi d_2^2}{4} = \frac{3.14}{4} \times 0.1^2 = 0.0079\text{m}^2$$

$$V_1 = \frac{Q}{A_1} = \frac{0.2}{0.0707} = 2.83\text{m/s}, \qquad V_2 = \frac{Q}{A_2} = \frac{0.2}{0.0079} = 25.32\text{m/s}$$

단면 점축소 손실계수는 $K_{gc} = \dfrac{0.025}{8\sin\dfrac{\theta}{2}}\left[1-\left(\dfrac{A_2}{A_1}\right)^2\right] = \dfrac{0.025}{8\sin\dfrac{20}{2}}\left[1-\left(\dfrac{0.0079}{0.0707}\right)^2\right] = 0.018$

따라서 단면 점축소 손실수두는 $h_m = K_{gc}\dfrac{V_2^2}{2g} = 0.018 \times \dfrac{25.32^2}{2 \times 9.81} = 0.59\text{m}$

6.6.5 만곡 및 굴절로 인한 손실

관로가 만곡(bend)되어 있으면 직선으로 되어 있을 경우보다 에너지손실이 더 크게 발생하는데, 만곡부 안쪽에서 흐름이 분리되고, 또한 2차류가 형성되기 때문이다. 일반적으로 만곡부에서의 에너지손실은 다음과 같이 나타낸다.

$$h_m = K_b \frac{V^2}{2g} \tag{6.6.15}$$

여기서, K_b는 만곡부 손실계수로 Weisbach는 실험을 통해 다음과 같이 제시하였다.

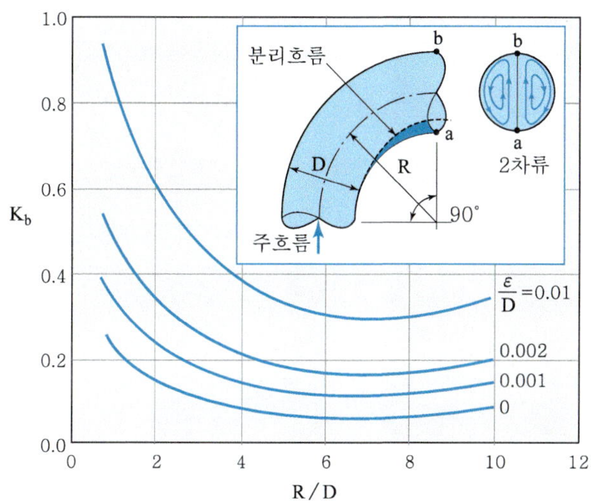

그림 6.6.9 θ=90°인 만곡관에서의 손실계수

$$K_b = \left[0.131 + 1.847\left(\frac{r}{R}\right)^{3.5}\right]\frac{\theta}{90}, \qquad 1 < \frac{R}{r} < 5, \quad 0^\circ < \theta < 90^\circ \tag{6.6.16}$$

여기서, r은 만곡관의 반경, R은 곡률반경 그리고 θ는 만곡각도이다. θ=90°인 경우 관의 상대조도 ε/D 및 R/D에 대한 만곡부 손실계수가 그림 6.6.9와 같다.

관로가 부드럽게 만곡되어 있지 않고 곡률반경 R=0인 경우로 만곡된 관을 굴절(elbow)관이라 한다. 굴절관인 경우 손실계수는 다음과 같다.

$$K_b = 0.946\sin^2\frac{\theta}{2} + 2.05\sin^4\frac{\theta}{2} \tag{6.6.17}$$

그림 6.6.10과 같은 경우의 관을 마이터 곡관(miter bend)이라 하며 큰 곡률반경의 만곡부를 설치할 공간이 부족할 때 널리 사용되고 있다. 마이터 곡관을 사용할 경우 유도날개(guide vane)를 설치하면 손실수

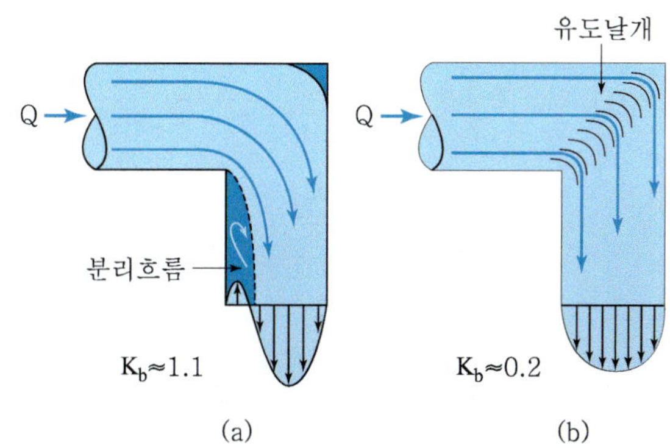

그림 6.6.10 마이터 곡관 : 유도날개가 없는 경우(a)와 유도날개가 있는 경우(b)

두를 크게 줄일 수가 있다.

예제 6.6.5

직경 0.2m의 매끄러운 관로에 $0.1m^3/s$의 유량이 흐르고 있다. 만곡각 θ=90°로 휘어질 때 손실수두를 구하라. 만곡부의 곡률반경은 0.4m이며, 마찰로 인한 손실은 무시하라. 만일 곡률반경이 0인 굴절관인 경우 손실수두는 얼마인가.

풀이

만곡부 손실계수를 식 (6.6.16)을 이용하여 구하면

$$K_b = \left[0.131 + 1.847\left(\frac{r}{R}\right)^{3.5}\right]\frac{\theta}{90} = \left[0.131 + 1.847\left(\frac{0.1}{0.4}\right)^{3.5}\right]\frac{90}{90} = 0.145$$

단면적 및 유속은 $A = \frac{\pi d^2}{4} = \frac{3.14}{4} \times 0.2^2 = 0.0314m^2$, $V = \frac{Q}{A} = \frac{0.1}{0.0314} = 3.185m/s$

만곡관에 의한 손실수두는 $h_m = K_b\frac{V^2}{2g} = 0.145 \times \frac{3.185^2}{2 \times 9.81} = 0.075m$

곡률반경이 0인 굴절관이면 $K_b = 0.946\sin^2\frac{\theta}{2} + 2.05\sin^4\frac{\theta}{2} = 0.946\sin^2\frac{90}{2} + 2.05\sin^4\frac{90}{2} = 0.986$

굴절관에 의한 손실수두는 $h_m = K_b\frac{V^2}{2g} = 0.986 \times \frac{3.185^2}{2 \times 9.81} = 0.51m$

6.6.6 밸브에 의한 손실

밸브(valve)는 관로내의 유량을 조절하기 위한 부속물로 밸브의 종류 및 개방정도에 따라 에너지 손실이 다양하게 변한다. 그림 6.6.11과 같이 밸브로 인한 에너지손실은 밸브지점의 빠른 유속에서의 운동에너지손실로 인해 발생한다. 밸브로 인한 에너지손실은 다음과 같이 나타낸다.

$$h_m = K_v\frac{V^2}{2g} \qquad (6.6.18)$$

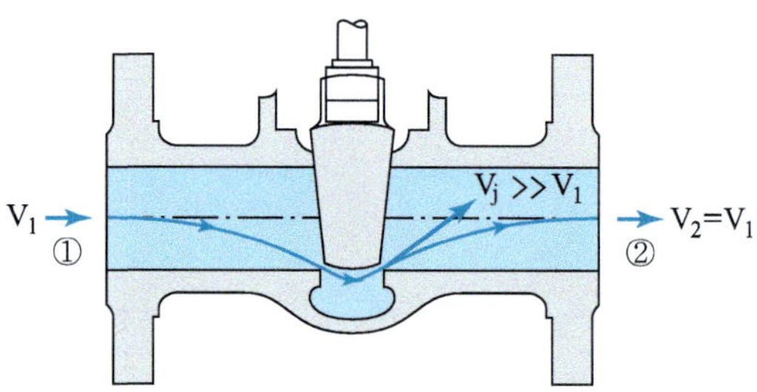

그림 6.6.11 밸브로 인한 에너지손실

여기서, K_v는 밸브로 인한 손실계수로 밸브의 종류 및 개방정도에 따라 표 6.6.1과 같다.

표 6.6.1 밸브의 종류 및 개방정도에 따른 손실계수

밸브의 종류	개방정도	손실계수 K_v	밸브의 종류	개방정도	손실계수 K_v
Globe valve	완전개방	10	Check valve		
Gate valve	완전개방	0.15	– swing type	전방흐름	2
	1/4개방	0.26		후방흐름	∞
	1/2개방	2.1	– ball type	완전개방	0.05
	3/4개방	17		1/3개방	240
Angle valve	완전개방	2		2/3개방	5.5
Foot valve	완전개방	15	– lift type	완전개방	12
Rotary valve	완전개방	10			

예제 6.6.6

직경 0.02m의 관로에 Gate밸브가 설치되어 있다. 관로내 유속이 1m/s일 때 밸브가 1/4정도 개방되어 있다면 밸브로 인한 손실수두는 얼마인가. 마찰로 인한 손실은 무시하라.

풀이

Gate밸브가 1/4정도 개방되어 있으므로 표 6.6.1로부터 손실계수는 0.26을 적용한다. 따라서

$$h_m = K_v \frac{V^2}{2g} = 0.26 \times \frac{1^2}{2 \times 9.81} = 0.013\text{m}$$

6.7 관수로 흐름해석 유형

관수로 흐름을 해석하는데 필요한 주요 개념은 마찰손실 및 미소손실을 포함한 손실수두의 고려와 함께 관로시스템(pipeline system) 내 적절한 위치에서 에너지 방정식을 적용하는 것이다. 그림 6.7.1은 관로시스템에서의 마찰손실 및 미소손실을 고려한 에너지선과 동수경사선이 변하는 예를 보여주고 있다. 이러한 개념을 바탕으로 단일관로 및 복합관로를 포함하는 관로시스템과 관망(pipe network)에서의 정상류 해석에 필요한 기본적인 해석유형에 대해 소개하기로 한다.

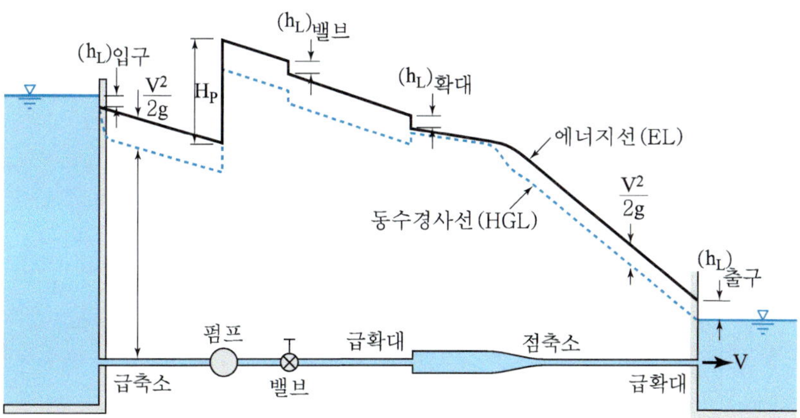

그림 6.7.1 관로시스템에서의 에너지 변화

관수로 흐름 문제의 해결 과정은 특정 변수들이 주어질 때 어떤 변수를 구하려고 하는가에 따라 변하게 된다. 가장 일반적인 관수로 흐름 해석문제 유형은 다음과 같다.

① 문제유형 I : 유량 또는 유속이 주어질 때 압력강하량 또는 손실수두를 구하는 문제
② 문제유형 II : 압력강하량 또는 손실수두가 주어질 때 유량 및 유속을 구하는 문제
③ 문제유형 III : 손실수두 및 유량이 주어질 때 관로의 직경을 구하는 문제

문제유형 I은 Darcy-Weisbach 공식과 연속방정식 및 Moody 도표를 이용하여 마찰손실계수 f를 결정함으로서 간단히 해결할 수 있다. 하지만 문제유형 II 및 III는 시행착오법으로 해결하게 된다. 문제유형 II는 Darcy-Weisbach 공식에서 유속을 구하면 되는데, 마찰손실계수 f도 유속의 함수

로 직접 구할 수가 없다. 따라서 마찰손실계수 f를 먼저 가정하고 Darcy-Weisbach 공식으로부터 V를 산정한다. 따라서 R_e를 산정할 수 있고, 상대조도 ε/d를 이용하여 Moody 도표로부터 마찰손실계수 f'를 찾는다. 이때 가정한 마찰손실계수 f와 f'가 같으면, 이때의 유속 V가 옳은 값이므로 유량 Q를 산정하게 된다. 만일 f와 f'가 서로 다르면 f를 다시 가정하여 위의 과정을 반복한다.

문제유형 III는 Darcy-Weisbach 공식에서 직경 d를 구해야 하는데 마찰손실계수 f 또한 유속의 함수로 단면적을 알아야 구할 수가 있다. 따라서 먼저 마찰손실계수 f를 가정하고 Darcy-Weisbach 공식으로부터 d를 산정하여 단면적 A를 구한다. 유량이 주어져 있으므로 유속 V를 산정할 수 있고, 따라서 R_e를 산정하여 상대조도 ε/d와 함께 Moody 도표로부터 마찰손실계수 f'를 찾는다. 이때 가정한 마찰손실계수 f와 f'가 같으면 이때의 직경 d가 옳은 값이므로 계산이 끝난다. 만일 f와 f'가 서로 다르면 f를 다시 가정하여 위의 과정을 반복한다.

예제 6.7.1

문제유형 I : 그림 6.7.2와 같은 저수지로부터 길이 100m, 직경 7.5cm의 매끈한 수평관이 연결되어 있다. 관로의 유량을 $0.0084\text{m}^3/\text{s}$로 일정하게 유지하기 위해서는 관로 중심으로부터 저수지 표면까지의 수심을 얼마로 해야 하는가. 단, 물의 동점성계수는 $1.006\times10^{-6}\text{m}^2/\text{s}$이고, 입구부 손실계수는 0.5로 가정하라.

풀이

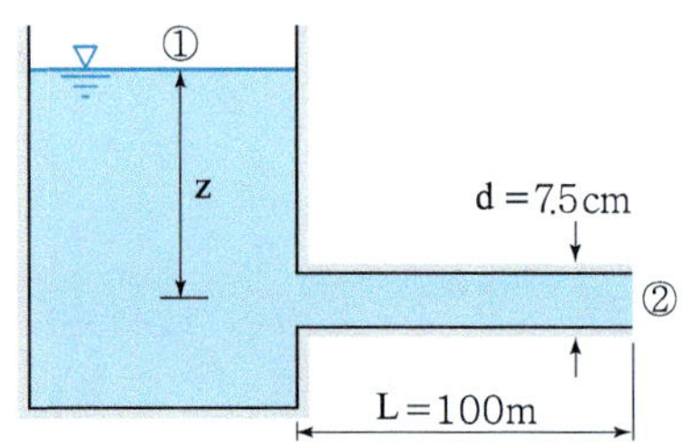

그림 6.7.2

저수지 수면과 관로의 출구지점에 에너지 방정식을 적용하면

$$\frac{p_1}{\gamma}+\frac{V_1^2}{2g}+z_1=\frac{p_2}{\gamma}+\frac{V_2^2}{2g}+z_2+f\frac{L}{d}\frac{V_2^2}{2g}+K_L\frac{V_2^2}{2g}$$

수표면과 관로 출구부에서 $p_1=p_2=0$이고, $V_1=0$, $z_1=z$ 그리고 $z_2=0$이므로 에너지 방정식을 다시 정리하면

$$z=\frac{V_2^2}{2g}+f\frac{L}{d}\frac{V_2^2}{2g}+K_L\frac{V_2^2}{2g}=\left(1+f\frac{L}{d}+K_L\right)\frac{V_2^2}{2g}$$

관로내의 유속 및 Reynolds수는

$$V_2=\frac{Q}{A}=\frac{0.0084}{\pi\times0.075^2/4}=1.90\text{m/s},\qquad R_e=\frac{Vd}{\nu}=\frac{1.90\times0.075}{1.006\times10^{-6}}=1.42\times10^5$$

Moody 도표로부터 매끈한 관로에 대한 마찰손실계수를 구하면 f=0.017이 된다. 따라서

$$z=\left(1+f\frac{L}{d}+K_L\right)\frac{V_2^2}{2g}=\left(1+0.017\times\frac{100}{0.075}+0.5\right)\frac{1.9^2}{2\times9.81}=4.45\text{m}$$

예제 6.7.2

문제유형 II : 그림 6.7.3과 같은 24m 높이에 있는 고가수조에 길이, 180m, 직경 0.1m의 수평관로가 연결되어 있을 때 관로를 통해 흐르는 유량을 구하라. 단, 물의 동점성계수는 $1.006\times10^{-6}\text{m}^2/\text{s}$이고, 관의 조도는 0.25mm이며, 미소손실은 무시하라.

풀이

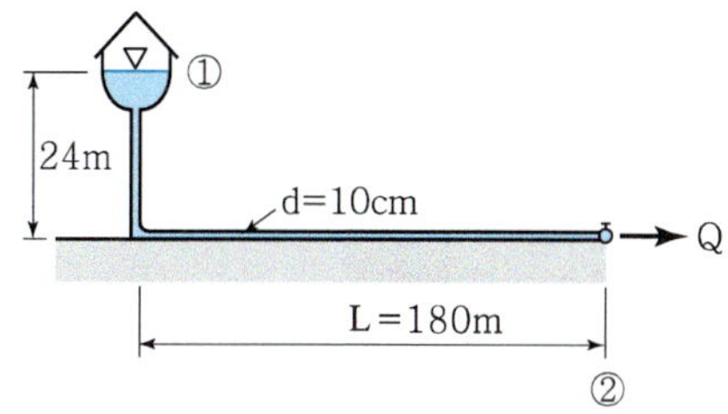

그림 6.7.3

수조의 수표면과 관로의 끝단에 에너지 방정식을 적용하면

$$\frac{p_1}{\gamma}+\frac{V_1^2}{2g}+z_1=\frac{p_2}{\gamma}+\frac{V_2^2}{2g}+z_2+f\frac{L}{d}\frac{V_2^2}{2g}$$

고가수조의 수표면과 관로 출구부에서의 압력 $p_1=p_2=0$이고, $V_1=0$, $z_1=h$ 그리고 $z_2=0$이므로 에너지 방정식을 다시 정리하면

$$h=\frac{V_2^2}{2g}+f\frac{L}{d}\frac{V_2^2}{2g}=\left(1+f\frac{L}{d}\right)\frac{V_2^2}{2g} \qquad \therefore V_2=\left[\frac{2gh}{f(L/d)+1}\right]^{1/2}$$

주어진 값들을 적용하면 $V_2=\left[\frac{2\times 9.81\times 24}{f(204/0.1)+1}\right]^{1/2}$

따라서 $f=0.03$으로 가정하면 윗 식으로부터 $V_2=2.75$m/s가 되며, Reynolds수는

$$R_e=\frac{Vd}{\nu}=\frac{2.75\times 0.1}{1.006\times 10^{-6}}=2.73\times 10^5$$

관의 상대조도 $\varepsilon/d=0.25/100=0.0025$이므로 Moody 도표로부터 $f=0.026$을 읽을 수 있어 처음 가정한 $f=0.03$과 다르다. 따라서 $f=0.026$으로 다시 가정하여 V_2를 구하면 2.95m/s가 되고, $R_e=2.93\times10^5$이 된다. 따라서 Moody 도표로부터 f를 다시 읽으면 $f=0.026$이 되어 가정한 f와 같게 된다.
따라서 이때의 유속 $V_2=2.95$m/s가 옳은 값이며 유량은

$$Q=AV=\frac{\pi\times 0.1^2}{4}\times 2.95=0.023\text{m}^3/\text{s}$$

예제 6.7.3

문제유형 III : 매끈한 관을 통해 0.5m^3/s의 물을 송수하려고 한다. 500m 길이를 송수하는 동안 손실수두가 2m가 되도록 할 때 필요한 관의 직경을 구하라. 단, 물의 동점성계수는 $1.006\times10^{-6}\text{m}^2$/s이다.

풀이

손실수두는 $h_L=f\frac{L}{d}\frac{V^2}{2g}=f\frac{L}{d}\frac{Q^2}{2g\left(\frac{\pi d^2}{4}\right)^2}$

직경 d로 표현하면 $d=\left(\frac{8LQ^2}{g\pi^2h_L}f\right)^{1/5}=\left(\frac{8\times 500\times 0.5^2}{9.81\times 3.14^2\times 2}f\right)^{1/5}=1.39f^{1/5}$

$f=0.025$로 가정하면 $d=0.665$m이고 유속 및 R_e는

$$V=\frac{Q}{A}=\frac{0.5}{\pi\times 0.665^2/4}=1.44\text{m/s}, \qquad R_e=\frac{Vd}{\nu}=\frac{1.44\times 0.665}{1.006\times 10^{-6}}=9.52\times 10^5$$

Moody 도표로부터 $f=0.0117$이 되고 가정한 0.025와 다르다. 따라서 $f=0.0117$로 재 가정하면 직경 $d=0.57$m가 되며 $V=1.96$m/s, $R_e=1.11\times10^6$이 된다.
Moody 도표로부터 f를 다시 읽으면 $f\fallingdotseq 0.0117$이 되어 이때의 직경 $d=0.57$m가 구하는 값이 된다.

6.8 단일 관수로의 흐름해석

단일 관수로(single pipe line)는 관로가 합류되거나 분류되지 않고 단일 관로로 구성되어 있으며 등단면, 부등단면, 노즐이 붙은관, 사이폰, 펌프 또는 터어빈이 포함된 단일관로 등 다양하다. 이러한 단일 관수로의 해석은 연속방정식, Darcy-Weisbach 공식 및 에너지 방정식을 적용하여 해결할 수 있다.

6.8.1 두 수조를 연결하는 등단면 관수로

수위차가 H인 두 수조가 길이 L, 직경 d인 관으로 연결된 그림 6.8.1과 같은 경우에서 두 수조의 수위가 일정하게 유지된다고 가정하고, 두 수조사이에 에너지 방정식을 적용하면

$$\frac{p_1}{\gamma}+\frac{V_1^2}{2g}+z_1=\frac{p_2}{\gamma}+\frac{V_2^2}{2g}+z_2+h_L+\sum h_{m_i} \tag{6.8.1}$$

여기서, h_L은 길이 L인 관로에서의 마찰손실수두이고, Σh_{mi}는 단면 급축소와 급확대로 인한 미소손실수두의 합이다. 두 수조의 수면에서 $p_1=p_2=0$이고, 두 수조가 상당히 크다고 가정하면 $V_1=V_2=0$이다. 이러한 조건을 식 (6.8.1)에 적용하고 다시 정리하면

$$z_1=z_2+h_L+\sum h_{mi} \tag{6.8.2}$$

$$z_1-z_2=H=f\frac{L}{d}\frac{V^2}{2g}+\left(K_{sc}\frac{V^2}{2g}+K_{se}\frac{V^2}{2g}\right) \tag{6.8.3}$$

단면 급축소 및 급확대 손실계수 $K_{sc}=0.5$, $K_{se}=1.0$이라 하면

$$H=\left(1.5+f\frac{L}{d}\right)\frac{V^2}{2g} \tag{6.8.4}$$

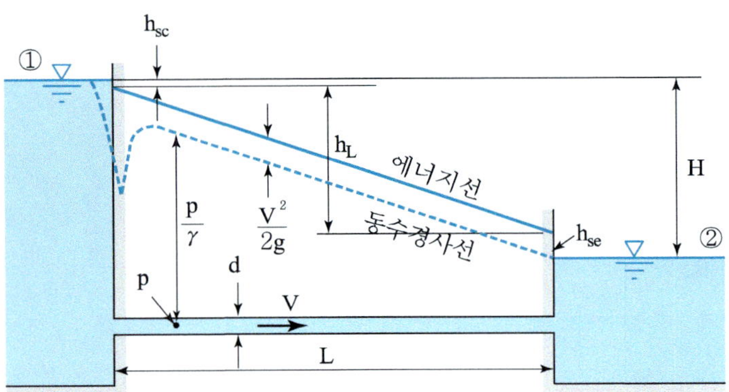

그림 6.8.1 두 수조를 연결하는 등단면 관수로

식 (6.8.4)를 유속으로 나타내면

$$V=\sqrt{\frac{2gH}{1.5+fL/d}} \tag{6.8.5}$$

마찰손실수두와 미소손실수두의 상대적인 크기를 비교하기 위해 식 (6.8.4)에서 마찰손실계수를 f=0.03이라 가정하면, 미소손실계수의 합은 1.5가 된다. 만일 L/d=100이면 괄호 안의 마찰손실과 관련된 값이 fL/d=3, L/d=1,000이면 fL/d=30, L/d=10,000이면 fL/d=300이 되어 직경에 비해

관의 길이가 길어지면 미소손실부분보다 마찰로 인한 손실이 크게 된다. 따라서 일반적으로 L/d〈3,000이면 마찰손실과 미소손실을 고려하고, L/d〉3,000이면 마찰손실만 고려하게 된다.

예제 6.8.1

그림 6.8.1과 같이 수면의 높이차가 10m인 두 수조가 길이 500m, 직경 0.2m의 관으로 연결되어 있을 때 이 관을 통해 흐르는 유량을 구하라. 단, 20℃인 물의 동점성계수는 $1.006\times10^{-6}m^2/s$이고, 관의 조도는 0.2mm이다.

풀이

유량을 구하는 문제이므로 문제유형 II에 속하는 문제이다. 단면 급축소 및 급확대 손실계수가 $K_{sc}=0.5$, $K_{se}=1.0$이라 하고 f=0.025로 가정하면 식 (6.8.5)에 의해

$$V=\sqrt{\frac{2gH}{1.5+fL/d}}=\sqrt{\frac{2\times9.81\times10}{1.5+0.025\times500/0.2}}=1.75m/s$$

Reynolds수는 $R_e=\frac{Vd}{\nu}=\frac{1.75\times0.2}{1.006\times10^{-6}}=3.48\times10^5$

관의 상대조도는 $\varepsilon/d=0.2/200=0.001$이므로 Moody 도표로부터 f=0.021이 된다. 가정치 0.025와 다르므로 f=0.021로 다시 가정하면 V=1.91m/s, $R_e=3.80\times10^5$가 되며, Moody 도표로부터 f를 다시 읽으면 f=0.021이 되어, 가정치와 같게 된다. 따라서 V=1.91m/s가 구하는 값이며 유량은

$$Q=AV=\frac{\pi d^2}{4}V=\frac{3.14\times0.2^2}{4}\times1.91=0.06m^3/s$$

6.8.2 두 수조를 연결하는 부등단면 관수로

수위차가 H인 두 수조를 단면이 서로 다른 관로로 직렬 연결한 그림 6.8.2와 같은 경우 두 수조 사이에 에너지 방정식을 수립하면

$$\begin{aligned}H&=h_{sc}+h_{L1}+h_{se1}+h_{L2}+h_{se2}\\&=K_{sc}\frac{V_1^2}{2g}+f_1\frac{L_1}{d_1}\frac{V_1^2}{2g}+\frac{(V_1-V_2)^2}{2g}+f_2\frac{L_2}{d_2}\frac{V_2^2}{2g}+K_{se}\frac{V_2^2}{2g}\end{aligned}\qquad(6.8.6)$$

여기서, h_{sc}는 단면 급축소로 인한 미소손실수두, h_{L1}과 h_{L2}는 1번 및 2번관에서의 마찰손실수두, h_{se1} 및 h_{se2}는 1번 및 2번관에서의 단면 급확대로 인한 미소손실수두이다. 연속방정식 $V_2=(d_1^2/d_2^2)V_1$을 이용하여 식 (6.8.6)에서 V_2를 V_1으로 대체하고 정리하면

$$H=\left[K_{sc}+f_1\frac{L_1}{d_1}+\left(1-\frac{d_1^2}{d_2^2}\right)^2+f_2\frac{L_2}{d_2}\left(\frac{d_1}{d_2}\right)^4+K_{se}\left(\frac{d_1}{d_2}\right)^4\right]\frac{V_1^2}{2g}\qquad(6.8.7)$$

K_{sc}, d_1, d_2, K_{se}가 주어지면 다음과 같이 간단히 나타낼 수 있다.

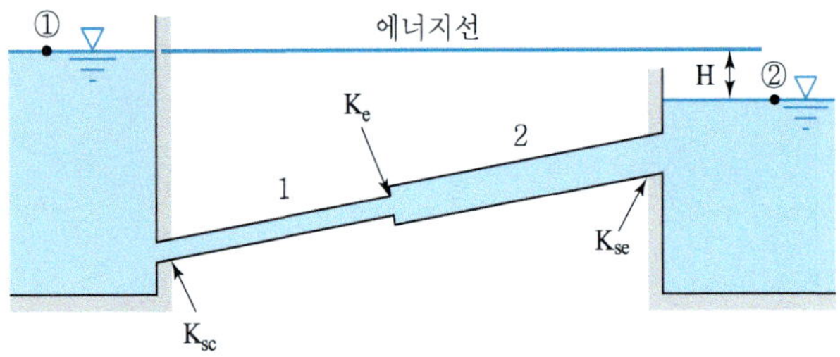

그림 6.8.2 두 수조를 연결하는 부등단면 관수로

$$H = (C_o + C_1 f_1 + C_2 f_2)\frac{V_1^2}{2g} \qquad (6.8.8)$$

식 (6.8.8)을 이용하여 세 가지의 문제유형에 대해 6.7절에서 설명한 방법에 의해 흐름 해석을 할 수 있다. 단 문제유형 II 및 III인 경우 시행착오법으로 해석을 하는데, 이때 f_1과 f_2를 동시에 가정하여 비교하는 방법을 사용한다.

예제 6.8.2

그림 6.8.2와 같이 수면의 높이차가 5m인 두 수조가 길이 300m, 직경 0.2m, 조도 0.3mm의 관과 길이 200m, 직경 0.5m, 조도 0.4mm의 관으로 연결되어 있을 때, 이 관을 통해 흐르는 유량을 구하라. 단, 20℃인 물의 동점성계수는 $1.006\times10^{-6}\text{m}^2/\text{s}$이다.

풀이

유량을 구하는 문제이므로 문제유형 II에 속하고 시행착오법으로 구하게 된다. 식 (6.8.7)에 주어진 값들을 적용하여 정리하면

$$5 = \left[0.5 + f_1\frac{300}{0.2} + \left(1 - \frac{0.2^2}{0.5^2}\right)^2 + f_2\frac{200}{0.5}\left(\frac{0.2}{0.5}\right)^4 + \left(\frac{0.2}{0.5}\right)^4\right]\frac{V_1^2}{2g} = (1.231 + 1{,}500 f_1 + 10.24 f_2)\frac{V_1^2}{2g}$$

관의 상대조도는 $\varepsilon_1/d_1=0.3/200=0.0015$, $\varepsilon_2/d_2=0.4/500=0.0008$이므로 Moody 도표에서 완전난류에 해당하는 값 $f_1=0.021$, $f_2=0.018$로 가정한다. 이 값을 윗 식에 적용하여 V_1 및 R_{e1}을 구하고 연속방정식에 의해 V_2 및 R_{e2}를 구하면

$$V_1 = 1.725\text{m/s}, \quad R_{e1} = \frac{V_1 d_1}{\nu} = \frac{1.725\times0.2}{1.006\times10^{-6}} = 3.43\times10^5$$

$$V_2 = \left(\frac{d_1}{d_2}\right)^2 V_1 = \left(\frac{0.2}{0.5}\right)^2\times1.725 = 0.276\text{m/s}, \qquad R_{e2} = \frac{V_2 d_2}{\nu} = \frac{0.276\times0.5}{1.006\times10^{-6}} = 1.37\times10^5$$

Reynolds 수와 상대조도를 이용하여 Moody 도표로부터 f_1과 f_2를 읽으면 $f_1=0.022$, $f_2=0.021$로 가정한 값과 약간 차이가 있으므로 $f_1=0.022$, $f_2=0.021$로 다시 가정하고 V_2 및 R_{e2}를 구하면

$$V_1 = 1.686\text{m/s}, \qquad R_{e1} = 3.35\times10^5, \qquad V_2 = 0.270\text{m/s}, \qquad R_{e2} = 1.34\times10^5$$

Reynolds 수와 상대조도를 이용하여 Moody 도표로부터 f_1과 f_2를 다시 읽으면 $f_1=0.022$, $f_2=0.021$. 가정한 값과 같으므로 이때의 $V_1=1.686\text{m/s}$가 구하는 값이 된다. 따라서 유량은

$$Q = A_1 V_1 = \frac{\pi d_1^2}{4}V_1 = \frac{3.14\times0.2^2}{4}\times1.686 = 0.053\text{m}^3/\text{s}$$

6.8.3 노즐이 연결된 관수로

수조와 연결된 관수로 끝단에 노즐이 붙어 있는 그림 6.8.3과 같은 경우, 수조의 수면과 노즐의

중심부 사이의 높이차를 H라 할 때, 수조의 수면과 노즐의 출구지점간에 에너지 방정식을 적용하면

$$\frac{p_o}{\gamma}+\frac{V_o^2}{2g}+z_o=\frac{p_2}{\gamma}+\frac{V_2^2}{2g}+z_2+K_{sc}\frac{V_1^2}{2g}+f_1\frac{L_1}{d_1}\frac{V_1^2}{2g}+K_{gc}\frac{V_2^2}{2g}+f_2\frac{L_2}{d_2}\frac{V_2^2}{2g} \tag{6.8.9}$$

수조의 수면과 자유 수맥에서의 압력 $p_o=p_2=0$이고, 수면에서의 유속 $V_o=0$, $z_o-z_2=H$이므로 식 (6.8.9)를 정리하면

$$H=K_{sc}\frac{V_1^2}{2g}+f_1\frac{L_1}{d_1}\frac{V_1^2}{2g}+K_{gc}\frac{V_2^2}{2g}+f_2\frac{L_2}{d_2}\frac{V_2^2}{2g}+\frac{V_2^2}{2g} \tag{6.8.10}$$

식 (6.8.10)을 이용하여 세 가지 문제유형의 흐름 해석을 시행하면 된다. 만일 L_1/d_1이 비교적 크고, L_2는 L_1에 비해 작다면 관로에서의 마찰로 인한 에너지손실이 주를 이루므로 단면급축소 및 노즐부에서의 단면 점축소 손실수두항을 무시하고 노즐부에서의 마찰손실을 무시할 수 있으므로 다음과 같이 간단하게 표현할 수 있다.

$$H=f_1\frac{L_1}{d_1}\frac{V_1^2}{2g}+\frac{V_2^2}{2g} \tag{6.8.11}$$

이와 같이 관로 말단부에 노즐을 설치하는 경우로 수력발전소에서 노즐을 통한 자유수맥을 이용하여 터빈을 돌려 발전을 하는 것이 있으며, 이때 노즐을 통해 얻을 수 있는 동력은 다음과 같이 나타낼 수 있다.

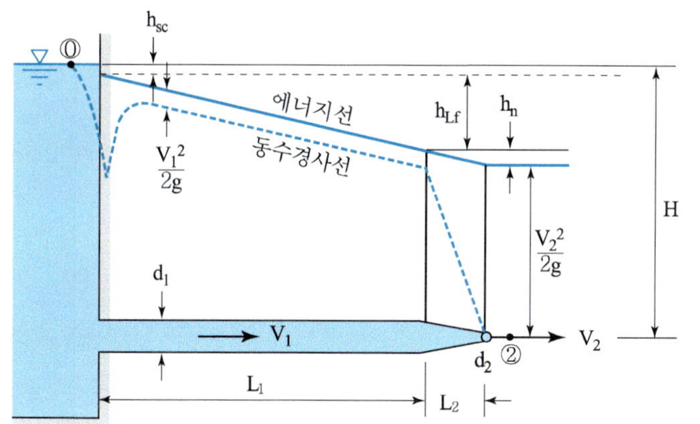

그림 6.8.3 노즐이 연결된 관수로

$$P=\gamma Q\frac{V_2^2}{2g}=\gamma Q\left(H-f_1\frac{L_1}{d_1}\frac{V_1^2}{2g}\right)=\gamma Q\left(H-f_1\frac{L_1}{d_1}\frac{Q^2}{2gA_1^2}\right) \tag{6.8.12}$$

동력이 최대가 될 조건을 구하기 위해 식 (6.8.12)를 Q에 대해 미분하고 0으로 놓으면

$$H=3\left(f_1\frac{L_1}{d_1}\frac{V_1^2}{2g}\right) \tag{6.8.13}$$

이 조건을 식 (6.8.12)에 적용하면 최대로 얻을 수 있는 동력은 다음과 같다.

$$P_{max}=\gamma Q\left(H-\frac{H}{3}\right)=\frac{2}{3}H\gamma Q \tag{6.8.14}$$

식 (6.8.14)와 식 (6.8.12)를 비교하면

$$\frac{V_2^2}{2g} = \frac{2}{3}H \qquad (6.8.15)$$

즉, 노즐을 통해 최대의 동력을 얻기 위해서는 분출되는 수맥의 속도수두가 수조의 수면과 노즐간의 수두차의 2/3일 경우이며, 이때 수맥의 유속은 다음과 같다.

$$V_2 = \sqrt{2g \times \frac{2}{3}H} \qquad (6.8.16)$$

예제 6.8.3

그림 6.8.3과 같이 수조의 수면과 노즐 출구와의 높이차가 30m이고, L_1=100m, d_1=0.4m, ε_1=0.3mm의 관로와, 노즐부 L_2=1m, d_2=0.1m, ε_2=0.1mm가 연결되어 있다. 노즐을 통해 분출되는 유량과 이로 인해 얻을 수 있는 동력을 구하라. 단, 20℃인 물의 동점성계수는 $1.006\times10^{-6}m^2/s$이다.

풀이

식 (6.8.11)로부터 $H = f_1\frac{L_1}{d_1}\frac{V_1^2}{2g} + \frac{V_2^2}{2g} = \left[f_1\frac{L_1}{d_1} + \left(\frac{d_1}{d_2}\right)^4\right]\frac{V_1^2}{2g}$

$$30 = \left[f_1\frac{100}{0.4} + \left(\frac{0.4}{0.1}\right)^4\right]\frac{V_1^2}{2g} = (250f_1 + 256)\frac{V_1^2}{2g}$$

f_1=0.019라 가정하면

$$V_1 = 1.50m/s, \qquad R_{e1} = \frac{V_1 d_1}{\nu} = \frac{1.50\times 0.4}{1.006\times 10^{-6}} = 5.96\times 10^5, \qquad \frac{\varepsilon_1}{d_1} = \frac{0.3}{400} = 0.00075$$

Moody 도표로부터 f_1=0.019로 가정한 값과 같다. 따라서 V_1=1.5m/s가 옳은 값이며 이때의 유량은

$$Q = A_1V_1 = \frac{\pi d_1^2}{4}V_1 = \frac{3.14\times 0.4^2}{4}\times 1.5 = 0.188m^3/s$$

$$V_2 = \left(\frac{d_1}{d_2}\right)^2 V_1 = \left(\frac{0.4}{0.1}\right)^2\times 1.5 = 24m/s$$

따라서 동력은 $P = \gamma Q\frac{V_2^2}{2g} = 1{,}000\times 0.188\times\frac{24^2}{2\times 9.81} = 5{,}519kg\cdot m/s = 54.09kW$

6.8.4 사이폰

관로를 통해 물을 송수할 때 동수경사선보다 높은 곳으로 물을 끌어 올린 후 낮은 곳으로 보내는 관로를 사이폰(siphon)이라 하며, 동수경사선보다 높은 지점에 있는 관로부분에서는 부압이 작용하여 낮은 곳의 물을 끌어 올릴 수가 있게 된다. 그림 6.8.4와 같이 관로의 직경이 d, BC=L_1, CD=L_2, 유입부 손실수두를 h_{sc}, C의 만곡부에서의 손실수두를 h_b, D점에서의 유출부 손실수두를 h_{se}, 관로내 마찰손실수두를 h_L이라 할 때, 두 수조 사이의 수위차 H를 손실수두항으로 나타내면

$$H = h_{sc} + h_{L1} + h_b + h_{L2} + h_{se}$$
$$= \left(K_{sc} + f\frac{L_1}{d} + K_b + f\frac{L_2}{d} + K_{se}\right)\frac{V^2}{2g} = C_1\frac{V^2}{2g} \tag{6.8.17}$$

식 (6.8.17)을 이용하여 세 가지 문제유형의 흐름 해석을 할 수 있다.

사이폰 작용이 가능한 C점에서의 최대 부압수두를 결정하기 위해 수조의 수면과 사이폰의 정점부 C사이에 에너지 방정식을 적용하면

$$z_A = z_c + \frac{p_c}{\gamma} + \frac{V^2}{2g} + K_{sc}\frac{V^2}{2g} + f\frac{L_1}{d}\frac{V^2}{2g} + K_b\frac{V^2}{2g} \tag{6.8.18}$$

$$\therefore \frac{p_c}{\gamma} = (z_A - z_c) - \frac{V^2}{2g}\left(1 + K_{sc} + f\frac{L_1}{d} + K_b\right) \tag{6.8.19}$$

식 (6.8.19)의 속도수두항 뒤의 괄호안의 값을 C_o라 하고, 식 (6.8.17)에서 속도수두는 H/C_1이므로 이들 조건을 적용하면

$$\frac{p_c}{\gamma} = z_A - z_c - \frac{C_o}{C_1}H = H' - \frac{C_o}{C_1}H \tag{6.8.20}$$

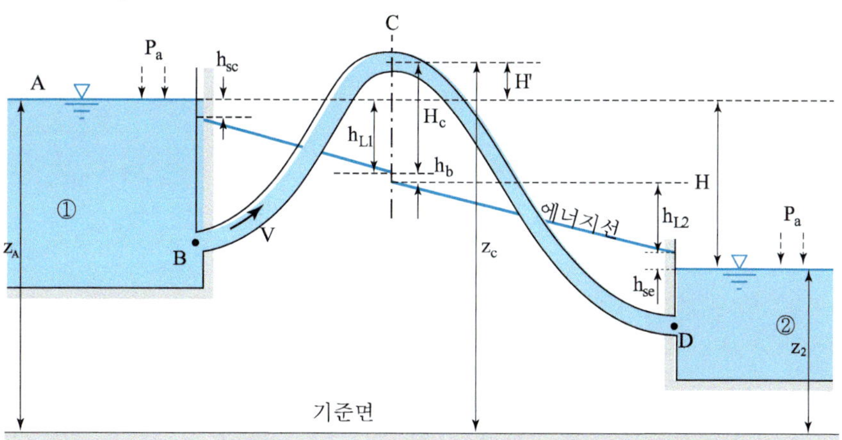

그림 6.8.4 두 수조를 연결하는 사이폰

여기서, H'는 수조의 수면과 사이폰 정점부간의 높이차로 정점부가 수면보다 높은 경우 $H'<0$이다. C_o 및 C_1은 관의 제원 및 손실계수로부터 결정할 수 있다. 만일 H'가 C_oH/C_1보다 작으면 $p_c/\gamma<0$이 되어 정점부에서 부압이 발생하게 되어 사이폰 작용이 시작된다. 하지만 정점부에서의 부압이 절대영압 이하가 될 수 없으므로 사이폰 작용이 가능한 최대 부압수두는 다음과 같다.

$$\frac{p_c}{\gamma} = -\frac{p_a}{\gamma} = -\frac{1.013\times10^5\text{N/m}^2}{1{,}000\times9.8\text{N/m}^3} = -10.337\text{m} \tag{6.8.21}$$

그러나 실제로는 최대 부압수두 −10.337m에 이르기 전에 수중에 포함되어 있는 공기나 기타 기체가 분리되어 사이폰 정점부에 모이게 되어 사이폰 작용이 중단될 수 있다. 따라서 실제로는 이

보다 작은 -8m~-9m의 부압수두를 한계치로 하여 설계하게 된다.

설계부압수두가 주어질 때 사이폰이 정상적으로 작용하기 위한 두 수조의 수위차 H의 최대치는 식 (6.8.20)으로부터 구할 수가 있다.

$$H_{max} = \frac{C_1}{C_o}\left(H' - \frac{p_c}{\gamma}\right) \tag{6.8.22}$$

식 (6.8.22)로부터 산정한 H_{max}보다 수조 수면의 높이차 H가 크게 되면 주어진 부압수두조건에서 사이폰 작용이 중단되고, H가 작으면 사이폰이 정상적으로 작용하게 된다.

예제 6.8.4

그림 6.8.4와 같은 사이폰에서 수조 ①의 수면표고가 50m이고, C점 중심부의 표고가 53m이다. 사이폰 정점부 앞부분의 관로는 L_1=200m, 뒷부분의 관로는 L_2=300m이며, 두 관로의 직경이 0.5m일 때 사이폰 작용이 가능한 수조 ②의 최저 수면표고 및 이때의 유량을 구하라. 두 관로의 마찰손실계수는 0.02이고, 단면급축소, 만곡부 및 급확대 손실계수는 각각 0.5, 1.0 및 1.0이다.

풀이

사이폰의 정점부가 수조 ①의 수표면 보다 높으므로 H'=-3m이며, 설계부압수두는 -9m로 한다.

$$C_1 = K_{sc} + f\frac{L_1}{d} + K_b + f\frac{L_2}{d} + K_{se} = 0.5 + 0.02\times\frac{200}{0.5} + 1 + 0.02\times\frac{300}{0.5} + 1 = 22.5$$

$$C_o = 1 + K_{sc} + f\frac{L_1}{d} + K_b = 1 + 0.5 + 0.02\times\frac{200}{0.5} + 1 = 10.5$$

식 (6.8.22)에 적용하면 $H_{max} = \frac{C_1}{C_o}\left(H' - \frac{p_c}{\gamma}\right) = \frac{22.5}{10.5}\times(-3+9) = 12.86\text{m}$

따라서 수조 ②의 수면표고가 50-12.86=37.14m 이하로 내려가면 사이폰 작용이 중단된다.

이때의 유량은 식 (6.8.17)로부터

$$V = \sqrt{\frac{2\times 9.81\times 12.86}{22.5}} = 3.349\text{m/s}, \qquad Q = AV = \frac{\pi d^2}{4}V = \frac{3.14\times 0.5^2}{4}\times 3.349 = 0.657\text{m}^3/\text{s}$$

6.8.5 펌프 혹은 터어빈이 포함된 관수로

단일 관수로 내에 에너지를 공급하는 펌프나, 물이 가지고 있는 에너지로부터 동력을 얻기 위한 터어빈이 포함된 경우의 해석 방법에 대해 알아보기로 한다. 그림 6.8.5a와 같이 펌프를 사용하여 낮은 수조(A)로부터 높은 수조(B)로 물을 보내는 경우를 생각해보자. 펌프가 단위 무게의 물에 가해주는 에너지수두를 E_P라고 할 때, A, B 두 지점 간에 에너지 방정식을 적용하면

$$\frac{p_A}{\gamma} + \frac{V_A^2}{2g} + z_A + E_P = \frac{p_B}{\gamma} + \frac{V_B^2}{2g} + z_B + \Sigma h_L + \Sigma h_{m_i} \tag{6.8.23}$$

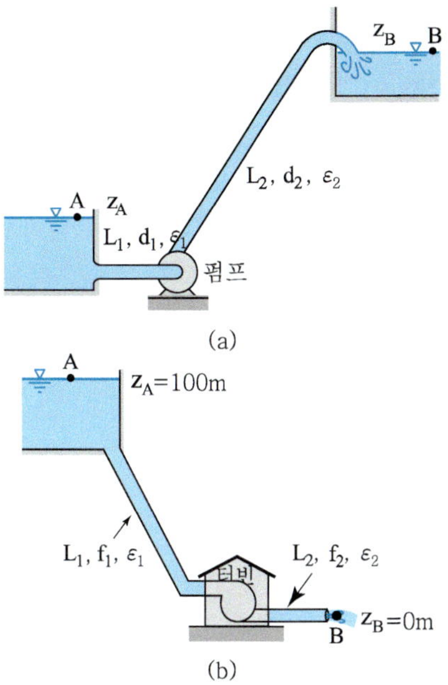

그림 6.8.5 펌프와 터어빈이 포함된 관수로

두 수조의 수면에서의 압력 및 유속이 0이고 미소손실수두를 무시하면

$$E_P = z_B - z_A + \sum h_L + \sum h_{m_i} = H + f_1 \frac{L_1}{d_1}\frac{V_1^2}{2g} + f_2 \frac{L_2}{d_2}\frac{V_2^2}{2g} \quad (6.8.24)$$

같은 방법으로 그림 6.8.5b와 같이 터어빈을 이용하여 단위 무게의 물로부터 얻는 에너지 수두를 E_T라고 할 때, A, B 두 지점 간에 에너지 방정식을 적용하면

$$\frac{p_A}{\gamma} + \frac{V_A^2}{2g} + z_A = \frac{p_B}{\gamma} + \frac{V_B^2}{2g} + z_B + \sum h_L + \sum h_{m_i} + E_T \quad (6.8.25)$$

두 수조의 수면에서의 압력 및 유속이 0이고 미소손실수두를 무시하면

$$E_T = z_A - z_B - \sum h_L - \sum h_{m_i} = H - f_1 \frac{L_1}{d_1}\frac{V_1^2}{2g} - f_2 \frac{L_2}{d_2}\frac{V_2^2}{2g} \quad (6.8.26)$$

만일 관로시스템에 펌프 및 터어빈이 모두 포함되어 있으면 E_P는 에너지 방정식의 왼쪽항에 E_T는 오른쪽에 포함시켜 해석하면 된다.

예제 6.8.5

그림 6.8.5a와 같이 수면의 높이차가 30m인 두 수조가 L_1=10m, d_1=0.4m, ε_1=0.2mm의 관로와, 펌프 그리고 L_2=100m, d_2=0.3m, ε_2=0.2mm인 관로로 연결되어 있다. 위 수조로 물을 0.3m^3/s로 일정하게 양수하기 위해 필요한 펌프의 소요동력을 구하라. 단, 20℃인 물의 동점성계수는 1.006×10^{-6}m^2/s이며 미소손실은 무시하라.

풀이

1번 관로에서의 수리량을 구하면

$$V_1 = \frac{0.3}{3.14 \times 0.4^2/4} = 2.389\text{m/s}, \quad R_{e1} = \frac{V_1 d_1}{\nu} = \frac{2.389 \times 0.4}{1.006 \times 10^{-6}} = 9.50 \times 10^5, \quad \frac{\varepsilon_1}{d_1} = \frac{0.2}{400} = 0.0005$$

Moody 도표로부터 f_1=0.017이 된다. 2번 관로에서의 수리량을 구하면

$$V_2 = \frac{0.3}{3.14 \times 0.3^2/4} = 4.246\text{m/s}, R_{e2} = \frac{V_2 d_2}{\nu} = \frac{4.246 \times 0.3}{1.006 \times 10^{-6}} = 1.27 \times 10^6, \quad \frac{\varepsilon_2}{d_2} = \frac{0.2}{300} = 0.00067$$

Moody 도표로부터 f_2=0.018이다. 두 수조 A, B의 수표면 사이에 에너지 방정식을 적용하면

$$\frac{p_A}{\gamma}+\frac{V_A^2}{2g}+z_A+E_P=\frac{p_B}{\gamma}+\frac{V_B^2}{2g}+z_B+f_1\frac{L_1}{d_1}\frac{V_1^2}{2g}+f_2\frac{L_2}{d_2}\frac{V_2^2}{2g}$$

수표면의 압력 $p_A=p_B=0$, 수조가 크다고 가정하면 $V_A=V_B=0$, $z_B-z_A=30$m이므로 위 식은

$$E_P=z_B-z_A+f_1\frac{L_1}{d_1}\frac{V_1^2}{2g}+f_2\frac{L_2}{d_2}\frac{V_2^2}{2g}=30+0.017\times\frac{10}{0.4}\times\frac{2.389^2}{2\times 9.81}+0.018\times\frac{100}{0.3}\times\frac{4.246^2}{2\times 9.81}$$

$$=35.64\text{m}$$

따라서 필요한 동력은 $P=\gamma QE_P=1{,}000\times 0.3\times 35.64=10{,}692\text{kg}\cdot\text{m/s}=104.78\text{kW}$

예제 6.8.6

그림 6.8.5b와 같이 상부 저수지로부터 낙하하는 $3\text{m}^3/\text{s}$의 물에 의해 터빈을 돌려 발전하고 있다. 저수지 수면과 자유 분출되는 관로의 끝단에서의 높이차가 100m일 때, 터빈의 효율이 90%인 경우 발전되는 동력을 구하라. 관로의 직경은 1m이고 길이는 L_1=120m, L_2=5m, $f_1=f_2$=0.02이다. 미소손실은 무시하라.

풀이

터빈 전후의 두 관로의 직경이 1m로 동일하므로 관로의 유속은

$$V=\frac{Q}{\pi d^2/4}=\frac{3}{3.14\times 1^2/4}=3.82\text{m/s}$$

저수지 수표면과 관로의 끝단 사이에 에너지 방정식을 적용하면

$$\frac{p_A}{\gamma}+\frac{V_A^2}{2g}+z_A=\frac{p_B}{\gamma}+\frac{V_B^2}{2g}+z_B+E_T+f_1\frac{L_1}{d_1}\frac{V_1^2}{2g}+f_2\frac{L_2}{d_2}\frac{V_2^2}{2g}$$

저수지 수표면과 자유분출되는 물의 압력은 0이므로 $p_A=p_2=0$, 수조가 상당히 크다고 가정하면 $V_A=0$, z_2-z_A=100m이므로 위 식을 다시 정리하면

$$E_T=z_A-z_2-\left(1+f_1\frac{L_1}{d_1}+f_2\frac{L_2}{d_2}\right)\frac{V^2}{2g}=100-\left(1+0.02\frac{120}{1}+0.02\frac{5}{1}\right)\times\frac{3.82^2}{2\times 9.81}=97.4\text{m}$$

따라서 발전 동력은 $P=0.9\gamma QE_T=0.9\times 1{,}000\times 3\times 97.4=262{,}980\text{kg}\cdot\text{m/s}=2{,}577\text{kW}$

6.9 복합 관수로의 흐름해석

복합 관수로(multiple pipe line)의 해석 절차도 앞에서 소개한 단일 관수로에서의 해석 방법과 비슷하지만 미지의 변수가 많이 포함되기 때문에 해석 절차가 다소 복잡하다. 복합 관수로 시스템에는 직렬관수로(series pipe line), 병렬관수로(parallel pipe line) 그리고 다지관수로(branching pipe line)가 있으며, 이러한 복합관수로시스템의 해석 방법에 대해 소개하기로 한다.

6.9.1 직렬 및 병렬 관수로

직렬 및 병렬관수로는 가장 간단한 복합 관수로 시스템으로 그림 6.9.1과 같다. 그림 6.9.1a와 같은 직렬관수로에서는 연속방정식에 의해 각 관에서의 유량은 동일하며, A지점으로부터 B지점까지의 에너지 손실수두는 각 관에서의 손실수두를 모두 합한 값이 된다. 따라서 직렬관수로의 지배방정식은 다음과 같다.

$$Q_1 = Q_2 = Q_3 \tag{6.9.1}$$

$$h_{L_{A-B}} = h_{L_1} + h_{L_2} + h_{L_3} \tag{6.9.2}$$

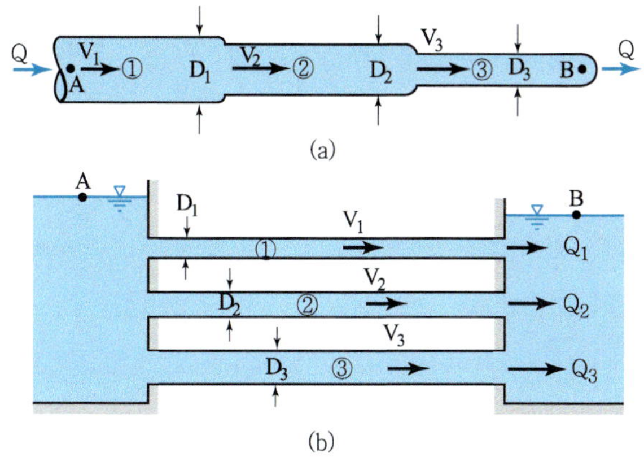

그림 6.9.1 직렬 및 병렬관수로 시스템

그림 6.9.1b와 같은 병렬관수로에서는 수조 A에서 수조 B로 이동하는 물 입자는 3개의 관로를 통하여 이동할 수가 있으며, 총 유량은 각 관로의 유량을 합한 것이 된다. 하지만 수조 A와 B에 에너지 방정식을 세우면 물 입자가 어떠한 관로를 통해 흐르더라도 손실수두는 모두 같다. 따라서 병렬관수로의 지배방정식은 다음과 같다.

$$Q = Q_1 + Q_2 + Q_3 \tag{6.9.3}$$

$$h_{L_1} = h_{L_2} = h_{L_3} = \left(\frac{p_A}{\gamma} + z_A\right) - \left(\frac{p_B}{\gamma} + z_B\right) \tag{6.9.4}$$

병렬관수로의 흐름 문제는 A, B간에 손실수두가 주어질 때 각 관로에서의 유량을 구해 총 유량을 구하거나, 총 유량 Q가 주어질 때 각 관로에서의 유량을 구하는 문제로 구분할 수 있다. 첫 번째 문제인 경우 각 관로에 Darcy-Weisbach 공식을 적용하여 유속 및 유량을 구하여 모두 합하면 되고, 두 번째 문제인 경우 다음과 같이 시행착오법으로 풀게 된다.

① 임의의 한 관에서의 유량을 가정하여 유속을 구하고($Q_1' \rightarrow V_1' = Q_1'/A_1$), Darcy-Weisbach 공식을 이용하여 h_{L1}'를 계산한다.

② $h_{L1}' = h_{L2}' = h_{L3}'$로 놓고 V_2'와 V_3'를 계산하여 Q_2'와 Q_3'를 계산한다.

③ 산정된 각 관로에서의 유량이 $Q_1' + Q_2' + Q_3' = Q$를 만족하는지 검토한다.

④ 만일 ③의 내용을 만족하지 못하면 가정유량을 다음과 같이 수정한다.

$$Q_1'' = Q\frac{Q_1'}{\Sigma Q_i'} \qquad Q_2'' = Q\frac{Q_2'}{\Sigma Q_i'} \qquad Q_3'' = Q\frac{Q_3'}{\Sigma Q_i'} \tag{6.9.5}$$

⑤ ④에서 수정된 Q_1'', Q_2'', Q_3'' 로부터 각 관에서의 손실수두를 구해 $h_{L1}'' = h_{L2}'' = h_{L3}''$를 만족하는지 검사한다.

예제 6.9.1

그림 6.9.1b와 같은 병렬관수로 시스템에서 수조의 수표면 A, B지점의 높이차가 20m이다. 관로 1, 2 및 3의 직경이 0.2m, 0.3m 및 0.4m이고, 길이가 $L_1=L_2=L_3=500$m이며 $f_1=f_2=f_3=0.02$일 때 각 관을 통해 흐르는 유량과 총유량을 구하라.

풀이

직경 0.2m인 관에서의 유속 및 유량은 Darcy-Weisbach 공식으로부터

$$V_{0.2}=\left(\frac{h_{L1}d_1 2g}{f_1L_1}\right)^{1/2}=\left(\frac{20\times 0.2\times 2\times 9.81}{0.02\times 500}\right)^{1/2}=2.801\text{m/s}$$

$$Q_{0.2}=A_{0.2}V_{0.2}=\frac{3.14\times 0.2^2}{4}\times 2.801=0.088\text{m}^3/\text{s}$$

직경 0.3m인 관에서의 유속 및 유량은

$$V_{0.3}=\left(\frac{h_{L2}d_2 2g}{f_2L_2}\right)^{1/2}=\left(\frac{20\times 0.3\times 2\times 9.81}{0.02\times 500}\right)^{1/2}=3.431\text{m/s}$$

$$Q_{0.3}=A_{0.3}V_{0.3}=\frac{3.14\times 0.3^2}{4}\times 3.431=0.242\text{m}^3/\text{s}$$

직경 0.4m인 관에서의 유속 및 유량은

$$V_{0.4}=\left(\frac{h_{L3}d_3 2g}{f_3L_3}\right)^{1/2}=\left(\frac{20\times 0.4\times 2\times 9.81}{0.02\times 500}\right)^{1/2}=3.962\text{m/s}$$

$$Q_{0.4}=A_{0.4}V_{0.4}=\frac{3.14\times 0.4^2}{4}\times 3.962=0.498\text{m}^3/\text{s}$$

따라서 총 유량은 $Q=Q_{0.2}+Q_{0.3}+Q_{0.4}=0.088+0.242+0.498=0.828\text{m}^3/\text{s}$

예제 6.9.2

그림 6.9.2와 같은 병렬관수로에서 20℃인 물($\nu=1.006\times10^{-6}\text{m}^2/\text{s}$)이 0.6$\text{m}^3$/s 흐르고 있다. 각 관의 제원이 $L_1=500$m, $d_1=0.3$m, $\varepsilon_1=0.2$mm; $L_2=400$m, $d_2=0.2$m, $\varepsilon_2=0.2$mm; $L_3=600$m, $d_3=0.4$m, $\varepsilon_3=$ 0.2mm일 때 각 관을 통한 유량을 구하라.

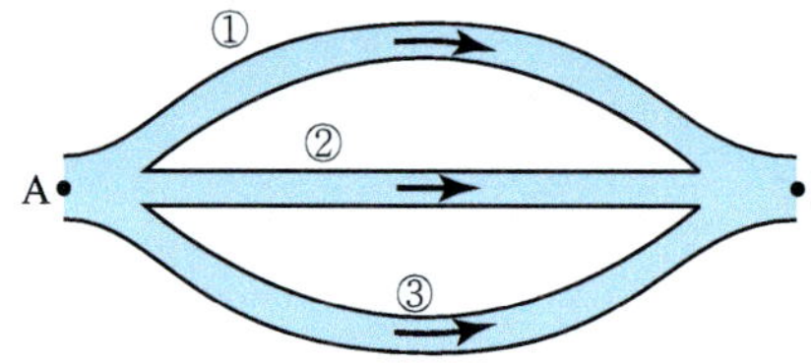

그림 6.9.2

풀이

각 관의 단면적과 상대조도는

$$A_1=0.0707\text{m}^2,\quad \frac{\varepsilon_1}{d_1}=\frac{0.2}{300}=0.00067$$

$$A_2=0.0314\text{m}^2,\quad \frac{\varepsilon_2}{d_2}=\frac{0.2}{200}=0.001,\qquad A_3=0.1256\text{m}^2,\quad \frac{\varepsilon_3}{d_3}=\frac{0.2}{400}=0.0005$$

첫 번째 관에서의 유량을 $Q_1'=0.15\text{m}^3/\text{s}$로 가정하면

$$V_1'=\frac{Q_1'}{A_1}=\frac{0.15}{0.0707}=2.12\text{m/s},\qquad R_{e1}=\frac{V_1'd_1}{\nu}=\frac{2.12\times 0.3}{1.006\times 10^{-6}}=6.32\times 10^5$$

따라서 Moody 도표에서 f를 읽으면 $f_1'=0.0185$

$$h_{L1}'=f_1'\frac{L_1}{d_1}\frac{V_1'^2}{2g}=0.0185\times\frac{500}{0.3}\frac{2.12^2}{2\times 9.81}=7.06\text{m}$$

두 번째 관에서는 $h_{L2}' = h_{L1}' = 7.06 = f_2' \frac{400}{0.2} \frac{V_2'^2}{2g}$

f_2'=0.015로 가정하면 $V_2' = 2.15\text{m}$, $R_{e2} = \frac{2.15 \times 0.2}{1.006 \times 10^{-6}} = 4.27 \times 10^5$

Moody 도표로부터 f_2'=0.02를 읽어 가정치와 다르므로 f_2'=0.02로 다시 가정하면

$$V_2' = 1.86\text{m}, \qquad R_{e2} = \frac{1.86 \times 0.2}{1.006 \times 10^{-6}} = 3.70 \times 10^5$$

Moody 도표로부터 f_2'=0.02를 읽어 가정치와 같으므로 이때의 유량은

$$Q_2' = A_2 V_2' = 0.0314 \times 1.86 = 0.058\text{m}^3/\text{s}$$

세 번째 관에서는 $h_{L3}' = h_{L1}' = 7.06 = f_3' \frac{600}{0.4} \frac{V_3'^2}{2g}$

f_3'=0.017로 가정하면 $V_3' = 2.33\text{m}$, $R_{e3} = \frac{2.33 \times 0.4}{1.006 \times 10^{-6}} = 9.26 \times 10^5$

Moody 도표로부터 f_3'=0.017을 읽어 가정치와 같다. 따라서 유량은

$$Q_3' = A_3 V_3' = 0.1256 \times 2.33 = 0.293\text{m}^3/\text{s}$$

그러므로 가정치로부터 구한 총 유량은

$$\Sigma Q_i' = 0.15 + 0.058 + 0.293 = 0.501\text{m}^3/\text{s}$$

실제의 총유량 $0.6\text{m}^3/\text{s}$와 차이가 있으므로 다음과 같이 각 관로의 유량을 보정한다.

$$Q_1'' = Q\frac{Q_1'}{\Sigma Q_i'} = \frac{0.15}{0.501} \times 0.6 = 0.180\text{m}^3/\text{s}, \qquad Q_2'' = Q\frac{Q_2'}{\Sigma Q_i'} = \frac{0.058}{0.501} \times 0.6 = 0.069\text{m}^3/\text{s}$$

$$Q_3'' = Q\frac{Q_3'}{\Sigma Q_i'} = \frac{0.298}{0.501} \times 0.6 = 0.351\text{m}^3/\text{s}$$

결과를 검토하기 위해 보정된 유량을 이용하여 손실수두를 구하면

$$V_1 = 2.55\text{m/s}, \quad R_{e1} = 7.60 \times 10^5, \quad f_1 = 0.018, \quad h_{L1} = 9.94\text{m}$$

$$V_2 = 2.20\text{m/s}, \quad R_{e2} = 4.37 \times 10^5, \quad f_2 = 0.02, \quad h_{L2} = 9.87\text{m}$$

$$V_3 = 2.79\text{m/s}, \quad R_{e3} = 1.11 \times 10^6, \quad f_3 = 0.017, \quad h_{L2} = 10.12\text{m}$$

따라서 $h_{L1} \simeq h_{L2} \simeq h_{L3}$이고 평균 손실수두는 h_L=(9.94+9.87+10.12)/3=9.98m가 된다.

6.9.2 다지 관수로

다지 관수로는 그림 6.9.3과 같이 한 개의 교차점(junction)을 갖는 여러 개의 관이 서로 다른 저수지 또는 수조로 연결되어 있는 관로로, A수조로부터 B 및 C 수조로 물이 흐르면 분기관수로, A 및 B 수조의 물이 합류하여 C 수조로 흐르게 되면 합류관수로가 된다. 다지 관수로에서 주로 접하는 문제는 각 수조의 수면표고와 각 관의 제원이 주어질 때 각 관을 통해 흐르는 유량을 계산하는 것이다. 하지만 여러 개의 수조가 연결될 경우 해석적으로 문제를 해결하기가 대단히 복잡해지므로, 다음과 같은 시행착오법을 사용하여 해결할 수 있다.

① 분기 관수로 : A수조로부터 B 및 C수조로 물이 흐를 경우

$$Q_A = Q_B + Q_C \tag{6.9.6}$$

$$h_{LA} = z_A - \left(z_o + \frac{p_o}{\gamma}\right) = f_A \frac{L_A}{d_A}\frac{V_A^2}{2g}, \quad h_{LB} = \left(z_o + \frac{p_o}{\gamma}\right) - z_B = f_B \frac{L_B}{d_B}\frac{V_B^2}{2g}$$

$$h_{LC} = \left(z_o + \frac{p_o}{\gamma}\right) - z_C = f_C \frac{L_C}{d_C}\frac{V_C^2}{2g} \tag{6.9.7}$$

② 합류 관수로 : A 및 B수조가 합류하여 C수조로 물이 흐를 경우

$$Q_A + Q_B = Q_C \tag{6.9.8}$$

$$h_{LA} = z_A - \left(z_o + \frac{p_o}{\gamma}\right) = f_A \frac{L_A}{d_A}\frac{V_A^2}{2g}, \quad h_{LB} = z_B - \left(z_o + \frac{p_o}{\gamma}\right) = f_B \frac{L_B}{d_B}\frac{V_B^2}{2g}$$

$$h_{LC} = \left(z_o + \frac{p_o}{\gamma}\right) - z_C = f_C \frac{L_C}{d_C}\frac{V_C^2}{2g} \tag{6.9.9}$$

③ A수조에서 C수조로만 물이 흐를 경우

$$Q_A = Q_C \tag{6.9.10}$$

$$h_{LA} = z_A - \left(z_o + \frac{p_o}{\gamma}\right) = f_A \frac{L_A}{d_A}\frac{V_A^2}{2g}, \quad h_{LC} = \left(z_o + \frac{p_o}{\gamma}\right) - z_C = f_C \frac{L_C}{d_C}\frac{V_C^2}{2g} \tag{6.9.11}$$

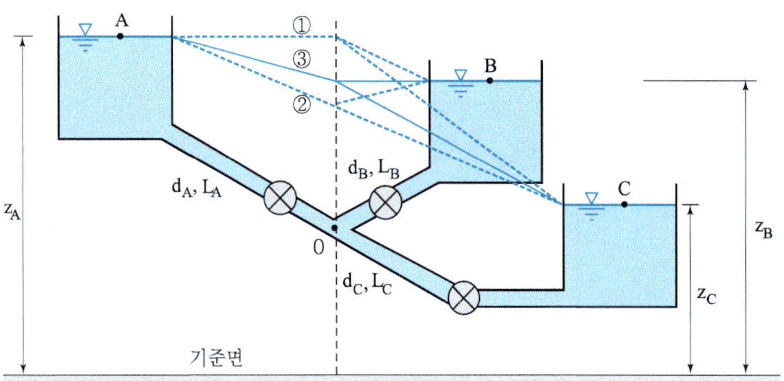

그림 6.9.3 다지 관수로

시행착오법을 적용할 경우 먼저 세가지 경우 중 어떤 경우인지를 선택하고, O 지점에서의 에너지선의 높이 (z_o+p_o/γ)를 가정하여 Darcy 공식을 이용하여 유속을 구하여 유량을 구한 후, 연속방정식을 만족하는지 검토한다. 만일 연속방정식을 만족시키지 못하면 O점에서의 에너지를 다시 가정하여 반복한다.

예제 6.9.3

그림 6.9.3과 같이 수면표고가 z_A=50m, z_B=40m, z_C=25m인 세 개의 저수지가 관로로 연결되어 있다. 저수지를 연결하고 있는 각 관로의 제원이 L_A=1,000m, d_A=0.5m, ε_A=0.2mm; L_B=700m, d_B=0.3m, ε_B=0.2mm; L_C=900m, d_C=0.4m, ε_C= 0.2mm일 때 각 관을 통한 유량을 구하라. 단, 흐름은 완전난류로 가정하여 마찰손실계수를 결정하라.

풀이

각 관의 상대조도를 구하면

$$\frac{\varepsilon_1}{d_1}=\frac{0.2}{500}=0.0004,\quad \frac{\varepsilon_2}{d_2}=\frac{0.2}{300}=0.00067,\quad \frac{\varepsilon_3}{d_3}=\frac{0.2}{400}=0.0005$$

완전난류라 가정하면 마찰손실 계수는 관의 상대조도에 의해 결정되므로 Moody 도표로부터

$$f_1=0.014,\ f_2=0.018,\ f_3=0.017$$

먼저 분기 관수로인 경우로 가정하고 O점에서의 에너지 수두를 45m로 가정한다. 따라서

$$50-45=0.014\frac{1,000}{0.5}\frac{V_A^2}{2g} \rightarrow V_A=1.872\text{m/s} \qquad \therefore Q_A=0.367\text{m}^3/\text{s}$$

$$45-40=0.018\frac{700}{0.3}\frac{V_B^2}{2g} \rightarrow V_B=1.528\text{m/s} \qquad \therefore Q_B=0.108\text{m}^3/\text{s}$$

$$45-25=0.017\frac{900}{0.4}\frac{V_C^2}{2g} \rightarrow V_C=3.203\text{m/s} \qquad \therefore Q_C=0.402\text{m}^3/\text{s}$$

연속방정식을 적용하면

$$Q_A-(Q_B+Q_C)=0.367-(0.108+0.402)=-0.143\text{m}^3/\text{s}$$

Q_A가 음의 값으로 가정한 O점에서의 에너지수두가 크다고 볼 수 있다. 따라서 O점에서의 에너지수두를 42m로 다시 가정하면

$$50-42=0.014\frac{1,000}{0.5}\frac{V_A^2}{2g} \rightarrow V_A=2.368\text{m/s} \qquad \therefore Q_A=0.465\text{m}^3/\text{s}$$

$$42-40=0.018\frac{700}{0.3}\frac{V_B^2}{2g} \rightarrow V_B=0.967\text{m/s} \qquad \therefore Q_B=0.068\text{m}^3/\text{s}$$

$$42-25=0.017\frac{900}{0.4}\frac{V_C^2}{2g} \rightarrow V_C=2.953\text{m/s} \qquad \therefore Q_C=0.371\text{m}^3/\text{s}$$

연속방정식을 적용하면

$$Q_A-(Q_B+Q_C)=0.465-(0.068+0.371)=0.026\text{m}^3/\text{s}$$

이 정도 오차면 개략적으로 만족하는 것으로 간주하여 계산을 종료한다. 만일 좀 더 정확한 결과를 얻으려면 처음 가정치와 두 번째 가정치의 유량을 이용하여 연속방정식을 만족하는 즉, 유량차가 0이 되는 에너지수두를 구해 적용하면 된다.

6.10 관망해석

도시지역의 생활용수나 공업용수 급수관처럼 여러 개의 관이 서로 연결되어 폐합회로를 형성하는 복합관수로를 관망(pipe network)이라 한다. 관망을 구성하는 각 관로의 유량이나 수압을 구하는 것을 관망해석이라 하며, 지금까지 다루어 온 관수로 문제 중 제일 복잡하다고 할 수 있다.

하지만 관망해석도 결국 연속방정식과 에너지 방정식을 적용하여 이루어진다. 본 절에서는 가장 널리 알려진 관망해석 방법인 Hardy Cross 방법에 대해 소개하기로 한다.

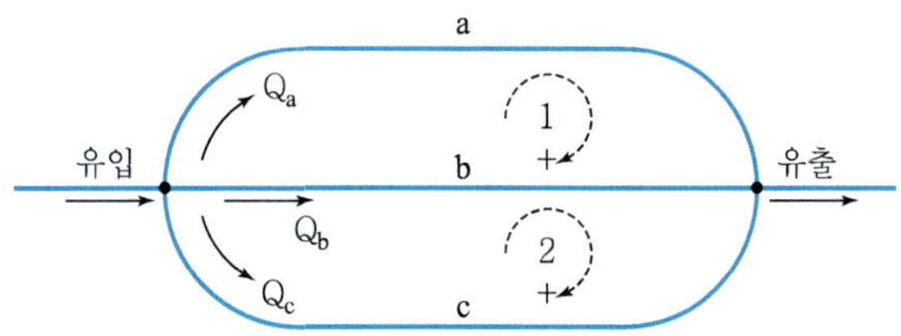

그림 6.10.1 관망시스템

6.10.1 Hardy Cross 관망해석방법

이 방법은 관망 내의 각 관에서 가정한 유량 및 압력손실에 대해 체계적인 방법으로 연속적으로 보정함으로서 관망을 해석하는 것이다. 복잡한 관망은 전체 관망 시스템에서 적절한 흐름조건이 이루어지도록 하는 단일 폐합회로들의 조합으로 보게 되며, 이들 각 단일 폐합회로들은 다음 조건을 만족시켜야 한다.

① 관망 내 모든 교차점에서는 연속방정식을 만족해야 한다. 즉, 각 교차점에서 유입되는 유량의 합과 유출되는 유량의 합이 동일해야 한다.

② 관망 내 임의의 두 교차점 사이에서 발생하는 에너지 손실은 두 교차점을 연결하는 경로에 상관없이 항상 동일하다. 따라서 폐합회로에서 발생하는 에너지손실을 모두 합하면 0이 된다.

에너지 손실은 다음과 같은 형태로 구하게 되며 미소손실과 운동에너지 손실은 무시한다.

$$h_L = kQ^n \tag{6.10.1}$$

여기서, k는 관로의 기하학적 형태와 조도의 함수로 Darcy-Weisbach 공식을 사용하면

$$h_L = f\frac{L}{d}\frac{V^2}{2g} = f\frac{L}{d}\frac{16}{2g(\pi d^2)^2}Q^2 = \frac{0.0828fL}{d^5}Q^2 = kQ^2 \tag{6.10.2}$$

따라서 Darcy-Weisbach 공식을 적용하면 n=2, $k=0.0828fL/d^5$이 된다. 같은 방법으로 Hazen-Williams 공식을 적용하면 n=1.85, $k=10.66L/C_{HW}^{1.85}d^{4.867}$이 된다.

Hardy Cross방법은 각 관로에서의 유량을 가정하여 이를 시행착오법으로 보정함으로서 관로의 실제 유량을 결정하는 방법이므로, 가정유량을 보정하는 절차가 중요하며 보정유량을 산정하는 방법은 다음과 같다. 만일 임의의 관로의 실제 유량을 Q라 하고 초기 가정유량을 Q_o, 보정유량을 ΔQ라 하면 실제유량은 가정유량에 보정유량을 더한 값이 된다.

$$Q = Q_o + \Delta Q \tag{6.10.3}$$

식 (6.10.3)에서 보정유량 ΔQ는 다음과 같이 산정한다.

$$\Delta Q = -\frac{\sum kQ_o^n}{\sum knQ_o^{n-1}} \tag{6.10.4}$$

만약 손실수두를 Darcy-Weisbach 공식을 사용하여 나타낼 경우 n=2이므로

$$\Delta Q = -\frac{\sum kQ_o^2}{2\sum kQ_o} \tag{6.10.5}$$

식 (6.10.4) 또는 식 (6.10.5)와 같은 보정유량 ΔQ를 이용하여 초기의 가정유량 Q_o을 보정하여 실제유량 Q를 산정하는 Hardy Cross의 관망해석절차를 요약하면 다음과 같다.

① 관망의 각 관에서의 특성제원을 이용하여 식 (6.10.1)의 계수 k를 결정한다.

② 각 관에서의 h_L~Q의 관계를 결정한다. Darcy-Weisbach 공식을 이용할 경우 $h_L=kQ^2$이고, Hazen-Williams 공식을 적용하면 $h_L=kQ^{1.85}$이다.

③ 관망상의 각 연결점에서의 연속방정식을 만족시키도록 Q_o를 가정한다.

④ 각 폐합회로마다 다음을 결정한다.

- 식 (6.10.1)을 이용하여 각 관로에서의 손실수두 h_L을 결정한다.
- 흐름의 방향이 시계방향이면 +, 반시계방향이면 −로 하여 각 관로의 손실수두를 더한다.
- 폐합관로에서의 손실수두를 더한 값이 0이면 가정유량이 옳은 값이고 해석은 종료된다.
- 그렇지 않으면 보정유량을 ΔQ를 구하기 위해 $\sum knQ_o^{n-1}$을 구한다.
- 식 (6.10.4)를 이용하여 보정유량을 산정한다.

⑤ 산정된 보정유량을 이용하여 가정유량을 보정한다. 이때 보정유량 ΔQ의 부호를 유지한 채 가정유량 방향이 시계방향이면 보정유량을 더하고, 반시계방향이면 보정유량을 빼준다.

⑥ 보정유량 ΔQ의 값이 허용오차 범위에 들 때까지 위의 과정을 반복한다.

예제 6.10.1

그림 6.10.2와 같이 관망시스템 외부와의 유입 및 유출이 있을 때 관망에서의 유량을 계산하라. 각 관로의 제원 및 Hazen-Williams 공식을 이용하여 산정된 k값이 표 6.10.1의 1~5란과 같다.

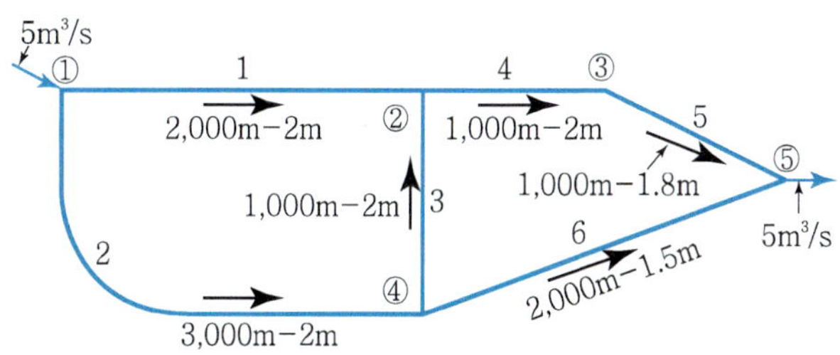

그림 6.10.2

표 6.10.1 관망의 제원 및 유량보정결과

폐합회로	관로	길이 (m)	직경 (m)	k	가정유량 Q_o	보정유량 ΔQ	1차수정유량 Q	보정유량 ΔQ	2차수정유량 Q
	1	2000	2.0	0.146	+2.5		+2.791		+2.780
I	2	3000	2.0	0.218	−2.5	+0.291	−2.209	−0.011	−2.220
	3	1000	2.0	0.073	−1.0		−0.414		−0.441
	3	1000	2.0	0.073	+1.0		+0.414		+0.441
II	4	1000	2.0	0.073	+3.5	−0.295	+3.205	+0.016	+3.221
	5	1000	1.8	0.122	+3.5		+3.205		+3.221
	6	2000	1.5	0.590	−1.5		−1.795		−1.779

풀이

관망이 두 개의 폐합회로와 6개의 관로로 구성되어 있다. Hazen-Williams 공식을 적용하였으므로 n=1.85이다. 관로의 흐름은 시계방향인 경우 +, 반시계 방향인 경우 -로 나타내었으며 초기 가정유량은 표 6.10.1의 6란과 같다.

이러한 자료를 바탕으로 1차 보정유량을 산정하는 절차가 표 6.10.2와 같다. 1차 보정유량 산정결과 폐합회로 I에서는 $\Delta Q=0.291$, 폐합회로 II에서는 $\Delta Q=-0.295$이다. 따라서 폐합회로 I의 1번 관로의 보정은 가정유량이 시계방향(+방향)이므로 보정유량을 더해주면 Q=2.5+0.291=2.791이 된다. 3번 관로인 경우 폐합회로 I및 II에 모두 포함되므로 양쪽의 보정유량을 동시에 고려해야 한다.

즉, 폐합회로 I에서 3번 관로의 가정유량이 반시계방향(-방향)이므로 폐합회로 I에서의 보정유량은 빼주고, 폐합회로 II에서는 시계방향(+방향)이므로 폐합회로 II에서의 보정유량을 더해 준다. 따라서 폐합회로 I인 경우 관로 3에서의 유량은 1.0-0.291+(-0.295)=0.414로 방향은 반시계방향이므로 결국 -0.414가 된다. 동일한 방법으로 1차 보정된 유량에 대해 2차로 보정한 결과 폐합회로 I에서는 $\Delta Q=-0.011$, 폐합회로 II에서는 $\Delta Q=0.016$으로 나타났으며 이를 이용하여 보정한 결과가 표 6.10.1의 10란과 같다. 2차 보정유량 값이 작다고 판단되므로 여기서, 해석을 완료한다. 보정된 유량이 적정한지 판단하기 위해 각 교차점에서의 연속방정식을 만족하는지 여부를 판단한 결과 연속방정식을 만족함을 할 수 있다.

표 6.10.2 1차 보정유량 산정과정

관로	보정유량산정	
폐합회로 I	ΣkQ_o^n	ΣknQ_o^{n-1}
1	$+0.146 \times 2.5^{1.85} = +0.795$	$1.85 \times 0.146 \times 2.5^{0.85} = 0.589$
2	$-0.218 \times 2.5^{1.85} = -1.188$	$1.85 \times 0.218 \times 2.5^{0.85} = 0.879$
3	$-0.073 \times 1.0^{1.85} = -0.073$	$1.85 \times 0.073 \times 1.0^{0.85} = 0.135$
	$\Sigma = -0.466$	$\Sigma = 1.603$
		$\Delta Q = -\frac{-0.466}{1.603} = 0.291$
폐합회로 II	ΣkQ_o^n	ΣknQ_o^{n-1}
3	$+0.073 \times 1.0^{1.85} = +0.073$	$1.85 \times 0.073 \times 1.0^{0.85} = 0.135$
4	$+0.073 \times 3.5^{1.85} = +0.741$	$1.85 \times 0.073 \times 3.5^{0.85} = 0.392$
5	$+0.122 \times 3.5^{1.85} = +1.239$	$1.85 \times 0.122 \times 3.5^{0.85} = 0.655$
6	$-0.590 \times 1.5^{1.85} = -1.249$	$1.85 \times 0.590 \times 1.5^{0.85} = 1.541$
	$\Sigma = +0.804$	$\Sigma = 2.723$
		$\Delta Q = -\frac{0.804}{2.723} = -0.295$

표 6.10.3 2차 보정유량 산정과정

관로	보정유량산정	
폐합회로 I	ΣkQ_o^n	ΣknQ_o^{n-1}
1	$+0.146 \times 2.791^{1.85} = +0.975$	$1.85 \times 0.146 \times 2.791^{0.85} = 0.646$
2	$-0.218 \times 2.209^{1.85} = -0.945$	$1.85 \times 0.218 \times 2.209^{0.85} = 0.791$
3	$-0.073 \times 0.414^{1.85} = -0.014$	$1.85 \times 0.073 \times 0.414^{0.85} = 0.064$
	$\Sigma = +0.016$	$\Sigma = 1.501$
		$\Delta Q = -\frac{0.016}{1.501} = -0.011$
폐합회로 II	ΣkQ_o^n	ΣknQ_o^{n-1}
3	$+0.073 \times 0.414^{1.85} = +0.014$	$1.85 \times 0.073 \times 0.414^{0.85} = 0.064$
4	$+0.073 \times 3.205^{1.85} = +0.630$	$1.85 \times 0.073 \times 3.205^{0.85} = 0.363$
5	$+0.122 \times 3.205^{1.85} = +1.052$	$1.85 \times 0.122 \times 3.205^{0.85} = 0.607$
6	$-0.590 \times 1.795^{1.85} = -1.741$	$1.85 \times 0.590 \times 1.795^{0.85} = 1.795$
	$\Sigma = -0.045$	$\Sigma = 2.829$
		$\Delta Q = -\frac{-0.045}{2.829} = 0.016$

연습문제

6.1 직경 100mm인 원관에 0℃의 물이 2.5m/s로 흐르고 있을 때 Reynolds 수와 흐름 상태를 판단하라. 단, 0℃에서의 물의 동점성계수는 $1.787\times10^{-6}m^2/s$이다.

6.2 직경 10mm인 원관에 0℃의 물이 0.5cm/s로 흐르고 있을 때 Reynolds 수와 흐름 상태를 판단하라. 단, 0℃에서의 물의 동점성계수는 $1.787\times10^{-6}m^2/s$이다.

6.3 비중이 0.85인 기름이 직경 10cm의 관내에 흐르고 있을 때 층류로 흐를 수 있는 최대 평균유속과 이때의 유량을 구하라. 단, 기름의 동점성계수는 $6\times10^{-4}m^2/s$이다.

6.4 직경 10cm의 원관에 20℃의 물이 $1,000cm^3/s$의 율로 흐르고 있다. 이 때의 Reynolds 수와 흐름 상태를 판단하라. 단, 20℃에서의 물의 동점성계수는 $0.01cm^2/s$이다.

6.5 직경 10cm의 관내에 20℃의 물이 흐르고 있을 때 난류로 흐를 수 있는 최소 평균유속과 이때의 유량을 구하라. 단, 20℃에서의 물의 동점성계수는 $0.01cm^2/s$이다.

6.6 원관 내에서 $0.002m^3/s$의 물이 흐를 때 층류상태로 흐를 수 있는 관의 최소 직경을 구하라. 단, 물의 동점성계수는 $0.01cm^2/s$이다.

6.7 직경 40cm인 원형관에서 물이 100m를 흐르는 동안 압력강하가 $2kg/cm^2$발생하였다면 관벽과 관벽에서 10cm 떨어진 지점에서의 마찰응력을 구하라.

6.8 직경 40cm인 원형관의 벽에서의 마찰응력이 $0.001kg/cm^2$라면 100m를 흐르는 동안 발생하는 손실수두를 구하라.

6.9 직경 50cm인 원형관에서 물이 50m를 흐르는 동안 발생한 손실수두가 5m였다면 관벽에서의 마찰응력은 얼마인가.

6.10 비중이 0.85인 기름이 직경 20cm의 원관에서 $0.05m^3/s$의 율로 흐를 때 100m를 흐르는 동안 발생하는 손실수두와 관 중심선에서의 유속 그리고 중심선으로부터 3cm 떨어진 지점에서의 유속을 구하라. 단, 기름의 동점성계수는 $6\times10^{-4}m^2/s$이다.

6.11 하천의 한 지점에서 정밀한 유속계를 이용하여 2초 간격으로 유속을 측정하였다. 흐름방향의 유속 u와 흐름과 직각방향의 유속 v가 표 6.11의 2, 3란과 같을 때 Reynolds의 응력, 혼합거리 그리고 와동점성계수를 구하라. 단, 평균흐름의 속도구배는 0.25/sec이다.

표 6.11 유속측정자료

시간(sec)	u (m/s)	v (m/s)	시간(sec)	u (m/s	v (m/s)	시간(sec)	u (m/s	v (m/s)
0	1.920	−0.150	8	1.660	−0.070	16	1.980	−0.040
2	1.920	−0.220	10	1.520	0.020	18	2.000	0.070
4	1.740	0.420	12	1.910	0.060	계	17.870	0.160
6	1.620	0.180	14	1.600	−0.110	평균	1.787	0.016

6.12 직경 2cm의 원관에서 15℃의 물(점성계수 1.161×10^{-5}g·sec/cm^2)이 흐르고 있다. 원관의 5m를 흐르는 동안 압력강하가 0.1g/cm^{2}일 때 원관내의 유량, 최대유속 및 관벽에서의 마찰응력을 구하라.

6.13 직경 0.2m의 수평관로에 20℃의 물(ρ=101.79kg·s^2/m^4, $\nu=1.004\times10^{-6}$m^2/s)이 0.1m^3/s의 율로 흐르고 있다. 압력강하가 단위길이 당 150kg/m^{2}일 때, a) 층류저층의 두께, b) 관중심에서의 유속 그리고 c) 관의 중심과 관벽 사이의 중간지점(r=0.05m)에서 난류와 층류의 마찰응력의 비 τ_{turb}/τ_{lam}를 구하라.

6.14 가로 1.2m, 세로 1.5m인 사각형 관로에서 물이 가득차서 500m를 흐를 때 손실수두가 25m였다면 관벽에 작용하는 평균 마찰응력은 얼마인가.

6.15 직경 0.2m인 관로에 유속 3m/s로 물이 흐를 때 150m 구간에서 발생하는 손실수두를 구하라. 단, 마찰손실계수는 0.02로 가정하라.

6.16 직경 0.1m인 관로에 유속 4m/s로 물이 흐를 때 100m 구간에서 발생하는 손실수두를 측정하였더니 15m로 나타났다. 마찰손실계수는 얼마인가.

6.17 직경 0.3m인 관의 벽이 1.5mm의 모래로 피복되어 있다. 20℃의 물($\nu=1.004\times10^{-6}$m^2/s)이 0.04m^3/s의 율로 500m를 흐를 때 발생하는 손실수두를 구하라. 매끈한 관일 경우의 손실수두는 얼마인가.

6.18 연습문제 6.17과 동일한 경우에서 손실수두를 식 (6.4.17)을 이용하여 결정하라.

6.19 40cm×50cm의 매끄러운 수평 사각형관로에 20℃의 물($\nu=1.004\times10^{-6}$m^2/s)이 0.3m^3/s의 율로 흐르고 있다. 400m를 흐르는 동안 발생하는 압력 강하량을 구하라.

6.20 40cm×40cm의 매끄러운 수평 사각형관로에 20℃의 물($\nu=1.004\times10^{-6}$m^2/s)이 3m/s의 속도로 흐르고 있다. 300m를 흐르는 동안 발생하는 압력 강하량을 구하라.

6.21 그림 6.21과 같이 직경 0.3m의 강관에서 흐르는 유량을 계산하라. 단 관의 등가조도는 0.0001m이다.

6.22 직경이 50cm인 관에서 물이 200m를 흐르는 동안 발생한 손실수두가 10m일 때 유량을 Hazen-Williams 방법과 Manning의 방법을 이용하여 구하라. 단, 계수 C=110, Manning의 n값은 0.014이다.

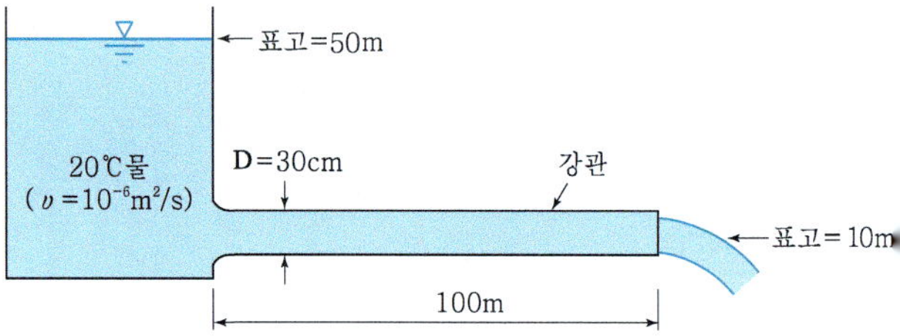

그림 6.21

6.23 두 저수지의 수면표고차가 5m일 때 1,000m 길이의 리벳트 강관을 사용하여 초당 1.5m^3의 물을 송수하려면 직경을 얼마로 하여야 하는가. Hazen-Williams 방법과 Manning의 방법을 이용하여 구하라.

6.24 직경 0.2m, 길이 100m인 관에 0.03m^3/s의 물이 흐르고 있을 때 Hazen-Williams 방법을 이용하여 손실수두를 구하라. 단, 계수 C=130이다.

6.25 직경 0.4m, 경사 1/100인 주철관을 통해 물을 송수할 때 관내의 유속을 Manning 공식으로 구하라. 단, n=0.013이다.

6.26 직경 1.2m, 경사 2/1,000인 용접강관을 통해 물을 송수할 때 유량을 Manning의 공식을 이용하여 구하라. 단, n=0.012이다.

6.27 직경이 0.1m에서 0.3m로 급확대되는 관로에서 물이 0.1m^3/s의 율로 흐를 때 단면 급확대로 인한 손실수두를 구하라. 만일 직경 0.1m에서 큰 단면의 수조로 유입된다면 손실수두는 얼마인가. 마찰로 인한 손실은 무시하라.

6.28 관수로에서 직경이 0.15m로부터 0.3m로 급확대 될 때 유량이 0.15m^3/s이면 단면급확대로 인한 손실수두는 얼마인가. 마찰로 인한 손실은 무시하라.

6.29 직경 0.5m의 관로가 직경 0.2m로 급축소 될 때 유량이 0.3m^3/s라면 단면 급축소로 인한 손실수두는 얼마인가. 마찰로 인한 손실은 무시하라.

6.30 직경 0.2m의 관로가 직경 0.3m로 점확대 될 때 유량이 0.1m^3/s라면 단면 점확대로 인한 손실수두는 얼마인가. 확대각은 30°이며, 마찰로 인한 손실은 무시하라.

6.31 직경 0.3m의 관로가 직경 0.2m로 점축소 될 때 유량이 0.1m^3/s라면 단면 점축소로 인한 손실수두는 얼마인가. 축소각은 10°이며, 마찰로 인한 손실은 무시하라.

6.32 직경 0.3m의 매끄러운 관로에 0.5m^3/s의 유량이 흐르고 있다. 만곡각도 θ=90°로 휘어질 때 손실수두를 구하라. 만곡부의 곡률반경은 0.5m이며, 마찰로 인한 손실은 무시하라. 만일 곡률반경이 0

인 굴절관인 경우 손실수두는 얼마인가.

6.33 직경 0.05m의 관로에 Gate밸브가 설치되어 있다. 관로 내 유속이 1.5m/s일 때 밸브가 1/2정도 개방되어 있다면 밸브로 인한 손실수두는 얼마인가. 마찰로 인한 손실은 무시하라.

6.34 그림 6.7.2와 같이 저수지로부터 길이 350m, 직경 10cm의 매끈한 수평관이 연결되어 있다. 관로의 유량을 $0.01m^3/s$로 일정하게 유지하기 위해서는 관로 중심으로부터 저수지 표면까지의 수심을 얼마로 해야 하는가. 단, 물의 동점성계수는 $1.004 \times 10^{-6} m^2/s$이고, 입구부 손실계수는 0.5로 가정하라.

6.35 직경이 0.1m인 매끈한 관을 통해 30℃의 물($\nu = 0.804 \times 10^{-6} m^2/s$)이 $0.02m^3/s$로 흐르고 있다. 관로의 길이가 400m라면 손실수두는 얼마인가.

6.36 그림 6.7.3과 같이 h=30m 높이에 있는 고가수조에 길이, 200m, 직경 0.2m의 수평관로가 연결되어 있다. 관로를 통해 흐르는 유량을 구하라. 단, 물의 동점성계수는 $1.004 \times 10^{-6} m^2/s$이고, 관의 조도는 0.3mm이며, 미소손실은 무시하라.

6.37 직경 0.25m인 관을 통해 23℃의 물($\nu = 1.0 \times 10^{-6} m^2/s$)이 흐르고 있다. 400m를 흐르는 동안 발생한 손실수두가 6m라면 관을 통해 흐르는 유량은 얼마인가. 관의 조도는 4mm이다.

6.38 매끈한 관을 통해 $0.3m^3/s$의 물을 송수하려고 한다. 1,000m 길이를 가는 동안 손실수두가 4m가 되도록 할 때 필요한 관의 직경을 구하라. 단, 물의 동점성계수는 $1.004 \times 10^{-6} m^2/s$이다.

6.39 조도가 0.0457mm 관로를 통해 $0.2m^3/s$의 기름을 송유하려고 한다. 1,000m 길이를 송수하는 동안 손실수두가 8m가 되도록 할 때 필요한 관의 직경을 구하라. 단, 기름의 동점성계수는 $0.7 \times 10^{-5} m^2/s$이다.

6.40 수면이 높이차가 15m인 두 수조가 길이 1,000m, 직경 0.5m의 수평관으로 연결되어 있을 때 이 관을 통해 흐르는 유량을 구하라. 단, 20℃인 물의 동점성계수는 $1.004 \times 10^{-6} m^2/s$이고, 관의 조도는 0.1mm이다.

6.41 수면이 높이차가 65m인 두 수조가 길이 650m, 직경 0.2m인 관으로 연결되어 있을 때 이 관을 통해 흐르는 유량을 구하라. 단, 단면급축소 및 급확대 손실계수는 0.5와 1이며 f=0.03이다.

6.42 직경 0.4m, 길이 35m인 주철관으로 두 저수지를 연결할 때 저수지의 수면차가 2.5m이면 관로를 통해 흐르는 유량은 얼마인가. 단, 마찰손실계수 f=0.0243이다.

6.43 두 저수지의 수면차가 3m일 때 직경 0.5m, 길이 80m, 조도 n=0.013인 콘크리트 관으로 연결할 때 관로를 통해 흐르는 유량은 얼마인가.

6.44 그림 6.8.2와 같이 수면의 높이차가 10m인 두 수조가 길이 500m, 직경 0.3m, 조도 0.2mm의 관과 길이 300m, 직경 0.4m, 조도 0.3mm의 관으로 연결되어 있을 때, 이 관을 통해 흐르는 유량을 구하라. 단, 20℃인 물의 동점성계수는 $1.004 \times 10^{-6} m^2/s$이다.

6.45 수면의 높이차가 8m인 두 수조가 길이 400m, 직경 0.6m, 조도 1.5mm의 관과 길이 300m, 직경 1m, 조도 0.4mm의 관으로 연결되어 있을 때, 이 관을 통해 흐르는 유량을 구하라. 단, 23℃인 물의 동점성계수는 $1.0 \times 10^{-6} m^2/s$이다.

6.46 그림 6.8.3과 같이 수조의 수면과 노즐 출구와의 높이차가 200m이고 L_1=200m, d_1=0.3m, ε_1=0.2mm의 관로와, 노즐부 L_2=1m, d_2=0.15m, ε_2=0.2mm가 연결되어 있다. 노즐을 통해 분출되는 유량과 이로 인해 얻을 수 있는 동력을 구하라. 단, 20℃인 물의 동점성계수는 $1.004 \times 10^{-6} m^2/s$이다.

6.47 수조의 수면과 노즐 출구와의 높이차가 46.6m이고, L_1=200m, d_1=0.3m, ε_1=0.26mm의 관로와, 노즐부 L_2=1m, d_2=0.1m, ε_2=0.26mm가 연결되어 있다. 노즐을 통해 분출되는 유량과 이로 인해 얻을 수 있는 동력을 구하라. 단, 20℃인 물의 동점성계수는 $1.004 \times 10^{-6} m^2/s$이다.

6.48 수조의 수면과 노즐 출구와의 높이차가 50m이고, 직경 0.3m인 관로의 끝에 지름 0.075m인 노즐이 연결되어 있다. 노즐 출구까지의 모든 손실수두가 10m일 때 관로를 통해 흐르는 유량을 구하라.

6.49 수표면의 높이차가 15m인 두 저수지를 길이 20m, 직경 0.4m인 사이폰관에 의해 연결하여 물을 송수하고 있다. 단면 급축소, 급확대 그리고 만곡부 손실계수가 각각 0.5, 1.0 및 0.2이고, Manning의 조도계수가 0.013일 때 사이폰에 의해 송수하는 유량을 구하라.

6.50 사이폰에서 수조 ①의 수면표고가 100m이고, 사이폰 정점 중심부의 표고가 102m이다. 사이폰 정점부 앞부분의 관로는 L_1=1,000m, 뒷부분의 관로는 L_2=2,000m이며 두 관로의 직경이 0.4m일 때 사이폰 작용이 가능한 수조 ②의 최저 수면표고 및 이때의 유량을 구하라. 두 관로의 마찰손실계수는 0.02이고, 단면급축소, 만곡부 및 급확대 손실계수는 각각 0.5, 1.0 그리고 1.0이다.

6.51 그림 6.8.5a와 같이 수면의 높이차가 20m인 두 수조가 L_1=50m, d_1=0.5m, ε_1=0.3mm의 관로와, 펌프 그리고 L_2=200m, d_2=0.4m, ε_2=0.2mm인 관로로 연결되어 있다. 위 수조로 물을 $0.5 m^3/s$로 일정하게 양수하기위해 필요한 펌프의 소요동력을 구하라. 단, 20℃인 물의 동점성계수는 $1.004 \times 10^{-6} m^2/s$이며 미소손실은 무시하라.

6.52 길이 50m, 직경 0.3m인 관을 통해 높이차가 20m인 상부수조로 물을 0.5m^3/s의 율로 양수하려고 한다. 관의 마찰손실계수가 0.03이고 미소손실을 무시한다면 필요한 펌프의 용량은 얼마인가.

6.53 높이차가 30m인 상부수조로 물을 0.35m^3/s의 율로 양수하려고 한다. 관의 길이가 800m, 직경이 0.3m 라면 필요한 펌프의 동력은 얼마인가. 관의 마찰손실계수는 0.03이고 펌프의 효율은 80%이다.

6.54 그림 6.8.5b와 같이 상부 저수지로부터 낙하하는 5m^3/s의 물에 의해 터빈을 돌려 발전하고 있다. 저수지 수면과 자유 분출되는 관로의 끝단에서의 높이차가 60m일 때 터빈의 효율이 85%인 경우 발전되는 동력을 구하라. 관로의 직경은 1.2m이고 길이는 L_1=70m, L_2=10m, $f_1=f_2$=0.025이다. 미소손실은 무시하라.

6.55 상부 저수지로부터 낙하하는 1m^3/s의 물에 의해 터빈을 돌려 발전하고 있다. 두 저수지 수면의 높이차가 120m일 때 터빈의 효율이 80%인 경우 발전되는 동력을 구하라. 관로의 직경은 0.6m이고 길이는 240m, 단면 급확대, 급축소 및 마찰손실계수는 0.5, 1.0 그리고 0.03이다.

6.56 상부 저수지로부터 낙하하는 6m^3/s의 물에 의해 터빈을 돌려 발전하고 있다. 두 저수지 수면의 높이차가 80m일 때 터빈의 효율이 85%인 경우 발전되는 동력을 구하라. 상부저수지에서 터빈까지 관로의 길이는 100m, 직경은 1.5m이고, 터빈부터 하부저수지까지 관로의 길이는 10m, 직경은 1.5m이다. 단면 급확대, 급축소 및 마찰손실계수는 0.5, 1.0 그리고 0.0244이다.

6.57 그림 6.9.1b와 같은 병렬관수로 시스템에서 수조의 수표면 A, B지점의 높이차가 50m이다. 관로 1, 2 및 3의 직경이 0.1m, 0.3m 및 0.5m이고, 길이가 $L_1=L_2=L_3$=1,000m 이며 $f_1=f_2=f_3$=0.025일 때 각 관을 통해 흐르는 유량과 총유량을 구하라.

6.58 그림 6.9.2와 같은 병렬관수로에서 20℃의 물($\nu=1.006\times10^{-6}$m^2/s)이 0.3m^3/s로 흐르고 있다. 각 관의 제원이 L_1=1,000m, d_1=0.4m, ε_1=0.25mm; L_2=700m, d_2=0.2m, ε_2=0.2mm; L_3=1,200m, d_3=0.3m, ε_3=0.25mm일 때 각 관을 통한 유량을 구하라.

6.59 그림 6.59와 같은 병렬관수로 시스템에서 A, B지점 이의 손실수두가 48m이다. 각 관의 제원이 L_1=300m, d_1=0.15m; L_2=300m, d_2=0.15m; L_3=600m, d_3=0.2m일 때 각 관을 통한 유량을 구하라. 단 관로의 마찰손실계수는 0.022로 가정하라.

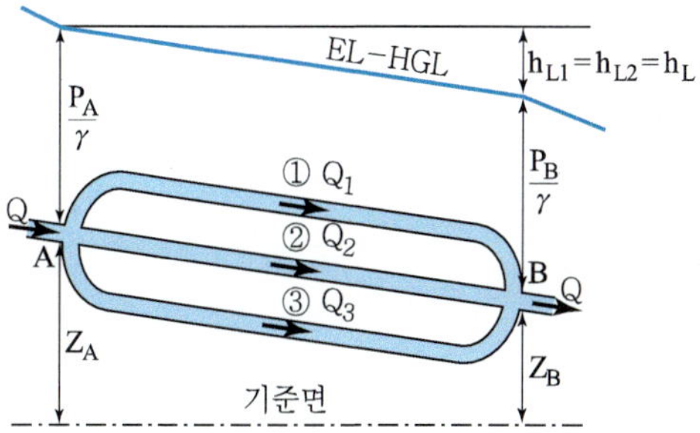

그림 6.59

6.60 그림 6.59와 같은 병렬관수로에서 20℃의 물($\nu=1.006\times10^{-6}$m^2/s)이 0.45m^3/s로 흐르고 있다. 각 관의 제원이 L_1=1,000m, d_1=0.3m,

ε_1=0.3mm; L_2=700m, d_2=0.2m, ε_2=0.03mm; L_3=1,300m, d_3=0.4m, ε_3=0.25mm일 때 각 관을 통한 유량을 구하라.

6.61 그림 6.9.3과 같이 수면표고가 z_A=40m, z_B=35m, z_C=25m인 세 개의 저수지가 관로로 연결되어 있다. 저수지를 연결하고 있는 각 관로의 제원이 L_A=800m, d_A=0.4m, ε_A=0.2mm; L_B=600m, d_B=0.3m, ε_B=0.2mm; L_C=700m, d_C=0.3m, ε_C=0.2mm일 때 각 관을 통한 유량을 구하라. 단, 흐름은 완전난류로 가정하여 마찰손실계수를 결정하라.

6.62 그림 6.9.3과 같이 수면표고가 z_A=30m, z_B=18m, z_C=9m인 세 개의 저수지가 관로로 연결되어 있다. 저수지를 연결하고 있는 각 관로의 제원이 L_A=3,000m, d_A=0.9m, ε_A=0.18mm; L_B=600m, d_B=0.45m, ε_B=0.9mm; L_C=1,200m, d_C=0.6m, ε_C=0.6mm일 때 각 관을 통한 유량을 구하라. 단, 흐름은 완전난류로 가정하여 마찰손실계수를 결정하라.

6.63 그림 6.10.2와 같이 관망시스템 외부와의 유입 및 유출이 있을 때 관망에서의 유량을 계산하라. 각 관로의 제원 및 Darcy-Weisbach 공식을 이용하여 산정된 k값이 표 6.63과 같다.

표 6.63 관망의 제원 및 유량보정결과

폐합 회로	관로	길이 (m)	직경 (m)	k	가정유량 Q_o
I	1	1000	1.0	0.073	+2.5
	2	1500	1.0	0.110	−2.5
	3	700	1.0	0.146	−1.0
II	3	700	1.0	0.146	+1.0
	4	600	1.0	0.073	+3.5
	5	500	0.9	0.146	+3.5
	6	1000	0.8	0.350	−1.5

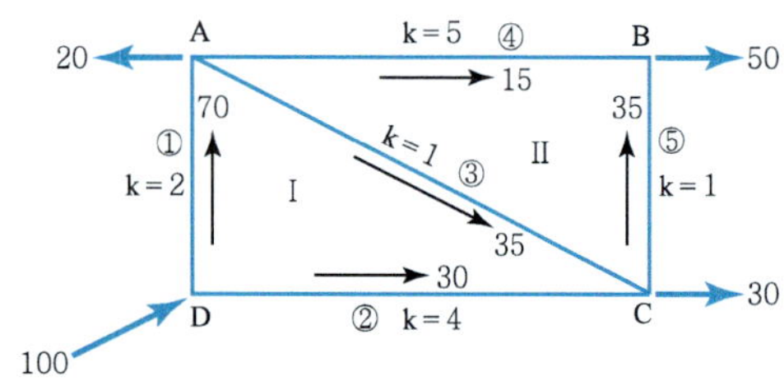

그림 6.64

6.64 그림 6.64와 같은 관망시스템에서의 유량을 Hardy-Cross방법으로 계산하라. Darcy-Weisbach 공식을 이용하여 산정된 k값과 초기 가정유량이 표 6.64와 같다.

표 6.64 k값 및 유량보정결과

폐합 회로	관로	k	가정유량 Q_o	보정유량 ΔQ	1차수정 유량 Q	보정유량 ΔQ	2차수정 유량 Q	보정유량 ΔQ	3차수정 유량 Q
I	1	2	+70						
	2	4	−30						
	3	1	+35						
II	3	1	−35						
	4	5	+15						
	5	1	−35						

Chapter 7
개수로 흐름해석

7.1 서론

개수로 흐름(open channel flow)은 하도에서의 흐름이나 관거에서 부분적으로 차서 흐르는 흐름을 말한다. 개수로 흐름 해석을 통해 각종 수로의 적정설계 및 하도 계수계획을 실시할 수 있으며, 이를 위해 먼저 개수로 흐름의 기본 개념 및 흐름 상태, 등류 그리고 최적수리단면에 대해 알아보고, 정상부등류 해석에서 필요한 비에너지 및 비력에 대한 개념을 소개하며, 비교적 짧은 수로구간에서 수심 및 유속이 급변하는 급변류(rapidly varied flow)에 대해 알아본 후, 수로의 비교적 긴 구간에 걸쳐 점진적으로 수심 및 유속이 변하는 점변류(gradually varied flow)해석 그리고 흐름 측정시설에 대해 알아보기로 한다.

7.2 개수로 흐름

관거를 통한 흐름은 개수로(open channel) 또는 관수로(pipe) 흐름으로 구분할 수가 있다. 이 두 종류의 흐름은 여러 가지 면에서 매우 비슷하지만 한 가지 측면에서 보면 매우 다르다. 즉, 개수로 흐름은 대기압이 작용하는 자유수면(free surface)을 가지고 있는 반면, 관수로 흐름은 관거내로 물이 꽉 차서 흐르므로 자유수면이 없고 수압만 작용하게 된다.

7.2.1 개수로 흐름 분류

개수로 흐름은 다양한 형태로 분류할 수가 있지만, 일반적으로 시간적 및 공간적인 수심의 변화 양상에 따라 다음과 같이 분류하게 된다.

1) 정상류와 부정류

정상류(steady flow)와 부정류(unsteady flow)의 구분은 특정지점에서 시간에 따라 흐름 특성이 변하는지 여부로 판단하게 된다. 즉, 수심이 시간이 지남에 따라 변하지 않거나 특정 시간 동안 변하지 않고 일정하다면 정상류라 하고, 시간이 지남에 따라 변하게 되면 부정류라 한다. 대부분의 개수로 흐름문제를 해석할 때 정상류로 가정하는 경우가 많으며, 홍수 흐름과 같이 시간에 따라 흐름조건이 급격하게 변하는 경우에는 부정류로 해석하여야 한다.

2) 등류와 부등류

등류(uniform flow)와 부등류(varied flow)의 구분은 공간적으로 흐름 특성이 변하는지 여부로 판단하게 된다. 즉, 수심이 하도의 모든 지점에서 동일하다면 등류가 되고, 지점마다 변하게 되면 부등류가 된다. 등류는 또한 시간에 따라 수심이 변하는지 여부에 따라 정상등류(steady uniform flow)와 부정등류(unsteady uniform flow)로 구분한다. 정상등류는 시간과 공간적으로 수심이 변하지 않고 항상 일정한 흐름으로 가장 기본적인 흐름이다. 부정등류는 시간적으로는 수심이 변하되 모든 지점에서 동일하도록 변하는 흐름으로 시간에 따라 수면이 하상과 항상 평행하게 변해야 하므로 일반 자연상태에서는 나타나지 않는 이론적으로 가능한 흐름이다.

부등류 또한 시간에 따라 수심이 변하는지 여부에 따라 정상부등류(steady varied flow)와 부정부등류(unsteady varied flow)로 구분하게 된다. 정상부등류는 수심이 시간에 따라서는 변하지 않지만 공간적으로는 변하는 흐름으로 일반적인 개수로 흐름문제에서 많이 다루는 흐름이다. 부정부등류는 시간과 공간적으로 모두 변하는 흐름으로 홍수흐름이 이에 속하며 가장 해석하기가 복잡하다. 부등류는 공간적인 흐름의 변화정도에 따라 점변류(gradually varying flow, GVF)와 급변류(rapidly varying flow, RVF)로 구분할 수가 있다.

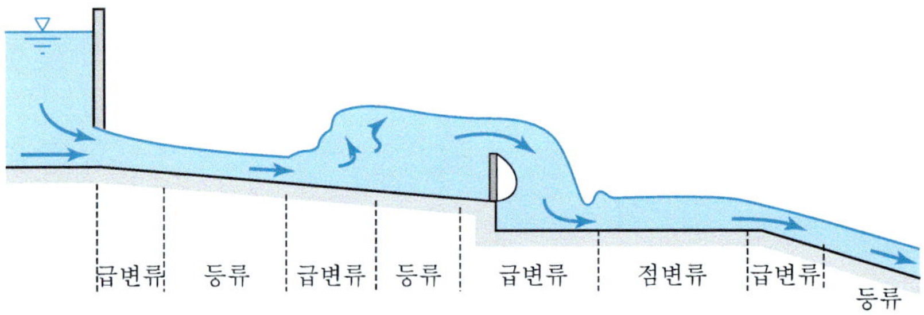

그림 7.2.2 흐름의 분류

7.2.2 개수로 흐름 상태

1) Reynolds수

6.2.1절에서 설명한 바와 같이 관성력(inertial forces)과 점성력(viscous forces)의 비에 따라 흐름의 상태를 층류, 천이류 그리고 난류로 구분하였다. 이러한 구분은 무차원 변수인 Reynolds수(R_e)를 기준으로 하며, 개수로 흐름에서의 R_e는 다음과 같이 나타낼 수가 있다.

$$R_e = \frac{VR_h}{\nu} \tag{7.2.1}$$

여기서, V는 흐름 단면에서의 평균유속(m/s), R_h는 흐름 단면적을 윤변으로 나눈 동수반경(m) 그리고 ν는 동점성계수(m^2/s)이다.

관수로 흐름에서는 동수반경 R_h대신 직경 d가 사용되었고, R_h=d/4의 관계가 있으므로 개수로 흐름에서는 관수로 흐름에서의 층류 및 난류구분 R_e의 1/4정도가 됨을 알 수 있고, 따라서 개수로에서의 R_e는 다음과 같이 구분한다.

$$\begin{aligned} &R_e \le 500 && : \text{층류} \\ &500 \le R_e \le 12{,}500 && : \text{천이류} \\ &12{,}500 \le R_e && : \text{난류} \end{aligned} \tag{7.2.2}$$

예제 7.2.1

폭 10m의 사각형 수로에 2m의 깊이로 20℃의 물(ν=1.006×$10^{-6}$$m^2$/s)이 흐르고 있다. 유량이 5$m^3$/s 라면 이 흐름은 층류인가 난류인가.

풀이

동수반경 및 유속은 $R_h = \frac{A}{P} = \frac{10\times 2}{10+2\times 2} = 1.43m$, $V = \frac{Q}{A} = \frac{5}{20} = 0.25m/s$

Reynolds 수는 $R_e = \frac{VR_h}{\nu} = \frac{0.25\times 1.43}{1.006\times 10^{-6}} = 3.55\times 10^5 > 12{,}500$ ∴ 난류

2) Froude수

관성력과 중력의 비인 Froude수(F_r)에 따라 흐름 상태를 상류(subcritical flow), 한계류(critical flow) 그리고 사류(supercritical flow)로 구분하게 된다.

$$F_r = \frac{V}{\sqrt{gD}} \tag{7.2.3}$$

여기서, V는 흐름단면에서의 평균유속(m/s), D는 단면적을 수표면의 폭으로 나눈 수리심(m) 그리고 g는 중력가속도이다. 만일 F_r=1이면 관성력과 중력이 평형을 이루는 한계류가 된다. F_r<1이면 관성력보다는 중력이 지배적인 흐름으로 비교적 수심이 크고 유속이 작은 상류가 된다. F_r>1이면 중력보다는 관성력이 지배적인 흐름으로 비교적 수심이 작고 유속이 큰 사류가 된다.

식 (7.2.3)의 분모는 수심이 작은 흐름에서의 중력에 의한 표면파의 전파속도(celerity)와 같다. 따라서 상류(F_r<1)인 경우 흐름의 유속이 표면파의 전파속도보다 작아서 파가 상류방향으로 전파될 수가 있어 상류흐름이 하류지역의 영향을 받을 수 있게 된다. 사류(F_r>1)인 경우 유속이 표면파의 전파속도보다 커서 파가 상류로 전파되지 못하여 하류의 영향이 상류에 미치지 못하게 된다.

예제 7.2.2

폭이 넓은 사각형 수로에서 수심 0.5m로 물이 흐를 경우 단위폭 당 유량이 0.3m^3/sec/m라면 이 흐름은 상류인가 사류인가.

풀이

흐름의 유속은 $V = \frac{Q}{A} = \frac{q}{y} = \frac{0.3}{0.5} = 0.6m/s$

그러므로 $F_r = \frac{V}{\sqrt{gy}} = \frac{0.6}{\sqrt{9.81\times 0.5}} = 0.271 < 1$ ∴ 상류이다.

7.2.3 개수로의 종류 및 형상

개수로는 크게 자연(natural)수로 및 인공(artificial)수로로 나눌 수가 있다. 자연수로는 자연과정에 의해 형성되었고, 인위적인 개입이 그리 심하지 않은 수로로 시내, 크고 작은 강 그리고 하구 등이 이에 속하며, 인공수로는 인위적으로 형성된 수로로 주운수로, 발전 및 관개 운하, 배수로 등이 있다. 수로의 단면은 다양한 기하학적인 형상으로 이루어져 있다. 일반적으로 수로는 단면과 경사가 일정한 균일수로형태로 이루어져 있으며, 피복된 운하인 경우 보통 직사각형 또는 사다리꼴 단면으로 이루어지고, 단면이 작은 배수로인 경우 삼각형 형상으로 이루어지기도 한다. 암거와 터널은 일반적으로 원형 또는 타원형 형상으로 구성한다. 자연수로인 경우 단면이 매우 불규칙하고 비균일 수로로 되어 있지만, 사다리꼴이나 포물선형 단면으로 간주하기도 한다. 일반적인 개수로의 단면적, 윤변 그리고 동수반경과 같은 기하학적인 특성은 표 7.2.1과 같다.

표 7.2.1 개수로 단면 형상의 기하학적 특성

단면구분	단면형상	단면적(A)	윤변(P)	동수반경(R_h)
사다리꼴	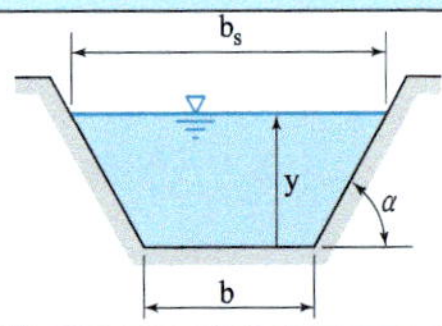	$y(b+y\cot\alpha)$	$b+\dfrac{2y}{\sin\alpha}$	$\dfrac{y(b+y\cot\alpha)}{b+\dfrac{2y}{\sin\alpha}}$
삼각형	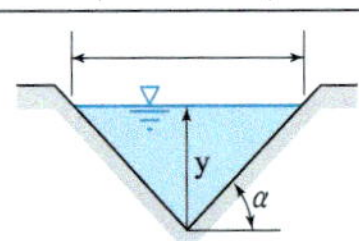	$y^2\cot\alpha$	$\dfrac{2y}{\sin\alpha}$	$\dfrac{y\cos\alpha}{2}$
사각형	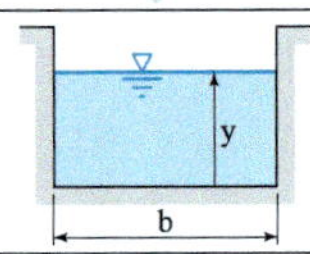	by	$b+2y$	$\dfrac{by}{b+2y}$
광폭사각형	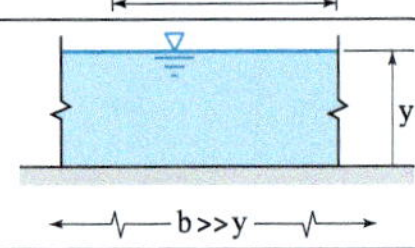	by	b	y
원형	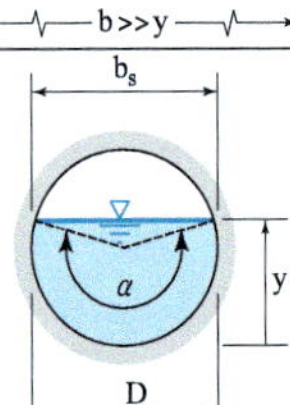	$(\alpha-\sin\alpha)\dfrac{D^2}{8}$	$\dfrac{\alpha D}{2}$	$\dfrac{D}{4}\left(1-\dfrac{\sin\alpha}{\alpha}\right)$

7.2.4 개수로내 유속분포

개수로 흐름에서는 자유수표면의 존재와 수로벽에 작용하는 마찰로 인해 수로 단면에서 균일한

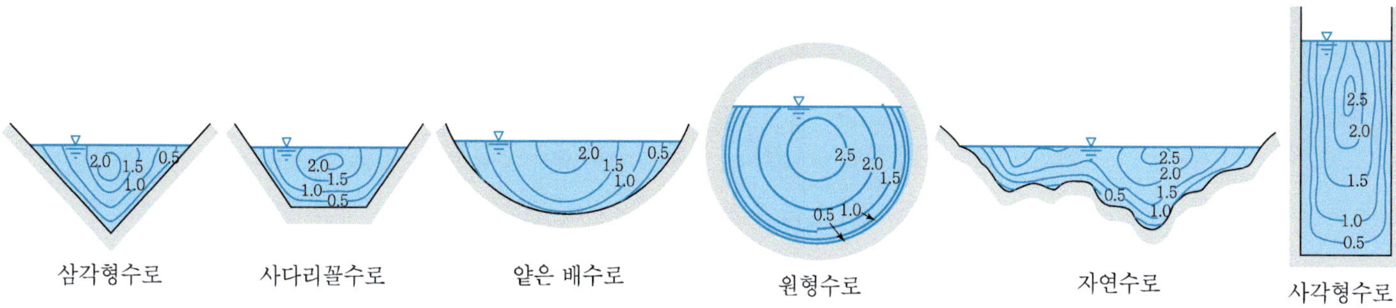

그림 7.2.3 개수로 단면에 따른 유속분포

유속분포를 보이지 않게 된다. 일반적인 개수로에서의 최대 유속은 자유수표면 아래 수심의 약 5~20% 깊이에서 나타나고, 수로 벽으로부터 멀리 떨어져서 최대 유속이 발생한다. 개수로의 형태에 따른 일반적인 유속분포가 그림 7.2.3과 같다. 하천이나 관로에서의 유속은 위치 및 시간에 따라 변하므로 유량을 산정하기 위해서는 여러 지점 및 깊이에서 유속을 측정해야 한다. 자연하천 하상 근처의 유속은 하상의 마찰로 인해 유속이 감소하고 하상으로부터 멀어질수록 유속이 증가한다. 하천의 깊이가 0.6m 이상이 되면 평균 유속은 수표면으로부터 수심의 0.2배 및 0.8배되는 깊이의 유속을 평균하여 구하게 된다. 만일 수심이 0.6m보다 작게 되면 수심의 0.6배되는 지점에서의 유속을 평균유속으로 한다. 표 7.2.2는 깊이에 따른 평균유속 산정 방법을 보여주고 있다.

표 7.2.2 수심에 따른 평균유속 산정

측점수	수심범위 (m)	수심범위 (ft)	관측지점 (수표면으로부터)	평균유속 ($\bar{V}$)
1	0.3~0.6	1~2	0.6D	$\bar{V}=V_{0.6D}$
2	0.6~3.0	2~10	0.2D, 0.8D	$\bar{V}=0.5(V_{0.2D}+V_{0.8D})$
3	3.0~6.0	10~20	0.2D, 0.6D, 0.8D	$\bar{V}=0.25(V_{0.2D}+2V_{0.6D}+V_{0.8D})$
5	6.0<	20<	수면으로부터 0.3m, 0.2D, 0.6D, 0.8D, 하상으로부터 0.3m	$\bar{V}=0.1(V_S+3V_{0.2D}+2V_{0.6D}+3V_{0.8D}+V_B)$

D : 수심 S : 수면으로부터 0.3m B : 하상으로부터 0.3m

7.3 정상등류

7.3.1 정상등류의 형성

1) 등류의 형성 및 가정

대부분의 수로, 특히 관개수로인 경우 상당한 길이에 걸쳐 동일한 단면 및 등류수심이 되도록 설계한다. 하천과 같은 일반적인 수로인 경우 대부분 불규칙한 단면을 가지고 있고, 등류가 거의 형성되지 않지만 등류로 가정하여 개략적인 유량을 산정한다. 중력에 의해 물에 작용하는 흐름방향의 성분과 이에 저항하는 수로 벽면에 작용하는 마찰력의 성분이 같을 때 등류가 형성된다. 등류의 형성 및 경험공식을 유도하기 위해 하도 단면에서의 유속분포가 V로 균일하고, 윤변을 따라 마찰응력 τ_w가 일정하다는 가정을 한다.

2) 등류의 경험공식

정상등류 가정하에 그림 7.3.1과 같은 검사체적에 x방향 운동량 방정식을 적용하면 $V_1=V_2$이므로

$$\Sigma F_x = \rho Q(V_2 - V_1) = 0 \tag{7.3.1}$$

따라서 검사체적 내에는 가속도가 발생하지 않고, 단면 ①과 ②에서의 운동량 흐름율(flux)은 같게 된다. 그러므로 흐름방향으로의 힘들 즉, 중력에 의한 관성력과 흐름을 방해하는 마찰력과의 균형에 의해 흐름은 영향을 받게 되고, 두 힘이 같을 때 등류가 형성된다. 즉, $\Sigma F_x=0$일 때

$$F_1 - F_2 - \tau_w PL + W\sin\theta = 0 \tag{7.3.2}$$

여기서, F_1과 F_2는 검사체적의 단면 ①, ②에 작용하는 정수압에 의한 힘으로 등류인 경우 두 단면에서의 수심 $y_1=y_2$이므로 결국 $F_1=F_2$가 되어 서로 상쇄된다. $W\sin\theta$는 검사체적 내 물 무게의 흐름방향 성분, $\tau_w PL$은 물과 윤변사이에 작용하는 마찰력이다. 따라서 식 (7.3.2)로부터

$$\tau_w = \frac{W\sin\theta}{PL} = \frac{WS_o}{PL} \tag{7.3.3}$$

여기서, 수로의 바닥경사가 작은 경우($S_o \ll 1$) $\sin\theta \simeq \tan\theta = S_o$가 된다. 검사체적의 무게 $W=\gamma AL$이고, 동수반 $R_h=A/P$이므로 식 (7.3.3)을 다시 나타내면

$$\tau_w = \frac{\gamma ALS_o}{PL} = \gamma R_h S_o \tag{7.3.4}$$

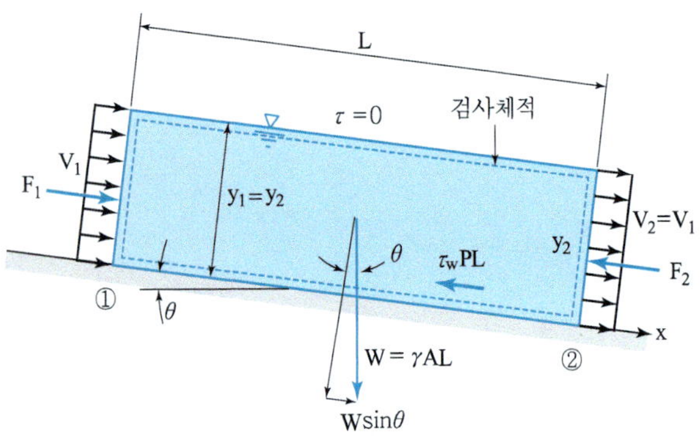

그림 7.3.1 개수로내 등류흐름의 검사체적

대부분의 개수로 흐름은 층류보다는 난류로 흐르게 되어 R_e도 상당히 크게 된다. 관수로 흐름에서 설명한 바와 같이 R_e가 큰 경우 마찰손실계수 f는 R_e와는 무관하고 관 표면의 조도에만 영향을 받게 된다. 이러한 경우 마찰응력은 동압력 $\rho V^2/2$에만 비례하고 점성과는 무관하게 되므로

$$\tau_w = K\frac{\rho V^2}{2} \tag{7.3.5}$$

여기서, K는 관의 조도에 따른 상수이다. 관수로에서의 큰 R_e에 대한 마찰응력의 관계가 개수로에서도 적용된다고 볼 수 있으므로 식 (7.3.4)와 (7.3.5)를 같게 놓아 유속 V로 정리하면

$$V = C\sqrt{R_h S_o} \tag{7.3.6}$$

여기서, $C = \sqrt{2g/K}$를 Chezy의 평균유속계수라 하고, 이 식을 Chezy의 공식이라 한다. Manning은 Chezy의 계수 C와 동수반경 및 조도계수 n 사이에 다음과 같은 관계가 있음을 보였다.

$$C = \frac{R_h^{1/6}}{n} \tag{7.3.7}$$

식 (7.3.7)을 Chezy의 평균유속공식 (7.3.6)에 적용하면

$$V = \frac{1}{n} R_h^{2/3} S_o^{1/2} \tag{7.3.8}$$

이 식을 Manning의 공식이라 하며 n은 Manning의 조도계수로 수로의 표면 구성 물질에 따라 변하고 실험을 통해 값을 얻을 수가 있으며, 무차원 값이 아닌 $\sec/m^{1/3}$의 단위를 가지고 있다. 다양한 조건에 대한 Manning의 조도계수 n값이 표 7.3.1과 같으며, 수로표면을 구성하고 있는 물질의 조도가 클수록 n값이 크게 나타남을 알 수 있다.

예제 7.3.1

그림 7.3.2와 같은 사다리꼴 단면의 수로에서 바닥 폭이 2m, 수심이 1m, 측면경사가 2:1일 때 Manning의 공식을 이용하여 유속 및 유량을 구하라. 단, Manning의 조도계수는 0.012, 하상경사는 0.001이다.

풀이

주어진 자료를 이용하여 단면적, 윤변, 동수반경을 구하면 다음과 같다.

$$A = (b + zy)y = (2 + 2 \times 1) \times 1 = 4\text{m}^2$$

$$P = b + 2y\sqrt{1+z^2} = 2 + 2 \times 1 \times \sqrt{1+2^2} = 6.47\text{m}$$

$$R_h = \frac{A}{P} = \frac{4}{6.47} = 0.62\text{m}$$

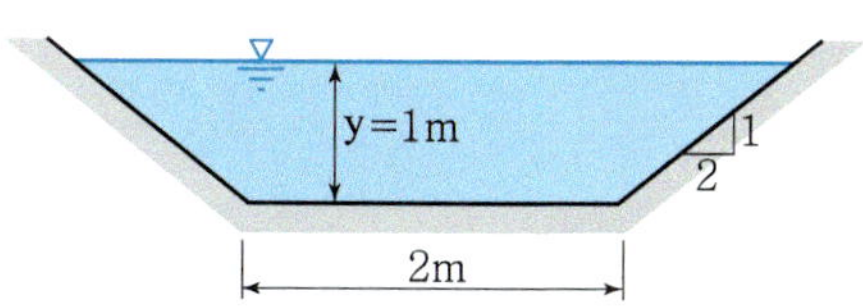

그림 7.3.2

따라서 식 (7.3.8)에 의해 유속을 구하면

$$V = \frac{1}{n} R_h^{2/3} S_o^{1/2} = \frac{1}{0.012} \times 0.62^{2/3} \times 0.001^{1/2} = 1.916\text{m/s}$$

유량은 $Q = AV = 4 \times 1.916 = 7.664\text{m}^3/\text{s}$

3) 복합단면의 등가조도

자연하천 수로에서는 단면 전체에 대해 조도가 동일하지 않는 경우 등가조도 n_e를 적용할 필요가 있다.

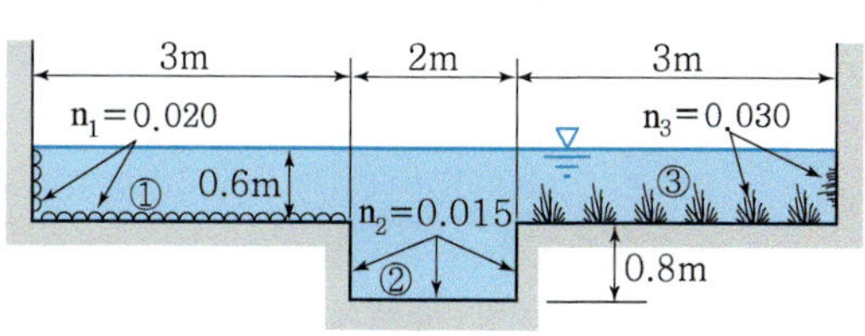

그림 7.3.3 복합단면의 등가조도

표 7.3.1 Manning의 조도계수 n

하상표면	최량	양호	적절	불량
코팅되지 않은 주철관	0.012	0.013	0.014	0.015
코팅된 주철관	0.011	0.012*	0.013*	
상업용 단철관, black	0.012	0.013	0.014	0.015
상업용 단철관, 아연도금	0.013	0.014	0.015	0.017
매끈한 청동 및 유리관	0.009	0.010	0.011	0.013
매끈한 lockbar 및 용접된 OD관	0.010	0.011*	0.013*	
리벳트 강관	0.013	0.015*	0.017*	
유리모양의 하수관	0.010	0.013*	0.015	0.017
일반적인 점토배수 토관	0.011	0.012*	0.014*	0.017
유약을 바른 벽돌	0.011	0.012	0.013*	0.015
시멘트 반죽내 벽돌, 벽돌 하수거	0.012	0.013	0.015*	0.017
깨끗한 시멘트 표면	0.010	0.011	0.012	0.013
시멘트 반죽 표면	0.011	0.012	0.013*	0.015
콘크리트 관	0.012	0.013	0.015*	0.016
나무 통관	0.010	0.011	0.012	0.013
판자 수로:				
평면	0.010	0.012*	0.013	0.014
비평면	0.011	0.013*	0.014	0.015
마디를 포함	0.012	0.015*	0.016	
콘크리트 피복 수로	0.012	0.014*	0.016*	0.018
시멘트와 잡석 혼합 표면	0.017	0.020	0.025	0.030
건조한 잡석 표면	0.025	0.030	0.033	0.035
각진 돌 표면	0.013	0.014	0.015	0.017
반원형 금속 수로, 매끈함	0.011	0.012	0.013	0.015
반원형 금속 수로, 주름짐	0.0225	0.025	0.0275	0.030
수로 및 도랑:				
흙, 직선 및 균일	0.017	0.020	0.0225*	0.025
암석, 매끈하고 균일	0.025	0.030	0.033*	0.035
암석, 매끈하지 않고 비균일	0.035	0.040	0.045	
만곡된 완만한 수로	0.0225	0.025*	0.0275	0.030
준설된 흙 하도	0.025	0.0275*	0.030	0.033
암석하상의 수로, 흙 제방의 잡초	0.025	0.030	0.035*	0.040
흙 하상, 잡석 측면	0.028	0.030*	0.033*	0.035
자연하도:				
(1) 깨끗하고, 직선제방, 만수, 갈라진 틈이나 깊은 웅덩이가 없음	0.025	0.0275	0.030	0.033
(2) (1)과 같지만 약간의 잡초와 암석포함	0.030	0.033	0.035	0.040
(3) 만곡, 약간의 웅덩이와 모래톱, 깨끗함	0.033	0.035	0.040	0.045
(4) (3)과 같지만 낮은 수위, 영향을 주지 않는 경사 및 단면	0.040	0.045	0.050	0.055
(5) (3)과 같지만 약간의 잡초와 암석포함	0.035	0.040	0.045	0.050
(6) (4)과 같지만 암석단면 포함	0.045	0.050	0.055	0.060
(7) 완만한 하천구간이지만 잡초와 깊은 웅덩이가 존재	0.050	0.060	0.070	0.080
(8) 잡초가 매우 많은 구간	0.075	0.100	0.125	0.150

* 설계에서 일반적으로 사용하는 값

개수로 단면이 그림 7.3.3과 같이 N개로 나뉘어지고 각 소단면에서의 윤변을 P_i, Manning의 조도를 n_i라 하자. 각 소단면에서의 평균유속이 전체 단면에서의 평균유속과 같다고 가정하면 Horton과 Einstein에 의해 제시된 등가조도는 다음과 같이 나타낸다.

$$n_e = \left(\frac{\Sigma P_i \, n_i^{3/2}}{\Sigma P_i} \right)^{2/3} \tag{7.3.9}$$

같은 방법으로 Muhlhofer와 Einstein은 각 소단면에서의 흐름에 대한 저항력을 모두 합한 값이 전체 단면에서의 흐름의 저항력과 같다는 가정하에 등가조도를 다음과 같이 제시하였다.

$$n_e = \left(\frac{\Sigma P_i \, n_i^2}{\Sigma P_i} \right)^{1/2} \tag{7.3.10}$$

미지질조사국(USGS)에서 36개의 자연 개수로 단면에서 획득한 자료를 이용하여 분석한 결과 Horton과 Einstein의 식에 의한 결과가 다른 식들에 의한 결과보다 오차가 가장 적은 것으로 나타나고 있다.

예제 7.3.2

그림 7.3.3과 같은 복합단면에서의 등가조도를 Horton−Einstein방법에 의해 구하라.

풀이

각 단면에서의 $\Sigma P_i \, n_i^{3/2}$의 합을 구하면

$$\Sigma P_i \, n_i^{3/2} = (0.6+3) \times 0.02^{3/2} + (0.8+2+0.8) \times 0.015^{3/2} + (3+0.6) \times 0.03^{3/2} = 0.0355$$

윤변의 총합은 $\Sigma P_i = 0.6+3+0.8+2+0.8+3+0.6 = 10.8\text{m}$

따라서 등가조도는 $n_e = \left(\frac{\Sigma P_i \, n_i^{3/2}}{\Sigma P_i} \right)^{2/3} = \left(\frac{0.0355}{10.8} \right)^{2/3} = 0.022$

7.3.2 등류의 계산

앞에서 설명한 Manning의 공식을 이용하여 등류와 관련된 다양한 계산을 할 수가 있다. 개수로 내 등류와 관련된 주요 변수들로는 수로 단면의 크기와 형태(A, R_h), 수로 바닥의 경사(S_o), 수로 바닥과 측면의 구성물질의 특성(n), 평균 유속 및 유량(V, Q) 등이 있다. 개수로에서의 등류유량을 Manning의 공식과 연속방정식을 이용하여 나타내면

$$Q = AV = \frac{1}{n} A R_h^{2/3} S_o^{1/2} \tag{7.3.11}$$

이 식에서 A와 R_h는 등류수심(y_n)과 수로 단면의 함수가 되며, Manning의 조도계수 n은 수로표면에 영향을 받게 된다. 따라서 특정수로 단면 및 경사에 대해 등류수심이 주어지면 오직 하나의 유량만 가능하게 된다. 식 (7.3.11)을 간단히 나타내면

$$Q = K S_o^{1/2} \tag{7.3.12}$$

여기서, K는 $(1/n)AR_h^{2/3}$인 통수능인자(conveyance factor)로 수심, 단면의 기하학적 특성 그리고 Manning의 조도 n값의 함수이다. 식 (7.3.11)을 변경하면

$$AR_n^{2/3} = \frac{nQ}{S_o^{1/2}} \tag{7.3.13}$$

여기서, 왼쪽 항을 단면인자라 하며, 유량 Q, 조도 n 그리고 경사 S_o가 주어지면 시행착오법으로 등류수심을 결정할 수가 있다.

예제 7.3.3

그림 7.3.4와 같이 수로 폭이 10m, 측면경사가 2:1인 수로에 $30m^3/s$의 유량이 흐르고 있다. 수로의 경사가 0.001, 조도계수가 0.013이면 등류수심은 얼마인가?

풀이

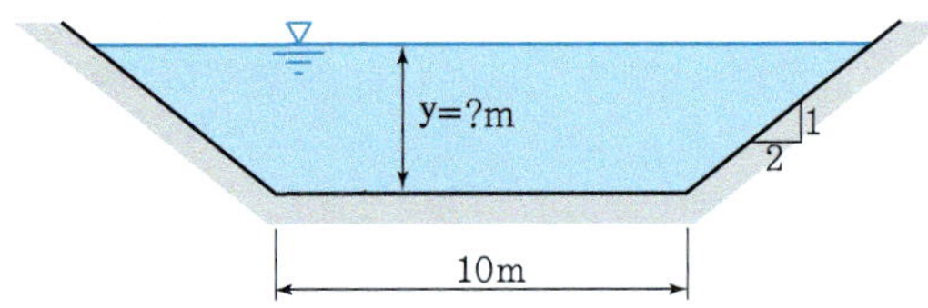

그림 7.3.4 등류수심 계산

식 (7.3.13)의 우변에 주어진 Q, S_o, n값을 적용하면

$$AR_h^{2/3} = \frac{nQ}{S_o^{1/2}} = \frac{0.013\times 30}{0.001^{1/2}} = 12.33 \qquad \text{(a)}$$

단면적과 동수반경을 등류수심 y_n으로 표현하면

$$A = \frac{1}{2}y_n(10+10+2\times 2y_n) = y_n(10+2y_n)$$

$$P = b+2y_n\sqrt{2^2+1} = 10+4.47y_n, \qquad R_h = \frac{y_n(10+2y_n)}{10+4.47y_n}$$

식 (a)에 적용하면 $[y_n(10+2y_n)]\left[\frac{y_n(10+2y_n)}{10+4.47y_n}\right]^{2/3} = 12.33$

따라서 $[y_n(10+2y_n)]^{5/3} - 12.33\times(10+4.47y_n)^{2/3} = 0$

시행착오법으로 y_n을 구하면 1.09m가 된다.

예제 7.3.4

그림 7.3.5와 같이 수로 폭이 3m이고 측면경사가 1.5:1인 사다리꼴 수로의 경사가 0.0016이다. 등류수심이 2.6m이고 조도계수 n=0.013이면 등류유량은 얼마인가?

풀이

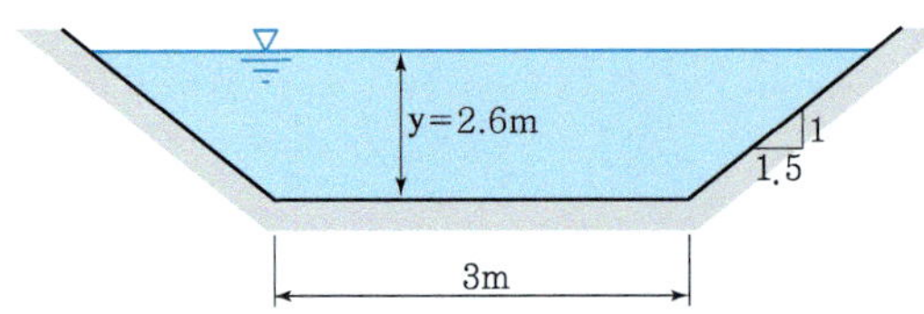

그림 7.3.5 등류유량 계산

단면적, 윤변, 동수반경을 구하면 다음과 같다.

$$A = (b+zy_n)y_n = (3+1.5\times 2.6)\times 2.6 = 18m^2$$

$$P = b+2y_{nn}\sqrt{1+z^2} = 3+2\times 2.6\times\sqrt{3.25} = 12m$$

$$R_h = \frac{A}{P} = \frac{18}{12} = 1.5m$$

따라서 $Q = \frac{1}{n}AR_h^{2/3}S_o^{1/2} = \frac{1}{0.013}\times 18\times 1.5^{2/3}\times 0.0016^{1/2} = 73m^3/sec$

예제 7.3.5

예제 7.3.4와 같이 수로 폭이 3m이고 측면경사가 1.5:1인 사다리꼴 수로에 $73m^3/s$의 유량이 흐르고 있다. 등류수심이 2.6m이고, 조도계수 n=0.013이면 등류수로의 경사는 얼마인가?

풀이

주어진 자료를 이용하여 단면적, 윤변, 동수반경을 구하면 다음과 같다.

$$A=(b+zy_n)y_n=(3+1.5\times 2.6)\times 2.6=18m^2$$

$$P=b+2y_n\sqrt{1+z^2}=3+2\times 2.6\times \sqrt{3.25}=12m, \qquad R_h=\frac{A}{P}=\frac{18}{12}=1.5m$$

식 (7.3.11)로부터 $73=\frac{1}{0.013}\times 18\times 1.5^{2/3}\times S_o^{1/2}$

따라서 등류수로 경사는 S_o=0.0016이 된다.

7.3.3 최적수로단면

최적수로단면(optimum channel cross section)은 수로의 경사 및 조도가 주어질 때 주어진 유량이 흐르기 위한 최소의 흐름 단면을 가진 수로단면을 의미하며, 개수로를 설계할 때 가장 경제적인 단면이라고 할 수 있다. Manning의 공식으로부터

$$\frac{Q}{A}=\frac{R_h^{2/3}S_o^{1/2}}{n} \tag{7.3.14}$$

식 (7.3.14)로부터 주어진 유량에 대한 최소의 흐름 단면은 경사 및 조도가 주어지면 동수반경 R_h가 최대가 될 경우임을 알 수 있고, 동수반경은 $R_h=A/P$이므로 결국 윤변 P가 최소가 될 때 최대가 된다. $R_h=A/P$를 식 (7.3.14)에 적용하고 단면적에 관해 정리하면

$$A=\left(\frac{nQ}{S_o^{1/2}}\right)^{3/5}P^{2/5} \tag{7.3.15}$$

식 (7.3.15)로부터 윤변 P가 최소가 될 때 흐름 단면적 A가 최소가 됨을 알 수 있으며, 윤변이 최소가 되는 단면은 반원형단면이다. 윤변 P는 수로 단면 형상에 따라 변하게 되며 위와 같은 조건을 적용하면 직사각형, 사다리꼴, 삼각형, 원형 등과 같은 단면이 일정구간 동안 변하지 않고 유지되는 대상(prismatic) 단면에 대한 최적수로단면을 설계할 수가 있다.

1) 최적 직사각형단면

수심 y, 수로 폭 b인 직사각형단면 수로인 경우 면적 및 윤변은 다음과 같다.

$$A=by \tag{7.3.16}$$

$$P=b+2y \tag{7.3.17}$$

식 (7.3.16)과 (7.3.17)에서 수로 폭 b를 소거하면

$$P = \frac{A}{y} + 2y \tag{7.3.18}$$

최적수로단면은 윤변 P가 최소 즉, dP/dy=0인 경우이므로

$$\frac{dP}{dy} = -\frac{A}{y^2} + 2 = 0 \tag{7.3.19}$$

$$\therefore\ y = \frac{b}{2} \tag{7.3.20}$$

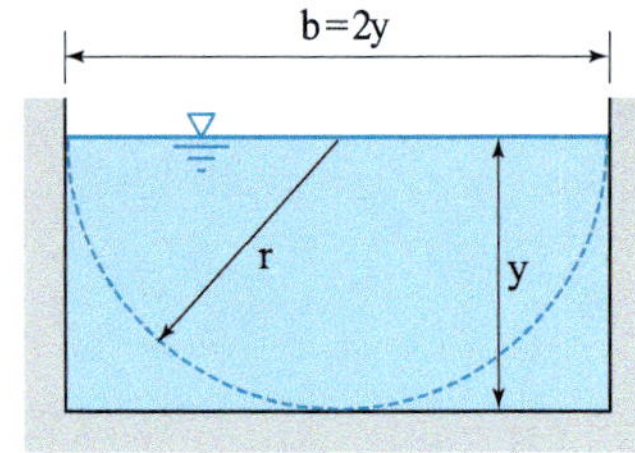

그림 7.3.6 직사각형 최적수로단면

그러므로 직사각형 최적수로단면은 수심이 수로 폭의 절반일 경우가 된다. 이때의 동수반경은 다음과 같이 수심의 절반이 된다.

$$R_h = \frac{A}{P} = \frac{2y^2}{4y} = \frac{y}{2} \tag{7.3.21}$$

예제 7.3.6

경사가 0.001, 조도계수가 0.012인 사각형 수로에 $5m^3/s$의 유량을 흐르게 할 때 최적단면을 결정하라.

풀이

식 (7.3.13)의 우변에 주어진 Q, S_o, n값을 적용하면

$$AR_h^{2/3} = \frac{nQ}{S_o^{1/2}} = \frac{0.012 \times 5}{0.001^{1/2}} = 1.897 \tag{a}$$

최적 단면적과 동수반경을 수심 y로 표현하면

$$A = by = 2y^2, \qquad R_h = \frac{y}{2}$$

이들 값을 식 (a)에 적용하면 $2y^2\left(\frac{y}{2}\right)^{2/3} = 1.897 \ \rightarrow\ y = 1.166\text{m}$

따라서 최적단면은 $y = 1.166\text{m}$, $b = 2y = 2.332\text{m}$, $A = 2.719\text{m}^2$

2) 최적 사다리꼴단면

그림 7.3.7과 같이 저변 폭 b, 측면경사 z, 수심 y인 사다리꼴단면 수로의 최적수로단면을 구해 보자. 이 경우 수로의 단면적과 윤변은 다음과 같다.

$$A = (b + zy)y \tag{7.3.22}$$

$$P = b + 2y\sqrt{1+z^2} \tag{7.3.23}$$

식 (7.3.23)을 b로 정리하여 식 (7.3.22)에 대입하면

$$A = (P - 2y\sqrt{1+z^2})y + zy^2 \tag{7.3.25}$$

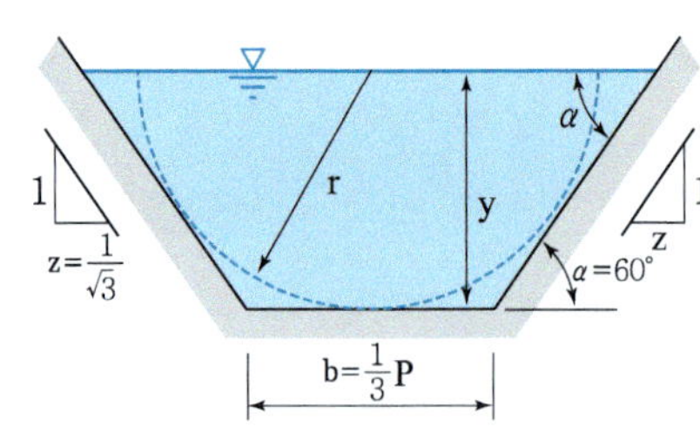

그림 7.3.7 사다리꼴 최적수로 단면

유량과 수로 경사 및 조도계수가 주어지면 단면적은 일정하므로 측면경사 z를 상수로 간주하고 식 (7.3.24)를 수심 y에 관해 미분하고 0으로 놓으면

$$\frac{dA}{dy}=\left(\frac{dP}{dy}-2\sqrt{1+z^2}\right)y+(P-2y\sqrt{1+z^2})+2zy=0 \tag{7.3.25}$$

최적수로단면이 되기 위해서는 윤변 P가 최소가 되어야 하므로 dP/dy=0을 적용하면

$$P=4y\sqrt{1+z^2}-2zy \tag{7.3.26}$$

식 (7.3.26)은 측면경사 z가 결정된 경우에 해당되는 최소단면을 가지는 최적단면이다. 만일 최적단면이 되기 위한 측면경사 z를 결정하려면 (7.3.26)을 z에 관해 미분하여 0으로 놓으면 된다.

$$\frac{dP}{dz}=\frac{4zy}{\sqrt{1+z^2}}-2y=0 \tag{7.3.27}$$

$$\therefore\ z=\frac{1}{\sqrt{3}} \tag{7.3.28}$$

따라서, 최적수로단면이 되기 위한 측면경사는 $1/\sqrt{3}$ 즉, θ가 60°인 경우가 되며, 기타 최적수로단면의 제원을 결정하기위해 이 조건을 적용하면

$$P=4y\sqrt{1+z^2}-2zy=2\sqrt{3}\,y \tag{7.3.29}$$

$$b=P-2y\sqrt{1+z^2}=\frac{2\sqrt{3}}{3}y=\frac{1}{3}P \tag{7.3.30}$$

$$A=by+zy^2=\sqrt{3}\,y^2 \tag{7.3.31}$$

$$R_h=\frac{A}{P}=\frac{\sqrt{3}\,y^2}{2\sqrt{3}\,y}=\frac{y}{2} \tag{7.3.32}$$

따라서 사다리꼴 최적수로단면은 정육각형의 절반으로 이루어진 단면임을 알 수 있으며, 개수로의 주요 단면형상에 대한 최적수로단면의 폭, 등류수심 및 단면적에 대한 제원이 표 7.3.2와 같다.

예제 7.3.7

사다리꼴단면 수로에 $5m^3/s$의 유량을 흐르게 하려고 한다. 경사 0.0005, 조도계수 0.02일 때 최적수로단면을 구하라. 또한 저변폭을 4m, 측면경사를 2:1로 할 경우 최적수로단면 및 이때의 유량을 구하라.

풀이

Manning의 공식에 주어진 Q, S_o, n값을 적용하면

$$AR_h^{2/3}=\frac{nQ}{S_o^{1/2}}=\frac{0.02\times 5}{0.0005^{1/2}}=4.472 \qquad \text{(a)}$$

최적 단면적과 동수반경을 수심 y로 나타내면

표 7.3.2 최적수로단면 제원

단면구분	단면형상	최적조건	등류수심(y_n)	단면적(A)
사다리꼴	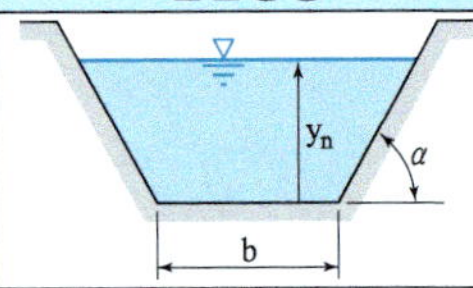	$\alpha = 60^\circ$ $b = \frac{2}{\sqrt{3}} y_n$	$0.968\left[\frac{Q_n}{S_o^{1/2}}\right]^{3/8}$	$1.622\left[\frac{Q_n}{S_o^{1/2}}\right]^{3/4}$
사각형	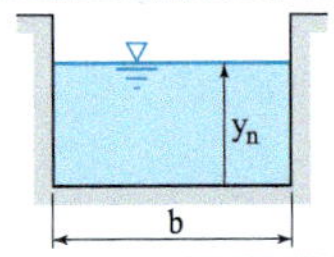	$b = 2y_n$	$0.917\left[\frac{Q_n}{S_o^{1/2}}\right]^{3/8}$	$1.682\left[\frac{Q_n}{S_o^{1/2}}\right]^{3/4}$
삼각형	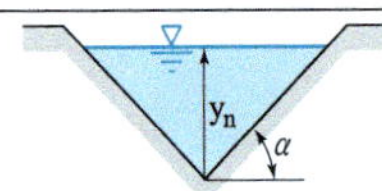	$\alpha = 45^\circ$	$1.297\left[\frac{Q_n}{S_o^{1/2}}\right]^{3/8}$	$1.682\left[\frac{Q_n}{S_o^{1/2}}\right]^{3/4}$
광폭사각형	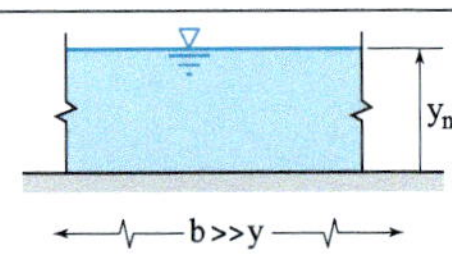	–	$1.00\left[\frac{(Q/b)n}{S_o^{1/2}}\right]^{3/8}$	–
원 형	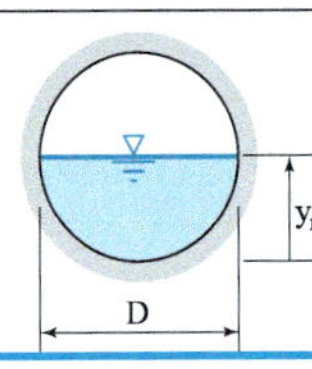	$D = 2y_n$	$1.00\left[\frac{Q_n}{S_o^{1/2}}\right]^{3/8}$	$1.583\left[\frac{Q_n}{S_o^{1/2}}\right]^{3/4}$

$$A = \sqrt{3}\,y^2, \qquad R_h = \frac{y}{2}$$

이들 값을 식 (a)에 적용하면 $\sqrt{3}\,y^2\left(\frac{y}{2}\right)^{2/3} = 4.472 \;\rightarrow\; y = 1.697\text{m}$

따라서 최적수로단면은 $y = 1.697\text{m}$, $b = \frac{2\sqrt{3}}{3} \times 1.697 = 1.96\text{m}$, $z = \frac{1}{\sqrt{3}} = 0.557$

저변폭과 측면경사가 주어질 경우에는 식 (7.3.26)을 적용하면 되고, 이를 식 (7.3.23)과 같게 놓으면

$$P = 4y\sqrt{1+z^2} - 2zy = b + 2y\sqrt{1+z^2}$$

주어진 값 b=4m, z=2를 대입하여 수심을 구하면 y=5.27m가 된다. 그러므로

$$A = by + zy^2 = 4 \times 5.27 + 2 \times 5.27^2 = 72.63\text{m}^2$$

$$P = b + 2y\sqrt{1+z^2} = 4 + 2 \times 5.27 \times \sqrt{1+2^2} = 27.57\text{m}$$

$$R_h = \frac{A}{P} = \frac{72.63}{27.57} = 2.634\text{m}$$

따라서 유량은 $Q = \frac{1}{0.02} \times 72.63 \times 2.634^{2/3} \times 0.0005^{1/2} = 154.88\text{m}^3/\text{s}$

7.3.4 폐합관거내 개수로 흐름

폐합관거내 흐름이라도 자유수표면을 가지면 압력보다 중력의 영향으로 흐르므로 개수로 흐름

으로 분류할 수가 있다. 원형관거의 경우 전단면에 물이 가득 차서 흐를 때의 유량 및 유속에 대한 부분적으로 차서 흐를 때의 유량 및 유속의 비가 일정한 관계를 가지고 있으므로, 이 관계곡선 즉, 수리특성곡선(hydraulic characteristic curve)을 준비하면 관거설계시 유용하게 사용할 수 있다.

그림 7.3.8과 같이 직경 D인 관거에 물이 깊이 d로 부분적으로 차서 흐를 때 관 중심에서의 수표면과 이루는 각을 θ(radian)라 하자. 이 경우 통수단면적, 윤변 및 동수반경은 다음과 같다.

$$A = \frac{\pi D^2}{4}\times\frac{\theta}{2\pi}+\frac{D}{2}\sin\left(\frac{2\pi-\theta}{2}\right)\frac{D}{2}\cos\left(\frac{2\pi-\theta}{2}\right)$$

$$= \frac{D^2}{8}(\theta-\sin\theta) \tag{7.3.33}$$

$$P = \frac{D}{2}\theta \tag{7.3.34}$$

$$R_h = \frac{A}{P} = \frac{D}{4}\left(\frac{\theta-\sin\theta}{\theta}\right) \tag{7.3.35}$$

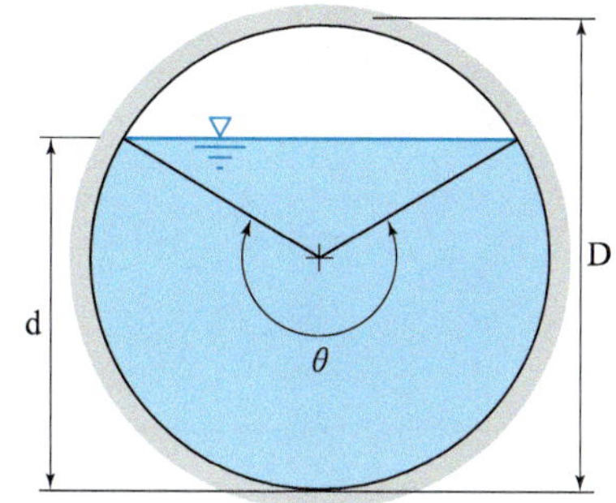

그림 7.3.8 관거내 등류 흐름

Manning의 공식을 이용하여 유량을 나타내면

$$Q = \frac{1}{n}\left[\frac{D^2}{8}(\theta-\sin\theta)\right]\left[\frac{D}{4}\left(\frac{\theta-\sin\theta}{\theta}\right)\right]^{2/3} S_o^{1/2} = K\frac{D^{8/3}}{8\times 4^{2/3}}\left[\frac{(\theta-\sin\theta)^{5/3}}{\theta^{2/3}}\right] \tag{7.3.36}$$

여기서, $K=S_o^{1/2}/n$으로 수로 경사 및 조도가 주어지면 일정하다. 관거 내에 물이 가득차서 흐를 경우의 유량 Q_F는 $\theta=2\pi$를 적용하여 다음과 같이 나타낼 수 있다.

$$Q_F = \frac{KD^{8/3}\theta}{8\times 4^{2/3}} \tag{7.3.37}$$

따라서, 관거 내 물이 가득 차서 흐를 경우에 대한 부분적으로 차서 흐르는 유량의 비는

$$\frac{Q}{Q_F} = \frac{1}{2\pi}\left[\frac{(\theta-\sin\theta)^{5/3}}{\theta^{2/3}}\right] \tag{7.3.38}$$

관거가 가득 차서 흐를 때 유량이 최대가 되지는 않는다. 최대유량이 흐르는 조건을 구하기 위해 식 (7.3.36)을 θ에 관해 미분하여 0으로 놓으면, θ=5.28rad일 때 즉, θ=303°일 때 최대유량이 발생하게 된다. 이 조건을 식 (7.3.38)에 적용하면

$$\frac{Q_{max}}{Q_F} = 1.076 \tag{7.3.39}$$

이때 관 직경 D에 대한 수심 d의 비는 다음과 같다.

$$\frac{d}{D} = 0.938 \tag{7.3.40}$$

동일한 방법으로 물이 가득차서 흐를 때의 유속 V_F에 대한 부분적으로 차서 흐를 때의 유량 V의 비는 다음과 같다.

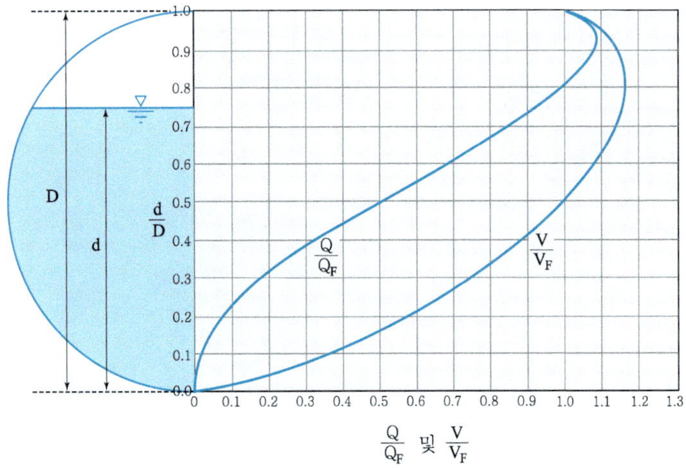

그림 7.3.9 수리특성곡선

$$\frac{V}{V_F}=\left(\frac{\theta-\sin\theta}{\theta}\right)^{2/3} \quad (7.3.41)$$

따라서, 최대유속이 발생하는 조건은 θ=4.38rad (257°)일 때로 다음과 같다.

$$\frac{V_{max}}{V_F}=1.14 \quad (7.3.42)$$

$$\frac{d}{D}=0.81 \quad (7.3.43)$$

이와 같은 수심비 d/D에 대한 유량비 Q/Q_F 및 유속비 V/V_F를 나타내는 수리특성곡선이 그림 7.3.9와 같다.

예제 7.3.8

콘크리트 관거의 직경이 1.2m이고 경사가 0.001일 때 최대로 흐르는 유량과 이때의 수심을 구하라. 관거의 조도는 n=0.014이다.

풀이

최대의 유량이 흐를 때 수심비가 d/D=0.938이므로

$$d=0.938\times1.2=1.126\text{m}$$

$$\cos\left(\frac{2\pi-\theta}{2}\right)=\frac{1.126-0.6}{0.6}=0.876 \qquad \therefore\ \theta=5.28\text{rad}=303^\circ$$

그러므로 최대유량이 흐르는 조건에 합당하다. 이때의 단면적과 동수반경을 구하면

$$A=\frac{1.2^2}{8}(5.28-\sin5.28)=1.102\text{m}^2, \qquad R_h=\frac{1.2}{4}\left(\frac{5.28-\sin5.28}{5.28}\right)=0.348\text{m}$$

따라서 $Q=\dfrac{1}{0.014}\times1.102\times0.348^{2/3}\times0.001^{1/2}=1.232\text{m}^3/\text{sec}$

7.4 개수로 흐름에너지

개수로에서 흐름이 가지는 에너지를 알아보기 위해 그림 7.4.1과 같은 개수로 흐름에서의 임의 단면구간을 생각해 보자. 수로바닥의 경사 S_o가 일정하다고 가정하며, 단면 ①과 ②지점에서의 수

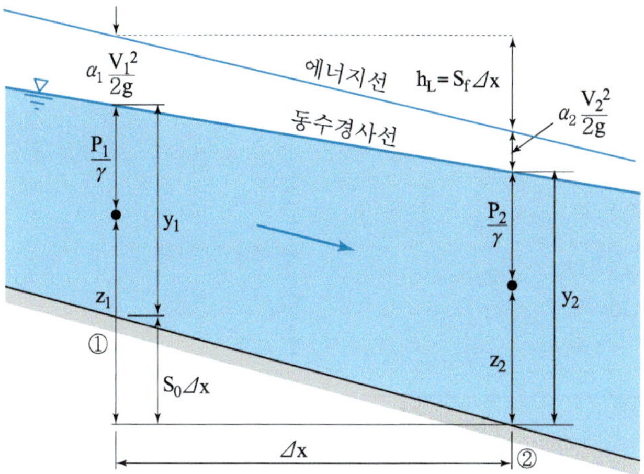

그림 7.4.1 개수로내 부등류

심이 y_1과 y_2, 유속이 V_1과 V_2이다. 수로의 각 단면에서의 유속분포가 균일하다고 가정하고 에너지방정식을 적용하면

$$\frac{p_1}{\gamma}+\alpha_1\frac{V_1^2}{2g}+z_1=\frac{p_2}{\gamma}+\alpha_2\frac{V_2^2}{2g}+z_2+h_L \quad (7.4.1)$$

여기서, h_L은 두 단면사이에서 점성으로 인한 손실수두이다. 그림 7.4.1로부터 기준면으로부터 수면까지의 에너지 수두를 수심으로 나타내면

$$\frac{p_1}{\gamma}+z_1=y_1+S_o\Delta x \quad \text{및} \quad \frac{p_2}{\gamma}+z_2=y_2 \quad (7.4.2)$$

에너지 보정계수 $\alpha_1=\alpha_2=1$이라 가정하고 식 (7.4.2)를 (7.4.1)에 적용하면

$$y_1+\frac{V_1^2}{2g}+S_o\Delta x=y_2+\frac{V_2^2}{2g}+h_L \quad (7.4.3)$$

하상경사 $S_o=0$, 손실수두 $h_L=0$이라 가정하면, 식 (7.4.3)은 다음과 같다.

$$y_1+\frac{V_1^2}{2g}=y_2+\frac{V_2^2}{2g} \quad (7.4.4)$$

1) 비에너지

개수로 단면에서의 비에너지(specific energy)는 수로바닥을 기준으로 하여 나타낸 단위 무게의 물이 가지는 에너지 즉, 흐름의 수심과 속도수두를 더한 에너지로 다음과 같다.

$$E=y+\frac{V^2}{2g} \quad (7.4.5)$$

따라서 식 (7.4.4)는 단면 1에서의 비에너지 E_1과 단면 2에서의 비에너지 E_2가 같음을 의미하고, 두 단면을 수로의 임의의 지점에서 택하였으므로 에너지 손실이 없다면 결국 모든 단면에서 비에너지가 같음을 의미한다. 두 단면간에 연속방정식을 적용하면 식 (7.4.5)는 다음과 같다.

$$y_1+\frac{Q^2}{2gA_1^2}=y_2+\frac{Q^2}{2gA_2^2} \quad (7.4.6)$$

주어진 단면과 유량에 대해 수심과 비에너지간의 관계곡선을 그리면 그림 7.4.2와 같은 비에너지곡선(specific energy curve)을 얻을 수가 있다. 동일한 유량에 대해 수로의 경사를 변화시키며

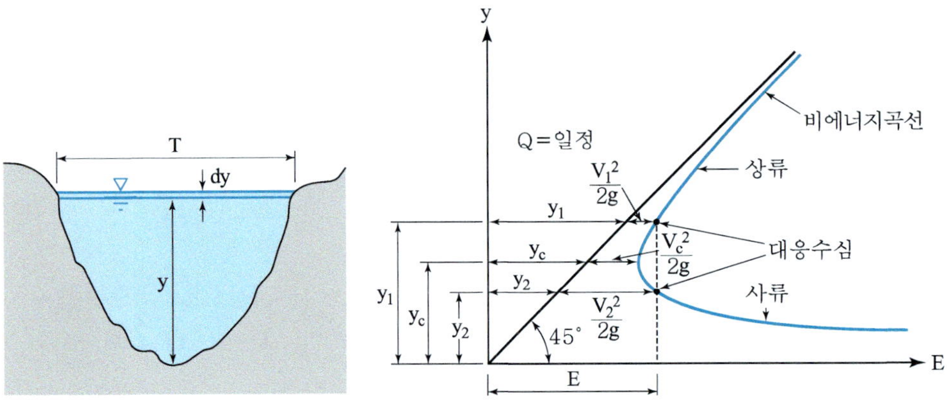

그림 7.4.2 비에너지곡선

비에너지를 구하면, 식 (7.4.6)으로부터 수심 $y \to \infty$일 때 비에너지 $E \to \infty$이고, 수심 $y \to 0$일 때 비에너지 $E \to \infty$가 되어 그림과 같은 형태의 곡선이 된다.

동일한 비에너지를 가지며 흐를 수 있는 수심이 y_1과 y_2 두 가지가 존재함을 알 수가 있으며, 이를 대응수심(alternate depths)이라 한다. 이 두 가지의 수심을 물리적인 의미로 해석하면 얕은 수심이 가지고 있는 비에너지는 운동에너지($Q^2/2gA^2$)가 주를 이루고, 깊은 수심이 가지고 있는 비에너지는 위치에너지가 주를 이루고 있다.

비에너지곡선에서 비에너지가 점점 감소하다 최소가 되면 이에 상응하는 수심은 오직 한 가지만 존재하게 된다. 이러한 경우의 흐름을 한계류(critical flow)라 하며, 이때의 수심을 한계수심(critical depth) y_c, 유속을 한계유속(critical velocity) V_c라 한다. 따라서 한계류는 일정한 유량에 대해 비에너지가 최소가 되는 흐름이라 할 수 있다. 수심이 한계수심보다 낮게 흐르는 흐름을 사류(supercritical flow), 높게 흐르는 흐름을 상류(subcritical flow)라 한다.

예제 7.4.1

폭이 5m인 사각형 수로에 유량이 $10m^3/s$로 흐를 때 수심에 따른 비에너지곡선을 작성하라.

풀이

식 (7.4.5)로부터 주어진 값을 적용하면

$$E = y + \frac{Q^2}{2gb^2y^2} = y + \frac{10^2}{2 \times 9.81 \times 5^2 \times y^2}$$

따라서 수심 y에 따른 비에너지가 다음과 같다.

표 7.4.1 비에너지 곡선 계산표

y(m)	0.2	0.4	0.6	0.8	1.0
E(m)	5.297	1.674	1.166	1.119	1.204
y(m)	1.2	1.4	1.6	1.8	2.0
E(m)	1.342	1.504	1.68	1.863	2.051
y(m)	2.2	2.4	2.6	2.8	3.0
E(m)	2.242	2.435	2.63	2.826	3.023
y(m)	3.2	3.4	3.6	3.8	4.0
E(m)	3.22	3.418	3.616	3.814	4.013

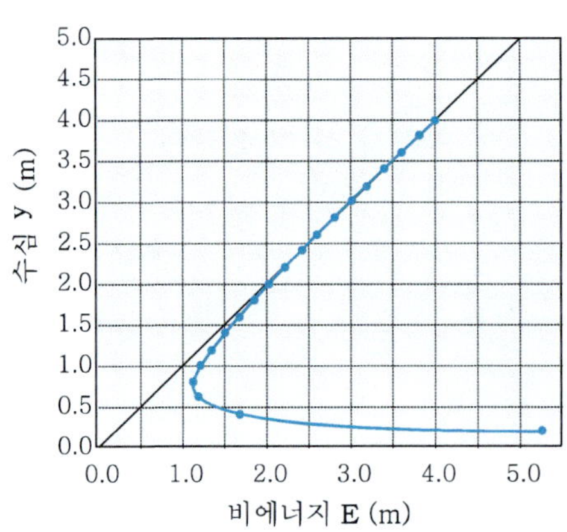

그림 7.4.3 수심에 따른 비에너지

2) 한계류의 특성

한계류에 상응하는 수심인 한계수심을 구하기 위해 식 (7.4.5)를 유량의 항으로 표현하면

$$E = y + \frac{Q^2}{2gA^2} \tag{7.4.7}$$

식 (7.4.7)을 수심 y에 대해 미분하고 0으로 놓으면 비에너지가 최소가 되는 조건을 구할 수 있다.

$$\frac{dE}{dy} = 1 - \frac{Q^2}{gA^3}\frac{dA}{dy} = 0 \tag{7.4.8}$$

그림 7.4.2로부터 수면의 폭을 T라 하면 dA/dy=T가 된다. 식 (7.4.8)은 한계류의 조건이므로 이에 해당하는 단면적을 A_c, 수면폭을 T_c라 하면 다음과 같이 정리할 수 있다.

$$\frac{Q^2 T_c}{gA_c^3} = 1 \qquad \text{또는} \qquad \frac{A_c}{T_c} = \frac{Q^2}{gA_c^2} \tag{7.4.9}$$

한계류의 평균수리심 $D_c = A_c/T_c$를 식 (7.4.9)에 적용하고 양변을 D_c로 나누어 정리하면

$$\frac{V_c^2}{gD_c} = F_r^2 = 1 \tag{7.4.10}$$

따라서, $F_r=1$일 때 한계류가 형성되며 이때 최소의 비에너지로 흐르게 된다.

직사각형 단면인 경우 단면적 A를 수면 폭 T로 나누면 수심이 되고, $Q_2/A_2 = q_2/y_2$이므로 한계수심은 식 (7.4.9)로부터

$$y_c = \left(\frac{q^2}{g}\right)^{1/3} \tag{7.4.11}$$

여기서, q는 단위폭당 유량이다. 식 (7.4.11)로부터 $q = \sqrt{gy_c^3}$ 이므로 한계유속은

$$V_c = \frac{q}{y_c} = \sqrt{gy_c} \tag{7.4.12}$$

따라서, 최소 비에너지는 한계류 일 때이므로 한계수심과 한계유속을 적용하면

$$E_{min} = y_c + \frac{V_c^2}{2g} = \frac{3}{2}y_c \qquad \text{또는} \qquad y_c = \frac{2}{3}E_{min} \tag{7.4.13}$$

직사각형이 아닌 단면에서의 한계수심 및 한계유속을 구하기 위해서는 식 (7.4.9)로부터

$$\frac{A_c^3}{T_c} = \frac{Q^2}{g} \tag{7.4.14}$$

따라서, 유량이 주어진 경우 식 (7.4.14)의 우변은 결정되므로 수심을 적절하게 가정하여 좌변의 값을 구한 후 우변과 같을 때까지 반복하고 같게 되는 경우의 수심이 한계수심이 된다.

비에너지가 E_o로 일정할 때 수심에 따라 유량이 어떻게 변하는지를 알아보기로 하자. 직사각형 단면 수로인 경우 식 (7.4.7)은 다음과 같이 나타낼 수 있다.

$$E_o = y + \frac{q^2}{2gy^2} \tag{7.4.15}$$

수심 $y \to E_o$일 때 $q \to 0$이 되며, $y \to 0$일 때 $q \to 0$이 된다. 따라서 비에너지가 일정할 때 수심에 따른 유량의 변화는 그림 7.4.4와 같은 형태가 되고, 수심이 0과 E_o사이에 있을 때 유량이 최대가 된다. 유량이 최대가 되는 조건을 알아보기 위해 식 (7.4.15)를 유량으로 정리하고 수심 y에 대해 미분하고 0으로 놓으면

$$2q\frac{dq}{dy} = 4gyE_o - 6gy^2 = 0 \tag{7.4.16}$$

$$\therefore \ y = \frac{2}{3}E_o \tag{7.4.17}$$

그러므로 식 (7.4.13)과 같이 식 (7.4.17)도 한계수심에 해당하고 결국 비에너지가 일정할 때 한계류인 경우에 유량이 최대로 흐름을 알 수 있다.

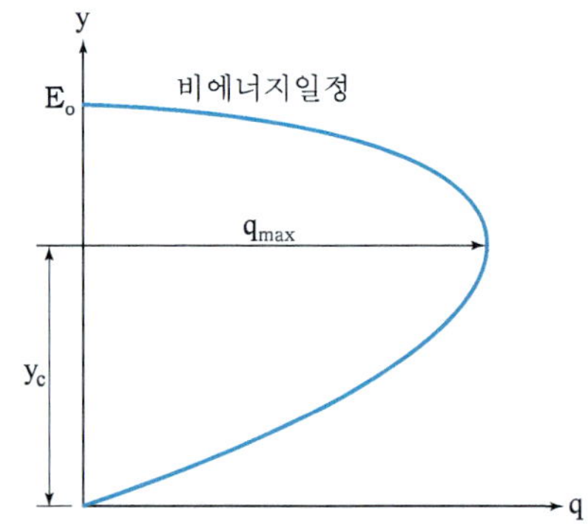

그림 7.4.4 수심과 유량간의 관계

예제 7.4.2

그림 7.4.5와 같은 사다리꼴 단면수로에 $15m^3/s$의 물이 흐르고 있다. 수로의 저변 폭이 10m이고, 측면경사가 1:1일 때 한계수심, 한계유속 및 최소 비에너지를 구하라.

풀이

한계수심의 초기 가정치를 구하기 위해 폭이 11m인 사각형 수로를 고려하면 식 (7.4.11)로부터

$$y_c = \left(\frac{q^2}{g}\right)^{1/3} = \left[\frac{(15/11)^2}{9.81}\right]^{1/3} = 0.57m$$

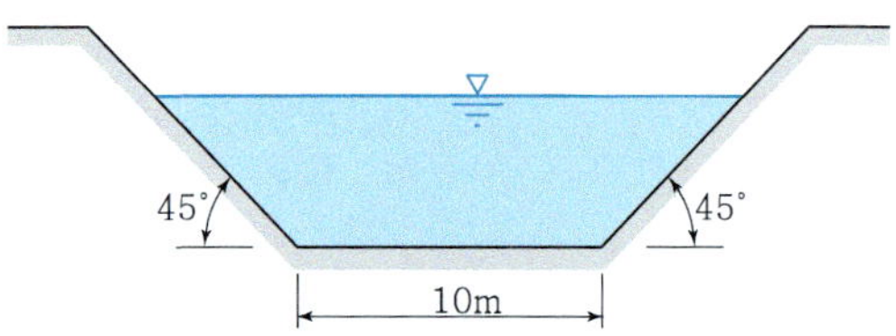

그림 7.4.5

사다리꼴단면 수로의 수면폭과 단면적은

$$T_c = b + 2y_c = 10 + 2y_c, \qquad A_c = by_c + y_c^2 = 10y_c + y_c^2$$

한계조건에 해당하는 식 (7.4.14)에 이들 식과 주어진 값을 적용하면

$$\frac{A_c^3}{T_c} = \frac{Q^2}{g} \quad \to \quad \frac{(10y_c + y_c^2)^3}{(10 + 2y_c)} = \frac{15^2}{9.81} = 22.94$$

따라서 초기치 y_c=0.57m를 시작으로 시행착오법으로 한계수심을 구하면 y_c=0.60m이다.

이때의 한계유속 및 최소비에너지는

$$V_c = \frac{Q}{A_c} = \frac{15}{10\times 0.6 + 0.6^2} = 2.36\text{m/s}, \qquad E_{min} = y_c + \frac{V_c^2}{2g} = 0.6 + \frac{2.36^2}{2\times 9.81} = 0.88$$

3) 한계류의 발생

한계류가 발생하는 경우는 여러 가지가 있지만 대표적인 예로 물이 광정위어(broad-crested weir)를 통과할 때 볼 수가 있다. 광정위어의 원리는 그림 7.4.6a와 같이 수문을 닫아 저수지로부터 물의 유출을 방지한 경우로부터 생각할 수 있다. 만일 수문을 조금만 개방하면 수문 상류의 흐름은 상류가 되고 하류의 흐름은 사류가 된다. 수문을 더 개방함에 따라 궁극적으로는 수문 상류의 수심과 하류의 수심이 같아지게 된다. 이때가 바로 한계류가 형성되는 조건이 된다. 이 보다 수문을 더 개방하더라도 수문은 물의 흐름에 더이상 영향을 미치지 못하게 되며 그림 7.4.6b와 같은 상태가 된다.

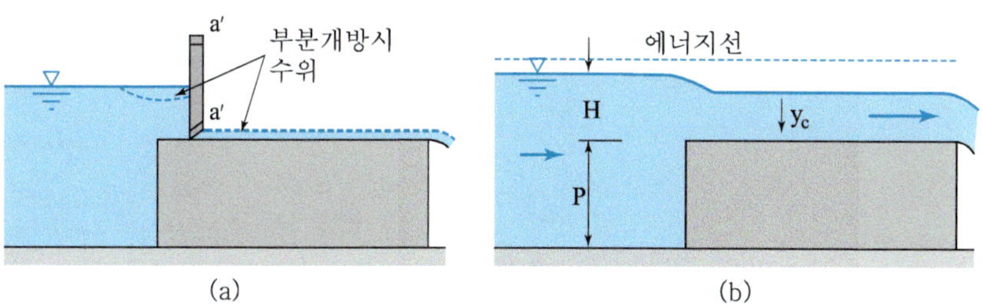

그림 7.4.6 광정위어 위의 한계류

위어위의 수심을 측정하면 한계수심 관계식 (7.4.11)을 이용하여 유량을 산정할 수 있다.

$$q = \sqrt{gy_c^3} \qquad \text{또는} \qquad Q = B\sqrt{gy_c^3} \tag{7.4.18}$$

여기서, B는 위어의 폭이다. 식 (7.4.13)을 식 (7.4.18)에 대입하면

$$Q = 0.385B\sqrt{2g}\,E_c^{3/2} \tag{7.4.19}$$

위어 상류부의 접근 수심이 깊은 경우 접근 유속은 거의 0에 가까우므로 위어에서의 총에너지 H와 비에너지 E_c가 같게 되어 결국 위어에서의 유량은 다음과 같다.

$$Q = 0.385CB\sqrt{2g}\,H^{3/2} \tag{7.4.20}$$

여기서, C는 위어 상류부의 수심이 낮아 접근유속을 고려하게 되면 실제로는 더 많은 유량이 흐르고, 또한 위어상에서의 손실수두가 존재하기 때문에 이를 고려하기 위한 유량계수이다.

예제 7.4.3

폭 30m인 광정위어 상의 수심이 1m, 유속이 1.5m/s일 때 유량은 얼마인가. 단, 유량계수는 0.7이다.

풀이

수두는 $H = y + \frac{V^2}{2g} = 1 + \frac{1.5^2}{2 \times 9.81} = 1.115\text{m}$

유량은 $Q = 0.385CB\sqrt{2g}H^{3/2} = 0.385 \times 0.7 \times 30 \times \sqrt{2 \times 9.81} \times 1.115^{3/2} = 42.15\text{m}^3/\text{s}$

7.5 개수로상의 운동량

개수로에서의 비에너지와 함께 개수로 내의 흐름을 해석하는데 운동량 방정식 또한 중요한 역할을 한다. 운동량 방정식을 연속방정식 및 에너지 방정식과 연계하여 적용하면 도수(hydraulic jump)와 같은 급변류를 해석하는데 도움이 된다.

7.5.1 비력

그림 7.5.1과 같이 비교적 짧은 구간에 흐름이 변하는 급변류에 대해 운동량 방정식을 적용해 보기로 하자. 변화구간의 상류 및 하류에서 등류가 형성되고, 수로바닥에서의 마찰은 무시한다고 가정한다. 검사체적에 대해 흐름 방향으로 운동량 방정식을 적용하면

$$\Sigma F = F_1 - F_2 = \rho Q(V_2 - V_1) \tag{7.5.1}$$

여기서, F_1 및 F_2는 단면 ①, ②에서의 정수압으로 인해 작용하는 힘이므로 $F=\gamma h_C A$를 적용하면

$$\gamma h_{C_1} A_1 - \gamma h_{C_2} A_2 = \rho Q V_2 - \rho Q V_1 \tag{7.5.2}$$

여기서, h_C는 각 단면에서 수면으로부터 도심까지의 깊이이다. 식 (7.5.2)를 각 단면의 항으로 정리하고 단위중량 γ로 나누면

$$h_{C_1} A_1 + \frac{Q^2}{gA_1} = h_{C_2} A_2 + \frac{Q^2}{gA_2} \tag{7.5.3}$$

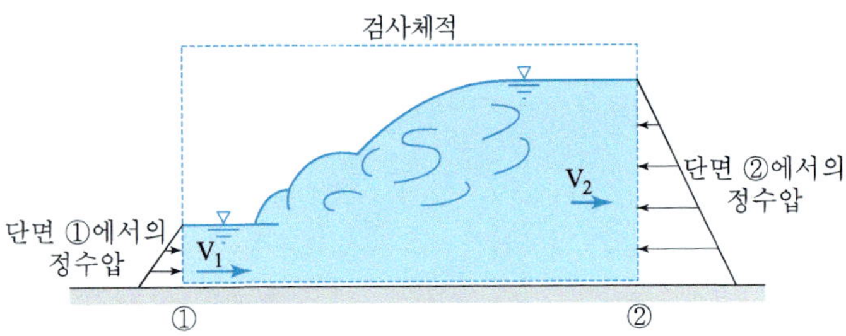

그림 7.5.1 급변류에서의 운동량

식 (7.5.3)의 양변은 각각 단위무게당 정수압과 운동량 또는 동수압으로 표현되며, 이들을 합한 값이 두 단면에서 같음을 나타내고 있다. 즉,

$$M = h_C A + \frac{Q^2}{gA} \tag{7.5.4}$$

여기서, M을 비력(specific force)이라 하며 모든

단면에서 같고, 비력과 수심과의 관계를 나타내면 그림 7.5.2와 같다. 유량이 일정할 때 특정 비력에 대한 수심이 상류수심 y_2와 사류수심 y_1 한 쌍이 존재하며, 이 두 수심을 공액수심(conjugate depths)이라 한다. 비력이 최소가 되는 조건을 구하기 위해 식 (7.5.4)를 수심에 대해 미분하여 0으로 놓으면

$$\frac{dM}{dy} = \frac{d}{dy}(h_C A) - \frac{Q^2}{gA^2}\frac{dA}{dy} = 0 \qquad (7.5.5)$$

식 (7.5.5)에서 우변의 첫 항은 수심의 변화에 대한 1차 단면모멘트의 변화와 같으므로

$$\frac{d(h_C A)}{dy} = \frac{\left[A(h_C + dy) + \frac{dy}{2} T\,dy\right] - h_C A}{dy} = \frac{A\,dy}{dy} = A \qquad (7.5.6)$$

여기서, dy는 미소수심변화이므로 dy^2은 매우 작아지게 되어 생략한다. 따라서 식 (7.5.5)는

$$\frac{dM}{dy} = A - \frac{Q^2}{gA^2}\frac{dA}{dy} = 0 \qquad (7.5.7)$$

수면 폭 T=dA/dy이므로 식 (7.5.7)은

$$\frac{Q^2 T}{gA^3} = 1 \qquad (7.5.8)$$

따라서, 비력이 최소가 되는 조건은 F_r=1인 한계류가 된다.

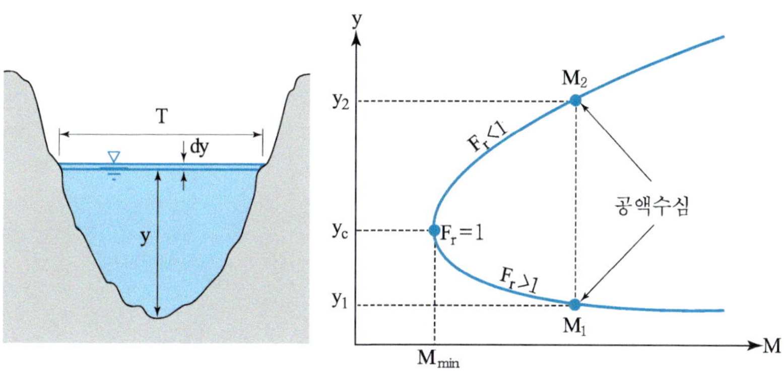

그림 7.5.2 비력곡선

예제 7.5.1

그림 7.5.3과 같은 폭 5m의 사각형단면 수로에 $14m^3/s$의 유량이 흐르고 있다. 수문 상류부에서의 수심이 2m이고 하류부에서의 수심이 0.5m일 때 수문에 가해지는 힘을 구하라.

풀이

수문 상하류에서의 비력은 식 (7.5.4)를 이용하면

$$M_1 = h_{C1}A_1 + \frac{Q^2}{gA_1} = 1 \times 5 \times 2 + \frac{14^2}{9.81 \times 5 \times 2} = 12m^3$$

$$M_2 = h_{C2}A_2 + \frac{Q^2}{gA_2} = 0.25 \times 5 \times 0.5 + \frac{14^2}{9.81 \times 5 \times 0.5} = 8.62m^3$$

따라서, 수문에 작용하는 힘은

$$F = \gamma(M_1 - M_2) = 1{,}000 \times (12 - 8.62) = 3{,}380kg$$

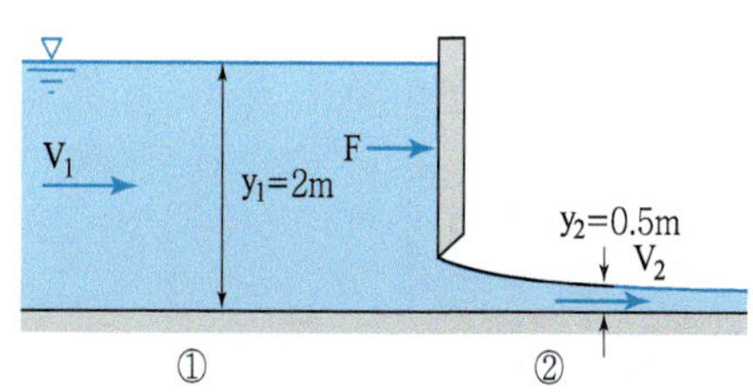

그림 7.5.3

7.6 정상부등류

대부분의 개수로 흐름에서는 수로를 따라 수심이 동일하지가 않고 변하게 된다. 이러한 수심의 변화는 짧은 구간에서 급하게 변하는 급변류와 비교적 긴 구간에서 점진적으로 변하는 점변류로 구분할 수가 있다. 급변류인 경우 짧은 구간에서 흐름상태가 바뀌며 와류로 인해 에너지 손실이 발생하게 되므로 마찰로 인한 에너지 손실은 무시하게 된다. 하지만 점변류인 경우 에너지 손실이 주로 마찰로 인해 발생하기 때문에 마찰손실을 고려하여야 한다. 점변류는 수심과 유속이 급격하게 변하지 않고 점진적으로 변하는 정상부등류로, 수로를 따라 흐름방향에 대한 수심의 변화율을 구할 수 있으며, 이러한 해석을 통해 수로를 따른 수면곡선을 예측할 수가 있다.

7.6.1 도수

도수(hydraulic jump)는 그림 7.6.1과 같이 사류상태로 흐르던 흐름이 상류상태로 급격하게 변하는 현상으로 상하류간의 흐름조건에 의해 도수의 위치뿐만 아니라 크기가 결정되게 된다. 도수 구간에서는 와류로 인해 에너지의 손실이 발생하게 되므로 에너지 방정식을 직접 적용하기는 곤란하다. 직사각형단면 수로에서 단면 ①과 ②에서 비력이 일정하다는 조건을 적용하면

$$\frac{y_1^2}{2}+\frac{q^2}{gy_1}=\frac{y_2^2}{2}+\frac{q^2}{gy_2} \tag{7.6.1}$$

또는

$$y_1y_2^2+y_1^2y_2-\frac{2q^2}{g}=0 \tag{7.6.2}$$

여기서, q는 직사각형단면 수로에서의 단위폭당 유량이고, y_1과 y_2는 도수전, 후의 수심이다. 식 (7.6.2)의 양변을 y_1^3으로 나누면

$$\left(\frac{y_2}{y_1}\right)^2+\left(\frac{y_2}{y_1}\right)-\frac{2q^2}{gy_1^3}=0 \tag{7.6.3}$$

여기서, 도수 상류부의 Froude수 $F_{r1}=q^2/gy_1^3$을 적용하고, y_2/y_1에 대한 2차방정식을 풀면 식 (7.6.4)를 얻고, 식 (7.6.2)의 양변을 y_2^3으로 나누고 y_1/y_2에 대한 풀면 식 (7.6.5)를 얻게 된다.

$$\frac{y_2}{y_1}=\frac{1}{2}\left(-1+\sqrt{1+8F_{r1}^2}\right) \tag{7.6.4}$$

$$\frac{y_1}{y_2}=\frac{1}{2}\left(-1+\sqrt{1+8F_{r2}^2}\right) \tag{7.6.5}$$

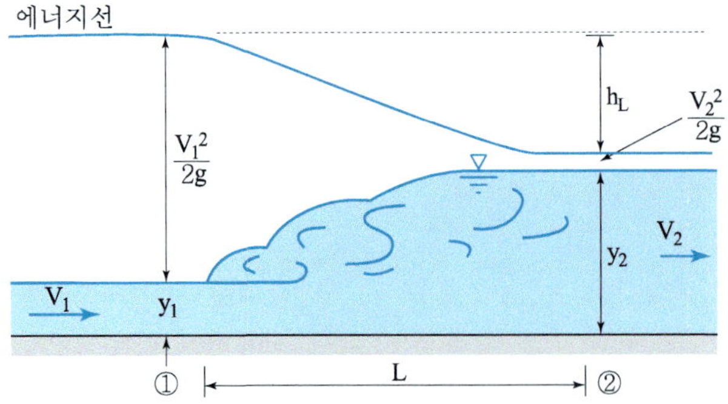

그림 7.6.1 도수현상

식 (7.6.4)와 (7.6.5)는 도수 전후의 수심과 Froude수간의 관계를 나타내고 있으며, 도수현상인 경우 y_1이 y_2보다 작으므로 이러한 조건은 식 (7.6.4)로부터 F_{r1}이 1보다 커야 한다. 즉, 도수가 발생하려면 상류부가 사류로 흘러야 함을 알 수 있다. 그림 7.6.2는 도수와 관련하여 비에너지곡선 및 비력곡선을 함께 나타내어 비교하고 있다. 도수전의 수심 y_1에 대응하는 비에너지는 E_1이고 이때의 비력은 M_1이다. 비력은 모든 단면에서 동일하므로 도수가 발생한 후의 수심은 비력이 M_1에 해당하는 공액수심인 y_2가 된다. 수심 y_2에 해당하는 비에너지는 E_2로 도수 전의 수심 y_1에 해당하는 비에너지 E_1보다 ΔE만큼 감소하였다. 이는 도수로 인해 발생한 에너지손실 ΔE때문이며 다음과 같다.

$$\Delta E = E_1 - E_2 = \frac{(y_2 - y_1)^3}{4y_1y_2} \tag{7.6.6}$$

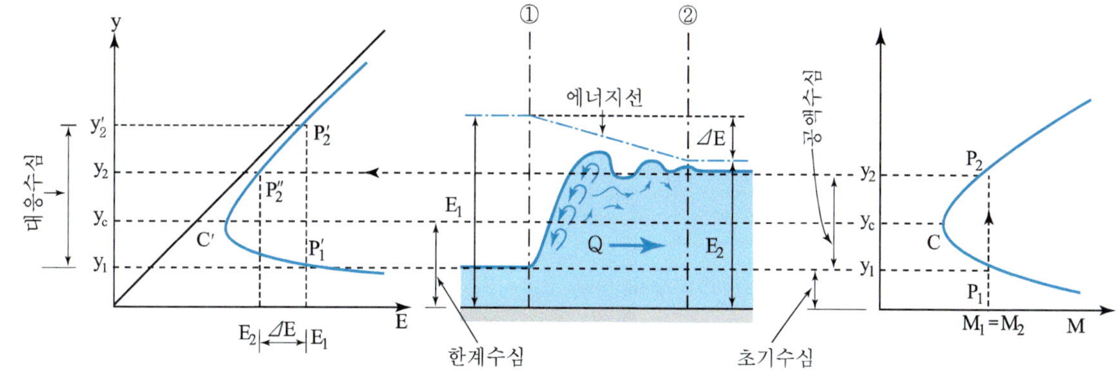

그림 7.6.2 도수와 비에너지 및 비력관계

예제 7.6.1

그림 7.6.3과 같이 사각형단면 수로에 수심 0.3m, 유속 16m/s로 물이 흐르고 있을 때 하류의 영향으로 도수가 발생하였다. 도수 후의 수심, 유속 및 도수로 인한 에너지 손실을 구하라.

풀이

도수 발생 전의 Froude수는

$$F_{r1} = \frac{V}{\sqrt{gy_1}} = \frac{16}{\sqrt{9.81 \times 0.3}} = 9.33$$

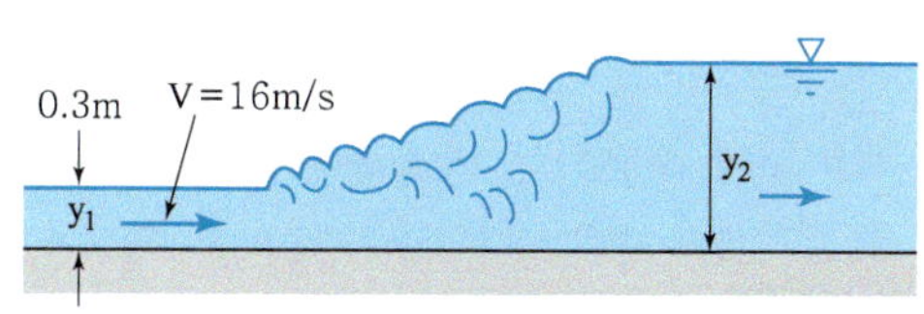

그림 7.6.3 도수계산

도수후의 수심은 식 (7.6.4)로부터

$$y_2 = \frac{y_1}{2}\left(-1 + \sqrt{1 + 8F_{r1}^2}\right) = \frac{0.3}{2}\left(-1 + \sqrt{1 + 8 \times 9.33^2}\right) = 3.81\text{m}$$

도수 후의 유속은 $V_2 = \dfrac{q}{y_2} = \dfrac{16 \times 0.3}{3.81} = 1.26\text{m/s}$

에너지 손실은 $\Delta E = \dfrac{(y_2 - y_1)^3}{4y_1y_2} = \dfrac{(3.81 - 0.3)^3}{4 \times 0.3 \times 3.81} = 9.46\text{m}$

7.6.2 점변류 수면곡선의 분류

점변류의 특성은 한계등류의 발생에 필요한 경사 S_c와 비교한 실제 수로경사 S_o의 항으로 나타낼 수가 있다. 또한 흐름 특성은 실제 수심이 등류수심 y_n보다 크거나 작음에 따라 변하게 된다. 흐름의 분류는 실제 수심과 한계수심간의 관계 $y>y_c$ 또는 $y<y_c$에 따라 상류($F_r<1$) 또는 사류($F_r>1$)가 된다. 수로를 따라 흐름이 등류수심을 유지하고 있다면 흐름 상태가 상류인지 또는 사류인지는 경사 $S_o<S_c$ 또는 $S_o>S_c$에 따라 결정된다. 수면곡선형의 형태는 댐, 수문, 수로바닥의 변화 등과 같은 장애물 또는 수로의 기하학적인 변화 등으로 인해 나타날 수가 있으며, 점변류는 흐름 상태와 경사에 따라 표 7.6.1과 같이 13가지의 수면곡선으로 분류할 수가 있다.

표 7.6.1 수면곡선의 분류

경사종류	경사분류	Froude수	수면곡선분류
$S_o < S_c$	완경사 (M)	$F_r < 1$ $F_r < 1$ $F_r > 1$	M1 M2 M3
$S_o = S_c$	한계경사 (C)	$F_r < 1$ $F_r = 1$ $F_r > 1$	C1 C2 C3
$S_o > S_c$	급경사 (S)	$F_r < 1$ $F_r > 1$ $F_r > 1$	S1 S2 S3
$S_o = 0$	수평경사 (H)	$F_r < 1$ $F_r > 1$	H2 H3
$S_o < 0$	역경사 (A)	$F_r < 1$ $F_r > 1$	A2 A3

7.6.3 점변류의 기본방정식

점변류 즉, 수로를 따르는 점진적인 수심의 변화를 알아보기 위해 그림 7.6.4와 같이 길이 dx에 해당하는 미소검사체적을 생각해보자. 미소검사체적의 상류부에서의 총 에너지수두와 dx구간에서의 각 에너지수두의 변화를 고려하여 하류부에서의 총에너지 수두를 표현하면 다음과 같다.

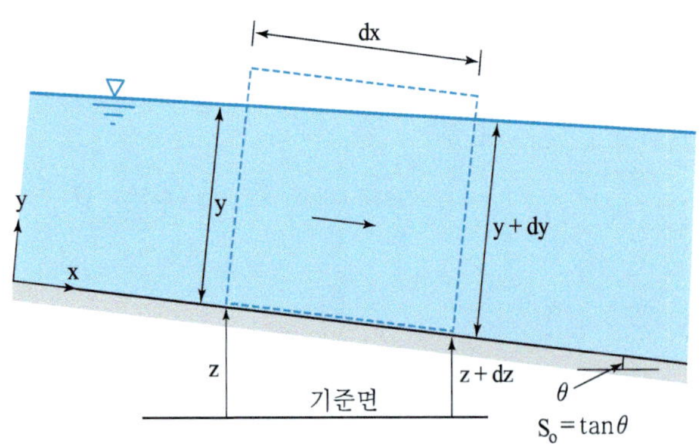

그림 7.6.4 점변류 해석을 위한 미소검사체적

$$\frac{V^2}{2g}+y+z = \frac{V^2}{2g}+d\left(\frac{V^2}{2g}\right)+(y+dy)+(z+dz)+S_f dx \tag{7.6.7}$$

여기서, S_f는 에너지선의 경사이다. 수로바닥의 높이 변화는 $dz=-S_o dx$로 나타낼 수가 있으므로 식 (7.6.7)을 정리하면

$$d\left(\frac{V^2}{2g}\right)+dy=(S_o-S_f)dx \tag{7.6.8}$$

또는

$$\frac{dy}{dx}+\frac{d}{dx}\left(\frac{V^2}{2g}\right)=S_o-S_f \tag{7.6.9}$$

직사각형단면 수로에서 폭이 b이면 Q=Vby이므로

$$\frac{d}{dx}\left(\frac{V^2}{2g}\right)=\frac{d}{dx}\left(\frac{Q^2}{2gb^2y^2}\right)=-2\frac{Q^2}{2gb^2y^3}\frac{dy}{dx}=-\frac{V^2}{gy}\frac{dy}{dx}=-F_r^2\frac{dy}{dx} \tag{7.6.10}$$

식 (7.6.10)을 식 (7.6.9)에 적용하면 다음과 같은 점변류 수면곡선식을 얻게 된다.

$$\frac{dy}{dx}=\frac{S_o-S_f}{1-F_r^2} \tag{7.6.11}$$

수면곡선의 일반적인 거동을 쉽게 알아보기 위해 광폭($b \gg y$)인 직사각형단면 수로($R_h \simeq y$)에 대해 점변류의 기본방정식을 적용해 보자. 먼저 식 (7.6.11)을 변경하면

$$\frac{dy}{dx}=\frac{S_o-S_f}{1-F_r^2}=\frac{S_o\left(1-\frac{S_f}{S_o}\right)}{1-F_r^2} \tag{7.6.12}$$

Manning의 등류 경험공식을 부등류에 적용하면

$$V=\frac{1}{n}R_h^{2/3}S_f^{1/2} \tag{7.6.13}$$

따라서 에너지선의 경사는

$$S_f=\frac{n^2V^2}{R_h^{4/3}}=\frac{n^2V^2}{y^{4/3}}=\frac{n^2Q^2}{b^2y^{10/3}} \tag{7.6.14}$$

조도계수가 일정한 광폭 직사각형단면 수로에서 유량이 일정할 경우 수로경사는 등류수심과 직접관련이 있으므로

$$Q=\frac{1}{n}AR_h^{2/3}S_o^{1/2}=\frac{1}{n}by_ny_n^{2/3}S_o^{1/2} \tag{7.6.15}$$

따라서

$$S_o=\frac{n^2Q^2}{b^2y_n^{10/3}} \tag{7.6.16}$$

식 (7.6.14)와 (7.6.16)으로부터

$$\frac{S_f}{S_o}=\left(\frac{y_n}{y}\right)^{10/3} \tag{7.6.17}$$

한편 연속방정식 $Q=V_c b y_c=V b y$로부터 F_r은

$$F_r=\frac{V}{\sqrt{gy}}=\frac{V_c y_c}{y\sqrt{gy}}=\frac{\sqrt{gy_c}\,y_c}{y\sqrt{gy}}=\left(\frac{y_c}{y}\right)^{3/2} \tag{7.6.18}$$

따라서 식 (7.6.17)과 식 (7.6.18)을 식 (7.6.12)에 대입하고 정리하면

$$\frac{dy}{dx}=S_o\frac{1-\left(\frac{y_n}{y}\right)^{10/3}}{1-\left(\frac{y_c}{y}\right)^3} \tag{7.6.19}$$

식 (7.6.19)는 점변류의 수심 y, 등류수심 y_n 그리고 한계수심 y_c로부터 수면의 변화를 알 수 있는 점변류의 기본방정식이다.

7.6.3 수면곡선형의 결정

점변류의 기본방정식 (7.6.19)에서 우변항의 계산 결과가 0이면 dy/dx=0이 되어 수로를 따라 수심의 변화가 없으므로 수심이 동일한 등류가 형성된다. 만일 dy/dx>0이면 수로를 따라 흐름방향으로 수심이 증가하게 되며 이러한 수면곡선을 배수곡선(backwater curve)이라 하고, dy/dx<0이면 수로를 따라 흐름방향으로 수심이 감소하는 저하곡선(drawdown curve)이 형성된다. 따라서 수면곡선은 등류곡선, 배수곡선 또는 저하곡선 중의 하나가 되며 수로경사는 완경사, 급경사, 한계경사, 수평경사, 역경사가 존재하므로 총 15가지의 수면곡선형이 나타날 수 있으나, 수평경사 및 역경사인 경우 등류수심이 존재하지 않으므로 결국 13가지의 수면곡선형이 나타난다. 이들 13가지 수면곡선형을 종합적으로 요약한 것이 표 7.6.2에 나타나 있으며, 다양한 실제상황에서 발생할 수 있는 수면곡선들이 표 7.6.3과 같다.

7.6.4 수면곡선의 경계조건

흐름 조건 및 수로 경사에 따라 나타나는 점변류의 수면형에 대해 수면곡선이 등류수심, 한계수심 그리고 수로바닥에 접근할 때 어떻게 변하는지 알아보기로 한다.

① 등류수심에 접근하는 경우 : 이 경우 $y=y_n$이 되므로 식 (7.6.19)에서 오른쪽 항의 분자가 0이 되므로 dy/dx=0이 되어 수심의 변화가 없게 되므로 등류수심 y_n에 점근하게 된다.

표 7.6.2 점변류의 수면곡선형

수면곡선	곡선형	수심	흐름상태	수면경사
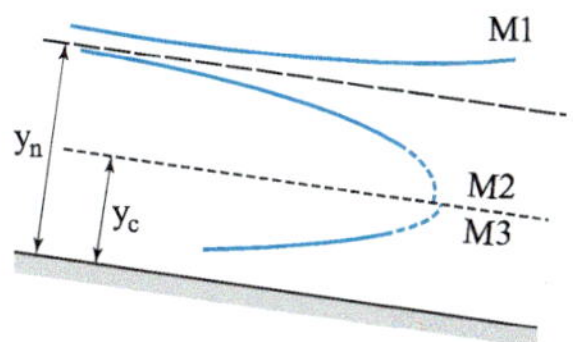	M1 M2 M3	$y > y_n > y_c$ $y_n > y > y_c$ $y_n > y_c > y$	상류 상류 사류	+ − +
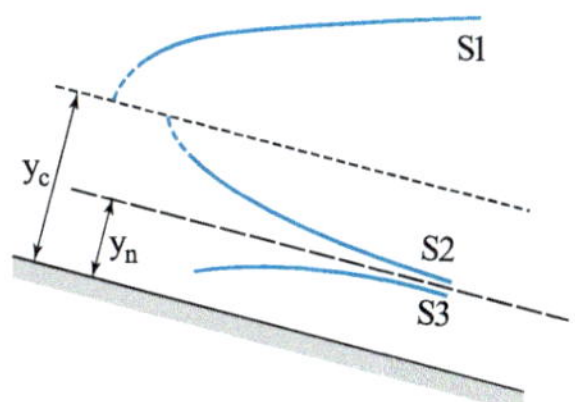	S1 S2 S3	$y > y_c > y_n$ $y_c > y > y_n$ $y_c > y_n > y$	상류 사류 사류	+ − +
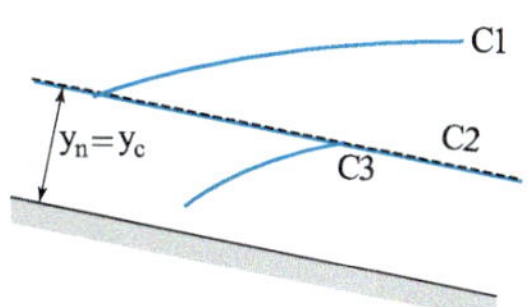	C1 C2 C3	$y > y_c = y_n$ $y_c = y_n$ $y < y_c = y_n$	상류 등류 사류	+ ○ +
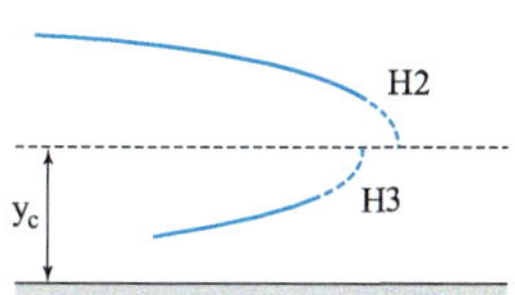	H2 H3	$y > y_c$ $y < y_c$	상류 사류	− +
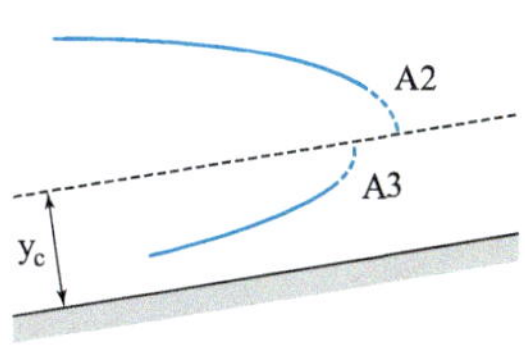	A2 A3	$y > y_c$ $y < y_c$	상류 사류	− +

② 한계수심에 접근하는 경우 : 이 경우 $y=y_c$가 되므로 식 (7.6.19)에서 오른쪽 항의 분모가 0이 되므로 $dy/dx=\infty$이 되어 수면경사가 무한대가 되므로 한계수심 y_c와 직교하게 된다. 이런 경우는 도수가 발생하여 한계수심을 통과하는 경우라 할 수 있다.

③ 수심이 깊어지는 경우 : 이 경우는 $y \to \infty$로 식 (7.6.19)에서 $dy/dx=S_o$가 된다. 즉, 수심의 증가가 하상경사와 같으므로 수면은 수평을 유지하게 된다.

④ 수로바닥에 접근하는 경우 : 이 경우 $y=0$이 되므로 식 (7.6.19)에서 $dy/dx=\infty/\infty$가 되어 부정이 된다. 따라서 식 (7.6.19)를 다음과 같이 변형시키면

표 7.6.3 수면곡선의 발생 예

구분	수면곡선 모양	
완경사	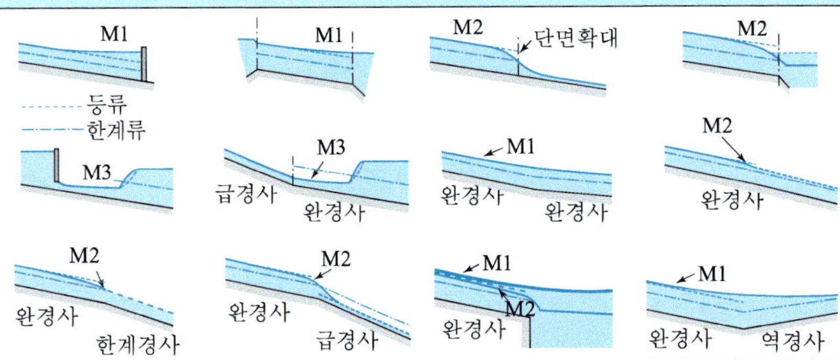	
급경사	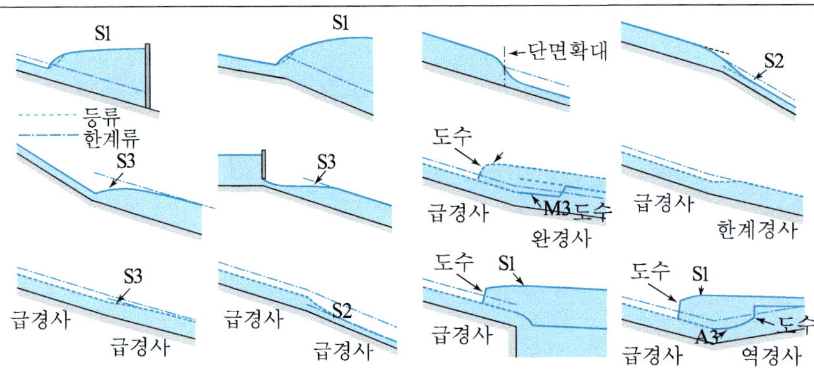	
한계경사	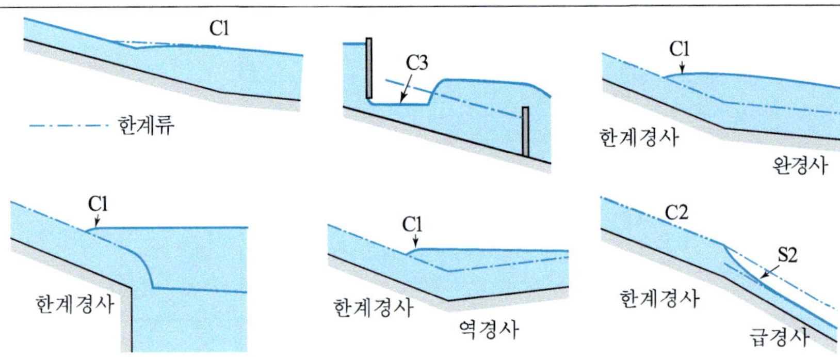	
수평경사	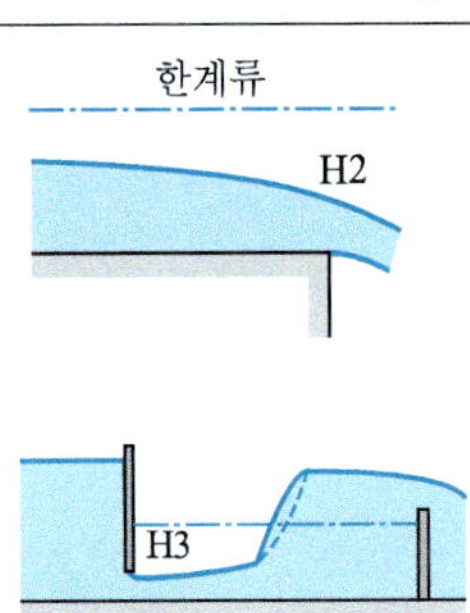	역경사 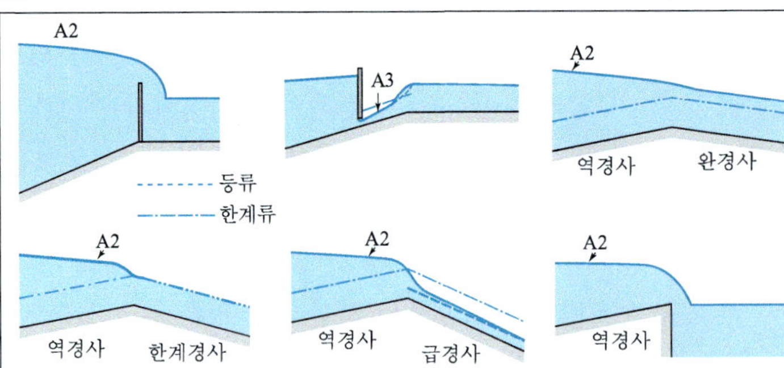

$$\frac{dy}{dx} = S_o \frac{y^3 - y_n^3\left(\frac{y_n}{y}\right)^{1/3}}{y^3 - y_c^3} \tag{7.6.20}$$

등류수심 및 한계수심은 0이 아니므로 결국 y=0이면 dy/dx=∞가 되어 수로바닥과 직교하는 형태가 된다.

예제 7.6.2

폭이 10m인 사각형 단면 수로에 $50m^3/s$의 물이 흐르고 있다. 수로의 경사가 0.001, 조도계수가 0.02일 때 하류의 한 단면에서 측정한 수심이 1.5m였다면 수면곡선은 어떤 형태인가. 만일 수로의 경사가 0.005로 증가하면 수면형은 어떻게 변하겠는가.

풀이

먼저 한계수심을 구하면

$$y_c = \left(\frac{q^2}{g}\right)^{1/3} = \left[\frac{(50/10)^2}{9.81}\right]^{1/3} = 1.366m$$

등류수심을 구하기 위하여 Mannig의 공식을 적용하면

$$AR_h^{2/3} = \frac{nQ}{\sqrt{S_o}} \quad \rightarrow \quad 10y_n\left(\frac{10y_n}{10+2y_n}\right)^{2/3} = \frac{0.02 \times 50}{0.001^{1/2}} = 31.623$$

시행착오법으로 y_n을 구하면 y_n=2.324m가 된다. 따라서 등류수심이 한계수심보다 크므로 완경사이고 측정한 수심이 그 사이에 있으므로 수면형은 M2곡선이 된다. 만일 수로경사가 0.005로 변하면

$$AR_h^{2/3} = \frac{nQ}{\sqrt{S_o}} \quad \rightarrow \quad 10y_n\left(\frac{10y_n}{10+2y_n}\right)^{2/3} = \frac{0.02 \times 50}{0.005^{1/2}} = 14.142$$

시행착오법으로 y_n을 구하면 y_n=1.355m가 된다. 등류수심이 한계수심보다 작으므로 급경사이고 측정수심이 제일 크므로 S1곡선이 된다.

7.6.5 통제단면 및 복합수로

수면곡선은 일반적으로 통제단면(control section)으로 불리는 지점을 기준으로 상류 또는 하류 방향으로 계산하게 된다. 따라서 통제단면이 되는 지점을 파악할 필요가 있으며, 이러한 통제단면은 한계수심 또는 등류수심이 형성되는 지점이나 구조물 등에 의해 수심을 알 수 있는 지점이 된다. 통제단면은 다음과 같이 세 가지로 분류할 수가 있다.

① 상류통제단면(upstream control section): 급경사 수로의 상류부 끝단에서 흐름이 한계단면 즉, 한계수심을 통과하여 하류부에서는 S1 또는 S2곡선이 발생하기 때문에 급경사의 상류부 끝단이 통제단면이 될 수가 있다. 여러 개의 급경사 수로가 서로 연결되어 있을 경우에는 가장 상류

수로의 끝단이 통제단면이 된다. 긴 완경사 수로상에서는 M1 또는 M2곡선이 상류부 끝단에서 등류수심에 점근하기 때문에 긴 완경사 상류부 끝단이 통제단면이 될 수 있다.

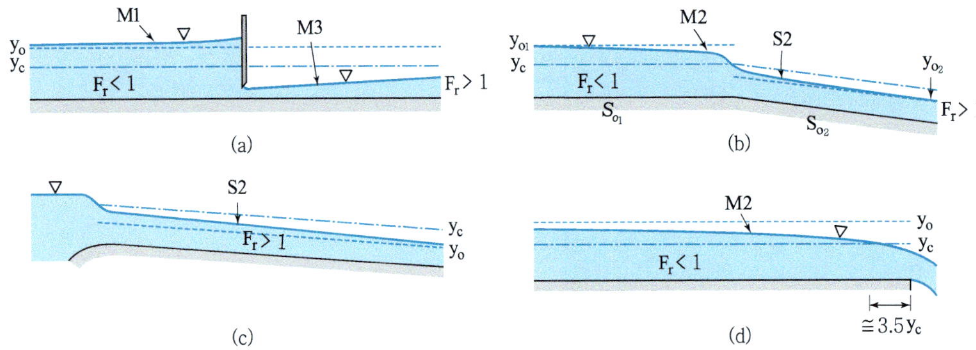

그림 7.6.5 통제단면의 예

② 하류통제단면(downstream control section): 긴 급경사 수로인 경우 흐름이 하류부 끝단에서 등류에 점근하기 때문에 긴 급경사 수로의 하류부 끝단이 통제단면이 될 수 있다. 만일 완경사 수로의 하류부 끝단이 자유 낙차부로 되어 있으면 낙차부에서 한계수심이 발생하므로 완경사 수로의 자유 낙차부가 통제단면이 될 수 있다.

③ 인위적 통제단면(artificial control section): 위어, 댐 또는 수문과 같은 통제구조물 지점에서 수심을 알 수 있기 때문에 통제단면이 될 수 있다.

통제단면이 결정되면 이 지점에서의 수심을 알 수가 있으므로 통제단면을 기준으로 상류 또는 하류로 수면곡선을 계산하게 된다. 흐름이 상류이면 유속보다 표면파의 전파속도가 커서 표면파가 상류부로 전파되므로 하류통제를 받게 되어 상류방향으로 수면곡선을 계산하게 된다. 만일 흐름이 사류이면 흐름의 유속보다 표면파의 전파속도가 작아서 표면파가 상류부로 전파되지 못하고 하류로 전파되므로 상류통제를 받게 되어 하류방향으로 수면곡선을 계산하게 된다.

수로의 경사가 다양한 그림 7.6.6과 같은 복합수로에서의 수면곡선을 작성해보자. 먼저 등류수심과 한계수심을 표시하고, 가능한 통제단면 즉, 상류통제단면(UC), 하류통제단면(DC) 그리고 인위적인 통제단면(AC)을 파악한다. 그림에서는 인위적인 통제단면으로 수문이 있다. 상류부 완경사에서는 등류가 형성되어 흐르므로 상류부 완경사 끝단이 상류통제단면(UC)이 된다. 완경사 수로가 중간 지점의 급경사 수로로 변환되면 완경사 수로에서는 M2곡선이 형성되고, 급경사 수로에서는 등류수심이 한계수심보다 낮으므로 상

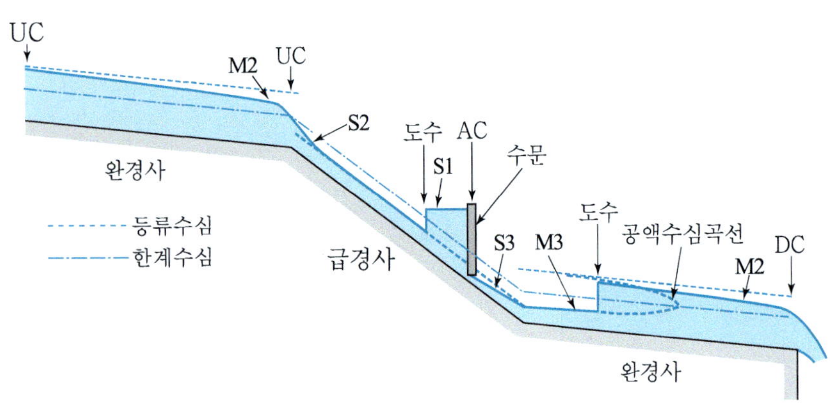

그림 7.6.6 복합수로에서의 수면곡선 및 통제단면

류부 완경사 수로의 하류 끝단에서 한계수심을 통과하여 급경사 수로의 등류수심에 접근하며 S2 곡선이 형성되게 된다. 이 때 급경사 수로의 상류부 끝단이 상류통제단면(UC)이 된다. 수문 상류부는 S1곡선이 형성되고 S2곡선과는 도수로 연결된다.

수문 하류부 급경사에서는 등류수심보다 낮게 흐르므로 S3곡선이 형성되어 사류로 흐르게 되고, 완경사 지점에서는 한계수심보다 낮은 사류인 M3곡선이 형성된다. 하류단 완경사가 유지되면 M2 곡선이 형성되고 M3와 M2곡선간에 도수가 발생하게 된다. M2곡선이 하류 낙차부로 이어지게 되면 낙차부가 하류통제단면이 되고 이때 한계수심을 통과한다.

예제 7.6.3

그림 7.6.7과 같이 상류 저수지로부터 콘크리트로 피복된(n=0.013) 폭 10m, 경사 0.01의 사각형단면 수로로 물이 유입되고 있다. 저수지 수표면이 수로 하상보다 6m가 높을 때 수로로 유입되는 유량과 수면형를 그려라. 수로입구부 손실 및 저수지의 접근유속은 무시하라.

풀이

먼저 입구부 통제 즉, 수로의 경사를 급경사 또는 한계경사로 가정한다. 따라서

$$y_c = \frac{2}{3}H = \frac{2}{3}\times 6 = 4\text{m}$$

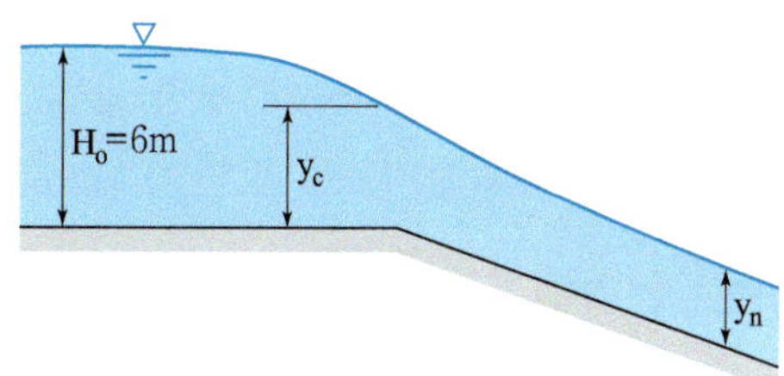

그림 7.6.7

한계류일 때의 단위폭당 유량은

$$q = \sqrt{gy_c^3} = \sqrt{9.81\times 4^3} = 25.06\text{m}^3/\text{s}/\text{m}$$

$$Q = bq = 10\times 25.06 = 250.6\text{m}^3/\text{s}$$

Manning의 공식을 이용하여 한계경사를 구하면

$$S_c = \frac{n^2Q^2}{A^2R_h^{4/3}} = \frac{0.013^2\times 250.6^2}{(10\times 4)^2\times\left[\frac{40}{10+8}\right]^{4/3}} = 0.00229$$

등류경사 0.01이 한계경사 0.00229보다 크므로 급경사가 맞고 따라서 가정이 맞으므로 수로로 유입되는 유량은 250.6m^3/s가 된다. 등류수심을 구하기 위해 Manning 공식을 이용하면

$$AR_h^{2/3} = \frac{nQ}{\sqrt{S_o}} \quad\rightarrow\quad 10y_n\left(\frac{10y_n}{10+2y_n}\right)^{2/3} = 0.013\times\frac{250.6}{0.01^{1/2}} = 32.57$$

시행착오법으로 y_n을 구하면 y_n=2.37m가 된다. 따라서 저수지 수위 6m로 수로로 접근하여 수로 입구부에서 한계수심을 거쳐 수로 하류부로 갈수록 등류수심 2.37m에 점근해 가게 된다.

7.7 점변류의 수면곡선계산

개수로 점변류 수면곡선계산은 특정 유량에 대해 수로를 따라 수위를 계산하는 것으로 개수로의

계획, 설계 및 운영에 필요하며, 추가적인 수로의 개수 등으로 인한 수위의 변화를 분석하는데 또한 필요하다. 점변류의 수면곡선을 계산하는 방법에는 크게 도식적분법(graphical-integration method), 직접적분법(direct integration) 그리고 축차계산법(step method)이 있다.

도식적분법은 점변류 기본방정식을 도식적으로 적분하여 수면곡선을 계산하는 방법이다. 직접적분법은 점변류 기본방정식을 직접 적분하여 수면곡선을 계산하는 방법으로 광폭 직사각형단면 수로에만 적용할 수 있는 Bresse방법과 자연하천단면과 같은 임의 단면에 적용할 수 있는 Chow 방법이 있다. 축차계산법은 수로를 짧은 구간으로 나누어 한 지점으로부터 다른 지점으로 단계적으로 수면곡선을 계산하는 방법으로 단면형이 일정한 대상수로에만 적용할 수 있는 직접축차계산법(direct step method)과 자연하천과 같은 임의 하천에 적용할 수 있는 표준축차계산법(standard step method)이 있다. 본 절에서는 실무에서 많이 적용되고 있는 수면곡선계산 컴퓨터 프로그램에서 사용하고 있는 방법인 축차계산법에 대해 소개하기로 한다.

7.7.1 직접축차계산법

축차계산법은 수로의 통제단면지점으로부터 상류 또는 하류로 구간을 짧게 나누어 수면곡선을 축차적으로 계산하는 방법으로, 직접축차계산법은 주로 단면이 수로를 따라 변하지 않는 대상수로에 적용하는 간단한 방법이다. 그림 7.7.1과 같이 Δx의 짧은 수로구간에서의 에너지 관계를 생각해 보자. 두 단면 ①과 ②에서의 총 에너지수두를 나타내면 다음과 같다.

$$S_o \Delta x + y_1 + \frac{V_1^2}{2g} = y_2 + \frac{V_2^2}{2g} + S_f \Delta x + h_e \qquad (7.7.1)$$

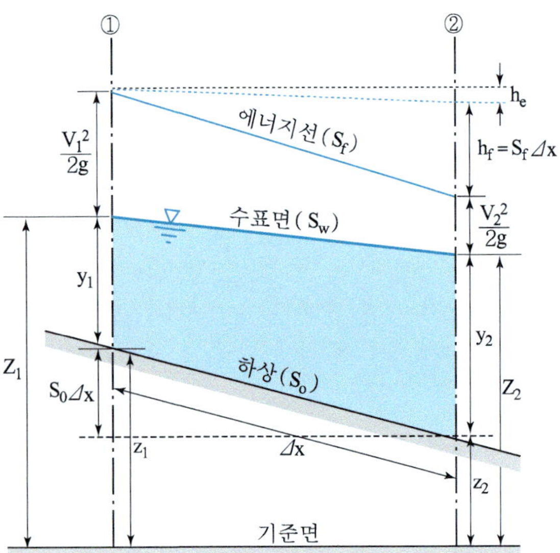

그림 7.7.1 직접적분법을 위한 수로 구간

여기서, y는 각 단면에서의 수심, V는 유속이며, S_o는 수로의 경사, S_f는 에너지선의 경사이다. 다른 항에 비해 와류손실 h_e는 작으므로 생략하고 Δx에 관해 정리하면

$$\Delta x = \frac{E_2 - E_1}{S_o - S_f} = \frac{\Delta E}{S_o - S_f} \qquad (7.7.2)$$

여기서, E는 흐름의 비에너지이다.

에너지선의 경사 S_f를 Manning의 공식을 이용하여 나타내면 직사각형단면 수로인 경우

$$S_f = \frac{n^2 V^2}{R_h^{4/3}} = \frac{n^2 q^2}{y^{10/3}} \qquad (7.7.3)$$

에너지선의 경사는 계산 구간 Δx에 적용할 때 다음과 같이

두 단면에서의 값을 평균하여 적용한다.

$$S_f = \frac{1}{2}(S_{f_1} + S_{f_2}) \tag{7.7.4}$$

따라서 직접축차계산법은 기지의 통제단면 수심으로부터 시작하여 인접한 지점의 가정수심이 발생하는 지점까지의 거리 Δx를 식 (7.7.2)를 이용하여 축차적으로 계산하게 된다.

예제 7.7.1

수로 경사가 0.001인 사다리꼴단면 수로에 $30m^3/s$의 유량이 흐르고 있다. 수로의 저변 폭이 10m이고 측면경사는 2:1이다. 수로의 하류부 끝단에 구조물이 설치되어 이지점에서의 수심이 5m로 측정되었다. Manning의 조도계수가 0.013일 때 직접축차계산법에 의해 수면곡선을 계산하라.

풀이

먼저 등류수심을 구하기 위해 Manning의 공식을 이용하면

$$AR_h^{2/3} = \frac{nQ}{\sqrt{S_o}} = 0.013 \times \frac{30}{0.001^{1/2}} = 12.33$$

$$A = \frac{1}{2} y_n(10 + 10 + 2zy_n) = y_n(10 + 2y_n), \qquad P = b + 2y_n\sqrt{1+z^2} = 10 + 4.47y_n$$

따라서 Manning의 공식은 다음과 같이 정리된다.

$$[y_n(10 + 2y_n)]^{5/3} - 12.33(10 + 4.47y_n)^{2/3} = 0$$

시행착오법으로 등류수심을 구하면 y_n=1.09m를 얻는다. 한계수심은 다음관계로부터

$$\frac{A_c^3}{T_c} = \frac{Q^2}{g} \quad \rightarrow \quad \frac{(10y_c + 2y_c^2)^3}{(10 + 4y_c)} = \frac{30^2}{9.81} = 91.74$$

따라서 시행착오법으로 한계수심을 구하면 y_c=0.912m이다.

등류수심이 한계수심보다 크므로 완경사이고 댐지점의 수심이 5m로 등류수심보다 크므로 M1곡선이 된다. 구조물 지점을 통제단면으로 기지의 수심 5m로부터 상류방향으로 수심이 등류수심에 점근하는 지점까지 계산한 절차가 표 7.7.1에 나타나 있으며 계산절차를 요약하면 다음과 같다.

① 1란 y ; 수심은 시작 지점의 5m를 시작으로 등류수심에 점근하도록 감소시킨다.

② 2란 A : 1란의 수심에 대한 사다리꼴단면의 면적

③ 3란 R_h : 동수반경으로 A/P로 계산되며 윤변P는 수심 y로부터 산정한다.

④ 4란 V : 주어진 유량 Q를 2란 단면적 A로 나누어 산정

⑤ 5란 S_f : Manning의 공식으로부터 산정

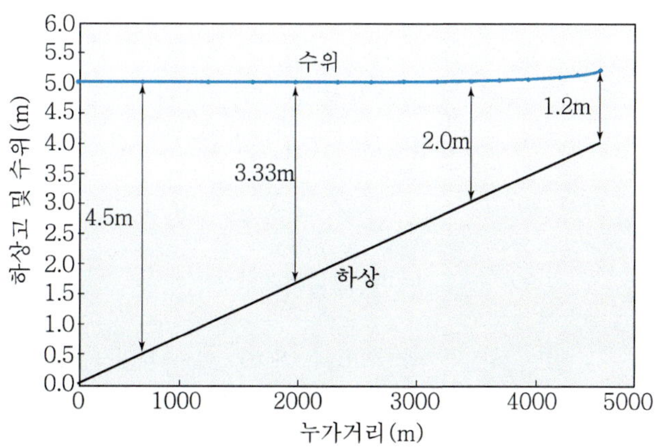

그림 7.7.2 직접축차계산법에 의한 수면곡선계산

⑥ 6란 $\bar{S}_f$: 현재 단면과 이전단면에서의 S_f의 평균값. 따라서 첫줄에서는 공란임

⑦ 7란 $S_o-\bar{S}_f$: S_o와 6란 값의 차

⑧ 8란 E : 비에너지로 1란의 수심 y와 4란의 유속 V로부터 계산

⑨ 9란 $\Delta E=E_2-E_1$: 현재 단면 깊이에 대한 E에서 이전 단면 깊이에서의 E값의 차. 따라서 첫줄에서는 공란임

⑩ 10란 $\Delta x=x_2-x_1$: 식 (7.7.2)에 의해 9란의 값을 7란의 값으로 나눈 값

⑪ 11란 L : 시작지점으로부터의 누가거리

표 7.7.1 직접축차계산법에 의한 수면곡선 계산

y	A	R_h	V	S_f	$\bar{S}_f$	$S_o-\bar{S}_f$	E	ΔE	Δx	L
5.00	100.0	3.09	0.30	0.000003			5.00459			0
4.50	85.5	2.84	0.35	0.000005	0.000004	0.000996	4.50627	0.49831	500.5	500.5
4.00	72.0	2.58	0.42	0.000008	0.000007	0.000993	4.00885	0.49743	500.8	1,001.2
3.66	63.4	2.40	0.47	0.000012	0.000010	0.000990	3.67142	0.33743	340.8	1,342.1
3.33	55.5	2.23	0.54	0.000017	0.000014	0.000986	3.34490	0.32651	331.3	1,673.4
3.00	48.0	2.05	0.63	0.000025	0.000021	0.000979	3.01991	0.32499	332.0	2,005.4
2.75	42.6	1.91	0.70	0.000035	0.000030	0.000970	2.77525	0.24466	252.3	2,257.7
2.50	37.5	1.77	0.80	0.000050	0.000043	0.000957	2.53262	0.24263	253.5	2,511.2
2.25	32.6	1.63	0.92	0.000075	0.000063	0.000937	2.29310	0.23952	255.5	2,766.7
2.00	28.0	1.48	1.07	0.000115	0.000095	0.000905	2.05851	0.23459	259.2	3,025.9
1.80	24.5	1.36	1.23	0.000169	0.000142	0.000858	1.87655	0.18196	212.1	3,238.0
1.60	21.1	1.23	1.42	0.000258	0.000214	0.000786	1.70284	0.17371	220.9	3,458.9
1.40	17.9	1.10	1.67	0.000416	0.000337	0.000663	1.54285	0.15999	241.4	3,700.3
1.30	16.4	1.04	1.83	0.000541	0.000478	0.000522	1.47097	0.07188	137.8	3,838.1
1.20	14.9	0.97	2.02	0.000717	0.000629	0.000371	1.40718	0.06379	171.9	4,010.0

7.7.2 표준축차계산법

표준축차계산법은 자연하천과 같이 비대상(nonprismatic)수로에 적용할 수 있는 방법으로 실제 하천 계산지점에서의 횡단면 자료가 필요하다. 수면곡선계산은 수리학적 특성이 결정된 단면간에 축차적으로 수행하며, 시작 단면에서 거리가 주어진 인접단면에서의 수심을 시행착오법으로 결정한다. 그림 7.7.1의 두 단면에서 기준면으로부터의 수면까지의 높이를 Z_1과 Z_2라 하면

$$Z_1 = S_o\Delta x + y_1 + z_2 \qquad \text{그리고} \qquad Z_2 = y_2 + z_2 \tag{7.7.5}$$

두 단면간의 마찰손실수두는

$$h_f = \bar{S}_f\Delta x = \frac{1}{2}(S_{f_1} + S_{f_2})\Delta x \tag{7.7.6}$$

여기서, $\bar{S}_f$는 두 단면의 에너지선 경사의 평균값이다. 따라서 두 단면에서의 총 에너지는

$$Z_1 + \frac{V_1^2}{2g} = Z_2 + \frac{V_2^2}{2g} + h_f + h_e \tag{7.7.7}$$

와류손실 h_e를 마찰손실의 일부로 간주하면 마찰손실 h_f 계산시 Manning의 조도가 이에 상응하여 증가하는 것으로 고려가 되므로 와류손실을 무시하기로 한다. 두 단면에서의 총 수두는

$$H_1 = Z_1 + \frac{V_1^2}{2g} \qquad \text{그리고} \qquad H_2 = Z_2 + \frac{V_2^2}{2g} \tag{7.7.8}$$

따라서, 식 (7.7.7)은 다음과 같다.

$$H_1 = H_2 + \bar{S}_f \Delta x \tag{7.7.9}$$

식 (7.7.9)를 이용하여 수면곡선을 계산하게 된다. 즉, 시작단면에서의 수면표고 Z_2가 주어지므로 식 (7.7.8)에 의해 H_2를 계산하고, Δx만큼 떨어져 있는 단면에서의 Z_1을 가정하여 H_1을 식 (7.7.8)에 의해 계산한 후, 두 단면간의 마찰손실수두를 계산하여 식 (7.7.9)의 관계가 성립하는지 판단한다. 만일 성립하지 않으면 Z_1을 다시 가정하여 반복하고, 성립하면 가정한 Z_1이 원하는 수면표고가 된다.

예제 7.7.2

수로 경사가 0.001인 사다리꼴단면 수로에 30m^3/s의 유량이 흐르고 있다. 수로의 저변 폭이 10m이고 측면경사는 2:1이다. 수로의 하류부 끝단에 구조물이 설치되어 이지점에서의 수심이 5m로 측정되었다. 표준축차계산법에 의해 구조물 상류 1, 2 및 4km지점에서의 수위를 계산하라. Manning의 조도계수는 0.013이고 하류부 구조물 지점에서의 수로 바닥의 높이는 0m이다.

풀이

예제 7.7.1에서 y_n=1.09m, y_c=0.912m이므로 M1곡선이 되어 구조물 지점의 위치를 x=0이라 하고 상류로 1, 2, 4km에 대해 수리량을 계산하여 식 (7.7.9)가 성립하는지 판단한다. 이러한 계산 과정이 표 7.7.2와 같으며 각 란에 해당하는 설명은 다음과 같다.

① 1란 L : 수심을 계산하기 위한 지점
② 2란 y : 가정수심
③ 3란 A : 2란 가정수심에 의해 계산된 단면적
④ 4란 P : 2란 가정수심에 대한 윤변
⑤ 5란 R_h : 가정수심에 대한 동수반경으로 3란/4란으로 계산
⑥ 6란 V : 주어진 유량 Q를 3란 단면적으로 나눈 유속
⑦ 8란 z : 수로 바닥의 높이로 구조물 지점에서 z=0이므로 수로경사 S_o를 이용하여 계산
⑧ 9란 H : 2란 가정수심에 대한 총 수두로 2란+7란+8란으로 산정
⑨ 10란 S_f : Manning의 공식으로부터 산정

⑩ 11란 $\bar{S}_f$: 현재 단면과 이전단면에서의 S_f의 평균값. 따라서 첫줄에서는 공란임

⑪ 12란 Δx : 두 단면간의 거리

⑫ 13란 h_f : 두 단면사이에 발생하는 수두손실로 11란과 12란을 곱해 산정

⑬ 14란 H : 이전 단면의 총 수두(9란)에 현재단면의 수두손실 13란을 합한 값

식 (7.7.9)에 의해 9란과 14란의 값을 비교하여 허용 오차범위 내에 들면 계산을 종료하고 그렇지 않으면 2란을 다시 가정하여 반복한다.

표 7.7.2 표준축차계산법에 의한 계산

L	y	A	P	R_h	V	$V^2/2g$	z	H	S_f	$\bar{S}_f$	Δx	h_f	H
0	5.000	100.00	32.36	3.090	0.300	0.0046	0.0	5.0046	0.00000338				
1000	4.001	72.03	27.89	2.582	0.417	0.0088	1.0	5.0098	0.00000828	0.00000583	1000	0.00583	5.0104
1000	**4.002**	**72.05**	**27.90**	**2.583**	**0.416**	**0.0088**	**1.0**	**5.0108**	**0.00000827**	**0.00000582**	**1000**	**0.00582**	**5.0104**
2000	3.003	48.07	23.43	2.051	0.624	0.0199	2.0	5.0229	0.00002526	0.00001676	1000	0.01676	5.0276
2000	**3.007**	**48.15**	**23.45**	**2.054**	**0.623**	**0.0198**	**2.0**	**5.0268**	**0.00002513**	**0.00001670**	**1000**	**0.01670**	**5.0275**
3000	2.014	28.25	19.01	1.486	1.062	0.0575	3.0	5.0715	0.00011233	0.00006873	1000	0.06873	5.0955
3000	**2.038**	**28.69**	**19.11**	**1.501**	**1.046**	**0.0557**	**3.0**	**5.0937**	**0.00010756**	**0.00006634**	**1000**	**0.06634**	**5.0931**
4000	1.078	13.10	14.82	0.884	2.289	0.2671	4.0	5.3451	0.00104376	0.00057566	1000	0.57566	5.6694
4000	1.232	15.36	15.51	0.990	1.954	0.1945	4.0	5.4265	0.00065369	0.00038063	1000	0.38063	5.4744
4000	**1.263**	**15.82**	**15.65**	**1.011**	**1.896**	**0.1833**	**4.0**	**5.4463**	**0.00059892**	**0.00035324**	**1000**	**0.35324**	**5.4470**

7.8 개수로 흐름 측정

실험실 및 현장에서 유속, 유량과 같은 흐름 특성 및 다양한 흐름 변수를 측정하는 것은 매우 중요하다. 예를 들어 관개용 수로에서의 유량, 하천에서의 오염물 및 유사량, 홍수시 하천에서의 유량 등과 같은 흐름 특성치들의 측정은 흐름 시스템의 운영 및 분석 그리고 수리 및 수문학적 연구에 필수적이다. 본 절에서는 실험실이나 현장에서 흐름 변수들을 측정하기 위한 위어, 수로 및 수문과 같은 개수로 흐름 측정과 관련된 구조물의 원리 및 측정방법에 대해 알아보기로 한다.

7.8.1 위어

개수로에서 유량을 측정하는 방법에는 두 가지 기본 방법이 있다. 첫 번째로 한계단면(critical section)에서는 유속이 한계유속(critical velocity)과 같고, 따라서 수심을 측정함으로서 유량을 산정할 수가 있다. 두 번째로 위어와 같은 흐름의 장애물인 경우 흐름의 깊이는 유량과 관계가 있으므로 장애물 지점에서의 수심을 측정하여 관련유량 공식을 이용하여 유량을 산정하게 된다.

1) 예연위어

위어(weir)는 하천 바닥에 장애물을 설치하여 그 위로 물이 흐르도록 한 구조물로서 위어에서 수심을 측정함으로서 유량을 간편하게 측정할 수 있다. 예연위어(sharp crested weir)는 그림 7.8.1과 같이 하천 횡단면 상에 판을 설치하여 상류부 쪽이 예각으로 되어 있는 상단부 위로 물이 흘러 위어 하류부로 떨어지게 만든 것으로, 위어 상단부 물이 넘쳐 흐르는 단면의 모양에 의해 사각형위어, 삼각형위어 그리고 사다리꼴위어로 분류하게 된다.

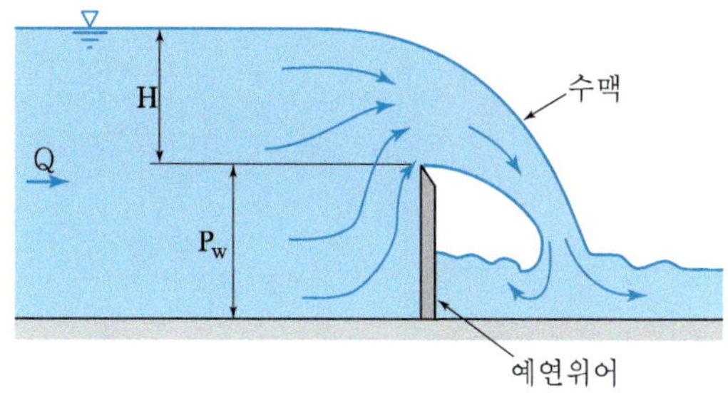

그림 7.8.1 예연위어

예연위어 상의 흐름을 분석하기 위해 위어 상류부의 유속 분포가 균일하고 월류수맥 내의 압력은 대기압과 같으며, 또한 그림 7.8.2와 같이 위어 위에서는 수평으로 물이 흐르고 유속분포는 균일하지 않다고 가정한다. 임의의 유선 A−B간에 Bernoulli 방정식 및 p_B=0을 적용하면

$$\frac{p_A}{\gamma}+\frac{V_1^2}{2g}+z_A=(H+P_w-h)+\frac{u_2^2}{2g} \tag{7.8.1}$$

여기서, P_w는 위어의 높이, H는 위어의 수두, h는 수면과 B점간의 거리이다. 그림 7.8.2로부터

$$\frac{p_A}{\gamma}+z_A=H+P_w \tag{7.8.2}$$

따라서 위어 상의 유속은 식 (7.8.1)과 식 (7.8.2)로부터

$$u_2=\sqrt{2g\left(h+\frac{V_1^2}{2g}\right)} \tag{7.8.3}$$

그러므로 위어 상의 유량은

$$Q=\int u_2\,dA=\int_{h=0}^{h=H}u_2 l\,dh \tag{7.8.4}$$

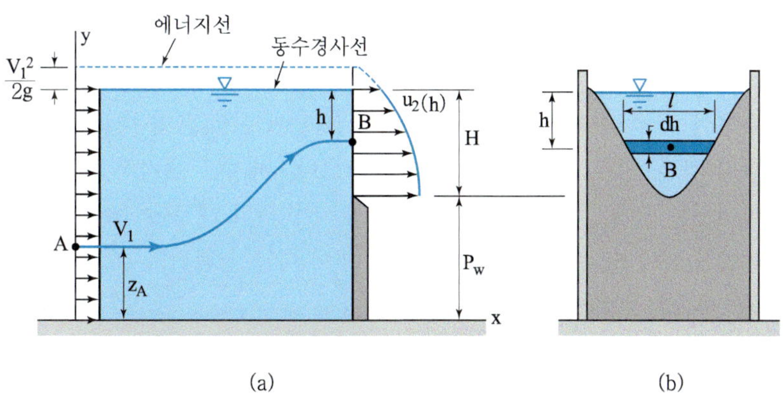

그림 7.8.2 위어 상의 흐름

여기서, l은 위어 상의 폭으로, 사각형위어인 경우 l은 일정하고, 삼각형 또는 사다리꼴위어와 같은 경우 l은 h의 함수가 된다. 사각형위어인 경우 l=b이므로 식 (7.8.4)를 다시 표현하면

$$Q=\sqrt{2g}\,b\int_0^H\left(h+\frac{V_1^2}{2g}\right)^{1/2}dh \tag{7.8.5}$$

$$\therefore Q = \frac{2}{3}\sqrt{2g}\, b\left[\left(H + \frac{V_1^2}{2g}\right)^{3/2} - \left(\frac{V_1^2}{2g}\right)^{3/2}\right] \tag{7.8.6}$$

$P_w \gg H$이고, 위어 상류에서의 유속을 무시할 수 있도록 작다고 가정하면 즉, $V_1^2/2g \ll H$라 가정하면 식 (7.8.6)은 다음과 같이 간단한 사각형위어 공식으로 나타낼 수 있다.

$$Q = \frac{2}{3}\sqrt{2g}\, bH^{3/2} \tag{7.8.7}$$

위어 상의 수두 H는 위어 정점부로부터 나타낸 위어 상류에서의 자유수표면의 높이이다. 사각형위어 공식 (7.8.7)을 유도할 때 많은 가정을 하였으므로 위어 수두의 함수로서 실제의 유량을 산정하기 위해서는 실험적으로 결정한 보정계수를 사용하여 다음과 같이 구한다.

$$Q = C_{wr}\frac{2}{3}\sqrt{2g}\, bH^{3/2} \tag{7.8.8}$$

여기서, C_{wr}은 사각형위어계수로 다음과 같이 나타낼 수 있다.

$$C_{wr} = 0.611 + 0.075\left(\frac{H}{P_w}\right) \tag{7.8.9}$$

만일 수로의 폭보다 위어의 폭이 작은 경우 위어 측벽에서의 흐름의 수축에 의해 위어 폭 b를 다음과 같이 조정할 필요가 있다.

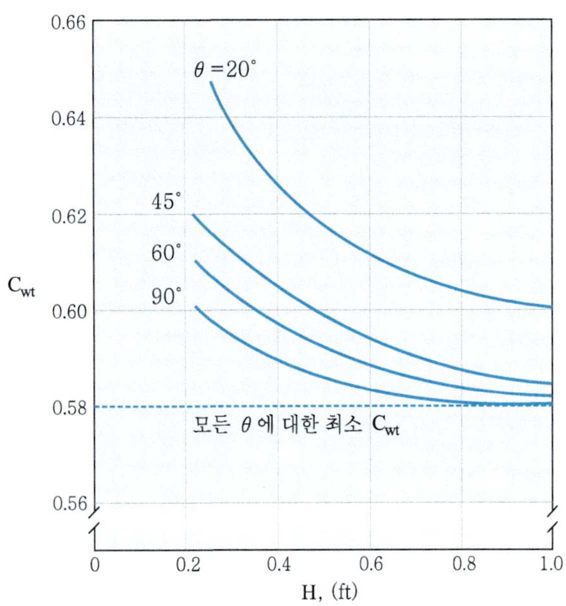

그림 7.8.3 삼각형위어에 대한 계수

$$b = b - 0.1nH \tag{7.8.10}$$

여기서, n은 수축단면의 수이다.

삼각형 예연위어는 유량을 측정하기 위해 자주 사용되며 특히 다양한 범위의 유량을 측정하기 위해 사용된다. 작은 유량인 경우 사각형위어에서는 수두 H가 매우 작으며 따라서 유량을 정확하게 산정하기가 곤란하다. 하지만 삼각형위어에서는 H가 감소함에 따라 단면적도 감소하기 때문에 작은 유량이라도 적절한 수두를 유지할 수 있어 다양한 범위의 유량을 정확히 산정 할 수 있다.

삼각형위어 공식은 식 (7.8.4)를 이용하여 유도할 수가 있다.

$$l = 2(H - h)\tan\left(\frac{\theta}{2}\right) \tag{7.8.11}$$

여기서, θ는 삼각형위어의 각을 의미한다. 사각형위어 공식을 유도하는 방법과 같은 방법으로 적분을 하고 상류부의 유속을

무시하면

$$Q = \frac{8}{15}\tan\left(\frac{\theta}{2}\right)\sqrt{2g}\,H^{5/2} \tag{7.8.12}$$

사각형위어와 같은 개념으로 실험적으로 구한 삼각형위어계수 C_{wt}를 적용하여 다시 나타내면

$$Q = C_{wt}\frac{8}{15}\tan\left(\frac{\theta}{2}\right)\sqrt{2g}\,H^{5/2} \tag{7.8.13}$$

삼각형위어에 대한 일반적인 C_{wt}값은 그림 7.8.3과 같이 0.58~0.62의 범위를 가진다. 비록 C_{wt}와 θ가 무차원이지만, C_{wt}의 값은 차원을 가진 위어 수두 H의 함수로 주어지게 된다.

예제 7.8.1

사각형위어의 정점부 높이가 0.6m이고, 폭이 수로와 같은 1.3m이다. 위어 상의 수심이 0.21m일 때 위어를 통해 월류하는 유량은 얼마인가. 만일 수로폭이 3m이고 수로 중앙에 위어가 설치되어 있다면 이때의 유량은 얼마인가.

풀이

사각형위어 공식 (7.8.8) 및 식(7.8.9)를 이용하면

$$C_{wr} = 0.611 + 0.075\left(\frac{H}{P_w}\right) = 0.611 + 0.075\left(\frac{0.21}{0.6}\right) = 0.637$$

따라서, $Q = C_{wr}\frac{2}{3}\sqrt{2g}\,bH^{3/2} = 0.673 \times \frac{2}{3}\sqrt{2\times 9.81} \times 1.3 \times 0.21^{3/2} = 0.249\,m^3/s$

만일 수로폭이 3m이고 수로의 중앙에 위어가 설치되어 있으면 단면수축 영향에 의해 위어 폭 b를 다음과 같이 수정하여 유량을 구한다.

$$b' = b - 0.1nH = 1.3 - 0.1\times 2\times 0.21 = 1.258m$$

따라서, $Q = C_{wr}\frac{2}{3}\sqrt{2g}\,b'H^{3/2} = 0.673 \times \frac{2}{3}\sqrt{2\times 9.81} \times 1.258 \times 0.21^{3/2} = 0.241\,m^3/s$

예제 7.8.2

정점부가 60°로 이루어진 삼각형 위어에서 월류수심이 0.43m이다. 위어를 통해 흐르는 유량은 얼마인가. 단, 삼각형 위어계수 C_{wt}=0.58이다.

풀이

$$Q = C_{wt}\frac{8}{15}\tan\left(\frac{\theta}{2}\right)\sqrt{2g}\,H^{5/2} = 0.58 \times \frac{8}{15} \times \tan(30^\circ) \times \sqrt{2\times 9.81} \times 0.43^{5/2} = 0.096m^3/s$$

2) 광정위어

광정위어(broad crested weir)는 개수로 상에 수평 정점부를 가진 구조물로서 전형적인 광정위어가 그림 7.8.4와 같다. 일반적으로 광정위어의 적정한 운영을 위해 광정위어의 길이 L_w

와 접근수두 H간의 비율을 $0.08<H/L_w<0.5$ 범위로 제한한다. 위어의 길이가 긴 경우($H/L_w<0.08$) 위어 상의 손실수두를 무시할 수 없는 반면 위어의 길이가 짧은 경우($0.5<H/L_w$) 위어 상의 흐름의 유선이 수평을 유지하지 못하게 된다. 위어 상의 흐름은 가속되어 한계상태에 도달하며, 따라서 $y_2=y_c$이고 $F_{r2}=1$이 된다.

위어 상류부 ①지점과 위어 상의 ②지점 사이에 Bernoulli 방정식을 적용하면

$$H+P_w+\frac{V_1^2}{2g}=y_c+P_w+\frac{V_c^2}{2g} \tag{7.8.14}$$

위어 상류지점에서의 속도수두를 무시하면

$$H-y_c=\frac{(V_c^2-V_1^2)}{2g}=\frac{V_c^2}{2g} \tag{7.8.15}$$

하지만 $V_2=V_c=\sqrt{gy_c}$ 이므로 $V_c^2=gy_c$를 적용하면

$$H-y_c=\frac{y_c}{2} \qquad \text{또는} \qquad y_c=\frac{2H}{3} \tag{7.8.16}$$

따라서

$$Q=by_cV_2=by_cV_c=by_c\sqrt{gy_c}=b\sqrt{g}\,y_c^{3/2}=b\sqrt{g}\left(\frac{2}{3}\right)^{3/2}H^{3/2} \tag{7.8.17}$$

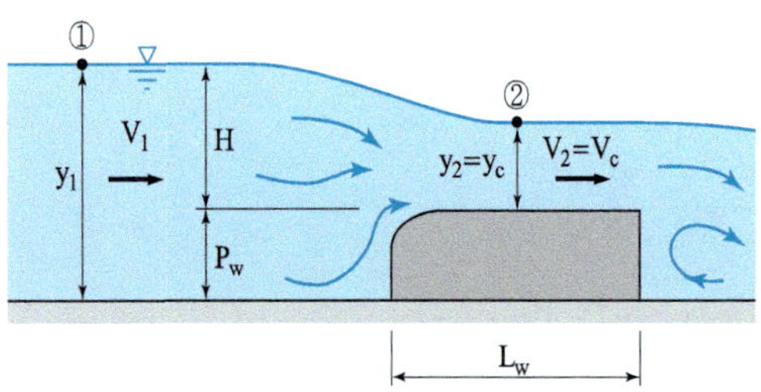

그림 7.8.4 광정위어

식 (7.8.17)을 유도하는 과정에서 적용하지 않은 실제 흐름 상황을 고려하기 위해 경험적인 위어계수를 적용하면

$$Q=C_{wb}b\sqrt{g}\left(\frac{2}{3}\right)^{3/2}H^{3/2} \tag{7.8.18}$$

여기서, C_{wb}는 위어계수로 다음과 같이 산정할 수가 있다.

$$C_{wb}=\frac{0.65}{(1+H/P_w)^{1/2}} \tag{7.8.19}$$

예제 7.8.3

높이가 1.2m, 폭이 5m인 광정위어상의 수두가 0.5m일 때 유량은 얼마인가.

풀이

위어계수는 $C_{wb}=\frac{0.65}{(1+H/P_w)^{1/2}}=\frac{0.65}{(1+0.5/1.2)^{1/2}}=0.546$

따라서, 유량은 $Q=C_{wb}b\sqrt{g}\left(\frac{2}{3}\right)^{3/2}H^{3/2}=0.546\times5\times\sqrt{9.81}\times\left(\frac{2}{3}\right)^{3/2}\times0.5^{3/2}=1.646\text{m}^3/\text{s}$

7.8.2 수문

댐 여수로 정점부에서의 흐름을 통제하거나, 관개용 수로 또는 호수로부터 하천으로 물이 유입되는 지점에서의 유량을 조절하기 위한 다양한 수문형태의 구조물들이 있다. 이와 같은 수문의 일반적인 형태가 그림 7.8.5와 같으며, 이들은 모두 수리학적 기본원리에서는 동일하지만 비용편익, 사용의 편리성 및 선호도에서 각각 장단점을 가지고 있다.

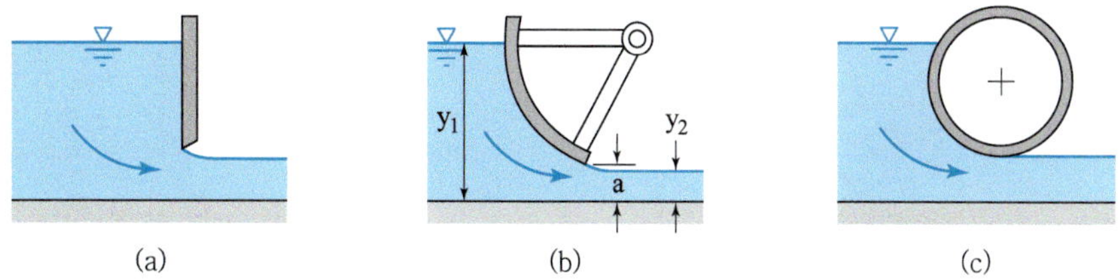

그림 7.8.5 수문의 형태 : (a) 연직식 수문, (b) radial 수문, (c) drum식 수문

수문아래의 흐름은 사류상태로 자유 분출되어 대기와 접하는 수표면을 가지게 된다. 이러한 경우 수문을 통해 방출하는 유량은 수로의 바닥과 수문 하단부 간의 거리 a에 수문 상류부 수심으로 나타낸 유속 $\sqrt{2gy_1}$ 을 곱해 산정할 수 있다.

$$q = C_d a \sqrt{2gy_1} \tag{7.8.20}$$

여기서, q는 단위폭 당 유량이고, C_d는 유량계수로 수축계수 $C_c=y_2/a$와 수심비 y_1/a의 함수이다. 연직수문에서의 자유 방출되는 흐름에 대한 유량계수는 0.55~0.60의 범위를 가지며, 그림 7.8.6의 상단부에 자유 분출되는 경우의 곡선이 나타나 있다.

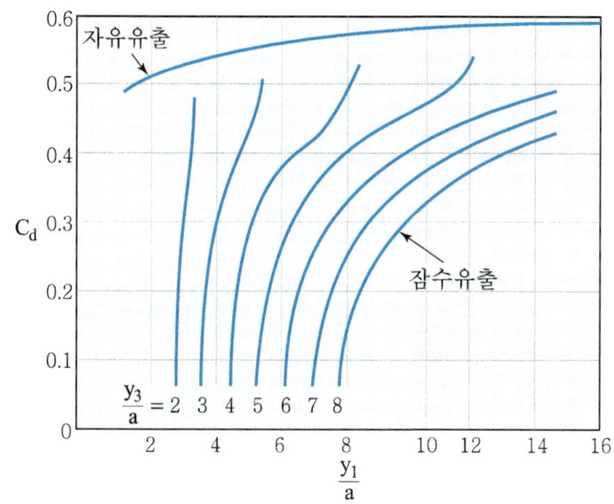

그림 7.8.6 수문의 유량계수

수문 하류부의 구조물에 의해 하류부 수심이 큰 경우 그림 7.8.7과 같이 수문을 통해 방출하는 수맥위로 난류의 물이 위치하게 된다. 수문이 물에 잠수된 흐름의 유량은 자유 분출되는 유량공식 (7.8.20)에 수정된 유량계수를 적용하여 산정할 수 있으며, 이러한 경우의 유량계수가 그림 7.8.6에 일련의 곡선으로 나타나 있다.

수문의 개방정도에 대한 수문 상류부의 상태(y_1/a)와 이에 상응하는 수문 하류부의 상태(y_3/a)에 대해 알아보자. 만일 $y_3/a=y_1/a$이면 즉, $y_3=y_1$이면 흐름을 유도하는 수두차가 없으므로 $C_d=0$이 되고 물은 수문을 통해 흐르지 않게 된다. 주어진 상류부의 수심(y_1/a 고정)에 대해 하류부의 수심비(y_3/a)가 감소함에 따라 유량계수 C_d는 최대치에 도달할 때까지 증가하게 된다. 이 경우 C_d의 최대치는 자유 분출되는 경우와 같아지게 된다. 하류부의 수심비(y_3/a)에 따라 C_d는 0에서 최

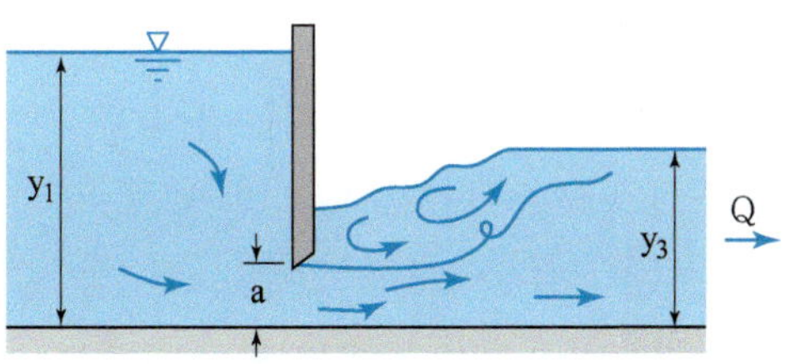

그림 7.8.7 잠수상태의 수문 유출

대치까지 변하게 되며, 수문으로부터 방출되는 물은 하류부의 물에 의해 잠기게 되고, 자유 분출되는 경우와 비교할 때 유량은 감소하게 된다. Radial 수문과 drum식 수문도 같은 상황이 된다.

예제 7.8.4

그림 7.8.7과 같이 폭이 6m인 수문을 통해 물이 흐를 때 다음 조건에 해당하는 유량을 구하라.

1) y_1=1.8m, a=0.3m, y_3=0.25m　　2) y_1=1.8m, a=0.3m, y_3=1.2m

풀이

식 (7.8.20)으로부터

$$Q = C_d a\sqrt{2gy_1}\, b = C_d \times 0.3 \times \sqrt{2\times 9.81\times 1.8}\times 6 = 10.7C_d m^3/s$$

1)번의 경우 y_3<a로 자유유출이고, y_1/a=6이므로 그림 7.8.6으로부터 유량계수 C_d=0.56이 된다. 따라서 유량은 $Q = 10.7\times 0.56 = 5.99m^3/s$

2)번의 경우 y_3/a=4로 잠수유출상태이고 따라서 유량계수 C_d=0.38이 된다. 따라서

$$Q = 10.7\times 0.38 = 4.07m^3/s$$

7.8.4 Parshall flume

유량을 측정하기 위한 인위적인 한계흐름을 만들기 위해 위어가 효과적인 방법이긴 하지만 위어의 설치에는 최소한 두 가지의 단점이 있다. 첫 째로 위어는 상대적으로 큰 손실수두를 초래하며, 두 째로 위어 상류부에 사수역(dead zone)을 조성하여 흐름에 포함되어 있는 유사나 부스러기 등이 퇴적되게 된다. 이러한 두 가지의 단점은 폭을 축소시켜 한계수심이 발생하도록 한 계측수로(flume)를 사용함으로서 해결할 수 있다.

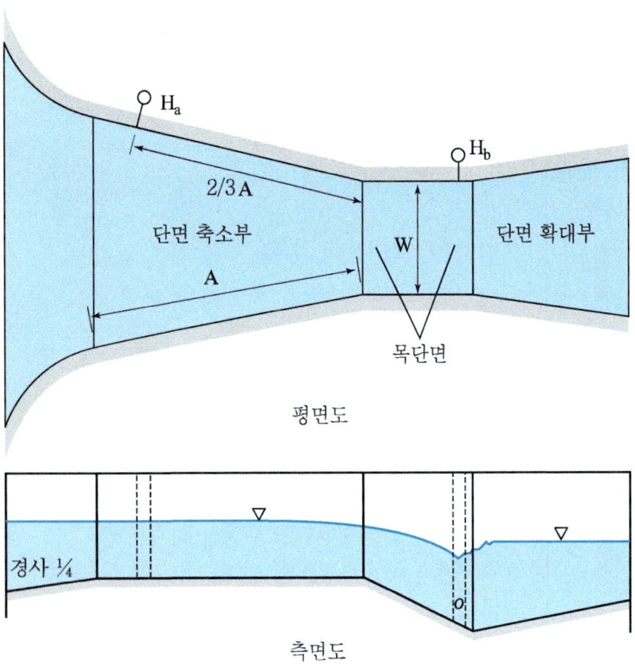

그림 7.8.8 Parshall flume

이와 같은 계측수로는 관수로 흐름에서의 벤츄리메터와 같은 효과를 주게 된다. 계측수로로 벤츄리 수로(venturi flume)가 사용되어져 왔는데, 이 수로는 Froude수가 작을 때 수로 상류부와 한계흐름 단면에서의 수위차가 별로 크지 않다는 단점을 가지고 있다. 이러한 단점은 한계흐름이 발생하는 지점의 하류부에 사류가 발생하도록 목(throat) 단면을 설치함으로서 줄일 수가 있으며, 사류가 발생

표 7.8.1 Parshall flume의 크기에 따른 유출량 공식

목부 폭 (ft)	자유유출 공식 (ft^3/s)
0.25	$Q = 0.992H_a^{1.547}$
0.50	$Q = 2.06H_a^{1.58}$
0.75	$Q = 3.07H_a^{1.53}$
$1 \leq W \leq 8$	$Q = 4WH_a^{1.522X}$ (여기서, $X=W^{0.026}$)
$10 \leq W \leq 50$	$Q = (3.6875W + 2.5)H_a^{1.6}$

하는 단면의 끝 부분에서는 도수가 발생하게 된다. 이러한 계측수로를 Parshall flume이라 하며 그림 7.8.8과 같다.

다양한 크기의 Parshall flume에 대한 경험적인 수심-유량간의 관계가 표 7.8.1과 같다. Parshall flume의 크기는 목 부분의 폭으로 결정하며, 표의 각 식에서 Q는 유량(ft^3/s), W는 목 부분의 폭(ft) 그리고 H_a는 측정구간 A상류부의 수심(ft)이다. 표에서 자유유출은 계측수로의 출구부에서 한계수심이 형성되는 자유 유출상태로 목 부분 하단부에서 도수가 발생하는 경우이다.

Parshall flume을 설계하기 위해 자유유출이 발생하도록 하는 것이 바람직하지만, 특정 흐름 상태에서는 출구 단면에서의 도수가 잠수하게 되고, 따라서 자유유출 상태를 만족시키지 못하게 된다. 이와 같은 잠수상태의 흐름은 다음과 같은 상황에서 발생하게 된다.

$$\frac{H_b}{H_a} \geq 0.6 \qquad W = 0.25,\ 0.50,\ 0.75\,\text{ft 일 때}$$

$$\frac{H_b}{H_a} \geq 0.7 \qquad W = 1 \sim 8\,\text{ft 일 때} \tag{7.8.21}$$

$$\frac{H_b}{H_a} \geq 0.8 \qquad W = 10 \sim 50\,\text{ft 일 때}$$

여기서, H_b는 목 부분 하단부에서의 수심이다. 잠수의 영향으로 유량이 감소하게 되며 이 경우 표 7.8.1에서 제시한 유량공식을 사용하여 산정한 유량은 과다하게 산정되므로 보정을 해주어야 한다. 그림 7.8.9는 크기 범위 1~8ft의 Parshall flume에서 잠수 영향을 보정하기 위한 보정유량 곡선으로, 먼저 그림 7.8.9에서 H_a와 H_b/H_a를 이용하여 보정량을 결정하고, 표 7.8.2를 이용하여

표 7.8.2 Parshall flume의 크기별 보정계수

구 분	1 ~ 8ft 크기의 보정계수 (그림 7.8.9 적용)							
Parshall flume 크기(ft)	1	1.5	2	3	4	5	8	
보정계수	1.0	1.4	1.8	2.4	3.1	4.3	5.4	
구 분	10 ~ 50ft 크기의 보정계수 (그림 7.8.10 적용)							
Parshall flume 크기(ft)	10	12	15	20	25	30	40	50
보정계수	1.0	1.2	1.5	2.0	2.5	3.0	4.0	5.0

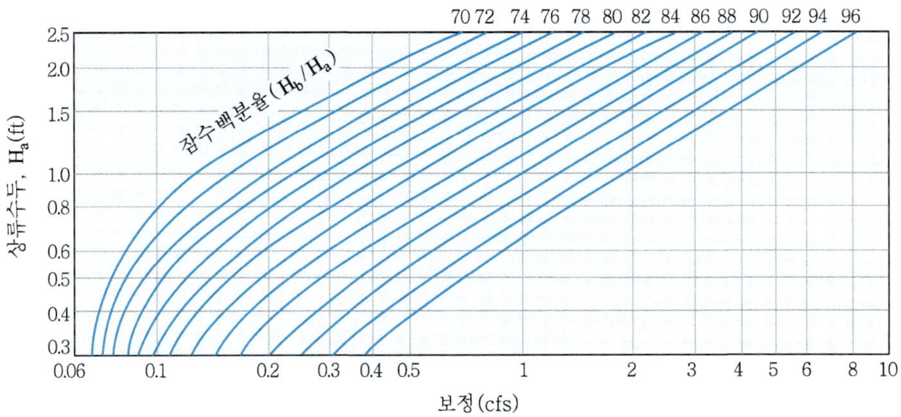

그림 7.8.9 크기 1-8ft의 잠수 Parshall flume 보정유량곡선

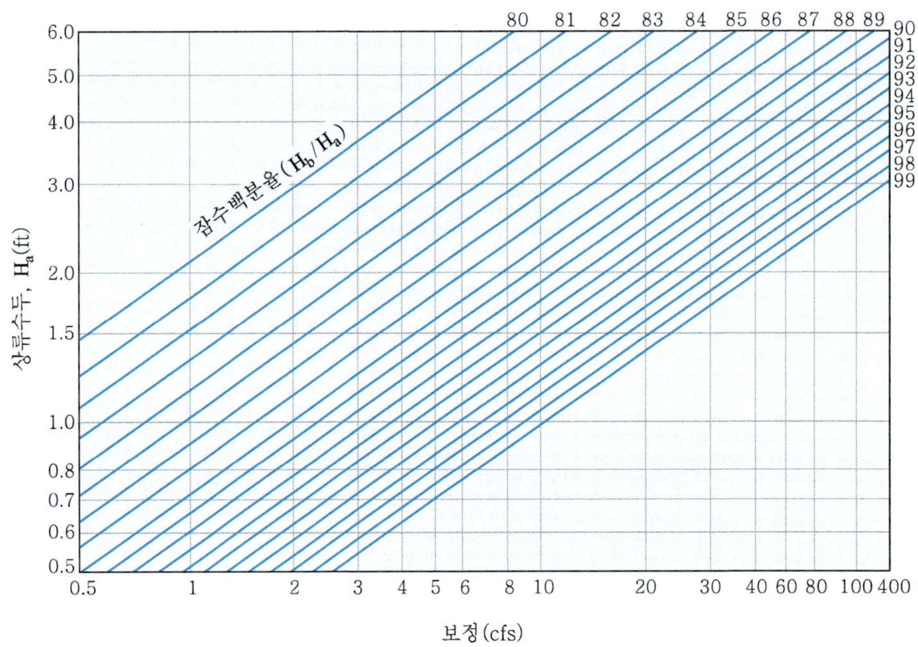

그림 7.8.10 크기 10-50ft의 잠수 Parshall flume 보정유량곡선

크기별로 보정계수를 곱해준다. 같은 방법으로 크기 범위 10~50ft의 Parshall flume에 대한 보정유량곡선이 그림 7.8.10과 같고, 산정한 보정유량을 표 7.8.2의 크기별 보정계수를 곱하게 된다. 이와 같이 산정한 보정유량을 표 7.8.1로부터 구한 유량에서 빼주어 보정을 하게 된다.

예제 7.8.5

Parshall 수로에 물이 흐르고 있다. 폭이 5m이고, H_a=1m, H_b=0.9 m로 측정되었다면 유량은 얼마인가.

풀이

먼저 단위변환을 하면 $W = 5m = 16.4ft$, $H_a = 1m = 3.28ft$, $H_b = 0.9m = 2.95ft$

유량은 표 7.8.1로부터

$$Q = (3.6875W + 2.5)H_a^{1.6} = (3.6875 \times 16.4 + 2.5) \times 3.28^{1.6} = 421.28ft^3/s$$

H_b/H_a=0.9=90%이므로 잠수의 영향을 고려하여 유량을 보정한다.

그림 7.8.10에서 H_b/H_a=90%일 때 H_a=3.28ft에 대한 보정유량은 $33ft^3/s$이고, 표 7.8.2에서 16.4ft에 대한 보정계수가 1.64이므로 보정유량은

$$\Delta Q = 33 \times 1.64 = 54.12ft^3/s$$

따라서 Parshall 수로의 유량은

$$Q = 421.28 - 54.12 = 367.15ft^3/s = 10.40m^3/s$$

연습문제

7.1 폭 5m의 사각형 수로에 1m의 깊이로 20℃의 물(ν=1.006×$10^{-6}$$m^2$/s)이 흐르고 있다. 유량이 0.2$m^3$/s이면 이 흐름은 층류인가 난류인가.

7.2 폭 0.6m의 사각형 수로에 0.1m의 깊이로 20℃의 물(ν=1.006×$10^{-6}$$m^2$/s)이 흐르고 있다. 유량이 0.005$m^3$/s라면 이 흐름은 층류인가 난류인가.

7.3 폭이 넓은 사각형 수로에서 수심 2m로 물이 흐를 경우 단위폭 당 유량이 2m^3/s/m이면 이 흐름은 상류인가 사류인가.

7.4 폭이 5m인 사각형 수로에서 수심 1m로 물이 흐를 경우 유량이 10m^3/s이면 이 흐름은 상류인가 사류인가.

7.5 폭이 5m인 사각형 수로에서 수심 0.5m로 물이 흐를 경우 유량이 15m^3/s이면 이 흐름은 상류인가 사류인가.

7.6 직경 d인 관거내에 물이 절반만 차서 흐를 때 동수반경을 구하라.

7.7 어떤 하천에 대해 표 7.7과 같이 수심의 20% 및 80%되는 지점에서 유속을 측정하였을 때 유출량을 산정하라.

표 7.7 하천 수심에 따른 유속

단 면		1	2	3	4	5
유속 (m/sec)	0.2D	1.2	2.4	3.6	3.0	1.8
	0.8D	0.6	1.2	2.6	2.4	1.2
단면적(m^2)		3	6	10	8	4

7.8 어떤 하천에 대해 표 7.8과 같이 수심의 20%, 60% 및 80%되는 지점에서 유속을 측정하였을 때 유출량을 산정하라.

표 7.8 하천 수심에 따른 유속

단면		1	2	3	4	5
유속 (m/sec)	0.2D	1.2	2.4	3.6	3.0	1.8
	0.6D	1.0	2.0	3.3	2.8	1.6
	0.8D	0.6	1.2	2.6	2.4	1.2
단면적(m^2)		3	6	10	8	4

7.9 그림 7.9와 같은 복합단면에서의 등가조도를 Horton-Einstein방법에 의해 구하라.

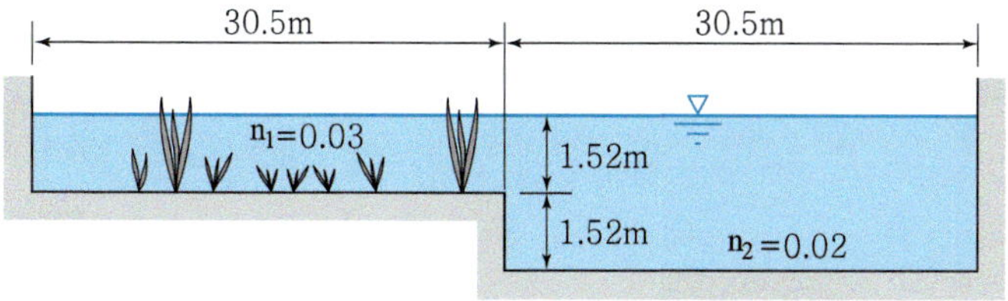

그림 7.9

7.10 예제 7.3.2와 같은 복합단면에서 n_1=0.025, n_2=0.02, n_3=0.035일 때 등가조도를 Horton-Einstein방법에 의해 구하라.

7.11 수로 폭이 5m이고 측면경사가 2:1인 사다리꼴 수로의 경사가 0.001이다. 등류수심이 2m이고 조도계수 n=0.013이라면 등류유량은 얼마인가?

7.12 수로 폭이 6m, 측면경사가 1.5:1인 수로에 10m^3/sec의 유량이 흐르고 있다. 수로의 경사가 0.001, 조도계수가 0.012이면 등류수심은 얼마인가?

7.13 수로 폭이 5m이고 측면경사가 2:1인 사다리꼴 수로에 52m^3/sec의 유량이 흐르고 있다. 등류수심이 2m이고 조도계수 n=0.013이면 등류수로의 경사는 얼마인가?

7.14 폭이 10m이고 경사가 0.001인 사각형 수로에서 등류수심이 2m이고 조도계수 n=0.012이면 등류유량은 얼마인가?

7.15 폭이 5m, 경사가 0.001, 조도계수가 0.012인 사각형 수로에 5m^3/sec의 유량이 흐르고 있다면 등류수심은 얼마인가?

7.16 폭이 10m이고 등류수심이 2m, 조도계수 n=0.012인 사각형 수로에 50m^3/sec의 유량이 흐르고 있다면 등류수로의 경사는 얼마인가?

7.17 경사가 0.0015, 조도계수가 0.013인 사각형 수로에 10m^3/sec의 유량을 흐르게 할 때 최적단면을 결정하라.

7.18 사다리꼴 단면 수로에 10m^3/sec의 유량을 흐르게 하려고 한다. 경사가 0.0001, 조도계수가 0.022일 때 최적수로단면을 구하라. 또한 저변폭을 5m, 측면경사를 1.5:1로 할 경우 최적수로단면 및 이때의 유량을 구하라.

7.19 그림 7.19와 같이 직경이 2m이고 경사가 0.0008, 조도계수가 0.015일 때 관로를 통해 흐르는 유량을 구하라.

7.20 콘크리트 관거의 직경이 1.2m이고 경사가 0.002일 때 최대로 흐르는 유량과 이때의 수심을 구하라. 관거의 조도는 n=0.014이다.

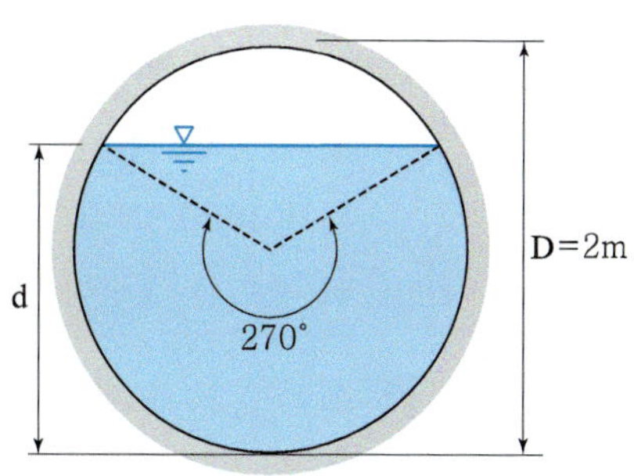

그림 7.19

7.21 폭이 10m인 사각형 수로에 유량이 15m^3/sec로 흐를 때 수심에 따른 비에너지곡선을 작성하라.

7.22 사다리꼴 단면수로에 20m^3/sec의 물이 흐르고 있다. 수로의 저변 폭이 8m이고, 측면경사가 2:1일 때 한계수심, 한계유속 및 최소 비에너지를 구하라.

7.23 사각형 수로에 단위폭당 유량이 1.5m^3/s/m일 때 한계수심은 얼마인가. 만일 수심이 1m이면 흐름은 어떤 상태인가.

7.24 폭 10m인 광정위어 상의 수심이 0.5m, 유속이 1m/s일 때 유량은 얼마인가. 단, 유량계수는 0.65이다.

7.25 사각형 단면 수로에서 최소 비에너지가 10m이면 한계수심은 얼마인가.

7.26 사각형 수로에서 폭이 5m, 최소 비에너지가 1.5m인 경우 최대 유량은 얼마인가.

7.27 폭이 20m인 사각형 수로에 수심이 1.8m로 흐를 때 하상경사가 0.0025이면 비에너지는 얼마인가. 단, Manning의 조도계수는 0.025이다.

7.28 폭이 10m인 사각형 단면 수로에 25m^3/sec의 물이 수심 1.4m로 흐를 때 한계유속을 구하라.

7.29 예제 7.5.1과 같이 폭 10m의 사각형단면 수로에 25m^3/sec의 유량이 흐르고 있다. 수문 상류부에서의 수심이 3m이고 하류부에서의 수심이 1m일 때 수문에 가해지는 힘을 구하라.

7.30 폭 5m인 사각형단면 수로에 10m^3/sec의 유량이 흐르고 있다. 수심이 3m일 때 비력은 얼마인가.

7.31 사각형단면 수로에 수심 0.5m, 유속 25m/s로 물이 흐르고 있을 때 하류의 영향으로 도수가 발생하였다. 도수후의 수심 및 도수로 인한 에너지 손실을 구하라.

7.32 댐 여수로 아래 사각형 단면의 감세공에서 도수가 발생하고 있다. 단위폭당 유량이 2m^3/sec이고 도수전의 수심이 0.5m이다. 도수 후의 수심 및 도수로 인한 에너지손실을 구하라.

7.33 그림 7.33과 같이 800m^3/sec의 유량이 월류하는 30m 폭의 댐 여수로 상류부 저수지 수위가 200m이고 여수로 아래 감세공에서의 수위가 100m일 때 감세공에서 도수가 발생하기 위한 감세공 저부의 높이를 결정하라. 단, 여수로에서의 에너지 손실은 무시하라.

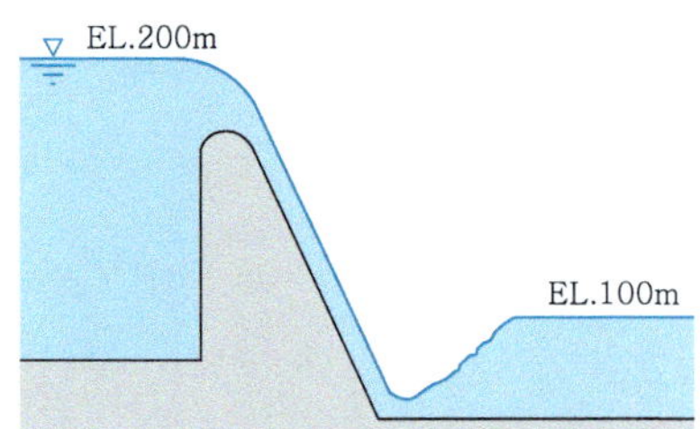

그림 7.33

7.34 그림 7.34과 같이 폭이 5m인 수문하류부에서 도수가 발생하고

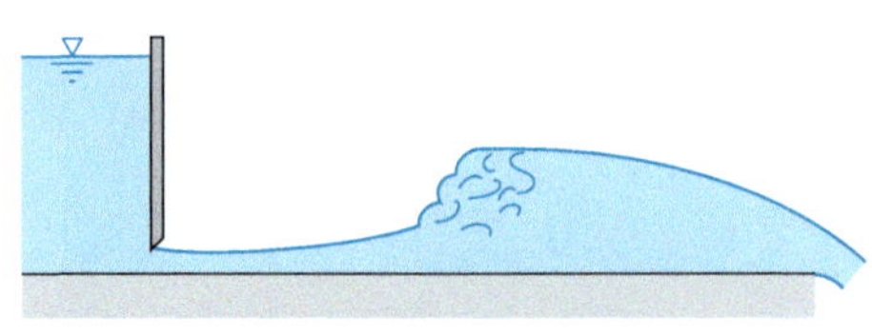
그림 7.34

있다. 수문 상류 및 직하류에서의 수심이 10m 및 2m이고 유량이 150m^3/s일 때 하류부 도수 발생 후의 수심 및 도수로 인한 에너지 손실을 구하라. 단, 수문에서의 에너지 손실은 무시하라.

7.35 폭이 5m인 사각형 단면 수로에 30m^3/s의 물이 흐르고 있다. 수로의 경사가 0.002, 조도계수가 0.03일 때 하류의 한 단면에서 측정한 수심이 1.8m였다면 수면곡선은 어떤 형태인가. 만일 수로의 경사가 0.01로 증가하면 수면형은 어떻게 변하겠는가.

7.36 그림 7.36와 같이 상류 저수지로부터 폭 5m, 경사 0.01의 사각형 단면 수로(m=0.02)로 물이 유입되고 있다. 저수지 수표면이 수로 하상보다 3m가 높을 때 수로로 유입되는 유량과 수면형를 그려라. 수로입구부 손실 및 저수지의 접근유속은 무시하라.

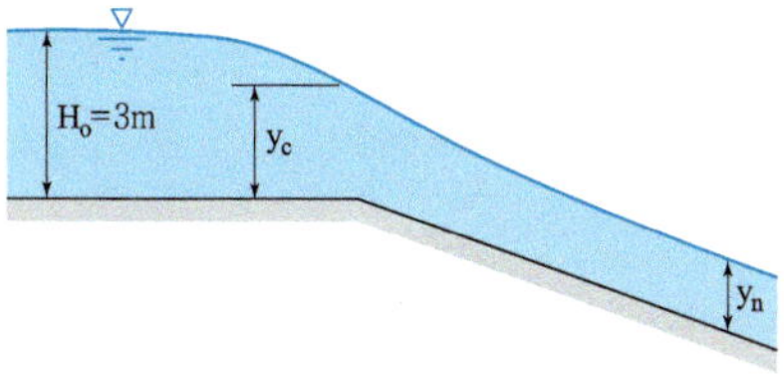

그림 7.36

7.37 수로 경사가 0.001인 사다리꼴단면 수로에 20m^3/s의 유량이 흐르고 있다. 수로의 저변 폭이 5m이고 측면경사는 2:1이다. 수로의 하류부 끝단에 구조물이 설치되어 이지점에서의 수심이 6m로 측정되었다. Manning의 조도계수가 0.02일 때 직접축차계산법에 의해 수면곡선을 계산하라.

7.38 수로 경사가 0.001인 사다리꼴단면 수로에 20m^3/s의 유량이 흐르고 있다. 수로의 저변 폭이 5m이고 측면경사는 2:1이다. 수로의 하류부 끝단에 구조물이 설치되어 이지점에서의 수심이 6m로 측정되었다. 표준축차계산법에 의해 구조물 상류 1, 2, 3, 4 및 5km지점에서의 수위를 계산하라. Manning의 조도계수는 0.02이고 하류부 구조물 지점에서의 수로 바닥의 높이는 0m이다.

7.39 수로 경사가 0.001인 광폭 사각형단면 수로에 단위폭당 2.5m^3/s/m의 유량이 흐르고 있다. 하류부에 댐이 설치되어 있으며 댐 지점에서의 수심이 2m일 때 직접축차계산법에 의해 수면곡선을 계산하라. Manning의 조도계수는 0.025이다.

7.40 수로 경사가 0.001인 광폭 사각형단면 수로에 단위폭 당 2.5m^3/s/m의 유량이 흐르고 있다. 하류부에 댐이 설치되어 있으며 댐 지점에서의 수심이 2m로 측정되었다. 표준축차계산법에 의해 댐 상류 200, 500, 1,000 및 1,500m지점에서의 수위를 계산하라. Manning의 조도계수는 0.025이고 댐 지점에서의 수로 바닥의 높이는 0m이다.

7.41 사각형위어의 정점부 높이가 1.2m이고, 폭이 4.5m이다. 위어 상의 수심이 0.5m일 때 위어를 통해 월류하는 유량은 얼마인가.

7.42 사각형위어의 정점부 높이가 1.2m이고, 폭이 4.5m이다. 수로 폭이 10m이고 위어가 수로의 중앙에 설치되어 있으며 위어 상의 수심이 0.5m일 때 위어를 통해 월류하는 유량은 얼마인가.

7.43 사각형위어의 정점부 높이가 1.2m이고, 폭이 4.5m이다. 수로 폭이 10m이고 위어가 수로의 한쪽 벽에 설치되어 있으며 위어 상의 수심이 0.5m일 때 위어를 통해 월류하는 유량은 얼마인가.

7.44 정점부가 45°로 이루어진 삼각형 위어에서 월류수심이 0.8m이다. 위어를 통해 흐르는 유량은 얼마인가. 단, 삼각형 위어계수 C_{wt}=0.58이다.

7.45 높이가 1.0m, 폭이 3m인 광정위어상의 수두가 0.4m일 때 유량은 얼마인가.

7.46 폭이 20m인 광정위어상의 수두가 0.1m이고, 평균유속이 1m/s일 때 유량은 얼마인가. 단, 위어계수는 0.65이다.

7.47 폭이 10m인 수문을 통해 물이 흐를 때 다음 조건에 해당하는 유량을 구하라.

1) y_1=2.5m, a=0.5m, y_3=0.4m, 1) y_1=2.5m, a=0.5m, y_3=2.0m

7.48 Parshall 수로에 물이 흐르고 있다. 폭이 4ft이고 H_a=1.0ft, H_b=0.8ft로 측정되었다면 유량은 얼마인가.

Chapter 8
지하수 흐름

8.1 서론

지하수 흐름은 지중에서의 물의 저장 및 이동에 관해 연구하는 수자원공학의 한 분야로서 이수 및 치수목적으로 중요한 역할을 하고 있다. 이수 측면에서 보면 지중에는 방대한 양의 물이 저장되어 있어 관정을 설치하여 유용한 용도로 물을 양수하여 사용할 수 있다. 치수 측면에서는 침투 또는 침투를 유도하는 저류를 통해 지표면 유출을 감소시켜 홍수량을 줄일 수 있다. 본 장에서는 지하수의 특성, 대수층, 지하수 흐름 및 양수 그리고 지하수 충진 등에 대해 알아보기로 한다.

8.2 지하수의 생성과 성질

8.2.1 지하수의 분포

지하수(ground water)는 지표하 지중에 저류되어 있는 물로 지표면으로부터 침투한 물과 하부 토층으로 침루(percolate)된 물로 인해 생성되며, 지하수면에 의해 포화지역과 비포화지역으로 분리되고, 지하수면에서의 압력은 대기압으로 간주한다. 침루된 물이 토양을 통과한 후 토양에 남아 있는 수분을 함수능(field capacity)이라하며, 식물이 토양으로부터 더 이상 물을 사용할 수 없을 정도 일 때 남아 있는 함수량의 한계를 시듦점(wilting point)이라 한다. 함수능과 시듦점간의 함수량 차를 가용수분(available water moisture)이라 하며, 이것이 유용한 지하수 저장량이라 할 수 있다. 표 8.2.1은 토양의 종류에 따른 가용수분의 값을 보여주고 있다.

지중의 물은 그림 8.2.1과 같이 연직분포에 따라 여러 구간으로 분류할 수 있다. 비포화대(unsaturated zone 또는 vadose zone)는 지하수면 위의 지역으로 토양수대(soil water zone)로부터 지하수면까지를 포함한다. 지하수면(water table)은 포화대와 비포화대를 구분하는 경계로 포화대까지 관정을 설치하였을 때 물이 올라오는 수위를 말한다. 지표면으로부터 뿌리대(root zone)까지인 토양수대는 토양의 종류 및 식생에 따라 변한다.

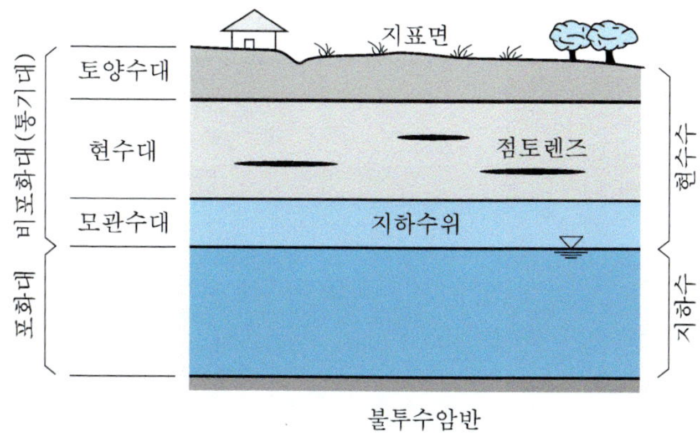

그림 8.2.1 토양수의 연직분포

모관수대(capillary water zone)는 지하수면으로부터 모관상승고까지로 토양 공극의 크기에 반비하고 표면장력에 비례한다. 지하수면 바로 위 부분은 대부분 모관수를 포함하고 있으며, 위로 올라감에 따라 토양의 종류에 따라 함수량은 급격히 감소한다. 물공급 또는 대수층의 특성분석을 위해 일반적으로 포화대에 관정(well)을 설치하며, 도시지역의 용수공급, 농업을 위한 관개 그리고 산업부문에 물을 공급하기 위해 관정을 통해 양수한다. 관정은 또한 지하수 함양, 오염수 및 염수의 제거 그리고 지하수관측을 위해 사용된다.

표 8.2.1 토양에 따른 가용수분(건조중량 퍼센트)

토양의 종류	함수능 (침루 후)	시듦점 (식물사용 후)	가용수분
Sand	5	2	3
Sandy loam	12	5	7
Loam	19	10	9
Silty loam	22	13	9
Clay loam	24	15	9

8.2.2 공극률 및 함수비

공극률(porosity) η는 토양 속에 있는 공극의 백분율로 다음과 같이 구한다.

$$\eta = \frac{V_V}{V_T} = \frac{(V_T - V_m)}{V_T} = 1 - \frac{V_m}{V_T} \tag{8.2.1}$$

여기서, V_V는 공극의 부피, V_T는 토양의 총부피, V_m은 토양만의 부피이다. 토양만의 부피는 건조토양의 무게를 비중으로 나누어 구한다. 모래의 공극률은 일반적으로 25%~45%의 범위, 실트는 35%~50%의 범위, 점토는 40%~70%의 범위를 가지고 있다. 석회암은 그 자체적으로 비교적 불투수성이며 용해성이 있어 많은 물을 함유할 수 있는 다공성의 암석으로 존재할 수 있다. 표 8.2.2는 토양의 종류에 따른 공극률 및 입자크기를 보여주고 있다.

토양내 공극의 일부는 물로 채워지게 되며 공극내에 있는 물의 총부피 V_W를 토양의 총부피로 나눈 것을 토양함수비(soil moisture content) θ라 한다.

표 8.2.2 토양의 종류에 따른 공극률 및 입자크기

토양종류	공극률 (%)	입자크기 (mm)
경작지 토양(Tilled Soil)	50~60	(1)
점토(Clay)	45~55	< 0.005
실트(Silt)	40~55	0.05~0.005
세립모래(Fine to Med. Sand)	30~35	0.25~0.05
중간모래(Medium Sand)	30~40	1.0~0.25
조립모래(Med. to Coarse Sand)	35~40	2.0~1.0
자갈(Gravel)	30~40	4.0~2.0
조립자갈(Coarse Gravel)	15~25	> 4.0
자갈과 모래의 혼합(Gravel & Sand)	20~35	(1)
사암(Sandstone)	10~20	(2)
혈암(Shale)	1~10	(2)
석회암(Limestone)	1~10	(2)

(1) : 혼합과 경작상황에 따라 변함, (2) : 풍화 및 용해성 공동에 따라 변함

$$\theta = \frac{V_W}{V_T} \qquad (8.2.2)$$

토양함수비의 범위는 $0 \le \theta \le \eta$이며, 포화상태일 때 토양함수비와 공극률이 같아지게 된다.

8.2.3 투수능

대수층 공극에서 물은 중력의 영향을 받고 있어 토양입자 사이의 연결된 공극을 통해 아랫방향으로 흐르려는 경향이 있으며, 이러한 토양속의 흐름에 대한 저항은 광범위하게 변한다. 토양의 공극을 통해 물이 이동하려는 율(투수능 또는 투수계수)은 이러한 저항으로 측정된다. 자갈과 같이 큰 공극을 가진 대수층은 높은 투수능(permeability) 또는 투수계수를 가지고 있으며, 점토와 같이 매우 작은 미세 공극을 가지고 있는 대수층은 낮은 투수성을 가지고 있다. 투수계수(hydraulic conductivity 또는 coefficient of permeability)는 다음과 같이 구한다.

$$K = \frac{k\gamma}{\mu} \qquad (8.2.3)$$

여기서, K는 투수계수(L/T), k는 투수능(L^2), γ는 물의 단위중량, μ는 물의 동점성계수(L^2/T)이다. 만일 지중에 두 개의 압력계(piezometer)가 설치되어 있다면 지하수의 흐름 유속은 그림 8.2.2와 같이 흐름의 길이 당 수두손실의 변화를 이용하여 계산하게 된다.

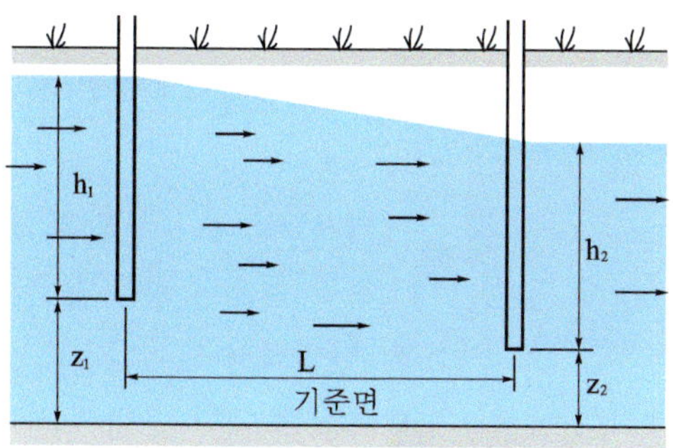

그림 8.2.2 1차원 지하수 흐름

$$V = K\left[\frac{(h_1 + z_1) - (h_2 + z_2)}{L}\right] = K\frac{\Delta H}{L} \qquad (8.2.4)$$

여기서, V는 Darcy의 유속(L/T), K는 투수계수(L/T), L은 압력계 사이의 거리(L), h는 압력수두(L), z는 위치수두(L)이다. 식 (8.2.4)를 Darcy의 법칙이라 하며, 비례상수가 바로 투수계수 K이다.

투수계수는 그림 8.2.3과 같은 투수계(permeameter)를 이용하여 실험실에서 결정할 수 있다. 투수계는 입구부와 출구부에서 정압수두를 유지하는 정압수두(constant head) 투수계와 입구부에서는 수두가 감소하고 출구부에서만 정압수두를 유지하는 감소수두(falling head) 투수계가 있다. 정압수두 투수계는 모래 및 자갈과 같은 토양의 투수계수 산정시 적절한 반면, 감소수두 투수계는 미세한 실트와 같은 낮은 투수능을 가진 토양의 투수계수 산정에 적합하다. 정압수두 투수계에서 흐름과 수직인 주어진 횡단면을 통한 유량은 연속방정식 Q=AV에 의해 표현할 수 있다. 투수계의 횡단면적을 πR^2으로 하고, 수두 차 ΔH를 H로 놓고 연속방정식과 식 (8.2.4)를 다시 정리하면 다음과 같다.

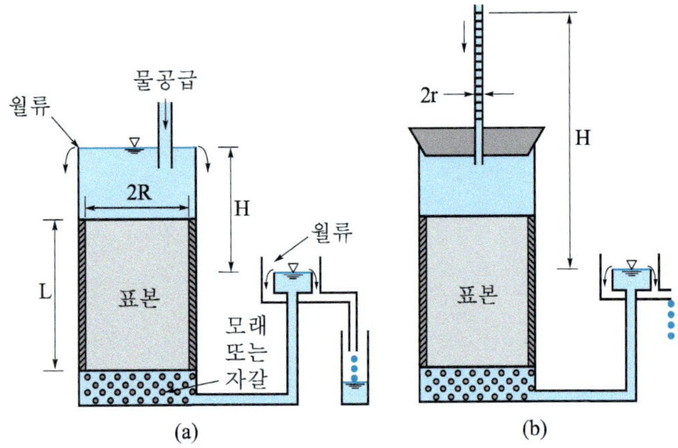

그림 8.2.3 정압수두 및 감소수두 투수계

$$K = \frac{LQ}{H\pi R^2} \tag{8.2.5}$$

여기서, K는 투수계수(m/day), H는 손실수두(m), L은 표본길이(m), Q는 유량(m^3/day), R은 표본의 반경(m)이다. 감소수두 투수계인 경우 작고 긴 관에서의 감소수두 투수계를 통한 유량은 다음과 같다.

$$Q = \pi r^2 \frac{dh}{dt} \tag{8.2.6}$$

여기서, r은 수두관의 반경(m)이다. 식 (8.2.5)를 유량에 대해 다시 정리하면

$$Q = K\pi R^2 \frac{H}{L} \tag{8.2.7}$$

식 (8.2.6)과 식 (8.2.7)을 같게 놓고 적분을 한 후 정리하면 다음과 같다.

$$K = \left(\frac{Lr^2}{tR^2}\right)\ln\left(\frac{H_1}{H_2}\right) \tag{8.2.8}$$

여기서, H_1은 수두관의 초기 높이(m), H_2는 수두관의 종기 높이(m), t는 관측시간(day)이다.

토양 실제 공극을 통한 물의 이동율을 누출(seepage)유속 또는 공극(pore)유속이라 하며, 흐름의 단면적이 줄어들었으므로 Darcy의 유속 V보다는 크다. Darcy의 유속 V는 흐름의 토양 전체 단면적에 대한 유속이므로 이 두 유속은 다음과 같이 비교할 수 있다.

$$Q_{Darcy} = Q_{Seepage} \quad 또는 \quad VA = V_s A_s \tag{8.2.9}$$

여기서, V_s는 공극유속(m/day), V는 Darcy 유속(m/day), A는 총단면적(m^2), A_s는 침윤 또는 공극단면적(m^2)이며 다음과 같다.

$$A_s = \eta A \tag{8.2.10}$$

따라서 공극유속 V_s는 Darcy의 유속 V로부터 다음과 같이 구할 수 있다.

$$VA = V_s \eta A \quad 또는 \quad V_s = \frac{V}{\eta} \tag{8.2.11}$$

예제 8.2.1

어떤 대수층으로부터 시료를 채취하여 그림 8.2.3a와 같은 정압수두 투수계를 이용하여 투수계수를 산정하려고 한다. 시료의 반경이 5cm이고 길이가 30cm일 때 5분 동안 시료를 통과한 물의 양이 200cm^3이고 수두차가 15cm인 경우 투수계수를 산정하라.

풀이

시료를 통과한 유량은 $200\text{cm}^3/5\text{min} = 0.0576\text{m}^3/\text{day}$

따라서 투수계수는 $K = \dfrac{LQ}{H\pi R^2} = \dfrac{0.3 \times 0.0576}{0.15 \times 3.14 \times 0.05^2} = 14.68\text{m/day}$

예제 8.2.2

어떤 대수층으로부터 시료를 채취하여 그림 8.3b와 같은 감소수두 투수계를 이용하여 투수계수를 산정하려고 한다. 시료의 반경이 4cm이고 길이가 30cm일 때 1시간 동안 물이 시료를 통과하여 반경 1cm인 관의 수위가 50cm에서 25cm로 낮아진 경우 투수계수를 산정하라.

풀이

1시간을 일로 나타내면 $1/24 = 0.0417\text{day}$

따라서 투수계수는 $K = \left(\dfrac{Lr^2}{tR^2}\right)\ln\left(\dfrac{H_1}{H_2}\right) = \left(\dfrac{0.3 \times 0.01^2}{0.0417 \times 0.04^2}\right)\ln\left(\dfrac{0.5}{0.25}\right) = 0.312\text{m/day}$

8.2.4 투수계수

산정된 투수계수는 토양구성 성분의 다양성으로 인해 지역마다 상이할 수 있으므로, 토양의 변화가 예상되면 적절한 표본실험을 수행하여야 한다. 만일 토양구성 성분이 변하지 않아도 온도, 이온구성 그리고 포함된 공기와 같은 인자들이 투수계수에 영향을 줄 수 있다. 온도에 따라 투수능은 선형적으로 변하며, 보통 투수계수는 20℃일 때의 값을 나타내고 다른 온도에 대해서는 다음 관계를 이용하여 산정한다.

$$K_t = \left(\frac{\mu_{20}}{\mu_t}\right) K_{20} \tag{8.2.13}$$

여기서, K_t는 온도 t℃에서의 투수계수, K_{20}은 온도 20℃에서의 투수계수, μ_{20}은 20℃에서의 점성(Nsec/m^2), μ_t는 t℃에서의 점성(Nsec/m^2)이다. 투수계수는 보통 m/day 단위를 사용하지만, 빠르게 이동하는 물에 대해서는 cm/hr의 단위를 사용하기도 한다. 그림 8.2.4는 여러 토양에 대한 투수계수의 범위를 보여주고 있으며, 이 값들은 대표값으로 보아야 하고 현장 상황에 따라 변하게 된다. 표 8.2.4는 여러 토양 종류에 대한 투수계수, 공극률 그리고 비산출량(specific yield)을 보여주고 있다. 비산출량은 포화된 비피압대수층 토양의 단위 체적 당 방출된 물의 체적비로 유효공극률과 같다. 비산출량은 백분율

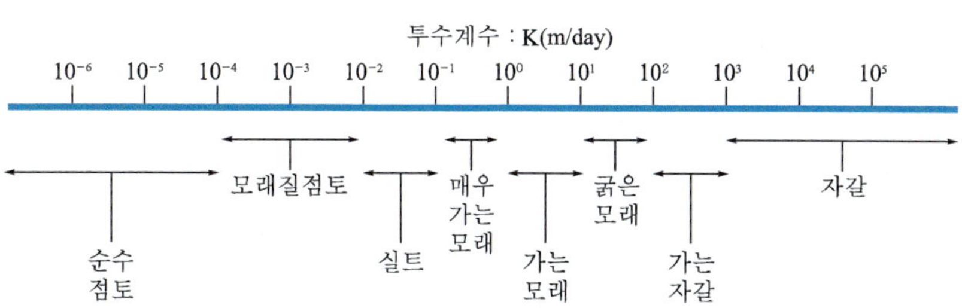

그림 8.2.4 일반적인 토양에서의 투수계수의 범위

표 8.2.3 투수능 및 투수계수의 단위 변환관계

구 분	투수능 k			투수계수 K		
	cm^2	ft^2	darcy	m/sec	ft/sec	$gal/day/ft^2$
cm^2	1	1.08×10^{-3}	1.01×10^{8}	9.80×10^{2}	3.22×10^{3}	1.85×10^{9}
ft^2	9.28×10^{2}	1	9.42×10^{10}	9.11×10^{5}	2.99×10^{6}	1.71×10^{12}
darcy	9.87×10^{-9}	1.06×10^{-11}	1	9.66×10^{-6}	3.17×10^{-5}	1.82×10
m/sec	1.02×10^{-3}	1.10×10^{-6}	1.04×10^{5}	1	3.28	2.12×10^{6}
ft/sec	3.11×10^{-4}	3.35×10^{-7}	3.15×10^{4}	3.05×10^{-1}	1	6.46×10^{5}
$gal/day/ft^2$	5.42×10^{-10}	5.83×10^{-13}	5.49×10^{-2}	4.72×10^{-7}	1.55×10^{-6}	1

표 8.2.4 토양에 따른 투수계수, 공극률, 비산출량

토 양	공극률 (%)	비산출량 (%)	평균 투수계수	
			(gpd/ft^2)	(m/day)
점토(Clay)	45	3.0	0.01	0.0004
모래(Sand)	35	25.0	1,000.00	41.0000
자갈(Gravel)	25	22.0	100,000.00	4,100.0000
모래 및 자갈	20	16.0	10,000.00	410.0000
사암(Sandstone)	15	8.0	100.00	4.1000
석회암과 혈암(Limestone & Shale)	5	2.0	1.00	0.0410
석영암과 화강암(Quartzite & Granite)	1	0.5	0.01	0.0004

로 표현되며 제거된 물의 체적을 토양의 총체적으로 나누어 100을 곱한 것으로 소수로 표현하면 저류상수(storage coefficient)라 불린다.

예제 8.2.3

관정을 통해 3,500m^{3}의 물을 양수한 결과 10,000m^{2}의 면적상에서 지하수위가 2m 하강할 경우에 대한 비산출량 또는 저류상수를 산정하라.

풀이

비산출량은 토양의 단위 체적 당 방출된 물의 체적비를 백분율로 나타낸 것이므로
양수된 양 = 3,500m^3, 대수층의 체적 = 2×10,000=20,000m^3
그러므로 저류상수는 3,500/20,000 = 0.175이고 비산출량은 = 17.5(%)이다.

8.3 대수층 및 지하수 흐름

8.3.1 대수층

대수층(aquifer)은 물은 공급하기 위해 경제적으로 개발이 가능한 물을 충분히 함유하고 있는 토양 또는 암반층이다. 난대수층(aquiclude)은 점토와 같이 포화되어 있는 거의 불투수층의 토양

으로 대수층 시스템의 상부 또는 하부의 차단층 역할을 한다. 반대수층(aquitard)도 실트질 점토와 같이 포화되어 있지만 낮은 투수능을 가진 토양층으로 한 대수층으로부터 다른 대수층으로 물을 이동시킬 수 있다. 대수층은 대기압상태에서 지하수면 또는 자유수면의 존재여부에 따라 피압대수층(confined aquifer)과 비피압대수층(unconfined aquifer)으로 구분한다.

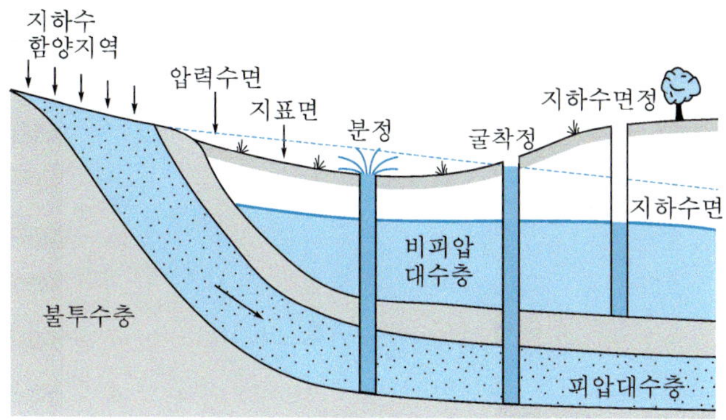

그림 8.3.1 대수층의 구분

1) 피압대수층

피압대수층은 지하수가 비교적 불투수성인 암석층 사이에 놓여있어 대기압보다 큰 압력을 받고 있는 대수층을 말하며, 피압대수층내의 물과 위 또는 아래층의 물 사이의 교환은 거의 발생하지 않는다. 피압대수층으로 물의 함양은 대수층이 지표면으로 노출된 함양지역(recharge area)에서 일어난다. 경계층이 반대수층이면 지하수함양은 연직방향의 침투로 인해 발생할 수 있으며, 이러한 경우를 누수피압대수층(leaky confined aquifer)이라 한다. 피압대수층의 특성은 함양지역을 제외하고는 지하수면을 가지고 있지 않으며 압력이 작용하고 있다. 피압대수층의 압력조건은 압력수면에 의해 주어지며, 압력수면이 지표면보다 높다면 양수 없이 지표면으로 물이 흘러나오는 분수우물 또는 분정(artesian well)이 된다.

2) 비피압대수층

비피압대수층(unconfined aquifer)은 지표면으로부터 침투 및 침루로 인해 함양된 광범위한 지하수면을 가지고 있다. 지하수면의 위치는 토양에 저장되어 있는 물의 양을 나타내며, 지하수함양과 유출간의 상대적인 정도에 의해 위 또는 아래로 움직인다. 비피압대수층은 광범위한 지하수면을 가지고 있으므로 오염에 취약하다. 대수층 위에서 인간에 의한 지표면의 이용 및 활동은 오염물을 발생시키며 결국 대수층의 물을 오염시키게 된다. 도시화로 인한 물 수요의 증가는 지하수 양수를 증가시키고, 이와 동시에 불투수 지표면적의 증가는 침투를 통한 지하수함양을 감소시킨다.

3) 샘

지하수가 대수층으로 침루함에 따라 대수층의 포화된 지점까지 내려가며, 포화된 표면은 수평적인 흐름에 의해 지표면까지 연결될 수 있다. 깊은 대수층에서의 상부수면과 지표수는 일반적으로 호수나 바다와 같은 가장 가까이 위치하고 있는 자유수표면을 향해 천천히 움직인다. 하지만 만일 대수층 아래에 불투수층이 존재하고 이층이 지표면에 노출되어 있으면 지하수는 지표면으로 나오게 되며 이를 샘(spring)이라 하고, 피압대수층 위의 불투수층에 균열이 나거나 흐름이 발생하게 되면 분수샘(artesian spring)이 된다.

8.3.2 지하수 흐름

지하수 흐름경로에 대한 분석은 지하수가 세 방향 즉, x, y 및 z방향으로 흐르기 때문에 세 방향의 수두변화 dh/dx, dh/dy 그리고 dh/dz를 고려할 필요가 있으며 매우 복잡하다. 본 절에서는 지하수 흐름에 대한 기본적인 이해를 위해 한 방향의 흐름 조건에 대해서만 설명하기로 하지만 실제 적용에서는 세 방향의 흐름을 모두 고려하여야 한다.

1) Darcy 법칙

Darcy(1856)는 다공성매체를 통한 유속은 수두손실에 비례하고 흐름 경로의 길이에 반비례 한다는 것을 보였다. 그림 8.3.2는 모래층을 통한 수두 손실을 결정하기 위한 실험으로, 거리 L을 두고 두개의 압력계가 설치되어 있으며, 총 에너지는 다음과 같이 Bernoulli 방정식을 이용하여 표현할 수 있다.

$$\frac{p_1}{\gamma}+\frac{V_1^2}{2g}+z_1=\frac{p_2}{\gamma}+\frac{V_2^2}{2g}+z_2+h_L \tag{8.3.1}$$

여기서, p는 압력, γ는 물의 단위중량, V는 유속, z는 위치수두, h_L은 수두 손실이다. 다공성매체에서 유속은 매우 작으므로 속도수두는 무시할 수 있어 ①과 ②단면간의 수두손실은 다음과 같다.

$$h_L=\left(\frac{p_1}{\gamma}+z_1\right)-\left(\frac{p_2}{\gamma}+z_2\right) \tag{8.3.2}$$

따라서 수두손실은 토양층의 경사와는 무관함을 알 수 있다. Darcy는 유속을 수두손실과 토양층의 길이에 비례상수인 투수계수 K를 도입하여 다음과 같이 표현하였다.

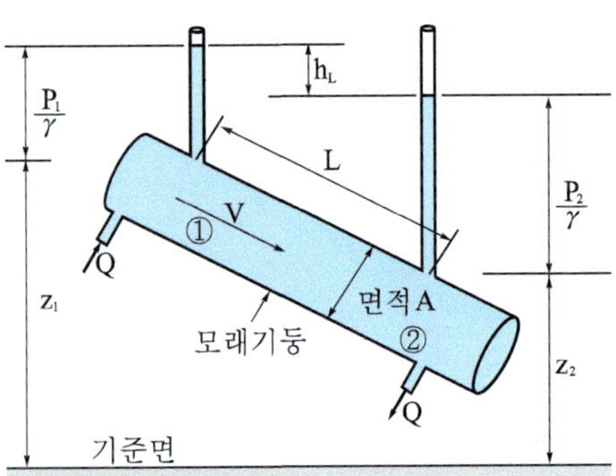

그림 8.3.2 모래층을 통한 수두손실

$$V=\frac{Q}{A}=-K\frac{dh}{dL} \tag{8.3.3}$$

식 (8.3.3)에서 음의 표시는 물이 수두가 감소하는 방향으로 이동함을 의미한다. Darcy의 유속 V는 토양층 전체 단면을 통한 평균 유속이므로 실제의 흐름은 공극을 통해 이루어지고, 따라서 침윤유속 또는 공극유속 V_s는 Darcy의 유속과 다음과 같은 관계가 있다.

$$V_s=\frac{Q}{\eta A}=\frac{V}{\eta} \tag{8.3.4}$$

따라서 실제 공극유속은 Darcy의 유속보다 상당히 크고(약 3배 정도), 지하수에서의 모든 오염물 이송을 산정할 때 사용된다. Darcy의 법칙은 다공성매체에서 층류흐름에 적용할 수 있으며 Reynolds 수가 1보다 작은 범위에서 주로 적용되며, 10보다 작은 경우에도 적용될 수 있다.

예제 8.3.1

어떤 대수층이 폭 1,000m, 깊이 10m, Darcy의 유속 0.1m/day, 공극률 0.4일 때 대수층을 통한 단위폭당 유량, 전체 유량 그리고 침윤속도를 산정하라.

풀이

단위폭당 유량은 연속방정식에 의해 $q = Vy = 1m \times 10m \times 0.1m/day = 1m^3/day$

대수층을 통해 흐르는 총유량은 $Q = VA = 10m \times 1{,}000m \times 0.1m/day = 1000m^3/day$

침윤유속은 식 (8.3.4)로부터 $V_s = \dfrac{Q}{\eta A} = \dfrac{V}{\eta} = \dfrac{0.1}{0.4} = 0.25m/day$

예제 8.3.2

그림 8.3.3과 같이 하천으로 지하수가 유입하고 있다. Darcy의 법칙을 이용하여 단위폭당 하천으로 유입되는 지하수량을 산정하라. 투수계수는 3m/day로 가정하라.

풀이

지하수면을 따른 동수경사를 구하면 h_1=10.5m, h_2=10m, L=300m이므로 $\Delta h/L = 0.5/300 = 0.00167$

따라서 Darcy의 유속은 $V = \dfrac{Q}{A} = K\dfrac{\Delta h}{L} = 3 \times 0.00167 = 0.005m/day$

오른쪽에서 흘러들어오는 단위폭당 유량을 계산하기 위해 h_1지점에서의 지하수위 10.5m와 h_2지점에서의 수위 10m의 평균치를 취하면 10.25m이다.

$$q_{wr} = Vy = 0.005m/d \times 10.25m \times 1m = 0.05125m^3/day$$

따라서 하천의 왼쪽에서도 똑 같은 지하수가 유입되므로

$$q_w = q_{wr} \times 2 = 0.05125 \times 2 = 0.102m^3/day$$

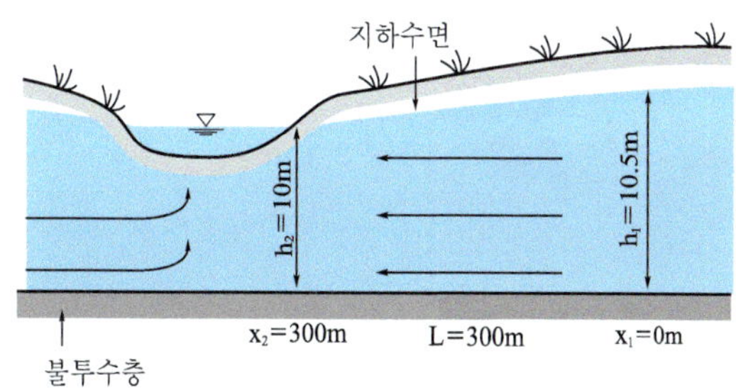

그림 8.3.3 하천으로의 지하수 유입

2) 유선망(Flow net)

Darcy의 법칙은 1차원 흐름에 대해 유도되었지만 대부분의 실제 지하수 문제가 2차원 및 3차원이므로 임의의 방향으로의 유속을 결정할 필요가 있다. 그림 8.3.4와 같이 2차원의 유선망(flow net)을 구성하기 위해 주어진 경계조건에 대한 유선(streamline) Ψ와 등포텐셜선(equipotential line) ϕ를 나타낼 수 있다. 등방성(isotropic)의 대수층에 대해 등포텐셜선은 대수층에 관입된 관정에서 관측된 수위를 바탕으로 준비할 수 있다. 흐름의 방향을 나타내기 위해 등포텐셜선과 직교하는 방향으로 유선(flow line)을 그린다. 그림 8.3.4의 유선망에서 동수경사 S는 다음과 같다.

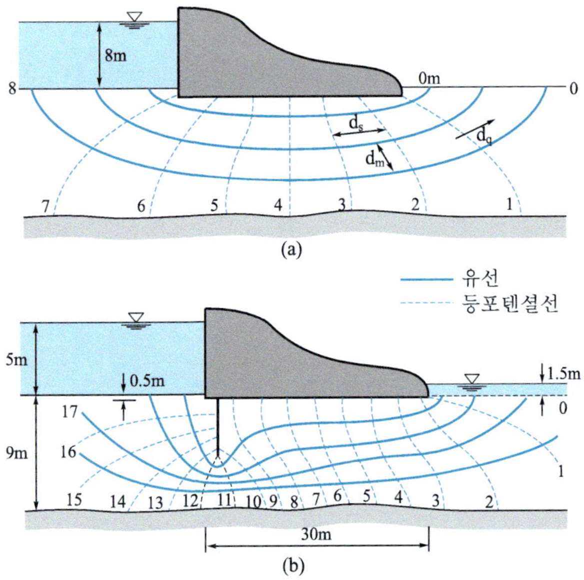

그림 8.3.4 댐에서의 전형적인 유선망

$$S = \frac{dh}{ds} \tag{8.3.5}$$

인접한 흐름선간의 단위 두께 당 유량을 q라 하면

$$q = K\frac{dh}{ds}dm \tag{8.3.6}$$

정사각형 유선망에서 ds = dm이라 가정하고, 두 개의 유선 간에 n개의 정사각형이 존재할 때 총 수두를 n으로 나누면 h = H/n이 되고, 같은 유선에 의해 전체 흐름 구간을 m개로 나누면 다음과 같이 유량을 산정할 수 있다.

$$Q' = mq = \frac{KmH}{n} \tag{8.3.7}$$

여기서, Q'는 단위폭당 유량, K는 대수층에서의 투수계수, m은 흐름 하도의 구간, n은 흐름방향으로의 사각형의 개수, H는 흐름방향으로의 총 수두손실이다.

유선망은 유선과 등포텐셜선을 나타내는데 유용한 도식적인 방법이다. 불투수 경계를 통한 물의 흐름이 없으므로 유선은 불투수 경계와 평행하다. 또한 유선은 일반적으로 서로 다른 투수계수 K를 가진 경계층에서 유선이 굴절되므로 높은 투수계수를 가진 물질에서는 수평이고, 낮은 투수계수를 가진 물질에서는 연직방향이다. 유선망은 양수에 대한 지하수위의 영향 및 흐름의 방향을 평가할 때 사용될 수 있다.

예제 8.3.3

그림 8.3.4a와 같은 댐 아래에서의 누출량을 산정하라. 댐 폭은 20m이고 투수계수 K는 10^{-5}m/sec이다.

풀이

식 (8.3.7)을 이용하여 단위폭당 유량을 계산한다. 그림에서 m=4, n=8 그리고 H=8m이므로

$$Q' = \frac{(10^{-5}\text{m/sec})(4)(8\text{m})}{8} = 4\times10^{-5}\text{m}^2/\text{sec} = 3.46\text{m}^2/\text{day}$$

따라서 총 유량은 $Q = 3.46\text{m}^2/\text{day}\times 20\text{m} = 69.2\text{m}^3/\text{day}$

3) 피압대수층에서의 흐름

지중의 분석대상 지역의 상단부 및 하단부가 불투수층으로 이루어져 있으면 피압대수층이 되며, 이러한 피압대수층에서의 압력은 물을 압력수위까지 올라가게 한다. 만일 서로 다른 두 지역에서 동시에 압력수위를 측정한다면 흐름의 경사 또는 에너지선의 경사를 산정할 수 있다. 대수층의 상, 하부경계를 통해 물의 이동이 없다고 가정하면 이 경사를 이용하여 유량을 산정할 수 있다.

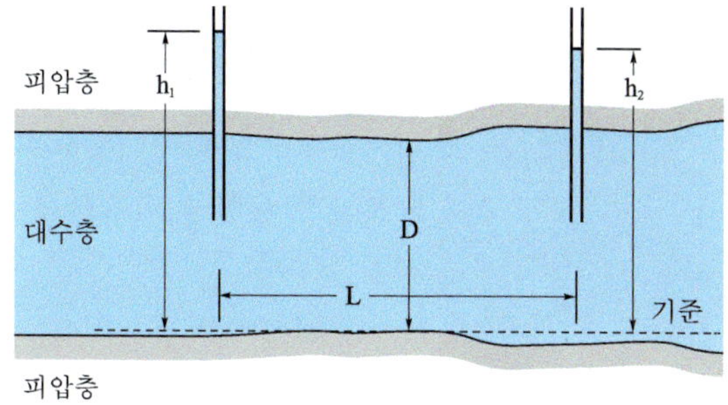

그림 8.3.5 피압대수층에서의 물의 흐름

수평 또는 연직방향의 지하수 흐름을 산정하기 위해 일차원 흐름에 대한 Darcy의 법칙을 이용하며, 지하수가 주로 횡방향으로만 흐른다면 연직방향의 흐름 요소는 생략할 수 있다. 그림 8.3.5와 같은 피압대수층에 관해 Bernoulli식을 적용하면 다음과 같다.

$$\frac{V_1^2}{2g}+\frac{p_1}{\gamma}+z_1=\frac{V_2^2}{2g}+\frac{p_2}{\gamma}+z_2+\Delta h \qquad (8.3.8)$$

여기서, V_1, V_2는 유속, g는 중력가속도, γ는 물의 단위중량, h는 압력계 수두, Δh는 수두손실, p_1 및 p_2는 압력이다. 일반적으로 두 지점에서의 유속 V_1 및 V_2는 비슷하므로 생략하고, 압력 및 높이의 차는 압력계에 의해 측정이 되므로

$$\Delta h=\left(\frac{p_1}{\gamma}+z_1\right)-\left(\frac{p_2}{\gamma}+z_2\right)=h_1-h_2 \qquad (8.3.9)$$

또한 길이 ΔL에 걸쳐 Δh의 수두손실이 발생하였으면 에너지선의 경사 S는 다음과 같다.

$$S=\frac{\Delta h}{\Delta L} \qquad (8.3.10)$$

따라서 투수계수 K를 적용하여 Darcy의 유속으로 나타내면

$$V=-K\frac{\Delta h}{\Delta L} \qquad (8.3.11)$$

여기서, $\Delta h/\Delta L$은 ΔL을 통해 수두가 감소하면 음의 값, 증가하면 양의 값으로 나타낸다.

연속방정식은 식 (8.3.11)로부터 $Q=KA(\Delta h/\Delta L)$가 된다. 만일 피압대수층의 두께가 D이고, 폭이 B이면 흐름단면적은 $A=DB$가 되므로 대수층을 통한 유량은 다음과 같이 산정할 수가 있다.

$$Q=KA\frac{\Delta h}{\Delta L}=KDB\left(\frac{h_1-h_2}{L}\right) \qquad (8.3.12)$$

예제 8.3.4

그림 8.3.5와 같이 피압대수층에서 100m 떨어진 두 지점에 압력계를 설치하여 압력계 수위를 관측한 결과 40m와 38m로 나타났다. 대수층의 깊이가 10m, 폭이 50m이고 투수계수가 0.2m/day일 때 대수층을 통해 흐르는 유량을 산정하라.

풀이

식 (8.3.12)로부터 $Q=KDB\left(\frac{h_1-h_2}{L}\right)=(0.2\text{m/day})(10\text{m})(50\text{m})\left(\frac{40-38}{100}\right)=2\text{m}^3/\text{day}$

4) 비피압대수층에서의 흐름

비피압대수층에 대해서도 피압대수층과 유사하게 식을 전개할 수 있으며, 그림 8.3.6은 비피압대수층에서의 유량을 산정하는 과정을 보여주고 있다.

$$Q = KA\frac{dh}{dL} \tag{8.3.13}$$

비피압대수층에서는 흐름방향으로의 수위가 변하므로 단면적도 변한다. 따라서 단위폭당 면적은 A = y(1)으로 나타낼 수 있으며, 단위폭당 유량은 다음과 같다.

$$Q' = Ky\frac{dy}{dL} \tag{8.3.14}$$

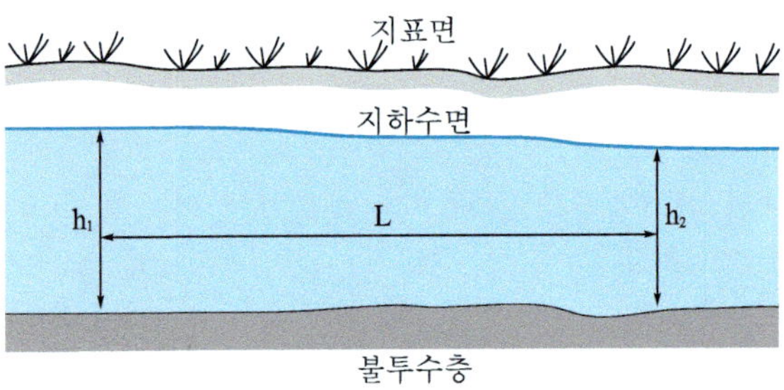

그림 8.3.6 비피압대수층에서의 물의 흐름

지하수면의 수위는 거리에 따라 변하므로 식 (8.3.14)를 적분하고 정리하면

$$\therefore Q' = K\frac{(h_1^2 - h_2^2)}{2L} \tag{8.3.15}$$

따라서 폭이 B인 비피압대수층을 통해 흐르는 유량은 다음과 같으며 이를 Dupuit 공식이라 한다.

$$Q = KB\frac{(h_1^2 - h_2^2)}{2L} \tag{8.4.16}$$

예제 8.3.5

그림 8.4.5와 같은 비피압대수층에서 100m 떨어져 있는 두 지점의 지하수위가 h_1=40m, h_2=38m이고 투수계수는 0.2m/day이며, 폭이 50m일 때 두 지점을 통해 흐르는 유량을 계산하라.

풀이

식 (8.3.16)을 적용하면 $Q = KB\frac{(h_1^2 - h_2^2)}{2L} = (0.2\text{m/day})(50\text{m})\frac{(40^2\text{m}^2 - 38^2\text{m}^2)}{2(100\text{m})} = 7.8\text{m}^3/\text{day}$

8.4 관정을 통한 양수

8.4.1 관정시스템

관정(water well)시스템은 지중으로 판 연직구멍으로 지하수 양수, 인위적인 지하수함양, 쓰레기 매각, 수위관측 그리고 수질관측 등을 하기위해 사용된다. 관정을 설치하기 위한 다양한 방법

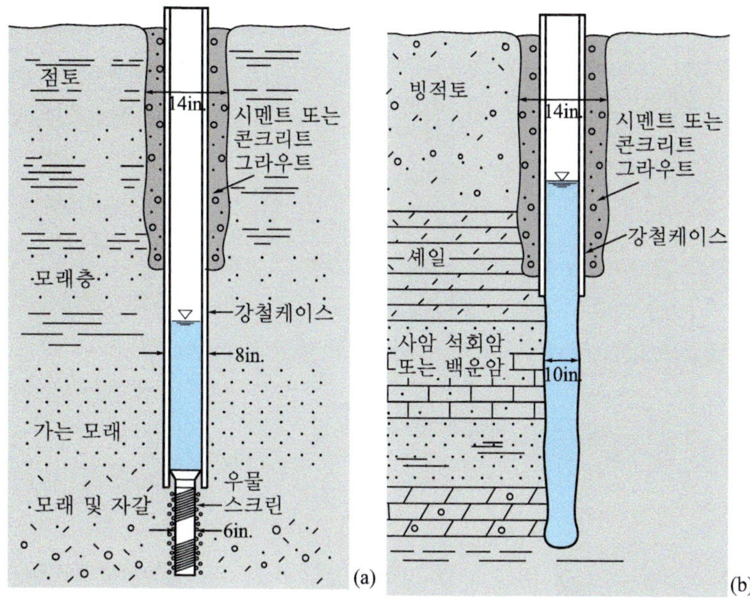

그림 8.4.1 관정 : (a) 압밀되지 않은 토양, (b) 압밀된 토양

들이 개발되어 있으며 유량, 깊이, 토질의 상태, 케이스재료 그리고 경제적인 인자들을 고려하여 적절한 방법을 선택한다. 그림 8.4.1에는 두 가지 관정에 대한 예를 보여주고 있다. 압밀된 토양에서는 케이스가 필요하지 않지만 일반적으로 모래와 자갈로 구성된 압밀되지 않은 토양에서는 케이스가 필요하다. 대수층으로부터 물을 양수할 경우에는 관정 스크린이 필요하다.

관정이 시추되면 최적으로 물을 양수할 수 있도록 마감하여야 하며, 이를 위해서는 케이스의 설치, 접합, 스크린의 설치 그리고 자갈 채움 등이 필요 하다. 압밀되지 않은 토양에 주로 사용되는 관정 스크린은 지하수가 관정으로 흘러들어올 수 있도록 다양한 깊이로 구멍을 뚫은 관으로 되어 있으며, 스크린의 주된 목적은 모래나 자갈과 같은 대수층 재료들이 관정 안으로 유입되는 것을 방지하고, 흐름의 수리학적 저항을 최소화시키는 것이다.

지하수를 양수할 때마다 수질을 보호하기 위한 위생적인 조치를 충분히 취해야 한다. 지표면의 오염물이 관정 입구나 주위공간으로부터 유입될 수 있으므로 이를 방지하기 위해 케이스 주위에 모르타르 밀폐 및 콘크리트를 이용한 표면 마감 등이 이루어져야 한다. 관정이 설치된 후 그리고 과도한 홍수발생 후 오염이 예상되면 물을 채취하여 검사하여야 한다. 도시지역에서 관정은 정화조 시스템과 근접한 위치에 설치될 수 있는데 이러한 경우 위생을 위해 충분한 거리를 두어야 한다.

8.4.2 피압대수층에서의 양수

관정이 수평의 피압대수층으로 충분히 관입되었을 때 관정을 통한 물의 흐름은 모든 방향으로 이루어진다. 일정한 율로 지하수를 양수하고, 수위가 안정될 때까지 기다리면서 양수되는 관정으로부터 r_1과 r_2 떨어진 위치에서 수위 h_1 및 h_2를 관측하면 대수층을 통한 투수계수를 산정할 수 있다. 대수층의 투수계수 K에 대수층의 깊이 D를 곱하면 투과율(transmissivity) T를 얻게 된다. 투과율의 단위는 m^2/day 또는 gal/day-ft(1m^2/day=80.5gpd/ft)로 나타낸다. 실제로는 관정에서의 수위보다 서로 다른 반경에서 두 개 이상의 관측정을 통해 수위를 관측하는 것이 더 바람직하다.

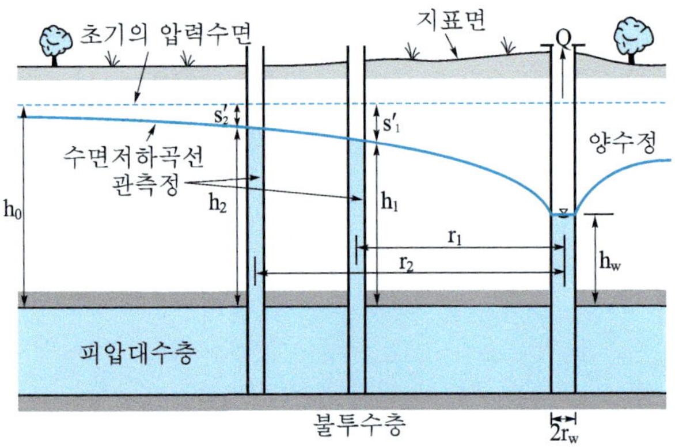

그림 8.4.2 피압대수층에서의 양수

대수층이 균질(homogeneous)하고 등방성(isotropic)이며 배수로 인한 영향을 받지 않는다고 가정하면 임의의 반경 r에 있는 관정의 평형 유량은 다음과 같이 나타낼 수 있다.

$$Q = AV = 2\pi r DK\frac{dh}{dr} \tag{8.4.1}$$

여기서, Q는 양수율(m^3/s), r은 양수정으로부터 떨어진 반경(m), K은 투수계수(m/s), D는 대수층의 깊이(m)이다. 식 (8.4.1)을 적분하고 정리하면

$$\therefore Q = 2\pi DK\frac{(h_2 - h_1)}{\ln\left(\frac{r_2}{r_1}\right)} \tag{8.4.2}$$

식 (8.4.2)를 평형방정식 또는 Thiem의 방정식이라하며, 이를 이용하여 투수계수 K 또는 투과율 T = KD를 다음과 같이 구하게 된다.

$$K = \frac{Q}{2\pi D(h_2 - h_1)}\ln\left(\frac{r_2}{r_1}\right) \tag{8.4.3}$$

여기서, K는 투수계수(m/sec), Q는 양수율(m^3/sec), D는 대수층의 깊이(m), r_1과 r_2는 양수정으로부터 떨어진 거리(m), h_1과 h_2는 r_1 및 r_2에서의 지하압력수위(m)이다.

예제 8.4.1

피압대수층에서 물을 양수하기 위해 관정을 설치하였다. 두 관측지점 O_1, O_2가 관정으로부터 100m, 1000m 거리를 두고 설치되었으며, 관정으로부터 $0.2m^3/min$의 율로 양수하고 있다. 정상상태에서 수위의 강하가 O_1에서는 8m, O_2에서는 2m였다. 대수층의 두께가 20m일 때 투수계수 K와 투과율 T를 산정하라.

풀이

주어진 값들을 정리하면

$$Q = 0.2m^3/min,\ r_1 = 100m,\ r_2 = 1{,}000m,\ s_1' = 8m,\ s_2' = 2m,\ D = 20m$$

$s_1' = h_0 - h_1,\ s_2' = h_0 - h_2$이므로 $T = KD = \frac{Q}{2\pi(h_2 - h_1)}\ln\left(\frac{r_2}{r_1}\right) = \frac{Q}{2\pi(s_1' - s_2')}\ln\left(\frac{r_2}{r_1}\right)$

$$= \frac{0.2m^3/min}{2\pi(8m - 2m)}\ln\left(\frac{1000m}{100m}\right) = 0.0122m^2/min = 2.03cm^2/sec$$

$$\therefore K = \frac{T}{D} = \frac{2.03cm^2/sec}{2000cm} = 1.02\times10^{-3}cm/sec$$

8.4.3 비피압대수층에서의 양수

비피압대수층에서의 양수율과 투수계수는 양수관정과 관측관정을 이용하여 피압대수층에서 설명한 방법과 유사한 방법으로 결정할 수 있다. 그림 8.4.3과 같은 비피압대수층의 양수를 생각해 보자. 대수층의 불투수성 바닥까지 굴착된 관정이 일정한 수두를 가진 동심원 모양의 경계면으로 둘러 싸여 있다면 양수율 Q는 다음과 같이 나타낼 수 있다.

$$Q = AV = 2\pi r h K \frac{dh}{dr} \tag{8.4.4}$$

식 (8.4.4)를 적분하고 정리하면

$$Q = \pi K \frac{(h_2^2 - h_1^2)}{\ln\left(\frac{r_2}{r_1}\right)} \tag{8.4.5}$$

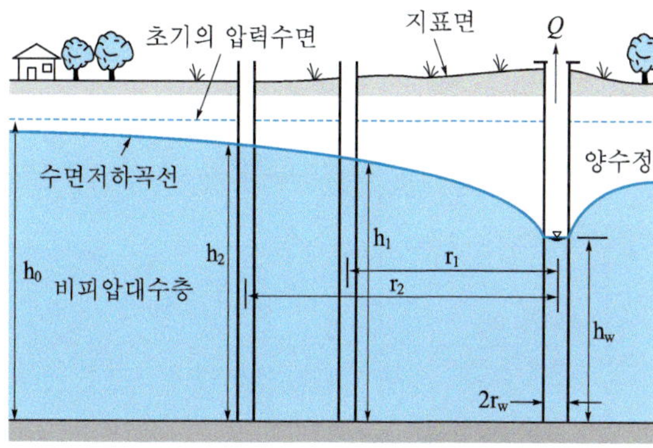

그림 8.4.3 비피압대수층에서의 양수

일반적으로 관정주변에서는 지하수위가 급격하게 낮아지므로 흐름의 연직성분이 크게 되어 Dupuit의 수평흐름 가정이 성립하지 않으나 수두 h를 정확히 측정하면 식 (8.4.5)에 의해 구한 양수율은 비교적 정확하다. 피압대수층과 마찬가지로 투수계수 K는 다음과 같이 구하게 된다.

$$K = \frac{Q}{\pi(h_2^2 - h_1^2)} \ln\left(\frac{r_2}{r_1}\right) \tag{8.4.6}$$

여기서, K는 투수계수(m/sec), Q는 양수율(m^3/sec), r_1과 r_2는 양수정으로부터 떨어진 거리(m), h_1과 h_2는 r_1 및 r_2에서의 지하수위(m)이다.

예제 8.4.2

충분히 관입된 비피압대수층의 관정으로부터 0.284m^3/min의 물을 양수하고 있다. 초기의 지하수위는 10.5m이다. 장시간 후에 관정으로부터 22.5m 떨어진 관측정에서 지하수위가 6m이고, 600m 떨어진 관측정에서의 지하수위가 10.2m일 때 투수계수를 산정하라.

풀이

주어진 값을 정리하면

$$Q = 0.284 m^3/min = 4.73 \times 10^{-3} m^3/sec, \quad r_1 = 22.5m, \ r_2 = 600m, \ h_1 = 6m, \ h_2 = 10.2m$$

$$K = \frac{Q}{\pi(h_2^2 - h_1^2)} \ln\left(\frac{r_2}{r_1}\right) = \frac{4.73 \times 10^{-3} m^3/sec}{\pi[(10.2m)^2 - (6m)^2]} \ln\left(\frac{600m}{22.5m}\right) = 7.27 \times 10^{-5} m/sec$$

8.4.4 누수피압대수층에서의 양수

낮은 지하수위를 가진 비피압대수층이 위에 놓여있고 아래에 반대수층(aquitard)으로 경계를 이루고 있는 누수피압대수층에서의 양수는 그림 8.4.4와 같다. 비피압대수층에서의 지하수위보다 누수피압대수층에서의 압력계에 의한 수위가 낮은 경우 물이 반대수층을 통해 아랫방향으로 연직 이동한다. 그림에서처럼 a에서 b로 Darcy의 법칙을 적용하고 c를 바닥이라고 하자. 비피압대수층에서의 투수계수는 3m/day, 반대수층에서의 투수계수는 0.1m/day이다. 또한 a로부터 b까지의 거리는 10m, b에서 c까지의 거리는 2m이고, 누수피압대수층과 비피압대수층의 수두차는 1m이다. a에서 b까지 Darcy의 법칙을 적용하면

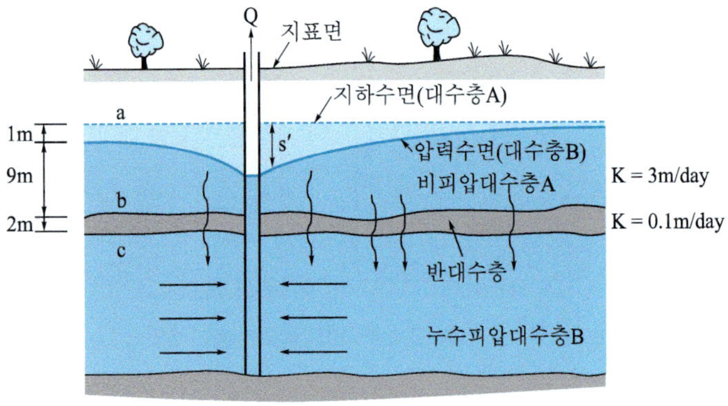

그림 8.4.4 누수피압대수층에서의 양수

$$V = K\frac{dh}{dL} = 3\frac{12 - h_b}{10} \tag{8.4.7}$$

b에서 c까지 Darcy의 법칙을 적용하면

$$V = K\frac{dh}{dL} = 0.1\frac{h_b - 11}{2} \tag{8.4.8}$$

두 식을 연립하여 h_b에 관해서 풀면 누수피압대수층의 c지점에서 약 11.85m로 계산된다. 즉, 누수피압대수층(c지점)에서의 수두가 비피압대수층(b지점)에서의 수두보다 약간 작다. 따라서 얇은 대수층을 통해 물이 아랫방향으로 이동하면서 0.15m의 수두손실이 발생한다. 만일 누수피압대수층에서 양수를 하면 수두차로 인하여 비피압대수층으로부터 누수피압대수층으로의 추가적인 유출이 발생하고(위에서 아래로), 비피압대수층에서 양수를 한다면 이와는 반대로 누수피압대수층에서 비피압대수층으로 유출(아래에서 위로)이 발생한다.

예제 8.4.3

그림 8.4.4와 같은 누수피압대수층에서 양수를 하고 있다. a와 b사이에서의 투수계수가 1.02×10^{-3} cm/sec이고 b와 c 사이에서의 투수계수가 7.26×10^{-5}cm/sec일 때 a에서 c까지 물이 이동하면서 발생하는 수두손실을 계산하라.

풀이

a와 b사이의 깊이는 10m, 투수계수는 1.02×10^{-3}cm/sec = 0.88m/day

b와 c사이의 깊이는 2m, 투수계수는 7.26×10^{-5}cm/sec = 0.063m/day

a에서 b까지 Darcy의 법칙을 적용하면 $V = K\frac{dh}{dL} = 0.88\frac{12 - h_b}{10}$

b에서 c까지 Darcy의 법칙을 적용하면 $V = K\frac{dh}{dL} = 0.063\frac{h_b - 11}{2}$

두 식을 연립하여 h_b에 관해서 풀면 c지점에서 약 11.73m로 계산된다. 따라서 얕은 대수층을 통해 물이 아랫방향으로 이동하면서 0.27m의 수두손실이 발생한다.

8.5 지하수함양

지하수함양은 물을 넓은 면적에 분포시키거나 자연상태를 인위적으로 변경하는 등의 방법을 통하여 지하수 저류량을 증대시키는 것이다. 즉, 양수와는 반대로 지하 대수층에 물을 다시 채우는 것으로, 가장 자연적이고 근원적인 지하수함양은 강수로 인해 일어난다. 하지만 국지적으로 과도한 양수로 인한 지반의 붕괴, 지하오염원의 제거, 해수의 침입 방지 등과 같이 자연적인 강우에만 의존할 수 없는 상황이 자주 발생하고 있어 인위적으로 지하수를 함양할 필요성이 증가하고 있다.

8.5.1 수표면 증가방법에 의한 지하수함양

인위적으로 지하수를 함양하기 위한 다양한 방법들이 제시되고 있으며 지형학적, 지질학적, 수문학적, 기후학적 그리고 경제적인 상황을 고려하여 적절한 방법을 택하게 된다. 가장 널리 쓰이고 있는 방법들은 지표면에 물을 넓게 분포시켜 침투지역을 넓혀 지하로 침투를 유도하는 것이다. 이러한 방법에는 침투지법, 하상변경법, 도랑법, 범람법 등이 있다.

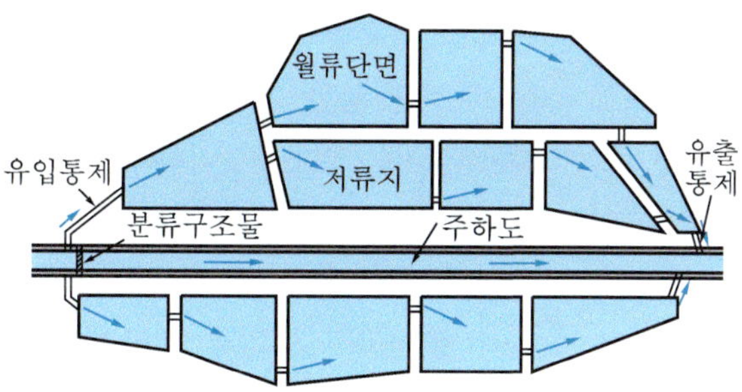

그림 8.5.1 하천을 따른 일련의 침투지

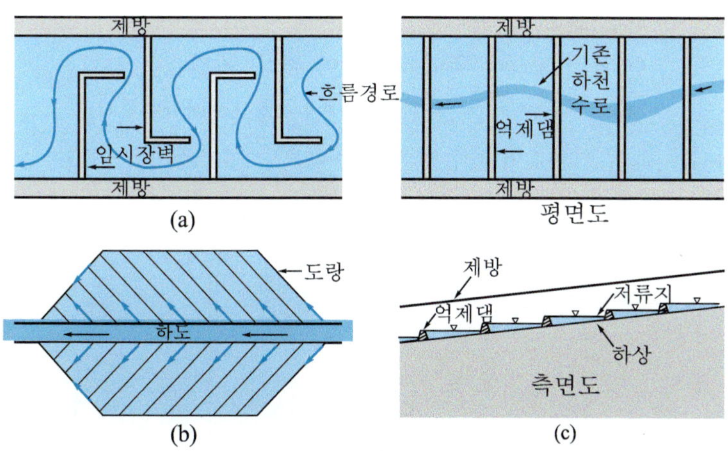

그림 8.5.2 지하수함양 방법들 (a) 장벽설치, (b) 도랑, (c) 억제 댐

침투지법(basin method)은 제방에 의해 형성된 일련의 침투지에 물을 저류시키는 것으로 침투지가 서로 연결되어 있어 한 침투지에서 월류한 물이 보다 낮은 다른 침투지로 유입되도록 설계하며, 그림 8.5.1은 하천을 따라 조성한 침투지의 모습이 보여주고 있다. 하상변경법(modified stream bed method)은 하천에서 물의 침투를 유

도하는 것으로 하천폭을 비교적 넓고 평탄하게 하고, 경사가 작게 유지하거나 하류부에 보나 댐을 설치하여 물이 장기간 머물면서 침투가 발생하도록 하는 것이다.

도랑법(ditch 또는 furrow method)은 불규칙한 지형에서 하천과 접한 일련의 도랑을 통해 물을 저류시켜 침투를 발생시키는 것이다. 도랑은 얕고 바닥이 편평하며 물과 접하는 면적이 최대가 되도록 근접하여 위치시킨다. 도랑의 경사는 부유물이 가라 앉아 침투공극을 막지 않을 정도로 크게하고 끝단의 낮은 지점에 집수 도랑을 만들어 하천으로 잉여의 물이 되돌아 갈 수 있도록 설계한다. 이 방법은 지형과 지역의 면적에 영향을 받는다. 범람법(flooding method)은 홍수터나 인공습지 등 자연적으로 조성된 비교적 편평한 곳에 물을 넓고 얕게 저류하여 침투시킴으로서 지하수를 함양하는 방법이다. 통제구조물이 필요 없지만 침투지역으로 물을 보내기 위한 도수로 등이 필요하다. 식생의 성장을 방해하거나 토양 표층을 교란시키지 않고 최대의 침투가 발생할 정도로 물을 보낸다.

8.5.2 관정을 통한 지하수함양

깊은 피압대수층으로의 지하수함양이나 공간적으로 다른 방법을 적용하기 곤란한 경우에 관정을 통한 지하수함양이 사용될 수 있다. 수리학적인 면에서 볼 때 관정이 같은 수위를 유지하기 위해서는 양수량과 함양량이 동일해야 하지만 실제로는 동일하지가 않다. 이러한 차이로 관정에서 구멍이 뚫린 케이스 부분이 미세한 대수층 입자, 함양수에 포함된 부유물질, 물속에 용해된 산소, 박테리아, 함양수와 지하수사이의 화학적 작용 등으로 막히게 되므로 지하수 함양을 위한 관정 관리에 주의를 하여야 한다. 자갈층을 설치한 관정은 그렇지 않은 경우보다 효과적으로 지하수를 함양할 수 있다. 함양수는 깨끗해야 하며, 나트륨의 농도가 높아서는 안 되고, 염소처리를 해야 하며, 비교적 일정한 압력으로 이루어져야 한다.

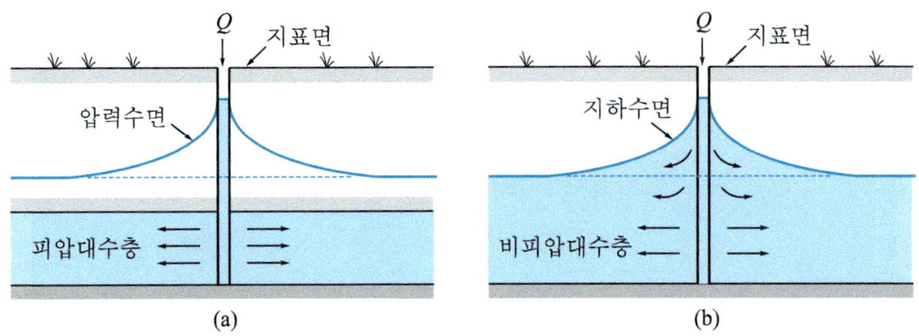

그림 8.5.3 피압 및 비피압대수층에서의 관정을 통한 지하수함양

8.5.3 유도 지하수함양

유도 지하수함양은 하천과 인접한 관정을 통하여 양수를 함으로서 하천수 또는 지표수가 지하로 함양되도록 유도하

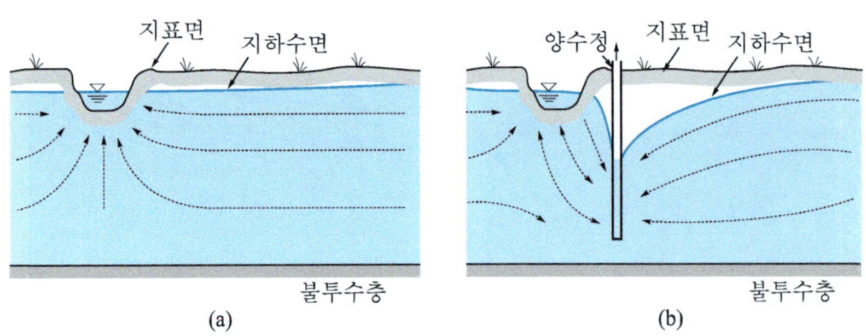

그림 8.5.4 유도 지하수함양

는 것이다. 그림 8.5.4는 하천근처의 관정에서의 양수로 인한 하천수의 침투를 보여주고 있다. 이 방법은 지표수의 수질이 양호하지 않은 경우 침투를 통한 여과과정에서 정수가 되므로 유용한 방법이라고 할 수가 있다.

8.6 해수침입방지

자연적인 상태에서 해안을 따라 해수 및 담수간에 밀도차에 비례하여 평형상태가 형성될 수 있다. 해수의 비중이 담수에 비해 2.5% 정도 크므로 담수가 해수위로 뜨게 된다. 지하수의 과도한 양수 및 제거로 인해 해수와 담수간의 자연적인 경계가 변경되고 지하수면의 새로운 경사가 조성되어 해수와 담수간의 평형이 교란을 받게 된다. 정수압의 균형 변화가 해수의 침입을 초래하며, 해수가 담수대수층으로 침입하는 것이 대표적인 예로 물의 화학적 구성성분의 변화로 인해 점성이 변하고 따라서 투수계수가 변하여 지하수의 흐름에 변화를 주게 된다.

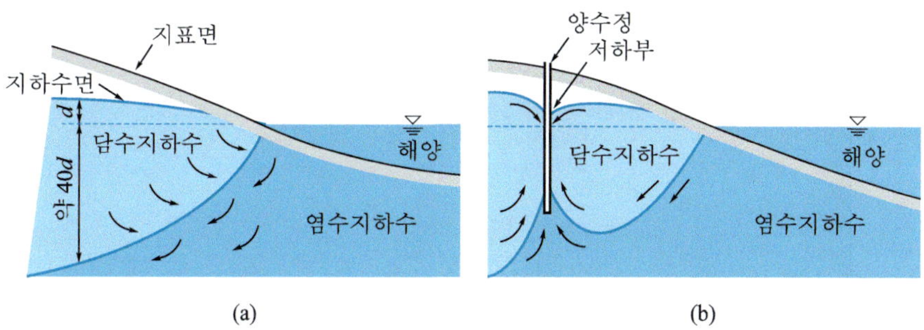

그림 8.6.1 해수의 침입

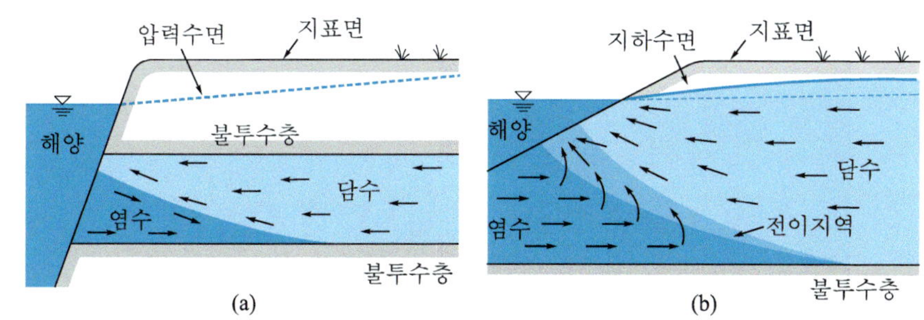

그림 8.6.2 피압 및 비피압대수층에서의 해수 및 담수 존재 양상

그림 8.6.2에는 피압대수층 및 비피압대수층에서의 정상적인 해수 및 담수위치가 나타나 있다. 하지만 여러 이유로 인해 균형이 교란되어 해수가 침투하게 된다. 해수 침투가 발생하면 염분을 제거하기가 대단히 어려우므로 오염된 대수층은 수원으로서의 기능을 거의 상실하게 된다. 해수의 침투가 일어나는 원인과 해결방법에 대해 알아보기로 한다.

1) 과도한 양수로 인한 해수침입

과도한 지하수 양수로 인해 지하수면 경사가 감소되거나 역경사가 되어 비중이 큰 해수가 침투하게 된다. 그림 8.6.1b와 같이 해안선 근처 관정에서 과대한 양수로 지하수위가 감소하여 해안쪽으로 낮아지는 경사가 관정쪽으로 낮아져 담수의 압력이 낮아지므로 그 밑에 있던 해수가 상승하여 관정지점까지 이르게 된다. 이러한 경우 그림 8.6.3a와 같이 해안에 평행하게 일련의 관정을 운영하여 양수를 계속함으로서 해수가 내륙지역으로 계속 침투하는 것을 방지할 수 있다. 하지만 이 방법을 사용하면 내륙쪽에 있는 담수도 함께 양수되어 소모되고 운영비가 많이 드는 단점이 있다.

또 다른 방법으로 그림 8.6.3b와 같이 해안선에 평행하게 일련의 관정을 설치하여 이번에는 관정을 통해 담수를 주입함으로서 해수가 밀려서 바다쪽으로 흐르게 할 수 있다. 이 방법은 내륙쪽에서 관정을 통해 양수한 물을 주입하면 되므로 물의 낭비는 앞의 양수방법에 비해 없다고 볼 수 있으나 운영비가 많이 든다.

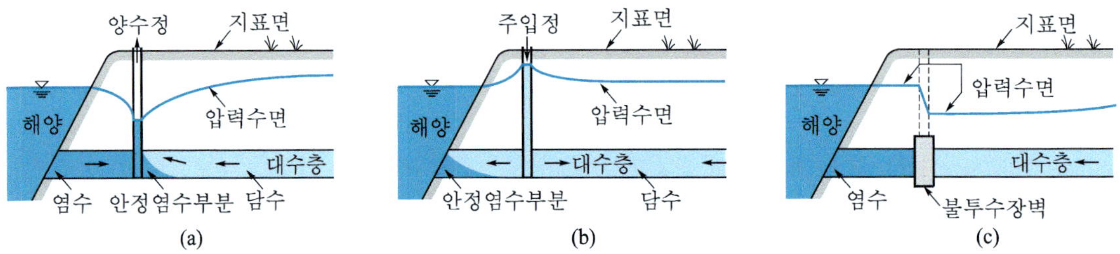

그림 8.6.3 해수침입을 통제하는 방법들

2) 지하수와 해수사이 장벽설치

해안 배수로를 굴착하는 경우 해수가 내륙 깊숙이 들어와 해수가 대수층으로 침투함으로서 염수의 침입이 발생한다. 이 경우에는 해안선을 따라(그림 8.6.3c) 또는 내륙배수로를 따라 지하에 아스팔트, 콘크리트, 점토, 판기초 등과 같은 불투수성 벽을 쌓아 방지할 수 있다. 이 방법은 유지관리비가 적게 드나 건설비가 많이 드는 단점이 있다.

3) 하부층에서의 해수 상승

하부에 해수층이 있는 경우 그 위에 위치한 담수층에 관정을 설치하여 양수를 하는 경우 관정주위로 해수층이 상승하여 관정을 오염시키게 된다. 실제로는 해수층과 담수층 사이에 중간층이 형성되어 작은 양의 양수로도 해수가 관정에 도달하게 된다. 이러한 경우 앞에서 언급한 바와 같이 관정을 통해 담수를 주입함으로서 해수의 높이를 낮추는 방법을 사용할 수 있고, 과도한 양수를 억제하여 자연적으로 해수의 높이가 낮아지기를 기다리는 방법이 있다.

연습문제

8.1 대수층으로부터 시료를 채취하여 그림 8.2.3a와 같은 정압수두 투수계를 이용하여 투수계수를 산정하려고 한다. 시료의 반경이 2cm이고 길이가 30cm일 때 하루 동안 시료를 통과한 물의 양이 0.0153m^{3}이고 수두차가 14cm인 경우 투수계수를 산정하라.

8.2 대수층으로부터 시료를 채취하여 그림 8.2.3b와 같은 감소수두 투수계를 이용하여 투수계수를 산정하려고 한다. 시료의 반경이 2cm이고 길이가 30cm일 때 2시간 동안 물이 시료를 통과하여 반경 1cm인 관의 수위가 50cm에서 20cm로 낮아진 경우 투수계수를 산정하라.

8.3 관정을 통해 500m^{3}의 물을 양수한 결과 4,800m^{2}의 면적상에서 지하수위가 1.6m 하강할 경우에 대한 비산출량 또는 저류상수를 산정하라.

8.4 대수층에서의 물의 온도가 20℃이고 물의 이동속도가 22.9cm/day일 때 다공성매체의 평균입경이 1.78mm라면 Reynolds number는 얼마인가? 이러한 흐름에서 Darcy의 법칙을 적용할 수 있는가?

8.5 물의 온도가 20℃일 때의 투수계수가 $K=1.73\times10^{-2}$m/day라면 10℃ 및 25℃일 때의 투수계수는 얼마인가.

8.6 대수층이 폭 500m, 깊이 13m, Darcy의 유속 0.15m/day, 공극률 0.25일 때 대수층을 통한 단위폭당 유량, 전체 유량 그리고 침윤속도를 산정하라.

8.7 그림 8.3.3과 같이 하천으로 지하수가 유입하고 있다. 만일 h_1=12.5m, h_2=11.3m, L=500m, 투수계수 1.5m/day일 경우 Darcy의 법칙을 이용하여 하천길이 100m를 통해 유입되는 지하수량을 산정하라.

8.8 대수층으로부터 표본을 채취하여 그림 8.3.2와 같은 실험을 통해 투수계수를 산정하려고 한다. 시료의 직경은 5cm 길이 L=30cm일 때 시료를 통과한 물을 측정한 결과 3분 동안에 45cm^{3}이고 두 단면간의 수두차는 14cm였다. 투수계수를 산정하라.

8.9 대수층에서의 투수계수를 산정하기 위해 서로 40m 떨어진 두 지점에 관측정을 설치하였다. 한 관측정에서 추적약품을 투입하여 다른 관측정에서 확인되는데 걸리는 시간이 5시간이고 두 지점간의 수위차가 0.6m이며 대수층의 평균 공극률이 15%이면 투수계수는 얼마인가?

8.10 그림 8.3.4a와 같은 댐 아래에서의 누출량을 산정하라. 댐의 폭은 50m이고 투수계수 K는 10^{-4}m/sec이다.

8.11 그림 8.3.5와 같이 피압대수층에서 50m 떨어진 두 지점에 압력계를 설치하여 압력계 수위를 관측한 결과 36m와 31m로 나타났다. 대수층의 깊이가 8m, 폭이 20m이고 투수계수가 0.15m/day일 때 대수층을 통해 흐르는 유량을 산정하라.

8.12 그림 8.3.6과 같은 비피압대수층에서 50m 떨어져 있는 두 지점의 지하수위가 h_1=36m, h_2=41m이고 투수계수는 0.15m/day이며, 폭이 20m일 때 두 지점을 통해 흐르는 유량을 계산하라.

8.13 피압대수층에서 물을 양수하기 위해 양수정을 설치하였다. 두 관측지점 O_1, O_2가 양수정으로부터 100m, 500m 거리를 두고 설치되었으며, 양수정으로부터 0.5m^3/min의 율로 양수하고 있다. 정상상태에서 수위의 강하가 O_1에서는 10m, O_2에서는 3m였다. 대수층의 두께가 35m일 때 투수계수 K와 투과율 T를 산정하라.

8.14 피압대수층에서 지하수를 양수하려고 한다. 초기의 압력수두가 15m이고 10m 및 100m 떨어진 지점에서의 압력수두 저하가 4m 및 1m라면 양수율은 얼마인가. 투수계수는 K=7.5m/day이고 대수층의 두께는 2m이다.

8.15 충분히 관입된 비피압대수층의 관정으로부터 1.5m^3/min의 물을 양수하고 있다. 초기의 지하수위는 8m이다. 장시간 후에 관정으로부터 50m 떨어진 관측정에서 지하수위가 5m이고, 500m 떨어진 관측정에서의 지하수위가 7m일 때 투수계수를 산정하라.

8.16 비피압대수층에서 지하수를 양수하려고 한다. 초기의 지하수위는 10m이고 10m 및 100m 떨어진 지점에서의 지하수위 저하가 2.8m 및 1.2m라면 양수율은 얼마인가. 투수계수는 K=5.0m/day이다.

8.17 비피압대수층에서 양수정을 통해 0.25m^3/sec의 율로 지하수를 양수하고 있다. 관정의 깊이는 35m이고 직경은 50cm이다. 양수정의 중심으로부터 10m 및 100m떨어진 지점에서의 지하수위 강하가 4m 및 1m일 경우 투수계수를 산정하라. 양수정에서의 수위강하는 얼마인가?

8.18 그림 8.4.4와 같은 누수피압대수층에서 양수를 하고 있다. a와 b사이의 깊이가 18m, 투수계수가 2.308×10^{-3}cm/sec이고 b와 c사이의 깊이가 2m, 투수계수가 5.787×10^{-4}cm/sec일 때 a에서 c까지 물이 이동하면서 발생하는 수두손실을 계산하라. 단, 비피압대수층에서의 지하수위와 누수피압대수층에서의 수두차는 3m이다.

Water Resources Engineering

Chapter 9

수자원 통계분석

9.1 서론

수자원분야에서 많은 과정들이 근본적인 무작위성으로 인해 확률적 의미로 분석되거나 설명되어야 할 경우가 많이 있다. 확정론적인 방법으로 물의 순환 전 과정을 이론적으로 완전하게 표현할 수 있고 이들 과정들의 관계를 해석적으로 나타낼 수 있다면, 확정론적인 방법으로 분석하고 설계에 이용할 수 있다. 하지만 수문현상은 너무 복잡하여 우리가 아직 이해하지 못하는 부분들이 있으며, 또한 물의 순환과정이 확률론적인 성격을 띠고 있으므로 확정론적인 방법으로 완전하게 해석할 수는 없다. 따라서 강우 및 홍수사상 등 수문자료들을 통계학적으로 분석하여 수문현상의 특성을 규명하고 장래의 거동을 예측할 수 있는 확률통계학적 분석이 필요하다.

본 장에서는 수문학적 자료들의 불확실성(uncertainty)을 정량화하고 확률론적인 방법으로 해석하는 절차 즉, 강우 및 홍수와 같은 수문사상의 크기를 확률과 연관시키는 방법과, 수문자료가 어떠한 확률분포형에 가장 적합한지를 판단하는 자료의 검정방법, 빈도해석절차 그리고 불확실성 및 위험도분석에 대해 소개하기로 한다.

9.2 확률

9.2.1 확률개념

확률은 불확실성 또는 우연현상을 대상으로 하며 이때 불확실성이란 상황의 변화과정에서 야기되는 결과를 가리킨다. 즉, 어떤 상황의 변화과정에서 둘 또는 그 이상의 결과가 발생한다면 어떤 결과가 될지 확실하지 않게 되므로 그 결과들은 불확실하다고 할 수 있다. 이러한 불확실한 결과를 초래하는 변화과정을 실험(experiment) 또는 시행(trial)이라 한다.

N가지 결과 즉, X_1, X_2, ..., X_i, ..., X_N이 나타날 수 있는 실험을 생각해 보자. 어떠한 두 결과도 동시에 나타나지 않으면 그 결과를 상호배반적(mutually exclusive)이라 하며, 실험에서 발생 가능한 모든 결과를 고려한다면 전체소모적(collectively exhaustive)이라 한다. 만일 어떤 사상의 발생이 다른 사상의 발생에 영향을 미치지 않는다면 서로 독립적(independent)이다. 어떤 사상(event) X_i가 발생할 확률 $P(X_i)$는 여러 차례 시도를 한 결과 그 사상이 발생하는 상대적인 횟수로 정의한다.

$$P(X_i) = \frac{n_i}{N} \tag{9.2.1}$$

여기서, n_i는 N 번의 시도 끝에 사상 X_i가 발생하는 횟수(빈도), N은 충분히 큰 시도회수이다. 따라서 n_i/N은 사상 X_i가 발생할 상대도수 또는 확률이라 한다. 만일 $P(X_i)$를 무작위 사상 X_i의 확률이라 정의하면 N가지 발생 가능한 표본공간(sample space)에서 다음과 같은 확률법칙을 따르게 된다.

① 임의 사상의 발생확률은 0과 1 사이의 값을 가진다.

$$0 \le P(X_i) \le 1 \tag{9.2.2}$$

② 각 시도시 발생 가능한 모든 사상의 확률의 합은 1이다.

$$\sum_{i=1}^{N} P(X_i) = 1 \tag{9.2.3}$$

③ 상호배반적인 사상의 합집합(union, ∪)의 확률은 각 사상의 확률을 합한 것과 같다.

$$P(X \cup Y) = P(X) + P(Y) \tag{9.2.4}$$

④ 서로 독립적인 사상의 교집합(intersection, ∩)의 확률은 각 사상의 확률을 곱한 것과 같다.

$$P(X \cap Y) = P(X) \cdot P(Y) \tag{9.2.5}$$

⑤ 서로 독립도 아니고 상호배반도 아닌 경우에는 다음과 같다.

$$P(X \cup Y) = P(X) + P(Y) - P(X \cap Y) \tag{9.2.6}$$

⑥ 사상 Y가 발생했을 때 사상 X가 발생할 조건부확률(conditional probability)은 다음과 같다.

$$P(X \mid Y) = \frac{P(X \cap Y)}{P(Y)} \tag{9.2.7}$$

9.2.2 확률분포

확률변수의 거동은 확률분포(probability distribution)에 의해 표현된다. 실험을 통한 발생 가능한 확률은 이산형 확률분포함수(probability distribution function, PMF) 또는 연속형 확률밀도함수(probability density function, PDF)에 의해 곡선 또는 수식으로 나타내게 된다. 이산형 확률분포에서 확률변수 X의 값 x가 a와 b 사이에 있을 확률은 다음과 같이 표현한다.

$$P(a \le x \le b) = \sum_{a \le x_i \le b} P(x_i) \tag{9.2.8}$$

확률변수 X가 특정치 x보다 크지 않을 확률 즉, x보다 작거나 같을 확률은 다음과 같이 누가확률분포함수(cumulative probability distribution function, CDF)로 나타낸다.

$$F(x) = P(X \le x) = \sum_{X \le x_i} P(x_i) \tag{9.2.9}$$

연속형 확률변수는 유출량, 강우량 그리고 시간과 같은 수문학적 현상을 나타내는데 주로 사용되며, 확률밀도함수 f(x)아래의 면적은 확률을 의미한다. 따라서 그림 9.2.1에서 a, b사이의 확률은

$$P(a \le x \le b) = \int_a^b f(x)dx \tag{9.2.10}$$

그러므로 확률밀도함수 아래의 총 면적은

$$\int_{-\infty}^{\infty} f(x)dx = 1.0 \tag{9.2.11}$$

연속형 누가확률밀도함수는 다음과 같이 나타낼 수 있다.

$$F(x_i) = P(-\infty \le x \le x_i) = \int_{-\infty}^{x_i} f(x)dx \tag{9.2.12}$$

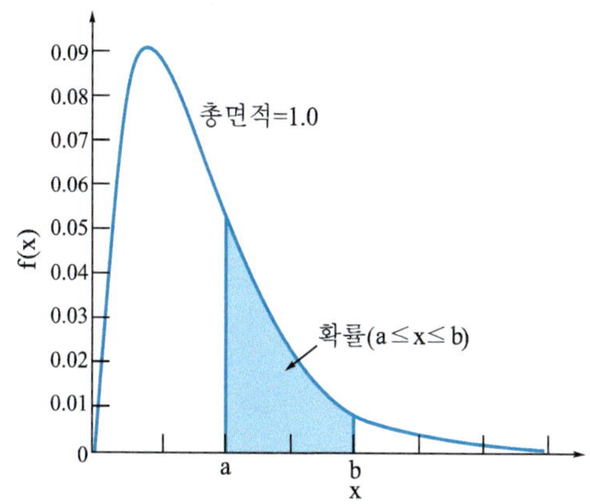

그림 9.2.1 연속형 확률밀도함수

누가확률밀도함수도 0에서 1의 범위를 가지며, 확률로 표현하면 다음과 같다.

$$0 \le F(x) \le 1.0 \tag{9.2.13}$$

$$P(x_1 < x \le x_2) = F(x_2) - F(x_1) \tag{9.2.14}$$

적정 확률분포를 선택하기 위해서 자료를 종종 막대그래프(bar chart) 또는 주상도(histogram) 형태로 나타내게 된다. 각 계급구간에 속하는 도수(회수)를 막대그래프로 나타낸 것을 주상도라 하며, 주상도 윗변의 중앙점을 직선으로 연결한 다각형을 도수다각형(frequency polygon)이라 한다(그림 9.2.2). 만일 계급구간을 아주 작게 선택하여 상대도수 주상도를 그리면 도수다각형은 점차 곡선에 가까워지며 이를 도수분포곡선 또는 빈도곡선(frequency distribution curve)이라하고, 종거를 계급구간으로 나누면 확률밀도곡선과 거의 같게 된다.

주상도의 종거를 총 관측자료의 수로 나누면 각 계급구간별 상대도수(relative frequency) 즉,

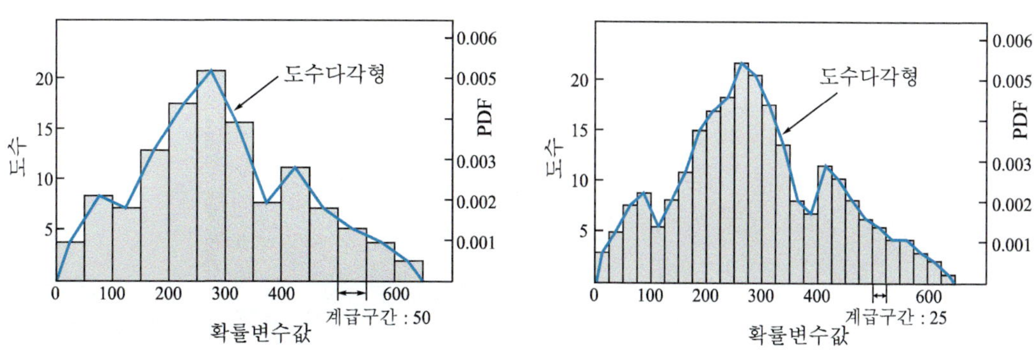

그림 9.2.2 계급구간의 변화에 대한 도수다각형 및 PDF

확률이 되며 종거값들을 합하면 1이 된다. 각 계급구간마다 상대도수를 누가하면 누가빈도분포(cumulative frequency distribution)가 되며, 이는 자료의 특정값과 같거나 이보다 작을 확률을 의미하게 된다.

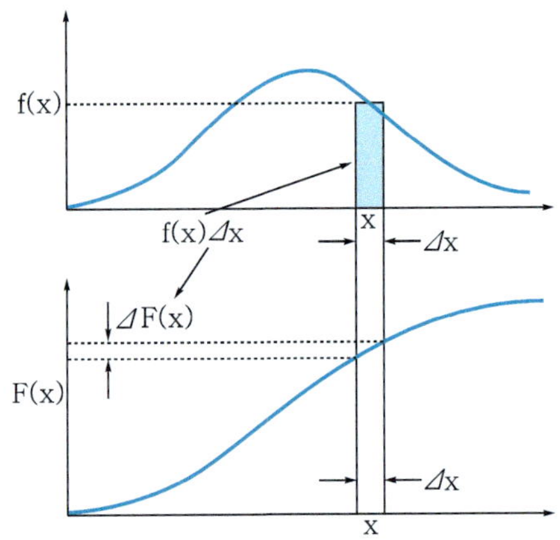

그림 9.2.3 확률밀도함수와 누가확률밀도함수의 관계

확률밀도함수 f(x)와 누가확률밀도함수 F(x)가 함께 포함된 식 (9.2.12)를 미분하면

$$f(x) = \frac{dF(x)}{dx} \tag{9.2.15}$$

식 (9.2.15)에서 dx는 계급구간 $\Delta x \rightarrow 0$일 때에 해당하므로

$$f(x) = \lim_{\Delta x \rightarrow 0} \frac{\Delta F(x)}{\Delta x} = \frac{dF(x)}{dx} \tag{9.2.16}$$

따라서 확률변수 X의 임의 값 x에서의 확률밀도함수는 그 값에서의 누가확률밀도함수 F(x)의 기울기가 되고, 그림 9.2.3과 같이 확률밀도함수에 계급구간을 곱한 $f(x)\Delta x$는 그 계급구간에 해당하는 확률이며, 누가확률밀도함수에서 Δx구간에 해당하는 누가확률의 변화 $\Delta F(x)$와 같다.

자료를 분석할 때 먼저 자료의 범위(range)를 계급구간(class interval)으로 나누고, 각 계급구간에 해당하는 관측치의 수(빈도)를 계산한다. 계급구간의 폭은 자료의 기본적인 성향을 알아 볼 수 있도록 충분히 작아야 하는 반면, 이러한 성향이 혼란을 주지 않을 정도로 커야 한다. 적절한 계급구간의 수를 결정하기 위해 다음과 같은 경험식이 사용되고 있다.

$$k = 5\log_{10} n \tag{9.2.17}$$

여기서, k는 계급구간의 수, n은 자료의 수이다.

예제 9.2.1

특정 하천에서 75년간의 연 최대유출량자료가 표 9.2.1과 같다. 계급구간을 설정하고 각 계급구간별 상대도수 및 누가빈도분포를 계산하여 주상도로 나타내라.

풀이

식 (9.2.17)을 사용하여 계급구간의 수를 구한 결과 9개로 나타나 50m^3/sec 단위로 구분하였다. 표 9.2.2에 계산결과가 수록되어 있으며 4란의 도수(빈도)는 각 계급

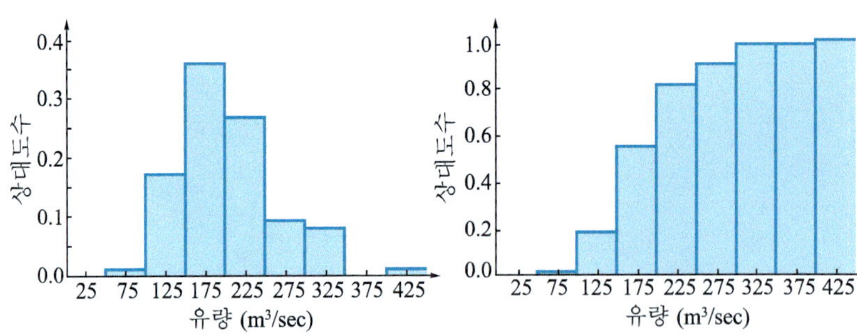

그림 9.2.4 계급구간별 상대도수 및 누가빈도분포

표 9.2.1 75년간의 연 최대유출량

년도 (yr)	유출량 (m^3/sec)	년도 (yr)	유출량 (m^3/sec)	년도 (yr)	유출량 (m^3/sec)	년도 (yr)	유출량 (m^3/sec)	년도 (yr)	유출량 (m^3/sec)
1925	188	1940	214	1955	212	1970	172	1985	136
1926	168	1941	132	1956	227	1971	181	1986	171
1927	195	1942	254	1957	209	1972	318	1987	200
1928	307	1943	265	1958	222	1973	197	1988	192
1929	112	1944	128	1959	142	1974	209	1989	154
1930	115	1945	224	1960	142	1975	215	1990	172
1931	341	1946	216	1961	244	1976	236	1991	205
1932	218	1947	280	1962	209	1977	86	1992	108
1933	198	1948	219	1963	263	1978	231	1993	120
1934	287	1949	290	1964	197	1979	166	1994	183
1935	150	1950	164	1965	322	1980	145	1995	188
1936	196	1951	166	1966	195	1981	265	1996	347
1937	161	1952	194	1967	191	1982	214	1997	227
1938	301	1953	246	1968	186	1983	183	1998	168
1939	178	1954	219	1969	145	1984	113	1999	405

구간에 속해있는 유출량의 수이며 5란의 상대도수는 4란의 도수를 총 자료수 75로 나눈 값이다. 6란에는 상대도수를 누적한 누가빈도분포를 보여주고 있다. 상대도수 및 누가빈도분포에 대한 주상도는 그림 9.2.4와 같다.

표 9.2.2 상대도수 및 누가빈도분포 계산 절차

계급구간 (m^3/sec) (1)	계급구간상한 (m^3/sec) (2)	중간값 (m^3/sec) (3)	빈도 (4)	상대도수 (5)	누가분포 (6)
0– 50	50	25	0	0.000	0.000
50–100	100	75	1	0.013	0.013
100–150	150	125	13	0.173	0.187
150–200	200	175	27	0.360	0.547
200–250	250	225	20	0.267	0.813
250–300	300	275	7	0.093	0.907
300–350	350	325	6	0.080	0.987
350–400	400	375	0	0.000	0.987
400–450	450	425	1	0.013	1.000
계			75	1.000	

9.2.3 확률 모멘트

확률밀도함수(PDF)의 모멘트는 매개변수(parameter)와 관련된 형태를 가지게 된다. 따라서 모멘트를 구하면 확률분포형의 매개변수를 산정할 수 있고 빈도해석에서 적용할 수 있다. 이산형 및 연속형 확률분포에서 원점에 대한 N차 모멘트는 다음과 같이 나타낸다.

$$\mu_N' = \sum_{i=-\infty}^{\infty} x_i^N P(x_i) \qquad \text{(이산형)} \qquad (9.2.18)$$

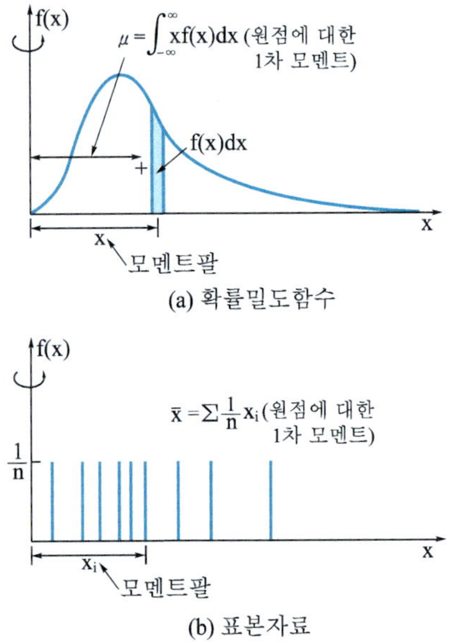

그림 9.2.5 모멘트 개념

$$\mu_N{}' = \int_{-\infty}^{\infty} x^N f(x)dx \qquad \text{(연속형)} \tag{9.2.19}$$

원점에 대한 1차 모멘트는 평균(mean 또는 average) μ또는 기대값(expected value) E[·]로 나타낸다. 따라서 이산형 및 연속형 확률분포에 대해서 평균치는 다음과 같다.

$$E[x] = \mu = \sum_{i=-\infty}^{\infty} x_i P(x_i) \qquad \text{(이산형)} \tag{9.2.20}$$

$$E[x] = \mu = \int_{-\infty}^{\infty} x f(x)dx \qquad \text{(연속형)} \tag{9.2.21}$$

평균은 중앙집중 성향을 나타내는 척도이며 분포의 대다수가 위치하고 있는 지점을 가리키므로 위치변수(location parameter)라고도 한다. 원점에 대한 고차모멘트는 실제로는 잘 쓰이지 않고 그 대신 다음과 같이 평균에 대한 모멘트가 매개변수 산정시 유용하게 사용된다.

$$\mu_N = \sum_{i=-\infty}^{\infty} (x_i - \mu)^N P(x_i) \tag{9.2.22}$$

$$\mu_N = \int_{-\infty}^{\infty} (x - \mu)^N f(x)dx \tag{9.2.23}$$

평균에 대한 모멘트는 확률변수 x와 평균치간의 차이에 대한 기대값이며 평균에 대한 1차 모멘트는 0이 되고, 평균에 대한 2차 모멘트를 분산(variance)이라 한다.

$$Var(x) = \sigma^2 = \mu_2 = E[(x-\mu)^2] = \sum_{i=-\infty}^{\infty} (x_i - \mu)^2 P(x_i) \tag{9.2.24}$$

$$Var(x) = \sigma^2 = \mu_2 = E[(x-\mu)^2] = \int_{-\infty}^{\infty} (x - \mu)^2 f(x)dx \tag{9.2.25}$$

분산은 평균으로부터 편차의 제곱에 대한 기대값으로 자료가 평균으로부터 흩어져 있는 정도를 나타내며, 분산의 제곱근을 표준편차(standard deviation) σ라 한다. 1차 및 2차 모멘트 외에 고차모멘트도 이용하게 되며 수문통계분야에서 통상적으로 쓰이는 고차모멘트에는 왜곡도(skewness)와 첨예도(kurtosis)가 있다. 표본자료로부터 계산된 값인 통계치와 모집단으로부터 이론적으로 계산된 값인 매개변수를 구분할 필요가 있으며, 따라서 표본집단으로 구한 평균을 $\bar{x}$, 모집단으로부터 구한 평균을 μ로 구분해서 표기한다.

9.2.4 1차 모멘트

확률분포형의 1차 모멘트는 자료의 중앙집중 성향을 나타내며, 중앙집중 성향을 나타내는 방법으로 산술평균, 중앙값 그리고 최빈값이 많이 사용된다.

산술평균(arithmetic mean)은 원점에 대한 1차 모멘트로 다음과 같이 구할 수 있다.

$$\mu = \bar{x} = \frac{1}{n}\sum_{i=1}^{n} x_i \tag{9.2.26}$$

여기서, μ 및 $\bar{x}$는 모집단 및 표본집단에 대한 평균, n은 자료의 수이다.

중앙값(median)은 자료집단의 중간에 위치하는 관측치로 관측자료를 크기 순으로 나열했을 때 중앙에 위치하고 있는 값이다. 만일 n개의 관측자료를 큰 것부터 작은 순서로 나열 할 때 n이 홀수 개이면 중앙값은 제일 가운데 있는 관측치가 되고, n이 짝수 개이면 중앙값은 가장 중앙에 있는 두개의 관측치를 평균한 값을 사용하게 된다. 최빈값(mode)은 관측치를 가장 많이 포함하고 있는 확률변수의 값 또는 자료가 계급으로 구분되어 있을 경우에는 구간의 값을 말한다.

기하평균(geometric mean)은 n개 관측치의 곱을 n승근하여 계산하며, 왜곡이 심한 자료를 분석할 때 사용된다.

$$G = \sqrt[n]{x_1 \cdot x_2 \cdot \ldots \cdot x_n} \tag{9.2.27}$$

조화평균(harmonic mean)은 다음과 같이 지하수 대수층(aquifer) 특성 분석시 많이 사용된다.

$$H = \frac{n}{\sum_{i=1}^{n}\left(\frac{1}{x_i}\right)} = \frac{n}{\frac{1}{x_1} + \frac{1}{x_2} + \ldots + \frac{1}{x_n}} \tag{9.2.28}$$

그림 9.2.6에 나타낸 바와 같이 중앙집중 성향은 다양한 방법을 이용하여 자료의 중앙을 나타내지만 자료가 어떻게 분포되어 있는지는 나타내질 못한다. 따라서 평균치로부터 자료가 얼마나 흩어져 있는가에 대한 정보를 얻기 위해서 고차모멘트에 의한 분산도 및 왜곡도에 대한 분석이 필요하다.

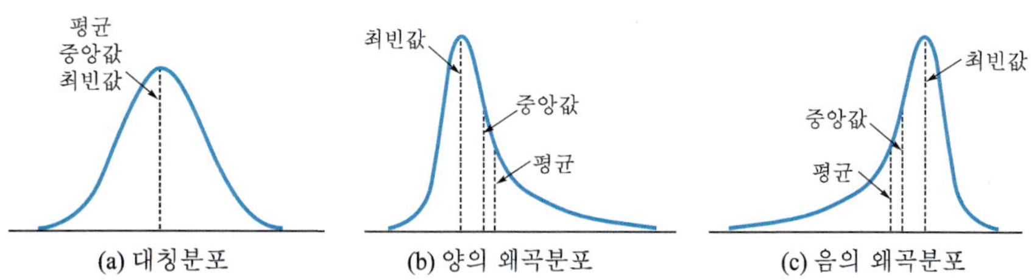

그림 9.2.6 중앙집중 성향을 나타내는 매개변수들의 위치

9.2.5 고차모멘트

1) 분산도

자료가 평균으로부터 흩어진 정도를 측정하는 방법으로 분산(variance)이 사용되며, 확률밀도

함수의 평균치에 관한 2차 모멘트로 다음과 같다.

$$\sigma^2 = \frac{1}{n}\sum_{i=1}^{n}(x_i - \mu)^2 \qquad \text{(모집단)} \qquad (9.2.29)$$

$$s^2 = \frac{1}{n-1}\sum_{i=1}^{n}(x_i - \bar{x})^2 \qquad \text{(표본집단)} \qquad (9.2.30)$$

식 (9.2.30)에서 평균을 사용하므로서 발생하는 왜곡을 보정해주기 위해 n대신 n-1을 사용한다. 분산에 제곱근을 취하면 표준편차(standard deviation)가 된다.

$$s = \sqrt{\frac{1}{n-1}\sum_{i=1}^{n}(x_i - \bar{x})^2} \qquad (9.2.31)$$

분포의 형상을 정규화한 것을 변동계수(coefficient of variation) C_v라 하며, 표준편차와 평균간의 비로 정의되고 서로 다른 표본자료를 비교할 수 있다.

$$C_V = \frac{\sigma}{\mu} = \frac{s}{\bar{x}} \qquad (9.2.32)$$

2) 왜곡도

왜곡도(skewness)는 자료의 평균에 대한 대칭정도를 나타내는 매개변수이다. 대부분의 수문학적 자료들이 음의 값을 가지는 것이 불가능하므로 왼쪽에서 0이 경계가 되는 오른쪽으로 길게 늘어지는 양의 왜곡을 보여주고 있다. 왜곡도는 평균치에 대한 3차 모멘트로부터 구하게 된다.

$$\alpha = \frac{1}{n}\sum_{i=1}^{n}(x_i - \mu)^3 \qquad \text{(모집단)} \qquad (9.2.33)$$

$$a = \frac{n}{(n-1)(n-2)}\sum_{i=1}^{n}(x_i - \bar{x})^3 \qquad \text{(표본집단)} \qquad (9.2.34)$$

왜곡도계수(coefficient of skewness) C_s는 식 (9.2.35)와 같이 구하며 대칭인 경우에는 $C_s=0$, 오른쪽으로 왜곡된 경우 즉, 양의 왜곡(positive skew)인 경우에는 $C_s>0$, 왼쪽으로 왜곡된 경우 즉, 음의 왜곡(negative skew)인 경우에는 $C_s<0$으로 나타난다.

$$C_s = \frac{\alpha}{\sigma^3} = \frac{a}{s^3} \qquad (9.2.35)$$

3) 첨예도

확률분포가 대칭이며 평균과 표준편차가 같으면서 서로 다른 형태의 분포를 나타낼 수가 있다. 이 경우 첨두 및 꼬리부분이 서로 다르게 되며, 첨두 상태를 나타내는 것이 첨예도(kurtosis)이다. 첨예도는 다음과 같이 평균에 대한 4차 모멘트로부터 산정한다.

$$K = \frac{1}{\sigma^4}\frac{1}{n}\sum_{i=1}^{n}(x_i - \mu)^4 \quad \text{(모집단)} \tag{9.2.36}$$

$$K = \frac{n^2}{(n-1)(n-2)(n-3)s^4}\sum_{i=1}^{n}(x_i - \bar{x})^4 \quad \text{(표본집단)} \tag{9.2.37}$$

예제 9.2.3

표 9.2.3에 주어진 75년간의 연 최대유출량자료를 이용하여 평균, 표준편차, 왜곡도 계수를 구하라.

표 9.2.3 통계 특성치를 계산하기 위한 표

년도 (yr) (1)	유출량 (m^3/sec) (2)	$(x_i-\bar{x})^2$ (3)	$(x_i-\bar{x})^3$ (4)	년도 (yr) (1)	유출량 (m^3/sec) (2)	$(x_i-\bar{x})^2$ (3)	$(x_i-\bar{x})^3$ (4)
1925	188	273	−4508	1963	263	3420	199996
1926	168	1334	−48707	1964	197	57	−425
1927	195	91	−863	1965	322	13802	1621406
1928	307	10502	1076260	1966	195	91	−863
1929	112	8560	−791967	1967	191	183	−2471
1930	115	8014	−717398	1968	186	343	−6352
1931	341	18627	2542184	1969	145	3543	−210857
1932	218	182	2449	1970	172	1058	−34392
1933	198	43	−277	1971	181	553	−13011
1934	287	6803	561107	1972	318	12878	1461363
1935	150	2972	−162057	1973	197	57	−425
1936	196	73	−618	1974	209	20	90
1937	161	1894	−82426	1975	215	110	1151
1938	301	9308	898074	1976	236	991	31196
1939	178	703	−18652	1977	86	14047	−1664849
1940	214	90	852	1978	231	701	18568
1941	132	5259	−381394	1979	166	1484	−57156
1942	254	2448	121140	1980	145	3543	−210857
1943	265	3658	221226	1981	265	3658	221226
1944	128	5855	−448048	1982	214	90	852
1945	224	379	7392	1983	183	463	−9966
1946	216	132	1513	1984	113	8376	−766563
1947	280	5697	430027	1985	136	4695	−321701
1948	219	210	3036	1986	171	1124	−37663
1949	290	7307	624588	1987	200	20	−92
1950	164	1642	−66529	1988	192	157	−1963
1951	166	1484	−57156	1989	154	2552	−128941
1952	194	111	−1164	1990	172	1058	−34392
1953	246	1721	71370	1991	205	0	0
1954	219	210	3036	1992	108	9316	−899191
1955	212	56	419	1993	120	7144	−603780
1956	227	505	11360	1994	183	463	−9966
1957	209	20	90	1995	188	273	−4508
1958	222	306	5341	1996	347	20301	2892422
1959	142	3909	−244375	1997	227	505	11360
1960	142	3909	−244375	1998	168	1334	−48707
1961	244	1559	61536	1999	405	40192	8057738
1962	209	20	90	계	15339	274461	12820854

풀이

평균을 산정하기 위해 75년의 유출량자료를 합한 값이 15,339m^3/sec이다.

$$\bar{x} = \frac{1}{n}\sum_{i=1}^{n} x_i = \frac{15{,}339}{75} = 204.52\text{m}^3/\text{sec}$$

$$s = \sqrt{\frac{1}{n-1}\sum_{i=1}^{n}(x_i - \bar{x})^2} = \sqrt{\frac{1}{74} \times 274{,}461} = 60.9$$

변동계수 $C_V = \frac{\sigma}{\mu} = \frac{s}{\bar{x}} = \frac{60.9}{204.52} = 0.298$

왜곡도계수를 산정하기 위해 각 유출량에서 평균을 빼 세제곱한 것이 4란과 같다.

$$a = \frac{n}{(n-1)(n-2)}\sum_{i=1}^{n}(x_i - \bar{x})^3$$

$$= \frac{75}{74 \times 73} \times 12{,}820{,}854 = 178{,}001$$

왜곡도계수 $C_s = \frac{\alpha}{\sigma^3} = \frac{a}{s^3} = \frac{178001}{60.9^3} = 0.788$

이와 같이 산정된 연 최대유출량자료에 대한 통계치들은 표 9.2.4와 같다.

표 9.2.4 산정된 통계치

통계치	결과
자료수	75
평균	204.52m^3/sec
표준편차	60.9m^3/sec
변동계수	0.298
왜곡도계수	0.788

9.3 확률분포형

통계분야에서는 각종 목적에 따라 수많은 이산형 및 연속형 확률분포형을 개발하여 사용하고 있으며, 수자원 분석에서도 다양한 확률분포형을 이용하여 설계 수문량을 산정하는데 이용하고 있다.

9.3.1 확률분포형의 매개변수 추정방법

확률분포형의 적용을 위해서는 수문자료를 이용하여 각 확률분포에서 사용하고 있는 매개변수를 추정하는 것이 필수적이다. 매개변수 추정방법에는 모멘트법(method of moments), 최우도법(method of maximum likelihood), 확률가중모멘트법(method of probability weighted moments), L-모멘트법 등이 있으며, 후술할 각 확률분포형의 설명에서는 모멘트법에 의한 매개변수 추정방법에 대해서만 소개하기로 한다.

모멘트법은 9.2.3절에서 설명한 바와 같이 표본자료 즉, 관측 자료의 모멘트와 모집단의 모멘트가 같다고 가정하여 모집단의 모멘트로부터 관측 자료의 매개변수를 추정하는 것이다. 하지만 관측 자료인 경우 자료의 크기가 모집단에 비해 작고 대부분의 수문자료가 왜곡된 형태를 보이고 있으므로 불완전한 추정치를 얻을 수 있으며, 고차 모멘트로 갈수록 부정확한 결과를 얻게 된다. 그러나 모멘트법에 의한 매개변수 추정이 간편하므로 아직까지 실무에서 많이 사용되고 있다.

최우도법은 매개변수를 추정하기 위해 광범위하게 사용되는 방법으로 기본 개념은 관측된 표본에 가장 적합한 모집단의 매개변수를 구하는 것 즉, 그 밖의 다른 모집단보다 더 근사하게(높은 가능성으로) 관측된 표본을 산출할 수 있는 모집단의 매개변수 값을 구하는 것이다.

확률가중모멘트법은 Greenwood(1979) 등이 제시한 방법으로 관측자료를 크기순으로 작은 것부터 큰 순서로 재배열하여 작은 값에는 작은 가중치를 큰 값에는 큰 가중치를 부여하여 매개변수를 추정하는 방법으로, 표본자료의 크기가 작거나 왜곡된 자료일 경우에도 비교적 안정적인 결과를 얻을 수 있어 최근에 많이 사용되고 있는 방법이다. L-모멘트법은 Hosking(1990)이 소개한 방법으로 매개변수 추정치는 확률가중모멘트법으로 추정한 매개변수와 동일하며, 현재 주로 사용되고 있는 확률가중모멘트법은 확률가중모멘트의 선형조합인 L-모멘트 방법의 형태로 이루어져 있다.

9.3.2 확률분포형

1) 정규분포

정규분포(normal distribution)는 Gaussian분포라고 불리는데 확률 및 통계분야에서 가장 중요한 분포로 좌우가 대칭인 종 모양을 하고 있으며 확률밀도함수는 다음과 같다.

$$f(x) = \frac{1}{\sigma\sqrt{2\pi}} \exp\left[-\frac{1}{2}\left(\frac{x-\mu}{\sigma}\right)^2\right], \quad -\infty < x < \infty \tag{9.3.1}$$

여기서, μ는 평균, σ는 표준편차, x는 자료값이다.

정규분포는 평균 μ와 표준편차 σ로 결정되며, 평균은 분포의 위치를 결정하고 표준편차는 분포의 모양을 결정한다. 따라서 정규분포는 $N(\mu, \sigma)$로 표시하며 평균과 표준편차에 따른 정규분포의 모양은 그림 9.3.1과 같다. 정규분포를 보이는 확률변수 X가 특정한 값 x보다 같거나 작을 누가확률은 확률밀도함수를 $-\infty$부터 x까지 적분하면 된다.

$$F(x) = P(X \leq x) = \frac{1}{\sigma\sqrt{2\pi}} \int_{-\infty}^{x} \exp\left[-\frac{1}{2}\left(\frac{x-\mu}{\sigma}\right)^2\right] dx \tag{9.3.2}$$

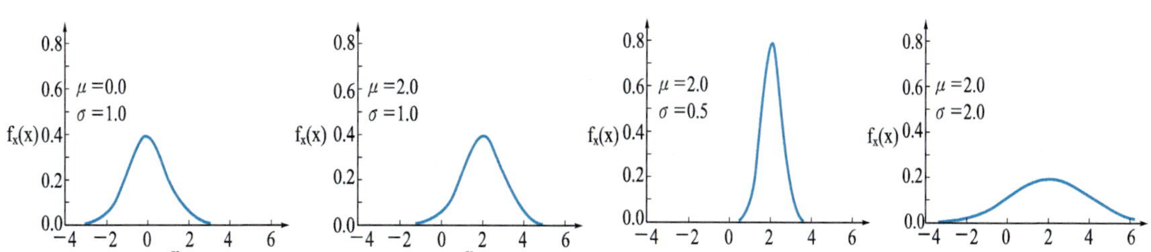

그림 9.3.1 평균 및 표준편차에 따른 정규분포의 형태

식 (9.3.2)는 해석적인 적분이 불가능하므로 근사적분에 의해 누가확률을 구하거나 표준정규분포 (standard normal distribution)를 이용하여 구하게 된다.

만약 변수 x를 평균과 표준편차로 식 (9.3.3)과 같이 변환(표준화)시키면, 변환된 변수 z는 평균이 0이고 표준편차가 1인 표준정규분포 N(0, 1)로 바뀌어 쉽게 해석 할 수 있다.

$$z = \frac{x - \mu}{\sigma} \tag{9.3.3}$$

식 (9.3.3)을 미분하면 $dx = \sigma dz$ 이므로 정규분포의 누가확률밀도함수에 적용하고 정리하면

$$F(z) = \int_{-\infty}^{z} \frac{1}{\sqrt{2\pi}} e^{-\frac{1}{2}u^2} du \tag{9.3.4}$$

따라서 z에 대한 확률밀도함수는 다음과 같다.

$$f(z) = \frac{1}{\sqrt{2\pi}} e^{-\frac{1}{2}z^2}, \qquad -\infty < z < \infty \tag{9.3.5}$$

식 (9.3.4)도 해석적으로 구할 수가 없으므로 z에 대한 누가확률 F(z)를 표 9.3.1로부터 구해 사용하게 된다. 따라서 정규분포를 보이는 확률변수 X가 있을 때 특정값 x보다 같거나 작을 확률 F(x)는 먼저 x를 평균 μ와 표준편차 σ로 표준화하여 z값을 구한 후, 표 9.3.1로부터 F(z)을 구하면 그 값이 바로 F(x)와 같게 된다. 또한 누가확률 F(x)가 주어질 때 x값을 구하는 방법은 먼저 F(x) = F(z)에 해당하는 z값을 표 9.3.1로부터 구한 후 다음과 같이 역변환을 하면 된다.

$$x = \mu + \sigma z \tag{9.3.6}$$

정규분포에서 사용하고 매개변수는 평균 $\mu(\overline{x})$와 표준편차 $\sigma(s)$가 있으며 다음과 같다.

$$\mu = \overline{x} = \frac{1}{n}\sum_{i=1}^{n} x_i \tag{9.3.7}$$

$$\sigma = s = \sqrt{\frac{1}{n-1}\sum_{i=1}^{n}(x_i - \overline{x})^2} \tag{9.3.8}$$

여기서, μ와 $\overline{x}$는 모집단 및 표본집단에 대한 평균, σ와 s는 모집단 및 표본집단에 대한 표준편차, n은 자료의 수이다.

예제 9.3.1

어떤 하천에서의 일 유출량을 장기간 관측하여 분석한 결과 평균이 $750m^3/sec$이고 표준편차가 80인 정규분포를 보인다고 가정할 때 일유출량이 1) 750과 830 사이에 있을 확률, 2) 810 이상일 확률, 3) 670 이상일 확률을 계산하라.

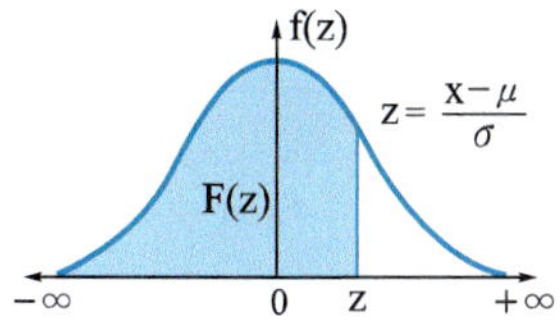

표 9.3.1 표준정규누가확률표

z	0.00	0.01	0.02	0.03	0.04	0.05	0.06	0.07	0.08	0.09
0.0	0.5000	0.5040	0.5080	0.5120	0.5160	0.5199	0.5239	0.5279	0.5319	0.5359
0.1	0.5398	0.5438	0.5478	0.5517	0.5557	0.5596	0.5636	0.5676	0.5714	0.5753
0.2	0.5793	0.5832	0.5874	0.5910	0.5948	0.5987	0.6026	0.6064	0.6103	0.6141
0.3	0.6179	0.6217	0.6255	0.6293	0.6331	0.6368	0.6406	0.6443	0.6480	0.6517
0.4	0.6554	0.6591	0.6628	0.6664	0.6700	0.6736	0.6772	0.6808	0.6844	0.6879
0.5	0.6915	0.6950	0.6985	0.7019	0.7054	0.7088	0.7123	0.7157	0.7190	0.7224
0.6	0.7257	0.7291	0.7324	0.7357	0.7389	0.7422	0.7454	0.7486	0.7517	0.7549
0.7	0.7580	0.7611	0.7642	0.7673	0.7704	0.7734	0.7764	0.7794	0.7823	0.7852
0.8	0.7881	0.7910	0.7939	0.7967	0.7995	0.8023	0.8051	0.8078	0.8106	0.8133
0.9	0.8159	0.8186	0.8212	0.8238	0.8264	0.8289	0.8315	0.8340	0.8365	0.8389
1.0	0.8413	0.8438	0.8461	0.8485	0.8508	0.8531	0.8554	0.8577	0.8599	0.8621
1.1	0.8643	0.8665	0.8686	0.8708	0.8729	0.8749	0.8770	0.8790	0.8810	0.8830
1.2	0.8849	0.8869	0.8888	0.8907	0.8925	0.8944	0.8962	0.8980	0.8997	0.9015
1.3	0.9032	0.9049	0.9066	0.9082	0.9099	0.9115	0.9131	0.9147	0.9162	0.9177
1.4	0.9192	0.9207	0.9222	0.8236	0.9251	0.9265	0.9279	0.9292	0.9306	0.9319
1.5	0.9332	0.9345	0.9357	0.9370	0.9382	0.9394	0.9406	0.9418	0.9429	0.9441
1.6	0.9452	0.9463	0.9474	0.9484	0.9495	0.9505	0.9515	0.9525	0.9535	0.9545
1.7	0.9554	0.9564	0.9573	0.9582	0.9591	0.9599	0.9608	0.9616	0.9625	0.9633
1.8	0.9641	0.9649	0.9656	0.9664	0.9671	0.9678	0.9686	0.9693	0.9699	0.9706
1.9	0.9713	0.9719	0.9726	0.9732	0.9738	0.9744	0.9750	0.9756	0.9761	0.9767
2.0	0.9772	0.9778	0.9783	0.9788	0.9793	0.9798	0.9803	0.9808	0.9812	0.9817
2.1	0.9821	0.9286	0.9830	0.9834	0.9838	0.9842	0.9846	0.9850	0.9854	0.9857
2.2	0.9861	0.9864	0.9869	0.9871	0.9875	0.9878	0.9881	0.9884	0.9887	0.9890
2.3	0.9893	0.9896	0.9898	0.9901	0.9904	0.9906	0.9909	0.9911	0.9913	0.9916
2.4	0.9918	0.9920	0.9922	0.9925	0.9927	0.9929	0.9931	0.9932	0.9934	0.9936
2.5	0.9938	0.9940	0.9941	0.9943	0.9945	0.9946	0.9948	0.9949	0.9951	0.9952
2.6	0.9953	0.9955	0.9956	0.9957	0.9959	0.9960	0.9961	0.9963	0.9963	0.9964
2.7	0.9965	0.9966	0.9967	0.9968	0.9969	0.9970	0.9971	0.9972	0.9973	0.9974
2.8	0.9974	0.9975	0.9976	0.9977	0.9977	0.9978	0.9979	0.9979	0.9980	0.9981
2.9	0.9981	0.9982	0.9982	0.9983	0.9984	0.9984	0.9985	0.9985	0.9986	0.9986
3.0	0.9987	0.9987	0.9987	0.9988	0.9988	0.9989	0.9989	0.9989	0.9990	0.9990
3.1	0.9990	0.9991	0.9991	0.9991	0.9992	0.9992	0.9992	0.9992	0.9993	0.9993
3.2	0.9993	0.9993	0.9994	0.9994	0.9994	0.9994	0.9994	0.9995	0.9995	0.9995
3.3	0.9995	0.9995	0.9995	0.9996	0.9996	0.9996	0.9996	0.9996	0.9996	0.9997
3.4	0.9997	0.9997	0.9997	0.9997	0.9997	0.9997	0.9997	0.9997	0.9997	0.9998
3.5	0.9997									
.	.									
4.0	0.9999									

풀이

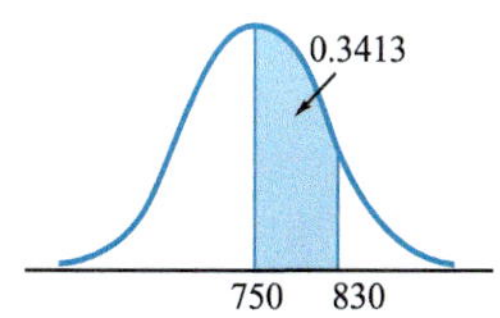

1) 750에 대한 $z=(x-\mu)/\sigma=(750-750)/80=0.0$이고, z=0.0일 때 F(z)=0.5
830에 대한 z=(830−750)/80=1.0이고, z=1.0일 때 F(z)=0.8413
따라서 P(750≤x≤830)=0.3413

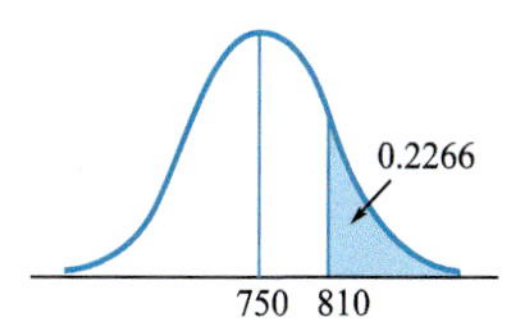

2) 810에 대한 z=(810−750)/80=0.75이고, z=0.75일 때 F(z)=0.7734
그래프의 전체 확률 1.0에서 0.7734를 빼면
P(810≤x)=1.0−0.7734=0.2266

3) 670에 대한 z=(670−750)/80=−1.0이고, z=1.0일 때 F(z)=0.8413
좌우 대칭이므로 z=−1.0일 때 F(z)=0.1587
따라서 P(670≤x)=1−0.1587=0.8413

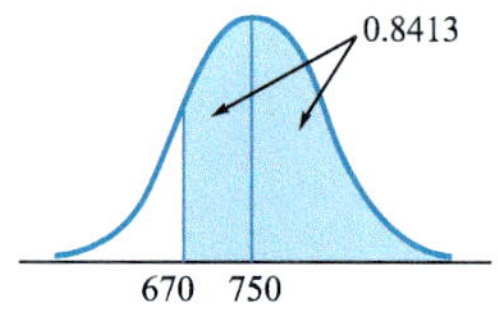

예제 9.3.2

어떤 하천에서의 유출량자료가 정규분포를 보인다고 할 때 1) 재현기간 100년인 홍수의 크기, 2) 홍수량이 30,000m^3/sec보다 작거나 같을 확률 그리고 3) 홍수량 30,000m^3/sec의 재현기간을 계산하라. 단, 평균은 20,452m^3/sec이고 표준편차는 6,089이다.

풀이

1) $F(Q_{100}) = 1 - 1/T = 1 - 1/100 = 0.99$

표 9.3.1로부터 z=2.326 따라서 식 (9.3.6)으로부터

$$Q_{100} = \bar{x} + \sigma z = 20{,}452 + 6{,}089 \times 2.326 = 34{,}615\text{m}^3/\text{sec}$$

2) $z = (30{,}000 - 20{,}452)/6{,}089 = 1.568$

표 9.3.1로부터 $F(1.568) = 0.9416 = P(Q \le 30{,}000)$

3) $T = 1/(1-F) = 1/(1-0.9416) = 17.12$년

예제 9.3.3

표 9.3.2와 같이 어떤 하천의 48년간의 연 최고치 유출량자료가 주어졌을 때 정규분포의 매개변수를 추정하라.

표 9.3.2 연 최고치유출량

년 도	유출량 (m^3/sec)	년 도	유출량 (m^3/sec)	년 도	유출량 (m^3/sec)	년 도	유출량 (m^3/sec)	년 도	유출량 (m^3/sec)
1952	62.9	1962	172.0	1972	142.0	1982	146.0	1992	134.0
1953	27.0	1963	150.0	1973	110.0	1983	89.0	1993	192.0
1954	131.0	1964	124.0	1974	128.0	1984	106.0	1994	169.0
1955	169.0	1965	69.6	1975	157.0	1985	142.0	1995	155.0
1956	146.0	1966	65.0	1976	47.4	1986	141.0	1996	145.0
1957	96.0	1967	58.4	1977	69.5	1987	141.0	1997	219.0
1958	77.4	1968	104.0	1978	118.0	1988	125.0	1998	104.0
1959	84.9	1969	188.0	1979	121.0	1989	75.3	1999	74.6
1960	81.3	1970	214.0	1980	206.0	1990	134.0		
1961	120.0	1971	226.0	1981	146.0	1991	176.0		

풀이

유출량의 총합은 6079.3이고 자료의 수가 n=48이므로

$$\bar{x} = 6079.3/48 = 126.65\text{m}^3/\text{sec}$$

$$s = \sqrt{\frac{1}{n-1}\sum_{i=1}^{n}(x_i - \bar{x})^2} = \sqrt{\frac{1}{47}104253.84} = 47.10\text{m}^3/\text{sec}$$

표 9.3.3 매개변수 산정을 위한 계산표

년도 (yr)	유출량 x (m^3/sec)	$(x_i-\bar{x})^2$	년도 (yr)	유출량 x (m^3/sec)	$(x_i-\bar{x})^2$	년도 (yr)	유출량 x (m^3/sec)	$(x_i-\bar{x})^2$
1952	62.9	4064.06	1968	104.0	513.02	1984	106.0	426.42
1953	27.0	9930.12	1969	188.0	3763.82	1985	142.0	235.62
1954	131.0	18.92	1970	214.0	7630.02	1986	141.0	205.92
1955	169.0	1793.52	1971	226.0	9870.42	1987	141.0	205.92
1956	146.0	374.42	1972	142.0	235.62	1988	125.0	2.72
1957	96.0	939.42	1973	110.0	277.22	1989	75.3	2636.82
1958	77.4	2425.56	1974	128.0	1.82	1990	134.0	54.02
1959	84.9	1743.06	1975	157.0	921.12	1991	176.0	2435.42
1960	81.3	2056.62	1976	47.4	6280.56	1992	134.0	54.02
1961	120.0	44.22	1977	69.5	3266.12	1993	192.0	4270.62
1962	172.0	2056.62	1978	118.0	74.82	1994	169.0	1793.52
1963	150.0	545.22	1979	121.0	31.92	1995	155.0	803.72
1964	124.0	7.02	1980	206.0	6296.42	1996	145.0	336.72
1965	69.6	3254.70	1981	146.0	374.42	1997	219.0	8528.52
1966	65.0	3800.72	1982	146.0	374.42	1998	104.0	513.02
1967	58.4	4658.06	1983	89.0	1417.52	1999	74.6	2709.20
						계	6079.3	104253.84

2) 2변수 대수정규분포

유출량이 강우, 유역면적, 손실계수 및 증발과 같은 몇 개의 무작위 인자들의 곱으로부터 계산할 수 있다고 가정해 보자. 만일 무작위변수 x가 몇 개의 다른 무작위변수들의 곱으로 나타낼 수 있다면 변수 x에 대수(logarithm)를 취한 분포는 다른 인자들에 대수를 취한 것을 합산하게 되므로 정규분포에 접근하게 된다. 무작위변수에 대수를 취한 자료가 정규분포를 따르게 되면 원래의 무작위변수는 대수정규분포(lognormal distribution)를 따른다고 한다. 수문자료의 대부분이 양의 값을 가지고 오른쪽으로 왜곡된 경향을 보이므로 대수정규분포곡선과 경향이 비슷해 이 분포를 많이 사용한다. 대수정규분포에는 2변수 및 3변수 대수정규분포가 있다.

2변수 대수정규분포의 확률밀도함수 및 누가확률밀도함수는 다음과 같다.

$$f(x)=\frac{1}{\sigma_y\sqrt{2\pi}}\frac{1}{x}\exp\left[-\frac{1}{2}\left(\frac{\ln x-\mu_y}{\sigma_y}\right)^2\right],\qquad 0\le x<\infty \tag{9.3.7}$$

$$F(x)=\frac{1}{\sigma_y\sqrt{2\pi}}\int\frac{1}{x}\exp\left[-\frac{1}{2}\left(\frac{\ln x-\mu_y}{\sigma_y}\right)^2\right]dx \tag{9.3.8}$$

여기서, $y=\ln x$

$$\mu_y = y_i\text{의 평균} = \frac{1}{n}\Sigma y_i = \frac{1}{n}\Sigma \ln x_i \tag{9.3.9}$$

$$\sigma_y = y_i\text{의 표준편차} = \sqrt{\frac{1}{n-1}\Sigma\left(\ln x_i-\bar{y}\right)^2} \tag{9.3.10}$$

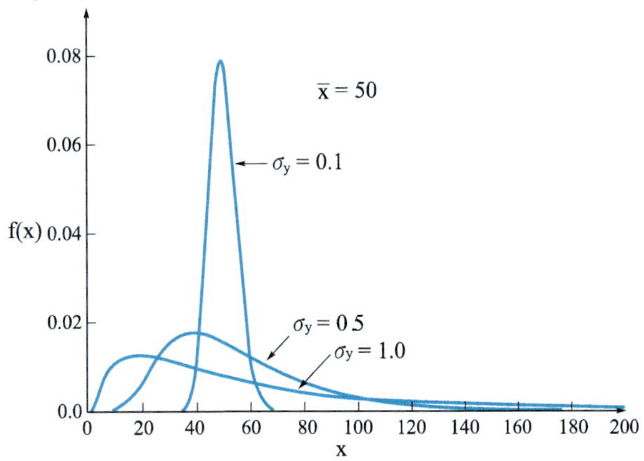

그림 9.3.2 대수정규분포 확률밀도곡선

대수정규분포의 확률밀도곡선은 그림 9.3.2와 같으며 하한값(low bound) x=0을 가지고 오른쪽으로 왜곡된 모양을 보이고 있다. 대수정규분포에서 사용되고 있는 매개변수는 자료 x에 대수를 취한 y=lnx의 평균 $\mu_y(\bar{y})$와 표준편차 $\sigma_y(s_y)$이며, 다음과 같이 변수 x에 대수를 취하지 않고 직접 $\bar{y}$, s_y를 구할 수도 있다.

$$\bar{y} = \ln\bar{x} - \frac{s_y^2}{2} \tag{9.3.11}$$

$$s_y = \sqrt{\ln(C_v^2 + 1)} \tag{9.3.12}$$

여기서, C_v는 표본자료의 변동계수이다.

예제 9.3.4

예제 9.3.2에서 자료가 대수정규분포를 따른다고 가정하고 1) 재현기간 100년인 홍수의 크기, 2) 홍수량이 30,000m³/sec보다 작거나 같을 확률 그리고 3) 홍수량 30,000m³/sec의 재현기간을 계산하라. 자료 x에 $\log_{10}$을 취해 구한 결과 평균은 $\bar{y}$=4.29209, 표준편차는 s_y=0.12905이다.

풀이

1) 예제 9.3.2에서 재현기간 100년에 해당하는 표준화 z값이 2.236이였다.

따라서 $y_{100} = 4.29209 + 0.12905 \times 2.326 = 4.5923$

그러므로 $Q_{100} = 10^{y_{100}} = 39{,}100\text{m}^3/\text{sec}$

2) $y = \log_{10}(30{,}000) = 4.4771$이므로

$z = (4.4771 - 4.2921)/0.12905 = 1.4337$

표 9.3.1로부터 $F(1.4337) = 0.9242 = P(Q \le 30{,}000)$

3) $T = 1/(1-F) = 1/(1-0.9242) = 13.1$년

예제 9.3.5

다음 표 9.3.4와 같이 주어진 연 최고치 유출량자료에 대해 2변수 대수정규분포에 대한 매개변수를 추정하라.

풀이

n=53, $\bar{x} = \frac{1}{n}\sum_{i=1}^{n} x_i = 106.38$, $s = \sqrt{\frac{1}{n-1}\sum_{i=1}^{n}(x_i - \bar{x})^2} = 56.96$

$C_v = s/\bar{x} = 56.96/106.38 = 0.5355$, $s_y = \sqrt{\ln(C_v^2+1)} = \sqrt{\ln(0.5355^2+1)} = 0.5021$

$\bar{y} = \ln\bar{x} - \frac{s_y^2}{2} = \ln(106.38) - \frac{(0.5021)^2}{2} = 4.5409$

표 9.3.4 53년간의 연 최고치 유출량자료

년 도	유출량 (m^3/sec)	년 도	유출량 (m^3/sec)	년 도	유출량 (m^3/sec)	년 도	유출량 (m^3/sec)	년 도	유출량 (m^3/sec)
1939	176.0	1950	208.0	1961	85.8	1972	93.7	1983	88.5
1940	36.6	1951	94.7	1962	151.0	1973	69.0	1984	62.9
1941	9.0	1952	78.6	1963	151.0	1974	96.8	1985	188.0
1942	50.5	1953	78.6	1964	218.0	1975	68.1	1986	97.4
1943	240.0	1954	27.3	1965	62.0	1976	77.3	1987	29.9
1944	114.0	1955	64.8	1966	21.3	1977	52.9	1988	69.5
1945	94.7	1956	182.0	1967	111.0	1978	122.0	1989	93.9
1946	89.7	1957	263.0	1968	143.0	1979	97.5	1990	124.0
1947	77.1	1958	151.0	1969	112.0	1980	73.9	1991	212.0
1948	148.0	1959	146.0	1970	66.7	1981	131.0		
1949	139.0	1960	73.0	1971	54.4	1982	71.9		

3) 3변수 대수정규분포

만일 변수 x의 하한치 x_o가 0이 아닌 경우 $(x-x_o)$가 2변수 대수정규분포를 나타내면 x는 3변수 대수정규분포로 나타낼 수 있으며, 확률밀도함수는 다음과 같다.

$$f(x) = \frac{1}{\sigma_y\sqrt{2\pi}}\frac{1}{(x-x_o)}\exp\left[-\frac{1}{2}\left\{\frac{\ln(x-x_o)-\mu_y}{\sigma_y}\right\}^2\right] \qquad (9.3.13)$$

여기서, μ_y와 σ_y는 $\ln(x-x_o)$의 평균 및 표준편차, x_o는 변수 x의 하한치이다. 3변수 대수정규분포는 변수 x가 양이나 음의 값을 갖더라도 $x-x_o>0$이면 적용할 수 있지만, 2변수 대수정규분포는 x가 양의 값을 가지는 경우에만 적용할 수 있다.

3변수 대수정규분포에서 사용되고 있는 매개변수는 자료 $x-x_o$에 대수를 취한 $y=\ln(x-x_o)$의 평균 $\mu_y(\bar{y})$, 표준편차 $\sigma_y(s_y)$ 그리고 하한치 x_o이다.

$$\bar{y} = \ln\left(\frac{s_x}{C_{vz}}\right) - \frac{1}{2}\ln(C_{vz}^2+1) \qquad (9.3.14)$$

$$s_y = [\ln(C_{vz}^2+1)]^{1/2} \qquad (9.3.15)$$

$$x_o = \bar{x} - \frac{s_x}{C_{vz}} \qquad (9.3.16)$$

$$C_{vz} = \frac{1-W^{2/3}}{W^{1/3}} \qquad (9.3.17)$$

$$W = \frac{-C_{sx}+(C_{sx}^2+4)^{1/2}}{2} \qquad (9.3.18)$$

여기서, C_{vz}은 자료계열 $(x-x_o)$의 변동계수, C_{sx}는 자료계열 x의 왜곡도계수이다.

예제 9.3.6

예제 9.3.5에서 주어진 연 최고치 유출량자료(표 9.3.4)에 대해 3변수 대수정규분포에 대한 매개변수를 추정하라.

풀이

$$n=53,\quad \bar{x}=106.3779,\quad s_x=56.9631,\quad C_v=0.5355,\quad C_{sx}=0.8310$$

$$W=\frac{-C_{sx}+(C_{sx}^2+4)^{1/2}}{2}=\frac{-0.8310+(0.8310^2+4)^{1/2}}{2}=0.6674$$

$$C_{vz}=\frac{1-W^{2/3}}{W^{1/3}}=\frac{1-0.6674^{2/3}}{0.6674^{1/3}}=0.2704$$

$$x_0=\bar{x}-\frac{s_x}{C_{vz}}=106.3779-\frac{56.9631}{0.2704}=-104.2844$$

$$s_y=[\ln(C_{vz}^2+1)]^{1/2}=[\ln(0.2704^2+1)]^{1/2}=0.2657$$

$$\bar{y}=\ln\left(\frac{s_x}{C_{vz}}\right)-\frac{1}{2}\ln(C_{vz}^2+1)=\ln\left(\frac{56.9631}{0.2704}\right)-\frac{1}{2}\ln(0.2704^2+1)\ =\ 5.3149$$

4) 2변수 Gamma분포

Gamma분포는 수문분야에서 광범위하게 쓰이는 분포로, 그림 9.3.3a와 같이 3변수 Gamma분포는 왼쪽에서 경계를 갖고 오른쪽으로(양) 왜곡되어 있어 수문자료특성과 유사성을 가지고 있다. 따라서 Gamma분포는 연 최대홍수량, 갈수량 및 극대강수량 등의 확률분포를 나타내는데 사용되고 있다. Gamma분포는 왼쪽으로(음) 왜곡된 형태도 이용되고 있다(그림 9.3.3b). Gamma분포도 변수의 수에 따라 2변수 Gamma분포와 3변수 Gamma분포로 구분할 수 있으며, 3변수 Gamma분포는 Pearson Type-III 분포로도 알려져 있다. 수문자료의 변수 x에 대한 2변수 Gamma분포의 확률밀도함수 및 누가확률밀도함수는 다음과 같이 표현된다.

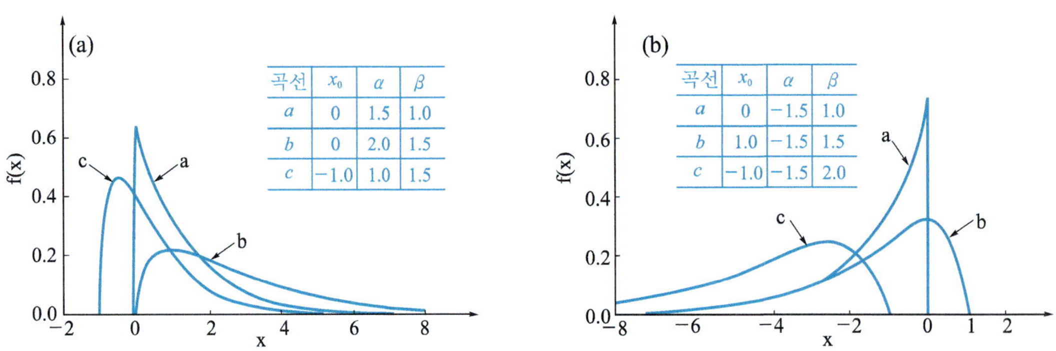

그림 9.3.3 Gamma분포의 확률밀도곡선 (a : α > 0, b : α < 0)

$$f(x) = \frac{1}{\alpha\Gamma(\beta)}\left(\frac{x}{\alpha}\right)^{\beta-1}\exp\left(-\frac{x}{\alpha}\right) \tag{9.3.19}$$

$$F(x) = \int_0^x \frac{1}{\alpha\Gamma(\beta)}\left(\frac{x}{\alpha}\right)^{\beta-1}\exp\left(-\frac{x}{\alpha}\right)dx, \quad \alpha > 0 \text{ 일 때} \tag{9.3.20}$$

여기서, α는 축척변수(scale parameter), β는 모양변수(shape parameter)이다.

식 (9.3.19)에서 축척변수 $\alpha>0$인 경우에는 그림 9.3.3a와 같이 $0\le x<\infty$이며 오른쪽으로 왜곡된 형태를 보이게 되고, $\alpha<0$인 경우에는 그림 9.3.3b와 같이 $-\infty<x\le 0$이며 왼쪽으로 왜곡된 형태를 보인다. 식에서 $\Gamma(\beta)$는 β가 정수인 경우 완전 Gamma함수로 다음과 같이 계산할 수가 있다.

$$\begin{aligned}\Gamma(\beta) &= \int_0^\infty x^{\beta-1}e^{-x}dx = (\beta-1)\Gamma(\beta-1) \\ &= (\beta-1)(\beta-2)\Gamma(\beta-2) = (\beta-1)(\beta-2)(\beta-3)\cdot \ldots \cdot 3\cdot 2\cdot 1\end{aligned} \tag{9.3.21}$$

만일 β가 정수가 아닌 경우에는 $\Gamma(\beta)$는 불완전 Gamma함수가 되어 부록 F의 표를 이용하거나 다음과 같이 근사해를 구하게 된다.

$$\begin{aligned}\Gamma(\beta) &= \frac{\Gamma(\beta+1)}{\beta} \\ \Gamma(\beta+1) &= 1 + a_1\beta + a_2\beta^2 + \ldots + a_8\beta^8 \qquad 0 \le \beta \le 1\end{aligned} \tag{9.3.22}$$

여기서, $a_1 = -0.577192$, $a_2 = 0.988206$, $a_3 = -0.897057$, $a_4 = 0.918207$, $a_5 = -0.756704$, $a_6 = 0.482199$, $a_7 = -0.193528$ 그리고 $a_8 = 0.035868$이다.

2변수 Gamma분포에서는 두 개의 매개변수 α와 β가 이용되므로 이 변수들이 결정되면 2변수 Gamma분포를 적용할 수 있다. α와 β는 모멘트법에 의해 다음과 같은 관계가 있다.

$$\alpha = \frac{\bar{x}}{\beta} = \frac{s^2}{\bar{x}} \tag{9.3.23}$$

$$\beta = \left(\frac{\bar{x}}{s}\right)^2 \tag{9.3.24}$$

여기서, $\bar{x}$와 s^2는 자료의 평균과 분산이다.

예제 9.3.7

예제 9.3.5에서 주어진 연 최고치 유출량자료(표 9.3.4)에 대해 2변수 Gamma분포에 대한 매개변수를 추정하라.

풀이

$$n = 53, \quad \bar{x} = 106.3779, \quad s = 56.9631, \quad C_v = 0.5355$$

$$\beta = \left(\frac{\bar{x}}{s}\right)^2 = \left(\frac{106.3779}{56.9631}\right)^2 = 3.4875, \qquad \alpha = \frac{\bar{x}}{\beta} = 106.3779/3.4875 = 30.5026$$

5) 3변수 Gamma분포(Pearson Type-III분포)

2변수 Gamma분포는 축척변수 α에 따른 하한치(양의 왜곡인 경우) 또는 상한치(음의 왜곡인 경우)가 0인데 반해 3변수 Gamma분포는 0이 아닌 상한치 또는 하한치 x_o를 가지게 된다. 즉, $\alpha > 0$이면 $x_o \le x < \infty$이고, $\alpha < 0$이면 $-\infty < x \le x_o$이다. 따라서 x_o는 상한치나 하한치를 나타내는 위치 변수가 된다. 만일 $x - x_o$를 y라 하면 y로 치환된 자료는 상한치 또는 하한치가 0인 2변수 Gamma 분포가 된다. 3변수 Gamma분포의 확률밀도함수 및 누가확률밀도함수는 다음과 같다.

$$f(x) = \frac{1}{\alpha \Gamma(\beta)} \left(\frac{x - x_o}{\alpha}\right)^{\beta - 1} \exp\left(-\frac{x - x_o}{\alpha}\right) \tag{9.3.25}$$

$$F(x) = \int_{x_o}^{x} \frac{1}{\alpha \Gamma(\beta)} \left(\frac{x - x_o}{\alpha}\right)^{\beta - 1} \exp\left(-\frac{x - x_o}{\alpha}\right) dx, \quad \alpha > 0 \text{ 일 때} \tag{9.3.26}$$

2변수 및 3변수 누가확률밀도함수는 해석적으로 해를 구할 수 없으므로 수치적분을 이용하여 해를 구하게 된다. 3변수 Gamma분포는 매개변수로 축척매개변수 α, 형상매개변수 β 그리고 위치매개변수 x_o가 있다.

$$\beta = \left(\frac{2}{C_s}\right)^2 \tag{9.3.27}$$

$$\alpha = \frac{s C_s}{2} \tag{9.3.28}$$

$$x_o = \bar{x} - \alpha\beta \tag{9.3.29}$$

여기서, C_s는 자료 x의 왜곡도 계수이다.

예제 9.3.8

다음 표 9.3.5와 같이 주어진 연 최고치 유출량자료를 이용하여 3변수 Gamma분포에 대한 매개변수를 추정하라.

풀이

$$n = 68, \quad \bar{x} = 43.5793, \quad s = 17.8388, \quad C_v = 0.4094, \quad C_s = 0.5522$$

$$\beta = \left(\frac{2}{C_s}\right)^2 = \left(\frac{2}{0.5522}\right)^2 = 13.1180, \qquad \alpha = \frac{s C_s}{2} = \frac{17.8388 \times 0.5522}{2} = 4.9253$$

$$x_o = \bar{x} - \alpha\beta = 43.5793 - 4.9253 \times 13.1180 = -21.0308$$

표 9.3.5 연 최고치 유출량

년 도	유출량 (m^3/sec)	년 도	유출량 (m^3/sec)	년 도	유출량 (m^3/sec)	년 도	유출량 (m^3/sec)	년 도	유출량 (m^3/sec)
1924	35.9	1938	73.2	1952	42.4	1966	27.0	1980	45.6
1925	54.8	1939	48.8	1953	24.0	1967	77.5	1981	55.6
1926	39.6	1940	31.0	1954	19.3	1968	79.4	1982	81.8
1927	30.3	1941	10.0	1955	40.8	1969	52.2	1983	49.9
1928	60.8	1942	29.9	1956	31.7	1970	26.3	1984	36.7
1929	58.8	1943	58.9	1957	36.6	1971	36.8	1985	82.4
1930	41.2	1944	56.2	1958	39.6	1972	26.0	1986	35.9
1931	5.5	1945	39.9	1959	70.5	1973	31.2	1987	22.1
1932	19.9	1946	37.7	1960	28.2	1974	37.9	1988	43.6
1933	38.8	1947	32.1	1961	28.2	1975	33.0	1989	40.6
1934	16.0	1948	42.2	1962	38.8	1976	38.3	1990	63.2
1935	45.8	1949	59.0	1963	36.0	1977	28.4	1991	87.4
1936	75.0	1950	67.0	1964	54.0	1978	45.6		
1937	56.8	1951	47.8	1965	35.2	1979	41.0		

6) Log-Pearson Type-III분포

Log-Pearson Type-III분포는 홍수자료의 빈도해석에 가장 적절한 분포형으로 미국에서 연 최대홍수량 빈도분석의 기준이 되는 분포형이다. Log-Pearson Type-III분포의 확률밀도함수는 다음과 같고 확률밀도곡선의 형태는 그림 9.4.3a와 같다.

$$f(x) = \frac{1}{\alpha\Gamma(\beta)}\frac{1}{x}\left(\frac{\ln x - y_o}{\alpha}\right)^{\beta-1}\exp\left(-\frac{\ln x - y_o}{\alpha}\right) \tag{9.3.30}$$

여기서, α는 축척변수, β는 모양변수, y_o는 위치변수이고, $\alpha \geq 0$이면 하한치 e^{y_o}를 가지고 오른쪽으로 왜곡(양의 왜곡), $\alpha < 0$이면 상한치 e^{y_o}를 가지고 왼쪽으로 왜곡(음의 왜곡)된 분포를 보인다. Log-Pearson Type-III분포의 누가확률밀도함수는 다음과 같다.

$$F(x) = \int_l^x \frac{1}{\alpha\Gamma(\beta)}\frac{1}{x}\left(\frac{\ln x - y_o}{\alpha}\right)^{\beta-1}\exp\left(-\frac{\ln x - y_o}{\alpha}\right)dx \tag{9.3.31}$$

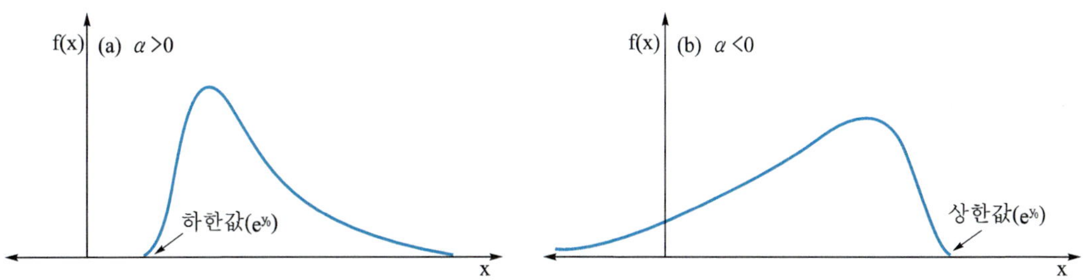

그림 9.3.4 Log-Pearson Type-Ⅲ분포의 확률밀도곡선

누가확률밀도함수에서 l은 α〉0이면 하한치 $l=e^{y_o}$이 되고, α〈0이면 하한치 $l=-\infty$가 된다. y=lnx로부터 dx=xdy가 되므로 이를 식 (9.3.31)에 대입하면 다음과 같다.

$$F(y) = \int_{y_o}^{y} \frac{1}{\alpha \Gamma(\beta)} \left(\frac{y - y_o}{\alpha} \right)^{\beta - 1} e\left(- \frac{y - y_o}{\alpha} \right) dy \tag{9.3.32}$$

식 (9.3.32)는 Pearson Type-III분포의 누가확률밀도함수 식 (9.3.26)과 비교하면 x가 y=lnx로 대치되었을 뿐 완전히 같은 식임을 알 수 있다. 따라서 수문자료 x가 Log-Pearson Type-III분포를 따른다면 x에 대수를 취한 y는 3변수 Gamma분포(Pearson Type-III)가 됨을 의미한다.

Log-Pearson Type-III 분포는 자료에 대수를 취하면 3변수 Gamma분포와 일치하므로 y=lnx로 변환하여 3변수 Gamma분포에서 설명한 방법에 의해 매개변수를 구한다. 만일 대수치를 취하지 않은 원 자료 x를 이용하여 매개변수를 추정할 경우 다음과 같은 방법을 사용한다.

Log-Pearson Type-III 분포의 원점에 대한 r차 모멘트에 대수를 취하고, 원점에 관한 1차, 2차 및 3차 모멘트를 적용하여 정리하면 다음과 같다.

$$B = \frac{\ln \mu_3' - 3 \ln \mu_1'}{\ln \mu_2' - 2 \ln \mu_1'} = \frac{\ln \left[(1-\alpha)^3 / (1-3\alpha) \right]}{\ln \left[(1-\alpha)^2 / (1-2\alpha) \right]} \tag{9.3.33}$$

표본자료의 원점에 대한 1차, 2차 및 3차 모멘트를 구하면 위 식에서 왼쪽 항 B가 결정이 되므로 수치적으로 α를 산정할 수 있다. 또는 다음과 같은 방법을 이용하여 α를 산정할 수 있다.

$$A = \frac{1}{\alpha} - 3 \tag{9.3.34}$$

$$C = \frac{1}{B - 3} \tag{9.3.35}$$

$$A = -0.23019 + 1.65262C + 0.20911C^2 - 0.04557C^3 \qquad 3.5 < B < 6.0 \tag{9.3.36}$$

$$A = -0.47157 + 1.99955C \qquad 3.0 < B \le 3.5 \tag{9.3.37}$$

$$\alpha = \frac{1}{A + 3} \tag{9.3.38}$$

산정된 α를 이용하여 나머지 매개변수 β와 y_o를 다음과 같이 구할 수 있다.

$$\beta = \frac{\ln (1 + C_v^2)}{[\ln (1-\alpha)^2 - \ln (1-2\alpha)]} \tag{9.3.39}$$

$$y_0 = \ln \bar{x} + \beta \ln (1-\alpha) \tag{9.3.40}$$

여기서, $\bar{x}$ 및 C_v는 표본자료 x의 평균 및 변동계수이다.

예제 9.3.9 다음 표 9.3.6에 주어진 연 최고치 유출량자료를 이용하여 Log-Pearson Type-III 분포에 대한 매개변수를 추정하라.

표 9.3.6 연 최고유출량자료

년도	홍수량 (m^3/sec)	년도	홍수량 (m^3/sec)	년도	홍수량 (m^3/sec)	년도	홍수량 (m^3/sec)	년도	홍수량 (m^3/sec)
1962	39.9	1968	31.5	1974	27.2	1980	61.4	1986	24.5
1963	33.9	1969	27.9	1975	22.7	1981	11.8	1987	8.0
1964	41.6	1970	21.8	1976	37.0	1982	30.6	1988	27.5
1965	15.0	1971	17.1	1977	12.6	1983	22.6	1989	51.3
1966	6.3	1972	29.1	1978	27.6	1984	20.5	1990	22.4
1967	25.4	1973	22.4	1979	32.9	1985	45.9	1991	68.9

풀이

직접적인 방법(원자료 x를 그대로 사용하는 경우)

$$n = 30, \quad \mu_1' = 28.91, \quad \mu_2' = 1036, \quad \mu_3' = 4.4259 \times 10^4$$

$$C_v = 0.4978, \quad C_s = 1.0159, \quad \mu_2 = 207.12$$

따라서 식 (9.3.33)으로부터 $B = 2.8184, C = 1/(2.8184-3) = -5.5077$

$$A = -0.47157 + 1.99955C = -11.4845, \qquad \alpha = \frac{1}{A+3} = 1/(-11.4845+3) = -0.1177$$

$$\beta = \frac{\ln(1+C_v^2)}{[\ln(1-\alpha)^2 - \ln(1-2\alpha)]} = 19.8044, \qquad y_0 = \ln\bar{x} + \beta\ln(1-\alpha) = 5.5708$$

간접적인 방법(y=lnx를 사용하는 경우 - Pearson Type-III)

$$n = 30, \quad \mu_1' = 3.2375, \quad \mu_2 = 0.2898, \quad C_v = 0.16628, \quad C_s = -0.65861$$

$$\beta = \left(\frac{2}{C_s}\right)^2 = \left(\frac{2}{-0.65861}\right)^2 = 9.22163, \qquad s = C_v \times \bar{x} = 0.16628 \times 3.2375 = 0.5383$$

$$\alpha = \frac{sC_s}{2} = \frac{0.5383 \times (-0.65861)}{2} = -0.17728,$$

$$y_o = \bar{y} - \alpha\beta = 3.2375 - (-0.17728) \times 9.22163 = 4.8723$$

7) 일반극치분포(GEV)

자료의 극치 즉, 최대치 또는 최소치계열을 분석하는 경우에는 극치분포(extreme value distribution)가 자주 쓰이게 된다. 따라서 수문자료에서도 최대홍수, 극심한 가뭄 등의 분석에 극치분포를 이용하게 된다. 극치분포에는 여러 가지 종류가 있으며, Type-I 극치분포는 Gumbel 분포라고 하며, 연 최대홍수량계열 또는 연 최대강우량계열 등의 빈도해석에 자주 쓰인다. Type-II 극치분포는 Frechet분포 또는 Log-Gumbel분포로 불린다. Type-III 극치분포는 Weibull분포로 불리며 갈수량과 같은 최소값의 빈도해석에 이용된다. 이 세 극치분포는 일반극치분포(Generalized Extreme Value distribution, GEV)의 특별한 경우라 할 수 있다.

일반극치(GEV)분포는 홍수나 가뭄 같은 극한 수문사상의 빈도해석에 주로 사용하는 분포로서 확률밀도함수와 누가확률밀도함수는 다음과 같다.

$$f(x) = \frac{1}{\alpha}\left[1 - \frac{\beta(x - x_0)}{\alpha}\right]^{\frac{1}{\beta}-1} \exp\left[-\left(1 - \frac{\beta(x - x_0)}{\alpha}\right)^{\frac{1}{\beta}}\right] \tag{9.3.41}$$

$$F(x) = \exp\left[-\left(1 - \frac{\beta(x - x_0)}{\alpha}\right)^{\frac{1}{\beta}}\right] \tag{9.3.42}$$

여기서, α는 축척변수, β는 형상변수, x_o는 위치변수이다.

일반극치분포에서의 매개변수 α, β 그리고 x_o는 다음과 같이 산정할 수 있다.

① $1.14 < C_s < 10$, $\beta < 0$인 경우

$$\beta = 0.2858221 - 0.357983C_s + 0.116659C_s^2 - 0.022725C_s^3 + 0.002604C_s^4 - 0.000161C_s^5 + 0.000004C_s^6 \tag{9.3.43}$$

② $-2 < C_s < 1.14$, $\beta < 0$인 경우

$$\beta = 0.277648 - 0.322016C_s + 0.060278C_s^2 + 0.016759C_s^3 - 0.005873C_s^4 - 0.00244C_s^5 - 0.00005C_s^6 \tag{9.3.44}$$

③ $-10 < C_s < 0$, $\beta < 0$인 경우

$$\beta = -0.50405 - 0.00861C_s + 0.015497C_s^2 + 0.005613C_s^3 + 0.000874C_s^4 + 0.000065C_s^5 \tag{9.3.45}$$

$$\alpha = \left[\frac{s^2\beta^2}{\Gamma(1+2\beta) - \Gamma^2(1+\beta)}\right]^{1/2} \tag{9.3.46}$$

$$x_o = \bar{x} - \frac{\alpha}{\beta}[1 - \Gamma(1+\beta)] \tag{9.3.47}$$

여기서, $\bar{x}$와 s는 자료 x의 평균과 표준편차, Γ는 Gamma 함수이다.

예제 9.3.10

다음 표 9.3.7과 같이 주어진 연 최고치 유출량자료를 이용하여 일반극치분포(GEV)분포에 대한 매개변수를 추정하라.

풀이

$n = 62$, $\bar{x} = 1417.18$, $C_v = 0.51518$, $C_s = 0.75486$

왜곡도계수 $C_s = 0.75486$이므로

표 9.3.7 연 최고치 유출량

년 도	유출량 (m^3/sec)	년 도	유출량 (m^3/sec)	년 도	유출량 (m^3/sec)	년 도	유출량 (m^3/sec)	년 도	유출량 (m^3/sec)
1930	2320	1943	3240	1956	1200	1969	1370	1982	1210
1931	295	1944	2080	1957	3040	1970	796	1983	865
1932	1030	1945	1110	1958	2700	1971	983	1984	1060
1933	2320	1946	727	1959	1520	1972	1250	1985	2450
1934	454	1947	960	1960	804	1973	1070	1986	1440
1935	996	1948	1460	1961	1170	1974	1320	1987	630
1936	1080	1949	1430	1962	2030	1975	1470	1988	956
1937	2690	1950	2250	1963	2270	1976	1430	1989	1580
1938	2330	1951	1470	1964	3040	1977	405	1990	1430
1939	2040	1952	1270	1965	918	1978	1460	1991	2870
1940	848	1953	974	1966	487	1979	1440		
1941	315	1954	305	1967	1470	1980	1920		
1942	938	1955	883	1968	1280	1981	716		

$$\beta = 0.277648 - 0.322016C_s + 0.060278C_s^2 + 0.016759C_s^3 - 0.005873C_s^4 - 0.00244C_s^5 - 0.00005C_s^6$$

$$= 0.07483$$

$$\Gamma(1+\beta) = \Gamma(1.07483) = 0.962, \qquad \Gamma(1+2\beta) = \Gamma(1.14966) = 0.93316$$

$$\alpha = \left[\frac{s^2\beta^2}{\Gamma(1+2\beta) - \Gamma^2(1+\beta)}\right]^{1/2} = \left[\frac{(730.1)^2(0.07483)^2}{0.93316-(0.962)^2}\right]^{1/2} = 621.9593$$

$$x_0 = \bar{x} - \frac{\alpha}{\beta}[1-\Gamma(1+\beta)] = 1417.18 - \frac{621.9593}{0.07483}[1-0.962] = 1101.34$$

8) Type-I 극치분포(Gumbel분포)

Type-I 극치분포는 GEV분포에서 β=0인 GEV-1분포로 Gumbel분포라고 하며, 자료의 극치 중에서도 최대치에 해당하는 연 최대홍수량 및 강우량자료의 분석에 많이 이용된다. 이 분포의 확률밀도함수 및 누가확률밀도함수는 다음과 같고, 그림 9.3.5는 Type-I 극치분포의 확률밀도곡선을 보여주고 있다.

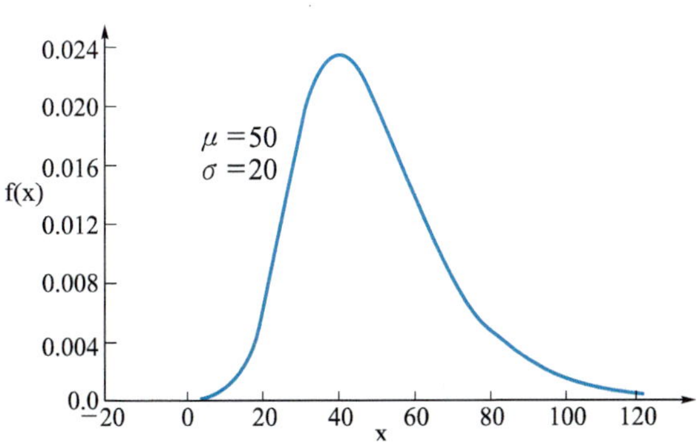

그림 9.3.5 Type-I 극치분포의 확률밀도곡선

$$f(x) = \frac{1}{\alpha}\exp\left[-\frac{x-x_o}{\alpha} - \exp\left(-\frac{x-x_o}{\alpha}\right)\right], \quad -\infty < x < \infty \tag{9.3.48}$$

$$F(x) = \exp\left[-\exp\left(-\frac{x-x_o}{\alpha}\right)\right] \tag{9.3.49}$$

여기서, α는 축척변수(>0), x_o는 위치변수로 최빈값(mode)의 위치를 나타낸다. Type-I 극치분포에서는 매개변수로 α와 x_o가 사용되며 이 분포의 평균 $\bar{x}$ 및 표준편차 s와는 다음과 같은 관계가 있다.

$$\alpha = 0.7797s \quad (9.3.50)$$

$$x_o = \bar{x} - 0.5772\alpha = \bar{x} - 0.45s \quad (9.3.51)$$

예제 9.3.11

예제 9.3.5의 표 9.3.4와 같이 주어진 연 최고치 유출량자료를 이용하여 Type-Ⅰ 극치(Gumbel)분포에 대한 매개변수를 추정하라.

풀이

$n = 53, \quad \bar{x} = 106.38, \quad C_v = 0.5355$

$s = \bar{x} \times C_v = 0.5355 \times 106.38 = 56.97$

$\alpha = 0.7797s = 0.7797 \times 56.97 = 44.419$

$x_o = \bar{x} - 0.5772\alpha = \bar{x} - 0.45s = 106.38 - 0.45 \times 56.97 = 80.7435$

9) Type-II 극치분포(Log-Gumbel분포)

Type-II 극치분포는 GEV분포에서 $\beta < 0$인 GEV-2분포이며 Frechet분포로 알려져 있다. Type-II 극치분포의 확률밀도함수 및 누가확률밀도함수는 다음과 같다.

$$f(x) = \frac{\beta}{(x - x_0)}\left(\frac{\theta - x_0}{x - x_0}\right)^{\beta} \exp\left[-\left(\frac{\theta - x_0}{x - x_0}\right)^{\beta}\right] \quad (9.3.52)$$

$$F(x) = \exp\left[-\left(\frac{\theta - x_0}{x - x_0}\right)^{\beta}\right] \quad (9.3.53)$$

여기서, $\beta > 0$, $x_o < \theta$, $x_o < x < \infty$이다.

모멘트법에 의해 매개변수를 추정하기 위해서는 왜곡도계수 C_s에 따라 다음과 같이 β를 추정한 후 x_o 및 θ를 산정하게 된다.

① $1.1396 < C_s < 1.48$인 경우

$$\beta = 1731.6756 - 2342.8143C_s + 802.1566C_s^2 \quad (9.3.54)$$

② $1.48 < C_s < 5.4$인 경우

$$\beta = 222.5222 - 313.1802C_s + 179.5053C_s^2 - 50.6058C_s^3 + 6.978542C_s^4 - 0.376228C_s^5 \quad (9.3.55)$$

$$x_o = \bar{x} - \frac{s\Gamma\left(1 - \frac{1}{\beta}\right)}{\left[\Gamma\left(1 - \frac{2}{\beta}\right) - \Gamma^2\left(1 - \frac{1}{\beta}\right)\right]^{1/2}} \quad (9.3.56)$$

$$\theta = x_o + \frac{\bar{x} - x_o}{\Gamma\left(1 - \frac{1}{\beta}\right)} \tag{9.3.57}$$

여기서, $\bar{x}$ 및 s는 자료 x의 평균과 표준편차이다.

10) Type-III 극치분포(Weibull분포)

Type-III 극치분포는 GEV분포에서 β〉0인 GEV-3분포이며, 하한치가 0이고 일반적으로 오른쪽으로 왜곡되어 있는 형태를 보이므로 갈수량의 빈도해석에 많이 사용되고 있으며 Weibull분포로 알려져 있다. Type-III 극치분포의 확률밀도함수와 누가확률밀도함수는 다음과 같다.

$$f(x) = \frac{\beta}{\alpha}\left(\frac{x}{\alpha}\right)^{\beta-1} \exp\left[-\left(\frac{x}{\alpha}\right)^{\beta}\right], \qquad x \geq 0 \tag{9.3.58}$$

$$F(x) = 1 - \exp\left[-\left(\frac{x}{\alpha}\right)^{\beta}\right] \tag{9.3.59}$$

여기서, β는 형상변수(〉0), α는 축척변수(〉0)이다. 만일 다음과 같이 최소값의 하한치가 0이 아닌 경우 이를 3변수 Weibull분포라 한다.

$$f(x) = \frac{\beta}{\alpha}\left(\frac{x - x_o}{\alpha}\right)^{\beta-1} \exp\left[-\left(\frac{x - x_o}{\alpha}\right)^{\beta}\right] \tag{9.3.60}$$

$$F(x) = 1 - \exp\left[-\left(\frac{x - x_o}{\alpha}\right)^{\beta}\right] \tag{9.3.61}$$

3변수 Weibull분포는 3개의 매개변수 α, β 및 x_o를 산정하면 적용할 수 있다. 따라서 표본자료의 평균 $\bar{x}$, 표준편차 s 그리고 왜곡도계수 C_s를 이용하여 다음과 같이 매개변수를 산정하게 된다.

$$\beta = -0.729268 - 0.338679C_s + 4.96077(C_s + 1.14)^{-1.0422} \tag{9.3.62}$$
$$+ 0.683609[\ln(C_s + 1.14)]^2, \qquad -1.08 \leqq C_s \leqq 6.0$$

$$\alpha = \frac{s}{\left[\Gamma(1 + 2/\beta) - \Gamma^2(1 + 1/\beta)\right]^{1/2}} \tag{9.3.63}$$

$$x_o = \bar{x} - \alpha\Gamma(1 + 1/\beta) \tag{9.3.64}$$

예제 9.3.12

예제 9.3.3의 표 9.3.2와 같이 주어진 연 최고치 유출량자료를 이용하여 Type-III 극치(Weibull)분포에 대한 매개변수를 추정하라.

풀이

$n=48,\quad \bar{x}=126.65,\quad s=47.0974,\quad C_v=0.3719,\quad C_s=0.11936$

왜곡도계수 $C_s=0.11936$이므로 아래 식으로부터

$$\beta=-0.729268-0.338679C_s+4.96077(C_s+1.14)^{-1.0422}+0.683609[\ln(C_s+1.14)]^2=3.1676$$

$$\Gamma(1+1/\beta)=0.8952,\qquad \Gamma(1+2/\beta)=0.8974$$

$$\alpha=\frac{s}{[\Gamma(1+2/\beta)-\Gamma^2(1+1/\beta)]^{1/2}}=\frac{47.0974}{(0.8974-0.8952^2)^{1/2}}=151.9928$$

$$x_o=\bar{x}-\alpha\Gamma(1+1/\beta)=126.65-151.9928\times0.8952=-9.4140$$

11) Wakeby 분포

Wakeby 분포는 식 (9.3.65)와 같이 역함수의 형태로 나타나게 되며 확률가중모멘트법에 의해서 매개변수를 구하게 된다. 매개변수의 개수는 일반적으로 5개이며 m=0이면 4개의 변수를 갖는 Wakeby 분포가 된다. 매개변수 b는 왼쪽 경계부분 즉, 극소치 자료부분과 관련이 있고, 매개변수 d는 오른쪽 경계부분 즉, 극대치 자료부분과 관련이 있다.

$$x=m+a[1-(1-F)^b]-c[1-(1-F)^{-d}] \tag{9.3.65}$$

여기서, m, a, b, c, d는 매개변수, F는 누가확률밀도함수이다.

표 9.3.8 확률분포형별 확률변수 범위 및 매개변수의 적합성 조건

확률분포형	확률변수 범위 및 매개변수의 적합성 조건
Log-normal	$x_0<x<\infty$
Gamma	$\alpha>0,\ \beta>0$ 일 때 $x_0\le x<\infty$, $\alpha<0,\ \beta>0$ 일 때 $-\infty<x\le x_0$
Log-Pearson Type-III	$\alpha>0$ 일 때 $e^{y_0}\le x<\infty$, $\alpha<0$일 때 $-\infty<x\le e^{y_0}$
GEV	$\beta=0$ 일 때 GEV-1 : $-\infty<x<\infty$ $\beta<0$ 일 때 GEV-2 : $x_0+\alpha/\beta\le x<\infty$ $\beta>0$ 일 때 GEV-3 : $-\infty<x\le x_0+\alpha/\beta$
Gumbel	$-\infty<x<\infty$
Log-Gumbel	$x_0<x<\infty,\ \theta>x_0,\ \beta>0$
Weibull	$x_0\le x<\infty,\ \alpha>0,\ \beta>0$
Wakeby	b+d>0 또는 b=cd=d=0, ab=0 이면 b=0, cd=0 이면 d=0, cd≥0, ab+cd≥0, b>−1이고 d<1

9.4 수문자료 계열 및 검정

방대한 양의 수문자료를 모두 고려하여 분석한다는 것은 바람직하지 못하고 비경제적이며, 또한 수문자료의 모집단은 그 규모가 거의 무한하다. 따라서 수문자료의 분석을 위해서는 표본자료를 선택할 필요가 있다. 한편 확률론적 빈도해석을 하기 위해서 수문자료는 왜곡되지 않고 독립적이며 균일성을 유지해야 한다.

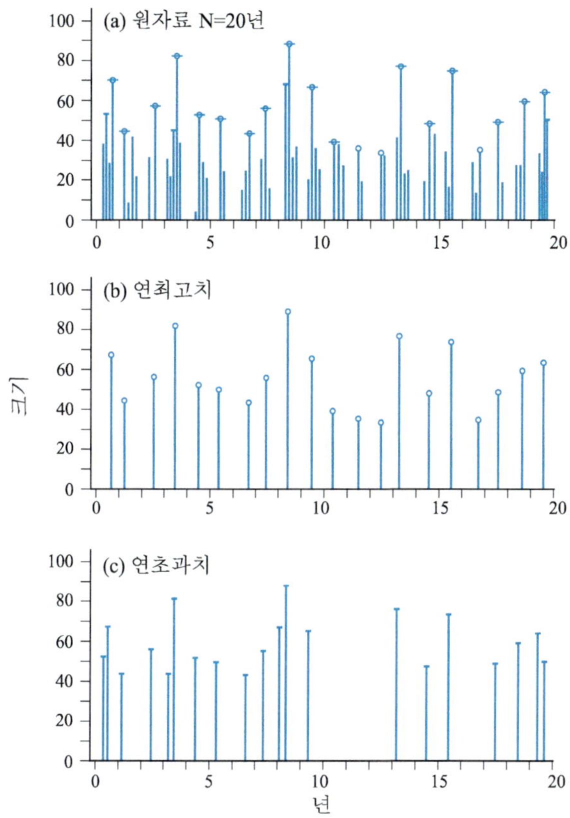

그림 9.4.1 발생순서에 따른 가상 수문자료

9.4.1 수문자료 계열

수문자료는 일반적으로 연대순으로 나타나게 되며, 그림 9.4.1은 20년 동안의 가상적인 자료를 보여주고 있다. 그림 (a)는 모든 자료를 나타내고 있으므로 전 기간치계열(complete-duration series)이라 한다. 수자원설계시에는 설계에 영향을 미치는 일부 극한적인 조건들만을 고려하므로 가뭄분석에서의 유황곡선(duaration curve)이나 누가용적곡선(mass curve)분석과 같은 일부 경우를 제외하면 전 기간치 자료를 모두 사용하는 경우는 드물다.

자료의 처리나 분석에 드는 노력과 시간을 줄이기 위해 불필요한 자료는 제외시키게 된다. 이러한 목적으로 전 기간치계열로부터 일부를 선택하여 부분 기간치계열(partial-duration series) 및 극치계열(extream-value series)을 구성하게 된다. 부분 기

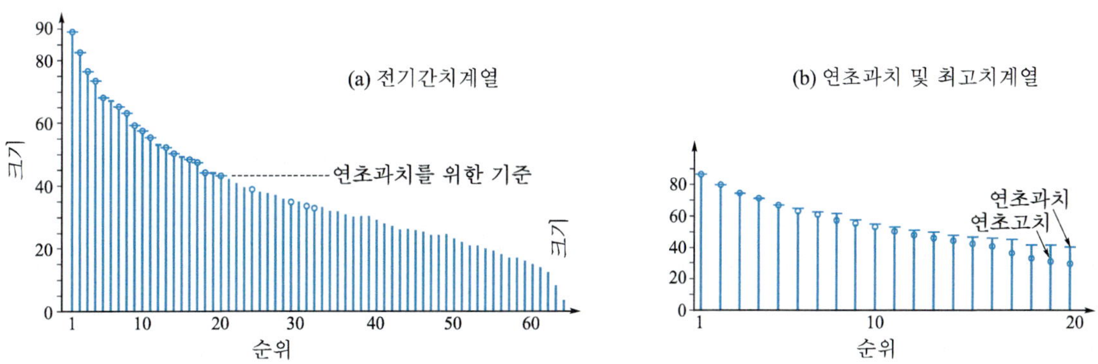

그림 9.4.2 크기 순으로 재배열한 가상 수문자료

간치계열은 어떤 기준치보다 큰 값을 가지는 자료들로 구성되며 그림 9.4.1(c)와 같이 이 계열에 속한 자료의 숫자와 기록년수가 같도록 기준치를 정한 경우 이 자료계열을 연 초과치계열(annual exceedance series)이라 한다. 극치계열은 기록기간 동안 단위시간마다 최대치 또는 최저치를 택하여 구성한 자료로 단위시간은 보통 1년을 설정하게 되며, 이 경우 자료계열은 연 계열(annual series)이 된다. 매년마다 최대치를 선택하여 그림 9.4.1(b)와 같이 구성하면 연 최고치계열(annual maximum series)이 되고, 최저치를 택하면 연 최저치계열(annual minimum series)이 된다.

그림 9.4.1에서 보여준 가상적인 자료에 대한 연 최고치계열과 연 초과치계열이 그림 9.4.2에 크기 순으로 나타나 있으며, 많은 수의 연 초과치자료가 연 최고치자료보다 큼을 알 수 있다. 한편 같은 해에 연속적으로 발생한 여러 값들을 포함할 수 있는 연 초과치계열은 인접하여 발생하는 수문사상들이 서로 영향을 줄 수 있으므로 연 최고치보다 독립성이 결여될 가능성이 있다.

수공구조물을 설계하기위해 수문 자료계열을 선택할 경우 수공구조물의 종류와 목적에 따라 적절한 자료계열이 사용되어야 한다. 만일 어떤 해에 첫 번째 사상에 이어 두 번째 크기로 발생한 사상이 구조물의 설계에 영향을 미친다면 연 초과치계열 또는 부분 기간치 계열을 사용하여야 한다. 예를 들어 홍수에 의해 발생하는 교량기초부의 파괴나 고속도로 배수시설의 붕괴는 하나의 첨두홍수 보다는 반복해서 발생하는 홍수로 인한 경우가 많이 있다. 반면에 댐의 여수로 설계와 같이 가장 극단적인 조건이 설계에 영향을 미칠 경우에는 연 최고치계열이 적절하다.

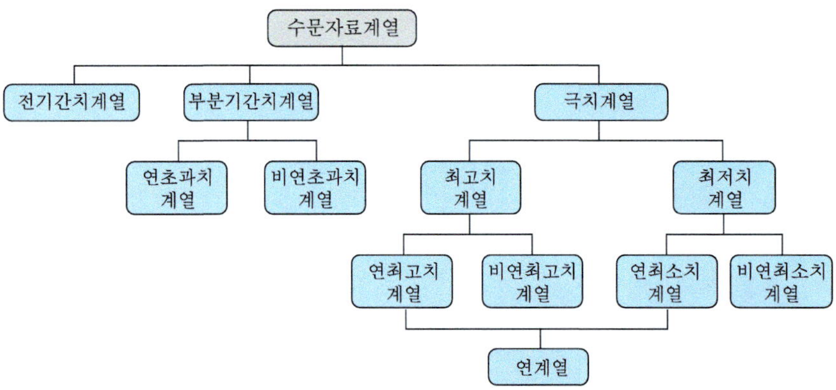

그림 9.4.3 수문자료계열의 분류

예제 9.4.1

어떤 하천의 출구지점에서 측정된 연도별 최대 유출량을 크기 순으로 세 가지만 선택한 결과가 표 9.4.1과 같을 때 연 최고치계열과 연 초과치계열을 작성하여라.

표 9.4.1 관측된 유출량자료

년도	선택된 세 가지 최대 유출량 (m^3/sec)		
1998	700	300	150
1999	900	600	100
2000	550	400	200
2001	850	650	350
2002	500	350	100

표 9.4.2 연 최고치계열 및 연 초과치계열

순위	연 최고치계열 (m^3/sec)	연 초과치계열 (m^3/sec)
1	900	900
2	850	850
3	700	700
4	550	650
5	500	600

풀이

연 최고치계열은 각 년도마다 최대의 유출량을 선택하여 크기 순으로 나타내고, 연 초과치계열은 전체 자료 중 크기 순으로 5개의 유출을 선택하여 순서대로 나열하면 되며 그 결과가 표 9.4.2와 같다.

9.4.2 자료의 검정

통계학적 수문빈도해석에서는 자료 계열의 독립성(independence)과 정상성(stationarity)이라는 두 가지 기본가정과 자료가 동일한 분포로부터 획득되었다는 가정 즉, 동질성(homogeneity) 가정이 필요하다. 본 절에서는 자료의 독립성 및 정상성 그리고 동질성에 대한 검정과 이상치에 대한 검정을 하는 방법에 대해 알아보기로 한다.

1) 독립성 및 정상성 검정

크기가 n인 표본자료가 주어졌을 때 자료의 독립성 검정과 정상성 또는 경향성(trend) 존재의 검정을 하기 위해 Wald-Wolfowitz(W-W) 검정방법이 사용된다. 표본자료 x_1, x_2, …, x_n에 대해 통계값 R이 다음과 같이 구해진다고 하자.

$$R = \sum_{i=1}^{n-1} x_i x_{i+1} + x_1 x_n \tag{9.4.1}$$

만일 표본자료들이 독립적이라면 통계값 R은 다음과 같은 평균과 분산을 가지고 정규분포를 따르게 된다.

$$\overline{R} = \frac{s_1^2 - s_2}{n-1} \tag{9.4.2}$$

$$Var(R) = \frac{s_2^2 - s_4}{n-1} - \overline{R}^2 + \frac{(s_1^4 - 4s_1^2 s_2 + 4s_1 s_3 + s_2^2 - 2s_4)}{(n-1)(n-2)} \tag{9.4.3}$$

여기서, s_r은 $n\mu_r'$, μ_r'는 표본자료의 원점에 관한 r차 모멘트이다.

표준변환변수 $z=(R-\overline{R})/(Var(R))^{1/2}$은 평균 0과 분산 1의 값을 가지는 정규분포를 보이게 되며, z값과 초과확률 $\alpha/2$에 상응하는 표준정규변수 $z_{\alpha/2}$를 비교함으로서 유의수준(significance level) α에서의 독립가설을 검정하는데 사용된다.

예제 9.4.2

표 9.4.3과 같이 주어진 연 최고치 홍수량에 대해 W-W검정을 실시하라.

풀이

표 9.4.3 연 최고치 홍수량

년도	홍수량 (m^3/sec)	년도	홍수량 (m^3/sec)	년도	홍수량 (m^3/sec)	년도	홍수량 (m^3/sec)	년도	홍수량 (m^3/sec)
1907	415	1924	598	1941	146	1958	990	1975	360
1908	570	1925	633	1942	442	1959	890	1976	439
1909	440	1926	577	1943	131	1960	395	1977	236
1910	490	1927	640	1944	733	1961	554	1978	505
1911	310	1928	635	1945	466	1962	460	1979	497
1912	459	1929	380	1946	394	1963	630	1980	481
1913	190	1930	746	1947	412	1964	583	1981	445
1914	411	1931	131	1948	413	1965	365	1982	564
1915	373	1932	376	1949	620	1966	146	1983	608
1916	760	1933	675	1950	900	1967	649	1984	404
1917	332	1934	217	1951	506	1968	685	1985	804
1918	612	1935	370	1952	419	1969	691	1986	416
1919	760	1936	935	1953	350	1970	426	1987	147
1920	598	1937	585	1954	165	1971	310	1988	333
1921	444	1938	633	1955	353	1972	394	1989	407
1922	584	1939	744	1956	300	1973	407	1990	533
1923	536	1940	342	1957	526	1974	534	1991	774

식 (9.4.1)~(9.4.2)를을 이용하여 계산한 결과가 다음과 같다.

$$n = 85,\ R = 2.0988 \times 10^7$$

평균치 $\overline{R} = 2.0558 \times 10^7$, 분산 $Var(R) = 1.0356 \times 10^{11}$, 표준편차 $\sigma_R = 3.218 \times 10^5$

따라서 표준변환변수 $z = \dfrac{2.0988 \times 10^7 - 2.0558 \times 10^7}{3.218 \times 10^5} = 1.336$

자료를 검정한 결과 얻은 z=1.336은 5%의 유의수준에 해당하는 한계치 $z_{0.025}$=1.96보다 작으므로 독립성과 정상성 가설이 인정된다고 볼 수 있다. 따라서 이 연 최고치 홍수량 자료는 유의수준 5%에서 독립성과 정상성을 가지고 있다고 말할 수 있다.

2) 동질성 및 정상성 검정

이 검정에서는 크기가 p와 q인($p \leq q$) 두 자료 집단을 비교하게 된다. 두 자료 집단의 합쳐진 크기 n=p+q인 표본자료를 크기가 증가하는 순서로 재배열 한다. 동질성 검정을 위해서는 Mann-Whitney(M-W) 검정방법이 사용되며 다음과 같이 얻어지는 값 V와 W를 이용하게 된다.

$$V = R - \frac{p(p+1)}{2} \tag{9.4.4}$$

$$W = pq - V \tag{9.4.5}$$

여기서, R은 합쳐진 전체자료(크기 n)를 크기가 증가하는 순서로 나열했을 때 첫 번째 자료집단(크기 p)에 속해있는 각 자료의 순서의 합이고, V와 W는 R, p, q로부터 구해진다. V는 크기 순서로 보았을 때 첫 번째 자료집단에 속해있는 자료가 두 번째 자료집단에 속해있는 자료의 뒤에 나타나는 횟수이고, W는 두 번째 자료집단에 속해있는 자료가 첫 번째 자료집단에 속해있는 자료의 뒤에 나타나는 횟수를 의미한다. M-W검정치 U는 V와 W중 작은 값으로 정의한다. n〉20 이고 p, q〉3일 때 그리고 두 자료집단이 같은 모집단으로부터 추출되었다는 가설 하에 U값은 다음과 같은 평균과 분산을 갖는 정규분포를 보이게 된다.

$$\overline{U} = \frac{pq}{2} \tag{9.4.6}$$

$$Var(U) = \left[\frac{pq}{n(n-1)}\right]\left[\frac{n^3-n}{12} - \Sigma T\right] \tag{9.4.7}$$

여기서, $T=(J^3-J)/12$, J는 각 자료의 주어진 순서에서 같은 값이 발생하는 횟수이다. 자료집단 p와 q에 대해 구한 T의 값을 합하게 된다.

표준변환변수 $z=(U-\overline{U})/(Var(U))^{1/2}$이 유의수준 α에서 z와 같은 유의수준에서의 표준정규분포 변수와 비교함으로서 동질성 가설을 검정하는데 사용된다. 여기서, 주의할 것은 서로 다른 자료집단을 비교할 때 각 자료집단의 평균치를 구해 나누어준 자료를 비교해야 한다.

예제 9.4.3

표 9.4.4와 9.4.5에 두 집단의 연 최고치 자료가 있다. M-W검정방법을 이용하여 이들 자료의 균일성을 유의수준 5%에 대해 검정하여라.

표 9.4.4 연 최고유출량자료

년도	홍수량 (m^3/sec)	년도	홍수량 (m^3/sec)	년도	홍수량 (m^3/sec)	년도	홍수량 (m^3/sec)	년도	홍수량 (m^3/sec)
1962	39.9	1968	31.5	1974	27.2	1980	61.4	1986	24.5
1963	33.9	1969	27.9	1975	22.7	1981	11.8	1987	8.0
1964	41.6	1970	21.8	1976	37.0	1982	30.6	1988	27.5
1965	15.0	1971	17.1	1977	12.6	1983	22.6	1989	51.3
1966	6.3	1972	29.1	1978	27.6	1984	20.5	1990	22.4
1967	25.4	1973	22.4	1979	32.9	1985	45.9	1991	68.9

표 9.4.5 연 최고유출량자료

년도	홍수량 (m^3/sec)	년도	홍수량 (m^3/sec)	년도	홍수량 (m^3/sec)	년도	홍수량 (m^3/sec)	년도	홍수량 (m^3/sec)
1956	59.0	1964	80.0	1972	23.6	1980	21.3	1988	20.6
1957	96.8	1965	37.1	1973	33.4	1981	19.9	1989	22.3
1958	79.4	1966	28.6	1974	19.8	1982	21.0	1990	20.6
1959	179.0	1967	26.9	1975	22.3	1983	21.7	1991	21.6
1960	220.0	1968	29.4	1976	20.2	1984	22.0		
1961	202.0	1969	28.4	1977	20.2	1985	22.4		
1962	52.0	1970	19.4	1978	24.4	1986	21.6		
1963	94.0	1971	23.5	1979	21.8	1987	12.3		

풀이

먼저 각 자료집단의 자료를 평균치로 나눈 후 검정을 실시한다.
두 자료로부터 p=30, q=36이고 두 자료를 합쳐 작은 것부터 큰 순서로 나열한 후 첫 번째 자료집단의 순서를 합한 결과 R=1,182이다.

$$V = 1,182 - \frac{30(30+1)}{2} = 717, \qquad W = 30 \times 36 - 717 = 363$$

V, W 중 작은 값이 U=363이고 평균치 $\overline{U} = pq/2 = 540$, $\Sigma T = 0$이다.

$$Var(U) = \left[\frac{30 \times 36}{66(66-1)}\right]\left[\frac{66^3 - 66}{12} - 0\right] = 6,030$$

따라서 $\sigma_U = 77.65$이며 $z = \frac{363-540}{77.65} = -2.28$

$|z|=2.28$이고 표준정규분포로부터 $z_{0.025}=1.96$이므로 유의수준 $\alpha=5\%$에서 균일성 검정은 기각된다. 따라서 두 자료집단은 동질성이 없고 서로 다른 확률분포를 가진다고 볼 수 있다.

3) 이상치 검정

이상치(outlier)란 자료의 수집오류, 기록오류 또는 자연적인 오류로 인한 자료집단으로부터 심하게 편차를 보이는 자료를 말한다. 표본자료에서 이상치의 존재는 자료를 확률분포에 적용시킬 때 오류를 초래하게 된다. 고이상치(high outlier) 및 저이상치(low outlier) 모두 발생 가능하며 분석할 때 서로 다른 결과를 가져오게 된다. 이상치의 발견을 위해서는 Grubbs와 Beck (G-B)검정 방법이 사용되고 있다. G-B검정을 위해서는 다음과 같은 값을 계산하여야 한다.

$$x_H = \exp(\overline{x} + k_n s) \qquad (9.4.8)$$

$$x_L = \exp(\overline{x} - k_n s) \qquad (9.4.9)$$

$$k_n = -3.62201 + 6.28446n^{1/4} - 2.49835n^{1/2} + 0.491436n^{3/4} - 0.037911n \qquad (9.4.10)$$

여기서, $\overline{x}$ 및 s는 표본자료에 자연대수를 취한 값의 평균 및 표준편차, k_n은 표본자료의 수와 유의수준에 따른 G-B값(유의수준 10%일 경우)이다. 위와 같이 구한 x_H보다 크면 고이상치로 간주하고, x_L보다 작으면 저이상치로 간주하여 분석에서 제외시키게 된다.

예제 9.4.4

예제 9.4.2(표 9.4.3) 및 9.4.3(표 9.4.4)에서 주어진 연 최고치 홍수량자료에 대해 G-B검정을 실시하여 유의수준 10%에 대해 고이상치 및 저이상치를 검정하여라.

풀이

표 9.4.3의 자료에서 유의수준 10%에 대해

$$n = 85, \quad k_n = 2.9611, \quad s = 0.4501, \quad \overline{x} = 6.1118$$

고이상치 및 저이상치는 다음과 같이 구하게 된다.

$$x_H = \exp(6.1118 + 2.9611 \times 0.4501) = 1{,}710.41\text{cms}$$

$$x_L = \exp(6.1118 - 2.9611 \times 0.4501) = 118.99\text{cms}$$

따라서 85년 자료 중에서 고이상치 및 저이상치는 없다. 표 9.4.4의 자료에서는

$$n = 30, \quad k_n = 2.5640, \quad s = 0.5383, \quad \bar{x} = 3.2375$$

$$x_H = \exp(3.2375 + 2.5640 \times 0.5383) = 101.27\text{cms}$$

$$x_L = \exp(3.2375 - 2.5640 \times 0.5383) = 6.41\text{cms}$$

따라서, 1966년의 6.3cms가 x_L보다 작으므로 저이상치에 해당된다. x_H보다 큰 고이상치는 없다.

9.5 적합도 검정

수문 자료들이 어떠한 확률분포형을 따르는지 결정하는 절차를 적합도 검정(goodness of fit test)이라 한다. 적합도 검정방법에는 도식적인 방법과 수학적인 방법으로 구분할 수 있다. 도식적인 방법은 관측된 자료와 이론적인 확률분포를 도시하여 비교하는 방법으로 주상도를 이용하는 방법과 확률지(probability paper)를 이용하는 방법이 있다. 수학적인 방법은 유의수준을 기준으로 자료와 이론 분포형 사이의 적합성을 정량적으로 분석하는 방법으로 χ^2검정(Chi-square test), K-S 검정(Kolmogorov-Smirnov test), 확률도시 상관계수(Probability Plot Correlation Coefficient, PPCC)검정 그리고 Cramér-von Mises(CVM)검정이 있으며, 본서에서는 χ^2검정과 K-S검정 방법에 대해 소개하기로 한다.

9.5.1 주상도에 의한 검정

이 방법은 관측 자료를 주상도 형태로 도시하고 검정하려는 확률분포의 이론적 확률밀도곡선을 그 위에 중첩하여 도시한 후 도식적으로 비교하는 것이다. 그림 9.5.1에 주상도와 검정하려는 확률밀도곡선의 예가 나타나 있다.

주상도의 계급구간을 나눌 때 계급구간이 길면 자료나 이론적 확률밀도곡선의 양 끝단의 자료가 손실될 수 있으며,

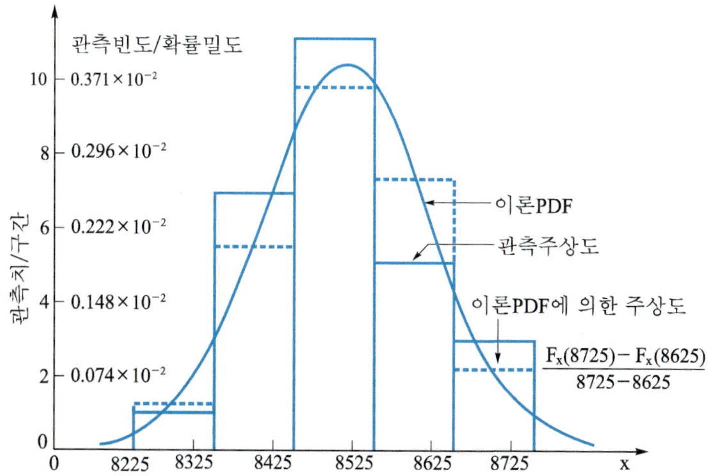

그림 9.5.1 주상도와 확률밀도곡선의 비교 예

계급구간을 짧게 선택하면 관측자료 구간별 변화가 커지므로 주의해야 한다. 주상도 뿐만 아니라 누가주상도와 누가확률밀도곡선을 도시하여 비교할 수도 있다. 주상도에 의한 적정 확률분포형의 결정은 주관적인 판단에 많이 좌우되므로 도식적으로 개략적인 선택여부를 결정하고, 자료와 이론적 확률분포형의 매개변수를 구해 비교하거나 후술할 정량적인 검정방법을 이용할 필요가 있다.

9.5.2 확률지에 의한 검정

확률지를 이용한 적정 확률분포형의 결정방법은 수문자료의 누가확률을 구해 검정하려고 하는 확률지상에 도시하여 직선으로 분포하는지 여부를 판단하여 적합성을 검정하는 것이다. 이와 같이 확률지는 누가확률이 직선으로 나타나도록 눈금을 조정한 것으로 확률분포형 별로 다른 형태의 확률지가 존재한다. 이 방법을 이용하기 위해서는 먼저 자료에 대한 누가확률을 결정해야 하며, 누가확률을 결정해주는 식이 약간씩 차이가 있는데, 9.6.1절 확률도시법에 의한 빈도해석에서 자세한 공식들을 소개하기로 하고, 그 중에서 가장 널리 사용되고 있는 Weibull공식은 다음과 같다.

$$F(x) = P(X \le x) = 1 - P(X > x) = 1 - \frac{m}{n+1} \tag{9.5.1}$$

여기서, n은 관측자료의 수, m은 자료를 큰 것부터 작은 것으로 나열할 때의 순서이다.
식 (9.5.1)에 의해 각 자료값마다 누가확률을 구해 확률지상에 도시해서 직선으로 나타나면 이 자료는 그 확률지에 해당하는 확률분포를 따르게 된다. 확률지에는 가장 널리 사용되고 있는 정규확

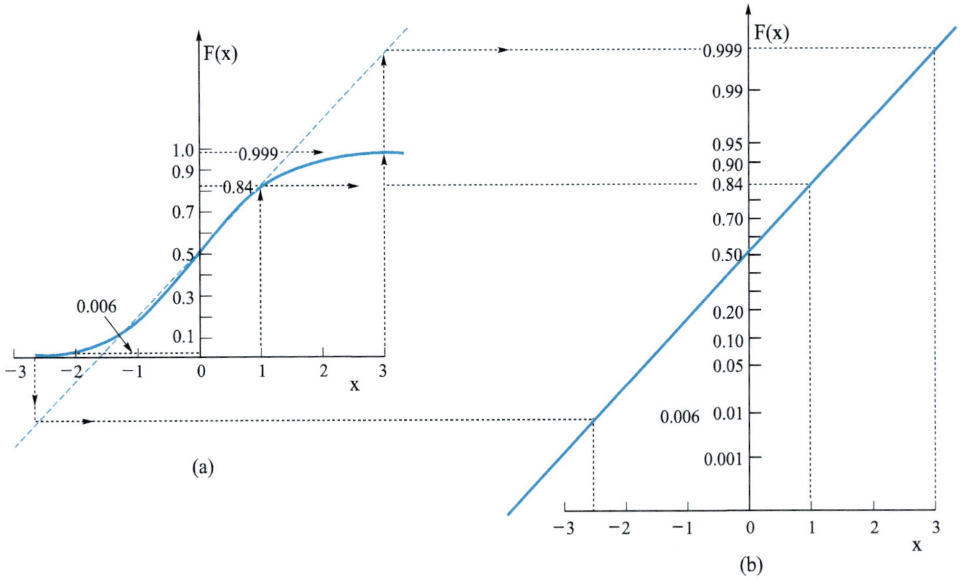

그림 9.5.2 정규확률지의 작성

률지 외에 대수정규확률지, Type-I 극치분포확률지(Gumbel 확률지), Type-III 극치 분포확률지(Weibull 확률지) 등이 있으며 부록 E에 수록되어 있다.

정규확률지는 그림 9.5.2와 같은 방법으로 작성할 수 있다. 먼저 표준정규누가확률표 9.3.1를 이용해 그림(a)와 같이 표준정규누가확률곡선을 준비하고, 각 z값에 대한 F(z)값을 도시하여 그림(b)와 같이 누가확률곡선이 직선이 되도록 확률축을 조정하면 확률지를 얻을 수 있다. 대수정규확률지도 동일한 방법으로 작성하되 가로축을 산술축에서 대수축으로 나타내면 된다.

9.5.3 χ^2 검정

χ^2 검정방법은 수문자료와 특정 확률분포형의 적합성을 판단하는 정량적인 방법으로 통계학자 Karl Pearson(1900)에 의해 제시되었으며, 관측자료의 주상도와 이론적인 확률분포와의 차이를 구해 유의수준에 따른 한계값과 비교하여 선택여부를 결정하는 것이다.

먼저 확률변수 X(예를 들어 홍수량)에 대한 n개의 총 관측치를 k개의 계급구간으로 나누고, 각 계급구간에 포함된 자료의 수 n_i를 결정한다. 또한 검정하려는 이론적인 확률분포의 확률밀도함수를 이용하여 각 계급구간에 속하는 이론적인 확률 p_i를 결정한다. 따라서 각 계급구간에 해당하는 이론적인 확률에 총 관측자료의 수를 곱한 np_i는 관측자료가 이론적인 확률분포를 따를 때 계급구간별로 나타나야 하는 자료의 숫자를 의미한다. 그러므로 식 (9.5.2)와 같이 관측자료가 각 계급구간에서 실제로 나타난 수와 이론적으로 나타나야 하는 수의 차를 구해 계급구간마다 합산을 하여 실제와 이론과의 차이를 정량적으로 나타내게 된다.

$$\chi_c^2 = \sum_{i=1}^{k} \frac{(n_i - np_i)^2}{np_i} \tag{9.5.2}$$

여기서, n은 자료의 총수, n_i는 계급구간 i에 속한 자료의 수, p_i는 계급구간 i에서의 이론적인 확률이다. 식 (9.5.2)에 의해 계산된 χ_c^2값이 유의수준(significance level) α%와 자유도(degree of freedom) ν에 의해 표 9.5.1에서 구한 한계치보다 작으면 1-α의 신뢰도에 대해 자료가 검정하려는 분포형에 적합하고 그렇지 않으면 적합하지가 않다.

$$\chi_c^2 \leq \chi_{1-\alpha,\nu}^2 : \text{적합}, \qquad \chi_c^2 > \chi_{1-\alpha,\nu}^2 : \text{부적합} \tag{9.5.3}$$

자유도는 ν=k-h-1로 결정하는데 k는 앞에서 언급한 바와 같이 계급구간의 수, h는 이론 확률분포에 사용되는 매개변수의 수를 나타낸다. 예를 들어 자료의 계급구간의 수가 10개이고 정규확률분포를 적용한다면 매개변수가 평균과 표준편차 2개이므로 10-2-1 = 7개의 자유도를 갖게 된다.

표 9.5.1 χ^2 검정을 위한 한계치 $\chi^2_{1-\alpha,\,\nu}$

v	$\chi^2_{.995}$	$\chi^2_{.99}$	$\chi^2_{.975}$	$\chi^2_{.95}$	$\chi^2_{.90}$	$\chi^2_{.75}$	$\chi^2_{.50}$	$\chi^2_{.25}$	$\chi^2_{.10}$	$\chi^2_{.05}$	$\chi^2_{.025}$	$\chi^2_{.01}$	$\chi^2_{.005}$
1	7.88	6.63	5.02	3.84	2.71	1.32	.455	.102	.0518	.0039	.0010	.0002	.0000
2	10.6	9.21	7.38	5.99	4.61	2.77	1.49	.575	.211	.103	.0506	.0201	.0100
3	12.8	11.3	9.35	7.81	6.25	4.11	2.37	1.21	.584	.352	.216	.115	.072
4	14.9	13.3	11.1	9.49	7.78	5.39	3.36	1.92	1.06	.711	.484	.297	.207
5	16.7	15.1	12.8	11.1	9.24	6.63	4.35	2.67	1.61	1.15	.831	.554	.412
6	18.5	16.8	14.4	12.6	10.6	7.84	5.35	3.45	2.20	1.64	1.24	.872	.676
7	20.3	18.5	16.0	14.1	12.0	9.04	6.35	4.25	2.83	2.17	1.69	1.24	.989
8	22.0	20.1	17.5	15.5	13.4	10.2	7.34	5.07	3.49	2.73	2.18	1.65	1.34
9	23.6	21.7	19.0	16.9	14.7	11.4	8.34	5.90	4.17	3.33	2.70	2.09	1.73
10	25.2	23.2	20.5	18.3	16.0	12.5	9.34	6.74	4.87	3.94	3.25	2.56	2.16
11	26.8	24.7	21.9	19.7	17.3	13.7	10.3	7.58	5.58	4.57	3.82	3.05	2.60
12	28.3	26.2	23.3	21.0	18.5	14.8	11.3	8.44	6.30	5.23	4.40	3.57	3.07
13	29.8	27.7	24.7	22.4	19.8	16.0	12.3	9.30	7.04	5.89	5.01	4.11	3.57
14	31.3	29.1	26.1	23.7	21.1	17.1	13.3	10.2	7.79	6.57	5.63	4.66	4.07
15	32.8	30.6	27.5	25.0	22.3	18.2	14.3	11.0	8.55	7.26	6.26	5.23	4.60
16	34.3	32.0	28.8	26.3	23.5	19.4	15.3	11.9	9.31	7.96	6.91	5.81	5.14
17	35.7	33.4	30.2	27.6	24.8	20.5	16.3	12.8	10.1	8.67	7.56	6.41	5.70
18	37.2	34.8	31.5	28.9	26.0	21.6	17.3	13.7	10.9	9.39	8.23	7.01	6.26
19	38.6	36.2	32.9	30.1	27.2	22.7	18.3	14.6	11.7	10.1	8.91	7.63	6.84
20	40.0	37.6	34.2	31.4	28.4	23.8	19.3	15.5	12.4	10.9	9.59	8.26	7.43
21	41.4	38.9	35.5	32.7	29.6	24.9	20.3	16.3	13.2	11.6	10.3	8.90	8.03
22	42.8	40.3	36.8	33.9	30.8	26.0	21.3	17.2	14.0	12.3	11.0	9.54	8.64
23	44.2	41.6	38.1	35.2	32.0	27.1	22.3	18.1	14.8	13.1	11.7	10.2	9.26
24	45.6	43.0	39.4	36.4	33.2	28.2	23.3	19.0	15.7	13.8	12.4	10.9	9.89
25	46.9	44.3	40.6	37.7	34.4	29.3	24.3	19.9	16.5	14.6	13.1	11.5	10.5
26	48.3	45.6	41.9	38.9	35.6	30.4	25.3	20.8	17.3	15.4	13.8	12.2	11.2
27	49.6	47.0	43.2	40.1	36.7	31.5	26.3	21.7	18.1	16.2	14.6	12.9	11.8
28	51.0	48.3	44.5	41.3	37.9	32.6	27.3	22.7	18.9	16.9	15.3	13.6	12.5
29	52.3	49.6	45.7	42.6	39.1	33.7	28.3	23.6	19.8	17.7	16.0	14.3	13.1
30	53.7	50.9	47.0	43.8	40.3	34.8	29.3	24.5	20.6	18.5	16.8	15.0	13.8
40	66.8	63.7	59.3	55.8	51.8	45.6	39.3	33.7	29.1	26.5	24.4	22.2	20.7
50	79.5	76.2	71.4	67.5	63.2	56.3	49.3	42.9	37.7	34.8	32.4	29.7	28.0
60	92.0	88.4	83.3	79.1	74.4	67.0	59.3	52.3	46.5	43.2	40.5	37.5	35.5
70	104.2	100.4	95.0	90.5	85.5	77.6	69.3	61.7	55.3	51.7	48.8	45.4	43.3
80	116.3	112.3	106.6	101.9	96.6	88.1	79.3	71.1	64.3	60.4	57.2	53.5	51.2
90	128.3	124.1	118.1	113.1	107.6	98.6	89.3	80.6	73.3	69.1	65.6	61.8	59.2
100	140.2	135.8	129.6	124.3	118.5	109.1	99.3	90.1	82.4	77.9	74.2	70.1	67.3

예제 9.5.1

다음 표 9.5.2와 같이 어떤 지역에서의 1931년부터 1999년까지 69년간의 연 강우량이 주어져 있다. χ^2검정을 통해 이 자료가 정규분포에 적합한지 유의수준 5%로 판단하라.

풀이

연 강우량 자료로부터 평균=1,010mm, 표준편차=235mm를 구할 수 있다.
자료를 500mm부터 100mm단위로 구간을 나누어 각 구간별 도수를 구하고, 이를 전체 자료수 69로 나눈 상대도수가 표 9.5.3의 2란 및 3란에 나와 있다.

표 9.5.2 1931~1999년의 연 강우량 자료 (mm)

년도	1930	1940	1950	1960	1970	1980	1990
0		1237	1138	1252	792	1168	861
1	1013	1120	864	1123	686	1125	805
2	787	1087	1158	1059	940	960	800
3	1074	1229	947	782	1189	752	1514
4	1069	869	1110	1361	683	892	1283
5	1044	823	1062	876	645	1262	980
6	729	1179	1044	1278	584	930	1102
7	427	988	792	1113	1435	826	729
8	866	947	894	549	1102	1567	813
9	1433	1285	892	1196	1049	1204	1316

5란의 변환변수 z_i는 이론적인 정규분포 확률 p_i를 구하기 위한 것으로 각 계급구간의 상한치로부터 다음과 같이 산정할 수가 있다. 예를 들어 세 번째 계급구간에 대해서

$$z_3 = \frac{x_3 - \bar{x}}{s} = \frac{700 - 1010}{235} = -1.32$$

각 변환변수에 해당하는 누가확률 F(z)을 표준정규누가확률표로부터 구한 값이 6란에 나타나 있다. 따라서 이론적인 정규분포의 계급구간별 확률 p_i는 다음과 같이 구하게 된다.

세 번째 계급구간에 대해서

$$p_3 = P(601 \le X \le 700) = F(700) - F(600) = 0.093 - 0.041 = 0.052$$

2란과 7란을 이용하여 각 구간별 χ_c^2값을 구하게 된다. 세 번째 계급구간에 대해서는

$$\frac{(n_i - np_i)^2}{np_i} = \frac{(3 - 69 \times 0.052)^2}{69 \times 0.052} = 0.0964$$

따라서 각 구간에 대한 χ_c^2을 합한 값이 6.7825이다.

자유도의 수 ν=k−h−1=12−2−1=9. 그러므로 χ^2의 한계값표에서 $\chi^2_{0.95,9}$=16.9이다.

따라서, $\chi_c^2 < \chi^2_{0.95,9}$이므로 이 강우량 자료는 유의수준 5%로 정규분포를 따른다고 볼 수 있다.

표 9.5.3 χ_c^2 검정을 위한 계산표

계급구간 (1)	도수(n_i) (2)	상대도수 (3)	누적 상대도수 (4)	변환변수 z_i (5)	F(z_i) (6)	p_i (7)	$\frac{(n_i - np_i)^2}{np_i}$ (8)
~500	1	0.014	0.014	−2.17	0.015	0.015	0.0012
501~600	2	0.029	0.043	−1.74	0.041	0.026	0.0124
601~700	3	0.043	0.087	−1.32	0.093	0.052	0.0964
701~800	7	0.101	0.188	−0.89	0.187	0.094	0.0407
801~900	13	0.188	0.377	−0.47	0.319	0.132	1.6631
901~1000	7	0.101	0.478	−0.04	0.484	0.165	1.6889
1001~1100	9	0.130	0.609	0.38	0.648	0.164	0.4740
1101~1200	13	0.188	0.797	0.81	0.791	0.143	0.9948
1201~1300	8	0.116	0.913	1.23	0.891	0.100	0.1754
1301~1400	2	0.029	0.942	1.66	0.952	0.061	1.1593
1401~1500	2	0.029	0.971	2.09	0.982	0.030	0.0024
1501~	2	0.029	1.000	2.51	1.000	0.018	0.4626
계	69	1.000				1.000	6.7825

9.5.4 Kolmogorov-Smirnov검정

자료의 적합성을 판단하는 또 다른 방법에 Kolmogorov-Smirnov(K-S)검정방법이 있다. 이 방법은 관측된 자료의 누가주상도 $F_n(x)$와 검정하려는 이론적인 누가확률밀도함수 $F(x)$와의 차이를 구해 그 중 최대로 나타나는 차이를 한계치와 비교하여 판단하는 것이다. 먼저 n개의 관측 자료를 크기 순으로 배치하여 다음과 같이 누가확률을 구한다.

$$F_n(x) = 1 - \frac{i}{n+1}, \qquad x_i \le x < x_{i+1} \tag{9.5.4}$$

여기서, $F_n(x)$는 관측 자료를 큰 값부터 작은 값 순서로 배치했을 때 i번째 구간에 속하는 x의 누가확률을 의미한다. 누가확률은 표 9.6.1의 식들을 이용하여 산정할 수도 있다. 이와 같이 관측 자료의 누가확률 $F_n(x)$와 이론적인 확률분포의 누가확률곡선 $F(x)$를 같이 도시하고(그림 9.5.3) 각 구간에서의 두 값의 최대 차 D_n을 구한다.

$$D_n = \text{Max} \mid F_n(x) - F(x) \mid \tag{9.5.5}$$

식 (9.5.5)와 같이 구한 자료와 이론 분포형과의 최대차가 자료의 총 수와 유의수준 α에 따라 표 9.5.4로부터 구한 한계값 D_n^{α}보다 작으면 이 자료는 검정하는 확률분포형을 유의수준 α를 가지고 따르며, 만일 한계치보다 크게 되면 이 확률분포형을 따르지 않는 것으로 간주하고 다른 분포형에 대해 다시 검정을 하게 된다.

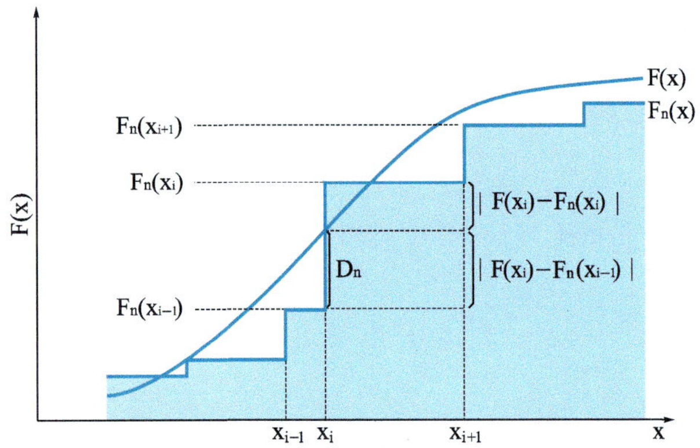

그림 9.5.3 자료와 이론 확률분포의 누가확률곡선

예제 9.5.2

예제 9.5.1에서 주어진 연 강우량자료(표 9.5.2) 중 1980년~1999년의 20년간 자료를 이용하여 2변수 대수정규분포에 대해 유의수준 5%로 K-S 검정을 실시하라.

풀이

K-S 검정을 하기위해 먼저 자료를 크기순으로 큰 것부터 작은 순으로 나열한다. 각 자료별로 Weibull 공식 m/(n+1)을 이용하여 초과확률 $P(X>x)$를 구한 것이 표 9.5.5의 3란과 같고, 비초과 확률 $P(X \le x) = F_n(x)$는 $1-P(X>x)$로부터 구한다. 각 자료 x에 대수를 취하여 평균과 표준편차를 구하면 $\bar{y}=3.0074$, $s_y=0.1015$이다. 표준화 변환 $z=(y-\bar{y})/s_y$를 구한 결과가 7란에 나타나 있으며, 표준누가확률표로부터 z에 대한 누가확률 $F(z)$을 구한 것이 8란과 같고, 이론누가확률과 자료의 누가확률과의 차 중 최대치는 $D_n = \max|F(z) - F_n(x)| = 0.0998$을 얻을 수 있다. 표 9.5.4로부터 유의수준 α =5%에 대한 K-S검정의 한계치 $D_{20}^{0.05}=0.294$이므로 $D_n < D_{20}^{0.05}$가 되어 이 자료의 대수정규분포에의 적합성은 유의수준 5%에서 받아 들여진다고 할 수 있다.

표 9.5.4 K-S 검정을 위한 한계치 D_n^α

표본 크기	유의 수준 α				
	.20	.15	.10	.05	.01
1	.900	.925	.950	.975	.995
2	.684	.726	.776	.842	.929
3	.565	.597	.642	.708	.829
4	.494	.525	.564	.624	.734
5	.446	.474	.510	.563	.669
6	.410	.436	.470	.521	.618
7	.381	.405	.438	.486	.577
8	.358	.381	.411	.457	.543
9	.339	.360	.388	.432	.514
10	.322	.342	.368	.409	.486
11	.307	.326	.352	.391	.468
12	.295	.313	.338	.375	.450
13	.284	.302	.325	.361	.433
14	.274	.292	.314	.349	.418
15	.266	.283	.304	.338	.404
16	.258	.274	.295	.328	.391
17	.250	.266	.286	.318	.380
18	.244	.259	.278	.309	.370
19	.237	.252	.272	.301	.361
20	.231	.246	.264	.294	.352
25	.21	.22	.24	.264	.32
30	.19	.20	.22	.242	.29
35	.18	.19	.21	.23	.27
40				.21	.25
50				.19	.23
60				.17	.21
70				.16	.19
80				.15	.18
90				.14	
100				.14	
$n \to \infty$	$\frac{1.07}{\sqrt{n}}$	$\frac{1.14}{\sqrt{n}}$	$\frac{1.22}{\sqrt{n}}$	$\frac{1.36}{\sqrt{n}}$	$\frac{1.63}{\sqrt{n}}$

표 9.5.5 K-S검정을 위한 계산표

m (1)	x (2)	$P(X>x)$ (3)	$F_n(x)$ (4)	$y=\log_{10}(x)$ (5)	$(y-\bar{y})^2$ (6)	z (7)	F(z) (8)	$\lvert F(z)-F_n(x)\rvert$ (9)
1	1567	0.0476	0.9524	3.1951	0.0352	1.8494	0.9678	0.0154
2	1514	0.0952	0.9048	3.1801	0.0298	1.7013	0.9555	0.0507
3	1316	0.1429	0.8571	3.1192	0.0125	1.1011	0.8645	0.0074
4	1283	0.1905	0.8095	3.1081	0.0101	0.9924	0.8394	0.0299
5	1262	0.2381	0.7619	3.1012	0.0088	0.9240	0.8222	0.0603
6	1204	0.2857	0.7143	3.0806	0.0054	0.7213	0.7645	0.0502
7	1168	0.3333	0.6667	3.0674	0.0036	0.5916	0.7230	0.0563
8	1125	0.3810	0.6190	3.0512	0.0019	0.4319	0.6671	0.0481
9	1102	0.4286	0.5714	3.0423	0.0012	0.3441	0.6346	0.0632
10	980	0.4762	0.5238	2.9914	0.0003	−0.1574	0.4376	0.0862
11	960	0.5238	0.4762	2.9823	0.0006	−0.2470	0.4024	0.0738
12	930	0.5714	0.4286	2.9683	0.0015	−0.3851	0.3502	0.0784
13	892	0.6190	0.3810	2.9501	0.0033	−0.5641	0.2863	0.0947
14	861	0.6667	0.3333	2.9350	0.0052	−0.7130	0.2380	0.0953
15	826	0.7143	0.2857	2.9167	0.0082	−0.8934	0.1859	0.0998
16	813	0.7619	0.2381	2.9100	0.0095	−0.9598	0.1685	0.0696
17	805	0.8095	0.1905	2.9059	0.0103	−1.0001	0.1587	0.0318
18	800	0.8571	0.1429	2.9031	0.0109	−1.0272	0.1522	0.0093
19	752	0.9048	0.0952	2.8761	0.0172	−1.2933	0.0980	0.0028
20	729	0.9524	0.0476	2.8627	0.0209	−1.4255	0.0771	0.0295

9.5.5 최적확률분포형의 선정 기준

앞에서 설명한 방법에 의해 관측 수문자료가 어떤 확률분포형을 따르는지 검정을 할 수 있으며, 각 검정방법별로 유의수준에 따른 검정한계치와 비교하여 기각하거나 또는 채택하게 된다. 만일 여러 확률분포형들이 적합도 검정을 통과한 경우 그 중 한가지의 확률분포형을 선정해야 하는데, 이러한 경우 평균절대상대오차(Mean Absolute Relative Error, MARE)와 상대제곱근오차(Relative Root Mean Square Error, RRMSE)를 구해 오차가 최소인 확률분포형을 선정한다.

- 평균절대상대오차(MARE)

$$\mathrm{MARE} = \frac{1}{k}\sum_{i=1}^{k}\left|\frac{X_{Ci} - X_{Ti}}{X_{Ti}}\right| \qquad i = 1, 2, \ldots k \tag{9.5.6}$$

- 상대제곱근오차(RRMSE)

$$\mathrm{RRMSE} = \left[\frac{1}{k}\sum_{i=1}^{k}\left(\frac{X_{Ci} - X_{Ti}}{X_{Ti}}\right)^2\right]^{1/2} \qquad i = 1, 2, \ldots k \tag{9.5.7}$$

여기서, k는 검정하는 자료집단의 수, X_{Ci}는 각 자료집단별 계산된 검정통계치, X_{Ti}는 각 자료집단별 유의수준에 따른 한계치이다.

9.6 빈도해석

각종 수자원 설계를 하기위해서는 제한된 수문자료를 이용한 빈도해석을 하여 설계기준을 제시할 필요가 있으며, 빈도해석을 하기위해서는 수문자료가 어떠한 통계특성을 보이는지 규명할 필요가 있다. 따라서 본 절에서는 앞에서 설명한 확률분포형 및 분포형의 특성을 결정짓는 매개변수들의 결정, 수문자료가 어떠한 확률분포형에 가장 적합한지를 판단하는 자료의 검정을 바탕으로 수자원 설계를 위한 빈도별 수문량을 산정하는 빈도해석절차에 대해 설명하기로 한다. 그림 9.6.1은 빈도해석 전반에 걸친 절차를 보여주고 있다.

9.6.1 확률도시법에 의한 빈도해석

확률도시법(probability plotting techniques)에 의한 빈도해석방법은 9.4절에서 설명한 수문자료의 초과치 또는 최고치 계열을 작성하는 방법과 9.5절에서 설명한 확률지를 이용한 확률분포의 검정방법을 이용하여 특정크기의 수문사상에 대한 재현기간을 산정하거나 특정 재현기간에 대한

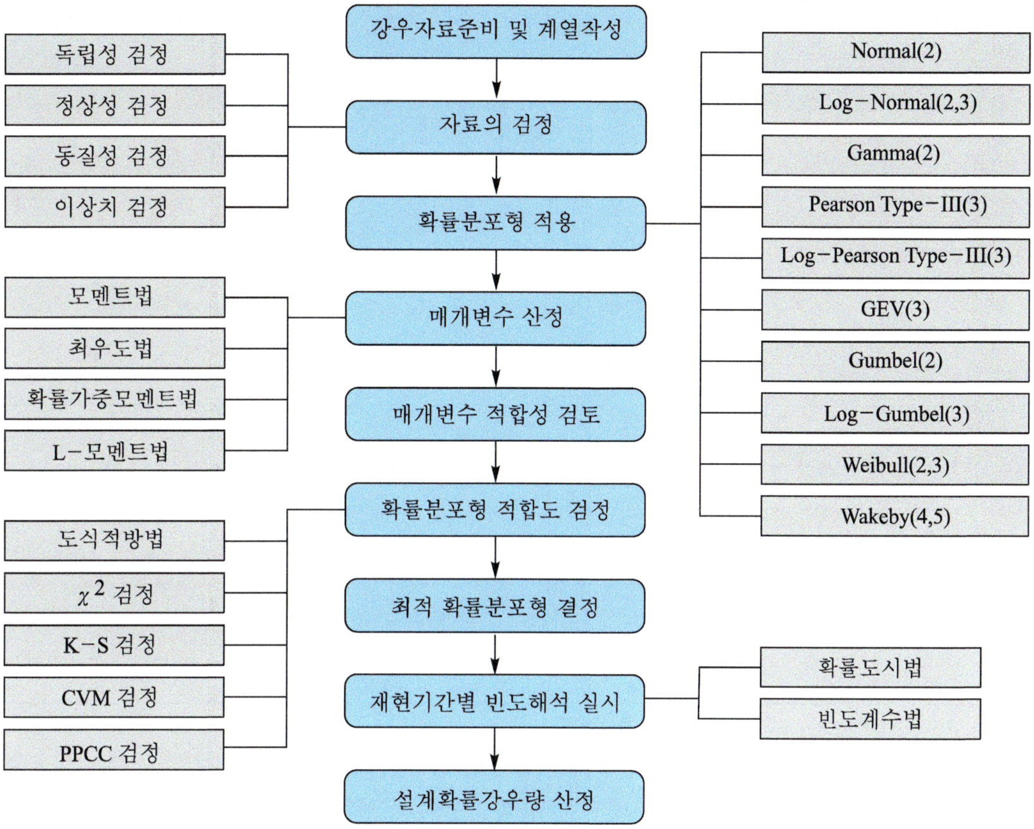

그림 9.6.1 빈도해석 절차

수문사상의 크기를 결정하는 것이다. 먼저 수문자료 계열이 준비되면 자료를 큰 것부터 작은 순서로 재배열하고 누가확률을 계산한다. 예를 들어 자료의 총 수가 n개이고 크기순서로 나열했을 때 특정크기의 값 x_m이 m번째 위치에 해당한다고 하자. 그러면 자료의 수 n이 많을 때 수문사상이 x_m값보다 큰 것이 발생할 확률 즉, 초과확률의 일반적인 형태는 다음과 같다.

$$P(X \geq x_m) = \frac{m-b}{n+1-2b} \tag{9.6.1}$$

이와 같이 확률지에 도시하기 위한 누가확률을 구하는 공식이 표 9.6.1과 같이 다양하게 제시되었으며, 자주사용되는 Weibull공식은 다음과 같다.

$$P(X \geq x_m) = 1 - P(X < x_m) = 1 - F(x_m) = \frac{m}{n+1} \tag{9.6.2}$$

식 (9.6.1)에서 b=0인 경우가 Weibull공식이 되고, b=0.5일 때 Hansen의 공식이 된다.

이와 같이 구한 자료의 x값별 누가확률을 확률지상에 도시할 때 만일 자료가 확률지에 해당

표 9.6.1 확률도시공식

공식명	초과확률 $P(X \geq x)$	m=1, n=10일 때		식 (9.6.1)의 b 값
		$P(X \geq x)$	재현기간 T	
California	$\frac{m}{n}$	0.10	10	0
Hazen	$\frac{m-0.5}{n}$	0.05	20	0.5
Beard	$\frac{m-0.31}{n+0.38}$	0.067	14.9	0.31
Weibull	$\frac{m}{n+1}$	0.091	11	0.0
Chegadayev	$\frac{m-0.3}{n+0.4}$	0.067	14.9	0.3
Blom	$\frac{m-3/8}{n+1/4}$	0.061	16.4	3/8
Tukey	$\frac{m-1/3}{n+1/3}$	0.065	15.5	1/3
Gringorten	$\frac{m-0.44}{n+0.12}$	0.055	18.1	0.44
Cunnane	$\frac{m-0.4}{n+0.2}$	0.059	17	0.4
Adamowski	$\frac{m-0.25}{n+0.5}$	0.071	14	0.25

하는 확률분포형을 따른다면 거의 직선형태로 나타나게 된다. 따라서 회귀분석방법을 이용하여 최적 직선을 구할 수 있고, 이 직선을 확률지상에서 연장하면 각종 크기의 수문사상에 대한 발생확률(재현기간) 또는 재현기간에 따른 수문량을 산정할 수 있게 된다.

9.6.2 빈도계수법에 의한 빈도해석

각종 수공구조물의 설계시 재현기간 T(년)가 주어졌을 때 이에 해당하는 수문량의 크기를 구하게 된다. 예를 들어 재현기간 100년에 해당하는 하천 홍수량을 계산할 경우가 있다. 이럴 경우 확률밀도함수로부터 재현기간 T=100년에 해당하는 홍수량 x_T를 역으로 구해야 한다. 정규분포나 Pearson Type-III분포와 같은 일부 확률밀도함수는 역변환이 쉽지가 않으며, 극한 사상의 크기를 산정하는 대체방법이 필요하다.

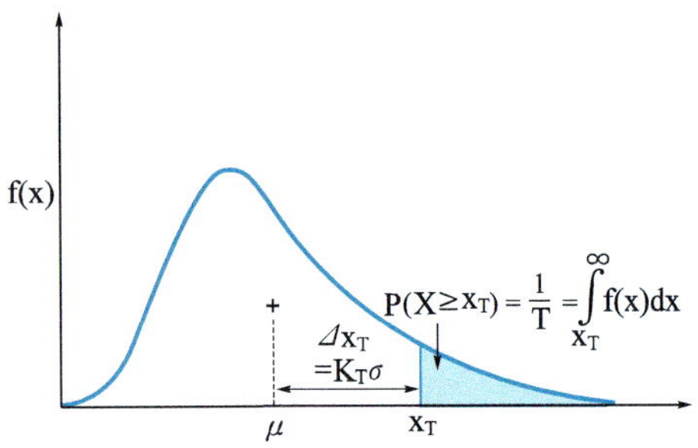

그림 9.6.2 수문사상의 크기 결정

수문사상의 크기 x_T는 평균 μ에 그림 9.6.2와 같이 평균으로부터의 편차 Δx_T를 더해 나타낼 수 있다.

$$x_T = \mu + \Delta x_T \tag{9.6.3}$$

평균으로부터의 편차 Δx_T는 표준편차 σ와 빈도계수(frequency factor) K_T의 곱 즉, $\Delta x_T = K_T\sigma$로 나타낼 수 있으며, 편차 Δx_T와 빈도

계수 K_T는 재현기간 T와 사용되는 확률분포의 종류에 따라 결정된다. 따라서 식 (9.6.3)은 다음과 같이 나타낼 수 있다.

$$x_T = \mu + K_T\sigma \qquad \text{또는} \qquad x_T = \bar{x} + K_T s \tag{9.6.4}$$

만일 대수정규분포나 Log-Pearson Type-III 분포와 같이 자료 x에 대수를 취한 y=lnx를 사용할 경우에는 대수치를 취한 y의 평균 $\bar{y}$와 표준편차 s_y를 이용하여 재현기간 T에 해당하는 y_T를 구한 후 대수 역변환을 하여 x_T를 구하게 된다.

$$y_T = \bar{y} + K_T s_y \tag{9.6.5}$$

주어진 확률분포에 대해서 빈도계수와 이에 상응하는 재현기간과의 K_T~T관계를 수립해야 하며 이 관계는 공식의 형태나 표에 의해 주어지게 된다. 따라서 빈도해석은 먼저 관측자료를 이용하여 적용하고자 하는 확률분포형에 해당하는 통계학적 매개변수를 산정하게 된다. 재현기간 T가 주어지면 해당 분포형에 대한 K_T~T관계로부터 빈도계수 K_T를 구하고 식 (9.6.4)를 이용하여 x_T의 크기를 계산하게 된다. 이제부터 각 확률분포형별로 K_T~T관계와 이를 이용하여 빈도해석을 하는 방법에 대해 알아보기로 한다.

1) 정규분포

정규분포의 K_T~T관계를 구하기 위해 식 (9.6.4)를 빈도계수의 항으로 다시 정리하면

$$K_T = \frac{x_T - \bar{x}}{s} \tag{9.6.6}$$

식 (9.6.6)은 식 (9.3.3)과 같이 정규분포를 표준정규분포로 표준화하는 z변환과 같다. 따라서, 정규분포에서의 표준화 변수 z는 빈도계수 K_T와 같다. 즉, 정규분포의 빈도해석에 사용하는 빈도계수 K_T는 재현기간 T년에 해당하는 초과확률 $P(Z>z_T)=1/T$ 또는 비초과확률 $F_z(z)=1-1/T$를 구해 표준정규누가확률표 9.3.1로부터 해당 z값을 구하면 된다. 자료로부터 정규분포의 매개변수인 평균과 표준편차를 구해 식 (9.6.4)에 적용하면 재현기간 T에 해당하는 수문사상값 x_T를 산정하게 된다.

빈도계수에 해당하는 z값을 표 9.3.1을 사용하지 않고 초과확률 $P(Z>z_T)=1/T$를 이용하여 다음 식으로부터 구할 수도 있다.

$$w = \left[\ln\left(\frac{1}{P^2}\right)\right]^{1/2}, \qquad (0 < P \le 0.5) \tag{9.6.7}$$

P>0.5인 경우에는 P대신 1-P를 사용하며 이 경우 계산된 z값은 음의 값을 갖는다.

$$z = w - \frac{2.515517 + 0.802853w + 0.010328w^2}{1 + 1.432788w + 0.189269w^2 + 0.001308w^3} \qquad (9.6.8)$$

표 9.6.2 정규분포의 빈도계수

초과확률 (P)	재현기간 (T)	빈도계수 K_T (z)	초과확률 (P)	재현기간 (T)	빈도계수 K_T (z)
0.0001	10000	3.719	0.500	2.00	0.000
0.0005	2000	3.291	0.550	1.82	−0.126
0.001	1000	3.090	0.600	1.67	−0.253
0.005	200	2.576	0.650	1.54	−0.385
0.010	100	2.326	0.700	1.43	−0.524
0.025	40	1.960	0.750	1.33	−0.674
0.050	20	1.645	0.800	1.25	−0.842
0.100	10	1.282	0.850	1.18	−1.036
0.150	6.67	1.036	0.900	1.11	−1.282
0.200	5.00	0.842	0.950	1.053	−1.645
0.250	4.00	0.674	0.975	1.026	−1.960
0.300	3.33	0.524	0.990	0.010	−2.326
0.350	2.86	0.385	0.995	1.005	−2.576
0.400	2.50	0.253	0.999	1.001	−3.090
0.450	2.22	0.126	0.9995	1.0005	−3.291
0.500	2.00	0.000	0.9999	1.0001	−3.719

예제 9.6.1

재현기간 50년에 해당하는 정규분포의 빈도계수를 구하라.

풀이

재현기간 T=50년에 대해 초과확률 P=1/50=0.02

식 (9.6.7)부터 $w = \left[\ln\left(\frac{1}{P^2}\right)\right]^{1/2} = \left[\ln\left(\frac{1}{0.02^2}\right)\right]^{1/2} = 2.7971$

식 (9.6.8)로부터 $z = 2.7971 - \frac{2.515517 + 0.802853(2.7971) + 0.010328(2.7971)^2}{1 + 1.432788(2.7971) + 0.189269(2.7971)^2 + 0.001308(2.7971)^3} = 2.054$

따라서 K_T=z=2.054이다.

예제 9.6.2

예제 9.3.3에서 주어진 유출량 자료(표 9.3.2) 및 산정된 매개변수를 이용하여 100년 빈도의 홍수량을 산정하라. 산정된 매개변수는 $\bar{x}$=126.65m^3/s, s=47.1m^3/s이다.

풀이

$$x_T = \bar{x} + K_T s = 126.65 + 47.1 \times z$$

재현기간 T=100년에 대한 비초과확률 F=1−1/T=0.99일 때의 정규분포의 빈도계수는 표 9.3.1 정규분포의 빈도계수표 또는 식 (9.6.7)과 (9.6.8)로부터 z=2.3268이다.

따라서 $x_{100} = 126.65 + 47.1 \times 2.3268 = 236.24 m^3/sec$

2) 2변수 대수정규분포

변수 x가 대수정규분포인 경우 대수치를 취한 y=lnx는 정규분포를 따른다. 따라서 대수정규분포의 빈도해석은 y에 대해 다음 식을 이용하여 재현기간 T에 해당하는 y_T를 구하고 대수 역변환을 하여 x_T를 구하게 된다.

$$y_T = \bar{y} + K_T s_y \tag{9.6.9}$$

$$x_T = \exp(y_T) \tag{9.6.10}$$

여기서, $\bar{y}$는 y의 평균치, s_y는 y의 표준편차, K_T는 재현기간 T년에 해당하는 빈도계수이다. 두 번째 방법으로 변수 x에 대수치를 취하지 않고 다음 식 (9.6.11)에 의해 빈도계수 K_T를 구하여 x_T를 직접 구할 수도 있다. 이 경우 x_T는 식 (9.6.4)를 사용하게 된다.

$$K_T = \frac{1}{C_v}\left[\exp\left(Y^{\frac{1}{2}}z - \frac{1}{2}Y\right) - 1\right] \tag{9.6.11}$$

$$Y = \ln(1 + C_v^2) \tag{9.6.12}$$

$$C_v = \frac{s}{\bar{x}} \tag{9.6.13}$$

세 번째 방법으로는 표 9.6.3을 이용하여 빈도계수를 구할 수 있다. 대수치를 취하지 않은 자료 x로부터 변동계수 C_v나 왜곡도계수 C_s를 구하고, 재현기간 T에 해당하는 초과확률을 구하여 표로부터 빈도계수 K_T를 구하고 x_T는 식 (9.6.4)를 사용하게 된다.

예제 9.6.3

예제 9.3.5의 표 9.3.4와 산정된 매개변수를 이용하여 2변수 대수정규분포에 대한 100년 빈도의 홍수량을 산정하라. 산정된 매개변수는 $\bar{y}$=4.5409, s_y=0.5021이다.

풀이

재현기간 T=100년일 경우 표준화변수 z=2.3268이므로

$$y_{100} = \bar{y} + K_{100} s_y = 4.5409 + 0.5021 \times 2.3268 = 5.7092$$

$$x_{100} = \exp(y_{100}) = \exp(5.7092) = 301.64\text{m}^3/\text{sec}$$

3) 3변수 대수정규분포

3변수 대수정규분포는 $y=\ln(x-x_0)$가 정규분포를 따르게 되므로 y에 대해 확률수문량을 구하고 역변환으로 재현기간 T년에 해당하는 x_T값을 구하게 된다.

표 9.6.3 대수정규분포의 빈도계수

C_s	초과확률, P(X>x), %								C_v
	99 (−)	95 (−)	80 (−)	50 (−)	20 (+)	5 (+)	1 (+)	0.1 (+)	
0	2.33	1.65	0.84	0.00	0.84	1.64	2.33	3.09	0
0.1	2.25	1.62	0.85	0.02	0.84	1.67	2.40	3.22	0.033
0.2	2.18	1.59	0.85	0.04	0.83	1.70	2.47	3.39	0.067
0.3	2.11	1.56	0.85	0.06	0.82	1.72	2.55	3.56	0.100
0.4	2.04	1.53	0.85	0.07	0.81	1.75	2.62	3.72	0.136
0.5	1.98	1.49	0.86	0.09	0.80	1.77	2.70	3.88	0.166
0.6	1.91	1.46	0.85	0.10	0.79	1.79	2.77	4.05	0.197
0.7	1.85	1.43	0.85	0.11	0.78	1.81	2.84	4.21	0.230
0.8	1.79	1.40	0.84	0.13	0.77	1.82	2.90	4.37	0.262
0.9	1.74	1.37	0.84	0.14	0.76	1.84	2.97	4.55	0.292
1.0	1.68	1.34	0.84	0.15	0.75	1.85	3.03	4.72	0.324
1.1	1.63	1.31	0.83	0.16	0.73	1.86	3.09	4.87	0.351
1.2	1.58	1.29	0.82	0.17	0.72	1.87	3.15	5.04	0.381
1.3	1.54	1.26	0.82	0.18	0.71	1.88	3.21	5.19	0.409
1.4	1.49	1.23	0.81	0.19	0.69	1.88	3.26	5.35	0.436
1.5	1.45	1.21	0.81	0.20	0.68	1.89	3.31	5.51	0.462
1.6	1.41	1.18	0.80	0.21	0.67	1.89	3.36	5.66	0.490
1.7	1.38	1.16	0.79	0.22	0.65	1.89	3.40	5.80	0.517
1.8	1.34	1.14	0.78	0.22	0.64	1.89	3.44	5.96	0.544
1.9	1.31	1.12	0.78	0.23	0.63	1.89	3.48	6.10	0.570
2.0	1.28	1.10	0.77	0.24	0.61	1.89	3.52	6.25	0.596
2.1	1.25	1.08	0.76	0.24	0.60	1.89	3.55	6.39	0.620
2.2	1.22	1.06	0.76	0.25	0.59	1.89	3.59	6.51	0.643
2.3	1.20	1.04	0.75	0.25	0.58	1.88	3.62	6.65	0.667
2.4	1.17	1.02	0.74	0.26	0.57	1.88	3.65	6.77	0.691
2.5	1.15	1.00	0.75	0.26	0.56	1.88	3.97	6.90	0.713
2.6	1.12	0.99	0.73	0.26	0.55	1.87	3.70	7.02	0.734
2.7	1.10	0.97	0.72	0.27	0.54	1.87	3.72	7.13	0.755
2.8	1.08	0.96	0.72	0.27	0.53	1.86	3.74	7.25	0.776
2.9	1.06	0.95	0.71	0.27	0.52	1.86	3.76	7.36	0.796
3.0	1.04	0.93	0.71	0.28	0.51	1.85	3.78	7.47	0.818
3.2	1.01	0.90	0.69	0.28	0.49	1.84	3.81	7.65	0.857
3.4	0.98	0.88	0.68	0.29	0.47	1.83	3.84	7.84	0.895
3.6	0.95	0.86	0.67	0.29	0.46	1.81	3.87	8.00	0.930
3.8	0.92	0.84	0.66	0.29	0.44	1.80	3.89	8.16	0.966
4.0	0.90	0.82	0.65	0.29	0.42	1.78	3.91	8.30	1.000
4.5	0.84	0.79	0.63	0.30	0.39	1.75	3.93	8.60	1.081
5.0	0.80	0.74	0.62	0.30	0.37	1.71	3.95	8.86	1.155

(+), (−)는 빈도계수값의 부호임.

$$\ln(x_T - x_0) = \bar{y} + K_T s_y \tag{9.6.14}$$

여기서,

$$K_T = z = \frac{\ln(x - x_0) - \bar{y}}{s_y} \tag{9.6.15}$$

$$\therefore x_T = x_0 + \exp(\bar{y} + z s_y) \tag{9.6.16}$$

또는 다음과 같이 빈도계수를 구하여 적용한다.

$$K_T = \frac{\exp\left(zs_y^2 - \frac{s_y^2}{2}\right) - 1}{\sqrt{\exp(s_y^2) - 1}} \tag{9.6.17}$$

$$x_T = \bar{x} + K_T s_x \tag{9.6.18}$$

여기서, s_x, s_y는 표본자료 $x-x_o$ 및 $y=\ln(x-x_o)$의 표준편차이다.

예제 9.6.4

예제 9.3.5에 주어진 유출량 자료(표 9.3.4) 및 예제 9.3.6에서 산정된 매개변수를 이용하여 3변수 대수정규분포에 대한 100년 빈도의 홍수량을 산정하라. 산정된 매개변수는 x_o=-104.2844, $\bar{y}$=5.3149, s_y=0.2657이다.

풀이

재현기간 T=100년일 때 표준화변수 z=2.3268이므로

$$x_T = x_0 + \exp(\bar{y} + zs_y) = -104.2844 + \exp(5.3149 + 0.2657 \times 2.3268) = 273.05\text{m}^3/\text{s}$$

4) 2변수 Gamma분포

2변수 Gamma분포의 빈도해석에서는 빈도계수를 산정하는 방법으로 다음과 같은 Kite방법, Wilson-Hilferty방법, 수정 Wilson-Hilferty방법 그리고 Cornish-Fisher방법이 있다.

① Kite방법

$$K_T = \frac{\chi^2 C_s}{4} - \frac{1}{C_s} \tag{9.6.19}$$

$$\chi^2 = \nu\left[1 - \frac{2}{9\nu} + z\sqrt{\frac{2}{9\nu}}\right]^3 \tag{9.6.20}$$

$$C_s = \frac{\alpha}{|\alpha|}\frac{2}{\sqrt{\beta}} \tag{9.6.21}$$

$$\nu = 2\beta \tag{9.6.22}$$

여기서, C_s는 표본자료의 왜곡도계수, z는 표준정규분포의 변환변수, α와 β는 산정된 매개변수이다. 따라서 재현기간 T년에 해당하는 수문값은 다음과 같으며 다른 방법으로 빈도계수를 구하더라도 이 식을 사용한다.

$$x_T = \bar{x} + K_T s = \alpha\beta + K_T\sqrt{\alpha^2\beta} \tag{9.6.23}$$

② Wilson−Hilferty방법

왜곡도계수가 $C_s \le 2$인 경우에는 다음과 같이 Wilson−Hilferty방법에 의해 근사치의 빈도계수를 구할 수 있다.

$$K_T = \frac{2}{C_s}\left[\left\{\frac{C_s}{6}\left(z - \frac{C_s}{6}\right) + 1\right\}^3 - 1\right], \qquad 0 < C_s \le 2 \qquad (9.6.24)$$

③ 수정 Wilson−Hilferty방법

$$K_T = A\left[\max\left\{H, 1 - \left(\frac{G}{6}\right)^2 + \left(\frac{G}{6}\right)^3 z\right\} - B\right], \qquad 0.25 < C_s \le 9.75 \qquad (9.6.25)$$

$$H = \left[B - \left(\frac{2}{C_s}\right)/A\right]^{1/3} \qquad (9.6.26)$$

여기서, A, B, G는 왜곡도계수 C_s의 함수로 다음과 같은 형태로 표 9.6.4를 이용하여 산정한다.

$$Z = a_0 + a_1 C_s + a_2 C_s^2 + \ldots + a_5 C_s^5 \qquad (9.6.27)$$

표 9.6.4 A, B, G를 산정하기 위한 Z의 계수

구분	G	1/A	B	H^3
a_0	−0.385205 E−2	0.199447 E−2	0.990562 E+0	−0.365164 E−2
a_1	0.100426 E+1	0.484890 E+0	0.319647 E−1	0.175924 E−1
a_2	0.651207 E−2	0.230935 E−1	−0.274231 E−1	−0.121835 E−1
a_3	−0.149166 E−1	−0.152435 E−1	0.777405 E−2	0.782600 E−2
a_4	0.163945 E−2	0.160597 E−2	−0.571184 E−3	−0.777686 E−3
a_5	−0.583804 E−4	−0.558690 E−4	0.142077 E−4	0.257310 E−4

④ Cornish−Fisher방법

왜곡도계수가 $-2 \le C_s \le 2$인 경우 다음과 같은 Cornish−Fisher방법을 이용하여 빈도계수를 구한다.

$$K_T = z + \frac{C_s}{2}\left(\frac{z^2 - 1}{3}\right) + \frac{C_s^2}{2^4}\left(\frac{z^3 - 7z}{9}\right)\left(\frac{C_s^3}{2^5}\right)\left(\frac{6z^4 + 14z^2 - 32}{405}\right)$$
$$+ \frac{C_s^4}{2^7}\frac{(9z^5 + 256z^3 - 433z)}{4860} + \frac{C_s^5}{2^8}\frac{(12z^6 - 143z^4 - 923z^2 + 1472)}{25515}$$
$$- \frac{C_s^6}{2^{10}}\frac{(3753z^7 + 4353z^5 - 289517z^3 - 289717z)}{9185400} \qquad (9.6.28)$$

예제 9.6.5

예제 9.3.5 및 9.3.6(표 9.3.4)의 유출량 자료 및 예제 9.3.7에서 산정된 매개변수를 이용하여 2변수 Gamma분포에 대한 100년 빈도의 홍수량을 산정하라. 산정된 매개변수는 α=30.5026, β=3.4875이다.

풀이

왜곡도계수 $C_s = \frac{\alpha}{|\alpha|}\frac{2}{\sqrt{\beta}} = \frac{1}{\sqrt{3.4875}} = 1.071$

Wilson-Hilferty 방법을 이용하여 빈도계수를 구하면

$$K_{100} = \frac{2}{1.071}\left[\left\{\frac{1.071}{6}\left(2.3268 - \frac{1.071}{6}\right)+1\right\}^3 - 1\right] = 3.0773$$

$$x_{100} = \alpha\beta + K_{100}\sqrt{\alpha^2\beta} = 30.5026 \times 3.4875 + 3.0773\sqrt{30.5025^2 \times 3.4875} = 281.67\mathrm{m}^3/\mathrm{s}$$

5) Pearson Type-III분포

Pearson Type-III분포(3변수 Gamma분포)의 빈도해석은 자료 x의 평균 및 표준편차 그리고 왜곡도계수 C_s를 구한 후, 재현기간에 따른 빈도계수 K_T를 구하여 식 (9.6.4)를 이용하여 실시하게 된다. 이 분포에서 빈도계수 K_T는 다음 식을 이용하거나 표 9.6.5~6을 이용하여 산정한다.

$$K_T = z + (z^2 - 1)k + \frac{1}{3}(z^3 - 6z)k^2 - (z^2 - 1)k^3 + zk^4 + \frac{1}{3}k^5 \qquad (9.6.29)$$

여기서, $k=C_s/6$이며 빈도계수는 재현기간 및 왜곡도 계수에 따라 변함을 알 수 있다. 만약 C_s=0이면 빈도계수는 표준정규분포의 표준화 변수 z와 같다. 또는 2변수 Gamma분포에서 설명한 방법을 이용하여 빈도계수를 구한 후 다음과 같이 수문량을 구할 수 있다.

$$x_T = \alpha\beta + x_0 + K_T\sqrt{\alpha^2\beta} \qquad (9.6.30)$$

여기서, α, β 그리고 x_o는 산정된 매개변수이다.

예제 9.6.6

예제 9.3.8에서 주어진 유출량 자료(표 9.3.5) 및 산정된 매개변수를 이용하여 Pearson Type-III분포에 대해 100년 빈도의 홍수량을 산정하라. 산정된 매개변수는 α=4.9253, β=13.1180, x_o=−21.0308이다.

풀이

$$C_s = \frac{2}{\sqrt{\beta}} = \frac{2}{\sqrt{13.1180}} = 0.5522$$

Wilson-Hilferty 방법을 이용하여 빈도계수를 구하면

표 9.6.5 Pearson Type-III분포의 빈도계수 (양의 왜곡 :$C_s > 0$)

왜곡도 계수	재현기간 (T년)						
	2	5	10	25	50	100	200
	초과확률 (P(X>x), %						
C_s	0.50	0.20	0.10	0.04	0.02	0.01	0.005
3.0	−0.396	0.420	1.180	2.278	3.152	4.051	4.970
2.9	−0.390	0.440	1.195	2.277	3.134	4.013	4.907
2.8	−0.384	0.460	1.210	2.275	3.114	3.973	4.847
2.7	−0.376	0.479	1.224	2.272	3.093	3.932	4.783
2.6	−0.368	0.499	1.238	2.267	3.071	3.889	4.718
2.5	−0.360	0.518	1.250	2.262	3.048	3.845	4.652
2.4	−0.351	0.537	1.262	2.256	3.023	3.080	4.584
2.3	−0.341	0.555	1.274	2.248	2.997	3.753	4.515
2.2	−0.330	0.574	1.284	2.240	2.970	3.705	4.444
2.1	−0.319	0.592	1.294	2.230	2.942	3.656	4.372
2.0	−0.307	0.609	1.302	2.219	2.912	3.605	4.298
1.9	−0.294	0.627	1.310	2.207	2.881	3.553	4.223
1.8	−0.282	0.643	1.318	2.193	2.848	3.499	4.147
1.7	−0.268	0.660	1.324	2.179	2.815	3.444	4.069
1.6	−0.254	0.675	1.329	2.163	2.780	3.388	3.990
1.5	−0.240	0.690	1.333	2.146	2.743	3.330	3.910
1.4	−0.225	0.705	1.337	2.128	2.706	3.271	3.825
1.3	−0.210	0.719	1.339	2.108	2.666	3.211	3.745
1.2	−0.195	0.732	1.340	2.087	2.626	3.149	3.661
1.1	−0.180	0.745	1.340	2.066	2.585	3.087	3.575
1.0	−0.164	0.758	1.341	2.043	2.542	3.022	3.489
0.9	−0.148	0.769	1.340	2.018	2.498	2.957	3.401
0.8	−0.132	0.780	1.339	1.993	2.453	2.891	3.312
0.7	−0.116	0.790	1.336	1.967	2.407	2.824	3.223
0.6	−0.099	0.800	1.333	1.939	2.359	2.755	3.132
0.5	−0.083	0.808	1.328	1.910	2.311	2.686	3.041
0.4	−0.066	0.816	1.323	1.880	2.261	2.615	2.949
0.3	−0.050	0.824	1.317	1.849	2.211	2.544	2.856
0.2	−0.033	0.830	1.309	1.818	2.159	2.472	2.763
0.1	−0.017	0.836	1.301	1.785	2.107	2.400	2.670
0.0	0.000	0.842	1.292	1.751	2.054	2.326	2.576

$$K_{100} = \frac{2}{0.5522}\left[\left\{\frac{0.5522}{6}\left(2.3268 - \frac{0.5522}{6}\right) + 1\right\}^3 - 1\right] = 2.7259$$

$$x_{100} = \alpha\beta + x_0 + K_{100}\sqrt{\alpha^2\beta} = 64.6101 - 21.0308 + 2.7259 \times 17.8388 = 92.21\text{m}^3/\text{s}$$

6) Log-Pearson Type-III분포

Log-Pearson Type-III분포도 정규분포와 대수정규분포의 관계처럼 변수 x에 대수치를 취한 y=lnx가 Pearson Type-III분포를 따르게 된다. 따라서 y에 대해서 앞에서 설명한 Pearson

표 9.6.6 Pearson Type-III분포의 빈도계수 (음의 왜곡 : $C_s < 0$)

왜곡도 계수	재현기간 (T년)						
	2	5	10	25	50	100	200
	초과확률 (P(X>x), %						
C_s	0.50	0.20	0.10	0.04	0.02	0.01	0.005
−0.1	0.017	0.846	1.282	1.716	2.000	2.252	2.482
−0.2	0.033	0.850	1.270	1.680	1.945	2.178	2.388
−0.3	0.050	0.853	1.258	1.643	1.890	2.104	2.294
−0.4	0.066	0.855	1.245	1.606	1.834	2.029	2.201
−0.5	0.083	0.856	1.231	1.567	1.777	1.955	2.108
−0.6	0.099	0.857	1.216	1.528	1.720	1.880	2.016
−0.7	0.116	0.857	1.200	1.488	1.663	1.806	1.926
−0.8	0.132	0.856	1.183	1.448	1.606	1.733	1.837
−0.9	0.148	0.854	1.166	1.407	1.549	1.660	1.749
−1.0	0.164	0.852	1.147	1.366	1.492	1.588	1.664
−1.1	0.180	0.848	1.128	1.324	1.435	1.518	1.581
−1.2	0.195	0.844	1.107	1.282	1.379	1.449	1.501
−1.3	0.210	0.838	1.086	1.240	1.324	1.383	1.424
−1.4	0.225	0.832	1.064	1.198	1.270	1.318	1.351
−1.5	0.240	0.825	1.041	1.157	1.217	1.256	1.282
−1.6	0.254	0.817	1.018	1.116	1.166	1.197	1.216
−1.7	0.268	0.808	0.994	1.075	1.116	1.140	1.155
−1.8	0.282	0.799	0.970	1.035	1.069	1.087	1.097
−1.9	0.294	0.788	0.945	0.996	1.023	1.037	1.044
−2.0	0.307	0.777	0.920	0.959	0.980	0.990	0.995
−2.1	0.319	0.765	0.895	0.923	0.939	0.946	0.949
−2.2	0.330	0.752	0.869	0.888	0.900	0.905	0.907
−2.3	0.341	0.739	0.844	0.855	0.864	0.867	0.869
−2.4	0.351	0.725	0.795	0.823	0.830	0.832	0.833
−2.5	0.360	0.711	0.771	0.793	0.798	0.799	0.800
−2.6	0.368	0.696	0.747	0.764	0.768	0.769	0.769
−2.7	0.376	0.681	0.724	0.738	0.740	0.740	0.741
−2.8	0.384	0.666	0.702	0.712	0.714	0.714	0.714
−2.9	0.390	0.651	0.681	0.683	0.689	0.690	0.690
−3.0	0.396	0.636	0.666	0.666	0.666	0.667	0.667

Type-III분포의 빈도해석을 그대로 적용하면 된다. 즉, y에 대해 평균 $\bar{y}$, 표준편차 s_y 그리고 왜곡도계수 C_{sy}를 구해 표 9.6.5 및 9.6.6으로부터 빈도계수 K_T를 구하고 다음과 같이 재현기간 T에 해당하는 x_T값을 구하게 된다.

$$\ln x_T = y_T = \bar{y} + K_{Ty} s_y = \alpha\beta + y_0 + K_{Ty}\sqrt{\alpha^2\beta} \quad (9.6.31)$$

$$x_T = \exp(y_T) \quad (9.6.32)$$

예제 9.6.7

다음 표 9.6.7과 같은 연 최고치 유출량자료에 대해 매개변수 산정결과가 다음과 같을 때 Log-Pearson Type-III분포에 대해 100년 빈도의 홍수량을 산정하라.

$\bar{x} = 335.44$, $s = 153.69$, $\alpha = -0.04697$, $\beta = 94.5984$, $y_0 = 10.1571$

표 9.6.7 연 최고치 유출량자료

년 도	유출량 (m^3/sec)	년 도	유출량 (m^3/sec)	년 도	유출량 (m^3/sec)	년 도	유출량 (m^3/sec)	년 도	유출량 (m^3/sec)
1924	454	1939	576	1954	132	1969	331	1984	222
1925	529	1940	300	1955	272	1970	180	1985	403
1926	419	1941	144	1956	254	1971	178	1986	229
1927	443	1942	298	1957	395	1972	199	1987	114
1928	403	1943	898	1958	525	1973	178	1988	228
1929	293	1944	490	1959	690	1974	239	1989	271
1930	614	1945	310	1960	282	1975	179	1990	296
1931	111	1946	266	1961	354	1976	223	1991	364
1932	303	1947	310	1962	381	1977	167		
1933	468	1948	308	1963	370	1978	258		
1934	161	1949	400	1964	408	1979	228		
1935	264	1950	707	1965	273	1980	198		
1936	637	1951	335	1966	140	1981	213		
1937	488	1952	348	1967	419	1982	341		
1938	488	1953	281	1968	356	1983	274		

풀이

$$C_s = \frac{\alpha}{|\alpha|}\frac{2}{\sqrt{\beta}} = -\frac{2}{\sqrt{94.5984}} = -0.2056$$

Wilson-Hilferty 방법을 이용하여 빈도계수를 구하면

$$K_{100} = \frac{2}{-0.2056}\left[\left\{\frac{-0.2056}{6}\left(2.326785 - \frac{-0.2056}{6}\right) + 1\right\}^3 - 1\right] = 2.1752$$

$$y_{100} = \alpha\beta + y_0 + K_{100}\sqrt{\alpha^2\beta}$$

$$= (-0.04697)(94.5983) + 10.1571 + 2.1752 \times \sqrt{(-0.04697)^2(94.5984)} = 6.7077$$

$$x_{100} = \exp(6.7077) = 818.82\text{cms}$$

7) 일반극치분포(GEV분포)

GEV분포의 빈도해석은 9.3.2절의 7)에서 소개한 방법에 의해 분포의 매개변수들을 산정한 후 다음과 같은 식을 이용하여 재현기간에 해당하는 빈도계수를 구하고 이를 이용하여 재현기간에 따른 수문량을 산정하게 된다. GEV분포를 x에 관해 다시 정리하면

$$x = x_o + \frac{\alpha}{\beta}[1 - (-\ln F)^{\beta}] \tag{9.6.33}$$

재현기간과 누가확률관계를 이용하여 다시 정리하면

$$x_T = x_o + \frac{\alpha}{\beta}\left[1 - \left\{-\ln\left(1 - \frac{1}{T}\right)\right\}^{\beta}\right] \tag{9.6.34}$$

이 식을 다음과 같은 빈도계수식과 비교하면 빈도계수를 얻을 수가 있다.

$$x_T = x_o + \frac{\alpha}{\beta}[1 - \Gamma(1+\beta)] + K_T\sqrt{\frac{\alpha}{\beta^2}[\Gamma(1+2\beta) - \Gamma^2(1+\beta)]} \tag{9.6.35}$$

$$K_T = \frac{\beta\Gamma(1+\beta) - \left[-\ln\left(1 - \frac{1}{T}\right)\right]^{\beta}}{|\beta|\sqrt{\Gamma(1+2\beta) - \Gamma^2(1+\beta)}} \tag{9.6.36}$$

예제 9.6.8

예제 9.3.10에서 주어진 유출량 자료(표 9.3.7) 및 산정된 매개변수를 이용하여 일반극치분포에 대한 100년 빈도의 홍수량을 산정하라. 산정된 매개변수는 α=621.96, β=0.0748, x_o=1101.34이다.

풀이

$$x_T = x_o + \frac{\alpha}{\beta}\left[1 - \left\{-\ln\left(1 - \frac{1}{T}\right)\right\}^{\beta}\right] = 1101.34 + \frac{621.96}{0.0748}\left[1 - \left\{-\ln\left(1 - \frac{1}{100}\right)\right\}^{0.0748}\right] = 3{,}522\text{m}^3/\text{s}$$

8) Type-I 극치(Gumbel)분포

Type-I 극치분포의 누가확률밀도함수는 다음과 같다.

$$F(x) = \exp\left[-\exp\left(-\frac{x - x_o}{\alpha}\right)\right] = 1 - \frac{1}{T} \tag{9.6.37}$$

식 (9.6.37)을 x에 관해서 정리하면 다음과 같다.

$$x = x_o - \alpha\ln\left[\ln\left(\frac{T}{T-1}\right)\right] \tag{9.6.38}$$

식 (9.6.38)에 Type-I 극치분포의 매개변수인 α와 x_o대신 산정치를 구하는 아래의 식을 대입하고 정리하면 식 (9.6.39)를 얻을 수 있다.

$$\alpha = 0.7797s \tag{9.3.77}$$

$$x_o = \bar{x} - 0.5772\alpha = \bar{x} - 0.45s \tag{9.3.78}$$

$$x = \bar{x} + s\left\{-0.45 - 0.7797\ln\left[\ln\left(\frac{T}{T-1}\right)\right]\right\} \tag{9.6.39}$$

식 (9.6.39)를 식 (9.6.4)와 비교하면 빈도계수 K_T는 다음과 같다.

$$K_T = -\left\{0.45 + 0.7797\ln\left[\ln\left(\frac{T}{T-1}\right)\right]\right\} \tag{9.6.40}$$

식 (9.6.40)은 자료의 수가 무한이 많을 때 적용하며 자료가 많지 않을 경우에는 표 9.6.8로부터 Type-I 극치분포에 대한 빈도계수를 구할 수 있다. 빈도계수를 구한 후 식 (9.6.4)를 이용하여 재현기간 T에 해당하는 값 x_T를 구하게 된다.

표 9.6.8 Type-I 극치분포의 빈도계수

표본크기	초과확률 (P(X>x))								
	0.2	0.1	0.067	0.05	0.04	0.02	0.0133	0.01	0.001
	재현기간 (T년)								
n	5	10	15	20	25	50	75	100	1000
15	0.967	1.703	2.117	2.410	2.632	3.321	3.721	4.005	6.265
20	0.919	1.625	2.032	2.302	2.517	3.179	3.563	3.836	6.006
25	0.888	1.575	1.963	2.235	2.444	3.088	3.463	3.729	5.842
30	0.866	1.541	1.922	2.188	2.393	3.026	3.393	3.653	5.727
35	0.851	1.516	1.891	2.152	2.354	2.379	3.341	3.598	
40	0.838	1.495	1.866	2.126	2.326	2.943	3.301	3.554	5.576
45	0.829	1.478	1.847	2.104	2.303	2.913	3.268	3.520	
50	0.820	1.466	1.831	2.086	2.283	2.889	3.241	3.491	5.478
55	0.813	1.455	1.818	2.071	2.267	2.869	3.219	3.467	
60	0.807	1.446	1.806	2.059	2.253	2.852	3.200	3.446	
65	0.801	1.437	1.796	2.048	2.241	2.837	3.183	3.429	
70	0.797	1.430	1.788	2.038	2.230	2.824	3.169	3.413	5.359
75	0.792	1.423	1.780	2.029	2.220	2.812	3.155	3.400	
80	0.788	1.417	1.773	2.220	2.212	2.802	3.145	3.387	
85	0.785	1.413	1.767	2.013	2.205	2.793	3.135	3.376	
90	0.782	1.409	1.762	2.007	2.198	2.785	3.125	3.367	
95	0.780	1.405	1.757	2.002	2.193	2.777	3.116	3.357	
100	0.779	1.401	1.752	1.998	2.187	2.770	3.109	3.349	5.261
.									
∞	0.719	1.305	1.635	1.866	2.044	2.592	2.911	3.137	4.936

예제 9.6.9

표 9.3.4에서 주어진 유출량 자료 및 예제 9.3.11에서 산정된 매개변수를 이용하여 Type-I 극치분포에 대한 100년 빈도의 홍수량을 산정하라. 산정된 매개변수는 $\bar{x}$=106.38, s=56.97, α=44.419, x_o=80.744이다.

풀이

식 (9.6.40)을 적용하면

$$K_T = -0.45 - 0.7797\ln\left[\ln\left(\frac{T}{T-1}\right)\right] = -0.45 - 0.7797\ln[\ln(100/(100-1))] = 3.1367$$

$$x_{100} = \bar{x} + sK_{100} = 106.38 + 56.97 \times 3.1367 = 285.08\text{m}^3/\text{s}$$

9) Type-III 극치(Weibull)분포

Type-III 극치분포를 x에 관해 다시 정리하면 다음과 같다.

$$x = x_o + \alpha[-\ln(1-F)]^{1/\beta} \tag{9.6.41}$$

재현기간 T년에 해당하는 빈도계수는 F(x)=1-1/T의 관계를 위 식에 대입하면 다음과 같이 구할 수 있다.

$$x_T = x_o + \alpha[\ln(T)]^{1/\beta} \tag{9.6.42}$$

$$K_T = \frac{[\ln(T)]^{1/\beta} - \Gamma(1/\beta+1)}{\left[\Gamma(2/\beta+1) - \Gamma^2(1/\beta+1)\right]^{1/2}} \tag{9.6.43}$$

예제 9.6.10

표 9.3.2에서 주어진 연 최고치 유출량자료와 예제 9.3.12에서 산정한 매개변수를 이용하여 Type-III 극치분포에 대해 재현기간 100년에 해당하는 홍수량을 산정하라. 산정된 매개변수는 α=151.9928, β=3.1676, x_o=-9.4140이다.

풀이

식 (9.6.42)로부터

$$x_{100} = x_0 + \alpha[\ln(100)]^{1/\beta} = -9.4140 + 151.9928[\ln(100)]^{1/3.1676} = 236.74\text{m}^3/\text{s}$$

10) Wakeby 분포

Wakeby 분포의 재현기간 T에 대한 수문량은 누가확률 F(x)=1-1/T를 대입하고 정리하면 다음과 같이 구할 수 있다.

$$x_T = m + a[1 - T^{-b}] - c[1 - T^{d}] \tag{9.6.44}$$

예제 9.6.11

표 9.3.2에서 주어진 연 최고치 유출량자료로부터 구한 매개변수를 이용하여 Wakeby분포에 대해 재현기간 100년에 해당하는 홍수량을 산정하라. 산정된 매개변수는 a=121.027, b=2.0431, c=4.5317, d=0.6695, m=36.217이다.

풀이

식 (9.6.44)로부터

$$x_T = m + a[1 - T^{-b}] - c[1 - T^{d}]$$

$$x_{100} = 36.217 + 121.027[1 - (100)^{-2.0431}] - 4.5317[1 - (100)^{0.6695}] = 251.62\text{m}^3/\text{s}$$

9.7 불확실성 분석

수자원시스템의 설계 및 분석에서 여러 값들이 다양한 변수들과 관련되어 있다. 예를 들어, 여수로의 용량을 산정하기 위해 위어공식 $Q=CLH^{3/2}$을 사용하는데 계수 C와 수두 H에는 불확실성이 내포되어 있다. 따라서 여수로 상의 유량도 불확실하다. 이와 같은 불확실성을 개략화하는데 도움이 되는 기법에 Delta방법으로 불리는 불확실성의 1차 분석(first-order analysis of uncertainty)방법이 있다. Delta방법의 적용은 다양한 배열문제의 적용시 상대적으로 쉽기 때문에 공학의 여러 분야에서 자주 사용된다. 불확실성분석으로 다른 변수들과 함수적으로 연계되어 있는 무작위변량의 평균 및 분산을 산정할 수가 있으며, 불확실한 변수의 사용뿐만 아니라 모형화에서 불확실성의 복합적인 영향도 평가할 수가 있다.

k개의 무작위변량의 함수인 무작위변량 y를 생각해 보자.

$$y = f(x_1, x_2, \ldots, x_k) \tag{9.7.1}$$

식 (9.7.1)은 앞에서 설명한 바와 같이 위어공식, 합리식, Manning의 공식 또는 컴퓨터를 사용해야 하는 복잡한 식과 같은 결정론적 식이 된다. 분석의 목적은 불확실한 입력을 포함하고 있는 결정론적 모형에서 불확실한 변수 x_1, x_2, ..., x_k의 출력 y에 대한 영향을 결정하는 것이다.

식 (9.7.1)은 $y=f(\mathbf{x})$로 간단하게 표현하며 이때 $\mathbf{x}$는 x_1, x_2, ..., x_k이다. k개의 무작위변량에 대한 Taylor급수 전개에서 2차 및 고차항을 무시하면 다음과 같이 나타낼 수 있다.

$$y = f(\bar{\mathbf{x}}) + \sum_{i=1}^{k}\left[\frac{\partial f}{\partial x_i}\right]_{\bar{\mathbf{x}}}(X_i - \bar{x}_i) \tag{9.7.2}$$

미분 $[\partial f/\partial x_i]_{\bar{\mathbf{x}}}$는 $\mathbf{x}=\bar{\mathbf{x}}$에서 함수값 $f(\mathbf{x})$의 변화율을 나타내는 민감도계수(sensitivity coefficient)이다. k개의 무작위변량들이 서로 독립적이라고 가정하면 y의 분산 σ_y^2 및 변동계수 Ω_y는 다음과 같이 나타낼 수 있다.

$$\sigma_y^2 = Var[y] = \sum a_i^2 \sigma_{x_i}^2 \tag{9.7.3}$$

$$\Omega_y = \left[\sum_{i=1}^{k} a_i^2 \left(\frac{\bar{x}_i}{\mu_y}\right)^2 \Omega_{x_i}^2\right]^{1/2} \tag{9.7.4}$$

여기서, $a_i = [\partial f/\partial x]_{\bar{\mathbf{x}}}$이다.

예제 9.7.1

합리식 $Q=CIA$를 이용하여 σ_Q와 Ω_Q를 결정하기 위한 불확실성 분석을 실시하라. 여기서, C는 유출계수, I는 강우강도(mm/hr), A는 유역면적(km^2)이며 C, I, A 모두 불확실성을 가지고 있다고 가정하라.

풀이

유량 Q에 대한 1차 근사값은 식 (9.7.2)를 이용하여 결정할 수 있다.

$$Q \approx \overline{Q} + \left[\frac{\partial Q}{\partial C}\right]_{\overline{C},\overline{I},\overline{A}}(C-\overline{C}) + \left[\frac{\partial Q}{\partial I}\right]_{\overline{C},\overline{I},\overline{A}}(I-\overline{I}) + \left[\frac{\partial Q}{\partial A}\right]_{\overline{C},\overline{I},\overline{A}}(A-\overline{A})$$

$C=\overline{C}$, $I=\overline{I}$ 및 $A=\overline{A}$에 대해 $\overline{Q}=\overline{C}\,\overline{I}\,\overline{A}$로 나타낼 수 있다.

분산은 식 (9.7.3)을 적용하면

$$\sigma_Q^2 = \left[\frac{\partial Q}{\partial C}\right]^2_{\overline{C},\overline{I},\overline{A}}\sigma_C^2 + \left[\frac{\partial Q}{\partial I}\right]^2_{\overline{C},\overline{I},\overline{A}}\sigma_I^2 + \left[\frac{\partial Q}{\partial A}\right]^2_{\overline{C},\overline{I},\overline{A}}\sigma_A^2$$

변동계수는 식 (9.7.4)로부터

$$\Omega_Q^2 = \left[\frac{\partial Q}{\partial C}\right]^2\left(\frac{\overline{C}}{\overline{Q}}\right)^2\Omega_C^2 + \left[\frac{\partial Q}{\partial I}\right]^2\left(\frac{\overline{I}}{\overline{Q}}\right)^2\Omega_I^2 + \left[\frac{\partial Q}{\partial A}\right]^2\left(\frac{\overline{A}}{\overline{Q}}\right)^2\Omega_A^2$$

$$= (\overline{I}\,\overline{A})^2\left(\frac{\overline{C}}{\overline{Q}}\right)^2\Omega_C^2 + (\overline{C}\,\overline{A})^2\left(\frac{\overline{I}}{\overline{Q}}\right)^2\Omega_I^2 + (\overline{C}\,\overline{I})^2\left(\frac{\overline{A}}{\overline{Q}}\right)^2\Omega_A^2 = \Omega_C^2 + \Omega_I^2 + \Omega_A^2$$

따라서, $\Omega_Q = \left[\Omega_C^2 + \Omega_I^2 + \Omega_A^2\right]^{1/2}$

예제 9.7.2

표 9.7.1과 같은 변수값과 합리식을 이용하여 유출에 대한 평균, 변동계수 및 표준편차를 산정하라.

표 9.7.1 합리식의 변수값

변수	평균	변동계수
C	0.8	0.09
I	100mm/h	0.5
A	0.1km^2	0.005

풀이

미터제에서 $\overline{Q}=0.28\overline{C}\,\overline{I}\,\overline{A}$이므로 $\overline{Q}=0.28\times0.8\times100\times0.1=2.24\text{m}^3/\text{s}$

예제 9.7.1의 결과를 이용하면 변동계수는 $\Omega_Q=\left[0.09^2+0.5^2+0.005^2\right]^{1/2}=0.508$

따라서 표준편차는 $\sigma_Q=\overline{Q}\Omega_Q=2.24\times0.508=1.138\text{m}^3/\text{s}$

예제 9.7.3

가득차서 흐르는 우수 관거에 다음과 같은 Manning의 공식을 이용하여 σ_Q와 Ω_Q를 결정하기 위한 불확실성 분석을 실시하라. 여기서, 직경 D는 불확실성이 없는 결정적인 값이고, n 및 S는 불확실성을 가지고 있다고 가정하라.

$$Q=\frac{0.311}{n}D^{8/3}S^{1/2}$$

풀이

$K=0.311D^{8/3}$이라 하면 Manning의 공식은 $Q=Kn^{-1}S^{1/2}$

식 (9.7.2)를 이용하여 Q를 1차 근사화 하면

$$Q \approx \overline{Q} + \left[\frac{\partial Q}{\partial n}\right]_{\overline{n},\overline{S}}(n-\overline{n}) + \left[\frac{\partial Q}{\partial S}\right]_{\overline{n},\overline{S}}(S-\overline{S})$$

$$= \overline{Q} + \left[-K\overline{n}^{-2}\overline{S}^{1/2}\right](n-\overline{n}) + \left[0.5K\overline{n}^{-1}\overline{S}^{-1/2}\right](S-\overline{S})$$

여기서, $\overline{Q} = K\overline{n}^{-1}\overline{S}^{1/2}$이다.

식 (9.7.3)을 이용하여 Q의 분산을 계산하면

$$\sigma_Q^2 = \left[\frac{\partial Q}{\partial n}\right]_{\overline{n},\overline{S}}\sigma_n^2 + \left[\frac{\partial Q}{\partial S}\right]_{\overline{n},\overline{S}}\sigma_S^2$$

식 (9.7.4)를 이용하여 Q의 변동계수를 구하면

$$\Omega_Q^2 = \sum_{i=1}^{2}\left[\frac{\partial Q}{\partial x_i}\right]^2\left[\frac{\overline{x}_i}{\overline{Q}}\right]^2\Omega_{x_i}^2 = \left[\frac{\partial Q}{\partial n}\right]^2\left[\frac{\overline{n}}{\overline{Q}}\right]^2\Omega_n^2 + \left[\frac{\partial Q}{\partial S}\right]^2\left[\frac{\overline{S}}{\overline{Q}}\right]^2\Omega_S^2$$

$$= \left[\frac{-K\overline{S}^{1/2}}{\overline{n}^2}\right]^2\left[\frac{\overline{n}}{\overline{Q}}\right]^2\Omega_n^2 + \left[\frac{0.5K}{\overline{n}\,\overline{S}^{1/2}}\right.$$

$$= \left[\frac{-K\overline{S}^{1/2}}{\overline{Q}}\right]^2\left[\frac{1}{\overline{n}}\right]^2\Omega_n^2 + [0.5]^2\left[\frac{K}{\overline{n}\,\overline{S}^{1/2}}\right]^2\left[\frac{\overline{S}}{\overline{Q}}\right]^2\Omega_S^2$$

$$= \left[\overline{n}^{-2}\right]\left[\frac{1}{\overline{n}^{-2}}\right]\Omega_n^2 + 0.25\left[\frac{1}{\overline{S}}\right]\left[\overline{S}\right]\Omega_S^2 = \Omega_n^2 + 0.25\Omega_S^2$$

$$\therefore \quad \Omega_Q = \left[\Omega_n^2 + 0.25\Omega_S^2\right]^{1/2}$$

예제 9.7.4

Manning의 공식을 이용하여 우수 관거 내 물이 가득차서 흐를 때의 관거 용량의 평균, 변동계수 및 표준편차를 결정하라. 예제 9.7.3의 결과와 표 9.7.2를 이용하라.

표 9.7.2 Manning 공식의 변수값

변수	평균	변동계수
n	0.015	0.01
D	1.5m	0.0
S	0.001	0.05

풀이

Manning의 공식은 $Q = \frac{0.311}{n}D^{8/3}S^{1/2}$이므로

$$\overline{Q} = \frac{0.311}{\overline{n}}D^{8/3}\overline{S^{1/2}} = \frac{0.311}{0.015}\times 1.5^{8/3}\times 0.001^{1/2} = 1.93\text{m}^3/\text{s}$$

따라서, $\Omega_Q = \left(0.01^2 + 0.25\times 0.05^2\right)^{1/2} = 0.027$

$$\sigma_Q = \overline{Q}\Omega_Q = 1.93\times 0.027 = 0.052\text{m}^3/\text{s}$$

9.8 위험도 분석

어떤 수자원시스템 구성 요소의 저항(resistance)은 외부에서 어떤 부하(load)가 주어졌을 때 파괴되지 않고 안전하게 그 요소가 목적을 달성할 수 있는 능력이라 할 수 있다. 여기서, 부하는 기계적인 부하, 환경에의 노출, 유량 그리고 온도의 변화 등과 같은 다양한 종류가 있지만, 수자원공학에서는 유량이 주된 부하라 할 수 있다. 이러한 부하가 결국 수자원시스템을 구성하는 요소의 파괴를 초래하게 된다. 즉, 구성 요소의 저항이 외부의 부하보다 작으면 파괴되게 된다. 이러한 종류의 분석은 다양한 수리학적 시스템 구성 요소의 신뢰성분석(reliability analysis)을 통해 실시할 수가 있다.

수자원시스템의 신뢰성은 저항이 부하를 초과할 확률 즉, 파괴되지 않을 확률로 정의할 수 있으며, 위험도(risk)는 부하가 저항을 초과할 확률 즉, 파괴될 확률로 정의 된다. 이러한 신뢰성 C를 수식으로 표현하면

$$C = P(r > l) = P(r - l > 0) \qquad (9.8.1)$$

여기서, P(·)는 확률, r은 저항 그리고 l은 부하를 의미한다. 따라서 신뢰성 C와 위험도 R간의 관계는 다음과 같다.

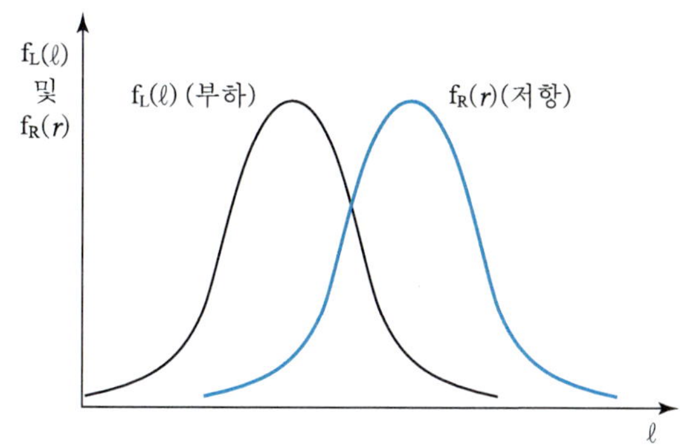

그림 9.8.1 저항-부하 신뢰성 분석

$$C = 1 - R \qquad (9.8.2)$$

수자원시스템의 저항은 근본적으로 시스템이 물을 통수시키는 능력으로 볼 수 있으며, 부하는 시스템의 수요에 따른 유량 또는 압력의 크기라고 할 수가 있다. 다양한 수자원시스템 및 수요의 불확실성으로 인해 저항 및 부하는 무작위변량(randon variable)으로 나타나므로 r 및 l의 확률분포에 대한 신뢰성모형의 개발을 필요로 한다. 저항 및 부하에 대한 확률분포는 그림 9.8.1과 같이 나타낼 수가 있다. 여기서, 신뢰성은 모든 가능한 부하에 대해 저항이 부하보다 클 확률을 의미한다.

9.8.1 재현기간 및 위험도

수문분야에서 어떤 사상에 대한 확률을 나타낼 때 가장 일반적으로 사용되는 방법이 재현기간(return period)이다. 만일 어떤 홍수사상의 크기가 평균 T년 동안에 한번 같거나 초과하게 되면 재현기간 T년을 가진다고 말한다. 재현기간 T의 역은 어떤 해에 그 사상보다 같거나 큰 것이 발생할 확률을 의미한다.

$$T = \frac{1}{P(F)} \tag{9.8.3}$$

다음과 같은 재현기간과 확률과의 관계로부터 위험도를 얻을 수 있다.

① 어떤 해에 홍수가 발생할 확률

$$P(F) = \frac{1}{T} \tag{9.8.4}$$

② 어떤 해에 홍수가 발생하지 않을 확률

$$P(\overline{F}) = 1 - P(F) = 1 - \frac{1}{T} \tag{9.8.5}$$

③ n년 동안 계속해서 홍수가 발생하지 않을 확률

$$P_1(\overline{F}) \cdot P_2(\overline{F}) \cdot \ldots \cdot P_n(\overline{F}) = [P(\overline{F})]^n = \left(1 - \frac{1}{T}\right)^n \tag{9.8.6}$$

④ 연속되는 n년 동안 최소한 한번 T년 빈도의 홍수가 발생할 확률 (위험도)

$$R = 1 - [P(\overline{F})]^n = 1 - \left(1 - \frac{1}{T}\right)^n \tag{9.8.7}$$

표 9.8.1 설계수명기간(n)과 홍수의 재현기간(T)에 따른 위험도 R

위험도 (%)	신뢰도 (%)	설계수명기간 n(년) 2	5	10	15	20	25	50	100
75	25	2.0	4.1	7.7	11.3	14.9	18.5	36.6	72.6
63	37	2.6	5.5	10.6	15.6	20.6	25.6	50.8	101.1
50	50	3.4	7.7	14.9	22.1	29.4	36.6	72.6	144.8
40	60	4.4	10.3	20.1	29.9	39.7	49.4	98.4	196.3
30	70	6.1	14.5	28.5	42.6	56.6	70.6	140.7	280.9
25	75	7.5	17.9	35.3	52.6	70.0	87.4	174.3	348.1
20	80	9.5	22.9	45.3	67.7	90.1	112.5	224.6	448.6
15	85	12.8	31.3	62.0	92.8	123.6	154.3	308.2	615.8
10	90	19.5	48.0	95.4	142.9	190.3	237.8	475.1	949.6
5	95	39.5	98.0	195.5	292.9	390.4	487.9	975.3	1950.1
2	98	99.5	248.0	495.5	743.0	990.5	1238.0	2475.4	4950.3
1	99	199.5	498.0	995.5	1493.0	1990.5	2488.0	4975.5	9950.4
0.5	99.5	399.5	998.0	1995.5	2993.0	3990.5	4988.0	9975.5	19950.5

예제 9.8.1

어떤 하천상에 댐의 건설을 위하여 가물막이 댐을 임시로 건설하고자 한다. 가물막이 댐을 재현기간 20년 홍수에 견딜 수 있도록 설계한다면 1) 첫 해에 파괴될 확률, 2) 세 번째 해에 파괴될 확률, 3) 10년 동안 한번도 파괴되지 않을 확률 그리고 4) 10년 동안 최소한 한번 파괴될 확률을 구하라.

풀이

1) $P(F)=\frac{1}{T}=\frac{1}{20}=5\%$

2) $P(F)=\left(1-\frac{1}{T}\right)\left(1-\frac{1}{T}\right)\left(\frac{1}{T}\right)=\left(1-\frac{1}{20}\right)\left(1-\frac{1}{20}\right)\left(\frac{1}{20}\right)=4.513\%$

3) $P(F)=\left(1-\frac{1}{20}\right)^{10}=59.87\%$

4) $P(F)=1-\left(1-\frac{1}{20}\right)^{10}=1-0.5987=40.13\%$

9.8.2 직접적분에 의한 신뢰성

신뢰성은 식 (9.8.1)에서 정의한 개념에 따라 다음과 같이 나타낼 수가 있다.

$$C=\int_0^\infty f_R(r)\left(\int_0^r f_L(l)dl\right)dr$$

$$=\int_0^\infty f_R(r)F_L(r)dr \qquad (9.8.8)$$

여기서, $f_R(\cdot)$과 $f_L(\cdot)$은 저항 및 부하의 확률밀도함수를 의미하며, 신뢰성 분석을 하기위해서는 저항과 부하에 대한 확률분포를 알아야 한다. 식 (9.8.8)에 의해 신뢰성 분석을 하는 절차가 그림 9.8.2와 같다.

신뢰성 계산 절차를 설명하기 위해 먼저 저항 r과 부하 l의 확률분포가 지수분포를 하고 있다고 가정한다.

$$f_L(l)=\lambda_l e^{-\lambda_l l} \qquad l\geq 0 \qquad (9.8.9)$$

$$f_R(r)=\lambda_r e^{-\lambda_r r} \qquad r\geq 0 \qquad (9.8.10)$$

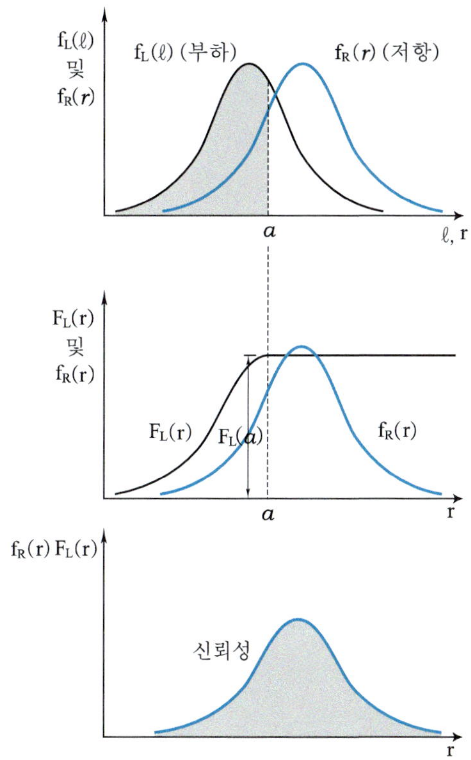

그림 9.8.2 신뢰성 분석 절차를 나타내는 모식도

위와 같은 저항 및 부하의 확률분포를 식 (9.8.8)에 대입하여 정리하면 다음과 같다.

$$C=\int_0^\infty \lambda_r e^{-\lambda_r r}\left(\int_0^r \lambda_l e^{-\lambda_l l}dl\right)dr=\int_0^\infty \lambda_r e^{-\lambda_r r}\left(1-e^{-\lambda_l r}\right)dr=\frac{\lambda_l}{\lambda_r+\lambda_l} \qquad (9.8.11)$$

만일 저항 r과 부하 l의 확률분포가 대수정규분포를 보인다면 신뢰성은 다음과 같이 나타난다.

$$C=\int_0^\infty \phi(z)dz=\Phi(z) \qquad (9.8.12)$$

여기서, $\phi(z)$와 $\Phi(z)$는 표준정규변량 z가 다음과 같이 주어지는 확률밀도함수와 누가확률분포함수이다.

$$z = \frac{\mu_{\ln r'} - \mu_{\ln l'}}{\sqrt{\sigma^2_{\ln r'} + \sigma^2_{\ln l'}}} \tag{9.8.13}$$

표준정규변량 z에 대한 누가확률분포함수 $\Phi(z)$의 값은 표 9.3.1에 나타나 있다.

만일 부하 l이 지수분포함수를 보이고, 저항 r이 정규분포함수를 보이면 신뢰성은 다음과 같이 나타난다.

$$C = 1 - \Phi\left(\frac{\mu_r}{\sigma_r}\right) - \exp\left[-\frac{1}{2}\left(2\mu_r\lambda_l - \lambda_l^2\sigma_r^2\right)\right] \times \left[1 - \Phi\left(-\frac{\mu_r - \lambda_l\sigma_r^2}{\sigma_r^2}\right)\right] \tag{9.8.14}$$

예제 9.8.2

그림 9.8.3과 같이 물을 공급하기 위해 직경 0.5m의 주철관이 물탱크에 연결되어 있다. 물탱크의 수두는 사용지 수도로부터 40m 높이로 일정하게 유지되고 있다. 사용지에서는 유량의 수요에 따라 15ton/m^2로 일정한 압력을 필요로 하고 있다. 물 수요는 무작위하게 발생하고 있으며 평균 1m^3/s, 표준편차 0.3m^3/s인 대수정규분포를 보이고 있다. 관 조도의 불확실성 때문에 사용자에게의 공급량이 확실하지가 않다. 관은 3년 전에 설치되었으며, Hazen-Williams 공식에서의 조도계수가 약 130으로 산정되며 ±20의 편차를 보이고 있다. 즉, Hazen- Williams 계수 C_{HW}가 평균 130, 표준편차 20의 대수정규분포를 보이고 있다. 사용자가 만족할 수 있는 물 수요량에 대한 신뢰성을 판단하라.

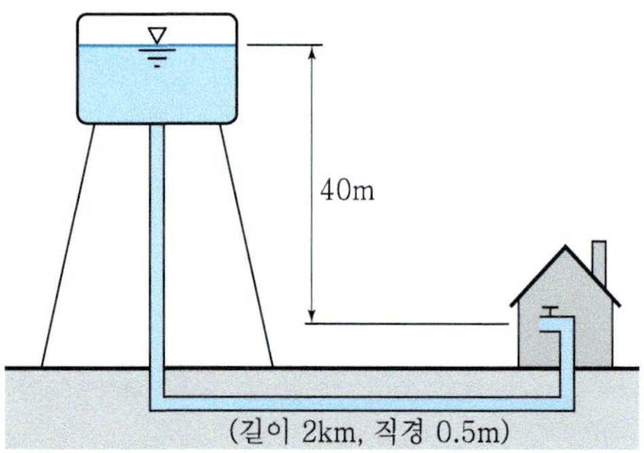

그림 9.8.3 물공급시스템

풀이

본 예제에서 물 공급시스템의 저항은 공급자에 의한 물 공급량이 되고, 부하는 사용자에 의한 수요량이 된다. 공급량 및 수요량이 모두 무작위하게 나타난다. Hazen-Williams 공식에 의해 공급량을 계산하면

$$r = Q_s = \frac{C_{HW}}{3.5935}\left(\frac{\Delta h}{L}\right)^{0.54} D^{2.63}$$

여기서, Δh는 공급지와 수요지 사이의 수두차(m), D는 관 직경(m) 그리고 L은 관의 길이(m)이다. 조도계수 C_{HW}가 무작위변량이므로 물 공급량 또한 무작위하게 변한다. Hazen-Williams 공식의 형태가 곱으로 되어 있으므로 대수변환으로 인해 변수들 간에 선형관계가 나타난다. 즉,

$$\ln Y = \ln C_{HW} - \ln(3.5935) + 0.54\ln\left(\frac{40 - 15/1}{2{,}000}\right) + 2.63\ln(0.5) = \ln C_{HW} - 5.4684$$

조도계수 C_{HW}가 대수정규분포를 보이고 있으므로 $\ln C_{HW}$는 정규분포를 보이게 된다. 따라서 C_{HW}의 평균 및 표준편차는 다음과 같이 구할 수 있다.

$$\sigma_{\ln r} = \sqrt{\ln\left(1+\Omega_C^2\right)} = \sqrt{\ln\left[1+(20/130)^2\right]} = 0.153$$

$$\mu_{\ln r} = \mu_{\ln}C = \ln C_{HW} - \sigma_{\ln r}^2/2 = \ln 130 - (0.153^2/2) = 4.865$$

이 결과로부터 lnY의 평균 및 표준편차는 −0.612 및 0.153이 된다.

부하인 물 수요량이 대수정규분포를 보이므로 조도계수 C_{HW}와 같은 방법으로 수요량의 평균 및 표준편차를 구하면

$$\sigma_{\ln l} = \sqrt{\ln\left[1+(0.3/1)^2\right]} = 0.294, \qquad \mu_{\ln l} = 1-\left(0.294^2/2\right) = -0.043$$

물 수요(부하)와 공급(저항)에 대한 분포와 통계특성치가 결정되었으므로 식 (9.8.12)를 이용하여 물 공급시스템의 신뢰성을 계산할 수 있다.

$$C = \Phi\left[z = \frac{-0.612-(-0.043)}{\sqrt{0.153^2+0.294^2}}\right] = \Phi(z=-1.717) = 1-\Phi(1.717) = 0.043$$

따라서, 수요자에 의한 물의 수요는 4.3%의 확률로 만족시킬 수 있다.

9.8.3 안전여유 및 계수에 의한 신뢰성

1) 안전여유

안전여유(safety margin, SM)는 사업용량(저항)과 설계부하량 간의 차이 즉, $r-l$을 의미한다. 신뢰성은 다음과 같이 $r>l$ 일 확률과 같게 된다.

$$C = P(r-l>0) = P(SM>0) \tag{9.8.15}$$

만일 r과 l이 독립적인 무작위변량이면, SM의 평균 및 분산은 다음과 같다.

$$\mu_{SM} = \mu_r - \mu_l \tag{9.8.16}$$

$$\sigma_{SM}^2 = \sigma_r^2 + \sigma_l^2 \tag{9.8.17}$$

만일 안전여유가 정규분포를 보이면 표준정규변량 z는

$$z = \frac{SM-\mu_{SM}}{\sigma_{SM}} \tag{9.8.18}$$

식 (9.8.15)의 부등식 양쪽에서 μ_{SM}을 빼주고 σ_{SM}으로 나누면 식 (9.8.18)로부터

$$C = P\left(z > \frac{\mu_{SM}}{\sigma_{SM}}\right) = \Phi\left(\frac{\mu_{SM}}{\sigma_{SM}}\right) \tag{9.8.19}$$

이 분석의 중요한 가정은 안전여유가 정규분포를 보이지만 부하나 용량에 대한 분포는 명시화 되어있지 않다는 것이다. Ang(1973)에 의하면 C>0.001이면 신뢰도 C가 r이나 l의 분포에 영향을 크게 받지 않고 SM에 대한 정규분포 가정을 만족한다고 한다. 이보다 작은 신뢰도(예를 들어 C=0.00001)에 대해서는 r과 l의 분포의 꼬리 부분의 형상이 영향을 미치게 되며, 이 경우 위험도 또는 파괴확률을 평가하기 위해 직접적분 절차에 의한 SM 분포의 정확한 산정이 필요하다.

예제 9.8.3

예제 9.8.2와 같은 물 배분시스템에 대한 신뢰성 평가를 안전여유방법에 의해 실시하라.

풀이

저항(물 공급)에 대한 평균 및 표준편차를 구하면

$$\mu_r = \exp\left(\mu_{\ln l} + \frac{1}{2}\sigma_{\ln l}^2\right) = \exp\left(-0.612 + \frac{1}{2} \times 0.153^2\right) = 0.549\text{m}^3/\text{s}$$

$$\sigma_r = \sqrt{\mu_r^2\left[\exp(\sigma_{\ln l}^2) - 1\right]} = \sqrt{0.549^2\left[\exp(0.153)^2 - 1\right]} = 0.085\text{m}^3/\text{s}$$

부하(물 수요)의 평균 및 표준편차는 예제 9.8.3의 문제로부터 μ_l=1m^3/s와 σ_l=0.3m^3/s이다.
따라서 안전여유의 평균 및 표준편차는

$$\mu_{SM} = \mu_r - \mu_l = 0.549 - 1.0 = -0.451\text{m}^3/\text{s}$$

$$\sigma_{SM}^2 = \sigma_r^2 + \sigma_l^2 = 0.085^2 + 0.3^2 = 0.097(\text{m}^3/\text{s})^2$$

그러므로 안전여유 방법에 의한 시스템의 신뢰성은 다음과 같이 구할 수 있다.

$$C = \phi\left(\frac{-0.549}{\sqrt{0.097}}\right) = \phi(-1.763) = 1 - \phi(1.763) = 0.039$$

직접적분법에 의해 산정한 신뢰도와 안전여유방법에 의한 신뢰도는 비록 차이는 무시할 수 있지만 같게 나타나지는 않는다. 하지만 본 예제에서는 안전여유가 가정한 것과 같이 정확히 정규분포를 보이고 있지는 않으며, 따라서 이 방법에 의해 산정한 신뢰도는 진정한 신뢰도의 개략해로 보면 된다.

예제 9.8.4

예제 9.7.2 및 9.7.4와 같은 우수관거의 용량을 초과하는 지표면유출(부하)에 대한 위험도를 안전여유 방법에 의해 결정하라.

풀이

예제 9.7.2에서 $\overline{Q}_l = 2.24\text{m}^3/\text{s}$, $\sigma_l = 1.138\text{m}^3/\text{s}$

예제 9.7.4에서 $\overline{Q}_r = 1.93\text{m}^3/\text{s}$, $\sigma_r = 0.052\text{m}^3/\text{s}$

식 (9.8.16)을 이용하여 μ_{SM}을 구하면

$$\mu_{SM} = \mu_r - \mu_l = \overline{Q}_r - \overline{Q}_l = 1.93 - 2.24 = -0.31\text{m}^3/\text{s}$$

식 (9.8.17)을 이용하여 σ_{SM}을 구하면

$$\sigma_{SM} = \left(\sigma_r^2 + \sigma_l^2\right)^{1/2} = \left(0.052^2 + 1.138^2\right)^{1/2} = 1.139\text{m}^3/\text{s}$$

식 (9.8.19)를 이용하여 신뢰도를 구하면

$$C = \Phi\left(\frac{\mu_{SM}}{\sigma_{SM}}\right) = \Phi\left(\frac{-0.310}{1.139}\right) = \Phi(-0.272) = 0.607$$

따라서, 위험도는 R=1−C=1−0.607=0.393

2) 안전계수

안전계수(safety factor, SF)는 r/l로 주어지며 신뢰도는 P(SF>1)로 나타낸다. 부등식의 양변에 대수를 취하면

$$C = P(SF > 1) = P[\ln(SF) > 0] = P[\ln(r/l) > 0]$$

$$= P\left(z \le \frac{\mu_{\ln SF}}{\sigma_{\ln SF}}\right) = \Phi\left(\frac{\mu_{\ln SF}}{\sigma_{\ln SF}}\right) \tag{9.8.20}$$

만일 저항 및 부하가 독립적이며 대수정규분포를 보이면 위험도는 다음과 같이 나타낸다.

$$R = \Phi\left\{\frac{\ln\left[\frac{\mu_r}{\mu_l}\sqrt{\frac{1+\Omega_l^2}{1+\Omega_r^2}}\right]}{\ln\left[\left(1+\Omega_l^2\right)\left(1+\Omega_r^2\right)\right]^{1/2}}\right\} \tag{9.8.21}$$

예제 9.8.5

예제 9.7.2 및 9.7.4와 같은 우수관거의 용량을 초과하는 지표면유출(부하)에 대한 위험도를 안전계수 방법에 의해 결정하라.

풀이

$$\overline{Q}_l = 2.24\text{m}^3/\text{s}, \quad \Omega_l = 0.508, \quad \overline{Q}_r = 1.94\text{m}^3/\text{s}, \quad \Omega_r = 0.027$$

식 (9.8.21)을 적용하여 위험도를 구하면

$$R = \Phi\left\{\frac{\ln\left[\frac{\overline{Q}_r}{\overline{Q}_l}\sqrt{\frac{1+\Omega_l^2}{1+\Omega_r^2}}\right]}{\ln\left[\left(1+\Omega_l^2\right)\left(1+\Omega_r^2\right)\right]^{1/2}}\right\} = \Phi\left\{\frac{\ln\left[\frac{1.93}{2.24}\sqrt{\frac{1+0.508^2}{1+0.027^2}}\right]}{\ln\left[\left(1+0.508^2\right)\left(1+0.027^2\right)\right]^{1/2}}\right\}$$

$$= \Phi(-0.300) = 0.382$$

연습문제

9.1 어떤 날에 호우가 발생할 사상을 X라하고, 침수가 될 사상을 Y라 할 때 X와 Y가 발생할 확률이 다음과 같다면 어떤 날에 호우와 함께 침수가 발생할 확률은 얼마인가?

$$P(X) = 0.4, P(Y) = 0.05, P(Y|X) = 0.5$$

9.2 표 9.2와 같이 어떤 하천에서의 연 최대유출량자료가 주어져 있다. 계급구간을 설정하고 각 계급구간별 상대도수 및 누가빈도분포를 계산하여 주상도로 나타내시오.

표 9.2 연 최대유출량

년도 (yr)	유출량 (m^3/sec)	년도 (yr)	유출량 (m^3/sec)	년도 (yr)	유출량 (m^3/sec)	년도 (yr)	유출량 (m^3/sec)
1907	415	1929	380	1951	506	1973	407
1908	570	1930	746	1952	419	1974	534
1909	440	1931	131	1953	350	1975	360
1910	490	1932	376	1954	165	1976	439
1911	310	1933	675	1955	353	1977	236
1912	459	1934	217	1956	300	1978	505
1913	190	1935	370	1957	526	1979	497
1914	411	1936	935	1958	990	1980	481
1915	373	1937	585	1959	890	1981	445
1916	760	1938	633	1960	395	1982	564
1917	332	1939	744	1961	554	1983	608
1918	612	1940	342	1962	460	1984	404
1919	760	1941	146	1963	630	1985	804
1920	598	1942	442	1964	583	1986	416
1921	444	1943	131	1965	365	1987	147
1922	584	1944	733	1966	146	1988	333
1923	536	1945	466	1967	649	1989	407
1924	598	1946	394	1968	685	1990	533
1925	633	1947	412	1969	691	1991	774
1926	577	1948	413	1970	426		
1927	640	1949	620	1971	310		
1928	635	1950	900	1972	394		

9.3 표 9.3과 같이 20년간의 연평균 강우량이 주어질 때 평균, 표준편차, 왜곡도계수를 구하여라.

표 9.3 년도별 강우량

년도	1980	1981	1982	1983	1984	1985	1986	1987	1988	1989
강우량	1152	1123	1059	782	1361	876	1278	1113	549	1196
년도	1990	1991	1992	1993	1994	1995	1996	1997	1998	1999
강우량	792	686	940	1189	683	645	584	1435	1102	1049

9.4 표 9.4와 같은 두 지역의 연평균 강우량 자료를 이용하여 평균, 표준편차, 변동계수 그리고 왜곡도계수를 계산하라.

표 9.4 지역별 강우량

년도 (yr)	강우량 (mm) A지역	강우량 (mm) B지역	년도 (yr)	강우량 (mm) A지역	강우량 (mm) B지역
1950	602	1150	1968	680	1252
1951	541	1035	1969	480	892
1952	732	1341	1970	922	1494
1953	446	860	1971	710	1200
1954	584	1196	1972	454	1026
1955	690	1244	1973	635	1162
1956	724	1299	1974	699	1227
1957	832	1263	1975	703	1150
1958	717	1248	1976	814	1143
1959	659	1190	1977	710	1190
1960	571	1040	1978	784	1340
1961	692	1274	1979	507	994
1962	840	1401	1980	512	1043
1963	730	1296	1981	852	1350
1964	630	1162	1982	671	1109
1965	618	1100	1983	784	1206
1966	687	1291	1984	842	1304
1967	777	1340	1985	649	1156

9.5 어떤 하천에서의 일 유출량을 장기간 관측하여 분석한 결과 평균이 750m^3/sec이고 표준편차가 80인 정규분포를 보인다고 가정할 때 다음을 계산하라.

1) 일 유출량이 790과 870 사이에 있을 확률은 얼마인가?
2) 일 유출량이 730과 850 사이에 있을 확률은 얼마인가?
3) 일 유출량이 770 이하일 확률은 얼마인가?

9.6 어떤 하천에서의 유출량자료가 정규분포를 보인다고 할 때 다음을 계산하라. 단, 평균은 532m^3/sec이고 표준편차는 87이다.

1) 재현기간 100년인 홍수의 크기는 얼마인가.
2) 홍수량이 700m^3/sec보다 작거나 같을 확률은 얼마인가.
3) 홍수량 700m^3/sec의 재현기간은 얼마인가.

9.7 표 9.7과 같은 유출량자료를 이용하여 모멘트법에 의해 정규분포의 매개변수를 추정하라.

표 9.7 연 최고유출량자료

년도	홍수량 (m^3/sec)	년도	홍수량 (m^3/sec)	년도	홍수량 (m^3/sec)	년도	홍수량 (m^3/sec)	년도	홍수량 (m^3/sec)
1962	39.9	1968	31.5	1974	27.2	1980	61.4	1986	24.5
1963	33.9	1969	27.9	1975	22.7	1981	11.8	1987	8.0
1964	41.6	1970	21.8	1976	37.0	1982	30.6	1988	27.5
1965	15.0	1971	17.1	1977	12.6	1983	22.6	1989	51.3
1966	6.3	1972	29.1	1978	27.6	1984	20.5	1990	22.4
1967	25.4	1973	22.4	1979	32.9	1985	45.9	1991	68.9

9.8 표 9.8과 같은 유출량자료를 이용하여 모멘트법에 의해 정규분포의 매개변수를 추정하라.

표 9.8 연 최고유출량자료

년도	홍수량 (m^3/sec)	년도	홍수량 (m^3/sec)	년도	홍수량 (m^3/sec)	년도	홍수량 (m^3/sec)	년도	홍수량 (m^3/sec)
1956	59.0	1964	80.0	1972	23.6	1980	21.3	1988	20.6
1957	96.8	1965	37.1	1973	33.4	1981	19.9	1989	22.3
1958	79.4	1966	28.6	1974	19.8	1982	21.0	1990	20.6
1959	179.0	1967	26.9	1975	22.3	1983	21.7	1991	21.6
1960	220.0	1968	29.4	1976	20.2	1984	22.0		
1961	202.0	1969	28.4	1977	20.2	1985	22.4		
1962	52.0	1970	19.4	1978	24.4	1986	21.6		
1963	94.0	1971	23.5	1979	21.8	1987	12.3		

9.9 연습문제 9.6에서 자료가 대수정규분포를 따른다고 가정하고 계산하라. 자료 x에 log10을 취해 구한 결과 평균은 $\bar{y}$=2.6435 표준편차는 s_y=0.0975이다.

9.10 연습문제 9.7의 표 9.7과 같이 주어진 연 최고치 유출량자료에 대해 2변수 대수정규분포에 대한 매개변수를 모멘트법에 의해 추정하라.

9.11 연습문제 9.8의 표 9.8과 같이 주어진 연 최고치 유출량자료에 대해 2변수 대수정규분포에 대한 매개변수를 모멘트법에 의해 추정하라.

9.12 연습문제 9.7의 표 9.7과 같이 주어진 연 최고치 유출량자료에 대해 3변수 대수정규분포에 대한 매개변수를 모멘트법에 의해 추정하라.

9.13 연습문제 9.8의 표 9.8과 같이 주어진 연 최고치 유출량자료에 대해 3변수 대수정규분포에 대한 매개변수를 모멘트법에 의해 추정하라.

9.14 연습문제 9.7의 표 9.7과 같이 주어진 연 최고치 유출량자료에 대해 2변수 Gamma분포에 대한 매개변수를 모멘트법에 의해 추정하라.

9.15 연습문제 9.8의 표 9.8과 같이 주어진 연 최고치 유출량자료에 대해 2변수 Gamma분포에 대한 매개변수를 모멘트법에 의해 추정하라.

9.16 연습문제 9.7의 표 9.7과 같이 주어진 연 최고치 유출량자료에 대해 3변수 Gamma분포에 대한 매개변수를 모멘트법에 의해 추정하라.

9.17 연습문제 9.8의 표 9.8과 같이 주어진 연 최고치 유출량자료에 대해 3변수 Gamma분포에 대한 매개변수를 모멘트법에 의해 추정하라.

9.18 예제 9.6.7에서 주어진 표 9.6.7의 연 최고치 유출량자료를 이용하여 Log- Pearson Type-III 분포에 대한 매개변수를 모멘트법에 의해 추정하라.

9.19 연습문제 9.8의 표 9.8과 같이 주어진 연 최고치 유출량자료를 이용하여 Log-Pearson Type-III 분포에 대한 매개변수를 모멘트법에 의해 추정하라.

9.20 연습문제 9.7의 표 9.7과 같이 주어진 연 최고치 유출량자료를 이용하여 일반극치분포(GEV)분포에 대한 매개변수를 모멘트법에 의해 추정하라.

9.21 예제 9.6.7에서 주어진 표 9.6.7과 같이 주어진 연 최고치 유출량자료를 이용하여 일반극치분포(GEV)분포에 대한 매개변수를 모멘트법에 의해 추정하라.

9.22 연습문제 9.7의 표 9.7과 같이 주어진 연 최고치 유출량자료를 이용하여 Type-I 극치(Gumbel)분포에 대한 매개변수를 모멘트법에 의해 추정하라.

9.23 예제 9.6.7에서 주어진 표 9.6.7과 같이 주어진 연 최고치 유출량자료를 이용하여 Type-I 극치(Gumbel)분포에 대한 매개변수를 모멘트법에 의해 추정하라.

9.24 연습문제 9.7의 표 9.7과 같이 주어진 연 최고치 유출량자료를 이용하여 Type-III 극치(Weibull)분포에 대한 매개변수를 모멘트법에 의해 추정하라.

9.25 예제 9.3.5에서 주어진 표 9.3.4와 같이 주어진 연 최고치 유출량자료를 이용하여 Type-III 극치(Weibull)분포에 대한 매개변수를 모멘트법에 의해 추정하라.

9.26 연습문제 9.7의 표 9.7과 같이 주어진 연 최고치유출량자료에 대해 W-W검정을 실시하라.

9.27 연습문제 9.8의 표 9.8과 같이 주어진 연 최고치유출량자료에 대해 W-W검정을 실시하라.

9.28 표 9.28과 같이 어떤 하천의 출구지점에서 매년마다 비교적 큰 유출량을 다섯 개씩 선택한 결과가 주어져 있을 때 연 최고치계열과 연 초과치계열을 작성하여라.

표 9.28 관측된 유출량자료

년도	선택된 다섯 가지 최대 유출량 (m^3/sec)				
1998	3420	42700	14200	8000	5260
1999	31100	12200	10000	1430	3850
2000	19300	4130	8760	1400	3570
2001	4600	6270	20700	10700	1590
2002	4660	1010	12100	10300	7560

9.29 표 9.29와 같이 주어진 85년간의 연 최고치 유출량자료를 처음 42개와 뒤의 43개로 나누어 두 자료집단이라고 가정하고, M-W검정방법을 이용하여 이들 자료의 균일성을 유의수준 5%에 대해 검정하라.

표 9.29 연 최고치 홍수량

년도	홍수량 (m^3/sec)	년도	홍수량 (m^3/sec)	년도	홍수량 (m^3/sec)	년도	홍수량 (m^3/sec)	년도	홍수량 (m^3/sec)
1907	415	1924	598	1941	146	1958	990	1975	360
1908	570	1925	633	1942	442	1959	890	1976	439
1909	440	1926	577	1943	131	1960	395	1977	236
1910	490	1927	640	1944	733	1961	554	1978	505
1911	310	1928	635	1945	466	1962	460	1979	497
1912	459	1929	380	1946	394	1963	630	1980	481
1913	190	1930	746	1947	412	1964	583	1981	445
1914	411	1931	131	1948	413	1965	365	1982	564
1915	373	1932	376	1949	620	1966	146	1983	608
1916	760	1933	675	1950	900	1967	649	1984	404
1917	332	1934	217	1951	506	1968	685	1985	804
1918	612	1935	370	1952	419	1969	691	1986	416
1919	760	1936	935	1953	350	1970	426	1987	147
1920	598	1937	585	1954	165	1971	310	1988	333
1921	444	1938	633	1955	353	1972	394	1989	407
1922	584	1939	744	1956	300	1973	407	1990	533
1923	536	1940	342	1957	526	1974	534	1991	774

9.30 연습문제 9.29의 표 9.29와 연습문제 9.7의 표 9.7에서 주어진 연 최고치 유출량자료에 대해 M-W검정방법을 이용하여 이들 자료의 균일성을 유의수준 5%에 대해 검정하라.

9.31 연습문제 9.8의 표 9.8과 같이 주어진 연 최고치 유출량자료에 대해 G-B검정을 실시하여 유의수준 10%에 대해 고이상치 및 저이상치를 검정하라.

9.32 예제 9.5.1에서 주어진 연 강우량자료(표 9.5.2)를 이용하여 χ^2검정을 통해 이 자료가 대수정규분포에 적합한지 유의수준 5%로 판단하라.

9.33 표 9.33과 같이 주어진 20년간의 연 강우량자료(mm)를 이용하여 2변수 대수정규분포에 대해 유의수준 5%로 K-S 검정을 실시하라.

표 9.33 년도별 강우량

년 도	강우량	년 도	강우량	년 도	강우량	년 도	강우량
1980	1252	1985	876	1990	792	1995	645
1981	1123	1986	1278	1991	686	1996	584
1982	1059	1987	1113	1992	940	1997	1435
1983	782	1988	549	1993	1189	1998	1102
1984	1361	1989	1196	1994	683	1999	1049

9.34 재현기간 100년에 해당하는 정규분포의 빈도계수를 식 (9.6.12)를 사용하여 구하라.

9.35 연습문제 9.7의 표 9.7과 같이 주어진 유출량 자료를 이용하여 매개변수를 산정한 결과 $\bar{x}=28.91m^3/sec$, $s=14.3916m^3/sec$이다. 정규분포에 대한 100년 빈도의 홍수량을 산정하라.

9.36 연습문제 9.10(표 9.7)에서 산정된 매개변수가 $\bar{y}=3.2535$, $s_y=0.4705$일 때 2변수 대수정규분포에 대한 100년 빈도의 홍수량을 산정하라.

9.37 연습문제 9.12(표 9.7)에서 산정된 매개변수가 $x_o=-15.1036$, $\bar{y}=3.7337$, $s_y=0.3187$이다. 3변수 대수정규분포에 대한 100년 빈도의 홍수량을 산정하라.

9.38 연습문제 9.14(표 9.7)에서 산정된 매개변수가 $\alpha=7.1643$, $\beta=4.0353$이다. 2변수 Gamma분포에 대한 100년 빈도의 홍수량을 산정하라.

9.39 연습문제 9.16(표 9.7)에서 산정된 매개변수가 $\alpha=7.3103$, $\beta=3.8757$, $x_o=0.5774$이다. Pearson Type-III 분포에 대해 100년 빈도의 홍수량을 산정하라.

9.40 연습문제 9.20(표 9.7)에서 산정된 매개변수는 $\alpha=11.6054$, $\beta=0.0267$, $x_o=22.5107$이다. 일반극치분포(GEV분포)에 대한 100년 빈도의 홍수량을 산정하라.

9.41 연습문제 9.22(표 9.7)에서 산정된 매개변수는 $\bar{x}=28.91$, $s=14.3916$, $\alpha=11.2212$, $x_o=22.4338$이다. Type-I 극치분포(Gumbel분포)에 대한 100년 빈도의 홍수량을 산정하라.

9.42 연습문제 9.24(표 9.7)에서 산정한 매개변수가 $\alpha=24.4125$, $\beta=1.5577$, $x_o=6.9649$이다. Type-III 극치분포(Weibull분포)에 대해 재현기간 100년에 해당하는 홍수량을 산정하라.

9.43 연습문제 9.24의 표 9.7을 이용하여 Wakeby분포에 대한 매개변수를 산정한 결과가 a=20.658, b=7.4271, c=27.4953, d=0.2716, m=0.4494일 때 Wakeby분포에 대해 재현기간 100년에 해당하는 홍수량을 산정하라.

9.44 예제 9.7.1의 결과와 표 9.44와 같은 변수값을 이용하여 합리식을 사용한 유출에 대한 평균, 변동계수 및 표준편차를 산정하라.

표 9.44 합리식의 변수값

변수	평균	변동계수
C	0.75	0.1
I	80mm/h	0.3
A	$0.2km^2$	0.01

9.45 Manning의 공식을 이용하여 우수 관거 내 물이 가득차서 흐를 때의 관거 용량의 평균, 변동계수 및 표준편차를 결정하라. 예제 9.7.3의 결과와 표 9.45를 이용하라.

표 9.45 Manning 공식의 변수값

변수	평균	변동계수
n	0.02	0.015
D	1.8m	0.0
S	0.004	0.08

9.46 어떤 하천상에 댐의 건설을 위하여 가물막이 댐을 임시로 건설하고자 한다. 가물막이 댐을 재현기간 10년 홍수에 견딜 수 있도록 설계한다면 다음과 같은 상황이 발생될 확률을 구하라.

1) 첫 해에 파괴될 확률
2) 세 번째 해에 파괴될 확률
3) 10년 동안 한번도 파괴되지 않을 확률
4) 10년 동안 최소한 한번 파괴될 확률

9.47 예제 9.8.2의 그림 9.8.3과 같이 물을 공급하기 위해 직경 0.61m의 주철관이 물탱크에 연결되어 있다. 물탱크의 수두는 사용지 수도로부터 30.5m 높이로 일정하게 유지되고 있다. 사용지에서는 유량의 수요에 따라 14.06ton/m^{2}로 일정한 압력을 필요로 하고 있다. 물 수요는 무작위하게 발생하고 있으며 평균 0.0283m^3/s, 표준편차 0.0085m^3/s인 대수정규분포를 보이고 있다. 관 조도의 불확실성 때문에 사용자에게의 공급량이 확실하지가 않다. 관은 3년 전에 설치되었으며, Hazen-Williams 공식에서의 조도계수가 약 130으로 산정되며 ±20의 편차를 보이고 있다. 즉, Hazen-Williams 계수 C_{HW}가 평균 130, 표준편차 20의 대수정규분포를 보이고 있다. 사용자가 만족할 수 있는 물 수요량에 대한 신뢰성을 판단하라.

9.48 연습문제 9.47과 같은 물 배분시스템에 대한 신뢰성 평가를 안전여유방법에 의해 실시하라.

9.49 연습문제 9.44 및 9.45와 같은 우수관거의 용량을 초과하는 지표면유출(부하)에 대한 위험도를 안전여유 방법에 의해 결정하라.

9.50 연습문제 9.44 및 9.45와 같은 우수관거의 용량을 초과하는 지표면유출(부하)에 대한 위험도를 안전계수 방법에 의해 결정하라.

Chapter 10

용수 수요 및 공급

10.1 서론

수자원 분석 및 계획에서 물 공급이 인간의 활동에 필수적이므로 중요한 부분이라고 할 수 있다. 가정에서의 생활용수, 화재를 진화하기 위한 소화전, 관개를 위한 관정 및 관개수로 등과 같이 물이 없이는 하루도 견디기가 힘들다. 현대 사회에서 대다수의 물 사용자들은 물이 충분히 준비되어 있는 것으로 생각하는 경우가 많지만, 사실 우리가 사용하기에 필요한 물의 양은 거의 한계에 도달해 있다. 물 공급을 위한 계획에서는 가용한 물의 공급량에 대한 정보와 함께 현재의 물 소비 및 장래의 물 수요에 대한 지식이 필요하며, 물 공급계획의 목적은 장래의 물 수요에 맞는 물 공급에 대한 대안을 준비하고 최선의 계획을 수립하는 것이라 할 수 있다. 경우에 따라서는 물 공급을 확장할 필요가 있으며, 또는 물의 재이용 및 보수적인 물 공급대책이 필요할 경우가 있다.

10.2 물 문제의 원인

국지적인 강우부족 및 높은 물 소비는 자유로운 물 소비와 물 공급량 간에 민감한 갈등을 초래할 수가 있다. 물 공급시설의 확장은 비용이 많이 들며, 한정된 공급량에 과부하를 초래할 수 있다. 한편 증가하는 장래의 물 소비에 대한 과소예측 및 무시는 또 다른 면에서의 사회 비용을 초래할 수 있다. 물 수요 및 공급관리자는 여러 대안 간에 적절한 균형을 맞추어야 하며, 따라서 장래 물 수요량의 산정은 물 공급계획에서 중요한 인자가 된다.

지형학적 공간 및 시간을 고려해 볼 때 물의 공급 및 수요가 평형을 이루지 못하기 때문에 물의 가용성 및 물의 사용에 대한 갈등이 발생한다. 심지어 작은 유역에서도 어떤 지역은 물이 풍부한 반면, 다른 지역을 물 부족에 시달린다. 따라서 대다수 공공의 관심은 증가하는 수요와 비교적 고정된 공급으로 인한 현재 및 장래에 예측되는 물 부족에 초점을 맞추게 되며, 물의 사용과 관련하여 물의 적절한 양과 질을 확보하는 것이 중요한 문제가 되고 있다.

10.2.1 물 사용

물의 수요 및 공급문제를 이해하기 위해 물의 사용과 관련한 몇 가지 개념을 정립하는 것이 필요하다. 일반적인 물 사용으로 채수(withdrawal)와 소비(consumption)가 있다. 채수는 지표수 또는 지하수로부터 물을 취수하여 특정 사용 목적의 장소로 도수하는 과정이라 할 수 있으며, 이때 관로, 하도, 관거 및 수로 등과 같은 도수로를 통해 누수 또는 증발에 의해 도수손실이 발생하게 된다. 소비는 증발산, 제조업 및 농업, 또는 식품 및 식수 등에 의해 공급된 물이 사용될 때 발생하게 되며, 좀 더 일반적인 용어로 소비사용(consumptive use)이란 말을 사용한다. 채수 및 소비사용은 하천외 사용(offstream use)에만 적용된다. 즉, 물을 지표면이나 지하수로부터 채수하여 다른 장소에서 사용하게 된다. 하천외 사용은 물을 주운이나 위락활동의 목적과 같이 물의 근원에서 사용하는 하천내 사용(instream use)과는 정 반대의 개념이다. 따라서 일반적인 물의 사용에 대한 문제는 하천외 사용에 한정하게 된다.

안전채수량 또는 안전공급율(safe yield)의 개념은 지표수 또는 지하수로부터 채수하는 물의 양에 적용할 수 있다. 지표수 특히, 저수지에 대해 이 개념은 물이 적게 흐르는 기간 동안에 가용한 물의 양을 의미한다. 지하수에 적용할 경우 과거의 안전채수량은 대수층의 궁극적인 고갈 없이 매년 채수할 수 있는 물의 양으로 정의된다. 때로 안전채수량은 지하수위의 변동 없이 채수할 수 있는 물의 양으로 보기도 한다. 따라서 안전채수량의 정의는 '바람직하지 않은 결과를 초래하지 않는 한도 내에서 채수할 수 있는 연간 채수량'으로 내릴 수가 있다.

10.2.2 물부족

수자원 계획 및 정책을 적절하게 수립하기 위해서는 먼저 물부족 또는 가뭄에 대한 적절한 정의가 필요하다. 일반적으로 물 부족과 관련된 용어로는 가뭄(drought), 물부족(water scarcity), 물기근(water shortage), 물압박(water stress), 물결핍(water deficit), 갈수(low flow), 물안전도(water safety), 물위험도(water hazard) 등과 같이 다양하며, 각각의 사용목적에 따라 그 의미에 차이가 나타난다. 이 중 몇 가지 물부족 관련 용어를 정리한 것이 표 10.2.1과 같다.

물부족은 크게 두 가지로 구분할 수가 있는데, 첫째는 일시적으로 물 공급이 절대적으로 작아 나타나는 물부족 즉, 가뭄이다. 가뭄은 주로 기후의 영향으로 인해 발생하며, 특정 지역에서 인간의 생활 및 경제적 활동에 피해를 가져오거나, 동식물의 성장에 피해를 가져올 정도로 강수량 부족이 장기화되는 경우라 할 수 있다. 두 번째는 물 수요와 공급에서 일상적으로 공급이 부족한 경우이다. 일상적인 물부족은 UN의 국제인구행동연구소(Population Action International, PAI)에서

표 10.2.1 물부족 관련용어(국토연구원, 2001)

구 분	내 용	판단기준
가 뭄 (Drought)	- 비정상적인 건조한 날씨가 아주 오랫동안 지속되는 상태 - 관점과 용도에 따라 기상학적 가뭄, 농업적 가뭄, 수문학적 가뭄으로 분류	- 수분부족 정도, - 기간, 피해지역
물부족 (Water scarcity)	- 일반적인 제도와 가격하에서 수요와 공급이 불균형을 이루는 경우	- 이용 가능량에 대한 사용율
물기근 (Water shortage)	- 기본적인 필요를 충족시키기 위한 최소한의 수준과 연관된 물공급의 낮은 수준	- 1인당 년간 재생가능수량 등
물압박 (Water stress)	- 사용자간의 갈등이 심화되고, 물에 대한 경쟁이 격화하며, 신뢰도의 수준과 서비스의 감소, 수확의 실패와 식량 불안 등이 높아지는 경우	- 점검표 접근방법
물결핍 (Water deficit)	- 식물이나 동물들의 정상적인 생장에 저해를 일으킬 수 있을 정도의 수분부족 상태	- 체내 수분부족 정도

표 10.2.2 PAI에 의한 개인별 물 사용량에 따른 국가분류

구 분	국 가
물기근 국가군 < 1,000m^3	– 지부티, 쿠웨이트, 몰타, 바레인, 바베이도스, 싱가폴, 사우디 아라비아, 아랍에미레이트 연방, 예멘, 이스라엘, 튀니지, 카포베르데, 케냐, 부룬디, 알제리, 르완다, 밀라위, 소말리아
물압박 국가군 1,000~1,700m^3	– 리비아, 모로코, 이집트, 오만, 키프로스, 남아프리카, 폴란드, 벨기에, 하이티, 한국
물풍요 국가군 1,700m^3<	– 미국, 영국, 일본 등 119개국

'개인별 물 사용량이 공급 가능한 양을 초과하여 발생하는 현상'으로 정의하고 있다. PAI에서는 또한 표 10.2.2와 같이 국민 1인당 연간 이용 가능한 수자원량을 기준으로 1,000m^3 미만일 경우 물기근 국가로, 1,000~1,700m^{3}인 경우는 물압박 국가 그리고 1,700m^{3}이상인 경우는 물풍요 국가로 구분하여 물에 대한 경각심을 고취시키고 있다.

물부족과 관련하여 수자원정책에서 자주 사용되는 개념으로 이수안전도 또는 물부족 위험도가 있다. 이수안전도는 특정 기간 동안 안정적으로 안전하게 수자원을 이용할 수 있는 정도를 의미하며, 각국의 이수안전도가 표 10.2.3과 같다. 한편 스톡홀름의 환경연구소(Stockholm Environmental Institute, SEI)에서는 사용가능한 수자원에 대한 현재의 사용량, 물공급 신뢰성 및 국가수입량을 복합적으로 적용하여 물부족 위험도를 나타내고 있다. 이수안전도 및 결정절차에 대해서는 10.5절에서 소개하기로 한다.

Ohlsson(1998)은 기존의 수자원 부존량 중심의 물부족 분류와는 달리 이용가능한 수자원, 수자원의 가용화능력, 수자원의 이용형태 등 사회의 적응 능력을 고려하여 UNDP의 인간개발지수

표 10.2.3 각국의 이수안전도(수자원공사, 1999)

국 명		이 수 안 전 도
한 국		30년 1회 가뭄(Water Vision 2020)
일 본		10년 빈도 제1위 상당의 갈수량
미 국	개 척 국(USBR)	기왕 최대 갈수량
	공 병 단	20년에 1회 물 부족 발생
	캘 리 포 니 아 주	기왕 최대 갈수량
	워 싱 턴 주	100년 빈도 7일 평균 갈수량
영 국	WESSEX 물관리청	50년에 1회 물 부족 발생
	ANGLIAN 물관리청	기왕 최대 갈수량
프 랑 스		10년에 1회 물 부족 발생
네 덜 란 드		기왕 최대 갈수량 1976년(50년 해당)

표 10.2.4 사회적 물부족지수(Ohlsson, 1998)

국 명	1인당 연강수량(m^3)	물부족지수 (WSI)	사회적 물부족 지수(SWSI)	국 명	1인당 연강수량 (m^3)	물부족지수 (WSI)	사회적 물부족 지수(SWSI)
이 란	1,719	6	7	인 도	2,244	4	10
한 국	1,472	7	8	나이제리아	2,506	4	10
페 루	1,700	6	8	니제르	3,550	3	14
벨기에	1,234	8	9	아프가니스탄	2,540	4	20
영 국	1,222	8	9	이디오피아	1,950	5	21

(Human Development Index, HDI)를 응용한 사회적 물부족지수(Social Water Scarcity Index, SWSI)를 표 10.2.4와 같이 제시하였다. 표에서 SWSI는 1인당 이용 가능한 재생 수자원량을 HDI로 나눈 값으로 10이하이면 물풍요 국가, 10~20이면 물압박 국가, 20~29이면 물기근 국가 그리고 30이상이면 물재난 국가로 구분하고 있다. 우리나라의 경우 1인당 수자원량으로 분류하면 물압박국가에 속하고 있지만, SWSI로 분류할 경우 물풍요국가에 속하는 것으로 나타난다.

10.2.3 물 부족의 원인

사람들이 비록 지구 기후변화의 지역적인 영향의 크기, 방향 및 시기에 대해 확신하지는 못하지만, 대다수가 물에 대한 중압감을 느끼고 있다. 기후변화는 특정 지역에서 이러한 중압감을 더욱 증가시킬 수도 있고, 어떤 지역에서는 완화시킬 수도 있다. 하지만 새로운 물 공급을 개발하는데 이미 한계에 다다른 지역이나, 중압감을 받고 있는 지역은 기후변화가 수자원시스템에 더욱 중압감을 주고, 물 부족 조정능력을 감소시킬 수 있다는 가능성에 대해 관심을 가질 필요가 있다.

1) 증가하는 인구 및 물 경쟁

물의 평균적인 공급은 기후가 장기적으로 알려진 범위를 가지고 변동하는 한 근본적으로 고정되어 있다. 하지만 인구는 점점 증가하고 있다. 우리나라의 경우 2025년에는 인구가 약 5,200만명으로 증가할 것으로 예상하고 있다. 따라서 연간 1인당 사용할 수 있는 물의 양은 그만큼 감소하게 된다. 또한, 지역적으로 물 공급량이 제한되어 있는데, 이러한 지역에 도시개발이 이루어질 경우 인구증가로 수요의 충족은 더욱 어렵게 되고, 특히 가뭄기간에는 더욱 곤란을 겪게 될 것이다.

2) 수질악화

인간에 의한 오염물질이 지표수나 지하수로 유입될 때 또한 물 시스템에 중압감을 주게 된다. 오염은 소비에 필요한 물의 공급을 감소시키고, 지표수는 오니퇴적, 영양소, 유기물, 위해물질에 의해서 오염될 수가 있다. 정부 및 지자체의 노력에도 불구하고 지표 및 지하수의 많은 공급원이 현재 오염되어 있는 실정이다. 지하수의 오염은 더욱 심각한 문제를 초래한다. 일단 지하 대수층이 오염되면 그 가치가 떨어지거나 오랫동안 잃게 될 수가 있다. 비료나 살충제, 다양한 제조과정에서 유출되는 폐수, 지하저장 탱크로부터의 유출 등은 모두 지하수 오염을 발생시키게 된다. 또한 해안 지역에서 해수의 침입으로 인한 오염이 발생할 수가 있다. 과도한 지하수의 양수는 해안 대수층으로 해수의 침입을 초래하고, 해수위 상승 또한 해수의 침입을 유발하고 있다.

3) 환경적인 물의 할당

하천으로부터의 물의 전환은 물이 충분히 존재하는 한 하천내에서 특별한 문제가 되지 않는다. 하지만 소비를 위한 물의 수요가 증가함에 따라 하천내에서의 환경적인 사용에 대한 물 전환의 영향은 더욱 커지고 있다. 지난 수십년간 환경 및 이의 보호에 대한 사람들의 관심이 증가하면서 물에 대한 새로운 중요한 경쟁자는 환경이 되었으며, 습지 및 어류 그리고 위험에 처한 생물의 보호를 위해 사용되는 물, 또는 강의 풍경 보존을 위해 사용되는 물은 관개나 생활용수와 같은 하천외 사용과 갈등을 겪게 된다. 물에 대한 소비사용과 환경적 사용간의 증가하는 경쟁은 기후변화로 인하여 건조해지는 지역에서 더욱 악화될 것이며, 물의 공급이 감소하거나 수요가 증가하면 기존에 개발된 공급은 소비 및 환경적 사용 둘 모두를 만족시키기 위해 더욱 효율적으로 사용되어져야 한다.

4) 과도한 지하수 양수

과도한 지하수 양수는 지중의 물을 자연적인 충진율보다 더 빠르게 제거하게 되고, 오랜 기간동안 지하수가 충진율보다 더 빠르게 양수될 때 사실상 공동이 만들어지며, 따라서 회복할 수가 없게 된다. 과도한 양수는 지하수위가 낮아질수록 양수비용이 증가하기 때문에 지속적으로 물의 비용을 증가시킨다. 높은 비용은 다시 혁신적인 물절약정책, 건지농업(dryland farming)을 필요하게 되고 경작지의 감소를 초래한다. 기후변화는 어떤 지역의 지하수 재충진을 증가시킬 수도 있지만, 지표수 공급이 감소하는 지역에서는 지하수 사용이 증가한다. 석탄의 채굴과 같이 지하수의 채수도 경제성이 있는 것 같지만 기후변화에 대한 일시적인 방법으로 봐야 한다. 지하수가 채수되는 정도에 따라 장래의 건조기간이나 가뭄에 반응할 수 있는 유연성이 감소하게 된다.

5) 노후화된 시설

현재의 도시 물공급시설의 열악한 상황은 장래의 안전 및 물 공급 효율에 영향을 미친다. 또한 도시 물 공급 시설의 필요성은 다른 물 개발에 필요한 비용과 경쟁을 하게 된다. 신도시를 제외한 대부분의 도시지역에서는 오래된 물 공급시스템에서의 누수가 문제가 되고 있다. 비록 이들 지역에서 누수를 완전히 제거한다는 것은 현실성이 없지만, 물 공급 시스템의 효율성을 개선할 수 있는 가능성은 있다. 일부 도시의 홍수유출 증가에 대한 홍수배제 및 처리시설이 제 기능을 못하는 것도 문제가 되고 있다. 도시지역이 확장됨에 따라 추가적인 시설의 필요성도 증가한다.

6) 낡은 제도

물의 분배와 사용을 관리하는 대부분의 법률과 제도는 물이 기본적으로 풍부하고, 수요보다는 공급이 훨씬 많을 때 설정되었으며, 이러한 제도는 대부분 새로운 수요가 새로운 공급의 개발로 인해 충족될 때 이상이 없이 운영되었다. 하지만 수자원의 새로운 개발은 더 이상 용이하지 않고, 비용이 저렴하지도 않으며, 어떤 지역에 있어서는 사실상 불가능하다. 제도와 법률은 물의 부족과 경쟁적인 수요를 점점 더 고려해야 하며, 초기에 계획되어지지 않았던 새로운 문제를 포함하게 된다. 경쟁적인 수요와 사회적인 관심의 변화에 있어 어떤 기관이나 수자원 시스템에 있어서의 현재의 중압감은 이미 법률 및 제도의 변화를 요구하고 있으며, 기후변화에 대한 심각성은 이러한 변화를 나타나게 하는 또 다른 이유이기도 하다. 하지만 수자원에 기후변화의 불확실한 영향이 고려될 때 유연성 있고 효율적인 물의 할당을 유도하는 제도는 기후변화에 의해 초래되는 문제에 가장 잘 대처할 수 있을 것이다.

10.3 가뭄

과다한 강우로 인한 홍수피해가 발생하는 한편, 수문순환의 비정상적인 과정에 의해 강우가 발생하지 않거나 과거에 비해 적은 양만 내릴 경우 홍수와는 반대로 가뭄피해를 초래하게 된다. 모든 수문학적 재해 중에서 가뭄(drought)은 홍수와 함께 전 세계적으로 가장 두려운 재해라 할 수 있다. 비가 오지 않게 되면 곡물을 심을 수 없고, 따라서 식량공급에 차질을 빚게 되어 식량부족으로 인한 비참한 결과를 초래한다. 가뭄은 지역에 따라서 그 양상이 상당히 변하지만, 모든 지역에서 발생한다. 가뭄을 단순히 물리적인 현상이나 자연현상으로만 보아서는 안 된다. 가뭄은 자연현상(자연적인 기후변화로부터 예견되는 것보다 적은 강우)과 물의 수요간의 상호작용으로 인해 사회에 영향을 미친다. 인류는 지속적으로 가뭄으로부터 고통 받아 왔으며, 개발도상국과 선진국 모두가 겪고 있는 가뭄과 이에 따른 경제적, 환경적 영향 그리고 개개인에 대한 고통은 모든 사회가 이러한 수문순환의 변화에 취약함을 분명히 보여 주고 있다.

10.3.1 가뭄의 정의

가뭄은 일반적으로 서서히 찾아오는 현상으로 홍수는 언제 시작하고, 어디에서 발생하며, 언제 끝이 나는지 알 수 있는 것과는 달리, 가뭄은 시간과 공간적으로 시작과 끝을 정의하기가 매우 어렵다. 가뭄을 인식하기 전까지 몇 주 또는 몇 달 동안 건조한 기간이 지속되며, 가뭄이 끝나기 까지는 가뭄기간과 비슷한 길이의 습한 기간이 지속되어야 한다. 가뭄을 적절하게 정의하는데 어려움을 주는 여러 가지 근원적인 문제가 있다. 첫째로 가뭄은 수문시스템의 모든 요소에 동시에 영향을 미치지 않을 수가 있다. 토양수분량이 비정상적으로 낮을 수 있지만 하천이나 저수지의 수위는 정상적일 수 있다. 두 번째로 가뭄은 절대적인 상태가 아니고 상대적인 물의 부족이라는데 있다. 수요량의 증가는 상대적으로 공급량이 감소함으로서 가뭄을 초래할 수도 있다.

가뭄에 대한 대부분의 정의는 사용가능한 물이 정상상태보다 낮게 지속하는 기간이라는 개념을 포함하며, 이러한 기간은 몇 주, 몇 달 또는 상황에 따라 몇 년이 될 수도 있다. 정상상태보다 상당히 낮다는 개념은 일부 활동이 다른 활동에 비해 물 부족에 매우 민감하기 때문에 상황에 따라 달라지게 된다. 심지어 같은 활동이라도 시간에 따라 가뭄에 대한 민감도가 달라진다. 농작물은 성장시기 중 특정기간 동안 물부족에 매우 민감하며, 성장기의 짧은 기간동안 물의 공급이 충분하지 못하면 성장기 전, 후의 같은 물부족에 비해 수확량은 급격히 감소한다.

10.3.2 가뭄의 분야별 정의

1) 기상학적 가뭄

기상학적 가뭄은 일반적으로 정상상태 또는 평균적인 개념과 비교하여 건조한 정도와 건조한 상태의 지속기간을 바탕으로 정의된다. 기상학적 가뭄의 정의에서 강우의 결핍을 초래하는 대기상태는 지역에 따라 상당히 변하기 때문에 특정 지역에 근거하여 고려해야 한다. 예를 들어 기상학적 가뭄의 정의 중 일부는 특정한 기준보다 작은 강우일수를 바탕으로 가뭄 기간을 정의한다. 이러한 정의는 열대강우림, 습한 아열대기후 또는 중위도기후와 같이 연중 강우가 내리는 지역에 대해서 적절하다. 하지만 오랫동안 강우가 없는 지역인 경우 특정 기준보다 작은 강우 일수에 의한 정의는 비현실적이다. 오히려 월, 계절, 년시간 단위의 강우 평균치에 대한 실제 강우의 차이가 더 적절할 수 있다. 따라서 여러 나라에서 정의하는 기상학적 가뭄의 다양성은 한 지역에서 설정된 가뭄의 정의를 다른 곳에서 적용하는 것을 어렵게 하고 있다.

표 10.3.1 기상학적 가뭄 정의

정의자	년도	정의
Condra	1944	강한 바람, 적은 강우, 높은 기온 및 낮은 상대습도가 지속되는 기간
Levitt	1958	대기 가뭄을 공기의 증기압 감소와 비례하여 나타냄
Linsley 등	1958	상당한 강우가 없는 기간이 지속되는 것
Downer 등	1967	고려하는 기간 및 규모의 부족과 함께 기준치 이하로 물이 부족한 것
McGuire & Palmer	1957	정상상태의 특정 백분율보다 월 및 년 강우가 부족한 기간
Palmer	1957	평균 기후로부터 가뭄상태로 일시적으로 벗어나는 것
Palmer	1965	실제 강우와 증발산에 필요한 강우간의 가중된 차이를 누가하여 가뭄심도를 나타내는 Palmer 가뭄심도지수(Palmer Drought Severity Index)를 개발.
Gibbs & Maher	1967	월 및 년 총강우를 순위를 매기고 이 분포의 누가빈도로부터 10개 구간으로 나누어 가뭄을 측정할 수 있는 시스템을 개발. 즉, 10분위의 첫 번째 구간은 강우분포의 가장 낮은 10%에 해당
Lee	1979	가뭄이 시작되는 때를 결정하기 위한 강우의 10분위를 사용하여 호주의 가뭄감시시스템을 개발. 즉, 심각한 가뭄을 3개월 또는 그 이상의 기간에 대한 5번째 10분위를 초과하지 않는 건조한 기간으로 정의
Changnon	1980	정상상태로부터 벗어나는 강우의 양을 기후가 경제에 미치는 영향을 비교함으로서 가뭄을 측정

2) 농업적 가뭄

농업적 가뭄은 기상학적(또는 수문학적)가뭄의 다양한 특성을 강우부족, 실제와 잠재증발산간의 차이, 토양수분 부족, 저수지 또는 지하수위의 저하 등과 같은 점에 초점을 맞추어 농업적 영향에 연결시킨다. 농업적 가뭄의 올바른 정의는 싹틈에서 성장까지 곡물 발달의 여러 단계동안 곡물의 물에 대한 다양한 민감성을 충분히 고려할 수 있어야 한다. 씨를 뿌릴 때 토양 상부 층에서의 수분 부족은 발아를 방해하여 적은 곡물밀도를 초래하며, 최종적인 생산량을 감소시킨다. 하지만 성장 초기단계에서 토양 상부 층의 수분이 충분하다면 이 단계에서 표면 아래층의 수분이 부족하더라도 만일 성장기에 수분이 공급되거나 곡물에 필요한 강우가 내린다면 곡물의 최종 생산량에는 영향을 미치지 않는다.

표 10.3.2 농업적 가뭄 정의

정의자	년도	정의
Barger 등	1949	가뭄의 심도를 작물에 미치는 영향과 연계
Kulik	1958	식물의 물 수요와 가용한 물의 양간의 차이를 측정함으로서 가뭄의 강도를 결정
Palmer	1968	비정상적인 증발산량의 차이의 크기를 바탕으로 가뭄의 심도를 결정하는 작물수분지수(Crop Moisture Index)를 개발
Heathcote	1974	인간의 농업활동에 해를 끼치는 물의 부족. 농업활동(수요)과 자연적인 현상(공급)간의 상호작용으로 발생하며 그 결과 식물이나 동물에 필요한 물의 양이나 질이 적절하지 못함

3) 수문학적 가뭄

수문학적 가뭄은 지표나 지표하 수분 공급에 대한 강우 부족기간과 관련이 있으며, 가뭄의 빈도와 심한 정도는 유역단위 규모로 정의된다. 수문학적 가뭄은 일반적으로 기상학적 및 농업적 가뭄의 발생시기와 어느 정도 시간적인 지체를 가지게 된다. 강우부족이 토양수분, 하천유출, 지하수 및 저수지 수위와 같은 수문학적 시스템에서 나타나기까지는 시간이 더 걸린다. 따라서 각 분야별로 물 공급에 대한 근원이 다르기 때문에 가뭄의 영향은 서로 시기가 다르게 나타난다.

기후가 수문학적 가뭄의 주된 원인이지만 토지이용 및 이에 따른 산림훼손, 토양 침식, 댐의 건설과 같은 모든 활동이 유역의 수문학적 특성에 영향을 미친다. 여러 지역이 수문학적 시스템에 의해 서로 연결되어 있기 때문에 기상학적 가뭄의 영향은 강우부족 지역의 경계를 훨씬 넘어 확장 될 수도 있다. 또한 상류에서의 토지이용 변화는 침투, 유출율과 같은 수문학적 특성을 변화시켜 하류의 수문학적 가뭄 발생을 높이게 된다.

표 10.3.3 수문학적 가뭄 정의

정의자	년도	정의
Linsely 등	1975	주어진 물 관리시스템에서 설정된 물 사용량을 충분히 공급하지 못하는 하천흐름상태가 지속되는 기간
Whipple	1966	총유출량이 장기간의 평균 유출량보다 작을 경우 가뭄년으로 정의
Dezman 등	1982	과거 기록과 현재의 저수용량, 하천유출, 고위도에서의 강우 등을 이용하여 단일 지수를 결정하기 위한 지표면 물공급지수(Surface Water Supply Index)를 개발

4) 사회경제적 가뭄

사회경제적 가뭄은 경제재인 물의 수요와 공급을 기상학적, 수문학적, 그리고 농업적 가뭄 요소와 관련시키고 있다. 사회경제적 가뭄은 가뭄의 정의와 분류를 위해 수요와 공급의 시간 및 공간적인 과정에 의존하기 때문에 앞에서 언급한 가뭄의 형태와 다르다. 물, 곡물, 물고기, 수력발전과 같은 많은 경제재의 공급은 기상에 의존한다. 기후의 자연적인 변화로 인해 어떤 해에는 물의 공급이 충분한 반면, 어떤 해에는 필요량에 미치지 못하게 된다. 사회경제적 가뭄은 기상과 관련된 물 공급의 부족으로 인해 경제재의 수요가 공급을 초과할 때 발생한다. 경제재의 수요는 인구의 증가 및 1인당 물 소비량의 증가로 인하여 점증하고 있으며, 공급 또한 개선된 생산효율, 기술 또는 지표수의 저류능력을 증가시키는 저수지의 건설로 인해 증가시킬 수 있다.

표 10.3.4 사회경제적 가뭄 정의

정의자	년도	정의
Hoyt	1936, 1942	설정된 인간의 활동에 필요한 강우를 충족시키지 못할 때. 또한 가뭄은 경제적으로 발전된 지역에서 정상적으로 가용한 물보다 창출된 물 수요가 클 경우 발생함
Gibbs	1975	수요를 식물의 분포, 동물 및 인구의 수, 생활습관 및 토지이용에의 의존성이라 정의함으로서 Heathcote의 정의를 확장
Sandford	1979	가뭄을 강우뿐만 아니라 공급에 및 수요의 경향이나 변동에 영향을 주는 다른 인자에 연계

10.3.3 가뭄 영향의 순서

가뭄이 시작될 때 농업분야는 저류된 물에 대한 의존성 때문에 일반적으로 먼저 영향을 받는다. 건조기간이 장기화되는 동안 토양수는 급격히 감소하며, 강우 부족이 계속되면 여러 근원의 물에 의존하는 사람들은 물 부족의 영향을 차차 느끼기 시작한다. 예를 들어 지표수에 의존하는 사람들이 먼저 가뭄을 느끼고 지하수에 의존하는 사람들은 나중에야 가뭄을 느끼게 된다.

강우가 정상상태로 돌아오고 기상학적 가뭄상태가 감소될 때 지표수와 지표하의 물 공급의 회복 순서도 반복된다. 토양수가 먼저 충진 되고, 이어서 하천유출, 저수지와 호수 그리고 지하수가 충진 된다. 농업부문에서는 토양수분의 의존성 때문에 가뭄의 영향은 급속히 감소될 수 있지만, 지표수나 지표하의 물 공급에 의존하는 다른 분야에서는 가뭄의 영향이 수개월 또는 수년 동안 지속된다. 가뭄의 영향을 가장 늦게 받는 지하수 이용자들은 정상 상태로 돌아오는 것도 가장 늦게 된다.

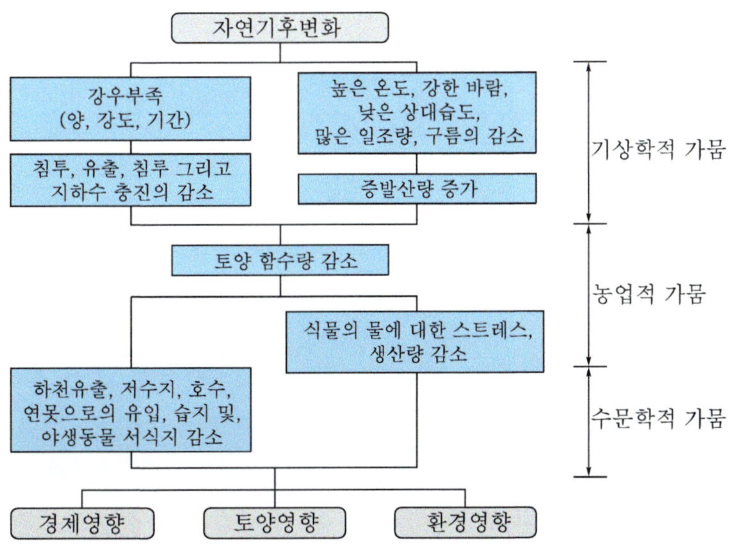

그림 10.3.1 가뭄영향의 순서도

가뭄 문제에 대한 과학적인 접근방법에서는 가뭄 문제 자체를 간결하고 정확하게 정의할 필요가 있다. 문제의 정확한 정의가 있어야 분석을 통해 가뭄의 영향에 대한 해결책을 찾을 수가 있게 된다. 그림 10.3.2는 가뭄 관리 문제의 일반적인 구조를 보여주고 있으며, 왼쪽 항은 가뭄 영향의 순서를, 오른쪽 항은 가뭄 또는 가뭄관리에 대한 인간의 적응을 나타내고 있다.

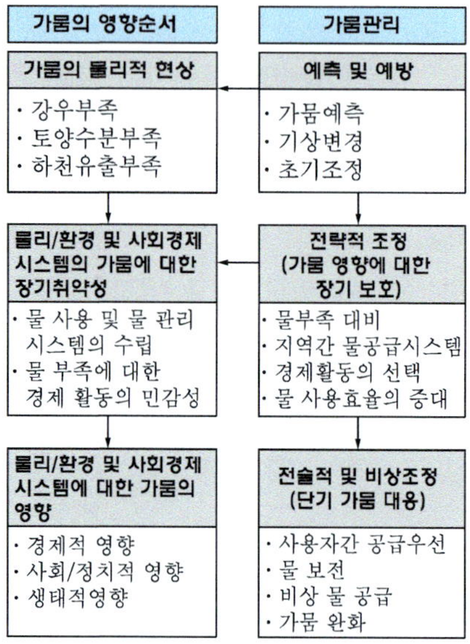

그림 10.3.2 가뭄관리문제 요소

10.4 용수수요

용수수요는 크게 생활용수, 공업용수, 농업용수 및 하천유지용수로 구분할 수가 있으며, 이러한 용수수요는 시간이 지남에 따라 경제발전 및 환경의 변화 등으로 인해 변하게 된다. 따라서 한정된 수자원을 적절하게 배분하기 위해서는 분야 별로 정확한 수요량 및 장래의 필요량을 산정할 필요가 있다. 표 10.4.1은 2006년부터 2020년까지의 우리나라 각 분야별 용수수요량 및 공급량을 보여주고 있다.

표 10.4.1 용수수급전망(2006' 수자원장기종합계획)

구 분		2006	2011	2016	2020
용수수요 (억톤)		344	355	358	356
용수구분	생활용수	79	81	82	82
	공업용수	28	32	35	34
	농업용수	160	158	157	156
	유지용수	77	84	84	84
용수공급 (억톤)		340	352	353	352
부족량 (억톤)		△4	△3	△5	△4

10.4.1 생활용수

생활용수는 인간이 일상적인 생활을 영위하며 소비하는 물로 인간 활동에서 필수적인 부분이라 할 수 있다. 우리나라에서는 상수도시설을 통해 공급하는 물을 생활용수로 보고 있는데, 이에는 가정용수 및 공공용수 그리고 영업용수를 포함하고 있어 순수한 가정용수만을 생활용수에 포함시키지 않고 넓은 의미의 경제활동 및 부차적인 활동에 필요한 물도 생활용수에 포함시키고 있다. 표 10.4.2는 상수도와 관련된 주요 자료의 변화과정을 나타내고 있고, 표 10.4.3은 우리나라의 상수도 보급현황을 보여주고 있으며, 표와 관련된 용어들을 간략하게 정리하면 다음과 같다.

표 10.4.2 상수도 관련 주요 자료의 변화

구분		2002	2003	2004	2005
1일 1인당 급수량	ℓpcd	362	359	365	363
1일 1인당 가정용수 사용량	ℓpcd	172	174.9	177.3	172.8
전국 상수도 보급률	%	88.7	89.4	90.1	90.7
전국 상수도 급수인구	천명	43,021	43,633	44,187	44,671
전국 상수도 시설용량	천㎥/일	28,561	28,462	23,156	28,182
전국 상수도 생산량	백만㎥/년	5,696	5,723	5,909	6,002
전국 상수도 급수량	천㎥/일	15,595	15,670	16,145	16,211
전국 상수도 연간부과량(유수수량)	백만㎥/년	4,395	4,489	4,633	4,761
전국 상수도 유수율	%	77.2	78.4	78.4	79.3
전국 상수도 누수수량	백만㎥/년	700	781	839	845
전국 상수도 누수율	%	12.3	13.6	14.2	14.1
광역상수도 시설용량	천㎥/일	11,444	11,496	13,040	12,827
광역상수도 생산량	천㎥/일	5,434	5,562	5,802	5,923
광역상수도 급수량	백만㎥/년	5,333	5,486	5,792	5,959

표 10.4.3 상수도 보급현황

연도	총인구 (명)	급수인구 (명)	보급률 (%)	간이 상수도 인구	소규모 급수시설 인구	전용 상수도 인구	기타인구 (우물,샘)	급수량		1인당1일 급수량 (ℓ)
								공업용	기타	
1997	46,876,260	39,606,914	84.5	3,135,200	–	341,306	3,792,327	–	16,193,507	409
1998	47,171,140	40,189,652	85.2	2,198,330	778,839	321,168	3,683,151	–	15,872,855	395
1999	47,542,573	40,947,919	86.1	2,153,468	744,920	269,934	3,426,332	–	15,886,107	388
2000	47,976,730	41,773,839	87.1	2,076,540	739,205	288,622	3,098,524	–	15,882,723	380
2001	48,289,173	42,402,177	87.8	2,033,031	719,124	268,985	2,865,856	566,048	15,290,328	374
2002	48,517,871	43,021,379	88.7	1,944,413	707,255	288,370	2,556,454	587,661	15,007,369	362
2003	48,823,837	43,633,452	89.4	1,871,694	686,933	267,079	2,364,679	534,211	15,135,700	359
2004	49,052,988	44,186,598	90.1	1,792,920	673,878	297,299	2,102,293	546,976	15,598,269	365

① 총 인구 : 주민등록상 행정구역 내 거주하는 총 인구수

② 급수인구 : 광역상수도 및 지방상수도 급수시설을 갖춘 지역 내 거주하여 수돗물을 공급받고 있는 인구수

③ 미급수인구 : 총 인구에서 급수인구를 제외한 인구로서 자가상수도, 우물, 샘물 등을 이용하여 급수하고 있는 인구수

④ 광역상수도 : 국가, 지방자치단체, 한국수자원공사 또는 국토해양부장관이 인정하는 자가 둘 이상의 지방자치단체에 원수 또는 정수를 공급하는 일반수도

⑤ 지방상수도 : 지방자치단체가 관할 지역주민, 인근 지방자치단체 또는 그 주민에게 원수 또는 정수를 공급하는 일반수도로서 광역상수도 및 간이상수도 이외의 수도

⑥ 간이상수도 : 지방자치단체가 관할지역 주민의 음용 등에 제공하기 위하여 원수를 '먹는물수질관리기준등에관한규칙'에 적합하게 처리할 수 있는 간이 정수시설을 갖춘 수도시설에 의하여 급수인구 5천인 이내에게 정수를 공급하는 일반수도로서 1일공급량이 1,000m^3미만인 수도

⑦ 전용상수도 : 100인 이상을 수용하는 기숙사, 사택, 요양소, 기타의 시설에서 사용되는 자가용

의 수도와 일반수도에 제공되는 수도외 수도로 급수인구 100인 이상, 5,000인 이내에게 원수 또는 정수를 공급하는 수도

⑧ 1일1인당급수량(per capita water supply per day) : 하루평균 급수량을 급수인구 1인당으로 환산한 것으로서 보통 ℓpcd 단위로 표시

⑨ 보급률 : 총 인구 대비 급수인구의 비율로 전체인구 중 급수혜택을 받고 있는 인구비율로 상수도 보급 지표로 널리 사용되고 있음

⑩ 시설용량 : 상수도시설의 처리 가능한 용량으로 보통 m^3/일 단위로 표시

⑪ 급수량 : 상수도시설을 가동, 실제로 생산되어 정수장에서 일반 수용가로 급수되는 수량

그림 10.4.1은 우리나라의 상수도 생산량의 구분을 보여주고 있다. 상수도 생산량은 정수장의 송수관 시점에서의 연간합계수량으로 유효수량과 무효수량으로 분류할 수 있다.

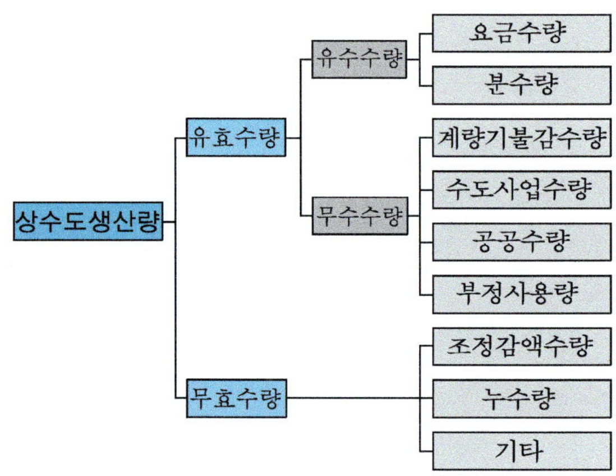

그림 10.4.1 상수도 생산량 구분

1) 유효수량

유효수량은 생산된 수돗물 수량 중 수도관 파열 등과 같은 어떤 원인으로 인해 외부로 누수되고 난 후의 수량으로 유수수량과 무수수량으로 구분한다.

① 유수수량 : 유효수량 중 수돗물 사용량을 요금으로 징수할 수 있는 수량으로, 계량기가 측정하지 못하는 수량이나 기타 부정한 사용, 공공의 목적으로 수돗물을 믿지 못하는 경우를 제외한 수량을 의미한다. 유수수량은 요금수량과 분수량 및 기타수량으로 구분할 수 있다.

- 요금수량 : 계량기에서 직접 계측되어 수도요금을 징수하는 수량으로 유수수량에서 타 수도사업자에게 나누어준 수량 등을 제외한 수량이다.
- 분수량 : 수돗물이 부족한 다른 수도사업자에게 나누어 준 수량으로 그 타 수도사업자에게 수입을 받을 수 있는 수량
- 기타수량 : 공원녹지용수, 공중변소용수 및 공업용수 등으로서 타회계로부터 요금징수로 수입이 있는 수량

② 무수수량 : 유효수량 중 수입으로 징수되지 않는 수량으로 다음과 같이 구분할 수 있다.

- 계량기불감수량 : 유효하게 사용된 수량 중 계량기로 계측되지 않아 요금 징수 대상이 되지 않는 수량
- 수도사업용수량 : 정수장, 배수지에서 사용수량과 수도관 세정수량, 누수방지 작업용수 등 수도사업자가 사용한 수량

- 공공수량 : 소방용수 및 운반공급 용수 등으로 요금수입이 없는 수량
- 부정사용량 : 수도사업자의 허가를 받지 아니한 수도용수 및 급수 업종변경, 계량기 조작 등의 방법으로 불법적으로 사용한 수량

2) 무효수량

무효수량은 사용상 무효라고 인정되는 수량으로 조정감액수량, 누수량 및 기타수량으로 구분할 수가 있다.

- 조정감액수량 : 오염 등으로 요금 징수시 조정에 의하여 감액 대상이 된 수량
- 누수량 : 수도사용자의 계량기 이전까지 발생한 누수량으로 수도관 노후 등으로 누수된 수량
- 기타수량 : 타 공사 등으로 인한 수도시설의 손상에서 오는 수량 및 계측오차, 인정오차 등의 불명수량

표 10.4.2에서 1일1인급수량은 2005년도 기준으로 363ℓpcd인데 비해 실제 가정에서 사용하는 가정용수 사용량은 172.8ℓpcd에 불과하다. 이는 1일1인급수량을 상수도로 공급되는 수량을 급수인구로 나누어 산정하는데 반해 상수도로 공급되는 수량은 그림 10.4.1과 같이 무효수량 및 무수수량의 일부분이 실제 가정에서 사용되지 않고 있기 때문에 실제 가정용수 사용량은 작게 나타나고 있다. 앞에서 설명한 바와 같이 상수도로 공급하고 있는 물을 생활용수로 생각하고 있는데, 이에는 가정용수 이외에 공공용수, 영업용수 및 일부의 소규모 제조업 등에서의 공업용수로 사용하고 있기 때문에 1일1인급수량이 실제 가정용수량에 비해 크게 나타나게 된다.

생활용수의 용도별 분류기준은 보통 가정용, 영업용, 욕탕용, 전용공업용 및 기타로 분류하고 있는데 표 10.4.4와 같이 2005년 유수수량기준으로 가정용이 29억 600만m^3(61.2%)으로 가장 많고, 다음은 업무용 7억 3,100만m^3(15.4%), 영업용 6억 7,600만m^3(14.2%), 전용공업용 2억 9,000만m^3(6.1%), 욕탕용 1억 700만m^3(2.3%) 그리고 기타 4,000만m^3(0.8%) 순으로 나타나고 있다.

표 10.4.4 업종별 수돗물 사용량 추이

구	분	2001	2002	2003	2004	2005
수도요금 부과량 (백만m^3)	계	4,118	4,146	4,246	4,357	4,420
	가 정 용	2,693	2,708	2,785	2,868	2,906
	업 무 용	599	612	643	666	731
	영 업 용	725	720	712	718	676
	욕 탕	101	106	106	106	107
1인당 물사용량(ℓ)		266	264	267	270	272

10.4.2 생활용수수요 추정방법

생활용수수요량을 추정하려면 장래 급수지역 설정 및 급수지역 내의 급수인구산정 그리고 급수

보급률을 추정할 필요가 있다. 먼저 급수지역의 설정에서 현존의 행정구역을 급수지역으로 설정하면 도시의 팽창 및 인근 지역의 통합으로 인해 상수도 시설부족이 발생하게 되므로, 급수지역 설정시 장래의 계획 및 급수지역자체의 발전과 팽창 그리고 인근 지역과의 통합가능성을 충분히 고려할 필요가 있다. 급수지역이 설정되면 급수인구가 생활용수수요량 산정에 중요한 기준이 되므로 급수인구를 신중하게 결정하여야 한다. 급수인구 결정에서 계획기간을 길게 잡으면 급수시설이 대규모화하여 비용이 많이 소요되며, 짧게 잡으면 조만간에 다시 급수시설을 확장할 필요가 발생하여 비경제적이 된다. 따라서 급수인구 결정을 위한 계획기간을 신중하게 결정하여야 하며, 보통 10~15년을 기준으로 하고 있다.

급수인구의 추정에서 총 인구 즉 장래의 인구 전체가 실제 급수인구가 되지는 않는다. 총인구 중 일부만이 급수를 받는데, 이 급수인구는 총 인구에 급수보급률을 곱해 결정하게 된다. 일반적으로 급수보급률은 90~95%를 적용하며, 이와 같이 급수인구가 결정되면 1일1인 최대급수량을 곱해 1일 최대급수량을 결정하게 된다. 국토해양부에서는 장래 연도별 상수도 급수보급률 및 1일1인 최대급수량을 표 10.4.5와 같이 제시하고 있다.

생활용수수요를 추정하는 방법들에는 장래의 인구를 추정하여 인구수에 의한 생활용수 수요량을 추정하는 방법 외에 과거의 사용수량 및 원단위 경향이 장래에도 비슷하게 전개될 것이라고 가정하여 추세선을 이용하여 외삽법으로 추정하는 방법, 물 수요량의 변동에 영향을 준다고 판단되는 다양한 사회 및 경제적 여건 등을 변수로 하여 회귀분석에 의한 회귀모형을 개발하여 적용하는 방법, 생활용수수요의 변화를 자세히 검토하고 용수수요 변화의 요인을 분석하여 장래의 용수수요량을 추정하는 방법 그리고 물 사용 형태를 분석하여 용수수요를 구성하는 사용목적별로 장래의 용수수요량을 추정하는 방법 등이 있다. 본 절에서는 장래 인구추정에 의한 생활용수수요량을 추정하는 방법에 대해 소개하기 한다.

표 10.4.5 인구규모별 상수도 1일 1인 최대급수량 및 급수 보급률

구분			계획년도				
			2001	2006	2011	2016	2021
20만명 ~ 40만명		급수량(ℓpcd)	370	390	410	430	450
		보급률(%)	91.0	93.0	95.0	97.0	98.5
5만명 ~ 20만명		급수량(ℓpcd)	350	370	390	410	430
		보급률(%)	90.0	92.5	95.0	97.0	98.5
2만명 ~ 5만명		급수량(ℓpcd)	310	340	360	380	400
		보급률(%)	82.5	85.0	87.0	89.0	91.0
1만명 ~ 2만명	평탄지	급수량(ℓpcd)	290	310	330	350	370
		보급률(%)	65.0	70.0	75.0	79.0	83.0
	산지	급수량(ℓpcd)	280	300	320	340	360
		보급률(%)	60.0	65.0	70.0	75.0	80.0
1만명 미만	평탄지	급수량(ℓpcd)	270	290	310	330	350
		보급률(%)	50.0	60.0	65.0	70.0	75.0
	산지	급수량(ℓpcd)	240	260	280	300	320
		보급률(%)	45.0	55.0	62.5	70.0	75.0

1) 등차급수방법

등차급수방법은 과거의 연평균 인구증가 추세가 장래에도 그대로 적용된다고 가정하여 추정하는 방법이다. 이 방법은 추정치가 과소해지는 경향이 있으며, 인구가 매년 일정하게 증가하는 발전이 거의 끝난 비교적 큰 도시와 같이 안정되게 변화하는 지역에서 적용이 가능하나, 새로 건설되는 도시처럼 인구증가가 급격하게 발생하는 경우에는 적합하지 않다.

$$P_n = P_o + nA \tag{10.4.1}$$

$$A = \frac{P_o - P_t}{t} \tag{10.4.2}$$

여기서, P_n은 현재부터 n년 후의 추정인구, P_o는 현재인구, A는 연평균 인구 증가수, P_t는 현재로부터 t년 전의 인구이다.

2) 등비급수방법

등비급수방법은 매년의 인구증가율이 일정하다고 가정하고 추정하는 방법으로 과거의 연평균 인구증가율을 구해 적용한다. 이 방법은 인구추정이 과다하게 나타날 수 있으며, 상당기간 비슷한 인구증가율을 보이는 지역에 적절하고, 인구증가율이 감소하는 지역에는 적절하지 않다. 따라서 장래에 크게 발전할 가능성이 있는 지역에 적합하고, 인구가 어느 한계점에서 증가율이 둔화되고 있는 지역에는 적합하지 않다.

$$P_n = P_o(1+r)^n \tag{10.4.3}$$

$$r = \left(\frac{P_o}{P_t}\right)^{1/t} - 1 \tag{10.4.4}$$

여기서, P_n, P_o, P_t는 앞에서와 같고, r은 연평균 인구증가율로 대도시인 경우 1~3%, 소도시인 경우 0.5~1% 그리고 읍, 면인 경우 0~0.3%정도를 적용한다.

3) 최소자승법

최소자승법은 인구증가가 지속적으로 이루어지며, 연평균 증가율이 일정한 경우에 적합한 방법으로 단기간의 인구추정에 적절하다.

$$P_n = an + b \tag{10.4.5}$$

$$a = \frac{N\Sigma X_i Y_i - \Sigma X_i \Sigma Y_i}{N\Sigma X_i^2 - (\Sigma X_i)^2}, \qquad b = \frac{\Sigma X_i^2 \Sigma Y_i - \Sigma X_i \Sigma X_i Y_i}{N\Sigma X_i^2 - (\Sigma X_i)^2} \tag{10.4.6}$$

여기서, P_n은 현재부터 n년 후의 추정인구, a 및 b는 회귀상수, N은 회귀상수를 결정하기 위한 과거자료년도의 수, X_i는 현재부터 과거년도, Y_i는 현재부터 과거년도에서의 인구수이다.

4) Peggy 함수방법

Peggy 함수방법은 도시지역에서의 장래 인구를 추정할 수 있는 방법으로 다음과 같이 추정한다.

$$P_n = P_o + An^a \tag{10.4.7}$$

여기서, P_o 및 P_n은 현재 및 n년 후의 인구, A 및 a는 상수로 다음과 같이 구할 수가 있다. 즉, 식 (10.4.7)의 항을 이동하여 대수를 취하면

$$\log(P_n - P_o) = \log A + a\log n \tag{10.4.8}$$

여기서, $\log(P_n-P_o)=Y$, $\log n=X$ 그리고 $\log A=b$로 놓으면 $Y=aX+b$가 되어 Y와 X자료로부터 최소자승법으로 식 (10.4.6)과 같이 a, b를 구할 수가 있다.

5) Logistic 곡선방법

Logistic 곡선방법은 인구가 처음에는 0에서 시작하여 경과 년수가 점차 증가함에 따라 증가하여, 중간기간에 증가율이 가장 높다가 그 후 증가율이 점차적으로 감소하여 무한년 후에는 일정한 포화치에 도달한다는 이론을 바탕으로 인구를 추정하는 방법이다. 이 방법에서는 포화인구를 가정하는데 어려운 점이 있으나 도시의 인구변화와 비교적 잘 일치하므로 널리 사용되고 있다.

$$P_n = \frac{K}{1 + e^{a - bn}} \tag{10.4.9}$$

여기서, P_n은 n년 후의 추정인구, K는 포화인구, a 및 b는 상수이다. 식 (10.4.9)를 변경하여 대수를 취하면

$$bn\log e - a\log e = \log P_n - \log(K - P_n) \tag{10.4.10}$$

여기서, $n\log e=X$, $a\log e=c$ 그리고 $\log P_n-\log(K-P_n)=Y$로 하면 식 (10.4.10)은 $Y=bX-c$가 된다. 따라서 최소자승법을 이용하여 회귀상수 b 및 c를 구하면 다음과 같다.

$$a = \frac{c}{\log e} = \frac{1}{\log e} \cdot \frac{\Sigma X \Sigma XY - \Sigma X^2 \Sigma Y}{N\Sigma X^2 - (\Sigma X)^2}, \quad b = \frac{N\Sigma XY - \Sigma X \Sigma Y}{N\Sigma X^2 - (\Sigma X)^2} \tag{10.4.11}$$

여기서, N은 인구자료의 수이다.

6) Cohort 생존방법

Cohort 생존방법은 과거의 자료를 이용하여 출생률, 사망률 및 생존율 등과 성별, 연령별 인구

구조를 조사 및 분석하여 각 연령별로 다음과 같이 인구를 추정하는 방법이다. 이 방법은 대규모 지역에서의 장래의 인구를 추정하는데 적절하다.

$$P_n = \Sigma P_1(n) + B_n \tag{10.4.12}$$

$$P_1(n) = C_m \times P_m(n-1) + C_w \times P_w(n-1) \tag{10.4.13}$$

$$B_n = C_b \times P_p(n-1) \tag{10.4.14}$$

여기서, P_n은 n년 후의 추정인구, C_m 및 C_w는 각각 해당연령 남자 및 여자의 생존율, $P_m(n-1)$ 및 $P_w(n-1)$은 각각 전년도의 남자 및 여자인구, B_n은 n년 후의 출생인구, C_b는 출생율(가임여성 기준) 그리고 $P_p(n-1)$는 전년도 가임 여성인구(15~44세)이다.

7) 추세선 방법

추세선을 이용한 인구추정방법에는 과거의 인구증가추세, 다른 지역과의 비교방법 등이 있다. 과거의 인구증가추세를 이용하는 방법은 먼저 과거의 년도와 인구를 그래프에 도시하고 인구 증가추세를 나타낸 후 이를 장래의 각종 상황을 고려하여 연장함으로서 인구를 추정하게 된다. 다른 지역과의 비교에서는 동일한 조건을 구비한 선진 지역의 자료를 수집하여 앞에서와 같은 방법으로 인구증가 추세선을 나타낸 후 장래의 인구를 추정하게 된다. 이와 같은 추세선 방법은 정확한 인구를 추정하기는 곤란하며, 보통 10~20년 후의 인구를 추정하게 된다.

예제 10.4.1

어느 도시의 인구자료가 표 10.4.6과 같이 주어질 때 2005년도의 인구를 등차급수법, 등비급수법, 최소자승법, Peggy 함수방법 그리고 Logistic 곡선 방법에 의해 추정하라.

표 10.4.6 인구자료

년도	인구(명)	년도	인구(명)	년도	인구(명)	년도	인구(명)
1981	375703	1986	439555	1991	542326	1996	583230
1982	395593	1987	477137	1992	545180	1997	590162
1983	409975	1988	491209	1993	549579	1998	600343
1984	421751	1989	513907	1994	558538	1999	611921
1985	426498	1990	517104	1995	570570	2000	622238

풀이

1) 등차급수법

1981년~2000년의 평균 인구증가수는

$$A = \frac{P_o - P_t}{t} = \frac{622{,}238 - 375{,}703}{19} = 12{,}976$$

∴ 2005년도의 인구는 $P_n = P_o + nA = 622{,}238 + 5 \times 12{,}976 = 687{,}116$명

2) 등비급수법

연평균 인구증가율은 $r=\left(\frac{P_o}{P_t}\right)^{1/t}-1=\left(\frac{622,238}{375,703}\right)^{1/19}-1=0.0269$

∴ 2005년도의 인구는 $P_n=P_o(1+r)^n=622,238\times(1+0.0269)^5=710,587$명

3) 최소자승법

2000년도를 기준하여 표 10.4.7과 같이 회귀상수를 결정하기 위한 값들을 구하여 a, b값을 구하면

$$a=\frac{N\Sigma X_iY_i-\Sigma X_i\Sigma Y_i}{N\Sigma X_i^2-(\Sigma X_i)^2}=\frac{20\times(-88,658,686)-(-190)\times10,242,519}{20\times2,470-(-190)^2}=13,000$$

$$b=\frac{\Sigma X_i^2\Sigma Y_i-\Sigma X_i\Sigma X_iY_i}{N\Sigma X_i^2-(\Sigma X_i)^2}=\frac{2,470\times10,242,519-(-190)\times(-88,658,686)}{20\times2,470-(-190)^2}=635,629$$

∴ 2005년도의 인구는 $P_n=an+b=13,000\times5+635,629=700,631$명

4) Peggy 함수방법

1981년도를 기준(P_o)으로 하여 표 10.4.7과 같이 회귀상수 a, b를 구하면

$$a=\frac{N\Sigma X_iY_i-\Sigma X_i\Sigma Y_i}{N\Sigma X_i^2-(\Sigma X_i)^2}=\frac{19\times88.6574-17.0851\times96.3755}{19\times17.5768-17.0851^2}=0.9012$$

$$b=\frac{\Sigma X_i^2\Sigma Y_i-\Sigma X_i\Sigma X_iY_i}{N\Sigma X_i^2-(\Sigma X_i)^2}=\frac{17.5768\times96.3755-17.0851\times88.6574}{19\times17.5768-17.0851^2}=4.2620$$

logA=b로 하였으므로 $A=10^{4.2620}=18,280$

∴ 2005년도의 인구는 $P_n=P_o+An^a=375,703+18,280\times24^{0.9012}=696,250$명

표 10.4.7 최소자승법 및 Peggy 함수방법

년도	인구	최소자승법			Peggy 함수방법					
		X_i	X_i^2	X_iY_i	n	X=logn	X^2	P_n-P_o	$Y=\log(P_n-P_o)$	XY
1981	375,703	−19	361	−7138357	0	−	−	−	−	−
1982	395,593	−18	324	−7120674	1	0.0000	0.0000	19890	4.2986	0.0000
1983	409,975	−17	289	−6969575	2	0.3010	0.0906	34272	4.5349	1.3652
1984	421,751	−16	256	−6748016	3	0.4771	0.2276	46048	4.6632	2.2249
1985	426,498	−15	225	−6397470	4	0.6021	0.3625	50795	4.7058	2.8332
1986	439,555	−14	196	−6153770	5	0.6990	0.4886	63852	4.8052	3.3587
1987	477,137	−13	169	−6202781	6	0.7782	0.6055	101434	5.0062	3.8956
1988	491,209	−12	144	−5894508	7	0.8451	0.7142	115506	5.0626	4.2784
1989	513,907	−11	121	−5652977	8	0.9031	0.8156	138204	5.1405	4.6424
1990	517,104	−10	100	−5171040	9	0.9542	0.9106	141401	5.1505	4.9148
1991	542,326	−9	81	−4880934	10	1.0000	1.0000	166623	5.2217	5.2217
1992	545,180	−8	64	−4361440	11	1.0414	1.0845	169477	5.2291	5.4456
1993	549,579	−7	49	−3847053	12	1.0792	1.1646	173876	5.2402	5.6552
1994	558,538	−6	36	−3351228	13	1.1139	1.2409	182835	5.2621	5.8616
1995	570,570	−5	25	−2852850	14	1.1461	1.3136	194867	5.2897	6.0627
1996	583,230	−4	16	−2332920	15	1.1761	1.3832	207527	5.3171	6.2534
1997	590,162	−3	9	−1770486	16	1.2041	1.4499	214459	5.3313	6.4196
1998	600,343	−2	4	−1200686	17	1.2304	1.5140	224640	5.3515	6.5847
1999	611,921	−1	1	−611921	18	1.2553	1.5757	236218	5.3733	6.7450
2000	622,238	0	0	0	19	1.2788	1.6352	246535	5.3919	6.8949
계	10,242,519	−190	2470	−88658686		17.0851	17.5768		96.3755	88.6574

표 10.4.8 Logistic 곡선방법

년도	인구	n	X=nloge	X^2	$K-P_n$	$\log P_n$	$\log(K-P_n)$	$Y=\log P_n-\log(K-P_n)$	XY
1981	375,703	0	0.0000	0.0000	624297	5.5748	5.7954	−0.2205	0.0000
1982	395,593	1	0.4343	0.1886	604407	5.5972	5.7813	−0.1841	−0.0799
1983	409,975	2	0.8686	0.7544	590025	5.6128	5.7709	−0.1581	−0.1373
1984	421,751	3	1.3028	1.6974	578249	5.6251	5.7621	−0.1371	−0.1786
1985	426,498	4	1.7371	3.0176	573502	5.6299	5.7585	−0.1286	−0.2234
1986	439,555	5	2.1714	4.7150	560445	5.6430	5.7485	−0.1055	−0.2291
1987	477,137	6	2.6057	6.7896	522863	5.6786	5.7184	−0.0397	−0.1036
1988	491,209	7	3.0400	9.2414	508791	5.6913	5.7065	−0.0153	−0.0464
1989	513,907	8	3.4743	12.0704	486093	5.7109	5.6867	0.0242	0.0840
1990	517,104	9	3.9085	15.2766	482896	5.7136	5.6839	0.0297	0.1162
1991	542,326	10	4.3428	18.8600	457674	5.7343	5.6606	0.0737	0.3201
1992	545,180	11	4.7771	22.8206	454820	5.7365	5.6578	0.0787	0.3760
1993	549,579	12	5.2114	27.1584	450421	5.7400	5.6536	0.0864	0.4503
1994	558,538	13	5.6457	31.8735	441462	5.7471	5.6449	0.1022	0.5768
1995	570,570	14	6.0799	36.9657	429430	5.7563	5.6329	0.1234	0.7504
1996	583,230	15	6.5142	42.4351	416770	5.7658	5.6199	0.1459	0.9507
1997	590,162	16	6.9485	48.2817	409838	5.7710	5.6126	0.1584	1.1004
1998	600,343	17	7.3828	54.5055	399657	5.7784	5.6017	0.1767	1.3046
1999	611,921	18	7.8171	61.1065	388079	5.7867	5.5889	0.1978	1.5460
2000	622,238	19	8.2513	68.0847	377762	5.7940	5.5772	0.2167	1.7884
계	10,242,519		82.5135	465.8428				0.4249	8.3653

5) Logistic 곡선방법

1981년도를 기준(P_o)으로 하고 포화인구 K를 1,000,000명으로 가정하여 표 10.4.8과 같이 회귀상수 a, b를 구하면

$$a=\frac{c}{\log e}=\frac{1}{\log(2.7182)}\cdot\frac{82.5135\times8.3658-465.8428\times0.4249}{20\times465.8428-82.5135^2}=0.4520$$

$$b=\frac{N\Sigma XY-\Sigma X\Sigma Y}{N\Sigma X^2-(\Sigma X)^2}=\frac{20\times8.3653-82.5135\times0.4249}{20\times465.8428-82.5135^2}=0.0527$$

∴ 2005년도의 인구는 $P_n=\frac{K}{1+e^{a-bn}}=\frac{1,000,000}{1+e^{0.4520-0.0527\times25}}=703,939$명

10.4.3 공업용수 및 수요량 추정방법

산업이 발달함에 따라 필요한 물의 범위가 확대되어 산업활동을 위한 물이 점점 더 필요하게 된다. 이와 같이 산업활동에 사용되는 물을 공업용수라 하며, 산업체에서의 제품생산과 유지관리를 위해 사용되는 모든 종류의 용수라 할 수 있다. 산업이 발달하고 복잡해짐에 따라 공업용수의 용도도 증가하고 다양하게 변하고 있으며, 생활용수와 혼합되어 산정되기도 한다. 공업용수는 공업용수도 및 상수도, 하천수 및 지하수 등 다양한 경로를 통해 공급된다.

공업용수수요는 그동안 공단 중심으로 계획을 세워왔으며, 공단의 물 사용비율이 전체 공업용수량에서 큰 비중을 차지하고 있고, 비교적 물 사용량의 파악이 용이하다. 또한 자유입지업체에서

의 물 사용량도 상당한 비율을 차지하고 있으나, 물 사용량을 파악하기는 쉽지가 않다. 전국 공업용수수요량을 보면 표 10.4.9와 같이 2001년도의 약 33억m^3으로부터 2020년의 약 45억m^3까지 5년마다 약 3억m^3씩 증가할 것으로 전망하고 있다.

공업용수수요량 추정방법에는 부지면적 원단위법, 종업원수 원단위법, 단위생산액 원단위법 그리고 부가가치액 원단위법 등과 같이 원단위법이 주로 사용되고 있다. 원단위법은 대표적인 원단위를 산정하면 일괄적으로 적용하여 사용이 간편한 반면, 원단위 산정시 오류가 있는 경우 결과에도 많은 오차가 발생하는 단점이 있다.

표 10.4.9 전국 공업용수 수요량 전망 (단위 : 백만 m^3/년)

구분	1998	2001	2006	2011	2016	2020
수요량	2,875	3,355	3,706	4,043	4,311	4,565

1) 부지면적 원단위법

부지면적 원단위법은 산업체의 부지면적을 기준으로 용수수요량을 산정하는 방법으로 공단개발에 대한 장래 자료를 구하기가 용이하므로 공업용수 수요량 추정에 가장 많이 적용되고 있다. 공단중심의 산업구조에서는 장래의 수요량를 추정하기가 용이하지만, 장래의 공단에 대한 계획수립기간이 보통 10년 내외로 장기간 보다는 단기간 예측에 적절한 방법이다. 부지면적 원단위법은 산업체의 부지면적에 따른 단위 용수사용량을 나타내며, 우리나라 산업체를 23개 중분류로 구분하였을 경우 각 업종별 원단위(건교부, 1998)가 표 10.4.10과 같다. 표를 보면 고무 및 프라스틱 제조업의 원단위가 가장 크게 나타나고 있어 제품 생산에 많은 물이 사용되고 있음을 알 수 있다.

표 10.4.10 업종별 부지면적 원단위

제조업 업종	목표연도에 대한 원단위 (m^3/1,000m^2)		제조업 업종	목표연도에 대한 원단위 (m^3/1,000m^2)	
	2001	2006~2021		2001	2006~2021
음식료품제조업	28.95	27.52	제1차 금속산업	32.51	28.22
담배제조업	1.99	1.65	조립금속제품제조업	1.42	0.95
섬유제품제조업	27.66	33.39	기타 기계 및 장비제조업	3.42	3.37
의복 및 모피제품제조업	13.13	13.40	사무, 계산, 회계용기계제조업	12.98	14.86
가죽, 가방, 마구류 및 신발제조업	10.21	7.26	기타 전기기계 및 장비제조업	4.55	3.99
목재 및 나무제품제조업	2.37	2.31	영상, 음향 및 통신장비제조업	11.35	9.74
펄프, 종이 및 종이제품제조업	36.13	39.77	의료, 정밀, 광학기기 및 시계제조업	5.74	4.94
출판, 인쇄 및 기록매체복제업	3.47	2.58	자동차 및 트레일러제조업	3.84	3.32
코크스, 석유정제품 및 핵연료제조업	8.80	10.45	기타 운송장비제조업	2.15	2.49
화합물 및 화학제품제조업	15.00	15.00	가구 및 기타제조업	8.64	7.73
고무 및 플라스틱제조업	58.95	54.66	재생재료 가공처리업	5.75	5.75
비금속 광물제품제조업	7.96	7.98			
제조업 평균				14.71	14.05

2) 종업원수 원단위법

종업원수 원단위법은 산업체에 종사하고 있는 종업원의 수를 기준으로 하여 용수수요량을 산정하는 방법이다. 이 방법은 초창기의 공업용수 수요량 산정에 많이 사용되었으나 경공업 및 중공업에 따라 종업원의 수가 다양하게 변하고, 현대 자동화시설의 발달로 인해 종업원의 수가 감소하게 되므로 장래의 용수수요 산정에 오차를 초래할 수 있다.

3) 단위생산액 원단위법

단위생산액 원단위법은 산업활동을 통해 생산된 생산액을 기준으로 하여 용수수요량을 산정하는 방법이다. 이 방법은 동일한 제조업종에서 생산된 생산품도 품질 및 생산액에 차이가 날 뿐만 아니라, 불변가격의 기준년도에 따라서도 차이가 나기 때문에 원단위 설정에 어려운 점이 있다. 또한 장래의 생산액 산정이 곤란하다는 단점이 있다.

4) 부가가치액 원단위법

부가가치액 원단위법은 산업활동을 통해 생산되는 부가가치액을 기준으로 하여 용수수요량을 산정하는 방법이다. 이 방법에서는 부가가치액을 기준년도에 대한 불변가격으로 변환하여 이를 기준으로 하여 원단위를 설정하게 된다. 부가가치액 원단위법은 부가가치액을 이용하여 거시경제적인 측면에서 장래의 용수수요를 추정하게 된다. 우리나라 산업체를 23개 중분류로 구분하였을 경우 각 업종별 부가가치액 원단위가 표 10.4.11과 같으며, 고무 및 프라스틱 제조업의 원단위가 가장 크게 나타나고 있으다.

표 10.4.11 부가가치액 원단위

제조업 업종	원단위 (m^3/백만원)	제조업 업종	원단위 (m^3/백만원)
음식료품제조업	47.2	제1차 금속산업	74.3
담배제조업	1.0	조립금속제품제조업	11.5
섬유제품제조업	39.9	기타 기계 및 장비제조업	5.4
의복 및 모피제품제조업	4.4	사무, 계산, 회계용기계제조업	6.4
가죽, 가방, 마구류 및 신발제조업	10.1	기타 전기기계 및 장비제조업	6.0
목재 및 나무제품제조업	6.0	영상, 음향 및 통신장비제조업	6.4
펄프, 종이 및 종이제품제조업	53.5	의료, 정밀, 광학기기 및 시계제조업	5.1
출판, 인쇄 및 기록매체복제업	1.7	자동차 및 트레일러제조업	5.0
코크스, 석유정제품 및 핵연료제조업	12.5	기타 운송장비제조업	4.1
화합물 및 화학제품제조업	27.2	가구 및 기타제조업	18.6
고무 및 플라스틱제조업	91.5	재생재료 가공처리업	15.8
비금속 광물제품제조업	26.3	제조업 평균	24.6

10.4.4 농업용수

농업용수는 그림 10.4.2와 같이 벼 등의 성장에 필요한 논 용수, 야채 및 과일 등의 성장에 필요한 밭 용수 그리고 소, 돼지 및 닭 등과 같은 가축을 기르는데 필요한 축산용수를 합 한 용수라 할 수 있으며, 이중에서 논 용수가 농업용수의 대부분을 차지하게 된다. 논 용수는 수리답용수와 수리불안전답용수의 합으로 이루어진다. 수리답은 다시 이앙재배, 건답직파 및 담수직파로 나누어지며, 수리불안전답은 간이시설 및 소하천의 물을 직접 이용하는 논으로 이루어진다. 밭 용수 수요량은 관개전 용수와 간이관개전 용수의 합으로 얻어지며, 관개전은 밭기반정비지구, 과수, 시설재배로 구분되고, 간이관개전은 간이시설이나 비정기적으로 관개하는 밭을 의미한다. 축산용수 수요량은 양축용수와 가공용수로 이루어지며, 양축용수는 음용수량과 세정수량으로 구분할 수 있고, 가공용수는 축산농가 내 기초적인 가공을 위한 수요량을 의미한다.

표 10.4.12는 우리나라의 전국 농업용수 수요량 추정치를 보여주고 있으며, 농업용수 수요량의 변화는 2001년 159억m^3에서 2011년 162억m^3으로 추정되어 농지면적은 감소하지만 농업용수가 증가할 것으로 나타나고 있다. 1996년의 수자원장기계획과 비교해 볼 때 수로의 구조물화와 자동물관리시스템의 구축으로 2011년까지 약 10억m^3의 수요가 절감될 것으로 나타나고 있다.

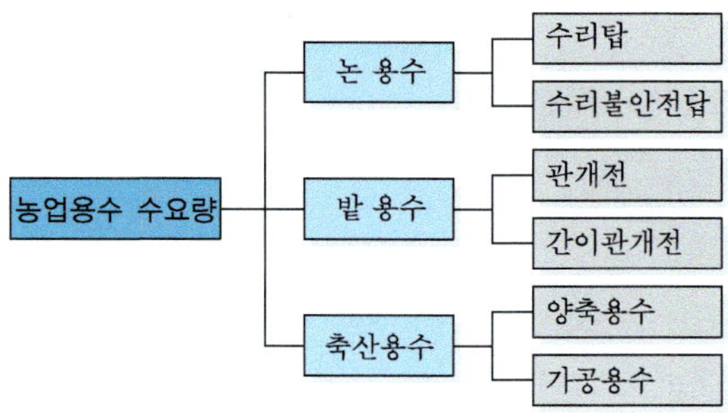

그림 10.4.2 농업용수의 구성

10.4.5 농업용수수요량 산정방법

우리나라에서 적용하고 있는 논 관개를 주로 하는 농업용수수요량을 산정하는 방법은 다음과

표 10.4.12 농업용수 수요량 (단위 : 백만㎥/년)

구 분	1997년	2001년	2006년	2011~2020년
계	15,809	15,875	15,986	16,193
논 용수	13,006	13,272	13,620	13,967
수리답	10,553	11,584	12,491	13,053
수리불안전답	2,453	1,688	1,129	914
밭 용수	2,572	2,669	2,790	2,930
관개전	94	251	447	644
간이관개전	2,478	2,418	2,343	2,286
축산용수	231	241	259	274
양축용수	200	209	226	240
가공용수	31	32	33	34
수요절감량	–	△307	△683	△978
수로구조물화	–	△300	△600	△800
자동물관리시스템	–	△7	△83	△178
1996년 수자원장기계획	–	15,027	15,226	15,150
증 감	–	848	760	1,043

같으며, 각 항목의 산정절차에 대해서 소개하기로 한다.

$$순용수량 = 증발산량 + 침투량 - 유효우량 \tag{10.4.15}$$

$$조용수량 = 순용수량 / (1-관리용수율) \tag{10.4.16}$$

일반적으로 벼의 생육기간에 필요한 소비수량은 증발산량 및 침투량 이외에 묘대 정지용수, 이앙용수, 묘대용수, 본답용수 등이 필요하지만, 본서에서는 소비수량으로 증발산량 및 침투량만을 고려하여 소개하기로 한다.

1) 증발산량

증발산량은 소비수량을 구성하는 중요한 항목으로 벼의 엽면증산량과 답 내의 수표면 증발량을 합해 산정하게 되고, 잠재증발산량과 실제증발산량으로 구분할 수가 있다. 잠재증발산량을 산정하는 방법들에는 Thornthwaite방법, Blaney-Criddle방법, 수정 Jensen-Haise방법, Penman방법, Penman-Monteith방법 등이 있으며 2.5.3절에서 소개하였다. 이들 방법 외에 실질적인 농업용수 수요량 산정에서 증발산량을 계산하기 위한 방법으로 세계식량기구(FAO)에서 추천하고 있는 Penmann FAO-24식에 의한 방법이 있으며 다음과 같다.

$$E_{tr} = \frac{\Delta}{\Delta+\gamma}R_n + \frac{\gamma}{\Delta+\gamma}F(w)(e_s - e_a) \tag{10.4.17}$$

여기서, E_{tr}은 기준작물 증발산량(mm/day), R_n은 순일사량(mm/day), Δ는 온도 대 포화증기압 곡선의 기울기(mb/℃), γ는 습도계 상수(mb/℃), F(w)는 풍속함수, e_s 및 e_a는 대기온도에서의 포화증기압 및 실제증기압(mb)이다.

① 온도 대 포화증기압곡선의 기울기 Δ

$$\Delta = \frac{e_s}{T_a} \times \left(\frac{6790.4985}{T_a} - 5.02808 \right) \tag{10.4.18}$$

여기서, T_a는 대기의 절대온도(℃+273), e_s는 포화증기압으로 표 2.3.3 또는 식 (2.3.2) 및 식 (2.3.3)을 이용하여 산정할 수 있다.

② 습도계상수 γ

$$\gamma = 0.0006595 \times (1{,}013 - 0.1152EL + 5.44 \times 10^{-6} EL^2) \tag{10.4.19}$$

여기서, EL은 해발고도(m)이다.

③ 순일사량 R_n

$$R_n = R_{ns} - R_{nl} \tag{10.4.20}$$

$$R_{ns} = (1-\alpha)R_s \tag{10.4.21}$$

$$R_s = \left(a + b\frac{n}{D}\right)R_a \tag{10.4.22}$$

$$R_{nl} = \left(\frac{\sigma T_a^4 (c + d\sqrt{e_a})}{L_e}\right)\left(a' + b'\frac{n}{D}\right) \tag{10.4.23}$$

여기서, R_n은 순일사량(mm/day), R_{ns}는 순단파 일사량(mm/day), R_s는 일사량(mm/day), R_a는 대기권 밖의 일사량(mm/day), R_{nl}은 순장파 일사량(mm/day), α는 반사율(표 2.5.6)로 보통 0.23을 적용, a, b는 지역상수(표 2.5.3)로 보통 0.25와 0.50을 적용, n은 실제 일조시간(hr), D는 최대 가능일조시간(hr), σ는 Stefan-Boltzman상수(1.17×10^{-7}cal/cm^2/°K/day), T_a는 대기의 절대온도, c, d는 지역상수(표 2.5.7)로 보통 0.34와 −0.05를 적용, e_a는 대기온도에서의 실제증기압으로 포화증기압에 상대습도를 곱해 산정, L_e는 잠재증기화열로 597.3 −0.564t로 산정하며 t는 대기의 온도(℃), a' 및 b'는 지역상수로 0.1 및 0.9를 적용한다.

표 10.4.13 대기권 밖의 일사량 R_a (mm/day)

위도(N)	1월	2월	3월	4월	5월	6월	7월	8월	9월	10월	11월	12월
46°	4.85	7.10	10.21	13.32	16.00	17.19	16.55	14.51	11.53	8.25	5.49	4.27
44°	5.30	7.60	10.61	13.65	16.12	17.23	16.60	14.73	11.87	8.69	6.00	4.70
42°	5.86	8.05	11.00	13.99	16.24	17.26	16.65	14.95	12.20	9.13	6.51	5.19
40°	6.44	8.56	11.40	14.32	16.36	17.29	16.70	15.17	12.54	9.58	7.03	5.68
38°	6.91	8.98	11.75	14.50	16.39	17.22	16.72	15.27	12.81	9.98	7.52	6.10
36°	7.38	9.39	12.10	14.67	16.43	17.16	16.73	15.37	13.08	10.59	8.00	6.62
34°	7.85	9.82	12.44	14.84	16.46	17.09	16.75	15.48	13.35	10.79	8.50	7.18
32°	8.32	10.24	12.77	15.00	16.50	17.02	16.76	15.58	13.63	11.20	8.99	7.76
30°	8.81	10.68	13.14	15.17	16.53	16.95	16.78	15.68	13.90	11.61	9.49	8.31
28°	9.29	11.09	13.39	15.26	16.48	16.83	16.68	15.71	14.08	11.95	9.90	8.79
26°	9.79	11.50	13.65	15.34	16.43	16.71	16.58	15.74	14.26	12.30	10.31	9.27
24°	10.20	11.89	13.90	15.43	16.37	16.59	16.47	15.78	14.45	12.64	10.71	9.73

표 10.4.14 최대 가능일조시간 D (hr)

북위	1월	2월	3월	4월	5월	6월	7월	8월	9월	10월	11월	12월
남위	7월	8월	9월	10월	11월	12월	1월	2월	3월	4월	5월	6월
46°	9.1	10.4	11.9	13.5	14.9	15.7	15.4	14.2	12.6	10.9	9.5	8.7
44°	9.3	10.5	11.9	13.4	14.7	15.4	15.2	14.0	12.6	11.0	9.7	8.9
42°	9.4	10.6	11.9	13.4	14.6	15.2	14.9	13.9	12.6	11.1	9.8	9.1
40°	9.6	10.7	11.9	13.3	14.4	15.0	14.7	13.7	12.5	11.2	10.0	9.3
35°	10.1	11.0	11.9	13.1	14.0	14.5	14.3	13.5	12.4	11.3	10.3	9.8
30°	10.4	11.1	12.0	12.9	13.6	14.0	13.9	13.2	12.4	11.5	10.6	10.2
25°	10.7	11.3	12.0	12.7	13.3	13.7	13.5	13.0	12.3	11.6	10.9	10.6
20°	11.0	11.5	12.0	12.6	13.1	13.3	13.2	12.8	12.3	11.7	11.2	10.9

④ 풍속함수 F(w)

$$F(w) = 0.27(1.0 + 0.01C_f U_2) \tag{10.4.24}$$

여기서, F(w)는 풍속함수(mm/day), U_2는 지상 2m에서의 풍속(km/day), C_f는 풍속보정계수로 풍속이 지상 2m에서 측정한 값이 아닌 경우 다음과 같이 구해 보정한다.

$$C_f = \begin{cases} (2/h)^{0.17} & h > 2m \\ (2/h)^{0.22} & h < 2m \end{cases} \tag{10.4.25}$$

2) 침투량

침투량은 관개 및 강우로 인해 공급된 물이 토양속으로 스며드는 정도를 말하여 토양의 종류, 성질, 구조, 균열정도, 토층의 두께, 담수깊이, 경지의 고저차, 지질 및 지하수위 등에 따라 차이가 많이 나며, 논의 용수량 결정에 큰 영향을 미치게 된다. 표 10.4.15는 농업진흥공사에서 5년간(1982~1986) 무재식구 및 재식구 시험에 의해 산정된 지역별 침투량을 보여주고 있다. 무재식구인 경우 평균 침투량이 3.6mm/day, 재식구인 경우 5.1mm/day로 나타나고 있으며, 그 후 농업용수 수요량 산정 연구에서 보통 4~5mm/day를 적용하고 있으며, 안정적인 농업용수 확보 의미에서 침투량을 일반적으로 5mm/day로 적용하고 있다.

표 10.4.15 지역별 침투량 산정치 (mm/day)

지 역	무재식구의 침투량	재식구의 침투량	지 역	무재식구의 침투량	재식구의 침투량
서 울	3.4	5.8	전 주	1.1	1.8
춘 천	4.7	5.6	광 주	0.6	0.5
수 원	10.2	15.4	대 구	3.0	2.1
청 주	0.7	3.8	진 주	2.7	4.2
유 성	6.5	6.4	평 균	3.6	5.07

3) 유효우량

유효우량은 관개기간 중에 경작지에 내린 강우량 중 경작에 사용된 물의 양을 의미한다. 따라서 유효우량은 현재와 이전 날의 담수깊이, 강우량 및 증발산량과 침투량의 합인 필요수량을 이용하여 다음과 같이 산정할 수 있다.

$$\text{현재의 담수깊이} = \text{전날의 담수깊이} + \text{강우량} - \text{필요수량} \tag{10.4.26}$$

$$\text{유효우량} = \text{현재의 담수깊이} + \text{필요수량} - \text{전날의 담수깊이} \tag{10.4.27}$$

식 (10.4.26)에 의해 현재의 담수깊이를 계산할 때 음수가 나오면 현재의 담수깊이를 0으로 놓으며, 만일 현재의 담수깊이가 허용담수깊이보다 크게 되면 현재의 담수깊이를 허용담수깊이로 한다. 따라서 식 (10.4.27)에 의해 유효우량을 산정할 수가 있으며, 만일 계산 기간(하루)동안 강우가 없으면 유효우량은 0이 된다.

4) 관리용수율

관리용수율은 순용수량에 대한 손실량의 비로 조용수량 산정시 순용수량에 더해 주어야 할 관리용수량을 비율로 나타낸 것이다. 관리용수량은 순용수량과는 별도로 사용하는 수량으로 재배관리용수량과 시설관리용수량으로 구분할 수 있다. 재배관리용수량은 증발산 및 침투 이외의 용수조작에 의한 이앙낙수, 중간낙수, 시비, 제초, 약제 살포를 위한 낙수, 냉해방지, 물관리노력 절감용수 등의 요인으로 인해 발생된 것을 보충해 주는 용수를 의미한다. 시설관리용수량은 재배구역에 공급되는 순용수량과는 별도로 용수시설의 관리를 위해 용수로에 보충해야 할 수량을 의미한다.

수자원공사에서는 관리용수율을 농촌의 현대화와 영농의 과학화에 따른 관리용수율이 증가추세에 있는 여건과 농업용수의 안정적 확보라는 관점에서 보통 시설관리용수율을 15%, 재배관리용수율을 20%로 적용하여 관리용수율을 35%로 적용하고 있다.

5) 원단위법에 의한 용수 수요량 산정

농업용수 수요량은 농경지별 단위용수량에 해당 답 및 전의 면적을 곱해 합하여 산정한다.

$$\begin{aligned}\text{농업용수 수요량} &= \text{수리안전답 면적} \times \text{수리안전답 단위용수량} \\ &+ \text{수리불안전답 면적} \times \text{수리불안전답 단위용수량} \\ &+ \text{관개전 면적} \times \text{관개전 단위용수량}\end{aligned} \tag{10.4.28}$$

① 수리안전답 단위용수량

수리안전답 단위용수량은 식 (10.4.16)과 같이 산정한 조용수량이 된다. 수자원계획의 최적화 연구(수자원공사, 1997)에 의해 산정된 우리나라의 권역별 평균 조용수량(수리안전답 단위용수량)이 표 10.4.16과 같다. 표에서 평년기준은 평년의 기상자료와 강우자료를 이용하여 소비수량과 유효우량을 산정하여 계산된 조용수량이고, 과우년 기준은 과우기(1967.10~1968.9)일 때의 기상자료를 이용하여 소비수량 및 유효우량을 산정하여 구한 조용수량이며, 10년빈도 기준은 Log-Pearson Type-III 분포를 이용하여 조용수량을 산정한 결과이다.

표 10.4.16 권역별, 산정기준별 평균 조용수량

권 역 명	산정기준별 조용수량 (단위용수량, mm)		
	평년 기준	과우년 기준	10년빈도 기준
한 강 권역	1,142.5	1,299.4	1,208.7
낙동강 권역	1,215.1	1,404.1	1,337.4
금 강 권역	1,229.5	1,532.1	1,340.7
영산강 및 섬진강 권역	1,171.7	1,533.9	1,293.2

② 수리불안전답 단위용수량

수리안전답과는 달리 수리불안전답은 관개시설에 의한 용수공급이 없으므로 경작에 필요한 물을 적기에 충분히 공급할 수 없는 답을 말한다. 따라서 대부분의 수리불안전답은 물 공급 필요시 관정 등을 이용하여 용수를 공급받게 되므로 산정하기가 쉽지가 않다. 그러므로 일반적으로 수리불안전답의 단위용수량은 수리안전답 단위용수량의 약 65% 정도로 적용하고 있다.

③ 관개전 단위용수량

관개전에서 작물의 성장에 필요한 용수량은 수리답인 경우의 용수량과 비슷하지만, 수리답인 경우 대부분 물을 담수하여 재배하기 때문에 침투량이 많은 반면, 관개전인 경우 물을 담수하여 재배하지 않고 중력수에 의해 물을 배제하므로 침투량이 상대적으로 작아지게 된다. 수자원계획의 최적화 연구(수자원공사, 1997)에 의해 산정된 우리나라의 유역별 관개전의 단위용수량이 표 10.4.17과 같다.

표 10.4.17 유역별 관개전의 단위용수량

유 역 명	단위용수량 (mm)	유 역 명	단위용수량 (mm)
한 강	508	섬 진 강	514
낙 동 강	491	만 경 강	459
금 강	474	동 진 강	542
영 산 강	551	삽 교 천	474

10.4.6 하천유지용수

하천의 기능은 크게 치수기능, 이수기능 및 하천환경기능의 세 가지 기능으로 나누어 볼 수가 있으며, 이러한 하천의 기능을 증진시키고 보장하기 위해서는 하천관리가 필요하다. 먼저 치수기능을 증진시키기 위해서는 홍수통제, 홍수예경보 운영, 하천정비 및 하천개수, 하천부지의 점용허가 및 규제, 사방 및 홍수조절을 위한 댐 건설 등과 같은 치수관리가 필요하며, 이수기능을 최대한 보장하기 위해서는 각종용수의 수리권, 수자원 개발, 주운, 수력발전, 내수면 어업, 골재채취, 수상활동, 하천유지유량 및 하천관리유량의 책정과 유지관리 등과 같은 이수관리가 필요하다. 또한 하천환경을 보존하기 위해서는 하천보전 및 복원, 하천유지유량 확보, 하천의 공원화, 하천생태계 및 식생보전 등과 같은 환경관리가 필요하다.

1) 하천유지용수의 정의

이와 같이 하천관리를 통해 하천의 세 가지 주요 기능을 증진시키고 보존하기 위해서는 하천유지유량 및 하천관리유량이 필요하다. 하천유지유량은 자연 갈수량을 최소한으로 정하고, 자연적 기능에 해당하는 항목별 필요유량을 조합하여 구간 또는 지점별로 설정한 최대치 유량을 갈수량과 비교하여 큰 값으로 한다. 하천유지유량과 상류에서 하류방향의 물수지 분석에 의해 각종 취수 및 용수를 만족하는 이수유량과의 합을 기준지점의 하천관리유량이라 한다.

여기서, 갈수량은 하천이 갖는 고유유량으로 하천유역이 자연 상태일 때를 기준으로 산정한다. 자연 상태의 하천에서 갈수기에 흐르는 유량은 어느 개인이나 기관이 독점할 수 없으며, 그 유역 내에 있는 모든 사람과 자연이 공유해야 한다. 따라서 수자원 개발 등에 의해 하천유량을 점유하고자 할 때에도 최소한 이 갈수량과 같은 일정한 양만큼은 하류에 흐르도록 보장해 주어야 한다. 한편 필요유량은 하천법에서 정한 하천 동식물의 생태환경보전, 하천경관보전, 하천수질 보전 및 청결한 유수의 유지, 주운 및 수상활동 유지, 염수침입방지, 하구 막힘 방지, 하천시설물 보호, 지하수위 유지 그리고 어업 등을 만족시킬 수 있는 최소한의 유량을 의미한다.

2) 하천유지용수의 설정 절차

하천관리를 위한 하천유지유량 및 하천관리유량을 설정하기 위해서는 ① 하천환경 및 하천특성의 파악, ② 하천의 하도구분 및 대표지점의 설정, ③ 갈수량 항목별 필요유량의 검토 및 설정, ④ 구간별 하천유지유량의 설정 및 결정 그리고 ⑤ 대표지점 또는 구간에서 하천관리유량의 검토 및 설정과 같은 절차가 필요하다.

먼저 하천환경 및 특성을 파악하기 위해서는 갈수기의 하천유황, 자연상태 하천 또는 인위적 유량조절시설에 의한 하천의 유출입량, 구간 내 하도의 하천 고유의 환경상태, 자연환경 그리고 지역주민의 생활 및 경제활동 공간으로서의 환경 등의 특성을 파악한다.

하도구간 설정시 하천관리유량은 원래 하천의 모든 구간에서 그 자연적, 인위적 및 이수기능을 다할 수 있도록 설정한다. 그러므로 하천이용과 기능을 검토할 때 해당 하천의 하천환경 특성을 바탕으로 복수 구간을 설정하고 각 구간별로 갖는 특성를 고려하여 설정한다. 대표지점은 크게 기준지점과 보조기준지점으로 나누게 된다. 기준지점은 해당 하천의 이수 또는 저수관리를 적정하게 실시하기 위한 기준이 되는 지점이며, 보조기준지점은 기준지점에서 하천관리유량을 검토할 경우에 기준지점을 보완하기 위한지점이다. 이와 같은 대표지점은 과거부터 유황관측 및 관리가 꾸준히 이루어져 왔거나 저수관리의 기준지점으로 설정된 지점 등을 위주로 설정한다.

갈수량은 대표지점에서 하천유지유량의 개략적인 규모를 말하는 것으로 인위적 유량조절이 없는 자연상태의 하천에서 실측된 유량자료를 이용하여 직접 산정하거나, 유역면적 등과 같은 하천유역의 지형학적 특성을 바탕으로 추정하여 하천유지유량을 설정할 때 최소한의 기준으로 이용한다. 필요유량은 크게 생태계, 하천경관, 수질, 수상이용 및 기타항목을 고려하기 위한 유량으로 생태계를 고려한 필요유량은 해당 하천에서 보전하거나 복원하기 위해 필요한 상태계를 대상으로 하되 주로 하천에서 고등 동물인 어류 중에서 선정된 대표 어종이 서식하기 위해 하천이 확보해야 하는 수리조건을 만족할 수 있는 유량이다. 하천경관을 고려한 필요유량은 지역주민의 생활공간을 제공하기 위해 하천에서 주요 경관을 유지하기 위하여 하천이 확보해야할 유량을 의미한다. 하천수질을 고려한 필요유량은 해당 하천의 현재 수질을 근거로 하여 유역의 오염원 조사에 의한 오염부하량을 산정하고, 목표 연도의 수질기준을 달성할 수 있도록 하는 유량이다. 수상이용를 고려한 필요유량은 하천에서 주운을 위해 선박이 안전하게 운행될 수 있는 흘수심 및 하폭유지, 그리고 하천에서 이루어지는 각종 여가활동을 위한 수심과 하폭을 유지할 수 있는 유량을 말한다. 기타 고려해야 할 필요유량으로 염수침입방지, 하구막힘 방지, 하천관리시설의 보호, 지하수위의 유지를 위해 필요한 유량이 있다. 또한 해당하천의 이수유량 상태를 근거로 연간 용수사용량 상황을 검토하고, 필요한 경우 하천이 확보해야 하는 기간별 이수유량을 설정한다.

하천유지유량을 결정하기 위해 각 항목별로 대표지점 또는 구간에서 선정된 조사지점의 필요유량과 갈수량을 비교한다. 즉, 구간별로 항목별 필요유량의 최대치와 갈수량을 비교하여 큰 값을 해당 구간에서의 하천유지유량으로 설정한다. 마지막으로 각 하천 하도구간 및 대표지점에서의 하천관리유량을 하천유지유량과 하천지류 유입량, 구간 내 이수유량 등을 바탕으로 하천을 따라 하류에서 상류 방향으로 종단적으로 조합하여 설정한다. 이상과 같은 절차에 의해 하천유지유량 및 하천관리유량을 산정하여 하천이 최소한 이와 같은 유량을 유지하도록 함으로서 하천의 기능을 유지할 수 있도록 할 필요가 있다. 표 10.4.18은 건교부의 수자원장기종합계획(2001)에서 제시하고 있는 목표연도별 하천유지용수량을 보여주고 있다.

표 10.4.18 목표연도별 하천유지용수 (단위 : 백만 m^3/년)

구 분	1998	2001	2006	2011	2016	2020	비고
계	7,091	7,548	7,737	8,368	8,368	8,368	
한 강	3,015	3,311	3,311	3,374	3,374	3,374	한강대교
낙동강	1,563	1,671	1,797	2,113	2,113	2,113	진동
금 강	1,019	1,072	1,135	1,387	1,387	1,387	규암
영산강	315	315	315	315	315	315	나주
섬진강	173	173	173	173	173	173	송정
임진강	590	590	590	590	590	590	하구
안성천	120	120	120	120	120	120	하구
삽교천	95	95	95	95	95	95	하구
만경강	63	63	63	63	63	63	하구
동진강	16	16	16	16	16	16	하구
탐진강	8	8	8	8	8	8	하구
형산강	73	73	73	73	73	73	하구
태화강	41	41	41	41	41	41	하구

10.5 물공급 안전도 및 용수공급 능력

지금까지 용수수요 즉, 생활용수, 공업용수, 농업용수 및 하천유지용수수요에 대한 산정절차 및 전망에 대해 알아보았다. 하천 유역의 사회 및 경제활동을 지속적으로 발전시키기 위해서는 이들을 유지하는데 필요한 용수의 안정적 공급이 절대적이라 할 수 있다. 따라서 댐, 하천 및 지하수 개발 등으로 인한 용수공급 능력을 증대시켜 사회가 요구하는 용수수요량을 충족시킬 필요가 있다. 하지만 이러한 수자원 개발도 한계에 다다르고, 자연 하천유량과 댐의 저수량은 불확정한 수문현상의 영향을 받기 때문에 용수수요량을 만족시킬 수 없는 경우가 발생하게 된다. 따라서 물공급 안전도 또는 이수안전도란 개념을 도입하여 안정적으로 물을 공급할 수 있는 기준을 정하게 된다.

10.5.1 물공급 안전도

물공급 안전도 또는 이수안전도란 설정된 수요량을 공급할 수 있는 확실성을 의미한다고 할 수 있으며, 이러한 확실성은 확률 또는 빈도개념으로 나타내게 된다. 만일 일정한 용량을 가지고 있는 수자원시설에 대해 공급량을 크게 하면 안전도는 감소하게 되는 반면, 안전도를 크게 하면 공급량을 작게 설정하게 된다. 이와 함께 공급의 확실성에 의해 안전도를 평가하더라도 정치, 사회 및 경제적인 관점에서 고려해야 하기 때문에 안전도를 설정하기는 쉽지가 않다.

특정 유역에서의 물공급 안전도를 나타내기 위한 지표로는 표 10.5.1과 같이 계획 기준년 갈수 발생빈도, 물부족 발생빈도 그리고 물부족 정도 등으로 분류할 수가 있다. 계획 기준년 갈수 발생빈도는 자연유량에서 산정된 갈수량의 빈도 또는 재현기간으로 나타낼 수 있고, 물부족 발생빈도 및 물부족 정도는 대상 자연유량의 공급량과 수요량의 물수지 분석에 의해 나타내게 된다.

표 10.5.1 물공급 안전도 평가지표

구분	지표		내용
갈수 발생빈도	기준갈수량 빈도 (frequency)		· 갈수년의 갈수량 발생빈도
물부족 발생빈도	위험도(=1-신뢰도) (risk, reliability)		· 물부족의 발생년수 · 저수지용량부족 발생년수 · 취수제한 실시년수
물부족 정도	길이 (length, duration)		· 물부족 발생일수 · 저수지용량부족 발생년수 · 취수제한 실시년수
	심각도 (vulnerability)	크기 (magnitude)	· 총부족수량 · 저수지 부족수량 · 부족%×일
		심도 (severity)	· 최대취수제한율 · $(부족\%)^2\times일$, $(부족\%)^3\times일$ · 갈수피해함수
	회복도 (resiliency)		· 물부족 및 회복기간
	경제적 피해 (economic damage)		· 갈수피해액 · 단위수량당 갈수피해액

수자원계획의 최적화 연구(건설교통부, 1999)

1) 갈수 발생빈도

물공급 안전도 평가를 위한 지표에서 갈수 발생빈도를 이용하는 계획에서는 설정된 빈도의 기준 갈수년을 정하고, 이 기간의 하천유량을 근거로 목표 연도의 수요량을 충족시킬 수 있도록 용수를 확보한다. 이때 기준갈수량의 선정은 두 가지 방법을 이용하는데, 첫째로 과거 매년 자연유량기록에서 355일 갈수량 또는 7일 평균 최소갈수량을 설정하고, 이들의 확률적 평가로 해당 빈도에 대한 기준갈수량을 계산하여 이 유량이 포함된 연도를 기준 갈수년으로 설정한다.

두 번째로 갈수를 확률적으로 평가하지 않고 순위로 평가하는 방법이 있다. 예를 들어 물공급 안전도를 10년의 제1순위에 상응하는 기준갈수량에 대응하도록 한다면, 1/10빈도는 매년 선정된 355일 갈수량에 대한 확률적 빈도분석에 의하여 기준 갈수량을 선정하지 않고 갈수량에 순위를 매기는 방법을 적용한다. 즉, 10년 동안 매년 355일 갈수량이 있다면 가장 작은 것이 10년의 제1순위에 해당하는 기준 갈수량이 된다. 만일 20년간의 자료가 있다면 두 번째로 가장 작은 갈수량이 10년 빈도에 해당하고, 30년간의 자료를 사용한다면 세 번째로 가장 작은 갈수량이 10년 빈도에 해당하는 기준 갈수량이 된다. 이 방법을 적용할 경우 평가에 선택된 자료가 풍수기에 해당하는 기간이었다면 기준 갈수량이 과다하게 산정되어 갈수기에는 물부족을 초래할 수가 있다.

2) 물부족 발생빈도

물부족 발생빈도는 대상기간에 대한 수요와 공급간의 물수지를 통하여 공급이 수요를 만족시키지 못하는 경우를 위험도(risk)라 하며, 만족시키는 경우를 신뢰도(reliability)라 한다.

$$C = \frac{N}{N_t} \times 100(\%) \tag{10.5.1}$$

여기서, C는 신뢰도, N은 수요를 만족시키는 횟수, N_t는 총 분석기간수이다. 만일 기간을 연단위로 하여 N_t가 10년인 경우 신뢰도가 90%라면 10년에 1회의 물부족은 허용하는 범위에서 용수공급을 한다는 의미가 된다.

3) 물부족 정도

물부족 정도를 나타내는 지표로는 갈수의 길이, 크기, 심도, 회복도 및 경제적 피해 등이 있다. 용수의 안정적인 공급을 위한 용수공급시설의 용량결정에서는 확보한 유량의 안전성을 나타내는 지표가 중요하다고 할 수 있다. 따라서 갈수의 발생빈도를 많이 고려하게 되는데, 앞에서 설명한 바와 같이 정치, 사회 및 경제적 환경에 따른 물 수요의 차이로 인해 물공급 안전도에 차이를 초래할 수가 있다. 그러므로 갈수의 발생빈도 외에 유역의 상황을 고려할 필요가 있다.

갈수의 길이, 크기, 심도, 회복도 및 경제적 피해는 유역의 개발상황 또는 물 공급시설의 운영 및 조작 등에 따라 지표가 변할 수가 있으므로 이들 수치를 직접적으로 적용하기 보다는 갈수의 절대적인 크기를 나타내는 총 부족수량, 저수지 부족용량 또는 부족%×일의 지표가 적절하다고 할 수 있다. 부족%×일은 정상적인 취수량에 대한 부족의 비율(%)과 부족기간(일)을 곱하여 누적한 것으로 100%×일인 경우 부족비율 10%가 10일 또는 부족비율 5%가 20일 등과 같은 갈수로 볼 수 있다. 즉,

$$\text{부족}\% \times \text{일} = \Sigma S_i = \Sigma\left(\frac{Q_i - W_i}{Q_i} \times 100\right), \qquad Q_i - W_i \geq 0 \tag{10.5.2}$$

여기서, S_i는 i일의 취수제한율, Q_i는 i일의 계획취수량, W_i는 i일의 실제취수량을 의미한다. 식 (10.5.2)와 같이 부족%×일로 나타내는 경우 부족비율 및 부족기간이 명확히 나타나지 않게 되므로 취수제한율을 제곱하여 물부족의 심도차이를 다음과 같이 나타낼 수 있다.

$$\text{부족}\% \times \text{일} = \Sigma S_i^2 = \Sigma\left(\frac{Q_i - W_i}{Q_i} \times 100\right)^2, \qquad Q_i - W_i \geq 0 \tag{10.5.3}$$

우리나라의 경우 용수공급을 위한 수자원계획에서 10~15년 1회 정도의 가뭄으로 평가되는 1994~1996년도에는 심각한 물부족을 경험한 바 있어 물공급 안전도가 10년 1회 가뭄에도 취약한 것으로 나타나고 있어, 최근의 수자원계획에서는 지역간 균형있는 발전과 물공급 형평성을 유지하기 위해 물공급 안전도를 30년 1회 가뭄으로 적용하고 있다. 표 10.2.3은 우리나라를 포함한 각국의 물공급 안전도를 보여주고 있다.

10.5.2 용수공급 능력

우리나라의 용수공급은 크게 댐, 하천수 및 지하수로 구분할 수가 있다. 댐 용수공급 능력을 다목적댐, 발전전용댐, 기타댐으로 구분하면, 다목적댐인 경우 2001년 현재 소양강댐, 충주댐 등 13개 다목적댐에서 연간 106.41억m^3의 용수공급과 21.8억m^3의 홍수 조절능력 확보하고 있으며, 10개의 발전전용댐의 홍수조절용량은 연간 2.76억m^3이며, 한강유역에서 다목적댐과 연계운영을 통하여 4.6억m^3정도의 용수공급이 가능하다. 기타 댐으로 영천댐, 운문댐 등 16개 용수전용댐에서 연간 7.67억m^3과 장성댐, 담양댐 등 유효저수용량 1,000만m^3 이상 29개 농업용 저수지와 낙동강, 금강 등 5개 하구둑에서 연간 33.63억m^3의 용수공급 능력을 확보하고 있다. 표 10.5.4는 우리나라의 기존댐 현황을 보여주고 있다.

하천수인 경우 수자원계획의 기준 가뭄인 30년 1회 가뭄시 전국 하천의 이용가능량은 227억m^3으로 30년 평균 이용 가능량의 73%에 불과하다. 지하수인 경우 연간 지하수 이용량은 1998년 기준으로 제주도 지하염수 이용량 6.2억m^3을 포함하여 37억m^3으로, 전국 물이용량 331억m^3의 11%

표 10.5.2 권역별 하천수 공급능력 (단위 : 백만 m^3)

구 분	전 국	한 강	낙동강	금 강	영산·섬진강
1회/30년 가뭄시 하천수	22,713	9,042	6,521	3,713	3,437
1회/10년 가뭄시 하천수	25,137	9,599	7,555	4,183	3,800
30년 평균 공급가능량	31,180	12,179	8,249	4,970	5,782

를 차지하고 있으며 매년 증가추세를 포이고 있다. 제주도를 제외한 4대 권역의 지하수 이용량은 약 30억m^3에서 2011년에 35억m^3, 2020년에 38억m^3으로 증가할 것으로 전망하고 있다.

10.5.3 용수수급 권역

용수수급계획을 위해 전국을 용수수요 발생지역 및 4대강 유역을 감안하여 대·중·소권역으로 구분하여 용수수급 계획을 수립하고 있으며 권역별 구분은 다음과 같다.

○ 대권역 : 한강, 낙동강, 금강 및 영산강·섬진강의 4대 권역

○ 중권역 : 지자체의 종합계발계획에서 구분한 생활권역과 광역상수도 계통별 급수 대상지역을 고려하여 중규모 유역경계를 기준으로 44개 중권역 구분

○ 소권역 : 유역별 기존 댐지점, 본류 하천의 주요지점, 주요지천의 소규모 유역을 따라 93개 소유역으로 구분

용수수급 권역별 구분이 그림 10.5.1과 같으며, 권역별 용수수급을 목표 연도별로 분석하여 4대 권역을 합한 용수수급전망이 표 10.5.3과 같다. 표에 의하면 전국적으로 30년 1회 가뭄 발생시 2011년에는 약 18억m^3, 2020년에는 약 26억m^3의 용수부족이 예상되고 있다.

표 10.5.3 4대권역 용수수급전망 (단위 : 백만㎥)

구 분 \ 년 도	2001	2006	2011	2016	2020
용수수요량	33,741	34,728	36,998	37,437	37,791
생활용수	7,219	7,550	8,644	8,815	8,915
공업용수	3,345	3,695	4,031	4,299	4,553
농업용수	15,629	15,746	15,955	15,955	15,955
유지용수	7,548	7,737	8,368	8,368	8,368
용수공급량	33,801	34,626	35,162	35,169	35,158
하천수	15,877	16,110	16,481	16,314	16,120
지하수	3,153	3,311	3,476	3,650	3,833
댐공급량	14,771	15,205	15,205	15,205	15,205
과부족량	+60	−102	−1,836	−2,268	−2,633

표 10.5.4 기존댐 현황 (2001년 현재)

구 분	수계명	댐 명	유역면적 (km²)	제원 높이 (m)	제원 길이 (m)	총저수량 (백만m³)	유효 저수용량 (백만m³)	발전시설 용 량 (천kW)	사업효과 홍수조절 (백만m³)	사업효과 용수공급 (백만m³/년)	공사기간
총계						16,160.7	11,209.4	2,544.0	2,495.8	14,771.0	
소계						12,272	8,545.5	1,086.8	2,179.8	10,641	
다목적댐	한 강	소양강	2,703	123	530	2,900	1,900	200	500	1,213	'67-'73
	한 강	충주	6,648	97.5	447	2,750	1,789	412	616	3,380	'78-'86
	한 강	횡성댐	209	48.5	205	86.9	73.4	1.4	9.5	112	'90-'00
	낙동강	안동	1,584	83	612	1,248	1,000	90	110	926	'71-'77
	낙동강	임하	1,361	73	515	595	424	50	80	592	'84-'93
	낙동강	영천도수로	–	–	33,000	–	–	–	–	–	'90~01
	낙동강	합천	925	96	472	790	560	101.2	80	599	'82-'89
	낙동강	남강댐	2,285	34	1,126	309	299.7	14	270	573	'87-'99
	밀양강	밀양댐	95.4	89	535	73.6	69.8	1.3	6	73	'90~01
	금 강	대청	4,134	72	495	1,490	790	90	250	1,649	'75-'81
	금 강	용담댐	930	70	498	815	672	24.4	137	650	'90~01
	섬진강	섬진강	763	64	344	466	370	34.8	32	350	'61-'65
	섬진강	주암	1,010	58	330	457	352	–	60	270	'84-'92
		주암조절지	134.6	99.9	562.6	250	210	22.5	20	219	'84-'92
	직소천	부안댐	59	50	282	41.5	35.6	0.2	9.3	35	'91-'96
소계						618	202.9	–	–	1,730	
하구둑	낙동강	낙동강	23,560	18.7	2,400	–	–	–	–	750	'83-'90
	금 강	금강	9,313	16.6	1,814	139	122	–	–	365	'83-'89
	영산강	영산강	3,371	19.5	4,351	253	80.9	–	–	258	'78-'82
	안성천	안성천	1,634	20	2,564	142	–	–	–	184	'70-'73
	삽교천	삽교천	1,639	18	3,360	84	–	–	–	173	'77-'79
소계						1,939.8	1,410.4	1,457.2	276		
발 전 전용댐	한 강	화천	3,901	81.5	435	1,018	658	108	213	–	'39-'44
	한 강	춘천	4,736	40	453	150	61	57	14	–	'61-'65
	한 강	의암	7,709	23	273	80	580	45	16	–	'62-'67
	한 강	청평	9,921	31	407	185	83	79.6	19	–	'39-'43
	한 강	괴산	671	28	171	15	5.7	2.6	3	–	'52-'57
	한 강	팔당	23,800	29	575	244	18	80	7	–	'66-'73
	한 강	청평양수	–	62	290	185	–	400	–	–	'75-'80
	한 강	도암	144.9	72	300	51	–	82	3	–	'85-'91
	낙동강	삼랑진양수	1.5	88	269	6.1	–	600	–	–	'79-'85
	섬진강	보성강	275	12	274	5.7	4.7	3.0	1	–	'31-'37
소계						617.9	524.9	–	21.0	767.0	
생공용수 전 용 댐	한 강	광동	125	40	282	11	8	–	–	26	'85-'89
	전 천	달방	29	54	326	8	7.5	–	–	15	'86-'90
	낙동강	운문	301	55	407	135	126.2	–	21	164	'85-'94
	낙동강	영천	235	42	300	96	81.4	–	–	107	'74-'80
	낙동강	가창	43	45	266	9	8.1	–	–	17	'84-'86
	낙동강	공산	60	63.5	239	28	4.5	–	–	18	'79-'81
	회야천	회야	127	24.5	424	17	12.3	–	–	44	'62-'64
	대곡천	사연	125	46	300	25	20	–	–	36	'62-'65
	대암천	대암	77	27	318	9	5	–	–	18	'68-'69
	형산강	안계	7	32.5	223.5	18	13	–	–	37	'68-'71
	연초천	연초	11.7	25	120	5	4.6	–	–	6	'77-'79
	산양천	구천	12.7	50	234	10	9.3	–	–	8	'84-'87
	섬진강	동복	189	44.7	188	100	92	–	–	117	'83-'85
	섬진강	수어	49	67	437	28	22	–	–	30	'74-'78
	여천천	선암	1	22	331	2	1.5	–	–	–	'62-'64
	웅 천	보령댐	163.6	50	291	116.9	108.7	–	–	124	'91-'98
소계						713.0	526.5		19	807	
농업용수 댐	영산강	장성	123	36	613	90	84.8	–	5	135	'71-'76
	영산강	담양	66	46	306	67	64.8	–	2	64	'73-'76
	영산강	광주	41	25	505	17	15.2	–	2	26	'74-'76
	영산강	나주	105	31	496	91	87.8	–	3	109	'73-'76
	남해안	영암금호호	539	32.3	4,339	378	214.4	–	–	350	'88-'96
	낙동강	성주	149	60	430	38	28.2	–	6	63	'87-'96
	섬진강	동화	74	59	474	32	31.3	–	1	60	'87-'97
기타 (저수용량 1,000만㎥ 이상 22개 저수지)							–	–	–	826	–

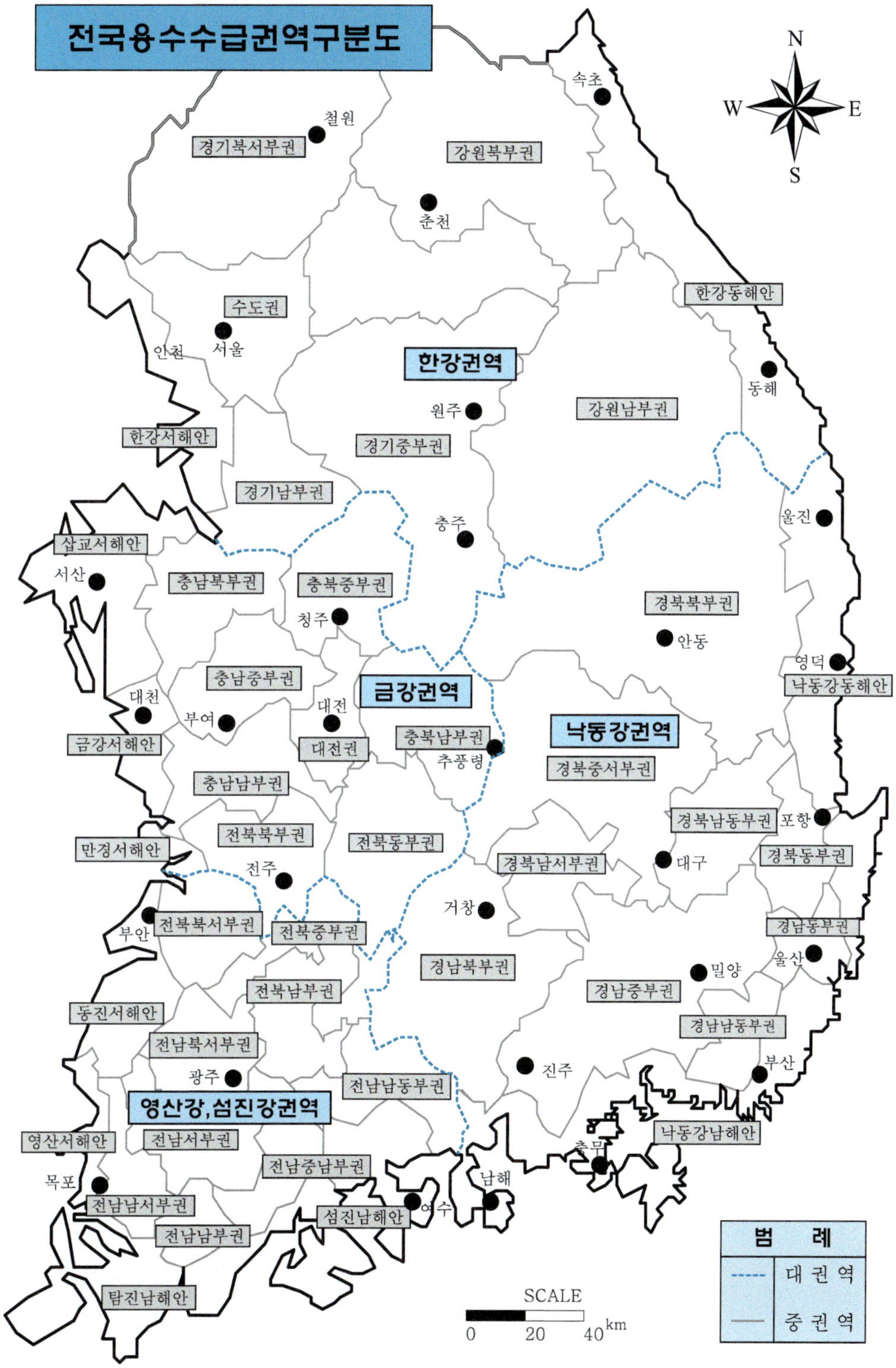

그림 10.5.1 용수수급 권역 구분도

연습문제

10.1 어느 도시의 인구자료가 표 10.1과 같이 주어질 때 2005년도의 인구를 등차급수법, 등비급수법, 최소자승법, Peggy 함수방법 그리고 Logistic 곡선 방법에 의해 추정하라. 단, Peggy 및 Logistics 방법에서 가준연도는 1995년으로 하고 포화인구는 350,000명으로 가정하라.

표 10.1 인구자료

년도	인구(명)	년도	인구(명)	년도	인구(명)	년도	인구(명)
1995	177,800	1996	182,500	1997	187,000	1998	192,300
1999	194,500	2000	199,200	2001	203,700		

10.2 어느 도시의 인구자료가 표 10.1과 같이 주어질 때 2010년도의 인구를 등차급수법, 등비급수법, 최소자승법, Peggy 함수방법 그리고 Logistic 곡선 방법에 의해 추정하라.

10.3 어느 도시의 인구자료가 표 10.2와 같이 주어질 때 2010년도의 인구를 등차급수법, 등비급수법, 최소자승법, Peggy 함수방법 그리고 Logistic 곡선 방법에 의해 추정하라. 단, 포화인구는 1,000,000명으로 가정하라.

표 10.2 인구자료

년도	인구(명)	년도	인구(명)	년도	인구(명)	년도	인구(명)
1981	375703	1986	439555	1991	542326	1996	583230
1982	395593	1987	477137	1992	545180	1997	590162
1983	409975	1988	491209	1993	549579	1998	600343
1984	421751	1989	513907	1994	558538	1999	611921
1985	426498	1990	517104	1995	570570	2000	622238

10.4 여러분이 거주하고 있는 지역에서의 생활용수 수요량 및 공급량을 추정하라.

10.5 여러분이 거주하고 있는 지역에서의 공업용수 수요량 및 공급량을 추정하라.

10.6 여러분이 거주하고 있는 지역에서의 농업용수 수요량 및 공급량을 추정하라.

Water Resources Engineering

Chapter 11 댐과 저수지

11.1 서론

댐의 건설로 인해 형성되는 저수지는 물공급, 홍수통제, 수력발전, 주운, 위락활동 등과 같은 다양한 목적으로 이용되며 사람들에게 많은 혜택을 주는 반면, 댐의 건설로 인해 하류 하천유량 감소, 수질 악화, 수중 생태계의 영향 등 부정적인 면도 가지고 있다. 댐은 홍수시 피해 방지를 위한 물의 저류, 각종 용수 및 수력발전을 위한 물의 저장 등 우리 주위에서 많이 볼 수 있는 수리구조물이다. 댐은 본체뿐만 아니라 여수로, 감세공, 방류수로 등 다양한 부속구조물을 포함하고 있으며, 이들의 기능이 제대로 유지되기 위해서는 각 부속구조물에 대한 적절한 수리학적 설계가 필요하고, 댐 및 저수지의 규모를 결정하기 위해서는 설계유역에 대한 수문학적 분석이 필요하다.

11.2 댐의 분류

11.2.1 사용목적에 의한 분류

댐은 사용목적에 따라 저류용 댐(storage dam), 분류용 댐(diversion dam) 그리고 저지용 댐(detention dam) 및 다목적 댐(multipurpose dam)으로 분류할 수가 있다. 저류용 댐은 물의 공급이 초과되는 기간에 물을 저장하여 물이 부족한 기간에 사용하기 위해 건설하며, 목적에 따라 생활용수공급, 위락활동, 어류 및 야생동물용, 수력발전, 관개용 댐 등으로 세분하여 분류할 수가 있다. 분류용 댐은 보통 인공수로나 운하 또는 송수시스템에 물을 보내기 위한 수위를 유지시키기 위해 건설되며, 관개개발, 하천으로부터 저류용 저수지까지의 분류, 도시 및 산업용 물의 공급 또는 위의 내용의 복합적인 상황에 물을 공급하기 위해 사용된다. 저지용 댐은 홍수량을 지체시켜 범람을 최소화하기 위해 건설되며, 물을 임시로 저장하였다가 하류 하천의 소통 능력범위를 초과하지 않는 정도로 방류구조물을 통해 물을 방류하는 댐과 물을 가능한 한 오래 저장하여 제방이나 저수지 바닥을 통해 물을 침투시켜 지하수를 충진 시키기 위한 목적의 댐으로 분류할 수가 있다. 다목적 댐은 위에서 설명한 여러 가지 목적 중 두 가지 이상의 목적을 위해 물을 저장하는 댐으로 보통, 홍수조절, 다양한 목적의 용수공급 및 발전을 위해 건설된다.

11.2.2 수리학적 설계에 의한 분류

댐은 수리학적 설계에 따라 월류 댐(overflow dam)과 비월류 댐(nonoverflow dam)으로 구분할 수가 있다. 월류 댐은 댐 정점부 위로 물을 방류할 수 있도록 설계한 댐으로 콘크리트, 암석, 강철 및 목재와 같이 유출에 의해 세굴되지 않는 재료를 사용하여 건설하게 된다. 비월류 댐은 물이 댐 위로 월류되지 않도록 설계한 댐으로 흙 등 다양한 재료를 사용할 수가 있다. 흙채움(earthfill)으로 건설한 월류 콘크리트 중력식 댐과 같이 두 가지 방법이 혼합된 경우도 있다.

11.2.3 댐 재료에 의한 분류

그림 11.2.1 흙채움 댐 및 사력식 댐

그림 11.2.2 콘크리트 중력 아치댐

그림 11.2.3 부벽식 댐

댐을 분류하는 가장 일반적인 방법이 건설 재료에 의해 분류하는 것으로 댐의 명칭이 주로 이 분류방법에 의해 붙여지게 되며, 흙채움 댐(earthfill dam), 사력식 댐(rockfill dam), 콘크리트 중력식 댐(concrete gravity dam), 콘크리트 아치 댐(concrete arch dam), 콘크리트 부벽식 댐(concrete buttress dam) 및 기타 댐으로 분류할 수 있다.

흙채움 댐은 가장 일반적인 댐으로 자연 상태의 흙을 재료로 사용하며 다른 종류의 댐보다도 댐 기초의 요건이 엄격하지가 않다. 흙채움 댐은 여수로(spillway)의 기능을 하는 보조적인 구조물이 필요하다. 흙채움 댐의 단점은 충분한 여수로의 통수능력을 확보하지 않으면 월류하는 물에 의해 댐이 세굴피해를 입거나 붕괴될 수가 있다. 사력식 댐은 다양한 크기의 암석을 사용하여 건설하며 방수를 위해 투수방지 재료를 사용한다. 투수를 방지하기 위해 댐 상류면에 불투수 토양, 콘크리트 슬라브, 아스팔트 콘크리트 포장, 강철판 등을 사용하거나 댐 내부에 얇은 불투수 토양의 심(core)을 사용하기도 한다. 사력식 댐도 흙채움 댐과 마찬가지로 여수로 용량이 충분하지 않아 월류하는 경우 큰 피해를 입을 수가 있다.

콘크리트 중력식 댐은 견고한 암반기초가 있는 곳에 적절한 형식이다. 월류형 여수로 정점부의 사용에 적절하며, 이러한 장점으로 인해 흙채움이나 사력식 댐의 월류부 또는 분류용 댐의 월류 단면에 사용되기도 한다. 콘크리트 아치 댐은 아치 지지대 사이의 폭과 높이의 비가 그리 크지 않고, 아치에 의한 힘의 저항을 충분히 받을 수 있는 견고한 암반기초가 있는 곳에 적절하다. 부벽식 댐은 물을 지탱하기 위한 상류부 판과 이 판을 지지하는 여러 개의 부벽 또는 연직벽으로 구성된다. 콘크리트 부벽식 댐은 콘크리트 중력식 댐에 비해 콘크리트를 약 60%정도 절감하게 되지만 이를 상쇄하기 위한 강화강철(reinforced steel)이 필요하게 된다. 이러한 댐 외에 철재로 만든 철재 댐(steel dam), 목재로 만든 목재 댐(timber dam) 등이 있다.

11.3 저수지 용량결정

물 공급계획 및 관리에서 특정 수요량을 맞추기 위해 저수량을 산정할 필요가 있다. 하천유량은 강우사상별로 하천의 크기에 따라 시간 또는 일별로 변하게 된다. 유출량은 강수량과 증발산량 간의 균형에 따라 계절단위로 변하게 되며, 습윤기와 가뭄기에 따라 년 단위로 변하게 된다. 대하천에서는 수요량이 공급량에 비해 작기 때문에 수요량을 맞추는데 문제가 없지만 유출량의 대부분을 수요량이 차지하는 작은 하천에서는 심한 가뭄기간에도 견딜 수 있지 검토할 필요가 있다.

11.3.1 저수지의 물리적 특성

1) 저수용량곡선

저수지의 주 기능이 물을 저류하는 것이므로 저수용량이 가장 중요한 물리적 특성이라 할 수 있다. 저수용량을 결정하기 위해서는 수위 또는 표고별 면적곡선과 이를 적분해서 얻는 표고별 저수량곡선을 결정하여야 한다. 표고별 저수용량을 구하는 과정은 4.3절 수문학적 홍수추적에서 소개하였으며, 그림 11.3.1과 표 11.3.1은 표고별 저수용량 곡선 및 우리나라 주요 댐의 수위별 저수량 관계식을 보여주고 있다.

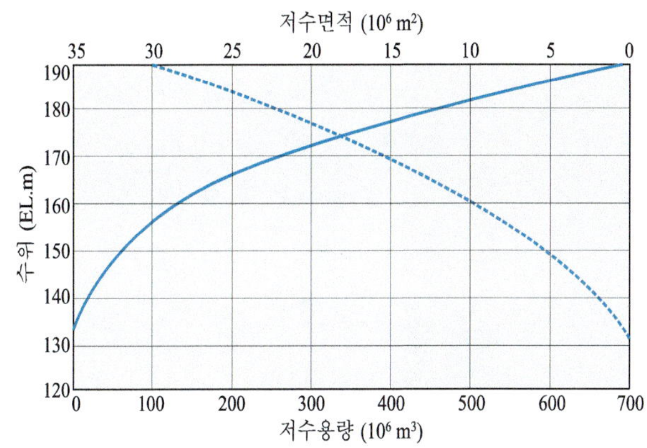

그림 11.3.1 표고별 저수면적 및 저수용량곡선

표 11.3.1 우리나라 주요 댐별 수위-저수용량 관계곡선식

댐 명	수위 X (E.L. m)	수위-저수용량 관계곡선식 ($10^6 m^3$)
충주	$0 < X < 110$	$V = 0.0048137X^3 - 0.90976X^2 + 59.627X - 1361.57$
	$110 < X < 150$	$V = 0.0040208X^3 - 0.63563X^2 + 26.298X + 43$
소양강	$0 < X \le 146.2$	$V = 0.2492917X^2 - 50.12787X + 2595.573$
	$146.2 < X \le 164.8$	$V = 0.0009736153X^3 - 0.09558084X^2 - 11.72056X + 1309.521$
	$164.8 < X \le 180.8$	$V = 0.001858002X^3 - 0.5124463X^2 + 53.25832X - 2035.677$
	$180.8 < X$	$V = 0.5489573X^2 - 148.7411X + 10770.96$
대청	$13 < X < 50$	$V = 0.418X^2 - 23.93X + 347.7$
	$50 \le X < 70$	$V = 0.776X^2 - 59.81X + 1246.7$
	$70 \le X < 83$	$V = 1.2589X^2 - 126.07516X + 3519.0462$

2) 저수용량배분

저수용량배분은 크게 두 가지 개념 즉, 이수용량과 치수용량으로 분류할 수 있다. 이수용량은 실질적으로 물을 저장하여 여러 용도로 사용하기 위한 용량이고, 치수용량은 홍수조절을 위해 평

상시에는 비워두는 용량이라고 할 수 있다.

① 상시만수위(normal high water level, NHWL)

상시만수위는 용수공급과 수력발전, 하천유지 유량 등 저수지의 정상적인 운영조건하에서 올라 갈 수 있는 최대수위로 홍수조절기능이 없는 저수지는 여수로 정점표고 혹은 여수로 수문비 정점표고로 결정하며, 홍수조절목적을 가지는 저수지는 여수로 정점과 여수로 수문비 정점 사이로 결정한다.

② 저수위(low water level, LWL)

저수위는 정상적인 운영조작에서 내려갈 수 있는 최저수위로 저수지로부터 물을 취수하기 위한 취수구는 저수위보다 낮은 수위에 설치한다. 저수위와 취수구 사이의 저수용량은 수력발전의 효율저하와 퇴사 때문에 정상적인 운영에서는 쓰이지 않는 비활용저수용량(inactive storage)이다. 따라서 상시만수위와 저수위 사이의 물만 이수목적으로 사용하게 되며 이 저수용량을 활용저수용량(active storage)이라 한다.

③ 사수위(top of dead)

사수위는 취수구가 설치되는 표고로서 사수위 이하의 물은 자연 유하식으로는 사용이 불가능하다. 사수위는 댐에 설치된 방류수로 중 가장 낮은 것으로 결정하며, 사수위 아래의 저수용량을 사수량(dead storage)이라 한다.

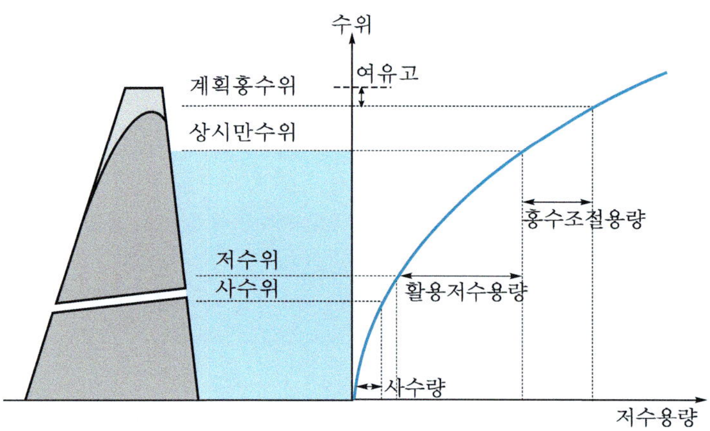

그림 11.3.2 저수용량배분 개념

④ 홍수위(flood water level, FWL)

홍수위는 정상적인 홍수조절에서 홍수를 저장하는 상한선을 말한다. 이 공간은 물을 저장하는 공간이 아니라 항시 비워두고 홍수시 하류의 홍수조절을 위해 사용한다. 상시만수위와 홍수위 사이의 용량을 홍수조절용량(flood control storage)이라 한다.

11.3.2 저수지의 공급률

저수지 설계에서 저수지용량(capacity)과 용수공급률(yield)간의 관계를 분석하게 된다. 용수공급률은 특정 기간동안에 저수지로부터 공급할 수 있는 물의 양이며, 이 기간은 소규모 분배용 저수지의 하루에서부터 대규모 저류용 저수지의 년 단위로 다양하게 변한다. 안전공급률(safe 또는 firm yield)은 심각한 가뭄기간동안에도 공급을 보장할 수 있는 물의 최대치를 뜻하며, 실무에서는 이 심각한 가뭄기간을 해당 하천에서 기록상의 가장 낮은 유출기간으로 정하고 있다. 최대가능공급률(maximum possible yield)은 평균 유입량에서 증발량과 누출손실을 뺀 값이다. 유출량이 풍부한 기간동안의 안전공급률을 초과하는 물을 2차공급률(2nd yield)이라 한다.

11.3.3 분배용 저수지의 용량결정

도시지역의 물 공급이나 특정지역의 관개처럼 단기간의 특정수요를 만족시키기 위한 저수용량을 결정할 경우 저수용량의 결정은 저류방정식에 기초를 둔다.

$$\bar{I}\Delta t - \bar{O}\Delta t = \Delta S \qquad (11.3.1)$$

여기서, $\bar{I}$는 Δt동안 저수지로의 평균유입량, $\bar{O}$는 Δt동안 저수지로의 평균유출량(공급률), Δt는 시간구간, ΔS는 저류량의 변화이다.

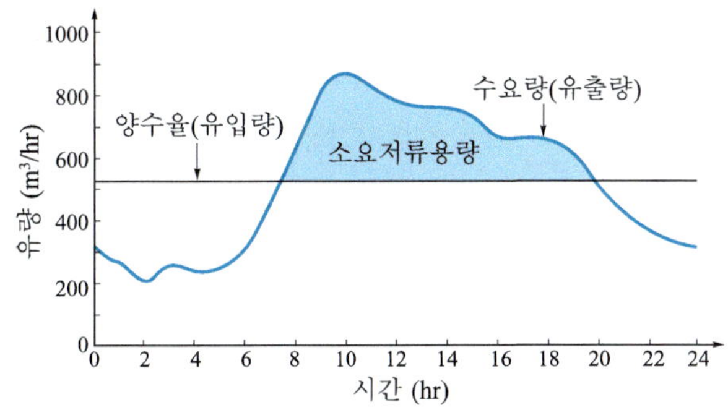

그림 11.3.3 분배용 저수지의 저수용량 결정

결국 장기적으로 볼 때 공급률(유출량)은 유입량에서 손실량을 뺀 것과 같으며, 저수지는 물을 생산하는 것이 아니라 단지 시간에 따라 재분배를 하게 된다. 식 (11.3.1)에서 각 시간구간별로 수요량이 공급량보다 커서 물부족이 발생하는 구간의 물 부족량을 합산하여 저수지의 소요 저수용량을 결정한다.

예제 11.3.1

도시지역에 물을 공급하기 위해 펌프로 지하수를 분배용 저수지로 양수하고 있다. 시간당 용수수요량이 표 11.3.2와 같을 때 저수용량을 결정하라. 펌프는 529.3m^3/hr로 일정하게 양수하고 있다.

표 11.3.2 분배용 저수지의 저수용량 결정

시간	수요량 (m^3/hr)	양수율 (m^3/hr)	저수용량 (m^3/hr)	시간	수요량 (m^3/hr)	양수율 (m^3/hr)	저수용량 (m^3/hr)
0100	271	529.3	0.0	1300	759	529.3	229.7
0200	205	529.3	0.0	1400	764	529.3	234.7
0300	256	529.3	0.0	1500	729	529.3	199.7
0400	237	529.3	0.0	1600	671	529.3	141.7
0500	256	529.3	0.0	1700	670	529.3	140.7
0600	312	529.3	0.0	1800	657	529.3	127.7
0700	438	529.3	0.0	1900	612	529.3	82.7
0800	627	529.3	97.7	2000	525	529.3	0.0
0900	817	529.3	287.7	2100	423	529.3	0.0
1000	875	529.3	345.7	2200	365	529.3	0.0
1100	820	529.3	290.7	2300	328	529.3	0.0
1200	773	529.3	243.7	2400	313	529.3	0.0
				계	12,703	12,703	2,422.4

풀이

공급량이 수요량보다 많은 동안에는 저수를 하고, 수요량이 공급량을 초과하게 되면 부족한 물은 저류한 물을 이용하게 된다. 따라서 수요가 공급을 초과하는 양 만큼 저수를 하면 된다. 표 11.3.2에서 수요량이 공급률보다 많은 8시부터 19시까지의 부족량(4란)을 구해 모두 합한 결과 2,422.4m^{3}의 용량으로 결정된다. 그림 11.3.3은 수요량과 공급률의 차이가 저수용량임을 보여주고 있다.

11.3.4 하천저수지의 저수용량결정

하천저수지의 저수용량결정은 일반적으로 저수지 운영분석으로 불리고 있으며, 설정된 운영규칙에 따라 일정기간 동안 저수지 운영을 모의 하는 것이다. 저수지 운영분석은 매우 낮은 유출이 발생하는 최대 갈수기간을 택해 분석할 수도 있지만, 장기간의 합성자료를 사용하기도 한다. 최대 갈수기간을 택해 분석하는 경우 선택된 갈수 기간 동안 물부족이 발생하지 않을 저수용량을 결정하지만, 장기간의 합성자료를 사용하는 경우 다양한 저수용량에 대한 신뢰성을 분석할 수 있다. 저수지 운영분석은 연 유량이나 월 또는 일 유량자료를 이용하여 실시할 수 있다. 월 유량자료가 주로 사용되지만 수년에 걸쳐 저류하는 대규모의 저수지는 연 유량자료가 만족할 만한 결과를 준다. 소규모의 저수지에서는 월중의 유량발생순서도 중요하므로 주 또는 일 유량자료를 사용한다.

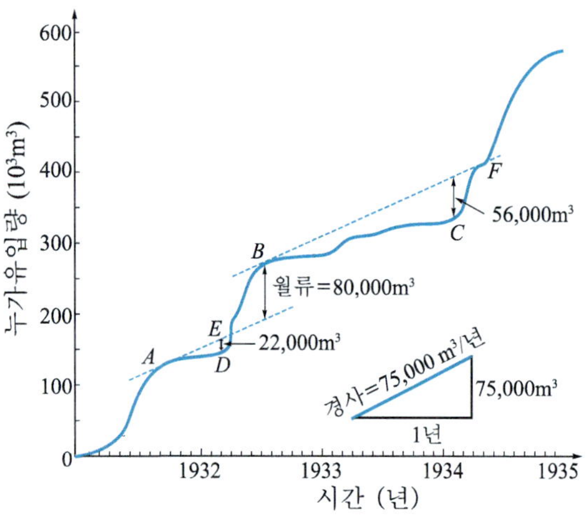

그림 11.3.4 Ripple의 누가용적곡선에 의한 저수용량결정

1) Ripple의 누가용적곡선에 의한 저수용량결정

Ripple의 누가용적곡선(mass curve)은 저수지로 유입하는 순유입량을 누적하여 도시한 것으로 그림 11.3.4는 누가용적곡선의 예를 보여주고 있다. 임의 시간에서 누가용적곡선의 기울기는 그 시간에서의 유입량을 나타내며 일정한 율의 수요를 나타내는 수요곡선(demand curve)은 직선으로 표시된다. 누가용적곡선의 정점(A, B)에서 접선으로 그은 수요곡선은 저수지로부터의 취수율을 의미한다. 수요곡선과 누가용적곡선이 교차할 때마다 저수지가 만수된다고 가정하면, 수요곡선과 누가용적곡선 간의 최대 종거차가 수요에 안전하게 공급할 수 있는 저수용량이 된다. 만일 수요가 일정하지 않다면 수요곡선은 곡선(실제로는 누가 수요곡선)으로 나타나지만 분석방법은 동일하다.

예제 11.3.2

그림 11.3.4와 같은 저수지 유입 누가용적곡선에서 공급률을 75,000m^3/년 즉, 연간 75,000m^{3}의 물을

보장하기 위해서는 저수용량을 얼마로 결정해야 하는가?

풀이

공급률 75,000m^3/년의 기울기와 같도록 누가용적곡선의 정점 A와 B에서 접선을 그을 경우 C지점에서 수요곡선과 누가용적곡선의 종거차가 최대로 되므로 이때의 종거차 56,000m^{3}이 저수용량이 된다. E와 F에서 두 곡선이 만나므로 이때 저수지는 만수상태가 된다. E지점에서 B지점까지는 유입량이 수요량보다 많아 두 수요곡선의 종거차 80,000m^{3}만큼이 월류되고 있다. B지점부터는 다시 수요량이 유입량보다 많아 물이 부족하게 되고 C지점에서 부족량이 최대가 된다.

누가용적곡선은 또한 주어진 저수용량에 대해 예상되는 공급률을 결정하는데 사용될 수 있다(그림 11.3.5). 이 경우 누가용적곡선의 정점 A, B에서 접선과 누가용적곡선의 최대 종거차가 주어진 저수용량과 같도록 접선을 긋는다. 이 접선의 경사는 특정 저수용량에서 매년 보낼 수 있는 공급률을 의미하며, 그 중 완만한 경사가 바로 안전공급률이 된다. 여기서, 주의할 것은 각 수요곡선(접선)을 연장하였을 때 누가용적곡선과 만나야 하며 만일 두 곡선이 만나지 않으면 저수지는 만수되지 않는다.

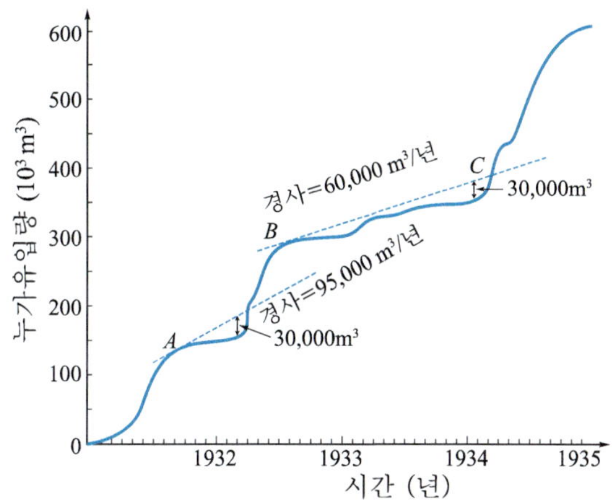

그림 11.3.5 저수용량으로부터 공급가능률의 결정

예제 11.3.3

그림 11.3.5와 같이 누가용적곡선이 주어질 때 저수용량이 30,000m^{3}이라면 안전공급률은 얼마인가?

풀이

누가용적곡선의 정점 A, B에서 접선과 누가용적곡선의 최대 종거차가 30,000m^{3}이 되도록 접선을 그은 결과 서로 다른 기울기를 가진 직선 즉, 서로 다른 공급률을 얻게 되는데, 접선 BC의 경사가 더 완만한 60,000m^3/년이며 이 값이 안전공급률이 된다.

예제 11.3.4

표 11.3.3과 같이 년 유입량과 수요량이 주어질 때 저수지용량을 누가용적곡선에 의해 결정하라.

풀이

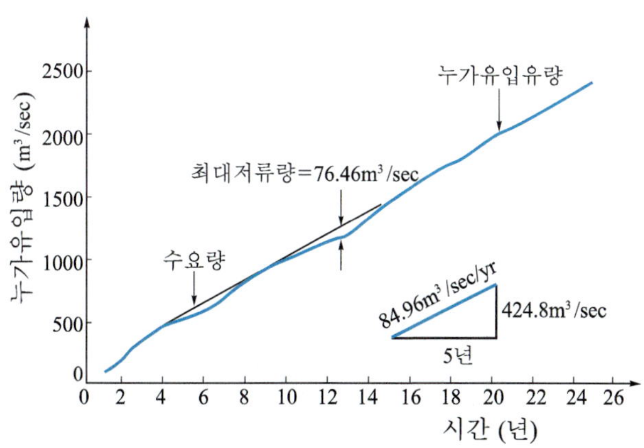

그림 11.3.6 누가용적곡선에 의한 저수용량 결정

표 11.3.3 누가용적곡선에 의한 저수용량결정

시간 (yr)	유입량 (m^3/sec)	누가유입량 (m^3/sec)	수요량 (m^3/sec)	시간 (yr)	유입량 (m^3/sec)	누가유입량 (m^3/sec)	수요량 (m^3/sec)
1	113.28	113.28	84.96	14	98.55	1309.80	84.96
2	95.72	209.00	84.96	15	143.02	1452.82	84.96
3	130.56	339.56	84.96	16	127.44	1580.26	84.96
4	111.58	451.14	84.96	17	103.37	1683.62	84.96
5	70.23	521.37	84.96	18	86.38	1770.00	84.96
6	77.88	599.25	84.96	19	95.44	1865.44	84.96
7	106.48	705.73	84.96	20	124.04	1989.48	84.96
8	103.37	809.10	84.96	21	62.87	2052.35	84.96
9	138.77	947.87	84.96	22	79.58	2131.93	84.96
10	58.91	1006.78	84.96	23	92.04	2223.97	84.96
11	90.91	1097.68	84.96	24	100.82	2324.79	84.96
12	48.43	1146.11	84.96	25	83.26	2408.05	84.96
13	65.14	1211.25	84.96				

유입량을 누가하여 그림 11.3.6과 같이 도시하고 년간 수요량 84.96m^3/sec에 해당하는 기울기로 정점부에서 접선을 그어 누가유입량과의 차가 최대가 되는 값을 구하면 76.46m^3/sec가 되고, 이 값이 바로 저수용량에 해당된다. 본 예제에서는 단위를 유량 m^3/sec로 적용하였으므로 부피로 환산하면 $76.46 \times 365 \times 24 \times 3600 = 2.411 \times 10^9 m^3$ 이 된다.

2) 연속-정점방법에 의한 저수용량 결정

연속-정점방법(sequent-peak method)은 저수지의 저수용량을 결정하는 또 다른 방법으로 Ripple의 누가용적곡선에 의한 방법과 같은 결과를 주지만 적용하기가 좀 더 간단하다. 연속-정점방법에서는 수요량과 공급량의 차이를 누가시켜 도시하며, 곡선의 각 정점에서 다음 정점방향으로 수평선을 긋고, 수평선에서 아래 곡선까지의 차를 구할 때 최대로 나타나는 값이 소요 저수용량이 된다.

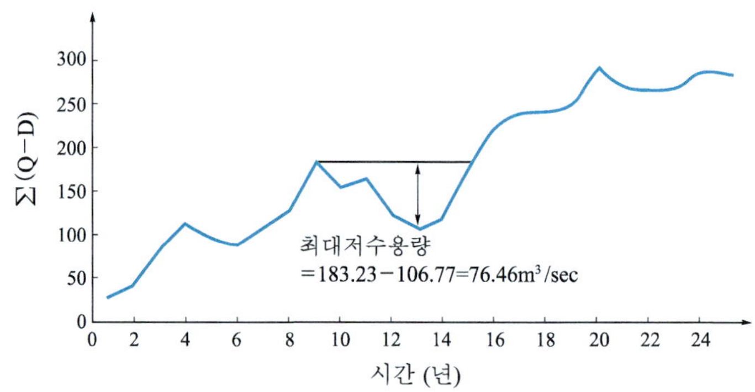

그림 11.3.7 연속-정점방법에 의한 저수용량결정

예제 11.3.5

예제 11.3.4의 유입량과 수요량을 사용하여 연속-정점방법에 의해 저수용량을 산정하라.

풀이

연속-정점방법은 표 11.3.4와 같이 산정한 시간별 유입량(2란)과 수요량(3란)의 차(4란)의 누가치(5란)를 도시하고, 각 정점에서 수평선을 그어 그 차이가 가장 큰 것을 저수용량으로 한다. 그림 11.3.7에서 알 수 있는 바와 같이 저류용량은 정점부의 183.23m^3/sec에서 106.77m^3/sec를 뺀 76.46m^3/sec가 되어 예제 11.3.4와 같은 결과를 주고 있다.

표 11.3.4 연속-정점방법에 의한 저수용량결정

시간 (yr)	유입량 Q (m^3/sec)	수요량 D (m^3/sec)	Q-D (m^3/sec)	누가 Q-D (m^3/sec)	시간 (yr)	유입량 Q (m^3/sec)	수요량 D (m^3/sec)	Q-D (m^3/sec)	누가 Q-D (m^3/sec)
1	113.28	84.96	28.32	28.32	14	98.55	84.96	13.59	120.36
2	95.72	84.96	10.76	39.08	15	143.02	84.96	58.06	178.42
3	130.56	84.96	45.60	84.68	16	127.44	84.96	42.48	220.90
4	111.58	84.96	26.62	111.30	17	103.37	84.96	18.41	239.30
5	70.23	84.96	−14.73	96.57	18	86.38	84.96	1.42	240.72
6	77.88	84.96	−7.08	89.49	19	95.44	84.96	10.48	251.20
7	106.48	84.96	21.52	111.01	20	124.04	84.96	39.08	290.28
8	103.37	84.96	18.41	129.42	21	62.87	84.96	−22.09	268.19
9	138.77	84.96	53.81	183.23	22	79.58	84.96	−5.38	262.81
10	58.91	84.96	−26.05	157.18	23	92.04	84.96	7.08	269.89
11	90.91	84.96	5.95	163.12	24	100.82	84.96	15.86	285.75
12	48.43	84.96	−36.53	126.59	25	83.26	84.96	−1.70	284.05
13	65.14	84.96	−19.82	106.77					

3) 물수지방법에 의한 저수용량결정

저수지 운영분석은 저수지를 하나의 시스템으로 보아 유입과 유출량의 변화를 강수량, 증발량, 용수수요량, 기득수리권 보장수량 등을 고려하여 물 수지분석을 하는 것이라 할 수 있다. 이러한 분석은 저수지 수위에 따른 누출, 저수지 수표면적에 따른 증발량, 자연유입량에 따른 운영규칙, 저류량 등을 고려하게 된다. 여러 인자들 중에서 증발량이 매우 중요하다 할 수 있으며, 저수지를 건설함에 따라 자연하천에 비해 수표면적이 상당히 증가하며, 따라서 증발에 의한 손실량이 증가하게 된다. 자유 수표면에서의 증발량이 지표면으로부터의 증발산량을 항상 초과하기 때문에 저수지를 건설함으로서 물의 순 손실이 발생하게 된다. 건조한 지역에서는 증발량이 너무 커 오히려 저수지 건설이 역효과를 발생시키기도 한다.

물수지방법으로 월 자료를 이용하여 저수용량을 결정하기 위해서는 먼저 월별로 저수지상에 내리는 강수량과 대기 중으로 되돌아가는 증발량에 평균 수위에 해당하는 수표면적을 곱해 체적으로 환산한다. 월별로 저수지에 내린 강우량과 증발량 및 기득수리권 보장수량을 저수지 유입량에 더하거나 빼 순 하천유입량을 구한 후, 월별로 용수수요량이 순 하천유입량을 초과하는 용적(물부족량)을 계산하여 합산함으로서 소요 저수용량을 구하게 된다.

예제 11.3.6

댐 예정지점에서의 갈수년에 대한 월별 유입량, 증발량, 강수량 및 용수수요량이 표 11.3.5에 수록되어 있다. 기득수리권 보장수량은 월별 유입량과 10,000m^3/월 중 작은 값을 택한다. 저수지 건설로 인해 수몰되는 지역에 내렸던 과거 강우량의 25%가 하천으로 유출되었다고 가정하여 저수용량을 결정하라. 저수지로 인한 수표면적의 증가량은 2km^2이며 증발접시계수는 연중 0.7로 일정하다.

풀이

표 11.3.5 물수지방법에 의한 저수용량결정

시간 (월) (1)	유입량 (10^3m^3) (2)	접시 증발량 (mm) (3)	강수량 (mm) (4)	용수 수요량 (10^3m^3) (5)	수리권 보장량 (10^3m^3) (6)	증발량 (10^3m^3) (7)	강수량 (10^3m^3) (8)	순유입량 (10^3m^3) (9)	소요 저수량 (10^3m^3) (10)
1	4	48	0	145	4	67.2	0.0	−67.2	212.2
2	8	32	0	138	8	44.8	0.0	−44.8	182.8
3	16	25	0	102	10	35.0	0.0	−29.0	131.0
4	21	39	8	69	10	54.6	12.0	−31.6	100.6
5	35	46	14	57	10	64.4	21.0	−18.4	75.4
6	356	67	149	46	10	93.8	223.5	475.7	0.0
7	1256	90	204	51	10	126.0	306.0	1426.0	0.0
8	2141	113	113	60	10	158.2	169.5	2142.3	0.0
9	468	125	24	103	10	175.0	36.0	319.0	0.0
10	59	107	12	147	10	149.8	18.0	−82.8	229.8
11	21	98	3	150	10	137.2	4.5	−121.7	271.7
12	8	65	0	152	8	91.0	0.0	−91.0	243.0
계	4393	855	527	1220	110	1197.0	790.5	3876.5	1446.5

표 11.3.5에서 (1)~(5)란은 이미 획득한 자료를 나타낸다.

(6)란 수리권 보장량은 (2)란의 유입량과 10,000m^3 중 작은 것을 택한다. (7)란 증발량은 (3)란 접시증발량에 증발접시계수 0.7을 곱하고 저수지 수표면 증가량 $2\times10^6m^2$을 곱한다. (8)란 강수량은 (4)란에 저수지 건설로 인한 강수유입량 증가율 0.75를 곱하고 수표면적 증가량 $2\times10^6m^2$을 곱한다. (9)란 순유입량은 저수지로의 입력부분인 (2)란 유입량과 (8)란 강수량을 더하고 출력부분인 (6)란 수리권 보장량과 (7)란 증발량을 뺀다. (10)란 저수용량은 (9)란 순유입량에서 (5)란 용수수요량을 뺀다. 계산 결과 음의 값이 나오면 물부족이 생기는 달이므로 양의 값으로 바꾸어 월 소요저수용량으로 한다. 양의 값이 나오면 물부족이 없는 달이므로 0으로 놓는다. (10)란을 모두 더하면 연간 소요 저수용량 $1446.5\times10^3m^3$을 얻게 된다.

11.4 댐 여수로

여수로(spillway)는 댐에서 저류 능력을 초과하는 잉여의 물을 배수시키기 위해 설치되는 댐 부속 구조물이다. 여수로는 댐에서 매우 중요한 부분으로 댐의 파괴 중 상당수가 여수로의 용량부족이나 설계가 잘못되어 발생하고 있다. 여수로는 적절한 통수 능력과 함께 수리학적 및 구조적으로 적절하게 설계되어야 하며, 댐 하류지역에서 세굴이 발생하지 않는 위치에 설치하거나 말단부에 에너지를 감소시키는 감세공을 설치하여야 한다. 여수로는 형태 및 배수양상에 따라 자유낙하형(free overfall 또는 weir), 월류형(over flow 또는 ogee), 측수로형(side channel), 나팔형(shaft 또는 morning glory) 그리고 사이폰형(siphon) 여수로가 있다.

11.4.1 월류형 여수로

월류형 여수로는 일반적으로 많은 양의 홍수를 방류시킬 때 사용하는 형태로 광폭의 사각형 위어라 할 수 있다. 월류형 여수로의 노면은 일반적으로 예연위어를 통해 유출되는 수맥의 아랫면의 곡선과 동일하도록 설계하여 여수로 노면과 수맥사이의 부압을 줄이고 공동현상(cavitation)에 의한 구조물의 손상을 방지하도록 설계한다.

그림 11.4.1과 같이 예연위어를 통해 단위폭당 유량 q가 흐르는 경우를 생각해 보자. 만일 수맥 아래로 공기의 순환이 순조롭다면 흐름의 거동은 예연위어 정점부에서 θ의 각도로 유속 V_o로 움직이는 물의 경로와 유사할 것이다. 그러므로 유속의 수평방향 성분은 일정하며, 작용하는 힘은 오직 중력뿐이라고 가정할 수가 있다. 따라서 수맥 아랫면에 위치한 물의 입자 G의 수평 및 연직방향의 위치는 다음과 같다.

$$x = V_o t\cos\theta \qquad (11.4.1)$$

$$y = V_o t\sin\theta + \frac{1}{2}gt^2 + C' \qquad (11.4.2)$$

식 (11.4.1)과 식 (11.4.2)에서 시간 t를 소거하고 위어 정점부 수두 H로 나누어 무차원화 하면

$$\frac{y}{H} = A\left(\frac{x}{H}\right)^2 + B\frac{x}{H} + C \qquad (11.4.3)$$

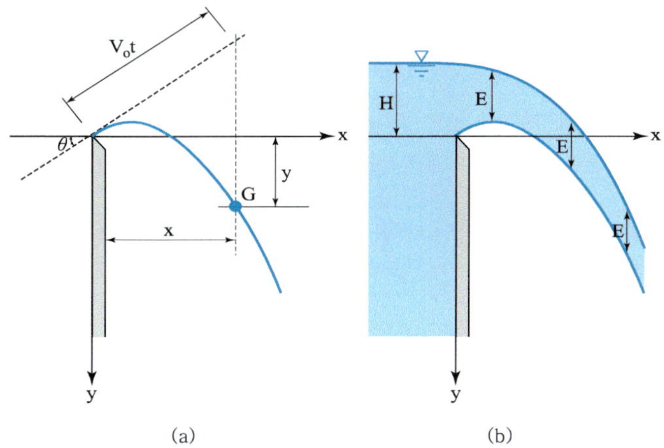

그림 11.4.1 예연위어에서의 자유수맥 경로

여기서, $A=gH^2/V_o^2\cos^2\theta$, $B=-\tan\theta$ 그리고 $C=C'/H$가 된다. 이론적으로 식 (11.4.3)을 완전히 해석하기가 곤란하므로 실험을 통하여 월류형 여수로의 노면곡선을 결정하기 위한 연구가 이루어졌으며, 그 중 미국 수로실험소(WES)에서 제시한 경험공식을 주로 사용하고 있다. WES에서 제시한 방법은 그림 11.4.2와 같이 여수로 정점부를 좌표의 원점으로 여수로 상의 정수두 H_d에 따라 다음과 같이 수맥의 아랫면의 곡선 즉, 여수로 노면을 계산한다.

$$y = -\frac{x^n}{KH_d^{n-1}} \qquad (11.4.4)$$

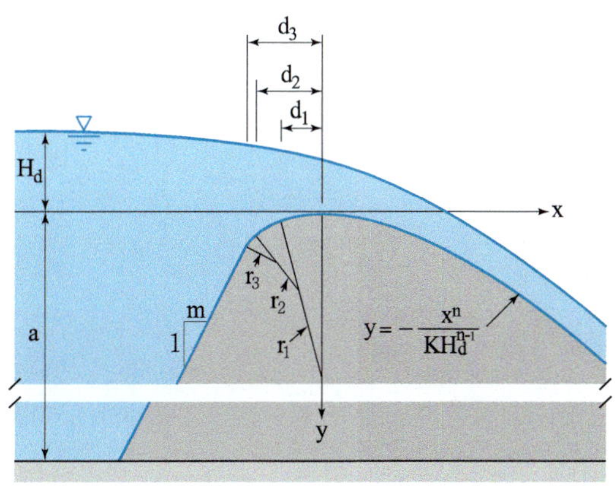

그림 11.4.2 여수로 노면결정

여기서, K 및 n은 여수로 상류측면의 경사 m에 의해 결정되는 값이며 표 11.4.1에 주어져 있다. 또한 그림 11.4.2에서의 상류측 노면의 곡률반경 r_1, r_2 및 r_3와 여수로 정점부로부터의 거리 d_1, d_2 및 d_3도 표 11.4.1에 주어져 있으며 여

수로 정점부에서의 정수두 H_d를 알면 구할 수 있다. 노면곡선 계산의 한계점은 여수로 하류노면의 경사와 접하는 지점까지가 된다.

여수로를 통해 월류하는 유량은 사각형 예연위어에서의 유량과 같이 구할 수 있다.

$$Q = CLH_e^{3/2} \tag{11.4.5}$$

여기서, Q는 여수로상의 유량(m^3/s), L은 여수로 정상부의 길이(m), H_e는 여수로상의 전수두로 정수두 H_d와 접근 속도수두 $H_a = V_a^2/2g$의 합이며, C는 유량계수로 여수로 정점부에서의 전수두와 여수로의 높이의 비로 결정하게 되며 보통 1.66~2.26의 값을 가진다.

표 11.4.1 WES방법에서의 변수 결정

m	n	K	r_1/H_d	r_2/H_d	r_3/H_d	d_1/H_d	d_2/H_d	d_3/H_d
0	1.850	2.000	0.500	0.200	0.040	0.1750	0.2760	0.2818
1/3	1.836	1.936	0.680	0.210	0	0.1390	0.2570	0.2570
2/3	1.810	1.939	0.480	0.220	0	0.1150	0.2140	0.2140
3/3	1.780	1.852	변화곡률곡선*에 의함					0.2000

*변화곡률곡선 (variable-radius curve)

x/H_d	y/H_d	x/H_d	y/H_d
0.000	0.000	−0.150	−0.0239
−0.040	−0.0016	−0.160	−0.0275
−0.080	−0.0065	−0.170	−0.0313
−0.110	−0.0125	−0.180	−0.0354
−0.130	−0.0177	−0.190	−0.0399
−0.140	−0.0207	−0.200	−0.0450

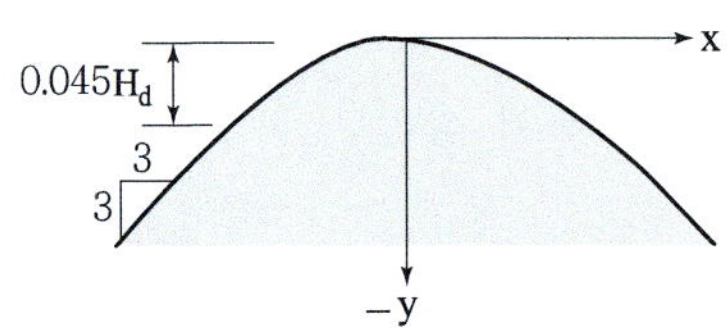

예제 11.4.1

댐을 건설하기 위해 설계홍수량이 $540m^3/s$인 월류형 여수로를 설계하려고 한다. 여수로 정점부의 표고는 106.8m, 계획홍수위는 110.3m일 때 여수로의 폭과 노면곡선을 WES 방법에 의해 구하라. 여수로 상류측면 및 하류측면의 경사는 수직:수평이 각각 3:1 및 2:1이고, 유량계수는 2.1로 가정하라.

풀이

여수로 정점부의 정수두는 $H_d = 110.3 - 106.8 = 3.5m$

접근수두를 무시하면 여로수의 폭은 $L = \dfrac{Q}{CH_d^{3/2}} = \dfrac{540}{2.1 \times 3.5^{3/2}} = 39.27m$

여수로 상류측면의 노면경사는 경사 수직:수평이 3:1이므로 m=1/3에 해당한다. 따라서

$$n = 1.836, \quad K = 1.936, \quad r_1 = 0.68H_d = 2.38m, \quad r_2 = 0.21H_d = 0.735m, \quad r_3 = 0$$
$$d_1 = 0.139H_d = 0.487m, \quad d_2 = 0.257H_d = 0.90m, \quad d_3 = 0$$

여수로 하류부 노면곡선은 식 (11.4.4)에 의해

$$y = -\frac{x^n}{KH_d^{n-1}} = -\frac{x^{1.836}}{1.936 \times 3.5^{0.836}} \qquad \text{(a)}$$

식 (a)에 여수로 정점으로부터의 거리 x를 적용하면 노면의 위치 y를 얻을 수가 있다. 식 (a)의 적용범위는 하류측면 경사 2:1이 시작되는 지점까지이고, 이 지점은 식 (a)를 H_d로 나눈 후 x/H_d로 미분하여 하류측면 경사 −2와 같게 놓아 결정할 수 있다.

$$\frac{y}{H_d} = -\frac{1}{K}\left(\frac{x}{H_d}\right)^n$$

$$\frac{d(y/H_d)}{d(x/H_d)} = -\frac{n}{K}\left(\frac{x}{H_d}\right)^{n-1} = -\frac{1.836}{1.936}\left(\frac{x}{3.5}\right)^{0.836} = -2$$

따라서 하류측면 경사와 연결되는 지점은 x=8.55m가 된다. 이 값을 (a)에 적용하면 이에 상응하는 값은 y=−9.32m가 된다. 이와 같이 (8.55, −9.32)지점까지는 식 (a)에 의해 작도하고 이 지점부터는 경사 −2로 적용하여 하류측 노면을 결정한다. 이와 같이 구한 월류형 여수로의 노면곡선이 그림 11.4.3과 같다.

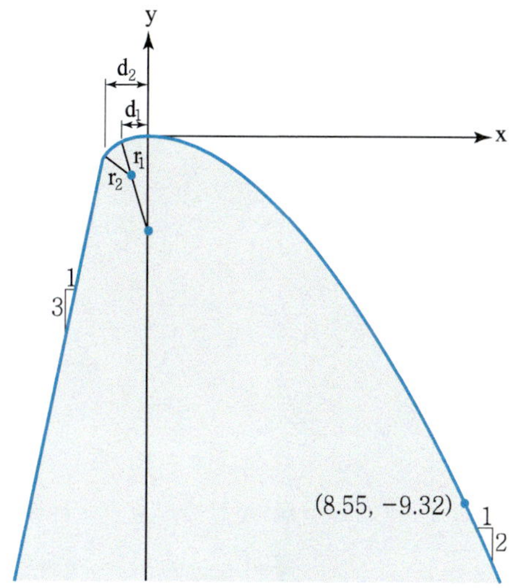

그림 11.4.3

11.4.2 측수로형 여수로

측수로형 여수로는 그림 11.4.4와 같이 여수로 배수 하도와 여수로 정점부가 평행하게 위치하여, 여수로 정점을 통과한 물이 측수로에 떨어져 90°로 방향을 바꾸어 측수로 하류방향으로 흐르게 되어 있는 여수로로 보통 개수로, 암거 또는 관거로 이루어진다. 측수로형 여수로의 흐름 원리는 운동량 보존의 법칙에 기본을 두고 있다. 즉, 측수로에서의 물의 움직임을 초래하는 힘은 여수로를 통해 떨어지는 물에 의해 발생한다는 것이다.

측수로의 시작지점으로부터 x만큼 떨어져 있는 지점과 이지점으로부터 Δx만큼 떨어져 있는 지점을 검사체적(contriol volume)으로 생각하면, 시작지점인 x지점에서의 운동량에 외부로부터 추가된 물에 의한 운동량을 더한 것이 Δx만큼 떨어진 지점에서의 운동량과 같다. 검사체적 상류지점 즉, x지점에서의 유속과 유량을 V와 Q라 하면 Δx만큼 떨어진 하류지점에서의 유속과 유량은 V+ΔV 및 Q+q Δx가 된다. 여기서, q는 여수로의 단위폭 당 유량이다.

만일 Q_1과 V_1을 검사체적 상류지점에서 즉, x지점에서

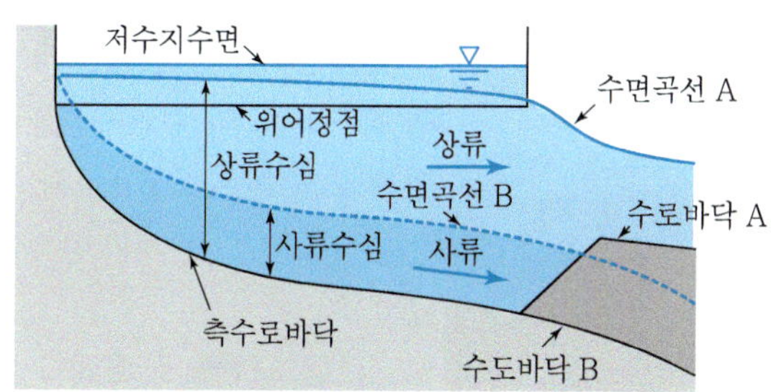

(a) 측수로 곡선

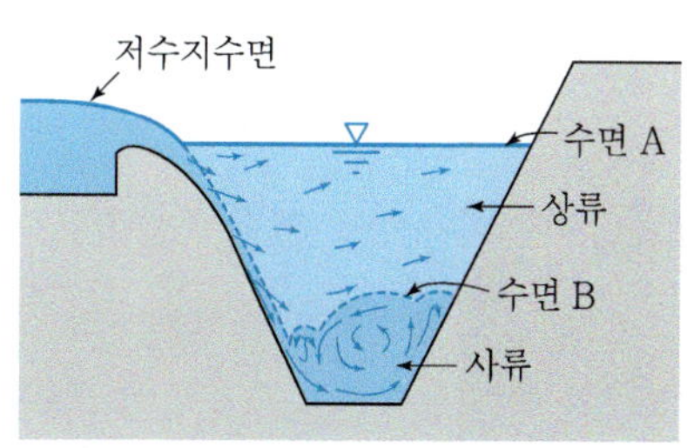

(b) 측수로 단면도

그림 11.4.4 측수로형 여수로

의 유량과 유속, Q_2와 V_2를 검사체적 하류지점 즉, x지점에서 Δx만큼 떨어진 지점에서의 유량과 유속이라 한다면 Δx간의 수심변화 Δy는 다음과 같다.

$$\Delta y = \frac{Q_1}{g}\frac{(V_1+V_2)}{(Q_1+Q_2)}\left[(V_2-V_1)+\frac{V_2(Q_2-Q_1)}{Q_1}\right] \tag{11.4.6}$$

또는

$$\Delta y = \frac{Q_2}{g}\frac{(V_1+V_2)}{(Q_1+Q_2)}\left[(V_2-V_1)+\frac{V_1(Q_2-Q_1)}{Q_2}\right] \tag{11.4.7}$$

식 (11.4.6) 또는 식 (11.4.7)을 사용하여 시작지점에서의 기지의 값을 이용하여 흐름이 상류이면 상류방향으로, 사류이면 하류방향으로 계산해 나가며, 수면곡선의 계산방법은 7.7 점변류 수면곡선계산에서 소개하였다. 측수로형 여수로에서의 유량은 위어의 유량공식을 적용하여 구할 수가 있다. 여수로의 길이가 L이라면 단위폭당 유량은

$$q = CH^{3/2} \tag{11.4.8}$$

따라서 측수로의 시점부터 흐름방향으로 x만큼 떨어져 있는 지점에서의 유량은

$$Q_x = CxH^{3/2} \tag{11.4.9}$$

만일 x가 여수로의 길이보다 길어지게 되면 유량은 $Q=CLH^{3/2}$로 일정하게 된다.

예제 11.4.2

측수로형 여수로의 길이가 100m이고, 단위폭 당 설계홍수량이 $5m^3/s/m$이다. 측수로는 폭이 6m인 사각형단면이고 경사는 0.0009이다. 측수로의 말단부에 지배단면을 설치하여 한계수심이 발생하도록 할 때 측수로의 수면곡선을 10m 단위로 계산하라. 단 Manning의 조도계수는 0.02이며, 단면 변화로 인한 손실수두는 무시하라.

풀이

측수로의 단위폭당 유량이 $5m^3/s/m$이므로 지배단면에서의 한계수심 및 한계유속은

$$y_c = \left(\frac{q^2}{g}\right)^{1/3} = \left(\frac{5^2}{9.81}\right)^{1/3} = 1.37\text{m}, \qquad V_c = \frac{q}{y_c} = \frac{5}{1.37} = 3.65\text{m/s}$$

이때의 속도수두는 $h_c = \frac{V_c^2}{2g} = \frac{3.65^2}{2\times 9.81} = 0.68\text{m}$

측수로 말단부에서의 수심은 $Y_{0+0} = y_c + \frac{V_c^2}{2g} = 1.37 + 0.68 = 2.05\text{m}$

측수로 말단부에서의 등류수심은 Manning의 공식으로부터

$$AR_h^{2/3} = \frac{nQ}{S_o^{1/2}} = \frac{0.02\times 5\times 6}{0.0009^{1/2}} = 20 \quad\rightarrow\quad 6y_n\left(\frac{6y_u}{6+2y_n}\right)^{2/3} = 20$$

따라서 y_n=2.65m이다.

측수로 말단부에서의 등류수심이 2.65m이고, 한계수심이 1.37m, 그리고 수심이 2.05m이므로 측수로내 흐름은 상류이고 수면곡선형은 M2곡선이 되어 측수로 말단부 지배단면으로부터 상류방향으로 10m구간씩 계산해 나간다.

계산과정은 다음과 같으며 결과는 그림 11.4.5 및 표 11.4.2와 같다.

1란 : 단면위치　　2란 : 구간거리　　3란 : 바닥표고 $S_o \Sigma \Delta x$

4란 : 적절히 가정한 Δy　　5란 : 수면표고로 기점수면표고 $+\Delta y$(4란)

6란 : 수심으로 수면표고(5란) − 바닥표고(3란)　　7란 : 단면적으로 수심(6)×수로폭(6m)

8란 : 단면 통과유량으로 여수로 단위폭당 유량 q×수로시점으로부터의 거리

9란 : 평균유속으로 유량(8란)/단면적(7란)

10란 : 식 (11.4.6)에 의한 수심변화

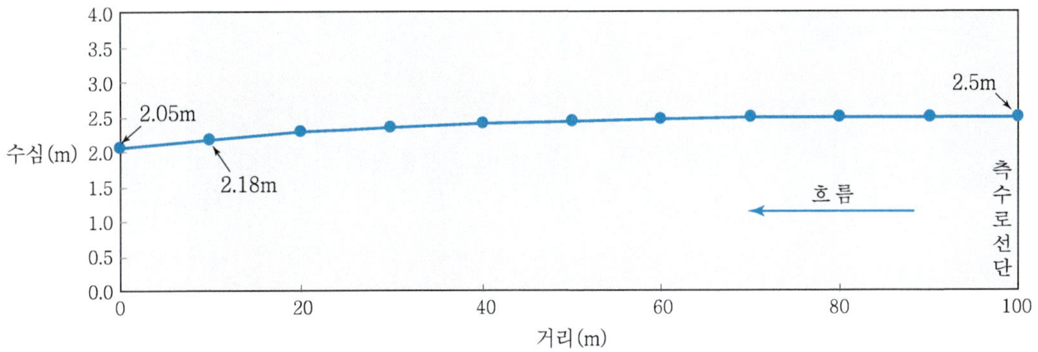

그림 11.4.5 측수로의 수면곡선

표 11.4.2 측수로형 여수로의 수면곡선 계산표

단면 위치	Δx (m)	바닥표고 (m)	가정 Δy (m)	수면표고 (m)	수심 y (m)	A (m^2)	Q (m^3/s)	V (m/s)	Δy (m)	비고
0+00	0	0		2.05	2.05	12.3	30	2.44		
0+10	10	0.009	0.05	2.1	2.091	12.546	27	2.15	0.12	재가정
	10	0.009	0.14	2.19	2.181	13.086	27	2.06	0.14	OK
0+20	10	0.018	0.1	2.29	2.272	13.632	24	1.76	0.1	OK
0+30	10	0.027	0.08	2.37	2.343	14.058	21	1.49	0.08	OK
0+40	10	0.036	0.06	2.43	2.394	14.364	18	1.25	0.06	OK
0+50	10	0.045	0.05	2.48	2.435	14.61	15	1.03	0.05	OK
0+60	10	0.054	0.04	2.52	2.466	14.796	12	0.81	0.04	OK
0+70	10	0.063	0.03	2.55	2.487	14.922	9	0.6	0.03	OK
0+80	10	0.072	0.02	2.57	2.498	14.988	6	0.4	0.02	OK
0+90	10	0.081	0.01	2.58	2.499	14.994	3	0.2	0.01	OK
0+100	10	0.09	0.01	2.59	2.5	15	0	0	0	OK

11.4.3 나팔형 여수로

나팔형 여수로(morning glory 또는 shaft spillway)는 여수로 설치에 공간적인 제약이 있거나

지형학상 다른 여수로를 설치하기 곤란한 경우에 사용하며, 원형 월류단면, 연직관, 만곡부, 수평관로 및 종말구조물로 이루어져 있다.

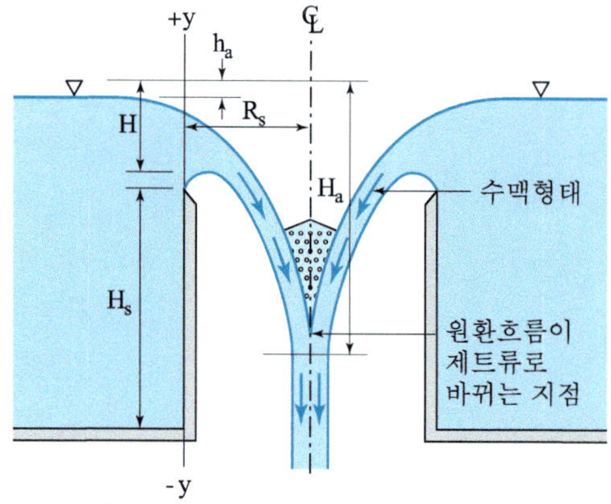

그림 11.4.6 여수로 입구부의 흐름 상태

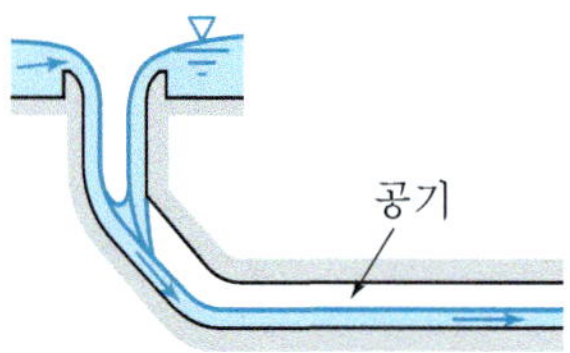

(a) 여수로 통제

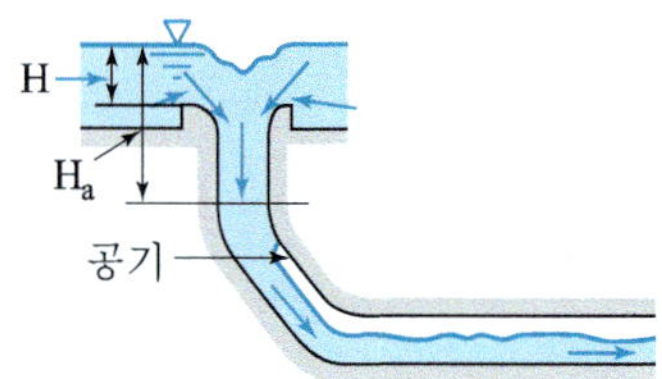

(b) 오리피스 통제

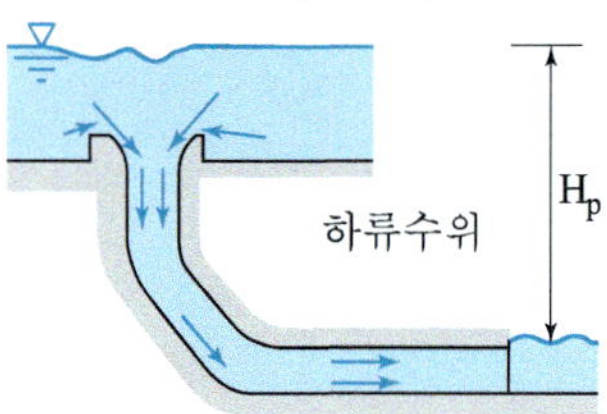

(c) 관수로 흐름

나팔형 여수로는 그림 11.4.6 및 그림 11.4.7과 같이 연직관 내에서 세 가지의 흐름 상태가 가능하다. 여수로 정점부에서의 수위가 낮은 경우 물과 함께 공기가 유입되며, 연직 및 수평관로가 가득 차서 흐르지 않고 중력에 의해 물이 흐르게 된다. 이 때 여수로는 위어와 같은 기능을 하며 여수로를 월류하는 유량은 다음과 같다.

$$Q = CPH^{3/2} \tag{11.4.10}$$

여기서, P는 나팔형 여수로 정점부의 길이 즉, 윤변이고, H는 여수로 정점부에서의 수두, C는 유량계수로 H/R_s와 H_s/R_s의 함수이며 R_s는 여수로 입구부의 반경이다. 여수로에서의 수두가 증가하여 H/R_s가 약 0.45를 초과하게 되면, 여수로 위어는 부분적으로 잠수하게 되고, H/R_s가 1에 가까워지게 되면 입구부는 완전히 잠수되어 오리피스 상태의 흐름이 되어 유량은 $H_a^{1/2}$에 비례하게 된다.

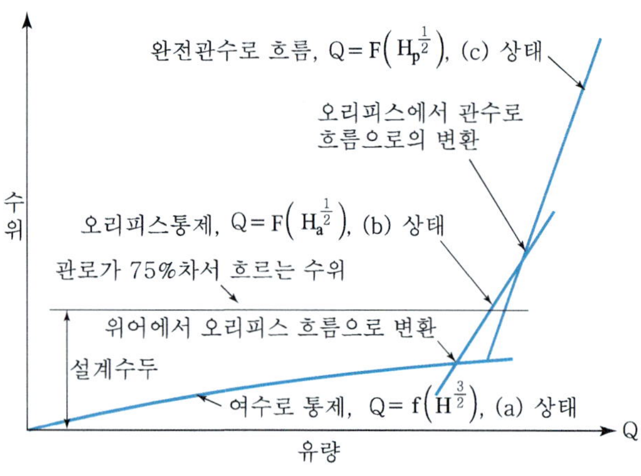

그림 11.4.7 흐름 상태에 따른 수위 - 유량관계곡선

여수로 입구부가 완전히 잠수된 경우는 연직 및 수평관로에 물이 가득 차서 흐르는 관수로 흐름이 된다. 이 경우 유량은 $H_p^{1/2}$에 비례하게 되며, 여기서, H_p는 그림 11.4.7c와 같이 여수로 상류 및 하류간의 총 수두차로 다음과 같다.

$$H_p = (K_e + K_f + K_b + K_o)\frac{V^2}{2g} = K\frac{V^2}{2g} \tag{11.4.11}$$

$$\therefore Q = AV = A\sqrt{\frac{2gH_p}{K}} \tag{11.4.12}$$

여기서, K_e, K_f, K_b, K_o는 입구부, 마찰, 만곡부 및 출구부 손실계수이고, V는 관내의 유속, A는 관의 단면적이다.

예제 11.4.3

반경이 2m인 나팔형 여수로에서 여수로 정점부의 수두가 0.5m인 경우와 수두가 3m로 완전히 잠겨 있을 경우의 유량을 산정하라. 단 여수로 정점부의 표고는 50m, 출구부 하류수위는 40m, 유입부, 마찰, 만곡부 그리고 출구부 손실계수는 각각 0.5, 0.5, 1.0 및 1.0이며, 유량계수는 2.0으로 가정하라.

풀이

수두가 0.5m인 경우 위어와 같은 기능을 하므로 식 (11.4.10)을 적용하면

$$Q = CPH^{3/2} = 2 \times 2 \times 3.14 \times 2 \times 0.5^{3/2} = 8.88 m^3/s$$

여수로가 완전히 잠겨있는 경우 여수로 상류부 수위는 50+3=53m, 하류부 수위는 40m이므로 여수로 상하류간의 수두차는 13m가 된다. 따라서 식 (11.4.12)를 적용하면

$$Q = AV = A\sqrt{\frac{2gH_p}{K}} = 3.14 \times 2^2 \times \sqrt{\frac{2 \times 9.81 \times 13}{3}} = 115.81 m^3/s$$

11.4.4 사이폰형 여수로

사이폰형 여수로(siphon spillway)는 저수지 수위를 적절한 변동범위 내에서 유지시키는 것이 바람직한 경우에 낮은 수두의 소량의 물을 배제시키기 위해 사용하거나, 많은 양의 물을 배제시키기 위한 보조 여수로로 사용되며, 특정한 운전 장치가 필요 없이 자동적으로 작동된다는 장점이 있다. 사이폰형 여수로는 그림 11.4.8과 같이 입구부, 상류방향의 경사단면, 여수로 정점부, 하류방향의 경사단면 그리고 출구부로 이루어진 폐합된 관로이다.

사이폰으로부터 공기가 방출되면 저수지와 출구부에서의 총 수두차 H가 흐름을 발생시키는데 사용된다. 사이폰 내 정점부의 높이를 너무 높게 하면 관내의 압력이 증기압보다 작아져 증기현상에 의해 많은 기포가 생겨 하류단의 고압부에 이르면 터지게 되는 공동현상이 발생하여 구조물에 손상을 입히게 된다. 사이폰 정점부에서의 부압수두는 이론적인 절대영압인 수두 −10.34m가 되나 안전을 위해 보통 약 −8m정도의 부압수두를 설계치로 사용한다. 저수지 수위가 사이폰 정점부까지 낮아지게 되면 공기가 사이폰으로 유입되어 흐름이 멈추도록 하기위해 사이폰 중단장치 (siphon breaker)를 설치한다. 출구부에서는 공기가 사이폰으로 유입되어 작동이 중단되지 않게 하기 위해 공기유입을 방지하도록 설계하게 된다.

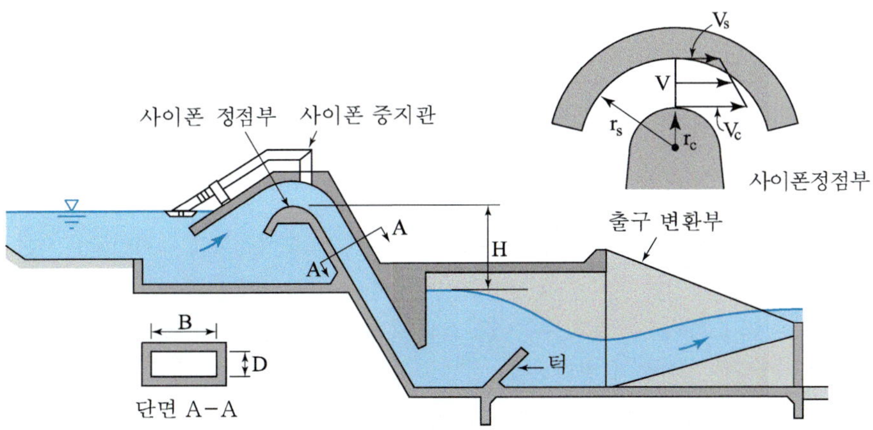

그림 11.4.8 사이폰 여수로의 구조

사이폰내 정점부에서의 부압수두를 −8m로 설계할 경우 사이폰을 통해 흐를 수 있는 최대 유량 및 이때의 평균유속은 다음과 같이 산정하게 된다.

$$Q = 28.83Br_c \log_{10}\frac{r_s}{r_c} \tag{11.4.13}$$

$$V = \frac{Q}{A} = \frac{Q}{B(r_s - r_c)} = \frac{28.83r_c}{r_s - r_c}\log_{10}\frac{r_s}{r_c} \tag{11.4.14}$$

여기서, B는 사각형단면인 경우 사이폰의 폭, r_c 및 r_s는 위어 정점부 및 사이폰 정점부의 곡률반경이다. 사이폰 내의 평균유속 V는 저수지와 출구부에서의 수두차 H에 의해 결정되므로 사이폰 내에서의 유속이 평균유속 V를 초과하게 되면 H를 줄여서 유속을 감소시켜야 한다. 저수지와 출구부에서의 수위차 H는 다음과 같이 나타낼 수 있다.

$$H = (K_e + K_f + K_b + K_o)\frac{V^2}{2g} + H_{ex} \tag{11.4.15}$$

여기서, K_e는 입구 및 단면축소 손실계수(0.2), K_f는 사이폰 내에서의 마찰손실계수(0.25), K_b는 만곡부 손실계수(0.42), K_o는 출구 손실계수로 $(A/A_o)^2$, A는 사이폰 정점부의 단면적, A_o는 출구부의 단면적, H_{ex}는 출구부 단면이 확대되거나 축소될 경우에 발생하는 손실수두로 다음과 같다.

$$\text{출구부가 확대되는 경우} : H_{ex} = 0.2\left(\frac{V^2}{2g} - \frac{V_o^2}{2g}\right) \tag{11.4.16}$$

$$\text{출구부가 축소되는 경우} : H_{ex} = 0.1\left(\frac{V_o^2}{2g} - \frac{V^2}{2g}\right) \tag{11.4.17}$$

여기서, V_o는 출구부에서의 유출속도이다. 만약 사이폰 정점부와 출구부의 단면적이 동일하다면 $A=A_o$, $V=V_o$이므로 사이폰 작용이 가능한 허용수두 식 (11.4.15)는 다음과 같이 간단히 표현된다.

$$H = (K_e + K_f + K_b + 1)\frac{V^2}{2g} \tag{11.4.18}$$

실제 수두가 계산된 허용수두 H보다 작으면 안전하나 배출유량이 감소한다. 만일 실제 수두가 H보다 크면 사이폰 출구부를 높여 수두를 감소시켜 식 (11.4.18)을 만족하도록 설계 한다.

예제 11.4.4

사이폰형 여수로로 계획홍수량 $50m^3/s$를 방류하려고 한다. 저수지의 수위를 60m로 일정하게 유지하고, 여수로 하류부 하천의 수위가 52m이다. 사이폰 목부분에서의 깊이가 1.4m, 위어 정점부의 곡률반경이 1.5m, 사이폰 정점부의 곡률반경이 2.5m일 때 계획홍수량을 소통시키기 위한 사이폰의 폭을 결정하라. 또한 사이폰 작용을 유지시키기에 적합한지 판단하라.

풀이

사이폰의 평균유속은 $V=\frac{28.83r_c}{r_s-r_c}\log_{10}\frac{r_s}{r_c}=\frac{28.83\times 1.5}{2.5-1.5}\log_{10}\frac{2.5}{1.5}=9.59\text{m/s}$

따라서 사이폰 목부의 폭은 $B=\frac{Q}{Vd}=\frac{50}{9.59\times 1.4}=3.72\text{m}$

사이폰의 평균유속 9.59m/s에 대한 최대허용 전수두는

$$H=(K_e+K_f+K_b+1)\frac{V^2}{2g}=(0.2+0.25+0.42+1)\times\frac{9.59^2}{2\times 9.81}=8.77\text{m}$$

실제의 전수두는 60-52=8m이므로 최대허용 전수두보다 작아 사이폰 작용에는 이상이 없다.

11.5 도수

도수(hydraulic jump)는 사류상태로 흐르던 흐름이 상류상태로 변이하는 현상으로, 도수로 인해 물이 가지고 있는 에너지가 감소하게 되므로 여수로를 통해 월류하는 물이 가지고 있는 높은 에너지를 여수로 하류부에 감세공(energy dissipator)을 설치하여 도수를 발생시켜 에너지를 줄여 하류 하상을 보호하게 된다. 도수의 기본적인 개념, 도수 전후의 수심 및 Froude수와의 관계 그리고 도수의 종류는 7.6.1절 도수에서 소개하였다.

도수를 실무에서 적용하는 대표적인 예로 ① 물이 가지고 있는 에너지를 감소시켜 구조물 하류부의 세굴을 방지, ② 수두를 회복하거나 수위를 상승시켜 관개용 또는 물 공급 목적의 수로에서의 높은 수위를 유지, ③ 에이프론(apron)에서 수위를 상승시켜 부양력을 감소, ④ 연직 수문 하류부에 도수를 발생시켜 수문을 통한 유량을 증가, ⑤ 사류 발생 및 통제단면을 존재하게 하여 관측소의 위치 확보, ⑥ 물의 정화에 사용하기 위한 화학물질의 혼합 그리고 ⑦ 도시의 물 공급을 위한 공기의 주입 등을 위해 적용한다.

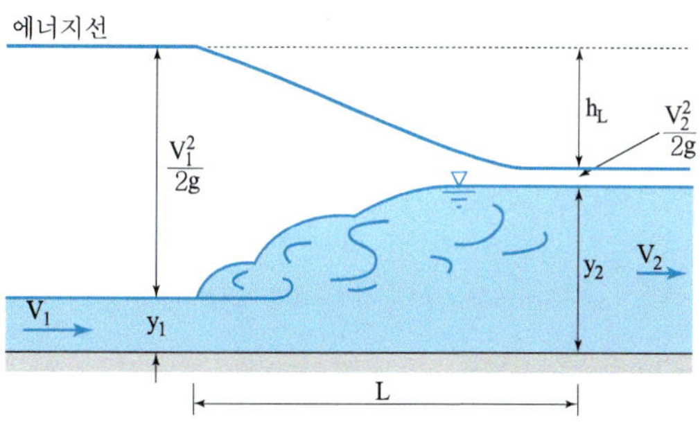

그림 11.5.1 도수

11.5.1 도수의 기본 특성

그림 11.5.1과 같이 도수가 발생할 때 도수의 기본 특성으로는 도수 전후의 수심, 도수로 인한 에너지 손실, 도수의 효율, 도수의 높이 및 길이 등이 있으며 이러한 모든 기본 특성들은 도수 발생 전의 Froude수로 나타낼 수가 있다.

1) 도수 전후의 수심

도수전의 수심 y_1과 도수 후의 수심 y_2는 도수전, 후의 Forude 수 F_{r1} 및 F_{r2}의 함수로 다음과 같이 나타낼 수가 있다.

$$\frac{y_2}{y_1} = \frac{1}{2}(-1 + \sqrt{1 + 8F_{r1}^2}) \quad \text{그리고} \quad \frac{y_1}{y_2} = \frac{1}{2}(-1 + \sqrt{1 + 8F_{r2}^2}) \tag{11.5.1}$$

2) 도수로 인한 에너지 손실

도수로 인한 에너지 손실은 도수 전후의 비에너지(specific energy)차와 같으며 다음과 같이 나타낼 수 있고, $\Delta E/E_1$을 상대손실(relative loss)이라 한다.

$$\Delta E = E_1 - E_2 = \frac{(y_2 - y_1)^3}{4y_1y_2} \tag{11.5.2}$$

3) 효율

도수 후의 비에너지 E_2에 대한 도수 전의 비에너지 E_1과의 비를 도수의 효율(efficiency)이라 하며 다음과 같이 나타낸다.

$$\frac{E_2}{E_1} = \frac{(8F_{r1}^2 + 1)^{3/2} - 4F_{r1}^2 + 1}{8F_{r1}^2(2 + F_{r1}^2)} \tag{11.5.3}$$

식 (11.5.3)으로부터 도수의 효율은 무차원 함수이고, 도수 전의 F_{r1}만의 함수가 됨을 알 수 있다. 또한 상대손실 $\Delta E/E_1 = 1 - E_2/E_1$도 F_{r1}만의 함수가 된다.

4) 도수의 높이

도수 발생전과 도수 발생후의 수심차 $h_j = y_2 - y_1$을 도수의 높이라 한다. 도수의 높이를 도수 전의 비에너지 E_1에 대해 나타내면

$$\frac{h_j}{E_1} = \frac{y_2}{E_1} - \frac{y_1}{E_1} = \frac{-3 + \sqrt{1 + 8F_{r1}^2}}{2 + F_{r1}^2} \tag{11.5.4}$$

여기서, h_j/E_1을 도수의 상대높이라 하며 도수 전의 F_{r1}의 함수가 된다. y_1/E_1 및 y_2/E_1을 도수 전후의 상대수심이라 한다.

사각형 수평수로에서의 도수의 상대손실, 효율, 상대높이 및 상대수심이 모두 도수 전의 Froude수 F_{r1}의 함수이므로 이들 값을 F_{r1}에 대해 표시한 특성곡선(characteristic curve)이 그림 11.5.2와 같으며, 이 특성곡선으로부터 최대 상대높이 h_j/E_1은 $F_{r1}=2.77$일 때 $h_j/E_1=0.507$이고, 도수 후의 최대 상대수심 y_2/E_1은 도수전의 상대수심 $y_1/E_1=0.4$와 $F_{r1}=1.73$일 때 $y_2/E_1=0.8$이 된다. 실험에 의하면 파상도수(undular jump)로부터 약도수(weak jump)로 변화될 때의 Froude

수가 F_{r1}=1.73일 때로 나타나고 있다. F_{r1}=1.0일 때 흐름은 한계류이고 $y_1=y_2=2E_1/3$이 되며, F_{r1}이 증가하면 모든 특성치들이 점진적으로 변하게 된다는 사실을 알 수 있다.

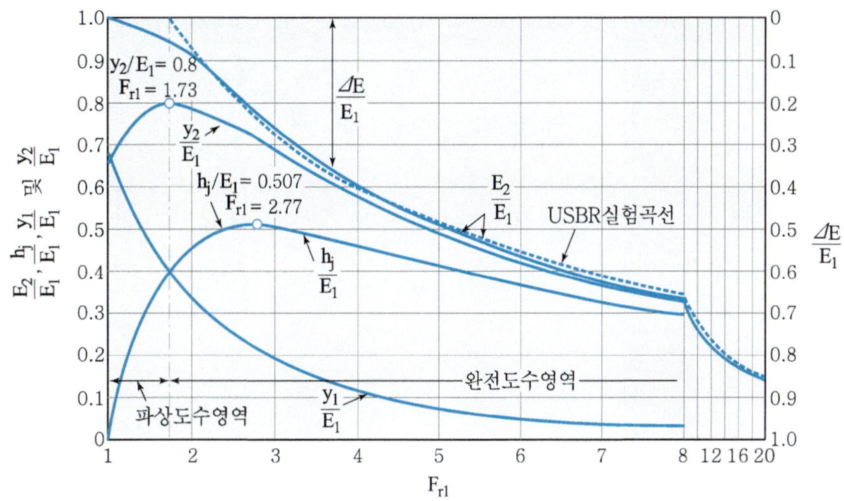

그림 11.5.2 사각형 수평수로에서의 도수의 특성 곡선

11.5.2 도수의 길이

도수의 길이는 도수의 시작 지점으로부터 도수의 파형(roller)이 끝나는 지점까지의 거리이며, 이론적으로 쉽게 결정기가 곤란하므로 많은 실험을 토대로 결정하게 된다. 도수의 길이에 대한 실험결과는 F_{r1}과 무차원 비인 $L/(y_2-y_1)$, L/y_1 또는 L/y_2 등으로 나타낼 수가 있고, 그 중 F_{r1}과 L/y_1으로 나타낸 곡선이 실험 결과를 가장 잘 표현하는 것으로 알려져 있지만, 실제적으로는 F_{r1}과 L/y_2에 대한 곡선이 잘 발달된 도수의 범위에서 완만한 형태를 나타내기 때문에 이 관계 곡선을 사용하게 된다. 그림 11.5.3은 미개척국(USBR)의 사각형 수평수로 실험으로부터 얻은 F_{r1}과 L/y_2의 관계곡선을 보여주고 있다.

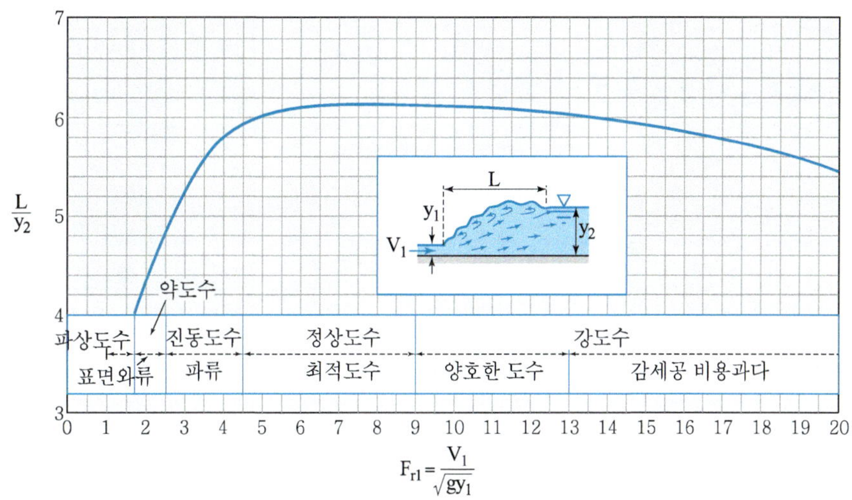

그림 11.5.3 도수의 길이 결정 곡선

예제 11.5.1

사각형 수평수로에서 도수가 발생하고 있다. 단위폭당 유량이 $10m^3/s/m$이고, 도수 전의 수심이 0.7m일 때 도수 후의 수심, 도수의 높이, 도수로 인한 에너지손실 및 효율 그리고 도수의 길이를 구하라.

풀이

도수 발생전의 Froude수 및 비에너지는

$$F_{r1} = \frac{q}{\sqrt{gy_1^3}} = \frac{10}{\sqrt{9.81 \times 0.7^3}} = 5.45, \quad E_1 = y_1 + \frac{q^2}{2gy_1^2} = 0.7 + \frac{10^2}{2 \times 9.81 \times 0.7^2} = 11.10\text{m}$$

도수 발생후의 수심은 $y_2 = \frac{y_1}{2}(-1+\sqrt{1+8F_{r1}^2}) = \frac{0.7}{2} \times (-1+\sqrt{1+8 \times 5.45^2}) = 5.06\text{m}$

도수의 높이는 $h_j = y_2 - y_1 = 5.06 - 0.7 = 4.36\text{m}$

또는 그림 11.5.2에서 F_{r1}=5.45일 때 h_j/E_1=0.39이므로 $h_j = 0.39 \times 11.1 = 4.33\text{m}$

도수로 인한 에너지 손실은 $\Delta E = \frac{(y_2 - y_1)^3}{4y_1y_2} = \frac{(5.06-0.7)^3}{4 \times 0.7 \times 5.06} = 5.85\text{m}$

또는 그림 11.5.2에서 F_{r1}=5.45일 때 $\Delta E/E_1$=0.53이므로 $\Delta E = 0.53 \times 11.1 = 5.88\text{m}$

도수의 효율은 $E_2 = y_2 + \frac{q^2}{2gy_2^2} = 5.06 + \frac{10^2}{2 \times 9.81 \times 5.06^2} = 5.26\text{m}$ $\quad \therefore \frac{E_2}{E_1} = \frac{5.26}{11.1} = 0.474 = 47.4\%$

또는 그림 11.5.2에서 F_{r1}=5.45일 때 E_2/E_1=0.47=47%

도수의 길이는 그림 11.5.3에서 F_{r1}=5.45일 때 L/y_2=6.05이므로 $L = 6.05 \times 5.06 = 30.61\text{m}$

11.5.3 도수의 수면곡선

도수의 수면곡선 모양은 도수가 발생하는 감세공(stilling basin) 측벽에서의 여유고를 결정하기 위해 필요하다. 또한 실험으로부터 도수가 발생하는 수평 수로의 바닥에서의 연직방향 압력이 수표면 곡선으로 얻은 압력과 같다는 결과를 주므로, 구조적인 설계를 위한 압력의 결정에 수면곡선의 모양이 필요하다. 도수의 수면곡선 또한 이론적으로 계산하기가 곤란하며, 실험에 의하면 도수의 수면곡선은 다양한 F_{r1}에 대한 무차원곡선으로 그림 11.5.4와 같이 나타낼 수 있고, 도수의 높이 h_j를 계산한 후 x에 대한 y값을 구해 수면곡선을 계산할 수 있다.

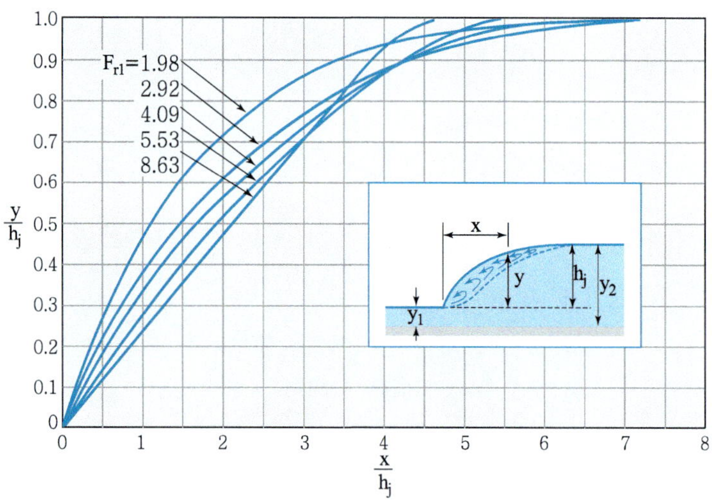

그림 11.5.4 도수의 수면곡선 계산

11.5.4 도수의 발생위치 및 하류수위 조건

도수는 사류흐름에서의 과도한 에너지를 감소시키는 유용한 수단으로, 포장된 에이프런에서 도수를 발생시켜 에너지를 감소시킴으로서 유속을 줄여 댐 구조물 하류부 하상에서의 세굴을 방지하게 된다. 에너지를 감소시키기 위해 도수를 발생시키는 수로구간을 감세수로(stilling basin)라 한다. 감세수로의 바닥은 세굴에 저항하도록 포장되어 있으며, 일반적인 설계에서는 비용상의 문제로 포장된 감세수로가 자유 도수 전체를 포함하도록 설계하지는 않는다. 따라서 도수를 조절하기 위한 부속구조물을 설치하여 도수의 발생 길이가 짧아지도록 유도한다.

1) 도수의 발생위치

여수로 또는 수문과 같은 구조물의 하류부에 도수가 발생하는 위치는 그림 11.5.5와 같이 세 가지의 수위 조건에 따라 변하게 된다.

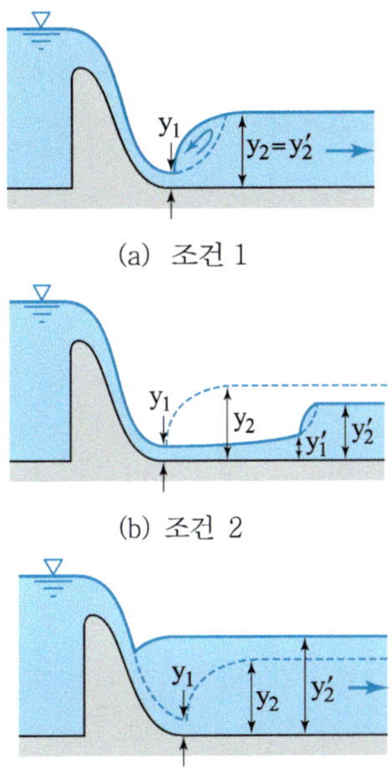

(a) 조건 1

(b) 조건 2

(c) 조건 3

그림 11.5.5 도수의 발생위치

① 조건 1 : 이 경우는 하류수심 y_2'가 y_1에 대한 공액수심 y_2와 같은 경우이다. 이 경우 F_{r1}, y_1, y_2가 식 (11.5.1)의 조건을 만족하고, 여수로의 종점부에서 수심 y_1이 형성되는 지점에서 도수가 발생하므로 세굴보호 목적으로는 가장 이상적인 경우이다.

② 조건 2 : 이 경우는 하류수심 y_2'가 y_2보다 작은 경우로 첫 번째 경우보다 하류수심이 감소한 경우이다. 따라서 도수의 발생위치는 식 (11.5.1)을 만족하는 지점까지 하류로 이동하게 된다. 즉, 도수 후 수심 y_2'가 되기 위한 도수 전 수심 $y_1'(>y_1)$가 형성되는 지점에서 도수가 발생하게 된다. 이러한 경우 감세수로의 길이가 길어지기 때문에 비경제적이므로 하류수심 y_2'를 증가시키기 위한 부속구조물을 설치하여 도수가 포장된 에이프런에서 발생하도록 설계를 할 필요가 있다.

③ 조건 3 : 이 경우는 하류수심 y_2'가 y_1보다 큰 경우로 첫 번째 경우보다 하류수심이 증가한 경우로 도수의 발생위치는 상류방향으로 이동하여 결국 잠수상태의 도수가 발생하게 된다. 이러한 경우는 세굴보호 목적으로는 안전하나 완전한 도수가 발생하지 못해 에너지 감소가 줄어들어 비효율적인 설계라 할 수 있다.

2) 하류수위 조건

앞의 도수발생 위치에 대한 설명에서 하류수위가 고정되어 있다는 가정 하에 고려해 보았으나 실제로는 하도에서의 유량의 변화로 인해 하류수위가 변하게 된다. 이러한 경우 유량 Q와 하류수위 y_2'간의 수위-유량곡선과 유량 Q 및 도수후의 수심 y_2간의 수위-유량곡선을 이용하게 된다. 두 관계곡선의 차이로 인해 그림 11.5.6과 같은 다섯 가지의 조건이 발생하게 된다.

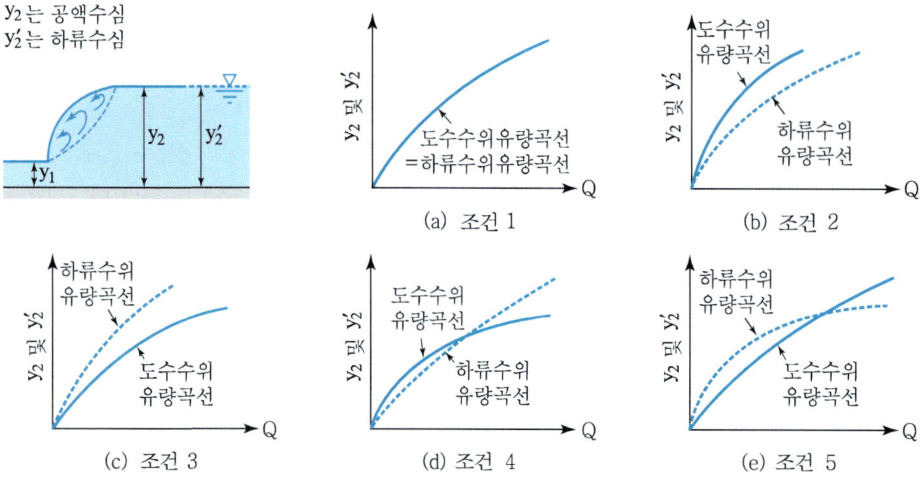

그림 11.5.6 하류수위조건에 대한 구분

① 조건 1 : 이 경우는 두 개의 관계곡선이 항상 일치하는 경우로 가장 이상적인 조건이다. 즉, 모든 유량에 대해 도수가 항상 포장된 에이프런에서 발생하게 된다.

② 조건 2 : 이 경우는 도수 후의 관계곡선이 하류수위에 대한 관계곡선보다 항상 위에 있는 경우이다. 즉, 하류수심 y_2'가 도수 후 수심 y_2보다 항상 낮게 되므로 도수가 하류로 이동하여 발생하게 된다. 이 경우 감세수로의 끝 부분에 턱(sill)을 설치하여 하류수위를 증가시킬 필요가 있다.

③ 조건 3 : 이 경우는 도수후의 관계곡선이 하류수위에 대한 관계곡선보다 항상 아래에 있는 경우이다. 즉, 하류수심 y_2'가 도수 후 수심 y_2보다 항상 높게 되므로 도수가 상류로 이동하여 잠수도수가 발생하여 에너지 감소가 비효율적이 된다. 이 경우 여수로 하류부에 경사 에이프런을 설치하거나 감세수로 하류부 하상을 낮추어 하류수심을 낮출 필요가 있다.

④ 조건 4 : 이 경우는 낮은 유량에서는 도수 후 수심의 관계곡선이 하류수심의 관계곡선보다는 크지만, 높은 유량에서는 도수 후 수심의 관계곡선이 하류수심의 관계곡선보다는 작은 상태이다. 따라서 낮은 유량인 경우 감세수로의 바닥을 낮추거나 턱을 설치하는 한편, 높은 유량에 대해서는 경사 에이프런을 설치하여 원하는 지점에서 도수가 발생하도록 설계한다.

⑤ 조건 5 : 이 경우는 낮은 유량에서는 도수 후 수심의 관계곡선이 하류수심의 관계곡선보다는 작지만, 높은 유량에서는 반대로 도수 후 수심의 관계곡선이 하류수심의 관계곡선보다는 큰 상태이다. 따라서 감세수로의 바닥을 낮추어 하류수심을 높임으로서 감세수로 내에서 도수가 발생하도록 설계한다.

예제 11.5.2

여수로 하류부에 수평의 감세수로를 설계하려고 한다. 여수로 정점부와 감세수로의 바닥 표고차는 10m이고, 단위폭당 유량은 1.5m^3/s/m이며, 감세수로에 연결되는 하류수로의 경사는 0.001, 조도계수는 0.035이다. 여수로의 유량계수는 2.0이며, 여수로에서의 마찰손실을 무시하고 하류수로에서는 등류가 형성된다고 가정하고 감세수로의 최소 소요길이를 구하라. 또한 감세수로 선단에서 도수가 발생하기 위해서는 감세수로와 하류수로의 연결부에서 수로바닥 표고를 얼마나 높여야 하는가.

풀이

여수로 위어 위의 수두는 $q=CH^{3/2}$로부터

$$H=\left(\frac{1.5}{2.0}\right)^{2/3}=0.825\text{m}$$

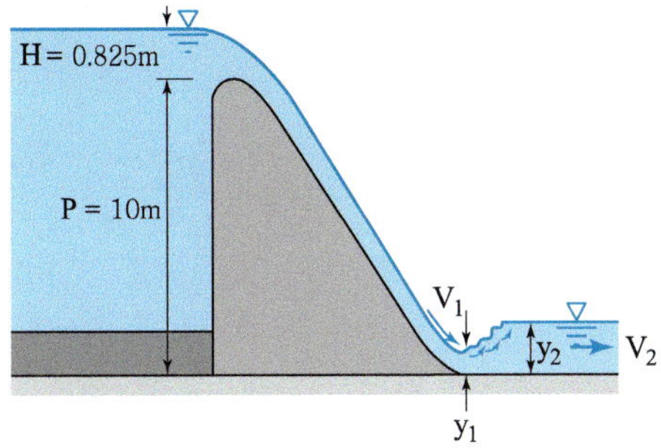

그림 11.5.7

그림 11.5.7과 같이 감세수로 선단에서 도수가 발생한다고 가정하고 마찰손실을 무시하면

$$H+P=y_1+\frac{q^2}{2gy_1^2} \quad \rightarrow \quad 10+0.825=y_1+\frac{1.5^2}{2\times 9.81\times y_1^2}$$

이 식을 시행착오법으로 풀면 y_1=0.103m가 된다. 이때의 유속 및 Froude수는

$$V_1=\frac{1.5}{0.103}=14.563\text{m/s}, \qquad F_{r1}=\frac{14.563}{\sqrt{9.81\times 0.103}}=14.48$$

그러므로 도수후의 수심은 $y_2=\dfrac{0.103}{2}\times(-1+\sqrt{1+8\times 14.48^2})=2.058\text{m}$

감세수로 하류수로에서의 등류수심은

$$q_2=\frac{1}{n}y_2'^{5/3}S_o^{1/2} \qquad \therefore \ y_2'=\left(\frac{0.035\times 1.5}{\sqrt{0.001}}\right)^{3/5}=1.355\text{m}$$

$$V_2'=\frac{1.5}{1.355}=1.107\text{m/s}, \quad F_{r2}'=\frac{1.107}{\sqrt{9.81\times 1.355}}=0.304$$

도수후의 수심이 y_2=2.058m이고 하류수로의 등류수심이 y_2'=1.355m이므로 감세수로 선단에서 도수가 발생하지 못하고 그림 11.5.8과 같이 하류로 이동하여 수심이 증가하다 공액수심이 등류수심 1.355m와 같아지는 지점에서 도수가 발생하게 된다. 따라서 도수후 수심 y_2=1.355m가 되기 위한 도수전의 수심은

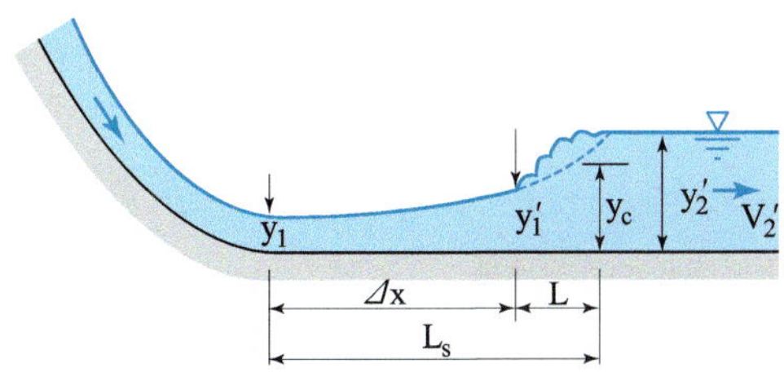

그림 11.5.8

$$y_1'=\frac{y_2'}{2}(-1+\sqrt{1+8F_{r2}'^2})=\frac{1.355}{2}\times(-1+\sqrt{1+8\times 0.304^2})=0.216\text{m}$$

따라서 도수전 수심 y_1'에 대한 유속 및 Froude수는

$$V_1'=\frac{1.5}{0.216}=6.944\text{m/s}, \qquad F_{r1}'=\frac{6.944}{\sqrt{9.81\times 0.216}}=4.77$$

감세수로 선단과 도수가 발생하는 지점까지의 거리는 7.7.1절 직접축차계산법에서 설명한 방법을 이용하여 결정할 수 있다.

$$\Delta x=\frac{E_2-E_1}{S_o-S_f}$$

여기서, 감세수로 선단에서의 비에너지 E_1과 도수발생지점에서의 비에너지 E_2는

$$E_1=y_1+\frac{V_1^2}{2g}=0.103+\frac{14.563^2}{2\times 9.81}=10.912\text{m}$$

$$E_2=y_1'+\frac{V_1'^2}{2g}=0.216+\frac{6.944^2}{2\times 9.81}=2.674\text{m}$$

감세수로가 수평수로이므로 S_o=0이고, 두 지점에서의 평균 에너지경사는

$$S_f = \frac{1}{2}(S_{f1} + S_{f2}) = \frac{1}{2}\left(\frac{n^2V_1^2}{y_1^{4/3}} + \frac{n^2V_1'^2}{y_1'^{4/3}}\right) = \frac{1}{2}\left(\frac{0.035^2 \times 14.563^2}{0.103^{4/3}} + \frac{0.035^2 \times 6.944^2}{0.216^{4/3}}\right) = 2.918$$

$$\therefore \ \Delta x = \frac{2.674 - 10.918}{0 - 2.918} = 2.825\text{m}$$

또한 도수의 길이는 F_{r1}'=4.77이므로 그림 11.5.3으로부터 L/y_2'=5.95이고

$$L = 5.95 \times 1.355 = 8.062\text{m}$$

따라서 감세수로의 최소 길이는

$$L_s = \Delta x + L = 2.825 + 8.062 = 10.89\text{m}$$

감세수로와 하류수로 연결부에서의 바닥 표고차는 그림 11.5.9와 같이 단면 ①, ②사이에 마찰손실을 무시하고 역적-운동량 방정식을 적용하여 구할 수 있다.

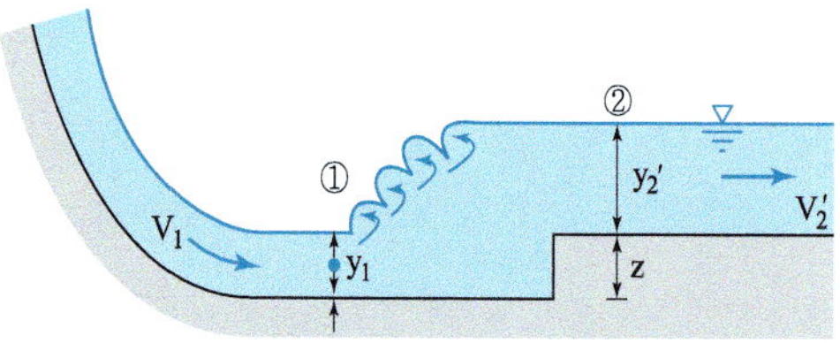

그림 11.5.9

$$\Sigma F = \frac{1}{2}\gamma y_1^2 - \frac{1}{2}\gamma(y_2' + z)^2 = \frac{\gamma q}{g}(V_2' - V_1) = \frac{1}{2}\times 0.103^2 - \frac{1}{2}\times(1.355 + z)^2$$

$$= \frac{2}{9.81}(1.107 - 14.56)$$

따라서, z=0.676m가 된다.

11.6 감세수로의 부속구조물

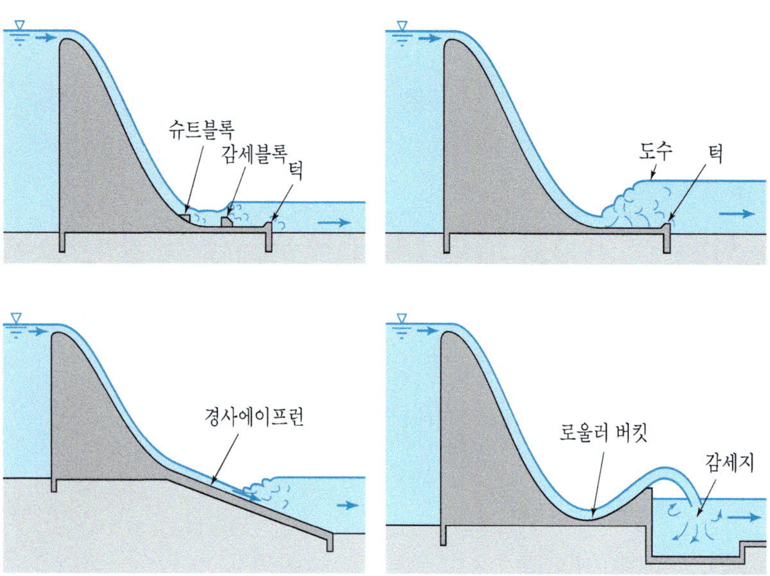

그림 11.6.1 감세수로의 부속구조물

수리구조물의 건설로 인해 초래되는 자연하천 흐름상태의 교란을 최소화하기 위해 흐름을 가능한 한 원래의 상태로 되돌릴 필요가 있다. 이러한 목적으로 구조물의 안정성을 위협하는 하류하상에서의 세굴이 발생하지 않도록 구조물에 의해 발생하는 높은 에너지를 도수 등을 이용하여 감소시킬 필요가 있다. 따라서 감세수로에 에너지를 감소시키기 위한 다양한 부속구조물을 설치하는데, 이러한 감세용 부속구조물을 감세용 구조물 또는 감세공(energy dissipator)이라 한다. 감세공에는 그림 11.6.1과 같

이 표준형 감세공(USBR type), 경사에이프런(sloping apron), 감세수로 끝단의 턱(sill), 로울러 버킷(roller bucket), 감세지(stilling pool) 그리고 감세블록 에이프론(baffle apron) 등이 있다. 감세공 설계를 위한 종류의 결정에는 지형, 지질, 수문, 댐의 종류 및 경제성 등 다양한 인자들을 고려해야 하며, 최적의 설계를 위해서는 수리모형 실험을 병행할 필요가 있다.

11.6.1 표준형 감세공

감세공의 설계를 위해 미개척국(USBR)에서는 다양한 수리실험을 통해 사각형 수평 감세수로에 대한 표준 설계방법을 제시하고 있으며, 이 중 대표적인 USBR Type-II, Type-III 및 Type-IV 감세공의 설계방법에 대해 소개하기로 한다.

1) USBR Type-II 감세공

USBR Type-II 감세공은 그림 11.6.2와 같이 여수로 경사부 끝단에 에너지 감소를 위한 슈트블록(chute block)을 설치하고, 감세수로의 끝 부분에는 치형 턱(dented sill)을 설치한 감세용 구조물로 보통 수두가 65m이하 및 단위폭 당 유량이 $q<45m^3/s/m$인 흐름에 사용할 수가 있다. 이 감세공은 슈트블록이나 치형 턱이 없는 일반 감세수로에 비해 길이를 약 70%정도 감소시킬 수가 있

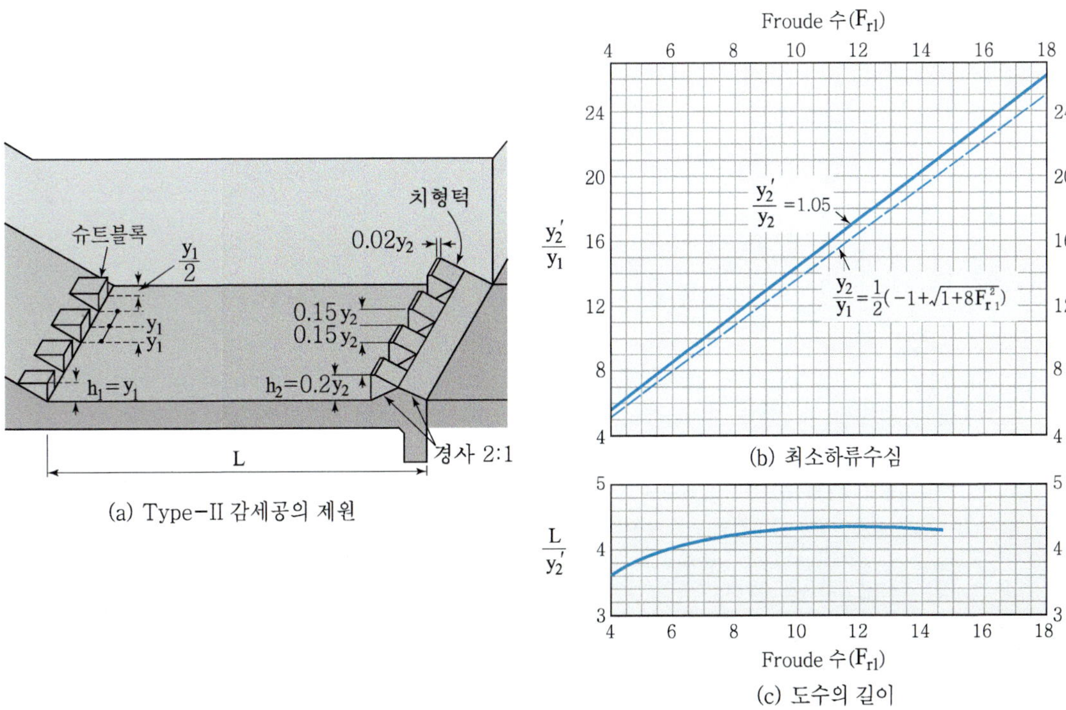

(a) Type-II 감세공의 제원

(b) 최소하류수심

(c) 도수의 길이

그림 11.6.2 USBR Type-II 감세공의 제원 및 설계 곡선

으며, F_{r1}>4.5인 경우에 적용하도록 추천하고 있다. 그림 11.6.2의 제원과 관계곡선을 이용하여 설계를 할 수 있으며, 여기서, y_1 및 F_{r1}은 도수 발생 전의 사류 수심 및 Froude 수이고, y_2는 도수 발생 후의 수심이다. 도수의 최소 잠수는 5%를 추천하고 있어 하류수심(TW) $y_2'=1.05y_2$를 적용한다. 도수의 길이 L은 그림 11.6.2c를 이용하여 F_{r1}으로부터 산정할 수 있다.

USBR Type-II 감세공의 설계 방법은 다음과 같고, 앞으로 소개할 Type-III 및 Type-IV 감세공도 같은 절차로 설계한다.

① 여수로 하단부에서 도수가 발생하도록 초기수심 y_1과 이때의 F_{r1}을 산정한다.
② 식 (11.5.1)을 이용하여 도수후의 수심 y_2를 계산한다.
③ 여수로 하단부 또는 감세수로 상단부에서 최소 잠수가 발생하도록 5%정도 증가시켜 하류수심 y_2'를 결정한다.
④ 주어진 하류하천 수위에서 하류수심 y_2'를 빼 감세수로의 바닥표고를 결정한다.
⑤ 그림 11.6.2c로부터 F_{r1}에 대한 L/y_2'를 결정하고 감세수로의 길이 L을 산정한다.
⑥ 그림 11.6.2a를 이용하여 슈트블록과 치형 턱의 제원을 결정한다.

2) USBR Type-III 감세공

USBR Type-III 감세공은 그림 11.6.3과 같이 여수로 경사부 끝단에 에너지 감소를 위한 슈트

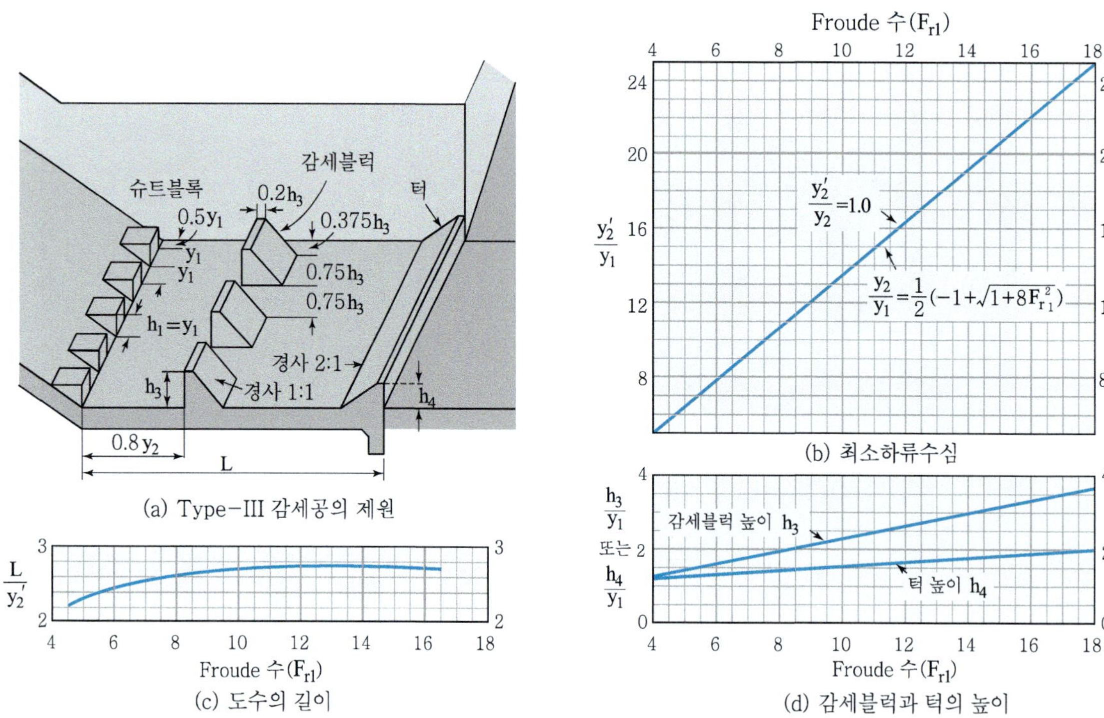

그림 11.6.3 USBR Type-III 감세공의 제원 및 설계 곡선

블록(chute block)을 설치하고, 감세수로 중간부에 감세블록(baffle block) 및 끝 부분에는 연속형 턱(continuous end sill)을 설치한 감세용 구조물로 보통 도수 상류부의 유속이 $V_1 \leq 18$m/s 및 단위폭당 유량이 $q \leq 18\text{m}^3/\text{s/m}$인 흐름에 사용할 수가 있다. 만일 상류부 유속이 이보다 크면 감세블록에서 공동현상이 발생할 수가 있다. 슈트블록은 USBR Type-II 감세공과 동일하며 감세블록 및 턱은 그림 11.6.3의 제원 및 관계곡선을 이용하여 설계한다. 이 감세공은 일반 감세수로의 경우보다 약 45%정도 길이를 줄일 수가 있으며, $F_{r1} > 4.5$인 경우에 적용하도록 추천하고 있다.

3) USBR Type-IV 감세공

USBR Type-IV 감세공은 그림 11.6.4와 같이 여수로 경사부 끝단에 편향블록(deflector block)을 설치하고, 감세수로 끝 부분에는 연속형 턱(continuous end sill)을 설치한 감세용 구조물로, 보통 도수 전의 Froude 수가 $2.5 < F_{r1} < 4.5$인 진동도수(oscillating jump)가 발생하는 경우에 적합하다.

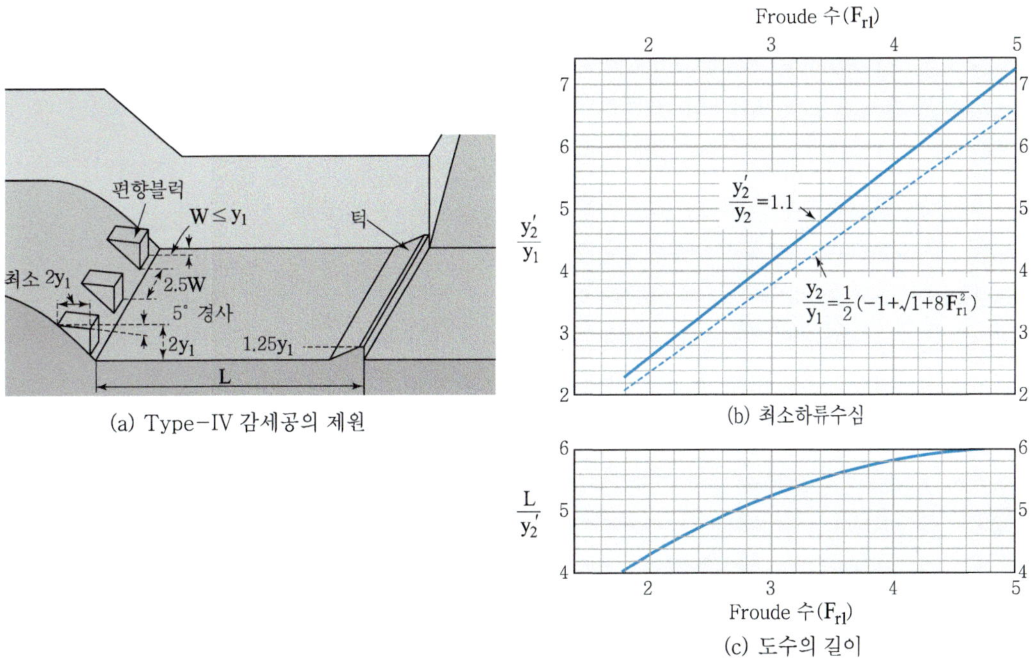

그림 11.6.4 USBR Type-IV 감세공의 제원 및 설계 곡선

예제 11.6.1

월류형 여수로의 제원이 다음과 같을 때 USBR Type-IV 감세공을 설계하라.

계획홍수량 : $300\text{m}^3/\text{s}$, 평균하상표고 : EL. 94m, 계획홍수위 : EL. 102m

여수로 폭 : 50m, 여수로 정점표고 : EL. 100m, 하류하천 수면표고 : EL. 97.5m

풀이

저수지내의 접근유속과 여수로 상에서의 마찰손실을 무시하고 감세수로 선단에서 도수가 발생한다고 하면

$$102-94=y_1+\frac{V_1^2}{2g}=y_1+\frac{(300/50)^2}{2\times 9.8\times y_1^2}$$

따라서 도수 초기수심은 y_1=0.495m가 된다. 이때의 유속 및 Froude수는

$$V_1=\frac{q}{y_1}=\frac{300/50}{0.495}=12.12\text{m/s},\qquad F_{r1}=\frac{V_1}{\sqrt{gy_1}}=\frac{12.12}{\sqrt{9.8\times 0.495}}=5.50$$

도수 발생 후의 수심은

$$y_2=\frac{y_1}{2}(-1+\sqrt{1+8F_{r1}^2})=\frac{0.495}{2}\times(-1+\sqrt{1+8\times 5.5^2})=3.61\text{m}$$

10%의 여유를 고려하기 위해 그림 11.6.4b에서 F_{r1}=5.5일 때 y_2'/y_2=1.1선에 대한 y_2'/y_1값을 읽으면 약 8.14가 된다. 따라서

$$y_2'=8.14\times 0.495=4.03\text{m}$$

또는 직접 $y_2'=y_2\times 1.1=3.61\times 1.1=3.971$m로 할 수도 있다.

따라서 하류하천의 수심은 이 두 값의 평균치인 y_2'=4.0m로 한다.

감세수로의 바닥표고는 하류하천 수면표고에서 계획 하류수심 y_2'를 빼서 결정한다.

$$\text{EL}.97.5-4.0\text{m}=\text{EL}.93.5\text{m}$$

감세공의 길이는 그림 11.6.4c에서 F_{r1}=5.5일 때 L/y_2'=6.2이므로

$$L=6.2\times 4.0=24.8\text{m}$$

슈트블록의 높이 : $2y_1$=0.99m, 폭 : W=0.495m, 간격 : 2.5W=1.24m

단부턱의 높이 : $1.25y_1$=0.62m

11.6.2 로울러 버킷 감세공

하류수심이 도수 발생 후의 수심보다 상당히 큰 경우 잠수 도수가 발생하게 되어 에너지 감소효과가 줄어들게 된다. 이러한 경우 로울러 버킷을 여수로 말단에 설치하여 인위적으로 와류를 발생시켜 에너지를 효율적으로 감소시킬 수가 있다. 로울러 버킷은 그림 11.6.5와 같이 solid 버킷과 slotted 버킷 두 종류가 있다.

하류수위가 매우 낮은 경우 버킷 내의 소용돌이가 버킷 하류로 이탈될 수가 있다. 이와 같이 소용돌이가 버킷 하류로 이탈되는 하류수위를 이탈수위(ejection level) N_E라 한다.

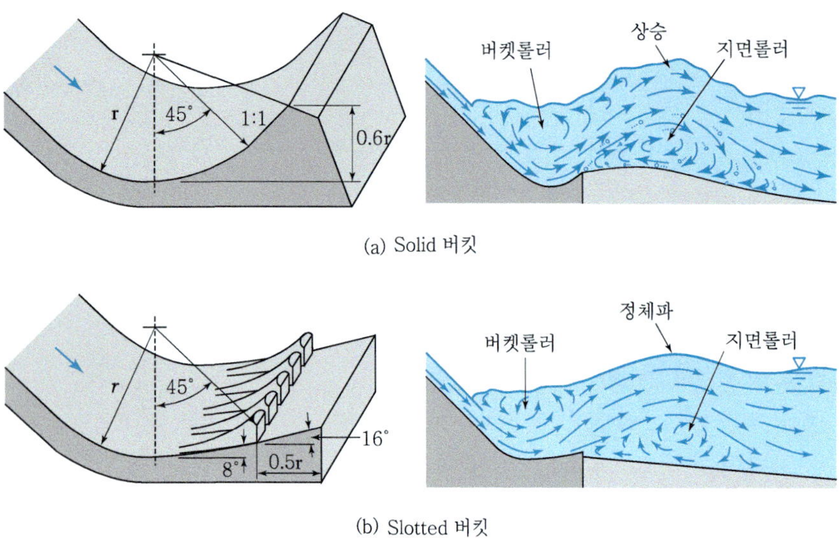

(a) Solid 버킷

(b) Slotted 버킷

그림 11.6.5 로울러 버킷

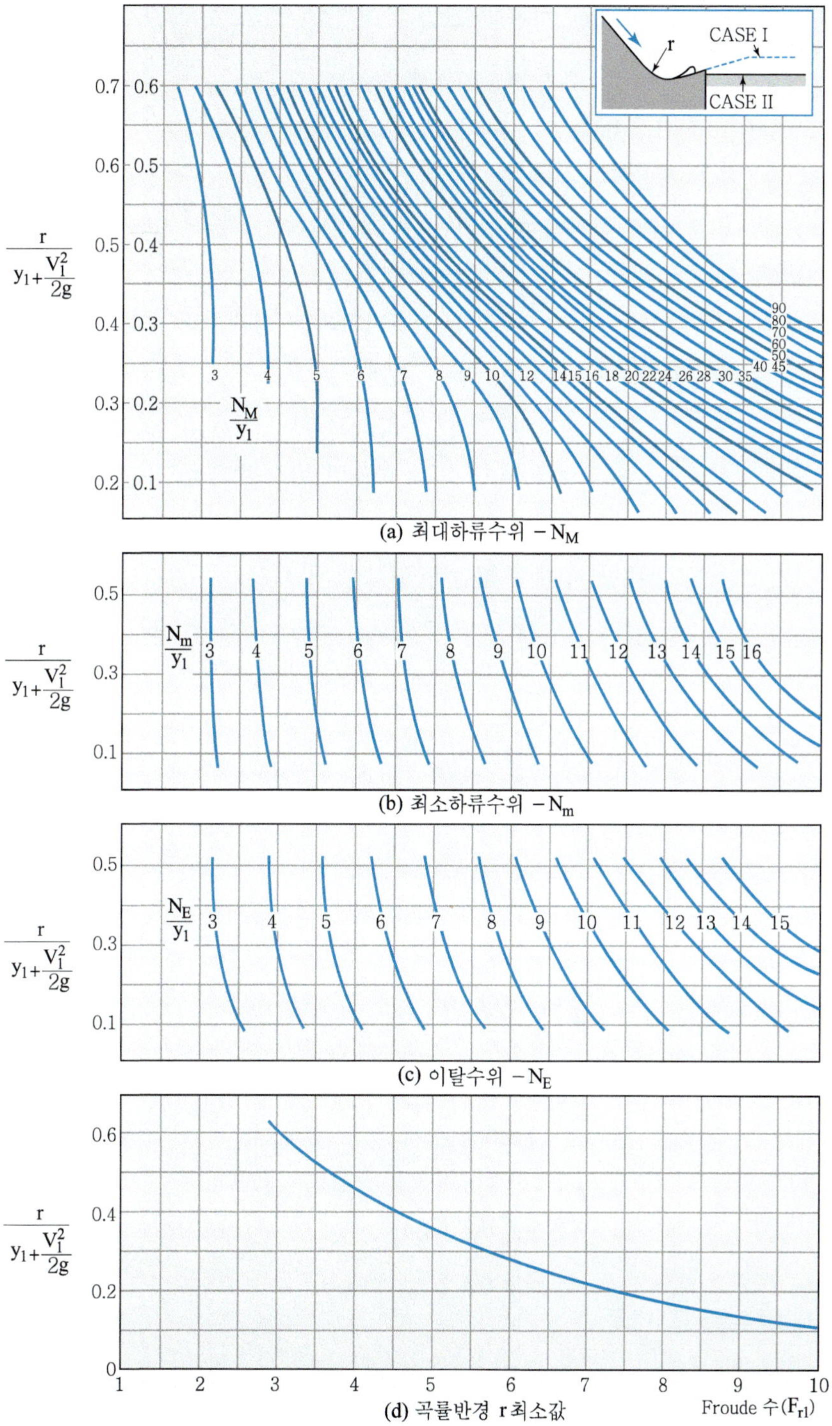

(a) 최대하류수위 $-N_M$

(b) 최소하류수위 $-N_m$

(c) 이탈수위 $-N_E$

(d) 곡률반경 r 최소값

그림 11.6.6 로울러 버킷 설계 곡선

로울러 버킷을 설계하는 절차는 다음과 같다.

① 도수 발생 전의 수심 y_1, 유속 V_1을 결정하여 $F_{r1}=V_1/(gy_1)^{0.5}$를 계산한다.

② F_{r1}으로부터 그림 11.6.6d를 이용하여 $r/(y_1+V_1^2/2g)$를 결정하고, y_1과 V_1을 대입하여 최소 곡률반경 $r=r_{min}$을 계산한다.

③ F_{r1}과 $r/(y_1+V_1^2/2g)$를 이용하여 그림 11.6.6a로부터 N_M/y_1을 결정하여 y_1을 곱해 최대 하류수위 N_M을 계산한다.

④ F_{r1}과 $r/(y_1+V_1^2/2g)$를 이용하여 그림 11.6.6b로부터 N_m/y_1을 결정하여 y_1을 곱해 최소 하류수위 N_m을 계산한다.

⑤ F_{r1}과 $r/(y_1+V_1^2/2g)$를 이용하여 그림 11.6.6c로부터 N_E/y_1을 결정하여 y_1을 곱해 이탈수위 N_E를 계산한다. N_M, N_m그리고 N_E는 모두 로울러 버킷 바닥을 기준으로 한 수위이다.

⑥ 로울러 버킷 바닥을 기준으로 측정한 하류수심이 N_M보다 크거나 N_m보다 작으면 곡률반경 r을 증가시켜 조건을 만족할 때까지 계산을 반복한다.

예제 11.6.2

설계 유량이 $130m^3/s$이고 감세수로의 폭이 10m인 로울러 버킷을 설계하라. 로울러 버킷 선단부에서의 수심은 $y_1=0.6m$이고, 유속은 $V_1=21m/s$이다.

풀이

주어진 자료로부터 $F_{r1}=\dfrac{V_1}{\sqrt{gy_1}}=\dfrac{21}{\sqrt{9.81\times 0.6}}=8.7$

그림 11.6.6d로부터 $\dfrac{r}{y_1+\dfrac{V_1^2}{2g}}=0.15$ 그리고 $y_1+\dfrac{V_1^2}{2g}=0.6+\dfrac{21^2}{2\times 9.81}=23.1m$

따라서 $r=r_{min}=3.46m$가 된다. $r/(y_1+V_1^2/2g)=0.15$와 $F_{r1}=8.7$로부터 그림 11.6.6a를 이용하여 $N_M/y_1=19$, 그림 11.6.6b를 이용하여 $N_m/y_1=13$, 그리고 그림 11.6.6c를 이용하여 $N_E/y_1=11.4$를 결정할 수 있다. 각 값에 $y_1=0.6m$을 곱하면 $N_M=11.4m$, $N_m=7.8m$ 그리고 $N_E=6.8m$를 얻을 수 있다. 로울러 버킷 바닥을 기준으로 측정한 하류수심이 N_M보다 크거나 N_m보다 작으면 곡률반경 r을 증가시켜 조건을 만족할 때까지 계산을 반복한다.

11.6.3 Baffle 에이프런 감세공

Baffle 에이프론 감세공은 감세수로상에서의 에너지 감소를 피하고 여수로 경사면 상에서 에너지 손실을 유도하기 위해 사용한다. 이 감세공은 비교적 유량이 작은 경우와 부유물이 포함되어 있지 않을 경우에 사용하기 적절하다. 만일 유량이 설계 허용치보다 크게 되면 여수로 상의 블록에서 공동현상이 발생할 수가 있다.

이 감세공의 제원은 그림 11.6.7과 같이 주어지며, 허용 유량은 단위폭당 유량 $q=5.6m^3/s/m$를 초과하지 않고, 접근유속 V는 한계유속($\sqrt[3]{gq}$)보다 작아야 하며 이상적인 접근유속은 $V=0.8\sqrt[3]{gq}$이다. 블록의 최소 높이 H는 한계수심($y_c=\sqrt[3]{q^2/g}$)의 0.8~0.9배로 한다. USBR에서 제시하고 있는 Baffle 에이프론 감세공의 전형적인 수리학적 설계절차는 다음과 같다.

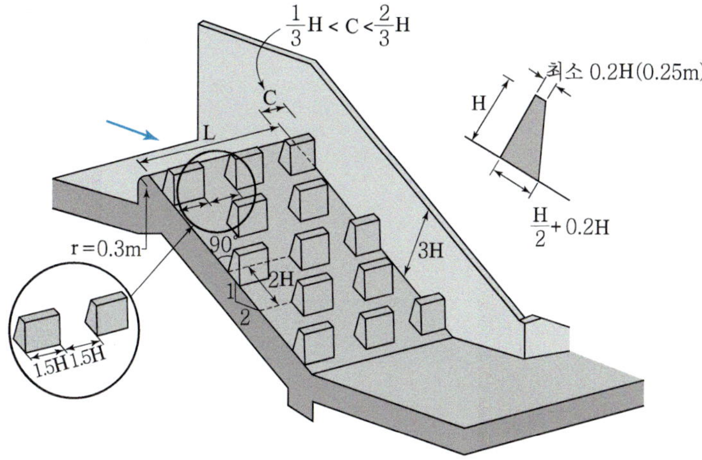

그림 11.6.7 Baffle 에이프런 감세공

① 최소 예상 유량 Q를 결정한다.
② 단위폭 당 유량 q=Q/L결정. 여기서 L은 감세공의 폭이다.
③ 접근유속 $V=0.8\sqrt[3]{gq}$를 결정한다.
④ 한계수심 $y_c=\sqrt[3]{q^2/g}$를 결정하고, 블록의 높이 H를 $0.8y_c$ 또는 $0.9y_c$로 결정한다.
⑤ 블록의 폭 및 옆 간격을 1.5H로 하고 H보다는 작지 않게 결정한다.
⑥ 블록의 앞 뒤 간격은 2H로 결정한다.
⑦ 블록의 상류면은 감세공 노면과 수직으로 한다.
⑧ 블록은 흐름을 충분히 통제할 수 있도록 최소한 4줄 이상으로 배치한다.
⑨ 감세공 측벽의 높이를 3H로 정한다.

예제 11.6.3

최소 예상되는 유량이 $140m^3/s$일 때 Baffle 에이프론 감세공을 설계하라. 단, 감세공의 경사는 2H:1V이다.

풀이

① 감세공의 폭을 25m로 결정하면 단위폭당 유량은 $q=140/25=5.6m^3/s/m$
② 감세공으로의 접근 유속은 $V=0.8\times\sqrt[3]{9.8\times5.6}=3.04m/s$
③ 한계수심은 $y_c=\sqrt[3]{5.6^2/9.8}=1.47m$
④ 블록의 높이 0.8×1.47=1.18m이므로 H=1.2m로 결정한다.
⑤ 블록의 폭 및 길이는 1.5H=1.8m, 하단부 길이는 H/2+0.2H=0.84m, 앞 뒤 간격은 2H=2.4m로 결정한다.
⑥ 감세공의 측벽 높이는 3H=3.6m로 결정한다.

연습문제

11.1 도시지역에 물을 공급하기 위해 펌프로 지하수를 분배용 저수지로 양수하고 있다. 시간당 용수수요량이 표 11.1과 같을 때 저수용량을 결정하라. 펌프는 550m^3/h로 일정하게 양수하고 있다.

표 11.1 분배용 저수지의 용량 결정

시간 (hr)	수요량 (m^3/hr)	시간 (hr)	수요량 (m^3/hr)	시간 (hr)	수요량 (m^3/hr)	시간 (hr)	수요량 (m^3/hr)
1	271	7	484	13	831	19	600
2	230	8	671	14	826	20	504
3	223	9	838	15	775	21	429
4	237	10	874	16	709	22	380
5	274	11	847	17	670	23	346
6	354	12	835	18	651	24	341

11.2 표 11.2와 같이 월별 유입유량이 주어질 때 연간 20×10^{6}m^3/yr의 물을 보장하기 위해서는 저수지의 용량을 얼마로 결정해야 하는가.

표 11.2 월별 유입량 (10^{3}m^3/month)

년 \ 월	1	2	3	4	5	6	7	8	9	10	11	12
1999	518	2333	259	363	596	311	1944	6221	5962	6117	544	544
2000	207	259	285	855	285	511	3059	3862	5832	544	415	311
2001	285	559	337	1659	3370	5236	9046	3525	492	441	389	337
2002	337	726	596	832	726	5518	8424	959	3525	492	492	389
2003	363	337	726	2596	1583	2926	2918	8424	959	6299	596	311

11.3 연습문제 11.2와 같이 누가유입유량이 주어질 때 저수용량이 8×10^{6}m^{3}이면 안전공급률은 얼마인가?

11.4 연습문제 11.2의 유입량과 수요량을 사용하여 연속-정점방법에 의해 저수용량을 산정하라.

11.5 댐 예정지점에서의 갈수년에 대한 월별 유입량, 증발량, 강수량 및 용수수요량이 표 11.3.5의 (1)~(5)란과 같다. 기득수리권 보장수량은 월별 유입량과 20,000m^3/월 중 작은 값을 택한다. 저수지 건설로 인해 수몰되는 지역에 내렸던 과거 강우량의 30%가 하천으로 유출되었다고 가정하여 저수용량을 결정하라. 저수지로 인한 수표면적의 증가량은 3km^{2}이며 증발접시계수는 연중 0.75로 일정하다.

11.6 중력식 댐의 홍수조절을 위해 월류형 여수로를 건설하려고 한다. 설계홍수량이 250m^3/s인 월류형 여수로를 설계하려고 한다. 여수로 정점부의 표고는 149m, 계획홍수위는 150.6m일 때 여수로의 폭과 노면곡선을 WES방법에 의해 구하라. 여수로 상류측면은 연직이고 하류측면의 경사는 수직:

수평이 1.5:1이며, 유량계수는 2.2로 가정하라.

11.7 중력식 댐의 홍수조절을 위해 월류형 여수로를 건설하려고 한다. 설계홍수량이 200m^3/s인 월류형 여수로를 설계하려고 한다. 여수로 정점부의 표고는 65m, 계획홍수위는 67m일 때 여수로의 폭과 노면곡선을 WES방법에 의해 구하라. 여수로 상류측면과 하류측면의 경사는 수직:수평이 각각 3:1 및 2:1이며, 유량계수는 2.1로 가정하라.

11.8 측수로형 여수로의 길이가 50m이고, 단위폭 당 설계홍수량이 3m^3/s/m이다. 측수로는 폭이 5m인 사각형단면이고 경사는 0.001이다. 측수로의 말단부에 지배단면을 설치하여 한계수심이 발생하도록 할 때 측수로의 수면곡선을 5m 단위로 계산하라. 단 Manning의 조도계수는 0.02이며, 단면 변화로 인한 손실수두는 무시하라.

11.9 계획홍수량이 240m^3/s인 댐의 여수로를 길이 100m, 폭 10m, 수로경사 0.0005, Manning의 조도계수 0.013인 측수로형 여수로로 설계하려고 한다. 측수로의 말단부에 지배단면을 설치하여 한계수심이 발생하도록 할 때 측수로의 수면곡선을 10m 단위로 계산하라. 단면 변화로 인한 손실수두는 무시하라.

11.10 반경이 1.5m인 나팔형 여수로에서 여수로 정점부의 수두가 0.3m인 경우와 수두가 2.5m로 완전히 잠겨 있을 경우의 유량을 산정하라. 단 여수로 정점부의 표고는 50m, 출구부 하류수위는 35m이고, 유입부, 마찰, 만곡부 그리고 출구부 손실계수는 각각 0.5, 1.0, 1.0 및 1.0이며, 유량계수는 2.2로 가정하라.

11.11 사이폰형 여수로로 계획홍수량 100m^3/s를 방류하려고 한다. 저수지의 수위를 85m로 일정하게 유지하고, 여수로 하류부 하천의 수위가 80m이다. 사이폰 목부분에서의 깊이가 1.5m, 위어 정점부의 곡률반경이 1.5m, 사이폰 정점부의 곡률반경이 4m일 때 계획홍수량을 소통시키기 위한 사이폰의 폭을 결정하라. 또한 사이폰 작용을 유지시키기에 적합한지 판단하라.

11.12 사이폰형 여수로로 계획홍수량 45m^3/s를 방류하려고 한다. 저수지의 수위를 118m로 일정하게 유지하고, 여수로 하류부 하천의 수위가 112m이다. 사이폰 목부분에서의 깊이가 1.2m, 위어 정점부의 곡률반경이 1.2m, 사이폰 정점부의 곡률반경이 2.4m일 때 계획홍수량을 소통시키기 위한 사이폰의 폭을 결정하라. 또한 사이폰 작용을 유지시키기에 적합한지 판단하라. 만일 정점표고를 116.5m로 하는 월류형 여수로로 설계할 경우 여수로의 소요폭을 얼마인가. 월류형 여수로의 유량계수는 2.0으로 가정하라.

11.13 사각형 수평수로에서 도수가 발생하고 있다. 단위폭당 유량이 15m^3/s/m이고, 도수전의 수심이

1.0m일 때 도수후의 수심, 도수의 높이 그리고 도수로 인한 에너지손실 및 효율을 구하라.

11.14 연습문제 11.13의 경우에 대해 도수의 길이를 구하라.

11.15 사각형 수평수로에서 도수가 발생하고 있다. 단위폭당 유량이 $12m^3/s/m$이고, 도수전의 수심이 0.9m일 때 도수후의 수심, 도수의 높이, 도수로 인한 에너지손실 및 효율 그리고 도수의 길이를 구하라.

11.16 폭 9m인 사각형 수평 감세수로내의 유량이 $8.5m^3/s$이며, 이 수로 내에서 도수가 발생하여 1.5m의 에너지 손실이 생긴다. 도수전후의 수심을 계산하라.

11.17 여수로 하류부에 수평의 감세수로를 설계하려고 한다. 여수로 정점부와 감세수로의 바닥 표고차는 9m이고, 단위폭당 유량은 $2m^3/s/m$이며, 감세수로에 연결되는 하류수로의 경사는 0.0005, 조도계수는 0.03이다. 여수로의 유량계수는 1.9이며, 여수로에서의 마찰손실을 무시하고 하류수로에서는 등류가 형성된다고 가정하고 감세수로의 최소 소요길이를 구하라. 또한 감세수로 선단에서 도수가 발생하기 위해서는 감세수로와 하류수로의 연결부에서 수로바닥 표고를 얼마나 높여야 하는가.

11.18 월류형 여수로의 제원이 다음과 같을 때 USBR Type-II 감세공을 설계하라.

계획홍수량 : $300m^3/s$, 여수로 폭 : 50m, 계획홍수위 : EL. 102m

평균하상표고 : EL. 94m, 여수로 정점표고 : EL. 100m, 하류하천 수면표고 : EL. 97.5m

11.19 월류형 여수로의 제원이 다음과 같을 때 USBR Type-II 감세공을 설계하라.

계획홍수량 : $2,000m^3/s$, 여수로 폭 : 75m, 계획홍수위 : EL. 305m

평균하상표고 : EL. 260m, 여수로 정점표고 : EL. 300m, 하류하천 수면표고 : EL. 272m

11.20 월류형 여수로의 제원이 연습문제 11.18과 같을 때 USBR Type-IV 감세공을 설계하라.

11.21 월류형 여수로의 제원이 다음과 같을 때 USBR Type-II 감세공을 설계하라.

계획홍수량 : $5,400m^3//s$, 폭 : 100m, 계획홍수위 : EL. 123.6m

평균하상표고 : EL. 44m, 여수로 정점표고 : EL. 106.8m, 하류하천 수면표고 : EL. 50m

11.22 설계 유량이 $100m^3/s$이고 감세수로의 폭이 8m인 로울러 버킷을 설계하라. 로울러 버킷 선단부에서의 수심은 h_1=0.5m이고, 유속은 V=15m/s이다.

11.23 최소 예상되는 유량이 $100m^3/s$일 때 Baffle 에이프론 감세공을 설계하라. 단, 감세공의 경사는 2H:1V이고 감세공의 폭은 20m로 한다.

Chapter 12
수력발전 및 댐운영

12.1 서론

오랜 옛날부터 인류는 높은 곳에서 떨어지는 물의 에너지를 곡물을 분쇄하기 위한 수차 등과 같은 곳에 유용하게 사용하였다. 수력에너지(hydroelectric energy)는 높은 곳에서 떨어지는 물의 에너지를 터빈 및 발전기를 이용하여 전기에너지로 변환하여 얻게 된다. 수력발전(hydropower)은 대기나 수질오염을 초래하지 않는 청정에너지를 생산하게 되며, 전기를 효율적으로 발생시키는 방법 중의 하나이다. 다목적 사업에서 수력발전은 여러 용도 즉, 관개, 물 공급 등과 연계되어 이루어지게 되며, 다른 자원의 소비를 줄이며 많은 비용을 절감할 수가 있다. 석탄 및 석유와 같은 자원을 이용하여 생산된 전기에너지에 비해 수력발전의 또 다른 장점은 전기 수요가 적을 때 저수지에 물을 저장하였다가 첨두 수요가 발생하는 동안에 신속하게 발전을 할 수가 있다. 본 장에서는 수력발전을 위한 발전계획, 터빈, 잠재에너지의 산정 및 댐 운영에 대해 소개하기로 한다.

12.2 수력발전

12.2.1 수력발전계획

수력발전을 이해하고 적절한 설계를 하기 위해서는 수력발전계획에 필요한 전반적인 과정을 이해 할 필요가 있으며, 그림 12.2.1은 일반적인 수력발전계획을 위한 흐름을 나타내고 있고, 수력발전 계획절차를 간략히 설명하면 다음과 같다.

① 발전의 필요 : 발전시스템의 설정 및 형식을 결정하기 위한 설계 자원 및 부하의 결정
② 수문자료준비 : 발전소 위치와 관련된 하천유출, 저수지특성 및 기타 수문자료 준비
③ 예비전력분석 : 단계 ②의 자료를 이용하여 설계위치에서의 개략적인 잠재에너지 산정
④ 환경/운영분석 : 환경 및 비 발전수량이용 그리고 사업기능을 기본으로 발전 운영에 제한을 주는 요소 규명

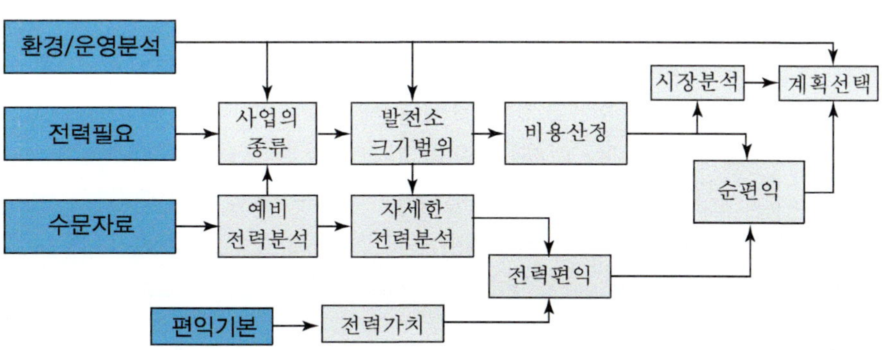

그림 12.2.1 수력발전계획 흐름도

⑤ 발전의 형태 : 현장 특성 및 단계 ①~④에서 얻은 자료를 이용하여 현장에 적절한 발전 형태를 결정
⑥ 발전규모범위 : 단계 ③~⑤의 자료를 이용하여 시설용량의 범위 결정
⑦ 본 전력분석 : 단계 ②, ④~

⑥의 자료를 이용하여 출력에너지 및 각 대안에 대한 보증용량 결정을 위한 전력분석실시

⑧ 비용산정 : 각 대안에 대한 년 비용의 예비 산정

⑨ 편익기준 : 사업의 규모, 공급전력형태 및 발전시스템의 특성으로부터 수력발전 편익을 산정하기 위한 적절한 방법 결정

⑩ 전력가치 : 전력의 시장가격 또는 수요를 충족하기 위한 대체비용을 이용한 발전량의 단가 결정

⑪ 발전편익 : 발전된 에너지와 단계 ⑦로부터의 보증용량가치 및 단계 ⑩으로부터의 단위 전력가치를 이용하여 발전 편익을 산정

⑫ 순편익 : 단계 ⑧에서의 비용과 단계 ⑪에서의 편익을 이용하여 각 대안에 대한 순편익을 산정

⑬ 시장조사 : 단계 ④, ⑦, ⑧에서의 자료를 이용하여 시장조사 분석

⑭ 사업결정 : 단계 ⑫의 순편익자료, 단계 ④의 환경 및 운영자료, 단계 ⑬의 시장조사 자료 및 기타 관련 자료를 이용하여 최종적인 사업결정

이와 같은 수력발전계획은 단일목적의 발전계획에 적절하며, 최선의 발전시설 설계는 위와 같은 단계 중 일부에서 다양한 대안에 대해 반복적으로 분석하는 반복과정을 거치게 된다. 본 장에서는 단계 ①~⑦의 내용에 대해 간략하게 설명하고, 나머지는 경제 분석에 해당하는 내용으로 17장 수자원 경제분석의 내용을 바탕으로 분석하게 된다.

12.2.2 발전시스템운영

발전시스템에 대한 기본적인 정의 및 용어와 함께 발전수요인 부하(loads), 자원의 이용에 따른 발전소의 종류, 수요를 담당하기 위한 자원의 사용 등을 포함하는 발전시스템의 운영에 대해 알아보기로 한다.

1) 발전 관련 정의 및 용어

발전시스템의 운영과 관련된 기본적인 용어 및 정의는 다음과 같다.

① 에너지(energy) : 물리적인 일을 할 수 있는 능력을 에너지라 하며, 기계적인 에너지는 kg·m로 나타내고, 전기에너지는 kWh로 나타낸다. 수력발전소의 출력을 전기에너지라 한다.

② 동력(power) : 동력은 에너지가 생성 또는 사용되는 율을 의미하며, 마력(HP) 또는 kW로 나타낸다. 즉, 에너지를 시간으로 나눈 것으로 kg·m/s의 단위를 가진다.

③ 용량(capacity) : 용량은 발전소가 생성할 수 있는 동력의 최대치를 의미하며 kW로 나타낸다.

④ 부하(load) : 부하는 전기의 수요량을 의미하며 에너지수요 또는 용량수요의 항으로 나타낸다. 설계목적으로 용량수요는 예상되는 연 최대 용량수요 또는 연 첨두부하의 항으로 측정된다.

⑤ 자원(resources) : 자원은 전기 동력의 근원을 의미한다.

⑥ 부하계수(load factor) : 부하계수는 일정 기간 동안의 첨두 전력수요에 대한 평균 전력수요의 비로 나타내며, 기간은 일, 주, 월 그리고 연 단위로 산정한다. 예를 들어 일 부하계수는 다음과 같다.

$$\text{일 부하계수} = \frac{\text{평균 전력수요}}{\text{첨두 전력수요}} \tag{12.2.1}$$

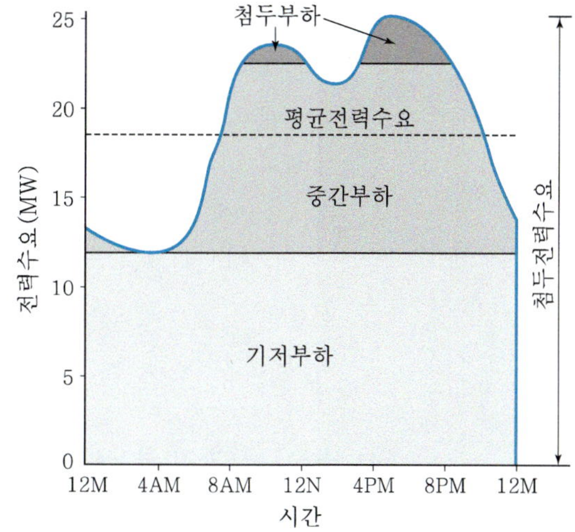

그림 12.2.2 일반적인 일 부하곡선

2) 전력부하

전력부하(power load)를 어떻게 분류하며 시간에 따라 어떻게 변하는지 이해하는 것은 발전시스템의 운영을 이해하는 데 도움이 된다. 전력에 대한 부하 또는 수요는 전력 사용자의 생활 양상에 따라 매시간, 매일, 매월 그리고 계절별로 변한다. 일 부하량(daily load)의 형상은 그림 12.2.2와 같으며 기저부하(base load), 중간부하(intermediate load) 그리고 첨두부하(peak load)로 구분할 수 있다. 기저부하는 하루 24시간 공급할 수 있는 최저부하이고, 첨두부하는 하루 중 수시간(보통 8시간)만 담당할 수 있는 최대부하이며, 중간부하는 기저부하 및 최대부하 사이의 부하를 의미한다. 그림 12.2.3은 일반적인 주간 부하(weekly load)의 형태를 보여주는 곡선으로 주말에는 일 부하가 주중보다 작게 나타나고 있는데, 이는 공업 및 산업시설에서의 전력수요가 주말에는 적기 때문이다.

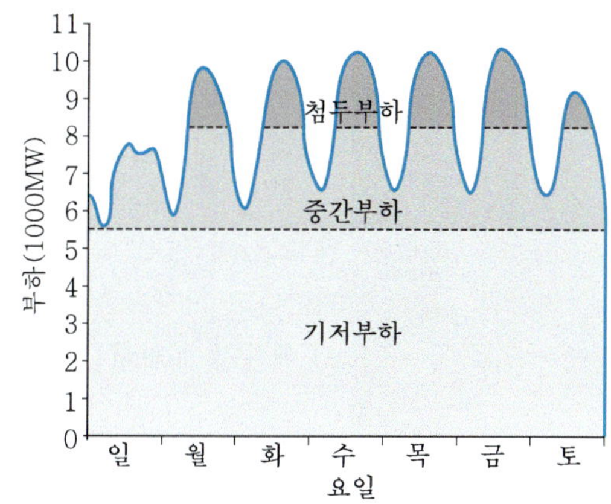

그림 12.2.3 주간부하곡선

3) 발전자원

발전자원(power resources)은 부하를 충족시키기 위한 전력의 근원을 의미한다. 발전자원에 따라 발전소는 화석연료증기(fossil fuel steam), 핵(nuclear), 연소터빈(combustion turbine), 혼합순환(combined cycle), 수력(hydropower), 양수(pumped storage hydropower)발전소로 구분할 수가 있다. 화석연료증기발전은 증기발전소의 보일러에서 화석연료를 연소시켜 발생한 증기로 터빈을 가동시켜 전기를 얻게 되며, 화석에너지의 30~40%가 전기에너지로 전환된다. 핵발전은 화석연료증기발전과 비슷한데 에너지원으로 핵 분열시 발생하는 열로 증기를 발생시켜 발전하며 효율은 약 33%정도이다. 연소터빈은 제트엔진이 발전기에 연결된 것으로 천연가스 또는 정제된 기름을 사용하며 효율은 25~30%이다. 혼합순환발전은 배출관에 열 추출장치를 포함한 일련의 터빈으로 구성되며, 열 추출기로부터의 증기를 이용하여 발전기를 가동시키고 효율은 약 40%이다.

수력발전은 물의 위치에너지를 이용하여 발전을 하는 것으로 다른 형태의 발전시스템과 다른 점은 특정 시간에 사용할 수 있는 연료 즉, 물이 한정되어 있다는 것이다. 대부분의 경우 전력 수요형태에 맞추기 위해 계절적인 저류 또는 일 및 주간의 저류와 같은 기법을 이용하지만, 특정 지역에서 발전을 위해 사용 가능한 물의 양은 고정되어 있다. 수력발전의 효율은 80~90%로 높으며, 부하의 변화에 대해 신속하게 대응할 수가 있어 첨두부하의 발전에 적절하다. 양수발전은 야간 및 주말과 같이 전력 수요가 낮은 기간에 잉여의 전력이나 비용이 저렴한 화석연료증기발전을 이용하여 높은 곳의 저수지로 물을 양수하여 수요가 높을 때 발전을 하게 된다. 양수 및 발전과정을 통해 기계 및 전기에너지의 손실이 발생하므로 효율은 약 65~75%가 된다.

4) 발전자원에 따른 부하의 충족

발전시스템의 부하를 충족시키기 위해 앞에서 설명한 다양한 발전 자원에 따른 전력의 할당에 대해 알아보기로 하자. 먼저 일주일간의 시스템 운영을 분석하기 위해 그림 12.2.4와 같은 부하-기간 곡선(load-duration curve)이 필요하다. 그림 12.2.4a는 일주일간의 부하곡선이며, 이를 이용하여 일주일을 100%로 하여 부하량별 초과시간을 %로 나타내면, 그림 12.2.4b와 같이 부하-기간 곡선을 얻을 수가 있다. 이러한 기간별 부하를 충족시키기 위해 총 발전비용을 최소화 하는 기준으로 자원별 전력을 할당하며, 자원별 발전비용이 가장 낮은 것부터 높은 순으로 배치를 한다.

예를 들어 어떤 발전시스템에서 첨두부하가 5,000MW이고, 예비전력으로 20%인 1,000MW를 발전한다고 하자. 수력발전은 가동의 신속성 및 발전비용을 고려하여 첨두, 중간 및 기저부하 어느 곳에든지 배치시킬 수가 있다. 수력발전으로 주당 250MW를 생산하고 다른 자원에 의한 발전량은 표 12.2.1과 같다고 하자. 수력발전을 그림 12.2.5a와 같이 첨두부하에 배치한다면, 표 12.2.1과 같은 총 부하를 충족시키기 위한 비용이 산정된다. 만일 수력발전을 기저부하에 할당 할 경우 그림 12.2.5b와 같이 첨두부하에 발전비용이 높은 연소터빈-1을 배치하여야 하므로 총 발전비용이 증가하게 된다.

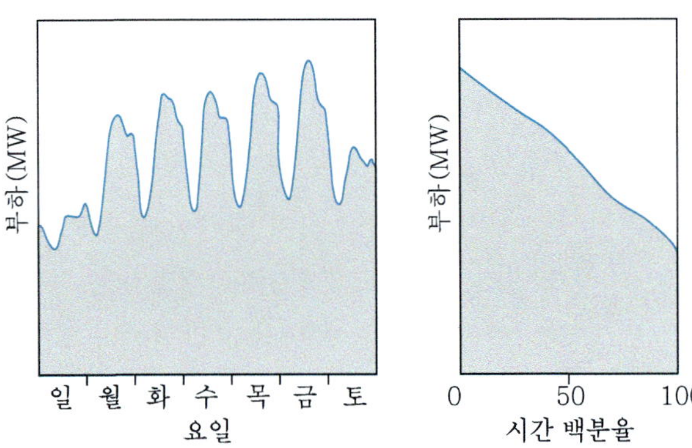

(a) 주간부하곡선 (b) 부하기간곡선

그림 12.2.4 부하-기간곡선의 유도

만일 일정한 유량을 하류로 흘려보내야 한다는 제약이 있으면 수력발전의 일부를 기저부하에 할당하고 나머지는 첨두부하에 할당할 수가 있으며, 이러한 경우가 그림 12.2.5c와 같다. 또한 저수지가 없는 경우 물을 충분히 저장할 수가 없으므로 하천 유량에 맞게 일정한 부하를 담당하도록 그림 12.2.5d와 같이 할당할 수도 있다. 이는 저수지가 없는 하천상의 소수력발전에 적절한 발전시스템 운영이라 할 수 있다.

표 12.2.1 수력발전을 첨두부하에 할당할 경우의 비용

발전형태	용량 (MW)	발전소계수 (%)	에너지 (1000 MWh)	단위비용 (원/kWh)	비용 (백만원)
연소터빈-2	500	0	0	90	0
연소터빈-1	500	0	0	80	0
수력	1000	25	42	0	0
순환화석-2	500	15	13	30	390
순환화석-1	500	55	46	20	920
화석-1	500	72	60	15	900
화석-3	750	95	120	9	1080
화석-2	750	100	126	8	1008
핵-1	1000	100	168	6	1008
계	6000	68	575	10.5	5306

* 에너지=용량(MW) X 발전소계수(%) X (168시간/주)/100
* 발전소계수는 첨두부하 5,000MW를 기본으로 한 시스템 부하계수임

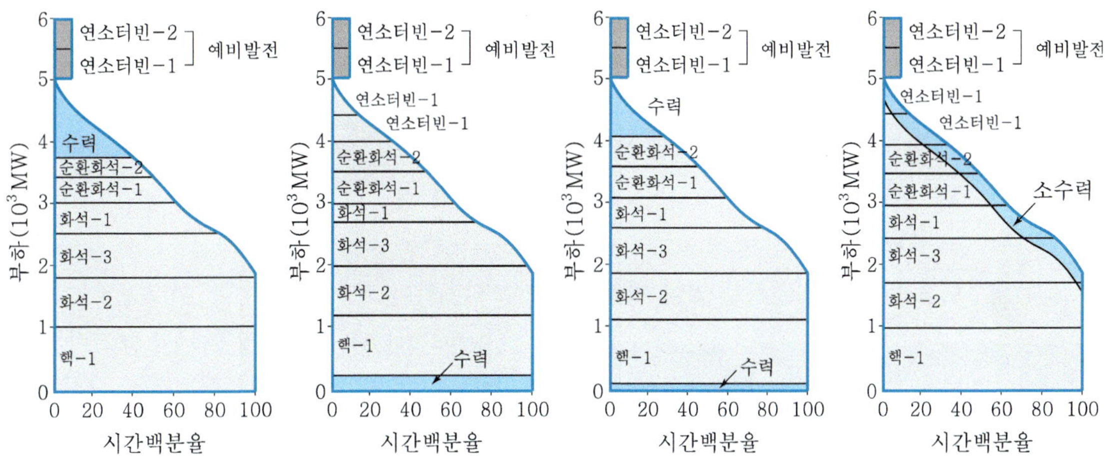

그림 12.2.5 부하기간곡선에 따른 발전자원의 할당

예제 12.2.1

표 12.2.2의 1~4란과 같이 수력발전을 포함 하지 않고 발전비용이 가장 작은 발전형태 순으로 발전할 경우 발전비용을 산정하고 표 12.2.1의 수력발전을 포함시킬 경우와 비교하라.

풀이

표 12.2.2의 1~4란과 같이 발전 단위비용이 가장 작은 순으로 기저부하에 할당한 경우 5란의 에너지는 용량(MW)×발전소계수(%)×(168시간/주)/100으로 산정할 수가 있다. 이와 같이 산정한 에너지에 단위비용을 곱하면 6란과 같이 발전형태별 비용이 산정되고, 이를 모두 합하면 72억 5,600만원의 발전비용이 소요됨을 알 수 있다. 따라서 표 12.2.1과 같이 수력발전을 포함하여 발전할 경우의 발전비용 53억 600만원보다 비용이 증가함을 알 수 있다.

표 12.2.2 발전비용 순으로 할당할 경우의 비용

발전형태	용량 (MW)	발전소계수 (%)	단위비용 (원/kWh)	에너지 (1000 MWh)	비용 (백만원)
연소터빈-3	500	0	100	0	0
연소터빈-2	500	0	90	0	0
연소터빈-1	500	4	80	3	240
혼합순환-1	500	21	60	18	1080
순환화석-2	500	40	30	34	1020
순환화석-1	500	55	20	46	920
화석-1	500	72	15	60	900
화석-3	750	95	9	120	1080
화석-2	750	100	8	126	1008
핵-1	1000	100	6	168	1008
수력	0	0	0	0	0
계	6000	68	12.6	575	7256

12.2.3 수력발전 방식

수력발전 방식은 수력에너지가 유량 및 낙차에 의해 결정되므로 이들 조건에 따라 수로식(run of river), 단기저류식(pondage), 장기저류식(storage) 그리고 양수식(pumped-storage) 발전으로 분류할 수가 있다.

1) 수로식 발전

수로식 발전은 저류지가 없이 하천유출량에 의존하여 발전을 하거나, 취수댐에 수로나 수압관(penstock)을 설치하여 비교적 단거리로 터빈에 물을 공급하는 방식이다. 전형적인 수로식 발전에서는 일정한 수위를 유지시켜야 하는 주운사업, 관개전환댐(irrigation diversion dam) 그리고 댐 상류지역에 장, 단기 저류를 할 수 없는 단일 목적의 수력발전 등과 같은 사업과 병행하게 된다. 수로식 발전 형태는 주로 기저부하를 담당하게 된다.

그림 12.2.6 수로식 발전(미국 Jim Woodruff Dam)

2) 단기저류식 발전

단기저류식 발전은 계절적인 유출 변동을 수용할 수 있는 저류공간이 부족하고 일 또는 주단위의 전력수요에 부응하여 단기간의 저류지를 이용하여 발전하는 형식이다. 이러한 일 또는 주단위의 저류를 단기저류(pondage)라하며, 단기저류 발전방식은 주로 중간 및 첨두부하를 담당하게 된다.

그림 12.2.7 단기저류식 발전(미국 Barkley Lock and Dam)

3) 장기저류식 발전

장기저류식 발전은 발전소 상류부에 계절적인 유출변화를 수용할 수 있는 장기저류(storage)지를 가지고 계절적인 전력수요를 충족하는 발전방식이다. 이와 같은 장기저류식 발전은 주로 중간 및 첨두부하를 담당하지만, 하류하천의 여건에 따라 기저부하를 담당하며 단기저류의 기능을 하기도 한다.

그림 12.2.8 장기저류식 발전(미국의 Hoover Dam)

그림 12.2.9 Pump-back 양수발전소(미국의 Carter's Dam)

4) 양수식 발전

양수식 발전은 전력수요가 낮은 기간의 저렴한 전력을 이용하여 하부저수지의 물을 상부저수지로 양수하고, 첨두부하가 발생할 때 방류하여 발전을 하며, 하천외(off-stream) 양수발전과 하천내(pump-back) 양수발전으로 구분할 수 있다. 하천외 양수발전은 하부저수지가 하천상에 위치하고 있으며, 상부저수지는 하천과는 상관없이 높은 지역에 위치시켜 하부저수지의 물을 상부저수지로 양수하여 첨두부하시 발전하게 된다. 반면에 하천내 양수발전은 상부 및 하부저수지가 하천상에 직렬로 배치되어 있다.

12.2.4 수력발전소의 구성요소

수력발전을 하기 위해서는 그림 12.2.10과 같이 수량, 수두, 수로 및 발전시설이 구비되어야 한다. 이러한 시설들을 구체적으로 나타내면 댐, 저수지, 취수구(intake), 수압관(penstock), 조압수조(surge tank), 발전소(power house), 흡출관(draft tube) 그리고 방류수로(tailrace)가 있다.

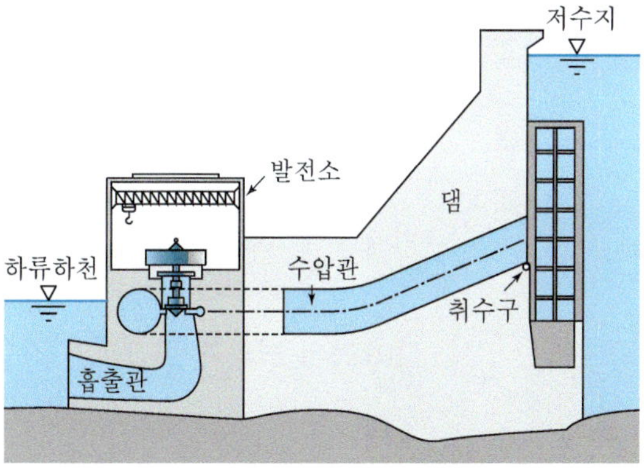

그림 12.2.10 수력발전소의 구성요소

1) 댐

댐은 두 가지의 중요한 기능을 담당하게 되는데, 터빈을 회전시키기 위해 충분한 수두를 발생시키는 것과 장, 단기의 유출을 유지하기 위해 물을 저장하는 것이다. 따라서 댐의 크기에 따라 발전을 하기 위한 수두 및 수량이 결정된다.

2) 저수지

저수지는 댐에 의해 채워진 물로 이루어지며, 저수지에 의해 저류될 수 있는 물의 양을 저류용량(storage capacity)이라 한다. 활용저류용량(active storage)은 저수지의 정상운영상태에서 다양한 목적으로 물을 이용하기 위한 물의 양을 의미하며, 비활용저류용량(inactive storage)은 저수지 운영조건 및 제약에 따라 정상적인 상태에서 이용할 수 없는 물의 양으로, 방류관의 저부 높이보다 낮아 중력에 의해 방출할 수 없는 사수량(dead storage)을 포함한다. 취수구 지점에서의 저수지 수표면을 상류수두(headwater) 또는 저수지수위(pool elevation)라 한다.

3) 취수구

취수구는 저수지의 물을 수압관 또는 수로로 흐르게 하는 구조물로 수문 또는 밸브가 설치되어 있어 비상시 발전시설의 중단 및 수압관의 유지관리를 위해 물을 차단하게 된다. 쓰레기 및 부유물이 터빈으로 유입되는 것을 방지하기 위해 취수구에 스크린을 설치한다. 발전소가 댐에 포함되어 있을 경우에 취수구도 댐의 일부로 포함되지만, 발전소가 댐과 분리되어 있는 경우에는 댐과 분리된 취수구를 설치하게 된다.

4) 수압관

수압관은 취수구로부터 취수한 물을 발전소로 운반하는 관로로 발전형식에 따라 다양한 형태를 이루게 된다. 발전소가 댐의 일부로 포함되어 있는 경우 수압관은 단순히 물을 운반하기 위한 댐의 상부구조물이 되며, 발전소가 댐과 분리되어 있는 경우에는 수로, 관로 또는 터널의 형태를 이루게 된다. 수압관은 대부분 개수로 또는 낮은 압력의 관로 및 터널로 형성되고, 큰 낙차가 발생하는 발전소 근처에서는 높은 압력의 관로 또는 터널로 이루어진다.

5) 조압수조

발전시설의 운영기간 동안 수압관을 통해 흐르는 물은 급격하게 변하게 된다. 흐름이 정상류인 경우에 수압관 내의 압력변화는 별로 없지만, 흐름의 변화율이 커지게 되면 관로 내의 압력변화도 커지게 된다. 이러한 현상을 수격(water hammer)작용이라 하며, 운동량의 변화로 인해 발생한다. 흐름의 변화가 점진적인 경우에는 수격작용이 큰 문제가 되지 않지만, 흐름이 급격하게 변할 경우 심각하게 된다. 이와 같은 운동량의 변화에 의한 수격작용을 완화시키기 위해 조압수조를 설치하며, 수두가 높거나 중간인 발전 방식 및 저수지와 발전시설간의 거리가 먼 경우 필요하다.

6) 발전소

발전소는 터빈, 발전시설, 통제 및 부속장치 및 점검공간을 포함하는 공간이다. 발전소의 위치 및 규모는 발전 방식 및 지형적인 요인에 의해 변하게 된다. 발전소는 댐 구조물 내부, 댐 인접지역 또는 댐과 멀리 떨어진 지역에 위치할 수가 있으며, 물리적 및 환경적인 제약조건을 유지하며 경제적으로 최대의 수두를 얻을 수 있는 곳에 위치시킨다.

7) 흡출관 및 방류수로

발전소의 발전시설을 통과한 물은 방류수로를 통해 하류 하천으로 방류하게 된다. 흡출관은 터빈의 출구부로부터 방류수로로 물을 운반하기 위한 발전소 구조물의 일부분으로 출구손실을 최소화하도록 설계한다. 방류수로는 개수로, 하부저수지나 인공수로로 이루어지거나 발전소가 지하에 있는 경우 터널로 이루어진다. 방류수로의 주 기능은 발전소 하류의 수위를 최소로 유지하고 터빈의 흡출관이 잠수되도록 하는 것이다.

12.3 터빈의 종류

터빈은 수두 및 유량에 의해 동력을 얻게 되며, 충동(impulse)터빈과 반동(reaction)터빈으로 구분할 수가 있다. 그림 12.3.1a와 같이 충동터빈은 노즐을 통해 분출되는 물이 터빈의 날개에 충격을 줌으로서 동력을 얻게 된다. 반동터빈은 물의 운동에너지로부터 동력을 얻게 되며 각 날개의 전, 후지점간의 압력차에 의해 회전하게 된다(그림 12.3.1b). 터빈의 일반적인 적용 범위는 그림 12.3.2와 같으며, 서로 다른 운영조건에서 가장 적합한 터빈의 종류를 보여준다. 하지만 운영범위가 중복되기 때문에 획일적으로 터빈을 결정하기는 곤란하며, 현장의 특수한 상황을 고려하여야 한다. 따라서 주어진 수두와 발전소 규모에 적절한 모든 종류의 터빈을 고려하여 가장 경제적인 터빈을 선택할 필요가 있다. 그림 12.3.3은 터빈의 효율곡선을 나타내고 있다.

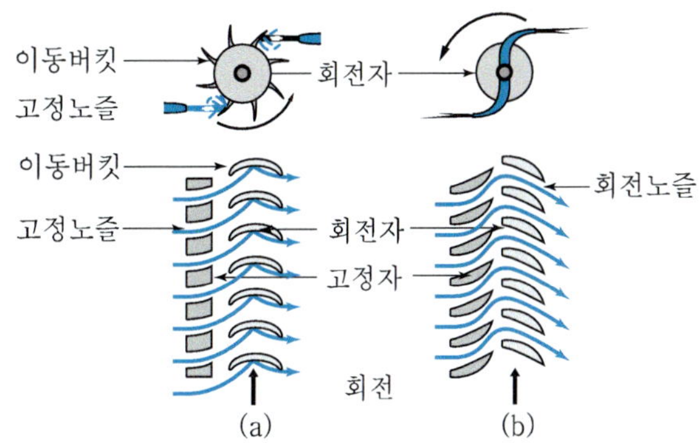

그림 12.3.1 충동(a) 및 반동(b) 터빈의 원리

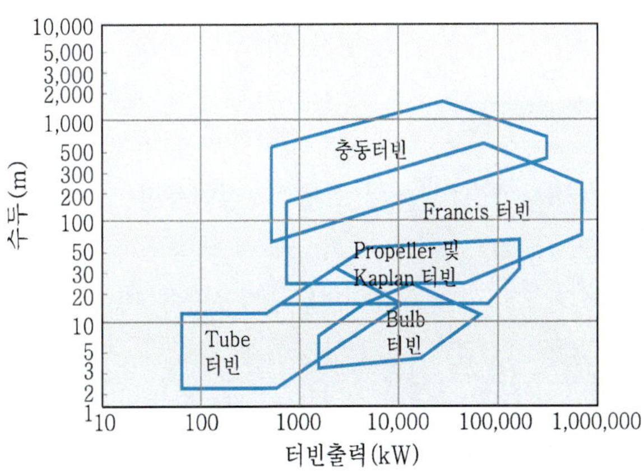

그림 12.3.2 터빈의 적용범위

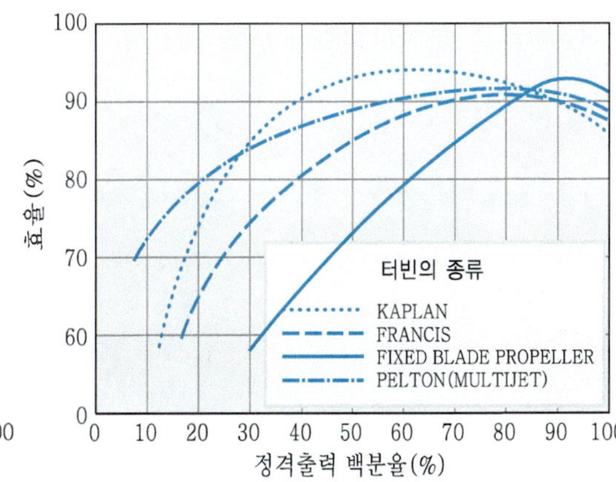

그림 12.3.3 터빈의 효율곡선

12.3.1 충동터빈

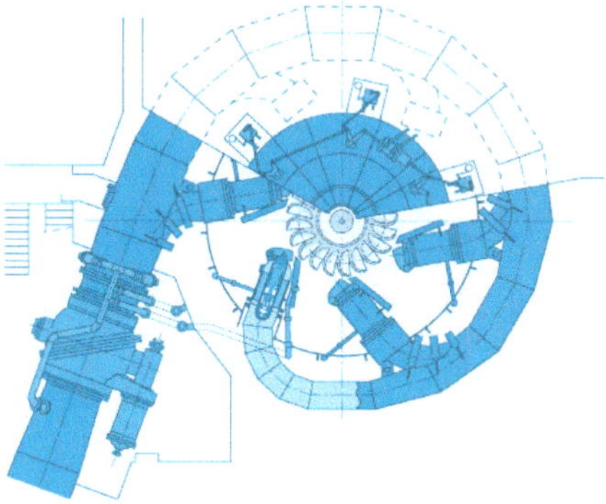

그림 12.3.4 충동터빈(Pelton turbine)의 모습

충동터빈(Pelton turbine)은 그림 12.3.4와 같이 회전판(runner) 주위로 스푼형태의 여러개의 버킷이 부착되어 있으며, 고정 또는 조정이 가능한 노즐로부터 분출되는 하나 또는 여러 개의 분사류에 의해 회전판이 회전한다. 연직축 충동터빈에는 최대 6개까지 분사류가 사용되며, 수평축 터빈에는 분출된 물의 터빈으로의 재유입을 방지하기 위해 최대 2개까지 분사류가 사용된다. 일반적으로 수두가 300m 이상 되는 곳에 대규모의 충동터빈을 사용하며, 수두가 30m 이하가 되는 곳에서는 적절한 효율로 소규모의 표준화된 충동터빈을 사용할 수가 있다. 충동터빈은 수두가 거의 일정한 상태에서 최적으로 운영되며 정격출력(rated output)의 20~25%까지 일정한 효율곡선을 보여주고 있어 유량의 범위가 큰 경우에 유리한 터빈이라 할 수 있다. 충동터빈의 규모는 300MW까지 발전할 수 있다.

12.3.2 반동터빈

반동터빈에는 Francis터빈, Propeller터빈, Kaplan터빈, Tubular터빈, Bulb터빈, Rim터빈 그리고 펌프겸용터빈 등이 있다.

1) Francis터빈

Francis터빈은 그림 12.3.5와 같이 물이 회전판으로 급속히 유입되어 중심부로 흐르다 터빈의 축 방향을 따라 이동하도록 제작된다. 이 터빈은 수두의 범위가 30~500m 정도인 경우에 많이 사용되며 50~300m 범위에서 경제적인 터빈이다. 그러나 수두가 6m보다 작은 경우에는 소형 Francis터빈이 적절하게 운영될 수 있다. 운영 조건의 한계는 최소 유량이 정격용량(rated capacity)의 약 40%정도까지이며, 효율은 수두 및 유량에 따라 75~95%까지 다양하게 변한다. 운영 수두의 범위는 최대 수두의 약 50%까지이며, 규모는 1~1,000MW 정도이다.

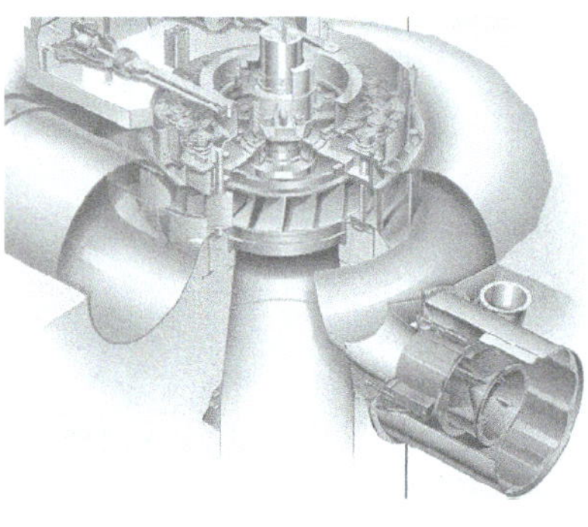

그림 12.3.5 Francis터빈의 모습

2) Propeller터빈

Propeller터빈에서 물은 축 방향의 Propeller 날개를 통해 이동하게 된다. Propeller터빈은 수두범위가 3~60m에서 적용할 수 있도록 제작되며, 보통 15~50m 범위에서 적절한 터빈이다. 규모는 작은 것은 0.5MW까지 있지만 대부분은 10MW이상 150MW까지 있다. 고정날개 Propeller터빈은 그림 12.3.3과 같이 Kaplan 터빈에 비해 뾰족한 첨두 효율곡선을 가지고 있어 제한된 출력범위 내에서 효율적으로 운영할 수 있다. 따라서 Propeller터빈은 일반적으로 설계유량에 근접하여 운영할 때 사용된다. 정상수두(normal head)의 범위는 최대 수두의 40%까지 변하며, 최소유량은 통상 수문을 최대로 열었을 때의 70% 정도이다.

3) Kaplan터빈

Kaplan터빈은 Propeller터빈과 같은 범위의 수두에서 운영되는 Propeller터빈의 일종으로 조정할 수 있는 날개를 가지고 있으며, 규모는 1kW~150MW 범위를 나타낸다. Kaplan터빈은 넓은 범위의 수두와 유량에 대해 상대적으로 일정한 효율곡선을 보여주고, 정상적인 수두범위는 최대 수두의 40%까지 변하며, 최소 유량은 수문을 최대로 열었을 때의 약 40%정도이다. Kaplan터빈은 고정날개 Propeller터빈에 비해 고가이지만 높은 효율이 중요하고, 넓은 범위의 유출에 대해 운영해야 하는 수두 범위 15~50m에서는 경제적이다.

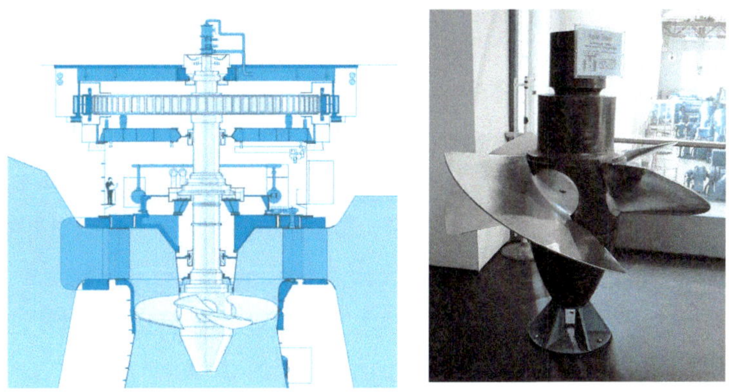

그림 12.3.6 Kaplan터빈의 모습

4) Tubular터빈

Tubular터빈은 낮은 수두에 적절하며 Kaplan터빈을 대신하여 많이 사용한다. Tubular터빈은 다른 터빈에 비해 설치공간이 작게 소요되므로 소수력발전소나 흡출관의 수심이 낮을 경우 경제적으로 유리하다. Tubular터빈은 수문(wicket gate)과 회전판 날개의 조절이 가능하여 순 수두(net head)와 전력 수요에 맞춰 최적으로 운영할 수가 있다. Tubular터빈의 성능특성은 전통적인 Propeller터빈의 성능특성과 유사하지만 물의 흐름이 직선이므로 효율은 약 2% 정도 높다.

Tubular터빈은 Bulb형과 Pit형으로 구분할 수가 있다. Bulb형 터빈은 그림 12.3.7a와 같이 수평축으로 이루어져 있고, 터빈의 회전판이 발전기에 직접 연결되어 있거나, 가속 기어상자를 통해 연결되어 있다. 수두의 적용 범위는 3~25m이고, 규모는 25kW~50MW 정도이며, 수두가 15m이하

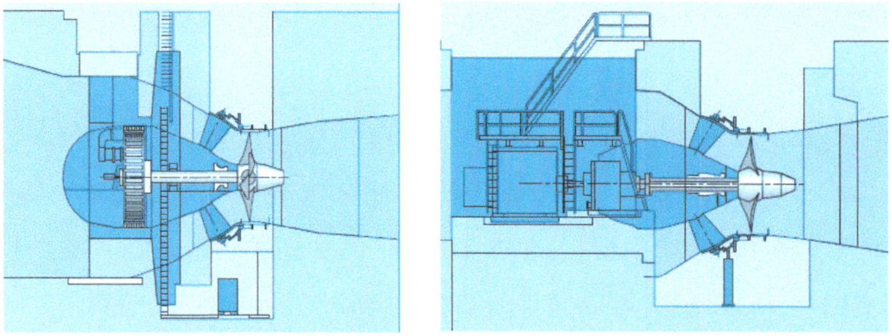

그림 12.3.7 Bulb형 터빈(a)과 Pit형 터빈(b)

인 경우 경제적이다. Pit형 터빈은 Bulb형 터빈과 유사하나 상단부의 작은 접근 축을 해체하지 않고 일부 기계를 교체할 수 있을 정도로 큰 단일 접근 축으로 대체 되어 있는 점이 다르다.

5) Rim터빈

Rim터빈은 발전기가 터빈 회전축 날개 주위에 설치되어 있는 것을 빼고는 Bulb형 터빈과 유사하다. 물이 발전기로 유입되는 것을 방지하기 위해 밀폐되어 있으며, 이러한 밀폐정도가 터빈의 안정적인 운영에 결정적인 영향을 주게 된다. Rim터빈은 수두의 범위가 3~30m에 적당하고 규모는 약 20MW정도이다. 성능곡선은 Bulb형 터빈과 유사하다. 흐름을 조절하기 위해 수문(wicket gate)이 설치되어 있으며, 날개가 고정되어 있거나 조절이 가능하다.

6) 펌프겸용터빈

수두가 비교적 일정한 소규모의 발전소에는 펌프가 역회전하여 터빈의 기능을 하는 펌프겸용터빈이 사용될 수가 있다. 이 터빈은 운영수두에서 일정한 출력을 얻게 되며, 가용한 유량에 대해 다양한 크기의 터빈을 여러 대 사용하여 운영할 수가 있다. 일반적으로 나비밸브 및 유도 모터를 사용하여 제어기가 필요 없고 조절하기가 간편하다. 최대 효율은 복수흡입(double suction)펌프인 경우 80%, 축방향 흐름의 propeller펌프인 경우 90%정도이다. 이 터빈에서는 흡출관이 필요하며 일반 펌프를 약간 변경하면 되므로 초기 비용이 비교적 작다.

12.3.3 터빈의 동력계산

앞에서 설명한 다양한 터빈들에 의해 어떻게 동력을 얻고 발전을 하게 되는지 알아보기로 한다. 충동터빈은 물의 수두를 이용하여 노즐로부터 분출되는 고속의 분사류가 터빈의 날개에 충격을 주어 회전판이 회전함으로서 동력을 얻게 된다. 반면에 반동터빈은 물의 압력에 의해 물이 방출될 때 반력에 의해 회전판이 회전함으로서 동력을 얻게 된다.

1) 충동터빈

충동터빈은 그림 12.3.8과 같이 날개인 버킷의 중심부가 속도 V_o로 회전하고 있는 상태에서 노즐을 통해 분출하는 분사류가 속도 V_1으로 버킷에 유입되어 날개가 A에서 B로 이동한 상태에서 V_2의 속도로 날개를 벗어나게 된다. 따라서 분사류가 V_1의 속도로 유입되어 V_2의 속도로 빠져나가게 된다. 이동하는 날개에 대한 유입 분사류의 상대속도가 V라면 유입부 속도는 $V_1=V_o+V$로 나타낼 수 있다. 마찰을 무시하면 날개에 대한 물의 상대속도의 크기는 일정하고 날개의 접선방향으로 방향을 바꾸게 된다. 따라서 5.6.2절에서 설명한 바와 같이 수평방향의 힘만 터빈을 회전시키는데 기여하므로, 수평방향(x방향)에 대해 역적운동량 방정식을 적용하면

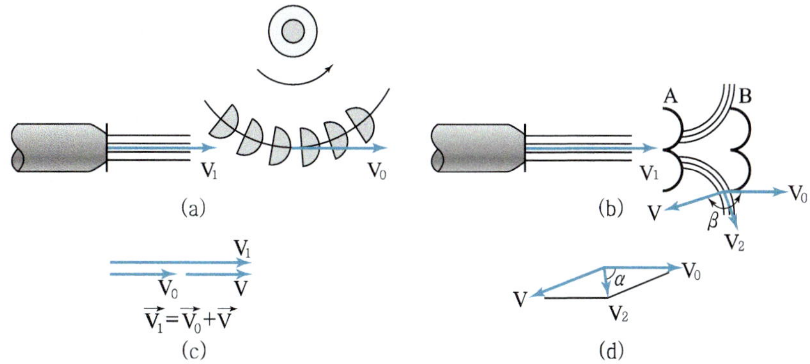

그림 12.3.8 충동터빈의 수리학적 원리

$$F_x = \rho Q(V_1 - V_o)(1 - \cos\theta) \tag{5.6.17}$$

따라서 분사류로부터 터빈에 전달되는 동력은

$$P = F_x V_o = \rho Q(V_1 - V_o)(1 - \cos\theta)V_o \tag{5.6.19}$$

최대의 동력을 얻기 위한 조건을 구하기 위해 식 (5.6.19)의 동력 P를 V_o에 대해 미분하여 0으로 놓으면 $V_o=(1/2)V_1$이 되어 마찰을 무시할 경우 날개의 이동속도가 분사류 속도의 절반이 될 때 최대 동력을 얻게 됨을 알 수 있다. 이 때 최대 동력은 다음과 같이 나타난다.

$$P_{max} = \rho Q\left(V_1 - \frac{V_1}{2}\right)(1 - \cos\theta)\frac{V_1}{2} = \frac{1}{4}\rho Q V_1^2(1 - \cos\theta) \tag{5.6.22}$$

이와 같이 계산된 에너지는 터빈에서 기계적인 에너지 손실이 없을 경우에 해당하는 값이며, 만일 기계적인 에너지 손실이 발생할 경우 1보다 작은 값인 효율 η를 곱하게 된다. 터빈에 의한 에너지는 보통 동력으로 표시되는데, 동력(kg·m/sec)은 단위중량당 에너지(kg·m/kg)에 중량유량(kg/sec)을 곱해 구하게 된다. 동력은 또한 kW와 마력(HP)의 단위로 나타내기도 하며, 이 경우 단위변환은 다음과 같다.

$$P = \gamma QE(\text{kg}\cdot\text{m/sec}) = \frac{\gamma QE}{102.04}(\text{kW}) = \frac{\gamma QE}{75}(\text{HP}) \tag{12.3.1}$$

여기서, γ는 물의 단위중량(kg/m^3), Q는 유량(m^3/s) 그리고 E는 유효수두(m)이다.

예제 12.3.1

직경 1m인 충동터빈이 직경 5cm의 노즐을 통해 분사되는 0.1m^3/s 유량에 의해 회전하고 있다. 터빈의 회전속도가 200rpm이고, 터빈의 날개 각도가 150°일 때, a) 터빈의 날개에 작용하는 접선방향의 힘, b) 터빈을 통해 발생되는 동력 그리고 c) 터빈을 통해 얻는 단위중량당 에너지(수두)를 구하라.

풀이

a) 터빈 날개의 이동속도 V_o 및 분류의 유입속도 V_1

$$V_o = \omega r = \frac{2\pi \times 200}{60} \times 0.5 = 10.47\mathrm{m/s}, \qquad V_1 = \frac{Q}{A} = \frac{0.1}{\frac{\pi}{4} \times 0.05^2} = 50.96\mathrm{m/s}$$

따라서 날개에 작용하는 접선방향의 힘은

$$F_x = \frac{1,000}{9.8} \times 0.1 \times (50.96 - 10.47) \times (1 - \cos 150^\circ) = 770.97\mathrm{kg}$$

b) 동력은 $P = F_x V_o = 770.97 \times 10.47 = 8072.06\,\mathrm{kg \cdot m/sec} = 79.11\mathrm{kw}$

c) 단위중량당 에너지(수두) $P = \gamma QE$로부터 $E = \frac{P}{\gamma Q} = \frac{8072.06}{1,000 \times 0.1} = 80.72\mathrm{m}$

2) 반동터빈

반동터빈은 높은 수두의 물이 회전판(runner)의 외곽으로부터 중심부로 향해 유입하여 수압으로 회전판을 회전시키며 중심부의 흡출관을 통해 방류수로로 물이 배출되어 동력을 발생시키게 된다. 회전판 주위의 유도날개(guide vane)의 개폐를 조정하여 유입되는 물의 속도 및 양을 조절할 수가 있다. 반동터빈의 수리학적 원리는 그림 12.3.9를 이용하여 알아 볼 수가 있다. 회전판 날개의 입구지점에서의 속도는 ωr_1이 되며, 여기서 ω는 회전판의 각속도(rad/sec), r_1은 터빈 중심축으로부터 날개 입구지점까지의 길이이다. 회전판 날개로 유입되는 물의 속도는 유도날개 끝단에서의 접선방향속도 V_1과 같다. 따라서, 회전날개 입구에서의 접선방향의 속도 V_{t1}은 다음과 같다.

$$V_{t1} = \omega r_1 + V_{r1} \cot\beta_1 \tag{12.3.2}$$

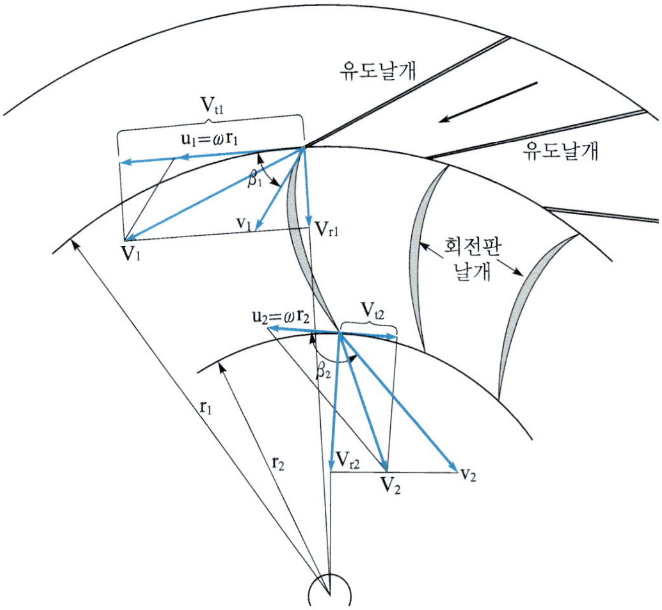

그림 12.3.9 반동터빈의 수리학적 원리

여기서, V_{r1}은 유속의 축방향 속도이다. 회전날개 출구부에서의 접선방향 속도는

$$V_{t2} = \omega r_2 + V_{r2} \cot\beta_2 \tag{12.3.3}$$

따라서 회전날개에 작용하는 회전력(torque) T는 다음과 같이 나타낼 수 있다.

$$T = \rho Q (V_{t1} r_1 - V_{t2} r_2) \tag{12.3.4}$$

여기서, Q는 터빈을 통해 방출되는 유량이다. 따라서 터빈을 통해 얻을 수 있는 동력은

$$P = T\omega = \rho Q \omega (V_{t1} r_1 - V_{t2} r_2) \tag{12.3.5}$$

축방향의 속도 V_{r1}과 V_{r2}는 다음과 같은 연속방정식을 이용하여 얻을 수 있으며, 이때 Z는 터빈 날개의 높이이다.

$$Q = 2\pi r_1 Z V_{r1} = 2\pi r_2 Z V_{r2} \tag{12.3.6}$$

예제 12.3.2

직경 1.5m, 길이 40m의 수압관을 통해 반동터빈으로 12m^3/s의 물이 유입되고 있다. 저수지의 수위는 흡출관 입구로부터 20m 높고, 흡출관 입구는 방수로수위보다는 4.5m가 높다. 만일 터빈의 효율이 92%라면 터빈을 통해 얻을 수 있는 동력은 몇 kW인가. 단, 수압관의 마찰손실계수는 f=0.0185이다.

풀이

수압관에서의 유속 $V = \frac{Q}{A} = \frac{12}{\pi/4 \times 1.5^2} = 6.8\text{m/s}$

Darcy-Weisbach 공식으로부터 $h_L = f\frac{L}{D}\frac{V^2}{2g} = 0.0185 \times \left(\frac{40}{1.5}\right) \times \left(\frac{6.8^2}{2 \times 9.81}\right) = 1.16\text{m}$

유효수두는 $h = \frac{p}{\gamma} + z - h_L = 20 + 4.5 - 1.16 = 23.34\text{m}$

그러므로 터빈을 통해 발생할 수 있는 동력은

$$P = \gamma QE\eta = 1{,}000 \times 12 \times 23.34 \times 0.92 = 257{,}674\text{kg}\cdot\text{m/sec} = 2{,}525\text{kW}$$

3) 비속도

비속도(specific speed)는 유효낙차 1m에 대해 1kW의 출력을 발생시킬 수 있는 터빈의 회전수를 의미하며, 비속도에 의해 터빈의 성능을 알 수가 있으며, 무차원의 비속도 N_s는 다음과 같다.

$$N_s = \frac{NP^{1/2}}{H^{5/4}} \tag{12.3.7}$$

여기서, N은 터빈의 회전속도(rpm), P는 발전소의 출력(kW) 그리고 H는 터빈의 수두(m)이다.

예제 12.3.3

순수두가 100m이고 유량이 30m^3/sec인 곳에 터빈을 설치하려고 할 때, 어떠한 터빈이 적절한지 선택하고, 터빈이 300rpm의 속도로 작동하고 효율이 90%이면 비속도는 얼마인가.

풀이

터빈에 의한 발생동력은 $P = \frac{\gamma QE\eta}{102.04} = \frac{1{,}000 \times 30 \times 100 \times 0.9}{102.04} = 26{,}460\text{kW}$

수두가 100m이고, 발전 동력이 26,460kW이므로 그림 12.3.2로부터 Francis터빈을 사용할 수 있다.

비속도는 식 (12.3.7)로부터 $N_s = \frac{NP^{1/2}}{H^{5/4}} = \frac{300 \times 26460^{1/2}}{100^{5/4}} = 154$

12.4 잠재에너지의 산정

수력발전소 설치 지점에서 유출특성 및 기타자료를 이용하여 잠재에너지 발생량을 산정하는 절차에 대해 알아보기로 한다. 에너지의 구분 및 수력공식의 소개와 함께 에너지를 산정하기 위한 두 가지의 기본적인 기법 즉, 유출-기간곡선방법(flow duration curve method) 및 연속유출추적방법(sequential streamflow routing method)에 대해 소개하기로 한다.

12.4.1 수력발전에너지의 구분

수력발전에너지는 높은 지점에서 낮은 지점으로 유출되는 물의 위치에너지를 발전기에 연결된 터빈을 이용하여 얻게 된다. 전기에너지는 일반적으로 kW-hr로 측정되며 평균 kW로 정의되기도 한다. 수력발전에서 사용하는 에너지는 연평균(annual average)에너지, 상시(firm)에너지 그리고 2차(secondary)에너지로 구분할 수 있다.

1) 연평균에너지

연평균에너지는 장기간의 유출자료를 이용하여 산정하는 연간 발생시킬 수 있는 에너지의 평균치이다. 연속유출분석에서 연평균에너지는 기록기간 동안의 연 발전량을 평균하여 구할 수 있다. 연속유출분석이 아닌 경우 연 발전-기간곡선(power-duration curve) 아래의 면적을 구하여 산정하게 된다. 수력발전 경제분석에서 에너지편익은 주로 연평균에너지를 바탕으로 산정한다.

2) 상시에너지

상시에너지는 주에너지(primary energy)라고도 하며, 한계기간이라 부르는 과거 유출기록상의 최악의 갈수 기간에도 발생시킬 수 있는 에너지를 의미한다. 발전시스템 부하의 대부분을 담당하는 수력발전소에서 상시에너지 출력은 계절적인 수요 양상을 따르게 되고, 저수지 용량은 계절적 수요 양상을 충족하기 위한 에너지 출력에 따라 결정하게 된다. 하지만 발전시스템 부하의 작은 부분만 담당하는 경우 발전소의 상시에너지 출력은 계절적인 전력수요의 양상을 따를 필요는 없다.

3) 2차에너지

상시에너지 출력을 초과하는 에너지를 2차에너지(secondary energy)라 한다. 따라서 2차에너지는 한계기간 이외의 기간 동안 발생되게 되며, 주로 유출이 큰 계절에 집중되게 된다. 2차에너지는 보통 연평균치로 표현하게 되고, 연평균에너지와 연 상시에너지와의 차이로 계산된다. 그림 12.4.1은 특정 한계기간에 해당하는 해의 월별 에너지 출력의 예를 보여주고 있으며, 음영이 없는 부분이 2차에너지에 해당된다.

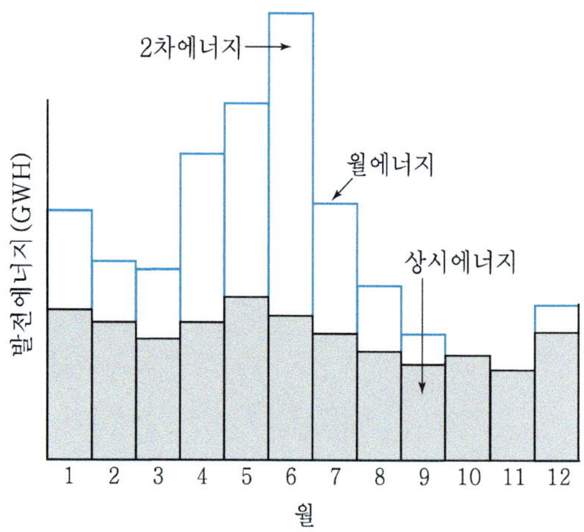

그림 12.4.1 월별 에너지출력

12.4.2 수력공식

터빈이 발생시킬 수 있는 동력의 양은 유량 Q와 수두 H 그리고 터빈의 효율 η_t에 의해 결정된다. 이와 같은 Q, H 및 η_t에 따른 동력과의 관계를 수력공식(water power equation)이라 하며 다음과 같다.

$$HP = \frac{\gamma QH\eta}{75} \qquad \text{또는} \qquad kW = \frac{\gamma QH\eta}{102.04} \tag{12.4.1}$$

여기서, HP 및 kW는 마력 및 kilowatts로 나타낸 동력, Q는 유량(m^3/s), H는 수두(m), η는 합성효율(overall efficiency)로 터빈 효율 η_t에 발전기 효율 η_g를 곱한 것이다. 예비설계 단계에서는 합성효율을 80~85%정도로 적용하며 만일 85%로 적용할 경우 식 (12.4.1)은 다음과 같게 된다.

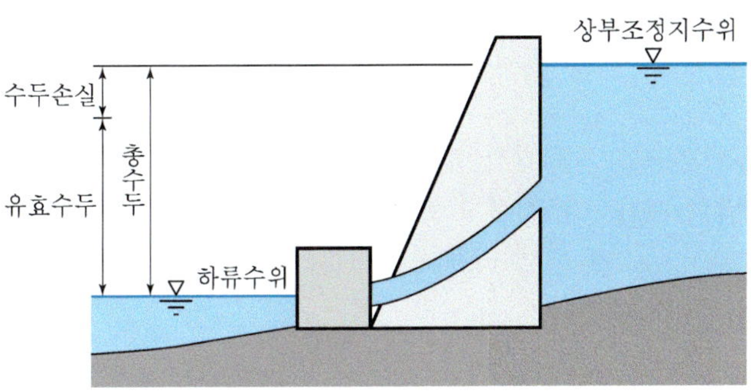

그림 12.4.2 총수두 및 유효수두

$$kW = 0.0083\gamma QH \tag{12.4.2}$$

동력(kW)을 에너지(kWh)로 변환하기 위해서는 다음과 같이 식 (12.4.1)을 시간에 대해 적분하면 된다.

$$kWh = \frac{\gamma}{102.04}\int Q(t)H(t)\eta dt \tag{12.4.3}$$

식 (12.4.3)은 유출-기간곡선방법이나 연속유출추적방법에 의해 적분할 수가 있으며, 수력공식에서 사용되는 유량 Q는 동력을 발생시키는데 필요한 유량을 의미한다.

총수두(gross head)는 그림 12.4.2와 같이 상부조정지 수위로부터 발전소 하류수위(tailwater)를 빼서 결정한다. 대부분의 발전소의 경우 상부조정지의 수위와 하류수위가 일정하게 유지되지 않기 때문에 발전소의 운영상태에 따라 수두가 변하게 된다. 수로식 발전소에서는 상부조정지의 수위가 비교적 일정하게 유지되지만, 저류용 발전소에서는 전력의 수요를 충족시키거나 다른 용도로 유량을 사용함으로서 수위가 변하게 된다. 하류수위는 총 유출량, 출구하도의 기하학적 형태 및 배수효과에 의해 영향을 받으며 하류수위-유량곡선에 의해 나타낼 수가 있다. 유효수두(net head)는 동력 발생에 필요한 실제수두로 에너지 계산에 사용된다. 유효수두는 총수두로부터 취수구손실, 수압관손실, 출구부손실 등과 같은 수두손실을 빼서 결정한다. 터빈에서의 손실은 터빈 효율에서 고려되며, 수력공식에서의 효율(efficiency) η는 터빈 효율과 발전기 효율을 합성한 효율을 사용한다.

예제 12.4.1

수력발전소에서 한 달(31일) 동안 5,000MWh의 발전을 하기위해 필요한 평균유량을 결정하라. 평균수두는 40m이고 합성효율은 0.88이다.

풀이

식 (12.4.1)로부터 $Q=\frac{102.04\times kWh}{\gamma H\eta t}=\frac{102.04\times 5{,}000{,}000kWh}{1{,}000\times 40\times 0.88\times 744}=19.48\,m^3/s$

예제 12.4.2

수력발전소에서 한 달(31일) 동안 발전을 위해 방류하여 수위가 5m가 낮아질 때, 다음 달에 평균 $35m^3/s$을 방류하면, 수두감소로 인해 한 달 동안 손실된 에너지는 얼마인가. 단, 합성효율은 0.85이다.

풀이

식 (12.4.1)로부터 $kWh=\frac{\gamma QH\eta t}{102.04}=\frac{1{,}000\times 35\times 5\times 0.85\times 744}{102.04}=1{,}084{,}575kWh=1{,}085MWh$

12.4.3 터빈의 특성 및 선택

터빈의 특성치 즉, 효율, 사용가능수두범위, 최소유량 등은 수력발전 에너지 출력에 영향을 미치게 된다. 예비분석 단계에서는 최소유량 및 수두의 범위 제한을 무시하고 효율을 일정하게 하여 분석하는 것으로도 충분하다. 하지만 타당성분석(feasibility study) 단계에서는 이들 특성치들이 발전소 출력에 결정적인 영향을 주게 되므로 반드시 고려하여야 한다.

1) 사용가능수두범위

특정 수두 및 유량범위에 사용할 수 있는 터빈의 종류는 다양하며, 특정 터빈은 제한된 범위의 수두에서만 운영이 가능하다. 표 12.4.1은 주요 터빈에 대한 운영가능 유량 및 수두의 범위를 보여주고 있다. 예비분석에서 터빈의 사용가능수두 제한을 고려할 필요는 없지만, 타당성분석에서는 최대 및 최소 수두를 명시하여 수두범위 제한을 고려하여야 한다. 유출-기간곡선분석이나 연속유출추적분석에서는 이러한 범위를 벗어나는 기간 동안에는 발전이 이루어지지 않는 것으로 본다.

표 12.4.1 터빈의 종류별 유량 및 수두범위

터빈 종류	정격유량과 최소유량의 비	최대수두와 최소수두의 비
Francis	0.40	0.50
Vertical shaft Kaplan	0.40	0.40
Horizontal shaft Kaplan	0.35	0.33
Fixed blade propeller	0.65	0.40
Fixed gate adjustable blade propeller	0.50	0.40
Fixed geometry units (pumps as turbines)	–	0.80
Pelton (adjustable nozzles)	0.20	0.80

2) 설계수두

설계수두(design head)는 터빈이 최대의 효율로 운영될 수 있는 수두를 의미한다. 설계시 전력분석에서 최대의 효율을 얻을 수 있는 수두를 결정하고, 이에 따라 적절한 터빈을 선택하게 된다.

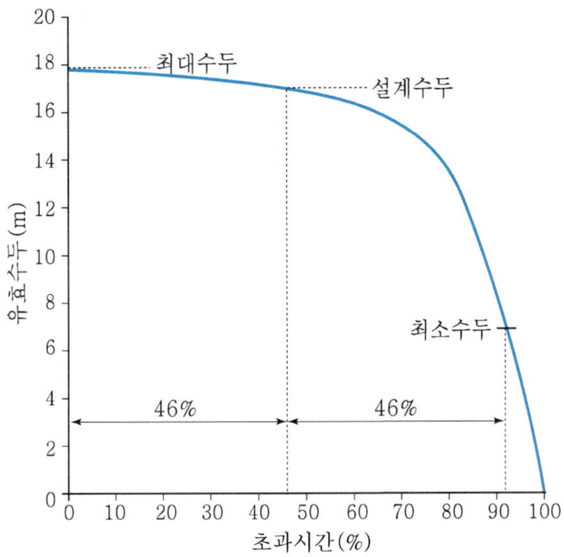

그림 12.4.3 수로식 발전에서의 수두-기간곡선

대부분의 기간 동안 발전을 할 수 있는 수두의 범위 내에서 최대의 효율을 나타내도록 하는 것이 바람직하므로 설계수두는 보통 평균수두나 이 근처의 수두로 정하게 된다. 하지만 설계수두는 운영수두의 범위가 터빈의 가능한 운영범위 내에 있도록 결정 하여야 한다. 수로식 발전에서는 그림 12.4.3과 같이 설계수두를 수두-기간곡선에서 발전이 가능한 최대 및 최소수두 범위의 중간기간에 해당하는 지점으로 결정한다. 설계수두는 전체기간에 대한 운영을 바탕으로 결정하지만 의존용량(dependable capacity)이 중요한 경우에는 첨두수요에 해당하는 월의 운영자료만으로 결정하기도 한다. 주로 첨두수요에 대해 운영하는 저류식 발전에서 설계수두는 각 수두마다 발전량을 가중한 다음과 같은 가중평균수두를 바탕으로 결정한다.

$$\text{가중평균수두} = \frac{\sum(\text{수두} \times \text{발전량})}{\sum(\text{발전량})} \qquad (12.4.4)$$

3) 정격수두

정격수두(rated head)는 터빈의 입구문(wicket gate)을 최대로 개방하였을 때 정격출력(rated power)을 얻을 수 있는 수두를 의미한다. 따라서 정격수두는 정격출력을 얻을 수 있는 최소 수두가 된다. 그림 12.4.4는 터빈의 성능곡선(performance curve)을 보여주고 있는데, 정격수두보다 높은 수두에서는 발전기의 용량이 발전출력을 제한하고, 총정격용량(full rated capacity)은 정격수두 위의 모든 수두로부터 얻게 된다. 정격수두보다 낮은 수두에서는 터빈의 입구문을 최대로 개방하더라도 최대로 얻을 수 있는 발전출력은 정격용량보다는 작게 된다. 일부 발전형태에서는 전체 운영범위에 대해 정격출력을 얻기 위한 정상적인 운영에 대한 수두의 범위는 비교적 작지만(그림 12.4.4의 짙은 음영부분), 어떤 발전형태에서는 수두범위에서 운영 수두가 정격수두보다 아래에 위치하여 발전능력이 감소하게 된다.

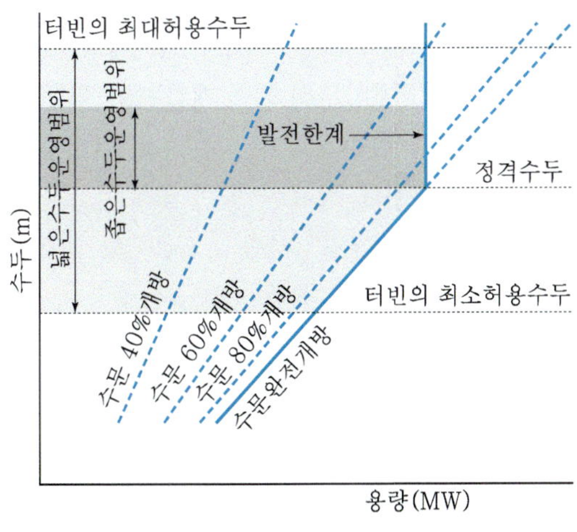

그림 12.4.4 터빈의 성능곡선

4) 최소유량

공동현상 및 진동문제로 인하여 터빈의 최소유량은 정격유량(rated discharge)의 30~50%

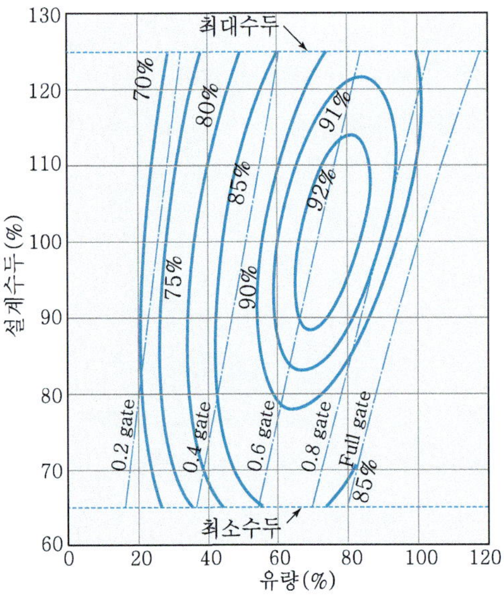

그림 12.4.5 Francis 터빈의 성능곡선

정도로 한다. 여기서, 정격유량은 터빈의 입구문을 완전히 개방한 상태에서 정격수두로 방출할 수 있는 유량을 의미한다. 터빈에 따른 최소유량이 표 12.4.1에 주어져 있다. 터빈의 특성치인 최소유량은 주어진 현장상황에 대해 설치할 수 있는 터빈의 규모 및 수에 영향을 주므로 예비분석에서는 고려하지 않더라도 타당성 분석에서는 반드시 고려하여 발전 출력을 분석하여야 한다.

5) 효율

전력분석에서 사용하는 효율은 터빈효율 및 발전기효율을 합한 합성효율을 의미한다. 발전기효율은 규모가 큰 경우 보통 98%로 가정하며 5MW보다 작은 규모인 경우 95~96%를 적용한다. 하지만 터빈효율은 운영변수인 수두와 유량에 따라 변하게 된다. 터빈의 효율 특성은 터빈의 종류 및 규모 그리고 회전판의 형태에 따라 변하게 되며, 그림 12.4.5는 Francis 터빈의 전형적인 성능곡선을 보여주고 있다. 예비분석에서는 합성효율을 80~85%에서 고정된 값을 사용하지만 타당성 분석시에는 터빈의 종류에 따른 특성 및 적정효율을 결정하기 위해 운영하는 수두 및 유량의 범위를 고려하여야 한다. 그림 12.3.3은 각 터빈의 효율이 비교적 일정하게 유지되는 수두 및 유량의 범위를 보여주고 있으며, 이 범위를 벗어나면 효율은 급격히 떨어진다.

6) 터빈의 선택

적절한 터빈을 선택하기 위해서는 반복적인 과정을 거치게 된다. 예비분석에서 개략적인 발전소의 용량, 수두의 범위 및 설계수두를 산정하고, 세부적인 분석에서 바람직한 운영특성을 고려하여 최종적인 터빈 설계 및 발전소 규모를 결정하게 된다. 터빈의 결정에 필요한 일반적인 자료들로는 예상되는 수두범위, 수두-기간 자료, 설계수두, 총발전용량, 최소유량, 터빈의 규모 및 수의 조합, 총 정격용량에 대한 수두범위 그리고 하류부 수위유량곡선 등이 있다.

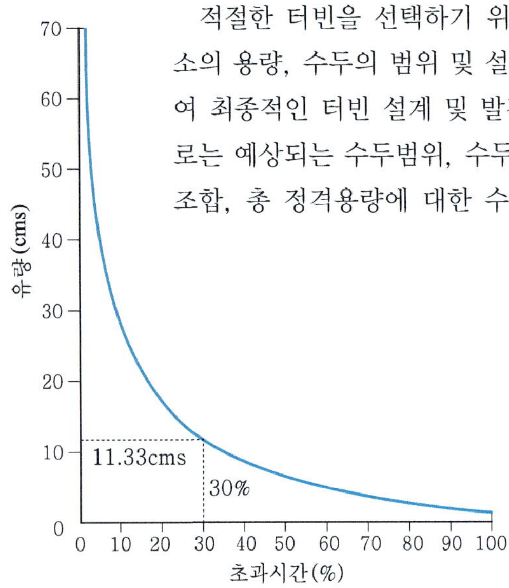

그림 12.4.6 유출-기간곡선

12.4.4 유출-기간곡선 방법

유출-기간곡선(flow-duration) 방법은 과거 기록으로부터 얻을 수 있는 특정 유량과 같거나 보다 큰 것이 발생할 시간백분율을 나타내는 그림 12.4.6과 같은 유출-기간곡선(유황곡선)을 이용하는 방법이다. 유출-기간곡선은 수력공식을 이용하여 동력-기간(power-duration)곡선으로 쉽게 변환할 수가 있으며, 이 곡선을 이용하여 발전소 건설지점에서의 잠재에너지를 산정할 수 있다.

유출-기간곡선방법은 전체기간에 대한 유출자료를 이용하게 되며, 소수력발전 특히 수로식 발전에서의 예비분석에 적절하다. 본 절에서는 저수두의 수로식 발전에 대해 유출-기간곡선을 이용하여 연평균에너지 및 의존용량을 계산하는 절차에 대해 소개하기로 한다.

1) 자료의 수집 및 분석

유출-기간곡선방법에서 필요한 자료들은 추적기간(일단위), 유출량, 최소기록기간(대표기간), 유출손실(소비수량 및 비소비수량), 저수지특성(수위별 저류량), 하류수위(수위-유량곡선), 시설용량, 터빈특성(최소, 최대 유량 및 수두), 효율(유량-효율곡선), 수두손실(유량-수두손실곡선) 그리고 비발전 운영기준 등이 있으며, 이들 자료들을 수집하고 분석한다.

2) 유출-기간곡선의 작성 및 조정

유출량 자료를 이용하여 유출-기간곡선을 구한다. 먼저 유량 크기별로 약 20~30개의 구간을 정하고, 더욱 정확한 분석을 할 경우 구간을 더 많이 설정한다. 각 유량 구간을 초과하는 시간을 백분율로 나타내어 표시하면 유출-기간곡선을 얻을 수가 있으며, 그림 12.4.6은 유출-기간곡선 방법을 설명하기 위한 예로 특정지역에서의 유출-기간곡선을 산정한 것으로 곡선 아래의 면적이 연평균 유량으로 약 $11.06\text{m}^3/\text{s}$가 된다. 유량자료의 기간이 30년보다 작다면 보다 긴 관측 자료를 보유하고 있는 인근 지역의 유량관측 자료를 이용하여 장기간 평균치보다 더 습하거나 건조한 기간이 발생한 적이 있는지 분석하고, 만일 이러한 기간이 존재한다면 장기간의 자료를 보유하고 있는 인근 관측소로부터의 유출-기간곡선에 대한 상관관계를 이용하여 조정할 필요가 있다.

3) 유출손실의 결정

일반적으로 유출손실은 소비손실과 비소비손실로 구분할 수가 있다. 소비손실은 저수지 표면으로부터의 증발손실을 포함하여 관개 및 물 공급을 위한 분류가 이에 포함되며, 비소비손실은 관개수문, 어도시설, 댐 및 제방구조물 주위의 누수, 여수로 및 방류수문 주위의 누수 그리고 터빈 입구문을 통한 손실 등이 있다. 예를 든 분석지점에서의 증발로 인한 손실은 최소이고, 수문 및 댐 구조물 주변에서의 누수로 인한 손실이 평균 $0.57\text{m}^3/\text{s}$라 가정한다.

4) 수두자료의 수립

수두를 나타내는 한 방법은 유량에 따른 하류수위의 변동을 나타내는 수두-유량곡선, 또는 자료가 있다면 상부조정지 수위-유량관계를 수립하는 것이고, 다른 방법은 수력공식의 해를 통해 수두를 직접 계산하는 것이다. 수두-유량곡선은 발전이 가능한 유량의 범위를 포함하는 충분한 수의 유량계급에 대해 식 (12.4.5)를 적용하여 구할 수 있다.

$$\text{순 수두} = \text{상부조정지 수위} - \text{하류수위} - \text{수두손실} \qquad (12.4.5)$$

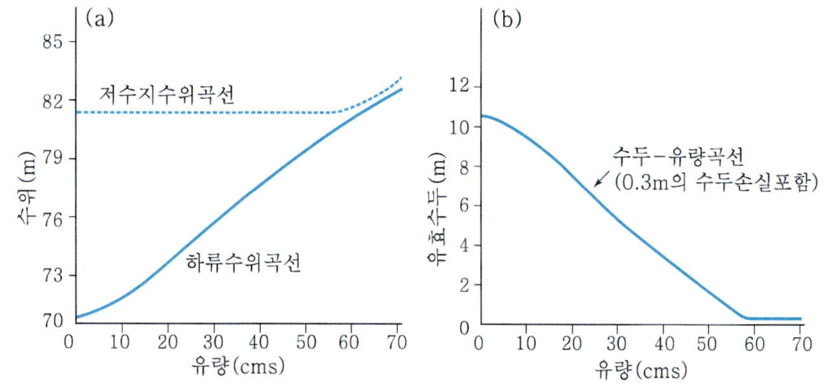

그림 12.4.7 하류수위(a) 및 수두-유량곡선(b)

여기서, 수두손실은 오물방지망, 수압관의 수두손실(m)을 나타낸다. 그림 12.4.7b는 수두-유량곡선을 보여주며, 수두곡선은 상부조정지 수위 81.69m와 평균 수두손실 0.3m에 대한 그림 12.4.7a의 하류수위곡선을 이용하여 얻게 된다. 그림 12.4.7에서의 고정 수두손실 0.3m는 수압관 또는 물의 통과부가 짧고 수두손실이 작은 경우 적절하다. 만일 수압관의 길이가 긴 경우 수두손실-유량관계를 이용하는 것이 바람직하다.

5) 발전소 규모의 선택

예비분석 또는 이론적인 총 잠재에너지의 산정을 위해 발전소 규모를 결정할 필요는 없으며, 범위정도를 분석하는 것이 바람직하다. 좀 더 자세한 분석에서는 최적의 발전을 위한 발전기의 규모 및 수를 조합한 발전소의 규모범위를 고려하게 된다. 발전소 규모 또는 범위의 선택은 최대의 순편익을 얻기 위한 유출-기간곡선 형태의 분석을 바탕으로 이루어진다. 이와 같은 선택에서 최대 및 최소 수두 그리고 최소유량과 같은 터빈의 특성치를 고려하게 된다.

발전소 규모를 선택하기 위한 첫 번째 단계로 발전소의 수리학적 용량 즉, 터빈을 통해 흐를 수 있는 최대 유량을 결정한다. 예비 분석에서는 초기의 발전소 규모를 연평균유량 또는 유출-기간곡선에서 초과시간 백분율이 15~30%가 되는 지점에서의 유량을 선택한다. 본 예에서는 그림 12.4.6과 같이 초과시간 백분율을 30%로 선택하였으며, 이에 해당하는 유량은 11.33m^3/s가 된다. 다음 단계는 앞에서 가정한 수리학적 용량에 해당하는 순 수두를 계산한다. 저류지가 없는 단순한 수로식 발전에서 발전소의 수리학적 용량에 상응하는 수두가 정격수두가 된다. 본 예에서는 그림 12.4.8에서 보는 바와 같이 유량 11.33m^3/s에 해당하는 수두인 정격수두는 9.45m가 된다. 앞에서 구한 수리학적 용량, 정격수두 및 합성효율을 이용하여 수력공식으로부터 발전소의 시설용량을 계산한다. 본 예에서는 고정 합성효율을 85%로 하여 계산된 시설용량은 다음과 같다.

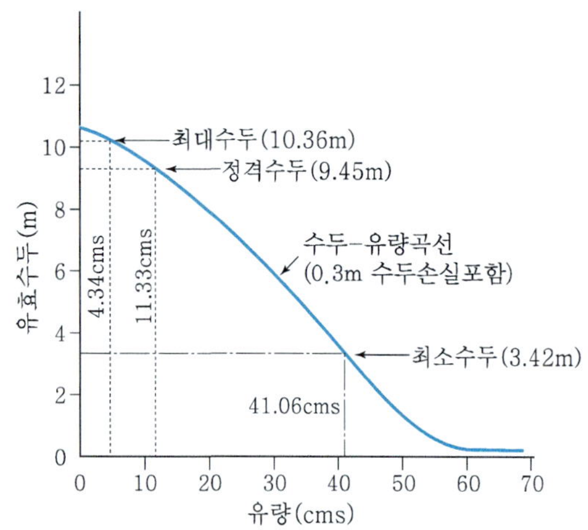

그림 12.4.8 순수두-유량곡선

$$\frac{\gamma QH\eta}{102.04} = \frac{1000\times(11.33-0.57)\times 9.45\times 0.85}{102.04} = 847\text{kW}$$

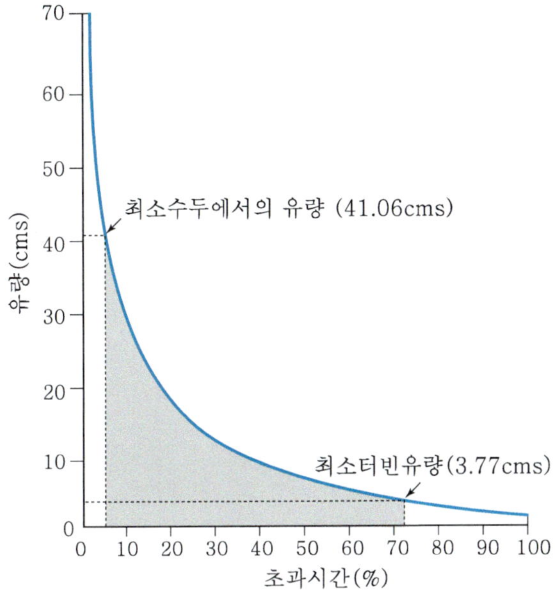

그림 12.4.9 유출-기간곡선의 사용가능한 범위

이동 날개를 가지고 있는 단일 Tubular터빈(수평축 Kaplan 터빈)을 설치한다고 가정하고, 표 12.4.1에 나타난 터빈의 최소 수두 및 유량을 이용하면 수평축 Kaplan터빈의 최소유량은 정격유량의 약 35%가 된다. 단일 터빈인 경우 수리학적 용량은 정격 유량과 동일하며, 따라서 최소유량은 0.35×(11.33 −0.57)=3.77m^3/s가 된다.

터빈의 최소유량에 상응하는 하천유량은 3.77m^3/s에 평균 손실인 0.57m^3/s를 더한 4.34m^3/s가 된다. 그림 12.4.8로부터 4.34m^3/s에 상응하는 본 예의 수로식 발전에서 10.36m보다 높은 수두는 최소발전에 해당하는 유량 4.34m^3/s보다 작은 유량이 흐를 경우에만 발생한다. 따라서 최대 발전수두는 10.36m가 된다. 표 12.4.1에서 최소수두는 최대수두의 약 33%에 해당하므로 최소수두는 0.33×10.36=3.42m가 된다.

6) 사용가능유량범위 및 수두-기간곡선

하천유량 중 발전에 사용되는 부분은 터빈의 특성에 의해 제한되게 된다. 따라서 유출-기간곡선은 발전에 사용되는 사용가능한 유량범위로 축소시킬 필요가 있다. 본 예에서 손실을 포함한 최소유량은 4.34m^3/s이고, 최소수두는 3.42m이므로 이에 상응하는 유량은 그림 12.4.8로부터 41.06m^3/s가 된다. 이 값을 적용하면 유출-기간곡선의 사용가능한 범위는 그림 12.4.9와 같이 나타낼 수가 있다. 그림 12.4.9의 유출-기간곡선과 그림 12.4.8의 수두-유량곡선을 이용하여 그림 12.4.10과 같은 수두-기간곡선을 얻을 수가 있으며, 음영부분이 발전을 할 수 있는 수두범위를 나타낸다. 또한 그림 12.4.10은 정격수두 및 설계수두의 위치를 보여주고 있다. 본 예에서 설계수두는 사용가능한 수두범위의 중간기간부분에 해당하는 9.91m가 된다.

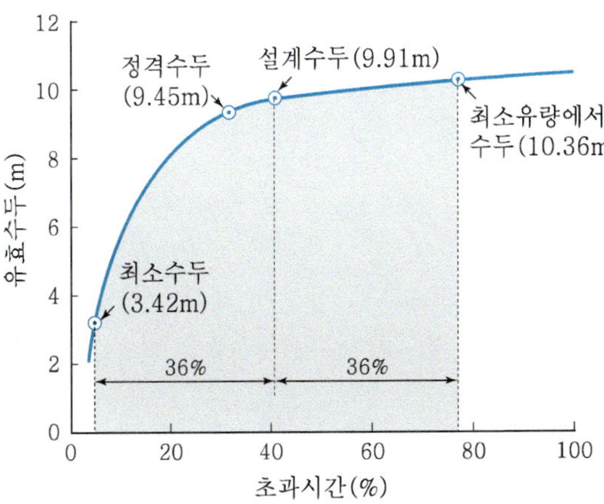

그림 12.4.10 수두-기간곡선

7) 동력-기간곡선의 작성

유출-기간곡선에서 약 20~30개의 점을 택하고, 수력공식을 이용하여 각 유출범위에서의 동력을 계산한다. 각 점에서 수두를 계산하거나 수두-유량곡선으로부터 얻고, 유출-기간곡선으로부터 얻은 유량에서 손실유량을 제외시킨다. 예를 들어 유출-기간곡선의 한 점(Q=7.65m^3/s)에 대해 전력을 구하면

$$\frac{\gamma QH\eta}{102.04}=\frac{1000\times(7.65-0.57)\times10.12\times0.85}{102.04}=597\text{kW}$$

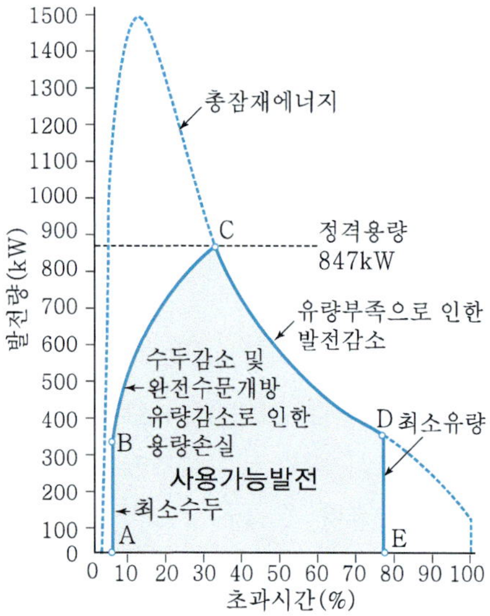

그림 12.4.11 사용가능 발전-기간곡선

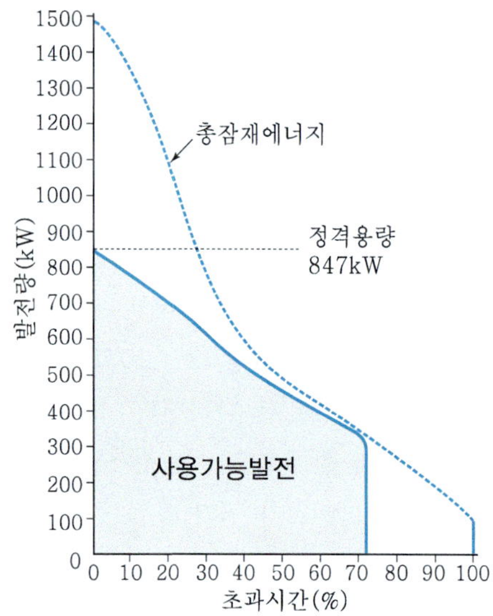

그림 12.4.12 사용가능 동력-기간곡선

유출-기간곡선에서 선택한 모든 점에 대해 위와 같은 계산을 하면 그림 12.4.11의 유출-기간곡선에서의 실선과 같은 사용가능 발전-기간곡선을 얻게 되고, 점선은 총 발전가능 전력을 나타낸다. 그림 12.4.11은 발전량이 그림 12.4.9를 바탕으로 유량에 상응하는 초과시간 백분율에서의 발전량을 도시한 것이므로 실제적인 동력-기간곡선은 아니다. 유량이 그림 12.4.9와 12.4.10에서 초과백분율 32%에 해당하는 정격유량보다 큰 경우 수두의 감소 및 다른 인자들에 의해 발전 출력이 감소되게 된다. 그림 12.4.11은 그림 12.4.12와 같은 실제의 전력-기간곡선으로 전환할 수가 있다.

본 예에서 유량손실이 비소비성이므로 수두는 총 유량 7.65m^3/s를 이용하여 수두-유량곡선으로부터 구하였다. 수두는 실제로 발전소를 통과하는 흐름을 바탕으로 하므로 유량손실이 증발 및 분류손실을 포함하면 수두계산을 하기 전에 총 유량에서 이들 손실을 제외하여 야 한다. 본 예에서는 평균 합성효율을 적용하였고, 수문완전개방 유량을 모든 수두에 대해 정격유량 또는 10.76m^3/s로 가정하였다. 하지만 실제 운영에서는 터빈의 효율은 수두 및 유량에 따라 변하게 되며, 정격유량보다 큰 유량에서는 수문완전 개방 유량은 수두가 감소함에 따라 감소한다. 그림 12.4.11은 선택된 터빈 및 발전기의 특성이 어떻게 총 잠재에너지를 사용가능한 발전으로 전환시키는지를 보여주고 있다. 그림 12.4.11의 음영부분은 사용가능한 발전량을 나타내며 그림 12.4.12의 음영과 상응한다. 정격용량 847kW는 생산할 수 있는 동력의 상한계를 나타내며, 이 선 위의 잠재에너지는 무시하게 된다. 터빈의 최소유량 3.77m^3/s는 72.5%의 초과시간선(DE선) 오른쪽의 발전을 무시하게 된다. 최소수두 3.42m는 초과시간 6%(AB선)의 왼쪽에 해당하는 발전을 무시하게 된다. 수두감소로 인한 터빈용량의 감소는 초과시간 6%와 32%(BC선)사이의 잠재 발전량의 일부를 무시하게 된다.

8) 연평균에너지의 계산

그림 12.4.12의 동력-기간곡선은 자료의 전 기간을 바탕으로 구하였으므로 전 기간에 대한 연평균출력을 나타내는 연 발전곡선이라고 할 수 있다. 연 평균에너지는 동력-기간곡선 아래의 면적을 계산하여 년에 해당하는 시간(8,760시간)을 곱해 구할 수 있다.

$$연평균(kWh) = \frac{8,760}{100\%}\int_0^{100} P dp \qquad (12.4.6)$$

여기서, P는 동력(kW), p는 시간의 백분율로 본 예의 연평균에너지는 3.39×10^6kWh가 된다.

9) 의존용량의 계산

의존용량(dependable capacity)은 동력-기간곡선으로부터 얻은 평균 동력을 의미한다. 수로식 발전에서 동력-기간곡선은 첨두수요월에 대한 유출에 근거를 두고 있다. 그림 12.4.13은 본 예의 첨두수요월에 대한 발전을 나타내고 있으며, 의존용량은 이 곡선으로부터 구한 평균 동력이 된다. 따라서 의존용량은 다음과 같이 구하며 본 예에서의 의존용량은 338kW가 된다.

$$\text{의존용량} = \frac{1}{100}\int_0^{100} \mathrm{P\,dp} \qquad (12.4.7)$$

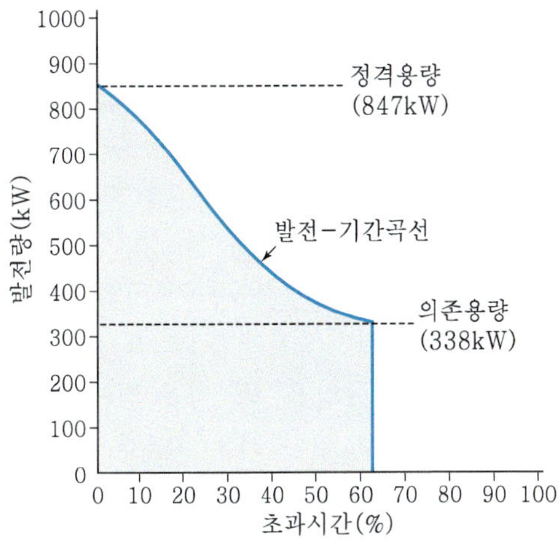

그림 12.4.13 첨두부하월에 대한 동력-기간곡선

12.4.5 연속유출추적방법

연속유출추적(sequential streamflow routing, SSR)방법을 통해 분석기간 동안의 각 시간구간에 대한 에너지 출력을 계산할 수가 있으며, 계산시간구간은 분석의 목적 및 가용자료에 따라 월별, 주별, 일별 및 시간별로 적용할 수가 있다. 저수지 조작에 따른 수위의 변화를 고려하여 발전소를 통한 추적을 하기 위해 연속방정식을 이용하게 된다. 연속방정식의 추적을 통해 수력발전뿐만 아니라 홍수조절운영 및 물 공급운영도 모의할 수가 있다. 이 방법은 주로 장기저류지(storage) 발전 및 시스템을 평가하기 위해 개발되었으며, 다음과 같은 연속방정식에 바탕을 두고 있다.

$$\Delta \mathrm{S} = \mathrm{I} - \mathrm{O} - \mathrm{L} \qquad (12.4.8)$$

여기서, ΔS는 저류량의 변화, I는 저수지 유입량, O는 유출량 그리고 L은 증발, 분류 등과 같은 손실량의 합이다.

연속유출추적방법은 모든 형태의 수력발전 즉, 수로식 발전, 단기 저류지를 가지고 있는 수로식 발전, 홍수조절용량에 의한 발전, 동력을 위해 조절되지 않는 보존용 저수지에서의 발전, 첨두 발전, 양수발전 등을 포함하는 다목적을 위해 조절되는 저수지에서의 발전 등과 같은 경우에 이 방법을 적용할 수가 있다. 본 절에서는 발전용 저류지를 가지고 있지 않은 경우 즉, 수로식 발전, 홍수조절용량에 의한 발전 그리고 비발전 목적으로 조절되는 보존용 저수지에서의 수력발전 평가에

SSR방법을 적용하는 절차에 대해 간략히 소개하기로 한다. 이 방법에서는 기록상의 하천유량자료 또는 홍수조절 및 비발전 저류지에서의 방류에 대한 컴퓨터 모형으로부터의 유출 자료를 사용한다.

1) 발전소 용량의 선택

계획분석에서 유출용량 즉, 수리학적 용량의 범위를 보여주는 여러 규모의 서로 다른 발전소 용량을 검토하게 된다. 12.4.4절의 5)에서 수리학적 용량이 주어질 때 단기저류지가 없는 수로식 발전에서 정격용량을 어떻게 결정하는지 설명하였다. 수두가 유량에 따라 변하지 않는 단기저류지나 계절적인 장기저류지에 의한 발전에서는 정격용량을 결정하기가 매우 복잡하다. 예비분석에서 단기 및 장기저류지에 대한 정격용량은 평균수두에 가깝거나 같은 수두를 기본으로 하여 구하는 것이 일반적이다. 정격 또는 시설용량의 범위를 결정하는 것 외에 각 발전소 규모에 대한 최소 수두 및 유량을 정의하는 것이 필요하다. 최소유량은 단위시설의 정격유량을 기본으로 하므로 시설의 규모 및 크기는 최소유량을 결정하기 전에 선택하여야 한다.

2) 동력발전에 이용할 하천유량의 계산

특정 시간구간동안 발전소를 통해 방출할 총 유량을 기록상의 하천유출 자료나 저수지 조작모형의 결과로부터 구한다. 댐을 통한 누출, 수문 누수, 발전소 시설이용, 주운용 갑문 운영, 어도시설 운영 등으로 인한 손실은 발전에 사용할 순 유량의 결정에서 빼주어야 한다. 이 순 유량을 단일 터빈의 최소 수리학적 용량과 비교하여 순 유량이 작을 경우 이 시간 구간에서의 발전은 0이 된다. 만일 순 유량이 최소 수리학적 용량보다 크면 다음 단계로 넘어간다.

3) 평균 저수지 수위 결정

각 시간구간에 대해 저수지 수위를 구한다. 일부 발전 형태에서는 저수지 수위가 고정되어 있다고 볼 수 있으며 모든 기간 동안 같은 값을 사용한다. 시간에 따라 저수지 수위가 변하는 경우 기록상의 자료나 저수지 조작모형의 결과로부터 구하게 되며, 저수지 수위자료가 유출량 자료와 동일한 시간 구간에 해당하는지 확인하여야 한다. 일별 분석에서는 일평균 저수지 수위가 사용되고, 주별 또는 월별 기간에 대해서는 평균 저수지 수위는 각 기간 구간에 대해 계산되어야 한다.

4) 순 수두의 계산

하류수위-유량관계곡선, 단기저류지 발전인 경우 고정 하류수위 또는 둘 이상의 조건이 적용되는 경우 높은 수위 값을 이용하여 2)에서 산정한 유량에 해당하는 하류 수위를 결정한다. 저수지 수위에서 하류수위를 빼 총 수두를 결정하고, 총 수두에서 수두 손실을 빼 순 수두(H)를 결정한다. 순 수두와 터빈의 최소 및 최대 수두와 비교하여 순 수두가 터빈의 운영범위를 벗어나면 그 시간 구간에서의 발전은 0이 된다. 만일 그렇지 않은 경우 다음 단계로 넘어간다.

5) 효율의 산정

대부분의 경우 터빈 및 발전기에 대해 고정된 평균 효율을 가정하게 된다. 변하는 효율을 사용하는 경우 효율-유량곡선, 효율-수두곡선 또는 그 외의 자료를 이용하여 효율을 구하게 된다.

6) 발전량의 계산

수력공식을 이용하여 각 시간구간에 대해 평균 동력(kW)을 계산한다. 이를 시설용량(installed capacity)과 비교하여 계산된 평균 동력이 시설용량을 초과하면 평균 동력을 시설용량으로 제한한다. 평균 동력에 적용기간 동안의 시간 수를 곱해 에너지(kWh)를 구한다.

7) 연평균 에너지의 계산

평균 에너지의 계산과정은 고려하는 전체 기간에 대해 각 시간구간별로 반복하게 된다. 계산 결과는 기간곡선 형태로 모아 정리하거나, 매 년에 대한 연평균 에너지 그리고 월별 평균 에너지 출력을 결정하기 위한 표로 작성한다. 이상과 같이 SSR방법을 통해 추적을 하기 위해 연속방정식 (12.4.8)을 모든 손실 및 모든 유출 항을 포함하도록 확장하면 다음과 같다.

$$\Delta S = I - (Q_p + Q_L + Q_s) - (E + W) \tag{12.4.9}$$

여기서, ΔS는 추적 기간동안의 저류량의 변화, I는 유입량, Q_p는 동력유량, Q_L은 누수 및 비소비성 발전에 필요한 유량, Q_s는 여수로 위로 넘치는 유량, E는 증발량에서 저수지상 강수를 뺀 순증발량 그리고 W는 물공급 및 관개 등을 위한 취수를 의미한다. 주어진 시간 구간동안의 저류량의 변화 ΔS는 다음과 같이 나타낼 수 있다.

$$\Delta S = \frac{(S_2 - S_1)}{C_s} \tag{12.4.10}$$

여기서, S_1은 계산시간 구간의 초기 저류량(m^3), S_2는 종기 저류량(m^3) 그리고 C_s는 유량을 저류량으로 변환하기 위한 계수로 표 12.4.2와 같다.

식 (12.4.10)을 식 (12.4.9)에 대입하고 정리하면

$$S_2 = S_1 - C_s (I - Q_p - Q_L - Q_s - E - W) \tag{12.4.11}$$

표 12.4.2 유량을 저류량으로 변환하기 위한 계수

추적기간	변환계수 (C_s)	추적기간	변환계수 (C_s)
월 (31일)	2.678×10^6 m^3/cms-월	주	6.048×10^5 m^3/cms-주
월 (30일)	2.592×10^6 m^3/cms-월	일	8.64×10^4 m^3/cms-일
월 (29일)	2.506×10^6 m^3/cms-월	시간	3.6×10^3 m^3/cms-시간
월 (28일)	2.419×10^6 m^3/cms-월		

식 (12.4.11)은 m^3단위로 표현되며 미지수인 시간구간 종기에서의 저류량 S_2를 구하는데 사용된다. 한계기간 동안 여수로를 통해 유출되는 유량 Q_s는 일반적으로 0이 된다. 한계기간을 통한 첫 번째 반복계산에서는 예비분석에서 산정한 상시에너지(firm energy)를 이용하게 된다. 이와 같은 필요조건을 사용하면서 모든 저류량이 사용되었는지, 한계기간의 종료시에 저수지가 다시 채워질 수 있는지를 결정하기 위해 연속추적을 실시하게 된다.

12.4.6 동력조작곡선 방법

조작곡선(rule curve)은 저수지 운영에 대한 지침과 같으며, 일반적으로 한계수문조건(critical hydrologic condition)과 한계수요조건(critical demand condition)의 조합에 따른 연속분석에 바탕을 두고 있다. 조작곡선은 홍수조절운영, 관개를 위한 저류용량, 물 공급, 수력발전 그리고 기타 여러 목적을 위해 개발되며, 본 절에서는 발전을 위한 단일 목적의 조작곡선에 대해 알아보기로 한다.

동력조작곡선은 '특정한 조건하에서 최선의 또는 미리 결정한 결과를 얻기 위해 저수지를 어떻게 운영할 것인가를 나타내는 하나 또는 여러 개의 곡선'으로 정의하고 있다. 동력 운영을 위한 조작곡선은 동력시스템의 특성, 유역의 수문학적 특성 그리고 저수지발전과 관련된 운영제약조건 등에 따라 여러 가지 형태로 가정할 수가 있다. 그림 12.4.14는 전형적인 저수지 발전 형식의 동력 운영에 대한 조작곡선을 보여주고 있다. 조작곡선은 연 중 상시동력을 확실하게 발전하는데 필요한 최소 저수지수위 및 이에 대한 최소 저류량을 나타내고 있다. 조작곡선의 일반적인 형태는 수문 및 동력 수요에 의해 결정된다. 상시에너지는 기록상 가장 극심한 가뭄 동안 저수지의 수위를 바닥까지 내리며 얻을 수 있는 발전량을 의미한다. 상시에너지를 최소화하기 위한 발전소의 에너지 출력을 결정하는 절차를 간략히 요약하면 다음과 같으며, 미 육군공병단에서 개발한 HEC-5 모형에서는 이와 같은 과정을 자동적으로 모의할 수가 있다.

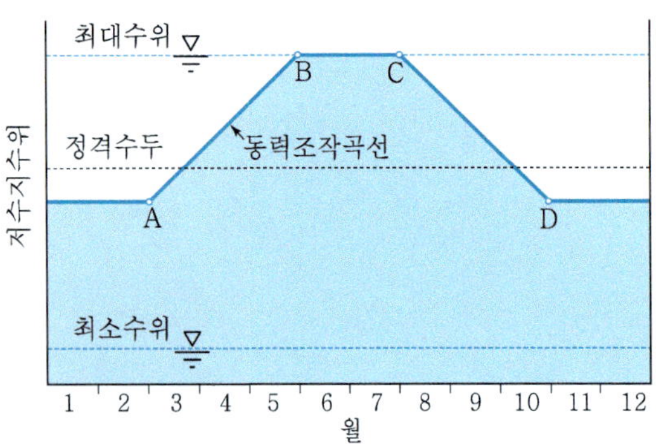

그림 12.4.14 저수지 발전의 동력운영에 대한 조작곡선

① 한계기간을 정의한다.

② 잠재적인 상시에너지를 예비 산정한다.

③ 실질적인 상시에너지 결정 및 매년의 저수지 운영에 지침을 줄 수 있는 운영기준을 정의하기 위한 하나 또는 그 이상의 한계 연속유출추적을 실시한다.

④ 연평균 에너지를 결정하기 위한 기록상의 총 기간에 대한 연속유출추적을 실시한다.

⑤ 필요하다면 최적의 동력편익을 얻기 위한 대안을 결정하기 위해 대체 운영전략을 사용하여 추가적인 추적을 실시한다.

12.4.7 다목적 저수지의 운영

발전용량을 가지고 있는 대부분의 저수지는 또한 홍수조절 및 기타 목적의 저류 공간을 가지고

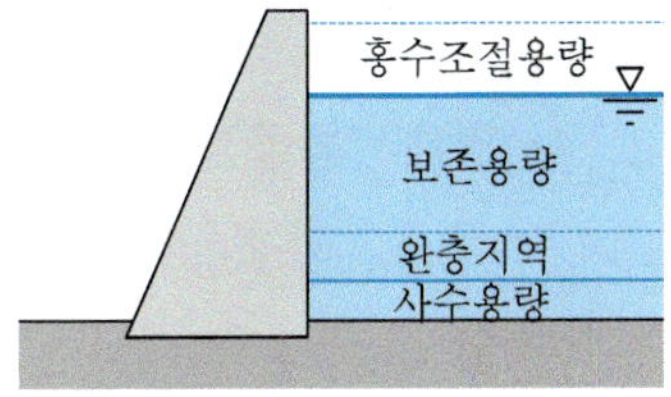

그림 12.4.15 저수지용량

있다. 본 절에서는 바람직한 저수지 운영을 하기위해 연속유출추적(SSR)분석에서 발전운영과 함께 다른 기능들이 어떻게 연계되는지에 대해 알아보기로 한다.

1) 저수지 용량구분

다목적 댐 운영은 총 저수지용량을 그림 12.4.15와 같이 기능에 따라 분류하여 설명할 수가 있다. 가장 위에 위치하고 있는 공간은 홍수조절용량(flood control storage)으로 홍수를 조절하는 기간을 제외하고는 항상 비워두게 된다. 홍수조절용량 아래의 공간은 활용저수용량인 보존용량(conservation storage)이다. 이 공간은 발전용수, 관개용수, 생활용수, 공업용수, 주운, 수질, 수생생물 및 레크리에이션을 위해 물을 저장하는 공간이다. 보존용량 아래의 공간은 사수용량(dead storage)으로 발전을 위한 최소 수두 유지 및 퇴사공간을 위해 항상 채워져 있는 공간이다.

2) 보존용량공간

보존용량공간은 사용할 수 있는 저류량으로부터 물을 제공하는 정도에 따라 둘 또는 그 이상의 공간으로 분리될 수가 있다. 일반적인 보존용량은 상시 및 최소 요건을 만족하기 위해 필요한 유량을 초과할 때 방류할 수 있는 상부지역(upper zone)과 오직 상시 및 최소 요건을 만족하기 위해 방류하는 하부지역(lower zone) 또는 완충지역(buffer zone)으로 구분할 수가 있다. 상부 및 하부지역간의 구분은 계절에 따라 변할 수 있으며, 그림 12.4.14의 동력조작곡선은 계절적으로 변하는 공간구분의 예라고 할 수 있다.

3) 고정 홍수조절공간

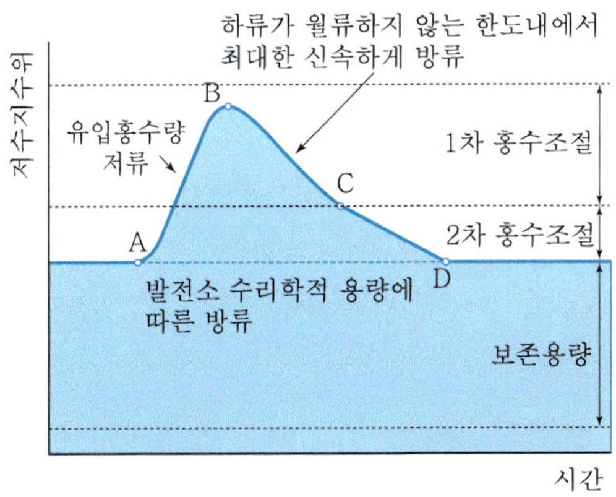

그림 12.4.16 1차 및 2차 홍수조절공간

가장 단순한 홍수조절 형태는 연중 내내 보존용량수위 위로 일정한 저류공간을 유지하는 것으로 연 중 아무때라도 큰 홍수가 예견되는 유역에서 적절한 방법이다. 일반적으로 저수지는 홍수조절공간이 홍수조절때만 채워지도록 항상 보존용량에 해당하는 수위나 그 이하의 수위로 유지시킨다. 홍수가 지나간 후에 이 공간은 하류하천의 능력이 허락하는 한 최대한 빨리 비우게 된다. 홍수유입량이 저류되는 동안 하류의 홍수를 방지하기 위해 댐 방류를 감소시킬 필요가 있으며, 이때 발전이 중단될 수가 있다. 홍수 후 물을 일정기간 내에 방출하는 동안 발전용량을 초과할 수가 있으며, 이때 에너지를 낭비하게 된다. 이러한 손실을 방지하기 위해 홍수조절공간을 그림 12.4.16과 같이 가능한 한 빨리 물을 방출해야 하는 상부지역(1차공간)과 발전소 수리학적 용량과 같도록 물을 방류하는 하부지역(2차공간)으로 구분할 수도 있다.

4) 연계사용공간

대부분의 하천유역에서는 주요 홍수가 특정 계절에 집중되게 된다. 이러한 경우 그림 12.4.17과 같이 연중 일부 기간 동안에만 홍수를 조절하고 나머지 기간 동안에는 보존용량으로 사용하는 연계사용용량(joint-use storage)지역으로 구분할 수가 있다. 이러한 공간의 할당은 홍수조절 전용공간과 보존용량공간을 분리하는 경우보다 총 저수지 용량이 작아질 수 있으므로 수문학적 조건이 허락하는 지역에서만 고려하여야 한다. 연계사용공간은 해마다 비워야 하기 때문에 보존용량의 전부가 상시발전에 사용되는 것은 아니다. 그림 12.4.17에서의 A-B에 해당하는 되채움 곡선은 되채움이 발생하도록 충분한 유출이 발생할 확률에 대한 되채움 기간 동안 다양한 규모의 홍수가 발생할 확률이 균형을 이루도록 결정하여야 한다. 경우에 따라서는 홍수조절 및 보존용량의 필요를 항상 만족할 수 있는 조작곡선을 개발하는 것이 불가능할 수도 있다. 예를 들어 그림 12.4.17에서 홍수조절이 주요 목적으로 항상 홍수조절 조작곡선을 따라야 한다면 봄철의 유출이 보존용량을 되 채우기에 충분하지 못한 해가 나타날 수도 있다. 따라서 상시에너지용량은 연중 보장할 수 있는 3월 1일에 시작되는 저수지 수위를 기준으로 한다. 이 경우 보존용량은 두 지역으로 구분되는 효과를 준다. 3월 1일의 저수지 수위보다 낮은 저수용량은 1차 보존용량으로 사용되고, 이보다 높은 수위의 유량은 2차 보존용량의 기능을 한다. 그림 12.4.18이 이러한 경우로 조작곡선 아래의 점선이 상시에너지용량을 나타내는 상시 동력조작곡선이 되고, 상부 곡선은 홍수조절에 필요한 공간이 된다. 그림 12.4.19는 홍수조절, 수력발전, 레크리에이션 그리고 하천유지용수 등에 대한 연계사용에 따른 저수지 조절의 예를 나타내고 있다.

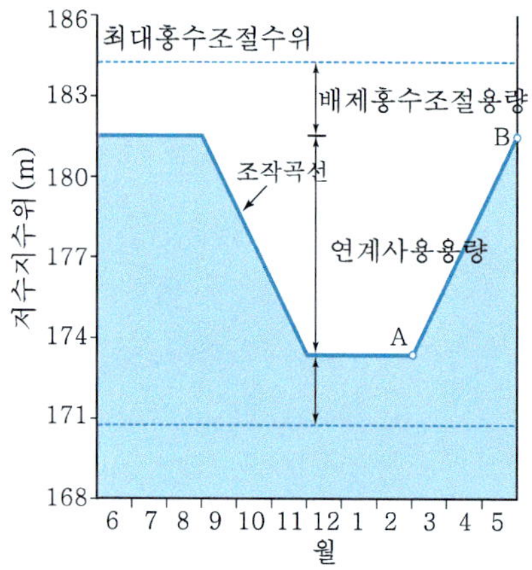

그림 12.4.17 연계사용에 대한 조작곡선

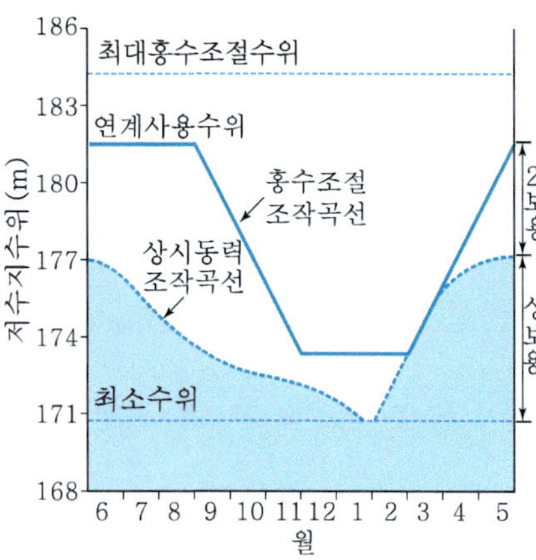

그림 12.4.18 상시 및 2차 보존용량

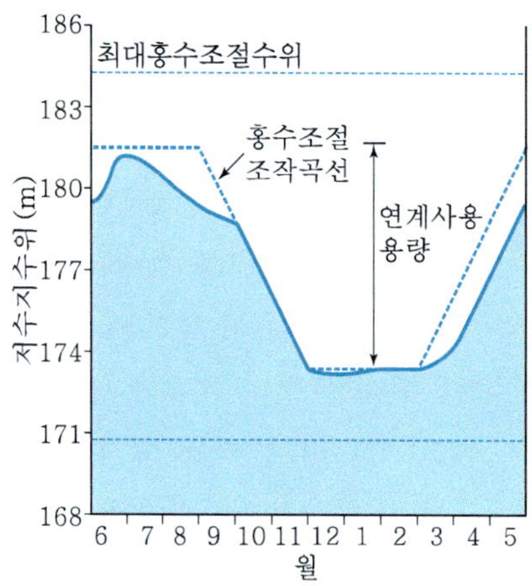

그림 12.4.19 연계사용에 대한 저수지 조절

연습문제

12.1 그림 12.2.5 b)와 같은 발전형태에서 1) 기저부하의 일부로 수력발전을 포함시킬 때 수력발전에너지를 산정하라. 수력에 의한 동력생산은 주당 평균 300MW이다. 또한, 2) 그림 12.2.5a)와 같이 수력발전을 첨두부하에 위치시킬 경우 첨두발전에너지를 산정하라. 단, 수력발전용량은 500MW이고 발전소계수는 50%로 적용하라.

12.2 표 12.2의 1~4란과 같이 수력발전을 기저부하에 포함시켜 발전할 경우 발전비용을 산정하라

표 12.2 수력발전을 기저부하에 포함시킨 경우의 비용

발전형태	용량 (MW)	발전소계수 (%)	단위비용 (원/kWh)	에너지 (1000 MWh)	비용 (백만원)
연소터빈-3	500	0	100		
연소터빈-2	500	0	90		
연소터빈-1	500	1	80		
혼합순환-1	500	13	60		
순환화석-2	500	33	30		
순환화석-1	500	48	20		
화석-1	500	62	15		
화석-3	750	85	9		
수력	250	100	0		
화석-2	750	100	8		
핵-1	1000	100	6		
계	6000	68	10.8		

12.3 직경 1.2m인 충동터빈이 직경 5cm의 노즐을 통해 분사되는 0.11m^3/s유량에 의해 회전하고 있다. 터빈의 회전속도가 250rpm이고, 터빈의 날개 각도가 150°일 때 다음을 구하라.

a) 터빈의 날개에 작용하는 접선방향의 힘

b) 터빈을 통해 발생되는 동력

c) 터빈을 통해 얻는 단위중량당 에너지(수두)

12.4 직경 2m, 길이 50m의 수압관을 통해 반동터빈으로 10m^3/s의 물이 유입되고 있다. 저수지의 수위는 흡출관 입구로부터 25m 높고, 흡출관 입구는 방수로수위보다는 3m가 높다. 만일 터빈의 효율이 90%라면 터빈을 통해 얻을 수 있는 동력은 몇 kW인가. 단, 수압관의 마찰손실계수는 f=0.02이다.

12.5 순수두가 200m이고 유량이 50m^3/s인 곳에 터빈을 설치하려고 할 때 어떠한 터빈이 적절한지 선택하고, 터빈이 250rpm의 속도로 작동하고 효율이 95%이면 비속도는 얼마인가.

12.6 수력발전소에서 한 달(30일) 동안 4,700MWh의 발전을 하기위해 필요한 평균유량을 결정하라. 평

균수두는 30m이고 합성효율은 0.85이다.

12.7 수력발전소에서 한 달(30일) 동안 발전을 위해 방류함으로서 저수지 수위가 3m가 낮아지게 될 때, 다음 달에 평균 50m^3/s의 물을 방류한다면, 수두감소로 인해 한 달 동안 손실된 에너지는 얼마인가.

12.8 직경 0.3m의 단일 노즐을 가진 충동터빈이 길이 300m, 직경 1m인 리베트 강관(e=1.0mm) 으로부터 물을 받고 있다. 저수지의 수표면은 터빈의 노즐로부터 300m 위에 위치하고 있다. 만일 터빈의 합성효율이 0.85이고, 노즐의 손실계수가 0.04이면, 발전할 수 있는 최대 동력은 얼마인가. 또한 1.2m의 리베트 강관을 사용한다면 추가적으로 얼마나 더 발전할 수 있는가.

12.9 직경 2.0m, 길이 50m인 수압관(e=1.0mm)을 통해 반동터빈으로 12m^3/s의 물이 유입되고 있다. 저수지의 수위는 흡출관 입구로부터 30m 높고, 흡출관 입구는 하류수위보다는 4.5m가 높다. 만일 터빈의 효율이 92%라면 터빈을 통해 얻을 수 있는 동력은 몇 kW인가. 단, 수압관의 마찰손실계수는 f=0.0185이다.

Chapter 13
홍수조절계획

13.1 서론

수자원관련 피해 중에서 홍수(flood)는 우리에게 가장 큰 고통과 경제적인 손실을 주는 재해라고 할 수가 있다. 우리나라에서는 홍수 및 태풍으로 인해 최근 10년간(1995~2004) 1,210명이 사망하고 17조 5천억원에 달하는 재산피해를 입고 있다. 최근 들어 많은 사람들이 강과 하천을 따라 살게 되었고, 따라서 홍수로 인해 피해를 입을 가능성이 더욱 높아지고 있다.

홍수는 토양과 식물이 물을 흡수할 수 없고, 유출량이 하천, 강, 연못 또는 저수지에 저류될 수가 없을 때 발생하게 된다. 홍수는 또한 눈이 녹거나, 해일 또는 다른 원인에 의해서도 발생한다. 해안지역은 태풍과 같은 폭풍으로 인해 증가된 조수때문에 홍수피해를 입을 수가 있다. 태풍 중심의 저기압은 수위를 정상보다 25~30cm정도 높일 수가 있으며, 1970년에 인도양의 Bengal 만에서는 태풍과 조수파에 의해 26만명이 목숨을 잃은 역사상 최대의 바다 홍수재난을 초래하기도 했다. 해저의 화산이나 지진 또한 조수파로 인해 홍수를 초래할 수 있으며, 지진에 의해 발생한 해파를 해일 또는 쓰나미(tsunami)라고 부른다. 2004년 12월 인도네시아 수마트라 인근 해저에서 발생한 지진으로 인한 해일로 인근지역에서 12만여명이 사망하기도 하였다.

그림 13.1.1 홍수로 물에 잠긴 도시

13.1.1 홍수의 종류

홍수에는 하천홍수(river flood), 돌발홍수(flash flood), 해안홍수(cosatal flood), 도시홍수(urban flood)와 같은 형태가 있다. 하천홍수는 강으로부터 월류하는 물에 의해 발생하는데, 우리나라에서는 일반적으로 장마철인 6월말부터 7월말까지 발생한다. 눈이 많이 내리는 지역은 겨울과 봄의 강우 및 눈이 녹을 때 발생하기도 하며, 태풍 또는 강우전선으로부터의 지속적인 강우에 인한 폭우도 하천홍수를 유발한다. 돌발홍수는 일반적으로 폭우로부터 기인하는데, 짧은 기간 동안에 과도한 강우가 강물을 수시간내에 제방위로 월류시킴으로서 발생한다. 돌발홍수는 보통 산악지역에 자주 발생하는 형태이지만 좁은 계곡을 흐르는 하천이나 경사가 급한 지역에서도 발생하여 피해를 준다. 지형, 토양조건 그리고 지표면 상태도 돌발홍수에 중요한 역할을 한다. 침투율이 낮은 토양 또는 포화된 토양, 불투수성 지표면, 빠른 홍수파를 야기하는 급한 경사 등은 돌발홍수발생의 요인이 된다.

해안홍수는 물을 바다로부터 육지로 밀어붙이는 강한 해안의 바람으로 인해 발생한다. 태풍과 같은 낮은 대기의 압력은 국지적으로 해안의 저지대 높이보다 바닷물의 높이를 높여 해일을 발생시킨다. 해안지역은 보통 주변의 섬, 습지 그리고 여러 하천이 있는 평지를 포함하고 있는데, 이 지역에서의 추가적인 강우는 주위 저지대에서의 홍수를 증가시킨다. 도시홍수는 목초지와 숲이 도로와 주차장으로 전환된 경우 강우를 흡수할 능력이 손실되므로 발생하게 된다. 도시화는 유출을 자연 상태에서보다 2배 내지 6배 정도 증가시키고, 도시홍수 기간 중 도로는 빠르게 흐르는 강이 될 수가 있으며, 저지대 및 건물 지하실은 물이 차서 위험하게 된다.

13.1.2 대홍수와의 싸움

강은 비옥한 토양, 관개된 땅, 편한 운반수단을 제공하는데 반해, 홍수터나 하천변에 거주하는 사람들에게 또한 수시로 홍수피해를 주어왔다. 수자원 기술자들이 이러한 위험을 감소시키기 위해 수천년 동안 노력해 왔지만 자연을 조절하려는 노력은 성공만큼 실패도 많이 가져왔다.

1) 황하 (The Yellow River)

중국은 오랫동안 비참한 홍수의 역사를 가지고 있으며, 지난 2000년 동안 양쯔강(Yangtze River)은 1,000번 이상 범람되었다. 하지만 중국에서 발생하는 가장 비참한 홍수의 원인은 황하에 있다. 4,800km의 길이를 가진 황하는 칭하이(Qinghai)의 북쪽 산악지역에서 시작하여 황해에서 끝난다. 수세기를 걸쳐 오면서 세계의 어느 강보다도 더 많은 희생자를 냈기 때문에 황하를 '중국의 슬픔(China's Sorrow)'이라고 부르기도 한다. 황하 홍수 문제의 대부분은 일부 구간에서 무게의 60%에 해당하는 높은 실트농도 때문에 발생한다. 수백만 톤의 노란 진흙이 하도를 메워 강을 범람시키고 강의 진로를 바꾸며, 저지대에서는 실제로 하상의 높이가 주변의 높이보다 높다. 따라서 계속 높아지는 제방에 의해 물이 저류되며, 일부 구간은 높이가 9m이상이 된다.

황하의 홍수를 조절하려는 시도는 기원전 3세기 초부터 시작된다. 유(Yu)라고 불리는 기술자가 강물이 하도 내에 흐르게 하기 위해 강을 준설하는 생각을 제안하였고, 유는 홍수를 조절한 공로로 그 후 중국의 황제가 되었지만 하천의 실트 관리는 계속적인 문제가 되었다. 오랜 기간 동안 중국인들은 높은 제방 축조, 하도 및 댐을 건설함으로서 황하의 홍수를 조절하려는 시도를 하였다. 댐은 홍수를 조절하는데 가장 효과적이기는 하지만 강의 두터운 실트는 많은 댐을 채워 버렸다.

2) 나일강 (The Nile River)

이집트인들은 중국과는 달리 나일강과 매우 우호적인 관계를 가져왔으며, 연례적인 홍수를 '나일강의 선물(Gift of the Nile)'로 말하고 있다. 매년 여름 규칙적으로 나일강은 제방 양쪽의 토양 표면을 뒤덮고, 물이 빠지면 얇고 균일한 검은 진흙층을 남겨 농부들은 그곳에 농작물을 심는다.

홍수로 인해 퇴적된 토양이 매우 비옥하기 때문에 비료를 뿌릴 필요가 없다. 나일강의 북쪽 입구에 있는 삼각주와 함께 강을 따른 좁고 길다란 표면층은 이집트가 가지고 있는 유일한 농업지역으로 면적이 전국토의 약 3%정도지만 수천년동안 충분한 식량을 제공하였다.

1970년에 이집트는 카이로의 남쪽에 애스완(Aswan) 댐을 완성하였다. 이 댐은 홍수기에 물을 저장하여 가뭄기에 물을 천천히 방류함으로서 강의 연례적인 홍수를 효과적으로 중지시켰다. 따라서 나일강을 따라 거주하는 농부들은 1년작 식물을 재배하고, 이 지역은 세계에서 가장 집중적인 농경을 하는 지역의 하나가 되었다. 하지만 애스완댐이 비옥한 유사의 98%를 차단하고 하류로 유입되는 것을 방지하기 때문에 이제 많은 양의 인공비료를 사용하고 있다. 댐의 또 다른 부작용으로 나일강의 삼각주가 유사의 차단으로 인해 더 이상 만들어지지 않고 있으며, 이로 인해 이 중요한 농업지역이 침식과 높은 토양염분으로 인해 곤란을 겪고 있다.

3) 미시시피강 (The Mississippi River)

미시시피강은 미네소타 북쪽에서 흐르기 시작하여 3,800km 남쪽 멕시코만까지 흐른다. 이 경로를 따라 흐르는 동안 31개 주와 캐나다의 2개 주에 걸쳐 수천개의 지류로부터 물을 끌어들이는 미시시피계곡은 수백만명에게 식량과 일거리를 주는 세계에서 가장 비옥한 계곡 중의 하나이다. 1927년의 극심한 홍수 후에 미육군공병단(U.S. Army Corps of Engineers)은 거대한 미시시피강을 길들이라는 임무를 부여받았다. 세계에서 가장 긴 제방시스템을 구축하므로서 공병단은 성공적으로 홍수를 저감시켰고 강의 주운 능력을 증가시켰다. 이러한 성공적인 성취는 수백만의 미국인들을 토양이 비옥하고 토지구입비용이 저렴한 홍수터로 이주하도록 촉진하였고, 그 결과 강의 경계부인 습지 지역의 많은 부분이 농작지와 건설로 인해 손실되었다.

오늘날 미시시피강은 29개의 갑문(locks)과 댐, 수백개의 유출 하도, 그리고 엄청난 길이의 제방을 갖추게 되었다. 대부분의 경우 이러한 하천시스템들은 효과적으로 작용했지만, 1993년의 대홍수는 미시시피강의 완전한 통제라는 환상을 깨 버렸다. 강유역 동부 사유제방의 80%가 완전히 붕괴되었고, 대부분의 연방제방이 유지되어 인명과 재산피해를 감소시켰지만 억수 같은 물을 보호가 부실한 지역과 도시로 흘려보내 피해를 초래했다. 1993년의 대홍수는 강의 자연적인 홍수터의 손실에 관해 어떻게 할 것인가라는 오래된 논란을 다시 재연시켰다. 원래 미시시피강의 물은 수천 km^2의 저지대습지에 걸쳐 퍼지게 되며, 경작된 농지와는 달리 습지는 스펀지같이 홍수시 많은 양의 물을 흡수한다. 대부분의 논의는 토양의 물 흡수능력을 증가시키고 미시시피에 연해 있는 땅의 일부를 이전의 습지상태로 전환하자는 데 초점이 맞춰졌다.

4) 한강 (The Han River)

우리나라 대부분의 하천은 그 유역면적이 작고 유로 연장이 짧으며 또한 산지가 많기 때문에 하천의 경사도 급한 곳이 많다. 우리나라 5대강 즉, 한강, 낙동강, 금강, 영산강, 섬진강을 따라 비옥한 토양이 전개되어 농업이 발달하였지만, 여름 장마철과 태풍으로 인해 연례적으로 홍수피해를 입고 있다. 우리나라에서도 홍수로부터의 피해를 감소하기위해 1974년 한강유역에 처음으로 홍수예경보시스템이 설치되었으며, 그 후 1987년에 낙동강유역, 1990년에 금강과 섬진강유역, 1991년에 영산강유역에 홍수예경보시스템이 설치되어 홍수피해감소에 많은 도움을 주었다. 위의 5대강 유역 외에 1997년에는 안성천에 1998년에는 형산강에 홍수예경보시스템이 설치되어 운영중이고, 현재 삽교천, 만경강, 동진강, 탐진강, 태화강에 홍수예경보시스템이 개발되어 있다.

13.2 홍수터관리

홍수는 앞에서 설명한 바와 같이 자연적이면서 자주 나타나는 현상이다. 홍수는 도로나 주택지로부터 대하천에 이르기까지 다양한 규모의 지표면에서 발생하게 되며, 우리의 생명이나 재산에 피해를 입히며, 생활에 많은 부정적인 영향을 미치게 된다. 따라서 큰 호우가 발생하였을 때 재산피해를 최소화 하고, 인간의 생명과 복지에 대한 위협을 감소시키기 위해 홍수터관리(floodplain management)가 필요하다. 홍수터관리는 호우관리(stormwater management)와 비슷하지만 호우관리에서는 빈도가 낮은 즉, 2~10년 빈도의 호우에 대해 하나 또는 몇 개의 구역에 대한 유출을 고려하는데 반해, 홍수터관리에서는 큰 빈도의 호우로 인한 대 유역에서의 홍수에 대해 고려하게 된다. 홍수터 지역 분석에서는 보통 $3km^2$이상의 유역면적에 대해 빈도 25~100년 또는 500년 빈도에 대한 홍수에 초점을 맞추고 있다.

13.2.1 홍수터의 정의

홍수터(floodplain)는 강, 하천, 호수, 만 그리고 해양에 인접해 있는 지역으로 홍수 발생시 침수가 되는 지역이라 할 수 있다. 홍수터는 좁은 하천계곡의 전체 폭을 포함하거나, 하천의 넓고 편평한 계곡을 따른 넓은 지역을 포함하기도 한다. 미국의 연방재난관리국(Federal Emergency Management Agency, FEMA)에서는 지방정부가 보호하기 위한 최소 홍수터 관리기준을 제시하고 있으며, 모든 도시지역에 100년 빈도 홍수에 대한 홍수로(floodway) 그리고 100년 및 500년 빈도의 홍수에 대한 침수지역을 나타내는 홍수보험요율지도(flood insurance rate map, FIRM)를 작성하여 배포하고 있다.

그림 13.2.1과 13.2.2는 홍수로 및 홍수변(flood fringe)을 나타내는 하천의 홍수터 지역을 보여주고 있다. 홍수로는 가장 위험한 지역인 홍수터의 일부로 큰 홍수가 통과하기 위한 구역이며, 홍수변은 물이 비교적 천천히 흐르거나 저장되는 홍수류의 저류지역이다. 홍수터 지역은 보통

100년 빈도 홍수기간 동안 침수되는 범위를 계곡 및 하도의 횡단면도를 이용하여 결정하게 된다. 이때 홍수로 폭은 하도잠식을 고려할 때 100년 빈도 홍수위 보다 약 30cm(1ft) 이상 초과되지 않는 범위로 결정한다. 홍수로는 주로 주하도를 중심으로 결정되지만, 경우에 따라 한쪽으로 치우치거나 여러 개의 지역으로 나누어 설정할 수도 있다. 이와 같이 홍수로가 결정되면 홍수로 내의 개발은 홍수로를 재할당하거나 개발로 인해 증가하는 수위를 감소시키는 대책이 수립된 경우에만 허용된다.

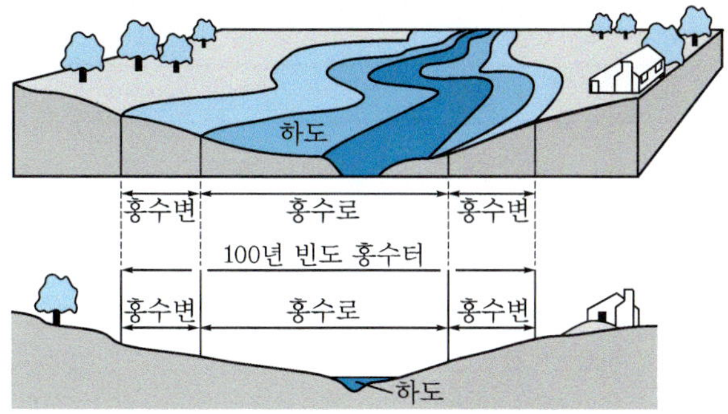

그림 13.2.1 홍수터 설정

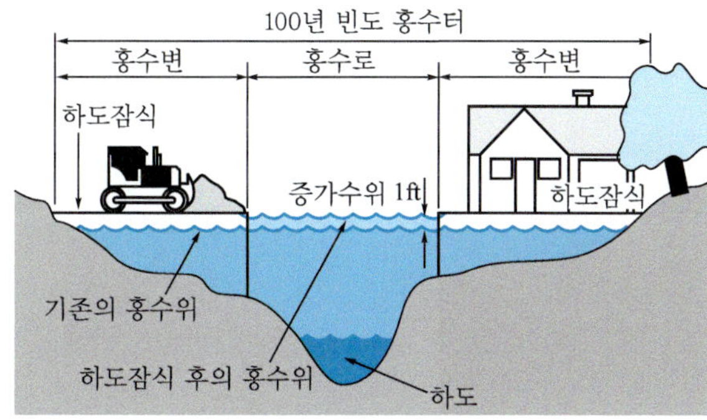

그림 13.2.2 홍수로 폭의 결정

13.2.2 하천 홍수로 및 홍수터의 결정

홍수터를 결정하기 위해서는 먼저 홍수유출수문곡선을 계산하고, 배수구역을 따라 홍수추적을 실시하여 각 지점별 홍수량에 따른 수위곡선을 계산한다. 이러한 계산을 하기 위해서는 그림 13.2.3과 같이 수문학적 및 수리학적 분석 절차가 필요하며, 관련된 분석내용은 본서의 전반부에서 설명하였다. 그 다음 계산된 수위곡선의 표고를 지형도에 중첩시켜 홍수터 구역을 설정한다. 홍수로의 경계는 하천의 통수면적을 홍수터 양쪽으로 등간격으로 증가시키며 차단하여 결정하게 된다. 이러한 과정은 각 하천 단면에서 홍수터 끝단으로부터 시작하여 안쪽으로 잠식부분을 증가시키며 계산된 홍수위가 특정한 값 또는 하천 제방의 높이에 도달할 때 까지 반복한다. 이와 같이 각 단면에서의 홍수로의 경계지점이 결정되면 모든 단면에 대해 경계지점을 연결하여 홍수로의 경계선을 결정하게 된다. 만일 기존 하도에서 잠식을 할 수가 없으면 이 하도 경계가 홍수로의 경계가 된다.

1) 홍수터지도

미 연방재난관리국(FEMA)에서는 홍수위의 높이가 최대 30cm 증가하는데 해당하는 하도잠식을 적용하여 홍수보험지도(FIRM)에 홍수로를 표시하고 있다. 일부 도시에서는 홍수로의 경계를 결정하기 위해 홍수위의 높이가 15cm 증가하는 것을 기준으로하거나, 최대 유속 또는 수심을 기준으로 결정하고 있다. 도시지역에서의 홍수로 및 홍수터 경계를 지도에 표시하여 제공하고 있다.

2) 홍수터 변경

홍수터 경계는 홍수변의 잠식 또는 둑, 제방 및 홍수벽의 구축에 의해 변경될 수가 있다. 홍수

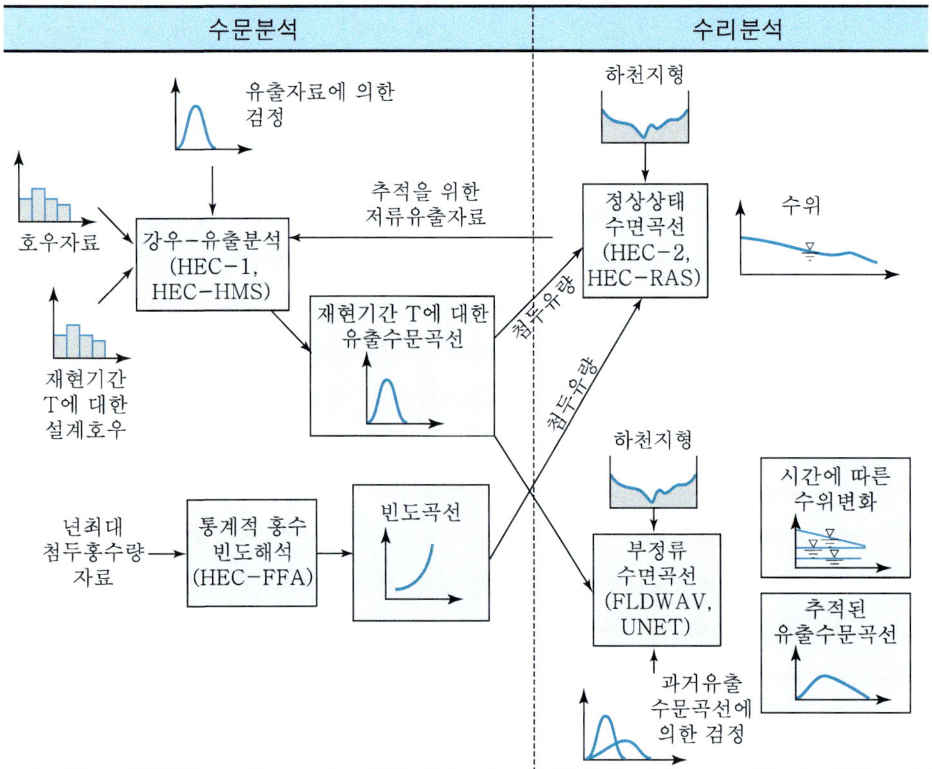

그림 13.2.3 수문 및 수리학적 분석 절차

터는 또한 홍수로의 통수능을 증가시켜 홍수터를 통한 유속을 증가시킴으로서 배수위를 감소시키거나 홍수터의 저류를 감소시키는 것과 같은 하도변경을 통해 감소시킬 수가 있다. 이와 같은 하도변경을 통한 통수능의 변화로 인해 하류의 첨두유량을 증가시킬 수가 있고, 홍수변의 잠식도 홍수터의 저류량을 감소시켜 하류의 홍수량 및 홍수위를 증가시킬 수가 있다. 홍수터가 변경될 때마다 수자원 기술자들은 수리 및 수문학적 설계에서 허용하는 최대 수위를 검토할 필요가 있다.

13.2.3 호수에서의 홍수터 경계

호수의 수표면적이 $4km^2$이하인 호수에서는 호수내의 수위가 일정하다고 가정하므로 홍수터의 경계를 결정하기가 간단하다. 호수에서의 첨두 홍수위를 결정하기 위해서는 호수로 유입되는 모든 지류유역에서의 유입수문곡선을 결정하고, 이들 수문곡선을 저수지 홍수추적을 통해 추적하게 된다. 저수지 추적을 통해 얻은 최대 홍수위를 지형도에 중첩시켜 홍수터 경계를 설정하게 된다.

호수 수위가 일정하다는 가정을 적용할 수 없는 경우로는 호수가 매우 길고 좁으며 수심이 얕은 경우로, 호수보다는 하천의 일부 구간으로의 반응을

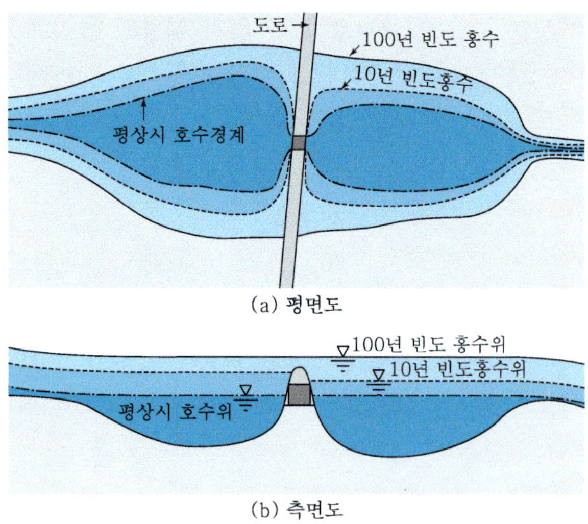

그림 13.2.4 두 개의 호수를 하나로 간주할 경우의 홍수터 결정

보이게 된다. 이러한 경우 저수지의 긴축을 따라 하도에서 사용한 방법이나 동력학적 추적을 사용하여 최대 홍수위를 결정하게 된다. 만일 호수가 비교적 폭이 넓다면 이러한 방법은 축을 따른 홍수위와 그리 차이가 나지 않게 된다. 따라서 호수의 길이 대 폭의 비가 4보다 크면 호수의 길이를 따라 홍수위가 변하는 것으로 간주하게 된다. 또 다른 경우는 일련의 호수가 짧은 하도로 서로 연결되어 있어 흐름이 조절되는 경우이다. 일반적인 수문학적 조건에서 하류부의 호수는 상류부 호수의 방류로 인해 수위가 증가하게 된다. 이러한 경우 배수위 영향을 분석하기 위해 동력학적 또는 확산 추적모형이 필요하다. 한편 그림 13.2.4와 같이 두 개의 호수를 하나의 호수로 간주할 수가 있다. 두 가지 모두 유입 수문곡선에 대해 수위가 어떻게 반응하는지 결정하여야 한다.

13.2.4 하구지역에서의 홍수터 결정

해안지역이나 대규모 호수주변에서는 조수의 파도 및 호우 유출의 두 가지 현상에 의해 홍수가 발생하게 된다. 해저지진에 의한 해일을 제외하면 조수에 의한 홍수는 해양 또는 큰 호수에서의 대기의 교란에 의한 파도가 해안 또는 호수가로 도달하여 발생하게 된다. 조수에 의한 홍수는 수심이 얕은 해안가 지역에서 문제가 된다. 100년 빈도의 조수위 기록자료를 외삽하여 결정하지만 보다 일반적으로 수학적 모형을 이용하여 결정하게 된다. 즉, 대기의 변화를 조수파로 전환하고 2차원 흐름추적 모형을 이용하여 해안 근처지역으로 조수파을 전파시킨다. 홍수터를 결정하기 위해 100년 빈도의 홍수파를 지표면까지 수학적으로 전파시킨다. 육지로 홍수파가 전파되는 최대범위를 결정하고 지도에 중첩하여 조수파로 인한 홍수터를 결정하게 된다.

하천이 해안가에 도달하는 하구지역에서는 하천상의 홍수는 기점 수위로 평균고조위(mean high tide level)를 적용하여 내륙 하천에서의 수위를 계산하는 방법과 동일하게 상류로 배수위를 계산하게 된다. 이 경우 100년 빈도의 조수파의 발생과 100년 빈도의 강우로 인한 홍수는 발생에서 서로 관련이 없다고 간주한다. 하구에서의 홍수터는 그림 13.2.5와 같이 조수위와 하천에서의 홍수위를 지형도상에 중첩하여 결정하게 된다.

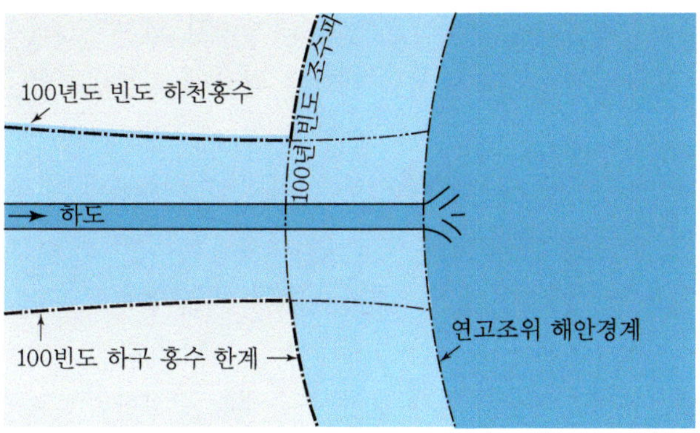

(a) 평면도

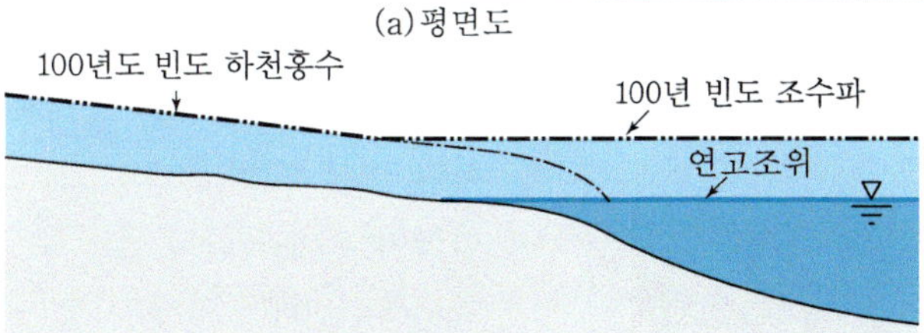

(b) 측면도

그림 13.2.5 하구에서의 홍수터 결정

13.2.5 홍수보험

홍수는 인간의 의지와는 상관없이 발생하는 자연현상으로 인간의 힘으로 홍수를 완전히 예방할 수 없으며, 그 피해를 최소로 줄이기 위해 노력할 뿐이다. 최근 경제발전 및 도시화에 따라 홍수는 과거와는 비교할 수 없을 정도로 큰 피해를 초래한다. 홍수가 발생하면 일차적으로 국민 개개인이 피해를 입지만 국가 또한 피해를 입게 된다. 따라서 국민에 대한 피해보상 및 복구가 현실에 맞지 않을 경우도 많이 발생하며, 여러 요인으로 급증하는 피해를 국가가 감당하기에는 국가재정 능력에도 한계가 있게 된다. 그러므로 홍수보험제도를 도입하여 국민들의 재해에 대한 인식을 고취시키고 재원을 마련하여 홍수 발생시 현실에 맞는 보상 및 복구가 이루어질 필요가 있다.

미국 연방재난관리국(FEMA)의 전신인 주택 및 도시개발국(U.S. Department of Housing and Urban Development, HUD)은 홍수위험지역을 정하고 홍수발생 위험지역에 거주하는 주민들에게 홍수위험에 대한 경각심을 고취시키며, 저렴한 홍수보험을 제공하기 위해 1968년 국가홍수보험사업(National Flood Insurance Program, NFIP)을 추진하였다. NFIP는 국가에서 정한 기준을 초과하는 개발을 방지하기 위해 주정부가 홍수관리프로그램을 채택하고 실시할 것을 요구하고 있다. 홍수보험제도를 실시하기 위해서는 첨두홍수량의 산정, 댐, 하천 및 홍수통제구조물의 영향에 대한 분석, 하천을 통해 안전하게 통수시킬 홍수량의 결정과 같은 수자원분야가 중요한 역할을 한다.

NFIP에 참여하는 지역마다 홍수위험지역도가 작성되고, 개발이 이루어지면 이를 보완한다. 이러한 과정에서 재현기간에 대한 첨두홍수량의 평가를 필요로 한다. NFIP에서는 기본홍수로 100년 빈도의 홍수량을 채택하고 있으며, 이 홍수량을 결정하기 위해 지형 및 수문학적 연구를 수행하며 비용은 연방보험국이 부담한다. 기본홍수위에 의해 침수되는 홍수터가 결정되고, 지역사회가 기본홍수에 의해 침수되는 사유지를 결정하게 된다.

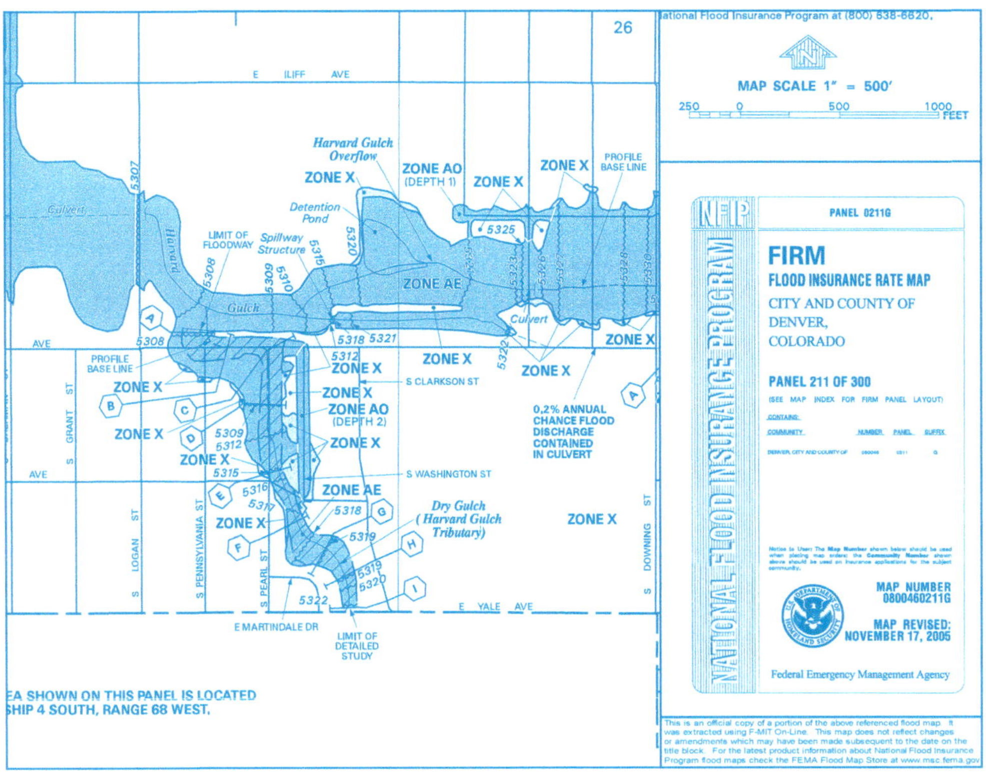

그림 13.2.6 홍수보험지도의 예

우리나라에서도 홍수보험제도실시에 대해 심도 있게 연구되고 있으며 곧 실시될 예정이다. 홍수보험제도가 실시되기 위해서는 기본적으로 홍수재해지도를 미리 준비하여야 하며, 이를 위해서는 수자원관련 기술자의 역할이 매우 중요하다. 홍수재해지도를 미리 준비함으로서 홍수에 취약한 지역에 거주하는 주민들에게 평상시에 홍수에 대한 위험을 인지시켜 수해에 대한 경각심을 고취시키고, 관계공무원으로 하여금 적절한 수해대책을 수립하는데 도움을 줄 수 있다. 또한 수해가 발생할 경우 대피활동, 구호활동 및 복구활동을 하는데 도움이 될 수 있도록 대피구역, 대피경로, 침수위험구역, 홍수별 침수예상지역 등을 알기 쉽도록 표시하여 홍수로 인한 피해를 줄일 수 있다.

홍수재해지도는 침수위험도를 근거로 작성하게 되므로 적절한 토지이용을 가능하게 하고, 내수건축 등 건물양식의 결정에 도움을 줄 수 있으며, 비상시 필요한 물품의 준비 등 수해발생시 피해경감을 위한 사전 방재활동에 활용할 수 있다. 홍수재해지도는 과거의 침수상태, 홍수시 침수위험도 등을 포함하기 때문에 대상 지역에 대한 홍수위험을 평가하여 홍수보험요율을 결정하기 위한 기본 자료로 활용하게 된다. 이러한 홍수재해지도에는 홍수규모에 따른 침수범위, 홍수범람 위험구역, 과거의 침수상태, 대피구역, 대피장소, 대피경로, 대피요령, 대피경로상의 위험장소, 병원 및 기타 주요 건물, 구호 및 복구 우선순위에 대한 자료들을 수록하게 된다.

13.3 홍수조절계획

홍수조절의 목적은 홍수에 의한 피해를 감소시키거나 완화시키는 것이라 할 수 있다. 홍수 유출을 조절하기 위한 각종 시설물을 홍수조절시설이라 하며, 이러한 시설물을 설치하여 홍수피해를 줄이는 방법을 구조적 대책(structural measurement)이라 한다. 구조적 대책에는 댐 및 저수지, 분류, 둑 및 제방 그리고 하도변경 등이 있다. 홍수터에서 피해 가능성이 있는 지역을 변경하여 피해를 미연에 방지하는 방법을 비구조적 대책(nonstructural measurement)이라 하며, 홍수로부터의 방수, 홍수예보 및 지표면 이용조절 등이 있다.

본 절 및 이어지는 절에서는 미육군공병단(US Army Corps of Engineers)에서 제시하고 있는 홍수피해 저감방법의 내용을 기초로 하여 홍수피해 저감계획 수립 및 이를 위한 수공학적 필요사항에 대해 소개하고, 구조적인 홍수조절대책으로 저수지, 분류, 제방 및 홍수벽 그리고 하도변경에 대한 내용과 함께 비구조적인 홍수피해 감소대책에 대해 소개하기로 한다.

13.3.1 홍수피해 저감계획

홍수피해 저감계획(flood damage reduction plan)은 홍수유출량감소, 수위감소 및 피해가능성 감소를 통한 홍수피해를 저감시키기 위한 대책을 포함하고 있다. 홍수피해 저감계획의 목적은 홍수로 인한 문제를 해결하여 국가경제개발(national economic development, NED)에 기여할 수 있도록 하는 것으로 1) 계획에 포함시킬 방어시설, 2) 방어시설의 위치, 3) 방어시설의 규모 그리고 4) 방어시설의 운영방법 등을 결정한다. 홍수피해 감소가 국가경제개발에 기여하는 정도는 계획의 순편익(net benefit, NB)으로 평가한다. 순편익은 지역(location)편익 B_L, 보강(intensification) 편익 B_I 및 홍수침수저감(flood inundation reduction)편익 B_{IR}의 합에 총비용 C 즉, 운영, 유지관리, 교체 및 수선비용을 뺀 값으로 나타내며 경제효율(economic efficiency)이라 할 수 있다.

$$NB = (B_L + B_I + B_{IR}) - C \tag{13.3.1}$$

여기서, 지역편익은 홍수피해 감소계획으로 인해 추가적인 홍수터개발의 순수익의 증가를 의미하며, 보강편익은 기존 홍수터 활동에 의한 순수익의 증가 그리고 침수저감편익은 계획으로 인해 발생하는 경제적 피해, 수익손실 및 비상활동비용의 감소를 의미한다.

홍수피해 저감계획은 표 13.3.1에 나타난 홍수피해 저감대책 중의 하나 또는 그 이상을 포함하며, 예비 분석에서 계획에 포함시킬 대책의 종류, 대책의 위치 및 규모 그리고 운영방법 등을 결정하게 된다. 다양한 위치, 규모 그리고 운영방법에 대해 여러 대책들을 연계하여 결정하고, 각 대안에 대한 평가를 실시하여 최대로 국가경제개발에 기여하는 대안을 결정한다. 이 외에 환경보호를 위한 환경보호기준(environmental protection standard) 그리고 효율 및 효과를 고려하는 성능기준(performance standard)에 대한 평가를 하여야 한다. 홍수피해 저감계획은 이 두 기준에 대한 분석을 반드시 실시해야 하며, 이 두 조건을 만족하면 계획의 타당성이 있다고 할 수 있다.

홍수피해 저감문제를 해결하기 위한 접근 방법은 계획, 설계, 시공 및 운영이 포함된 연속적인 과정을 통해 이루어질 수가 있다. 계획 또는 타당성분석은 예비조사 및 타당성분석 단계로 이루어지며 설계 및 시공에 대한 계획을 결정하게 된다.

표 13.3.1 홍수피해 저감대책

유량감소	수위감소	기존의 피해취약 요인감소	장래의 피해취약 요인감소
저수지 분류 유역관리	하도개수	제방 및 홍수벽 방수 재배치 홍수예경보	지표면 이용 및 개발규제

1) 예비조사단계

첫 번째 단계인 예비조사 단계에서 대안 계획들을 수립하고 기초적인 평가를 실시한다. 이 단계의 목적은 순편익을 발생시키는 최소한 한 개 이상의 계획이 존재하는지 여부, 환경보호 및 성능기준을 만족하는지 여부 그리고 지역적인 이익을 발생시키는지 여부를 결정하는 것이다. 이러한 목적을 달성하기 위해 가능하면 사업을 실시하지 않은 기존의 상태에서 수문학적 분석 및 홍수피해 분석을 실시한다. 대안이 결정되고 사업비용 조달계획이 이루어지면 추천된 계획에 대한 분석은 두 번째 단계인 타당성분석 단계로 이행된다.

2) 타당성분석

타당성분석단계에서는 타당성이 있는 대안들의 범위를 좁힌다. 이들 대안들은 특정한 지역, 시설물의 규모 및 운영규칙을 적용하고, 하도 통수능력, 구조물의 윤곽, 보호범위, 홍수조절조건 등을 설정하기 위해 필요하면 모든 조건에 대한 자세한 수문 및 수리분석을 실시한다. 그 다음 경제 목적함수를 평가하고 환경 및 성능기준 조사를 만족하는지 분석하여, 타당성이 있는 대안들을 결정하고 부족한 대안들은 제외하며 이 과정을 반복한다. 최종적인 대안들 중에서 국가경제개발 및 지역적으로 만족하는 대안을 결정하고, 이러한 절차를 통해 설계 및 시공을 위한 계획을 준비한다.

13.3.2 수문학적 필요사항

환경보호 및 성능기준을 만족하는 홍수피해 저감계획을 경제적으로 수립하고 평가하기 위해 수문학적기술을 필요로 한다. 어떤 홍수피해 저감대책들은 대책을 수립하고 평가하는데 특정 조건을 필요로 하는 계획을 포함할 수 있고, 다른 대책들은 공통적인 조건만 필요할 수가 있다. 본 절에서는 이러한 공통적인 필요사항들에 대해 알아보며, 이를 요약한 것이 표 13.3.2와 같다.

표 13.3.2 공통적인 필요사항

목적 또는 기준	준비항목	방법 및 모형
경제목적	유량-빈도관계 및 불확실성 수립 수위-유량관계 및 불확실성 수립 수위-빈도관계 및 불확실성 수립	빈도해석 또는 미계측유역방법 관측 또는 하천 및 충적과정 방법 통계+시스템 실행모형
성능기준	연평균 초과확률 결정 평균 수명기간 초과확률의 결정 사상 및 가정 범위에 대한 운영결정 용량 초과결과의 결정 신뢰성 분석 실시	위험도기반 분석과정 수문학적 위험도 이항분포 수문학적 및 수리학적 모형 방법에 따라 결정 위험도기반 분석과정
환경보호기준	영향평가	유출, 하천과정, 통계과정 모형이 필요할 수 있음

1) 경제평가

앞에서 설명한 바와 같이 제시된 홍수피해 저감계획 대안들에 대한 경제효율은 식 (13.3.1)과 같이 순편익으로 나타낼 수 있으며, 홍수침수저감편익 B_{IR}은 다음과 같이 나타낼 수 있다.

$$B_{IR} = X_{without} - X_{with} \tag{13.3.2}$$

여기서, $X_{without}$은 계획이 없을 때 그리고 X_{with}는 저감계획이 이루어진 후의 홍수피해이다.

홍수의 무작위한 특성으로 인해 침수저감편익을 결정하기는 매우 복잡하다. 예를 들어, 1년간의 침수피해를 방지하기 위한 홍수피해 저감계획은 비가 많이 오는 해의 모든 피해를 방지하기에는 너무 작고, 매우 건조한 해의 피해를 방지하기에는 너무 크다. 이와 같은 문제를 해결하기 위해서는 연평균피해(expected annual damage, EAD)를 사용하는 것이 바람직하다. 평균피해는 발생 확률별 각 홍수로 인해 발생하는 피해를 가중하여 매년의 다양한 규모의 홍수피해의 위험도(risk)를 고려하게 된다. 식 (13.3.1)과 (13.3.2)를 결합하여 평균치의 항으로 나타내면

$$NB = B_L + B_I + E[X_{without}] - E[X_{with}] - C \tag{13.3.3}$$

여기서, E[·]는 평균값을 의미한다.

앞에서 언급한 바와 같이 홍수피해의 무작위한 특성으로 인해 임의의 해에 피해를 입거나 방지한 피해액을 정확히 산정하기는 쉽지가 않다. 이러한 이유로 계획 평가는 많은 표본 또는 기대값인 장기적인 통계 평균에 바탕을 두게 되며, 침수피해 X의 평균치는 다음과 같이 구하게 된다.

$$E[X] = \int_{-\infty}^{\infty} x f_x(x) dx \tag{13.3.4}$$

여기서, E[X]는 피해의 평균치, x는 확률 $f_x(x)dx$로 발생할 피해액의 무작위 변량이며, $f_x(x)$는 확률밀도함수(PDF)이다. 이와 같이 모든 발생 가능한 피해액에 이들의 발생 가능성을 곱하여 합함으로서 다양한 피해규모의 발생확률에 대한 모든 정보를 하나의 값으로 나타낼 수 있다.

확률밀도함수보다는 누가확률분포함수(CDF) $F_x(x)$가 더 자주 사용되며 이들 간의 관계는 다음과 같이 나타낼 수 있다.

$$F_x(x) = \int_{-\infty}^{\infty} f_x(u) du \qquad \text{또는} \qquad \frac{dF_x(x)}{dx} = f_x(x) \tag{13.3.5}$$

빈도(frequency) 또는 확률함수로 알려진 누가분포함수 (13.3.5)는 연 최대 피해가 특정한 값 x를 초과하지 않을 확률을 의미한다. 따라서 침수피해액의 연평균치는 다음과 같다.

$$E[X] = \int_{-\infty}^{\infty} x \frac{dF_x(x)}{dx} dx \tag{13.3.6}$$

연 피해액의 평균치를 구하는 것은 연 피해 누가확률함수를 적분하는 것과 같다. 누가확률함수가 식으로 표현된다면 해석적으로 적분할 수가 있지만 해석적인 형태로 존재하지 않기 때문에 이 방법을 적용하기는 곤란하다. 실제로는 연평균 피해액을 산정하기 위해 필요한 피해 확률함수가 특정형태로 주어지진 않는다. 이론적으로는 장기간에 걸친 연 피해 자료를 수집하여 통계모형을 사용함으로서 이 함수를 유도할 수는 있지만 이러한 피해 자료를 얻기가 매우 어렵다.

다행히 피해확률함수를 그림 13.3.1 및 13.3.2와 같이 가용한 수문학적, 수리학적 그리고 경제 정보를 이용하여 유도할 수가 있다. 먼저 그림 13.3.1(a)와 같이 유량-확률곡선을 작성한다. 만일

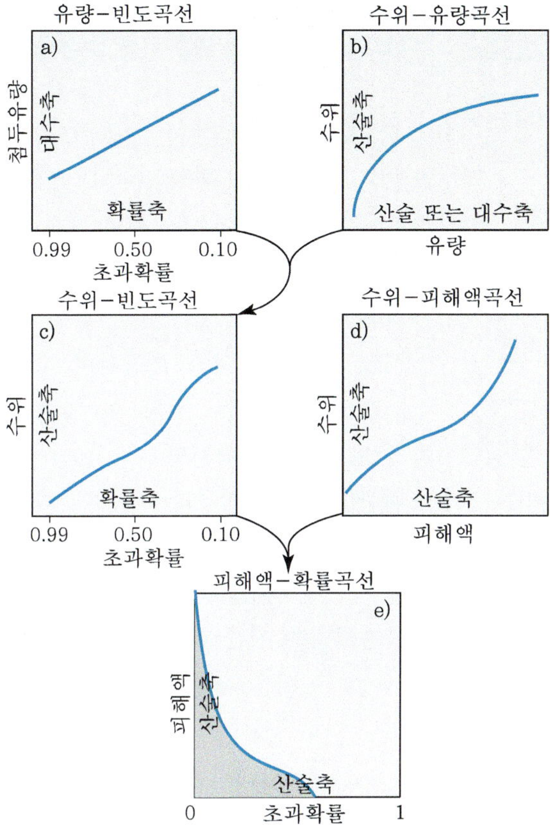

그림 13.3.1 연평균 피해액 산정절차

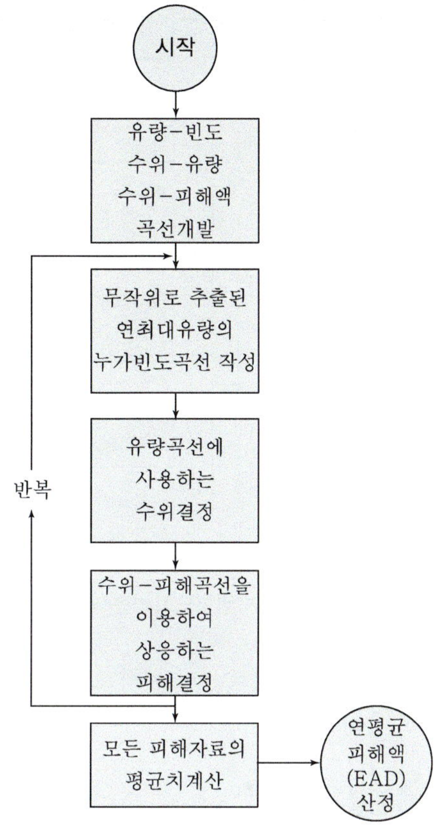

그림 13.3.2 연평균 피해액 산정 흐름도

수위 및 유량이 단일 관계를 가지고 있으면, 그림 13.3.1(b)와 같은 수위-유량관계곡선을 얻을 수가 있고, 앞에서 구한 유량-확률곡선을 이용하여 동일한 유량에 대한 수위 및 확률을 도시하면, 그림 13.3.1(c)와 같은 수위-확률곡선을 얻게 된다. 비슷한 방법으로 수위별 피해액 관계가 일정하다면, 그림 13.3.1(d)와 같은 수위-피해액곡선을 구할 수가 있다. 수위-피해액곡선과 수위-확률곡선에서 동일한 수위에 대해 피해액 및 확률을 도시하면 그림 13.3.1(e)와 같은 피해액-확률곡선을 얻게 된다. 마지막으로 평균피해액을 산정하기 위해서는 피해액-확률곡선을 적분 즉, 곡선 아래의 면적을 수치해석 방법을 이용하여 구하면 된다.

2) 위험도기반분석

연평균 피해액을 산정하기 위한 절차를 나타내는 그림 13.3.2에서는 불확실성을 고려하지는 않고 있다. 불확실성은 관측오차와 복잡한 물리적, 사회적 및 경제적 상황의 본질적인 변동성으로 인해 나타나게 된다. 일반적으로 이러한 불확실성은 제방의 여유고와 같은 안전계수를 적용하여 고려하게 된다. 하지만 위험도분석의 발전으로 인해 불확실성을 명시적으로 고려할 수 있게 되었

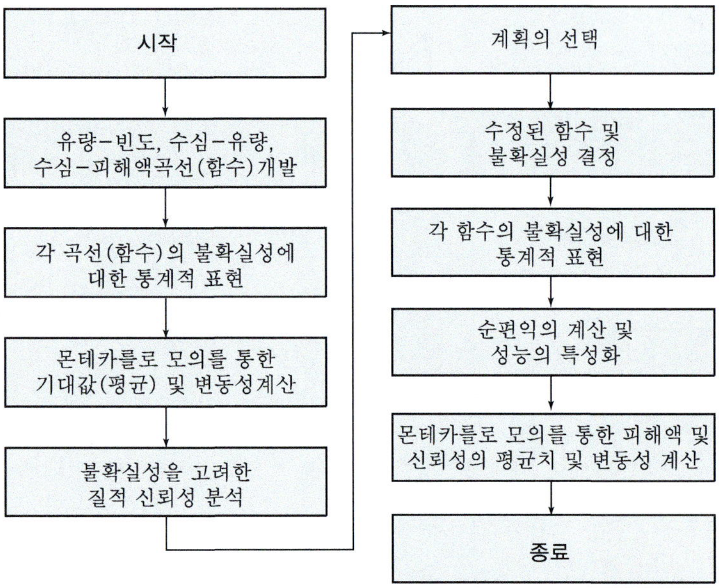

그림 13.3.3 위험도기반분석 절차

으며, 홍수피해 저감분석에서도 위험도기반분석(risk based analysis)을 적용할 수가 있다.

위험도기반분석 절차는 유량빈도함수, 수위-유량함수, 수위-피해액함수에서 불확실성을 정량화하고, 이 분석을 대안들의 경제효율에 접목시키는 방법을 찾게 된다. 이는 전통적으로 평균피해 감소액 산정을 위한 방법인 몬테카를로(Monte Carlo)모의를 이용하여 유량-빈도함수, 수위-유량함수, 수위-피해함수에서의 오차를 고려하며 수행된다.

위험도기반분석에서는 설계에 대한 불확실성분석과 신뢰성분석을 함께하게 되며, 이와 같은 방법은 위험도 관계를 통해 사업비용과 예상피해비용 간에 경제적인 균형을 고려하게 된다. 위험도분석 절차는 최적위험도기반설계(optimal risk based design)를 결정하기 위한 최적화 기법에 통합시킬 수가 있다. 따라서 최적위험도기반설계에서 연 평균피해액은 설치비와 함께 목적함수로 고려하게 되며, 최소의 총 연평균비용에 대한 구조물의 최적 규모 또는 용량을 결정하게 된다. 그림 13.3.4는 이와 같은 최적위험도기반설계를 위한 비용계산 절차를 보여주고 있다.

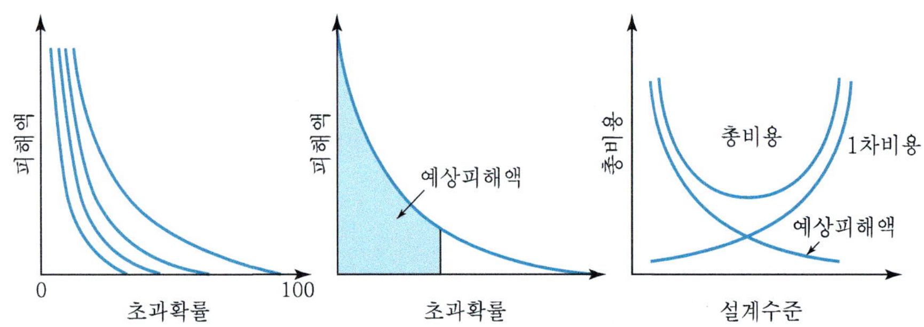

그림 13.3.4 위험도기반설계를 위한 예상피해액 및 총비용계산

3) 성능기준 만족요건

최대로 국가경제개발에 기여하는 대안의 선택은 공공자금의 효율적인 투자를 제공하게 되지만, 그 계획이 공공이 원하는 대로 효율적으로 실행될지는 장담하지 못한다. 두 가지의 계획이 동일한 순편익을 가져오지만, 그 중 한 계획이 위험에 덜 취약하고 따라서 바람직할지도 모른다. 예를 들어, 두 가지의 가상적인 대안 즉, 제방축조계획과 하도개수계획을 생각해보자. 두 대안이 발생확률 1%보다 작은 강우사상으로부터 홍수터를 보호하기 위한 규모와 위치로 결정되었다. 이보다 약간 큰 강우사상이 발생할 때 제방은 월류되어 붕괴됨으로서 상당한 피해를 초래할 수 있다. 만일 하천개수계획에서 이러한 강우가 발생할 경우, 제방 밖으로의 흐름이 발생하지만 제방 밖으로의

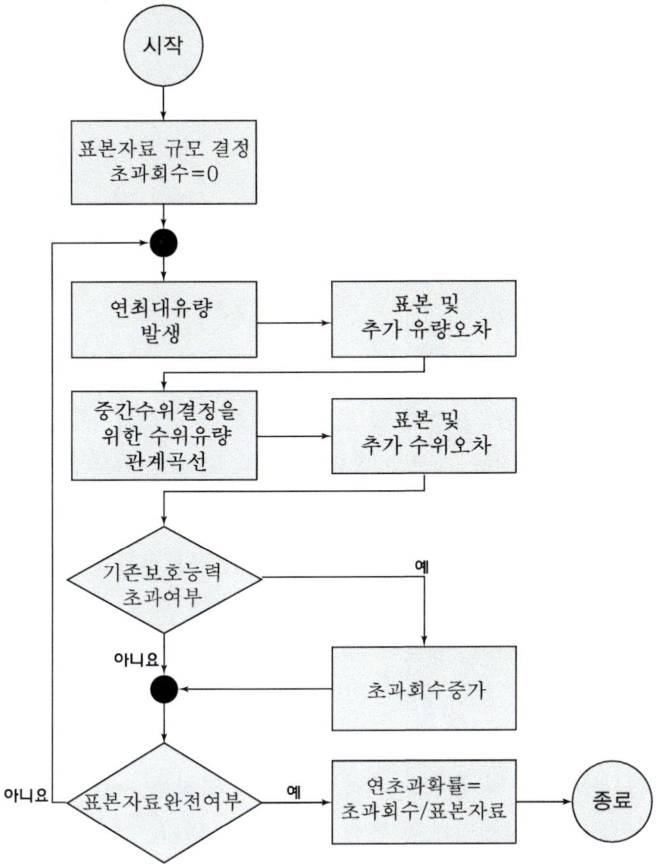

그림 13.3.5 연평균 초과확률 산정절차

흐름은 제방의 붕괴보다는 덜 심각하므로 하도개수 계획이 덜 취약하다고 할 수 있다.

성능지수(performance indicator)는 사업의 타당성을 결정하고, 장기적인 사업의 운영안정성 및 공공의 안전을 바탕으로 한 대안의 비교에 사용될 수가 있다. 성능지수는 사업기간에 대한 홍수위험도의 설정, 연 평균 초과확률의 결정, 사업의 타당성 분석, 강우사상의 범위에 대한 운영 및 주요 가정에 대한 기술 그리고 용량초과 강우에 대한 각 계획의 결과를 포함한다. 수문학적 분석은 계획수립단계에서 홍수피해 저감계획의 안정성 및 기대하는 성능기준 및 기능을 만족하는지 확인하는데 필수적이다.

연평균 초과확률은 주어진 계획의 성능을 정의하는데 중요한 인자로, 어떤 해에 특정 용량 또는 목표수위를 초과할 확률을 의미한다. 이 확률은 다양한 함수의 불확실성을 포함하는 위험도기반분석으로부터 결정하게 된다. 목표수위는 일반적으로 심각한 피해가 발생하기 시작하는 수위와 연관되어 있으며. 하도 또는 비구조적 대책에서 목표수위는 구조물의 범람이 시작하는 수위가 될 수 있다. 그림 13.3.5는 연평균 초과확률을 산정하는 절차를 보여주고 있다. 평균 수명기간 초과확률(expected lifetime exceedance probability)은 특정기간 즉, 사업의 수명기간 내에 하나 또는 그 이상의 홍수가 발생할 확률로 성능을 나타내는 지표가 된다.

4) 환경보호기준 만족요건

홍수피해 저감계획과 함께 수자원의 개발, 통제, 유지관리 및 보존을 위한 계획들은 환경보호기준을 만족하여야 한다. 이와 같은 환경보호기준의 만족여부는 환경영향평가를 통해 이루어지며, 사업으로 인해 환경에 심각한 영향을 주거나 질을 저하시키는지 여부를 평가하게 되고, 환경영향평가를 위한 기술적인 요소들은 다음과 같다.

① 환경보호에 대한 조치가 필요 없는 대안, 환경적으로 선호하는 대안 등을 포함한 대안들의 결정
② 각 대안들에 대한 환경적 영향의 제시
③ 특정 대안에 대한 제외 이유 제시

④ 영향을 받는 환경요소 명시

⑤ 직접적인 영향, 예견되는 간접적인 영향, 대안의 과거, 현재 및 미래의 누적영향 등을 포함하는 각 대안들에 대한 환경적 영향 평가

⑥ 계획의 취소로 인한 환경영향 회피, 계획의 제한을 통한 환경영향의 최소화, 수리 및 복구를 통한 환경영향의 개선, 보존 및 관리를 통한 환경영향의 감소 또는 제거, 교체 및 자원의 대체에 의한 보상 등을 포함하는 부정적인 환경영향의 감소 조치

13.3.3 계획이 없는 상태

홍수피해 저감계획 또는 시설물의 경제적 가치, 성능 그리고 환경적 및 사회적 영향을 결정하기 위해서는 기존 및 장래에 계획이 없는 상태 즉, 기본상태에 대한 분석을 필요로 한다. 표 13.3.3은 계획이 없는 상태에 대한 수문학적 분석을 위한 주요 항목들을 나타낸 점검표를 보여주고 있다.

수문분석은 사업의 수립 및 기획에 중요한 역할을 한다. 기존의 계획이 없는 상태에 대한 기획은 전반적인 분석에 매우 중요하다. 예비 분석에서는 계획의 범위 설정, 가용한 정보의 검토, 현장 상황의 파악 등이 이루어진다. 소유역은 하천 지형, 관측소의 위치, 유출특성 그리고 기존 및 앞으로 설치할 시설물 등을 바탕으로 나누게 된다. 수문학적 조사를 통해 경제분석 및 기존시스템의 성능 및 환경/사회적 영향을 결정하는데 사용되어지는 홍수특성을 정의하는 정보를 얻게 되며, 이러한 정보로부터 유량-빈도, 수위-유량, 홍수침수경계, 경보시간 및 홍수의 취약성 등을 포함하는 자료를 얻게 된다. 이와 같은 정보는 앞에서 설명한 전통적인 분석방법을 통해 얻을 수가 있다.

기존의 계획이 없는 상태에 대한 유량, 수위 및 피해함수의 불확실성을 결정하며, 이러한 관계는 장래의 사업이 없는 경우와 있는 경우의 상태에 대한 불확실성을 산정하는 기초를 제공하게 된

표 13.3.3 계획이 없는 상태에 대한 점검표

분석항목	√	주요내용
기획		가용한 정보의 수집 및 검토
		과거 홍수자료에 대한 현장 예비조사 및 측량
		현지 연결체계 구축
		분석 한계 및 피해 범위 설정
경제분석		기존 및 장래의 계획이 없는 상태에서의 유량-빈도 및 이와 관련된 불확실성 결정
		기존 및 장래의 계획이 있는 상태에서의 수위-유량 및 이와 관련된 불확실성 결정
성능분석		연평균 초과확률 결정
		평균 수명기간 초과확률 결정
		강우사상의 범위 및 주요 가정사항에 대한 기존 사업의 운영 및 안정성 평가
		용량 초과로 인한 결과 서술
		성능 결정
		운영, 유지관리, 교체 및 수리 계획수립 및 기존시스템의 검사 및 홍수방어를 포함하는 홍수 운영 및 관리지침서 작성
환경 및 사회		계획이 없는 상태에서의 하천환경의 영향평가 실시
		계획이 없는 상태에서의 사회 영향평가 실시

다. 위험도기반분석을 실시하여 경제 및 성능정보를 얻으며, 홍수의 특성 및 주요 피해의 크기 결정은 잠재적인 홍수피해 감소 시설의 종류 및 비용의 범위에 대한 정보를 주게 된다.

13.4 저수지에 의한 홍수조절

홍수조절용 저수지는 홍수기간 동안 물을 저류하여 홍수가 끝난 후 방류하여 첨두유출량의 크기를 감소시키는 기능을 한다. 저수지는 특정 홍수사상에 대한 첨두유출량을 감소시키므로 그림 13.4.1과 같이 홍수유출 빈도곡선을 변화시키게 된다. 장기간에 걸친 저수지의 저류 및 방류는 하류하천의 흐름 특성을 변화시켜 하도의 상승 또는 저하를 유발하여 수위-유량관계곡선을 변화시키게 된다.

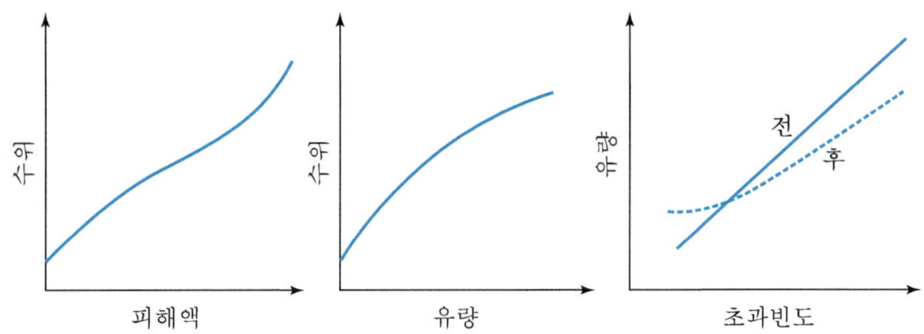

그림 13.4.1 저수지의 영향

저수지는 유출량을 직접 감소시켜 피해를 줄이게 되며, 표 13.4.1은 저수지에 대한 중요한 항목을 정리한 점검표를 보여주고 있다. 저수지는 ① 피해를 입을 지역이 몇

표 13.4.1 저수지의 점검표

수문분석항목	√	주요내용
기획		배수면적 대 용량 고려를 바탕으로 한 대체 위치의 고려
		환경학적으로 민감한 수중 및 하천생태계 분석
		대상지역에 대한 피해중심지 파악, 개발지역의 범위 및 토지이용의 결정
		지역에 따른 시스템의 상승효과 분석
경제분석		사업이 있는 경우 기존 및 장래의 상태에 대한 하류의 빈도함수 변화 분석
		빈도함수에 대한 불확실성분석
		위험도기반 분석절차를 이용한 다양한 용량에 대한 방수로 규모의 범위 평가
성능분석		연평균 초과확률 결정
		평균 수명기간 초과확률 결정
		사업의 운영범위에 대한 기술 및 한계가정에 대한 민감도 분석
		용량 초과로 인한 결과 평가
		사업의 범위에 대한 신뢰성 분석
		댐 안전평가 수행
설계		여수로 및 방수로 규모에 대한 예비 설계 및 평가
		저수지 퇴사 분석 실시
		하류에 대한 모든 수리 및 수문학적영향 평가
		예비 운영계획수립
환경 및 사회		계획이 있는 상태에서의 하천환경에 대한 평가 실시
		수생 및 하천생태계 영향평가 및 개선 방법 수립
		부수적인 위락 활동기회의 예측 및 규명

지점의 피해 중심을 이루고, 이들 간에 비교적 작은 국지 유입면적을 가지며 넓은 지역에 퍼져 있는 경우, ② 피해가 작고 높은 정도의 보호를 요구하는 경우, ③ 기간시설, 주요 구조물 그리고 농업재산을 포함하는 다양한 재산을 보호할 필요가 있는 경우, ④ 저장된 물을 물 공급, 수력발전 및 레크리에이션을 포함하여 다른 목적에 사용할 수 있는 경우, ⑤ 적절한 경제적, 환경적 및 사회적 비용을 투자하여 댐을 건설할 수 있는 충분한 지역이 있는 경우, ⑥ 피해를 입을 재산의 보호하기 위한 경제적 가치가 저수지의 건설 비용을 합리화 할 수 있는 경우에 홍수피해를 감소시키는데 효과적이다.

13.4.1 저수지운영

저수지는 과도한 유출량을 임시로 저장하여 후에 방수로나 비상 여수로를 통해 하류로 방류하며, 저수지 방류량은 방수로나 여수로의 수리학적 특성에 따라 결정된다. 그림 13.4.2와 같은 도시지역에서 적용하는 저류지(detention basin)는 간단한 홍수 저류시스템이라 할 수 있다. 저류지도 저수지와 비슷한 방법으로 하류의 홍수 유출량을 변화시키게 되며, 그림 13.4.3은 저류지에 의한 홍수조절 효과를 보여주고 있다. 그림 13.4.3의 유입 및 유출수문곡선에서 음영부분에 해당하는 물의 체적을 저류하였다가 목표유량을 초과하지 않도록 점진적으로 방류하게 된다. 유입 및 유출수문곡선에서의 부피는 동일하지만 저류지로 인해 시간적인 분포가 변하게 된다.

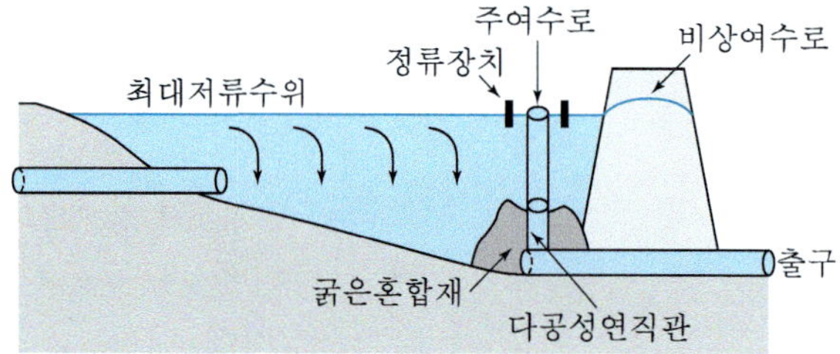

그림 13.4.2 저류지의 모습

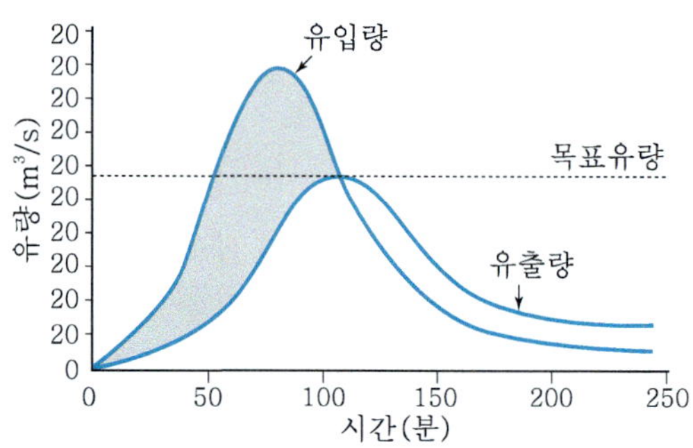

그림 13.4.3 저류지의 효과

13.4.2 유량감소평가

저수지의 주된 효과는 유출량의 감소라 할 수 있으며, 이는 개별적인 유출사상에 대해 저수지 추적모형을 이용하여 모의 할 수가 있다. 개별적인 홍수사상에 대한 첨두유출량은 감소되어 유량-빈도곡선을 변화시키게 되며, 예상되는 피해를 감소시킨다. 그림 13.4.4는 저수지로 인한 유량-빈도함수의 전형적인 변화 상태를 보여주고 있다. 이 그림에서 실선은 유입량 및 저수지가 없는 경우의 유출량-빈도함수를 나타내고 있다. 그림에서는 편의상 실선이 직선으로 나타나 있지만 실제로는 직선으로 나타나지는 않는다. Q_1은 하류하도의 통수능을 나타내는 목표유량으로 홍수피해가 발생하기 시작하는 최대수위 또는 특정 홍수터에서 목표수위로 설정한 수위에 해당하는 유량이다. 이상적으로 저수지는 이러한 목표유량과 같거나 이보다 작은 유출이 발생하도록 설계하고 운영하게 된다.

만일 첨두유입량이 목표유량보다 작으면, 저수지를 통제할 필요는 없지만, 첨두유입량이 목표유량을 초과하게 되면 저수지는 유출량을 목표유출량으로 제한하게 된다. 결과적으로 점선으로 나타낸 저수지가 있는 경우의 유량-빈도함수는 비초과확률이 P_1보다 작은 사상(유량이 Q_1보다 작은 사상)에 대한 저수지가 없는 경우의 유량-빈도함수와 같게 된다. 비초과확률이 P_1보다 큰 사상의 유입량에 대해서는 방류량을 Q_1으로 제한하게 된다. 하지만 저수지 용량에 상관없이 유입량이 Q_2보다 큰 즉, 비초과확률이 P_2보다 큰 호우가 발생한 경우 저수지 용량을 초과하게 되고, 따라서 목표유량 Q_1을 유지할 수가 없다. 저수지는 유출량을 다소 감소시킬 수는 있지만 호우의 크기가 증가할수록 즉, 발생확률이 작아질수록 첨두유출량은 첨두유입량으로 접근하게 된다. 저수지는 점점 홍수조절 효과를 잃어버리고 결국 첨두유입량이 Q_3에 도달하게 되면 저수지는 홍수조절 기능을 완전히 읽어버리고 저수지가 없는 경우와 같은 유량-빈도함수를 보여준다.

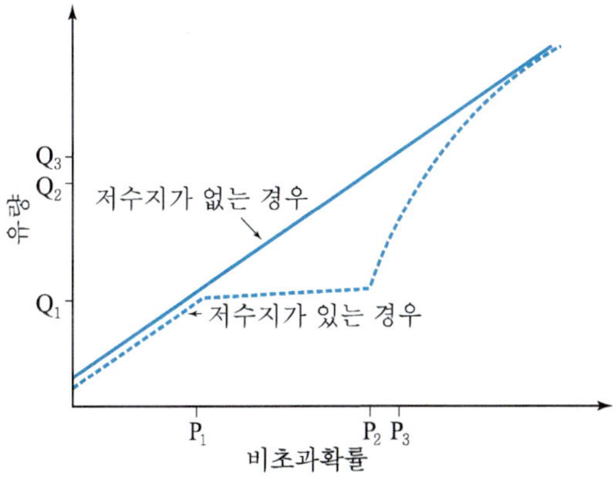

그림 13.4.4 저수지로 인한 유량-빈도함수의 변화

13.4.3 성능평가 및 환경영향 평가

저수지의 성능은 저수지의 용량, 형태, 위치 및 운영기준에 따라 변하게 된다. 각 대안들에 대한 저수지의 용량, 형태 및 위치에 대한 평가는 다음과 같은 단계로 이루어진다.

① 빈도가 높은 작은 사상, 빈도가 낮은 큰 사상 그리고 주요 기록적인 사상을 포함하여 저수지가 없을 경우의 유입수문곡선을 구한다.

② 신뢰성 분석을 위한 목표유량을 결정한다. 목표유량은 하류 하도의 통수능, 피해가 발생하기 직전의 최대 수위에 해당하는 유량, 특정 홍수터에 대한 적절한 유량 등으로 정한다.

③ 초기 저수지의 위치, 용량, 유출형태를 선택한다. 저수지 추적을 위한 수위-면적-유출량관계를 구한다.

④ 각 유입수문곡선에 대해 이에 상응하는 유출수문곡선을 계산한다.

⑤ 첨두유출량에 상응하는 홍수피해를 계산한다.

⑥ 조절된 유출량 또는 수위가 목표치를 초과하는지 결정하기 위해 첨두유출량과 목표유량을 비교한다.

⑦ 각 유입수문사상에 대해 단계 ③~⑤를 반복한다. 예상 홍수피해와 각 대안들의 신뢰성을 평가하고 목표유량에 상응하는 빈도를 결정한다.

⑧ 모든 저수지 대안에 대해 단계 ②~⑥을 반복한다.

⑨ 최종계획을 결정하기 위해 각 대안들의 경제효율 및 신뢰성을 비교한다.

비교적 간단하며 유출을 조절할 수 없는 저수지인 경우 유출량 감소 및 이로 인한 피해의 감소는 구조물의 수리학적 특성에 영향을 받는다. 이러한 시스템의 계산은 HEC-1 및 HEC-HMS와 같은 특정 컴퓨터 모형을 이용하여 수행할 수가 있다. 수문과 밸브가 있어 유출을 조절할 수 있는 저수지인 경우 피해 감소는 저수지 운영규칙(operation rule)의 영향을 받는다. 운영규칙은 언제 어떻게 수문 및 밸브를 열지를 규정하며, 일반적으로 홍수조절 운영규칙은 저수지의 저류량, 예상되는 유입량, 현재 및 예상되는 하류의 유량과 같은 변수에 대해 실시간으로 방류할 수 있는 규칙을 정하고 있다.

표 13.4.2 환경영향평가에 필요한 수문학적 기술정보

잠재적인 영향	영향평가에 필요한 수문학적 기술정보
저류로 인한 야생동물 서식지의 감소	저류 및 저류기간 동안의 침수
저류지역에서의 식생의 감소	저류 및 저류기간 동안의 침수
고고학적 지역의 침수	침수의 범위 및 깊이
저수지 하류 하천 수온증가, 탁도 증가, 용존산소 감소	계획이 있는 경우 유량-빈도, 수질모의 결과
저수지로 인한 위락활동기회 증가	저류지 수위-빈도
유량감소로 인한 하류하천의 위락활동 감소	유량-빈도, 수위-빈도

13.5 분류에 의한 홍수조절

분류(diversion) 구조물은 피해 중심지로부터 홍수 유량을 우회시켜 피해 중심지역에서의 첨두유량을 감소시키기 위해 사용한다. 분류구조물은 빈도곡선을 조정하도록 설계하여 피해 중심지역에서의 특정 호우사상에 대한 유출량의 크기를 낮추게 된다. 그림 13.5.1은 관련 함수들에 대한 분류의 영향을 보여주고 있다. 수위-피해 및 수위-유량곡선 또는 함수는 변화가 없는 반면, 유량-빈도곡선은 동일한 빈도에 대해 유량이 사업 전에 비해 사업 후에 감소하는 방향으로 변하게 된다. 분류의 장기적인 영향으로 인해 하류 하도지역에서의 퇴적 및 침식이 발생할 수가 있으며, 따라서 우회수로에서 퇴적이 발생할 수 있다. 분류는 ① 피해를 입을 지역이 분류로 인해 유수를 전환할 때 비교적 작은 국지 유입량을 가지는 넓은 지역에 퍼져 있는 경우, ② 피해가 작고 높은 정도의 보호를 요구하는 경우, ③ 기간시설,

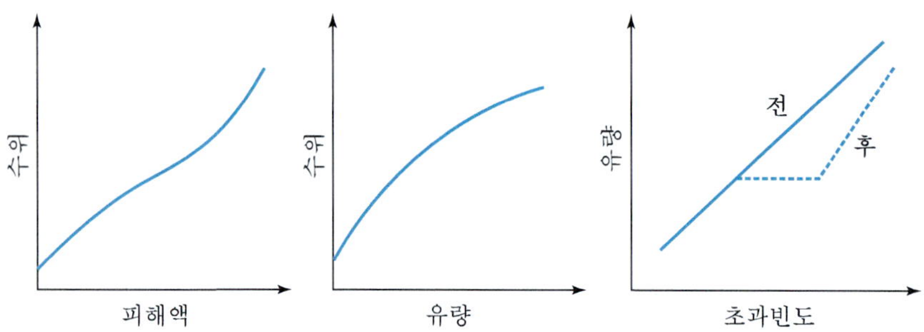

그림 13.5.1 분류의 영향

표 13.5.1 분류의 점검표

분류점검항목	√	주요내용
기획		환경학적으로 민감한 수중 및 하천생태계 분석
		대상지역에 대한 피해중심지 파악, 개발지역의 범위 및 토지이용의 결정
		현장 제약조건 분석
		접촉되는 지역의 기간시설 및 공공시설의 파악
경제분석		사업이 있는 경우 기존 및 장래의 상태에 대한 하류의 빈도함수 변화 분석
		빈도함수에 대한 불확실성 분석
		위험도기반 분석절차를 이용한 다양한 용량에 대한 방수로 규모의 범위 평가
성능분석		연평균 초과확률 결정
		평균 수명기간 초과확률 결정
		사업의 운영범위에 대한 기술 및 한계가정에 대한 민감도 분석
		용량 초과로 인한 결과 평가
		사업의 성능결정
설계		통제구조물의 규모에 대한 예비 설계 및 평가
		분류하도에서의 퇴사 분석 실시
		하류에 대한 모든 수리 및 수문학적영향 평가
		예비 운영계획수립
환경 및 사회		수생 및 하천생태계 영향평가 및 개선 방법 수립

주요 구조물 그리고 농업재산을 포함하는 다양한 재산을 보호할 필요가 있는 경우, ④ 적절한 비용을 투자하여 분류하도 또는 터널을 건설할 수 있는 충분한 지역이 있는 경우, ⑤ 피해를 입을 재산의 보호하기 위한 경제적 가치가 분류구조물의 건설비용을 합리화 할 수 있는 경우의 홍수피해 감소에 효과적이며, 분류에 대한 중요한 사항의 점검표는 표 13.5.1과 같다.

13.5.1 분류의 형태

그림 13.5.2는 분류의 전형적인 형태를 보여주고 있으며, 우회하도(bypass channel)와 광정위어 형태의 통제구조물을 포함하게 된다. 통제구조물은 개방된 분류하도 대신 제방을 통과하거나 수문이 설치된 암거, 조절을 할 수 있는 위어, 관로 등을 사용할 수가 있다. 주하도가 미리 설정한 유량 또는 수위에 도달하게 되면 잉여의 유량이 분류하도로 유출되도록 설계함으로서 본류의 유량을 감소시키거나 일정하게 유지하여 보호지역의 피해를 방지하거나 감소시키게 된다. 우회하도는 보호지역 하류부에서 본류와 다시 합류하게 된다.

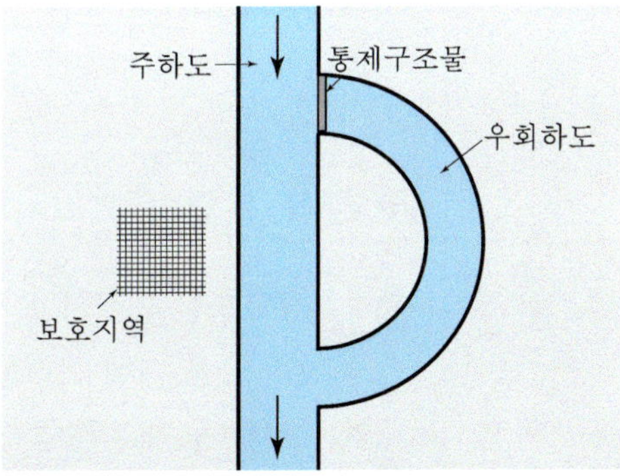

그림 13.5.2 분류의 모습

13.5.2 유량감소평가

개개의 홍수사상에 대해 분류가 유량을 변화시키므로 결국 유량-빈도곡선을 변화시키게 된다.

저수지인 경우의 그림 13.4.4에서와 같이 분류에 의한 전형적인 유량-빈도곡선의 변화도 같은 양상을 보여주게 된다. 실선은 분류시설을 하지 않았을 경우 분류통제구조물 하류지점에서의 유량-빈도곡선을 나타낸다. Q_1은 저수지의 경우와 마찬가지로 지점에서의 목표유량을 의미하며 이는 하류하도의 통수유량, 피해가 발생하기 직전의 최대수위에 상응하는 유량 또는 특정 대안에 대해 설정한 목표유량 중의 하나가 될 수 있다.

만일 주 하도에서의 유량이 목표유량보다 작으면 분류되는 유량은 없다. 주하도의 유량이 목표유량을 초과하게 되면 초과되는 유량은 분류를 시켜 주 하도에서는 목표유량만 흐르게 된다. 따라서 점선으로 나타낸 분류를 설치하였을 경우의 유량-빈도곡선은 비초과확률이 P_1보다 작고 유량이 Q_1보다 작은 호우사상에 대해 분류를 설치하지 않은 경우의 유량-빈도곡선과 같게 된다. 주 하도의 유량이 목표유량을 초과하게 되면 분류를 설치한 경우의 유량이 Q_1이 된다. 하지만 설계에 상관없이 비초과확률 P_2를 가진 과도한 호우 사상이 발생한 경우 우회하도는 최대 용량으로 흐르게 되고, 따라서 분류는 주 하도가 Q_1으로 흐르도록 유지시키지 못하게 된다. 물론 분류는 주 하도의 유량을 어느 정도 감소시키지만 호우 사상의 규모가 커질수록 분류가 있는 경우의 주 하도의 유량은 분류가 설치되지 않은 경우의 유량에 접근하게 된다. 결국 분류가 설치되지 않은 경우의 첨두유출량 Q_3에 대해 분류는 더 이상 효과를 발휘하지 못하게 되고 두 경우 모두 유량-빈도곡선이 일치한다.

분류가 유량-빈도곡선에 미치는 영향은 자료기간분석이나 선택한 사상에 대한 모의를 통해 평가할 수 있다. 자료기간분석에서는 설계된 분류의 운영에 따른 하도 흐름을 산정하기 위해 기록상의 유량시계열을 분석하게 된다. 그 결과 얻게 되는 수정된 주 하도의 유량시계열은 빈도곡선을 나타내기 위해 통계분석절차에 의해 분석하게 된다. 한편 선택한 사상의 모의 평가에서는 선택된 기록상의 또는 가상적인 유출수문곡선에 대한 분류의 운영을 모의하고, 그 결과 나타나는 첨두유출량의 확률이 분류가 없는 경우의 첨두유출량의 발생확률과 같도록 확률을 부여한다.

13.5.3 분류 운영시 고려사항

분류구조물을 설치할 경우 분류의 성능을 적절하게 유지하기 위해 하도의 안정성, 퇴적 및 운영 중 안전 등에 대해 고려할 필요가 있다. 분류로 인해 우회하도 및 주 하도에서의 퇴적 및 세굴현상이 발생할 수 있으므로, 적절한 하상변동 분석을 통해 퇴적 및 세굴을 방지할 수 있는 대책을 수립해야 한다. 퇴적은 분류에서 나타날 수 있는 일반적인 문제로 퇴적이 최소화 하도록 설계하여야 하며 지속적인 유지관리를 할 필요가 있다. 만일 주 하도의 물이 빠르게 증가하면 사전에 예고할 시간적인 여유 없이 분류가 시작될 수가 있다. 사람들이 우회하도에 접근하기가 용이한 경우 인명피해가 발생할 수 있으므로 사전 예보나 경고가 충분히 이루어지도록 하여야 한다.

13.6 하도개수에 의한 홍수조절

하도개수(channel improvement) 또는 하도변경(channel modification)은 하도의 통수 특성을 개선시키기 위해 실시한다. 하도개수를 통해 통수능이 개선되면 다양한 유량에 대해 수위를 낮추게 되어 그림 13.6.1과 같이 수위-유량곡선을 낮추게 된다. 홍수 사상에 대한 첨두유출량이 보다 낮은 수위로 흐르게 되고, 홍수파가 통과하는 동안 자연적인 하도저류효과를 감소시키게 된다. 하도개수로 인해 하류 하도에서의 첨두유출량이 개수전보다 증가하게 되고, 유량-빈도곡선을 위로 상승하게 한다. 하도개수로 인한 장기적인 영향으로 하류 하도구간에서 하상의 상승 또는 저하가 발생하게 된다. 하도개수는 주로 국지적인 보호를 위해 실시하지만 더욱 효율적인 홍수조절을 하기 위해서는 다른 홍수조절 계획들과 연계하여 이루어질 필요가 있다.

하도개수는 ① 피해를 입을 지역이 지역적으로 집중되어 있는 경우, ② 피해가 작고 높은 정도의 보호를 요구하는 경우, ③ 기간시설, 주요 구조물 그리고 농업재산을 포함하는 다양한 재산을 보호할 필요가 있는 경우, ④ 적절한 경제적, 환경적 및 사회적 비용을 투자하여 하도개수를 할 수 있는 충분한 지역이 있는 경우, ⑤ 피해를 입을 재산의 보호하기 위한 경제적 가치가 하도개수물의 비용을 합리화 할 수 있는 경우의 홍수피해 감소에 효과적이며, 하도개수에 대한 중요한 사항의 점검표는 표 13.6.1과 같다.

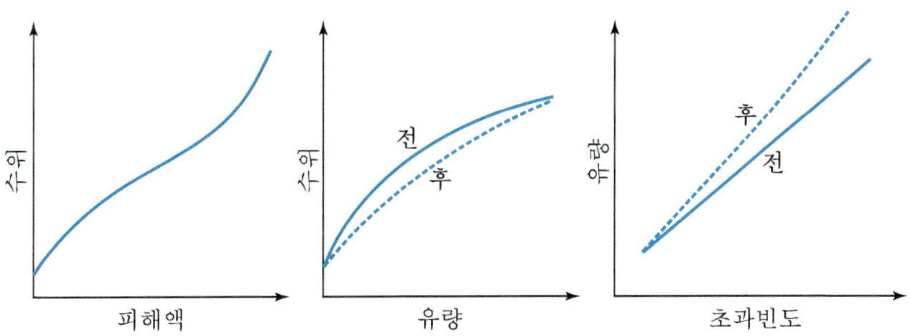

그림 13.6.1 하도개수에 의한 영향

표 13.6.1 하도개수에 대한 점검표

수문분석항목	√	주요내용
기획		환경학적으로 민감한 수종 및 하천생태계 분석
		대상지역에 대한 피해중심지 파악, 개발지역의 범위 및 토지이용의 결정
		현장 제약조건 분석
		접촉되는 지역의 기간시설 및 공공시설의 파악
경제분석		사업이 있는 경우 모든 조건에 대한 수위-유량함수의 변화 분석
		하도 저류용량 감소에 따른 빈도함수변화에 의한 하류하천 영향평가
		수위-유량함수에 대한 불확실성 분석
		위험도기반 분석절차를 이용한 하도의 변경 범위 평가
성능분석		연평균 초과확률 결정
		평균 수명기간 초과확률 결정
		사업의 운영범위에 대한 기술 및 한계가정에 대한 민감도 분석
		용량 초과로 인한 결과 평가
		사업의 성능결정
설계		얼음/부유물, 침식/퇴적 및 유사이송, 높은 유속에 대한 분석
		하도의 직선화에 따른 안정성 평가
		모든 제약 및 장애물에 대한 영향 평가
환경 및 사회		수생 및 하천생태계 영향평가 및 개선 방법 수립
		부수적인 위락 활동기회의 예측 및 규명

13.6.1 하도개수

홍수터에서의 수위는 하상경사, 횡단면적, 윤변, 길이 및 배열 등을 포함하는 하도의 기하학적 형태와 하도유량 그리고 에너지 손실 등의 함수가 되므로, 하도개수로 인해 수위가 변하게 된다.

1) 하도의 형태 변경

하도의 유효 횡단면적을 증가시켜 하도를 개수하면 주어진 유량에 대해 하천수위를 낮출 수가 있으며, 그림 13.6.2는 이러한 하도 형태변경에 대한 예를 보여주고 있다. 그림과 같은 횡단길이 대 수위곡선에서 원래의 하도 경계가 실선으로 나타나 있다. 음영으로 표시한 하상재료를 제거하면 새로운 하도 경계가 형성된다. 이로 인해 수표면 아래의 새로운 횡단면적은 개수 이전의 횡단면적보다 증가하게 된다. 1차원 정상류와 같이 간단한 흐름의 경우에서 유량은 횡단면적에 직접적으로 비례하게 된다. 따라서 만일 다른 변수들이 일정하다면 그림 13.6.2와 같이 개선된 하도는 개수 이전에 비해 같은 수위에 대해 더 많은 유량을 통수시킬 수 있거나, 더 낮은 수위로 동일한 유량을 통수시킬 수가 있다.

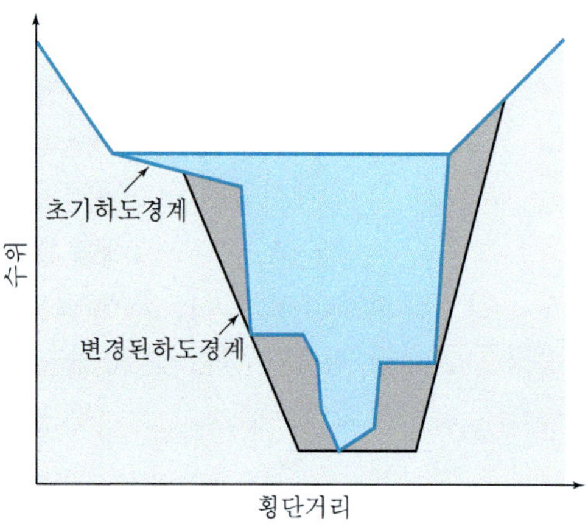

그림 13.6.2 하도 형태 변경의 예

침식 및 퇴적 또는 제방의 불안정성으로 인해 자연적인 하도 형태 변경이 발생할 수가 있다. 이러한 경우 하도변경은 장래의 개수계획 및 개수가 없는 경우의 상태에 영향을 미치게 된다. 예를 들어, 만일 유역의 개발로 인해 지표면에서의 침식이 증가하면 침식된 유사는 하도에 퇴적되게 된다. 유지관리를 하지 않는다면, 이러한 퇴적은 시간이 지남에 따라 하도의 횡단면적을 감소시키게 되고, 특정 유량에 대해 수위가 증가하며 하도개수가 없는 상태에서 연평균피해를 증가시키게 된다. 이와 유사하게 세굴은 제방을 붕괴시킬 수가 있고, 따라서 유효 흐름 단면적을 감소시키게 된다. 이 또한 수위 증가 및 연평균피해의 증가를 초래한다.

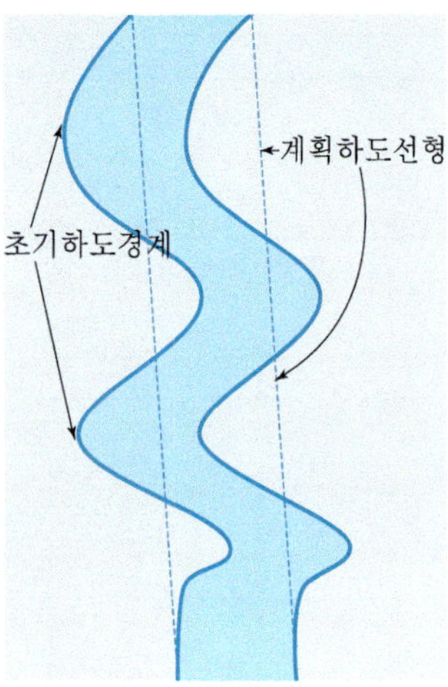

그림 13.6.3 하도의 직선화

2) 에너지 손실 감소

하도를 통해 물이 흐르는 동안 에너지는 한 상태에서 다른 상태로 변환되거나 손실된다. 이러한 에너지 손실로 인해 수위가 증가하게 되므로 에너지 손실을 감소시켜 수위를 낮출 수가 있다. 이와 같은 에너지 손실의 감소는 하도의 경계를 매끈하게 하거나, 하도의 직선화 또는 하도에서의 장애물의 영향을 최소화함으로서 얻을 수가 있다. 만일 다른 모든 변수들이 일정한 경우 조도를 감소시키기 위해 하도를 매끈하게 한다면 에너지 손실이 감소하게 되고, 따라서 연평균 피해를 감소시킬 수가 있다. 그림 13.6.3은 하도의 직선화를 보여주고 있으며, 에너지 손실은 개수 전에 비해 감소되고, 따라서 수위 및 피해가 줄어들게 된다.

에너지 손실 및 이로 인한 수위 변화는 하도 횡단면 간의 유속의 변화로 인해 발생할 수도 있다. 이와 같은 유속의 변화는 하도 폭의 자연적 또는 인위적인 확장 및 축소로 인해 발생하거나 교량의 건설로 인해 흐름이 상류보다 통수면적이 작은 교량지점으로 흐르게 될 때 발생하게 된다. 만일 교량지점의 축소된 통수 단면적이 수위를 증가시키게 되면 홍수피해 저감계획에서 교량의 제거 또는 변경을 고려할 필요가 있다.

13.6.2 수위감소평가

하도개수의 목적은 그림 13.6.4에 나타난 것과 같이 주어진 유량에 대해 수위를 낮추는 것이다. 변경된 수위-유량 곡선은 모든 유량에 대해 아래 방향 즉, 수위가 낮아지는 것으로 나타난다. 하도개수로 인한 영향은 하천 수리모형 즉 HEC-2, HEC-RAS 및 HEC- GeoRas모형을 이용하여 평가할 수 있다. 이들 모형들은 수위를 산정하기 위해 하도의 기하학적 형태 및 조도를 나타내는 Manning의 조도계수를 사용하게 된다. HEC 계열의 프로그램 외에 UNET, HIVEL2D, HEC-6, TABS-2, SAM 모형 등이 있다.

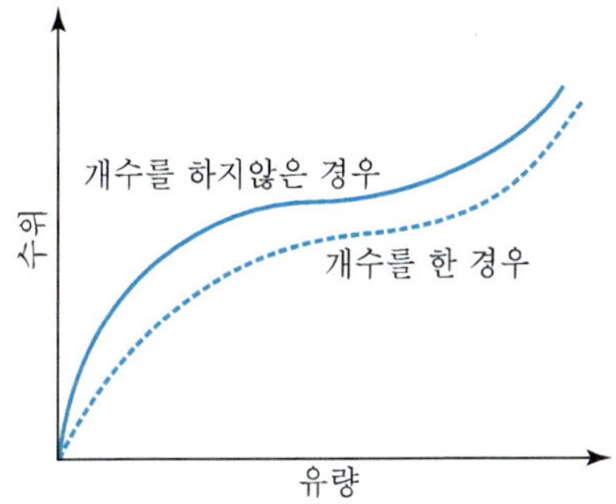

그림 13.6.4 하도개수의 영향

하도개수는 또한 유량-빈도곡선에 영향을 주게 된다. 대부분의 경우 하도개수로 인해 개수된 단면에서 유속이 증가하게 된다. 개수가 이루어지지 않은 하류하도에서는 유량이 증가하게 되고 따라서 유량-빈도곡선이 위로 올라가게 된다. 이 외에 하도개수로 인해 하도 내 자연적인 저류공간이 줄어들 수가 있다. 이러한 저수지의 저류와 같은 자연적인 저류공간은 첨두 홍수량을 감소시키게 되는데, 이와 같은 공간이 줄어들면서 하류 하도에서는 첨두유량이 증가할 수 있고, 따라서 유량-빈도곡선이 위로 올라가게 된다.

하도개수로 인해 하도구간을 통해 수문곡선의 시간이 상당히 줄어드는 경우 또한 유량-빈도곡선을 변경시키게 된다. 예를 들어 그림 13.6.3과 같이 하도를 직선화하면 상, 하류 두 단면간의 거리를 감소시켜 이동시간을 줄어들게 한다. 이러한 시간의 감소는 특정 확률을 가진 호우 사상에 대해 하류에서의 첨두유출량을 증가시키게 된다. 그러나 그림 13.6.2와 같이 하도 단면의 증가는 저류용량을 증가시키고 결국 특정 확률을 가진 호우사상에 대한 하류에서의 첨두유출량을 감소시키게 된다. 그러므로 상반되는 영향이 발생할 가능성을 인식하고, 시간 및 저류공간의 변화를 조사하여 유량-빈도곡선을 적절하게 변경하여야 한다.

13.6.3 하도개수시 고려사항

하도개수로 인해 계획대로 피해를 감소시키기 위해서는 대안들을 계획하고 평가하는데 있어 침식 및 퇴적문제, 하도 안정성 설계 그리고 유지관리준비에 대한 설정 및 해결에 있어 신중을 기해야 한다. 하도개수를 수행했을 때 침식 및 퇴적문제가 악화될 수가 있다. 예를 들어, 만일 조도가 감소되면 유속이 증가하고 결국 침식이 증가할 가능성이 높다. 만일 개수를 하지 않은 경우 퇴적이 발생하였다면 개수로 인해 퇴적이 지속될 수도 또는 중단될 수도 있다. 비슷하게 만일 하도를 직선화하면 하상경사가 증가하고 개수구간이 하류의 원래 하도구간과 만나는 지점에서 퇴적이 증가할 가능성이 있으며, 개수구간이 시작하는 지점의 상류부 원래 하도구간에서는 세굴이 증가할 가능성이 있다. 따라서 이와 같은 하상변화 문제 및 기타 관련된 성능문제를 명확히 하기 위해 세굴분석을 수행할 필요가 있다.

하도개수는 환경에 심각한 영향을 미칠 수가 있다. 예를 들어 어떤 어종은 사행하도의 얕은 흐름 환경에서 서식할 수가 있다. 만일 하도를 직선화하면 서식지가 교란되어 이 어종의 개체수가 감소할 수가 있다. 또한 공사 중 탁도의 증가로 인한 환경영향을 고려하여야 한다. 미세한 유사입자가 발생할 근원을 파악하고, 공사 지역으로부터의 유출을 조절하며 하도의 문제가 발생할 수 있는 지역의 증가를 최소화하기 위한 공사계획을 수립해야 한다.

13.7 제방 및 홍수벽에 의한 홍수조절

제방(levee 또는 dike) 및 홍수벽(floodwall)은 홍수 흐름이 피해가 발생하는 홍수터의 일부지역으로부터 떨어져서 흐르도록 유도하기 위한 구조물로 주 하도에서의 수위로부터 보호하려는 지역의 피해를 감소시키게 된다. 제방의 축조로 인해 수위, 유량, 피해액 및 빈도곡선이 모두 변하게 된다. 제방으로 인해 제방의 설계높이 이내로 하도내의 수위가 유지되어 수위-피해 곡선이 그림 13.7.1과 같이 변하게 된다.

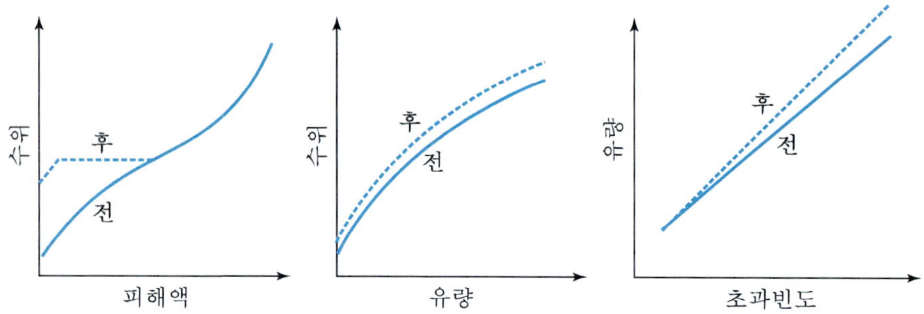

그림 13.7.1 제방으로 인한 영향

원래의 홍수터 일부지역으로 흐르는 홍수량이 제방에 의해 차단되어 통수능이 축소되게 되므로 다양한 크기의 유량에 대해 수위가 증가하게 되어 수위-유량곡선을 위로 이동하게 한다. 제외지로 흐름이 제한되므로 홍수파의 자연적인 저류량이 감소하여 하류하도에서의 첨두유출량을 증가시키게 된다. 이러한 결과로 각 초과확률에 대한 유량이 증가하게 되어 유량-빈도곡선을 위로 이동시키게 된다. 제방의 장기적인 영향으로 하류 하도구간에서 하상의 상승 또는 저하가 발생하게 된다. 제방은 인명 및 재산을 보호하기 위해 축조하지만 설계유량을 초과하는 호우가 발생하는 경우 안전하다고 생각하는 지역이 침수되게 되어 큰 피해를 입을 가능성이 있다.

제방은 ① 피해를 입을 지역이 지형적으로 밀집되어 있는 경우, ② 피해가 작고 높은 정도의 보호를 요구하는 경우, ③ 기간시설, 주요 구조물 그리고 농업재산을 포함하는 다양한 재산을 보호할 필요가 있는 경우, ④ 적절한 경제적, 환경적 및 사회적 비용을 투자하여 제방을 축조 할 수 있는 충분한 지역이 있는 경우, ⑤ 피해를 입을 재산의 보호하기 위한 경제적 가치가 제방 축조의 비용을 합리화 할 수 있는 경우의 홍수피해 감소에 효과적이며, 제방에 대한 중요한 사항의 점검표는 표 13.7.1과 같다.

표 13.7.1 제방 및 홍수벽에 대한 점검표

수문분석항목	√	주요내용
기획		제내지 유출지역(제방측면, 분류, 집수시스템)의 최소화
		장래의 잠재적인 개발을 감소하기위해 보호되는 지역의 최소화
		제방의 후퇴 및 높이에 대한 균형분석
		제방 및 홍수벽의 선형에 대한 현장조건 분석
		홍수기간 동안 폐쇄가 필요한 유수통과단면의 최소화
경제분석		사업이 있는 경우 모든 기존 및 장래 상태에 대한 수위-유량함수의 변화 분석
		예상되는 용량/수위 초과확률 결정
		수위-피해함수에 대한 불확실성 분석
		위험도기반 분석절차를 이용한 다양한 용량에 대한 제방 및 제내지 형태 범위 평가
성능분석		연평균 초과확률 결정
		평균 수명기간 초과확률 결정
		사업의 운영범위에 대한 기술 및 한계가정에 대한 민감도 분석
		용량 초과로 인한 결과 평가
		사업의 성능결정
설계		한계 상태에 대한 제방/홍수벽 설계
		주요 피해지역으로부터 떨어진 하류 하천 끝단에서의 월류지역설계
		유량 및 파고의 상승을 수용할 수 있는 제방 높이 증가의 설정
		제외지 침식보호에 대한 설계
		용량초과시에 대한 홍수예경보의 개발
환경 및 사회		수생 및 하천생태계 영향평가 및 개선 방법 수립
		부수적인 위락 활동기회의 예측 및 규명

13.7.1 제방에 의한 피해 감소평가

제방 및 홍수벽은 보호지역에서의 수위를 감소시켜 피해를 줄이기 위한 목적으로 축조되며 하도로부터 물이 월류하여 홍수터로 유입되는 것을 차단하게 된다. 따라서 그림 13.7.2와 같이 수위-피해곡선을 변화시키게 된다. 그림에서 S_1은 제방이 없을 경우의 피해가 발생하기 시작하는 최소수위를 나타낸다. 제방의 높이와 같은 높이 S_2까지 높아지게 된다. 만일 이 수위보다 높아지게 되면 제방은 월류하게 되어 피해가 발생한다. 제방은 또한 유량-빈도곡선 및 수위-유량곡선도 변화시키게 된다. 제방을 축조함으로서 하도의 횡단면이 변경되어 수위-유량곡선이 변하게 되며, 이러한 변화의 영향도 다양한 수리모형을 이용하여 평가할 수 있다. 하도가 변경됨에 따라 하도의 제원을 나타내는 모형의 입력 변수들을 조정하여 제방의 영향을 고려할 수 있다. 다양한 유량에 대해 모의를 반복하여 특정한 제방 제원에 대한 수위-유량곡선을 얻게 된다.

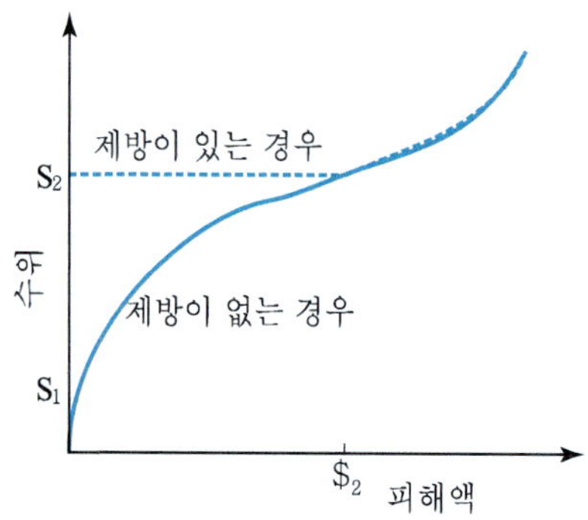

그림 13.7.2 제방에 의한 수위-피해곡선

13.7.2 제내지의 보호

그림 13.7.3은 제방 또는 홍수벽에 의한 하천홍수로부터의 보호지역을 보여주고 있다. 제방은 보통 선 형태의 보호시설로 보호지역의 지형보다 높게 축조하게 된다. 따라서 하도에서의 홍수 흐름이 보호지역으로 흐르는 것을 차단하지만, 보호지역으로부터 하천으로 유입하는 하도의 흐름을 차단하게 된다. 따라서 제방이 축조되기 이전에는 보호지역에서 수위가 천천히 증가하며 발생하던 홍수가 제방이 축조된 이후에는 급작스럽게 홍수가 발생할 수 있다. 이와 같은 국지 유출을 수용하기 위해서는 저류지 또는 빗물펌프장 시설이 필요하다.

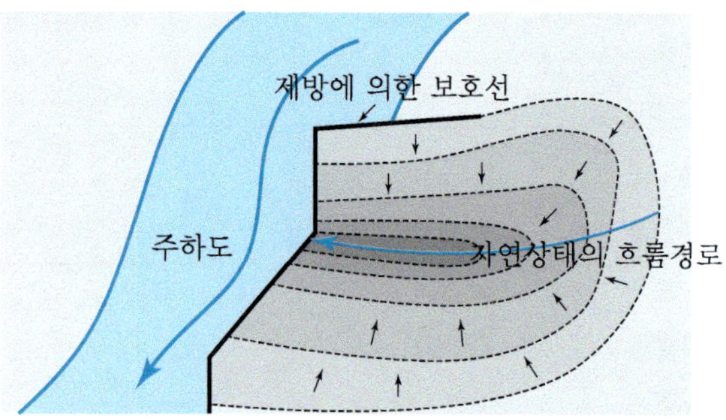

그림 13.7.3 제외지의 모습

제방을 설계할 때 제내지의 피해 방지를 위한 최소한의 항목들을 고려하여야 하며, 이를 최소제내시설이라 한다. 최소제내시설은 중력에 의해 자연적으로 배수되는 기간 동안에는 국지 배수시스템이 제방이 설치되기 이전의 경우와 근본적으로 같은 기능을 해서 홍수로부터 보호할 수 있도록 해야 한다. 따라서 최소제내시설은 배수설계기준에 맞는 규모의 자연적인 저류지와 방류관을 포함해야 한다. 표 13.7.2는 제내지에서의 점검표를 나타내고 있다.

표 13.7.2 제내지의 점검표

수문분석항목	√	주요내용
기획		제내시스템(호우/배수시스템, 출구부, 저류지역 등)의 수리학적 특성 규명
		환경학적으로 민감한 수중 및 하천생태계 분석
		대상지역에 대한 피해중심지 파악, 개발지역의 범위 및 토지이용의 결정
경제분석		사업이 있는 경우 모든 조건에 대한 제내지 수위-빈도함수의 변화 분석
		빈도함수에 대한 불확실성 분석
		위험도기반 분석절차를 이용한 다양한 용량에 대한 저류지, 펌프, 유출부 형태 범위 평가
성능분석		연평균 초과확률 결정
		평균 수명기간 초과확률 결정
		사업의 운영범위에 대한 기술 및 한계가정에 대한 민감도 분석
		용량 초과로 인한 결과 평가
		사업의 성능결정
설계		시설물에 대한 입구부/출구부의 형태에 대한 예비 설계 및 평가
		예비 운영계획수립

13.7.3 제방붕괴문제

제방 붕괴의 주된 원인은 파이핑(piping)과 같은 내부 침식, 제방사면 또는 기초토양의 활동(sliding), 월류 및 제방표면 침식 등이 있다. 수문분석시 파이핑 및 활동으로 인한 붕괴를 방지하기 위해 지반공학적인 요소도 포함해야 하며, 적절한 설계를 위한 충분한 정보를 제공하기 위한 유선망(flow net)이 필요할 수도 있다. 제방의 월류가 발생할 만한 위치 및 월류로 인한 영향을 충분히 검토해야 한다. 하지만 제방의 월류로 인한 수리학적 문제는 다차원 및 부정류 문제로 나타나기 때문에 검토가 쉽지 않다. 또한 제방이 월류할 때 홍수파가 밀려들기 때문에 댐 파괴 분석과 같은 충분한 분석을 해야 한다. 그 외에 침수지역의 범위 산정, 경보시간, 위험에 처한 인명 및 재산 등을 포함하는 붕괴의 영향에 대한 내용을 결정하여야 한다.

13.8 비구조적 홍수조절

비구조적 대책은 앞에서 설명한 바와 같이 저수지, 분류, 하도개수 및 제방 제방 또는 홍수벽을 설치하여 피해를 감소시키는 구조적 대책과는 달리 피해가능성을 줄여 홍수의 취약성을 감소시키기 위해 영구적인 구조물이나 시설물의 피해 가능성을 변경시키는 것이라 할 수 있다. 이러한 비구조적 대책에는 홍수방수, 홍수경보 및 준비계획 및 다양한 지표면 사용조절이 포함되며, 장래 또는 잠재적인 홍수터의 잘못된 이용을 방지하기 위한 것으로 비구조적 대책에 대한 점검표가 표 13.8.1과 같다.

표 13.8.1 비구조적 대책의 점검표

수문분석항목	√	주요내용
기획		홍수 위해의 정량화를 바탕으로 한 적절한 대책에 대한 구조물의 결정
경제분석		사업이 있는 경우 모든 기존 및 장래 상태에 대한 수위-피해함수의 변화 분석
		수위-피해함수에 대한 불확실성 분석
		위험도기반 분석절차를 이용한 홍수방수, 재배치 그리고 홍수예경보의 범위 평가
성능분석		연평균 초과확률 결정
		평균 수명기간 초과확률 결정
		사업의 운영범위에 대한 기술 및 한계가정에 대한 민감도 분석
		용량 초과로 인한 결과 평가
		사업의 성능결정
설계		모든 대책에 대한 홍수예경보 계획 수립
환경 및 사회		수생 및 하천생태계 영향평가 및 개선 방법 수립
		부수적인 위락 활동기회의 예측 및 규명

13.8.1 홍수방수

홍수방수(flood proofing) 대책은 단층의 거주목적의 구조물에 대한 피해를 감소시키는데 적절

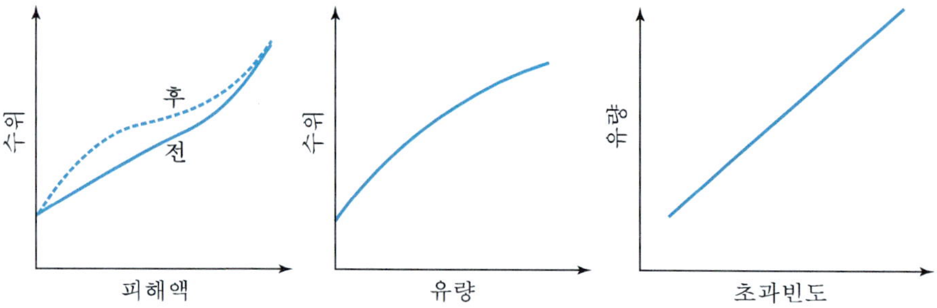

그림 13.8.1 홍수방수에 의한 영향

한 방법이다. 홍수방수 대책은 특별한 경우 다른 구조물에도 적용할 수 있지만, 경제적 및 물리적 타당성에 제한이 있게 된다. 홍수방수는 공공설비, 기간시설물, 잔디 및 기타 외부에 위치한 재산의 피해를 감소시키는 방법은 아니며, 일반적으로 홍수의 피해를 빈번하게 입는 재산을 보호하는데 적용된다. 홍수방수는 상당한 공사를 필요로 하는 다른 구조적대책에 비해 환경을 비교적 덜 훼손시키는 방법이다.

홍수방수에는 문 및 창문을 통한 물의 유입차단, 구조물의 위치를 높이거나, 외벽의 방수, 생활공간의 재배치 등이 포함된다. 이와 같은 홍수방수로 인한 유입차단은 영구적 또는 임시적으로 적용할 수 있다. 유입차단 외에 상황에 따라 건물 외벽이나 마룻바닥의 침투를 방지하기 위해 방수처리를 하거나, 하수의 역류를 방지하기 위한 밸브를 설치할 수 있다. 홍수방수는 새로운 시설물을 건설할 때 가장 바람직하며, 그림 13.8.1과 같은 수위, 피해, 유량, 빈도곡선에서 오직 수위-피해곡선만 변경시키게 된다.

이와 비슷한 피해 감소방법으로 건물 주위를 소규모의 벽이나 제방으로 둘러싸는 방법이 있으며, 이러한 벽을 설계하여 축조할 경우에는 주위 경관과 조화를 이루도록 하여야 하며 보통 1m 이상 되지 않도록 한다. 벽은 블록, 돌, 콘크리트 및 다른 재료를 사용할 수가 있으며, 이때 홍수류에 의한 횡방향 및 부양력을 견딜 수 있도록 설계하여야 한다. 벽이나 제방을 쌓는 경우 내부의 물을 배제하기 위한 펌프시설도 구비하여야 한다. 또한 기존 건물의 지표면 층에 해당하는 높이를 높이는 방법이 있다. 이 경우 홍수피해 위험을 완전히 제거할 수는 없지만 홍수가 발생할 경우 침수 높이가 낮아지기 때문에 피해를 줄일 수가 있다.

1) 홍수방수에 의한 피해감소 평가

앞에서 설명한 바와 같이 홍수방수로 인해 수위-피해곡선이 변하게 된다. 이 때 변하는 정도는 사용된 방법에 따라 다르게 된다. 그림 13.8.2는 물의 유입차단이나 소규모의 벽을 축조한 경우에 변하는 형태를 보여주고 있다. 유입차단시설이나 벽이 없는 경우 수위가 S_1에 도달할 때 피해가 발생하기 시작한다. 유입차단시설이나 벽이 있는 경우 피해의 발생은 수위가 S_2에 도달할 때 발생하기 시작한다. 물론 수위가 S_2를 초과하게 되면 유입차단시설이나 벽이 월류하게 되고 피해는 시설이 없는 경우와 동일하게 된다.

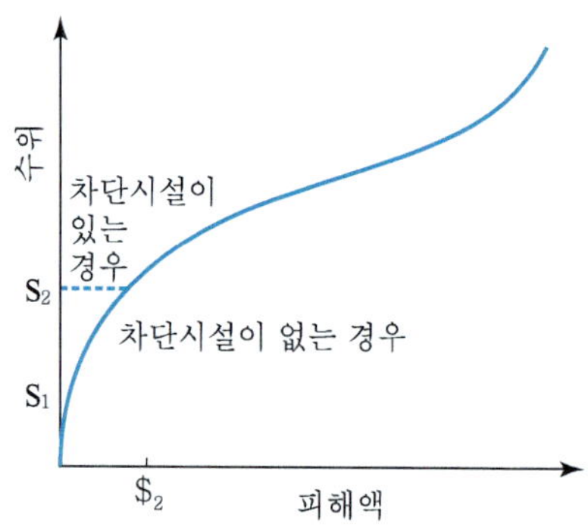

그림 13.8.2 유입차단 및 벽에 의한 수위-피해곡선의 변화

그림 13.8.3은 기존 건물의 높이를 인위적으로 높인 경우의 수위-피해곡선의 변화를 보여주고 있다. 기존의 건물을 높이지 않은 경우 홍수피해는 수위가 S_1일 때 발생하기 시작한다. 구조물의 높이를 높였을 경우 수위-피해곡선은 전반적으로 위로 올라가게 되며, 그 정도는 구조물의 높이를 높인 만큼 증가한다. 따라서 홍수피해는 수위가 S_2에 도달하게 되면 발생하기 시작한다.

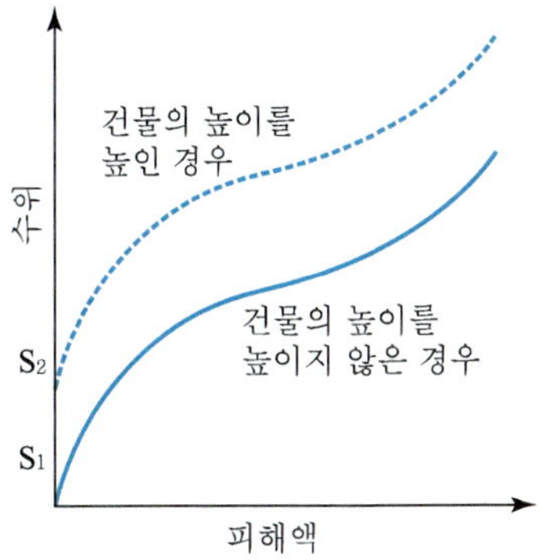

그림 13.8.3 건물높이 상승에 의한 수위-피해 곡선의 변화

2) 홍수방수 성능요건

홍수방수에서 중요한 과정은 성능조건을 만족하는 대안 방법의 설계를 결정하는 것이다. 이를 위해 수심, 유속, 유수에 포함된 유사 및 부유물 그리고 이와 관련된 힘 등을 산정해야 하며 관련 컴퓨터 모형을 이용하여 구할 수가 있다. 표 13.8.2는 홍수방수의 성능요건을 보여주고 있다. 홍수방수와 함께 비상대피계획도 함께 수립하여야 하여, 이를 위해서는 수문학적 자료를 필요로 하며, 대피경로의 결정 및 대피로의 안전을 평가하기 위한 유속의 산정 등을 위한 침수지역을 결정하여야 한다.

표 13.8.2 홍수방수의 성능요건

홍수방수방법	성능요건
문 및 창문 밀폐	밀폐시설을 설치를 위한 적절한 예보 및 경보제공
	밀폐시킬 모든 통수공간의 결정
	정수압 또는 구조물의 부상으로 인한 붕괴를 방지하기 위해 구조적으로 적절한지 확인
	누수를 최소화하기 위한 밀폐확인
	적절한 운영을 위한 공공교육 준비
소규모의 벽 또는 제방	주요제방과 비슷하나 소규모이며, 제내지의 적절한 배수을 유지하며 1) 홍수벽 및 제방의 통수공간의 밀폐, 2) 구조적 안정성을 포함
	적절한 운영을 위한 공공교육 준비
	만일 보호되는 지역이 홍수위에 의해 고립될 경우 대비를 위한 비상 접근로 계획
장소의 상승	상승된 구조물의 하단부 보호
	상승된 구조물의 구조적 안정 확보
	만일 보호되는 지역이 홍수위에 의해 고립될 경우 대비를 위한 비상 접근로 계획

13.8.2 위치변경

위치변경(relocation)은 홍수로 인한 피해를 입을 가능성이 적은 곳으로 재산이나 시설물 또는 중요 물건을 옮기는 것이라 할 수 있다. 위치변경은 현재 위치의 기존 건물 내에서 재산을 옮기거나, 홍수 위험지역으로부터 벗어난 지역으로 옮겨서 피해를 감소시킬 수 있다. 이와 같은 위치변경은 시설이나 재산의 소유자에 의해 이루어질 수 있는 비교적 간단한 방법이다. 위치 변경은 임시적 또는 영구적으로 이루어질 수 있으며, 효과는 옮기는 물건의 종류 및 홍수위험에 따라 변한다. 극단적인 경우 모든 시설물 및 재산을 홍수위험지역을 벗어난 곳으로 옮기면 수위-피해곡선에서 모든 수위에 대한 피해가 0이 될 것이다. 만일 중요 시설이나 재산만 선택적으로 옮기게 된다면 주어진 수위에서 침수되었던 피해를 줄이게 되어 수위-피해곡선이 변하게 된다. 즉, 일반적으로 특정 수위에 대한 피해가 감소하게 된다.

13.8.3 홍수경보 및 대처

홍수경보 및 대처(flood warning and preparedness)는 수위가 위험단계에 도달하기 전에 공공에게 대처할 수 있는 기회를 제공하는 것이다. 홍수경보 및 준비로 인한 피해 감소는 침수피해감소, 청소비용감소, 전기 및 수도시설 등의 중단으로 인한 비용감소, 공공위생비용의 감소 등으로 나타나게 된다. 홍수경보 및 대처는 다른 홍수피해 감소계획이 타당성이 없을 경우 독자적으로 적용하거나, 다른 감소 시설이 완료될 때까지 임시로 적용하거나 또는 다른 감소대책과 함께 적용할 수가 있다. 홍수경보 및 대처계획을 독자적으로 운영할 경우에는 최소의 피해감소 효과만 얻을 수가 있으며, 환경에 심각한 영향을 주지 않는 방법이다.

홍수경보 및 대처계획은 시민이 재산을 옮기거나, 물의 유입차단, 하수역류방지밸브의 차단 등과 같이 특정 수위로 물이 차오를 때 피해를 감소시키기 위한 행동을 할 수 있도록 하여 침수피해를 감소시키는 것이다. 이 계획에 의한 수위-피해곡선의 변화는 홍수예보의 정확성 및 시민이 예보에 어떻게 대응하는가에 따라 달라진다. 표 13.8.3은 홍수경보 및 대처계획을 제대로 적용하기 위한 요소들을 나타내며, 이 계획이 적절하게 기능을 발휘하려면 이러한 요소들을 반드시 포함해야 한다.

표 13.8.3 홍수경보 및 대처계획의 요소

요소	목적
홍수위협인식 하부시스템	자료 및 정보의 수집, 전파, 접수, 정리 및 발표 그리고 홍수의 시기 및 규모 예측
경보전파 하부시스템	피해 예상지역의 결정; 경보메시지의 준비 및 발령
비상-반응 하부시스템	임시대피; 수색 및 구조; 집단대피소 운영; 공공재산 보호; 홍수와의 싸움; 주요 서비스의 유지관리
홍수 후 복구 하부시스템	대피자의 복귀; 쓰레기 청소; 각종 서비스의 재개; 피해 평가; 지원
지속적인 시스템 관리	공공 경계 프로그램; 장비의 운영, 관리 및 교체; 정기적인 훈련; 보완 및 배치

Chapter 14
도시호우 배수시스템

14.1 서론

도시화는 강우-유출과정에 다양한 영향을 미치게 된다. 불투수 표면의 증가로 인해 침투량이 감소하게 되고, 따라서 유출량을 증가시키게 된다. 식생의 제거, 지표면의 평탄화 및 다짐 또한 유출량을 증가시킨다. 이와 함께 도시개발로 인한 관거 및 하도망의 확충으로 인해 호우 유출은 더욱 증가한다. 개발 전에는 길었던 지표면 도달시간이 짧아지게 되고, 배수구 및 관거는 호우를 신속하게 하류 하천으로 배수시켜 하류의 홍수와 하도침식을 가속시키게 된다.

본 장에서는 이와 같은 도시지역에서의 호우로 인한 침수 또는 홍수피해를 방지하기 위한 호우배수시스템 설계로 호우 배수계획, 설계강우량 산정, 지표면 및 하도유출, 관거입구부설계, 우수관거시스템 및 암거 등에 대해 알아보기로 한다.

14.2 호우 배수계획

호우 배수설계의 목적은 설계호우가 발생하는 동안 도로 및 저지대에 침수가 발생하지 않도록 하는 것이다. 배수시스템은 유역내 지표면 및 도로로부터의 호우 유출을 모아 도로 측구 및 관거를 통해 저류지나 하류 하천으로 방류하도록 설계한다. 호우집수시스템(stormwater collection system)은 지표면 배수가 적절하도록 설계되어야 하며, 지표면 배수는 도로의 횡단 및 종단경사, 조도, 입구부(inlet)의 간격 및 용량에 영향을 받는다. 우수관거, 배수구 및 하도, 펌프 등과 같은 호우배수시스템(stormwater conveyance system)은 입구부가 침수되거나 홍수가 발생하지 않도록 입구지점부터 출구지점까지 충분한 통수능을 가지도록 설계하여야 한다. 집수 및 배수시스템에 대한 적절한 시설물의 설계에서는 호우의 양과 질을 고려하여야 하며, 이를 위해 배수시스템에 저류지(detention/retention)를 설치하여 호우의 양과 함께 수질도 조절하게 된다.

14.2.1 설계절차

호우배수시스템의 주요 설계절차는 다음과 같다.

① 자료수집 : 설계를 하기 위해 필요한 기술 및 정보에 대한 자료를 수집하고 분석한다. 이러한 자료에는 유역지도, 지표면 이용지도, 토양도, 홍수기록, 기존 배수시설, 기존 배수시스템의 설계 및 기능에 관한 자료, 공공시설계획, 도로자료, 중앙 및 지자체의 규제조건 등이 포함된다.

② 관련기관의 협조 : 배수와 관련하여 규제기관 및 단체의 협조가 필수적이다. 배수시스템이 개인의 사업 및 가정에 영향을 준다고 생각하는 주민들이 있으므로 이를 고려할 필요가 있고, 주민들과의 대화 및 협조는 지자체의 관련부서 및 공청회를 통해 이룰 수가 있다.

③ 예비계획 : 호우배수시스템의 예비적인 계획 및 배치를 한다. 이 단계에서는 먼저 유역 및 소유역면적, 지표면 이용 및 식생커버, 토양종류, 기존의 배수형태 그리고 지형적인 특성을 나타내는 기본지도를 작성한다. 기본지도에는 이외에 지하시설물의 위치, 도로 계획, 기존 및 계획상의 구조물의 위치 등에 대한 정보도 포함한다.

다음으로 배수시스템을 주 및 부배수시스템으로 나누어 고려한다. 주배수시스템은 부배수시스템의 용량을 초과하는 호우흐름에 대한 지표면흐름을 감소하도록 설계하며, 보통 100년빈도의 호우에 대해 흐름경로 및 이에 대한 수심 및 유속을 결정한다. 부배수시스템은 보통 10년 빈도의 호우에 대해 설계하며, 연석(curb), 배수구(gutter, ditch), 입구부(inlet), 맨홀, 관거, 개수로, 펌프, 저류지(detention basin), 수질관리시스템 등이 포함된다.

④ 수문 및 수리학적 설계 : 다음과 같이 수리 및 수문학적 예비 설계를 수행한다. ㉠ 예비적인 배치를 기본으로 하여 유출계수 및 유출량을 계산한다. ㉡ 입구부의 위치 및 간격을 조정한다. ㉢ 맨홀, 관거연결부, 출구조절구조물 및 배수시스템의 기타요소를 포함하여 호우배수시스템의 배치를 조정한다. ㉣ 관거, 하도, 펌프장, 유출조절구조물 및 기타 호우배수시스템 요소의 크기를 결정한다. ㉤ 동수경사선을 계산하고 검토한다. ㉥ 필요한 경우 계획을 수정하고 설계변수들을 다시 계산한다. 이와 같은 과정을 수행하는 동안 예비단계의 설계가 최종설계 단계로 전환되게 된다.

⑤ 최종설계 : 최종설계 단계에서는 설계파일 및 시공계획에 대한 최종 보고서를 준비하고, 최종설계보고서의 요구 조건들은 사업자에 의해 결정되거나 사업의 범위에 따라 변하게 된다.

14.2.2 설계기준

호우배수시스템을 설계하기 위한 기준들은 지자체마다 다를 수가 있지만 공통적인 가정이나 제약조건들에는 다음과 같은 항목들이 있으며, 구체적인 설계기준치는 표 14.2.1과 같다.

① 소규모의 배수시스템에서는 중력에 의해 배수가 되도록 설계한다.
② 관거는 상용화되어 있는 원형 관거를 주로 사용한다.
③ 관거의 설계직경은 설계 유량을 충분히 배수시킬 수 있고, 모든 제약 조건들을 만족시키는 상용화되어 있는 최소의 관거직경이 된다.
④ 배수관거는 동결되지 않고, 저부가 충분히 흐를 수 있으며, 지표면의 하중에 의해 파손되지 않도록 충분한 완충효과를 유지할 수 있게 최소 피복두께를 설정하여야 한다.
⑤ 상류관거의 천정높이가 하류관거의 천정높이보다 낮지 않게 연결시켜야 한다.
⑥ 관거 내에 고형물 입자들이 과도하게 퇴적되는 것을 방지하기 위해 최소 허용유속을 설정한다.
⑦ 높은 유속의 흐름에 의한 세굴이나 부작용을 방지하기 위해 최대 허용유속을 설정하고, 관거 내의 최대유속으로 인해 관거 저부에서의 침식 가능성이 있으므로 신중하게 결정 한다.

표 14.2.1 배수관거 시스템 설계에 대한 기준치

항목		기준
유속	최소설계유속 최대설계유속 단단한 관거 유연한 관거	0.6~0.9m/s 4.6~6.4m/s 3.0~4.6m/s
맨홀	최대맨홀간격(관거크기에 따라 변함) 맨홀에서의 관거배치 관거크기 다름 관거크기 같음	122~183m 관거 정점부 또는 80~85%깊이선에 맞춤 관거 저부의 낙차가 최소 0.03~0.06m
관거	관거최소크기	0.3~0.6m
피복	최소 토양피복두께	0.3~0.6m
입구부	입구부의 위치	도로 수로의 허용 유출용량을 초과하는 지점
설계	최종 수리학적 설계	배수위 분석을 통한 접합부 손실 및 과부하에 대한 설계 검토

⑧ 맨홀이나 접속부에서 하류부 관거는 상류부 관거보다는 커야 한다.

⑨ 배수관거시스템은 하류방향으로 가면서 합류되며, 폐합된 부분이 없도록 구성한다.

14.3 설계강우 및 홍수량산정

도시호우배수시스템 설계를 위한 수문분석에서 설계강우 및 이에 대한 유출량의 산정이 필요하며, 이에 대한 일반적인 수문분석과정은 2~4장에 소개하였으므로 필요시 앞에서 언급한 내용을 연계하여 설명하고 추가적인 사항에 대해서는 본 절에서 소개하기로 한다.

14.3.1 강우분석

유역의 특성과 함께 강우분석은 호우배수시스템의 설계를 위한 홍수량을 결정하는데 기본적으로 필요하다. 일반적으로 호우 중심에서는 강우강도가 크며 호우중심에서 멀어질수록 작아지게 된다. 따라서 호우의 공간범위가 넓어지게 되면 공간 평균된 강우량도 작아지게 되므로 설계강우 결정시 유역면적의 증가에 따른 면적감소계수를 구해 점강우량을 면적평균강우량으로 환산하여 적용하게 된다.

강우의 발생은 매우 불확실하여 결정론적인 방법에 의해 정확히 예측하기가 매우 어렵다. 따라서 강우사상을 무작위사상으로 고려하여 확률론적 방법을 이용하여 강우의 발생 가능성을 결정하게 된다. 평균강우강도, 지속기간 그리고 재현기간간의 확률적인 관계는 강우강도-지속기간-발생빈도(intensity-duration-frequency, IDF)곡선으로 나타나며, 9.6절에서 설명한 바와 같이 강우 관측 자료로부터 다양한 지속기간별 연 최대 강우량을 구하고, 적정 확률분포형을 결정한 후 각 지속기간에 대한 연 최대 강우량을 빈도해석하여 도시하면 IDF곡선을 얻을 수가 있다. IDF곡선에서 재현기간을 결정하면 강우강도-지속기간의 관계를 나타내는 하나의 곡선만 남게 되며, 이 곡선으로부터 최소자승법을 이용하여 강우강도식을 얻을 수 있다.

14.3.2 설계강우의 시간분포

재현기간별 지속기간에 대한 설계강우량이 산정되었으면, 그 지역을 대표하는 강우분포 양상을 고려하여 설계우량주상도(design hyetograph)를 결정해야 한다. 즉, 설계 대상 유역에서 관측된 과거의 호우사상 분석을 통해 그 유역의 전형적인 호우에 대한 강우의 시간적인 분포를 결정해야 한다. 설계강우량을 어떻게 분포시키는가에 따라 유출수문곡선의 모양, 첨두홍수의 크기 및 발생시간이 변하게 된다. 설계강우량을 시간에 따라 분포시키는 방법은 Mononobe 방법, Huff 방법, 삼각형 우량주상도법(triangular hyetograph method), 교호블록법(alternating block method), 순간강우강도법(instantaneous intensity method) 등이 있으며 이들 방법에 대해서는 2.4.6절 설계우량주상도에서 설명하였다.

14.3.3 유효우량 산정

지상에 떨어진 강우는 여러 경로를 통해 이동하게 된다. 강우의 일부는 식생에 의해 차단되고, 일부는 지표면 웅덩이에 저류되며, 일부는 토양으로 침투하게 된다. 또한 강우가 지표면에 도달하기 전에 증발하기도 한다. 강우 중 이와 같은 항목들을 제외한 나머지가 지표면 유출로 나타나게 된다. 강우의 손실은 유출에 기여하지 못하는 강우 부분을 모두 합한 것으로 일반적으로 차단, 지표면저류, 증발, 증산 그리고 침투가 있으며, 설계호우 조건하에서 도시지역에서는 증발 및 증산을 일반적으로 무시하게 된다. 초과강우(rainfall excess) 또는 유효우량(effective rainfall)은 총강우에서 손실량을 제하여 구하게 된다. 도시지역에서 호우유출은 오직 초과강우에 의해서만 발생한다고 가정하므로 초과강우의 총 부피는 유출량의 총 부피와 같게 된다.

1) 차단저류

차단저류(interception storage)는 강우가 지표면에 떨어지기 전에 나무, 식물 및 기타 식생에 의해 차단되는 부분을 말한다. 이와 같이 차단된 강우는 나무 줄기, 잎 및 식물의 표면에 달라붙어 증발에 의해 대기로 되돌아가게 되며, 주로 강우 초기에 발생하고 차단되는 양은 식생의 종류 및 밀도 그리고 강우량에 따라 변하게 된다. 연구에 의하면 연간 나무에 의한 차단량은 강우량의 약 48%, 잔디에 의해 차단되는 양은 약 13%가 된다고 하며, 경험공식들은 다음과 같은 Horton이 처음 제시한 식과 비슷한 형태를 가지고 있다.

$$I_S = a + bP^n \qquad (14.3.1)$$

표 14.3.1 차단식의 상수 a, b 그리고 n값

식생 종류	$I_S = a + bP^n$		
	a	b	n
Orchard	0.04	0.18	1.00
Ash, in woods	0.02	0.18	1.00
Beech, in woods	0.04	0.18	1.00
Oak, in woods	0.05	0.18	1.00
Maple, in woods	0.04	0.18	1.00
Willow, shrubs	0.02	0.40	1.00
Hemlock and pine woods	0.05	0.20	0.50
Beans, potatoes, cabbage and other small crops grown on hills	0.02h	0.15h	1.00
Clover and meadow grass	0.005h	0.08h	1.00
Forage, alfalfa, vetch, millet, etc.	0.01h	0.10h	1.00
Small grains, rye, wheat, barley	0.005h	0.05h	1.00
Corn	0.005h	0.005h	1.00

* 여기서 P가 in인 경우 차단도 in, h는 식생의 높이(ft)

여기서, I_S는 단일 호우에서 강우량 P에 대한 차단량(mm), a 및 b는 상수로 표 14.3.1과 같다. 표 14.3.2는 강우조건에 대한 여러 작물의 차단율을 보여주고 있다.

호우 중의 지표면 식생에 의한 차단 및 증발량을 고려하기 위한 경험식은 다음과 같다.

$$I_S = S(1 - e^{-P/S}) + REt \qquad (14.3.2)$$

여기서, I_S는 총 차단량 (mm), S는 저류능(mm), P는 강우량(mm), R은 식생표면 면적 대 수평으로 투영된 면적의 비인 잎 면적지수(leaf area index), E는 호우기간동안 식생표면으로부터의 증발율(mm/hr) 그리고, t는 강우지속기간(hr)이다.

표 14.3.2 단위면적(1m²)에 대한 일반 강수하에서의 차단

식생	강수 깊이 (mm)	강수 특성	차단율	식생	강수 깊이 (mm)	강수 특성	차단율
밀 (Wheat)	0.5	한번의 매우 약한 호우	90	귀리 (Oats)	2.8	한번의 가벼운 호우	72
	1.5	한번의 매우 약한 호우	80		3.8	여러 번의 가벼운 호우	57
	1.8	한번의 매우 약한 호우	72		18.8	가벼운 호우에 뒤이은 강한 강우	45
	1.8	한번의 매우 약한 호우	76	저습지 잔디 (Slough grass)	0.5	매우 약한 호우	80
	6.1	두 번의 가벼운 호우	74		1.5	약한 호우	80
	8.1	한번의 짧은 호우	52		1.8	약한 호우	66
	8.9	한번의 짧은 호우	64		1.8	약한 호우	76
	11.7	한번의 강한 호우	46		9.7	심한 호우	78
	20.3	세 번의 호우	51		9.9	심한 호우	67
	37.6	가벼운 호우에 뒤이은 강한 강우	33		11.4	심한 호우	73

예제 14.3.1

상업지역 개발을 위해 소나무 숲의 소나무를 모두 제거하려고 한다. 이 지역에서의 강우강도식이 I(mm/hr)=2,819/(t(min)+16)과 같다. 숲에서의 나무의 저류능이 6mm, 잎 면적지수가 7 그리고 호우기간동안의 증발률이 0.2mm/h이다. 1) 지속기간 20분의 호우가 발생할 때 숲을 제거할 경우 지표면에 도달하는 강우의 증가량을 산정하라. 2) Horton형의 경험공식에 의한 차단량은 얼마인가.

풀이

1) 지속시간 20분의 호우이므로 강우강도 I 및 강우량 P는

$$I = \frac{2,819}{20+16} = 78\text{mm/h}, \qquad P = 78 \times \frac{20}{60} = 26\text{mm}$$

소나무 숲에 이한 차단량은 $I_S = 6 \times (1 - e^{26/6}) + 7 \times 0.2 \times 0.33 = 5.9 + 0.5 = 6.4\text{mm}$

소나무 숲에 의해 차단되는 양은 6.4mm이므로 26mm-6.4mm=19.6mm가 지표면에 도달한다. 즉, 소나무 숲에 의해 강우량의 33% 정도가 차단되고 이 숲을 제거함으로서 26mm가 지표면에 도달한다. 증발량은 0.5mm로 차단량에 비해 작아 호우중에는 증발량이 손실량에 기여하지 못함을 알 수 있다.

2) 소나무 숲인 경우 표 14.3.1에 의해 n=1, a=0.05 그리고 b=0.20을 적용하면

$$I_S = 0.05 + 0.20 \times 26 = 5.25\text{mm}$$

2) 지표면저류

강우 중 지표면 웅덩이에 저류되는 물을 지표면저류(depression storage)라 하며, 강우가 그친 후 침투하거나 증발됨으로서 지표면 유출에 기여하지 못하는 강우 성분이다. 지표면저류는 보통 유역면적에 대한 평균깊이로 나타내게 되며, 지표면 종류에 따른 일반적인 평균깊이가 표 14.3.3과 같다. 표의 값은 완만한 경사에 대한 경우이며, 경사가 편평한 경우에는 더 크게 되고, 급한 경사인 경우에는 작게 된다.

표 14.3.3 지표면저류의 일반적인 값

지표면 종류	지표면 저류(mm)	지표면 종류	지표면 저류(mm)
포장표면		잔디	2.5~5.1
급경사	0.5	목초지	5.1
수평	1.5, 3.5	편평한 지붕	2.5~7.5
불투수지역	1.3~2.5	숲	7.6

예제 14.3.2

불투수 표면의 주차장에 10분간 12mm의 강우가 발생하였을 때 유출되는 비율은 얼마인가.

풀이

불투수 주차장의 웅덩이에 떨어진 물은 유출에 기여하지 못한다. 표 14.3.3으로부터 일반적인 저류량이 1.3~2.5mm이므로 평균치로 1.9mm를 적용하면 유출율은 (12-1.9)/12=0.84가 된다.

3) 침투

투수지역에서 침투과정에 의해 강우의 많은 부분이 손실되게 되며, 침투율(infiltration rate)은

지표 및 지표하 토양의 조건에 의해 영향을 받게 된다. 지표면 조건은 침투하기 위한 물의 양을 결정하는 반면, 지표하 조건은 이러한 물이 침투할 수 있는 능력을 결정하게 된다. 침투능(infiltration capacity)은 물이 침투할 수 있는 최대율로, 물이 침투할 수 있는 능력을 나타낸다. 강우강도가 침투능보다 작게 되면 실제 침투율은 강우강도와 같게 되는 반면, 강우강도가 크게 되면 실제침투율은 침투능과 같게 되어 침투하지 못한 강우는 지표면 웅덩이를 채운 후 지표면을 따라 유출된다. 즉,

$$f = \begin{cases} I & f_p > I\text{인 경우} \\ f_p & f_p < I\text{인 경우} \end{cases} \tag{14.3.3}$$

여기서 f_p는 침투능, f는 실제침투율 그리고 I는 강우강도이다. 만일 침투가 대부분의 손실이라면 유효강우강도 즉, 초과강우강도 I_e는 다음과 같다.

$$I_e = I - f \tag{14.3.4}$$

4) NRCS 방법에 의한 유효우량 산정

강우량 중에서 침투량과 유효우량을 분리하기 위한 많은 경험식들이 제시되고 있으며, 그 중 널리 사용되고 있는 방법이 미자연자원보존국(NRCS)에서 개발한 유출곡선지수방법이다. 이 방법은 침투 및 유효우량의 크기에 영향을 미치는 인자로 토양의 종류, 토지이용상태, 식생의 피복상태 및 선행토양함수조건 등을 고려하여 유효우량을 산정하고 있다. 유출곡선지수 CN은 0~100의 범위를 가지고 있는 유역변수로 토양의 수문학적 그룹, 토양식생종류 및 조건, 유역의 불투수 면적 백분율 그리고 선행함수조건에 의해 영향을 받는다. 이러한 개념으로 강우량으로부터 유효우량을 산정하는 방법인 NRCS 방법을 3.4절 유효우량 산정에서 소개하였다.

14.3.4 설계홍수량

도시 호우설계는 호우로 인한 유출량을 통제하기 위한 목적이므로 기존 배수시스템을 평가하거나 새로운 배수시스템을 설계하기 위해서는 설계 유출량이 필요하게 된다. 적절하게 설계된 배수시스템은 설계 홍수량을 충분히 통과시키게 되며, 만일 이보다 큰 홍수량이 발생하면 배수시스템은 물리적으로 파괴가 되지 않더라도 그 기능을 발휘하지 못하게 된다.

설계홍수량을 산정하기 위해서는 관측된 유출량 자료가 필요하다. 그러나 이러한 유출량 자료가 준비되어 있지 않은 곳이 많은 반면 강우 자료는 풍부하다. 따라서 설계홍수량을 산정하기 위해 강우-유출 모형을 이용하여 강우 자료를 유출량 자료로 전환할 필요가 있다. 강우량 자료로부터 설계홍수량을 산정하기 위한 방법으로는 그림 14.3.1과 같은 연속모의(continuous simulation)방법 및 단

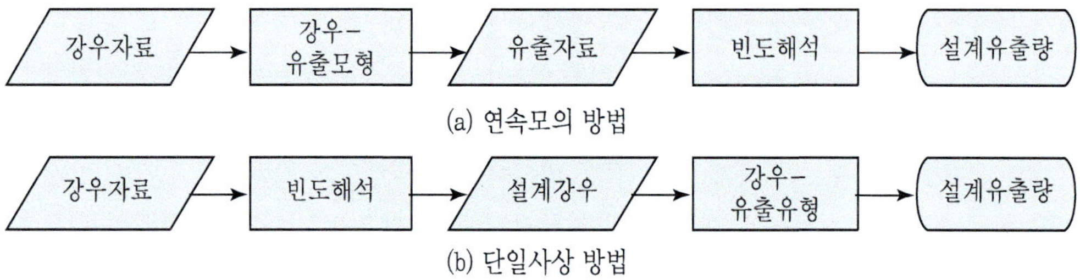

그림 14.3.1 설계홍수량 산정방법

일사상(single event)방법이 있다. 연속모의 방법에서는 연속적인 과거 강우 관측자료를 도시지역의 강우-유출모형에 적용하여 연속적인 유출자료로 변환하고, 이 유출량 자료를 이용하여 빈도해석을 통해 배수시스템의 설계 홍수량을 결정하게 된다. 단일사상방법에서는 강우자료를 통계분석하여 IDF 곡선을 구하고, IDF곡선으로부터 설계강우를 결정하여 강우-유출모형으로부터 설계 홍수량을 산정하게 된다. 일반적으로 연속모의 방법은 시간이 많이 소요되며, 광범위한 유역자료를 필요로 하는 반면, 단일사상 방법은 훨씬 간단하여 실무에서 설계 홍수량 산정시 주로 적용한다.

설계 재현기간을 결정하기 위해 고려해야 할 인자들은 구조물의 중요성, 비용, 배수시스템에 의한 보호 범위 그리고 파괴로 인한 피해 등이 포함된다. 이상적으로는 비용-편익분석을 통해 재현기간을 설정하는 것이 바람직하지만 실제로는 과거의 파괴로 인한 피해 경험이 재현기간의 결정에 영향을 미친다. 일반적으로 적용하고 있는 재현기간은 도로 배수로인 경우 2~5년, 호우관거인 경우 2~25년 그리고 저류지인 경우 10~100년 빈도를 사용한다. 도로의 암거는 교통량이 적음, 중간 및 많음에 따라 각각 5~10년, 10~25년 및 25~50년의 빈도를 적용한다. 주요 도로의 교량은 50~100년 빈도의 홍수량이 통과할 수 있도록 설계한다. 설계 호우의 지속기간은 배수시스템의 종류에 따라 변하게 되며, 관거 및 암거는 첨두 유량이 통과하도록 설계된다. 따라서 설계 호우 지속기간은 주어진 재현기간에 대해 최대의 첨두유량이 발생할 수 있는 시간으로 정하게 된다. 그러나 저류지인 경우 최대의 저류용량이 발생하는 시간이 중요하다.

14.4 지표 및 하도흐름

초과강우의 이동은 주로 개수로흐름 형태로 도시유역에서 여러 흐름 구간에서 나타나게 된다. 일반적인 흐름경로를 따라 초과강우는 지붕, 잔디, 도로위에서 판상흐름(sheet flow) 형태로 흐르게 되며, 이러한 매우 얇은 수심으로 흐르는 개수로 흐름을 지표류(overland flow)라 한다. 지표류 형태로 흐르는 초과강우는 도로 측구, 배수로, 배수하도 또는 부분적으로 차서 흐르는 우수관거와 같은 하도구간을 만나 하도흐름 형태로 유역출구지점을 향해 흐르게 된다.

14.4.1 개수로 흐름 방정식

개수로에서의 부정류는 St. Venant 방정식을 이용하여 나타낼 수 있으며, 연속방정식 및 운동량 방정식은 4.4.1절에서 소개한 바와 같이 다음과 같이 나타낼 수가 있다.

$$\frac{\partial Q}{\partial x}+\frac{\partial A}{\partial t}=q_L \tag{14.4.1}$$

$$\frac{\partial Q}{\partial t}+\frac{\partial}{\partial x}\left(\frac{Q^2}{A}\right)+gA\frac{\partial y}{\partial x}=gA(S_o-S_f) \tag{14.4.2}$$

여기서 Q는 유량, A는 흐름단면적, x는 흐름방향의 거리, t는 시간, q_L은 측방향 유입량, y는 수심, g는 중력가속도, S_o는 하상경사 그리고 S_f는 마찰경사이다. 마찰경사 S_f는 에너지선의 경사를 의미하여, 난류인 경우 Darcy-Weisbach 공식을 이용하여 다음과 같이 나타낼 수 있다.

$$S_f=\left(\frac{nQ}{A}\right)^2\frac{1}{R_h^{4/3}} \tag{14.4.3}$$

여기서, n은 Manning의 조도계수, R_h는 동수반경(A/P)이다. 표 14.4.1은 다양한 하도재료에 따른 Manning의 조도계수를 보여주고 있다.

표 14.4.1 Manning의 조도계수

하도재료	수심 범위		
	0~0.15m	0.15~0.6m	0.6m <
콘크리트	0.015	0.013	0.013
그라우트 사석	0.040	0.030	0.028
토양시멘트	0.025	0.022	0.020
아스팔트	0.018	0.016	0.016
토양	0.023	0.020	0.020
암석절단	0.045	0.035	0.025

1) 정상부등류

St. Venant의 연속방정식 및 운동량방정식은 부정류 및 점변류에서 적용할 수 있다. 만일 흐름이 정상류 즉, 시간에 따라 흐름 특성이 변하지 않는다면 두 식에서 시간에 대한 편미분 항을 생략하고, 측방향으로부터의 유입이 없다면 연속방정식은 다음과 같이 나타낼 수 있다.

$$\frac{dQ}{dx}=0 \tag{14.4.4}$$

즉, 측방향 유입이 없을 때 유량 Q는 정상류 상태하에서 하도를 따라 일정하게 된다. 같은 개념으로 운동량방정식은 다음과 같이 나타낼 수 있다.

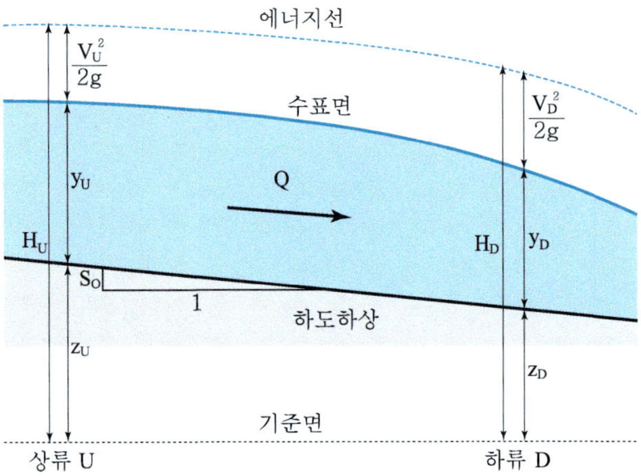

그림 14.4.1 상하류 간의 에너지수두 및 경사

$$\frac{d}{dx}\left(\frac{Q^2}{A}\right) + gA\frac{dy}{dx} = gA(S_o - S_f) \tag{14.4.5}$$

식 (14.4.5)에 V=Q/A를 적용하고 그림 14.4.1을 고려하여 다시 정리하면

$$\left(y_U + \frac{V_U^2}{2g}\right) - \left(y_D + \frac{V_D^2}{2g}\right) = \Delta x(S_f - S_o) \tag{14.4.6}$$

여기서 아래첨자 U 및 D는 상류 및 하류를 의미하고, Δx는 두 지점간의 거리 그리고 S_f는 두 지점간의 평균 마찰경사이다. $(z_U - z_D)/\Delta x = S_o$이고 $\Delta x \times S_f = h_f$(손실수두)이므로 식 (14.4.6)은 다음과 같이 나타낼 수 있다.

$$H_U - H_D = h_f \tag{14.4.7}$$

2) 등류

만일 흐름이 등류 즉, 하도를 따라 흐름특성이 변하지 않는다면 식 (14.4.5)에서 거리 x와 관련된 모든 미분항을 생략할 수가 있다. 즉, $S_f = S_o$로 간단해 진다. 이러한 조건에서 에너지경사와 수표면 및 하상경사가 서로 평행하게 되며, 다음과 같이 Manning의 공식을 적용하여 해석할 수 있다.

$$Q = \frac{1}{n}AR_h^{2/3}S_o^{1/2} \tag{14.4.8}$$

등류는 위어나 다른 구조물에 의한 흐름조절이 없는 긴 대상(prismatic)하도에서 나타나지만 실제에서는 첨두유량을 설계유량과 같다고 하고 등류로 가정하여 하도를 설계하게 된다.

면적-유량곡선은 하도 단면에서의 흐름 면적 A와 유량 Q 사이의 관계를 나타내며, 현장측정을 통해 이러한 관계를 수립하지만 현장측정을 하지 못한 경우에는 식 (14.4.8)을 이용하여 면적-유량곡선을 수립할 수 있다. 주어진 하도 단면에서 n 및 S_o가 일정하며 동수반경 R_h는 면적 A와 관련이 있으므로, 특정 하도단면형태에 대해 면적-유량곡선을 다음과 같은 형태로 나타낼 수가 있다.

$$Q = eA^m \tag{14.4.9}$$

여기서, e 및 m은 상수이지만 대부분의 하도단면에서 유량에 따라 변하며 평균치를 사용한다.

예제 14.4.1

그림 14.4.2와 같은 삼각형 단면에서 S_o=0.001, n=0.05 그리고 측면경사가 5H:1V일 때 면적-유량곡선을 구하라.

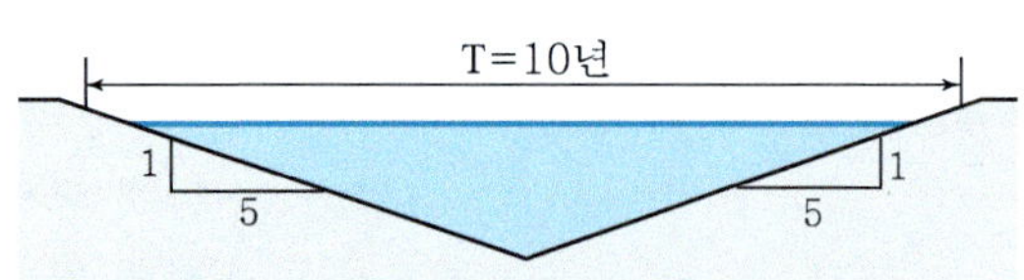

그림 14.4.2

풀이

삼각형 단면의 모양에 의해

$$A=\frac{y\times 10y}{2}=5y^2,\qquad P=2y\sqrt{1+25}=10.2y,\qquad R_h=\frac{A}{P}=0.49y$$

Manning의 공식은 $Q=\left(\frac{1}{0.05}\right)\times 5y^2\times(0.49y)^{2/3}\times(0.001)^{1/2}=1.966y^{8/3}$

$A=5y^2$으로부터 $y=(0.2A)^{1/2}$이므로 $Q=0.299A^{4/3}$

따라서 e=0.299, m=4/3이 된다.

14.4.2 지표흐름

지표류(overland flow)는 도시지역의 잔디와 같은 투수표면과 함께 지붕, 도로 및 주차장과 같은 불투수표면위에서 나타나며 중력에 의해 이러한 표면위에서 판상흐름 형태로 흘러 도로측구 또는 배수로와 같은 하도에 도달하게 된다. 난류의 흐름 특성 및 작은 수심으로 인해 지표류에 대한 Manning의 조도계수는 하도 흐름과는 다르게 된다. 지표류에 대해 흐름저항에 영향을 주는 모든 인자들은 한꺼번에 모아 Manning의 유효(effective)조도계수로 나타내게 되며, 표 14.4.2는 서로 다른 지표면형태에 대한 유효조도계수의 값을 보여주고 있다.

표 14.4.2 지표면 종류에 따른 Manning의 유효조도계수

지표면 종류	Manning n	범위	지표면 종류	Manning n	범위
Smooth concrete	0.011	0.01-0.014	Woods, no underbrush	0.20	0.1-0.3
Bare sand	0.01	0.01-0.016	Dense grass	0.24	0.15-0.35
Graveled surface	0.012	0.010-0.018	Lawns	0.25	0.20-0.30
Asphalt	0.012	0.010-0.018	Dense turf	0.35	0.30-0.35
Bare clay	0.012	0.010-0.016	Pasture	0.35	0.30-0.40
Smooth earth	0.018	0.015-0.021	Dense shrubbery and forest litter	0.40	-
Bare clay-loam (eroded)	0.02	0.012-0.033	Woods, light underbrush	0.40	0.3-0.5
Rare smooth soil	0.10	-	Bermuda grass	0.41	0.30-0.50
Range (natural)	0.13	0.01-0.32	Bluegrass sod	0.45	0.39-0.63
Sparse vegetation	0.15	-	Woods, dense underbrush	0.80	0.6-0.95
Short grass	0.15	0.10-0.25			
Light turf	0.20	-			

1) 운동파모형

지표류는 보통 부정부등류가 되며 이를 해석하기 위해서는 St. Venant 방정식을 적용하여야 한다. 그러나 St. Venent 방정식의 해석적 해를 구할 수가 없으므로 수치해석적으로 해결하기 위한 수학적 모형이 필요하다. 한편, 지표류에 대한 St. Venant 방정식을 간략화하여 적절한 신뢰도를 가진 해를 구할 수도 있으며, 운동파모형(kinematic wave model)이 이와 같은 간략화 방법이며 대부분의 지표류상황에서 적용할 수가 있다.

지표류는 매우 얕은 수심을 가지게 되므로 편평한 하상을 가진 광폭의 사각형하도에서의 흐름

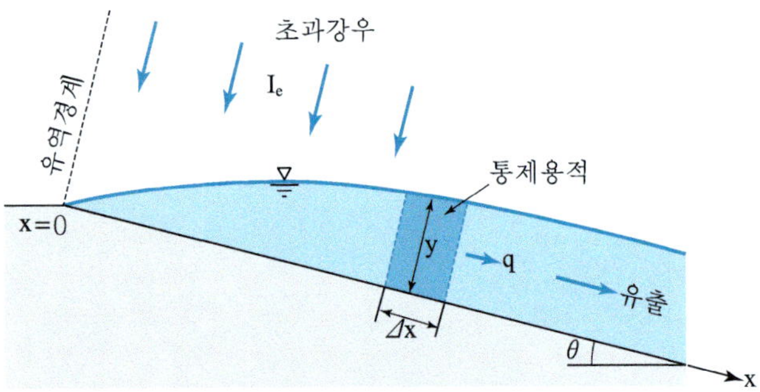

그림 14.4.3 1차원 지표류

으로 간주할 수가 있다. 이러한 형태의 흐름에서 R_h=D=y가 되고, 수면폭 T와 하천폭 W가 같게 된다. 그림 14.4.3과 같이 동일한 특성을 가진 단위폭의 사각형단면으로 간략화 한 지표류 일부분에 대한 St. Venant의 연속방정식은 다음과 같다.

$$\frac{\partial q}{\partial x}+\frac{\partial y}{\partial t}=I-f=I_e \tag{14.4.10}$$

여기서, I는 강우강도, f는 손실율 그리고 I_e는 유효강우강도이다. 식 (14.4.10)에서 미지수는 q 및 y로 식을 풀기 위해서는 운동량 방정식이 필요하다. 운동량방정식 (14.4.2)는 왼쪽항을 모두 생략하여 간략화 할 수 있으며, 따라서 S_f=S_o가 된다. 단위폭당 흐름에 대해 층류인 경우 Darcy-Weisbach 식, 난류에 대해 Manning의 식을 적용하여 다음과 같은 형태로 표현할 수 있다.

$$q=\alpha y^m \tag{14.4.11}$$

여기서, α와 m은 적용한 공식에 따라 변하며, 층류인 경우 m=3이고

$$\alpha=\frac{8gS_o}{C\nu} \tag{14.4.12}$$

난류인 경우 m=5/3이며

$$\alpha=\frac{1}{n}S_o^{1/2} \tag{14.4.13}$$

여기서 ν는 동점성계수, C는 마찰손실계수 f 및 Reynolds수(R_e)와 다음과 같은 관계를 갖는다.

$$f=\frac{C}{R_e} \tag{14.4.14}$$

2) 불투수 표면에서의 지표흐름

초과강우 I_e가 일정한 불투수 표면에 대해서는 식 (14.4.10)과 식 (14.4.11)을 동시에 적용할 수가 있다. 두 식을 결합하여 수심 y에 대해 정리하면

$$\frac{\partial y}{\partial t}+\alpha m y^{m-1}\frac{\partial y}{\partial x}=I_e \tag{14.4.15}$$

식 (14.4.15)의 해는 속도 dx/dt로 움직이며 관측된 시간(t)에 대한 y의 변화율을 나타내는 식 (14.4.16)과 비교하여 얻을 수가 있다.

$$\frac{dy}{dt} = \frac{\partial y}{\partial t} + \frac{dx}{dt}\frac{\partial y}{\partial x} = I_e \tag{14.4.16}$$

따라서

$$\frac{dx}{dt} = \alpha m y^{m-1} \tag{14.4.17}$$

$$\frac{dy}{dt} = I_e \tag{14.4.18}$$

여기서, dx/dt는 파속(wave speed)이고, 식 (14.4.18)은 운동파방정식이 된다. 경계조건 t=0일 때 y=0을 식 (14.4.18)에 적용하면

$$y = I_e t \tag{14.4.19}$$

식 (14.4.19)를 식 (14.4.17)에 대입하고, 경계조건 t=0일 때 x=0을 적용하여 적분하면

$$x = \alpha I_e^{m-1} t^m \tag{14.4.20}$$

식 (14.4.19)와 (14.4.20)은 그림 14.4.3과 같은 수표면을 나타내는 매개변수 방정식이 되며, 유역 면적을 따라 임의 지점에서의 유량은 식 (14.4.11)과 식 (14.4.19)를 결합한 식 (14.4.21)을 이용하여 구할 수가 있다.

$$q = \alpha (I_e t)^m \tag{14.4.21}$$

초과강우가 일정하게 지속된다고 할 때 하류 출구지점에서의 유량은 평형상태에 도달할 때까지 증가하게 되고, 그 후로는 일정하게 유지된다. 이와 같이 평형상태 즉, 첨두유량에 도달하는 시간을 평형시간(equilibrim time) t_e라 하며, 유역의 최상류 경계지점부터 출구지점까지 도달하는 시간과 같으므로 도달시간(time of concentration) t_c와도 같다. 따라서 평형시간을 구하기 위해 식 (14.4.20)을 변환하면

$$t_e = \left(\frac{L}{\alpha I_e^{m-1}}\right)^{1/m} \tag{14.4.22}$$

여기서, t_e는 평형 또는 도달시간(sec), L은 유역출구까지의 거리(m), I_e는 초과강우강도(m/s)이다. 초과강우가 시간 t_d까지 지속된다면 유출수문곡선의 모양 및 첨두유량은 지속시간 t_d가 평형시간 t_e보다 길고 짧음에 따라 그림 14.4.4와 같이 변하게 된다.

① 만일 $t_e \le t_d$이면 $t \le t_e$에 대한 상승부의 단위폭당 유량 q_L(m^3/s/m)은

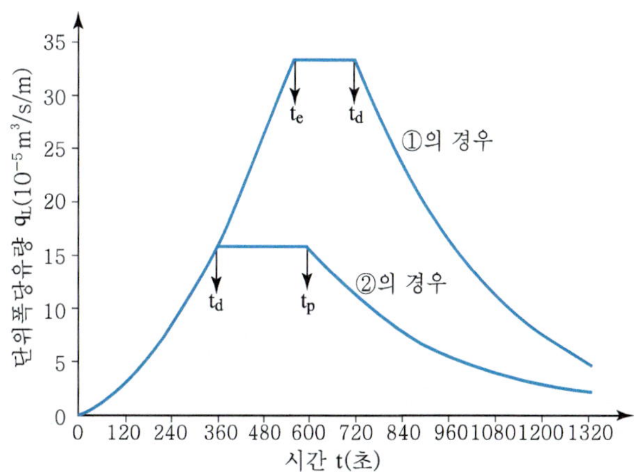

그림 14.4.4 운동파 지표류 수문곡선

$$q_L = \alpha(I_e t)^m \tag{14.4.23}$$

만일 $t_e < t \le t_d$이면 단위폭 당 평형유량은

$$q_L = I_e L \tag{14.4.24}$$

강우가 시간 $t=t_d$에서 그치면 유출이 감소하기 시작한다. 따라서 $t > t_d$에 대해서는

$$t = t_d + \frac{L/\alpha y_L^{m-1} - (y_L/I_e)}{m} \tag{14.4.25}$$

여기서, y_L은 하류 출구지점에서의 수심으로 다음과 같이 산정한다.

$$y_L = \left(\frac{q_L}{\alpha}\right)^{1/m} \tag{14.4.26}$$

② 만일 $t_e > t_d$이면 평형에 도달하기 전에 강우가 그치게 된다. 이 경우 $0 < t < t_d$에 대해 상승부에서는 식 (14.4.23)을 이용하여 유량을 계산할 수 있다. 시간 $t_d < t < t_p$에서는 유출수문곡선이 일정하게 되며 유량은 다음과 같게 된다.

$$q_L = \alpha(I_e t_d)^m \tag{14.4.27}$$

여기서

$$t_p = t_d - \left(\frac{t_d}{m}\right) + \frac{L}{m\alpha(I_e t_d)^{m-1}} \tag{14.4.28}$$

유량은 $t > t_p$이면 감소하고, 식 (14.4.25) 및 (14.4.26)을 이용하여 감수부에서의 유량을 계산할 수 있다.

예제 14.4.2

주차장의 길이가 L=60m, 경사가 S_o=0.01이며, 점토표면으로 이루어져 조도계수 n=0.02이다. 초과강우강도가 I_e=20mm/h(5.555×10^{-6}m/s)로 일정하게 내릴 때 주차장의 출구지점에서의 유출수문곡선을 1) t_d=12분 및 2) t_d=6분인 경우에 대해 결정하라.

풀이

식 (14.4.13)과 식 (14.4.22)를 이용하여 α와 t_e를 결정한다.

m=5/3=1.667, 1/m=0.6 그리고 (m−1)/m=0.4

$$\alpha = \frac{1}{n}S_o^{1/2} = \frac{1}{0.02}0.01^{0.5} = 5\text{m}^{1/3}/\text{s},$$

$$t_e = \left(\frac{L}{\alpha I_e^{m-1}}\right)^{1/m} = \left(\frac{60}{5\times(5.555\times10^{-6})^{1.667-1}}\right)^{0.6} = 562\text{sec} = 9.36\text{min}$$

1) t_d=12min=720s 즉, t_e<t_d이므로 평형시간 562s까지는 유출량이 증가한다. 따라서 식 (14.4.23)을 이용하여 시간 0<t<562s에 대해 유량을 구한 결과가 표 14.4.3a의 2란과 같다. 첨두유량은 t=562s일 때 $33.33\times10^{-5}m^3/s/m$가 되고 t=$t_d$=720s까지 지속된다. 감수부에서는 유량을 임의로 선택하여 식 (14.4.26)으로부터 수심(4란)을 구하고 식 (14.4.25)로부터 시간(5란)을 구하게 된다.

2) t_d=6min=360s 즉, t_e>t_d이므로 평형에 도달하기 전에 강우가 중단된다. 따라서 첨두유량은 평형유량보다 작게 되고 t=360s에 발생한다. 따라서 식 (14.4.23)을 이용하여 시간 0<t<360s에 대해 유량을 구한 결과가 표 14.4.3b의 2란과 같고 첨두유량은 $15.87\times10^{-5}m^3/s/m$가 된다.
식 (14.4.28)을 이용하여 t_p를 구하면

$$t_p = 360 - \frac{360}{1.667} + \frac{60}{1.667\times5\times(5.555\times10^{-6})^{0.667}\times360^{0.667}} = 598s$$

따라서 유량은 시간 360s부터 598s까지 일정하게 첨두유량을 유지하게 된다. 598s 이후 t>t_p에서는 유출량이 감소하게 되고 임의의 유출량에 대해 식 (14.4.26)을 이용하여 y_L을 구하고 식 (14.4.25)를 이용하여 t를 구하게 된다.

표 14.4.3 운동파 모형 유량계산

(a)

상승부		하강부		
t (s)	q_L ($10^{-5}m^3/s/m$)	q_L ($10^{-5}m^3/s/m$)	y_L ($10^{-3}m$)	t (s)
0	0.00	33.33	3.12	720
120	2.54	24.00	2.56	828
240	8.08	15.00	1.93	975
360	15.87	10.00	1.52	1102
480	25.64	5.00	1.00	1332
562	33.33			

(b)

상승부		하강부		
t (s)	q_L ($10^{-5}m^3/s/m$)	q_L ($10^{-5}m^3/s/m$)	y_L ($10^{-3}m$)	t (s)
0	0.00	15.87	2.00	598
120	2.54	12.00	1.69	685
240	8.08	8.00	1.33	813
360	15.87	4.00	0.87	1053
		2.00	0.58	1336

3) 투수 표면에서의 지표흐름

일정한 강도로 불투수 표면위로 비가 내릴 때에 대한 운동파 방정식의 적용에 대해 알아보았으며, 초과강우가 일정한 경우의 투수 표면에 대해서도 적용할 수 있다. 초과강우가 시간에 따라 변하는 경우에는 해석적인 해를 구할 수 없으며, 식 (14.4.10)과 식 (14.4.11)을 컴퓨터 모형을 사용하여 침투모형과 함께 수치적으로 결합하여 해석한다.

Akan(1985)이 운동파방정식과 Green-Ampt 침투식을 동시에 해석하기 위한 컴퓨터 모형의 결과를 일반화하여 나타낸 결과가 그림 14.4.5와 같으며, 투수 표면에서의 첨두 지표유량을 결정할 수 있다. 그림에서의 계수들은 무차원으로 다음과 같이 산정한다.

$$q_p^* = \frac{q_p}{IL} \tag{14.4.29}$$

$$\alpha^* = \frac{L^{0.6}}{I^{0.4}t_d\alpha^{0.6}} \tag{14.4.30}$$

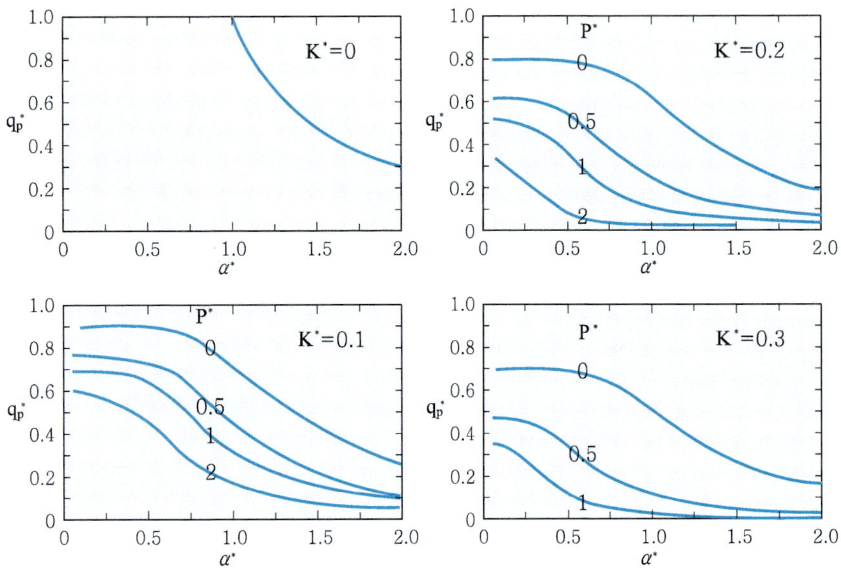

그림 14.4.5 투수 표면에서의 지표류 결정 변수

$$K^* = \frac{K}{I} \qquad (14.4.31)$$

$$P^* = \frac{P_f\,\phi(1-S_i)}{It_d} \qquad (14.4.32)$$

여기서, q_p는 단위폭당 첨두유량(m^2/s), I는 일정 강우강도(m/s), L은 지표유출길이(m), K는 투수계수(m/s), P_f는 토양흡인수두(m), ϕ는 토양의 유효공극율, S_i는 초기포화도, t_d는 강우지속기간(sec) 그리고 $\alpha(m^{1/3}/s)$는 식 (14.4.13)과 같다.

예제 14.4.3

투수성의 사각형 지역이 길이 L=180m, 경사 S_o=0.001, 조도계수 n=0.03, Green-Ampt의 유효공극율 ϕ=0.414, 투수계수 K=1.0058×10^{-6}m/s, 흡인수두 P_f=0.25m, 초기포화도 S_i=0.65의 특성을 가지고 있다. 강우강도가 일정하게 I=1.0058×10^{-5}m/s로 2시간동안 내릴 때 첨두유출량을 산정하라.

풀이

먼저 α, α^*, K^*, P^*를 구하면

$$\alpha = \frac{1}{0.03}\times 0.001^{0.5} = 1.054\,m^{1/3}/s, \qquad \alpha^* = \frac{180^{0.6}}{(1.0058\times10^{-6})^{0.4}\times7200\times1.054^{0.6}} = 0.30$$

$$K^* = \frac{1.0058\times10^{-6}}{1.0058\times10^{-5}} = 0.1, \qquad P^* = \frac{0.25\times0.414\times(1-0.65)}{(1.0058\times10^{-5})\times7200} = 0.5$$

따라서 그림 14.4.5로부터 q_p^*를 구하면 0.76이 된다. 그러므로

$$q_p = 0.76\times(1.0058\times10^{-5})\times180 = 1.38\times10^{-3}m^3/s/m$$

14.4.3 하도흐름

도시 유역에서의 하도흐름은 측구, 배수로 및 우수관거에서 발생한다. 이러한 하도에서 발생하는 강우 중 및 후의 흐름은 일반적으로 부정부등류가 되며, St. Venant 방정식을 사용하여 나타낼 수가 있다. St. Venant 방정식에 기초를 두고 있는 하도흐름 모형을 동력학적 모형(dynamic model)이라 하며, St. Venant의 편미분 방정식을 해석적인 방법으로 해를 구할 수가 없으므로 컴퓨터 모형을 사용하게 된다. 따라서 실무에서는 부정류 하도흐름을 덜 복잡한 방법인 수문학적 모

형을 사용하여 모의하게 된다. 부정류 하도흐름을 계산하는 것을 홍수추적(flood routing) 또는 하도추적(channel routing)이라 하며 Muskingum 방법, Muskingum-Cunge 방법, 수정 Att-Kin 방법 등이 있으며 4.4.3절 하도 홍수추적에서 Muskingum 방법에 대해 소개를 하였다.

14.5 유출량

지금까지 설명한 방법들은 도시 유역내의 지표면이나 하도 각각에 대해 흐름을 계산하는 경우 적절하지만, 대부분의 도시 유역들은 많은 지표면 흐름과 하도흐름으로 구성되어 있으므로 전체 유역으로부터의 유출량에 관심이 있는 경우 각각의 요소들을 개별적으로 고려하는 분포형모형(distributed model)은 적절하지 못하다. 그 대신 전체 유역의 수문학적 특성들을 하나 또는 그 이상의 변수들로 결합하여 간단한 수학적 표현이나 그래프를 이용하는 통합형모형(lumped model)을 사용하게 되며, 이러한 통합형모형에 의해 유출량을 산정하는 방법에 대해 소개하기로 한다.

14.5.1 도달시간의 산정

도달시간은 유역의 수문학적 반응시간이라 할 수 있으며, 합리식과 같이 간단히 홍수량을 산정하는 방법에서 매우 중요하며, 종합적인 강우-유출모형에서도 유역의 특성을 나타내는 데 필요하다. 유역의 도달시간은 유역 내 가장 긴 흐름경로를 사용하여 산정한다. 3.5.2절 유역의 도달시간에 일반적인 자연하천에서의 도달시간 산정방법에 대해 소개를 하였으므로 본 절에서는 이 외에 도시유역에서의 배수시스템 설계에 필요한 도달시간 산정방법에 대해 알아보기로 한다.

1) NRCS의 도달시간

미자연자원보존국(NRCS)에서 제시한 방법은 물의 흐름을 판상흐름, 천수흐름(shallow concentrated flow), 하도흐름 그리고 이들의 조합에 의한 흐름으로 가정한다. 도달시간 T_c는 가장 긴 흐름 경로를 따라 연결된 흐름 구간에 대해 이동시간 T_f를 각각 구해 이를 합하여 산정한다.

판상흐름은 주로 지표면을 통해서 나타나게 되며, 이동시간 T_f는 다음과 같이 산정한다.

$$T_f = \frac{0.029(nL)^{0.8}}{P_2^{0.5}S_o^{0.4}} \tag{14.5.1}$$

여기서, T_f는 이동시간(hr), n은 Manning의 조도계수, L은 흐름 길이(m), P_2는 2년빈도 24시간 강우량(cm) 그리고 S_o는 지표면 경사이다.

판상흐름으로 일정한 거리(약 100m 이내)를 흐르게 되면 천수흐름으로 변하게 되며, 이러한 천수흐름에서의 이동시간은 다음과 같이 구한다.

$$T_f = \frac{L}{3,600V} \tag{14.5.2}$$

여기서, V는 평균유속(m/s)으로 Manning의 공식을 이용하면 다음과 같다.

$$V = \frac{R_h^{2/3} S_o^{1/2}}{n} \tag{14.5.3}$$

여기서, R_h=A/P는 동수반경(m), A는 흐름 단면적(m^2), P는 윤변(m), S_o는 경사 그리고 n은 Manning의 조도계수이다. NRCS에서는 지표면 경사만을 이용하여 포장지역 및 비포장지역에서의 평균유속을 간략히 구하는 방법을 다음과 같이 제시하고 있다.

$$V = \omega S_o^{0.5} \tag{14.5.4}$$

여기서, ω는 포장지역인 경우 6.19m/s, 비포장 지역인 경우 4.91m/s이다.

하도흐름은 흐름 단면적이 형성되어 있는 구간의 흐름으로 식 (14.5.2)와 (14.5.3)을 이용하여 평균유속 및 이동시간을 산정하게 된다. 이때 흐름단면적 A 및 윤변 P는 만제(bankfull) 상태의 값을 적용하게 된다.

예제 14.5.1

도시지역의 공원에서 세가지 형태의 흐름이 발생하고 있다. 가장 긴 흐름경로에서 판상흐름의 길이는 L=40m, 경사 S_o=0.01, 조도계수 n=0.2, 천수흐름에서는 L=500m, 경사 S_o=0.015, 주하도에서는 L=1500m, 경사 S_o=0.005, 조도계수 n=0.025이며 사다리꼴단면의 면적이 A=2.5m^2, 윤변이 P=4m이다. 2년 빈도의 24시간 강우량이 9cm일 때 도달시간을 산정하라.

풀이

판상흐름인 경우 $T_f = \frac{0.029 \times (0.2 \times 40)^{0.8}}{9^{0.5} \times 0.01^{0.4}} = 0.32\text{hr}$

천수흐름인 경우 $V = 4.91 \times 0.015^{0.5} = 0.60\text{m/s}$

$$\therefore T_f = \frac{500}{3600 \times 0.6} = 0.23\text{hr}$$

하도흐름인 경우 동수반경 R_h=2.5/4=0.625m이며 따라서

$$V = \frac{1}{0.025} \times 0.625^{2/3} \times 0.005^{1/2} = 2.068\text{m/s}, \qquad T_f = \frac{1500}{3600 \times 2.068} = 0.20\text{hr}$$

따라서 도달시간은 $T_c = 0.32 + 0.23 + 0.20 = 0.75\text{hr}$

2) 운동파 도달시간

운동파 모형에서 불투수 표면의 지표흐름 평형시간 t_e는 식 (14.4.22)와 같이 나타나며, 이는

도달시간과 같은 개념이다. 만일 유출량과 수심 간의 관계를 맺기 위해 Manning의 공식을 사용하게 되면 식 (14.4.22)는 다음과 같이 나타낼 수가 있다.

$$t_c = 6.99\frac{(nL)^{0.6}}{I_e^{0.4}S_o^{0.3}} \tag{14.5.5}$$

여기서, t_c는 도달시간(min), I_e는 초과강우강도(mm/hr), L은 흐름길이(m), n은 조도계수 그리고 S_o는 지표면경사이다.

만일 식 (14.4.22)에 Darcy-Weisbach 공식, 식 (14.4.12) 및 (14.4.14)를 사용하여 나타내면 다음과 같다.

$$t_c = \left(\frac{0.21(3.6\times10^6\nu)^k CL^{2-k}}{S_o I_e^{1+k}}\right)^{1/3} \tag{14.5.6}$$

여기서, t_c는 도달시간(min), ν는 동점성계수(m^2/s), L은 흐름길이(m) 그리고 I_e는 초과강우강도(mm/hr)의 단위를 사용하며, 난류인 경우 k=0과 C=0.04, 층류인 경우 k=1과 C=41.8 그리고 천이류인 경우 0〈k〈1과 C=2이다.

3) Kirpich의 도달시간

Kirpich 공식은 미국 Tennessee주의 유역면적 0.4~45ha, 경사 0.03~0.1의 범위를 보이는 농경지 유역에 대해 NRCS의 자료를 이용하여 얻은 경험공식으로 다음과 같다.

$$t_c = 0.019\frac{L^{0.77}}{S_o^{0.385}} \tag{14.5.7}$$

여기서, t_c는 도달시간(min), L은 흐름길이(m) 그리고 S_o는 평균경사이다. Kirpich의 공식을 사용할 때 콘크리트나 아스팔트 표면에서의 흐름인 경우 식 (14.5.7)에 의해 산정된 값에 0.4를 곱하고, 콘크리트 하도인 경우는 0.2를 곱하며, 일반적인 지표흐름이나 자연잔디의 하도흐름에 대해서는 2를 곱해 수정하게 된다. Kirpich 공식으로 산정된 도달시간은 비교적 작게 나타난다.

4) Izzard의 도달시간

Izzard 공식은 지표흐름이 지배적인 포장 및 잔디지역에서의 실험을 바탕으로 얻은 식으로 다음과 같다.

$$t_c = \frac{530KL^{1/3}}{I_e^{2/3}}, \qquad I_eL < 3.9m^2/h \text{인 경우} \tag{14.5.8}$$

여기서 t_c는 도달시간(min), L은 지표면 흐름길이(m), I_e는 초과강우강도(mm/hr) 그리고 K는 다음과 같이 산정한다.

$$K = \frac{2.8 \times 10^{-6} I_e + C_r}{S_o^{1/3}} \tag{14.5.9}$$

여기서, C_r은 지표면의 종류 및 경사에 따라 결정되는 지체계수로 표 14.5.1과 같다.

표 14.5.1 Izzard 공식에서의 C_r값

지표면 종류	Cr	지표면 종류	C_r
매우 매끈한 아스팔트	0.0070	짧게 자른 잔디	0.016
타르 및 모래 포장	0.0075	타르 및 자갈 포장	0.017
압밀된 슬레이트 지붕	0.0082	조밀한 블루그래스	0.060
콘크리트	0.012		

5) Kerby의 도달시간

Kerby의 도달시간을 산정하기 위한 공식은 다음과 같다.

$$t_c = 1.44\left(\frac{Lr}{s_o^{1/2}}\right)^{0.467}, \qquad L < 365\text{m 인 경우} \tag{14.5.10}$$

여기서, t_c는 도달시간(min), L은 지표면 흐름길이(m), r은 표 14.5.2와 같이 주어진 지체조도계수이다. Kerby 공식은 유역면적이 4ha보다 작고, 경사가 0.01보다 작으며, 지체계수를 0.8보다 작은 값을 사용하여 유도하였으므로 이러한 범위 내에서 적용하고, 또한 지표 및 판상흐름에 대해 적용하였으므로 흐름 길이가 100m보다 작은 경우에 사용하는 것이 바람직하다.

표 14.5.2 Kerby 공식에서의 r값

지표면 종류	r	지표면 종류	r
매끈한 포장	0.02	조밀한 뗏장	0.17~0.80
아스팔트/콘크리트	0.05~0.15	조밀한 잔디	0.17~0.30
매끄럽게 압밀한 토양 및 노출된 암석	0.10	버뮤다 잔디	0.30~0.48
밀도가 낮은 뗏장	0.20	낙엽성의 산림지	0.60
적절하게 거친 표면의 불량한 잔디	0.20	침엽수의 산림지 및 조밀한 잔디	0.60
평균적인 잔디	0.40		

예제 14.5.2

아스팔트 표면의 도시지역의 지표면 경사가 0.005이고, 조도계수가 0.012, 유역의 경계지점부터 출구까지의 길이가 90m이다. 20분 동안 초과강우가 75mm/hr 내릴 때, 1) 운동파 방정식, 2) Kirpich식, 3) Izzard식 그리고 4) Kerby식에 의한 도달시간을 산정하라. 단, 동점성계수 ν=1.0×10^{-6}m^2/s이다.

풀이

1) 운동파 방정식

만일 지표흐름이 난류이면 식 (14.5.5)에 의해 $t_c = 6.99 \times \frac{(0.012 \times 90)^{0.6}}{75^{0.4} \times 0.005^{0.3}} = 6.38\text{min}$

만일 천이류라 한다면 k=0.5, C=2를 적용하여 식 (14.5.6)에 의해

$$t_c = \left(\frac{0.21 \times (3.6 \times 10^6 \times 10^{-6})^{0.5} \times 2 \times 90^{2-0.5}}{0.005 \times 75^{1+0.5}} \right)^{1/3} = 5.94\text{min}$$

2) Kirpich식

아스팔트 표면이므로 Kirpich 공식에 의해 산정한 후 0.4를 곱한다.

$$t_c = 0.4 \times 0.019 \times \frac{90^{0.77}}{0.005^{0.385}} = 1.87\text{min}$$

3) Izzard식

아스팔트이므로 표 14.5.1에서 지체계수는 0.007로 적용하면

$$K = \frac{2.8 \times 10^{-6} \times 75 + 0.007}{0.005^{1/3}} = 0.042, \qquad t_c = \frac{530 \times 0.042 \times 90^{1/3}}{75^{2/3}} = 5.61\text{min}$$

이 경우 운동파 도달시간의 경우와 비슷한 결과를 주지만, $I_eL=0.075 \times 90=6.75\text{m}^2/\text{hr}$이므로 Izzard 공식의 적용은 적절하지 못하다.

4) Kerby식

아스팔트이므로 r=0.02를 사용하면 $t_c = 1.44 \times \left(\frac{90 \times 0.02}{0.005^{0.5}} \right)^{0.467} = 6.53\text{min}$

14.5.2 단위도법에 의한 유출량 산정

단위도법(unit hydrograph method)은 호우사상으로 인한 초과강우가 주어질 때 유역의 출구에서 직접유출수문곡선을 계산하기 위한 방법이다. 이 방법은 유출량 계산에서 유역의 물리적 특성치들이 직접 고려되지 않기 때문에 통합형 방법이라 할 수 있으며, 이러한 특성치들이 단위도라는 수학적인 과정에 통합되게 된다. 단위도는 유역에서의 강우 및 유출자료가 있는 경우 직접 유도할 수 있으며, 만일 관측자료가 없을 경우 유역의 특성치를 이용하여 단위도를 합성하게 된다. 이러한 합성단위도(synthetic unit hydrograph)에는 Snyder의 합성단위도법, SCS 합성단위도법, Nakayasu의 합성단위도법 그리고 Clark의 합성단위도법 등이 있으며 3.6절 및 3.7절에서 단위도의 개념 및 유도 그리고 합성단위도에 대해 소개하였다.

14.5.3 합리식에 의한 첨두유출량 산정

합리식(rational method)은 가장 많이 사용하는 강우-유출모형이라 할 수 있다. 비록 컴퓨터의

발달로 보다 정밀한 강우-유출모형이 많이 개발되었지만, 합리식은 적용이 간단하여 자주 사용된다. 합리식은 근본적으로 첨두유량 설계에 사용하는 방법으로 합리식에 포함된 가정으로 인해 일반적으로 5km^{2}이하의 도시지역에 적용하게 된다. 합리식에서 설계강우의 강도는 일정하다고 가정하며, 모든 강우가 동일한 재현기간을 가지고, 지속기간은 최대의 첨두유량을 발생시키는 도달시간과 같다고 가정한다. 따라서 합리식에서 강우의 지속기간은 도달기간과 동일하게 적용하며, 3.5절 첨두홍수량 산정에서 합리식에 대해 소개하였다.

14.6 호우배수구조물

호우배수시스템은 도시 기간시설의 중요한 부분을 차지하게 되며, 적절한 설계, 시공 및 유지관리를 필요로 하는 많은 구조물로 구성된다. 이러한 배수구조물에는 도로측구(gutter), 배수입구부(inlet), 우수관거(storm sewer), 맨홀(manhole), 연결부(junction), 암거(culvert) 및 지표면 배수하도(drainage channel) 등을 포함한다. 그림 14.6.1은 도시지역의 전형적인 배수시스템을 보여주고 있다. 배수시스템은 지표면을 통해 흐르는 물을 입구시설을 통해 집수하여 지중의 우수관거를 통해 하류의 하천이나 저류지로 유출시키게 된다. 지표수의 일부는 하천이나 저류지로 직접 유출되기도 한다. 오래된 도시지역에서는 하수관거와 우수관거가 통합되어 하나의 관거시스템으로 운영되는 합류식 관거시스템이 많이 있으나, 최근에 건설되는 신도시에는 하수처리를 별도로 하기 위해 하수관거와 우수관거를 분리한 분리식 관거시스템을 적용하고 있다.

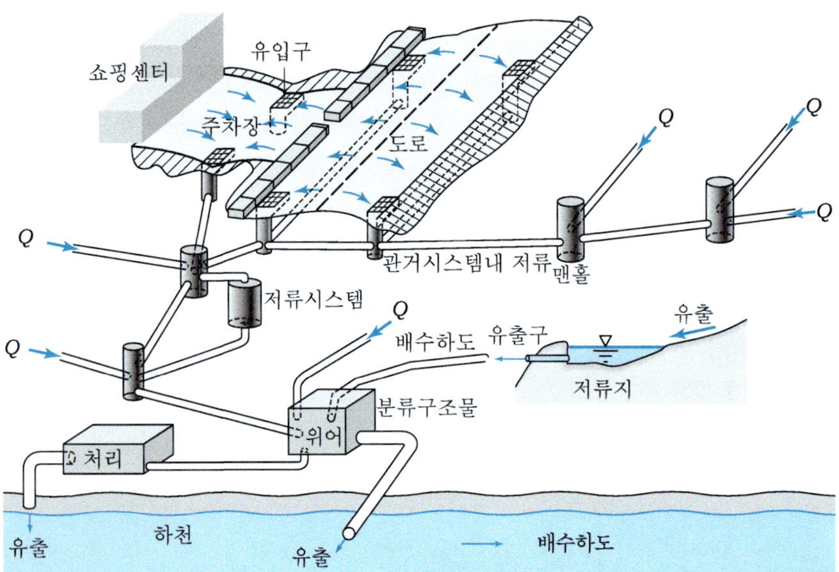

그림 14.6.1 도시호우배수시스템의 모습

14.6.1 설계시 고려사항

포장도로에서 배수시스템의 설계 목적은 도로위로 침수되는 물의 공간이 설계 빈도에서 허용하는 값보다 작게 되도록 유지하는 것이다. 표 14.6.1은 도로의 종류에 따라 미국 고속도로국에서 권장하고 있는 설계빈도 및 침수 공간의 범위를 보여주고 있다.

포장도로에서 도로의 기하학적 형상은 매우 중요한 역할을 한다. 연석(curb)이 있는 도로에서의 종단경사는 일반적으로 0.005보다 크게 하며 최소한 0.003보다 작게 해서는 안된다.

표 14.6.1 도로의 설계빈도 및 침수범위

도로구분	설계빈도	침수범위
주도로		
< 70km/hr	10년	노견 + 1m
> 70km/hr	10년	노견
저지대	50년	노견 + 1m
집수지역		
< 70 km/hr	10년	주행차선의 1/2
> 70 km/hr	10년	노견
저지대	10년	주행차선의 1/2
간선도로		
일평균 차량통행이 낮음	5년	주행차선의 1/2
일평균 차량통행이 높음	10년	주행차선의 1/2
저지대	10년	주행차선의 1/2

대부분의 경우 횡단경사는 운전자의 안전에 위협을 초래하지 않도록 0.02를 권장하고 있다. 차선이 많은 도로인 경우 횡단경사를 증가시킬 수도 있지만 0.04이상은 초과하지 않는다.

14.6.2 측구에서의 흐름

도로의 측구흐름 계산은 설계유량 조건하에 노견, 주차장 또는 포장도로에서 물의 깊이 및 침수정도를 결정하기 위해 수행되며, 설계유량은 주로 합리식을 이용하여 계산한다. 삼각형 측구에서의 흐름 예가 그림 14.6.2에 나타나 있으며, 측구의 일부 폭 dx에 따른 유량의 증가 dQ는 다음과 같이 산정할 수가 있다.

$$dQ = Vy\,dx \tag{14.6.1}$$

여기서, V는 유속, y는 흐름 폭 dx에서의 수심이다.

Manning의 공식을 적용하면 폭 dx의 흐름 면적에서의 평균유속은 다음과 같다.

$$V = \frac{1}{n} y^{2/3} S_o^{1/2} \tag{14.6.2}$$

여기서, n은 Manning의 조도계수, S_o는 종단경사이다. 만일 측구의 횡단경사를 S_x라 하면

$$\frac{dy}{dx} = S_x \tag{14.6.3}$$

식 (14.6.1)~식 (14.6.3)을 결합하면

$$dQ = \frac{1}{n} y^{5/3} \left(\frac{S_o^{1/2}}{S_x} \right) dy \tag{14.6.4}$$

흐름의 수심 y는 0에서부터 d까지 변하므로 총 유량

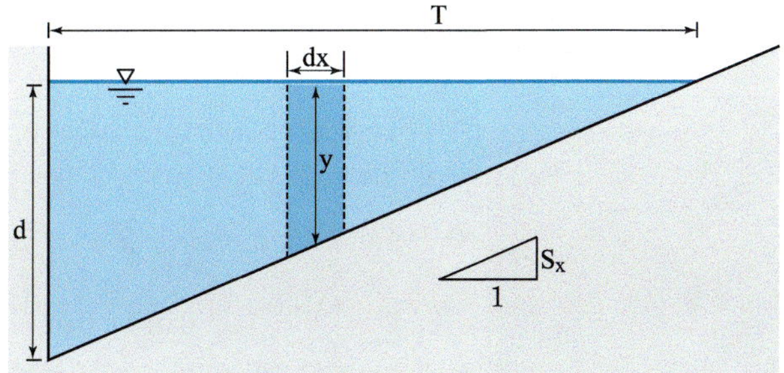

그림 14.6.2 삼각형 측구에서의 흐름

Q는 다음과 같다.

$$Q = \int_0^d \frac{1}{n} y^{5/3} \left(\frac{S_o^{1/2}}{S_x} \right) dy \tag{14.6.5}$$

$$\therefore Q = 0.375 \left(\frac{1}{nS_x} \right) d^{8/3} S_o^{1/2} \tag{14.6.6}$$

식 (14.6.6)에서 연석단면에서의 마찰저항을 무시하고 있는데, 마찰저항은 횡단경사가 0.1보다 작은 경우 무시할 수가 있으므로 이러한 범위 내에서 이 식을 적용할 수가 있다. 측구에서의 수면폭 T와 깊이 d 및 흐름단면적과의 관계는 다음과 같다.

$$d = TS_x \tag{14.6.7}$$

$$A = \frac{1}{2} T^2 S_x \tag{14.6.8}$$

도로 측구에서의 전형적인 Manning의 조도계수 n값이 표 14.6.2와 같으며 대부분의 경우에서 n=0.016을 적용하면 무난한 것으로 나타나고 있다. 연석을 가지고 있는 측구는 연석에서의 깊이가 최소 15cm, 폭이 60cm이상 되도록 하는 것이 바람직하다.

표 14.6.2 도로측구에서의 조도계수 n값

도로측구의 종류 및 포장	Manning n	도로측구의 종류 및 포장	Manning n
아스팔트 포장		콘크리트 측구, 흙손 마감	0.012
매끄러운 표면	0.013	콘크리트 포장	
거친표면	0.016	흙손 마감	0.014
아스팔트 포장을 한 콘크리트 측구		브러시 마감	0.016
매끄러운 표면	0.013		
거친표면	0.015		

예제 14.6.1

한 차선의 폭이 3.66m인 4차선의 도로를 건설하려고 한다. 횡단경사를 0.02, 종단경사를 0.005로 하고 포장은 거친 아스팔트로 하려고 한다. 설계 강우강도를 150mm/hr로 하고 중앙의 두 차선은 침수되지 않도록 할 때 연석을 포함한 측구의 간격을 계산하라.

풀이

각 차선의 폭이 3.66m이므로 허용 가능한 수면폭 T는 한차선에 해당하는 3.66m가 된다. 따라서 흐름의 최대 허용깊이 d는 $d = TS_x = 3.66 \times 0.02 = 0.0732\text{m}$

측구에서의 최대 허용유량은

$$Q = 0.375 \left(\frac{1}{0.016 \times 0.02} \right) \times 0.0732^{8/3} \times 0.005^{1/2} = 0.0777\text{m}^3/\text{s}$$

설계 강우강도가 150mm/hr=4.17×10^{-5}m/s이므로 유출량 0.0777m^3/s를 초래할 면적은

$$A = \frac{0.0777}{4.17 \times 10^{-5}} = 1{,}863 m^2$$

한 측구쪽에서 두 차선을 담당하므로 폭은 7.32m가 된다. 길이를 L이라 하면

$$L = \frac{1{,}863}{7.32} = 255m$$

따라서 측구의 간격을 255m로 하면 설계 강우에 대해 측구에서의 허용 수심을 초과하지 않고 유지할 수가 있다. 하지만 실제로는 측구에서 흐르는 물을 입구부에서 모두 유입시키도록 설계하지는 않으므로 실제 측구의 간격은 이보다 짧게 한다.

14.6.3 배수입구부

입구부(inlet)는 포장도로에서의 유출량을 모아 지하의 배수시스템으로 유입시키는 부분으로 그림 14.6.3과 같이 연석입구(curb inlet), 격자입구(grate inlet), 홈형입구(slot inlet) 그리고 연석입구와 격자입구를 혼합한 혼합입구(combination inlet)가 있다. 입구부 폭을 측구에서 침수되는 수면폭과 같도록 설계하는 것은 비경제적이므로 유량의 일부분만 유입되도록 설계하게 되며, 측구를 따라 흐르는 설계 유량 Q에 대한 입구부에서의 유입유량 Q_i의 비를 입구부의 효율 E로 나타낸다.

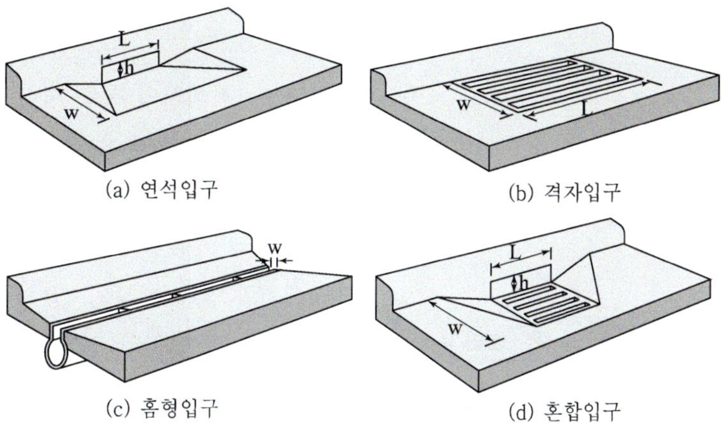

그림 14.6.3 입구부의 종류

$$E = \frac{Q_i}{Q} \tag{14.6.9}$$

입구부에서 유입되지 못하고 하류 측구를 향해 흐르는 유량을 통과유량(carryover 또는 bypass flow) Q_b라 한다.

$$Q_b = Q - Q_i \tag{14.6.10}$$

도로의 표고가 가장 낮은 지점(sag location)에서는 흐르는 유량을 입구부에서 모두 유입시켜야 한다. 따라서 이러한 지점에서는 부유물로 인해 입구부가 막히게 되면 도로의 침수가 발생하게 되므로 격자입구는 바람직하지 않고 연석입구나 혼합입구를 사용하는 것이 적절하다.

1) 연석입구

연석입구는 부유물에 의해 입구가 막히는 경우가 적기 때문에 격자입구에 비해 장점이 있지만, 입구부의 성능을 효과적으로 나타내기 위해서는 연석지점에서의 흐름 깊이가 충분히 커야한다는 단점도 있다. 측구에서의 유량을 100% 유입시키기 위한 연석입구의 길이는 다음과 같다.

$$L_T = 0.817Q^{0.42}S_o^{0.3}\left(\frac{1}{nS_x}\right)^{0.6} \tag{14.6.11}$$

여기서, L_T는 연석입구길이(m), Q는 측구유량(m^3/s), S_o 및 S_x는 측구의 종단 및 횡단경사, n은 Manning의 조도계수이다. 연석입구의 설계길이 L이 L_T보다 작은 경우 입구효율은 다음과 같다.

$$E = 1 - \left(1 - \frac{L}{L_T}\right)^{1.8} \tag{14.6.12}$$

그림 14.6.4와 같이 입구부지점에서의 측구 횡단경사가 증가하는 저부가 있을 경우에는 횡단경사 S_x 대신 다음과 같은 등가횡단경사 S_e를 사용하여 식 (14.6.11)과 (14.6.12)를 사용하면 된다.

$$S_e = S_x + \frac{a}{W}E_o \tag{14.6.13}$$

여기서, a는 그림 14.6.4에서와 같은 저부의 깊이, W는 저부의 폭 그리고 E_o는 식 (14.6.14)와 같이 표현되는 측구에서의 총 유량에 대한 저부 전면부에서의 유량의 비이다.

$$E_o = 1 - \left(1 - \frac{W}{T}\right)^{8/3} \tag{14.6.14}$$

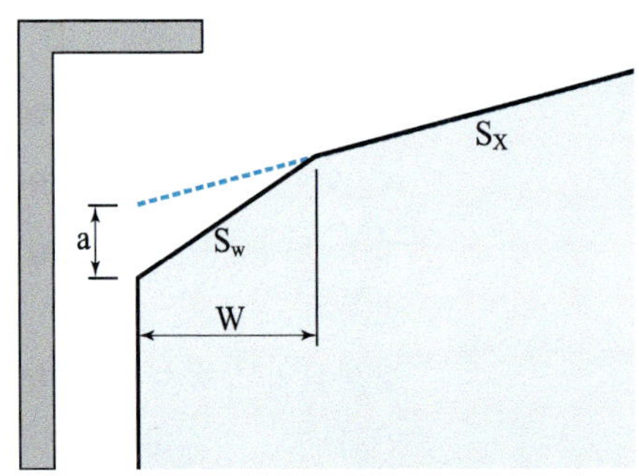

그림 14.6.4 연석입구의 저부

도로의 표고가 가장 낮은 지점(sag)에서의 연석입구는 측구 흐름의 깊이가 연석입구의 높이보다 낮은 경우 위어의 형태로 물이 유입되고, 흐름 깊이가 입구부 높이의 1.4배보다 큰 경우는 오리피스 형태로 물이 유입되며, 이 사이에서는 위어와 오리피스의 혼합형태로 유입되게 된다. 위어 형태로 유입될 경우의 유량은

$$Q_i = 1.25(L + 1.8W)d^{1.5} \qquad d \le h + a \tag{14.6.15}$$

여기서 Q_i는 연석입구의 유량(m^3/s), L은 길이(m), W는 입구저부의 폭(m), d는 연석부분에서의 수심(m), h는 연석입구의 높이 그리고 a는 측구저부의 높이이다. 측구저부가 없는 경우의 연석입구로 유입되는 유량은 다음과 같다.

$$Q_i = 1.60Ld^{1.5} \qquad d \le h \tag{14.6.16}$$

연석입구의 길이가 3.6m보다 긴 경우 측구저부가 없는 식 (14.6.16)에 의해 계산된 유입유량이 측구저부가 있는 식 (14.6.15)에 의한 경우보다 크게 된다. 따라서 측구저부가 있는 경우가 유입효율이 크므로 연석입구의 길이가 3.6m보다 크게 되면 식 (14.6.16)을 적용해야 한다.

오리피스 형태로 유입되는 경우는

$$Q_i = 0.67A\left[2g\left(d - \frac{h}{2}\right)\right]^{1/2} \tag{14.6.17}$$

여기서, A는 연석입구부의 면적(hL), g는 중력가속도, d는 측구저부에서의 수심이다.

예제 14.6.2

매끈한 아스팔트 도로의 횡단경사가 0.03, 종단경사가 0.02이고, 연석의 높이가 15cm 그리고 콘크리트 측구의 저변폭이 90cm이다. 만일 측구에서의 유량이 $0.08m^3/s$일 때 이 유량을 모두 제거하기 위한 12cm의 높이를 가진 연석입구의 길이를 1) 높이 2.5cm의 저부가 설치되어 있는 경우, 2) 저부가 없는 경우 그리고 3) 측구 유량의 80%를 제거하기 위한 입구부의 길이를 산정하라.

풀이

측구흐름의 상당부분이 매끈한 아스팔트위로 퍼져있다고 가정하여 표 14.6.2로부터 n=0.013을 적용한다. 식 (14.6.6)을 이용하여 연석에서의 깊이 d를 산정하면

$$0.08 = 0.375\left(\frac{1}{0.013 \times 0.03}\right) \times d^{8/3} \times 0.02^{1/2}$$

따라서 d=0.061m가 된다. 측구흐름의 수면 폭 T는 식 (14.6.7)에 의해

$$T = \frac{0.061}{0.03} = 2.03\text{m}$$

측구의 수면폭이 측구 저변폭 90cm보다 크므로 흐름의 상당 부분이 아스팔트 위로 퍼져 있다고 가정한 것이 타당하다. 입구부의 저변폭 W=0.9m이므로 E_o는 다음과 같다.

$$E_o = 1 - \left(1 - \frac{0.9}{2.03}\right)^{8/3} = 0.79$$

1) 측구의 저부깊이가 a=25mm=0.025m이므로 등가횡단경사 S_e는

$$S_e = 0.03 + \frac{0.025}{0.9} \times 0.79 = 0.052$$

측구의 유량을 모두 제거하기 위해 필요한 입구부의 폭은 식 (14.6.11)에서 S_x 대신 S_e를 적용하면

$$L_T = 0.817 \times 0.08^{0.42} \times 0.02^{0.3} \times \left(\frac{1}{0.013 \times 0.052}\right)^{0.6} = 6.98\text{m}$$

2) 측구의 저부가 없으므로 식 (14.6.11)에 S_x=0.03을 적용하면

$$L_T = 0.817 \times 0.08^{0.42} \times 0.02^{0.3} \times \left(\frac{1}{0.013 \times 0.03}\right)^{0.6} = 9.71\text{m}$$

3) 유입부 효율이 E=0.8이므로 식 (14.6.12)로부터 $0.8 = 1 - \left(1 - \frac{L}{L_T}\right)^{1.8}$

따라서 L/L_T=0.59가 된다. 그러므로 저부가 있는 경우 80%의 제거효율에 대한 입구부 길이는

$L=0.59 \times 6.98=4.12m$

저부가 없는 경우는 $L=0.59 \times 9.71=5.73m$

예제 14.6.3

도로의 표고가 가장 낮은 지점에서 연석입구를 통해 측구에서의 흐름을 제거하려고 한다. 측구에서의 흐름은 수심이 8cm, 폭이 60cm, 유량이 0.08m^3/s이다. 연석입구의 높이가 15cm일 때 측구에서의 물을 모두 제거하기 위해서는 1) 입구에 저부가 있을 경우, 2) 저부가 없을 경우의 입구길이는 얼마로 해야 하는가.

풀이

1) 측구에서의 흐름 깊이가 8cm이므로 연석입구의 높이 15cm보다는 작아 위어흐름이 된다.

따라서 식 (14.6.15)로부터 $L = \dfrac{0.08}{1.25 \times 0.08^{1.5}} - 1.8 \times 0.6 = 1.75m$

그러므로 저부가 있을 경우 연석입구의 길이는 최소 1.75m가 되어야 한다.

2) 저부가 없는 경우 식 (14.6.16)을 적용하여 $L = \dfrac{0.08}{1.6 \times 0.08^{1.5}} = 2.21m$

따라서 연석입구에 저부가 있을 경우는 없을 경우보다 약 21%의 입구길이를 감소시킬 수 있다.

2) 격자입구

격자입구는 부유물로 인해 입구부가 막힐 염려가 없는 경우에 효과적이다. 격자입구의 효율은 측구 특성 및 측구에서의 흐름에 영향을 받는다. 격자입구의 효율을 결정하기 위해서는 측구를 통한 흐름을 입구부 폭 W위로 직접 흐르는 전면흐름(frontal flow)과 입구부 이외의 부분으로 흐르는 측면흐름(side flow)으로 구분하여 나타낸다. 또한 전면흐름이 측구를 통해 제거되지 못하고 측구를 넘어 하류로 이동하는 흐름을 월류흐름(splashover flow)이라 한다. 총 측구흐름 Q(식 14.6.6)에 대한 전면흐름 Q_w의 비 R_w는 다음과 같이 주어진다.

$$R_w = \frac{Q_w}{Q} = 1 - \left(1 - \frac{W}{T}\right)^{8/3} \tag{14.6.18}$$

여기서, W는 격자입구의 폭, T는 측구흐름에서의 수면의 총 폭이다.

전면흐름 전체 Q_w에 대한 입구를 통해 제거되는 전면흐름의 일부 Q_{wi}에 대한 비를 전면흐름 차단효율(interception efficiency) R_f라 하며 다음과 같이 나타낼 수 있다.

$$R_f = \begin{cases} \dfrac{Q_{wi}}{Q_w} = 1 - 0.295(V - V_o) & V > V_o \\ 1.0 & V \le V_o \end{cases} \tag{14.6.19}$$

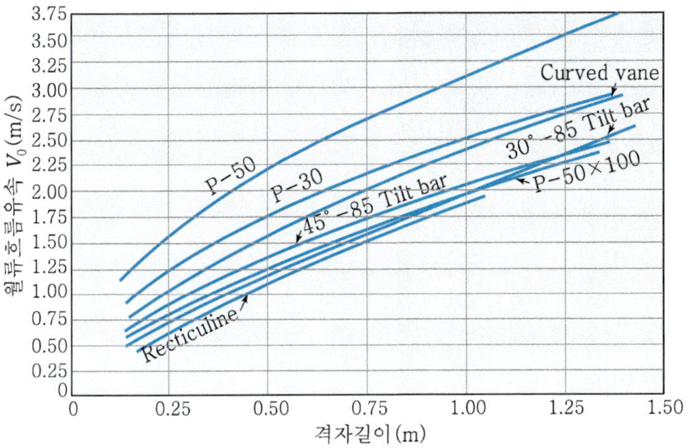

그림 14.6.5 격자입구에서의 월류흐름 유속

여기서, V는 측구흐름 유속이고, V_o는 월류흐름이 발생하기 시작하는 유속으로 격자입구의 종류 및 길이에 따라 변하게 되며, 실험을 통한 입구 길이와 유속간의 관계가 그림 14.6.5와 같고, 표 14.6.3은 격자입구의 종류를 설명하고 있다.

측면흐름 전체 Q_s에 대한 입구를 통해 제거되는 측면흐름의 일부 Q_{si}에 대한 비를 측면흐름 차단효율 R_s라하며 다음과 같이 나타낼 수 있다.

$$R_s = \frac{Q_{si}}{Q_s} = \left(1 + \frac{0.0828V^{1.8}}{S_x L^{2.3}}\right)^{-1} \quad (14.6.20)$$

여기서, S_x는 측구의 횡단경사, L은 입구의 길이이다. 식 (14.6.18)~식 (14.6.20)을 결합하면 격자입구의 효율 E 즉, 총 측구유량에 대한 입구에 의해 제거되는 유량의 비를 다음과 같이 얻을 수 있다.

$$E = R_f R_w + R_s(1 - R_w) \quad (14.6.21)$$

도로의 표고가 가장 낮은 지점에서의 격자입구는 측구 흐름의 깊이가 낮으면 위어의 형태로 물이 유입되고, 깊으면 오리피스 형태로 물이 유입되며, 격자의 크기 및 격자망의 형상에 따라 유입되는 형태에 영향을 미친다. 일반적으로 측구에서의 흐름 깊이가 12cm를 초과하지 않으면 격자입구의 용량은 다음과 같은 위어공식을 사용하여 구하게 된다.

$$Q_i = 1.66Pd^{1.5} \quad (14.6.22)$$

여기서, Q_i는 격자입구의 용량(m^3/s), P는 격자입구의 윤변(m) 그리고 d는 격자입구 위에서의 수심(m)이다. 만일 격자입구가 연석에 인접해 있으면 연석에 인접한 면은 윤변에 고려하지 않는다.

표 14.6.3 격자입구의 종류

구분	설명
P–50	중심간격이 48mm인 평행의 가로 막대격자
P–50×100	중심간격이 48mm인 평행의 가로 막대격자와 중심간격이 102mm인 직경 10mm의 세로 막대격자
P–30	중심간격이 29mm인 평행의 가로 막대격자
곡선날개	간격이 83mm인 평행의 세로 곡선날개격자와 중심간격이 108mm인 가로 막대 격자
45°~ 60° 경사막대	45° 경사진 108mm 간격의 세로 막대격자와 57mm 간격의 가로 막대 격자
45°~ 85° 경사막대	45° 경사진 108mm 간격의 세로 막대격자와 83mm 간격의 가로 막대 격자
30°~ 85° 경사막대	30° 경사진 108mm 간격의 세로 막대격자와 83mm 간격의 가로 막대 격자
망상격자	벌집모양의 횡방향 막대격자와 이를 지지하는 가로축 막대격자

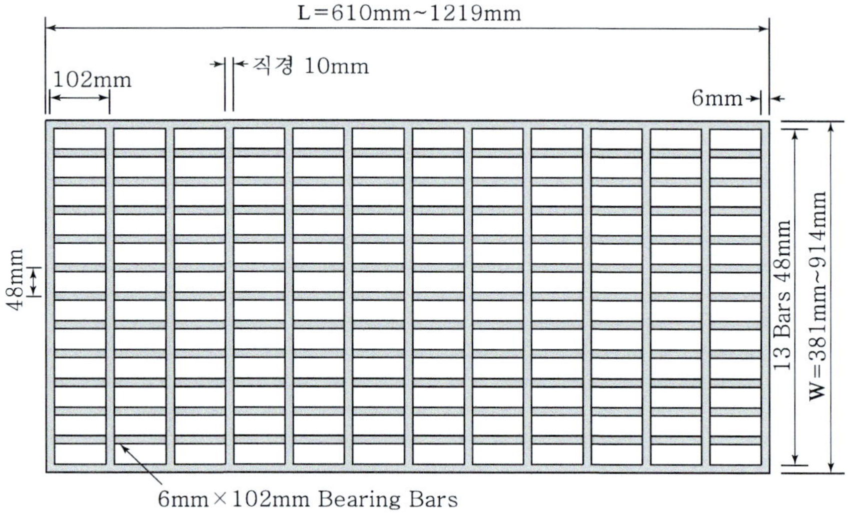

그림 14.6.6 격자입구의 예(P-50×100)

측구에서의 흐름 깊이가 43cm를 초과하면 격자입구의 용량은 다음과 같은 오리피스공식을 사용하여 구한다.

$$Q_i = 0.67A\sqrt{2gd} \qquad (14.6.23)$$

여기서, A는 격자입구의 통수단면적(m^2), d는 격자입구 위에서의 수심(m)이다. 측구에서의 수심이 12cm~43cm인 경우 격자입구의 용량은 식 (14.6.22)와 (14.6.23)사이의 값을 적용한다.

예제 14.6.4

매끄러운 아스팔트 도로의 횡단경사가 0.03, 종단경사가 0.02, 연석의 높이 8cm 그리고 콘크리트 측구의 폭이 90cm이다. 만일 측구를 통한 유량이 $0.08m^3/s$일 때, 가능한 한 측구 흐름을 최대한 제거하려고 한다면 P-50×100 격자입구의 크기 및 제거용량은 얼마인가.

풀이

측구흐름의 상당부분이 매끈한 아스팔트 위로 퍼져있다고 가정하여 표 14.6.2로부터 n=0.013을 적용한다. Manning의 공식 (14.6.6)으로부터

$$0.08 = 0.375 \times \left(\frac{1}{0.013 \times 0.03}\right) \times d^{8/3} \times 0.02^{1/2}$$

따라서 d=0.061m가 된다. 측구에서의 수면 폭 T, 흐름 단면적 A 그리고 유속 V는

$$T = \frac{d}{S_x} = \frac{0.061}{0.03} = 2.03\text{m}, \qquad A = \frac{1}{2}dT = \frac{1}{2} \times 0.061 \times 2.03 = 0.0619\text{m}^2$$

$$V = \frac{Q}{A} = \frac{0.08}{0.0619} = 1.29\text{m/s}$$

측구에서의 수면폭이 2.03m이므로 그림 14.6.6에서 보인 바와 같이 P-50×100 격자입구의 폭 0.914m를 초과한다. 따라서 격자입구의 폭 W=0.914m로 정한다. 또한 그림 14.6.5에서 P-50×100 격자입구일 때 월류유속 V=1.29m/s에 해당하는 격자입구의 길이 L은 약 0.5m가 된다.
그러므로 길이가 0.5m보다 긴 격자입구는 전면흐름의 100%를 제거할 수가 있으며, 전면흐름 차단효율 R_f=1.0이 된다. 측면흐름을 최대한 제거하기 위해 P-50×100 격자입구의 길이 1.22m를 사용하면 격자입구의 제원은 0.914m×1.22m가 된다.

총 측구흐름에 대한 전면흐름의 비 R_w는 $R_w = 1 - \left(1 - \frac{0.914}{2.03}\right)^{8/3} = 0.8$

측면흐름 차단효율 R_s는 $$R_s = \left(1 + \frac{0.0828 \times 1.29^{1.8}}{0.03 \times 1.22^{2.3}}\right)^{-1} = 0.27$$

따라서 총 측구유량에 대한 격자입구에 의해 제거되는 유량의 비 E는

$$E = 1.0 \times 0.8 + 0.27 \times (1 - 0.8) = 0.85$$

이와 같은 결과를 이용하면 격자입구에서 제거되는 물은 0.85×0.08=0.068m^3/s가 되고 입구를 통과해 하류로 흐르는 물은 0.08-0.068=0.012m^3/s가 된다.

예제 14.6.5

도로의 표고가 가장 낮은 지점에서 횡단경사가 0.02, 측구유량이 0.08m^3/s 그리고 연석에서의 수심이 8cm이다. 물을 제거하기 위한 격자입구의 제원을 구하라. 단, 격자입구가 부유물로 인해 50%가 막혀있고, 이에 해당하는 윤변이 25%라고 가정하라.

풀이

측구의 수심이 12cm보다 작으므로 위어공식 적용 $P = \dfrac{0.08}{1.66 \times 0.08^{1.5}} = 2.13\text{m}$

격자입구가 연석과 접해있으므로 윤변은 격자입구길이에 폭의 두 배를 더한 것이 2.13m가 되어야 한다. 부유물에 의해 윤변의 25%가 막혀있으므로 격자의 윤변은 2.13/0.75=2.84m가 되어야 한다. 따라서 P-50×100 격자입구의 제원이 0.914m×1.219m이므로 윤변은 3.05m가 되어 주어진 문제상황에서 적용할 수 있는 제원이라 할 수 있다.

3) 홈형입구

홈형입구는 판상흐름이 도로부분으로 침범하기 전에 제거하는 것이 바람직한 경우 사용하게 된다. 일반적인 주름진 금속 홈형입구의 형태 및 단면도가 그림 14.6.7과 같다. 홈형입구는 도로의 넓은 범위에 걸쳐 흐름을 제거할 수 있다는 장점이 있는 반면, 토사나 부유물로 인해 막힐 수가 있다는 단점이 있다.

홈형입구를 측구흐름과 평행하게 설치하고 홈의 폭이 4.45cm보다 클 경우 유량 Q를 제거하기 위한 홈의 길이 L_T는 연석입구에서 유량을 100% 제거하기 위한 식과 같은 식 (14.6.11)에 의해 구하면 된다. 홈형입구의 길이가 L_T보다 짧을 경우 측구유량에 대한 제거되는 유량의 비인 홈형입구의 효율도 식 (14.6.12)로 나타낸다. 실무에서는 연석입구의 길이보다 홈형입구의 길이를 훨씬 길게 한다.

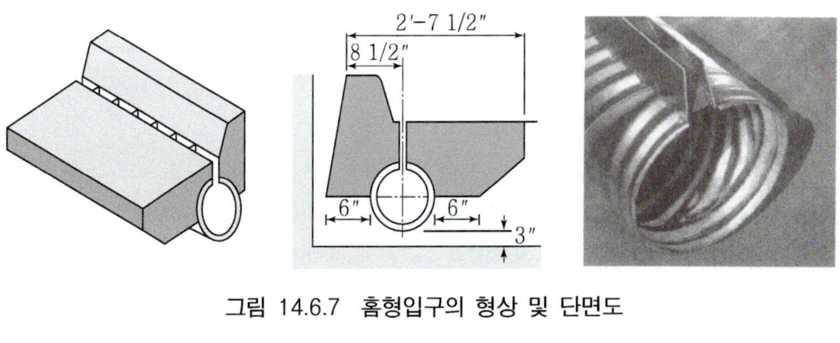

그림 14.6.7 홈형입구의 형상 및 단면도

홈형입구를 측구흐름과 직각으로 설치하면 짧은 격자입구와 같게 된다. 월류유속

을 0.3m/s 그리고 측면흐름이 없다고 가정하면 격자입구의 효율을 나타내는 공식을 이용하여 홈형입구의 효율을 계산할 수가 있다. 도로의 표고가 가장 낮은 부분에서는 홈형입구는 수심이 약 5cm 이하인 경우 위어의 기능을 하고, 홈통의 상류부 끝단에서의 수심이 12cm보다 크게 되면 오리피스로 작용한다. 이들 두 깊이 사이에서는 위어와 오리피스가 혼합되어 흐르게 된다.

위어 및 오리피스로 작용할 경우의 홈형입구의 용량은 다음과 같다.

$$Q_i = 1.4 L d^{0.5} \quad \text{(위어)} \tag{14.6.24}$$

$$Q_i = 0.8 L w \sqrt{2gd} \quad \text{(오리피스)} \tag{14.6.25}$$

여기서, L은 홈의 길이(m), d는 입구근처에서의 수심(m), w는 홈의 폭이다. 홈형입구는 일반적으로 부유물로 인한 막힘때문에 저지대에서는 사용하지 않는다.

예제 14.6.6

도로의 횡단경사가 0.025, 종단경사가 0.015, 측구에서의 유량이 $0.1m^3/s$이며, 도로의 조도계수가 0.015이다. 폭이 5cm인 홈형입구를 통해 물을 제거하려고 할 때 홈형입구의 최소길이를 산정하라.

풀이

식 (14.6.11)을 이용하면 $L_T = 0.817 \times 0.1^{0.42} \times 0.015^{0.3} \left(\dfrac{1}{0.015 \times 0.025} \right)^{0.6} = 10.0m$

따라서 측구유량을 제거하기 위한 홈형입구의 길이는 최소한 10m 이상이어야 한다.

4) 혼합형입구

혼합형입구는 연석입구와 격자입구가 혼합된 형태이다. 만일 연석입구와 격자입구가 같은 길이로 나란히 위치한다면 혼합형입구의 유량 제거용량은 격자입구만 있을 때의 용량과 같으며, 이러한 경우 제거효율 계산에서는 연석입구를 무시하게 된다. 격자입구의 상류부에 연석입구의 일부가 설치될 경우 이를 스위퍼(sweeper)입구라 하며, 상류부의 연석입구에서 부유물과 함께 측구흐름의 일부를 제거하게 된다. 이때 제거효율 계산에서 격자입구 상류부의 연석입구 길이를 고려하게 된다. 혼합형입구에서의 유량 제거효율을 계산하기 위한 절차는 다음과 같다.

① 앞에서 설명한 연석입구에서의 계산방법을 이용하여 격자입구 상류부에서의 연석입구에 대한 제거효율을 계산하고, 측구유량으로부터 연석입구에서의 제거유량을 빼 격자입구로 접근하는 측구유량을 계산한다.

② 격자입구의 제거용량을 계산한다. 일반적으로 측구의 횡단면은 격자입구의 폭과 같은 폭 W만큼 저부가 있다. 이러한 경우 측구 수면폭 T에 해당하는 유량에 대한 격자 폭 W에 해당하는 유량의 비 R_w는 다음과 같다.

$$R_w = \frac{Q_w}{Q} = \left[1 + \frac{S_w/S_x}{\left(1+\dfrac{S_w/S_x}{T/W-1}\right)^{8/3} - 1}\right]^{-1} \tag{14.6.26}$$

여기서, S_w는 측구 저부의 경사, S_x는 측구 저부가 없는 경사이다. 측면흐름의 차단효율 R_s는 식 (14.6.20)을 이용하여 계산하고, 전면흐름 차단효율 R_f는 식 (14.6.19)를 이용하여 계산한다. 측구유량에 대한 격자입구의 제거 유량의 비 E는 식 (14.6.21)에 의해 계산된다.

③ 단계 ①에서 계산한 연석입구에서의 제거유량에 단계 ②에서 계산한 격자입구에서의 제거유량을 합하면 혼합형입구에서의 제거 유량을 얻게 된다.

도로 저부에서의 혼합형입구의 용량은 격자입구 상류부의 연석입구 즉, 스위퍼입구에서의 용량 및 격자입구를 통한 용량을 합한 것과 같다. 스위퍼입구의 높이보다 흐름 깊이가 작은 경우 스위퍼입구의 용량은 위어공식 즉, 측구 저부가 있는 경우 식 (14.6.15) 또는 저부가 없는 경우 식 (14.6.16)을 사용하여 구하게 된다. 만일 흐름 깊이가 연석입구 높이의 1.4배보다 큰 경우 스위퍼입구의 용량은 오리피스 공식인 식 (14.6.17)을 적용한다. 흐름 깊이가 12cm보다 작은 경우 격자입구의 용량은 위어공식인 식 (14.6.22)를 적용하고, 43cm보다 큰 경우 식 (14.6.23)인 오리피스 공식을 적용하며, 이 사이의 깊이에 대해서는 위어 및 오리피스 흐름이 공존하며 두 경우에 대한 값을 보간하여 사용한다.

예제 14.6.7

연석입구의 길이가 2m이고 연석입구의 0.6m 하류지점에 0.6m×0.6m P-30 격자입구가 설치된 혼합형입구가 있다. 측구의 폭은 0.6m, 횡단경사는 0.03, 종단경사는 0.02이며, 연석으로부터 25mm 깊이의 저부가 있다. 도로는 매끈한 아스팔트(n=0.013)이고 측구 유량은 0.07m^3/s일 때 혼합형입구의 제거 효율을 계산하라.

풀이

1) 격자입구 상류부의 연석입구에서의 제거효율계산

$$S_w = S_x + \frac{a}{W} = 0.03 + \frac{0.025}{0.6} = 0.071$$

$$\therefore\ Q_w = 0.07 \times \left[1 + \frac{0.072/0.03}{\left(1+\dfrac{0.072/0.03}{T/0.6-1}\right)^{8/3} - 1}\right]^{-1} = 0.07 \times [\,\bullet\,] \tag{a}$$

측구에서의 측면흐름 유량 Q_s는

$$Q_s = Q - Q_w = 0.07 - 0.07 \times [\,\bullet\,] \tag{b}$$

식 (14.6.6)을 측면흐름 유량 Q_s에 대해 나타내면

$$Q = \frac{0.375}{0.013} \times 0.03^{5/3} 0.02^{1/2} (T-0.6)^{8/3} = 0.0118(T-0.6)^{8/3} \tag{c}$$

식 (b)와 (c)를 연립해서 풀면 Q_s=0.0162m^3/s와 T=1.72m를 얻게 된다.

따라서 유량비 R_w는 $R_w = \frac{Q_w}{Q} = \frac{Q - Q_s}{Q} = \frac{0.07 - 0.0162}{0.07} = 0.77$

측구 저부에서의 등가횡단경사 S_e는 $S_e = S_x + \frac{a}{W} R_w = 0.03 + \frac{0.025}{0.6} 0.77 = 0.062$

100%를 제거하기 위한 연석입구의 길이 L_T는 식 (14.6.11)로부터

$$L_T = 0.817 \times 0.07^{0.42} \times 0.02^{0.3} \times \left(\frac{1}{0.013 \times 0.062} \right)^{0.6} = 5.94\text{m}$$

격자입구 상류부에서의 연석입구의 길이는 2.0-0.6=1.4m이므로 효율은 식 (14.6.12)로부터

$$E = 1 - \left(1 - \frac{1.4}{5.94}\right)^{1.8} = 0.384$$

따라서 연석입구에 의해 제거되는 유량 $Q_{ic} = 0.384 \times 0.07 = 0.027\text{m}^3/\text{s}$

2) 격자입구에서의 제거 효율계산

격자입구 직상류부에서의 측구유량 $Q_g = Q - Q_{ic} = 0.07 - 0.027 = 0.043\text{m}^3/\text{s}$

측구유량 Q_g에 대한 격자입구 전면흐름 유량 Q_w의 비는 식 (14.6.26)에서 Q 대신 Q_g로 대체하면 되므로 식 (b)로부터 $Q_s = 0.043 - 0.043 \times [\bullet]$ (d)

따라서 1)에서와 같은 방법으로 식 (c)와 식 (d)를 연립해서 풀면 Q_s=0.00556m^3/s와 T=1.35m를 얻을 수 있고, 격자입구 직상류부에서의 유량 Q_g에 대한 격자입구 폭 W에 해당하는 유량의 R_w는

$$R_w = \frac{Q_g - Q_s}{Q_g} = \frac{0.043 - 0.00556}{0.043} = 0.87$$

측구에서의 총 흐름 단면적은 $A = \frac{1}{2}(T^2 S_x + aW) = \frac{1}{2} \times (1.35^2 \times 0.03 + 0.025 \times 0.6) = 0.0348\text{m}^2$

따라서 측구에서의 평균유속 $V = \frac{Q_g}{A} = \frac{0.043}{0.0348} = 1.24\text{m/s}$

0.6m 길이의 P-30 격자입구인 경우 그림 14.6.5로부터 월류유속이 약 2m/s가 된다. 그러므로 측구에서의 평균유속이 1.24m이고 월류유속이 2m/s이므로 전면흐름 차단효율은 100%가 된다. 즉, R_f=1.0이 된다. 측면흐름 차단효율 R_s는 식 (14.6.20)으로부터

$$R_s = \left(1 + \frac{0.0828 \times 1.24^{1.8}}{0.03 \times 0.6^{2.3}}\right)^{-1} = 0.071$$

따라서 측구에 의해 차단된 유량 Q_{ig}는 식 (14.6.21)에 의해

$$Q_{ig} = Q_g[R_f R_w + R_s(1 - R_w)] = 0.043 \times [1.0 \times 0.87 + 0.071 \times (1 - 0.87)] = 0.038\text{m}^3/\text{s}$$

3) 혼합형입구에서의 총 차단 용량계산

혼합형입구에서의 차단 용량 Q_i는 연석입구에서의 차단 용량 Q_{ic}에 격자입구에서의 차단 용량 Q_{ig}를 더하면 된다.

$$Q_i = Q_{ic} + Q_{ig} = 0.027 + 0.038 = 0.065\text{m}^3/\text{s}$$

혼합형입구 상류부에서의 측구유량이 0.07m^3/s이므로 0.07-0.065=0.005m^3/s는 차단되지 못하고 하류 측구로 이동하게 된다.

예제 14.6.8

도로 저부에서의 측구유량 $0.15m^3/s$를 배제하기 위해 혼합형입구를 설치하려고 한다. 혼합형입구는 높이가 15cm, 길이가 2.5m인 연석입구와 0.6m×1.2m P-50의 격자입구로 구성되어 있으며 격자입구는 연석입구의 중앙에 위치하고 있다. 도로의 횡단경사가 0.03이고 격자입구 윤변의 30%가 부유물에 의해 막혀있을 경우 도로에 퍼지는 물의 폭을 계산하라.

풀이

1) 측구에서의 흐름 깊이 d가 연석입구의 높이 15cm보다 작다고 가정하면 연석입구를 통한 흐름 Q_c는 위어흐름으로 볼 수 있다. 스위퍼입구의 길이는 L=2.5−1.2=1.3m이고, 식 (14.6.16)을 적용하면

$$Q_c = 1.6 \times 1.3 \times d^{1.5} \qquad \text{(a)}$$

격자입구에서의 흐름의 깊이가 12cm보다 작다고 가정하면 위어로서의 기능을 하므로 격자입구로 제거되는 유량 Q_g는 식 (14.6.22)를 적용할 수 있다. 여기서 윤변의 30%가 막혀있다고 하였으므로

$$P = 0.7 \times (L + 2W) = 0.7 \times (1.2 + 2 \times 0.6) = 1.68m$$

$$\therefore \ Q_g = 1.66 \times 1.68 \times d^{1.5} \qquad \text{(b)}$$

측구를 통한 총 유량이 $0.15m^3/s$이므로 식 (a) 및 (b)에 의해

$$Q = Q_c + Q_g = 0.15 = 1.6 \times 1.3 \times d^{1.5} + 1.66 \times 1.68 \times d^{1.5}$$

그러므로 d=0.098m를 얻을 수 있다. 따라서 처음 가정한 d<15cm가 옳다.

도로에서의 물의 침수되는 폭 $T = \dfrac{d}{S_x} = \dfrac{0.098}{0.03} = 3.27m$

14.7 우수관거시스템

호우로 인한 지표면 유출수는 입구부를 통해 지중의 관거로 흘러 하류 하천, 호수, 저류지 등으로 흐르게 된다. 우수관거시스템(storm sewer system)에는 관거 외에 입구부, 맨홀, 연결실, 변이부, 분류시설 및 사이폰 등의 부속구조물들이 포함된다. 맨홀(manhole)은 우수관거의 검사 및 유지관리를 위해 쉽게 접근하기 위

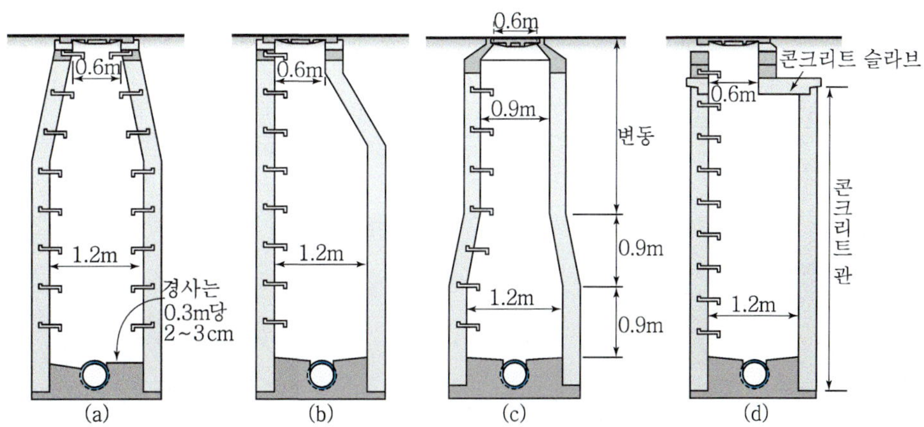

그림 14.7.1 우수관거 맨홀의 형태

해 만든 시설물로 관로가 합류하거나, 직경이 변하거나, 경사가 변할 경우 필요하게 된다. 연결실(junction chamber)은 연결되는 우수관거가 표준 맨홀의 크기로 수용할 수 없을 정도로 큰 경우에 사용되게 된다. 분류시설(flow splitter)은 유입되는 흐름을 둘 또는 그 이상의 하류관거로 분리하여 흐르도록 하는 연결시설물이다. 관거 출구근처에는 하류에서 높은 수위가 발생할 경우 물이 관거를 통해 역류하는 것을 방지하기 위해 날개수문(flap gate)를 설치하기도 한다. 본 절에서는 우수관거시스템에서 주요부분에 대해 에너지 손실을 고려하여 관거시스템을 설계하는 절차에 대해 간략히 소개하기로 한다.

14.7.1 우수관거 흐름

우수관거에서의 흐름은 보통 부정부등류가 되지만 실무에서는 간편하게 첨두유량을 사용하여 정상류로 가정하여 설계하게 된다.

1) 우수관거 흐름방정식

우수관거에서는 유량을 계산하기 위해 일반적으로 Manning의 공식을 사용한다.

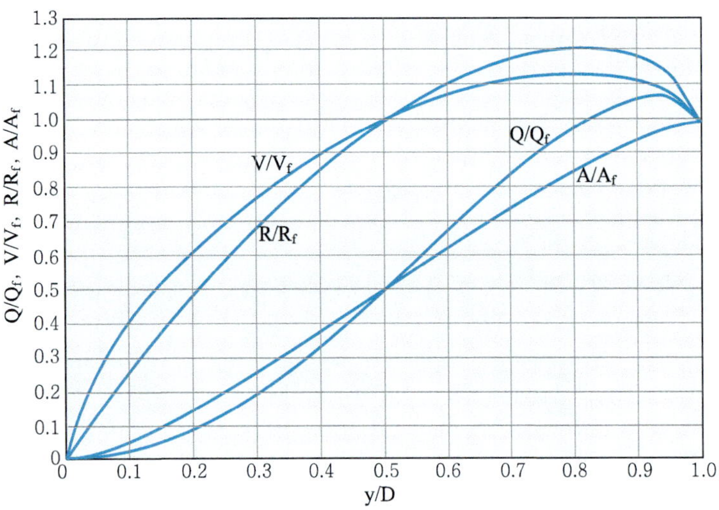

그림 14.7.2 원형관거에서의 수리특성곡선

$$Q = \frac{1}{n} A R_h^{2/3} S_f^{1/2} \tag{14.7.1}$$

식 (14.7.1)을 에너지경사로 나타내면

$$S_f = \left(\frac{nQ}{A R_h^{2/3}} \right)^2 \tag{14.7.2}$$

원형 우수관거에서 물이 가득차서 흐를 경우의 면적 및 동수반경은

$$A_f = \frac{\pi D^2}{4} \tag{14.7.3}$$

$$R_{hf} = \frac{D}{4} \tag{14.7.4}$$

관거내에 물이 가득차서 흐르는 경우에는 압력흐름이 되어 에너지경사 S_f는 관거의 경사 S_o보다는 크게 된다. 물이 관거에 차기 시작하여 가득 차게 될 때의 흐름을 만수 흐름(just full flow)이라 하며, 이 흐름은 정상등류로 흐르고 수심 y가 관거의 직경 D와 거의 같게 되는 기준유량이라 할 수 있다. 만수흐름에서의 유량 Q_f는 식 (14.7.1)에서 $A=A_f$, $R_h=R_{hf}$ 그리고 $S_f=S_o$로 하여 다음과 같이 나타낼 수 있다.

$$Q_f = \frac{1}{n} A_f R_{hf}^{2/3} S_o^{1/2} \tag{14.7.5}$$

그림 14.7.2는 원형 우수관거에서 물이 부분적으로 차서 흐를 경우의 수리특성치를 결정하기 위한 수리특성곡선으로 y는 수심, V_f는 만수흐름일 때의 유속이 된다.

예제 14.7.1

직경이 0.9m, 경사가 0.003, 조도계수가 0.013인 우수관거에서 유량이 $0.8m^3/s$로 흐르고 있을 때 수심, 단면적 및 유속을 구하라.

풀이

만수유량에 대한 단면적, 동수반경 및 유량을 구하면 $A_f=0.636m^2$, $R_{hf}=0.225$, $Q_f=0.991m^3/s$, $V_f=1.559m/s$가 된다.

$Q/Q_f=0.8/0.991=0.81$이므로 그림 14.7.2에서 $y/D=0.68$, $A/A_f=0.72$ 그리고 $V/V_f=1.11$이 된다.

따라서 $y=0.68\times0.9=0.612m$, $A=0.72\times0.636=0.458m^2$ 그리고 $V=1.11\times1.559= 1.73m/s$가 된다.

2) 마찰로 인한 수두손실

우수관거에서의 마찰로 인한 손실 h_f는 다음과 같이 구할 수 있다.

$$h_f = LS_f \tag{14.7.6}$$

여기서 L은 우수관거의 길이, S_f는 에너지선의 경사이다. 유량을 알고 있을 때 에너지경사는 식 (14.7.2)를 이용하여 구할 수 있고, 부분적으로 차서 흐르는 경우에는 $S_f=S_o$로 적용할 수 있다. 따라서 우수관거 상류 끝단에서의 총 수두 H_U와 하류 끝단에서의 총 수두 H_D와의 관계는 다음과 같다.

$$H_U = H_D + h_f \tag{14.7.7}$$

관거에서의 마찰로 인한 에너지손실은 6.4절 관마찰손실에서 소개하였으며, 마찰손실 이외에 단면변화, 만곡부 그리고 연결부 및 부속시설에 대한 수두손실이 발생하게 된다.

3) 입구 및 맨홀 수두손실

유입되는 관거에서의 에너지 손실은 맨홀 또는 연결부에서의 물이 유입되는 관의 저부를 잠수시키는지 여부에 따라 다르게 결정된다. 만약 맨홀에서 유입관거의 저부가 수위보다 높은 경우 유입되는 관거에서의 흐름은 연결부 손실에 의해 영향을 받지 않고, 유출되는 관거는 암거처럼 고려하게 된다. 만일 유입관거의 저부가 맨홀에서의 수위보다 낮을 경우 수두손실은 다음과 같다.

$$h_{LM} = K_o C_D C_d C_Q C_p C_B \frac{V_o^2}{2g} \tag{14.7.8}$$

여기서, K_o는 초기손실계수, V_o는 유출관거에서의 유속, g는 중력가속도, 그리고 C_D, C_d, C_Q, C_p 및 C_B는 관거 및 흐름 상태에 대한 보정계수이다.

유입관거에서의 초기손실계수 K_o는 맨홀의 상대적인 크기와 유입 및 유출관거 사이의 변환각의 함수로 다음과 같이 산정한다.

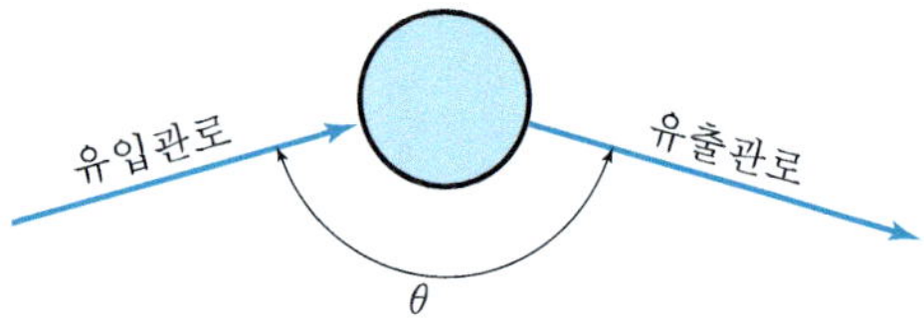

그림 14.7.3 관거 사이의 변환각

$$K_o = 0.1\left(\frac{b}{D_o}\right)(1-\sin\theta)+1.4\left(\frac{b}{D_o}\right)^{0.15}\sin\theta \qquad (14.7.9)$$

여기서, b는 맨홀 또는 연결부의 직경, D_o는 유출관거의 직경 그리고 θ는 그림 14.7.3과 같이 유입관과 유출관 사이의 각이다.

관거크기에 대한 보정계수 C_D는 높은 압력흐름에서만 중요한 역할을 한다. 즉, 유출관거의 직경 D_o에 대한 맨홀 깊이 또는 유출관거 저부로부터 수표면까지의 깊이 d_m간의 비 d_m/D_o가 3.2보다 큰 경우에 식 (14.7.10)을 사용하여 C_D를 계산하고, 그렇지 않으면 C_D=1이 된다.

$$C_D = \left(\frac{D_o}{D_i}\right)^3 \qquad (14.7.10)$$

여기서, Di는 유입관거의 직경이다. 맨홀에서의 깊이 d_m을 결정하기 위해 맨홀의 수위는 유출관거의 상류 끝단에서의 동수경사선의 높이와 같다고 하여 간단히 산정할 수 있다.

흐름깊이에 대한 보정계수 C_d는 낮은 압력 또는 자유수표면 흐름인 경우 즉, d_m/D_o가 3.2보다 작은 경우에 다음과 같이 산정할 수 있으며, 그렇지 않은 경우 C_d=1.0이다.

$$C_d = 0.5\left(\frac{d_m}{D_o}\right)^{0.6} \qquad (14.7.11)$$

상대흐름에 대한 보정계수 C_Q는 세 개 또는 그 이상의 관거가 거의 같은 높이로 맨홀에서 연결될 경우 관거 사이의 각 및 상대적인 유량을 고려하기 위한 것으로 다음과 같이 구할 수 있으며, 그렇지 않은 경우 C_Q=1.0이다.

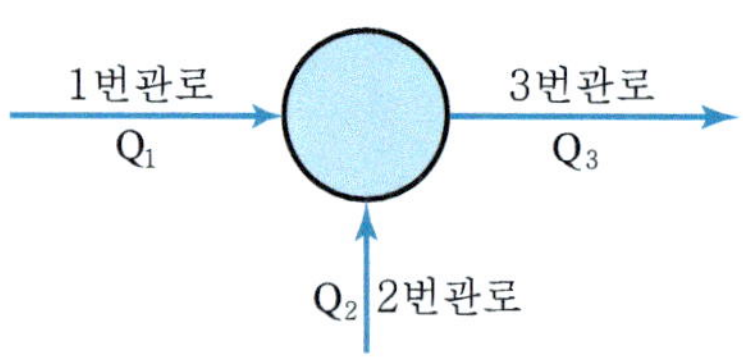

그림 14.7.4 상대흐름 영향

$$C_Q = (1-2\sin\theta)\left(1-\frac{Q_i}{Q_o}\right)^{0.75}+1 \qquad (14.7.12)$$

여기서, Q_i는 고려하는 유입관거에서의 유량이다. 예를 들어 그림 14.7.4와 같이 두 관거가 맨홀로 유입되어 하나의 관거로 유출될 때 Q_1=0.9m^3/s, Q_2=0.3m^3/s 그리고 Q_3=1.2m^3/s인 경우 2번째 관거에 대한 보정계수는 유입관거 1번 및 유출관거 3번 사이의 각이 θ=180°이므로 식 (14.7.12)를 적용하면 C_Q=1.35가 된다.

낙하하는 흐름에 대한 보정계수 C_p는 맨홀로 낙하하는 관거 흐름이나 지표면으로부터 맨홀로 낙하하여 유입되는 물의 영향을 고려하기 위한 것으로 $h_p > d_m$인 경우에 다음과 같이 산정하게 되

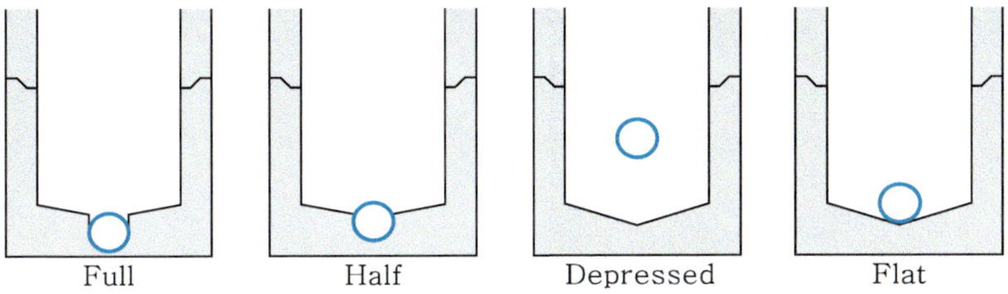

그림 14.7.5 맨홀의 benching 형태

고, 그렇지 않은 경우 C_p=1.0이 된다.

$$C_p = 1 + 0.2\left(\frac{h_p}{D_o}\right)\left(\frac{h_p - d_m}{D_o}\right) \quad (14.7.13)$$

여기서, h_p는 높은 수위를 가지는 유입관거에서의 수면과 유출관거의 중심사이의 거리이다. Benching에 대한 보정계수 C_B는 그림 14.7.5과 같은 상황에 대해 표 14.7.1을 이용하여 결정한다.

표 14.7.1 Benching에 대한 보정계수

Bench 종류	보정계수 CB	
	잠수*	비잠수**
Flat or Depressed Floor	1.00	1.00
Half Bench	0.95	0.15
Full Bench	0.75	0.07

*압력흐름, $d_m/D_o \geq 3.2$, **자유수표면 흐름, $d_m/D_o \leq 1.0$

4) 관거연결 수두손실

측방향 관거가 주 관거로 맨홀 없이 연결될 때 수두손실 h_{Lj}는 다음과 같이 산정한다.

$$h_{Lj} = \frac{Q_o V_o - Q_i V_i - Q_L V_L \cos\theta}{0.5g(A_o + A_i)} + \frac{V_1^2}{2g} - \frac{V_o^2}{2g} \quad (14.7.14)$$

여기서, 첨자 i, o 및 L은 각각 유입, 유출 및 측방향 관거를 의미하며, θ는 유입관거 및 유출관거 사이의 각이다.

5) 관거 단면변환 수두손실

관거의 점진적인 확대로 인한 에너지 손실 h_{LE}는 다음과 같이 산정한다.

$$h_{LE} = K_e\left(\frac{V_1^2}{2g} - \frac{V_2^2}{2g}\right) \quad (14.7.15)$$

여기서, K_e는 단면확대계수, 첨자 1 및 2는 관거의 상류 및 하류를 의미한다. 자유수표면 흐름인 경우 K_e는 표 14.7.2로부터 산정할 수 있다.

표 14.7.2 관거의 점진적 단면확대 계수 K_e

D_2/D_1	확대각						
	10°	20°	45°	60°	90°	120°	180°
1.5	0.17	0.40	1.06	1.21	1.14	1.07	1.00
3	0.17	0.40	0.86	1.02	1.06	1.04	1.00

점진적 축소로 인한 손실 h_{LC}는 다음과 같다.

$$h_{LC} = K_c\left(\frac{V_2^2}{2g} - \frac{V_1^2}{2g}\right) \tag{14.7.16}$$

여기서, K_c는 단면축소계수로 보통 $0.5K_e$를 사용한다.

6) 만곡부 수두손실

만곡부로 인한 수두손실 h_{Lb}는 다음과 같이 산정하며, Δ는 곡률각(°)이다.

$$h_{Lb} = 0.0033\Delta\frac{V^2}{2g} \tag{14.7.17}$$

7) 출구 수두손실

우수관거시스템 출구부에서의 수두손실 h_{Lo}는 다음과 같다.

$$h_{Lo} = \frac{V_o^2}{2g} - \frac{V_d^2}{2g} \tag{14.7.18}$$

여기서, V_o는 유출관거에서의 유속, V_d는 하류하천에서의 유속이다. 만일 우수관거로부터의 유출이 저수지로 유입되면 $V_d=0$이 된다.

14.7.2 우수관거 유량 설계

우수관거 설계에서 가장 일반적으로 사용하는 유량계산 방법이 합리식으로 설계빈도에 해당하는 첨두유출량을 산정하게 된다. 설계강우의 지속기간은 배수시스템에서의 도달시간과 같고, 강우는 지속기간 동안 유역 전반에 걸쳐 균등하게 내린다.

도시 배수시스템에서 강우는 먼저 지표면으로부터 입구로 흐른다. 유역의 경계지점부터 입구까지 도달하는데 걸리는 시간을 유입시간(inlet time)이라 하며, 지표면, 측구 및 도로측면의 배수구를 흐르는 시간을 포함한다. 다양한 배치에 따라 유입시간을 결정하는 방법도 다양하지만 실무에서는 일반적으로 일정한 유입시간으로 가정하여 적용하고 있다. 불투수표면이 배수시스템에 직접적으로 연결되어 있는 조밀하게 개발된 지역에서는 유입시간을 5분으로 적용하고 있으며, 비교적 평탄한 지표경사를 가진 상당히 개발된 지역에서는 유입시간을 10~15분으로 적용한다. 또한 도로의 입구가 비교적 넓게 분포하고 있는 평탄한 거주지역에서는 20~30분을 권장하고 있다.

입구 구조물로부터 강우유출은 우수관거를 통해 하류방향으로 유출된다. 이러한 경로를 고려하면 우수관거에 대한 도달시간 t_c는 다음과 같이 나타낼 수 있다.

$$t_c = t_o + t_f \tag{14.7.19}$$

여기서, t_o는 유입시간, t_f는 관거에서의 유하시간이다. 만일 N개의 관거로 구성되어 있다면

$$t_f = \sum_{j=1}^{N} \frac{L_j}{V_j} \tag{14.7.20}$$

여기서, L_j는 j번째 관거의 길이, V_j는 j번째 관거에서의 평균유속이다.

우수관거에 대한 설계유량을 결정하기 위해 도달시간을 결정한 후, 이를 강우 지속기간으로 하여 설계강우를 결정하고, 합리식을 이용하여 설계유량을 결정한다.

$$Q_p = I \sum_{j=1}^{M} C_j A_j \tag{14.7.21}$$

여기서, I는 설계강우강도, C_j는 소유역 j에서의 유출계수 그리고 A_j 및 M은 소유역면적과 수이다.

설계유량이 결정되면 Manning의 공식을 이용하여 관거의 크기를 결정하며, 원형인 경우는

$$D = \left(\frac{nQ_p}{0.31 S_o^{1/2}} \right)^{3/8} \tag{14.7.22}$$

여기서, D는 최소관거직경으로 설계시 이보다 큰 최소의 표준 관거가 설계직경이 된다.

14.7.3 동수경사선의 결정

합리식을 이용하여 각 우수관거의 크기가 결정되었으면 동수경사선(HGL)을 결정하여야 하며, 이는 맨홀이나 유입부에서 지표면보다 동수경사선이 높아 물이 월류하는지를 판단하기 위해서이다. 관거에서의 흐름은 일반적으로 상류(subcritical flow) 또는 압력흐름이 되므로 관거시스템의 말단부로부터 시작하여 상류부로 계산하게 된다.

하류 끝단의 낙차부를 가진 관거인 경우 하류수위(TW)는 하류하도 또는 저수지의 수위가 된다. 관거시스템 내부의 관거인 경우 하류수위는 하류부 맨홀 또는 입구의 수위가 된다. 두 경우 모두 하류수위는 관거가 연결되는 맨홀에서의 수두 HGL_i와 같게 되며, 이 수두는 맨홀에서의 수두손실 계산으로부터 얻을 수 있다. 하류수위가 우수관거 하류단의 천정높이보다 높으면 관거는 물이 가득차서 흐르게 되고, 하류단에서의 동수경사선은 하류수위와 같게 된다. 관거가 가득차서 흐르는 경우 식 (14.7.2)와 식 (14.7.6)을 이용하여 마찰손실을 계산하고, 하류단에서의 동수경사선을 더해 관거의 상류단에서의 동수경사선을 결정한다. 만일 하류수위가 관거 하류단의 천정높이보다 낮은 경우, 관거는 부분적으로 차서 흐르게 되어, 흐름이 상류인지 사류인지를 결정하여야 한다. 그림 14.7.2를 이용하여 부분적으로 차서 흐르는 경우의 수심 y를 결정하고, 다음 식을 이용하여 개략적인 한계수심 y_c를 결정한다.

$$y_c = 1.01\left(\frac{Q^2}{gD}\right)^{1/4} \qquad 0.02D \le y_c \le 0.85D \text{ 인 경우} \tag{14.7.23}$$

만일 $y>y_c$이면 상류, $y<y_c$이면 사류 그리고 $y=y_c$이면 한계류가 된다.

상류인 경우 하류단의 동수경사선을 하류수위나 하류단저부높이+$(D+y_c)/2$ 중 큰 값과 같게 한다. 에너지선의 경사 S_f 대신 관거의 경사 S_o를 사용하여 마찰손실 $h_f=LS_o$를 계산하여 하류단의 동수경사선에 더해 상류단의 동수경사선을 구한다. 사류인 경우 하류단 조건에 영향을 받지 않는다. 만일 관거에서의 흐름이 사류이면 입구부 통제를 받는 암거로 분석하게 된다.

맨홀에 의한 손실 또한 동수경사선 계산시 다음과 같이 고려하여야 한다.

$$HGL_i = HGL_o + h_{LM} \tag{14.7.24}$$

여기서 HGL_i는 맨홀로 유입하는 상류관거에서의 동수경사선의 높이, HGL_o는 맨홀 유출관거 상류단에서의 동수경사선의 높이이다.

14.8 암거

고속도로나 철도가 배수유역을 가로질러 횡단할 경우 상류 유역의 물을 제방을 통해 하류로 흘려보내기 위해 지면이 낮은 지점에 암거(culvert)를 설치하게 된다. 암거는 원형, 사각형 Box, 타원형, 관로 등 다양한 단면으로 설계할 수가 있으며, 입구부의 형태도 그림 14.8.1과 같이 다양한 형태를 이용할 수 있다.

암거의 수리학적 설계의 기본적인 목적은 설계유량이 상류의 허용수두를 초과하지 않고 통과할 수 있는 가장 경제적인 직경 또는 단면을 결정하는 것이다. 암거의 주요 구성성분은 유입부, 암거통로부 그리고 감세공(energy dissipator)을 포함하고 있는 유출부로 구성되어 있으며, 이 구성요소 각각은 물을 통과시킬 수 있는 제한된 용량을 가지고 있으므로 가장 적게 흐르는 부분이 암거

(a) 돌출된 원형암거 (b) 날개벽의 콘크리트암거 (c) 프리캐스트 단면 (d) 경사진 암거

그림 14.8.1 암거 입구의 전형적인 형태

의 수리학적 통수 능력을 좌우하게 된다.

암거의 흐름은 점변류 또는 급변류와 같은 부등류가 형성되는 지점이 발생하고, 암거내에서 도수 현상이 발생하는 등 흐름이 매우 복잡하여 해석적 방법으로 정확히 분석하기가 쉽지가 않다. 따라서 수리모형실험 및 현장실험 등을 통해 경험적인 방법으로 설계하는 경우가 많이 있다. 본 절에서는 미국 교통부(U.S. Department of Transportation)의 연방도로국(FHWA)에서 제시한 설계방법을 바탕으로 암거의 수리학적 설계절차에 대해 소개하기로 한다.

14.8.1 흐름의 통제형태

암거 흐름의 통제형태는 유입부통제(inlet control)와 출구부통제(outlet control)로 나눌 수가 있다. 유입부통제를 받는 흐름은 얕고 빠른 유속을 가진 사류를 형성하여 통제단면은 암거의 상단부 측, 입구가 된다. 반면에 출구부통제를 받는 흐름은 비교적 수심이 깊고 느린 유속을 가진 상류가 형성되며 통제단면은 암거의 하단부인 출구가 된다. 암거 하류부 끝단의 수심(tailwater depth)은 출구지점에서의 한계수심(critical depth)이나 하류하천 수심 중 큰 것이 된다.

1) 유입부통제

전형적인 유입부통제를 받는 암거 흐름의 형태가 그림 14.8.2와 같고, 흐름 형태는 암거의 유입부 및 출구부의 잠수 여부에 따라 결정되며, 모든 경우 통제단면은 암거의 유입부가 되고 암거 끝단의 수위에 따라 암거 내에 도수(hydraulic jump)가 발생할 수도 있다. 그림 14.8.2a는 유입부나 출구부가 잠수되지 않은 상태로 유입부에서 한계수심이 형성되고 암거 통로부에서는 사류로 흐르게 된다. 암거 통로 전체를 통해 부분적으로 물이 차서 흐르며 암거 끝단에서는 등류로 점근하게 된다. 그림 14.8.2b는 출구부가 잠수되어 있지만 출구부통제가 되지는 않고, 암거의 입구부 직하류 지점에서 사류가 발생하며 암거 통로에서 도수가 발생하게 된다. 그림 14.8.2c는 일반적인 설계상황으로 유입부는 잠수되고 출구부는 자유흐름이 형성되는 경우로, 유입부 직하류에서 사류가 형성되고 부분적으로 차서 흐르며 암거 출구부에서는 등류에 점근하게 된다. 그림 14.8.2d는 자주 발생하지는 않는 상태로 입구부 및 출구부가 잠수되어 있지만 암거가 가득차서 흐르지는 않는 경우로, 암거 통로에서 도수가 발생하게 된다. 암거의 중

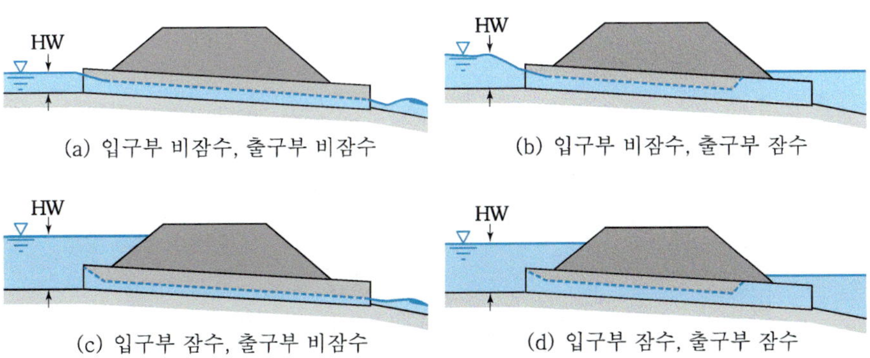

(a) 입구부 비잠수, 출구부 비잠수

(b) 입구부 비잠수, 출구부 잠수

(c) 입구부 잠수, 출구부 비잠수

(d) 입구부 잠수, 출구부 잠수

그림 14.8.2 유입부통제를 받는 흐름 형태

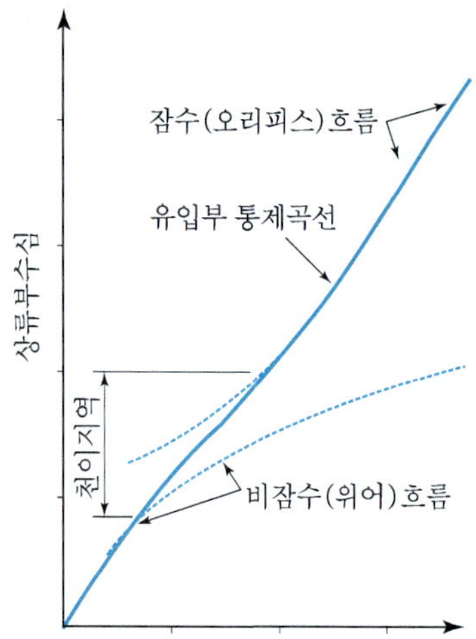

그림 14.8.3 유입부통제곡선

앙부분에 공기통로가 있어 이러한 상태가 발생하며 만일 공기통로가 없다면 암거내의 흐름이 가득차거나 부분적으로 차서 흐르는 불안정한 흐름이 된다.

유입부통제에서는 통제단면이 암거의 상류 끝단인 유입구지점이므로 상류수심(headwater depth) HW와 유입부 형상만이 암거의 통수능력에 영향을 주게 된다. 상류수심은 암거 입구 통제단면의 저부와 상류 수표면간의 깊이로 나타낸다. 입구부의 형상은 암거 통로의 형상과 대부분 같은 형태이며 원형, 사각형 및 타원형 등으로 설계한다.

유입부통제인 경우의 통수능력은 그림 14.8.3과 같이 잠수, 천이 그리고 비잠수의 세 가지 영역으로 나타낼 수가 있다. 그림 14.8.2a 및 b와 같이 상류부 수심(HW)이 낮은 경우 암거의 유입부는 위어와 같은 작용을 한다. 그림 14.8.2c 및 d와 같이 상류부 수심이 높아 유입부가 잠길 경우 암거는 오리피스처럼 작용을 하게 된다. 상류부 수심이 높은 경우와 낮은 경우의 중간인 천이흐름 인 경우 흐름 상태를 적절하게 나타낼 수 없으므로 그림 14.8.3과 같이 위어인 경우(비잠수)와 오리피스인 경우(잠수)의 곡선에서 접선을 그어 서로 연결하여 적용하게 된다.

2) 출구부통제

출구부통제의 다양한 흐름 상태에 대한 경우가 그림 14.8.4와 같고, 통제단면은 암거의 끝단인 출구지점이 되며, 부분적으로 차서 흐르는 경우에 흐름은 상류가 된다. 그림 14.8.4a는 입구부 및 출구부가 모두 잠수되어 암거가 가득차서 흐르는 상태로 암거내의 흐름은 압력흐름이 된다. 그림 14.8.4b는 유입부는 잠수되지 않고 출구부만 잠수되어 있는 경우로 상류부 수심이 낮아 암거 입구부의 정점이 노출되어 있다. 그림 14.8.4c는 유입부가 잠수되어 있고 출구부는 잠수되어 있지 않은 상태로 암거 전구간이 가득차서 흐르게 된다. 그림 14.8.4d는 일반적인 경우로 유입부는 잠수되어 있고 하류부는 잠수되어 있지 않아 암거 끝단 측, 출구지점에서 끝단 수심 TW가 형성되는 경우이다. 이 경우 암거 통로는 일부구간에서 부분적으로 차서 흐르게

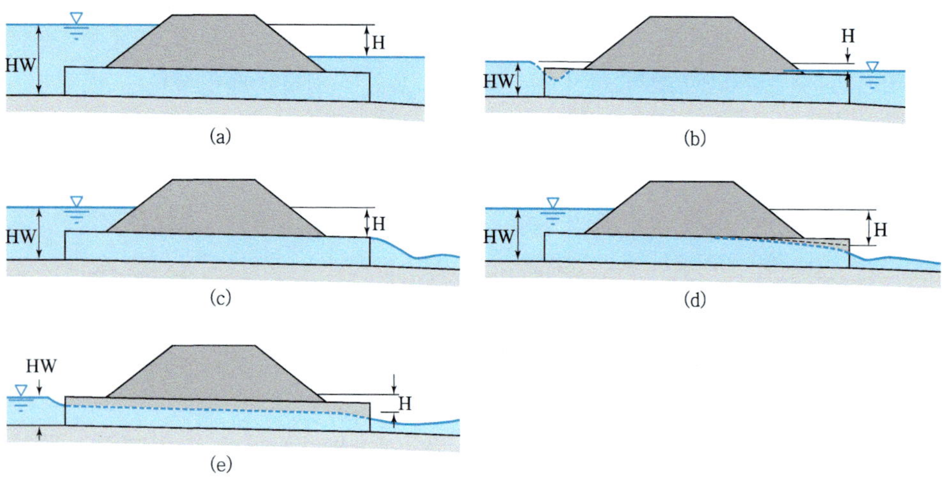

그림 14.8.4 출구부통제 흐름상태

되며 출구지점에서 한계수심이 형성된다. 그림 14.8.4e는 유입부와 출구부가 모두 잠수되지 않은 경우로 암거 전 구간에 걸쳐 부분적으로 차서 상류로 흐르게 된다. 유입부통제인 경우의 암거흐름에 영향을 주는 인자들도 출구부통제인 흐름에 대해서도 영향을 주며, 암거의 특성치인 조도, 단면적, 형상, 길이 및 경사와 암거 출구에서의 수심인 TW도 영향을 주게 된다.

암거통로의 조도는 사용 재료에 따라 변하게 되며 주로 콘크리트나 주름진 금속재료를 사용하게 된다. 사용재료에 따른 암거통로의 조도가 표 14.8.1과 같다. 암거의 길이는 유입부부터 출구부까지의 길이로 설계시 암거의 높이 및 경사에 따라 결정되게 된다. 암거의 하류부 끝단 즉, 출구에서의 수심 TW는 하류 하천의 수위에 의해 영향을 받으며, 하류 통제단면으로부터의 배수위 계산, 등류수심 또는 현장실측을 통해 결정한다.

출구부통제를 받는 그림 14.8.4a와 같은 흐름 상태인 경우의 수리학적 분석을 하여보자. 출구부통제 흐름인 경우 암거를 통해 흐를 때 발생하는 총에너지 손실 H는 입구부 손실 H_e, 암거를 통한 마찰손실 H_f 그리고 출구부 손실 H_o의 합이 된다. 따라서

$$H = H_e + H_f + H_o \tag{14.8.1}$$

입구부 손실은 암거 속도수두의 항으로 다음과 같이 나타낼 수 있다.

$$H_e = K_e \frac{V^2}{2g} \tag{14.8.2}$$

여기서 K_e는 입구부 손실계수로 표 14.8.2로부터 결정할 수 있고, V는 암거에서의 평균유속(m/s)이다. 마찰손실 또한 속도수두의 함수로 Manning의 공식을 이용하여 다음과 같이 나타낼 수 있다.

$$H_f = \left(\frac{K_u n^2 L}{R_h^{1.33}} \right) \frac{V^2}{2g} \tag{14.8.3}$$

표 14.8.1 암거의 재료에 따른 Manning의 조도계수

암거의 종류	조도 및 표면형상	Manning의 조도 n
콘크리트 원형관	매끈함	0.010-0.011
콘크리트 Box관	매끈함	0.012-0.015
나선형 금속관	매끈함	0.012-0.013
주름진 금속관	환형(68×13mm)	0.022-0.027
	나선형(68×13mm)	0.011-0.023
	나선형(150×25mm)	0.022-0.025
	나선형(125×25mm)	0.025-0.026
	나선형(75×25mm)	0.027-0.028
	판형(150×50mm)	0.033-0.035
	판형(230×64mm)	0.033-0.037
주름진 폴리에틸렌	매끈함	0.009-0.015
	주름짐	0.018-0.025
PVC	매끈함	0.009-0.011

표 14.8.2 입구부 손실계수

암거의 종류 및 입구 형태	손실계수 K_e
• 원형관, 콘크리트	
Projecting from fill, socket end (groove-end)	0.2
Projecting from fill, sq, cut end	0.5
Headwall or headwall and wingwalls	
Socket end of pipe (groove-end)	0.2
Square-edge	0.5
Rounded (radius=D/12)	0.2
Mitered to conform to fill slope	0.7
End-Section conforming to fill slope	0.5
Beveled edges, 33.7° or 45° bevels	0.2
Side- or slope-tapered inlet	0.2
• 원형관, 주름진 금속	
Projecting from fill(no headwall)	0.9
Headwall or headwall and wingwalls square-edge	0.5
Mitered to conform to fill slope, paved or unpaved slope	0.7
End Section conforming to fill slope	0.5
Beveled edges, 33.7° or 45° bevels	0.2
Side- or slope-tapered inlet	0.2
• Box관, 강화콘크리트	
Headwall parallel to embankment(no wingwalls)	
Square-edged on 3 edges	0.5
Rounded on 3 edges to radius of D/12 or B/12 or beveled edges on 3 sides	0.2
Wingwalls at 30° to 75° to barrel	
Square-edged at crown	0.4
Crown edge rounded to radius of D/12 or beveled top edge	0.2
Wingwall at 10° to 25° to barrel	
Square-edged at crown	0.5
Wingwalls parallel(extension of sides)	
Square-edged at crown	0.7
Side- or slope-tapered inlet	0.2

여기서, K_u는 단위변환계수로 19.63, n은 Manning의 조도계수, L은 암거의 길이(m), R_h는 동수반경(m)으로 단면적 A를 윤변 P로 나눈 값이다.

출구부 손실은 암거 출구부에서 유속의 변화에 대한 함수로 급확대 손실인 경우 다음과 같다.

$$H_o = 1.0\left(\frac{V^2}{2g} - \frac{V_d^2}{2g}\right) \tag{14.8.4}$$

여기서, V_d는 암거 하류부 하천에서의 유속이다. 만일 하류부 하천의 유속을 무시한다면 출구손실은 속도수두와 같아지게 된다.

$$H_o = \frac{V^2}{2g} \tag{14.8.5}$$

이상과 같은 손실수두들을 식 (14.8.1)에 대입하면

$$H = \left(1 + K_e + \frac{K_u n^2 L}{R_h^{1.33}}\right)\frac{V^2}{2g} \tag{14.8.6}$$

그림 14.8.5는 암거를 통한 흐름에서의 에너지선과 동수경사선을 나타내고 있다. 단면 ①과 ② 지점에 에너지 방정식을 적용하면

$$HW_o + \frac{V_u^2}{2g} = TW + \frac{V_d^2}{2g} + H \tag{14.8.7}$$

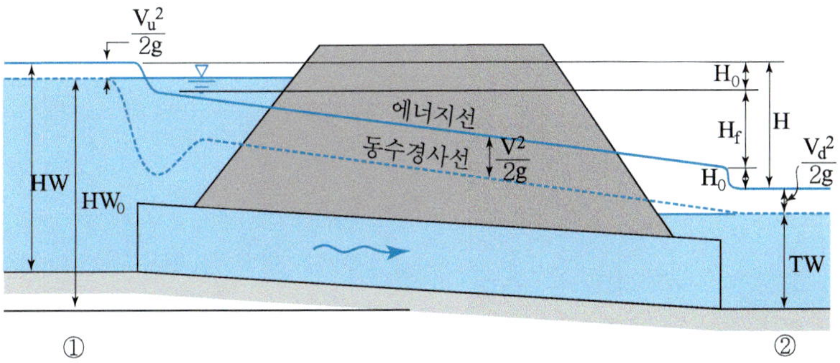

그림 14.8.5 암거 흐름에 대한 에너지선 및 동수경사선

여기서, HW_o는 암거 출구부 바닥을 기준으로 한 상류부 수심(m), V_u는 상류 접근유속(m/s), TW는 암거 출구부에서의 수심(m), V_d는 하류부 하천 유속(m/s) 그리고 H는 암거를 통해 발생한 손실수두(m)이다. 만일 암거 상류부 접근유속과 하류부 하천의 유속이 무시할 정도로 작다고 가정하면 식 (14.8.7)은

$$HW_o = TW + H \tag{14.8.8}$$

식 (14.8.1)~식 (14.8.8)은 그림 14.8.4a와 같이 출구부통제를 받는 입구 및 출구가 잠수되어 있는 상태의 흐름에 적용한 식으로 그림 14.8.4b 및 c의 상황에도 적용할 수가 있다. 만일 그림 14.8.4d 및 e와 같이 부분적으로 차서 흐르는 경우에는 배수위곡선을 계산할 필요가 있으며, 이때 암거 하류부 끝단에서부터 상류부로 계산해 나가게 된다. 하류부 끝단 수위는 출구에서의 수위 TW 또는 한계수심 중 큰 수심이 된다.

식 (14.8.3)으로부터 마찰경사 S_f는 다음과 같이 산정할 수 있다.

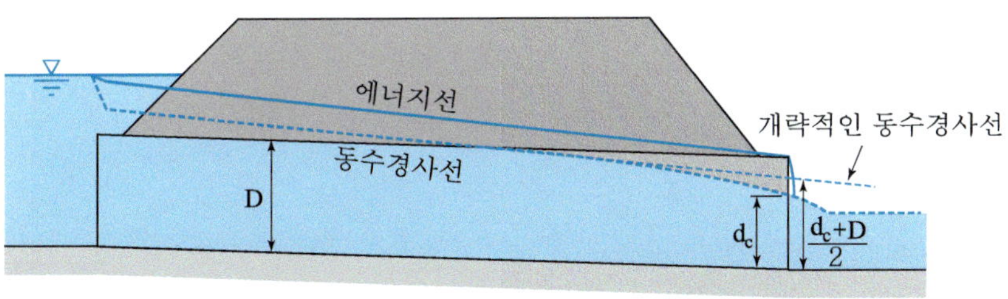

그림 14.8.6 배수위 계산을 위한 간략방법

$$S_f = \frac{H_f}{L} = \frac{K_u n^2 V^2}{R_h^{1.33} 2g} \tag{14.8.9}$$

배수위 계산을 피하기 위해 부분적으로 차서 흐르는 흐름에 대한 개략적인 방법으로 그림 14.8.6과 같이 출구부 저부로부터 $(d_c+D)/2$ 깊이에서 시작하여 경사 S_f로 상류 유입부까지 직선적으로 연결하여 동수경사선을 구한다. 만일 하류단 수심 TW가 $(d_c+D)/2$보다 큰 경우에는 TW를 하류부 기점수위로 하여 상류 입구부까지 동수경사선을 구하고, 입구부에서 손실수두와 속도수두를 합하여 접근 수위를 얻는다.

3) 출구부 유속계산

암거에서는 일반적으로 자연하천의 유속보다 큰 유속을 초래하게 되며, 출구에서의 큰 유속으로 인한 하류부의 세굴을 방지하기 위해 흐름 조절이나 감세공을 필요로 하게 된다. 유입부통제에서 출구부의 유속을 계산하기 위해 배수위 계산이 필요하며, 배수위 계산은 암거 유입부에서 시작하여 출구방향으로 시행한다. 출구부에서의 유속은 유량과 출구부 통수단면으로부터 산정한다.

유입부통제인 경우에 대한 암거 출구부에서의 유속을 간략방법에 의해 구할 수도 있다. 하류로 갈수록 수면곡선이 등류수심에 점근하므로 암거가 충분히 길면 출구부에서의 수심은 등류수심으로 가정할 수가 있다. 만일 암거의 길이가 짧더라도 그림 14.8.7(a)와 같이 출구부의 수심이 등류수심이라 가정하고 통수단면적을 구해 유속을 산정하게 된다. 이 경우 유속은 실제 유속보다 약간 크게 산정된다. 출구부통제인 경우 그림 14.8.7(b)와 같이 통수단면적은 출구의 기하학적 형태와 한계수심, TW수심 또는 암거의 높이에 의해 결정된다. 만일 TW수심이 한계수심보다 작으면 한계수심을, 한계수심보다 크고 암거의 정점부보다 작으면 TW수심을 사용한다. 만일 TW수심이 암거의 정점부보다 높으면 통수단면은 암거단면 전체가 된다.

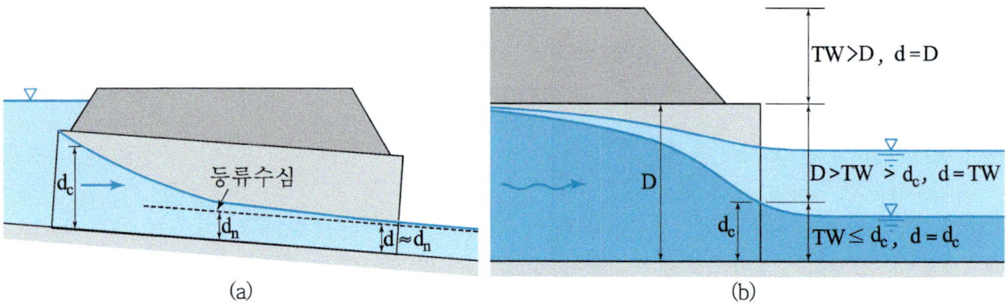

그림 14.8.7 유입부통제 및 출구부통제에 대한 출구 수심

12.4.2 암거의 설계절차

FHWA에서 제시하고 있는 절차에 따라 암거를 설계하는 방법을 소개하기로 한다. 이 방법에서는 모노그램을 이용하여 설계하게 되며, 실제에 맞지 않는 경우 오차를 수반하게 되므로 주의를 할 필요가 있다. 설계절차를 간편화하기 위해 FHWA에서는 그림 14.8.8 및 부록 C와 같이 암거설계양식을 제시하고 있다.

1) 유입부통제 설계

유입부통제 계산에서는 주어진 암거형상을 통해 설계유량이 통과하는데 필요한 상류부 수위를 결정한다. 상류부 수위에 필요하면 접근 속도수두를 포함시키게 되고, 부록 D의 유입부통제 노모그램을 사용하여 설계한다.

① 원형암거인 경우 부록 D-1 Chart 1에서 암거의 크기에 해당하는 지점을 정하고, 설계유량에 해당하는 지점을 정한다. Box 암거인 경우 부록 D-6 Chart 8에서 같은 방법으로 암거의 크기와 유량에 대한 지점을 정한다. 이때 유량은 Box의 폭으로 나눈 값(Q/B)을 이용한다.

② 암거크기와 유량에 대해 선택한 지점을 직선으로 연결하고 확장하여 첫 번째 상류부수심/암거 높이(HW/D)와 만나는 점을 결정한다. 만일 다른 크기의 HW/D를 원하면 첫 번째 지점에서 수평으로 선을 그어 원하는 HW/D를 결정한다.

③ 결정한 HW/D에 암거 높이 D를 곱해 상류부 수심 HW를 결정한다. 접근유속을 무시한다면 이 HW가 필요한 상류부 수심 HW_i가 된다. 만일 접근유속을 고려한다면 HW에서 속도수두를 뺀 값이 HW_i가 된다.

④ 상류 하상보다 입구부가 낮으면 낙차부(FALL) 높이를 다음과 같이 결정한다.

$$HW_d = EL_{hd} - EL_{sf} \tag{14.8.10}$$

$$FALL = HW_i - HW_d \tag{14.8.11}$$

여기서 HW_d는 설계 상류부 수심(m), EL_{hd}는 설계 상류부 수위(m), EL_{sf}는 상류부 하상고(m), HW_i는 필요한 상류부 수심(m)이다. 만일 FALL이 0 또는 음수이면 FALL=0으로 하고 ⑤로 이동한다. 만일 FALL이 양수이면 입구부 통제 단면의 저부가 FALL만큼 낮아져야 하며 합당하다면 ⑤로 이동한다. 만일 FALL이 양수이며 채택하기 곤란하면 다른 암거 형태로 수정하여 ①부터 다시 시작한다.

⑤ 유입부 통제단면의 저부 높이를 다음과 같이 결정한다.

$$EL_i = EL_{sf} - FALL \tag{14.8.12}$$

여기서, EL_i는 유입부 통제단면의 저부높이(m)이다.

2) 출구부통제 설계

출구부통제 계산에서는 선택된 암거를 통해 설계유량을 통수시키기 위해 필요한 상류부 수심을 결정하게 된다. 필요하다면 상류부 접근유속 및 하류부 유속을 포함시킬 수 있으며, 부록 D의 출구부통제 노모그램을 사용한다.

① 주어진 설계유량에 대해 암거 출구부 저부에서의 수심(TW수심)을 결정한다. TW수심은 배수위계산, 등류수심계산 또는 현장관측을 통해 구할 수 있다.

② 원형암거인 경우 부록 D-3 Chart 4를 이용하여 설계유량에 대한 한계수심 d_c를 결정한다. 이때 한계수심이 암거의 직경 D를 초과해서는 안된다. Box형 암거인 경우 부록 D-8 Chart 14를 이용하여 한계수심을 결정한다.

③ $(d_c+D)/2$를 계산한다.

④ 암거 출구부 저부로부터 동수경사선(h_o)까지의 깊이를 계산한다. 이때 h_o는 TW 또는 $(d_c+D)/2$ 중 큰 것을 선택한다.

⑤ 표 14.8.2로부터 암거 입구의 특성에 따른 적절한 유입부 손실계수 K_e를 결정한다.

⑥ 출구부통제 노모그램 부록 D-4 Chart 5를 이용하여 암거를 통한 수두손실 H를 결정한다. 만일 노모그램의 범위를 초과하면 식 (14.8.6) 또는 식 (14.8.7)을 이용하여 H를 산정한다. 만일 설계에 적용하는 Manning의 조도계수(n_1)와 Chart 5에서의 조도계수(n)가 다르면 다음 식을 이용하여 암거의 길이를 조정한다.

$$L_1 = L\left(\frac{n_1}{n}\right)^2 \tag{14.8.13}$$

여기서, L은 암거의 실제길이(m), L_1은 조정된 암거길이(m)이다.

Chart 5를 이용하는 방법은 먼저 암거의 크기지점을 정하고 적절한 K_e에 해당하는 선에서 암거 길이를 고려하여 적절한 지점을 정하여 서로 직선으로 연결한다. 이 때 암거크기의 오른쪽 선을 교차하는 지점과 유량에 해당하는 지점을 직선으로 연장하여 오른쪽의 손실수두 H와 만나는 점을 결정한다. 이 값이 바로 암거를 통한 손실수두 H가 된다.

⑦ 암거 상류부 수위를 결정한다.

$$EL_{ho} = EL_o + H + h_o \tag{14.8.14}$$

여기서 EL_o는 출구부 저부 높이이다. 만일 상류부 접근유속(V_u) 및 하류 하천 유속(V_d)을 고려하면 다음과 같이 적용하고, 출구부 손실수두 계산도 식 (14.8.4)를 적용해야 한다.

$$EL_{ho} = EL_o + H + h_o - \frac{V_u^2}{2g} + \frac{V_d^2}{2g} \tag{14.8.15}$$

⑧ 만일 출구부통제에 대한 상류부 수위가 설계수위를 초과하게 되면 새로운 암거를 적용할 필요가 있으며 처음부터 계산을 다시 한다.

3) 출구부 유속계산

암거 출구부에서의 과도한 유속으로 인한 하상 세굴을 방지하기 위해 출구부에서의 유속을 계산하고 필요하다면 적절한 하상 보호공을 설치할 필요가 있다.

① 유입부통제에 의해 상류부 수심이 조절된다면 암거에서의 등류수심 및 유속을 결정하고, 등류수심에서의 유속이 출구부에서의 유속이라 가정한다.

② 출구부통제에 의해 상류부 수심이 조절된다면 암거의 기하학적 형태 및 다음을 고려하여 출구부에서의 유출단면적을 결정하여 유속을 구한다.
- TW수심이 한계수심보다 작으면 한계수심으로
- TW수심이 한계수심과 암거의 정점부 사이에 있으면 TW수심으로
- TW수심이 암거 정점부보다 높으면 암거의 높이로 택한다.

이상과 같은 방법으로 적절한 암거가 결정될 때까지 모든 과정을 반복한다. 만일 출구부통제가 흐름을 지배하고 유입부 저부를 기준으로 한 상류부 수심이 1.2D보다 작으면 암거 전체를 통해 부분적으로 가득차서 흐르는 흐름이 발생할 가능성이 있다. 이러한 경우 하류부 수위를 TW나 $(d_c+D)/2$ 중 큰 것으로 정하는 개략적인 방법을 적용할 때 주의를 해야 한다. 만일 정확한 상류부 수심을 결정해야 한다면 배수위 계산을 하여 개략적인 방법에 의한 결과와 비교를 할 필요가 있다. 만일 상류부 수심이 0.75D보다 작게 되면 개략적인 방법을 사용해서는 안 된다.

예제 14.8.1

도로를 통과하는 새로운 암거를 설계하려고 한다. 25년 빈도의 설계홍수량 5,663m^3/s를 통수시키려 할 때 다음 정보를 이용하여 암거를 설계하라.

암거 입구부 표고 : 30.480m,	자연하천 하상경사 : 0.01
25년 빈도 홍수량에 대한 TW : 1.070m,	개략적인 암거길이 : 60.960m
노견 표고 : 33.528m	

주름진 금속 원형암거를 적용하려고 한다. 주름은 표준 68×13mm이며 입구부가 경사(beveled)를 이루고, 끝단이 홈(grooved)이 있는 콘크리이트로 되어 있다. 노견까지 0.61m의 여유고를 두려고 한다(즉, 상류부 수위가 최대 32.918m). 유입부 저부 높이와 하상의 높이는 동일하다.

풀이

주어진 기본적인 수리, 수문학적 자료와 계산 예가 그림 14.8.8과 같이 암거 설계 양식에 기록되었다. 첫 번째 암거 계산과정을 보면 1,800mm직경의 주름진 금속관이고 입구부가 45°의 경사링(beveled ring)으로 가정하였다. 3란(1) 은 암거당 유량으로 5,663m^3/s이고, 4란(2)은 그림 14.8.9 Chart 3에서 유량과 암거직경을 연결하여 유입구 형태 A에 대한 HW_i/D를 읽으면 0.97이 된다.

5란은 HW_i/D=0.97에 암거직경 D=1,800mm를 곱하여 HW_i=1.75m를 얻는다. 6란(3)은 FALL로 유입부 저부와 하상의 높이가 같으므로 0이 되고, 7란(4)은 HW_i=1.75m와 암거 입구부 표고 30.48m를 더한 32.23m가 된다. 8란(5)은 설계 유량에 대한 출구부 수심으로 25년 빈도에서의 TW=1.07m로 주어져 있다. 9란은 출구부의 한계수심으로 주어진 유량에 대해 부록 D-3의 Chart 4로부터 d_c=1.2m가 된다. 10란은 $(d_c+D)/2$로 1.5m가 된다. 11란(6)은 8란(5)의 TW와 10란 $(d_c+D)/2$ 중 큰 값으로 h_o=1.5m가 된다. 12란은 유입부 손실계수로 K_e=0.2를 적용하였다.

13란(7)은 암거 상, 하류간의 손실수두로 그림 14.8.12(부록 D-5)의 Chart 6으로부터 산정하거나

식 (14.8.6)으로부터 직접 계산한다. Chart 6을 이용할 경우 먼저 암거직경에 해당하는 지점과 K_e=0.2 및 암거길이 60.96m에 해당하는 지점을 연결하고 그 사이의 수직선을 교차하는 지점을 정한 후, 이 점과 유량에 해당하는 점을 연결 확장하여 오른쪽의 수두 H와 만나는 점을 찾으면 약 H=0.8m가 된다.

14란(8)은 암거 상류부 수위 EL_{ho}로 식 (14.8.14)를 적용하여 구하면 EL_{ho}=32.17이 된다. 이 때 출구부 저부 표고 EL_o는 입구부 저부 표고와 암거 경사 0.01을 이용하면 산정할 수가 있다. 15란은 최종 상류부 수위로 유입부 및 출구부통제에 의한 수위 (4)와 (8)중 큰 값으로 32.23m가 된다. 16란은 출구부 유속으로 유량을 출구부 수위(6)에 대한 통수단면적으로 나누면 2.8m/s가 된다.

이상과 같은 절차에 따라 원하는 암거 설계가 이루어 질 때까지 반복한다. 본 예제에서는 최종적으로 1,500mm의 콘크리트 원형암거를 결정하였으며 이에 대한 설계값들은 세 번째 줄에 나타나 있다.

PROJECT : Example Problem No. 12.7
chapter 12

STATION : 1 + 00
SHEET 1 OF 1

CULVERT DESIGN FORM
DESIGNER/DATE : JRM / 9/05
REVIEWER/DATE : AAW / 6/01

HYDROLOGICAL DATA

☒ METHOD Rational
☒ DRAINAGE AREA : 51 ☒ STREAM SLOPE : 1.0%
☐ CHANNEL SHAPE : Trapezoidal
☐ ROUTING : N.A. ☐ OTHER :

DESIGN FLOWS/TAILWATER.

R.I (YEARS)	FLOW (m^3/s)	TW(m)
25	5.663	1.07

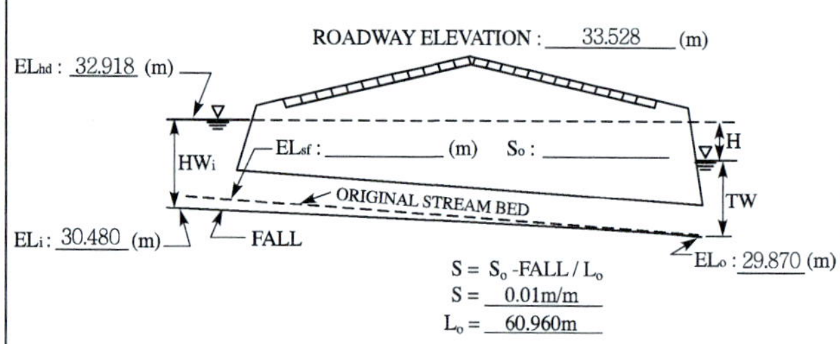

CULVERT DESCRIPTION : MATERIAL-SHAPE-SIZE-ENTRANCE	TOTAL FLOW Q (m^3/s)	FLOW PER BARREL Q/N (1)	HEADEAWATER CALCULATIONS — INLET CONTROL: HW_i/D (2)	HW_i	FALL (3)	ELhi (4)	OUTLET CONTROL: TW (5)	d_c	$\frac{d_c+D}{2}$	h_0 (6)	k_e	H (7)	EL_{ho} (8)	Control Headwater Elevation	Outlet velocity	COMMENTS
1800mm CMP 45° Beveled Ring		5.663	0.97	1.75	—	32.23	1.07	1.2	1.5	1.5	0.2	0.80	32.17	32.23	2.8	Try 1500CMP
1500mm CMP 45° Beveled Ring	5.663	5.663	1.41	2.12	—	32.60	1.07	1.2	1.35	1.35	0.2	1.95	33.17	33.17	3.7	HW too high, Try Conc.
1500mm Conc Ⓦ Grooved End in Headwall	5.663	5.663	138	138	—	32.55	1.07	1.2	1.35	1.35	0.2	0.95	32.17	32.55	4.8	Try 1350mm Conc.
1350mm Conc Ⓦ Grooved End in Headwall	5.663	5.663	1.81	2.46	—	32.94	1.07	1.2	1.28	1.28	0.2	1.50	32.65	32.94	4.6	Exceeds Allowable HW

TECHNICAL FOOTNOTES :

(1) USE Q/NB FOR BOX CULVERTS
(2) HW_i /D = HW/D OR HW_i /D FROM DESIGN CHARTS
(3) FALL = HW_i - (EL_{hd} - EL_{sf}) : FALL IS ZERO FOR CULVERTS ON GRADE
(4) EL_{hi} = HW_i + EL_i (INVERT OF INLET CONTROL SECTION)
(5) TW BASED ON DOWN STREAM CONTROL OR FLOW DEPTH IN CHANNEL
(6) h_o=TW or (de+D)/2(WHICH EVER IS GREATER)
(7) H=[1+k_e+(K_u n^2 L)/$R^{1.33}$]v^2 / 2g WHERE K_u = 19.63(29 IN ENGLISH UNITS)
(8) EL_{ho} = EL_o + H + h_o

SUBSCRIPT DEFINITIONS :

a. APPROXIMATE
f. CULVERT FACE
hd. DESIGN HEADWATER
hi. HEADWATER IN INLET CONTROL
ho. HEADWATER IN OUTLET CONTROL
i. INLET CONTROL SECTION
o. OUTLET
sf. STREAMBED AT CULVERT FACE
TW. TAILWATER

COMMENTS / DISCUSSION :

High outlet velocities
Outlet protection maybe required

CULVERT BARREL SELECTED

SIZE : 1500mm Concrete
SHAPE : Circular
MATERIAL : Concrete n = 0.012
ENTERANCE : Grooved End in Headwall

그림 14.8.8 암거설계 양식 작성 예

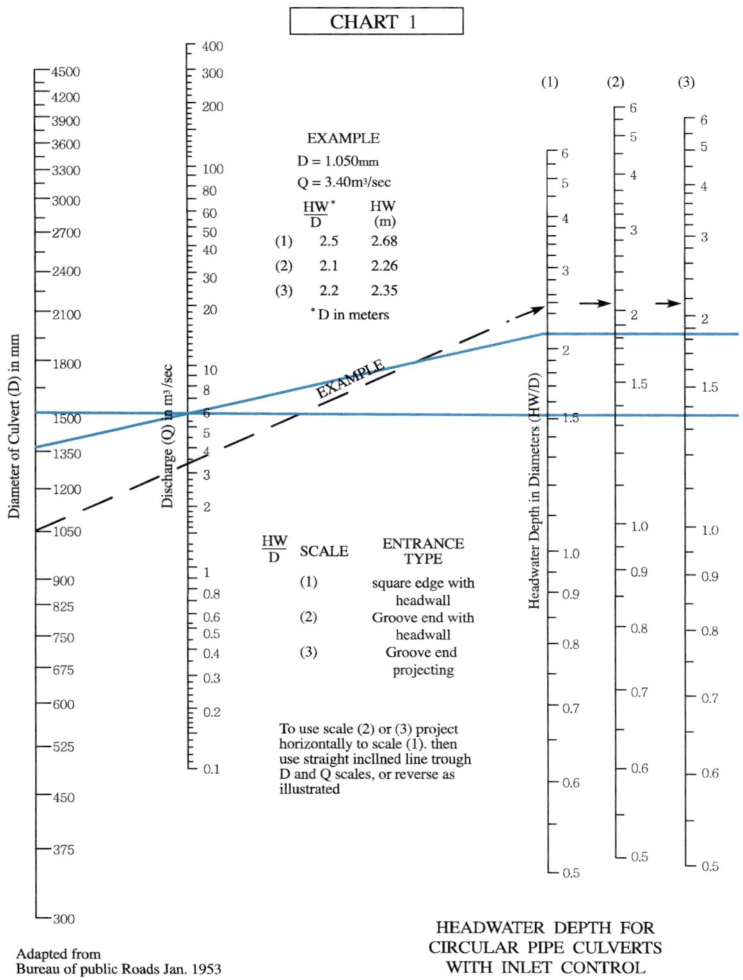

그림 14.8.10 Chart 1

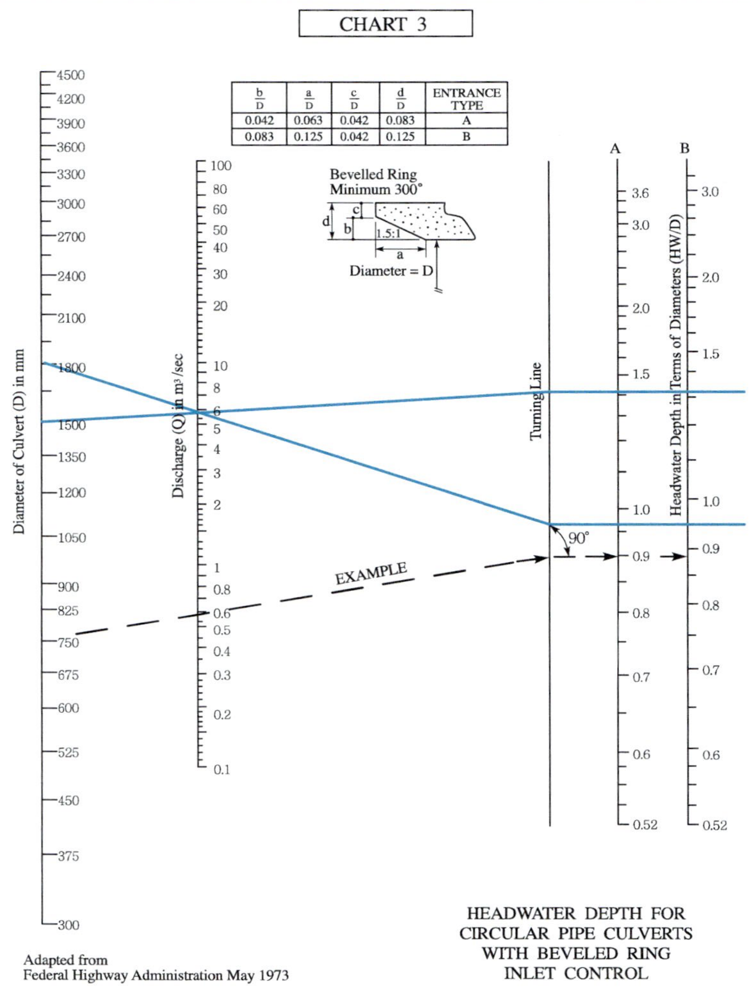

그림 14.8.9 Chart 3

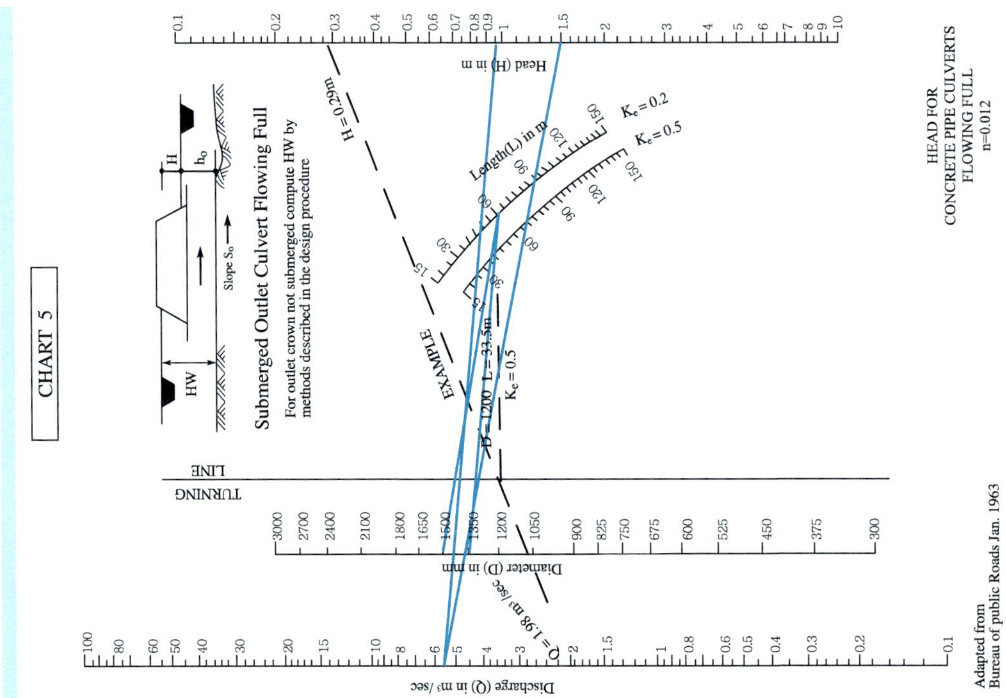

그림 14.8.11 Chart 5

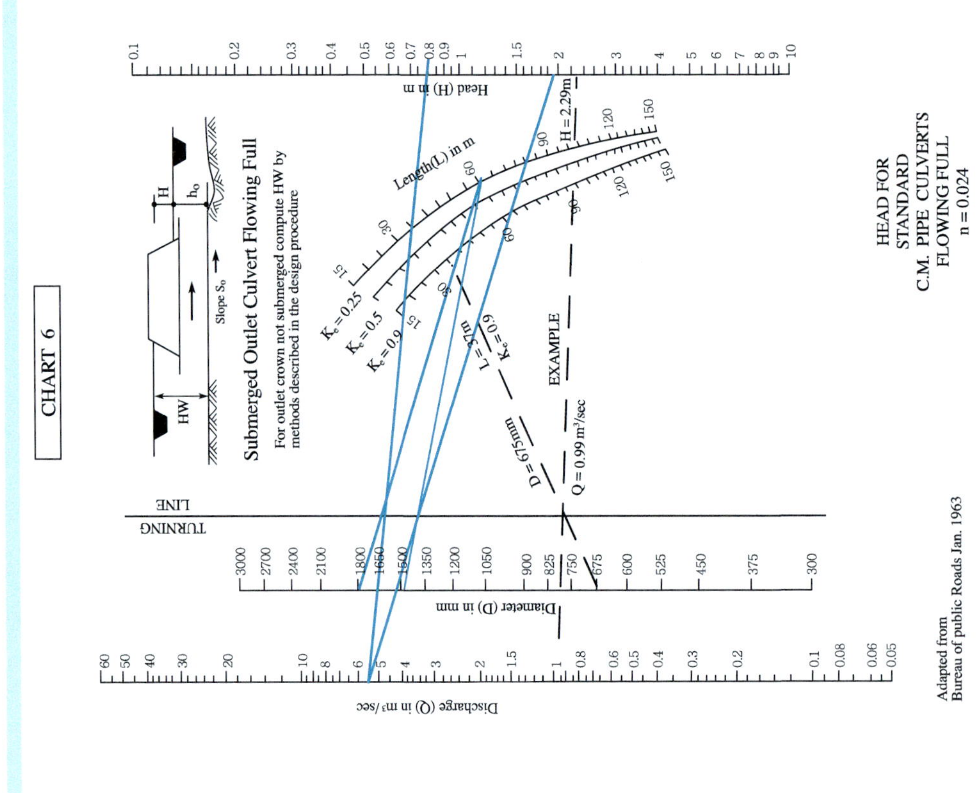

그림 14.8.12 Chart 6

연습문제

14.1 상업지역 개발을 위해 소나무 숲의 소나무를 모두 제거하려고 한다. 이 지역에서의 강우강도식이 I(mm/hr)=2,500/(t(min)+20)과 같다. 숲에서 나무의 저류능이 5mm, 잎 면적지수가 6, 호우기간 동안의 증발률이 0.3mm/hr이다. 1) 지속기간 30분의 호우가 발생할 때 숲을 제거할 경우 지표면에 도달하는 강우의 증가량을 산정하라. 2) Horton형의 경험공식에 의한 차단량은 얼마인가.

14.2 잔디표면에 20분간 25mm의 강우가 발생하였을 때 유출되는 비율은 얼마인가.

14.3 그림 14.4.2와 같은 삼각형 단면에서 S_o=0.002, n=0.04 그리고 측면경사가 4H:1V일 때 면적-유량곡선을 구하라

14.4 주차장의 길이가 L=50m, 경사가 S_o=0.015이며, 점토표면으로 이루어져 조도계수 n=0.02이다. 초과강우강도가 I_e=15mm/hr(4.17×10^{-6}m/s)로 일정하게 내릴 때 주차장의 출구지점에서의 유출수문곡선을 1) t_d=10분 및 2) t_d=5분인 경우에 대해 결정하라.

14.5 투수성의 사각형 지역이 길이 L=200m, 경사 S_o=0.001, 조도계수 n=0.025, Green-Ampt의 유효공극율 ϕ=0.45, 투수계수 K=1.0×10^{-6}m/s, 흡인수두 P_f=0.25m, 초기포화도 S_i=0.6의 특성을 가지고 있다. 강우강도가 일정하게 I=1.0×10^{-5}m/s로 1시간동안 내릴 때 첨두유출량을 산정하라.

14.6 도시지역의 공원에서 세 가지 형태의 흐름이 발생하고 있다. 가장 긴 흐름경로에서 판상흐름의 길이는 L=50m, 경사 S_o=0.01, 조도계수 n=0.25, 천수흐름에서는 L=400m, 경사 S_o=0.015, 주하도에서는 L=2,000m, 경사 S_o=0.004, 조도계수 n=0.03이며 사다리꼴단면의 면적이 A=3m^2, 윤변이 P=5m이다. 2년 빈도의 24시간 강우량이 10cm일 때 도달시간을 산정하라.

14.7 아스팔트 표면의 도시지역의 지표면 경사가 0.004이고, 조도계수가 0.015, 유역의 경계지점부터 출구까지의 길이가 100m이다. 30분 동안 초과강우가 80mm/hr 내릴 때 운동파 방정식에 의한 도달시간을 산정하라. 단, 동점성계수 ν=1.0×10^{-6}m^2/s이다.

14.8 연습문제 14.7과 같은 조건에서 Kirpich식, Izzard식, Kerby을 이용하여 도달시간을 산정하라.

14.9 한 차선의 폭이 4m인 4차선의 도로를 건설하려고 한다. 횡단경사를 0.025, 종단경사를 0.045로하고 포장은 거친 아스팔트로 하려고 한다. 설계 강우강도를 120mm/hr로 하고 중앙의 두 차선은 침수되지 않도록 할 때 연석을 포함한 측구의 간격을 계산하라.

14.10 매끈한 아스팔트 도로의 횡단경사가 0.02, 종단경사가 0.01이고, 연석의 높이가 20cm 그리고 콘크리트 측구의 폭이 100cm이다. 만일 측구에서의 유량이 0.1m^3/s일 때 이 유량을 모두 제거하기 위한 15cm의 높이를 가진 연석입구의 길이를 1) 높이 3cm의 저부가 설치되어 있는 경우, 2) 저

부가 없는 경우 그리고 3) 측구 유량의 85%를 제거하기 위한 입구부의 길이를 산정하라.

14.11 도로의 표고가 가장 낮은 지점에서 연석입구를 통해 측구에서의 흐름을 제거하려고 한다. 측구에서의 흐름은 수심이 8cm, 폭이 60cm, 유량이 0.1m^3/s이다. 연석입구의 높이가 15cm일 때 측구에서의 물을 모두 제거하기 위해서는 1) 입구에 저부가 있을 경우, 2) 저부가 없을 경우의 입구길이는 얼마로 해야 하는가.

14.12 매끄러운 아스팔트 도로의 횡단경사가 0.025, 종단경사가 0.02, 연석의 높이 10 그리고 콘크리트 측구의 폭이 1m이다. 만일 측구를 통한 유량이 0.1m^3/s일 때, 가능한 한 측구 흐름을 최대한 제거하려고 한다면 P-50×100 격자입구의 크기 및 제거용량은 얼마인가.

14.13 도로의 표고가 가장 낮은 지점에서 횡단경사가 0.025. 측구유량이 0.1m^3/s 그리고 연석에서의 수심이 10cm이다. 물을 제거하기 위한 격자입구의 제원을 구하라. 단. 격자입구가 부유물로 인해 40%가 막혀있고, 이에 해당하는 윤변이 20%라고 가정하라.

14.14 도로의 횡단경사가 0.02, 종단경사가 0.01, 측구에서의 유량이 0.15m^3/s이며, 도로의 조도계수가 n=0.02이다. 홈의 폭이 4.5cm인 홈형입구를 통해 물을 제거하려고 할 때 홈형입구의 최소길이를 산정하라.

14.15 연석입구의 길이가 2.5m이고 연석입구의 0.5m 하류지점에 0.6m×0.6m P-30 격자입구가 설치된 혼합형입구가 있다. 측구의 폭은 0.6m, 횡단경사는 0.025, 종단경사는 0.015이며, 연석으로부터 20mm 깊이의 저부가 있다. 도로는 매끈한 아스팔트(n=0.013)이고 측구 유량은 0.1m^3/s일 때 혼합형입구의 제거 효율을 계산하라.

14.16 도로 저부에서의 측구유량 0.2m^3/s를 배제하기 위해 혼합형입구를 설치하려고 한다. 혼합형입구는 높이가 20cm, 길이가 3m인 연석입구와 0.6m×1.2m P-50의 격자입구로 구성되어 있으며 격자입구는 연석입구의 중앙에 위치하고 있다. 도로의 횡단경사가 0.02이고 격자입구 윤변의 40%가 부유물에 의해 막혀있을 경우 도로에 퍼지는 물의 폭을 계산하라.

14.17 직경이 1.0m, 경사가 조도계수가 0.0153인 우수관거에서 유량이 1.2m^3/s로 흐르고 있을 때 수심, 단면적 및 유속을 구하라.

14.18 도로를 통과하는 새로운 암거를 설계하려고 한다. 50년 빈도의 설계홍수량 8.5m^3/s를 통수시키려 할 때 다음 정보를 이용하여 암거를 설계하라.

EL_{hd}=33.528m, 자연하천 하상경사 : 0.02, 50년 빈도 홍수량에 대한 TW : 1.219m
암거입구에서의 하상표고 : 30.48m, 개략적인 암거길이 : 76.2m, 노견 표고 : 34.595m

강화콘크리트 Box 암거를 적용하려고 한다. 입구부가 90°로 각진 경우와 45°주름진 경우에 대해 설계하라. 유입부 저부 높이와 하상의 높이는 동일하다.

Chapter 15
저류 및 침투시설

15.1 서론

유출량의 증가로 인한 하류지역의 피해를 방지하기 위해 도시지역에서는 유출지체 구조물을 설치하고 있다. 도시의 호우관리계획에서 저류지는 개발되기 이전의 특정빈도에 대한 유출량을 개발한 후에도 초과하지 않도록하기 위해 적용한다. 이러한 유출지체 구조물에는 저류지(detention basin), 유수지(retention basin), 지붕저류, 침투지(infiltration basin) 그리고 건조우물(dry well) 등이 있다. 저류지의 주요 기능은 호우 유출량을 저류한 후, 천천히 방류하거나 통제구조물 또는 배수시설을 통해 호우유출량을 완화시키는 것이며, 유수지는 호우 유출량을 저류한 후, 증발 또는 침투를 통해서 방출하며 물 공급, 레크리에이션, 오염물제거, 지하수 충진 등의 기능을 하게 된다. 저류지와 유수지는 하나 또는 그 이상의 지역에 설치하거나, 지상 또는 지하에 설치할 수도 있다. 본 장에서는 저류지 및 침투지의 설계절차 그리고 호우습지에 대해 알아보기로 한다.

15.2 저류지 설계

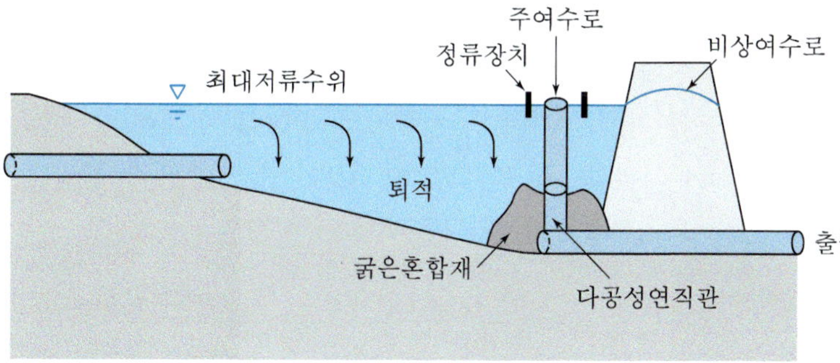

그림 15.2.1 저류지의 모습

도시지역의 유출억제를 위해 저류지가 가장 널리 사용되며, 소규모의 하도에 댐을 설치하거나 지표면의 땅을 굴착하여 만들게 된다. 저류지는 댐의 저면을 통해 물을 배수할 수 있도록 최소한 하나 이상의 유출부와 댐의 안전을 위해 초과 홍수량을 유출시키기기 위한 비상 여수로를 설치하여야 한다. 그림 15.2.1은 유출부와 여수로를 가지고 있는 전형적인 저류지의 모습을 보여주고 있다. 저류지의 홍수조절 효과는 저류지를 통해 유출수문곡선을 홍수추적함으로서 분석 할 수가 있다. 홍수추적에서 유입수문곡선, 저류지의 특성 그리고 초기조건은 주어지게 되므로 4.3절의 수문학적 홍수추적에서 소개한 바와 같이 저류방정식을 통해 유출수문곡선을 계산할 수 있다.

15.2.1 수위-저류량관계

사각형 형태의 저류지인 경우 기하학적인 형태로부터 수위-저류량관계를 얻을 수가 있다. 그림 15.2.2와 같이 저변이 폭 W, 길이 L인 사각형 단면으로 이루어져 있고, 측면경사 z로 이루어진 사다리꼴 형태의 저류지에서 수심 d와 저류량 S와의 관계는 다음과 같다.

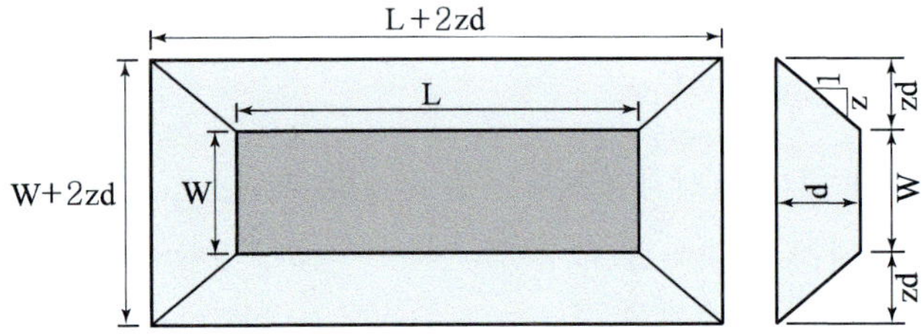

그림 15.2.2 사다리꼴 저류지의 제원

$$S = LWd + (L+W)zd^2 + \frac{4}{3}z^2d^3 \quad (15.2.1)$$

불규칙적인 형태의 저류지인 경우 저류지 지역의 등고선 지도로부터 수위 h에 따른 수표면적 A_s의 관계를 구해 다음과 같이 저류량을 구할 수 있다.

$$S_2 = S_1 + (h_2 - h_1)\frac{A_{s1} + A_{s2}}{2} \quad (15.2.2)$$

또는

$$S_2 = S_1 + \frac{h_2 - h_1}{3}\left(A_{s1} + A_{s2} + \sqrt{A_{s1}A_{s2}}\right) \quad (15.5.3)$$

여기서, A_{s1}, S_1 및 A_{s2}, S_2는 수위 h_1 및 h_2에서의 면적 및 저류량을 나타낸다. 대부분의 인공 및 자연적인 저류지의 수위-유량관계는 다음과 같이 개략적으로 나타낼 수 있다.

$$S = bh^c \quad (15.2.4)$$

여기서, S는 저류량, h는 수위 그리고 b 및 c는 상수이다. 상수 c는 무차원이지만 b는 길이 L^{3-c}의 차원을 가지며, 저류지의 크기 및 형태에 따라 결정된다. 수직 측면을 가진 저류지인 경우 c는 1 그리고 b는 바닥면적이 된다. 만약 수위-저류량 관계가 표의 형태로 주어진다면 상수 b 및 c는 회귀분석을 통해 다음과 같이 산정할 수 있다.

$$c = \frac{\sum(\log S)(\log h) - (\sum \log S)(\sum \log h)/h}{\sum(\log h)^2 - (\sum \log h)^2/h} \quad (15.2.5)$$

$$b = 10^{[\sum \log S - c(\sum \log h)]/N} \quad (15.2.6)$$

여기서 N은 수위-저류량 관계표에서의 h와 S 쌍의 수이다. 식 (15.2.4)로부터 수위 h에 대한 저류지 수표면적 A_s간의 관계는 다음과 같다.

$$A_s = cbh^{c-1} \quad (15.2.7)$$

예제 15.2.1

저류지를 설계하기 위해 표고별 수표면적을 구한 결과가 표 15.2.1의 1, 2란에 주어져 있다. 이 자료를 이용하여 수위별 저류량관계를 구하라. 유출관 저부의 표고가 12m이고, 댐 정상부는 15m이다.

풀이

표 15.2.1의 3란은 유출관 저부 표고 12m를 기준으로 한 수심이다. 7란의 첫 번째 값은 유출관 저부를 기준으로 한 높이에서의 저류량이므로 0이다. 8란은 식 (15.5.3)을 이용하여 산정하게 된다.
따라서 수위-저류량 관계는 3란과 7란으로 나타난다.

표 15.2.1 수위-저류량 결정

표고(m)	면적(m^2)	h_1(m)	A_1(m^2)	h_2(m)	A_2(m^2)	S_1(m^3)	S_2(m^3)
12.0	2000	0.0	2000	0.5	5000	0	1694
12.5	5000	0.5	5000	1.0	10000	1694	5372
13.0	10000	1.0	10000	1.5	15500	5372	11697
13.5	15500	1.5	15500	2.0	23000	11697	21261
14.0	23000	2.0	23000	2.5	30000	21261	34472
14.5	30000	2.5	30000	3.0	40000	34472	51912
15.0	40000	3.0	40000			51912	

15.2.2 수위-유출량 관계

저류지로부터의 유출량은 유출구조물의 종류 및 크기에 따라 변하게 되며, 수위-유출량관계는 이러한 유출구조물의 수리학적 유출공식에 의해 결정된다. 저류지의 유출구조물로 많이 사용되는 형태로는 그림 15.2.1에서와 같이 위어, 오리피스 그리고 연직관(riser pipe)이 있다.

1) 위어형 유출구조물

위어(weir)는 저류지를 초과하는 유량이 유입될 경우 물을 유출시키기 위한 시설로 비상시 월류로 인한 파괴를 방지하기 위해 사용한다. 따라서 위어 정점부까지 수위가 상승하면 위어 위로 자유수맥의 형태로 월류하게 된다. 저류지에는 보통 사각형 광정위어나 월류형 여수로가 많이 사용되며 다음과 같이 수위에 따른 유량을 산정하게 된다.

$$Q = k_w L \sqrt{2g}\, h^{3/2} \tag{15.2.8}$$

여기서, Q는 유량, k_w는 위어유량계수, L은 위어 정점부 폭 그리고 h는 위어 정점부에서의 수심이다. 표 15.2.2는 월류형 여수로에 대한 유량계수 k_w을 보여주고 있으며, P는 여수로의 높이이고, h_D는 여수로 정점부에서의 설계 수위이다.

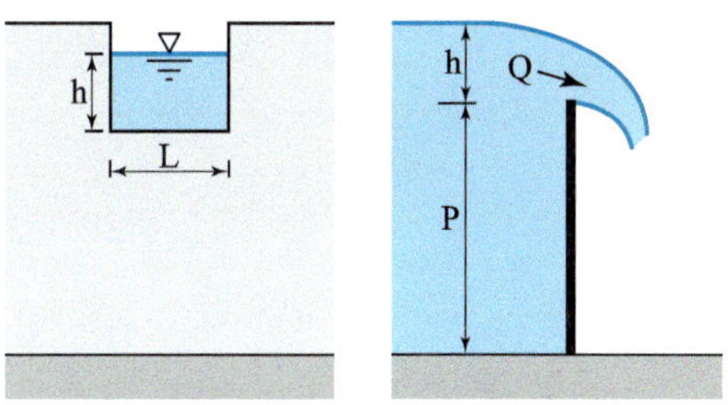

(a) 정면 (b) 측면

그림 15.2.3 사각형 위어

표 15.2.2 월류형 여수로에서의 유량계수

h/h_D	P/h_D=0.5	P/h_D=1.0	P/h_D=1.5	P/h_D=2.0	P/h_D=2.5
0.2	0.403	0.411	0.414	0.417	0.419
0.4	0.426	0.435	0.438	0.441	0.443
0.6	0.444	0.454	0.457	0.460	0.462
0.8	0.460	0.470	0.474	0.477	0.479
1.0	0.473	0.483	0.487	0.490	0.490
1.2	0.487	0.497	0.502	0.500	0.506

2) 오리피스형 유출구조물

오리피스는 저류지 본체의 중간 또는 저부에 설치되며 일반적으로 잠수 상태로 유출되게 된다.

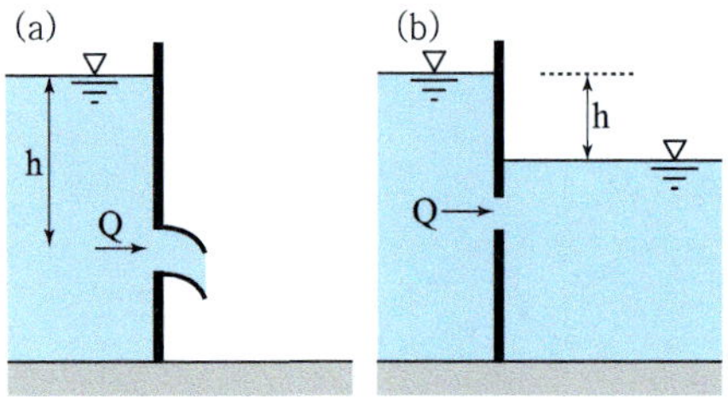

그림 15.2.4 오리피스

따라서 오리피스형 유출구조물을 통한 유출량은 오리피스의 입구형태 및 수위에 의해 결정되게 된다.

$$Q = k_o A_o \sqrt{2gh} \tag{15.2.9}$$

여기서, k_o는 오리피스 유량계수, A_o는 오리피스 입구면적, h는 오리피스 위의 수심이다. 유량계수 k_o의 일반적인 값은 사각형의 균일한 입구상태인 경우 0.6, 입구부가 거친 경우는 0.4를 적용한다. 직경이 0.3m보다 작은 짧은 유출관이나 암거는 수심 h가 직경의 1.5배보다 크면 오리피스로 간주한다.

만일 오리피스가 그림 15.2.4b와 같이 하류수위에 의해 잠수되면 오리피스 위의 수심 h는 저류지의 수위와 하류수위간의 높이차가 되며, 오리피스가 하류수위에 의해 잠수되지 않으면 저류지 수위와 오리피스 중심지점간의 높이가 수심 h가 된다. 또한 저류지 수위가 오리피스 중심지점보다 낮으면 오리피스의 크기가 작은 경우 유출은 없는 것으로 가정하고, 규모가 큰 오리피스에 부분적으로 차서 흐르면 14.8절의 입구부 통제 암거로 간주하여 해석하게 된다.

3) 연직관 유출구조물

연직관은 입구가 원형 또는 사각형으로 되어 있으며, 두 경우 모두 하류부가 잠수되어 월류가 발생하지 않도록 입구부보다는 크게 설계한다. 연직관은 입구부의 수두가 작은 경우 위어의 기능을 하게 되며 식 (15.2.8)을 사용하여 유출량을 산정한다. 이 경우 위어의 길이 L은 다음과 같다.

$$L = \pi d \quad : \text{원형 연직관} \tag{15.2.10}$$

$$L = 2B + 2D \quad : \text{사각형 연직관} \tag{15.2.11}$$

여기서, d는 원형 연직관의 직경, B 및 D는 사각형 연직관의 폭과 길이이다. 연직관에 위어공식을 적용할 경우 유량계수 k_w는 사각형 위어인 경우와는 다르므로 표 15.2.2를 적용할 수 없다.

연직관 입구부에서의 수두가 높은 경우 오리피스의 기능을 하게 되며, 이때 식 (15.2.9)를 사용하게 된다. 오리피스와 위어로의 기능은 수위에 따라 점진적으로 변하기 때문에 정확히 구분하기는 쉽지가 않지만, 다음과 같은 개략적인 한계수두 h_c를 구해 $h > h_c$인 경우 오리피스, $h < h_c$인 경우 위어로 적용할 수가 있다.

$$h_c = \frac{k_o A_o}{k_w L} \tag{15.2.12}$$

이상과 같이 수위-유출량 관계를 얻게 되면 앞 절의 수위-저류량 관계와 함께 수위를 매개체로 유출량-저류량 (O~2S/Δt+O) 관계를 얻을 수가 있으며, 이러한 절차는 4.3.1절 저류량-유출량 관계곡선에서 소개하였다.

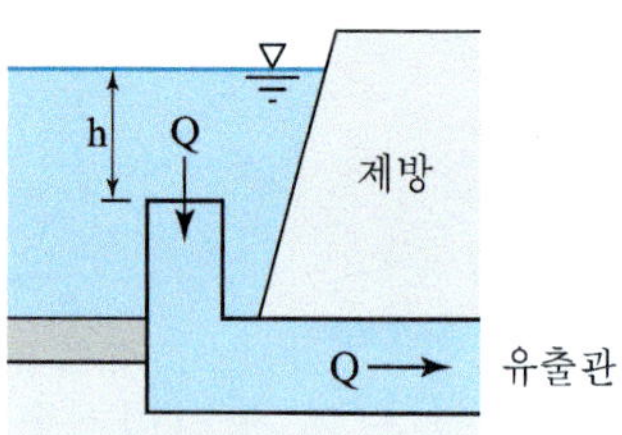

그림 15.2.5 연직관

예제 15.2.2

저류지에서의 수위별 유출량을 산정하려고 한다. 오리피스의 직경이 0.3m이고, 관중심의 표고가 33.4m이며, 유량계수는 0.6이다. 상단부에는 높이가 다른 두 개의 위어가 설치되어 있다. 하부 위어는 정점부 높이가 34.6m이고, 길이는 1m이다. 상부 위어는 정점부 높이가 35.2m이며, 길이는 0.5m이다. 위어의 유출계수는 0.4이다. 댐의 높이가 36m일 때 오리피스 중앙높이로부터 0.2m씩 수위를 증가시키며 유출량을 산정하라.

풀이

표 15.2.3 1란에 오리피스 중심부 높이 33.4m부터 댐 높이 36m까지 0.2m씩 증가시킨 수위가 있다. 오리피스인 경우 수위 h는 정점부 수위 33.4m에서 0m가 되고 댐 높이에서는 2.6m가 된다. 따라서 오리피스 공식을 적용하면 유출량은 3란과 같이 얻을 수가 있다.
하부위어인 경우 위어 정점부 높이가 34.6m이므로 위어의 수두는 이 높이부터 산정하여 4란과 같이 된다. 따라서 위어공식을 적용하면 5란과 같은 유출량을 얻게 된다. 같은 방법으로 상부 위어의 높이가 35.2m이므로 이 높이부터 수심 h를 적용하면 6란과 같고 유출량은 7란과 같게 된다.
저류지를 통한 수위별 유출량은 오리피스, 하부위어, 상부위어에서의 유출량을 모두 합한 값이 되므로 3, 5, 7란을 모두 합한 8란이 유출량이 된다.

표 15.2.3 저류지 수위별 유출량 계산

수위(m)	오리피스		하부위어		상부위어		총유출량
	h(m)	Q(cms)	h(m)	Q(cms)	h(m)	Q(cms)	(cms)
33.4	0.0	0.000					0.000
33.6	0.2	0.084					0.084
33.8	0.4	0.119					0.119
34.0	0.6	0.145					0.145
34.2	0.8	0.168					0.168
34.4	1.0	0.188					0.188
34.6	1.2	0.206	0.0	0.000			0.206
34.8	1.4	0.222	0.2	0.158			0.380
35.0	1.6	0.237	0.4	0.448			0.685
35.2	1.8	0.252	0.6	0.823	0.0	0.000	1.075
35.4	2.0	0.265	0.8	1.267	0.2	0.079	1.612
35.6	2.2	0.278	1.0	1.771	0.4	0.224	2.273
35.8	2.4	0.291	1.2	2.328	0.6	0.412	3.030
36.0	2.6	0.303	1.4	2.933	0.8	0.634	3.870

15.2.3 저류지 홍수추적

저류지는 호우 발생시 하류의 홍수량을 감소시키고, 하천 제방을 보호하며 수질을 개선시키기 위해 사용되며, 이러한 홍수량의 감소효과는 4.3.2절에서 설명한 방법을 그대로 적용할 수가 있다. 저류지 홍수추적시 저류지로의 유입수문곡선, 수위-유출량-저류량관계 그리고 저류지의 초기조건은 이미 알고 있는 값으로 저류방정식을 통해 유출수문곡선을 결정하게 된다.

1) 수정 Puls 방법

저류지에서 저류량의 변화율은 연속방정식을 이용하여 다음과 같이 표현할 수 있다.

$$I - O = \frac{\Delta S}{\Delta t} \tag{4.2.1}$$

여기서, I는 유입량, O는 유출량, ΔS는 저류량의 변화, Δt는 시간의 변화이다. 식 (4.2.1)을 계산 시간구간 Δt의 초기(첨자 1) 및 종기(첨자 2)값으로 구분하여 기지의 값을 왼편에 미지의 값을 오른편에 놓고 정리하면 다음과 같은 저류지 추적방정식을 얻게 되며, 이를 수정 Puls방법이라 한다.

$$(I_1 + I_2) + \left(\frac{2S_1}{\Delta t} - O_1\right) = \frac{2S_2}{\Delta t} + O_2 \tag{4.3.9}$$

일반적으로 저류지 추적 초기에 유입량 I_1, I_2, 유출량 O_1 그리고 저류량 S_1은 주어지게 되므로 식 (4.3.9)의 좌변항은 계산이 가능하며 오른쪽 항의 $2S_2/\Delta t+O_2$값이 결정된다. 이 값을 이용하여 유출량-저류량관계를 나타내는 $O \sim 2S/\Delta t+O$ 관계곡선 또는 표로부터 O_2를 구하면 첫 번째 추적기간에 대한 추적이 끝나게 된다. 다음 추적기간에 대해서는 I_2, O_2, S_2가 I_1, O_1, S_1이 되어 동일한 방법을 계속하여 유입수문곡선에 대한 유출수문곡선을 얻게 된다.

2) 도표를 이용한 방법

저류지로부터의 첨두 유출량을 홍수추적 방법을 사용하지 않고 기지의 도표를 사용하여 간단하게 산정할 수 있으며, 그림 15.2.6은 위어 형태의 유출구 그리고 그림 15.2.7은 오리피스 형태의 유출구에 적용할 수 있는 도표이다. 그림에서 Q^*, P 및 F는 다음과 같이 주어진 무차원 변수이다.

$$Q^* = \frac{Q_p}{I_p} \tag{15.2.13}$$

$$F = \frac{I_p t_p}{S_R} \tag{15.2.14}$$

$$P = \frac{t_p k_w L \sqrt{2g}}{b^x} S_R^{x-1} \quad \text{: 위어인 경우} \tag{15.2.15}$$

$$P = \frac{t_p k_o a_o \sqrt{2g}}{b^x S_R^{1-x}} \quad \text{: 오리피스인 경우} \tag{15.2.16}$$

여기서, Q_p는 저류지로부터의 첨두 유출량, I_p는 첨두유입량, t_p는 첨두유입량의 도달시간, S_R은 총유출량, k_w는 위어유량계수, L은 위어 정점부 길이, g는 중력가속도, b 및 c는 식 (15.2.4)에서의 계수, x는 위어인 경우 1.5/c, 오리피스인 경우 0.5/c, k_o는 오리피스 유량계수 그리고 a_o는 오리피스 단면적이다.

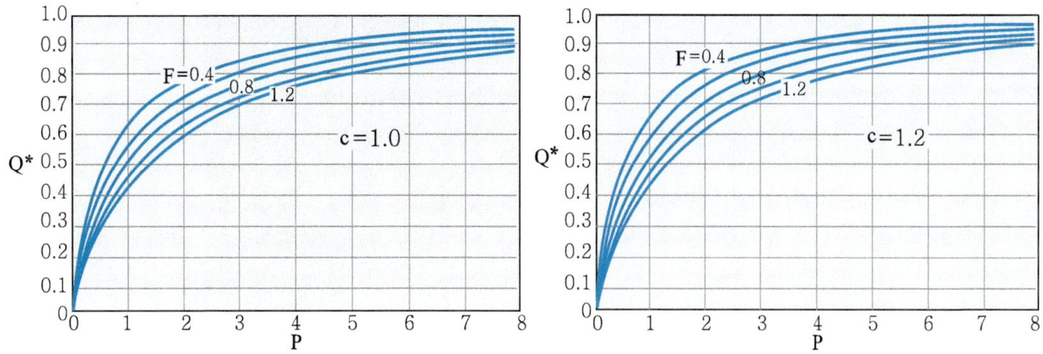

그림 15.2.6 위어 형태의 유출구에 대한 도표

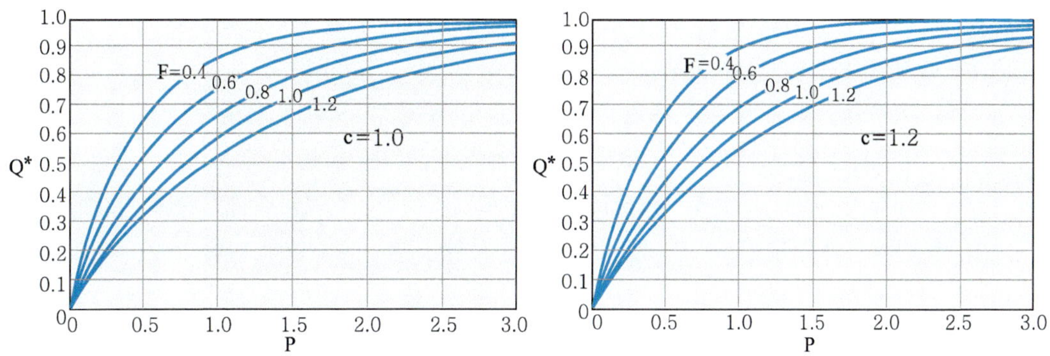

그림 15.2.7 오리피스 형태의 유출구에 대한 도표

예제 15.2.3

직경 1.2m의 오리피스 유출관을 가진 저류지를 설계하려고 한다. 저류지 유역의 면적이 $3km^2$이고 강우로 인한 유역에서의 유출고가 5cm이다. 유입수문곡선의 첨두유량이 $20m^3/s$이고 첨두발생시간은 1시간이다. 오리피스 유량계수는 0.6이며 수위-저류량관계식에서 c=1.2 및 b=4,500일 때 저류지를 통한 첨두유출량, 저류지의 최대 수위 그리고 최대 저류용량을 결정하라.

풀이

오리피스의 단면적 $a_o = 3.14 \times 1.2^2/4 = 1.13m^2$

유역의 유출체적은 $S_R = 3 \times 10^6 \times 0.05 = 150{,}000m^3$

따라서 $F = 20 \times 3{,}600/150{,}000 = 0.48$, $P = \dfrac{3{,}600 \times 0.6 \times 1.13 \times \sqrt{2 \times 9.81}}{4{,}500^{0.5/1.2} \times 150{,}000^{(1-0.5/1.2)}} = 0.31$

따라서 그림 15.2.7에서 F=0.48, P=0.31 그리고 c=1.2일 때 Q^*는 약 0.35가 된다.

그러므로 저류지를 통한 첨두유출량 $Q_p = 0.35 \times 20 = 7m^3/s$

최대수위는 오리피스 공식으로부터 $h_p = \dfrac{[7/(0.6 \times 1.13)]^2}{2 \times 9.81} = 5.43m$

따라서 저류지의 최대 저류용량 S_p 및 최대 수표면적 A_s는 식 (15.2.4) 및 (15.2.7)로부터

$$S_p = 4{,}500 \times 5.43^{1.2} = 34{,}268m^3, \qquad A_s = 1.2 \times 4{,}500 \times 5.43^{0.2} = 7{,}574m^2$$

15.2.4 저류지 설계

저류지의 주요 목적은 첨두유출량을 일정 기준 이하로 제한하는 것으로 이를 위해서 충분한 저류를 할 수 있도록 해야 하며, 보통 길이 대 폭의 비가 3이상이 되도록 한다. 또한 저류지 입구부 및 유출부 그리고 사면이 세굴되지 않도록 설계하고, 저류지 사면의 경사는 3H:1V를 초과하지 않도록 완만하게 한다. 큰 호우가 발생할 경우 비상여수로로 유출을 조절하게 되며, 비상여수로는 보통 100년 빈도로 설계하게 된다. 저류지의 일반적인 설계과정은 다음과 같다.

① 설계빈도에 해당하는 강우로 인한 유역에서의 유출수문곡선 즉, 저류지로의 유입수문곡선을 결정한다. 개발지역인 경우 개발 후의 지표면 상태에 대한 유출수문곡선을 적용한다.
② 저류지의 최대 수위 등과 같은 수리학적 설계기준을 설정한다.
③ 지역적인 조건, 유출부의 종류 등을 고려하여 저류지의 초기 규모를 결정한다.
④ 초기규모가 결정되면 수위-저류량, 수위-유출량 그리고 유출량-저류량 관계를 구한다.
⑤ 유입수문곡선을 저류지 추적하여 설계기준을 만족하는지 검토한다. 만일 만족하지 못하면 저류지 규모, 유출부 등을 조정하여 설계기준을 만족할 때까지 저류지 추적을 반복한다.
⑥ 설계기준을 만족하지만 첨두유출량이 계획한 첨두유출량에 비해 너무 작으면 저류지가 과다하게 설계되었으므로 저류지 규모, 유출부 등을 조정하여 저류지 추적을 반복한다.
⑦ 설계기준 및 첨두유출량을 검토하여 최종적인 저류지 규모를 결정한다.

1) 설계공식을 이용한 저류지 설계

일반적인 저류지 설계에서 유입수문곡선, 허용가능 최대유출량, 최대 저류지수위 등은 기지의 값이 된다. 앞에서 소개한 저류지 설계절차에 따라 유출량-저류량 관계를 구하고, 유입수문곡선을 추적하여 유출수문곡선을 구한 후, 설계 기준을 만족하는지 검토하여 최종적인 저류지 규모를 결정한다. 이러한 과정에서 표 15.2.4의 경험공식을 적용할 수 있다. 표 15.2.4에서 I_p는 첨두유입량, Q_p는 첨두유출량, S_{max}는 저류지 용량 그리고 S_R은 유출체적을 의미한다.

예제 15.2.4

유역면적 $0.2km^2$에 설계강우가 9cm 내려 저류지로의 첨두 유입량이 $6m^3/s$이고 첨두 발생시간이 30분이다. 저류지를 통해 첨두 유출량이 $3.4m^3/s$가 되도록 저류지를 설계하려고 한다. 유출부는 위어로 되어 있고 유량계수는 0.4이다. 위어 정점부 위로 최대 수위를 2m로 제한하고, 사다리꼴 저류지의 길이 대 폭의 비가 4, 측면경사가 3H:1V이며 바닥면적이 $4,000m^2$으로 할 때 저류지의 최대 저류량 및 위어상의 최대 수두를 결정하라. 단, 수위-저류량관계식에서 c=1.06, b=4,200으로 가정하라.

풀이

강우로 인한 유출체적 $S_R = 0.09 \times 200,000 = 18,000m^3$

표 15.2.4 저류지 규모 결정공식

공식	출구의 수	출구의 형태	비고
$\frac{S_{max}}{S_R}=\frac{1.291(1-Q_p/I_p)^{0.753}}{(T_b/t_p)^{0.411}}$	–	–	수치모의 기반 T_b=유입수문곡선의 기저시간
$\frac{S_{max}}{S_R}=\left(1-\frac{Q_p}{I_p}\right)^2$	–	–	삼각형 유입수문곡선, 사다리꼴 유출수문곡선
$\frac{S_{max}}{S_R}=1-\frac{Q_p}{I_p}$	–	–	삼각형 유입수문곡선 및 유출수문곡선
$\frac{S_{max}}{S_R}=0.660-1.76\left(\frac{Q_p}{I_p}\right)+1.96\left(\frac{Q_p}{I_p}\right)^2-0.730\left(\frac{Q_p}{I_p}\right)^3$	–	–	NRCS 24시간 강우 Type I 및 IA
$\frac{S_{max}}{S_R}=0.682-1.43\left(\frac{Q_p}{I_p}\right)+1.64\left(\frac{Q_p}{I_p}\right)^2-0.804\left(\frac{Q_p}{I_p}\right)^3$	–	–	NRCS 24시간 강우 Type II 및 III
$S_{max}=I_pT_d-Q_p(\frac{t_d+T_c}{2})$	–	–	t_d=강우지속시간, T_c=도달시간 사다리꼴 유입수문곡선, 유출수문곡선의 상승부는 선형
$\frac{S_{max}}{S_R}=0.932-0.792\frac{Q_p}{I_p}$	1	위어	일정 저류지 수표면적 $0.2<\frac{Q_p}{I_p}<0.9$일 때 적용
$\frac{S_{max}}{S_R}=0.872-0.861\frac{Q_p}{I_p}$	1	오리피스	일정 저류지 수표면적 $0.2<\frac{Q_p}{I_p}<0.9$일 때 적용
$\frac{S_{max}}{S_R}=0.98-1.17\frac{Q_p}{I_p}+0.77\left(\frac{Q_p}{I_p}\right)^2-0.46\left(\frac{Q_p}{I_p}\right)^3$	1	위어	Gamma함수 유입수문곡선
$\frac{S_{max}}{S_R}=0.97-1.42\frac{Q_p}{I_p}+0.82\left(\frac{Q_p}{I_p}\right)^2-0.46\left(\frac{Q_p}{I_p}\right)^3$	1	오리피스	Gamma함수 유입수문곡선
$\frac{S_{max}}{S_R}=0.922-0.787\left(\frac{Q_p}{I_p}\right)$ $h_{max}=\left(\frac{0.922S_R-0.787\frac{Q_p}{I_p}S_R}{b}\right)^{1/c}$ $L=\left(\frac{b}{0.922S_R-0.787\frac{Q_p}{I_p}S_R}\right)^{1.5/c}\frac{Q_p}{k_w\sqrt{2g}}$	1	위어	Gamma함수 유입수문곡선, 수위-저류량관계 : $S=bh^c$ h=수위, L_c=위어 정점부 길이, k_w=위어유량계수, g=중력가속도
$a_0=\left(\frac{b}{0.847S_R-0.841\frac{Q_p}{I_p}S_R}\right)^{0.5/c}\frac{Q_p}{k_0\sqrt{2g}}$ $\frac{S_{max}}{S_R}=0.847-0.841\left(\frac{Q_p}{I_p}\right)$ $h_{max}=\left(\frac{0.847S_R-0.841\frac{Q_p}{I_p}S_R}{b}\right)^{1/c}$	1	오리피스	Gamma함수 유입수문곡선, 수위-저류량관계 : $S=bh^c$ h=수위, a_o=오리피스 면적, k_o=오리피스유량계수, g=중력가속도

표 15.2.4에서 위어 형태의 단일 유출부에 해당하는 Currey 및 Akan의 식을 적용하면

$$S_{max} = 18{,}000 \times \left(0.922 - 0.787 \times \frac{3.4}{6}\right) = 8{,}567\text{m}^3$$

$$h_{max} = \left(\frac{0.922 \times 18{,}000 - 0.787 \times \frac{3.4}{6} \times 18{,}000}{4{,}200}\right)^{1/1.06} = 1.96\text{m}$$

위어 정점부 상의 최대 수두가 1.96m로 최대 제한 수위 2m보다 작으므로 이 값을 적용할 수 있다.

2) 수정합리식에 의한 저류지 설계

합리식으로는 유출수문곡선의 전반적인 형태 및 유출체적을 결정할 수 없고 오직 첨두 유출량만 산정하게 되어 합리식 자체로는 저류지를 설계하는데 적절하지가 않다. 하지만 전통적인 합리식을 수정한 수정합리식(modified rational method)은 0.12km^{2}이하의 유역면적의 저류지 예비설계에 널리 사용되고 있다. 수정합리식에서는 저류지의 유입수문곡선을 그림 15.2.8과 같이 사다리꼴 형태로 가정하며 첨두유량은 다음과 같다.

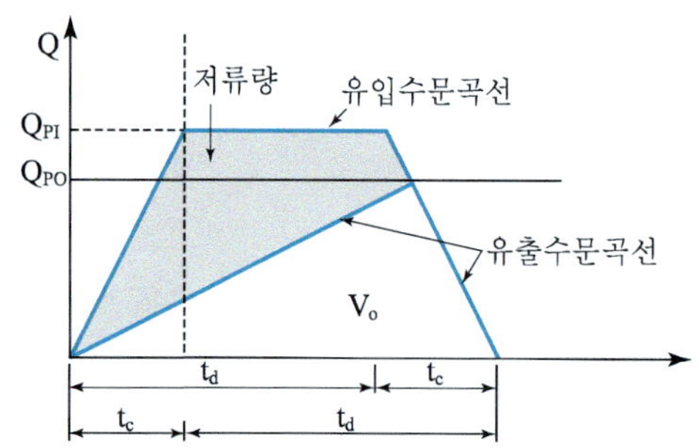

그림 15.2.8 사다리꼴 유입수문곡선

$$Q_{pI} = 0.2778CIA \tag{15.2.17}$$

여기서, Q_{pI}는 첨두유입량(m^3/s), C는 유출계수, I는 설계강우강도(mm/hr) 그리고 A는 유역면적(km^2)이다.

저류지를 통한 첨두유출량은 그림 15.2.8과 같이 유입수문곡선의 하강부에서 발생하게 되며 유출수문곡선의 상승부는 첨두유출량으로부터 직선으로 나타낸다. 따라서 유입수문곡선에서 유출수문곡선을 뺀 부분이 저류용량이 된다. 즉,

$$S_d = Q_{pI}t_d - Q_{pO}\left(\frac{t_d + t_c}{2}\right) \tag{15.2.18}$$

여기서, S_d는 저류지의 용량(m^3), Q_{pO}는 첨두유출량(m^3/s), t_d는 설계강우지속기간(sec) 그리고 t_c는 도달시간(sec)이다. 설계빈도에 대해 저류지 용량 S_d가 최대가 되도록하는 시간이 설계강우지속기간이 되며, IDF곡선을 이용하여 시행착오법으로 지속기간을 결정하게 된다.

예제 15.2.5

유역면적이 0.1km^{2}인 지역에 저류지를 설계하려고 한다. 유역의 유출계수는 0.7, 도달시간은 30분이며 지속시간별 강우량이 표 15.2.5의 1, 2란에 주어져 있다. 저류지를 통한 첨두유출량이 0.6m^3/s가 되도록하기 위한 저류지 용량을 수정합리식에 의해 결정하라.

표 15.2.5 저류지용량 계산 예

t_d(min)	I(mm/hr)	t_d(sec)	Q_{pI}(cms)	S_d(cms)	t_d(min)	I(mm/hr)	t_d(sec)	Q_{pI}(cms)	S_d(cms)
30	110	1800	2.139	2770	60	65	3600	1.264	2930
35	99	2100	1.925	2873	65	60	3900	1.167	2840
40	91	2400	1.770	2987	70	55	4200	1.070	2692
45	84	2700	1.633	3060	75	52	4500	1.011	2660
50	77	3000	1.497	3052	80	50	4800	0.972	2687
55	71	3300	1.381	3026					

풀이

표 15.2.5의 1란 및 2란은 강우지속시간별 강우강도를 나타낸 것이며, 3란은 초로 나타낸 지속시간이다. 4란은 합리식 (15.2.17)을 적용하여 나타난 저류지로의 첨두유입량이다. 예를 들어 지속기간 30분(1,800초)인 경우

$$Q_{pI} = 0.2778 \times 0.7 \times 110 \times 0.1 = 2.139\text{m}^3/\text{s}$$

5란은 식 (15.2.18)에 의한 저류지 용량을 계산한 것으로 지속기간 30분인 경우

$$S_d = 2.139 \times 1,800 - 0.6 \times \left(\frac{1,800 + 1,800}{2}\right) = 2,770\text{m}^3$$

서로 다른 지속시간에 대한 강우강도를 적용한 결과 지속시간 45분일 때 저류량이 가장 큰 3,060m^3으로 나타나 이것을 저류지 용량으로 결정한다. 이때의 강우강도는 84mm/hr가 된다.

15.3 침투지 설계

도시지역의 호우에 의한 유출량을 제거하는 전통적인 방법은 지표유출수를 모아 근처의 하천이나 호수 등으로 가능한 한 빨리 배출시키는 것이었다. 이러한 목적으로 도로의 측구, 저지대의 습지, 우수관거 및 도로변의 배수로 등이 조성되었다. 하지만 이러한 전통적인 배수방법은 인근 및 하류 하천에서의 침식을 유발하고, 하류지역에 홍수를 초래하는 역효과를 가져오기도 한다. 이러한 역효과를 방지하기 위해 유출이 발생한 지역에서 유출량을 저류시켜 유출수의 일부를 토양속으로 침투하도록 유도하며, 지하수의 충진, 건천화의 방지, 수질개선 그리고 총 유출량의 감소 등과 같은 이점이 있다. 이러한 침투지는 토양이 충분한 투수성을 가지고 있고, 지하수위 또는 암반이 최소한 침투지 바닥보다 0.5~1m 정도 아래에 있어야 효과를 볼 수 있다. 경우에 따라서 침투지와 저류지를 연계하여 사용할 수도 있으며, 일반적으로 유역면적이 0.2km^2이상 초과되는 유역에는 침투지 설치가 적절하지 않다.

15.3.1 침투시설의 종류

침투시설의 목적은 개발 후에도 개발 전과 같은 유출 및 침투 특성을 유지하는데 있으며, 일반적

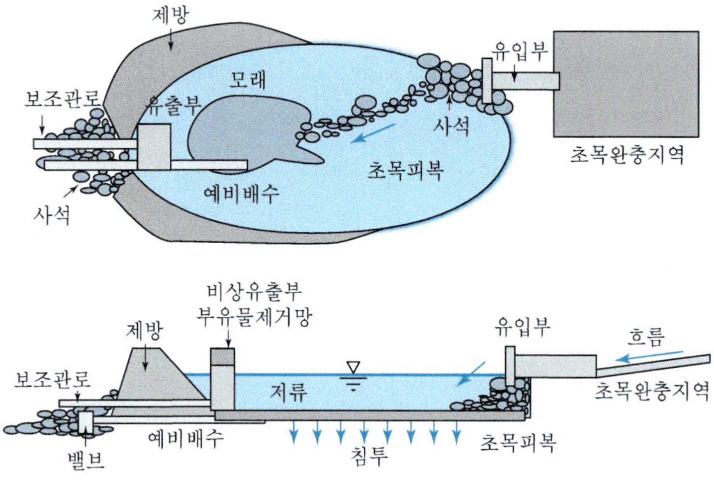

그림 15.3.1 침투지의 형태

으로 많이 적용되는 침투시설에는 침투바닥(infiltration bed), 침루배수로(percolation subdrain), 모래여과(sand filter) 및 건조우물(dry well), 다공성(porous)포장, 침투도랑(infiltration trench) 그리고 침투지(infiltration basin) 등이 있다.

침투지는 보통 호우유출 및 수질을 관리하기 위해 사용되며 넓은 수표면적에 작은 수심이 유지되도록 설계된다. 그림 15.3.1과 같이 유출수는 입구부의 적절한 에너지 감세부를 통과해 유입되도록 하며, 사석으로 채운 도랑을 설치해 그 위로 얕게 흐르도록 하기도 한다. 저류지의 낮은 부분에는 모래여과지 또는 배수공을 설치해 침투 효율을 높인다. 침투도랑은 폭을 1~3m 정도로 굴착하여 암석으로 채운시설로 0.05km^{2}보다 작은 소규모 포장유역에서의 유출을 차단하여 침투시키게 된다. 침투 효율을 증가시키기 위해 일련의 사방댐(check dam)을 설치하기도 한다.

15.3.2 저류용량

침투지는 유출량의 일부를 저류 또는 포착(capture)하기 위한 용량을 가지며, 이 용량은 특정 설계 빈도에 대해 개발 전 및 개발 후의 유출량의 차이가 된다. 대부분의 경우 설계 빈도에 대한 개발 후의 첨두유출량이 개발 전의 첨두유출량을 초과하지 않도록 설계하며, 이러한 기준을 만족하기 위해 개발 후의 수문곡선으로부터 침투지에서 포착되어 저류되어야 할 유출량을 계산할 필요가 있다. 이와 같이 저류량을 산정하는 방법에는 수문곡선절단방법과 수정합리식 방법이 있다.

1) 수문곡선절단방법

수문곡선절단방법에서 개발 전의 첨두유출량 Q_{pre}와 개발 후의 유출수문곡선은 3장 유출해석에서 소개한 방법들을 이용하여 산정하게 된다. 그림 15.3.2a와 같이 개발 후의 유출수문곡

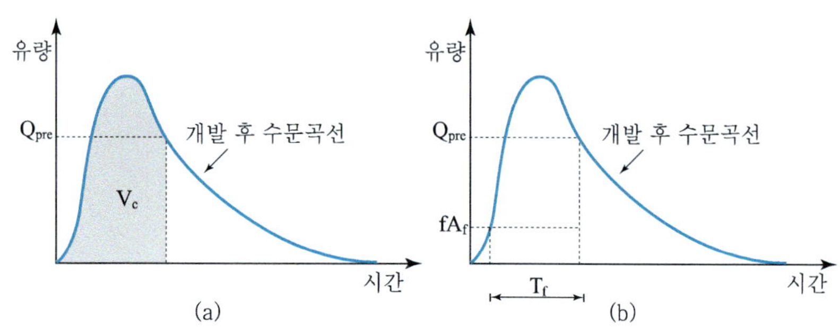

그림 15.3.2 수문곡선절단방법

선 감수부와 개발 전의 첨두유출량이 만나는 점에서 시간 축까지 수직선을 그으면 수문곡선 아래 왼쪽의 음영부분이 침투지에 의해 포착되어 저류되어야할 물의 부피 V_c가 된다.

침투지에서 고려해야 할 또다른 중요한 변수로 채움시간(filling time) T_f가 있다. 그림 15.3.2b는 채움시간을 결정하는 방법을 보여주고 있다. 즉, 종기침투능 f와 침투지내의 유효침투면적 A_f를 곱한 값에 해당하는 유출수문곡선의 상승부 지점에 해당하는 시간으로부터 Q_{pre}와 수문곡선과 만나는 시간까지가 채움시간이 된다.

예제 15.3.1

개발 후의 유출수문곡선이 10분 간격으로 표 15.3.1에 주어져 있다. 개발전의 첨두유출량이 $1.23\text{m}^3/\text{s}$일 때 침투지가 포착 저류해야할 부피를 산정하라.

표 15.3.1 유출수문곡선

t(min)	Q(cms)	t(min)	Q(cms)	t(min)	Q(cms)	t(min)	Q(cms)
0	0.000	50	0.861	100	1.230	0.512	150
10	0.015	60	1.215	110	1.156	0.361	160
20	0.088	70	1.432	120	0.994	0.247	170
30	0.269	80	1.473	130	0.836	0.180	180
40	0.534	90	1.414	140	0.670		

풀이

개발전의 첨두유출량이 $1.23\text{m}^3/\text{s}$이므로 시간상으로는 100분 위치에 해당한다. 따라서 유출시작지점부터 100분까지의 유출수문곡선 아래의 면적을 구하면 침투지가 포착 저류해야할 부피가 된다.

$$V_c = \frac{600}{2}\times(0+1.23)+600\times(0.015+0.088+0.269+0.534+0.861+1.215+1.432+1.473+1.414)$$
$$=4{,}749\text{m}^3$$

2) 수정합리식 방법

저류지 설계에서 설명한 바와 같이 합리식 방법에서는 유출수문곡선을 구하지 못하고 첨두유출량만 산정하였지만, 수정합리식에서는 개발 후의 유출수문곡선을 그림 15.3.3과 같이 사다리꼴 형태로 가정하여 분석을 할 수가 있다. 그림 15.3.3에서 t_c는 도달시간, t_d는 강우지속시간 그리고 Q_{post}는 개발 후의 첨두유출량이다. 따라서 개발 후의 첨두유출량은

$$Q_{post} = 0.2778CIA \qquad (15.3.1)$$

여기서, Q_{post}는 첨두유출량(m^3/s), C는 유출계수, I는 강우강도(mm/hr) 그리고 A는 유역면적(km^2)이다.

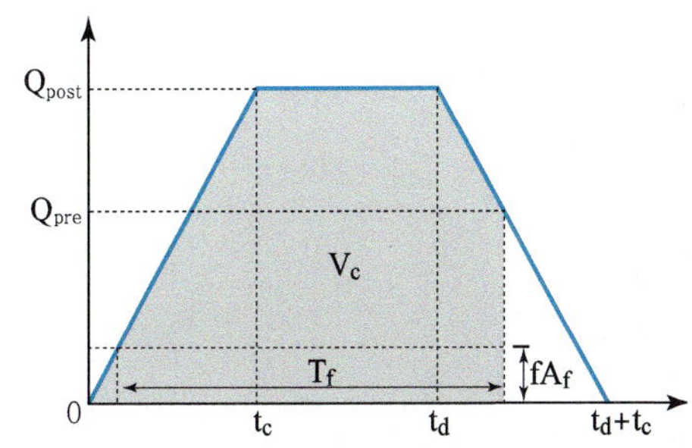

그림 15.3.3 수정합리식방법

강우가 도달시간 t_c보다 오래 내리면 t_c에서 평형유출

량에 도달하게 되며, 강우지속시간 t_d까지는 유출량은 Q_{post}로 일정하게 된다. t_d이후로 유출량은 감소하게 되며, t_c+t_d까지 일정하게 감소하다 유출이 중단된다. 따라서 침투지에 의해 포착되어 저류될 물의 부피는 음영부분으로 다음과 같이 구할 수 있다.

$$V_c = Q_{post}\, t_d - \frac{1}{2}\frac{Q_{pre}^2\, t_c}{Q_{post}} \tag{15.3.2}$$

식 (15.3.2)에서 알 수 있는 바와 같이 침투지에 의해 포착 저류될 부피는 강우지속시간 t_d에 따라 변하게 되며, V_c가 최대가 되는 지속기간을 결정하여 적용하여야 한다. 수정합리식 방법에서의 채움시간 T_f는 사다리꼴 유출수문곡선의 기하학적 형상에 따라 다음과 같이 산정할 수 있다.

$$T_f = t_d + t_c - \frac{Q_{pre}}{Q_{post}} t_c - \frac{fA_f}{Q_{post}} t_c \tag{15.3.3}$$

식 (15.3.3)을 적용하기 위해서는 침투지에서의 종기침투능 f와 유효침투면적 A_f를 산정해야 하므로 개략적으로 마지막 항을 생략하고 적용할 수도 있다.

예제 15.3.2

유역면적이 0.1km^{2}인 지역에 침투지를 설계하려고 한다. 유역의 유출계수는 0.7, 도달시간은 30분이며 지속시간별 강우량이 표 15.3.2의 1, 2란에 주어져 있다. 저류지를 통한 첨두유출량이 0.6m^3/s가 되도록하기 위한 침투지 용량을 수정합리식에 의해 결정하라.

표 15.3.2 수정합리식에 의한 침투지 용량결정

t_d(min)	I(mm/hr)	t_d(sec)	Q_{post}(cms)	V_c(m^3)	t_d(min)	I(mm/hr)	t_d(sec)	Q_{post}(cms)	V_c(m^3)
30	110	1800	2.139	3699	80	50	4800	0.972	4334
40	91	2400	1.770	4064	90	45	5400	0.875	4355
50	77	3000	1.497	4276	100	41	6000	0.797	4377
60	65	3600	1.264	4294	110	37	6600	0.720	4298
70	55	4200	1.070	4189	120	33	7200	0.642	4115

풀이

표 15.3.2의 1란 및 2란은 강우지속시간별 강우강도를 나타낸 것이며, 3란은 초로 나타낸 지속시간이다. 4란은 합리식을 적용하여 나타난 개발 후의 침투지로의 첨두유입량이다. 예를 들어 지속기간 30분(1800초)인 경우

$$Q_{pl} = 0.2778 \times 0.7 \times 110 \times 0.1 = 2.139\text{m}^3/\text{s}$$

5란은 식 (15.3.2)에 의한 침투지 용량을 계산한 것으로 지속기간 30분인 경우

$$V_c = 2.139 \times 1{,}800 - 0.5 \times \left(\frac{0.6^2 \times 1{,}800}{2.139}\right) = 3{,}699\text{m}^3$$

서로 다른 지속시간에 대한 강우강도를 적용한 결과 지속시간 100분일 때 저류량이 가장 큰 4,377m^{3}으로 나타나 이것을 침투지 용량으로 결정한다. 이때의 강우강도는 41mm/hr가 된다.

3) 토양종류

침투지를 설계하기 위해서는 두 가지의 토양특성 즉, 최소 또는 종기침투능과 유효저류능(effective water capacity)이 필요하며, 토양의 종류 및 침투에 대해서는 2.6절 침투에서 소개하였다. 토양이 동일한 입자 크기로 구성된 것이 아니므로 점토(clay), 실트(silt) 그리고 모래(sand)의 구성비율을 바탕으로 한 토성도(texture diagram)를 만들어 분류하고 있다. 미국 농림성(US Department of Agriculture)에서 사용하는 표준 분류표가 그림 2.6.1과 같으며, 토양의 종류 및 함수정도는 침투를 결정하는 중요한 인자이다. 침투는 토성과 직접적으로 관련되어 있고, 표 2.6.1은 토성 분류에 따른 유효저류능과 종기침투율을 보여주고 있다.

15.3.3 침투지 설계

침투지는 강우로 인한 유출 및 침투지에 떨어진 강우를 저류하여 침투 및 증발을 발생시키게 되지만, 강우기간 동안에는 증발이 많이 발생하지 않으므로 주로 침투만을 고려하여 설계를 하게 된다. 침투지는 일반적으로 유역면적이 $0.2km^2$ 이하의 유역에 적절하며, 하도에 댐을 축조하거나 투수성 토양을 굴착하여 만들게 된다. 침투지의 깊이는 보통 1~3m정도 범위로 하게 되며, 침투지 바닥은 지하수위 또는 암반위로부터 최소한 0.5~1m정도 높게 위치시킨다. 침투지는 특정 기간(보통 72시간)내에 저류한 물을 모두 침투시키도록 설계한다.

침투지의 규모를 결정하는데 고려해야할 사항으로 첫 번째는 특정 저류시간 T_s내에 저류량을 완전히 침투시켜야 한다는 것이다. 따라서 침투지의 깊이는 다음과 같은 제약이 있게 된다.

$$d_{max} = fT_s \tag{15.3.4}$$

여기서, d_{max}는 허용가능한 최대 깊이, f는 토양의 종기침투능이다. 두 번째는 포착된 부피에 침투지에 직접 떨어진 강우량을 더하고, 침투지를 채우는 동안 침투된 물의 부피를 뺀 부피를 저류할 수 있도록 용량이 충분해야 한다는 것이다. 따라서 그림 15.2.2와 같은 사다리꼴 침투지인 경우

$$\text{침투지로 직접 떨어진 강우량 : } (L+2zd)(W+2zd)P \tag{15.3.5}$$

$$\text{채워지는 동안 발생한 침투량 : } (L+zd_w)(W+zd_w)fT_f \tag{15.3.6}$$

여기서, P는 설계 강우량이고 d는 침투지의 깊이, L 및 W는 침투지 바닥의 길이 및 폭 그리고 z는 침투지 사면의 경사, d_w는 침투지내 수심, T_f는 침투지의 채움 시간이다. 침투지의 여유고를 d_f라 하면 침투지의 깊이는 $d=d_w+d_f$가 된다. 또한 침투지가 채워지는 동안의 유효침투면적 A_f는 깊이의 절반에 해당하는 수표면적으로 적용할 수가 있다. 따라서 침투지의 부피는 식 (15.2.1)로부터

$$LWd_w + (L+W)zd_w^2 + \frac{4}{3}z^2d_w^3$$

$$= V_c + (L + 2zd)(W + 2zd)P - (L + zd_w)(W + zd_w) f T_f \qquad (15.3.7)$$

침투지를 설계하는 유역의 면적은 전체 유역면적에서 침투지의 수표면적을 제외하여야 하나 안전적인 측면에서 침투지를 포함한 면적을 전체 유역면적으로 보고 포착 유량 V_c를 결정한다. 또한 개략적으로 용량을 결정할 때 식 (15.3.7)에서 오른쪽의 마지막 두 항을 생략해도 큰 차이는 없다.

예제 15.3.3

예제 15.3.2와 같은 조건에서 침투지를 설계하려고 한다. 침투지 설계위치에서의 토양은 모래 60%, 점토 15% 그리고 실트 25%로 구성되어 있다. 지하수위는 지표면 아래 3m에 위치하고 있다. 침투지는 그림 15.2.2와 같은 사다리꼴 형태이며 측면경사는 3:1이다. 침투지 바닥으로부터 지하수위까지 최소 0.8m이상 간격을 두고, 침투지의 물이 완전히 침투하는데 걸리는 시간이 72시간일 경우 침투지의 폭 및 길이를 결정하라.

풀이

그림 2.6.1로부터 토양은 모래질 옥토(sandy loam)임을 알 수 있고, 표 2.6.1로부터 종기침투능은 1.02in/hr 즉, 7.19×10^{-6}m/s가 된다. 예제 15.3.2에서 포착 유량은 4,377m^3이고 이때의 강우량은 $P=I\times t_d$=0.041m/hr×(100/60hr)=0.0683m가 된다. 강우지속기간 t_d=100분=6,000초, 도달시간 tc=30분=1,800초, Q_{post}=0.797m^3/s, Q_{pre}=0.6m^3/s이다. 따라서 채움 시간 T_f는 식 (15.3.3)으로부터

$$T_f = 6{,}000 + 1{,}800 - \frac{0.6}{0.797} \times 1{,}800 = 6{,}445\text{sec}$$

침투지의 최대 깊이는 $d_{max} = 7.19 \times 10^{-6} \times 72 \times 3{,}600 = 1.865\text{m}$

따라서 d_w=1.8m, d_f=0.2m로 적용하면 d=2m가 되어 침투지 바닥과 지하수위와 간격이 1m차이가 나므로 두 간격이 최소 0.8m이상이어야 한다는 조건을 만족한다. 그러므로 d_w=1.8m로 한다.

따라서 식 (15.3.7)은

$$1.8LW + (L + W) \times 9.72 + 70 = 4{,}377 + (L + 12)(W + 12) \times 0.0683 - (L + 5.4)(W + 5.4) \times 0.046$$

위 식에서 미지수는 L과 W이므로 침투지의 폭 W=14m로 가정하면 길이 L=45m를 얻을 수가 있다.

15.3.4 침투도랑

침투도랑(infiltration trench)은 비교적 작은 배수유역에 적절한 방법으로 그림 15.3.4와 같이 길게 토양을 굴착하여 굵은 쇄석 또는 자갈을 되채워서 설치하며, 유출수가 돌 사이의 공극에 채워져 주위의 토양으로 서서히 침투하게 된다. 침투도랑은 보통 0.5~3m 깊이로 굴착하며, 바닥은 지하수위 또는 암반보다 0.5~1m정도 위에 위치하도록 설계한다. 침투도랑은 저류용량을 초과한 물이 도랑을 따라 흐르기 때문에 비상여수로가 필요 없다. 침투지와 마찬가지로 침투도랑도 일반적으로 최대 저류시간 T_s=72시간을 기준으로 규모를 결정한다. 따라서 도랑의 허용 최대 깊이는

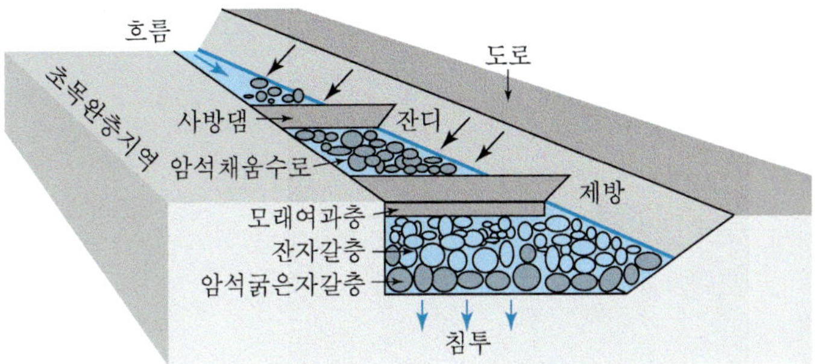

그림 15.3.4 침투도랑의 형태

$$d_{max} = \frac{fT_s}{V_r} \tag{15.3.8}$$

여기서, V_r은 되채움 재료의 공극률이다.

침투도랑의 용량도 포착 부피에 침투도랑에 직접 떨어진 강우량을 더하고 도랑이 채워지는 동안 발생한 침투량을 빼준 물의 부피를 충분히 저류할 수 있는 용량으로 설계한다. 따라서 폭 W, 길이 L인 사각형 침투도랑의 규모는 다음과 같이 나타낼 수 있다.

$$(LWd)V_r = V_c + (LW)P - (LW)fT_f \tag{15.3.9}$$

여기서, P는 강우량, T_f는 채움시간, d는 도랑의 깊이이다. 침투도랑은 그림 15.2.2와 같이 측면경사 z인 사다리꼴 형태로 건설할 수도 있으며, 이 경우 다음과 같이 나타낼 수 있다.

$$\left[LWd + (L+W)zd^2 + \frac{4}{3}z^2d^3\right]V_r$$
$$= V_c + (L+2zd)(W+2zd)P - (L+zd)(W+zd)fT_f \tag{15.3.10}$$

예제 15.3.4

침투도랑을 설계하려고 한다. 침투도랑위치에서의 토양은 옥토질 모래로 종기침투능이 1.7×10^{-5}m/s이다. 사전 계산에 의해 포착 부피는 V_c=2,000m^3, 채움 시간은 T_f=2시간, 강우량은 P=10cm, V_r=0.4로 산정되었다. 지하수위는 지표면 아래 4.5m에 위치하고 있다. 도랑은 그림 15.2.2와 같은 사다리꼴 형태로 측면경사는 2:1이다. 침투도랑 바닥으로부터 지하수위까지 최소 0.5m이상 간격을 두고, 침투도랑의 물이 완전히 침투하는데 걸리는 시간이 72시간일 경우 침투도랑의 폭 및 길이를 결정하라.

풀이

먼저 식 (15.3.8)을 이용하여 침투도랑의 최대 허용깊이를 산정하면

$$d_{max} = 1.7\times10^{-5}\times72\times3{,}600/0.4 = 11\text{m}$$

지하수위가 4.5m이고 바닥과의 최소 간격이 0.5m이므로 침투도랑의 깊이를 d=4m로 한다.
따라서 식 (15.3.10)은

$$\left[4LW+(L+W)\times 32+\frac{4}{3}\times 256\right]\times 0.4$$
$$=2{,}000+(L+16)(W+16)\times 0.1-(L+8)(W+8)\times 0.1224$$

위 식에서 침투도랑의 폭을 5m로 하면 길이는 L=90m를 얻을 수가 있다.

15.3.5 건조우물

건조우물(dry well)은 그림 15.3.5와 같이 건물의 지붕 및 지표면에 내린 강우 유출을 포착하여 침투시키기 위한 시설로 1~4m 깊이로 굴착하는 소규모의 침투도랑이라 할 수 있다. 건조우물은 지붕의 유입관으로부터 뿐만 아니라 우물의 상단부로부터 약 30cm의 여과층을 거쳐 물이 유입되게 된다. 다른 침투시설과 마찬가지로 건조우물 바닥은 지하수위 또는 암반과 최소 0.5~1m 정도 차이를 두게 되며, 일반적으로 최대 저류시간은 T_s=72시간으로 설계한다.

돌로 채워지는 건조우물 내부 공간의 높이 조건은 다음과 같다.

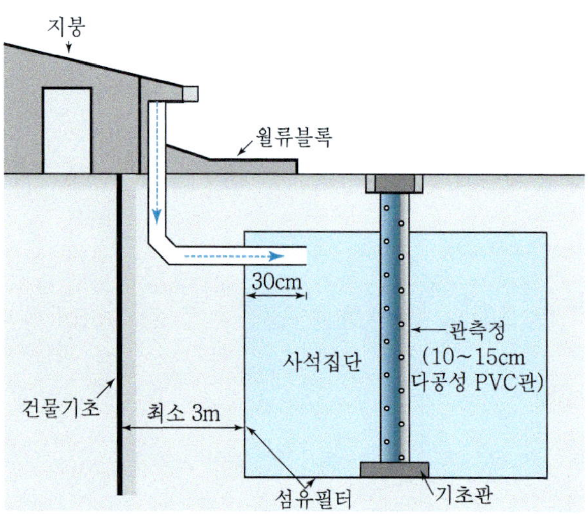

그림 15.3.5 건조우물의 형태

$$d \le \frac{fT_s}{V_r} \quad \text{그리고} \quad d \le (GW-d_s-h_r) \qquad (15.3.11)$$

여기서, GW는 지표면으로부터 지하수위까지의 거리, d_s는 건조우물 상단부와 지표면까지의 두께 그리고 h_r은 건조우물바닥과 지하수위까지의 거리이다.

건조우물 용량 역시 포착 부피에 건조우물표면에 직접 떨어진 강우량을 더하고 지표면에서의 유출량, 침투된 유량 그리고 건조우물과 지표면 사이의 토양에 저류된 물의 양을 빼준 물의 부피를 충분히 저류할 수 있는 용량으로 설계한다. 바닥의 길이가 L, 폭이 W이고, 측면경사가 z인 건조우물의 크기는 다음과 같이 나타낼 수 있다.

$$\left[LWd+(L+W)zd^2+\frac{4}{3}z^2d^3\right]V_r$$
$$=V_c+(L+2zd)(W+2zd)(P-R-d_sC_w)-(L+zd)(W+zd)fT_f \qquad (5.3.12)$$

여기서, R은 건조우물 표면의 단위면적당 유출량, C_w는 건조우물 상단부와 지표면 사이의 토양에서의 저류능이다.

예제 15.3.5

건조우물을 설계하려고 한다. 건조우물 위치에서의 토양은 모래질 옥토로 종기침투능이 7.2×10^{-6}m/s 이다. 사전 계산에 의해 계산된 포착 부피는 V_c=150m^3, 채움 시간은 T_f=1시간, 강우량은 P=10cm로 산정되었다. 지하수위는 지표면 아래 3.5m에 위치하고 있다. 건조우물의 측면경사는 z=1이고, 지표면에서의 유출계수 C=0.2이다. 건조우물 바닥으로부터 지하수위까지 최소 0.7m이상 간격을 두고, 우물 상단부터 지표면까지의 두께는 0.3m이고, 토양의 저류능은 0.14이다. 건조우물의 물이 완전히 침투하는데 걸리는 시간이 72시간일 경우 건조우물의 폭 및 길이를 결정하라.

풀이

먼저 식 (15.3.11)을 이용하고, V_r을 0.4로 가정하여 건조우물의 깊이를 산정하면

$$d \le 7.2\times10^{-6}\times72\times3{,}600/0.4=4.67\text{m}, \qquad d\le(3.5-0.3-0.7)=2.5\text{m}$$

따라서 깊이를 2.5m로 정한다.

지표면을 통한 유출량은 $R=0.2\times0.1=0.02\text{m}$

따라서 식 (15.3.12)는

$$\left[LW\times2.5+(L+W)\times6.25+\frac{4}{3}\times15.625\right]\times0.4=150+(L+5)(W+5)(0.1-0.02-0.042)$$
$$-(L+2.5)(W+2.5)\times0.02592$$

위 식에서 건조우물의 폭을 5m로 하면 길이는 L=18m를 얻을 수가 있다.

15.4 호우습지

호우로 인한 유출은 유역 내의 여러 경로 즉, 거주지역, 상업지역, 산업지역 또는 개발지역 등을 통해 발생하게 되며, 많은 양의 입자 및 용존된 물질들도 함께 이동하게 된다. 이러한 물질들은 산소를 요구하는 물질, 영양소 및 독성물질들로 구성되며, 수생시스템에 살고 있거나 의존하는 생물에 나쁜 영향을 끼치게 된다. 호우 유출수에서의 오염물의 농도는 선행건조기간(antecedent dry period) 동안의 축적 및 강우기간 동안 유출에 노출되는 정도에 따라 변하게 된다. 이러한 유출수의 처리방법 중의 하나로 자유수표면을 가진 호우습지(wetland)가 있다.

수처리 기능을 가진 습지는 오래전부터 고려되었지만, 공학 분야에서는 최근에 와서야 실행 가능한 수처리 시스템으로 고려되기 시작하였다. 습지에 의해 오염물을 제거하는 것에 관심을 가지고 수생(aquatic)식물 즉, 부들(bulrush)과 같은 식물의 역할을 연구하였으며, 호우 유출수를 포함한 다양한 오염수를 사용하여 자연 또는 인공 습지의 오염물 제거 및 변형 능력에 대해 실험이 수행되었다. 습지는 영구적 또는 간헐적으로 식생이 존재하는 생태계로, 과거에는 기피되는 장소로 여겨졌지만, 오늘날에는 수질개선, 홍수의 지체, 침식조절, 위락활동, 자연환경교육, 수생동물의 서식처, 하천흐름의 유지 등과 같은 다양한 편익의 기능을 제공하고 있다.

15.4.1 호우 유출수의 양과 질

호우처리습지는 유출수에 일반적으로 포함될 수 있는 오염물을 처리하여 수질을 개선하는 능력을 가지고 있다. 이러한 습지는 실험결과에 의하면 총고형물질(total suspended solids, TSS)을 65~80%까지 효과적으로 제거할 수 있다. 습지는 또한 영양소를 제거시킬 수 있는데, 아질산염 또는 질산염을 83%까지 그리고 암모니아를 45%까지 제거할 수가 있으며, 총인 또는 용존인은 40~50%정도를 제거한다. 또한 유출수에 포함되어 있는 중금속의 농도도 감소시킬 수가 있고, 납인 경우 26~83%까지 제거시키는 것으로 알려져 있다.

인공의 호우처리습지는 설계시 처리해야 할 유입유량의 범위, 유사조절 그리고 선택적인 유출 등을 고려하므로 자연상태의 호우처리습지보다 오염물 제거 효율이 더 높은 것으로 나타나고 있다. 인공습지는 호우 유출수가 직접 유입되거나 연결 수로를 통해 유입되며, 유입량이 일정량을 초과하면 나머지는 그냥 통과시키도록 설계하고 운영한다. 호우 유출수의 양은 빈도, 지속기간 및 지역에 따라 변하므로 하수 유출과 같은 예측 가능한 오염수보다 처리하기가 더욱 곤란하다.

유역 내의 토지이용 상태가 주어지면, 호우 유출수의 첨두유량과 부피는 앞에서 소개한 바와 같이 합리식을 이용하여 결정할 수가 있다. 유역을 통해 유출이 접하는 지표면의 특성과 서로 다른 빈도를 고려하기 위해 도달시간 t_c 및 유출계수 C값에 변화를 주어 적용한다. 표 15.4.1은 미국 아리조나주에서 적용하고 있는 지표면 사용에 따른 빈도 또는 재현기간별 유출계수를 보여주고 있다.

표 15.4.1 합리식에서의 지표면 이용 및 빈도별 유출계수

지표면 이용	재현기간			
Streets & roads	2-10년	25년	50년	100년
Paved roads	0.75-0.85	0.83-0.94	0.9-0.95	0.94-0.95
Gravel roadways & shoulders	0.6-0.7	0.66-0.77	0.72-0.84	0.75-0.88
Industrial areas				
Heavy	0.7-0.8	0.77-0.88	0.84-0.95	0.88-0.95
Light	0.6-0.7	0.66-0.77	0.72-0.84	0.75-0.88
Business areas				
Downtown	0.75-0.85	0.83-0.94	0.9-0.95	0.94-0.95
Neighborhood	0.55-0.65	0.61-0.72	0.66-0.78	0.69-0.81
Residential areas				
Lawns-flat	0.1-0.25	0.11-0.28	0.12-0.3	0.13-0.31
Lawns-steep	0.25-0.4	0.28-0.44	0.3-0.48	0.31-0.50
Suburban	0.3-0.4	0.33-0.44	0.36-0.48	0.38-0.5
Single family	0.45-0.55	0.5-0.61	0.54-0.66	0.56-0.69
Multi-unit	0.5-0.6	0.55-0.66	0.6-0.72	0.63-0.75
Apartments	0.6-0.7	0.66-0.77	0.72-0.84	0.75-0.88
Parks/cemeteries	0.1-0.25	0.11-0.28	0.12-0.3	0.13-0.31
Playgrounds	0.4-0.5	0.44-0.55	0.48-0.6	0.5-0.63
Agricultural areas	0.1-0.2	0.11-0.22	0.12-0.24	0.13-0.25
Bare ground	0.2-0.3	0.22-0.33	0.24-0.36	0.25-0.38
Undeveloped desert	0.3-0.4	0.33-0.44	0.36-0.48	0.38-0.5
Mountain terrain (slopes > 10%)	0.6-0.8	0.66-0.88	0.72-0.95	0.75-0.95

15.4.2 습지에서의 수질변화 과정

자유수표면을 갖는 인공습지는 유입특성, 구성물의 운영 부하율, 기후 및 습지의 공간 규모에 따라 유출수의 수질 범위가 변하게 된다. 인공습지가 적절하게 설계되고 운영된다면, 유출수를 예측 가능한 수질 범위에서 운영할 수 있고 제약조건을 충족할 수가 있다. 이러한 충족은 다음과 같은 물리적, 화학적 그리고 생물학적 방법에 의해 달성할 수가 있다.

1) 물리적 방법

수질에 영향을 미치는 물리적 방법에는 가스이동(gas transfer), 침전(sedimentation), 흡착 및 탈착(adsorption 및 desorption), 여과(filtration), 응집(flocculation), 광화학반응(photochemical) 그리고 휘발(volatilization) 등이 있다. 가스이동은 공기와 물의 접촉면 및 바닥의 퇴사를 통해 O_2, N_2, CH_4 및 황화물과 같은 가스의 이동과 관련이 있다. 침전은 중금속과 같은 많은 오염물질들이 입자형태로 존재하기 때문에 가장 중요한 오염물 제거 방법이다. 습지에서 침전은 BOD, TSS 및 중금속에 대한 주된 제거방법이며, 질소 및 인 계통의 오염물 제거에 사용되는 2차적인 방법이다. 흡착 및 탈착은 BOD, TSS, 박테리아, 바이러스 및 중금속의 농도를 증가시키거나(탈착) 감소시킴으로서(흡착) 제거하는 방법이다. 여과는 물이 식물을 통과할 때 기계적으로 입자를 여과시키는 것으로 BOD, TSS 및 중금속을 제거하게 된다. 응집은 침전 이전에 실시하여 침전효과를 증진시켜, BOD, TSS, 박테리아 및 바이러스를 제거하게 된다. 광화학반응은 유기화합물의 분해를 쉽게 하여 박테리아 및 바이러스의 감소에 기여한다. 휘발은 암모니아 및 낮은 부분압을 가진 오염물을 제거시키는 방법이다.

2) 화학적 방법

화학적 방법은 화학적 흡착, 킬레이트(chelation) 작용, 산화 및 환원(oxidation 및 reduction) 그리고 화학침전이 있으며, 수질을 개선시키기 위해 물리적 방법과 연계하여 작용하게 된다. 습지 내 표면에서의 화학적 흡착은 인, 박테리아, 바이러스 및 중금속을 감소시키고, 킬레이트 작용은 인의 농도에 영향을 미치지만 중금속의 주된 제거방법이다. 화학적 산화 및 환원은 BOD 및 중금속의 제거방법이며 TSS에도 영향을 미친다. 화학침전반응은 인의 제거에 사용된다.

3) 생물학적 방법

생물학적 방법에는 조류합성(algae synthesis), 식물의 동화작용(assimilation), 박테리아 물질대사(metabolism) 그리고 섭취(predation) 등이 있다. 조류합성 또는 영양소의 세포조직으로의 합성은 영양소의 농도에 영향을 미치게 된다. 만일 이러한 조류세포가 습지에 존재하게 되면 영양소를 제거하여 TSS로 나타나게 된다. 식물에 의한 동화 또는 대사는 식물의 성장주기 단계에 따라 BOD, TSS, 영양소, 용존산소, 박테리아, 바이러스 및 중금속의 증가 또는 감소를 초래한다. 호기성 및 혐기성 박테리아 대사는 습지의 수질에 많은 영향을 미친다. 호기성 박테리아는 암모니아 종류를 아질산염과 질산염으로 변화시키는 반면, 혐기성 박테리아는 질산염을 질소가스로 변화시킨다. 호기성 박테리아는 또한 BOD 및 TSS 농도를 감소시킨다. 미생물이 세포조직의 증가 및 대사활동을 위해 인을 섭취함으로서 인을 제거할 수 있다.

호우습지는 오염물을 제거 또는 변화시키기 위한 물리적인 성분, 화학적 반응 및 생물학적 처리과정을 포함하는 복잡한 시스템이다. 일반적으로 호우 습지의 구성성분을 1) 자유수표면, 2) 지표하 흐름 그리고 3) 부유수생식물로 구분할 수 있다. 부유수생식물은 영양소 또는 용존물질과 같은 오염물을 섭취하여 궁극적으로 식물을 수확 또는 제거함으로서 오염물을 제거하게 된다. 지표하 흐름은 습지 식생에 적절한 환경을 제공하며 지표면 아래로 설계 유량을 이동시킨다. 지표하 흐름 시스템은 오염물 처리 효율이 높으며 TSS가 낮은 유출수의 처리에 적절하고, 막힘을 방지하기 위해 전처리 시설물을 필요로 한다. 자유수표면을 가진 호우습지는 다음과 같다.

15.4.3 자유수표면 호우습지의 설계

호우 유출수처리습지 설계의 주요 목표는 유출수 내 부유 물질들이 습지 내 고요한 지역에서 침강할 수 있도록 설계 유입량의 에너지를 감소시키거나, 습지 식생에 의해 기계적으로 여과하도록 하는 것이다. 이러한 목표는 습지 입구 및 상부조정지(forebay)설계, 상류부에 습지와 분리된 흐름 완화 또는 전처리 구조물의 설계를 통해 달성할 수 있다. 자유수표면 호우습지는 그림 15.4.1과 같이 물, 토양 그리고 식생과 같은 몇 가지 요소로 구성되어 있으며 각 요소들은 수질을 개선하는데 기여하고 있다. 물로 포화된 지역 및 수심이 유지되고 있는 지역에서는 습지 식생이 서식하여 수표면에 그늘이 지게함으로서 온도변화를 완화시키고 수생생물의 서식처를 제공한다. 부유 습지식생을 조밀하게 설치하여 특정 물질 및 이와 관련된 오염물을 제거할 수가 있으며, 식생의 줄기는 퇴적토양, 물 그리고 대기간에 가스교환을 하게 된다.

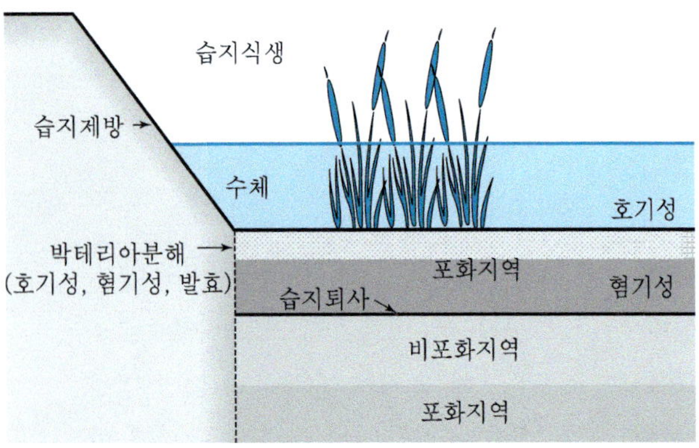

그림 15.4.1 호우 처리 습지 구성요소

올바른 호우 습지를 설계하기 위해서는 주어진 오염물의 부하량 및 특성, 목표로 하는 배출수의 수질과 같은 항목을 잘 설정하여야 한다. 유입되는 수리량 및 오염물 부하량과 물리적, 화학적 및 생물학적 작용에 필요한 거주시간을 제공하는데 소요되는 습지의 규모 간에 균형이 맞아야 한다. 이러한 변수들 간의 관계를 맺기 위해 수리학적 및 물리적 관계를 이용하게 된다. 먼저 습지로의 유입량, 유출량 그리고 저류량 간에 물수지(water balance)가 맞아야 한다. 호우 습지인 경우 시스템 내로의 유입량은 지표면 유입량 Q_{sw}, 습지 내 수표면 및 지표면에 직접 떨어지는 강우 Q_{pr}, 지하수위가 얕은 경우 지하수의 누출 Q_{gw}가 있다. 습지로부터의 유출은 지표면 유출량 Q_{eff}, 증발산 Q_{et} 그리고 만일 시스템이 불투수 재료로 포장되지 않은 경우 침투로 인한 손실 Q_{inf}이 있다. 따라서 습지 내 저류량을 S라 하면 물수지는 다음과 같이 나타낼 수 있다.

$$Q_{sw} + Q_{gw} + Q_{pr} = Q_{eff} + Q_{et} + Q_{inf} + S \tag{15.4.1}$$

습지에서 지표면 유입량은 입구지점에서 측정할 수가 있으며, 마찬가지로 유출부 설계에서 지표면 유출량을 측정할 수 있도록 한다. 증발산은 2.5절 증발산에서 소개한 바와 같이 다양한 방법을 이용하여 측정 또는 산정할 수가 있다. 따라서 모든 유입 및 유출 항목을 측정하거나 산정할 수가 있으며, 만일 습지의 부피를 안다면 지하수와의 상호작용만 미지수로 남게 된다.

습지의 규모와 처리 성능을 연관시키는데 사용하는 두 번째 변수는 공칭 또는 이론적인 수리학적 체류시간(hydraulic residence time)으로 다음과 같이 나타낸다.

$$T = \frac{V\theta}{Q} \tag{15.4.2}$$

여기서, T는 수리학적 체류시간[T], V는 습지의 부피[L^3], θ는 공극률 그리고 Q는 유량[L^3/T]으로 유입부만 고려하게 되면 $Q_{sw}+Q_{gw}+Q_{pr}$이 되고, 손실 및 이득 즉, 유입부와 유출부의 평균을 고려하게 되면 $(Q_{sw}+Q_{gw}+Q_{pr}+Q_{eff}+Q_{et}+Q_{inf})/2$가 된다.

초기에 습지 부피 V는 도면으로부터 쉽게 산정할 수 있지만, 되채움으로 습지의 운영 후에는 바닥의 높이가 변하게 되어 습지시스템이 오래 될수록 정확도가 떨어지게 된다. 습지 부피를 산정하는 또 다른 방법은 습지시스템의 평균 깊이를 측정하거나 산정하고, 습윤한 표면적을 결정하기 위한 윤변측량 또는 항공사진을 이용하는 것이다.

습지의 공극율 θ는 식생 물질에 의해 차지하는 부피를 나타낸다. 실무에서 θ값은 0.65~0.95 범위를 보이며, 새로 식재된 시스템에서는 θ값이 큰 값으로 나타난다. 유량은 입구부에서 측정된 유량을 적용하면 시스템에서 물의 손실이나 획득을 무시하여 개략적인 결과를 얻을 수 있다. 하지만 대부분의 경우 물의 손실이나 획득을 고려하는 것이 바람직하며, 이는 입구부 및 출구부에서의 유량의 평균치를 이용함으로서 적용할 수 있다. 습지에서의 이론적인 체류시간은 습지 용적의 비효율적인 사용으로 인해 실제 또는 관측된 체류시간보다 길다. 습지에서 추적물질을 이용한 측정을 한 결과 추적물질의 질량중심이 습지를 빠져나가는데 필요한 시간인 추적물질 체류시간이 이론적인 체류시간의 65~95%정도가 되는 것으로 나타나고 있다.

1) 호우 습지 규모

호우 습지는 지형적인 제약과 강우사상의 불확실성 및 이로 인한 유출량이나 수질이 불확실하므로 과학적이기보다는 미적인 면에 더 치우친 설계를 하는 경향이 있다. 또한 많은 습지들이 수질을 개선하기 위한 규모라기보다는 지역적인 배수나 저류조건을 만족하는 규모로 설계되는 경우가 많이 있다. 상당수의 자유수표면습지 표면적과 관련된 현재의 설계기준은 유역면적과 연관되어 있는데, 전체유역면적에 대한 습지면적의 비가 2% 또는 그 이상이 바람직하며, 만일 습지 상류지역에 저류지가 있으면 이 비율은 1~2%까지 감소시킬 수 있다.

자유수표면습지의 규모를 산정하는 또 다른 방법은 유량의 일부를 포착하여 처리하는데 필요한 습지 부피를 결정하거나, 주어진 빈도의 호우로부터 발생하는 유출량에 대해 설계를 하는 것이다. 실험에 의하면 TSS의 약 80%를 제거하기 위해서는 습지가 초기의 2.54cm에 해당하는 유출량을 포착 및 처리하여 24시간에 걸쳐 방류할 수 있는 규모가 되어야 하며, 첨두유출량으로 보면 빈도 2~10년에 해당하는 유출량을 처리할 수 있는 규모가 되어야 한다. 지역 및 제약조건에 따라 변하지만 일반적으로 현재 호우처리 습지 설계에서는 2년빈도 24시간 호우를 처리하고, 48시간에 걸쳐 유출시킬 수 있는 규모면 적절한 것으로 알려져 있다.

2) 호우 습지 배치설계

호우 습지의 위치 및 배치설계에서 가능하면 전반적인 기능을 염두에 두고 설계하여야 한다. 설계 당시에는 유량 및 수질처리가 가장 중요하여 단지 이들 만을 고려하여 설계할 수가 있는데 서식지, 위락활동, 미관 및 현장교육 등도 중요한 항목으로 고려할 필요도 있다. 실제로 지속가능한 습지 시스템으로 설계하기 위해서는 이러한 항목들을 종합적으로 고려하여야 한다.

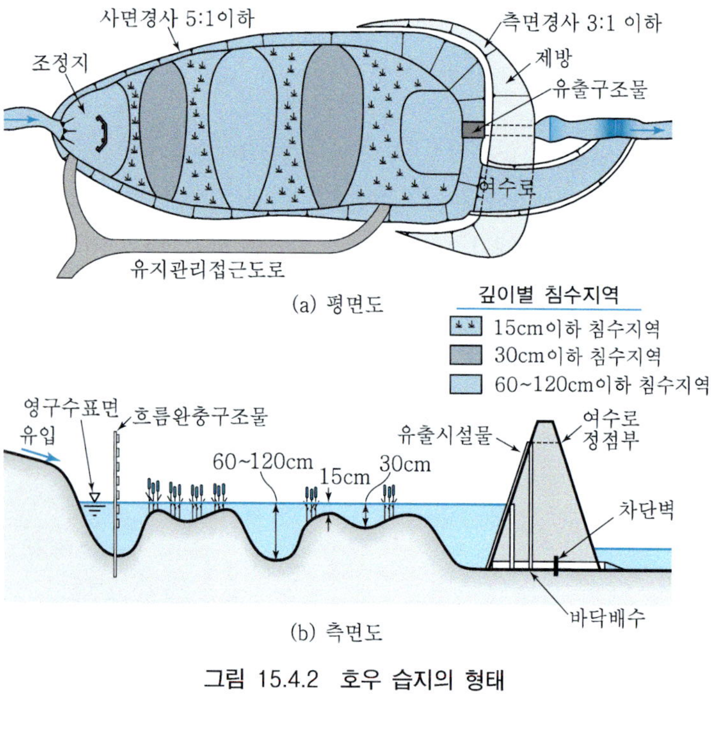

그림 15.4.2 호우 습지의 형태

대규모 유역 또는 몇 개의 소유역으로부터 유입되는 습지시스템은 높은 유속의 흐름이 시스템으로 유입되기 전에 유속을 감소시킬 수 있는 시설이 필요할 수도 있다. 습지 입구부에서의 유속 감소는 유사의 재부상을 최소화하고, 세굴 및 식물이 묻히는 것을 방지할 수 있다. 상류에 침사지를 설치하면 습지로 유입되는 유사량을 줄일 수 있고, 민감한 저생생물이 묻히는 것을 방지할 수 있으며, 준설시기를 늦출 수가 있다. 또한 수리학적으로 침사지와 습지를 연결하면 유류유입의 방지와 함께 부유물질 및 쓰레기도 통제할 수가 있다. 상류에 저류지가 있으면 습지로 유입되는 유량을 측정할 수 있으며, 따라서 수리학적 및 오염물 부하량을 조절하는데 도움을 줄 수 있다.

15.4.4 호우 습지의 형태

자유수표면 호우습지는 수질 개선이란 목적을 이루며 다양한 형태로 건설될 수가 있다. 호우 유출수는 침식 방지를 고려한 입구구조물을 통해 습지로 들어오게 하며, 습지 설계시 사석으로 보강된 단순한 개수로 형태의 입구부를 사용하게 된다. 입구 구조물에서의 난류흐름은 물에 공기를 주입하여 낮은 부분압의 화합물이 휘발할 수 있도록 함으로서 수질 처리과정이 시작된다. 습지의 규모에 따라 유지관리 차량이 접근하여 상부조정지에서의 준설이 가능하도록 입구부의 폭 및 안정성을 확보하여 설계하여야 한다. 입구부의 사면은 침식을 최소화하도록 유지하고 바닥은 세굴로부터 안정하도록 보호하여야 하며, 입구구조물과 인접한 제방은 식생을 설치하거나 다른 방법을 통해 안정하도록 마감한다. 여러 가지 개수로 유량 측정장치를 습지 입구부 상류 하도에 설치하여 유량을 측정할 수 있도록 한다.

호우 유출수는 습지의 입구부를 지나 조정지로 들어오게 된다. 조정지는 하류부의 습지를 유입수에 의한 세굴로부터 보호하고, 침전을 촉진시키며, 퇴적된 유사를 쉽게 제거하기 위해 설치한다. 조정지의 또 다른 기능은 물이 습지 내 식생지역으로 들어오기 전에 혼합 및 폭기(aeration)를 유발하는 것이다. 일반적으로 조정지는 유입되는 물의 에너지를 고려하여 습지 전체 면적의 5~20% 정도로 크기를 정하고, 깊이는 습지 식생이 자라는 것을 막기 위해 1.5m 또는 그 이상으로 한다. 측면 경사는 10:1~4:1 범위를 유지해야 하며, 가능하면 완만한 경사를 가지도록 하고, 높은 에너지의 물이 유입되므로 다양한 방법을 이용하여 제방을 보강하여야 한다.

습지 설계시 가장 비용-효과적인 설계는 굴착 및 채움이 서로 균형이 맞도록 하는 것이다. 그림 15.4.3과 같이 전형적인 습지 제방은 인도로 이용할 경우 상단 폭이 최소 1.5m가 되게 하고, 차량이 접근하도록 할 경우에는 최소 3.5m 이상이 되도록 한다. 내부 제방은 식생으로 마감을 하고 경사는 3:1 이상이 되게 하며 완만할수록 더 바람직하다. 외부 제방은 경사가 더 급한 2:1~3:1 정도로 하며, 잔디와 같이 얕은 뿌리를 가진 나무나 사석으로 마감한다. 습지 제방의 높이는 습지의 운영 깊이를 고려하여 보통 0.1~0.5m에 여유고는 약 1m로 한다.

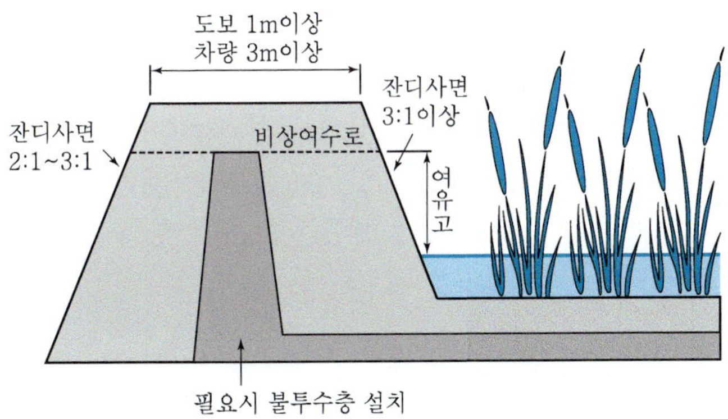

그림 15.4.3 호우 습지 제방

습지 내의 수질을 개선하기 위해서 입구부 및 출구부의 상대적인 위치 또한 매우 중요하다. 입구부 및 출구부를 물이 최대한 머무르며 습지 내의 표면과 최대한 접촉하도록 분리하는 것이 이상적이다. 끝으로 주 유출구조물외에 비상 여수로를 설치할 필요가 있다. 비록 여유고를 고려하기는 하지만 큰 빈도의 홍수량을 감당하기에는 충분하지가 않을 수가 있으므로 월류을 방지하기 위해 제방 정상부로부터 0.5~1m 아래로 홍수위가 유지되도록 비상 여수로를 설치한다.

연습문제

15.1 저류지를 설계하기 위해 표고별 수표면적을 구한 결과가 표 15.1과 같이 주어져 있다. 이 자료를 이용하여 수위별 저류량관계를 구하라. 유출관 저부의 표고가 10m이고, 댐 정상부는 15m이다.

표 15.1 표고별 면적

표고(m)	면적(m^2)	표고(m)	면적(m^2)	표고(m)	면적(m^2)	표고(m)	면적(m^2)
10.0	2,000	10.5	3,000	11.0	5,000	11.5	8,000
12.0	14,000	12.5	19,000	13.0	25,000	13.5	32,000
14.0	40,000	14.5	50,000	15.0	65,000		

15.2 표 15.2와 같은 표고별 수표면적관계가 주어질 때 식 (15.5.2b)를 이용하여 표고별 저류량관계를 구하라.

표 15.2 표고별 면적

표고(m)	면적(m^2)	표고(m)	면적(m^2)	표고(m)	면적(m^2)	표고(m)	면적(m^2)
0.0	0	2.0	500	4.0	1,400	6.0	3,300
8.0	5,700						

15.3 저류지에서의 수위별 유출량을 산정하려고 한다. 오리피스의 직경이 0.5m이고, 관중심의 표고가 25.0m이며, 유량계수는 0.6이다. 상단부에는 높이가 다른 두 개의 위어가 설치되어 있다. 하부 위어는 정점부 높이가 27.0m이고, 길이는 1.5m이다. 상부 위어는 정점부 높이가 28.0m이며, 길이는 1.0m이다. 위어의 유출계수는 0.5이다. 댐의 높이가 29.0m일 때 오리피스 중앙높이로부터 0.2m씩 수위를 증가시키며 유출량을 산정하라.

15.4 저류지에서 직경 0.5m관로와 2m길이의 월류형 여수로를 이용하여 유출시킬 때 수위별 유출량 관계곡선을 구하라. 관로는 저류지의 바닥에 놓여 있고, 여수로는 바닥으로부터 2m 높이에 위치하고 있으며, 여수로의 설계수두는 1.0m이다.

15.5 직경 1.5m의 오리피스 유출관을 가진 저류지를 설계하려고 한다. 저류지 유역의 면적이 $5km^2$이고 강우로 인한 유역에서의 유출고가 6cm이다. 유입수문곡선의 첨두유량이 $25m^3/s$이고 첨두발생시간은 1시간이다. 오리피스 유량계수는 0.6이며 수위-저류량관계식에서 c=1.2 및 $b=5,500m^{1.8}$일 때 저류지를 통한 첨두유출량, 저류지의 최대 수위 그리고 최대 저류용량을 결정하라.

15.6 유역면적 $0.5km^2$에 설계강우가 10cm 내려 저류지로의 첨두 유입량이 $9m^3/s$이고 첨두 발생시간이

30분이다. 저류지를 통해 첨두 유출량이 4.0m^3/s가 되도록 저류지를 설계하려고 한다. 유출부는 위어로 되어 있고 유량계수는 0.4이다. 위어 정점부 위로 최대 수위를 2.5m로 제한하고, 사다리꼴 저류지의 길이 대 폭의 비가 4, 측면경사가 3H:1V이며 바닥면적이 4,500m^{2}으로 할 때 저류지의 최대 저류량 및 위어상의 최대 수두를 결정하라. 단, 수위-저류량관계식에서 c=1.06, b=5,000으로 가정하라.

15.7 유역면적이 0.5km^{2}인 지역에 저류지를 설계하려고 한다. 유역의 유출계수는 0.75, 도달시간은 30분이며 지속시간별 강우강도가 표 15.7에 주어져 있다. 저류지를 통한 첨두유출량이 1.0m^3/s가 되도록 하기 위한 저류지 용량을 수정합리식에 의해 결정하라.

표 15.7 지속시간별 강우강도

t_d(min)	I(mm/hr)
30	123
35	104
40	95
45	87
50	81
55	76
60	69
65	63
70	57
75	52
80	48

표 15.8 지속시간별 강우강도

t_d(min)	I(cm/hr)
15	12.7
30	10.2
45	8.4
60	6.9
75	6.1
90	5.1

표 15.10 지속시간별 강우강도

t_d(min)	I(mm/hr)
30	123
40	95
50	81
60	69
70	57
80	48
90	40
100	34
110	28
120	24

15.8 유역면적이 81,000m^{2}인 도시지역에 저류지를 설계하려고 한다. 유역의 유출계수는 0.75, 도달시간은 30분이며 지속시간별 강우강도가 표 15.8에 주어져 있다. 저류지를 통한 첨두유출량이 0.6m^3/s가 되도록 하기 위한 저류지 용량을 수정합리식에 의해 결정하라.

15.9 개발 후의 유출수문곡선이 10분 간격으로 표 15.9에 주어져 있다. 개발전의 첨두유출량이 1.50m^3/s일 때 침투지가 포착 저류해야할 부피를 산정하라.

표 15.9 유출수문곡선

t(min)	Q(cms)	t(min)	Q(cms)	t(min)	Q(cms)
0	0.00	70	1.63	140	0.82
10	0.05	80	1.68	150	0.68
20	0.21	90	1.62	160	0.51
30	0.48	100	1.50	170	0.42
40	0.65	110	1.36	180	0.25
50	0.98	120	1.19		
60	1.42	130	0.97		

15.10 유역면적이 $0.5km^2$인 지역에 침투지를 설계하려고 한다. 유역의 유출계수는 0.75, 도달시간은 30분이며 지속시간별 강우량이 표 15.10에 주어져 있다. 저류지를 통한 첨두유출량이 $1.0m^3/s$가 되도록 하기 위한 침투지 용량을 수정합리식에 의해 결정하라.

15.11 연습문제 15.10과 같은 조건에서 침투지를 설계하려고 한다. 침투지 설계위치에서의 토양은 모래 55%, 점토 20% 그리고 실트 25%로 구성되어 있다. 지하수위는 지표면 아래 3m에 위치하고 있다. 침투지는 그림 15.2.2와 같은 사다리꼴 형태이며 측면경사는 3:1이다. 침투지 바닥으로부터 지하수위까지 최소 0.8m이상 간격을 두고, 침투지의 물이 완전히 침투하는데 걸리는 시간이 72시간일 경우 침투지의 폭 및 길이를 결정하라.

15.12 폭이 10m이고, 측면 경사가 1H:1V인 침투지를 설계하려고 한다. 사전 계산에 의해 계산된 포착부피는 $195m^3$이다. 지표면 아래 4m에 암반이 위치하고 있으며 그 위 침투지 설계위치에서의 토양은 모래 40%, 점토 20% 그리고 실트 40%로 구성되어 있다. 침투지 바닥은 최소한 암반위 1m에 위치시키고 침투지의 물이 완전히 침투하는데 걸리는 시간이 96시간이다. 45분간 지속시간의 설계강우강도가 5cm/hr이며, 채움시간은 50분이다.

15.13 침투도랑을 설계하려고 한다. 침투도랑위치에서의 토양은 옥토질 모래로 종기침투능이 1.7×10^{-5} m/s이다. 사전 계산에 의해 계산된 포착 부피는 V_c=2,500m^3, 채움 시간은 T_f=2시간, 강우량은 P=15cm, V_r=0.4로 산정되었다. 지하수위는 지표면 아래 5.0m에 위치하고 있다. 도랑은 그림 15.2.2와 같은 사다리꼴 형태이며 측면경사는 2:1이다. 침투도랑 바닥으로부터 지하수위까지 최소 0.7m이상 간격을 두고, 침투도랑의 물이 완전히 침투하는데 걸리는 시간이 72시간일 경우 침투도랑의 폭 및 길이를 결정하라.

15.14 건조우물을 설계하려고 한다. 건조우물 위치에서의 토양은 모래질 옥토로 종기침투능이 7.2×10^{-6} m/s이다. 사전 계산에 의해 계산된 포착 부피는 V_c=220m^3, 채움 시간은 T_f=1.5시간, 강우량은 P=12cm로 산정되었다. 지하수위는 지표면 아래 4m에 위치하고 있다. 건조우물의 측면경사는 z=1이고, 지표면에서의 유출계수 C=0.2이다. 건조우물 바닥으로부터 지하수위까지 최소 1.0m이상 간격을 두고, 우물 상단부터 지표면까지의 두께는 0.4m이고, 토양의 저류능은 0.15이며, 되채움재료의 공극률 V_r은 0.4이다. 건조우물의 물이 완전히 침투하는데 걸리는 시간이 72시간일 경우 건조우물의 폭 및 길이를 결정하라.

Chapter 16

유사량 산정 및 분석

16.1 서론

하천에서의 유사의 침식(erosion), 이송(transportation), 퇴적(deposition) 등과 같은 과정들은 지질학적인 시간을 통해 활발히 발생하는 자연적인 과정이며, 우리 주변의 지표면 형상을 만들고 있다. 침식과정에서 토양입자들의 분리는 강우의 충격력 또는 흐르는 물의 힘에 의해 발생하게 된다. 일단 입자가 분리되면 물에 의해 이송되게 되며, 입자의 형상, 크기 및 무게 그리고 흐름에 의해 입자에 가해지는 힘 등의 영향을 받게 된다. 유사를 이송시키는 힘이 감소하게 되면 입자는 더 이상 이송되지 못하고 퇴적되며, 하천에서의 유사 퇴적은 심각한 문제를 초래하기도 한다. 하천에 퇴적된 유사는 홍수류의 소통능력을 감소시켜 홍수발생을 빈번하게 하며, 관개 및 배수로, 주운수로, 저수지 및 항구, 도로 등에서의 유사 퇴적은 구조물의 본래의 기능을 떨어뜨리고 불쾌감을 줄 뿐만 아니라 유지관리 하는데 많은 비용이 소요된다.

수자원공학을 공부하는 입장에서 이와 같은 물과 관련된 유사의 침식, 이송 및 퇴적에 의해 발생하는 피해를 방지하고, 이를 유용하게 이용하기 위해서는 지표 및 하천에서의 유사의 거동에 대한 기본 개념 및 역학적인 관계 그리고 발생가능 한 상황에 대한 예측 및 이에 대한 적절한 대책 등에 대해 이해 할 필요가 있다.

16.1.1 하천의 형태 및 분류

하도의 형태는 직선(straight)하도, 사행(meandering)하도, 망상(braided)하도 및 이들이 조합된 형태로 다양하게 분류할 수가 있다. 직선하도는 하도가 만곡된 경로를 따르지 않는 하도로 정의한다. 만곡도(sinuosity)는 하도의 상 하류 두 지점 간에 최심하상을 따른 거리와 직선거리의 비로 나타내고, 직선하도 및 사행하도를 구분하는데 사용할 수가 있다. 만곡도는 완전 직선하도인 경우의 1로부터 3 또는 그 이상의 값으로 변하게 되며, 사행하도와 직선하도의 구분은 보통 만곡도 1.5를 기준으로 하게 된다.

직선하도는 비교적 완만한 경사를 가진 만곡 사행하천의 긴 구간이 자연적인 또는 인위적인 절취에 의해 급한 경사를 가진 짧은 단축구간으로 변경되어 형성된다. 직선하도는 또한 사행정도를 감소시키거나 통제하기 위한 제방이나 호안과 같은 시설물에 의해 인위적으로 형성될 수도 있다. 수심이 가장 깊은 지점의 반대쪽에는 제방을 따라 사주(bar) 또는 유사의 퇴적이 발생하게 되며, 이를 하도의 양쪽으로 번갈아가며 나타나기 때문에 교호사주(alternate bar)라 한다.

사행하도는 교대로 반복되는 만곡부로 구성되어 있으며, 위에서 내려다보면 S자 모양을 하고 있고 만곡부에 일련의 깊은 소(pool) 즉, 웅덩이가 형성되며, 만곡부 사이의 비교적 짧은 직선구간은 얕은 하도(crossing)로 이루어진다. 웅덩이 부분은 삼각형 단면이며 만곡부 안쪽에 요곡사주(point

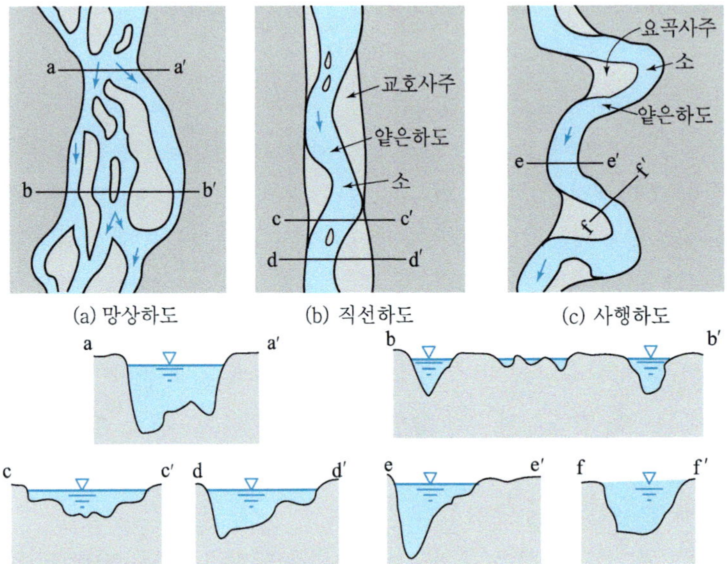

그림 16.1.1 하도의 형태

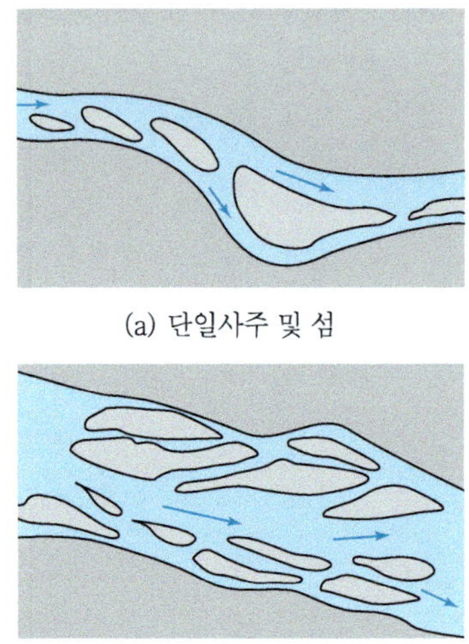

그림 16.1.2 망상하도

bar)가 형성된다. 직선구간의 얕은 하도는 일반적으로 폭이 넓고 수심이 비교적 얕은 사각형 단면으로 이루어져 있다. 사행하천 형성의 주된 원인은 만곡부에서 발생하는 2차 흐름 때문이다.

망상하도는 일반적으로 하도 폭이 넓으며 형태가 제대로 이루어지지 않은 불안정한 제방을 가지고 있고, 퇴적된 모래 섬 주위로 여러 갈래로 갈라진 경사가 급하고 얕은 흐름을 형성하고 있다. 이러한 망상하도의 형성은 하도가 운반할 수 있는 유사량보다 더 많은 유사가 유입될 경우 유사의 일부가 퇴적되어 발생한다.

16.1.2 하상의 형태

하상의 형태 및 사주(bar)의 변화는 흐름과 하상물질의 상호작용에 의해 발생하게 된다. 따라서 하상의 흐름에 대한 저항과 유사의 이송은 하천의 경사 및 수심, 물의 점성, 하상물질의 입경분포에 영향을 받게 된다. 그러므로 적절한 안정하천 설계를 위해서는 하천에서 형성되는 여러 종류의 사주 및 하상형태, 각각의 하상형태에 따른 흐름의 저항 및 유사의 이송 그리고 수심, 경사, 점성 등이 하상에 어떠한 영향을 미치는지에 대한 지식을 가지고, 하천의 분석 및 예측 그리고 문제가 발생하는 지점의 제거 및 대책 등을 고려해야 한다. 하상형상은 하상을 구성하고 있는 입자 중 가장 큰 입자의 크기보다 크게 하상이 불규칙하게 변동이 있으면 특정 하상형상을 나타내고 있다고 하고 다음과 같이 구분할 수 있다.

① 편평하상(plane bed) : 하상을 구성하고 있는 입자 중 가장 큰 입자의 크기보다 작게 하상이 불규칙하게 변동되면 편평하상이라 한다.

② 사련(ripple) : 잔물결 형태의 하상으로 길이가 약 30cm이내, 높이가 약 5cm이내의 크기로 이루고 있다. 사련은 종방향 즉, 흐름 방향으로 상류부가 완만한 경사, 하류부는 급한 경사를 가진 삼각형 형상을 이루고 있다.

③ 사구(dune) : 사구는 사련보다는 크기만 사주보다는 작은 하상의 형태로 표면의 형태가 수면의 형태와 반대이다. 사구의 길이는 보통 수면용승(surface boil)의 간격과 비슷하며 종방향 형상은 상류쪽이 완만한 경사를 이루고 하류쪽이 40~48° 정도의 경사를 가진 삼각형 모양이다.

④ 사주(bar) : 사주는 하천의 폭과 같거나 큰 길이를 가지고 있으며, 높이는 사주를 형성하는 흐름의 평균깊이와 비슷하다. 사주에는 요곡사주(point bar), 교호사주(alternate bar), 횡사주(transverse bar) 그리고 지류사주(tributary bar)가 있다. 요곡사주는 하천 만곡부의 안쪽에 유사가 퇴적되어 발생하고, 교호사주는 제방을 따라 주기적으로 형성되며, 하천의 양쪽에 번갈아 가며 나타나게 된다. 횡사주는 하천 중간에 하나의 섬과 같이 형성되며, 하천을 따라 주기적으로 나타나고 하류방향으로 이동해 간다. 지류사주는 지류가 합류되는 지점의 직하류에 형성되며, 횡방으로 상류측 경사는 완만하고 하류측 경사는 급한 삼각형 형태를 이루고 있다.

⑤ 천이사구(transition 또는 washout dune) : 천이사구는 사구의 배열이 규칙적이지 않고 진폭이 비교적 작으며 편평한 지점을 포함하고 있다. 천이사구는 편평한 하상과 사구를 형성하는 흐름의 중간상태로 물이 흐를 때 형성된다.

⑥ 역사구(antidune) : 역사구는 단일 또는 연속적으로 형성되며 하상 형태와 수면 형태의 위상이 같다. 역사구의 종방향 형상은 흐름 및 유사의 특성에 따라 삼각형에서 사인곡선형태로 다양하게 변한다. 정점부의 길이는 일반적으로 표면파의 길이와 비슷하다.

⑦ 슈트 및 소(chute 및 pool) : 슈트 및 소는 높은 유속과 많은 유사량을 나타내는 비교적 경사가 급한지점에서 나타난다. 이러한 형태의 하상은 소와 연결된 사류부의 슈트가 형성되는 길게 퇴적유사로 연결된 구릉으로 구성된다.

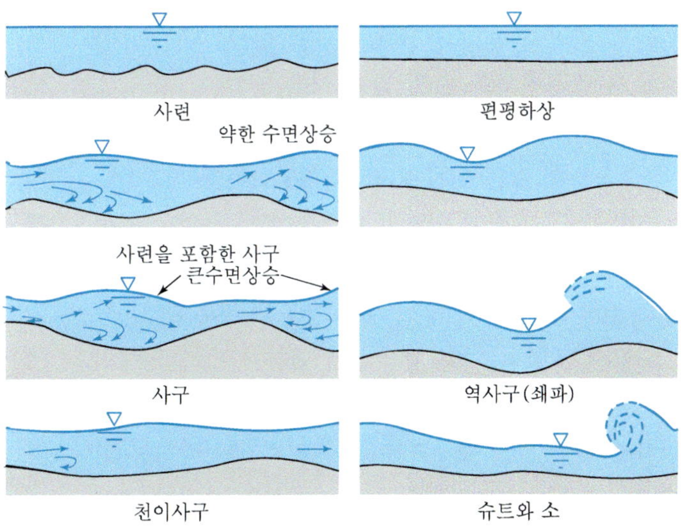

그림 16.1.3 사구의 종류

16.1.3 유사의 특성

유사의 특성에 대한 분석은 단일입자 및 혼합입자에 대한 분석으로 구분 할 수가 있으며, 혼합유사는 크기 및 비중이 서로 다른 다양한 유사 입자로 구성된다. 유사의 분석에서 유사의 크기,

침강속도, 비중 그리고 퇴적된 유사의 특성 등이 모두 중요하며, 이들 특성치들이 물리적 모형의 규모결정, 저수지의 수명, 하천에서의 세굴 및 퇴적 등을 산정하는데 사용된다.

1) 유사특성 관련 인자

① 밀도(density) ρ_s : 유사의 밀도는 단위 부피당 질량으로 나타내며, 물의 밀도는 4℃일 때 $\rho = 101.97\text{kg}\cdot\text{sec}^2/\text{m}^4(1.0\text{g}_o/\text{cm}^3)$이다. 유사의 상대밀도는 다음과 같다.

$$\frac{\rho_s - \rho}{\rho} \tag{16.1.1}$$

② 단위중량(specific weight) γ_s : 단위중량(kg/m^3)은 단위 부피당 무게를 나타낸다.

$$\gamma_s = \rho_s g \tag{16.1.2}$$

수중 유사입자의 단위중량 γ_s'는 다음과 같다.

$$\gamma_s' = \gamma_s - \gamma \tag{16.1.3}$$

③ 비중(specific gravity) : 동일한 부피의 유사 무게와 4℃의 물의 무게와의 비를 말함.

④ 공칭직경(nominal diameter) : 유사의 부피와 같은 부피를 가진 구의 직경.

⑤ 체직경(sieve diameter) : 유사가 입경분석용 체의 구멍을 간신히 통과할 때 체 구멍의 한 변에 해당하는 길이로, 개략적으로 사용할 때 공칭직경과 같은 값을 사용.

⑥ 침강직경(diameter 또는 standard fall diameter) : 24℃의 흐르지 않는 증류수에 입자가 낙하할 때의 균일한 최종침강속도와 같은 침강속도를 갖는 비중 2.65에 해당하는 구의 직경.

⑦ 침전직경(sedimentation diameter) : 흐르지 않는 증류수에 입자가 낙하할 때의 균일한 최종 침강속도와 같은 침강속도를 갖는 동일한 비중에 해당하는 구의 직경.

⑧ 침강속도(fall velocity) : 흐르지 않는 증류수에 입자가 낙하할 때의 평균 최종속도.

⑨ 표준침강속도(standard fall velocity) : 24℃의 흐르지 않는 증류수에 입자가 낙하할 때의 평균 최종속도.

⑩ 안식각(angle of repose) : 특정크기의 입자가 쌓여 있을 때 사면이 미끄러지기 시작하는 한계 평형상태일 때의 사면의 경사각을 말한다. 수중물질의 안식각은 수중에서의 사면이 미끄러지기 시작하는 한계 평형상태일 때의 사면의 경사각을 말한다.

⑪ 공극률(porosity) η : 유사의 단위부피(V)와 유사 내에 포함되어 있는 빈 공간(V_v)의 비를 말한다.

$$\eta = \frac{V_v}{V} \tag{16.1.4}$$

2) 침강속도

움직이지 않는 유체 내에서 침강하는 입자의 최종속도는 입자의 수중무게와 유체의 항력(drag force)의 조합으로 결정되게 된다. 유체의 항력은 유체에 의해 입자에 작용하는 접선전단응력(skin drag) 또는 입자에서의 압력의 차(form drag)에 의해 발생하거나 이들 두 가지가 연계되어 발생하며, 일반적으로 항력을 나타내는 식은 다음과 같다.

$$F_D = C_D\, \rho_f\, A \frac{\omega^2}{2} \tag{16.1.5}$$

여기서, F_D는 항력, C_D는 항력계수, ρ_f는 유체의 밀도, A는 낙하방향으로의 입자의 투영면적($K_1 D_s^2$), K_1은 입자의 모양과 관련 있는 상수, D_s는 입자의 직경 그리고 ω는 입자의 침강속도이다. 입자의 침강속도와 관련 있는 변수들로는 유체의 밀도 ρ_f, 입자의 밀도 ρ_s, 유체의 점성 μ, 입자의 직경 D_s, 입자의 형상계수 S_p, 진동의 빈도 f, 표면조도 S_r, 입자의 수중무게 F 등이 있다. 이러한 변수들을 이용하여 차원해석을 하면 항력계수는 다음과 같이 나타나게 된다.

$$C_D = \phi\left(R_e,\, S_p,\, \frac{fD_s}{\omega},\, \frac{\rho_s}{\rho_f}\right) \tag{16.1.6}$$

여기서, R_e는 Reynolds수($=\rho_f \omega D_s/\mu$)이다. 구형입자 또는 구형에 가까운 입자인 경우 침강하면서 진동을 하지 않고, 밀도비 ρ_s/ρ_f는 일정하거나 진동하지 않는 입자에는 중요하지 않으므로 식 (16.1.6)의 항력계수 C_D를 R_e 및 S_p로만 나타낼 수가 있으며, 그림 16.1.4와 같은 실험결과를 얻을 수가 있다.

$$C_D = \phi(R_e,\, S_p) \tag{16.1.7}$$

그림 16.1.4와 같이 R_e가 0.1보다 작으면 항력계수 C_D는 입자의 모양 S_p에 영향을 받지 않고 오직 R_e에만 관계가 있게 된다.

$$C_D = \frac{24}{R_e} = \frac{24\mu}{\rho_f D_s \omega} \tag{16.1.8}$$

이를 Stokes의 법칙이라 하며 다음과 같은 가정을 포함하고 있다. 즉, 입자는 Brown운동을 극복할 수 있을 정도의 크기를 가져야 하고, 일반적으로 구형의 입자이며, 측벽의 영향 없이 일정한 속도로 침강한다. Stokes의 법칙은 수중에서 침강하는 크기 0.062mm보다 작은 석영입자에 적용가능하며, 이러한 크기는 모래와 실트 및 점토를 구분하는 크기이다.

식 (16.1.5)의 항력계수에 식 (16.1.8)을 적용하고 구에 대해 나타내면

$$F_D = 3\pi D_s \mu \omega \tag{16.1.9}$$

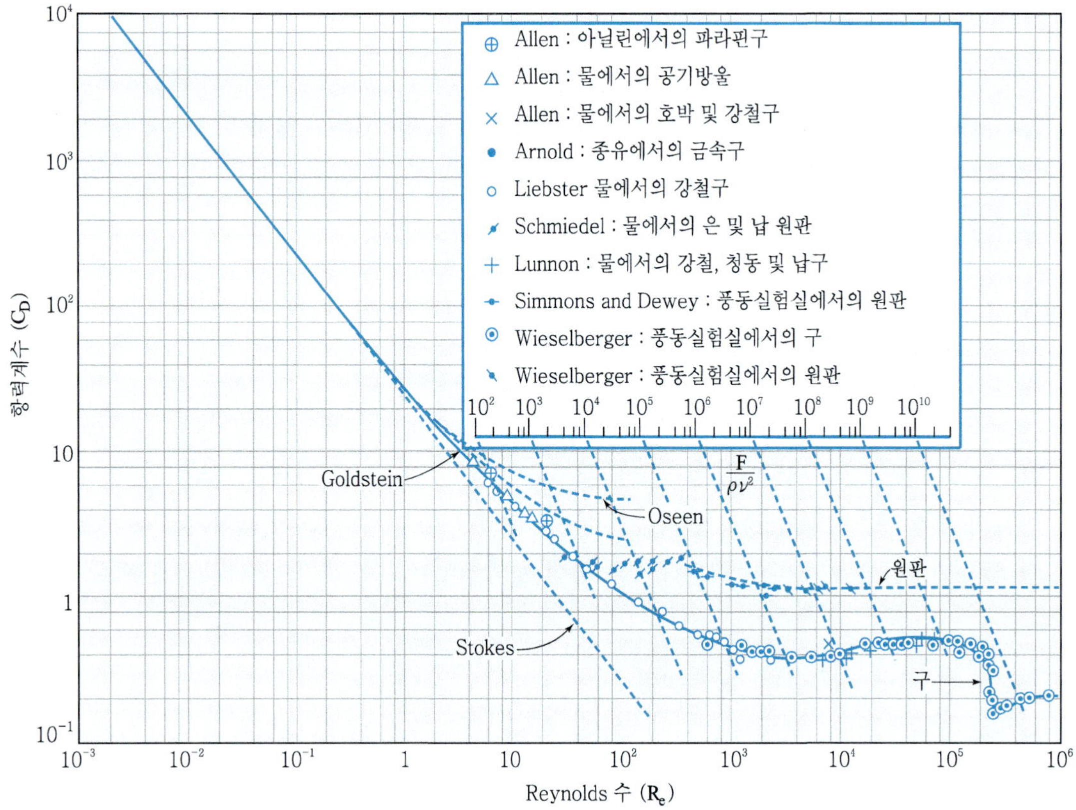

그림 16.1.4 Reynolds 수 및 형상에 따른 항력계수

$$\omega = \frac{(\rho_s - \rho_f) g D_s^2}{18\mu} \tag{16.1.10}$$

$R_e > 0.1$인 경우 입자의 침강속도는 R_e뿐 만 아니라 입자의 모양에 따라 변하게 된다. 정지하고 있는 유체에 최종 속도로 침강하고 있는 입자인 경우 항력 F_D와 수중무게 F가 같으므로

$$F = F_D = K_2 \gamma_s{}' D_s^3 = C_D \rho_f A \frac{\omega^2}{2} \tag{16.1.11}$$

여기서, K_2는 형태를 나타내는 계수로 구인 경우 $\pi/6$이고, γ_s'는 입자의 수중 단위중량이다. 입자가 구인 경우는

$$\frac{\pi}{6} D_s^3 \gamma_s{}' = \frac{\pi}{8} C_D \frac{\gamma}{g} D_s^2 \omega^2 \quad \rightarrow \quad \omega^2 = \frac{4}{3} \frac{g}{C_D} \frac{\gamma_s{}'}{\gamma} D_s \tag{16.1.12}$$

Stokes의 법칙이 적용가능한 범위에서는 식 (16.1.8)의 C_D를 사용할 수 있으므로

$$\omega = \frac{g}{18} \frac{D_s^2 \gamma_s{}'}{\nu\gamma} \tag{16.1.13}$$

식 (16.1.13)은 식 (16.1.10)과 동일하다. 식 (16.1.12)로부터 항력계수 C_D는 다음과 같다.

$$C_D = \frac{4}{3}\frac{1}{(\rho\nu^2/\gamma_s{}'\,D_s^3)}\frac{1}{(\omega D_s/\nu)^2} \tag{16.1.14}$$

식 (16.1.14)에는 두개의 무차원 변수가 사용되고 있는데, 첫 번째는 $(\rho\nu^2/\gamma_s' D_s^3)$로 이를 침전변수라 하고, 두 번째는 $(\omega D_s/\nu)$로 이는 Reynolds수이다.

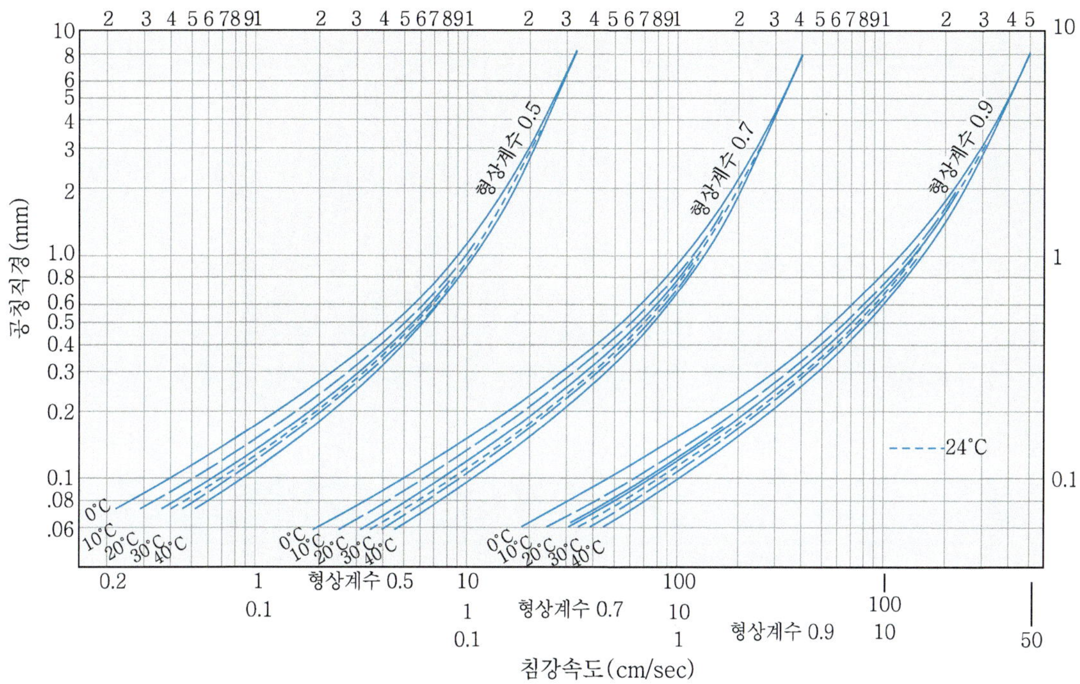

그림 16.1.5 입자크기 및 형상계수에 따른 침강속도

예제 16.1.1

직경이 0.03mm와 1mm인 구형 모래입자가 정수중에 침전하고 있을 때 각 입자의 침강속도를 결정하라. 단, 모래입자의 비중은 2.65이고 20℃에서의 물의 동점성계수는 $1.0\times10^{-6}m^2/sec$이다.

풀이

1) 직경이 0.03mm인 모래입자

입자의 크기가 0.062mm보다 작아 Stokes의 법칙을 따른다고 가정하면

$$\omega = \frac{g}{18}\frac{D_s^2\gamma_s'}{\nu\gamma} = \frac{9.81}{18}\frac{(0.03\times10^{-3})^2}{1.0\times10^{-6}}\frac{(2.65-1)}{1} = 8.1\times10^{-4}m/s$$

$$R_e = \frac{\omega D_s}{\nu} = \frac{8.1\times10^{-4}\times0.03\times10^{-3}}{1.0\times10^{-6}} = 0.024 < 0.1$$

따라서 R_e<0.1이므로 Stokes의 법칙을 따르며 침강속도는 8.1×10^{-4}m/s가 된다.

2) 직경이 1mm인 모래입자

입자의 크기가 커 Stokes의 법칙을 따르지 않는다고 가정하고 식 (16.1.12)를 적용하면

$$\omega^2 = \frac{4}{3}\frac{g}{C_D}\frac{\gamma_s'}{\gamma}D_s = \frac{4}{3}\times\frac{9.81}{C_D}\times\frac{(2.65-1)}{1}\times(1.0\times10^{-3}) = \frac{0.0216}{C_D} \qquad \text{(a)}$$

그림 16.1.4의 보조곡선을 이용하기 위해 모래입자의 수중무게 F를 구하면

$$F = \frac{1}{6}\pi D_s^3(\gamma_s - \gamma) \qquad \therefore \frac{F}{\rho_f \nu^2} = \frac{\pi D_s^3 g(S-1)}{6\nu^2} = \frac{3.14\times(1.0\times10^{-3})^3\times9.81\times1.65}{6\times(1.0\times10^{-6})^2} = 8{,}471$$

그러므로 그림 16.1.4로부터 C_D=1.0으로 가정하면 식 (a)로부터 ω=0.147m/s가 된다.

확인을 위해 R_e를 구하면 $R_e = \frac{\omega D_s}{\nu} = \frac{0.147\times1.0\times10^{-3}}{1.0\times10^{-6}} = 147$

그림 16.1.4에서 C_D=1.0일 때 R_e=140정도가 되므로 침강속도는 0.147m/s로 결정한다.

3) 혼합유사의 물리적 특성

하천 하상과 같이 다양한 크기의 유사가 혼합된 경우 입도분포(size distribution), 단위중량 및 공극률 등이 중요한 물리적 특성이 된다. 유사입자의 크기 분포는 표 16.1.1과 같이 매우 큰 전석

표 16.1.1 유사의 크기 분류

크기별 이름 분류	크기범위			
	밀리미터 (mm)		인치 (in)	1in당 체구멍수
매우 큰 전석(Very large boulders)	4096-2048	-	160-80	-
큰 전석(Large boulders)	2048-1024	-	80-40	-
중간 전석(Medium boulders)	1024-512	-	40-20	-
작은 전석(Small boulders)	512-256	-	20-10	-
큰 조약돌(Large cobbles)	256-128	-	10-5	-
작은 조약돌(small cobbles)	128-64	-	5-2.5	-
매우 굵은 자갈(Very coarse gravel)	64-32	-	2.5-1.3	-
굵은 자갈(Coarse gravel)	32-16	-	1.3-0.6	-
중간 자갈(Medium gravel)	16-8	-	0.6-0.3	2.5
작은 자갈(Fine gravel)	8-4	-	0.3-0.16	5
매우 작은 자갈(Very fine gravel)	4-2	-	0.16-0.08	9
매우 굵은 모래(Very coarse sand)	2-1	2.00-1.00	-	16
굵은 모래(Coarse sand)	1-1/2	1.00-0.50	-	32
중간 모래(Medium sand)	1/2-1/4	0.50-0.25	-	60
가는 모래(Fine sand)	1/4-1/8	0.25-0.125	-	115
매우 가는 모래(Very fine sand)	1/8-1/16	0.125-0.062	-	250
굵은 실트(Coarse silt)	1/16-1/32	0.062-0.031	-	-
중간 실트(Medium silt)	1/32-1/64	0.031-0.016	-	-
가는 실트(Fine silt)	1/64-1/128	0.016-0.008	-	-
매우 가는 실트(Very fine silt)	1/128-1/256	0.008-0.004	-	-
굵은 점토(Coarse clay)	1/256-1/512	0.004-0.0020	-	-
중간 점토(Medium clay)	1/512-1/1024	0.0020-0.0010	-	-
가는 점토(Fine clay)	1/1024-1/2048	0.0010-0.0005	-	-
매우 가는 점토(Very fine clay)	1/2048-1/4096	0.0005-0.00024	-	-

의 4.096mm부터 매우 가는 점토의 0.00024mm까지 다양하다. 큰 조약돌은 유사의 이송과 관련하여 그리 중요하지는 않으며 크기를 재는데 큰 어려움이 없다. 하지만 크기나 부피가 크기 때문에 입경분석을 하기는 쉽지가 않다. 조약돌 및 자갈은 국부세굴(local scour), 흐름의 저항 그리고 소류사(bed load)의 이송 등을 예측하는데 중요한 역할을 하며, 입자는 개개 입자의 부피나 직경을 직접측정하거나, 체분석 그리고 사진 분석 등을 통해 크기를 측정하게 된다.

모래는 가장 중요한 부분으로 체분석이나 침전관에서의 침강속도를 이용하여 크기를 측정하게 된다. 모래 분류의 하한계 크기(1/16mm)는 가장 작은 체의 크기와 비슷하여 체분석을 이용한 크기의 한계가 된다. 실트와 점토는 총 유사량을 산정할 경우 상대적으로 중요하다. 이러한 크기의 입경분포는 BW관(bottom withdrawal tube)이나 유사입자와 그 위에 떠 있는 물 사이의 상대적인 운동과 관련된 기법 등을 이용하여 산정할 수 있다.

16.2 유사 입자의 이동조건

항력(drag force)이 어떤 한계치보다 작을 경우 하천의 하상물질은 움직이지 않고 그대로 유지되지만, 하상의 전단응력이 한계치를 초과하게 되면 입자들은 움직이기 시작한다. 유사입자에 작용하는 동수역학적인 힘이 약간만 증가해도 입자를 움직일 수 있는 값에 도달하면 한계조건(critical 또는 threshold condition)에 도달했다고 할 수 있으며, 이때 입자에 작용하는 동수역학적인 힘과 입자의 저항하는 힘이 평형상태에 있게 된다.

16.2.1 입자의 평형상태

하상입자위로 물이 흐를 때 입자에 작용하는 힘들은 그림 16.2.1과 같이 입자의 수중무게 F_g, 항력 F_d, 그리고 부양력 F_L이 있다. 그림에서 ϕ는 하상경사, θ는 수중유사의 안식각, C는 입자의 무게 중심 그리고 G는 입자를 지지하는 지점이다. 입자의 수중무게는 부력을 고려하여 다음과 같이 나타낼 수 있다.

$$F_g = C_1(\gamma_s - \gamma)D_s^3 \tag{16.2.1}$$

여기서, C_1은 형상계수, D_s는 입자의 직경, γ_s는 입자의 단위중량, γ는 물의 단위중량 그리고 $C_1D_s^3$은 입자의 부피가 되며 구인 경우 $C_1=\pi/6$이 된다. 만일 흐름이 층류이면 점성의 영향이 크고 입자 주위로 흐름이 형성되어 항력은 무게중심 C점 보다 높은 곳에 작용하게 된다(그림 16.2.1a). 흐름이 난류이면 관성력의 영향이 커 항력은 C점에 작용하게 된다(그림 16.2.1b). 층류에서의 입자의 평형상태에 대한 한계전단응력(critical shear stress)은 다음과 같이 나타낼 수 있다.

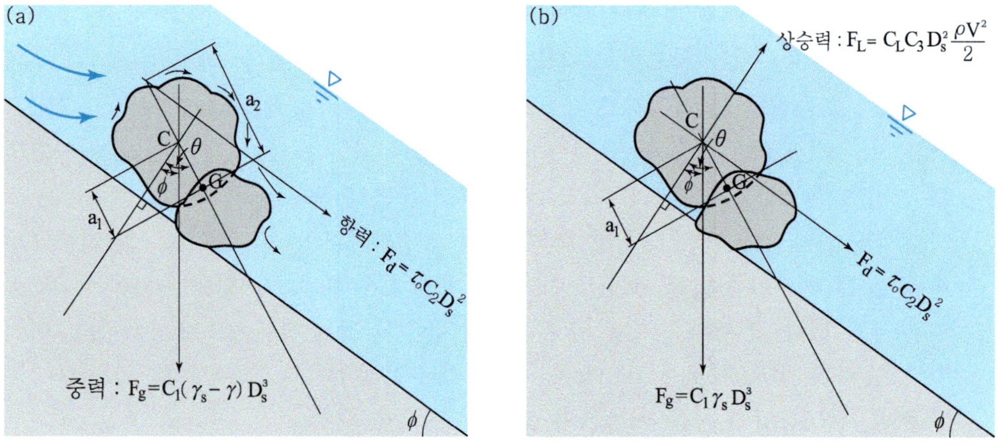

그림 16.2.1 하상 입자주위로 작용하는 힘

$$\tau_c = 0.18(\gamma_s - \gamma) D_s \tan\theta \tag{16.2.2}$$

실제 공학적인 관점에서의 흐름은 대부분 난류이므로 이 경우의 항력은 다음과 같다.

$$F_d = \tau_o C_2 D_s^2 \tag{16.2.3}$$

여기서, τ_o는 하상전단응력, $C_2D_s^2$는 전단응력에 노출된 입자의 유효표면적, C_2는 입자의 유효표면적을 정의하는 형상계수이며, 유효표면적은 물의 흐름과 직각방향으로 투영한 입자의 투영 면적이다. 층류인 경우 지지점 G에 대해 이러한 힘들의 모멘트를 구하면

$$C_1(\gamma_s - \gamma) D_s^3 a_1 \sin(\theta - \phi) = C_2 \tau_o D_s^2 a_2 \cos\theta \tag{16.2.4}$$

한계상태인 경우 $\tau_o=\tau_c$이므로

$$C_1(\gamma_s - \gamma) D_s^3 a_1 \sin(\theta - \phi) = C_2 \tau_c D_s^2 a_2 \cos\theta \tag{16.2.5}$$

따라서 식 (16.2.5)로부터 한계전단응력 τ_c는 다음과 같다.

$$\tau_c = \frac{C_1 a_1}{C_2 a_2}(\gamma_s - \gamma) D_s \cos\phi(\tan\theta - \tan\phi) \tag{16.2.6}$$

하상이 수평일 경우 $\phi=0$이므로

$$\tau_c = \frac{C_1 a_1}{C_2 a_2}(\gamma_s - \gamma) D_s \tan\theta \tag{16.2.7}$$

식 (16.2.2)와 비교하면 식 (16.2.7)에서의 계수는 다음과 같게 된다.

$$\frac{C_1 a_1}{C_2 a_2} = 0.18 \tag{16.2.8}$$

완전히 발달된 난류에서는 $a_1=a_2$가 되고, 따라서

$$\tau_c = k(\gamma_s - \gamma) D_s \tan\theta \tag{16.2.9}$$

여기서. $k=C_1/C_2$ 또는 다음과 같이 나타낼 수 있다.

$$\frac{\tau_c}{(\gamma_s - \gamma) D_s} = k \tan\theta \tag{16.2.10}$$

입자의 초기 움직임에 대한 한계상태는 하천 폭 b, 수심 d, 입자의 크기 D_s, 중력가속도 g, 입자의 밀도 ρ_s, 물의 밀도 ρ, 물의 동점성계수 ν, 한계상태의 전단속도(shear velocity) U_{*c} 등과 관련이 있으므로 차원해석을 하면 다음과 같은 결과를 얻을 수가 있다.

$$\frac{\tau_c}{(\gamma_s - \gamma) D_s} = \frac{\rho U_{*c}^2}{\gamma_s' D_s} = f\left(\frac{D_s}{b}, \frac{D_s}{d}, \frac{\rho_s}{\rho}, \frac{U_{*c} D_s}{\nu}\right) \tag{16.2.11}$$

작은 입자인 경우 평형상태에 대한 D_s/b 및 D_s/d의 영향은 무시할 수 있고, ρ_s가 일정하면 ρ_s/ρ의 영향은 최종 식의 계수에 포함할 수 있으므로 식 (16.2.11)을 간단히 나타내면

$$\frac{\rho U_{*c}^2}{\gamma_s' D_s} = f\left(\frac{U_{*c} D_s}{\nu}\right) \tag{16.2.12}$$

식 (16.2.12)의 왼쪽 항은 전단속도로 나타낸 Froude수이고, 오른쪽 항은 입자의 Reynolds수가 되며, 이 관계가 일반적으로 입자의 초기 운동을 정의하게 된다. 큰 입자의 경우 다음과 같다.

$$\frac{\rho U_{*c}^2}{\gamma_s' D_s} = 2.0\left(\frac{D_s}{d}\right)^{2/3} \tag{16.2.13}$$

16.2.2 실험적 분석

하상 입자의 초기 움직임은 무차원 변수인 $\tau_o/(\gamma_s-\gamma)D_s$의 함수가 됨을 알았고, 이제 한계전단응력이 다음과 같이 정의 될 때 입자의 평형상태에 영향을 미치는 인자들에 대해 알아보자.

$$\tau_c = \rho U_{*c}^2 \tag{16.2.14}$$

여기서, U_{*c}는 한계전단속도이다. 층류인 경우 $U_*=0$이고, 난류인 경우에 ρ_o는 다음과 같은 Prandtl–von Kármán의 대수방정식으로부터 얻을 수 있는 전단속도 U_*의 함수가 된다.

$$U_* = \frac{V_1 - V_2}{5.75\log(y_1/y_2)} \qquad (16.2.15)$$

여기서, $U_* = \sqrt{\tau_o/\rho}$ 이다. 식 (16.2.15)로부터 U_*를 계산할 때 입자의 초기 움직임과 직접적으로 관계하므로 유속은 하상 근처에서 측정하여야 한다. 이 식은 U_*가 일정하다고 가정하고 유도하였으며, 이러한 가정으로 U_*는 다음과 같은 관계로부터 계산할 수가 있다.

$$U_* = \sqrt{gR_hS_o} \qquad (16.2.16)$$

여기서, R_h는 동수반경, S_o는 하상경사이다. 만일 속도분포를 알지 못한다면 하천 단면에 대한 τ_o의 평균값을 산정하기 위해 다음과 같은 관계식을 이용할 수가 있다.

$$\tau_o = \gamma R_hS_o \qquad (16.2.17)$$

식 (16.2.12)에 대한 해를 구하기 위해 많은 실험적인 연구가 수행되었으며, 그 중 초기의 Shields에 의한 곡선이 가장 널리 사용되고 있고, $\tau_c/(\gamma_s-\gamma)D_s$를 Shiels의 변수 F_*라 한다. Shields는 $\tau/(\gamma_s-\gamma)D_s$ 에 대해 최소한 한계치의 두 배에 해당하는 다양한 값을 적용하여 소류사(bed-load) 이송을 측정하고, 소류사 이송이 끝나는 지점까지 외삽함으로서 이러한 관계를 수립하였다. 이와 같은 간접적인 방법을 사용한 것은 $\tau_o/(\gamma_s-\gamma)D_s$가 한계흐름보다 상당히 낮은 경우에도 입자가 움직이는 국지적인 흐름 상태로 인한 영향을 피하기 위해서이다. 그림 16.2.2는 경계

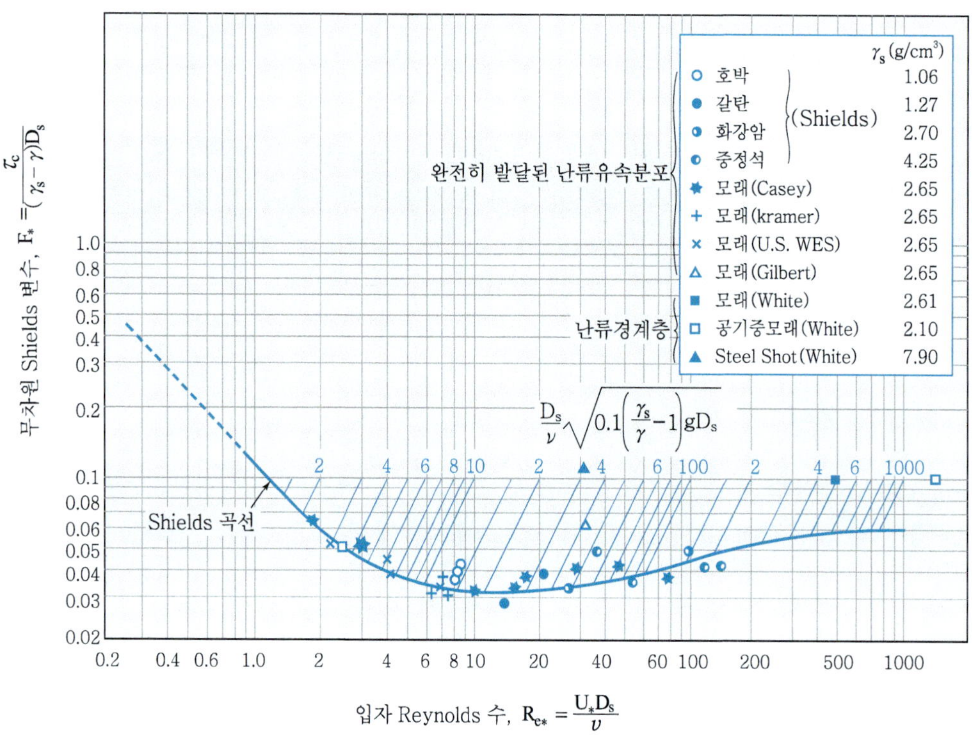

그림 16.2.2 Shields 곡선

Reynolds수 $R_{e*}=U_*D_s/\nu$에 따른 무차원 전단응력 F_*를 나타내는 Shields 곡선을 보여주고 있다.

예제 16.2.1

Shield 곡선에서 난류영역이 시작되는 $R_{e*}=500$에서 $F_*=0.06$이라 할 때 이 영역에서 하상재료가 움직이지 않기 위한 입자의 최소크기를 결정하라. 단, 유사입자의 비중은 2.65이며, 20℃에서의 물의 동점성계수는 $1.0\times10^{-6}m^2/sec$이다.

풀이

경계 Reynolds수 $R_{e*}=U_*D_s/\nu=500$으로부터

$$U_*=\frac{R_{e*}\nu}{D_s}=\frac{500\times1.0\times10^{-6}}{D_s}=\frac{5.0\times10^{-4}}{D_s} \qquad \text{(a)}$$

$$F_*=\frac{\tau_o}{(\gamma_s-\gamma)D_s}=\frac{U_*^2}{(S_s-1)gD_s}=0.06$$

$$\therefore\ U_*^2=(S_s-1)gD_s\times0.06=1.65\times9.81\times D_s\times0.06=0.971D_s \qquad \text{(b)}$$

식 (a), (b)로부터 $D_s=0.0064m$를 얻게 되므로 유사입자의 크기가 6.4mm 이상이 되어야 안정하게 된다.

예제 16.2.2

하상입자(비중 2.65)의 평균입경이 3cm인 사각형 수로로 $2m^3/sec$의 물을 송수하려고 한다. 하상경사를 1/100으로 할 때 흐름이 완전난류인 경우 하상입자의 세굴을 방지하기 위한 최소 수로폭을 결정하라. 등류계산에 필요한 Manning의 조도계수는 평균입경 D_{50}(mm)을 이용한 다음과 같은 Lacey의 공식을 이용하라.

$$n=0.022f^{1/5}, \qquad f=1.59\sqrt{D_{50}}$$

풀이

흐름이 완전난류이므로 $F_*=\dfrac{\tau_o}{(\gamma_s-\gamma)D_s}=0.06$

또한 식 (16.2.17) $\tau_o=\gamma R_hS_o$를 윗 식에 적용하면 $F_*=\dfrac{\gamma R_hS_o}{\gamma(S_s-1)D_s}=0.06$

하상입자의 비중 $S_s=2.65$를 대입하고 동수반경 R_h에 관해 정리하면

$$R_h=\frac{D_s}{10.1S_o}=\frac{0.03}{10.1\times0.01}=0.297m$$

Manning의 조도계수는 Lacey의 식으로부터

$$f=1.59\sqrt{30}=8.709 \ \rightarrow\ n=0.022\times8.709^{1/5}=0.034$$

평균유속은 $V=\dfrac{1}{0.034}\times0.297^{2/3}\times0.01^{1/2}=1.309m/s$

그러므로 하상재료의 세굴을 방지하기 위해서는 유속을 1.309m/s보다 작게 하여야 한다.

수심을 동수반경과 같은 0.297m로 한다면 단위폭당 유량은

$$q=yV=0.297\times1.309=0.389m^3/s/m$$

따라서 최소 수로폭은 $T=\dfrac{Q}{q}=\dfrac{2}{0.389}=5.14m$가 된다.

16.3 지표 토양침식

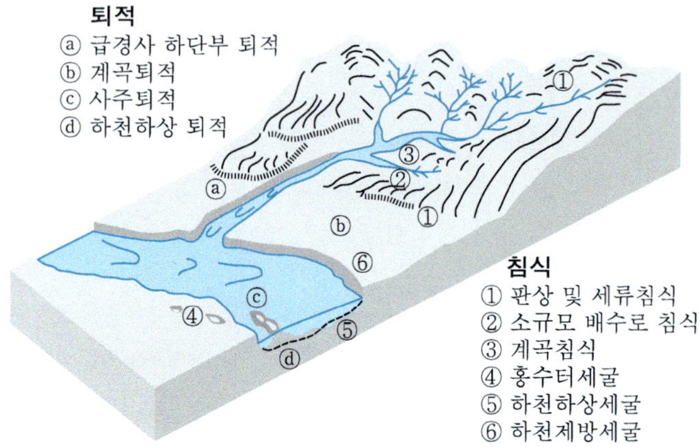

그림 16.3.1 전형적인 침식 및 퇴적발생

침식은 지표면이 바람, 물, 얼음 및 중력현상으로 인해 닳아서 제거되는 현상이라 할 수 있다. 이중에서도 물에 의한 침식이 가장 크며 문제를 초래하게 된다. 지표면에서의 지속적인 개발 또한 유사의 발생 및 분포에 상당한 영향을 미치게 된다. 흙 및 암석입자들이 한 지역에서 제거되어 다른 지역에서 퇴적되므로 지표면 변화, 하상변화 및 저수지 퇴사 문제를 초래하게 되어 수자원의 이수 및 치수에 상당한 악영향을 끼치게 된다. 따라서 이러한 지표토양의 침식율 및 퇴적율을 적절히 산정하는 것은 수자원 개발 및 관리에 매우 중요하다. 그림 16.3.1은 지표면에서의 전형적인 토양의 침식 및 퇴적 발생지역을 보여주고 있다. 지표면 토양침식과 관련하여 자주 사용되는 용어들은 다음과 같다.

① 판상침식(sheet erosion) : 토양표면의 얇은 층이 침식되는 것으로 특별한 언급이 없으면 세류침식을 포함하게 된다.

② 세류침식(rill erosion) : 적은 양의 물이 모여 일반적인 경작활동에 의해 메워질 수 있는 작은 수로를 형성하여 흐를 때 발생하는 침식이다.

③ 토양유실(soil loss) : 특정 유역으로부터 침식에 의해 실제로 제거되는 토양의 양이다.

④ 구곡침식(gully erosion) : 충분한 양의 물이 모여 일반적인 경작활동에 의해서는 메워질 수 없는 수로를 형성하여 흐를 때 발생하는 침식이다.

⑤ 유사전달율(sediment delivery ratio) : 침식된 토양유사가 침식된 지점으로부터 하류지점으로 이동함에 따라 퇴적에 의해 감소되고 남은 비율을 의미한다.

⑥ 유사발생량(sediment yield) : 특정지점에서 특정기간동안 측정한 유역으로부터의 총 유사유출량을 말한다.

⑦ 침식율(rate of erosion) : 주어진 면적으로부터 토양이 침식되는 율을 의미하며, 보통 단위면적 및 시간 당 부피 또는 무게로 나타낸다. 만일 고려하는 면적이 작으면 침식율, 토양손실, 유사발생량은 같게 되고, 유사전달율은 1이 된다.

16.3.1 토양침식의 원인

토양침식의 주된 원인으로는 기후학적원인, 지형학적원인, 토양의 종류 그리고 식생커버 및 지표면 이용에 따른 원인으로 구분할 수가 있다.

① 기후학적 원인

강우의 빈도, 강도 및 지속기간은 특정 유역에서의 유출량을 결정하는데 중요한 인자가 되며, 강우의 양 및 강도가 증가함에 따라 물이 토양입자를 분리하여 이송할 능력이 커지게 된다. 강우가 자주 발생하고, 강도가 크며 지속기간이 긴 경우 노출된 토양의 침식에 대한 가능성이 높아진다. 온도 또한 토양의 침식에 중요한 인자가 된다. 동결된 토양은 침식에 대해 비교적 저항성이 있으나, 함수량이 높은 토양이 동결되면 상승력에 의해 녹을 때 매우 쉽게 침식될 수가 있다.

② 지형학적 원인

유역의 크기, 형태 및 경사특성은 유출의 양 및 지속기간에 영향을 준다. 지표면의 경사가 크면, 유량증가 및 침식에 대한 가능성이 커지게 되며, 사면의 정상지점으로부터 멀어지거나 사면의 경사가 증가할수록 유속이 빨라지게 되고, 따라서 지표 토양이 침식될 가능성도 증가한다.

③ 토양종류

토양의 침식성을 결정하기 위한 특성들에는 토양조직, 구조, 유기물 함유 및 투수성 등이 있다. 미세한 모래 및 실트의 함유량이 높은 토양은 일반적으로 침식성이 가장 크다. 이러한 토양에 점토 및 유기물의 함유량이 증가하면 토양입자들을 결합하는 성질이 있어 침식성은 감소한다. 유기물이 많이 함유된 토양은 빗방울의 충격력에 저항하는 능력이 있고, 토양을 결합시키는 특성을 증가시킨다. 입도분포가 고르고 배수가 잘되는 토양이 일반적으로 침식성이 작다.

④ 식생커버 및 지표면 이용

식생커버(vegetation cover)는 토양침식을 감소시키는 가장 중요한 인자이다. 식생커버는 빗방울의 충격력을 흡수하고, 토양입자를 결합하며, 유출수의 유속을 감소시키고, 토양이 물을 흡수하는 능력을 증가시키며, 강우 사이에 증발을 통해 토양속의 물을 제거하는 기능을 하게 된다. 식생이 훼손되는 정도를 제한하고 토양이 침식에 노출되는 것을 제한함으로서 토양침식을 최대한 감소시킬 수가 있다.

16.3.3 유사발생량 산정모형

경험적 방법이나 지표면 침식이론을 이용한 유사량 산정방법이 다양하며, 이와 함께 하천에서의 유사이송량 산정 방법도 많이 제시되어 있다. 최근 컴퓨터의 발달로 인해 유역에서의 유사량, 이송 및 퇴적을 모의할 수 있는 다양한 수문학적 모형들이 개발되었으며, 경험적 또는 물리적 기반의 모형을 사용하여 판상 및 세류를 조합한 침식을 계산할 수가 있게 되었다.

세류 및 세류간 유사 발생 및 이들에 대한 지속적인 연구는 유역의 침식과정에 대한 이해를 상당히 증가시켰지만, 유사발생량 및 유출 자료가 충분하지 않는 대 유역에서의 물리적 기반 모형의 적용은 아직 한계가 있다. 또한 모형에 포함된 식들의 상수 및 지수들은 세류 및 세류간 지역으로 구분하여 결정하여야 하기 때문에 상당한 노력과 시간이 소요된다. 이와는 반대로 경험적인 모형들은 지도 및 간단한 현장조사를 통해 산정할 수 있는 지형, 토양, 강우 및 지표이용 등의 정보만을 필요로 하고 있다. 따라서 유역의 지표면 유사량 산정모형 결정시 수치모형에 의해 나타나는 침식과정분석의 정밀도 수준 및 분석의 목적과 현장자료가 부합하도록 주의할 필요가 있다.

표 16.3.1 지표면 침식모형 비교

모형 특성 및 모형이름	SP	AGNPS	RUNOFF	WEPP	KINEROS	KYERMO
단일사상 유사량 분석	O	O	O	O	O	O
연평균 유사량 분석	X	X	X	O	X	X
유역의 소유역 구분여부	X	O	O	O	O	O
강우의 충격력에 의한 분리	X	X	O	O	O	O
세류 및 세류간 침식과정 분리	X	X	X	O	O	O
세류 형성과정 모형	X	X	X	X	O	O
하도이송/퇴적	X	O	O	X	X	X

유역의 지표면에서 판상 및 세류침식으로 인해 발생하는 연간 총 유사량을 산정하는데 가장 광범위하게 사용하는 간단한 방법으로 범용토양유실공식(USLE)이 있으며, 단일 호우사상에 적용하기 위해 USLE 방법을 변형한 수정범용토양유실공식(MUSLE)이 있다. USLE 방법은 강우, 침투 및 유출 또는 강우의 충격 및 흐름에 의해 토양이 분리되는 수문학적 과정들을 서로 분리하여 정의하지 않고, 유사이송이나 퇴적과정을 통합하여 적용하는 경험적인 통합형모형이다. 특정 목적에 대해 고려할 수 있는 유사량 산정방법들이 표 16.3.2와 같다.

표 16.3.2 유사량 산정방법

방법	판상 및 세류침식	계곡침식	하상 및 제방침식	유사의 이동	연평균 유사량	단일 사상 유사량
USLE					●	
MUSLE						●
RUSLE					●	
PSIAC					●	
항공사진					●	●
지형측량					●	●
Thompson 또는 SCS TR32					●	
Dendy와 Bolton					●	
Strand와 Pemberton, USBR					●	
SCS 유사량지도					●	

16.4 범용토양유실공식

특정지역에서의 침식율은 앞에서 설명한 바와 같이 다양한 변수들의 조합에 의해 나타나게 되나, 현장에서 이러한 변수들이 토양 손실에 미치는 영향의 측정은 사실상 곤란하다. 침식을 관련된 인자들의 함수로 나타내면 다음과 같다.

$$E = F(C, S, T, SS, M) \tag{16.4.1}$$

여기서, E는 침식, C는 기후특성, S는 토양 특성, T는 지형특성, SS는 지표면 상태 그리고 M은 인간의 활동을 의미한다. 식 (16.4.1)을 기본으로 나타낸 식이 범용토양유실공식(universal soil loss equation, USLE)으로 특정 지역에서 물로 인한 장기간의 평균 토양유실을 계산한다.

$$A = R \cdot K \cdot L \cdot S \cdot C \cdot P \tag{16.4.2}$$

여기서, A는 공간 및 시간적으로 평균된 단위면적당 평균 토양유실로 강우침식인자 R 및 토양침식인자 K의 단위에 따라 결정되는 단위를 가지고 있으며, R이 (MJ·mm)/(ha·hr), K가 ton/ha/R 단위를 사용할 경우 ton/ha 단위를 갖게 된다. 강우침식인자(rainfall erodibility factor) R은 특정지역에서 강우량 및 강우강도와 밀접하게 관련 있는 침식을 나타내는 인자이다. K는 토양침식인자(soil erodibility factor)로 길이 22.1m, 표면경사 9%의 나지인 표준유역에서 측정된 특정 토양에 대한 단위 강우침식인자 당 토양유실율을 의미한다. L은 경사길이인자(slope length factor)로 특정 사면길이로부터의 토양유실과 동일한 조건의 22.1m의 사면길이로부터의 토양유실의 비이다. S는 사면경사인자(slope steepness factor)로 특정 사면경사로부터의 토양유실과 동일한 조건의 9%의 사면경사로부터의 토양유실의 비이다. C는 경작관리인자(cover management factor)로 특정 피복 및 관리 면적으로부터의 토양유실과 연속적인 휴경지인 동일한 면적으로부터의 토양유실의 비를 의미한다. P는 토양보존대책인자(surpport practice factor)로 등고선경작, 띠경작, 계단경작과 같은 토양보존대책이 있는 경우의 토양유실과 사면 상, 하로 일직선 경작을 하는 경우의 토양유실의 비를 의미한다.

초기에 개발된 범용토양유실공식은 그 후 수정되어 수정범용토양유실공식(revised universal soil loss equation, RUSLE)으로 사용되고 있으며, 최근에는 RUSLE2가 개발되어 각종 인자들을 간편하게 계산할 수 있도록 컴퓨터 프로그램 내에 데이터베이스를 포함하고 있다.

16.4.1 강우침식인자 R

연평균 강우침식인자 R은 침식도(erosivity) EI_{30}의 합으로 계산된다. 여기서 E는 강우의 총에너지이고, I_{30}은 개별 강우의 30분 최대강우강도를 의미한다. 총 강우에너지는 강우량과 밀접한 관계가 있으며 I_{30}은 첨두강우강도로 산정된다. 강우의 총에너지는 다음과 같이 산정한다.

$$E = \sum_{k=1}^{M} e_k \Delta V_k \tag{16.4.3}$$

여기서, E는 강우의 총에너지(MJ/ha), e_k는 k번째 시간구간에 대한 단위에너지(단위 강우량 당 에너지), ΔV_k는 k번째 시간구간에 대한 강우량(mm), k는 강우기간 중 강우강도가 일정하다고 가정하는 시간구간 그리고 M은 총 시간구간의 수이다. 단위에너지 e는 다음과 같이 산정한다.

$$e = 0.29[1 - 0.72\exp(-0.082I)] \qquad (16.4.4)$$

여기서, 단위에너지 e의 단위는 MJ/(ha·mm), 강우강도 I는 mm/hr이다.

강우의 침식도는 강우의 총에너지 E에 30분 최대강우강도 I_{30}을 곱해 구한다. 침식도 계산에 포함시키는 강우 선택시 강우량이 12mm이하이며, 다른 강우와의 사이에 무강우시간이 6시간 이상 지속되면 계산에서 제외시킨다. 하지만 이 경우에 15분 최대강우강도가 12mm/hr를 초과하면 계산에 포함시킨다. 이와 같은 강우를 제외시키는 것은 이들 강우가 침식도에 영향을 별로 미치지 않으며, 강우침식인자를 계산하기 위한 강우의 수를 상당히 줄일 수가 있기 때문이다.

연간 총 침식도는 1년 동안의 각 강우에 대한 침식도를 다음과 같이 모두 합해 산정하게 된다.

$$R_j = \sum_{j=1}^{J} (EI_{30})_j \qquad (16.4.5)$$

여기서, R_j는 연간 침식도, EI_{30}은 각 강우에 대한 침식도, 그리고 J는 연간 강우의 총 수이다. 따라서 연평균 강우침식인자 R은 다음과 같이 구할 수가 있다.

$$R = \frac{\sum_{n=1}^{N} R_n}{N} \qquad (16.4.6)$$

여기서, R_n은 식 (16.4.5)로부터 산정한 각 연간 침식도, N은 계산에 적용한 총 연수이다.

연간 침식도는 매년마다 상당히 변하게 된다. 따라서 적정한 강우침식인자를 산정하기 위해서는 최소한 15년 이상의 자료를 이용할 필요가 있으며, 보통 20~30년간의 자료를 이용하는 것이

표 16.4.1 지역별 연평균 강우침식인자 R (단위 : $(10^7 J \cdot mm)/(ha \cdot hr)$)

지점	R	지점	R	지점	R	지점	R
속초	383	울산	450	보은	386	문경	282
춘천	413	광주	460	아산	492	영덕	258
강릉	417	부산	608	보령	551	의성	265
서울	526	통영	502	부여	540	선산	246
인천	451	목포	351	금산	381	영천	253
수원	491	여수	552	부안	396	거창	363
서산	498	진주	523	임실	355	합천	404
청주	441	강화	666	정읍	434	밀양	366
대전	475	양평	524	남원	411	산청	542
추풍령	280	이천	483	순천	469	거제	797
포항	262	인제	274	장흥	598	남해	803
군산	405	홍천	486	해남	488		
대구	271	제천	436	고흥	640		
전주	428	충주	395	영주	389	평균	445

바람직하다. 한편 재현기간이 50년 이상인 큰 강우인 경우는 강우침식인자를 상당히 왜곡시킬 수가 있으므로 배제한다. 우리나라 실무에서는 박정환(2000) 등이 전국 53개 관측소의 24년(1973~1996) 강우자료를 이용하여 산정한 표 16.4.1과 같은 연평균 강우침식인자를 사용하고 있다. 하지만 연평균 강우침식인자는 월별 또는 계절별 강우변동에 대한 침식도를 반영하지 못하므로 단기간의 개발로 인한 토양유실량을 산정하기 위해서는 월별 또는 계절별 강우침식인자를 산정하여 적용할 필요가 있다.

예제 16.4.1

어떤 지역에서 한 강우사상의 시간별 강우량이 표 16.4.2와 같이 측정되었다. 이를 이용하여 이 강우사상에 대한 침식도를 계산하라.

표 16.4.2 강우침식도 계산예

시간 (시:분)	강우지속시간 (분)	누가강우량 (mm)	구간별 강우량 (mm)	강우강도 (mm/h)	단위에너지 e (MJ/ha·mm)	구간별에너지 E (MJ/ha)
4:00	–	0.0	–	–	–	–
4:20	20	1.3	1.3	3.8	0.137	0.17
4:27	7	3.1	1.8	15.2	0.230	0.41
4:36	9	8.9	5.8	38.9	0.281	1.64
4:50	13	26.7	17.8	82.1	0.290	5.15
4:57	3	30.5	3.8	76.2	0.290	1.10
5:05	8	31.8	1.3	9.5	0.194	0.25
5:15	10	31.8	0.0	0.0	0.081	0.00
5:30	20	33.0	1.3	3.8	0.137	0.17
계	90		33			8.90

풀이

표 16.4.2에서 2란은 균일한 강도를 나타내는 시간구간이며, 4란은 이 구간별 강우량을 나타내고 있다. 5란은 4란의 지속시간을 1시간으로 연장한 강우강도를 보여주고 있으며, 식 (16.4.4)를 이용하여 시간구간별 단위에너지를 산정한 결과가 6란과 같다. 7란의 구간별 에너지는 6란의 단위에너지에 4란의 구간별 강우량을 곱해 산정하여 각 구간별 에너지를 모두 합하면 강우에 의한 총에너지 E=8.90MJ/ha를 얻게 된다.

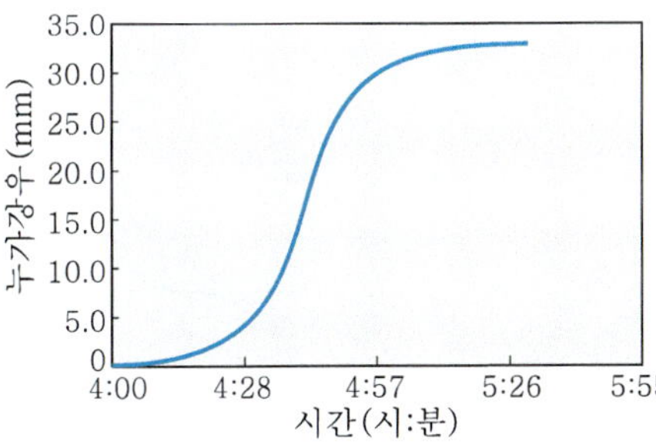

그림 16.4.1 누가우량곡선

30분 최대강우강도는 1란 및 3란을 도시한 그림 16.4.1과 같은 누가강우량곡선으로부터 얻을 수가 있으며, 본 예에서는 30분 최대강우가 약 28.7mm로 나타나고 있으므로 최대강우강도는 57.4mm/hr가 된다. 따라서 이 강우로 인한 침식도 다음과 같다.

$$EI_{30} = 8.9\text{MJ/ha} \times 57.4\text{mm/hr} = 511.0\frac{\text{MJ} \cdot \text{mm}}{\text{ha} \cdot \text{hr}}$$

16.4.2 토양침식인자 K

토양침식인자 K는 토양유실에서 토양의 특성을 나타내는 인자로 길이 22.1m, 표면경사 9%의 나지인 표준유역에서 측정된 특정 토양에 대한 단위 강우침식인자 당 토양유실율을 의미한다. 표준유역에서의 최소 폭은 1.83m로 정하고 있다. 측정된 토양침식인자 K와 토양특성 간에 관계를 맺기 위한 많은 연구가 이루어지고 있으며, 이러한 연구결과 중에 가장 널리 사용되는 관계가 그림 16.4.2와 같은 토양침식도표이다. 이 도표는 다섯 가지의 토양 및 토양종단특성을 포함하고 있다. 즉, 실트 및 극세사(0.002~0.1mm)백분율, 모래(0.1~2mm)백분율, 유기물함유 백분율(OM) 그리고 토양구조 및 투수성의 등급 s 및 p를 사용한다. 이 도표는 영국단위제를 기본으로 한 것으로 미터제에 적용하기 위해서는 도표로부터 구한 토양침식인자 K를 7.59로 나누어야 한다.

토양의 실트 함유량이 70%를 초과하지 않는 경우 그림 16.4.2의 도표의 값을 다음 식에 의해 구할 수가 있다.

$$K = \frac{\left[2.1 \times 10^{-4}(12 - OM)M^{1.14} + 3.25(s-2) + 2.5(p-3)\right]}{100 \times 7.59} \tag{16.4.7}$$

$$M = (\%\text{실트 및 극세사}) \times (100 - \%\text{점토}) \tag{16.4.8}$$

여기서, K는 토양침식인자(ton/ha/R), OM은 유기물질 함유 백분율, M은 입자크기 변수이며, 토

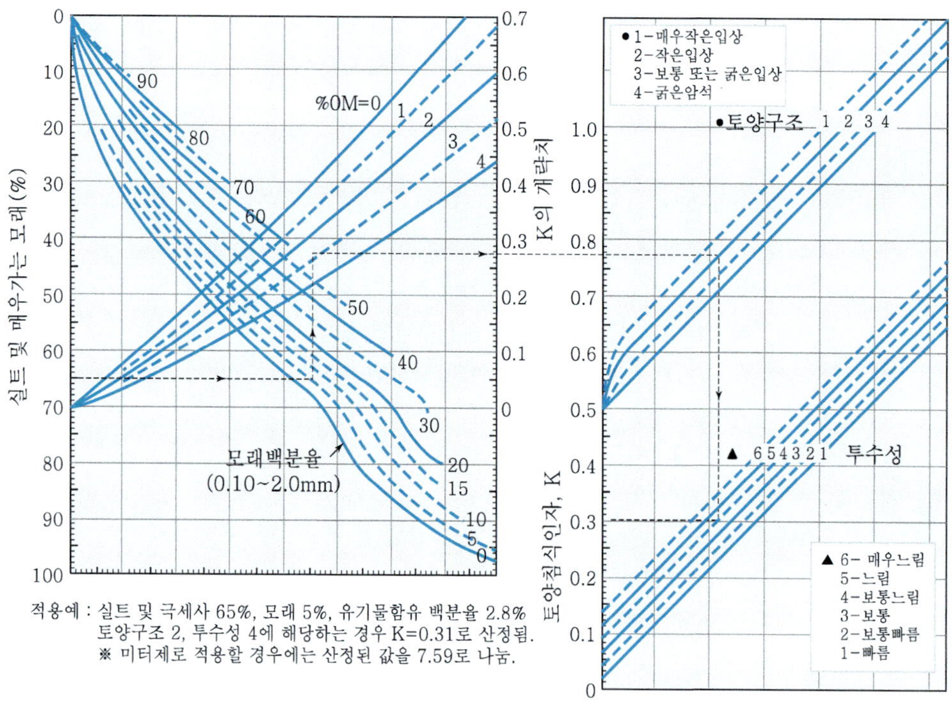

그림 16.4.2 토양침식인자 K 결정을 위한 도표

양구조등급 s 및 투수성 등급 p는 표 16.4.3과 같으며, 토양 구분별 유기물 함량에 따른 토양침식인자는 표 16.4.4와 같다.

표 16.4.3 토양구조 및 투수성등급

s	토양구조	p	투수성	토양 구분	포화투수계수 (mm/hr)	토양구분
1	매우 가는 입도	1	빠름	모래	〉60	A
2	가는 입도	2	보통 ~ 빠름	옥토질 모래, 모래질 옥토	20~60	A
3	보통	3	보통	옥토, 실트질 옥토	5~20	B
4	굵은 입도	4	느림 ~ 보통	모래-점토질 옥토, 점토질 옥토	2~5	D
		5	느림	실트-점토질 옥토, 모래질 점토	1~2	C, D
		6	매우 느림	실트질 점토, 점토	〈1	D

표 16.4.4 토양 구분별 유기물 함량에 따른 토양침식인자 K값(ton/acre/R)*

토양 구분	유기물 함량 (%)	
	0.5	2
가는 모래	0.16	0.14
매우 가는 모래	0.42	0.36
옥토질 모래	0.12	0.10
옥토질 매우 가는 모래	0.44	0.38
모래질 옥토	0.27	0.24
매우 가는 모래질 옥토	0.47	0.41
실트질 옥토	0.48	0.42
점토질 옥토	0.28	0.25
실트-점토질 옥토	0.37	0.32
실트질 점토	0.25	0.23

* K의 단위는 영국단위(ton/acre/R)로 미터제(ton/ha/R)로 환산하기 위해서는 위의 값을 7.59로 나누어야 함.

예제 16.4.2

예제 16.4.1과 같이 강우가 내린 지역에서의 토양특성이 표 16.4.5와 같이 분석되었을 때 토양침식인자 K를 결정하라.

표 16.4.5 토양특성

토립자 종류별 구성비 (%)					유기물 함량 (%)	토양 구조	투수도
자갈 (〉2mm)	모래 (0.1~0.2mm)	극세사 (0.05~0.1mm)	실트 (0.002~0.005mm)	점토 (〈0.002mm)			
11	5	20	45	19	2.8	2	4

풀이

식 (16.4.8)로부터 $M=(20+45)\times(100-19)=5,265$

식 (16.4.7)로부터 $\dfrac{2.1\times10^{-4}\times(12-2.8)\times5,265^{1.14}+3.25\times(2-2)+2.5\times(4-2)}{100\times7.59}=0.048\text{ton/ha/R}$

만일 그림 16.4.2를 이용하면 모래 및 극세 65%, 모래 5%, 유기물 함량 2.8%, 토양구조 2 그리고 투수도 4이므로 그림의 선과 같이 K=0.31을 얻을 수가 있다. 이를 미터제로 환산하면 0.31/7.59=0.041이 되어 식 (16.4.7)과 유사한 결과를 얻게 된다.

16.4.3 사면길이 및 경사도인자 LS

범용 또는 수정범용토양유실공식에서 침식에 대한 지형학적 영향은 사면길이 및 경사도를 나타내는 인자 LS에 의해 고려되어 진다. 사면의 길이가 증가할수록 침식은 증가하고 이는 사면길이인자 L에 의해 고려된다. 사면길이는 지표면 유출의 시작 지점부터 사면의 경사가 감소하여 퇴적이 발생하기 시작하는 지점 또는 유출이 집중되는 하도지점까지의 수평 길이를 의미한다. 지표면 유출수는 300m 이상 되는 길이에서도 집중되는 경우가 있지만 일반적으로 120m 이내에서 집중되게 되며, 따라서 실제적으로 120m가 사면길이의 한계가 된다. 사면경사도인자 S는 침식에 대한 사면 경사의 영향을 나타낸다. 이들의 영향은 균일한 경사를 가진 연구유역에서는 따로 따로 분석하지만, 침식예측계산에서는 일반적으로 지형인자로 LS를 함께 평가하게 된다.

1) 사면길이인자 L

그림 16.4.3은 각종 상황에 대한 사면길이를 측정하는 방법을 보여주고 있다. 사면길이 A인 경우 사면은 교란되지 않은 토양의 가장자리부터 시작하여 물이 집중되는 이랑(windrow)까지가 된다. B인 경우는 유출이 시작하는 지점부터 이랑까지의 길이가 된다. 사면길이 C인 경우는 이랑으로부터 유출이 집중되는 지점까지이고, D는 유출이 시작되는 지점부터 물이 모이는 도로까지가 된다. 사면길이 E는 도로로부터 퇴적이 발생하는 홍수터지점까지이고, F는 유출이 발생하는 지점부터 퇴적이 발생하는 홍수터지점까지이며, G는 유출이 발생하는 지점부터 유출이 집중되는 저지대까지의 길이가 된다.

사면길이인자 L은 다음과 같이 사면길이 및 경사각을 이용하여 산정할 수가 있다.

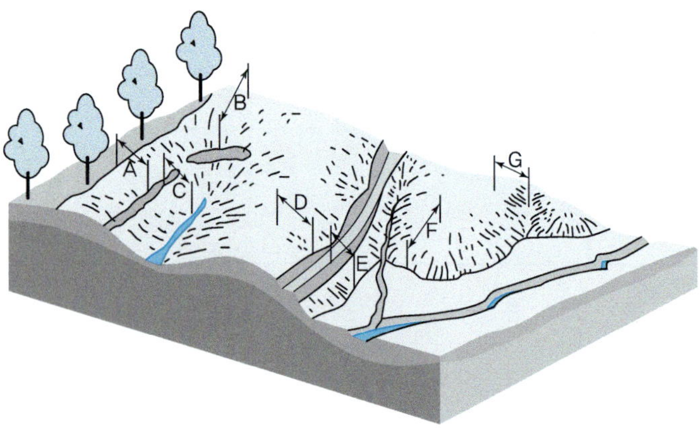

그림 16.4.3 사면길이 측정 예

$$L = \left(\frac{\lambda}{22.13}\right)^m \tag{16.4.9}$$

$$m = \frac{\beta}{1+\beta} \tag{16.4.10}$$

$$\beta = \frac{11.16\sin\theta}{3.0(\sin\theta)^{0.8} + 0.56} \tag{16.4.11}$$

여기서, λ는 앞에서 설명한 방법에 의해 산정한 사면길이(m), m은 지수, β는 유출에 의해 발생하는 세류침식과 빗방울의 충격에 의해 주로 발생하는 세류사이의 침식간의 비를 의미하고, θ는 사면의 경사각(°)이다.

농경지 묘판조건에 대해 식 (16.4.10) 및 (16.4.11)로부터 산정한 지수 m값이 표 16.4.7의 중간에 나타나 있다. 만일 급경사의 새로 축조된 사면과 같이 토양이 세류침식 가능성이 높은 유출, 토양, 식생 및 관리 상태라면 지수 m값은 표 16.4.7의 높은 값으로 증가시켜야 한다. 이 때 m값은 식 (16.4.11)로부터 산정한 β값을 두 배로 한 후 식 (16.4.10)을 적용한 값이 된다. 이와는 반대로 세류간 침식보다 세류침식이 작은 토양인 경우 m값을 표 16.4.7의 낮은 값으로 감소시켜야 한다. 이 경우 m값은 식 (16.4.11)로부터 산정한 β값을 2로 나눈 후, 식 (16.4.10)을 적용한 값이 된다. 만일 얼었던 토양이 녹은 경우 표 16.4.7을 적용하지 않고 m=0.5를 적용한다.

표 16.4.7 경사범위 및 세류/세류간 침식구분에 의한 지수 m

경사 (%)	세류/세류간 비 (m)			경사 (%)	세류/세류간 비 (m)		
	낮음	중간	높음		낮음	중간	높음
0.2	0.02	0.04	0.07	12.0	0.37	0.55	0.71
0.5	0.04	0.08	0.16	14.0	0.40	0.57	0.72
1.0	0.08	0.15	0.26	16.0	0.41	0.59	0.74
2.0	0.14	0.24	0.39	20.0	0.44	0.61	0.76
3.0	0.18	0.31	0.47	25.0	0.47	0.64	0.78
4.0	0.22	0.36	0.53	30.0	0.49	0.66	0.79
5.0	0.25	0.40	0.57	40.0	0.52	0.68	0.81
6.0	0.28	0.43	0.60	50.0	0.54	0.70	0.82
8.0	0.32	0.48	0.65	60.0	0.55	0.71	0.83
10.0	0.35	0.52	0.68				

2) 사면경사도인자 S

사면의 길이보다 사면의 경사도에 의해 토양의 유실은 더욱 급격하게 발생하게 된다. 사면길이가 5m보다 큰 경우 경사도인자 S는 다음과 같이 산정할 수 있다.

$$S = \begin{cases} 10.8\sin\theta + 0.03 & \sin\theta < 9\% \\ 16.8\sin\theta - 0.50 & \sin\theta \geq 9\% \end{cases} \tag{16.4.12}$$

여기서, θ는 사면경사각(°)이다. 만일 사면길이가 5m보다 작은 경우 다음 식을 적용한다.

$$S = 3.0(\sin\theta)^{0.8} + 0.56 \tag{16.4.13}$$

최근에 경작한 토양이 얼었다 녹은 경우 침식에 약한 상태이고, 지표면 유출이 주를 이룰 경우 사면경사도인자 S는 다음 식을 적용하여 산정하게 된다.

$$S = \begin{cases} 10.8\sin\theta + 0.03 & \sin\theta < 9\% \\ (11.16\sin\theta)^{0.6} & \sin\theta \geq 9\% \end{cases} \tag{16.4.14}$$

3) 지형인자 LS

사면길이 및 경사도 모두 물에 의한 침식에 영향을 미치게 되어 앞에서 소개한 바와 같이 서로 분리하여 분석하지만 이 두 인자를 결합하여 지형인자 LS로 고려하는 것이 편리하다. 지형인자 LS는 특정 사면길이 및 경사도를 갖는 사면에서의 토양유실에 대한 사면길이 22.13m 및 경사도

9%를 가지며 다른 조건이 동일한 사면에서의 토양유실의 비를 의미한다. 사면은 전체 길이에 걸쳐 경사가 균일할 수도 있고, 오목하거나 볼록한 사면이 복합적으로 이루어진 경사를 가질 수도 있다. 균일한 경사를 갖는 사면에서의 지형인자 LS는 다음과 같이 산정한다.

$$\mathrm{LS} = \left(\frac{\lambda}{22.13}\right)^{m}\left(\frac{430\sin^2\theta + 30\sin\theta + 0.43}{6.613}\right) \qquad (16.4.15)$$

여기서, λ는 사면길이(m) 그리고 θ는 사면의 경사각(°)이다. m은 사면길이 변수의 지수로 경사 $\sin\theta \le 0.01$인 경우 m=0.2, $0.01 < \sin\theta \le 0.03$인 경우 m=0.3, $0.03 < \sin\theta \le 0.05$인 경우 m=0.4, $0.05 < \sin\theta \le 0.12$인 경우 m=0.5 그리고 $0.12 < \sin\theta$인 경우 m=0.6이다. 식 (16.4.15)를 도표로 나타내면 그림 16.4.4와 같다.

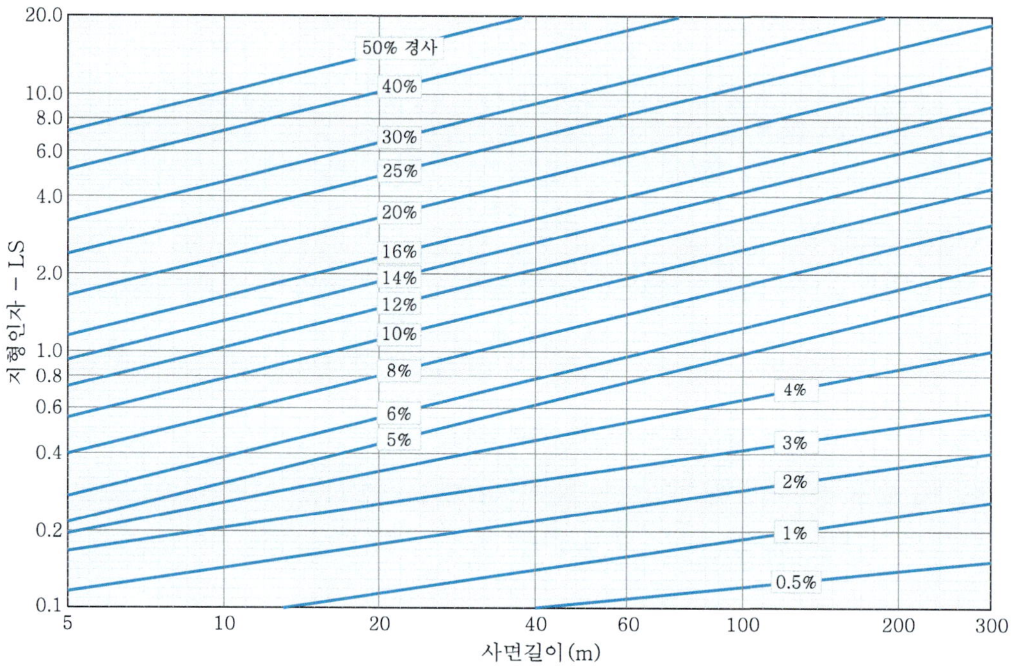

그림 16.4.4 사면길이 및 경사에 따른 지형인자 LS

예제 16.4.3

예제 16.4.1과 같이 강우가 내린 지역에서의 평균사면길이가 1,130m, 평균경사각이 3°일 때 지형인자 LS를 결정하라.

풀이

식 (16.4.15)로부터 사면경사가 sin3°=0.052이므로 지수 m=0.5를 적용한다.

따라서 지형인자는 $LS = \left(\frac{1,130}{22.13}\right)^{0.5}\left(\frac{430\times\sin^2 3^\circ + 30\times\sin 3^\circ + 0.43}{6.613}\right) = 3.434$

16.4.4 경작관리인자 및 토양보존대책인자

지표면의 경작상태 및 관리에 대한 영향은 이들의 상호 연관된 영향으로 인해 서로 분리하여 평가할 수가 없다. 따라서 본 절에서는 경작관리인자 및 토양보존대책인자를 나누어서 설명한 후, 이를 통합하여 고려하는 토양침식조정인자 VM에 대해 소개하기로 한다.

1) 경작관리인자 C

경작인자는 토양의 피복, 식물의 뿌리, 잔류작물(mulch), 지표면 조도, 토양 함수율 등과 같이 토양의 침식에 영향을 미치는 인자들을 포함하며 지상, 지표 및 지하인자로 구분할 수 있다. 지상인자에 의한 영향은 큰 나무들이 강우를 차단하여 빗방울의 낙하에너지를 감소시키며, 차단된 빗물이 줄기를 타고 지표면으로 흘러내려 토양의 침식을 감소시키게 된다. 지표인자에 의한 영향은 지표면의 조도가 유출에 영향을 미쳐 결국 침식에 영향을 주며, 지표면 피복으로 인해 강우에너지의 충격력 감소로 침식을 감소시키게 된다. 지하인자에 의한 영향은 현재 성장 중인 식물의 뿌리 및 기존 식물의 잔류뿌리, 경작으로 인한 토양의 교란 및 구조와 압밀변화 등으로 인한 침식에 영향을 미치게 된다.

토양유실공식에서 경작관리인자 C는 특정 피복 및 관리 면적으로부터의 토양유실과 나지인 동일한 면적으로부터의 토양유실의 비를 의미한다. 지표면 관리에 의해 영향을 받는 변수들에는 작물덮개(canopy), 작물잔유물, 경작법, 지표이용 잔유물 등이 포함된다. 이러한 변수들의 영향은 부인자(subfactor)로 고려되며 최종적인 경작관리인자 C는 이들 부인자들을 곱하여 산정하게 된다. 이들 부인자들 중에 작물덮개 및 작물잔유물의 침식에 대한 영향을 간략히 알아보기로 한다.

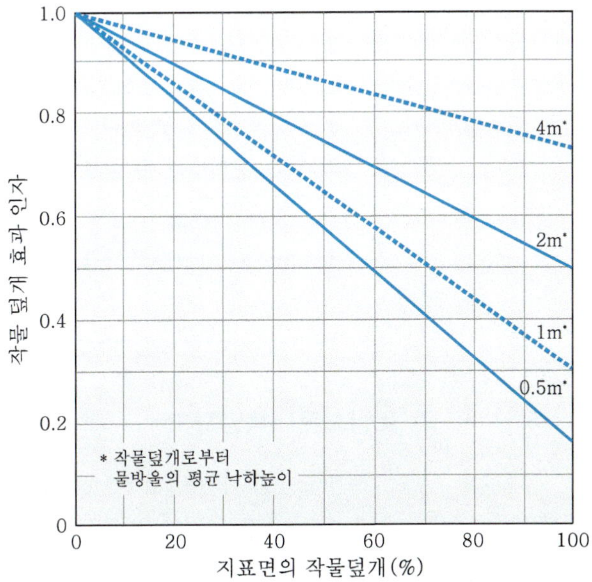

그림 16.4.5 작물덮개에 의한 영향

토양에 직접적으로 접촉하지 않고 있는 잎 및 줄기는 지속되는 강우로 인한 유출량 및 유속에 별로 영향을 주지는 않지만, 떨어지는 빗방울을 차단함으로서 강우에너지를 상당히 줄이게 된다. 토양 표면에 작용하는 에너지의 양은 작물덮개의 높이 및 밀도에 영향을 받게 된다. 이러한 작물덮개에 의한

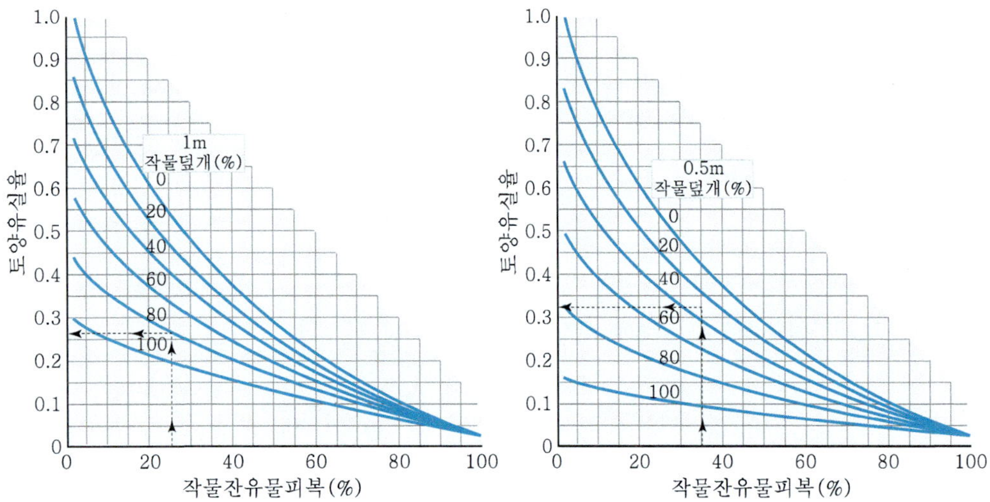

그림 16.4.6 작물덮개 및 작물잔유물에 의한 토양유실율

침식의 영향은 그림 16.4.5와 같이 지표면 작물덮개 백분율 및 높이에 의해 결정할 수가 있다.

작물잔유물은 나무를 작고 넓게 자른 것이나 지푸라기 등과 같이 토양의 유실을 방지하기 위해 토양표면에 덮어 놓은 것을 말하며, 같은 비율의 작물덮개에 비해 더 효과적이다. 작물잔유물은 지표면에서의 강우에너지를 차단하며, 지표면 흐름을 방해하여 유속 및 유사이송능력을 감소시킨다. 지표면이 작물덮개 및 작물잔유물로로 덮여있는 경우 토양유실 효과는 이 두 가지 부인자의 영향이 합산적으로 나타나는 것은 아니다. 작물덮개의 유무에 상관없이 빗방울의 충격력은 작물잔유물에 의해 감소된다. 따라서 작물덮개 및 작물잔유물에 의한 토양유실 감소효과가 그림 16.4.6과 같이 연계되어 나타나게 된다.

그림 16.4.6a는 옥수수, 사탕수수 및 면화와 같은 식물의 성장단계에 대한 효과로 작물덮개의 높이를 1m로 가정한 경우이고, 그림 16.4.6b는 작은 곡물, 콩, 토마토 및 길게 늘어선 큰 작물의 성장초기 단계에서의 효과로 작물덮개의 높이를 0.5m로 가정한 경우이다. 표 16.4.8 및 16.4.9는 교란되지 않은 숲의 토양 및 목초지, 목장, 휴경지에 대한 경작관리인자 C값을 나타낸다.

표 16.4.8 교란되지 않은 숲에 대한 C값

나무 및 덤불의 작물덮개 면적 백분율	최소한 5cm 이상 깊이의 낙엽더미로 덮여있는 면적 백분율	C
100~75	100~90	0.0001~0.001
70~45	85~75	0.002~0.004
40~20	70~49	0.003~0.009

2) 토양보존대책인자 P

토양보존대책인자(support practice factor) P는 토양보존대책이 있는 경우의 토양유실과 사면상, 하로 일직선 경작을 하는 경우의 토양유실의 비를 의미한다. 경사진 토양에서 경작을 하여 강우에 의해 토양유실의 가능성이 있는 경우, 강우로 인한 유출을 느리게 하여 토양을 이송하는 능

표 16.4.9 목초지, 목장, 휴경지에 대한 C값

작물덮개		작물잔유물						
종류 및 높이	덮개 %	종류	작물잔유물 백분율					
			0	20	40	60	80	95이상
뚜렷한 작물덮개가 없음	–	G	0.45	0.20	0.10	0.042	0.013	0.003
		W	0.45	0.24	0.15	0.091	0.043	0.011
물방울이 떨어지는 평균 높이가 약 0.5m인 긴 잡초 또는 작은 잡목 숲	25	G	0.36	0.17	0.09	0.038	0.013	0.003
		W	0.36	0.20	0.13	0.083	0.041	0.011
	50	G	0.26	0.17	0.09	0.035	0.012	0.003
		W	0.26	0.20	0.13	0.076	0.039	0.011
	75	G	0.17	0.10	0.06	0.032	0.011	0.003
		W	0.17	0.12	0.09	0.068	0.038	0.011
물방울이 떨어지는 평균 높이가 약 2m인 뚜렷한 잡목 숲 또는 덤불	25	G	0.40	0.18	0.09	0.040	0.013	0.003
		W	0.40	0.22	0.14	0.087	0.042	0.011
	50	G	0.34	0.16	0.08	0.038	0.012	0.003
		W	0.34	0.19	0.13	0.082	0.041	0.011
	75	G	0.28	0.14	0.08	0.036	0.012	0.003
		W	0.28	0.17	0.12	0.078	0.040	0.011
물방울이 떨어지는 평균 높이가 약 4m인 나무이며 뚜렷한 작은 잡목 숲이 없음	25	G	0.42	0.19	0.10	0.041	0.013	0.003
		W	0.42	0.23	0.14	0.089	0.042	0.011
	50	G	0.39	0.18	0.09	0.040	0.013	0.003
		W	0.39	0.21	0.14	0.087	0.042	0.011
	75	G	0.36	0.17	0.09	0.039	0.012	0.003
		W	0.36	0.20	0.13	0.084	0.041	0.011

* 작물덮개 및 작물잔유물이 면적전체에 무작위하게 분포하고 있다고 가정함
* 작물덮개 높이는 나무로부터 물이 떨어지는 지표면까지의 평균높이이며, 10m이상이면 작물덮개에 의한 효과가 없다고 가정
* G : 잔디 및 잔디와 비슷한 식물, 썩고 있는 압밀된 낙엽더미 또는 깊이가 5cm 이상 되는 작물잔유물로 덮인 상태
* W : 대부분 넓은 잎을 가진 식물이나 썩지 않은 잔유물로 덮인 상태

력을 감소시켜주는 등고선(contouring)경작, 등고선 띠(contour strip)경작 및 계단(terracing)경작 등과 같은 토양보존대책이 필요하다.

등고선경작은 보통 또는 작은 강우강도의 강우에 의한 침식을 거의 완벽하게 방지하며, 경작지 고랑을 붕괴하여 물이 넘칠 정도의 큰 강우에 대해서는 효과가 작거나 거의 없게 된다. 등고선경작은 사면의 경사가 3~8% 정도일 경우에 가장 효과가 높다. 큰 강우로 인해 침투나 지표면 저류를 초과한 강우가 집중되어 경작지 고랑을 붕괴시키거나 월류하게 되면 유량도 계속 증가하게 되고, 사면의 길이도 증가하게 된다. 따라서 사면이 한계길이를 초과하게 되면 등고선경작에 의해 유실되는 토양은 사면방향으로 경작을 한 경우와 같아지거나 보다 더 커지게 된다. 표 16.4.10은

(a) (b) (c)

그림 16.4.7 경작형태 : a) 등고선경작, b) 띠경작, c) 계단경작

등고선경작에 대한 P값 및 사면길이의 한계를 보여주고 있다.

등고선 띠경작은 등고선경작에서 길이를 따라 같은 폭으로 잔디나 콩과식물과 같은 작은 곡물을 교대로 심어 경작하는 방법으로 등고선경작만 사용할 경우보다 침식방지효과가 크다. 등고선 띠경작에서는 보통 4년마다 콩과식물과 목초지를 번갈아가면서 경작하게 된다. 완만한 경사에서의 계단경작의 가장 일반적인 형태는 이랑경작을 하며 수로를 가지고 있는 하단이 넓은 형태이다. 매설된 배수로를 설치한 계단경작은 토양유실에 대한 효과가 대단히 높다. 등고선 띠경작 및 계단경작에 의한 P값이 표 16.4.10과 같다.

표 16.4.10 등고선 경작, 등고선 띠경작 및 계단경작에 대한 P값, 경작 폭 및 한계사면길이

사면경사 (%)	등고선 경작		등고선 띠경작					계단경작	
	P	한계사면길이 (m)[1]	P			경작 폭 (m)	한계사면길이 (m)	경작방법에 따른 P	
			A	B	C			등고선경작 인자[2]	띠경작 인자
1~2	0.60	120	0.30	0.45	0.60	40	250	0.60	0.30
3~5	0.50	90	0.25	0.38	0.50	30	180	0.50	0.25
6~8	0.50	60	0.25	0.38	0.50	30	120	0.50	0.25
9~12	0.60	35	0.30	0.45	0.60	25	70	0.60	0.30
13~16	0.70	25	0.35	0.52	0.70	25	50	0.70	0.35
17~20	0.80	18	0.40	0.60	0.80	18	35	0.80	0.40
21~25	0.90	15	0.45	0.68	0.90	15	30	0.90	0.45

* A : 4년 윤작으로 1년은 작물, 1년은 목초지 파종 그리고 2년은 목초지로 경작하는 경우
* B : 4년 윤작으로 2년은 작물, 1년은 목초지 파종 그리고 1년은 목초지로 경작하는 경우
* C : 작물을 띠 형태로 교대로 심는 경우

1) 작물잔유물이 덮여있는 면적이 50%를 초과하면 한계길이는 25%증가함
2) 특정 토양유실 허용오차로 계단사이의 침식을 조절할 경우 이 값을 적용

3) 토양침식조절인자 VM

앞에서 소개한 경작관리인자 C와 토양보존대책인자 P는 실제 상황에 따라 결정하기가 쉽지가 않고 임의성이 많이 개입되며, 또한 주로 농경지에서의 토양유실을 산정하기 위한 목적으로 개발되었다. 따라서 이들 두 인자의 결정을 간편하게 하고, 건설현장에서도 적용할 수 있도록 미교통연구단(Transportaion Research Board, TRB)에서 경작관리인자 C와 토양보존대책인자 P를 결합하여 표 16.4.11과 같은 토양침식조절인자 VM을 제시하여 사용하고 있다.

예제 16.4.4

예제 16.4.1~16.4.3의 결과를 이용하여 관목으로 형성된 유역 면적이 30ha일 때 USLE 방법으로 단일 호우로 인한 토양침식량을 산정하라.

풀이

예제 16.4.1에서 단일 호우로 인한 강우침식인자 R=511(MJ·mm)/(ha·hr)

예제 16.4.2에서 토양침식인자 K=0.048ton/ha/R

표 16.4.11 토양침식조절인자 VM값

지표면 상태		VM
나지상태	15cm~20cm 깊이로 새로 긁은 표면	1.00
	한 번의 비가 내린 후의 표면	0.89
	30cm까지 느슨한 매끄러운 표면	0.90
	30cm까지 느슨한 거친 표면	0.80
	불도저로 사면의 상하방향으로 다진 표면	1.30
	위와 동일하며 뿌리를 갈퀴로 긁어 제거한 표면	1.20
	불도저로 사면의 직각방향으로 다진 표면	1.20
	위와 동일하며 뿌리를 갈퀴로 긁어 제거한 표면	0.90
	모든 방향으로 불규칙하게 다진 거친 표면	0.90
	새로 파종하고 비료를 준 표면	0.64
	위와 동일하며 6개월이 지난 후	0.54
	위와 동일하며 12개월이 지난 후	0.38
	경작하지 않은 조류가 생긴 표면	0.01
	경작한 조류가 생긴 표면	0.02
	흙을 돋아 압밀한 표면	1.24~1.71
	문지른 것 이외에는 교란되지 않은 표면	0.66~1.30
	고르기만 한 경우의 표면	0.76~1.31
	톱밥을 5cm 깊이로 뿌린 표면	0.61
나지표면에 아스팔트 유제를 뿌린 경우	1.17 ℓ/m^2	0.02
	1.13 ℓ/m^2	0.01~0.019
	0.56 ℓ/m^2	0.14~0.56
	0.28 ℓ/m^2	0.28~0.60
	0.14 ℓ/m^2	0.65~0.70
접착제를 뿌린 경우	0.56 ℓ/m^2	1.05
	1.13 ℓ/m^2	0.29~0.78
다른 화학약품을 뿌린 경우	0.05~0.15 ℓ/m^{2}의 아스팔트 유제와 함께 0.1kg/m^{2}의 섬유유리가루를 뿌린 표면	0.01~0.05
	Aquatain	0.68
	Aerospray 70, 10% 피복	0.94
	Curasol AE	0.30~0.48
	Petroset SB	0.40~0.66
	PVA	0.71~0.90
	Terra-Tack	0.66
	나무섬유 슬러리 0.10kg/m^2	0.05~0.73
	나무섬유 슬러리 0.15kg/m^2	0.01~0.36
	나무섬유 슬러리 0.40kg/m^2	0.009~0.10
	포틀랜드 시멘트 + 라텍스	
	0.10kg/m^2 + 0.007 ℓ/m^2	0.13
	0.17kg/m^2 + 0.011 ℓ/m^2	0.006
파종	임시적, 0~60일	0.40
	임시적, 60일 이후	0.05
	영구적, 0~60일	0.40
	영구적, 2~12개월	0.05
	영구적, 12개월 이후	0.01
관목		0.35
플라스틱 망과 함께 고운 대패밥을 덮은 표면		0.04~0.10
작물잔유물로 덮은 표면(종류 및 양 그리고 침식가능성에 따라 변함)		0.01~1.00

예제 16.4.3에서 지형인자 LS=3.434

표 16.4.11로부터 관목인 경우 토양침식조절인자 VM=0.35

단위면적당 토양침식량 A=R·K·LS·VM = 511×0.048×3.434×0.35=29.48ton/ha/storm

따라서 유역에서의 총 토양침식량은 A=29.58×30=884.4ton/storm

16.4.5 유사전달율

지표면에서 침식된 유사가 모두 하천을 통해 저수지나 바다로 유실되는 것은 아니다. 유사를 포함한 유출이 유사를 이송시킬 능력의 감소 즉, 유속이 감소하게 되면 퇴적이 발생하게 된다. 침식된 지점으로부터 하류의 특정지점으로의 유사전달은 침식된 유사의 크기, 토성 그리고 기후, 지표면 이용, 지역적인 환경 및 일반적인 지형학적 위치에 의해 영향을 받게 된다. 침식된 지점에서의 유사량 T에 대한 하류 특정 지점에서의 유사량 Y의 비를 유사전달율(sediment delivery ratio) D라 하며 다음과 같이 백분율로 나타낸다.

$$D(\%) = 100\frac{Y}{T} \tag{16.4.16}$$

이 유사전달율은 댐, 분지하천, 침사지 등과 같이 물을 이용 및 조절하기 위한 수리구조물을 설계하는데 다양하게 이용할 수가 있다.

Roehl(1962)은 미국 남동부의 Piedmont지역에 대한 현장자료로부터 다음과 같은 유사전달율을 제시하였다.

$$\log D = 4.5 - 0.23\log(10W) - 0.51\log\left(\frac{L}{R}\right) - 2.79\log B \tag{16.4.17}$$

여기서, D는 유사전달율(%), W는 유역면적(mi^2), L은 주하천의 길이(mi), R은 주하천의 표고차(mi), B는 하천분기율로 특정 하천차수에 해당하는 하천의 수와 다음 하천차수에 해당하는 하천의 수의 비율이다. 이와 유사한 방법으로 Maner(1958)가 Kansas주 남부, Oklahoma주 서부 그리고 Texas주 서부에 대해 분석한 결과 다음과 같은 관계를 제시하였다.

$$\log D = 2.943 - 0.824\log\left(\frac{L}{R}\right) \tag{16.4.18}$$

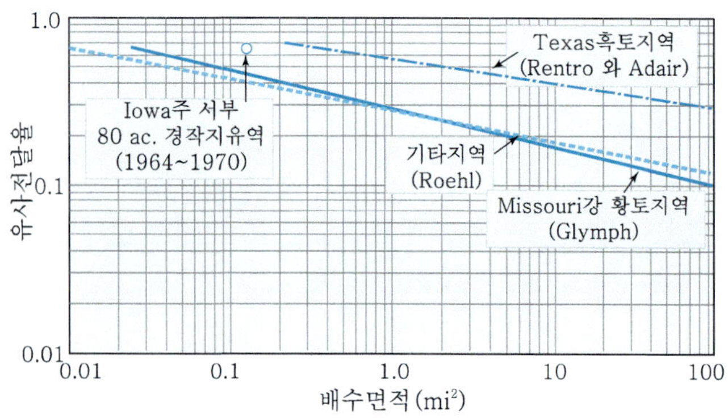

그림 16.4.8 면적에 따른 유사전달율

그림 16.4.8은 Glymph(1954), Roehl(1962) 및 Rentro(1968) 등에 의한 연구결과를 나타낸 유역면적에 대한 유사전달율의 관계를 보여주고 있다. 이들 관계를 $D=aA^b$ 형태의 수식으로 나타내면 모든 선의 기울기가 약 b=-0.12정도가 된다.

미교통연구단(TRB)에서는 지표면에서 유실된 토사가 하천으로 유입되기 전에 차단하여 제거하기 위한 침사지 설계에 이용하기 위해 배수유역 면적에 대한 점토 및 모래 입자 별로 유사전달율을 그림

16.4.9와 같이 제시하였다. 그림 16.4.9 적용시 비교적 입자가 굵고 사면이 완만하며 식물이 있는 유로의 경우는 모래곡선을 사용하고, 안전한 설계를 위해서는 점토곡선을 사용하며, 실트인 경우에는 안전을 고려하여 점토곡선을 적용하는 것이 바람직하다.

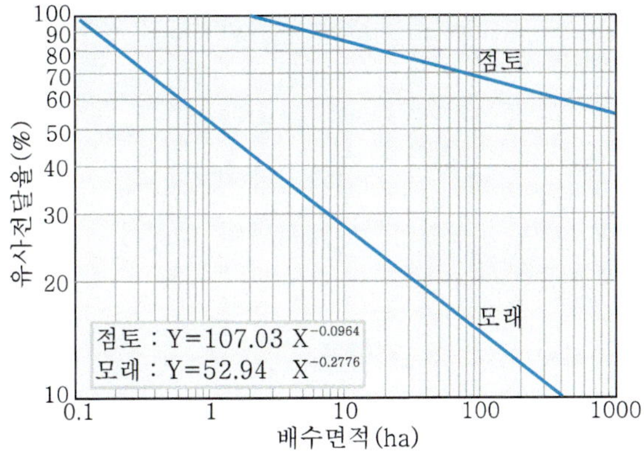

그림 16.4.9 배수면적별 유사입자에 대한 유사전달율

예제 16.4.5

예제 16.4.4의 결과를 이용하여 침사지 설계를 위한 유사전달율 및 토양유실량을 산정하라.

풀이

그림 16.4.9에서 모래의 유사전달율은

$D_s=52.94A^{-0.2776}=52.94\times30^{-0.2776}=20.6\%$

점토의 유사전달율은 $D_c=107.03A^{-0.0964}=107.03\times30^{-0.0964}=77.1\%$

예제 16.4.2에서 주어진 토양구성비를 이용하여 모래 및 점토의 유사전달율을 가중평균하면 표 16.4.12와 같이 61.2%가 된다. 이때 실트는 안전을 고려하여 점토의 유사전달율을 적용하였다.

따라서 토양유실량은 총 토양침식량에 가중평균 유사전달율를 곱한 884.5×61.2=541.3ton이 된다.

표 16.4.12 토양유실량 산정표

총 침식량 (ton/storm)	토양구성비 (%)			유사전달율 (%)				토양유실량 (ton/storm)
	모래	실트	점토	모래	실트	점토	가중평균	
884.5	25	45	19	20.6	77.1	77.1	61.2	541.3

16.5 저수지내 유사퇴적

저수지내 공간은 시간이 지남에 따라 상류로부터 유입되는 유사로 채워져, 저수지의 수명이 감소하므로 댐 및 저수지의 설계에서 유사퇴적 영향을 분석할 필요가 있다. 저수지내 유사의 퇴적으로 인해 발생할 수 있는 영향에는 ① 저수지 사용공간의 감소, ② 댐 근처 수질의 변화, ③ 유사의 퇴적으로 댐 상류부의 홍수위 증가, ④ 댐 하류하천 안정성의 변화, ⑤ 댐 지역의 생태계의 변화 그리고 ⑥ 수질의 변화로 인한 환경영향 초래 등이 있다.

16.5.1 퇴적 유사의 근원

일반적으로 하천을 통해 저수지로 이송되는 유사는 앞에서 설명한 지표면 침식 및 하도침식으로부터 발생하지만, 한 순간에 모두 저수지로 유입되는 것은 아니다. 특정 기간 내에 지표면으로부터 침식된 유사들은 비교적 짧은 거리 내의 식생이나 경작지의 골에 퇴적되며, 일부는 좀 더 먼 지점까지 이송되지만 결국 다른 장애물들에 의해 퇴적된다. 퇴적되지 않은 나머지 유사들은 하도로 유입되지만 대부분이 큰 하천과 만나는 지점에서 퇴적되게 된다. 따라서 지표면에서 침식된 유사의 일부분만이 하천시스템으로 이송되거나 저수지로 유입되어 퇴적된다.

16.5.2 포착률

저수지 내 유사의 실제 퇴적량은 저수지로 유입되는 유사량 중 저수지 바닥에 퇴적되는 유사량의 비율 즉, 포착률(trap efficiency)에 영향을 받게 된다. 큰 저수지에서는 포착율이 거의 100%에 달해 저수지로 유입된 유사가 모두 저수지 내에 퇴적되게 된다.

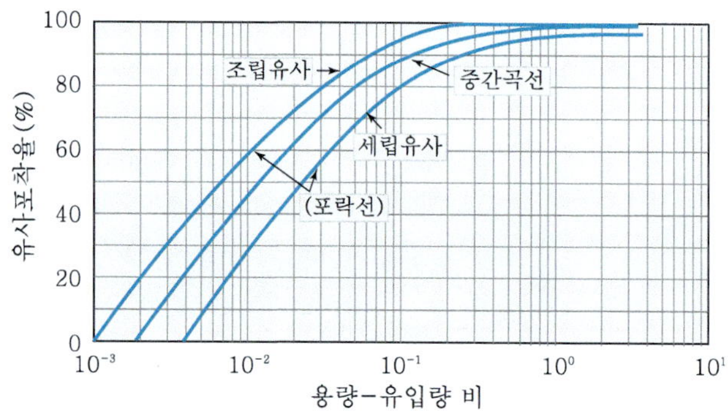

그림 16.5.1 저수지 포착률 곡선

저수지 포착률을 산정하기 위한 방법으로 저수지 용량과 유입유량의 비를 이용하는 방법이 있다. Brune(1953)은 저수지 자료를 이용하여 저수지 포착률을 산정하기 위한 경험적인 관계를 그림 16.5.1과 같이 제시하였다. 여기서 저수지 용량은 분석기간 동안의 정상적인 운영에서의 수위에 해당하는 저수지 부피를 의미하며, 유사의 퇴적으로 인해 저수지 용량이 변한다면 포착률도 변하게 된다. Salas(1999) 등은 그림 16.5.1과 같은 Brune의 곡선을 이용한 포착률계산을 위한 경험공식으로 다음과 같이 제시하였다.

$$TE = 99.508 - 13.547\left(\log \frac{C}{31.536 \times 10^6 AR}\right)^2 \tag{16.5.1}$$

여기서 TE는 포착률(%), C는 저수지 초기 저수량(m^3), AR은 연평균 유입유량(m^3/s)이다.

16.5.3 저수지 내 유사퇴적 위치

하천의 흐름에 의해 미세한 입자는 부유유사(suspended sediment) 상태로 이동하게 되며, 비교적 큰 입자는 하상유사(bed load) 상태로 하상을 통해 이동하게 된다. 토양 입자의 비중이 약 2.65이므로 부유유사는 하상으로 침강하려는 경향이 있지만 난류흐름에서의 윗 방향흐름이 중력에 의한 부유유사의 침강을 방해하게 된다. 유사를 포함한 흐름이 저수지에 도달하게 되면 유속 및 난류의 크기가 감소하게 되며, 따라서 비교적 큰 입자의 부유유사 및 대부분의 하상유사는 저수지 입구부에서 삼각주(delta) 형태로 퇴적되게 된다. 작은 부유유사들은 침강하는데 더 많은 시간이 걸리므로 저수지의 안쪽으로 더 유입되어 침강하게 되며, 아주 작은 미세입자들은 오랜 시간 침강하지 않고 부유상태로 머물다가 여수로, 수문 및 터빈을 통해 댐 아래로 방출되게 된다.

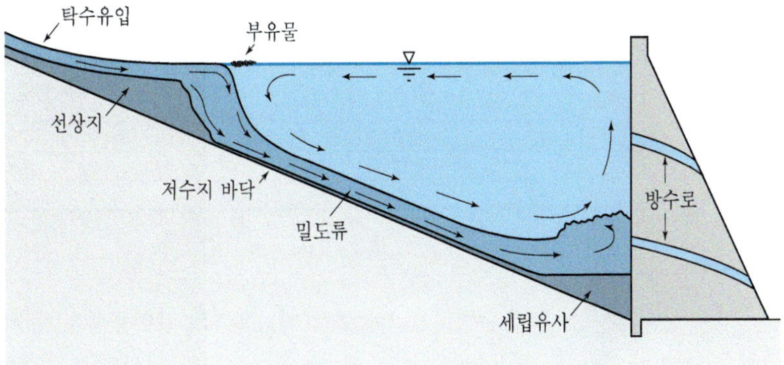

그림 16.5.2 저수지내 유사의 유입 및 퇴적

16.5.4 퇴적토의 밀도

유사가 저수지에 퇴적되면 주어진 무게에 대한 부피는 모래, 실트 및 점토의 구성비, 퇴적깊이 그리고 유사 및 물의 광물학적 및 화학적 특성에 따라 변하게 된다. 저수지 퇴적유사의 조사에 의하면 평균적인 퇴적유사의 무게는 건조중량으로 500kg/m^3으로부터 1,600kg/m^3까지 다양하게 변하는 것으로 나타나고 있다. 미개척국(U.S. Bureau of Reclamation, USBR)에서는 저수지의 운영을 표 16.5.1과 같이 네 가지로 구분하고, 이에 따른 유사의 퇴적특성으로부터 다음과 같은 퇴적유사의 단위중량을 산정하는 식을 제시하였다.

$$W_o = p_c W_c + p_m W_m + p_s W_s \tag{16.5.2}$$

여기서, W_o, W_c, W_m 및 W_s는 각각 총 퇴적유사, 점토, 실트 및 모래의 단위중량(kg/m^3)를 나타내며, p_c, p_m 및 p_s는 각각 총 퇴적유사에서의 점토, 실트 및 모래의 구성비이다.

Miller(1953)는 T년 동안 퇴적되어 압밀된 유사의 평균 단위중량을 다음과 같이 제시하였다.

$$W_T = W_o + 0.4343K\left[\frac{T}{T-1}(\ln T) - 1\right] \tag{16.5.3}$$

$$K = p_c K_c + p_m K_m + p_s K_s \tag{16.5.4}$$

여기서, W_T는 T년 후의 퇴적토의 단위중량(kg/m^3), W_o는 식 (16.5.2)에 의해 산정한 초기 단위중량 그리고 K_c, K_m 및 K_s는 표 16.4.2와 같이 점토, 실트 및 모래에 대한 상수이다.

표 16.5.1 저수지 운영에 따른 단위중량

저수지 조작방법	초기 단위중량 (kg/m^3)		
	W_c	W_m	W_s
1. 퇴적토가 항상 또는 거의 잠겨 있음	416	1120	1550
2. 정상적인 저수지 조작	561	1140	1550
3. 저수지가 거의 비어 있음	641	1150	1550
4. 하천하상유사	961	1170	1550

표 16.5.2 저수지 운영에 따른 상수 K

저수지 조작방법	K		
	K_c	K_m	K_s
1. 퇴적토가 항상 또는 거의 잠겨 있음	256	91	0
2. 정상적인 저수지 조작	135	29	0
3. 저수지가 거의 비어 있음	0	0	0

예제 16.5.1

저수지 운영조건 2에 대한 퇴적유사의 단위중량을 결정하라. 단, 퇴적유사에 대한 점토, 실트 및 모래의 구성비는 20%, 45% 및 35%이다. 또한 건설된 지 50년 된 저수지 퇴적토의 평균 단위중량을 산정하라.

풀이

식 (16.5.2)에 의하면 $W_o = p_c W_c + p_m W_m + p_s W_s = 0.2 \times 561 + 0.45 \times 1140 + 0.35 \times 1550 = 1{,}168 \mathrm{kg/m^3}$

식 (16.5.4)에 의해 K값을 결정하면

$$K = p_c K_c + p_m K_m + p_s K_s = 0.2 \times 135 + 0.45 \times 29 + 0.35 \times 0 = 40$$

따라서 식 (16.5.3)으로부터

$$W_T = 1{,}168 + 0.4343 \times 40 \left[\frac{50}{50-1} (\ln 50) - 1 \right] = 1{,}220 \mathrm{kg/m^3}$$

16.5.5 유량-유사량 관계곡선

저수지 내 퇴적량은 저수지 내로 유입하는 유량의 유황곡선(flow duration curve)과 유량-유사농도 곡선을 이용하여 산정할 수도 있다. 즉, 먼저 그림 16.5.3과 같이 저수지를 통과하는 특정 유량에 대한 초과 시간 백분율을 누가하여 도시한 유황곡선을 준비한다. 그 다음 유량에 대한 유사농도를 나타내는 유량-유사농도 관계곡선을 결정한다. 유량-유사농도 관계곡선은 유량 별 유사농도를 측정하여 구하게 되나 큰 강우로 인한 유량인 경우 유사농도를 측정하기가 쉽지가 않다. 일반적으로 유량이 큰 경우 유량에 따른 유사농도의 비율이 일정하지 않기 때문에 큰 유량에 대해서는 경험곡선을 확장하여 적용하기가 곤란하다. 따라서 유량-유사농도 관계곡선을 얻기 위해서는 미립부유사(wash load)와 소류사(bed-load)를 결정하기 위한 절차가 필요하며 이에 대해서는 다음 절에서 소개하기로 한다.

저수지에서의 잠재적인 유사 퇴적량을 산정하는 절차를 소개하면 다음과 같다.

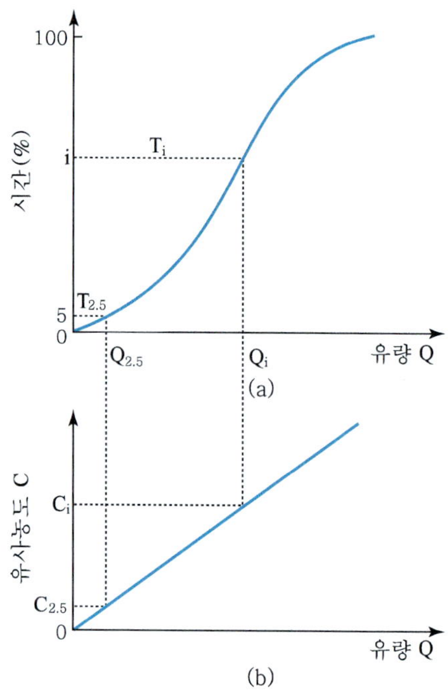

그림 16.5.3 유량 및 유사량곡선

① 그림 16.5.3a와 같이 댐을 통과하는 유출량에 대한 시간백분율을 누가하여 나타낸 누가 유황곡선을 구한다.

② 그림 16.5.3b와 같이 유출량에 따른 유사의 농도를 나타내는 유량-유사량 관계곡선을 작성한다.

③ 유황곡선에서 시간백분율을 등간격 ΔP로 구간을 나눈다. 즉, 20개 구간으로 나누면 ΔP =0.05가 된다.

④ 유황곡선에서 앞에서 나눈 각 구간별로 평균 유량 Q_i를 얻는다.

⑤ 유량 Q_i에 해당하는 유사농도 C_i를 유량-유사량 관계곡선으로부터 구한다.

⑥ 각 시간백분율 구간별로 ②~④를 반복한다.

⑦ 다음과 같이 단위시간별 평균 총 유사부하량 q_t를 산정한다.

$$q_t = \sum C_i Q_i \Delta P = \Delta P \sum C_i Q_i \tag{16.5.5}$$

⑧ 식 (16.5.5)와 같이 산정한 유사량이 모두 저수지에 퇴적되지는 않고 일부분은 수문 및 여수로 그리고 방류수로를 통해 하류 하천으로 유출된다. 유입된 유사량이 저수지 내에 퇴적되는 즉, 포착되는 정도는 유사입자의 침강속도 및 침강에 필요한 시간의 함수가 된다. 따라서 저수지에서의 퇴적유사량은 식 (16.5.5)로 산정한 유사량에 포착률을 곱해 결정하게 된다.

16.5.6 저수지 퇴사조절

퇴적량 조절 또는 감소방법은 매우 다양하며 토양의 침식형태 및 침식방지 대책에 따라 비용 및 효율이 변하게 된다. 일반적인 저수지 내 유사퇴적량의 조절방법에는 유사발생 근원으로부터의 침식감소방법과 사전에 유사를 포착함으로서 퇴적량을 감소시키는 방법이 있다.

저수지 내 유사퇴적을 감소시키기 위한 방법 중의 하나가 저수지 상류유역에서의 지표면 토양 침식으로 인한 토양유실을 감소시키는 것이다. 앞에서 소개한 범용토양유실공식에서의 각 항의 상대적인 영향을 보면 강우침식인자 R 및 토양침식인자 K는 크게 변화시킬 수 있는 항목이 아니다. 경우에 따라서는 낙엽이나 작물잔유물과 같은 유기잔유물로 인해 침투가 증가하여 판상흐름이나 지표면흐름에 의한 토양유실을 감소시킬 수 있다. 사면길이인자 L은 배수밀도를 증가시켜 감소시킬 수가 있는데, 이 경우 부분적으로 지표면 침식을 감소시키지만, 지표흐름이 빠른 배수경로에서는 첨두유출량이 증가하여 유사이송능력이 증가할 수도 있다.

지표면 토양유실을 감소시킬 수 있는 가장 효과적인 방법 중의 하나가 경작관리인자 C를 상당히 줄일 수 있는 지표면 식생을 증가시키는 것이다. 기존의 자연식생은 빗방울의 충격에 의해 발생하는 토양입자의 분리를 감소시키는데 가장 효과적이고, 또한 뿌리대에서 토양을 안정하게 유지한다. 사면경사도인자 S는 등고선 또는 계단 경작 등을 통해 줄일 수가 있다. 계단식 사면을 조성하기위해서는 비용이 소요되지만 유출길이 증가, 사면경사 감소 및 침투증가를 통해 토양보존 대책인자 P와 함께 토양유실을 상당히 감소시킬 수가 있다. 농경지역인 경우 등고선경작, 띠경작, 계단경작, 작물잔유물피복 등을 통해 토양유실을 줄이게 된다.

계곡에 사방댐(check dam)을 설치하여 하천으로 유입되는 유사의 양을 감소시킬 수 있다. 하지만 평형상태의 하천에 유사의 유입을 차단하게 되면 하류 하상이나 제방의 침식이 발생할 수 있으므로 유사조절계획에서 제방을 세굴로부터 보호할 대책을 포함시켜야 한다.

저수지 내의 유사문제를 해결하기 위한 가장 일반적인 방법이 저수지 용량 중 일부를 퇴사용량(sediment storage)으로 할당하는 것으로, 이러한 방법은 퇴적된 유사량을 감소시킬 방법 없이 단지 퇴적 문제가 심각해질 때까지 기다리는 것이다. 유사가 저수지 전역에 퇴적되게 되므로 유사용량은 사수용량(dead storage)에만 국한되지 않고 다른 유용한 공간을 점용하게 된다.

저수지 내의 유사 퇴적은 유량과 함께 유사를 방류함으로서 또한 감소시킬 수가 있다. 여러 높이로 수문을 설치할 경우 미세한 입자들이 저수지 바닥에 퇴적되기 전에 방류할 수 있다. 대부분의 저수지에서 유사를 포함한 유입량은 밀도류(density current) 형태로 즉, 저수지 내의 물과 밀도가 약간 다른 층으로 흐르게 된다. 이러한 밀도의 차이는 유사, 용존물질 또는 온도차에 의해 발생할 수 있다. 밀도차에 의해 밀도류의 물은 저수지의 물과 쉽게 혼합되지 않고 상당기간 분리되어 존재할 수가 있다. 수문을 통해 이러한 밀도류를 방출한다면 저수지의 포착효율은 2~10% 정도 감소될 수가 있다.

16.6 하천 유사량 산정

하천의 기하학적인 형태는 시간이 지남에 따라 변하며, 이러한 변화는 하상을 구성하고 있는 입자들이 물에 의해 침식되거나 퇴적되기 때문에 발생하게 된다. 특히 홍수가 발생할 경우 하천의 상당 구간이 침식되거나 퇴적되어 하천구조물에 치명적인 영향을 주게 된다. 따라서 하천의 적절한 설계 및 운영을 위해서는 하상변동 및 하천 유사량의 산정방법에 대해 잘 이해하고 하천의 변화를 예

표 16.6.1 유사이송 산정공식들

산정공식	산정유사	유사범위(mm)	공식유도시 이용자료
Ackers-White	총유사	0.04~2.50	실험수로 자료
Colby	총유사	0.10~0.80	실험수로 및 하천 자료
Duboys	소류사	0.01~4.00	소규모 실험수로 자료
Engelund/Hansen	총유사	0.15 이상	대규모 실험수로 자료
Laursen	총유사	0.01~4.08	실험수로 자료
Meyer-Peter/Muller	소류사	0.40~30.0	실험수로 자료
Schoklitsch	소류사	0.30~5.00	소규모 실험수로 자료
Shields	소류사	1.70~2.50	실험수로 자료
Toffaleti	총유사	0.062~16	하천 자료
Yang	총유사	0.015~1.71	하천 자료

측할 수 있어야 한다. 하천을 통해 이동하는 유사는 소류사(bed-load)와 부유유사(suspended-load)로 구분하는데 실제로는 이들을 명확히 구분하기가 쉽지가 않다. 하천 유사량을 산정하기 위한 방법이 실험 등을 통해 많이 개발되고 있지만, 물과 하상입자간의 복잡한 관계가 명확히 규명되지 않아 아직 신뢰성 있는 유사량 산정식을 제시하지는 못하고 있다.

16.6.1 소류사량 산정

이동하상 경계 위 흐름의 수리학적 조건이 하상 입자의 한계 이동조건을 초과하게 되면 유사 이송이 시작되며, 움직이기 시작하는 입자가 구르거나, 미끄러지거나 또는 도약하는 유사이송형태를 소류사 이송(bed-load transport)이라 한다. 일반적으로 크고 깊은 하천에 의한 소류사 이송량은 부유유사의 약 5~25% 정도가 된다.

Duboys(1879)가 소류사의 분석에서 하상 전단응력(shear stress) 또는 소류력(tractive force)에 대한 개념을 사용한 후 소류사량, 흐름 조건 및 하상 구성입자 등과 관련된 많은 소류사 공식들이 제시되어져 왔다. 대부분의 공식들이 서로 비슷하며, 모두 정상류흐름(steady flow) 조건하에서 유도되었으므로 이러한 흐름 상태에서 적용하게 된다. 부정류 및 부등류 등의 흐름에 대한 유사 이송은 아직 많은 연구를 필요로 하기 때문에 정상류 흐름에 대한 식을 채택하여 부정류 및 부등류 흐름 조건에 대한 분석을 하게 된다.

1) Duboys의 소류사량 공식

소류사량의 분석에 대한 초기의 발전은 Duboys의 연구에 영향을 받았다. Duboys는 그림 16.6.1과 같이 두께 d'와 같은 층단위로 하상 재료가 움직이고, 인접한 층간의 평균 이동속도는 하상표면으로 갈수록 직선적으로 증가한다고 가정하였다. 만일 (n−1)개의 층이 움직인다면 표면층은 (n−1) Δu의 속도를 가지게 되며, 여기서 Δu는 인접한 층간의 속도증가이다. 따라서 단위 폭 당 소류사의 이송체적 q_{bw}는 층간의 평균유속 (n−1)Δu/2와 총 두께 nd'의 곱으로 나타낼 수가 있다. 즉,

$$q_{bw} = nd'(n-1)\frac{\Delta u}{2} \tag{16.6.1}$$

광폭 하상에서의 흐름에 의해 작용하는 단위 소류력은

$$\tau_o = \gamma dS \tag{16.6.2}$$

여기서, τ_o는 인접한 층간의 마찰응력과 같으므로

$$\tau_o = nd'(\gamma_s - \gamma)\tan\theta \tag{16.6.3}$$

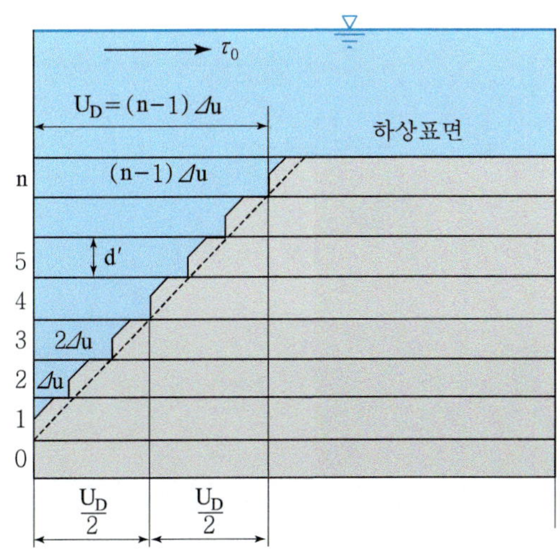

그림 16.6.1 소류사 이송에 대한 Duboys의 모형

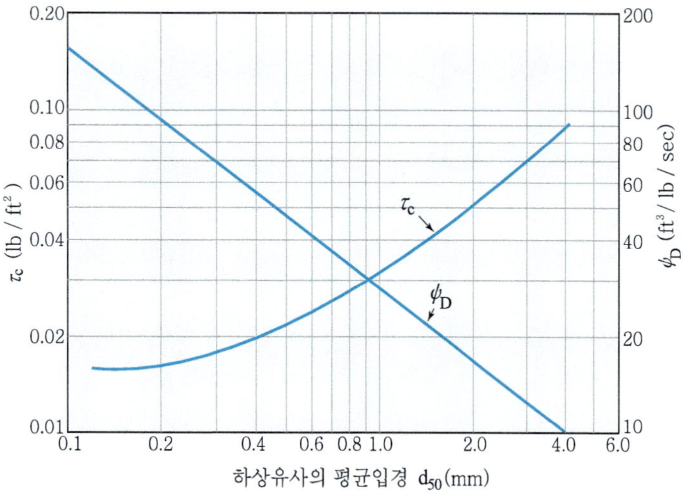

그림 16.6.2 Duboys의 소류사량 공식에서의 ψ_D와 τ_c

여기서, $\tan\theta$는 마찰계수이다.

맨 위층이 움직이기 시작하는 한계조건인 경우 n=1에 해당하므로

$$\tau_c = d'(\gamma_s - \gamma)\tan\theta \tag{16.6.4}$$

$$\therefore \ \tau_o = n\tau_c \qquad 또는 \qquad n = \frac{\tau_o}{\tau_c} \tag{16.6.5}$$

식 (16.6.5)를 식 (16.6.1)에 대입하면

$$q_{bw} = \frac{\tau_o}{\tau_c} d'\left(\frac{\tau_o}{\tau_c} - 1\right)\frac{\Delta u}{2} = \frac{d'\Delta u}{2\tau_c^2}\tau_o(\tau_o - \tau_c) \tag{16.6.6}$$

여기서, $d'\Delta u/2\tau_c{}^2$을 ψ_D라 하면

$$q_{bw} = \psi_D \tau_o(\tau_o - \tau_c) \tag{16.6.7}$$

식 (16.6.7)을 Duboys의 소류사량 공식이라 하며, q_{bw}는 lb/sec·ft, ψ_D는 ft^3/lb·sec, τ는 lb/ft^{2}의 단위를 갖는다. ψ_D와 τ_c는 유사 평균입경과 관련된 상수로 Straub의 실험에 의한 그림 16.6.2 및 표 16.6.1로부터 산정할 수가 있다.

표 16.6.1 평균입경에 따른 ψ_D와 τ_c값

평균입경 d_{50}(mm)	유사구분	Ψ_D (ft^3/lb·sec)	τ_c (lb/ft^2)
1/8	가는 모래 (fine sand)	134.3	0.0162
1/4	중간 모래 (medium sand)	80.1	0.0172
1/2	굵은 모래 (coarse sand)	48.0	0.0215
1	매우 굵은 모래 (very coarse sand)	28.5	0.0316
2	매우 가는 자갈 (very fine gravel)	17.0	0.0513
4	가는 자갈 (fine gravel)	10.3	0.0890

예제 16.6.1

어떤 하천에서의 수심이 10ft, D_m이 0.4mm, 하상경사가 0.000217일 때 Duboys의 공식을 이용하여 단위폭당 소류사를 계산하라

풀이

입자의 평균입경 D_m=0.4mm로부터 그림 16.6.2를 이용하여 ψ_D 및 τ_c를 구하면

$$\psi_D = 57\text{ft}^3/\text{lb}-\text{s}, \ \tau_c = 0.02\text{lb}/\text{ft}^2$$

하상전단응력 $\tau_0 = \gamma ds = 62.4 \times 10 \times 0.000217 = 0.135408\text{lb}/\text{ft}^2$

$$\therefore q_{bw} = 57 \times 0.135408 \times (0.135408 - 0.02) = 0.8907\text{lb}/\text{sec·ft}$$

2) Meyer-Peter 및 Muller의 공식

자연하천에서의 소류사를 산정하기 위한 경험공식으로 Meyer-Peter 및 Muller는 다음과 같이 제시하였다.

$$q_b = \left[0.368\frac{Q_s}{Q}\left(\frac{D_{90}^{1/6}}{n_s}\right)^{3/2} d\times S - 0.0698D_m\right]^{3/2} \qquad (16.6.8)$$

여기서, q_b는 소류사량(lb/sec·ft), Q는 총유량(ft^3/s), Q_s는 하상에 할당된 유량(ft^3/s), D_{90}은 혼합유사의 90%에 해당하는 입자크기(mm), D_m은 혼합유사의 평균입경(mm), d는 평균수심(ft), S는 하상경사, n_s는 Manning의 하상조도계수로 광폭의 매끄러운 하천인 경우 Q_s/Q=1이고

$$n_s = \frac{1.486d^{2/3}S^{1/2}}{V} \qquad (16.6.9)$$

여기서, V는 평균유속(ft/s)이다. 만일 제방의 조도를 고려한다면 다음과 같은 관계를 이용한다. 사각형 하도인 경우

$$n_s = n_m\left[1+\frac{2d}{T_w}\left\{1-\left(\frac{n_w}{n_m}\right)^{3/2}\right\}\right]^{2/3} \qquad (16.6.10)$$

$$\frac{Q_s}{Q} = \frac{1}{1+\frac{2d}{T_w}\left(\frac{n_w}{n_s}\right)^{2/3}} \qquad (16.6.11)$$

사다리꼴 하도인 경우

$$n_s = n_m\left[1+\frac{2d(1+z^2)^{1/2}}{B}\left\{1-\left(\frac{n_w}{n_m}\right)^{3/2}\right\}\right]^{2/3} \qquad (16.6.12)$$

$$\frac{Q_s}{Q} = \frac{1}{1+\frac{2d(1+z^2)^{1/2}}{B}\left(\frac{n_w}{n_s}\right)^{2/3}} \qquad (16.6.13)$$

여기서, n_w는 하도사면의 조도, n_m은 하도전체에 대한 조도, T_w는 하도 상단폭(ft), B는 하상폭(ft), z는 하도 측면경사(H/V)이다. 혼합유사의 평균입경 D_m은

$$D_m = \sum_{i=1}^{n} D_{si} i_b \qquad (16.6.14)$$

여기서, n은 입자분포의 구간 수, D_{si}는 i번째 입자크기 구간의 평균입경, i_b는 주어진 입자크기 구간의 무게와 총 유사무게의 비이다.

예제 16.6.2

광폭의 어떤 하천에서의 수심이 10ft, 평균유속이 4ft/s, 단위폭당 유량이 $40ft^3/s/ft$, 하상경사가 0.000217, D_{50}이 0.53mm이고, 입자크기 구간별 무게비 및 평균입경이 표 16.6.2와 같이 주어질 때 Meyer-Peter 및 Muller의 공식을 이용하여 소류사량을 구하라.

표 16.6.2 입자크기 구간별 무게비 및 평균입경

구 분	1	2	3
무게 백분율 i_b(%)	20.8	69.6	9.6
평균입경 D_{si}(mm)	0.177	0.354	0.707

풀이

입자의 평균입경 $D_m=\sum_{i=1}^{3} i_b D_{si}=0.208\times 0.177+0.696\times 0.345+0.096\times 0.707=0.351\text{mm}$

하상의 조도는 $n_s=\dfrac{1.486d^{2/3}S^{1/2}}{V}=\dfrac{1.486\times 10^{2/3}\times 0.000217^{1/2}}{4}=0.0254$

광폭하천이므로 $Q_s/Q=1$을 적용하면

$$q_s=\left[0.368\times 1\times\left(\frac{0.53^{1/6}}{0.0254}\right)^{3/2}\times 10\times 0.000217-0.0698\times 0.351\right]^{3/2}=0.0545\text{lb/s-ft}$$

3) Schoklitsch의 공식

소류사량을 계산하기 위한 공식으로 Schoklitsch가 제시한 식은 다음과 같으며 균일 유사인 경우와 혼합유사인 경우로 나누어 산정 할 수 있다. 균일한 입경(D_{50})인 경우

$$G_s=\frac{86.7}{\sqrt{D}}S^{3/2}(Q-T_w\cdot q_o) \tag{16.6.15}$$

여기서, q_o는 $0.00532d/S^{4/3}$, $D\simeq D_o$(평균입경, in), G_s는 소류사량(lb/s), S는 하상경사, Q는 유량(ft^3/s), T_w는 하천폭(ft)이다. 혼합유사(D_{si})인 경우

$$q_s=\sum_{i=1}^{n}q_{si}=\sum_{i=1}^{n}i_b\frac{25}{\sqrt{D_{si}}}S^{3/2}(q-q_o) \tag{16.6.16}$$

여기서, q_o는 $0.0638D_{si}/S^{4/3}$, q는 단위폭당 유량($ft^3/s/ft$), n은 혼합유사 입자크기 구간의 수, D_{si}는 주어진 크기 구간의 평균입경(ft), q_s는 G_s/T_w로 단위폭당 소류사량(lb/sec·ft) 그리고 i_b는 주어진 입자크기 무게와 총 유사무게의 비이다.

예제 16.6.3

예제 16.6.2에서 주어진 조건을 이용하여 Schoklitsch의 공식을 이용한 소류사량을 산정하라.

풀이

① 표 16.6.2로부터 D_{s1}=0.177mm=0.000581ft에 대해

$$q_{o1}=\frac{0.0638\times 0.000581}{0.000217^{4/3}}=2.84\text{ft}^3/\text{s-ft}$$

$$q_{s1}=0.208\times\frac{25}{0.000581^{1/2}}\times 0.000217^{3/2}\times(40-2.84)=0.0256\text{lb/sec-ft}$$

② D_{s2}=0.354mm=0.00116ft에 대해

$$q_{o2}=\frac{0.0638\times 0.00116}{0.000217^{4/3}}=5.6754\text{ft}^3/\text{s-ft}$$

$$q_{s2}=0.696\times\frac{25}{0.00116^{1/2}}\times 0.000217^{3/2}\times(40-5.6754)=0.05606\text{lb/sec-ft}$$

③ D_{s3}=0.707mm=0.00232ft에 대해

$$q_{o3}=\frac{0.0638\times 0.00232}{0.000217^{4/3}}=11.3509\text{ft}^3/\text{s-ft}$$

$$q_{s3}=0.096\times\frac{25}{0.00232^{1/2}}\times 0.000217^{3/2}\times(40-11.3509)=0.00456\text{lb/sec-ft}$$

$$\therefore\ q_s=\sum_{i=1}^{3}q_{si}=0.0256+0.05616+0.00456=0.0862\text{lb/sec-ft}$$

16.6.2 부유유사량 산정

소류사와 함께 하천흐름에 의한 유사 이송의 또 다른 형태로 부유 상태의 이송이 있다. 이들 유사입자들은 물의 흐름에 의해 지속적으로 떠받혀지고 있으며, 난류는 유사의 부유에 있어 가장 중요한 인자가 된다. 입자들의 무게 때문에 침강이 발생하지만 난류 속도요소로 인한 입자의 불규칙한 움직임과 서로 상쇄가 된다.

2차원 흐름에 대한 하천의 단위폭 당 부유유사량 q_s는 체적 및 무게로 다음과 같이 주어진다.

$$q_{sv}=\int_a^d \overline{V}\,\overline{C}dy \qquad \text{또는} \qquad q_{sw}=\gamma_s\int_a^d \overline{V}\,\overline{C}dy \tag{16.6.17}$$

여기서, $\overline{V}$와 $\overline{C}$는 하상으로부터 높이 y에서의 시간평균 유속 및 농도이며, a는 하상층의 두께이다. 식 (16.6.17)에서 $\overline{C}$는 체적으로 나타낸 부유유사의 평균농도이고, q_{sv}는 단위 시간 및 폭 당 유사의 체적으로 계산되는 반면, q_{sw}는 단위 시간 및 폭 당 유사의 무게로 계산된다. 전체 하천단면에서의 유사량 Q_s는 단면 전체에 대해 적분을 함으로서 얻을 수가 있다.

$$Q_{sv}=Q\overline{C} \qquad \text{또는} \qquad Q_{sw}=\gamma_s Q\overline{C} \tag{16.6.18}$$

식 (16.6.17)을 적분하기 위해서는 속도 V 및 농도 C를 깊이 y의 함수로 나타내야 한다.

난류속도의 변동으로 인해 흐름 내 임의의 층간에 유사입자의 지속적인 교환이 이루어지게 된다. 2차원 정상류 흐름에서 만일 유사 농도가 흐름방향으로 항상 일정하고 균일하다면, 임의의 깊이에서의 평균 농도는 일정하고 하상과 평행한 층을 통한 순 평균유사 이동은 0이 될 것이다. 하상으로부터 y만큼 떨어져 있는 평행한 단위면적을 생각해보자. 유사 입자의 크기가 균일하고 중력에 의해 속도 ω로 침강하고 있다면 단위면적을 통한 평균 침강률은

$$q_D = \omega C \tag{16.6.19}$$

여기서, C는 위치 y에서의 시간 평균된 농도이다. 평형을 유지하기 위해서는 침강되는 유사와 확산(diffusion)에 의한 유사의 윗 방향으로의 이동이 균형을 이루어야 한다. 따라서

$$\omega C + \varepsilon_s \frac{dC}{dy} = 0 \tag{16.6.20}$$

여기서, ε_s는 난류의 확산계수(diffusion coefficient)로 y의 함수이다. 식 (16.6.20)을 적분하면

$$C = C_a \exp\left(-\omega \int_a^y \frac{1}{\varepsilon_s} dy\right) \tag{16.6.21}$$

여기서, C_a는 하상으로부터 y=a 높이에서 침강속도 ω인 유사의 농도이다. 식 (16.6.21)을 O'Brien-Christiansen의 부유유사 연직분포 곡선식이라 하며, 임의의 깊이 y에서의 농도 C를 결정하기 위해서는 C_a와 y에 따른 ε_s의 변화를 알아야 한다.

확산이론에 의해 하상으로부터 높이 y에서의 소류력 τ를 속도분포의 항으로 나타내면

$$\tau = \rho \varepsilon_m \frac{dV}{dy} \tag{16.6.22}$$

여기서, ε_m은 난류의 와점성계수(kinematic eddy viscosity)이다. 또한 수심 d의 2차원 정상등류 흐름에서 하상으로부터 높이 y에서의 소류력 τ는 다음과 같다.

$$\tau = \gamma S(d-y) = \tau_o\left(1 - \frac{y}{d}\right) \tag{16.6.23}$$

여기서, τ_o는 하상에서의 소류력이다. 속도분포를 Prandtl-von Kármán의 유속분포식으로 나타내면

$$\frac{dV}{dy} = \frac{U_*}{\kappa y} = \frac{\sqrt{\tau_o/\rho}}{\kappa y} \tag{16.6.24}$$

여기서, κ는 Prandtl-von Kármán의 일반상수이다. 식 (16.6.24)를 식 (16.6.22)에 대입하고 식 (16.6.23)과 같게 놓으면

$$\varepsilon_m = \kappa U_* \frac{y}{d}(d-y) \tag{16.6.25}$$

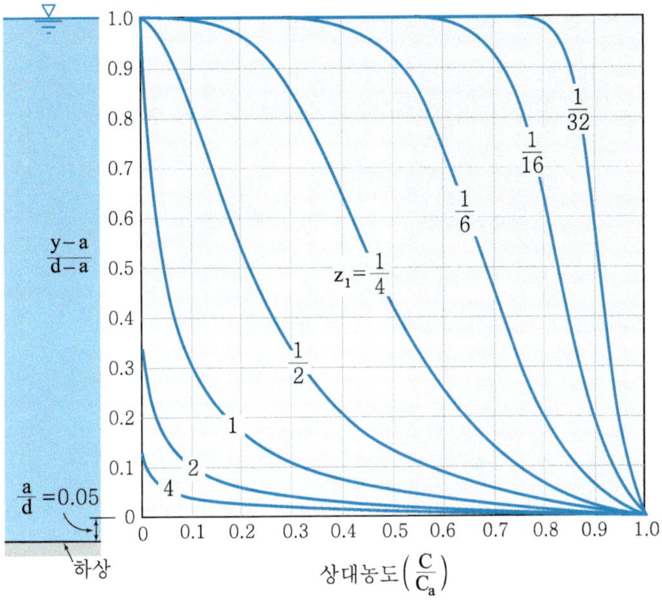

그림 16.6.3 z_1에 따른 부유사농도분포

확산계수와 와점성계수간에 $\varepsilon_s = \beta\varepsilon_s$의 관계가 있다고 하면

$$\varepsilon_s = \beta\,\kappa U_* \frac{y}{d}(d-y) \qquad (16.6.26)$$

식 (16.6.25) 및 식 (16.6.26)으로부터 하상과 수표면에서는 ε_m 및 ε_s가 0이 되고, 수심의 중간 깊이에서 최대가 됨을 알 수 있다. 식 (16.6.26)을 식 (16.6.20)에 대입하면

$$\omega C + \beta\,\kappa U_* \frac{y(d-y)}{d}\frac{dC}{dy} = 0 \qquad (16.6.27)$$

$$\therefore \frac{dC}{C} = -\frac{\omega d}{\beta\kappa U_*}\frac{dy}{(d-y)y} \qquad (16.6.28)$$

식 (16.6.28)을 하상에서 a만큼 떨어진 지점으로부터 y까지 적분하면

$$\frac{C}{C_a} = \left(\frac{d-y}{y}\frac{a}{d-a}\right)^{z_1} \qquad (16.6.29)$$

$$z_1 = \frac{\omega}{\beta\kappa U_*} \qquad (16.6.30)$$

여기서, z_1을 Rouse수라 하며, 식 (16.6.29)를 Rouse의 부유사 농도분포식이라 한다. z_1값의 변화에 대한 깊이별 농도분포는 그림 16.6.3과 같다.

그림 16.6.3으로부터 Rouse수 z_1이 작은 경우 유사농도 분포가 깊이에 따라 거의 균일하게 나타나고 있는 반면, z_1이 커짐에 따라 수면으로부터 하상으로 가까워짐에 따라 급격히 농도가 커지고 있으며, 수면에서는 부유사가 적게 분포하는 것을 알 수 있다.

식 (16.6.30)으로부터 Rouse수 z_1을 계산하기 위해서는 변수 β와 κ가 정수 중에서 결정되는 침강속도 ω와 함께 결정되어야 한다. 실험결과로부터 미세 유사입자에 대해서

$$\beta \simeq 1 \quad \text{또는} \quad \varepsilon_s \simeq \varepsilon_m \qquad (16.6.31)$$

조립입자에 대해서는

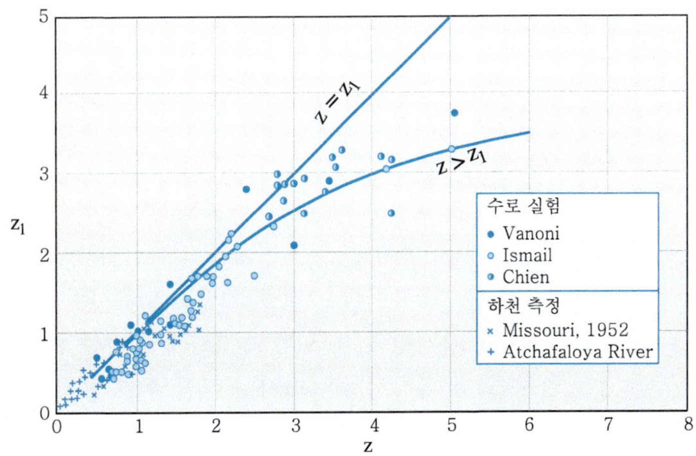

그림 16.6.4 z와 z_1과의 관계

$$\beta < 1 \quad \text{그리고} \quad \varepsilon_s < \varepsilon_m \tag{16.6.32}$$

Einstein과 Chien(1954)은 β를 결정하기 위해 다음과 같은 관계를 제시하였으며, z와 z_1과의 관계가 그림 16.6.4에 나타나 있다.

$$z = z_1 \beta = \frac{\omega}{\kappa U_*} \tag{16.6.33}$$

유사가 포함되어 있지 않은 개수로 흐름에서 Prandtl-von Kármán의 일반상수 κ는 0.4이고, 유사농도가 증가 할수록 κ는 감소한다.

예제 16.6.4

수심이 10ft인 하천에서 얻은 표 16.6.3과 같은 자료를 이용하여 단위폭 당 부유사량을 산정하라. C_a=0.10lb/ft^3 그리고 z_1=0.81이다.

표 16.6.3 깊이에 따른 평균유속

깊이 y(ft)	8~10	6~8	4~6	2~4	0~2
평균유속 V(ft/s)	0.40	0.38	0.34	0.30	0.15
농도 C(lb/ft^3)	0.0016	0.0046	0.0092	0.0183	0.0546

풀이

식 (16.6.29)와 그림 16.6.3을 이용하여 깊이 9ft(8~10)에서의 농도를 구하면 표 16.6.3과 같다.

$$C = 0.1\left[\left(\frac{10-9}{9}\right)\left(\frac{0.5}{10-0.5}\right)\right]^{0.81} = 0.0016\text{lb/ft}^3$$

따라서 식 (16.6.17)을 이용하면

$$\begin{aligned} q_{sv} &= \int_a^d VCdy = \sum_{i=1}^{5} CV\Delta y \\ &= (0.0016\times0.4+0.0046\times0.38+0.0092\times0.34+0.0183\times0.3+0.0546\times0.15)\times2 \\ &= 0.0384\text{lb/sec-ft} \end{aligned}$$

16.6.3 총 유사량의 산정

대부분의 유사가 하상과 접촉하며 이동하거나, 수심이 얕은 곳에서와 같이 유사 이송률이 작은 경우 소류사량은 개략적으로 총 유사량과 같게 된다. 하지만 수심이 깊은 하천에서는 소류사량은 총 유사량의 약 5~25%정도에 불과하다. 총 유사량은 앞에서 설명한 방법에 의해 구한 소류사량과 부유유사량을 합하여 구할 수도 있지만, Colby 공식, Ackers -White 공식 그리고 Yang 공식 등을 사용하여 총 유사량을 직접구할 수도 있다.

1) Colby 공식

Colby는 평균유속, 수심, 점성, 수온 그리고 하도의 단위폭 당 유사의 미세입자농도의 함수로 유사이송량을 분석하여 그림 16.6.5 및 16.6.6과 같은 계산도표를 제시하였다. 이들 계산도표를 이용하여 유사량을 산정하는 식이 다음과 같다.

$$q_s = A(V - V_c)^B [1 + (AF - 1)CF] \times 0.672 \tag{16.6.34}$$

여기서, A는 D_{50}과 관련된 계수, AF는 수온 및 미세유사농도에 대한 보정계수, CF는 서로 다른 중간입자크기에 대한 영향(%), V는 유속(ft/s), V_c는 한계유속(ft/s), d는 평균수심(ft), D_{50}은 50% 무게에 대한 입자크기(mm), 그리고 B는 다음과 같은 지수이다.

$$B = \begin{cases} 2.5 & (V - V_c) < 1.0 \text{ 일 때} \\ 1.453 D_{50}^{-0.138} & (V - V_c) \geq 1.0 \text{ 일 때} \end{cases} \tag{16.6.35}$$

Colby 공식에 의한 하상유사량을 산정하는 절차는 다음과 같다.

① 한계유속 V_c를 계산한다.

$$V_c = 0.4673 d^{0.1} D_{50}^{0.33} \tag{16.6.36}$$

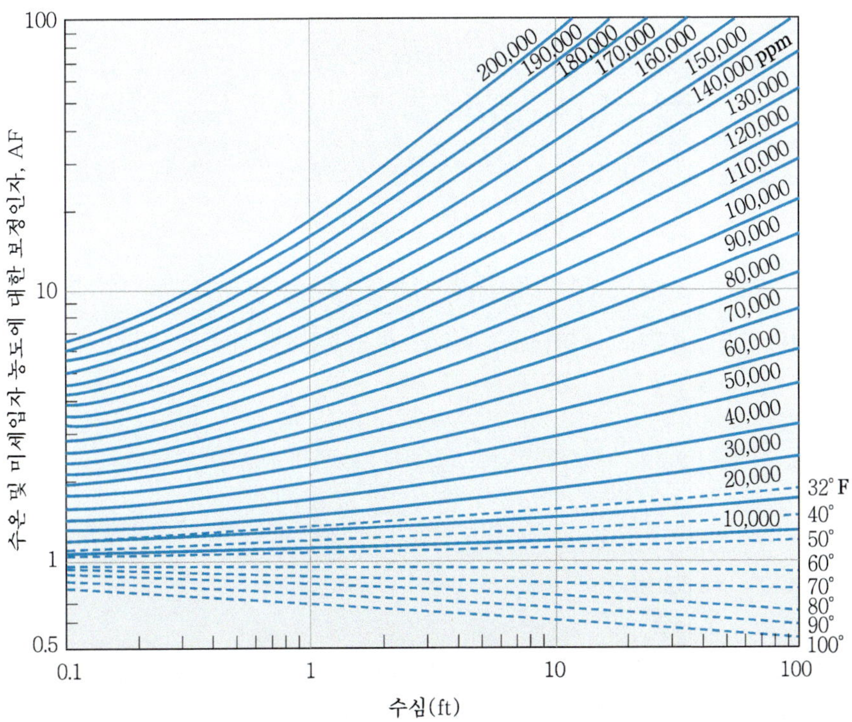

(a) 입자 크기 0.2~0.3mm에 대한 도표

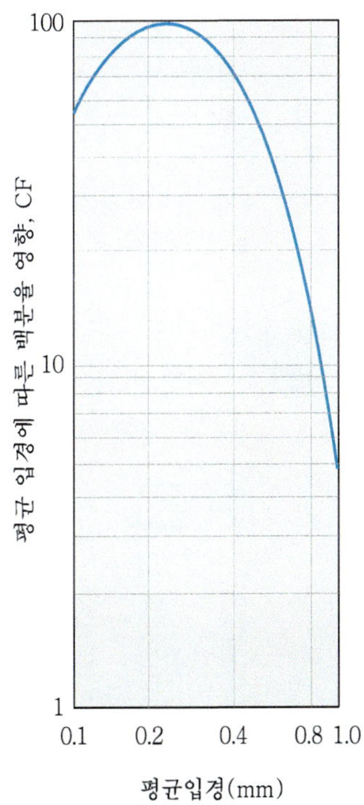

(b) 다른 크기의 입자에 대한 보정인자

그림 16.6.5 유사량과 평균유속의 관계에 대한 수온 및 미세입자 농도의 영향

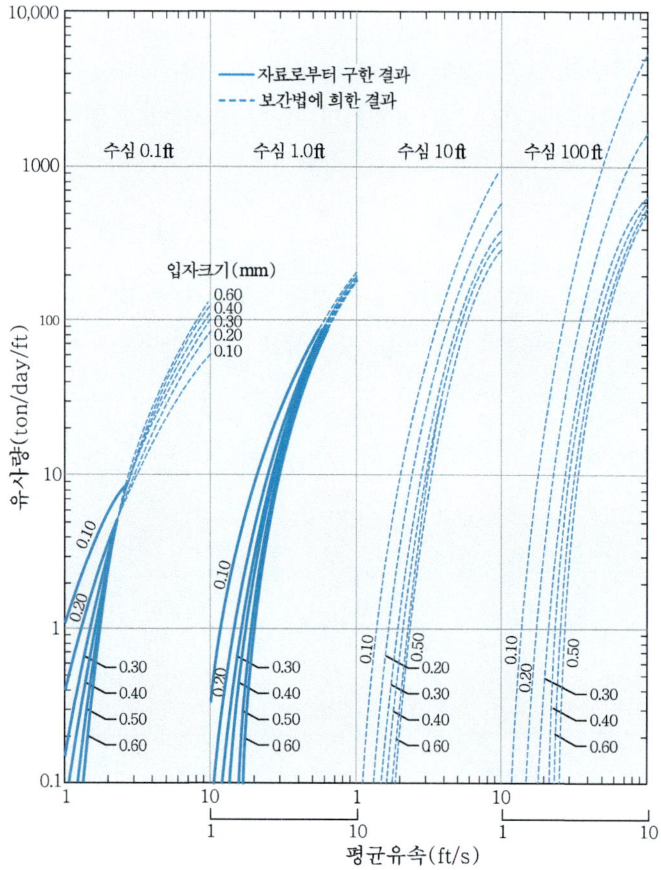

그림 16.6.6 평균입경, 수심 그리고 수온(60°F)에 대한 유사량과 평균유속간의 관계

② (V−Vc)로부터 지수 B를 계산한다.

③ 다음에 대해 A를 결정한다.

$$D_{50} = 0.1\text{mm},\quad A = 1.453d^{0.61} \tag{16.6.37a}$$

$$D_{50} = 0.2\text{mm},\quad A = 1.329d^{0.48} \tag{16.6.37b}$$

$$D_{50} = 0.3\text{mm},\quad A = 1.4d^{0.3} \tag{16.6.37c}$$

$$D_{50} = 0.4\text{mm},\quad A = 1.26d^{0.3} \tag{16.6.37d}$$

$$D_{50} = 0.8\text{mm},\quad A = 1.099d^{0.3} \tag{16.6.37e}$$

④ 그림 16.6.5a로부터 보정계수 CF를 결정

⑤ 그림 16.6.5b로부터 계수 AF를 결정

⑥ 식 (16.6.34)를 이용하여 유사량 q_s를 산정

예제 16.6.5

어떤 하천에서의 수심이 10ft, D_{50}=0.33mm, 평균유속 4ft/s, 수온 60°F일 때 Colby의 공식을 이용하여 유사량을 산정하라.

풀이

① D_{50}=0.33mm, d=10ft로부터 V_c를 구하면

$$V_c = 0.4673 \times 10^{0.1} \times 0.33^{0.33} = 0.408\text{ft/s}$$

② $$(V - V_c) = (4 - 0.408) = 3.532\text{ft/sec}$$

$$B = 1.453 \times 0.33^{-0.138} = 1.693$$

③ D_{50}=0.3mm일 때 A=1.4$d^{0.3}$=0.9756이고 D_{50}=0.4mm일 때 A=1.26$d^{0.3}$=0.9572이므로 보간법에 의해 D_{50}=0.33mm일 때 A=0.9697이 된다.

④ D_{50}=0.33mm일 때 그림 16.6.5a로부터 CF=1

⑤ 수온 60°F일 때 그림 16.6.5b로부터 AF=1

⑥ 따라서 유사량은 $q_s = A(V-V_c)^B[1+(AF-1)CF]\times 0.672$
$= 0.9697\times(4-0.408)^{1.693}\times 1\times 0.672 = 5.6779\text{lb/s-ft}$

2) Ackers-White 공식

Ackers와 White는 크기 D_{gr}, 이동성 F_{gr} 그리고 유사량 G_{gr}의 세가지 무차원 그룹의 항으로 유사량 산정 함수를 개발하였다. Ackers-White 공식에 의해 하상유사의 농도 및 유사량을 산정하는 절차는 다음과 같다.

① 무차원 입자 직경의 산정

$$D_{gr} = D_{50}\left[\frac{g(s_g-1)}{\nu^2}\right]^{1/3} \tag{16.6.38}$$

여기서 D_{50}은 50%의 무게에 해당하는 입자의 크기(ft), g는 중력가속도(ft/s^2), S_g는 유사의 비중 그리고 ν는 동점성계수(ft^2/s)이다. D_{gr}=1은 0.04mm의 실트 크기와 같으며 D_{gr}=60은 2.5mm의 모래 크기와 같다.

② 두 가지의 입자크기 범위에 대해 D_{gr}과 관련 있는 변수 A, C_A, n 및 m을 결정한다.

• 중간크기의 입자 ($1\le D_{gr}\le 60$)에 대해

$$n = 1.00 - 0.56\log D_{gr} \tag{16.6.39}$$

$$A = \frac{0.23}{\sqrt{D_{gr}}} + 0.14 \tag{16.6.40}$$

$$m = \frac{9.66}{D_{gr}} + 1.34 \tag{16.6.41}$$

$$\log C_A = 2.86\log D_{gr} - (\log D_{gr})^2 - 3.53 \tag{16.6.42}$$

• 조립의 입자 (D_{gr}>60)에 대해

$$n = 0.00,\quad A = 0.17,\quad m = 1.5,\quad C_A = 0.025 \tag{16.6.43}$$

③ 입자의 이동성 F_{gr}계산

$$F_{gr} = \frac{U_*^n}{\sqrt{gD_{50}(S_g-1)}}\left[\frac{V}{\sqrt{32}\log\left(\frac{\alpha d}{D_{50}}\right)}\right]^{1-n} \tag{16.6.44}$$

여기서, d는 평균수심(ft), U_*는 전단속도($(\tau_o/\rho)^{1/2}$, ft/s), V는 평균유속(ft/s), α는 계수로 보통 10을 사용, n은 유사입자 크기에 따른 지수이다.

④ 유사이송 변수 Ggr계산

$$G_{gr} = C_A \left[\frac{F_{gr}}{A} - 1 \right]^m \tag{16.6.45}$$

⑤ 하상유사의 농도계산

$$C = 10^6 \left[\frac{G_{gr} S_g D_{50} \left(\frac{V}{U_*} \right)^n}{d} \right] \tag{16.6.46}$$

여기서, C는 하상유사의 무게 농도로 ppm(parts per million)의 단위를 갖는다.

⑥ 농도로부터 유사량의 산정

$$q_s = C(ppm) \times \frac{8.34lbs/10^6 gal}{1ppm} \times \frac{7.48gal}{1ft^3} \times q\frac{ft^3/s}{ft} = lb/sec\text{-}ft \tag{16.6.47}$$

예제 16.6.6

어떤 하천에서 수심 10ft, 유속 4ft/s, q=40cfs/ft, D_{50}=0.33mm, 하상경사 0.000217, $\nu=1.22\times10^{-5}ft^2/s$, S_g=2.65, $\rho=1.94slug/ft^3$일 때 Ackers-White 공식을 이용하여 유사량을 산정하라.

풀이

① 무차원 입자직경 D_{gr}산정

$$D_{50} = 0.33mm = 0.001083ft,\quad D_{gr} = 0.001083 \times \left[\frac{32.2 \times (2.65 - 1)}{(1.22 \times 10^{-5})^2} \right]^{1/3} = 7.6825$$

② A, C_A, n 및 m의 계산은 $1 \le D_{gr} \le 60$이므로

$$n = 1.00 - 0.56\log D_{gr} = 0.504,\quad A = \frac{0.23}{\sqrt{D_{gr}}} + 0.14 = 0.223,\quad m = \frac{9.66}{D_{gr}} + 1.34 = 2.597$$

$$\log C_A = 2.86\log(7.6825) - (\log 7.6825)^2 - 3.53 = -1.7816$$

$$\therefore C_A = 0.01654$$

③ 입자의 이동성 F_{gr}계산

$$\tau_o = \gamma ds = 62.4 \times 10 \times 0.000217 = 0.1354$$

$$U_* = (\tau_o/\rho)^{1/2} = (0.1354/1.94)^{1/2} = 0.2642ft/s$$

$$F_{gr} = \frac{0.2642^{0.504}}{\sqrt{32.2 \times 0.001083 \times (2.65 - 1)}} \left[\frac{4}{\sqrt{32}\log\left(\frac{10 \times 10}{0.001083}\right)} \right]^{0.496} = 0.8106$$

④ 유사이송변수 $\quad G_{gr} = 0.01654 \left[\frac{0.8106}{0.223} - 1 \right]^{2.597} = 0.2048$

⑤ 하상유사농도계산 $\quad C = \dfrac{10^6 \times 0.2048 \times 2.65 \times 0.001083 \times \left(\frac{4}{0.2642} \right)^{0.504}}{10} = 231.2ppm$

⑥ 유사량 $\quad q_s = 231.2ppm \times \dfrac{8.34lb}{10^6 gal} \times \dfrac{7.48gal}{1ft^3} = 0.0144lb/ft^3 \times 40ft^3/sec\cdot ft = 0.57616lb/sec\cdot ft$

3) Yang의 공식

Yang은 차원해석 및 단위하천강도(unit stream power) 개념을 바탕으로 한 하상유사의 농도를 산정하기 위한 공식을 제시하였으며, 모래하상 하천에 적용할 수가 있다. Yang은 단위 하천강도를 물의 단위무게 당 잠재에너지 손실율로 정의하고, 유속 및 경사의 곱으로 나타내었다. Yang의 공식은 유사이송 및 자갈이송에 대한 무차원 단위하천강도로 분류할 수 있다.

① 모래이송공식

모래 이송에 대한 무차원 단위하천강도는 다음과 같다.

$$\log C = 5.435 - 0.286\log\frac{WD_{50}}{\nu} - 0.457\log\frac{U_*}{W} + \left[1.799 - 0.409\log\frac{WD_{50}}{\nu} - 0.314\log\frac{U_*}{W}\right]\log\left[\frac{VS}{W} - \frac{V_{cr}S}{W}\right] \quad (16.6.48)$$

초기이동에서의 무차원 한계유속은 다음과 같다.

$$\frac{V_{cr}}{W} = \frac{2.5}{\log\frac{U_*D_{50}}{\nu} - 0.06} + 0.66, \qquad 1.2 < \frac{U_*D_{50}}{\nu} < 70 \text{ 일 때} \quad (16.6.49)$$

$$\frac{V_{cr}}{W} = 2.05, \qquad \frac{U_*D_{50}}{\nu} \geq 70 \text{ 일 때} \quad (16.6.50)$$

여기서, C는 무게로 나타낸 하상유사농도(ppm), W는 입자크기 D_{50}의 평균침강속도(ft/s), D_{50}은 50%의 무게에 해당하는 입자크기(ft), ν는 동점성계수(ft^2/s), U_*는 전단속도(ft/s), V는 평균유속(ft/s), S는 하상경사 그리고 V_{cr}은 한계유속(ft/s)이다.

② 자갈이송공식

자갈 이송에 대한 무차원 단위하천강도는 다음과 같다.

$$\log C = 6.681 - 0.633\log\frac{WD_{50}}{\nu} - 4.816\log\frac{U_*}{W} + \left[2.784 - 0.305\log\frac{WD_{50}}{\nu} - 0.282\log\frac{U_*}{W}\right]\log\left[\frac{VS}{W} - \frac{V_{cr}S}{W}\right] \quad (16.6.51)$$

이때 입자의 초기움직임에 대한 무차원 한계유속은 식(16.6.49) 및 (16.6.50)와 동일하다.

이상과 같이 모래 또는 자갈 이송공식을 사용하여 구한 입자크기별 유사량으로부터 총 유사량은 다음과 같이 산정한다.

$$C = \sum_{i=1}^{n} i_b C_i \quad (16.6.52)$$

여기서, n은 하상유사 입자크기 구간의 수, i_b는 주어진 입자크기구간의 무게와 총 유사무게의 비, 그리고 C_i는 i입자크기 구간의 농도(ppm)이다.

예제 16.6.7

어떤 하천에서 수심이 10ft, D_{50}=0.33mm, ρ=1.94slug/ft³, 하상경사 0.000217, $\nu=1.22\times10^{-5}ft^2/s$, 단위폭 당 유량 40ft³/s/ft, 입자 D_{50}의 침강속도가 0.1446ft/s일 때 Yang의 공식을 이용하여 단위폭 당 유사량을 산정하라.

풀이

① 전단속도의 계산

$$D_{50} = 0.33mm = 0.001083ft, \qquad \tau_o = \gamma ds = 62.4\times 10\times 0.000217 = 0.1354lb/ft^2$$

$$U_* = (0.1354/1.94)^{1/2} = 0.2642ft/s$$

② $\dfrac{U_* D_{50}}{\nu} = \dfrac{0.2642\times 0.001083}{1.22\times 10^{-5}} = 23.45$

③ $1.2 < \dfrac{U_* D_{50}}{\nu} < 70$ 이므로 $\dfrac{V_{cr}}{W} = \dfrac{2.5}{\log(23.45)-0.06} + 0.66 = 2.568$

④ D_{50}=0.33mm일 때의 침강속도 W=0.1446ft/s

⑤ $\dfrac{V_{cr}}{W} = 2.568 \qquad \therefore V_{cr} = 0.3713ft/s$

⑥ $$\log C = 5.435 - 0.286\log\left[\frac{0.1446\times 0.001083}{1.22\times 10^{-5}}\right] - 0.457\log\left[\frac{0.2642}{0.1446}\right] +$$

$$\left[1.799 - 0.409\log\left(\frac{0.1446\times 0.001083}{1.22\times 10^{-5}}\right) - 0.314\log\left(\frac{0.2642}{0.1446}\right)\right]\times\log\left[\frac{(4-0.3713)\times 0.000217}{0.1446}\right]$$

$$= 2.13784$$

$\therefore C = 137.354ppm = 0.00857lb/ft^3 \times 40ft^3/s/ft = 0.343lb/sec\text{-}ft$

16.7 유사량 측정방법

하천에서의 유사량 측정은 유사부하량을 직접계산하고, 해석적 또는 경험적인 유사이송공식을 수립하거나 확인하기 위해 필요하다. 이러한 유사량 측정은 소류사 및 부유유사와 같은 이송형태에 따라 그 방법이 다르다. 지금까지 하천 유사량을 측정하기 위해 다양한 실측 장비들이 개발되어져 왔으며, 제작사에서 명시한 수리학적 및 유사특성 범위 내에서 주의 깊게 사용하여야 한다.

16.7.1 소류사 측정

하상 근처에 위치한 측정 장비는 물의 흐름을 교란시키고, 또한 소류사의 모든 크기의 입자를 정확히 채취하기가 어렵다. 한편 한 지점에서 실측한 소류사는 하상에 인접한 유속 및 유사이송이 시간과 공간에 따라 상당히 변하기 때문에 하천단면 전체를 대변한다고 할 수가 없다. 이러한 이유들로 인해 소류사는 측정하기가 쉽지는 않다. 소류사를 실측하거나 관측하기 위한 장비들이 꾸준히 개발되었지만 그 원리는 서로 비슷하며, 소류사 채취기(smapler catcher), 하상형태 이동의 직접적인 관측 그리고 음향관측기(sonic sampler) 등으로 구분할 수가 있다.

1) 소류사 채취기에 의한 소류사 측정

소류사 채취기는 보통 상자형(box and basket type) 채취기, 접시형(pan type) 채취기 그리고 홈형(pit type) 채취기가 있다. 상자형 채취기는 소류사를 모을 수 있는 투과성 용기와 지지대 및 케이블 그리고 방향을 유지하기 위한 날개로 구성되어 있다. 접시형 채취기는 양쪽 벽과 바닥으로 이루어진 접시로 구성되어 있다. 홈형 채취기는 소류사를 포착하여 모으고 연속적인 기록을 위해 기계장치에 의해 유사를 제거할 수 있는 하상에 설치된 작은 홈(웅덩이)으로 구성되어 있다.

유사채취를 하는 동안 채취기에 의해 흐름에 저항이 생겨 입구부에서 유속의 감소와 함께 압력이 증가하여 채취기 전면부에 소류사의 퇴적이 발생함으로서 효율을 떨어뜨리게 된다. 이러한 단점을 보완하기 위해 개발된 채취기가 압력차 채취기로 Arnhem채취기와 Helly-Smith채취기가 있다.

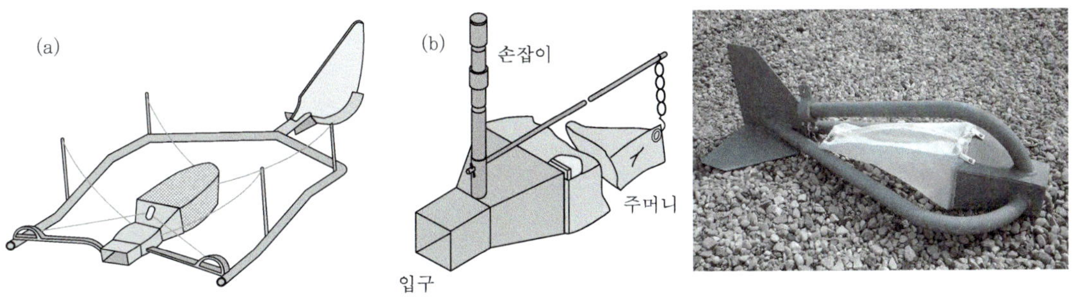

그림 16.7.1 Arnhem 채취기(a) 및 Helly-Smith 채취기(b)

2) 하상형태 관측에 의한 측정

낮은 흐름에 대한 소류사의 산정은 하상의 이동에 대한 관측 및 다음 식을 이용할 수도 있다.

$$q_b = (1-\lambda)V_s\frac{H}{2} \tag{16.7.1}$$

여기서, λ는 하상의 공극률, V_s는 하상형태의 평균이동속도 그리고 H는 하상형태의 평균높이이다. 깨끗하거나 얕은 물에서 하상형태의 이동속도나 높이는 직접 관측할 수가 있다. 만일 공극률을 산정하면 식 (16.7.1)에 의해 소류사량을 산정할 수가 있다. 수심이 깊고 혼탁한 물에서는 음향탐지 장비를 사용하여 수면과 하상형태를 결정할 수 있다.

3) 음향장비에 의한 소류사 측정

하상에서 유사가 미끄러지거나 구르며 이동할 때 음파를 발생하게 된다. 음향장비는 이러한 음파를 수신하도록 고안되었으며, 전자기록을 할 수 있는 수중 음파감지기로 구성되어 있다. 이와 같은 측정방법은 장비가 하상과 떨어져서 위치하고 있으므로 소류사의 이동에 영향을 미치지 않는다. 하지만 이들 관측 장비는 소류사 이동의 정성적인 정보만 제공하고 있으므로 정확한 정량적인 관측을 할 수 있는 장비의 개발이 필요하다.

16.7.2 하상토 채취

하상토의 입도분포는 유사이송공식에 의해 소류사량이나 하상 유사량을 산정할 경우 필요한 중요한 특성이다. 하상토를 채취하기 위한 대부분의 장비들은 채취된 유사를 회수할 때 작은 입자들이 유실된다는 단점을 가지고 있다. 또한 굵은 자갈 이상의 하상물질들의 채취 및 분석은 곤란하다. 체분석을 하기에는 너무 큰 조립 하상재료들(잔자갈 및 굵은 자갈)의 입도분포를 구하기 위해서는 자갈집계방법(pebble count method)이 사용된다. 굵은 재료 밑에 모래가 섞여 있는 경우 모래는 체분석을 하여 두 종류의 재료를 합하여 한 가지 분포로 나타내거나, 따로 분리하여 분포를 나타내기도 한다. 굵은 입자들은 현장에서 하상을 대표할 수 있는 지점을 선택하여 정사각형 격자를 놓아 크기를 측정하며, 격자 안에 있는 모든 입자들의 크기를 측정하고 크기 구간 별 입자 수를 센다. 하상재료를 직접 채취하기 위한 장비들에는 그림 16.7.2와 같은 삽과 준설기 및 표준 하상재료 채취기로 BM-54와 BMH-60채취기가 있다. 이들 채취기는 중간크기의 자갈보다 작은 입자들을 채취하기 위해 고안되었다.

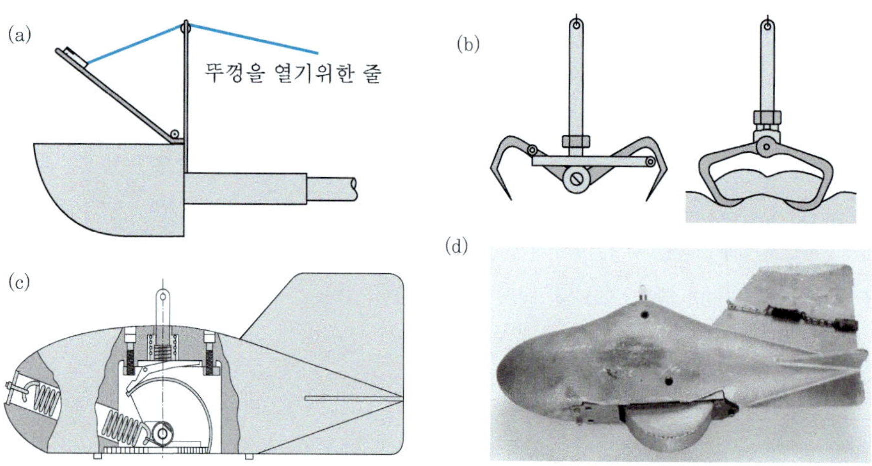

그림 16.7.2 하상토 측정장비 : (a) 삽, (b) 준설기, (c) BM-54, (d) BMH-60

16.7.3 부유유사 채취

부유유사 채취기는 하천에서의 부유유사량 산정 및 입도분포를 산정하기 위해 사용된다. 만일 부유상태로 운반되는 유사가 하천 단면 전체를 통해 균일한 분포를 이루고 있으면, 하천 단면 임의의 지점에서 채취된 유사는 평균 농도를 보이게 된다. 하지만 유사의 농도는 하천의 모든 단면에서 같지가 않기 때문에 정확한 유사량을 산정하기 위해서는 이러한 공간적 변화를 반드시 고려해야 한다.

부유유사 채취기는 순간(instantaneous)채취기 및 적분(integrating)채취기로 구분할 수 있다. 순간채취기는 특정한 순간 동안 채취지점을 통과하는 물과 유사의 혼합물을 채취한다. 적분채취기는 농도의 변화를 평균하기 위해 일정시간 동안에 걸쳐 유사를 채취하게 된다. 이러한 형태의 채취기가 오늘날 하천의 연구에 많이 사용되고 있으며, 수심적분(depth-integrating)채취기와 점적분(point-integrating)채취기로 구분된다. 수심적분채취기는 주어진 깊이까지 움직이는 동안 유사를 채취하는 반면, 점적분채취기는 특정 지점에서만 유사를 채취한다.

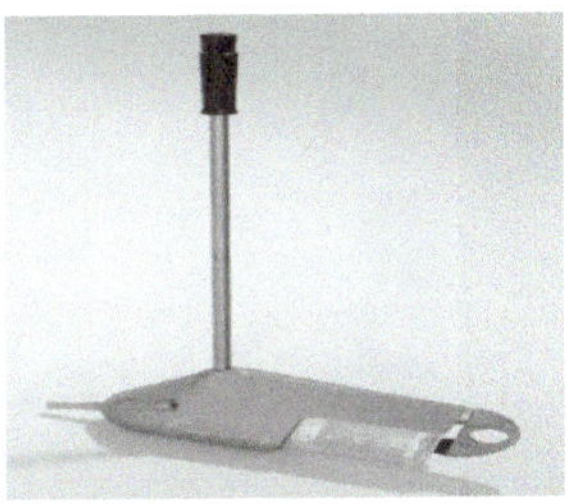

(a) DH-48

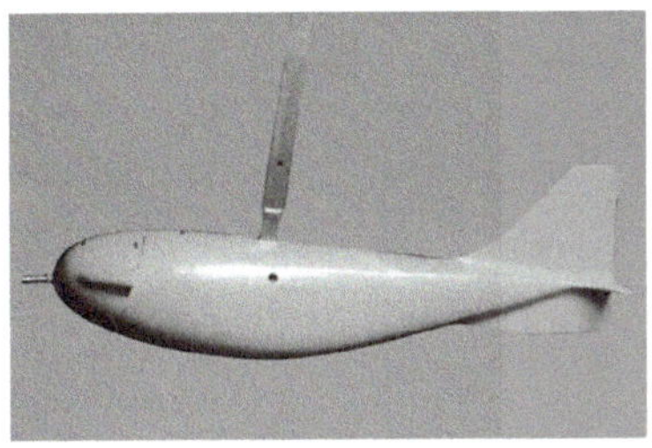

(b) D-74

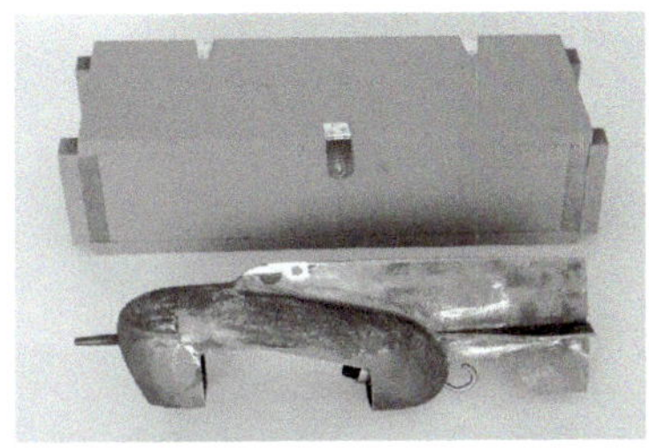

(c) DH-76(59)

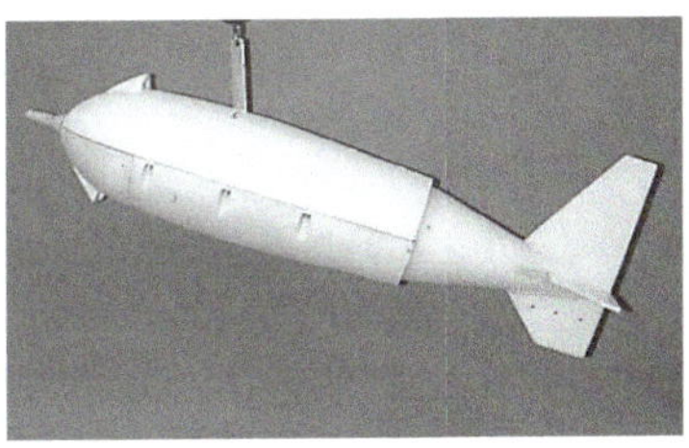

(d) DH-81

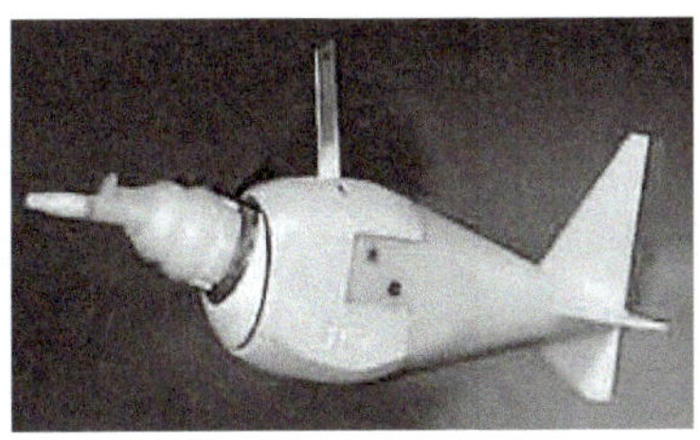

(e) DH-95

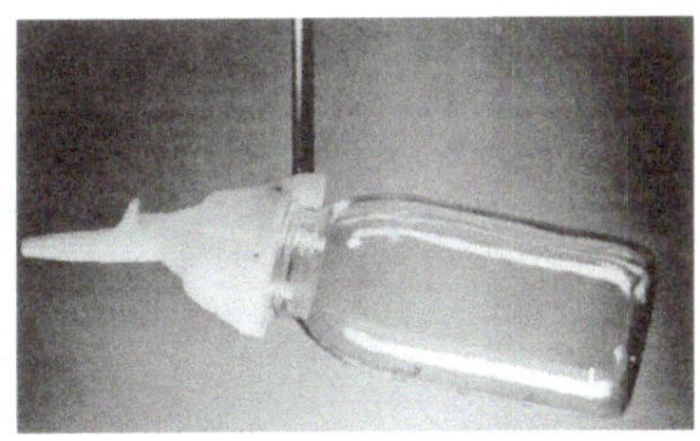

(f) D-96

그림 16.7.3 수심적분 채취기

1) 수심적분채취기

수심적분 채취기는 하상까지 내려졌다가 다시 수면으로 끌어 올려지는 동안 유사를 누적하여 채취하게 된다. 만일 채취기가 일정한 속도로 왕복하면 유사는 유속-수심적분 또는 유량-가중유사가 되며, 농도는 연직으로 평균된 농도가 된다. 깊이가 10m 이내에서는 수심적분은 한 번의 이동 즉, 채취기가 열린 상태로 하상까지 내려갔다가 하상과 접촉하게 되면 입구부가 닫히게 되고, 닫힌 상태로 수면까지 올라오게 된다. 10m 이상의 깊이에서는 한 번 이상의 유사 채취 이동이 필요하다. 수심적분 채취기에는 DH-48, D-74, DH-76(59), DH-81, DH-95, D-96 등이 있으며 H가 붙은 것은 비교적 무게가 가벼워 부착된 막대기를 이용하여 손으로 작업을 할 수 있다.

2) 점적분채취기

점적분채취기는 단순한 수심적분채취기보다 용도가 다양하다. 점적분채취기는 하상에 근접한 지점을 제외한 수중의 임의의 점에서의 평균 유사농도를 나타낼 수 있는 유사를 채취하는데 사용된다. 또한 점적분채취기는 수심의 증가에 따라 연속적으로 유사를 채취하는 데에도 사용될 수가 있어 수심적분채취기를 이용하기에는 수심이 깊은 경우에 유용하게 사용된다. 수심적분을 할 경우에는 임의의 깊이에서 시작하여 위 또는 아래 방향으로 10m정도 연속적으로 유사 채취를 할 수 있다. 점적분채취기에는 P-61, P-62, P-63 그리고 P-72 등이 있으며, 모두 청동으로 주조된 유선 형태로 되어 있으며, 흐름의 방향으로 위치를 잡기 위한 꼬리 날개가 있다.

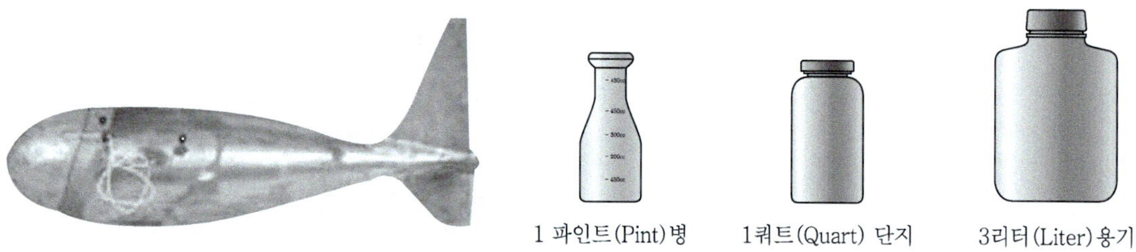

그림 16.7.4 점적분 채취기 P-72 및 채취 용기

3) 연속기록 채취기

연속적인 유사 농도를 관측할 수 있는 장비들로 광도계(photometers), 전자센서(electronic sensing)장비 그리고 초음파(ultrasonic)장비가 있다. 광도계의 원리는 광전지가 물의 탁도에 따른 빛의 강도 변화를 나타내는데 있다. 전자센서장비는 두 전극 간 틈 사이에 있는 혼합체에서 입자가 움직임에 따라 저항이 변하는 것을 이용하여 농도를 측정한다. 초음파장비는 고체와 액체의 혼합체를 통과하는 음파의 감쇄가 입자의 농도에 따라 변하는 것을 이용한다. 이러한 장비들은 보정 후에 실험실에서 유사에 대한 분석 없이 직접 유사의 농도를 산정할 수가 있다.

4) 부유유사 측정방법

부유유사 측정 장비들을 이용하여 하천의 임의 지점에서 부유유사를 채취할 수가 있지만, 이러한 유사들로부터 하천 횡단면 전체를 대표하는 평균 부유유사 농도를 얻을 수도 또는 얻지 못할 수도 있다. 이상적으로 하천의 유사농도를 측정하기 위해서는 주어진 시간 동안 하천의 전체 흐름에 대해 유사를 채취하는 것이다. 하지만 현실적으로 그렇게 할 수가 없으므로 제한된 유사채취 방법을 사용하게 된다.

① 연직 측정선 수의 결정

하천을 통한 유사농도 및 입자크기 분포를 결정하거나, 전체 하천단면에 대한 대표 유사농도를 결정하기 위해서는 연직방향 측정선의 수를 결정해야 한다. 이러한 연직방향 측정선의 수 및 위치는 조사의 정확도, 하천 횡단면의 크기 및 형태, 유사로부터 얻고자 하는 정보의 종류, 하천의 입자크기 및 기타 하천특성에 의해 영향을 받는다.

연직 측정선의 위치를 결정하는데 사용되어지는 가장 일반적인 방법들은 다음과 같다.

① 하천 중심부의 단일 측정선
② 최심하상고 위치에서의 단일 측정선
③ 하천 폭의 1/4, 1/2 그리고 3/4 지점
④ 하천 폭의 1/6, 1/2 그리고 5/6 지점
⑤ 4개 이상의 등간격(equal width increment, EWI)의 중심지점
⑥ 등유량(equal discharge increment, EDI)으로 구분된 간격의 중심지점

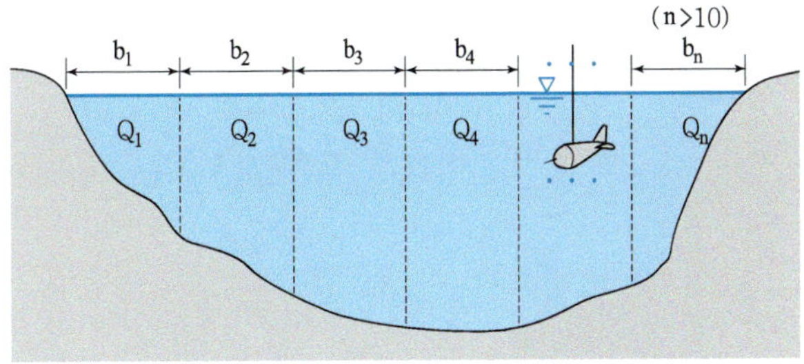

그림 16.7.5 등간격법에 의한 유사 채취

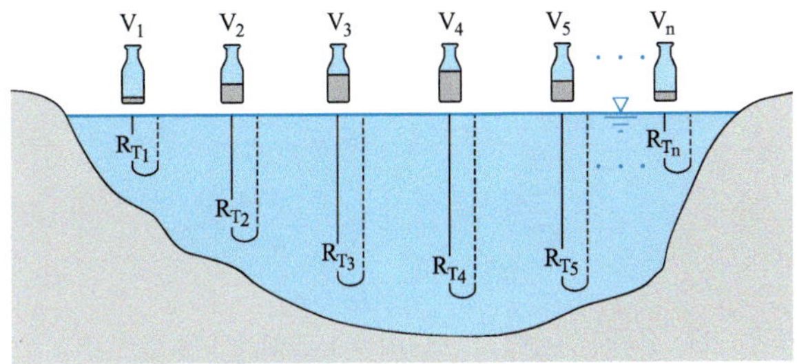

그림 16.7.6 등간격법에 의해 채취한 유사

가장 간단한 방법이 하천 중심 또는 최심하상고 위치에서 단일 측정을 하는 것인데, 하천중심보다는 최심하상고를 택하는 것이 이 지점에서 유량이 가장 많이 흐르기 때문에 더 바람직하다고 할 수 있다. 하지만 하나의 측정선에서만 측정하는 것은 아주 작은 하천이나 일상적인 측정 그리고 충분한 정확성이 요구되지 않는 경우에 국한하여야 한다. 하천 폭의 1/4, 1/2, 3/4지점에 측정선을 정하는 것은 편리하며 현실적이라고 할 수 있고, 이 방법은 하나의 측정선을 사용하는 방법에 비해 유사의 농도 및 분포에 관한 정보를 더 많이 얻을 수가 있다.

등간격(EWI)법은 하천단면에서 등간격으로 단면을 나누고 각 단면 중심에 측정선을 위치하여 유사를 채취하는 방법이다. 이때 모든 측정선에서 채취기의 이동속도를 일정하게 유지하며 유사를 채취하는 것을 등이동속도(equal transit rate, ETR)법이라 한다. 등이동속도법에서는 유사 채취시 채취기의 상승 및 하강속도가 모든 측정선에서 동일하므로 각 측정선에서 채취된 유사의 부피는 그 측정선에서의 단위폭당 평균 유량과 비례한다. 따라서 각 측정선의 간격, 각 측정선의 수심, 채취시간 및 채취유사의 부피만 알면 다음과 같이 유량을 산정할 수 있다.

$$\overline{C} = \frac{\sum C_i V_i d_i}{\sum V_i d_i} \tag{16.7.2}$$

$$Q_s{}' = \gamma Q \overline{C} = \gamma (b \sum V_i d_i) \overline{C} = \gamma b \sum C_i V_i d_i \tag{16.7.3}$$

여기서, C_i는 i번째 측정선에서 채취된 물-유사 혼합체의 무게에 대한 유사의 건조무게 비인 유사

농도이고, V_i와 d_i는 i번째 측정선에서의 평균 유속 및 수심, b는 하폭 증가치, $\overline{C}$는 횡단면의 평균농도, Q_s'는 채취된 유사량이다. 유속 V_i는 0.3m/s보다 클 경우 다음과 같이 산정할 수도 있으며, 이보다 작은 경우에는 유속계를 이용하여 유속을 측정하는 것이 바람직하다.

$$V_i = \frac{\overline{V}_{oi}/T_i}{A_n} \tag{16.7.4}$$

여기서, $\overline{V}_{oi}$는 유사부피, T_i는 채취하는 데 걸린 총 이동시간, A_n은 채취기 노즐의 단면적이다.

② 연직방향 측정 지점의 결정

점적분 유사채취는 각 연직 측점선의 위치가 결정된 후 측점선상의 임의의 점에서의 유사농도를 결정하는데 사용될 수가 있다. 이러한 측점상에서의 유사농도를 정의하기 위한 연직방향의 측점위치를 결정하기 위해 다음과 같은 방법들이 주로 사용되고 있다.

① 수면 근처의 한 지점
② 수면으로부터 60% 깊이의 한 지점
③ 수면 근처 및 하상 근처의 두 지점(가중치 같음)
④ 수면 근처, 수심 중간 및 하상 근처의 세 지점(가중치 같음)
⑤ 수면 근처, 수심 중간 및 하상 근처의 세 지점(중간 지점 가중치가 두 배)
⑥ 정확성 정도에 따른 여러 개의 지점
⑦ 이전의 관측과 관련 있는 한정된 지점

수면 근처의 한 지점에서 유사를 채취하는 것은 다른 방법에 비해 정확도가 떨어지며, 수심 60% 깊이에서의 채취는 특정 하천에 국한 된다. Straub는 수표면 근처와 하상 근처에서의 두 지점을 택하는 대신 다음과 같은 관계를 제시하고 있다.

$$\overline{C} = \frac{3}{8}C_{0.8d} + \frac{5}{8}C_{0.2d} \tag{16.7.5}$$

여기서, $C_{0.8d}$와 $C_{0.2d}$는 수표면으로부터 수심의 80% 및 20%되는 깊이에서의 농도이다.

세 지점 선택방법에서는 등이동속도(ETR)방법이 적절하며, 두 지점에 의한 채취보다는 유사분포에 대한 더 많은 정보를 얻을 수가 있다. Luby는 연직방향에서 등유량으로 구분한 구간의 중심에서의 유사 채취를 제시하였는데, 이 방법은 앞의 방법보다 합리적이고 정확하지만 연직방향의 속도분포에 대한 지식을 필요로 한다. Colby는 수심을 등간격으로 나누어 각 간격의 중간지점에서 유사를 채취하는 방법을 추천하고 있다. 이 방법은 Luby의 방법과 비교하여 단순하고 정확성이 약간 향상되지만 일반적인 유사분석에 비해 많은 노력을 필요로 한다.

16.8 유사분석

현장에서 채취한 유사로부터 각종 설계에 필요한 분석을 하기 위해서는 유사의 농도 및 유사의 입경분포를 결정하여야 한다. 채취한 부유유사로부터 농도 및 입경분포를 결정하기 위한 다양한 방법 중 입자의 크기 및 양 등을 고려하여 최선의 방법을 택하여야 한다. 유사는 매우 작은 입경을 가진 소량만 채취될 수도 있고, 다양한 범위의 많은 유사가 채취될 수도 있다. 이러한 극단적인 채취 유사를 분석하기 위해서는 특별한 절차가 필요하다.

16.8.1 유사 농도분석

유사의 농도를 분석하는 가장 일반적인 방법에는 증발법(evaporation method)과 여과법(filtration method) 두 가지가 있으며 모두 장단점을 가지고 있다. 증발법은 유사채취 용기 내에서의 유사의 침전, 표층수의 채취, 증발접시에서 유사의 세척 그리고 건조로에서의 건조과정으로 이루어진다. 여과법에 비해 증발법의 장점은 필요한 장비 및 방법이 간단하며, 채취된 유사가 채취용기 내에서 쉽게 침전이 되는 경우 더욱 간편하다. 여과법은 증발법에 비해 유사농도를 결정하는데 많은 장점이 있으며, 이 방법을 반드시 사용해야 하는 경우도 있다. 여과법에서는 보통 다양한 종류의 여과 재료와 함께 Grooch 도가니를 사용하게 된다. Grooch 도가니는 약 25mg/ℓ용량의 바닥에 구멍이 있는 도자기컵으로 되어 있으며 진공장치와 연결되어 있다.

여과법은 증발법에 비해 낮은 농도의 유사에 대해서는 분석이 빠를 수 있지만, 높은 농도에서 적용하게 되면 많은 유사량에 의해 여과지가 막히는 단점이 있다. 따라서 여과법은 주로 모래로 구성된 경우 10,000mg/ℓ(ppm)이하 및 주로 점토로 구성된 경우 200mg/ℓ이하에서 적용하는 것이 바람직하고 이 범위를 초과하는 농도인 경우 증발법이 적절하다.

1) 농도분석 절차

미국 지질조사국(USGS)에서 제시하고 있는 유사 농도를 분석하는 절차는 다음과 같으며, 이러한 분석에 필요한 기록표는 부록 H-1(수심적분) 및 H-2(점적분)에 수록되어 있다.

① 기록표에 따라 기본 자료를 기록하고 유사농도분석 계획을 세운다.
② 채취용기 외부가 더러우면 깨끗이 씻고 무게를 0.1g 단위까지 측정하여 기록한 후 과도한 증발 및 유기물의 성장을 피하기 위해 차고 어두운 곳에 보관한다.
③ 채취된 유사를 측정지점 및 시간대별로 정리하고, 유사 정보를 적절한 기록표에 기록한다.
④ 유사를 포함한 채취용기의 무게와 용기의 무게를 측정하여 유사용액의 순 무게를 산정한다.
⑤ 유사 채취 용기를 수 시간에서 하루 동안 보관하여 부유유사가 침전하도록 한다. 만일 유사가 쉽게 침전되지 않으면 침전촉진물질을 주입한다.

⑥ 필요한 경우 현장 및 실험실에서의 기록의 오류를 찾거나 수정하기 위해 각 용기의 표층수의 전도율을 측정하여 기록한다.

⑦ 침전된 유사가 교란되거나 포함되지 않도록 조심하여 표층수를 따로 분리한다.

⑧ 무게를 측정한 증발접시나 여과 도가니에 표층수를 분리하고 남은 유사를 담고 증류수로 세척한다. 이때 기록표나 증발접시의 유사가 서로 바뀌어 혼동되지 않도록 주의한다.

⑨ 증발접시나 여과 도가니를 건조로에 넣고 물을 증발시킨다. 증발법인 경우 처음에는 물이 끓어서 유사가 튀어 나가는 것을 방지하기 위해 비등점 이하에서 가열하고 수분이 거의 사라지면 약 110℃에서 한 시간 가량 더 건조시킨다.

⑩ 증발접시나 여과 도가니를 건조로에서 꺼내 실온까지 냉각시킨다. 증발접시나 여과 도가니의 무게를 0.0001g까지 정확하게 계산하여 앞에서 무게를 잰 빈 증발접시나 여과 도가니의 무게를 빼면 순수한 유사의 무게를 얻을 수 있다.

⑪ 유사의 무게를 ④에서 측정한 유사용액의 무게로 나누고 10^6을 곱하면 ppm(part per million)단위의 유사농도를 얻게 된다. ppm단위를 mg/l단위로 환산하기 위해서는 다음 식을 이용하며, 이때 변환계수 C는 표 16.8.1과 같다. 만일 유사의 농도가 16,000ppm보다 작을 경우에는 변환계수 C=1을 적용한다.

$$\mathrm{mg}/l = \mathrm{C} \times \mathrm{ppm} = \mathrm{C}\left(\frac{\text{유사의 무게} \times 10^6}{\text{유사용액의 무게}}\right) \tag{16.8.1}$$

표 16.8.1 유사농도에 따른 변환계수 C

ppm	C	ppm	C	ppm	C
0-15,900	1.00	234,000-256,000	1.18	417,000-434,000	1.36
16,000-47,000	1.02	257,000-279,000	1.20	435,000-451,000	1.38
47,000-76,000	1.04	280,000-300,000	1.22	452,000-467,000	1.40
77,000-105,000	1.06	301,000-321,000	1.24	468,000-483,000	1.42
106,000-132,000	1.08	322,000-341,000	1.26	484,000-498,000	1.44
133,000-159,000	1.10	342,000-361,000	1.28	499,000-513,000	1.46
160,000-184,000	1.12	362,000-380,000	1.30	514,000-528,000	1.48
185,000-209,000	1.14	381,000-398,000	1.32	529,000-542,000	1.50
210,000-233,000	1.16	399,000-416,000	1.34		

2) 평균 유사농도의 계산

앞에서 소개한 유사농도 산정방법은 하천의 전체 단면 중 유사를 채취한 소단면에서의 평균농도라 할 수 있다. 따라서 각 소단면에서의 평균 유사농도 C_i를 이용하여 하천 단면 전체에 대한 유사의 평균농도를 다음과 같이 산정할 수 있다.

$$C_s = \frac{\Sigma(Q_i \times C_i)}{\Sigma Q_i} \tag{16.8.2}$$

여기서, C_s는 하천 횡단면 전체에 대한 유사의 평균 농도(ppm), C_i는 각 소단면별 평균 유사농도(ppm) 그리고 Q_i는 각 소단면의 유량(m^3/sec)이다. 따라서 하천 단면을 통한 총 부유유사량은 다음과 같이 산정할 수 있다.

$$Q_s = C_s Q \times 10^{-6} \tag{16.8.3}$$

여기서, Q_s는 하천 단면을 통한 총 부유유사량(ton/sec), Q는 하천단면을 통한 총유량(m^3/sec)이다.

예제 16.8.1

어느 하천에서 표 16.8.2와 같이 부유유사 시료를 채취하였을 때 하천단면 전체에 대한 평균 부유유사 농도 및 하천단면을 통한 부유유사량을 구하라.

풀이

표 16.8.2에서 4째 줄에 각 관측 소단면별 유량이 주어져 있고, 7~8줄에 물과 유사 혼합시료 무게 및 용기의 무게가 주어져 있다. 따라서 7줄에서 8줄을 빼면 순순한 혼합시료의 무게가 되고 그 결과가 9째 줄에 나타나 있다.

11~12줄에는 건조로에서 건조한 유사 및 증발접시의 혼합무게 그리고 증발접시의 무게가 주어져 있다. 따라서 순수한 유사의 무게는 11줄에서 12줄을 빼면 되고 그 결과가 13줄에 나타나 있다. 그러므로 각 소단면별 부유유사의 농도는 유사무게(13줄)를 혼합시료의 무게(9줄)로 나눈 후 10^6을 곱하면 16줄과 같이 ppm 단위로 구할 수가 있다.

따라서 하천 단면을 통한 평균 부유유사 농도는 식 (16.8.2)와 같이 4째 줄의 각 소단면별 유량을 가중치로 하여 16줄의 농도를 평균하면 1753.99ppm을 얻을 수가 있다.

부유유사량은 부유유사의 평균농도 식 (16.8.3)과 같이 구할 수가 있다.

$$Q_s = QC_s \times 10^{-6} = 295.79 \times 1{,}753.88 \times 10^{-6} = 0.519\text{ton/sec}$$

표 16.8.2 수심적분 부유유사 농도분석 표

Date									①
Time									②
Gate height									③
Discharge(cms)		23.04	49.56	45.33	56.15	55.35	41.35	25.01	④
Temperature									⑤
Sampling Sta.									⑥
Weight of sample	Gross(g)	413.2	797.7	638.5	613.3	531.1	604.4	377.6	⑦
	Tare(g)	65.7	62.9	61.8	62.8	61	62.8	62.8	⑧
	Net(g)	347.5	734.8	576.7	550.5	470.1	541.6	314.8	⑨
Container no.									⑩
Weight of sediment	Gross(g)	51.5247	44.4345	54.742	54.3593	52.7055	46.9123	49.7159	⑪
	Tare(g)	50.8609	43.5194	53.8509	53.4653	51.4612	46.0222	49.2457	⑫
	Net(g)	0.6638	0.9151	0.8911	0.894	1.2443	0.8901	0.4702	⑬
	D.S.Corr.								⑭
	Net								⑮
Conc.(ppm)		1910.22	1245.37	1545.17	1623.98	2646.88	1643.46	1493.65	⑯

16.8.2 유사 입경분포 분석

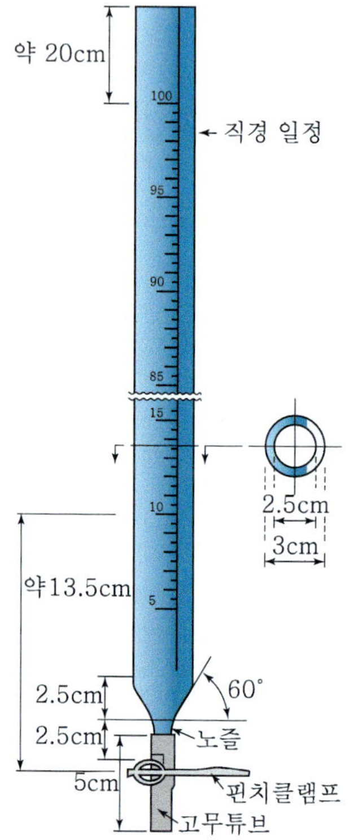

그림 16.8.1 BW관의 구조

유사의 입경분포 분석방법은 여러 가지가 있으나 일반적으로 사용하는 방법들에는 체분석(sieve analysis), VA관(visual accumulation tube), BW관(bottom withdrawal tube), Hydrometer 등과 같은 방법이 있으며, 각 방법에 따라 사용할 수 있는 입경범위, 농도범위, 시료의 양 등은 표 16.8.3과 같다. 실제하천에서 채취한 유사는 다양한 크기를 포함하고 있으므로 한 가지 방법만 사용하지 않고, 두 가지 이상의 방법을 동시에 사용할 수도 있다. 이중에서 대표적인 입경분포 분석방법은 BW관에 의한 방법으로 채취 유사가 대부분 이토나 점토로 구성되어 있고, 농도가 낮은 경우의 부유유사 입경분포를 분석하는데 적절한 것으로 알려져 있다.

1) 입경분포 분석 절차

① 채취한 유사용액을 BW관에 주입하고 용기에 남아있는 유사는 증류수로 깨끗이 씻어 BW관에 넣고 관내의 물기둥의 높이가 100cm가 되도록 증류수를 채운다.

② 관내의 유사가 골고루 혼합되도록 BW관의 양단을 잡고 상하로 움직인다. 유사가 잘 혼합되었으면 관을 똑바로 세워 고정하고 동시에 초시계로 시간을 잰다.

③ 관내에 있는 액체를 10등분하여 각 10cm씩 비커에 따라낸다. 입경 1.0mm의 유사는 90cm 침강하는데 약 6초가 걸리며 0.0625(1/16)mm의 유사는 같은 거리를 침강하는데 약 5분이하가 소요된다. 온도에 따른 비중 2.65의 구형 입자가 100cm를 침강하는데 걸리는 시간은 표 16.8.4와 같다. 따라서 일반적으로 입경이 1.0mm 내외가 대부분인 유사용액에 대해서는 배출시간을 1/6, 1/2, 1, 3, 7, 16, 40, 80, 120분 등으로 구분하고 0.0625mm 이내의 용액에 대해서는 4, 15, 40, 54, 69, 82, 97, 110, 124분 등으로 구분한다. 마지막 10cm 배출시에 총시간 120분 내외로 0.0039mm 크기의 유사가 배출되게 한다.

표 16.8.3 각 입경분포 분석 방법별 적용범위

분석방법	입경 범위(mm)	농도범위(mg/ℓ)	유사의 양(g)
체분석	0.062 - 32	-	< 0.05
VA관[1]	0.062 - 2.0	-	0.05- 15.0
피펫	0.002 - 0.062	2,000 - 5,000	1.0 - 5.0
BW관[2]	0.002 - 0.062	1,000 - 3,500	0.5 - 1.8
Hydrometer[3]	0.002 - 0.062	25,000 - 50,000	20 - 200

주) 1) 지름 3in. 체와 중앙입경 0.5mm 이하 기준임. 2) 0.35mm 모래까지 측정가능 하지만 입경이 커질수록 정확도가 감소.
3) 시료의 양은 침전용기의 크기에 좌우되며 1000m 실린더가 최소임.

④ 배출시간은 규정시간에 맞도록 지켜야 하며, 배출량도 정확하여야 하나 뒤에 설명할 Oden 곡선을 정확하게 작성할 수만 있으면 약간의 변화는 허용되며 변동사항은 참고로 기재해 두어야 한다.

⑤ 증발접시는 사용할 때마다 잘 닦아야 하며 농도가 낮은 유사를 분석할 때는 특히 유의 한다.

⑥ 유사용액을 담은 증발접시를 105~110℃의 건조로에서 24시간 건조시킨다.

⑦ 건조로에서 꺼내 즉시 냉각기에 옮긴 후 40분간 냉각시켜 실온이 되면 꺼내어 0.0001g 단위까지 중량을 잰다.

⑧ 실험결과를 BW관 기록표(부록 H-3)에 기록한다. 기록표 o란의 100cm 낙하하는 시간(분)과 n란의 낙하된 유사의 백분율(%)을 Oden 곡선용지(부록 H-4)의 가로축과 세로축에 표시하여 Oden 곡선을 작성한다. Oden 곡선용지에서 가로축의 값이 3개로 구성되어 있으므로 Oden 곡선도 2~3개 정도 그리게 된다.

⑨ 원하는 부유유사 입경의 침강시간을 표 16.8.4에서 결정하고 Oden 곡선에서 이 시간에 해당하는 점에서 접선을 그어 세로축과 만나는 점에서 부유유사 입경분포를 구한다.

표 16.8.4 BW관을 이용한 유사입경 분석용 시간표(단위 : 분)

온도	입경 (mm)								
℃	1.00	0.50	0.25	0.125	0.0625	0.0312	0.0156	0.0078	0.0039
10	0.115	0.243	0.592	1.73	6.22	24.9	99.6	399	1594
11	0.144	0.240	0.577	1.68	6.03	24.2	96.9	388	1551
12	0.113	0.237	0.568	1.65	5.87	23.6	94.2	377	1507
13	0.112	0.233	0.562	1.62	5.72	22.9	91.6	367	1466
14	0.111	0.232	0.552	1.59	5.57	22.3	89.2	357	1428
15	0.110	0.228	0.543	1.56	5.42	21.7	86.9	348	1391
16	0.109	0.227	0.538	1.53	5.27	21.2	84.6	339	1354
17	0.108	0.225	0.528	1.50	5.15	20.6	82.5	330	1320
18	0.107	0.222	0.522	1.48	5.02	20.1	80.5	322	1288
19	0.107	0.220	0.515	1.45	4.88	19.6	78.5	314	1256
20	0.106	0.218	0.508	1.41	4.77	19.2	76.6	306	1225
20.5	0.160	0.217	0.505	1.40	4.72	19.0	75.8	303	1212
21	0.105	0.217	0.503	1.39	4.67	18.7	74.9	299	1198
21.5	0.105	0.215	0.500	1.38	4.61	18.5	73.0	296	1179
22	0.104	0.213	0.497	1.37	4.55	18.3	73.0	292	1168
22.5	0.104	0.213	0.492	1.36	4.50	18.1	72.2	289	1155
23	0.104	0.212	0.488	1.34	4.45	17.8	71.3	285	1141
23.5	0.104	0.210	0.487	1.33	4.39	17.6	70.5	282	1128
24	0.103	0.210	0.485	1.32	4.33	17.4	69.6	279	1114
24.5	0.103	0.210	0.480	1.31	4.29	17.2	68.9	276	1102
25	0.103	0.208	0.478	1.30	4.25	17.0	68.1	273	1090
25.5	0.102	0.208	0.475	1.29	4.20	16.9	67.4	270	1078
26	0.102	0.207	0.472	1.28	4.15	16.7	66.6	266	1065
27	0.101	0.205	0.467	1.26	4.05	16.3	65.1	260	1042
28	0.101	0.203	0.462	1.24	3.97	15.9	63.7	255	1019
29	0.100	0.202	0.455	1.22	3.88	15.6	62.3	249	997
30	0.0998	0.200	0.450	1.20	3.80	15.3	61.0	244	976
31	0.0991	0.198	0.445	1.18	3.71	14.9	59.7	239	956
32	0.0987	0.197	0.442	1.17	3.65	14.6	58.5	234	936

주) 비중 2.65의 구형 입자가 100cm를 낙하하는데 소요되는 시간(분)

2) Oden 곡선

BW관에서 유사입자가 침강하기 시작한 후 특정 시간 t에서 배출된 유사혼합물에는 t시간 동안에 관의 전체 거리를 충분히 침강할 수 있는 크기의 유사입자와 함께 그 시간동안 침강할 거리보다 짧은 구간에 있던 작은 입자들도 포함되어 있게 된다. 이 누가유사량을 그림 16.8.2와 같이 가로축에는 침강시간(t), 세로축에는 관내 유사 잔유량을 백분율로 나타내어 표시하여 곡선을 그리면 Oden 곡선이 된다. Oden 곡선을 그리기 위한 양식은 부록 H-4에 주어져 있다.

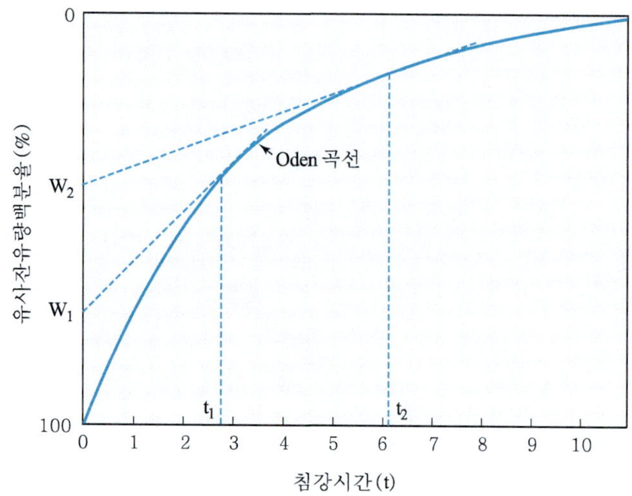

그림 16.8.2 Oden 곡선

Oden 곡선에서 서로 다른 시간 t_1과 t_2에 해당하는 곡선상의 지점에서 접선을 그려서 이 접선이 세로축과 만나는 점을 각각 W_1과 W_2라 하면, W_2와 W_1의 차이가 침강시간이 t_1과 t_2사이인 입자의 입경범위에 해당하는 유사의 양이 된다.

예제 16.8.2

어느 하천에서 부유유사를 채취하여 BW관을 이용한 입경분포를 구하려고 한다. 표 16.8.5와 같이 a~g까지의 분석이 이루어졌을 때 표의 나머지 부분을 구하여 Oden 곡선을 그리고 입자크기 0.062mm~0.031mm에 대한 백분율을 구하라. 단 수온은 24℃이다.

풀이

표 16.8.5에서 b란은 침강거리(cm), c란은 침강시간(분)을 나타내고, f란은 용기와 유사의 무게, g란은 용기의 무게이다. 따라서 유사의 순 무게 h란은 f란에서 g란을 빼어 구할 수 있다. k란은 유사 순 무게의 누가치이고, l란은 깊이계수로 100/b란으로 구하게 된다. m란은 낙하된 부유유사량으로 k란과 l란을 곱하여 산정한다. n란은 낙하된 부유유사량으로 m란의 누적치 40.17로 나누어 구하고, o란은 100cm를 낙하하는데 걸리는 시간(분)으로 c란과 l란을 곱하여 구한다.

이와 같이 구한 n란과 o란의 값을 Oden 곡선에 도시한 결과가 그림 16.8.3과 같으며 Oden 곡선으로부터 0.062mm~0.031mm에 해당하는 입자크기의 비율을 구하기 위해서는 Oden 곡선에서 24℃에서 0.062mm입자의 100cm낙하시간은 4.3분, 0.031mm인 경우 17.4분으로 나타나므로 이들 값에서의 접선을 그려 세로축과 만나는 점이 0.062mm인 경우 7%, 0.031mm인 경우 13%이므로 0.062mm~0.031mm해 해당하는 입자크기의 비율은 13−7=6%가 된다.

표 16.8.5 BW관을 이용한 입경분포 산정

	WITHDRAWAL NO.		0	1	2	3	4	5	6	7	8	9	10
a	Clock time												
b	Fall distance-cm		100	90	80	70	60	50	40	30	20	10	
c	Settling time-min.		0.1	0.2	0.5	1	2	4	8	15	30	60	
d	Volume-cc												
e	Container no.		1	2	3	4	5	6	7	8	9	10	
f	Weight (gm)	Gross	30.737	28.452	29.454	32.369	35.582	34.896	35.858	31.315	32.739	33.526	
g		Tare	30.399	28.059	29.057	31.693	34.75	34.357	35.471	31.048	32.587	33.49	
h		Net	0.338	0.393	0.397	0.676	0.832	0.539	0.387	0.267	0.152	0.036	
i		D.S.corr.											
j		Net sediment											
k		Cumulative	0.338	0.731	1.128	1.804	2.636	3.175	3.562	3.829	3.981	4.017	
ℓ	Depth factor 100/(b)		1	1.11	1.25	1.43	1.67	2	2.5	3.33	5	10	
m	Sed. in susp.(k x ℓ)		0.338	0.811	1.410	2.579	4.402	6.350	8.905	12.751	19.905	40.17	
n	% sed. in suspension		0.84	2.02	3.51	6.42	10.96	15.81	22.17	31.74	49.55	100.00	
o	Time for 100cm fall (c x ℓ)-min.		0.1	0.222	0.625	1.43	3.34	8	20	49.95	150	600	

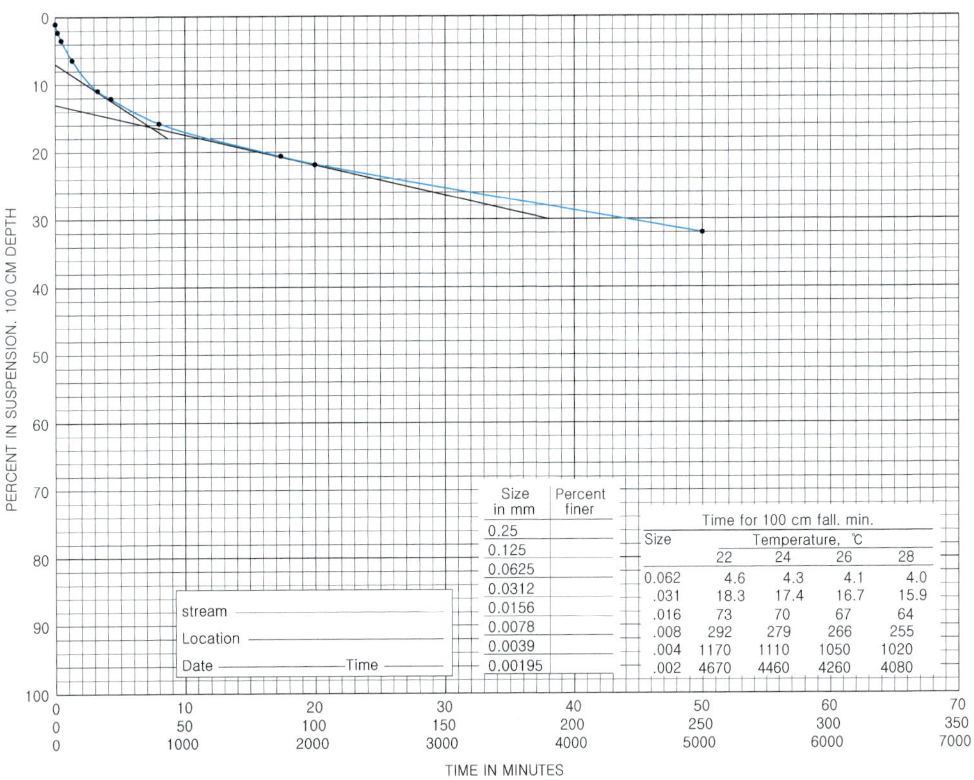

그림 16.8.3 Oden 곡선

연습문제

16.1 직경이 0.04mm와 0.5mm인 구형 모래입자가 정수중에 침전하고 있을 때 각 입자의 침강속도를 결정하라. 단, 모래입자의 비중은 2.65이고 20℃에서의 물의 동점성계수는 $\nu=1.0\times10^{-6}m^2/s$이다.

16.2 Shield 곡선에서 Re=10에서 F=0.03이라 할 때 이 영역에서 하상재료가 움직이지 않기 위한 입자의 최소크기를 결정하라. 단, 유사입자의 비중은 2.65이며, 물은 20℃($\nu=1.0\times10^{-6}m^2/s$)이다.

16.3 하상입자(비중 2.65)의 평균입경이 5cm인 사각형 수로로 $4m^3/s$의 물을 송수하려고 한다. 하상경사를 0.005로 할 때 흐름이 완전난류인 경우 하상입자의 세굴을 방지하기 위한 최소 수로폭을 결정하라. 등류계산에 필요한 Manning의 조도계수는 평균입경 D_{50}(mm)을 이용한 다음과 같은 Lacey의 공식을 이용하라.

$$n = 0.022 f^{1/5}, \qquad f = 1.59\sqrt{D_{50}}$$

16.4 어떤 관목지역에서의 지표면 유사유실량을 산정하기 위해 USLE방법을 적용하려고 한다. 유역의 면적은 40ha, 사면길이는 1,000m, 사면경사각이 2.5°일 때 다음 절차에 따라 토양 유실량을 산정하라.

표 16.4a 빈도별 설계강우량

빈도 \ 시간(분)	0	10	30	60	120	240	360	480	720	1440
30년	0	27.60	56.90	81.11	96.82	131.15	149.08	163.28	185.60	231.07
50년	0	29.98	61.84	88.21	105.48	141.22	160.40	175.56	199.40	247.89

표 16.4b 토양특성

토립자 종류별 구성비 (%)					유기물 함량 (%)	토양 구조	투수도
자갈 (>2mm)	모래 (0.1~0.2mm)	극세사 (0.05~0.1mm)	실트 (0.002~0.005mm)	점토 (<0.002mm)			
23	43	2	23	9	3	2	2

1) 이 유역에서의 빈도별 24시간 설계호우사상이 표 16.4a와 같이 주어질 때 강우침식인자 R을 계산하라.
2) 이 유역에서의 토양특성이 표 16.4b와 같이 분석되었을 때 토양침식인자 K를 결정하라.
3) 이 유역의 지형인자 LS를 산정하라.
4) 토양침식조절인자 VM값을 결정하라.
5) 이 유역에서의 토양유실량을 산정하라.
6) 유사전달율을 산정하고 토양유출량을 산정하라.

16.5 건설된 지 100년 된 저수지 퇴적토의 평균 단위중량을 산정하라. 저수지의 퇴적토는 모래가 20%, 실트가 35% 그리고 점토가 45%로 구성되어 있으며, 저수지 조작은 정상적인 조작을 하고 있다고 가정하라.

16.6 건설된 지 80년 된 저수지 퇴적토의 평균 단위중량을 산정하라. 저수지의 퇴적토는 모래가 40%, 실트가 30% 그리고 점토가 30%로 구성되어 있으며, 저수지 조작은 상당기간 퇴적토가 노출되어 있었다고 가정하라.

16.7 어떤 하천에서의 수심이 15ft, D_{50}이 0.6mm, 하상경사가 0.0003일 때 Duboys의 공식을 이용하여 단위폭당 소류사를 계산하라.

16.8 광폭의 어떤 하천에서의 수심이 15ft, 평균유속이 5.5ft/s, 하상경사가 0.00025, D_{90}이 0.45mm이고, 단위폭당 유량이 30ft^3/s/ft이며 입자크기 구간별 무게비 및 평균입경이 표16.8과 같이 주어질 때 Meyer-Peter 및 Muller의 공식을 이용하여 소류사량을 구하라.

표 16.8 입자크기 구간별 무게비 및 평균입경

구 분	1	2	3
무게 백분율 i_b(%)	25.5	63.2	11.3
평균입경 D_{si}(mm)	0.185	0.368	0.743

16.9 연습문제 16.8에서 주어진 조건을 이용하여 Schoklitsch의 공식을 이용한 소류사량을 산정하라.

16.10 수심이 10ft인 하천에서 얻은 표 16.10과 같은 자료를 이용하여 단위폭 당 부유사량을 산정하라. C_a=0.25lb/ft^3 그리고 z_1=0.9이다.

표 16.10 깊이에 따른 평균유속

깊이 y(ft)	8~10	6~8	4~6	2~4	0~2
평균유속 V(ft/s)	0.55	0.42	0.38	0.29	0.17

16.11 어떤 하천에서의 수심이 15ft, D_{50}=0.45mm, 평균유속 5ft/s, 수온 60°F일 때 Colby의 공식을 이용하여 유사량을 산정하라.

16.12 어떤 하천에서 수심 15ft, 유속 5ft/s, D_{50}=0.45mm, 하상경사 0.00025, $\nu=1.22\times10^{-5}$ft^2/s, S_g=2.65, ρ=1.94slug/ft^{3}일 때 Ackers-White 공식을 이용하여 유사량을 산정하라.

16.13 어떤 하천에서 수심이 15ft, D_{50}=0.45mm, ρ=1.94slug/ft^3, 하상경사 0.000257, 동점성계수 ν =1.22×10^{-5}ft^2/s, 단위폭 당 유량 30ft^3/s/ft, 입자 D_{50}의 침강속도가 0.23ft/s일 때 Yang의 공식을 이용하여 단위폭 당 유사량을 산정하라.

16.14 어느 하천에서 다음 표 16.14와 같이 부유유사 시료를 채취하였을 때 하천단면 전체에 대한 평균 부유유사 농도 및 하천단면을 통한 부유유사량을 구하라.

표 16.14 수심적분 부유유사 농도분석 표

Date									
Time									
Gate height		0.7	0.7	0.7	0.71	0.71	0.72	0.72	
Discharge(cms)		17.49	44.01	39.78	50.6	49.8	35.8	19.46	
Temperature									
Sampling Sta.									
Weight of sample	Gross(g)	382.7	767.2	608	582.8	500.6	573.9	347.1	
	Tare(g)	60.2	57.4	56.3	57.3	55.5	57.3	57.3	
	Net(g)								
Container no.									
Weight of sediment	Gross(g)	46.9695	39.8793	50.1868	49.8041	48.1503	42.3571	45.1607	
	Tare(g)	46.6387	39.2972	49.6287	49.2431	47.239	41.8	45.0235	
	Net(g)								
	D.S.Corr.								
	Net								
Conc.(ppm)									

16.15 어느 하천에서 부유유사를 채취하여 BW관을 이용한 입경분포를 구하려고 한다. 표 16.15와 같이 a~g까지의 분석이 이루어졌을 때 표의 나머지 부분을 구하여 Oden곡선을 그리고 입자크기 0.062mm~0.031mm에 대한 백분율을 구하라. 단 수온은 24℃이다.

표 16.15 BW관을 이용한 입경분포 산정

	WITHDRAWAL NO.		0	1	2	3	4	5	6	7	8	9	10
a	Clock time												
b	Fall distance-cm		100	90	80	70	60	50	40	30	20	10	
c	Settling time-min.		0.1	0.2	0.5	1	2	5	10	20	30	60	
d	Volume-cc												
e	Container no.		1	2	3	4	5	6	7	8	9	10	
f	Weight (gm)	Gross	31.86	29.575	30.577	33.492	36.705	36.019	36.981	32.438	33.862	34.649	
g		Tare	31.222	28.882	29.88	32.516	35.573	35.18	36.294	31.971	33.71	34.62	
h		Net											
i		D.S.corr.											
j		Net sediment											
k		Cumulative											
ℓ	Depth factor 100/(b)												
m	Sed. in susp.(k x ℓ)												
n	% sed. in suspension												
o	Time for 100cm fall (c x ℓ)-min.												

Chapter 17
수자원 경제분석

17.1 서론

자연에서의 물은 시간과 공간에 따라 공급이 변하는 재생가능한 자원이라 할 수 있다. 또한 물은 한 지역에서의 이용이 다른 지역에서의 이용에 영향을 미칠 수 있는 이동성이 있는 자원이다. 따라서 물 공급과 관련 있는 문제들은 지역에 따라 서로 다르게 나타날 수 있다. 물 수요(demand)와 공급(supply)의 지역 의존성에 의해 수자원 관리의 문제도 지역에 따라 변한다. 수자원을 이용하기 위한 시설물 건설 사업은 규모가 비교적 크고, 지역의 경제 및 환경에 큰 영향을 미치게 된다. 또한 수자원 사업은 고용증대와 부수적인 활동을 수반하게 된다. 수자원 개발 사업이 완공되면 시간에 따라 경제적인 효과가 나타나며, 개발 사업에 많은 비용과 자원이 투입되므로 사업을 채택하기 전에 효과 및 결과를 주의 깊게 예측, 평가 및 검토하여야 한다.

예를 들어 생활용수, 관개용수, 발전용수의 공급 및 홍수방지를 위해 다목적 댐을 건설할 때 댐의 위치 및 규모에 따라 긍정적인 효과와 부정적인 효과를 초래할 수가 있다. 따라서 모든 비용(cost) 및 편익(benefit)이 최선의 사업을 결정하기 위해 신중히 검토되어야 한다. 만일 편익이 비용보다 크면 사업을 채택하는 것이 바람직하고, 반대로 비용이 편익을 초과하면 비용을 손실하게 되므로 오히려 피해를 입은 주민에게 보상을 하는 것이 낫다. 본 장에서는 수자원개발을 하기 위한 경제분석의 기본 내용에 대해 알아보기로 한다.

17.2 수요와 공급

경제분야에서 수요(demand)와 공급(supply)이라는 두 용어가 가장 많이 사용되며, 또한 가장 중요한 개념이라 할 수 있다. 수요와 공급은 시장경제체제를 움직이는 원동력이며, 각 생산품의 생산량과 가격을 결정하게 된다.

17.2.1 수요

수요량은 소비자들이 값을 지불하고 구입할 의사와 능력이 있는 물건의 양을 의미한다. 이러한 수요량을 결정하는 변수들에는 여러 가지가 있지만, 그 중에서 가장 중요한 변수가 가격이라 할 수 있다. 일반적으로 가격이 오르면 수요는 줄어들고, 가격이 내리면 수요는 증가하게 되며, 이를 수요의 법칙(law of demand)이라 한다.

표 17.2.1 음료수 가격 및 수요

음료수 가격(원)	수요량(병)
0	14
500	12
1,000	10
1,500	8
2,000	6
2,500	4
3,000	2
3,500	0

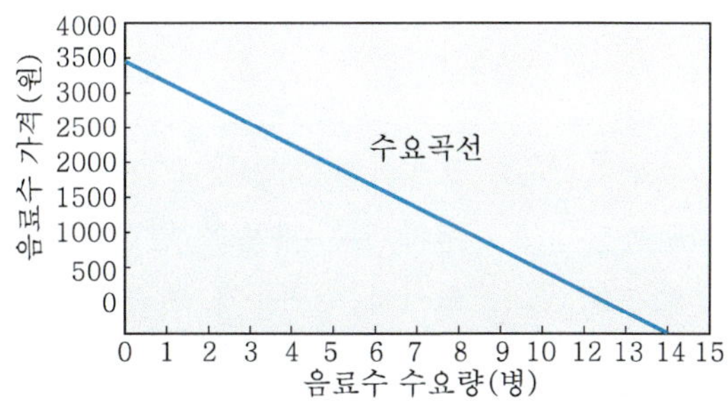

그림 17.2.1 개별 수요곡선

표 17.2.2 음료수 가격 및 수요

음료수 가격(원)	수요량(병)		
	A	B	시장
0	14	8	22
500	12	7	19
1000	10	6	16
1500	8	5	13
2000	6	4	10
2500	4	3	7
3000	2	2	4
3500	0	1	1

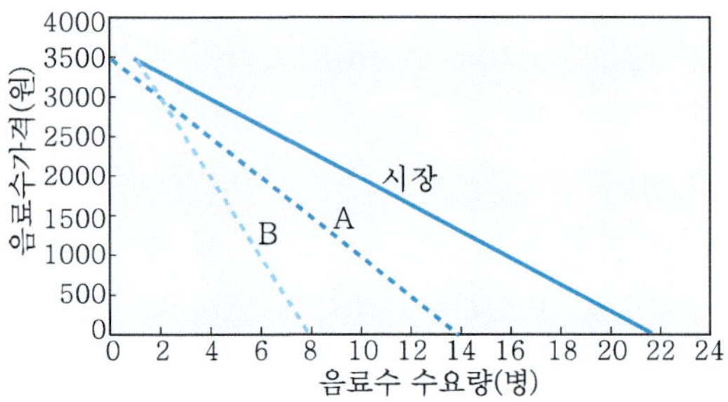

그림 17.2.2 시장 수요곡선

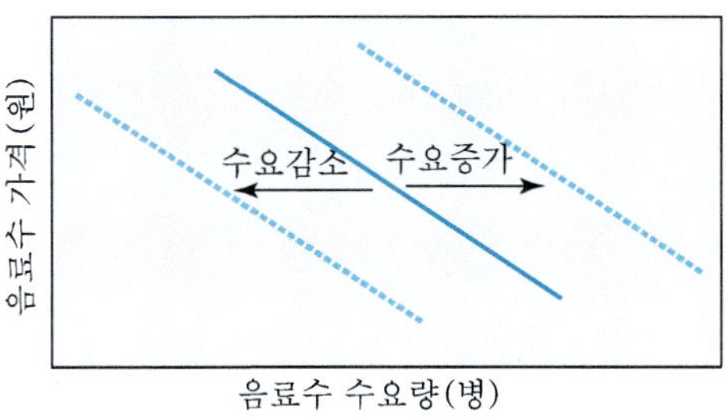

그림 17.2.3 수요곡선의 이동

예를 들어 표 17.2.1과 같이 A라는 사람이 음료수의 가격 변화에 따라 매주 음료수를 마시는 숫자를 생각해 보자. 여기에는 A의 음료수 수요량을 결정하는데 있어 다른 변수들(소득, 취향, 연관재의 가격, 미래에 대한 기대, 기후 등)의 변화 없이 오직 가격만 수요량에 영향을 미친다는 가정 하에 나타낸 것으로 이를 수요표(demand schedule)라 하며, 그림 17.2.1과 같이 그림으로 나타낸 것이 수요곡선(demand curve)이다.

앞의 예는 개인의 수요를 나타내는 것으로 각 개인의 수요를 합하면 시장수요를 나타낼 수가 있다. 또 다른 음료수 수요자인 B라는 사람의 수요표가 표 17.2.2와 같다고 하자. 따라서 시장수요는 각 가격별로 A와 B의 수요량을 합해 얻을 수가 있다. 물론 이 경우에도 시장수요에 영향을 미치는 다른 변수들은 고정되어 있고, 오직 가격의 변화만 고려한 것이다. 이와 같은 시장수요 곡선이 그림 17.2.2와 같고, 각 개별 수요자의 수요량을 가격별로 수평으로 더하여 나타내게 된다.

음료수에 대한 개별 및 시장곡선의 예는 수요에 영향을 미치는 다른 변수들은 변하지 않고 가격만 영향을 미친다는 가정 하에 나타낸 것으로, 만일 다른 영향들을 고려하면 수요량에 영향을 미쳐 수요곡선이 이동하게 된다. 예를 들어 음료수가 치아에 나쁜 영향을 미친다고 발표한다면, 가격의 변동이 없더라도 수요량이 감소할 것이다. 따라서 같은 가격에서 수요량이 감소하였으므로 그림 17.2.3과 같이 수요곡선이 왼쪽으로 이동하게 된다. 반면에 무더운 날씨가 계속되면, 가격의 변화 없이도 음료수 수요량이 증가하여 그림 17.2.3과 같이 수요곡선이 오른쪽으로 이동하게 된다. 이와 같이 수요에 영향을 미치는 변수들에는 가격 외에 개인의 소득, 취향, 관련재의 가격, 미래에 대한 기대 그리고 구입자의 수 등이 있다.

17.2.2 공급

표 17.2.3 음료수 가격 및 공급

음료수 가격(원)	공급량(병)
0	0
500	0
1000	2
1500	4
2000	6
2500	8
3000	10
3500	12

공급량은 판매자가 특정 재화나 서비스를 판매할 의사와 능력이 있는 수량을 말한다. 수요량과 마찬가지로 공급량을 변화시키는 변수가 여러 가지 있지만 그중에서도 가격이 제일 중요한 변수라 할 수 있다. 음료수의 가격이 증가하면 판매수익이 증가하므로 판매자는 공급량을 늘리려고 하고, 반대로

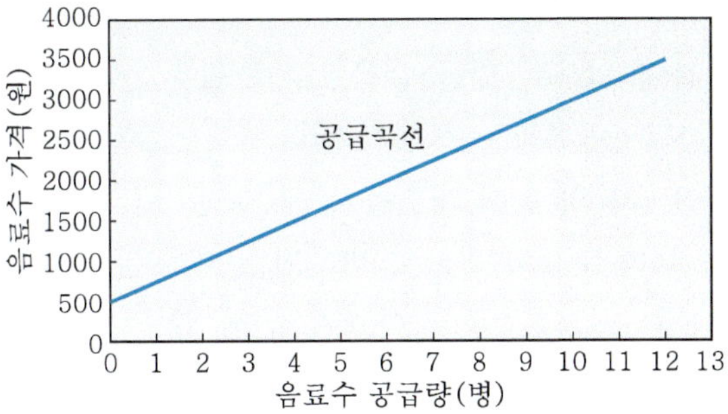

그림 17.2.4 개별 공급곡선

표 17.2.4 음료수 가격 및 공급

음료수 가격(원)	공급량(병)		
	a회사	b회사	시장
0	0	0	0
500	0	1	1
1000	2	2	4
1500	4	3	7
2000	6	4	10
2500	8	5	13
3000	10	6	16
3500	12	7	19

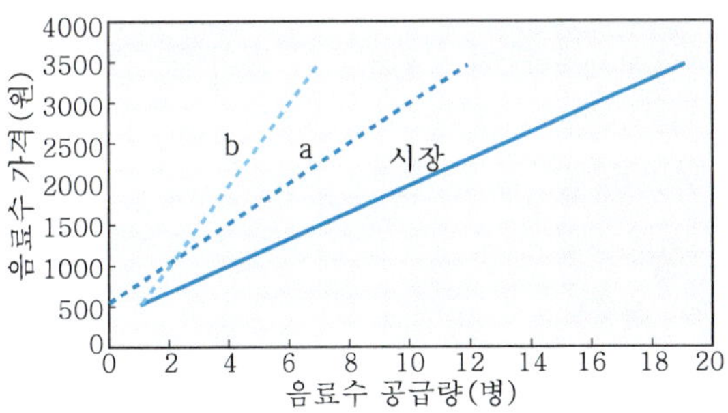

그림 17.2.5 시장 공급곡선

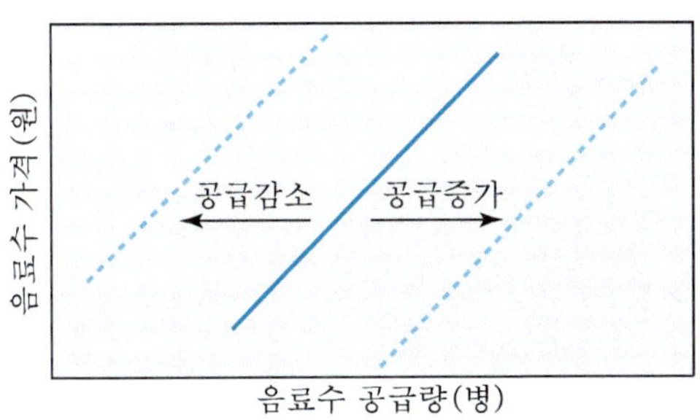

그림 17.2.6 공급곡선의 이동

가격이 낮아지면 판매수익이 줄어들므로 음료수의 공급량을 줄이려 한다. 이와 같이 음료수의 가격이 증가하면 공급량이 늘어나고, 가격이 감소하면 공급량이 주어들게 되는 관계를 공급의 법칙(law of supply)이라 한다. 예를 들어 a라는 회사의 음료수 공급량을 나타내는 표 17.2.3과 같이 가격과 공급량간의 관계를 나타내는 표를 공급표(supply schedule)라 하며, 이 관계를 곡선으로 나타낸 것이 공급곡선(supply curve)이다.

개별수요를 합한 것이 시장수요인 것처럼 개별공급을 합하게 되면 시장공급을 얻을 수가 있으며, a회사와 마찬가지로 b회사도 음료수를 공급하면 표 17.2.4 및 그림 17.2.5와 같은 시장공급량 및 공급곡선을 얻을 수가 있다.

음료수에 대한 개별 및 시장공급곡선의 예는 공급에 영향을 미치는 다른 변수들은 변하지 않고 가격만 영향을 미친다는 가정 하에 나타낸 것으로, 만일 다른 영향들을 고려하면 공급량에 영향을 미쳐 공급곡선이 이동하게 된다. 예를 들어 설탕의 가격이 하락한다면 설탕을 재료의 일부로 사용하는 음료수의 채산성이 높아지고, 음료수의 공급량이 늘어나게 된다. 따라서 같은 가격에서 공급량이 증가하므로 그림 17.2.6과 같이 공급곡선이 오른쪽으로 이동한다. 반면에 전기료가 증가하여 생산비가 증가함으로서 채산성이 낮아지면 가격의 변화 없이도 음료수 공급량이 감소하여 그림 17.2.6과 같이 공급곡선이 왼쪽으로 이동하게 된다. 이와 같이 공급에 영향을 미치는 변수들에는 가격 외에 생산요소의 가격, 기술, 미래에 대한 기대 그리고 판매자의 수 등이 있다.

17.2.3 수요와 공급의 균형

시장수요곡선은 오른쪽으로 감소하고, 시장공급곡선은 오른쪽으로 증가하므로 이 두 곡선을 함께 나타내면 그림 17.2.7과 같이 한 점에서 만나게 된다. 이 점을 균형점(equilibrium point)이라하며, 이 점에서의 가격을 균형가격, 거래량을 균형거래량이라 한다. 즉, 앞의 예의 음료수에 대한 균형가격은 2,000원이며, 균형거래량은 10병이 된다. 이와 같은 균형가격과 균형거래량에서 소비자는 원하는 가격에 원하는 만큼의 음료수를 살 수가 있

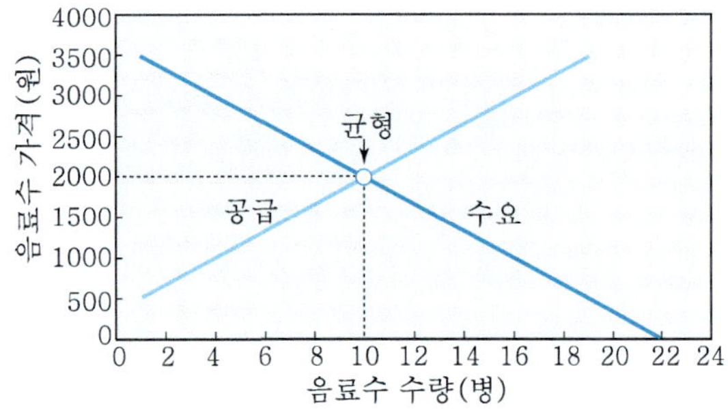

그림 17.2.7 가격의 결정

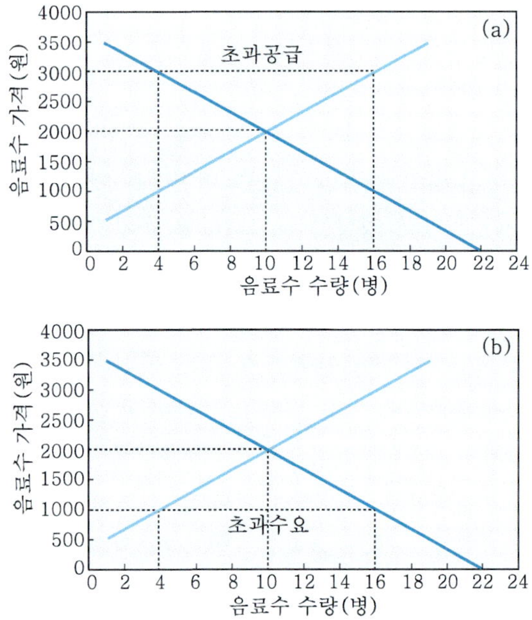

그림 17.2.8 초과공급(a) 및 초과수요(b) 상태

고, 공급자는 원하는 가격에 원하는 만큼의 음료수를 팔수가 있어 소비자와 공급자가 모두 만족하는 상태가 된다.

소비자의 구매 행위와 공급자의 판매 행위를 통해 자연스럽게 수요와 공급의 균형을 향해 수요와 공급이 변하게 된다. 이와 같은 균형을 향해 움직이는 과정을 알아보기 위해 그림 17.2.8a와 같이 균형가격이 시장가격보다 낮다고 가정해 보자. 음료수 가격이 한 병 당 3,000원이면 수요량은 4병이고, 공급량은 16병이므로 공급량이 수요량보다 많아 음료수가 남아돌게 되어 판매자는 원하는 만큼의 음료수를 팔지 못하고 재고가 남게 된다. 이러한 상황을 초과공급(excess supply)이라 한다. 판매자는 이러한 초과공급을 해소하기 위해 음료수의 가격을 낮추게 되고, 수요자는 가격이 낮아지므로 구매를 더 하게 되어 초과공급이 줄어들며 균형가격으로 이동하게 된다.

만일 그림 17.2.8b와 같이 균형가격이 시장가격보다 높다고 가정해 보자. 음료수 가격이 한 병 당 1,000원이면 수요량은 16병이고, 공급량은 4병이므로 수요량이 공급량보다 많아 음료수가 부족하게 되어 수요자는 이 가격에 원하는 만큼의 음료수를 사지 못하며, 이를 초과수요(excess demand)라 한다. 판매자는 가격을 올리더라도 충분한 수요가 있으므로 가격을 올리게 되고, 수요자는 가격이 높아지므로 구매를 줄이게 되어 초과수요가 줄어들며 균형가격으로 이동하게 된다. 이와 같이 시장에서 특정 재화의 가격이 수요와 공급이 일치하도록 조정되는 현상을 수요-공급의 법칙(law of demand and supply)이라 한다.

17.3 공공재와 공유재

자본시장에서 대부분의 재화(goods)는 수요자가 가격을 지불하고 공급자가 대가를 받는 것을 기본원리로 배분된다. 즉, 수요-공급의 법칙에 의해 적절한 가격과 수량이 결정된다. 하지만 특정 재화에 가격이 형성되지 않으면 이러한 시장의 기능이 존재하지 않고 시장의 실패를 초래할 수가 있다. 따라서 민간시장에서 가격이 결정되기 곤란한 경우 정부가 관여하여 공공사업의 개념으로 사업을 수행하게 되는데, 이와 같이 가격이 존재하지 않는 재화에는 공공재(public goods)와 공유재(common resources)가 있다.

17.3.1 재화의 분류

재화를 분류할 때 고려하는 기준에는 경합성(rivalry)과 배제성(excludable)이 있다. 경합성이란 한 사람이 재화를 소비하면 다른 사람이 이 재화를 소비하는데 제한을 주는 것을 말한다. 즉, 한 사람이 소비를 함으로서 얻는 이익이 다른 사람이 얻는 이익을 감소시키게 된다. 배제성은 사람들이 이 재화를 소비하는 것을 막을 수 있는가를 의미한다. 이와 같이 경합성 및 배제성의 여부에 따라 재화는 표 17.3.1과 같이 사유재, 공공재. 공유재 그리고 자연독점으로 구분할 수 있다.

사유재(private goods)는 경합성과 배제성을 모두 갖고 있는 재화를 말한다. 예를 들어 어떤 사람이 음료수를 구입하여 마시면 그 음료수를 다른 사람이 마실 수가 없게 되어 경합성이 있으며, 그 음료수를 상대방에게 주지 않으면 그 사람은 마실 수가 없으므로 배제성이 있다. 이와 같이 우리 주위에서 사용하고 있는 대부분의 재화가 사유재이다. 공공재(public goods)는 경합성과 배제성이 없는 재화이다. 공공재는 한 사람의 소비가 다른 사람의 소비를 방해하지 않으므로 경합성이 없고, 사람들이 공공재를 소비하는 것을 막을 수가 없기 때문에 배제성도 없다. 예를 들어 도시지역의 돌발호우경보는 어떤 사람이 호우경보의 편익을 누린다고 해서 다른 사람들이 누릴 수 있는 편익이 줄어들지도 않을뿐 만 아니라, 경보가 울릴 때 다른 사람이 듣지 못하도록 막을 수도 없으므로 공공재라 할 수 있다.

공유재(common resources)는 경합성은 있지만 배제성은 없는 재화를 말한다. 공유재는 한 사람의 소비가 다른 사람의 소비를 방해하므로 경합성이 있지만, 다른 사람들이 소비하는 것을 막을 수가 없기 때문에 배제성은 없다. 예를 들어 어떤 사람이 지하수를 양수하면 다른 사람이 사용할 수 있는 지하수의 양이 줄어들지만, 다른 사람이 지하수를 양수하지 못하게 할 수는 없으므로 지하수는 공유재라 할 수 있다. 자연독점(natural monopoly)은 경합성은 없지만 배제성이 있는 재화를 나타낸다. 이 경우 한 사람의 소비가 다른 사람의 소비를 방해하지 않으므로 경합성이 없지만, 다른 사람들이 소비하는 것을 막을 수가 있기 때문에 배제성은 있다. 예를 들어 케이블 TV인 경우 어떤 사람이 TV를 수신하면 다른 사람이 TV를 수신하는데 방해하지 않지만, 수신료를 지불하지 않을 경우 공급자가 TV수신을 못하게 할 수 있으므로 자연독점이라 할 수 있다.

표 17.3.1 재화의 구분

배제성 \ 경합성	있음	없음
있음	사유재 음료수 옷 막히는 유료도로	자연독점 케이블 TV 소방서비스 막히지 않는 유료도로
없음	공유재 지하수 자연환경 막히는 무료도로	공공재 호우경보 국방 막히지 않는 무료도로

17.3.2 공공재

공공재는 경합성 및 배제성의 유무에 따라 사유재와 구분되는 재화로 이 재화가 가지고 있는 특수한 성질 때문에 민간시장에서 공급되기는 곤란하고, 공공기관을 통해서 공급되는 재화와 서비스를 말한다. 앞에서 설명한 바와 같이 공공재는 경합성도 없고, 배제성도 없다. 즉, 여러 사람이 동일한 재화를 소비할 수 있으며, 동등한 편익을 서로 얻을 수가 있다.

공공재의 예로 홍수방지시설을 들 수가 있다. 홍수피해가 빈번한 지역에 홍수방지시설을 건설함으로서 홍수를 방지할 수 있고, 인명 및 재산의 피해를 줄일 수 있다. 이와 같이 홍수방지시설로 인해 각 개인이 편익을 얻지만 한 개인의 편익이 다른 사람들의 편익에 영향을 미치지는 않는다.

경합성 및 배제성이 없는 소비의 특성을 가지고 있는 공공재는 민간시장경제에서 효율적으로 공급되기가 곤란하다. 그 이유는 소비가 경합성 및 배제성이 없으면 소비자들은 그 재화를 소비하던 소비하지 않던 소비혜택에서 배제되지 않는다는 것을 알게 되고, 그렇게 되면 소비자들은 결코 그 재화를 가격을 지불하면서 구입하려고 하지 않기 때문이다. 즉, 소비자들은 공공재의 소비에 있어 무임승차(free rider)를 하게 된다. 무임승차는 어떤 사람이 어떤 재화를 소비하여 편익을 보았지만 이에 대한 대가의 지불을 회피하는 것이다. 예를 들어 주민들의 수요에 의해 민간 기업이 불꽃놀이 관람권을 판매한다고 하자. 이 경우 불꽃놀이는 배제성이 없으므로 관람권이 없어도 불꽃놀이를 구경할 수 있다는 것을 사람들이 알아차리게 되고, 따라서 관람권 판매가 어려워진다.

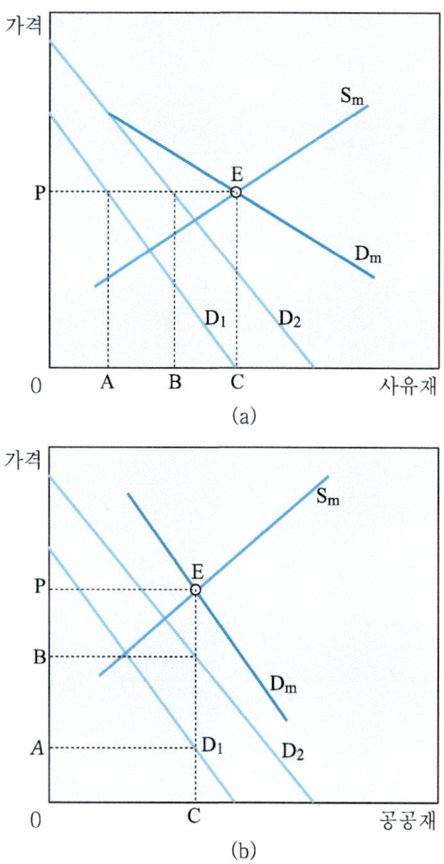

그림 17.3.1 사유재 및 공공재의 규모 결정

이와 같이 공공재를 민간 기업이 시장경제원리에 의해 생산 및 공급하려 한다면 자발적으로 구입하려는 소비자가 없게 되고, 결국 민간 기업은 도산하게 되어 원활한 공공재의 공급이 이루어질 수 없게 된다. 그러므로 공공재에 대해서는 정부가 관여하여 해결하게 된다. 즉, 정부가 어떤 공공재의 사회적 총 이득이 총 비용보다 크다는 것을 확신하면 세금을 거두어 공공재 공급의 비용을 부담하여 모든 사람의 편익을 증대시키게 된다.

이러한 공공재의 적정 가격 및 공급이 어떻게 결정되어지는지 알아보자. 그림 17.3.1은 사유재와 공공재의 가격 및 공급이 결정되는 과정을 보여주고 있다. 먼저 그림 17.3.1a는 사유재의 수요곡선 및 공급곡선을 보여주고 있다. D_1, D_2는 일반소비자의 개별수요곡선을 나타내고 D_m은 개별수요곡선을 수평으로 합한 시장수요곡선, S_m은 시장공급곡선이다. 따라서 균형가격은 시장수요곡선 D_m과 시장공급곡선 S_m이 만나는 E점에서 결정되며, 따라서 균형가격은 OP, 균형공급량은 OC가 되어 소비자

1은 OA만큼, 소비자 2는 OB만큼 구입하게 된다.

그림 17.3.1b는 공공재의 수요곡선 및 공급곡선을 보여주고 있다. D_1, D_2는 일반소비자의 개별수요곡선, D_m은 시장수요곡선으로 사유재와는 달리 개별수요곡선을 수직으로 합하여 구하며, S_m은 시장공급곡선이다. 공공재는 경합성 및 배제성이 없으므로 수요자 1, 2의 수요는 균등하지만, 소비자의 선호에 따라 지불하려는 가격은 다르므로 이 가격을 합해 시장수요곡선이 형성된다. 따라서 균형상태는 시장수요곡선 D_m과 시장공급곡선 S_m이 만나는 E점에서 결정된다. 그러므로 균형공급량은 OC, 균형가격은 OP가 되어 소비자 1은 OA만큼, 소비자 2는 OB만큼 지불하게 된다.

이와 같이 사유재와 공공재의 시장 균형 형성이 약간 다른데 사유재인 경우 수요자 1과 2가 동일한 가격을 지불하면서 서로 다른 양을 소비하고 있는데 반해, 공공재인 경우 수요자들이 동일한 소비를 하면서 서로 다른 가격을 지불하고 있다. 이러한 공공재의 서로 다른 가격을 각 개인이 내는 세금으로 보면 이해가 쉬울 것이다.

17.3.3 공유재

공유재와 공공재는 배제성이 없다는 공통점이 있지만, 공유재는 경합성이 있다는 차이가 있다. 즉, 공유재는 한 사람이 소비하게 되면 다른 사람의 소비에 영향을 준다는 것이다. 따라서 공공재와는 달리 공유재는 또 다른 문제를 초래하게 된다. 이러한 공유재의 문제는 다음과 같은 공유재의 비극(Tragedy of the Commons)이라는 우화를 예를 들면 쉽게 이해할 수 있다. 양을 키워 양털을 팔아 생활하는 것이 주 경제활동인 어느 마을이 있었다. 이 마을 양들은 마을 주민의 공동소유인 초원에서 풀을 뜯어 먹으며 지낸다. 양의 숫자에 비해 초원의 풀이 풍부하므로 즉, 양이 풀을 소비하는데 경합성이 없으므로 아무런 문제가 발생하지 않았다. 그러나 시간이 흘러 마을 인구가 증가하고, 양의 숫자도 늘어나게 되었다. 초원의 면적이 한정되어 있으므로 늘어난 양의 숫자로 인해 풀이 부족하게 즉, 경합성이 생기게 되었고, 결국 초원은 황무지가 되어 양을 더 이상 기를 수 없어 마을의 경제기반이 붕괴되었다.

이러한 공유재의 비극은 외부효과(external effect)로 인해 발생하게 된다. 한 사람의 양떼가 공유지의 풀을 뜯어 먹으면 다른 사람의 양떼가 먹을 풀의 양과 질을 떨어뜨리게 된다. 이러한 부정적인 외부효과를 고려하여 각 개인이 소유할 양의 숫자를 제한하였어야 하는데 이를 감안하지 못했고, 또한 각 개인이 소유한 양의 수가 전체에 비하면 작았기 때문에 각 개인은 그들이 소유한 양의 수를 줄일 이유가 없었던 것이다. 따라서 공유재의 이러한 부정적인 외부효과로 인한 문제점은 정부가 세금 또는 규제를 통해 해결하거나, 공유재를 사유재로 만들어 해결할 수가 있다.

공유재의 대표적인 예로 물과 공기, 석유자원, 혼잡한 무료도로 등을 들 수가 있다. 수질오염과 환경파괴 같은 경우도 공유재의 시장실패로 볼 수 있다. 깨끗한 물과 공기는 초원과 같은 공유재이며, 오염물질의 과다한 배출은 과다한 방목과 같다. 혼잡한 무료도로인 경우도 배제성이 없어

누구나 이용할 수 있지만, 경합성이 있어 한 사람의 추가적인 도로 이용이 그 만큼 도로 혼잡을 초래하여 다른 사람의 도로 이용을 방해한다.

17.3.4 외부효과

공유재의 시장실패로 외부효과가 작용하고 있음을 보았다. 이와 같은 외부효과란 어떤 수요자나 공급자가 다른 경제주체의 수요 및 공급활동에 의하여 시장을 통하지 않은 채 유리 또는 불리한 영향을 받게 되는 것을 의미한다. 시장에서 경쟁적 균형이 이루어지기 위해서는 외부효과가 존재하지 않는다는 전제가 필요하다. 이러한 외부효과는 시장기구를 통해 발생하는 효과가 아니며, 따라서 외부효과가 존재하면 시장이 자원을 효율적으로 배분하는데 실패하게 된다. 외부효과로 인해 유리한 영향을 받는 경우 외부경제라 하며, 불리한 영향을 받는 경우를 외부불경제라 한다. 외부경제를 일으키는 재화가 시장기구에 공급될 때 사회가 원하는 양보다 적은 양의 공급이 나타나고, 반대로 외부불경제를 일으키는 재화가 시장기구 속으로 공급될 때 과다 공급이 발생하게 된다.

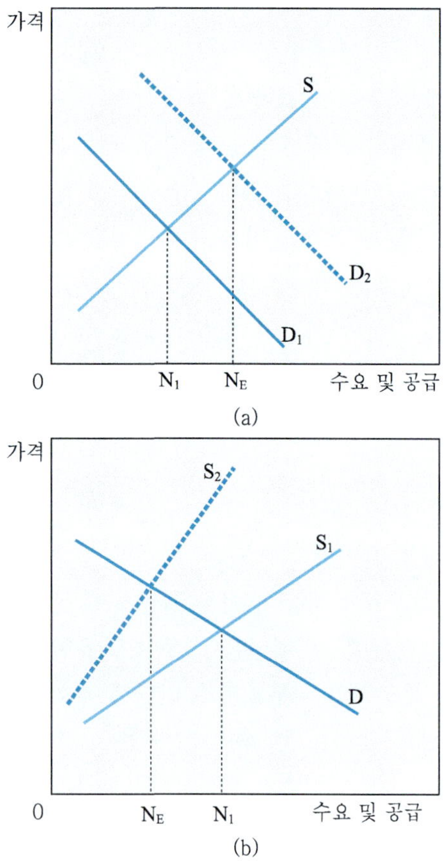

그림 17.3.2 (a) 외부경제, (b) 외부불경제

그림 17.3.2는 특정한 재화에 외부경제 및 외부불경제가 발생하고 있는 상황을 보여주고 있다. 그림 17.3.2a는 어떤 재화에 외부적 편익이 발생하고 있어 이러한 편익을 반영한다면 수요곡선이 D_1에서 D_2로 위 방향으로 이동해야 함을 보여주고 있다. 이러한 상황에서 그 재화가 시장기구 속으로 공급된다면 D_1과 S가 교차하는 N_1에서 수요와 공급이 결정되어 사회 전체에서 요구하는 수요량(공급량) N_E보다 부족하게 된다. 또한 그림 17.3.2b는 어떤 재화에 외부적 비용 즉, 외부불경제가 발생하고 있어 이러한 비용을 반영한다면 공급곡선이 S_1에서 S_2로 위 방향으로 이동해야 함을 보여주고 있다. 이러한 상황에서 그 재화가 시장기구 속으로 공급된다면 D와 S_1이 교차하는 N_1에서 수요와 공급이 결정되어 사회 전체에서 요구하는 수요량(공급량) N_E보다 많아지게 된다.

이 두 가지 경우 모두 시장기구 속에서 외부효과를 가격에 반영시킬 매개체가 없다. 따라서 이러한 외부효과를 반영하여 사회가 원하는 양 만큼의 재화를 공급하기 위해서는 정부가 개입할 필요가 있다. 정부는 외부적 편익을 발생시키는 재화를 공급하는 기업에게 보조금을 지급하여 공급량을 N_1에서 N_E로 증가시킬 필요가 있으며, 외부적 비용을 초래하는 재화를 공급하는 기업에게는 세금 또는 부담금을 부과하여 공급량을 N_1에서 N_E로 줄일 필요가 있다.

17.4 이자계수

수자원 사업의 비용지출은 시간에 따른 운영과 유지관리비 및 편익과 함께 수년간의 자본 프로그램으로 구성된다. 비용(cost)과 편익(benefit)에 대한 공통적인 기준을 제공하기위해 재정분석에서 장래의 비용 및 편익을 현재의 가격으로 조정한 현가(present value) 개념을 사용한다. 이와 같은 조정을 하기 위해 계획자는 가용한 자본을 투자하여 얻을 수 있는 이득을 분석할 필요가 있다. 할인율(discount rate)로 알려진 이자율은 동일한 위험 수준에서 가용한 자본을 투자하여 얻을 수 있는 수익의 최대 회수율(rate of return)이라 할 수 있다.

수자원 사업의 경제적 수명은 지속적으로 얻을 수 있는 편익이 지속적으로 투자한 비용을 더 이상 초과하지 않으면 끝이 난다. 경제 분석 즉, 비용·편익분석의 기간은 이러한 경제 수명을 초과해서는 안 되며, 다른 대안들의 경제적인 수명이 다르더라도 동일한 분석기간을 적용하여야 한다. 수자원 경제 분석은 가능한 여러 대안들 중에서 가장 최선의 대안을 선택하기 위해 또는 수자원 사업의 계획, 운영 및 유지관리에 대한 최선의 경제 정책을 수립하기 위해 경제적인 기준을 적용하게 된다. 이러한 경제원칙은 대안들의 순위를 정할 수 있도록 하여 어떤 대안을 선택할지 비교할 수 있도록 한다.

17.4.1 돈의 흐름도

수자원 사업에 대한 각 대안들의 물리적인 결과에 화폐가치를 부여하고, 장래에 대한 분석을 한다. 화폐가치를 부여한 후 화폐가치의 시간적인 흐름을 동등한 단일 숫자로 변환하기 위해 돈의 흐름을 나타낸다. 그림 17.4.1은 가상적인 관개사업에 대한 돈의 흐름을 표시한 것으로, 이와 같은 시간에 따른 각 화폐가치의 도식적인 표현을 돈의 흐름도(cash flow diagram)라 한다. 돈의 흐름도에서 가로축은 시간을 나타내며, 편익은 위 방향으로 그리고 비용은 아래 방향으로 나타낸다. 화살표는 금액에 비례하여 나타낼 필요는 없으며, 분석의 편리와 장기적인 사업의 정확성을 위해 매년의 모든 돈의 흐름을 해당 년도의 끝에 나타나도록 표시한다. 이 관계사업의 예에서 사업 첫해에 많은 비용이 투자되고 있고, 매년마다 편익이 발생하고 있음을 알 수 있다.

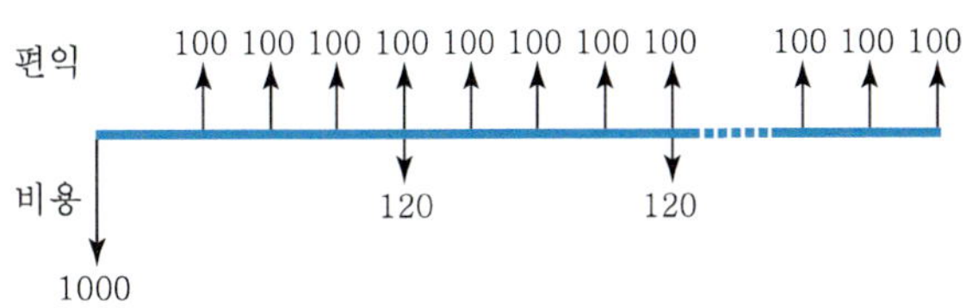

그림 17.4.1 돈의 흐름도(단위 : 억원)

17.4.2 이자계수

할인 기법을 이용하여 돈의 흐름을 하나의 수치로 변환하기 위해 다양한 할인 계수들을 고려할 필요가 있다. 이러한 분석에 사용되는 변수들에는 현재가(present value, P), 미래가(future value, F), 일정년가(uniform annual value, A), 이자율(interest rate, i) 그리고 지불기간의 수(보통 월 또는 년) n이 있다.

1) 단리 및 복리

단리(single interest)는 이자를 원금만 고려하여 기간에 비례하여 산정하게 된다.

$$F = P(1 + ni) \tag{17.4.1}$$

복리(compound interest)는 매 기간 단위별로 이자를 계산하여 원금과 이자의 합을 다음 기간의 이자 계산시 원금으로 적용하여 산정하게 된다.

$$F = P(1 + i)^n \tag{17.4.2}$$

2) 일시금계수

일시금계수(single-payment factor)에는 일시금복리계수(single-payment compound amount factor)와 일시금현가계수(single-payment present-worth factor)가 있다.

① 일시금복리계수

일시금복리계수는 매년의 수익률(return rate) i%로 초기 단위금액 당 n년 후에 누적된 금액을 의미한다. 이 계수는 보통 (F/P,i,n)으로 표현하는데 현재금액 P를 n년간 이자율 i%로 투자하였을 경우의 미래가 F를 나타낸다.

$$\left(\frac{F}{P}, i, n\right) = \frac{F}{P} = (1 + i)^n \tag{17.4.3}$$

② 일시금현가계수

일시금현가계수는 일시금복리계수의 역수로 이자율 i%로 n년 후에 단위금액을 얻기 위해 투자해야하는 초기 금액을 의미한다. 일시금현가계수는 (P/F,i,n)으로 표현하는데 n년간 이자율 i%로 미래가 F를 얻기 위해 투자해야 하는 현재가 P를 나타낸다. 일시금현가계수는 미래의 비용이나 편익의 현재가치를 구할 때 사용하는 중요한 계수이다.

$$\left(\frac{P}{F}, i, n\right) = \frac{P}{F} = \frac{1}{(1 + i)^n} \tag{17.4.4}$$

3) 일정부금계수

많은 경우에서 매년 비용 및 편익이 일정하게 나타날 수 있으며, 보다 나은 대안의 선택을 위해 현재 및 장래의 동일한 년 비용 및 년 편익을 보여 주는 일정부금계수(uniform- series factor)를 사용한다. 일정부금계수에는 감채기금계수(sinking-fund factor), 일정부금복리계수(uniform-series compound-amount factor), 원금회수계수(capital-recovery factor) 그리고 일정부금현가계수(uniform-series present-worth factor)가 있다.

① 감채기금계수

감채기금계수는 이자율 i%로 n년 후에 단위금액을 얻기 위해 매년마다 투자해야 하는 일정금액 A를 의미한다. 따라서 정의에 따라 감채기금계수는 (A/F,i,n)으로 나타낸다.

$$\left(\frac{A}{F}, i, n\right) = \frac{A}{F} = \frac{i}{(1+i)^n - 1} \tag{17.4.5}$$

② 일정부금복리계수

일정부금복리계수는 감채기금계수의 역수로 이자율 i%로 n년 동안 매년마다 단위금액을 투자하였을 경우 얻을 수 있는 금액으로 정의에 의해 (F/A,i,n)으로 나타낸다.

$$\left(\frac{F}{A}, i, n\right) = \frac{F}{A} = \frac{(1+i)^n - 1}{i} \tag{17.4.6}$$

③ 원금회수계수

원금회수계수는 이자율 i%로 n년 동안 초기 단위금액을 투자할 때 얻을 수 있는 금액과 동일한 금액에 해당하는 년 금액을 의미하며 (A/P,i,n)으로 나타낸다.

$$\left(\frac{A}{P}, i, n\right) = \frac{A}{P} = \frac{i(1+i)^n}{(1+i)^n - 1} \tag{17.4.7}$$

④ 일정부금현가계수

일정부금현가계수는 원금회수계수의 역수로 이자율 i%로 n년 동안 매년마다 단위금액을 얻기 위해 투자해야 하는 현재 금액을 의미하며 정의에 따라 (P/A,i,n)으로 나타낸다.

$$\left(\frac{P}{A}, i, n\right) = \frac{P}{A} = \frac{(1+i)^n - 1}{i(1+i)^n} \tag{17.4.8}$$

4) 산술경사계수

산술경사계수(arithmetic-gradient factor)에는 산술경사현가계수(arithmetic-gradient present-worth factor), 산술경사일정부금계수(arithmetic-gradient uniform-series factor) 그리고 산술경사미래가계수(arithmetic-gradient future-worth factor)가 있다.

① 산술경사현가계수

산술경사현가계수는 두 번째 해에 한 단위 증가 한 금액을 얻고, 세 번째 해에는 두 단위 증가 한 금액을 얻고, 같은 방법으로 n년 후에는 n-1 단위 증가한 금액을 얻기 위해 이자율 i%로 초기에 투자해야 하는 금액을 의미한다. 따라서 정의에 의해 산술경사현가계수는 (P/G,i,n)으로 나타낸다. 여기서 G는 투자에 대한 매년마다의 증가 수익이다.

$$\left(\frac{P}{G}, i, n\right) = \frac{P}{G} = \frac{(1+i)^n - in - 1}{i^2(1+i)^n} \tag{17.4.9}$$

② 산술경사일정부금계수

일정하게 감소하는 부금의 현재가를 결정하기 위해서는 일정부금(uniform annual series)으로부터 일정하게 증가하는 부금을 빼면 된다. 산술경사일정부금계수는 (A/G,i,n)으로 A/P와 P/G를 곱해 구할 수 있다.

$$\left(\frac{A}{G}, i, n\right) = \frac{A}{G} = \frac{1}{i} - \frac{n}{(1+i)^n - 1} \tag{17.4.10}$$

③ 산술경사미래가계수

산술경사미래가계수는 (F/G,i,n)으로 나타내며, 정의에 의해 P/G와 F/P를 곱해 구한다.

$$\left(\frac{F}{G}, i, n\right) = \frac{F}{G} = \frac{1}{i}\left[\frac{(1+i)^n - 1}{i} - n\right] \tag{17.4.11}$$

첫해의 초기 수익이 A_o이고 그 다음해부터 년 간 수익이 증가금액 G만큼 증가하는 경우의 현재가는 n년 동안의 년 부금 A_o의 현재가에 년 증가금액 G를 가진 산술경사부금의 현재가를 더해 산정할 수 있다.

5) 기하경사현가계수

투자수익 또는 지출경비가 매 기간마다 일정한 %로 변하는 경우 기하경사부금(geometric-gradient series)이라 한다. 기하경사부금을 나타내기 위해 매 기간마다 증가 또는 감소하는 일정 변화율(소수)인 변수 g를 사용하면 편리하다. 전체 돈의 흐름계열에서 현재가를 P라하고, 초기비용 또는 수익을 A_o라 하면 기하경사현가계수는 $(P/A_o, g, i, n)$으로 나타낼 수 있다.

$$\left(\frac{P}{A_o}, g, i, n\right) = \frac{P}{A_o} = \begin{cases} \dfrac{1 - \left(\dfrac{1+g}{1+i}\right)^n}{i - g} & g \neq i \\ \dfrac{n}{1+i} & g = i \end{cases} \tag{17.4.12}$$

예제 17.4.1

물 공급시설을 개발하기 위한 사업을 구상하고 있으며 4가지의 대안이 제시되었다. 모든 대안은 투자비용이 동일하고, 10년의 설계수명기간을 가지고, 이자율은 7%를 적용하며 예상되는 수익이 다음과 같을 때 수익을 현재가로 환산하고, 최선의 대안을 결정하라.

① 대안 1 : 처음 5년 후에 50억원의 수익이, 그 다음 10년 후에 100억원의 수익이 발생한다.
② 대안 2 : 10년 동안 매년마다 8억원의 수익이 발생한다.
③ 대안 3 : 첫 번째 해에 5억원의 수익이 발생하고, 그 후 매년마다 1억원씩 수익이 증가 한다.
④ 대안 4 : 첫 번째 해에 5억원의 수익이 발생하고, 그 후 매년마다 수익이 6%씩 증가한다.

풀이

① 대안 1

이 경우 일시금현가계수(식 17.4.4)를 이용하여 매 5년마다의 수익을 현재가로 환산할 수가 있다. 처음 5년 후의 수익은 50억원이고, 이자율은 0.07이므로 F=50억원, i=0.07, n=5이다. 따라서

$$P = \left[\frac{1}{(1+0.07)^5}\right] \times 50 = 35.65\text{억원}$$

다음 5년 후의 수익은 100억원이고, 이자율은 0.07이므로 F=100억원, i=0.07, n=10이다.

따라서 $P = \left[\frac{1}{(1+0.07)^{10}}\right] \times 100 = 50.83\text{억원}$

그러므로 대안 1의 수익에 대한 현재가치는 35.65+50.83=86.48억원이다.

② 대안 2

이 경우 10년 동안 매년의 수익이 8억원이므로 일정부금현재가계수(식 17.4.8)를 적용할 수가 있다. 따라서 A=8억원, i=0.07, n=10이므로 $P = \left[\frac{(1+0.07)^{10}-1}{0.07 \times (1+0.07)^{10}}\right] \times 8 = 56.19\text{억원}$

③ 대안 3

이 경우 첫째 해에 5억원의 수익이 있고 그 후 매년마다 1억원씩 수익이 증가하므로 매년의 증가수익에 대한 현재가는 산술경사현재가계수(식 17.4.9)를 적용할 수가 있다. G=1억원, i=0.07, n=10이다.

$$P = \left[\frac{(1+0.07)^{10}-0.07 \times 10 - 1}{0.07^2 \times (1+0.07)^{10}}\right] \times 1 = 27.72\text{억원}$$

한편 매년의 증가수익 1억원 외에 일정수익 5억원이 있으므로 매년의 이 일정수익의 현재가는 일정부금현가계수(식 17.4.8)를 이용하여 구할 수 있다. 따라서 A=5억, i=0.07, n=10이므로

$$P = \left[\frac{(1+0.07)^{10}-1}{0.07 \times (1+0.07)^{10}}\right] \times 5 = 35.12\text{억원}$$

그러므로 대안 3의 수익에 대한 현재가는 27.72+35.12=62.83억원이다.

④ 대안 4

이 경우 첫해에 수익이 5억원이고, 그 후 10년 동안 매년 수익이 6%씩 증가하므로 기하경사현가계수(식 17.4.12)를 적용할 수 있다. 따라서 A=5억원, g=0.06, i=0.07, n=10이므로

$$P = \left[\frac{1-\left(\frac{1+0.06}{1+0.07}\right)^{10}}{0.07-0.06}\right] \times 5 = 44.81\text{억원}$$

따라서 대안 1이 현가로 86.48억원으로 가장 크게 나타나고 있다.

17.5 할인

수자원사업을 통한 편익과 비용은 수년에 걸쳐 발생한다. 수자원사업의 타당성 평가시 보통 현재시점에서의 가치로 평가하므로 장래에 발생하는 비용과 편익을 현재가치로 환산할 필요가 있다. 일반적으로 미래의 가치는 현재 가치보다 낮다. 즉, 현재의 10,000원과 1년 후의 10,000원의 가치를 비교할 때 현재의 10,000원의 가치가 더 높으며, 뒤에 설명할 방법을 이용하여 할인을 10%로 한다면 1년 후의 10,000원은 지금의 9,091원과 같게 된다. 이와 같이 장래의 모든 비용과 편익을 현재가치로 환산하는 것을 현재 가치로 할인한다고 하며, 이때 적용되는 이자율을 할인율(discount rate)이라 한다. 즉, 할인율은 시간에 대한 선호를 반영하는 이자율이라 할 수 있다.

17.5.1 할인의 중요성

수자원 사업의 경제수명을 n년이라 할 때 할인율을 r로 선택하면 비용・편익분석에서 순편익(B−C)의 할인된 순현재가치(net present value, NPV)는 다음과 같이 나타낼 수 있으며, 만일 순현재가치가 양이면 사업은 채택되고 음이면 기각하게 된다.

$$\mathrm{NPV} = \frac{(\mathrm{B}-\mathrm{C})_o}{(1+r)^o} + \frac{(\mathrm{B}-\mathrm{C})_1}{(1+r)^1} + \ldots + \frac{(\mathrm{B}-\mathrm{C})_n}{(1+r)^n} = \sum_{i=0}^{n} \frac{(\mathrm{B}-\mathrm{C})_i}{(1+r)^i}, \quad i = 0 \sim n \qquad (17.5.1)$$

수자원 사업을 평가하고 여러 대안들의 순위를 결정할 때 어떤 할인율을 적용하는가에 따라 서로 다른 결과를 얻을 수 있다. 예를 들어 표 17.5.1과 같이 관개 사업을 계획하는데 세 가지의 대안이 있으며, 세 가지 사업 모두 동일한 건설비 및 유지관리비 비용으로 21,648만원이 소요되고, 첫해(0차년도)에 완성된다고 가정하자. 대안 1은 사업 완성 후 5년에 걸쳐 매년 5,000만원의 편익이 발생하고, 대안 2는 10년에 걸쳐 매년 2,804만원의 편익이 발생하며, 대안 3은 15년에 걸쳐 매년 2,085만원의 편익이 발생한다고 가정하자.

할인율을 5%로 정했을 때 순 편익의 현재가치는 표 17.5.1과 같이 대안 1, 2, 3 모두 0으로 나타나고 있어 어떤 대안이 타당성이 있는지 결정하기가 곤란 하다. 또한 이때 총 편익의 현재가치가 비용과 동일한 21,648만원으로 비용·편익비(B/C)가 모두 1로 나타나 비용·편익비로도 대안들의 우선순위를 결정할 수 없다. 만일 할인율을 3%로 인하하여 적용하면 세 가지 대안 모두 순편익의 현재가치가 양의 값으로 나타나며 따라서 비용·편익비도 1보다 크게 나타나므로 타당성이 있다고 할 수 있다. 또한 대안 3이 순편익의 현재가치 및 비용·편익비가 가장 커 최선의 대안이 된다. 그러나 할인율을 8%로 증가시키면 상황이 정반대로 변하게 된다. 세 가지 대안 모두 순편익의 현재가치가 음의 값으로 나타나며 따라서 비용·편익비도 1보다 작게 나타나므로 타당성이 없다고 할 수 있다. 하지만 우선순위를 정하면 대안 1이 대안 2, 3보다 우선순위가 높아지게 된다.

표 17.5.1 할인율에 따른 현재가치의 변화 (단위 : 만원)

대안	대안 1	대안 2	대안 3
비용 (C) 편익발생기간 (년) 연간 편익 (B)	21,648 5 5,000	21,648 10 2,804	21648 15 2,085
할인율	총 편익(B)의 현재가치		
3% 5% 8%	22,898 21,648 19,964	23,918 21,648 18,815	24,888 21,648 17,848
할인율	순편익(B−C)의 현재가치		
3% 5% 8%	1,250 0 −1,684	2,270 0 −2,833	3,240 0 −3,800
할인율	편익−비용 비(B/C)		
3% 5% 8%	1.0577 1.0000 0.9222	1.1049 1.000 0.8691	1.1497 1.000 0.8245

이와 같이 어떤 할인율을 적용하는가에 따라 사업의 타당성이 있을 수도 없을 수도 있으며, 여러 대안들 중의 우선순위가 할인율에 따라 변하게 된다. 즉, 낮은 할인율은 장기간에 걸쳐 수익이 발생하는 경우에 유리하고, 높은 할인율은 단기간에 집약적으로 편익이 발생하는 경우에 유리하다. 따라서 할인율은 수자원 사업의 타당성을 평가하는데 결정적인 영향을 미친다고 볼 수 있다.

17.5.2 할인 절차

수자원 사업의 경제적 타당성을 평가하기 위한 할인을 어떻게 적용하는지 알아보기로 한다. 어떤 수자원 사업을 계획하는데 2008년(0차년도)에 실시하여 편익이 그 해부터 연간 5,000만원이 발생하기 시작하여 2017년(9차년도)까지 계속된다고 가정하자. 만일 할인율 r이 10%라면 이 수자원 사업의 편익의 현재가치는 표 17.5.2와 같이 33,790만원이 된다. 편익의 현재가치를 구하기 위해서는 먼저 할인계수(discount factor, DF)를 구해 해당년도의 편익을 곱해주면 되고, 할인율 r%, 해당년도 n에서의 할인계수는 다음과 같다.

표 17.5.2 할인 절차

년차 (n)	연도	편익	할인계수(r=10%)	현재가치
0	2008	5,000	1.000	5,000
1	2009	5,000	0.909	4,545
2	2010	5,000	0.826	4,130
3	2011	5,000	0.751	3,755
4	2012	5,000	0.683	3,415
5	2013	5,000	0.621	3,105
6	2014	5,000	0.564	2,820
7	2015	5,000	0.513	2,565
8	2016	5,000	0.467	2,335
9	2017	5,000	0.424	2,120
계		50,000	6.758	33,790

$$DF = \frac{1}{(1+r)^n} \tag{17.5.2}$$

할인율이 10%인 경우 표 17.5.2와 같이 편익이 발생하는 첫해 즉, 2009년의 할인계수는 0.909가 되며, 마지막 해인 2017년에는 0.424로 감소한다. 즉, 시간이 지남에 따라 할인계수가 급격히 감소하는데, 이는 미래에 발생하는 편익의 현재가치가 먼 미래일수록 더 감소함을 의미한다. 예와 같이 만일 매년 발생하는 편익이 동일할 경우 총 편익의 현재가치 33,790만원은 연간 편익액 5,000만원에 누적 할인계수 6.758를 곱해 간단히 산정할 수가 있다. 이와 같이 이자율은 현재가치를 미래가치로 바꾸는데 반해, 할인율은 미래에 발생하는 가치를 현재의 가치로 바꾸는데 사용하며 이자율과 할인율은 개념상으로는 비슷하지만 정 반대의 의미를 가지고 있다.

예제 17.5.1

물 공급 사업계획에서 사업기간은 2008년부터 5년이고, 그 해부터 연간 3억원의 편익이 발생하기 시작하여 2012년까지 계속된다고 한다. 할인율이 r=12%라면 이 사업의 편익의 현재가치는 얼마인가.

표 17.5.3 할인계산

년차	연도	편익	할인계수(12%)	현재가치
0	2008	3	1.000	3.00
1	2009	3	0.893	2.68
2	2010	3	0.797	2.39
3	2011	3	0.712	2.14
4	2012	3	0.636	1.91
계		15	4.038	12.11

풀이

할인율을 12%로 할 경우의 할인계수가 표 17.5.3의 4란과 같다. 따라서 편익에 할인계수를 곱한 현재가치는 5란과 같으며 총 편익의 현재가치는 12.11억원이 된다. 이는 편익 3억원에 할인계수의 합 4.038을 곱해서 산정할 수도 있다.

17.5.3 할인율의 결정

할인율에 따라 수자원 사업의 타당성이 변함을 보았다. 할인율을 너무 높게 정하면 순편익의 현재가치가 작아져 꼭 필요한 사업이 타당성을 잃을 수도 있고, 할인율을 너무 낮게 정하면 불필요한 사업이 타당성이 있는 사업으로 평가될 수 있다. 따라서 할인율의 적정한 결정이 매주 중요하다.

1) 시장이자율

공공사업의 할인율로 먼저 자본시장에서 형성된 시장이자율을 고려할 수가 있다. 완전 경쟁으로 시장이 형성되면 이자율은 소비자의 의사가 충분히 반영되고 있다고 생각할 수 있으므로 시장이자율을 공공사업의 할인율로 사용하여도 문제가 없다. 하지만 완전한 자본시장의 형성이 곤란하므로 시장이자율을 공공사업의 할인율로 적용하기에는 문제가 있다. 즉, 불완전한 자본시장에서는 미래의 불확실성 및 이에 따른 위험부담 때문에 프리미엄이 붙은 이자율이 형성되게 되며, 따라서 기간에 따라 다양한 금리체계가 형성된다. 그러므로 적절한 할인율을 결정하기 위해서는 다양한 이자율의 구조를 검토해야 하며, 적절한 가중평균이자율을 산정할 필요가 있지만 쉽지가 않다.

2) 정부공채이자율

정부가 민간부문으로부터 차입을 하여 국공채를 발행하게 되는데, 이와 같은 차입금에 대한 이자율을 정부공채이자율(government borrowing rate)이라 한다. 만일 정부가 국공채에 6%의 이자율을 부과하고 국민이 이 이자율에서 국공채를 구입하는데 만족한다면 공공사업의 할인율로 정부공채이자율을 채택할 수도 있다. 즉, 정부가 공공사업을 추진하여 최소한 6%의 수익을 달성한다면 국공채를 구입한 국민이 만족할 수 있다는 의미가 되므로, 정부공채이자율이 투자수익률 측면에서 할인율로 채택될 수가 있다.

3) 기업할인율

기업할인율(corporate discount rate)은 기업이 자신의 잠재적 투자사업을 평가할 때 사용하는 할인율이다. 이러한 기업할인율은 일반적으로 투자사업에서 기대하는 최소한의 수익률에 위험부담률 및 기업이 부담하는 세금(법인세)를 포함하여 결정된다. 예를 들어 위험부담이 전혀 없는 정부공채이자율이 6%이고, 불확실성으로 인한 위험부담 프리미엄이 2%라면 기업은 투자사업을 통해 8%의 수익을 올려야 주주들을 만족시키게 된다. 만일 법인세율이 50%라면 수익률이 16%가 되어야 주주들이 만족하게 되므로 기업의 투자사업의 타당성 평가에 사용하는 할인율은 16%가 되어야 한다. 이러한 기업할인율을 공공사업의 할인율로 적용하면 공공투자도 민간투자와 같은 수익률을 올려야 타당성이 있게 되므로 효율적인 공공투자가 이루어질 수 있다.

4) 개인적 할인율

개인적 할인율(personal discount rate)이란 개인적인 시간 선호율로 현재의 소비를 유보하고 미래소비를 선택할 때 적용할 수 있는 이자율이라 할 수 있다. 예를 들어 개인적 할인율이 10%라 하면 개인은 현재의 10,000원의 가치와 내년의 11,000원의 가치가 같다고 생각하여 현재 10,000원의 소비를 유보하고, 내년에 11,000원을 소비하는데 전혀 불만이 없게 된다. 이와 같은 개인적 할인율을 공공사업의 타당성 평가에 적용하기 위한 할인율로 채택할 수가 있지만, 돈의 흐름에 대한 시간 선호율이 개인마다 다르게 되므로 개인적 할인율이 주관적으로 결정 될 수가 있다.

5) 사회적 할인율

개인적 할인율이 개인의 독자적인 경제적 행위에 의해 결정된다고 보는 반면, 사회적 할인율(social discount rate)은 개인을 사회의 한 구성원으로 보고 사회 구성원들의 경제적 행위에 의해 할인율이 결정된다고 보는 것이다. 일반적인 비용·편익분석에서 사용되고 있는 가장 적절한 할인율이 바로 이 사회적 할인율이다. 하지만 어느 정도의 사회적 할인율을 비용·편익분석의 할인율로 정할 것인가에 대한 논란이 있다. 사회적 할인율을 낮게 선택해야 한다는 주장은 공공사업이 미래의 복지에 기여하고 있으며, 공공사업이 창출하는 여러 가지 외부효과를 반영하기 위해서는 시장이자율보다 낮은 할인율을 사용해야 한다는 것이다. 즉, 공공사업의 타당성 평가에서 민간사업보다 더 우대하여야 한다는 것이다. 반대로 사회적 할인율을 높게 선택해야 한다는 주장은 공공사업을 민간사업에 비해 우대하면 자원의 비효율적인 투자가 발생하게 되므로, 공공사업도 민간사업에서 기대할 수 있는 수익을 발생시켜야 타당성이 있는 사업으로 평가해야 한다는 것이다.

지금까지 공공사업의 할인율을 결정하기 위해 고려할 수 있는 이자율 및 할인율을 알아보았다. 각 방법별로 서로 다른 할인율을 선택하게 되므로 공공투자사업의 평가자는 각종 자료와 모든 접근 방법을 동원해 민감도분석(sensitivity analysis)을 통해 최적의 할인율을 선택하도록 노력할 필요가 있다. 일반적으로 할인율은 미국과 같은 선진국에서는 7~10%, 한국과 같은 개발도상국에서는 8~15%를 적용하고 있다.

17.6 비용 · 편익분석

오늘날 모든 나라에서 댐, 교통, 통신, 하천 등과 같은 사회간접자본에 엄청난 투자를 하고 있다. 이와 같은 공공사업에서 정부는 부족한 자원을 어떻게 하면 효율적으로 사용할 수 있는가가 중요한 관심사이다. 즉, 정부가 수행하는 대부분의 공공사업은 대규모이므로 잘못된 선택을 할 경우 엄청난 손실이 발생하고 피해도 오래 지속된다. 따라서 공공사업을 수행하는데 있어 충분하고 정확한 분석과 결정이 필요하다. 비용·편익분석은 이러한 정부의 공공투자사업을 현명하게 선정하는데 사용되는 절차와 방법을 다루고 있다. 그러므로 비용·편익분석은 정책 결정자에게 중요한 의사결정 수단을 제공하며, 공공사업의 타당성분석(feasibility analysis)의 일부라 할 수 있다. 비용·편익분석은 주로 경제성 분석에 초점을 맞추고 있는 반면, 타당성분석은 기술적, 사회적 그리고 정책적 분석을 모두 포함하게 된다.

17.6.1 비용 · 편익의 유형

비용·편익분석을 위해서는 비용과 편익의 여러 유형에 대해 먼저 생각해 볼 필요가 있다. 이러한 비용·편익의 유형에는 실질적 및 금전적분류, 내부적 및 외부적분류, 직접적 및 간접적분류 그리고 유형적 및 무형적분류로 나누어 생각할 수 있다.

1) 실질적 및 금전적분류

비용·편익의 다양한 분류 중 가장 중요한 분류로 실질적(real) 및 금전적(pecuniary)인 비용·편익 분류가 있다. 이 중에서 비용·편익분석에서는 오직 실질적인 비용·편익만 고려하게 된다. 실질적 비용·편익이란 공공사업으로 인해 발생한 실질적인 비용과 편익으로 실질적인 비용은 공공사업의 추진에 의해 발생한 자원의 기회비용을 뜻하고, 실질적인 편익은 국민생산 또는 사회복지의 증가를 통해 소비자들이 실제로 받는 혜택을 의미한다. 금전적 비용·편익은 공공사업에 의해 유발된 화폐적 가격의 변화 때문에 발생한 것으로 이들을 계산에 포함시키면 이중으로 계산되어 과대평가를 초래하게 된다. 공공사업에 의해 어떤 부문이 이득을 얻을 때, 그것이 다른 부문의 손실에 의해 발생한 것이라면 그 이득은 사회 전체의 이득을 의미하지 않는다. 새로운 도로의 건설로 인해 주위의 토지가 개발되어 토지의 생산성이 증가된다면 실질적인 편익이 발생했다고 볼 수 있다. 하지만 도로의 건설로 인한 투기 심리로 인해 땅값이 상승했다면 이것은 금전적 편익으로 볼 수 있다. 도로 주변의 숙박시설이나 음식점들의 수익이 증가했다면 이는 금전적 편익이며, 만일 인근 다른 지역에서는 수익이 감소했다면 서로 상쇄되므로, 공공사업에 의해 발생한 비용과 편익이 이전(transfer)적이면 비용·편익분석에서 이를 반영하지 않는다.

2) 내부적 및 외부적분류

비용과 편익은 그것이 내부적으로 발생하는가 또는 외부적으로 발생하는가에 따라 내부적 비용·편익과 외부적 비용·편익으로 분류할 수 있으며, 내부적이건 외부적이건 비용과 편익이 실질적이라면 비용·편익분석에 포함시킨다. 내부적 비용·편익은 공공사업 그 자체에 의해 내부적으로 발생하는 비용과 편익을 말한다. 외부적 비용·편익은 공공사업에 의해 직접적으로 발생한 비용 및 편익이라기보다 간접적으로 발생한 비용·편익이라고 할 수 있다. 예를 들어 공공사업으로 수력발전소를 건설한 경우 발전량이 내부적 편익이 되지만, 식수공급, 하천유지용수공급, 홍수방지 등은 외부적 편익이 되며 이들도 비용·편익분석에서 고려하여야 한다.

3) 직접적 및 간접적분류

직접적인 비용·편익은 공공사업의 일차적인 목적과 관련 있는 비용 및 편익을 의미하며, 간접적인 비용·편익은 사업의 2차적인 목적 즉, 부산물의 성격을 가진 비용과 편익을 의미한다. 실질적인 비용과 편익은 직접적일 수도 간접적일 수도 있다. 예를 들어 하류지역의 농경지 홍수조절을 목적으로 댐을 건설하였다면 직접편익은 홍수방지로 인한 농작물의 수확 증가가 되며, 간접적인 편익으로 용수공급, 발전 등을 들 수가 있다. 간접적인 비용·편익은 보통 외부적 효과의 형태로 나타나며, 2차적 효과로서의 유발효과 또는 연관효과의 성격을 강하게 갖는다. 따라서 비용·편익분석에서 간접적인 비용과 편익의 고려 시 신중히 결정할 필요가 있다.

4) 무형적 및 유형적분류

유형적(tangible) 비용·편익은 일반적으로 시장에서 평가될 수 있는 비용과 편익을 의미하며, 적절한 가격을 적용하면 측정이 비교적 용이하다. 무형적(intangible) 비용·편익은 형태가 없으므로 시장에서 평가 될 수가 없다. 예를 들어 댐을 건설하여 저수지가 생기고, 주위 환경이 정돈되어 아름다운 경관으로 바뀌면 무형적 편익이 발생하였다고 볼 수 있으며, 만일 댐 건설로 인해 경관이 파괴된다면 무형적 비용이 발생하였다고 할 수 있다. 무형적 비용·편익은 비용·편익분석에 고려하여야 하며 다음과 같은 방법을 이용하여 간접적으로 산정 할 수 있다. 즉, 먼저 비용과 편익을 잠재가격(shadow price)을 사용하여 무형적인 측면을 어느 정도 비용·편익분석에 고려할 수 있다. 간접적인 측정방법으로 소비자잉여(consumer surplus)와 같은 개념을 이용하여 무형적 비용과 편익을 산정한다. 만일 간접적인 방법으로 측정 할 수 없다면 주어진 목표를 가장 적은 비용으로 어떻게 달성할 수 있는가를 비교하여 사업을 평가할 수도 있다.

17.6.2 비용과 편익

수자원 사업의 경제 분석에서는 사업과 관련된 모든 종류의 비용 및 편익의 정의 및 정량화와 함께 제시된 사업의 경제 분석이 포함된다. 사업의 평가에는 다양한 종류의 타당성 검토, 평가, 투자 변화에 대한 영향평가 등이 포함된다. 이와 같은 타당성 평가 및 경제성분석은 수자원 사업이 국가 및 지역의 발전 그리고 주민의 생활수준 향상에 직접적으로 영향을 미치므로 매우 중요하다.

1) 사업비용

사업의 초기비용(initial cost)은 건설비, 기술비, 관리비, 매수비, 시설 재배치비 그리고 기타비 등으로 구성된다. 건설비는 설계도서에 명시된 공사에 필요한 직접비용을 말한다. 기술비는 설계에 소요된 비용 즉, 수문학적 및 구조적 설계비, 공사조사비, 수리 및 구조 모형실험, 지질조사, 관련기술조사와 같은 특별 분석비 등을 포함한다. 관리비는 인건비, 사무실 유지비 및 법적 비용으로 구성되며, 매수비는 사업을 수행하는데 필요한 토지 및 건물을 사들이는데 필요한 비용을 의미한다. 시설 재배치비는 사업현장에 위치하고 있는 교량, 도로, 송전선과 같은 시설물의 이전 및 변경에 소요되는 비용이고, 기타비는 감리비, 기타세금, 예비비, 홍보비 등을 포함한다.

공사가 완공된 후에도 사업은 운영비, 관리비 그리고 교체비를 필요로 한다. 운영비(operation cost)는 시설물의 관리감독 등과 관련된 비용 그리고 사업의 지속적인 편익을 위해 필요한 활동비 등이 포함된다. 관리비는 시설물의 파손을 방지하기 위한 사전 보강비, 시설물의 수리비 등이 포함되는데 홍수가 발생한 후에 시설물의 수리비가 많이 소요된다. 교체비는 사업의 경제 수명보다 짧은 시설이나 기계자체 및 부품을 교체하는데 필요한 비용과 일반적인 마모비로 이루어진다. 사업의 자본비(capital cost)는 건설비를 포함하여 그 사업이 완공되어 편익이 발생되기까지 소요되는 모든 비용을 말하며 조사 및 설계비, 토지 및 건물 매수비, 공사비, 장비 및 시설비, 인건비, 공사기간 동안의 관리비, 예비비 등이 포함된다.

2) 사업착공비

건설비는 사업을 완공하는데 필요한 각 항목별 투입 자재들을 결정하고 여기에 각 항목의 단가를 곱해 산정한다. 단가는 본 사업과 유사한 최근의 사업에서의 계약 입찰가를 기준하여 결정하며, 공사기간중의 예기치 못한 상황을 고려하여 총 자재비의 약 15%를 예비비로 추가하게 된다. 초기 계획 단계에서는 사업 분석이 구체적이지 않으므로 예비비를 좀 더 높게 책정하게 되며, 기술 및 관리비는 건설비의 일정 비율로 산정하고, 비정상적인 설계나 공사문제가 발생하거나 사업의 위치가 변경되는 경우 비용이 추가 될 수 있다.

매수비는 부동산 경험이 풍부한 전문 감정가의 판단에 의해 산정한다. 위로비(easement cost)는 개인적인 토지사용의 제한 정도에 따라 토지구입비의 일정 %로 결정한다. 하지만 위로비는 토지가격과 비슷하게 책정되므로 일반화되어 적용되고 있지는 않다. 토지매수로 인해 공동소유지가 부분으로 분리되거나, 토지이용 및 접근에 방해를 주면 격리 피해 보상을 할 필요가 있다.

3) 이전 및 정착비

사업의 시행으로 인한 주민의 이전(rehabilitation) 및 정착(resettlement)은 최근 들어 많은 관심을 가지고 사업에도 큰 영향을 미치고 있다. 인구밀도가 높은 지역에서는 많은 수의 사람이 사업으로 인해 영향을 받게 되므로, 주민의 이전 및 정착은 큰 사회문제를 초래하고 원만히 해결되지 않으면 사업이 지연되거나 완전히 중단될 수도 있다.

최근의 추세로 보면 이러한 이전 및 정착비가 총 사업비 중에 상당한 부분을 차지하고 있다. 일반적으로 설계자는 이전 및 정착비를 과소하게 배정하여 비용·편익분석이나 사업의 타당성 평가에서 나쁜 영향을 미치지 않게 하려는 경향이 있다. 하지만 이러한 경우 사업은 초기 단계에서 자금문제에 직면하게 된다. 따라서 현실적으로 이전 및 정착비를 현재의 시장가격이나 그보다 조금 높게 산정하는 것이 중요하다.

4) 운영, 관리 및 교체비

운영비는 인건비, 부수적인 수익, 운영요원에 대한 간접경비, 운영에 필요한 전기 및 유류비 등을 고려하여 산정된다. 운영요원 및 장비의 종류와 수는 이와 유사한 사업의 운영 경험을 바탕으로 산정한다. 사업 감독의 년 비용도 포함시켜야 한다. 연관리비는 각 항목그룹의 건설비의 일정 퍼센트로 산정하며, 일반적으로 토양 하도는 3%, 흙 댐은 0.5% 그리고 콘크리트 구조물은 0.1%로 책정한다. 연관리비를 산정하는 또 다른 방법으로 관리에 필요한 인원, 장비 및 간접경비를 산정하는 관리프로그램으로부터 책정하고, 각 비용은 현재의 일반적인 가격을 적용하는 것이다. 교체비는 사업의 경제수명보다 짧은 교체항목의 예상 수명 및 비용으로부터 산정한다. 사업기간 동안 연교체비용 R_c는 다음과 같이 산정할 수 있다.

$$R_c = (P - L)\left[\left(\frac{A}{P}, i, n_e\right) - \left(\frac{A}{P}, i, n\right)\right] \tag{17.6.1}$$

여기서 P는 새로운 항목의 비용, L은 낡은 장비의 잔존가치, n은 사업기간 그리고 n_e는 장비의 수명이다. 여기서 (A/P,i,n)은 원금회수계수로 식 (17.4.7)과 같다.

5) 총 연비용

사업의 총 연비용(total annual cost)은 연회수비용(annual recovery cost)과 연간 운영, 관리 및 교체비를 합하여 구한다. 연회수비용은 투자한 자본에 원금회수계수를 곱해 산정한다. 만일 사업의 초기 고정비용(투자자본)이 C_o이고 연간 일정한 운영, 관리 및 교체비가 OMR이라면 총 연비용(TAC)은 다음과 같이 산정할 수 있다.

$$TAC = C_o \times \left(\frac{i(1+i)^n}{(1+i)^n - 1}\right) + OMR \tag{17.6.2}$$

예제 17.6.1

어떤 소수력발전소 건설 사업의 투자비가 700억원이다. 50년간의 수명기간동안 연간 운영 및 관리비가 5억원이 소요된다. 할인율을 3%로 적용한다면 사업의 연비용은 얼마나 되겠는가.

풀이

원금회수계수는 $\left[\frac{i(1+i)^n}{(1+i)^n - 1}\right] = \left[\frac{0.03(1+0.03)^{50}}{(1+0.03)^{50} - 1}\right] = 0.03887$

따라서 연비용은 TAC = 700×0.03887+5 = 32.206억원/년

6) 매몰비용 및 잔존가치

사업을 비교하거나 변경 또는 확장할 경우에 대한 정당성의 분석에서 이미 얼마나 많은 비용이 사용되었는지 생각해볼 필요가 있다. 이미 사용된 비용은 현재의 투자에 포함될 수 없고 회수 될 수도 없다. 따라서 이러한 투자는 경제성 분석에서 포함시켜서는 안 된다. 장래의 대안 결정에 있

어 경제적으로 관련이 없는 이미 사용된 비용을 매몰비용(sunk cost)이라 하며, 장래의 돈의 흐름에 영향을 주는 것을 제외하고는 대안의 비교시 고려하지 않는다.

사업의 일부 요소는 분석기간보다 경제적 또는 물리적으로 짧은 수명을 가질 수가 있어 정기적으로 교체할 필요가 있다. 사업의 모든 대안들은 동일한 분석기간에 대해 평가되어야 하므로, 분석기간이 요소 수명의 정수배가 아니라면 교체된 일부 요소의 수명은 사업의 수명을 초과하게 될 것이다. 이러한 경우 분석 기간 종료 시 요소의 가치와 같도록 돈의 흐름을 통해 조정을 해야 한다. 이와 같이 분석 기간의 종료 시 요소의 사용되지 않은 수명에 대한 가치를 잔존가치(salvage value, S)라하며 다음과 같이 산정할 수 있다.

$$S = I_o\left(1 - \frac{U}{L}\right) \tag{17.6.3}$$

여기서 I_o는 초기의 가치, U는 요소의 사용 수명 그리고 L은 요소의 총 수명이다.

예제 17.6.2

어떤 사업의 경제성 분석을 실시하는데 분석기간이 50년이다. 이 중 한 장비의 수명은 7년이다. 장비의 초기 가격이 1,000만원이면 잔존가치는 얼마인가. 또 이 사업기간 동안 필요한 장비의 수는?

풀이

장비의 수명이 7년이므로 49년까지 7대의 장비가 사용되고, 8번째의 장비는 1년만 추가적으로 더 사용되게 된다. 따라서 I_o=1,000만원, U=1년, L=7년이므로 잔존가치는

S=1,000×(1−1/7)=857만원

7) 편익

수자원 사업으로 인한 편익은 직접편익과 간접편익 두 가지로 분류할 수 있다. 직접편익은 다목적 댐 건설 사업인 경우 수력발전, 하류부 수확량의 증가, 홍수피해방지 그리고 도시 및 산업지역으로의 물의 공급과 같이 사업의 직접적인 영향으로 발생하는 편익을 말한다. 사업의 효과로 인한 기술적 및 경제적 연관성에 의해 초래된 편익을 간접편익이라 하며, 생활용수의 공급으로 인한 생활수준의 향상, 홍수조절시설물에 의한 농산물의 수확량 증가 등이 있다. 일반적으로 사업계획에 고려되는 편익은 직접편익부분만 포함된다. 간접편익은 이를 정량화 할 구체적인 방법이 아직 개발되어 있지 않아 포함시키지는 않는다.

홍수조절, 배수 및 침식방지와 같이 같은 수자원사업이라 하더라도 연 편익을 산정하는 방법이 서로 다르다. 예를 들어 홍수조절사업 즉, 제방공사인 경우 연 편익의 산정은 사업 전 수년간의 연 홍수피해액의 평균치로 정한다. 어떤 경우에는 관개 및 비관개 지역에 대한 단위면적당 평균 피해액에 피해를 입은 면적을 곱하여 편익을 산정하기도 한다. 이 경우 사업이 완료된 후의 연 평균 피

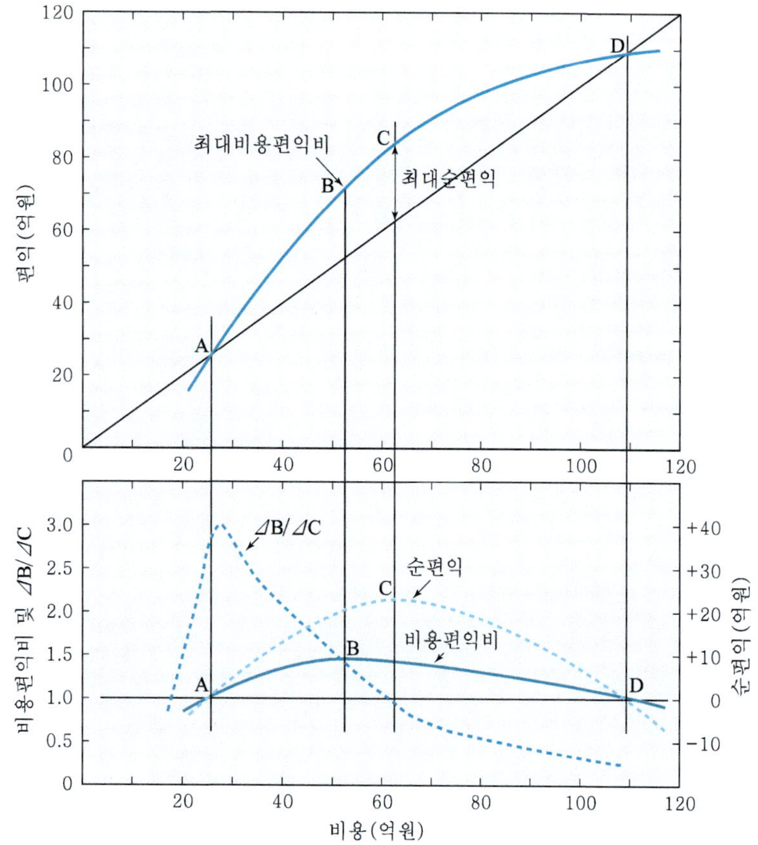

그림 17.6.1 비용 · 편익분석의 예

해액은 제외시켜야 한다. 이상과 같이 수자원 사업과 같은 공공사업을 계획할 때 비용 및 편익에 대한 분석을 실시하여 사업이 경제성이 있는지를 평가하게 된다. 예를 들어 그림 17.6.1과 같이 가상적인 사업에 대한 비용과 편익을 그래프로 비교해 보자. A점에서 D점까지는 편익이 비용을 초과하는 범위로 비용 · 편익비가 1을 초과하므로 경제적으로 타당한 사업규모가 된다. B점에서 비용·편익비가 최대가 되며 비용증가분에 대한 편익의 증가비율 ΔB/ΔC가 1보다 커서 사업의 규모를 증가시킬 필요가 있다. 한편 순편익(편익−비용)을 나타내면 C점에서 최대가 되고, C점을 지나게 되면 ΔB/ΔC가 1보다 작아져 투자를 증가하면 오히려 투자효과가 감소하게 된다. 이와 같은 개념을 바탕으로 사업의 경제적 타당성을 분석하는 방법에 대해 알아보기로 한다.

17.6.3 비용 · 편익분석

수자원 계획 및 관리에는 기술, 경제, 사회, 재정, 환경 그리고 정치 등과 같이 여러 인자들에 의해 영향을 받는 물리적으로 타당한 대안들 중에서 최선의 대안을 결정하는 것이 포함된다. 대안들은 명료하게 정의되어 경제 및 무형적인 영향을 충분히 평가할 수 있도록 해야 하며, 일반적으로 사업의 경제적 분석은 다음과 같은 단계로 이루어진다.

① 각 대안들을 설정하고 물리적인 항목들을 명료하게 정리한다.
② 각 대안들의 결과를 비용 및 편익의 규모뿐만 아니라 날짜도 포함하여 화폐가치로 환산한다.
③ 분석기간을 결정한다.
④ 필요한 경우 구조물 및 장비의 수명 및 잔존가치를 산정한다.
⑤ 할인율을 결정하고 예상되는 돈의 흐름을 현재가치로 환산한다.
⑥ 동등한 화폐가치로 대안들을 비교한다.

대안들을 체계적으로 평가하기 위해 식 (17.5.2)와 같은 할인계수를 적용하여 돈의 흐름을 특정시간의 가치로 환산하게 된다. 즉, 장래에 발생하게 될 편익과 비용을 현재가치로 환산한다. 대안들은 서로 다른 사업이 될 수도 있고, 또는 같은 사업의 서로 다른 규모일 수도 있다. 수자원사업에서 일반적으로 사용하는 이러한 할인기법들에는 비용·편익비(benefit-cost ratio) 방법, 순현재가치(net present value) 방법, 내부수익율(internal rate of return) 방법 그리고 연비용(annual cost) 방법이 있다. 이들 방법들을 적절하게 적용하면 비슷한 결과를 얻을 수 있다.

1) 비용 · 편익비 방법

비용·편익비는 사업으로 인한 모든 편익의 현재가치와 모든 비용의 현재가치의 비를 말하며, 비용 및 편익의 현재가치는 다음과 같이 따로 계산하여 비를 구한다.

$$\frac{B}{C} = \sum_{t=0}^{n} \frac{B_t}{(1+r)^t} \Big/ \sum_{t=0}^{n} \frac{C_t}{(1+r)^t}, \qquad t = 0,\ 1,\ \ldots,\ n \tag{17.6.4}$$

여기서 B_t 및 C_t는 시간 t에서 발생하는 화폐가치를 의미하며, r은 할인율 그리고 n은 사업의 기간이다. 때로는 편익이 비용을 초과하는 해의 할인된 순편익(편익−비용)을 모두 합한 값(할인된 양의 순편익)을 비용이 편익을 초과하는 해의 할인된 순편익을 모두 합한 값(할인된 음의 순편익)으로 나눈 비를 사용하며, 이를 순편익투자비(net benefit−investment ratio)라 한다.

비용·편익비의 기준은 비용·편익비가 높은 사업일수록 경제적 타당성이 높은 것으로 평가한다. 비용·편익비는 단위 비용 당 편익이 얼마인지를 나타내는 것이므로 1보다 커야 일단 타당성이 있게 되며, 소규모 사업이 대규모 사업보다 상대적으로 높은 비용·편익비로 나타난다. 따라서 사업의 우선순위를 결정하기 위한 비용·편익비는 그렇게 큰 의미는 없으며, 예산의 제약으로 인해 순편익이 큰 대규모 사업을 수행하기 어려울 때 이 기준을 적절히 사용할 수 있다. 비용·편익비를 이용하여 최선의 대안을 결정하는 절차는 다음과 같다.

① 각 대안들에 대한 비용·편익비를 계산한다.
② 비용·편익비가 1보다 큰 대안들만 선택한다. 만일 대안들이 상호배반적이면 ③으로 간다.
③ 비용이 증가하는 순서로 대안들의 순위를 설정한다. 비용과 편익을 아래 순위에서 윗 순위 값을 빼 증가비용에 대한 증가편익비를 계산한다.
④ 증가 비용·편익비가 1보다 크면 두 대안 중 비용이 큰 대안을 선택하고, 그렇지 않으면 비용이 작은 대안을 선택한다.
⑤ 이러한 분석을 순서대로 모든 대안에 실시한다.

위와 같이 단계별로 분석을 할 때 모든 비용·편익비는 동일한 할인율과 분석기간을 적용해야 하며, 최선의 대안은 최대의 순편익을 주는 대안이지 비용·편익비가 가장 큰 대안이 아니라는 것을 명심할 필요가 있다. 때때로 비용·편익비 방법이 타 방법과 다른 결과를 줄 수 있는데, 이것은 위의 ③~⑤ 단계를 생략할 때 나타난다.

사업계획의 변화는 이와 관련된 비용과 편익의 변화를 초래하게 된다. 증가편익(incremental benefit)과 증가비용(incremental cost)은 사업계획의 변경에 따른 편익과 비용의 변화를 나타낸다. 증가비용원리에 따르면 주어진 결정으로 인해 발생하는 편익 및 비용의 변화는 그 결정에 대한 가치를 결정하며, 증가 편익이 증가비용보다는 커야 한다. 총 비용 및 총 편익에 바탕을 둔 분석은 증가비용원리에 따라 분석한 결과와 다를 수가 있다.

예제 17.6.3

어떤 사업에 대한 두 가지의 대안을 고려하고 있다. 첫 번째 대안(A)의 예상비용은 20억원이고, 두 번째 대안(B)의 예상비용은 26억원이다. 두 가지 대안의 예상 편익이 각각 25억원과 30억원이면 어떤 대안을 선택하겠는가?

풀이

첫번째 대안의 비용·편익비는 25/20=1.25이고, 두 번째 대안의 비용·편익비는 30/26=1.15이다.
두 대안 모두 비용·편익비가 1보다 크므로 증가원리에 의해 분석한다.
첫 번째 대안의 비용이 작으므로 1순위로 하고 두 번째 대안을 2순위로 한다.
증가비용은 26-20=6억원, 증가편익은 30-25=5억원이다. 따라서 증가 비용·편익비는 5/6=0.83이되어 1보다 작으므로 비용이 작은 첫 번째 대안(A)을 선택한다.

예제 17.6.4

어떤 사업에 10억원을 투자하여 20억원의 수익을 올릴 예상이다. 사업 시작 전에 새로운 기술을 도입할 경우 수익이 24억원으로 증가하는 것을 알게 되었다. 새로운 기술을 도입하는 비용이 5억원이면 새로운 기술을 도입하는 것이 합당한지 판단하라.

풀이

새로운 기술을 도입하기 전의 비용·편익비는 20/10=2
증가비용은 5억원, 증가편익은 24-20=4억원
새로운 기술을 도입한 경우의 비용·편익비는 24/15=1.6
또한 증가비용이 증가편익보다 크다. 따라서 새로운 기술 도입전의 비용·편익비가 도입후의 비용·편익비보다 크므로 새로운 기술을 도입하지 않는 것이 바람직하다.

예제 17.6.5

수자원 사업 A, B에 150억원을 투자하였다. 사업 A는 10년 동안 매년 30억원의 수익을 주고, 사업 B는 15년 동안 매년 23억원의 수익을 가져올 때 할인율이 5%일 때와 10%일 때의 비용·편익비를 구해 우선 순위를 결정하라.

풀이

우선순위를 결정하기 위한 표가 아래와 같다. 편익의 현재가치는 일정부금현가계수(식 17.3.8)를 이용하여 산정한다. 할인율이 5%일 때 사업 B가 A보다 비용·편익비가 높고, 할인율이 10%일 때는 사업 A가 B보다 비용·편익비가 높다.

표 17.6.1 계산표

사업	초기비용 (억원)	편익 (억원)	할인율 5%		할인율 10%	
			편익의 현가 (억원)	B/C	편익의 현가 (억원)	B/C
A	150	10년간 매년 30	232	232/150=1.544	184	184/150=1.229
B	150	15년간 매년 23	239	239/150=1.592	175	175/150=1.166

2) 순현재가치 방법

순현재가치(NPV)란 사업의 전 기간에 걸쳐 발생하는 순편익(B−C)을 할인율을 적용해 합하여 현재가치로 환산한 값을 말한다. 순현재가치가 양이면 사업은 경제적으로 타당성이 있는 것으로 평가한다. 순현재가치는 어떤 할인율(r)을 적용하는가에 따라 변하며 다음과 같이 산정한다.

$$\mathrm{NPV} = \frac{(B-C)_o}{(1+r)^o} + \frac{(B-C)_1}{(1+r)^1} + \ldots + \frac{(B-C)_n}{(1+r)^n} = \sum_{i=0}^{n} \frac{(B-C)_i}{(1+r)^i}, \quad i = 0 \sim n \qquad (17.5.1)$$

순현재가치는 비용·편익분석에서 가장 널리 사용되지만 대규모 사업이 소규모사업에 비해 순현재가치가 크게 발생하여 대규모 사업이 일반적으로 유리하게 평가되는 단점이 있다. 순현재가치를 구하는 절차는 다음과 같다.

① 적절한 할인율을 적용하여 각 대안에 대한 현재가치를 계산한다.

② 현재가치가 양인 대안들만 선택한다. 만일 상호배타적인 대안이 없으면 여기서 중단하고, 그렇지 않으면 단계 ③ 또는 단계 ④를 선택한다.

③ 상호배타적인 대안 중에서 현재가치가 가장 큰 대안을 선택한다.

④ 상호배타적인 대안 중에서 정량화 할 수는 없지만 동등한 편익이 있으면 비용이 가장 작은 대안을 선택한다.

예제 17.6.6

표 17.6.2와 같이 물 공급 사업에 상호배타적인 세 가지의 대안이 있다. 세 가지 대안의 비용과 편익에 대한 현재가치가 주어질 때 세 대안을 비교하고 최선의 대안을 결정하라.

표 17.6.2 물공급 사업에 대한 대안

항목	현재가치(억원)		
	대안 A	대안 B	대안 C
건설비용	100	80	85
운영 및 관리비	20	25	22
편익	150	130	140

풀이

대안 A의 순현재가치 150-(100+20)=30억원
대안 B의 순현재가치 130-(80+25)=25억원
대안 C의 순현재가치 140-(85+22)=33억원
따라서 대안 C의 순현재가치가 가장 크므로 대안 C를 선택한다.

예제 17.6.7

어떤 지역의 수자원개발을 위해 세 가지의 대안이 제시되고 있다. 모든 대안의 설계수명기간은 20년이고, 이자율은 6%이다. 각 대안의 조건이 다음과 같을 때 순현재가치 방법을 이용하여 순 현재가치를 산정하고 경제적으로 타당성이 없는 대안은 어느 것인지 판단하라.

① 대안 1은 초기 투자가 10억원이고, 첫 번째 해에 3억원의 수익이 발생하고 매년 0.1억원씩 증가하며, 운영비는 첫 해에 0.3억원이고 매년 0.2억원씩 증가한다. 20년 후에 자본투자의 잔존가치가 1.5억 원이다.
② 대안 2는 초기 투자가 6억원이고, 첫 번째 해에 1억원의 수익이 발생하고 매년 7%씩 증가하며, 운영비는 첫 해에 0.5억원이고 매년 8%씩 증가한다. 20년 후에 자본투자의 잔존가치가 0.5억원이다.
③ 대안 3은 초기 투자가 7억원이고, 매년 1억원의 수익이 발생하고, 운영비는 매년 0.6억원이다. 20년 후에 자본투자의 잔존가치가 1억원이다.

풀이

각 대안에 대해 비용, 편익 항목들의 현재가치를 각각 산정하여 이들을 합산하므로서 순현재가치를 산정하게 된다.

① 대안 1

초기투자 I=-10억원, 이자율 i=6%, 사업기간 n=20년, 기본수익 Ar=3억원, 증가수익 Gr=0.1억원, 기본운영비 Ac=-0.3억원, 증가운영비 Gc=-0.2억원, 잔존가치 S=1.5억원이므로
기본수익의 현재가치는 일정부금현가계수를 이용하여

$$P = \frac{(1+i)^n - 1}{i(1+i)^n} \times A_r = \frac{(1+0.06)^{20} - 1}{0.06(1+0.06)^{20}} \times 3 = 34.41 \text{억원}$$

증가수익의 현재가치는 산술경사현가계수를 이용하여

$$P = \frac{(1+i)^n - in - 1}{i^2(1+i)^n} \times G_r = \frac{(1+0.06)^{20} - 0.06 \times 20 - 1}{0.06^2(1+0.06)^{20}} \times 0.1 = 8.72 \text{억원}$$

기본운영비의 현재가치는 $P = \frac{(1+i)^n - 1}{i(1+i)^n} \times A_c = \frac{(1+0.06)^{20} - 1}{0.06(1+0.06)^{20}} \times 0.3 = -3.44 \text{억원}$

증가운영비의 현재가치는 $P = \frac{(1+i)^n - in - 1}{i^2(1+i)^n} \times G_c = \frac{(1+0.06)^{20} - 0.06 \times 20 - 1}{0.06^2(1+0.06)^{20}} \times 0.2 = -17.45 \text{억원}$

잔존가치의 현재가치는 일시금현가계수를 이용하여

$$P = \frac{1}{(1+i)^n} \times S = \frac{1}{(1+0.06)^{20}} \times 1.5 = 0.47 \text{억원}$$

따라서 대안 1의 순현재가치는
-10억원+34.41억원+8.72억원-3.44억원-17.45억원+0.47억원=12.71억원

② 대안

초기투자 I=-6억원, 이자율 i=6%, 사업기간 n=20년, 기본수익 Ar=1억원, 증가수익 g=7%, 기본운영비 Ac=-0.5억원, 증가운영비 g=8%, 잔존가치 S=0.5억원이므로 수익의 현재가치는 기하경사현가계수를 이용하여 $P=\frac{1-\left(\frac{1+g}{1+i}\right)^n}{i-g}\times A_r=\frac{1-\left(\frac{1+0.07}{1+0.06}\right)^{20}}{0.06-0.07}\times 1=20.66$억원

운영비의 현재가 $P=\frac{1-\left(\frac{1+g}{1+i}\right)^n}{i-g}\times A_c=\frac{1-\left(\frac{1+0.08}{1+0.06}\right)^{20}}{0.06-0.08}\times 0.5=-11.33$억원

잔존가치의 현재가치 $P=\frac{1}{(1+i)^n}\times S=\frac{1}{(1+0.06)^{20}}\times 0.5=0.16$억원

따라서 대안 1의 순현재가치는 -6억원+20.66억원-11.33억원+0.16억원=3.48억원

③ 대안 3

초기투자 I=-7억원, 이자율 i=6%, 사업기간 n=20년, 연수익 Ar=1억원, 연운영비 Ac=-0.6억원, 잔존가치 S=1억원이므로

연수익의 현재가치 $P=\frac{(1+i)^n-1}{i(1+i)^n}\times A_r=\frac{(1+0.06)^{20}-1}{0.06(1+0.06)^{20}}\times 1=11.47$억원

연운영비의 현재가치 $P=\frac{(1+i)^n-1}{i(1+i)^n}\times A_c=\frac{(1+0.06)^{20}-1}{0.06(1+0.06)^{20}}\times 0.6=-6.88$억원

잔존가치의 현재가치 $P=\frac{1}{(1+i)^n}\times S=\frac{1}{(1+0.06)^{20}}\times 1=0.31$억원

따라서 대안 1의 순현재가치는 -7억원+11.47억원-6.88억원+0.31억원=-2.10억원

그러므로 대안 1이 순현재가치 12.71억원으로 가장 크고, 대안 3은 -2.10억원으로 경제적인 타당성이 없다.

3) 내부수익율 방법

내부수익률(IRR)은 사업이 순조롭게 진행된다는 가정하에 기대되는 예상수익률로 사업의 전 기간에 걸쳐 발생하는 편익의 현재가치와 비용의 현재가치를 같게 하여 순현재가치가 0이 되게 하는 특정 할인율을 말한다. 내부수익률을 계산하기 위해서는 시행착오법을 사용하게 된다. 이 내부수익률에서 비용·편익비는 1에 가까워진다. 초기 비용이 C_o이고 최초연도(0차연도)에는 수익이 발생하지 않는다고 하면 내부수익률 R은 다음과 같이 구할 수 있다.

$$C_o=\frac{(B-C)_1}{(1+R)^1}+\dots+\frac{(B-C)_t}{(1+R)^t}+\dots+\frac{(B-C)_n}{(1+R)^n} \qquad (17.6.5)$$

내부수익률 방법을 적용하는 절차는 다음과 같다.

① 각 대안에 대한 내부수익률을 계산한다.

② 내부수익률이 사회적 할인율 또는 최소 허용할인율보다 큰 대안만 선택한다. 만일 상호배타적인 대안들이 있으면 단계 ③~⑤를 수행한다.

③ 상호배타적인 대안 중에서 비용이 증가하는 순서로 순위를 정한다. 비용과 편익을 아래 순위에서 윗 순위 값을 빼 증가비용에 대한 증가편익의 내부수익률을 계산한다.

④ 내부수익률이 사회적 할인율 또는 최소 허용할인율보다 크면 두 대안 중 비용이 큰 대안을 선택하고, 그렇지 않으면 비용이 작은 대안을 선택한다.

⑤ 이러한 분석을 순서대로 모든 대안에 실시한다.

위와 같이 구한 내부수익률 R이 사회적 할인율 r 또는 최소 허용할인율보다 크면 사업은 타당성이 있는 것으로 평가된다. 이 방법에서 어떤 사업이 특성상 초기에 많은 비용이 투입되어야 하고, 그리고 나서 어느 정도의 편익기간이 지난 후 대규모의 비용이 발생하는 사업에 대해서는 내부수익률이 두 개로 나타날 수 있고, 예산상 제약이 있다든가 또는 사업들 간에 상호배타적인관계가 있을 때 내부수익률 기준을 직접적으로 적용할 수 없다는 단점이 있다. 따라서 순현재가치, 내부수익률 그리고 비용·편익비를 적절히 고려하는 것이 바람직하다.

예제 17.6.8

어떤 사업의 초기비용이 100억원이고 5년 동안 연간 순편익이 22억원일 때, 내부수익률을 계산하라. 만일 순편익이 6년간 매년 동일하게 발생했다면 내부수익률은 얼마인가.

풀이

5년 동안에 대해 식 (17.6.5)를 적용하여 내부수익률을 구하면

$$100 = \frac{22}{(1+R)^1} + \frac{22}{(1+R)^2} + \frac{22}{(1+R)^3} + \frac{22}{(1+R)^4} + \frac{22}{(1+R)^5}$$

시행착오에 의해 내부수익률은 3.2%로 산정된다.

6년 동안에 대해서는 $100 = \frac{22}{(1+R)^1} + \frac{22}{(1+R)^2} + \frac{22}{(1+R)^3} + \frac{22}{(1+R)^4} + \frac{22}{(1+R)^5} + \frac{22}{(1+R)^6}$

따라서 내부수익률은 8.6%로 산정된다.

4) 연비용 방법

연비용 방법은 순현재가치 방법과 비슷하지만 이 방법에서는 총 편익 및 비용을 등가 균등 연금액으로 환산한다. 최선의 대안 결정방법은 각 연비용이 현재가치에 일정원금회수계수를 곱한 것이므로 순현재가치 방법과 유사하다. 연비용 방법의 적용절차는 다음과 같다.

① 각 대안에 대한 순연편익을 계산한다.

② 순연편익이 양인 대안들만 선택한다. 만일 상호배타적인 대안이 있으면 단계 ③ 또는 단계

④를 선택한다.

③ 상호배타적인 대안 중에서 순연편익이 가장 큰 대안을 선택한다.

④ 상호배타적인 대안 중에서 정량화 할 수는 없지만 동등한 편익이 있으면 연비용이 가장 작은 대안을 선택한다.

예제 17.6.9

사업 A, B의 연편익이 각각 85억원과 82억원이며, 연비용이 각각 78억원과 72억원이다. 어느 사업의 편익이 더 높은지 평가하라. 또한 사업 B가 사업 A에 비해 순연가치가 몇 %높은지 산정하라.

풀이

사업 A의 순편익은 85−78=7억원, 사업 B의 순편익은 82−72=10억원
따라서 사업 B의 순편익이 더 높으므로 편익이 더 높다.
순연가치의 차이는 10−7=3억원
그러므로 3/7 ×100=43%

예제 17.6.10

제시된 두 사업의 현재가치가 각각 10억원과 15억원이다. 사업의 설계 기간이 20년이고, 이자율이 6%인 경우 두 사업의 연비용을 계산하라.

풀이

현재가치를 P, 연가치를 A로 하고 이자율 i=6%, 사업기간을 n=20년으로 하면 원금회수계수에 의해

$$A=\frac{i(1+i)^n}{(1+i)^n-1}\times P=\frac{0.06(1+0.06)^{20}}{(1+0.06)^{20}-1}\times P=0.0872P$$

따라서 P=10억원이면 A=0.0872×10=0.872억원이고,
P=15억원이면 A=0.0872×15=1.31억원이다.

17.7 민감도 분석

수자원 사업을 포함한 공공사업을 수행하는 과정에서 예상하지 못했던 상황들이 얼마든지 발생할 수가 있다. 즉, 우리가 예상하지 못하는 불확실성이 항상 존재하게 된다. 그러므로 공공사업에 대한 타당성을 평가할 때 이러한 불확실성을 사전에 고려하여 사업에 어떠한 영향을 미칠지를 분석하여 사업선택에 대한 최종판단을 할 필요가 있다. 이와 같이 장래에 발생가능 한 변화를 미리 예측하여 사업에 미치는 영향을 분석하고, 사업선택이나 사전예방조치를 취하기 위한 분석을 민감도분석(sensitive analysis)이라 한다.

17.7.1 주관적 예측

주관적 예측은 미래에 발생할지도 모를 변화를 주관적인 생각으로 판단하고 예측하는 것을 말하며, 분석전문가의 경험과 판단에 의존하여 간편하고 신속하게 분석을 할 수가 있다. 예를 들어 어떤 사업의 비용 · 편익분석에 의해 순현재가치(NPV) 또는 내부수익률(IRR)이 +5% 또는 −5% 오차가 발생할 수 있다고 지적하는 경우라 할 수 있다. 또는 산정된 순현재가치 또는 내부수익율이 실제로 발생할 값보다 5%이상 차이가 날 확률이 10%이하라고 분석하는 것도 주관적 예측이라 할 수 있다. 이와 같이 주관적 예측은 어떠한 공식적인 계산절차를 통해 나타나는 것이 아니라 전문가의 경험 및 직관적인 판단에 의해 이루어지게 된다.

17.7.2 선택적 민감도분석

선택적 민감도분석이란 주관적인 판단보다는 객관적인 분석과정을 거쳐 이루어지는 것으로, 장래에 발생가능 한 다양한 변동 상황 중에서 중요한 상황들을 선택하여 이들의 변화가 사업의 순현재가치 및 내부수익률에 어떻게 영향을 미치는가를 예측하는 방법이다. 이와 같이 사업에 영향을 미칠 수 있는 변동 상황들에는 다음과 같은 예들이 있다.

① 생산물의 양과 가격이 변동될 때 사업의 타당성은 어떻게 변하는가?
② 투자된 재료의 가격과 양이 계획과 달리 변동될 경우 사업의 타당성은 어떻게 변하는가?
③ 시설물의 가동률이 계획과 달리 변동될 경우 사업의 비용과 편익이 어떠한 변하는가?
④ 공사기간 또는 시설물의 가동률을 목표수준까지 달성하는데 소요되는 시간 등이 계획보다 길어질 경우 사업의 타당성은 어떻게 변하는가?

선택적 민감도분석을 할 때 사업과 관련된 중요한 항목에 대해 미래의 변화에 의한 순현재가치 또는 내부수익률의 변화가 어떠한지를 미리 판단하여 사업에 큰 영향을 미칠 것으로 판단되면 사전에 조치를 취할 필요가 있다. 이 때 불확실성에 대한 변화의 정도는 민감도지수(sensitivity indicator)로 판단해 볼 수 있으며, 민감도지수는 사업관련 변수의 변화(%)에 대한 내부수익률의 변화(%)의 비로 나타낼 수 있다. 이와 비슷한 방법으로 전환값(switching value)을 이용할 수도 있다. 전환값은 사업의 특정변수를 변화시켰을 경우 순현재가치가 0이 될 때의 변수의 변화(%)를 말한다. 따라서 사업을 성공적으로 수행하기 위해 순현재가치가 최소한 0보다 커야하는데 전환값은 이를 위해 관련 변수들의 변화를 얼마나 감수해야 하는지를 보여준다고 할 수 있다.

예제 17.7.1

어떤 사업에 대해 관련 항목의 변화에 따른 내부수익률의 변화를 민감도지수를 통해 분석하고자 한다. 각 항목 당 변화폭과 이에 따른 내부수익률이 표 17.7.1과 같이 주어질 때 민감도지수를 산정하라.

표 17.7.1 민감도지수 산정

구분	변화폭(%)	내부수익률(%)	민감도지수
변화가 없을 경우	-	15.25	-
투자비	10	13.56	1.11
운영비	15	14.14	0.49
생산물 가격	−15	12.24	1.32
생산성	−20	11.65	1.18
시설가동률	−10	13.54	1.12
건설기간 연장	10	13.64	1.06

풀이

사업관련 항목의 변화에 대한 내부수익률의 변화로 민감도지수를 구한 결과가 표의 4란과 같다. 예를 들어 투자비가 10% 증가했을 때 내부수익률 변화가 15.25−13.56=1.69이며, 따라서 민감도지수는 (1.69/15.25)/(10/100)=1.11이 된다.

그러므로 생산물의 가격이 내부수익률에 가장 민감하게 나타남을 알 수 있다.

예제 17.7.2

하천세굴 방지용 제방 블럭을 생산하는 공장을 건설하려고 한다. 관련변수의 변화가 표 17.7.2의 2란과 같이 예측되고, 이에 대한 순현재가치의 변화가 3란과 같을 때 각 변수의 변화에 대한 전환값을 산정하라.

표 17.7.2 전환값의 산정

변수의 변화	변화(%)	순현재가치의 변화(억원)	순현재가치(억원)	전환값(%)
변화가 없을 경우	-	-	20	-
블록의 수요	−20	−20	0	−20
재료비	15	−10	10	30
건설비	15	−20	0	15

풀이

변화가 없을 경우 사업의 순현재가치가 20억원인데 블록의 수요가 20%감소하면 순현재가치가 20억원 감소하여 0으로 된다. 그러므로 블록 수요의 전환값은 −20%가 된다.

재료비가 15%증가하면 순현재가치는 10억이 감소한 10억원이 된다. 따라서 순현재가치가 0이 되기 위한 재료비의 전환값은 30%가 된다. 같은 방법으로 건설비의 전환값은 15%가 된다.

17.7.3 일반적 민감도분석

일반적 민감도분석은 사업의 순현재가치 및 내부수익률에 영향을 미칠 수 있는 주요변수들의 변화가 실제로 발생할 수 있는 모든 가능성을 나타내고, 이들 모든 가능성에 발생확률을 부여하여 각 변화에 대해 나타나는 순현재가치 또는 내부수익률을 연관시켜 분석하는 방법이다. 이 방법은 사업효과에 대한 위험분석이라고 할 수 있으며 몬테칼로모의(Monte Carlo Simulation)라고도 한다. 만일 고려하는 변수가 여러 개이고 각 변수들의 변화 정도를 여러 가지로 설정하면, 나타날 수 있는 상황이 많이 발생하므로 전산프로그램을 이용할 필요가 있다.

일반적 민감도분석에 대한 가상적인 예로 어떤 공공사업의 순현재가치에 영향을 주는 여러 가지 변수들 중에서 다음과 같은 6가지의 변수들을 선택하기로 하자.

a_1=휘발유 가격(P_O)　a_2=휘발유 소비량(Q_O)　a_3=천연가스 가격(P_G)
a_4=시멘트 가격(P_S)　a_5=시멘트 소비량(Q_S)　a_6=전기 가격(P_E)

이들 각 변수들의 예상 변동 정도를 5%(낮음, L), 10%(보통, M) 및 15%(높음, H)와 같이 세 가지로 정하고 전문가의 분석을 통해 변동 가능성의 확률을 표 17.7.3과 같이 산정하였다고 하자. 6가지 변수들에 대해 각각 3가지의 변동가능성이 있으므로 이들 가능성을 모두 나타내면 총 3^6=729 가지의 경우가 발생한다. 그러나 만일 변수 a_1, a_2 및 a_3가 서로 독립적으로 변하는 것이 아니라 서로 의존적으로 변하고, a_4 및 a_5가 의존적이며, a_6는 다른 변수들과 완전히 독립적으로 변한다고 가정하자. 이와 같이 독립적인 변수와 의존적인 변수를 구분하면 변수들의 변동가능성의 수를 상당히 줄일 수 있다. 즉, a_1, a_2 및 a_3만 고려한다면 3^3=27가지의 변화가 가능하다. 그러나 휘발유 가격(a_1)이 오르면 휘발유 소비(a_2)가 감소하고, 휘발유 가격이 내리면 소비가 증가하는 휘발유 가격과 소비가 의존적인 관계에 있으므로 두 개의 변수 a_1과 a_2만 보면 다음과 같이 변동가능성이 3가지로 나타난다.

$$(a_{1,}\ a_2) = (H,L),\ (M,M),\ (L,H) \tag{17.7.1}$$

같은 개념으로 휘발유 가격(a_1)과 천연가스 가격(a_3)만을 고려하는 경우, 휘발유 가격이 오르면 휘발유 소비가 감소하고 대신 천연가스의 사용량이 증가하여 결국 천연가스 가격이 오르게 된다. 따라서 두 개의 변수 a_1과 a_3만 고려할 때도 변동가능성이 3가지로 나타난다.

$$(a_{1,}\ a_3) = (H,H),\ (M,M),\ (L,L) \tag{17.7.2}$$

이제 세 가지 변수 a_1, a_2 및 a_3가 서로 의존적이므로 동시에 고려하면 변동 가능성이 27가지가

표 17.7.3 변수들의 변동발생확률

관련변수	15% (H)	10% (M)	5% (L)
a_1 (P_O)	1/3	1/2	1/6
a_2 (Q_O)	1/6	1/2	1/3
a_3 (P_G)	1/3	1/2	1/6
a_4 (P_S)	1/6	1/2	1/3
a_5 (Q_S)	1/3	1/2	1/6
a_6 (P_E)	1/3	1/3	1/3

아닌 3가지로 줄어들며, 각 조합의 발생확률은 표 17.7.3으로부터 1/3, 1/2, 1/6이 된다.

$$(a_1, a_2, a_3) = (H, L, H), (M, M, M), (L, H, L) \quad (17.7.3)$$

이와 같은 개념을 일반화하기위해, 관련변수들이 a_n개 일 때 전체집합(A)과 서로 의존적인 변수들로 부분집합(A_j)을 구성하면 다음과 같다.

$$A = \{a_1, a_2, \ldots, a_n) \quad (17.7.4)$$

$$A_i = \{a_1, \ldots\} \qquad i \leq n \quad (17.7.5)$$

각 부분집합 A_i속에 있는 변수들이 의존적으로 변하므로 이들의 변화의 조합 수를 j라 하면 다음과 같이 나타낼 수 있다.

$$A_{i1}, A_{i2}, \ldots, A_{ij} \quad (17.7.6)$$

이들 각 변화에 대한 확률은 다음과 같이 나타낸다.

$$P(A_{i1}), P(A_{i2}), \ldots, P(A_{ij}) \quad (17.7.7)$$

$$P(A_{i1})+P(A_{i2})+ \ldots + P(A_{ij}) = 1 \quad (17.7.8)$$

앞에서 예를 든 6가지의 변수에 대해 일반화한 표현으로 나타내면

$$A = \{a_1, a_2, a_3, a_4, a_5, a_6\} \quad (17.7.9)$$

$$A_1 = \{a_1, a_2, a_3\}$$
$$A_2 = \{a_4, a_5\} \quad (17.7.10)$$
$$A_3 = \{a_6\}$$

각 부분집합 A_i내의 변수들의 변화 가능성 및 이에 대한 확률은 다음과 같다.

$$\begin{array}{lll} A_{11} = (H, L, H) & A_{21} = (H, L) & A_{31} = (H) \\ A_{12} = (M, M, M) & A_{22} = (M, M) & A_{32} = (M) \\ A_{13} = (L, H, L) & A_{23} = (L, H) & A_{33} = (L) \end{array} \quad (17.7.11)$$

$$\begin{array}{lll} P(A_{11}) = 1/3 & P(A_{21}) = 1/6 & P(A_{31}) = 1/3 \\ P(A_{12}) = 1/2 & P(A_{22}) = 1/2 & P(A_{32}) = 1/3 \\ P(A_{13}) = 1/6 & P(A_{23}) = 1/3 & P(A_{33}) = 1/3 \end{array} \quad (17.7.12)$$

여기서 앞에서 설명한 일반화된 값으로 표현하면 변수의 개수 n=6, 부분집합의 수 i=3, 첫 번째 부분집합에서의 발생가능 수 j_1=3, 두 번째 부분집합에서의 발생가능 수 j_2=3, 세 번째 부분집합에서의 발생가능 수 j_3=3으로 된다. 따라서 6개의 변수로 인해 발생가능 한 상황의 수는 3×3×3=27가지가 되며, 각 상황마다 순현재가치를 구할 수가 있다. 이때 각 상황마다 이 상황의

발생가능 확률도 함께 계산한다. 예를 들어 첫 번째 발생가능 상황을 (A_{11}, A_{21}, A_{31})으로 하면 이 때의 변수별 발생 상황은 다음과 같다.

$$(A_{11},\ A_{21},\ A_{31}) = (a_1,\ a_2,\ a_3,\ a_4,\ a_5,\ a_6) = (H,\ L,\ H,\ H,\ L,\ H) \tag{17.7.13}$$

따라서 각 변수별로 H=15%, M=10%, L=5%의 증가를 실제로 적용하여 순현재가치를 구할 수가 있으며, 이때 산정된 순현재가치가 1,000으로 나왔다면 이 상황이 발생할 확률은 다음과 같다.

$$P(A_{11})\times P(A_{21})\times P(A_{31}) = \frac{1}{3}\times\frac{1}{6}\times\frac{1}{3}=\frac{1}{54} \tag{17.7.14}$$

즉, (A_{11}, A_{21}, A_{31})의 변동으로 인한 순현재가치는 1,000이고 이때의 발생확률은 1/54이 된다. 이상과 같이 27가지의 모든 변동 상황에 대해 순현재가치와 이때의 발생확률을 구하여 순현재가치를 작은 값부터 차례로 확률을 누적시키면 그림 17.7.1과 같은 순현재가치의 누가확률분포곡선을 얻을 수가 있다. 순현재가치의 누가확률분포곡선으로부터 순현재가치가 0보다 작게 발생할 확률은 약 8%가 되고, 0보다 클 확률은 92%가 됨을 알 수 있다. 또한 순현재가치는 모든 발생 가능한 상황에서 최소 −500, 최대 2,000의 범위내로 나타난다. 그리고 누가확률 50%에 해당하는 순현재가치는 740임을 알 수 있다.

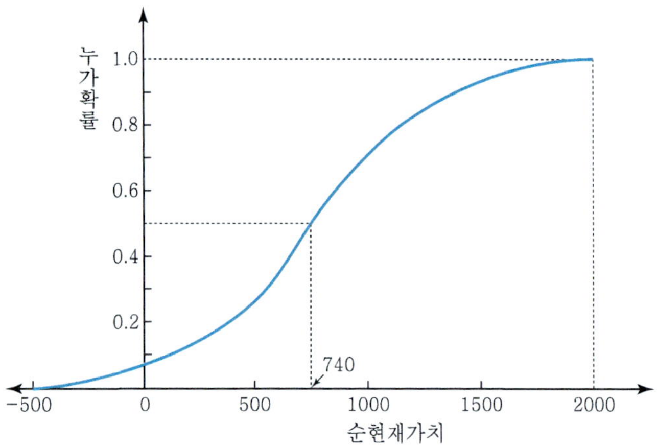

그림 17.7.1 순현재가치의 누가확률분포곡선

이상과 같이 사업의 경제적 타당성 분석을 위해서는 장래에 발생할 불확실한 변동(위험성)을 분석할 필요가 있으며, 이때 지금까지 설명한 민감도분석 특히 일반적인 민감도분석을 이용할 수가 있다. 즉, 주요변수들의 변동 상황에 따른 순현재가치 및 이에 대한 확률을 산정하고 이로부터 순현재가치에 대한 누가확률분포를 구한다.

만일 여러 가지의 대안이 있을 경우 각 대안마다 민감도분석을 실시하여 각 대안에 대한 순현재가치(NPV)의 예상가중평균치를 다음과 같이 산정하여 예상가중평균치가 높게 나온 대안을 선택하는 것이 바람직하다고 볼 수 있다.

$$E[NPV] = (P_1\times NPV_1)+(P_2\times NPV_2)+\ldots+(P_n\times NPV_n) \tag{17.7.15}$$

여기서 $E[\cdot]$는 평균치, P_i는 각 변화의 발생확률, NPV_i는 변수의 변화를 적용하여 산정한 순현재가치 그리고 n은 총 발생상황의 수이다.

예제 17.7.3

소규모 댐의 배수용량이 부족하여 기존의 여수로를 확장하는 경우와 새로운 여수로를 건설하는 경우의 두 가지 대안이 있다. 이때 각 대안의 발생 가능한 순현재가치와 이에 대한 확률이 표 17.7.4와 같을 때 각 대안의 예상가중평균을 산정하라.

표 17.7.4 각 대안에 대한 순현재가치 및 확률

대 안	NPV_1(억원)	NPV_2(억원)	NPV_3(억원)
기존 여수로 확대	5	7	16
여수로 신설	−15	12	18
발생확률	0.25	0.57	0.18

풀이

기존 여수로를 확대하는 경우의 예상가중평균 $0.25 \times 5 + 0.57 \times 7 + 0.18 \times 16 = 8.12$억원

여수로를 신설하는 경우의 예상가중평균 $0.25 \times (-15) + 0.57 \times 12 + 0.18 \times 18 = 6.33$억원

17.8 사업의 타당성 및 최적화

대부분의 수자원 사업의 개발, 이용, 보전 및 관리에는 그 사업 고유의 목적 외에 정치적 및 사회적 목적이 연관되는 경우가 많다. 하지만 사업에 대한 모든 결정은 국민의 삶의 질을 높이고, 이를 현재 및 장래의 사회에 분배하는 것에 초점을 맞출 필요가 있다. 또한 사업의 채택이나 경제성분석을 실시하기 전에 모든 사업들은 타당성 기준을 만족하여야 한다.

17.8.1 타당성의 종류

일반적으로 수자원 사업을 포함한 공공사업은 기술적(Engineering), 경제적(Economic), 재정적(Financial), 정치적(Political), 사회적(Social) 그리고 환경적(Environmental) 타당성을 만족해야 하며, 이들을 간단히 첫 글자만 이용하여 EEFPSE라고 나타낸다.

1) 기술적 타당성

제안된 사업이 의도하는 목적을 물리적으로 수행할 수 있으면, 그 사업은 기술적 타당성이 있다고 한다. 공학적 설계는 이러한 기술적 타당성 영역 내에서 이루어져야 한다. 공학적 분석은 사업에 의해 물리적으로 이루어질 수 있는 결과와 이루어질 수 없는 결과의 조합으로 나타나게 된다.

다음에 설명할 모든 타당성 분석은 기술적 타당성 분석을 통과한 대안들에 대해서만 실시한다.

2) 경제적 타당성

사업으로 인한 편익이 비용을 초과하는 경우에 그 사업은 경제적으로 타당성이 있다고 본다. 경제적 타당성 분석을 실시할 때 주의해야 할 사항은 많은 잔존효과가 사업이 없을 경우에도 발생하기 때문에, 사업 전과 후의 비교보다는 사업을 수행할 경우와 수행하지 않을 경우를 비교하는 것이 바람직하다.

3) 재정적 타당성

사업이 다른 모든 타당성 분석을 통과하더라도 사업을 수행할 자금이 없으면 실시하기가 곤란하다. 재정적 타당성 분석은 가용한 자금의 잠재적인 출처의 조사에 의해 결정되며, 사업의 건설 및 운영에 필요한 비용보다 충분히 많아야 통과하게 된다. 편익이 수익자에게 그 진정한 가치를 평가하는데 충분히 구체적이지 않거나, 많은 수혜자 또는 많은 지역에 작은 수익이 돌아가는 사업은 경제적으로 타당성이 있을지는 모르지만 재정적으로는 타당성이 없다. 누군가가 비영리적인 목적으로 사업의 비용을 지불한다면, 그 사업은 경제적으로는 타당성이 없지만 재정적으로는 타당성이 있을 수가 있다. 또한 재정적 타당성은 경제적 이득을 얻기 위해 자금의 일부는 지원하려는 지역 이해당사자들에 의해 영향을 받기도 한다.

4) 정치적 타당성

사업이 필요한 정치적 승인을 확보하면 정치적 타당성이 있다고 할 수 있다. 정치적 타당성은 주요 결정자의 사업의 대한 긍정적 및 부정적 영향의 평가방법분석, 대중의 인식의 방향, 광범위한 공공의 지지를 얻기 위한 사업의 잠재성 등에 의해 결정된다. 일반적으로 정치적 지지는 경제적 및 공학적 타당성을 따르게 된다. 때로는 경제적인 타당성이 없음에도 불구하고 사업에 대한 정치적 압력은 결국 사업을 시작하게 할 수가 있다. 반대로, 부정적인 영향을 받을지도 모르는 강력한 집단들이 모든 면에서 타당성이 있음에도 불구하고 사업을 중지시킬 수가 있다.

5) 사회적 타당성

만일 주요 수혜자들이 사업의 수행에 긍정적인 반응을 보인다면, 사업은 사회적 타당성이 있다고 본다. 이러한 사회적 타당성은 사업에서 예상되는 수혜자의 삶에 미치는 변화의 평가 및 수혜를 받는 사람들의 사업의 채택의지에 의해 결정된다. 사업에 의해 혜택을 받거나 영향을 받는 사람들의 의견은 사업의 시작 시점에서 긍정적이어야 한다. 그렇지 않으면 계획된 기간 내에 사업의 성공적인 완성이 불가능할지 모르며, 이로 인해 비용과 편익의 시간적인 흐름에 변화를 주게 된다. 토지의 획득, 이주 및 정착, 고용, 소득의 재분배, 사업 결과의 분배 및 환경의 파괴 등이 사업 지역내의 서로 다른 집단들에 의해 반대의견이 제시될 수 있는 내용들이다. 이와 같은 반대의견들이 제시되기 시작하면 사업의 완성에 장애물이 될 수 있다.

6) 환경적 타당성

모든 사업계획은 환경적인 타당성을 얻어야 하며, 사업은 환경적으로 부정적인 영향을 초래해서는 안 된다. 생태학적 교란과 관련 있는 항목들은 사업의 수행 중에 많은 제약을 주게 된다. 지난 수십 년 동안 지속적으로 증가하고 있는 생태학적 고려는 다양한 분야의 전문가의 관여와 추가적인 제도적 및 사회적 제약을 초래하고 있다. 이러한 것들이 돈의 흐름에 영향을 미치고 따라서 사업의 완성을 지체시킬 수가 있다. 수자원 개발 사업은 거주지의 수몰 및 주민의 이주 등과 같이 환경적으로 부정적인 영향을 주게 된다. 환경과 조화를 이루며 심미적으로 만족스런 설계를 도입하고, 산림훼손 및 주민의 이주를 최소화하는 계획을 결정함으로서 이러한 갈등을 완화시킬 수가 있다.

17.8.2 사업의 최적화

수자원 계획, 개발 및 관리는 생산과정으로 생각할 수가 있다. 공공사업에 대한 생산과정 계획에서 이상적인 조건아래 경제적인 힘이 어떻게 생산 순위에 영향을 미치는가를 분석함으로서 중요한 통찰력을 많이 얻을 수가 있다. 생산의 기본 목적은 자원(입력)을 더욱 유용한 형태(출력)로 변환하는 것이다. 수자원사업은 흙, 콘크리트, 강철, 양수에너지 그리고 자연 하천유출과 같은 일련의 입력으로부터 관개용수, 홍수피해방지, 주운하도, 발전 등과 같은 유용한 출력을 생산하기 위해 건설하는 것이다. 사업의 순현재가치, 내부수익률, 비용·편익비 등이 공사비의 증가, 공사기간의 연장 그리고 생산물의 가격변화 등에 의해 어떻게 민감하게 변하는지를 평가할 필요가 있다. 사업의 생산물에 불확실성이 개입되게 되므로, 민감도 분석은 모든 사업에 대한 경제분석의 종합적인 부분으로 수행되어야 한다.

일반적으로 사업의 생산물은 다음과 같은 네 가지 주요 분야 즉, 가격, 공기의 지연, 전반적인 비용 그리고 생산량의 변화에 민감하다. 가격에 대해서는 모든 사업에 대해 생산물의 판매 가격이 잘못되었다고 가정할 경우 어떠한 일이 발생하는지를 검토해야 한다. 공기의 지연은 많은 사업에 영향을 미친다. 지체의 원인은 장비 및 물품의 주문 및 수령에 대한 관리상의 지체와 사업의 동요 및 자금의 부족 등에 의한 지체 등이 있다. 순현재가치, 내부수익률, 비용·편익비 등에 대한 지체로 인한 영향의 결정은 민감도 분석의 중요한 부분이다. 모든 사업 특히 건설사업은 할인율을 높게 정할 때 사업의 초기에 비용이 많이 발생하고, 편익이 발생되기 전에 시설물들의 건설이 완료되어야 하므로 전반적인 비용에 대한 민감도를 검토해보아야 한다. 또한 산정된 생산량의 오차로 인한 민감도를 검토할 필요가 있다.

연습문제

17.1 수력발전소를 건설하기 위한 사업에 다음과 같이 3가지의 대안이 제시되었다. 모든 대안은 투자비용이 동일하고, 15년의 설계수명기간을 가지고, 이자율 5%로 적용할 때 예상되는 수익이 다음과 같을 때 수익을 현재가로 환산하고, 최선의 대안을 결정하라.

① 대안 1 : 처음 10년 후에 100억원의 수익이 발생, 그 다음 5년 후에 50억원의 수익이 발생.
② 대안 2 : 15년 동안 매년마다 10억원의 수익이 발생.
③ 대안 3 : 첫 번째 해에 10억원의 수익이 발생하고, 그 후 매년마다 수익이 7%씩 증가.

17.2 물 공급시설을 개발하기 위한 사업을 구상하고 있으며 4가지의 대안이 제시되었다. 모든 대안은 투자비용이 동일하고, 20년의 설계수명기간을 가지고, 이자율은 6%를 적용하며 예상되는 수익이 다음과 같을 때 수익을 현재가로 환산하고, 최선의 대안을 결정하라.

① 대안 1 : 처음 10년 후에 $100,000의 수익이 발생, 그 다음 20년 후에 $200,000의 수익이 발생.
② 대안 2 : 20년 동안 매년마다 $15,000의 수익이 발생.
③ 대안 3 : 첫 번째 해에 $6,000의 수익이 발생하고, 그 후 매년마다 $1,000씩 수익이 증가.
④ 대안 4 : 첫 번째 해에 $6,000의 수익이 발생하고, 그 후 매년마다 수익이 8%씩 증가.

17.3 표 17.3과 같이 홍수통제 및 물 공급 사업에 대한 가상적인 돈의 흐름이 주어질 때 다음을 계산하라.

표 17.3 가상사업자료

사업기간 이자율	n=40년 i=5%
비용(억원) 초기건설비 연 운영 및 관리비 정기 교체비	 첫 해 및 두 번째 해에 각각 50억 매년 1억 10, 20, 30년 마다 4억
편익(억원) 홍수통제편익 물공급편익	 0~5년간 0억~5억으로 균등하게 증가 5~40년간 매년 5억 10~40년간 매년 2억

1) 돈의 흐름도를 그려라
2) 일시금현가계수를 이용하여 건설비의 현재가치(0차년도)를 산정하라.
3) 일정부금현가계수를 이용하여 운영 및 관리비의 현재가치를 산정하라.
4) 일시금현가계수를 이용하여 각 기간의 교체비의 현재가치를 산정하라.
5) 산술경사현가계수를 이용하여 처음 5년 동안의 홍수조절편익의 현재가치를 산정하라.
6) 일정부금현가계수를 이용하여 5~40년에 대한 홍수조절편익을 5차년도의 현가로 산정하라.

7) 연습문제 6)에서 산정한 5~40년에 대한 홍수조절편익의 5차년도에 대한 현재가치를 일시 금현가계수를 이용하여 0차년도의 현재가치로 환산하라.

8) 일정부금현가계수를 이용하여 10~40년에 대한 물 공급 편익을 10년차에 대한 현재가치로 환산하라.

9) 연습문제 8)에서 산정한 10~40년에 대한 물 공급 편익의 10차년도에 대한 현재가치를 일시금현가계수를 이용하여 0차년도의 현재가치로 환산하라.

17.4 어떤 수자원 사업을 계획하는데 2007년(0차년도)에 실시하여 편익이 그 해부터 연간 6,438만원이 발생하기 시작하여 2016년(9차년도)까지 계속된다고 가정하자. 만일 할인율이 r=15%라면 이 수자원 사업의 편익의 현재가치는 얼마인가.

17.5 물공급시설 건설 사업의 투자비가 100억원이다. 20년간의 수명기간동안 연간 운영 및 관리비가 3억원이 소요된다. 할인율을 4%로 적용한다면 사업의 연비용은 얼마나 되겠는가.

17.6 어떤 사업의 경제 분석을 실시하는데 분석기간이 70년이다. 이 중 펌프의 수명은 20년이다. 펌프의 초기 가격이 5000만원이면 잔존가치는 얼마인가. 또 이 사업기간 동안 필요한 펌프의 수는?

17.7 어떤 사업에 대한 두 가지의 대안을 고려하고 있다. 첫 번째 대안(A)의 예상비용은 40억원이고, 두 번째 대안(B)의 예상비용은 45억원이다. 두 가지 대안의 예상 편익이 각각 45억원과 48억원이면 어떤 대안을 선택하겠는가?

17.8 어떤 사업에 2억원을 투자하여 3억원의 수익을 올릴 예상이다. 사업 시작 전에 새로운 기술을 도입할 경우 수익이 3.2억원으로 증가하는 것을 알게 되었다. 새로운 기술을 도입하는 비용이 0.5억원이면 새로운 기술을 도입하는 것이 합당한지 판단하라.

17.9 어떤 사업에 10억원을 투자하여 20억원의 수익을 올릴 예상이다. 사업 시작 전에 새로운 기술을 도입할 경우 수익이 32억원으로 증가하는 것을 알게 되었다. 새로운 기술을 도입하는 비용이 5억원이면 새로운 기술을 도입하는 것이 합당한지 판단하라.

17.10 사업 A, B에 1000억원을 투자하였다. 사업 A는 10년 동안 매년 200억원의 수익을 주고, 사업 B는 20년 동안 매년 130억원의 수익을 가져올 때 할인율이 4%일 때와 11%일 때의 비용 · 편익비를 구해 우선 순위를 결정하라.

17.11 수자원 사업을 계획하고 있다. 대안 A는 100억원, 대안 B에는 200억원을 투자한다. 대안 A는 10년 동안 매년 20억원의 수익을 주고, 대안 B는 15년 동안 매년 30억원의 수익을 가져올 때 할인율이 5%일 때와 10%일 때의 비용 · 편익비를 구하라.

17.12 표 17.12와 같이 물 공급 사업에 상호배타적인 세 가지의 대안이 있다. 표와 같이 세 가지 대안의 비용과 편익에 대한 현재가치가 주어질 때 세 대안을 비교하고 최선의 대안을 결정하라.

표 17.12 물공급 사업

항목	현재가치(억원)		
	대안 A	대안 B	대안 C
건설비용	42	38	40
운영 및 관리비	10	12	11
편익	60	59	56

17.13 표 17.13과 같이 댐 건설 사업에 상호배타적인 세 가지의 대안이 있다. 표와 같이 세 가지 대안의 비용과 편익에 대한 현재가치가 주어질 때 세 대안을 비교하고 최선의 대안을 결정하라.

표 17.13 댐 건설 사업

항목	현재가치(억원)		
	대안 A	대안 B	대안 C
건설비용	500	600	400
운영 및 관리비	45	36	50
편익	1000	1200	900

17.14 어떤 지역의 수자원개발을 위해 세 가지의 대안이 제시되고 있다. 모든 대안의 설계수명기간은 30년이고, 이자율은 5%이다. 각 대안의 조건이 다음과 같을 때 순현재가치 방법을 이용하여 순현재가치를 산정하고 경제적으로 타당성이 없는 대안은 어느 것인지 판단하라.

① 대안 1은 초기 투자가 $100,000이고, 첫 번째 해에 $25,000의 수익이 발생하고 매년 $1,000씩 증가하며, 운영비는 첫 해에 $3,000이고 매년 $2,000씩 증가한다. 30년 후에 자본투자의 잔존가치가 $10,000이다.

② 대안 2는 초기 투자가 $50,000이고, 첫 번째 해에 $10,000의 수익이 발생하고 매년 7%씩 증가하며, 운영비는 첫 해에 $5,500이고 매년 8%씩 증가한다. 30년 후에 자본투자의 잔존가치가 $5,000이다.

③ 대안 3은 초기 투자가 $65,000이고, 매년 $10,000의 수익이 발생하고, 운영비는 매년 $6,000이다. 30년 후에 자본투자의 잔존가치가 $12,000이다.

17.15 어떤 사업의 초기비용이 1000억원이고 5년 동안 연간 순편익이 250억원이었다. 내부수익률을 계산하라. 만일 순편익이 6년간 매년 동일하게 발생했다면 내부수익률은 얼마인가.

17.16 어떤 사업의 초기비용이 500억원이고 5년 동안 연간 순편익이 130억원이었다. 내부수익률을 계산하라. 만일 순편익이 6년간 매년 동일하게 발생했다면 내부수익률은 얼마인가.

17.17 사업 A, B의 연편익이 각각 4.2억원과 4.1억원이며, 연비용이 각각 3.95억원과 3.6억원이다. 어느 사업의 편익이 더 높은지 평가하라. 또한 사업 A가 사업 B에 비해 순연가치가 몇 % 높은지 산정하라.

17.18 제시된 두 사업의 현재가치가 각각 $72,000과 $88,000이다. 사업의 설계 기간이 30년이고, 이자율이 5%인 경우 두 사업의 연비용을 계산하라.

17.19 어떤 사업에 대해 관련 항목의 변화에 따른 내부수익률의 변화를 민감도지수를 통해 분석하고자 한다. 각 항목 당 변화폭과 이에 따른 내부수익률이 표 17.19와 같이 주어질 때 민감도지수를 산정하라.

표 17.19 **항목별 내부수익율 변화**

변수의 변화	변화폭(%)	내부수익률(%)	민감도지수
변화가 없을 경우		22.01	
투자비	10	20.36	
운영비	15	20.66	
생산물 가격	−10	19.24	
생산성	−15	18.52	
시설가동률	−10	19.81	
건설기간 연장	10	20.21	

17.20 자동차를 생산하는 공장을 건설하려고 한다. 관련변수의 변화가 표 17.20의 2란과 같이 예측되고, 이에 대한 순현재가치의 변화가 3란과 같을 때 각 변수의 변화에 대한 전환값을 산정하라.

표 17.20 **변수에 따른 순현재가치의 변화**

변수의 변화	변화(%)	순현재가치의 변화(억원)	순현재가치(억원)	전환값(%)
변화가 없을 경우	−	−	30	
자동차 수요	−10	−30	0	
유가	15	−15	15	
건설비	20	−30	0	

17.21 하천세굴 방지용 제방 블럭을 생산하는 공장을 건설하려고 한다. 관련변수의 변화가 표 17.21의 2란과 같이 예측되고, 이에 대한 순현재가치의 변화가 3란과 같을 때 각 변수의 변화에 대한 전환값을 산정하라.

표 17.21 **변수에 따른 순현재가치의 변화**

변수의 변화	변화(%)	순현재가치의 변화(억원)	순현재가치(억원)	전환값(%)
변화가 없을 경우	−	−	50	
블록의 수요	−10	−25	25	
재료비	20	−40	10	
건설비	10	−20	30	

17.22 어떤 사업에 대해 관련 항목의 변화에 따른 내부수익률의 변화를 민감도지수를 통해 분석하고자 한다. 각 항목 당 변화폭과 이에 따른 내부수익률이 표 17.22와 같이 주어질 때 민감도지수를 산정하라.

표 17.22 변수에 따른 내부수익율의 변화

변수의 변화	변화폭(%)	내부수익률(%)	민감도지수
변화가 없을 경우		15.5	
투자비	10	13.2	
운영비	10	14.6	
생산물 가격	−10	13.8	
생산성	−10	12.9	
시설가동률	−10	14.1	
건설기간 연장	10	14.3	

17.23 기존 병원의 규모가 부족하여 병원을 신축하는 경우와 기존시설을 확장하는 경우의 두 가지 대안이 있다. 이때 각 대안의 발생 가능한 순현재가치와 이에 대한 확률이 표 17.23과 같을 때 각 대안의 예상가중평균을 산정하라.

표 17.23 대안별 순현재가치

대안	NPV1(억원)	NPV2(억원)	NPV3(억원)
병원신축	−11.65	6.99	14.27
기존시설 확장	0.2	4	14
발생확률	0.3	0.6	0.1

17.24 소규모 댐의 배수용량이 부족하여 기존의 여수로를 확장하는 경우와 새로운 여수로를 건설하는 경우의 두 가지 대안이 있다. 이때 각 대안의 발생 가능한 순현재가치와 이에 대한 확률이 표 17.24와 같을 때 각 대안의 예상가중평균을 산정하라.

표 17.24 대안별 순현재가치

대안	NPV1(억원)	NPV2(억원)	NPV3(억원)
기존 여수로 확대	45	56	85
여수로 신설	15	62	97
발생확률	0.34	0.45	0.21

Water Resources Engineering

부록

A. 단위환산표

(1) 길이변환 (표준단위 : m)

단위	mm	cm	m	km	in	ft	yd	mi
1 mm	1	0.1	0.001	10^{-6}	0.0394	0.00328	0.00109	6.21×10^{-7}
1 cm	10	1	0.01	10^{-5}	0.3937	0.0328	0.0109	6.21×10^{-6}
1 m	10^{3}	100	1	0.001	39.37	3.281	1.094	6.21×10^{-4}
1 km	10^{6}	105	10^{3}	1	39,370	3,281	1,093.6	0.621
1 in	25.4	2.54	0.0254	2.54×10^{-5}	1	0.0833	0.0278	1.58×10^{-5}
1 ft	304.8	30.48	0.3048	3.05×10^{-4}	12	1	0.333	1.89×10^{-4}
1 yd	914.4	91.44	0.9144	9.14×10^{-4}	36	3	1	5.68×10^{-4}
1 mi	1.61×10^{6}	1.61×10^{5}	1.61×10^{3}	1.6093	63,360	5,280	1,760	1

(2) 면적변환 (표준단위 : m^2)

단위	cm^2	m^2	km^2	ha	in^2	ft^2	yd^2	mi^2	ac
1 cm^2	1	10^{-4}	10^{-10}	10^{-8}	0.155	1.08×10^{-3}	1.2×10^{-4}	3.86×10^{-11}	2.47×10^{-8}
1 m^2	10^{4}	1	10^{-6}	10^{-4}	1,550	10.76	1.196	3.86×10^{-7}	2.47×10^{-4}
1 km^2	10^{10}	10^{6}	1	100	1.55×10^{9}	1.076×10^{7}	1.196×10^{6}	0.3861	247.1
1 ha	10^{8}	10^{4}	0.01	1	1.55×10^{7}	1.076×10^{5}	1.196×10^{4}	3.861×10^{-3}	2.471
1 in^2	6.452	6.45×10^{-4}	6.45×10^{-10}	6.45×10^{-8}	1	6.94×10^{-3}	7.7×10^{-4}	2.49×10^{-10}	1.59×10^{-7}
1 ft^2	929	0.0929	9.28×10^{-8}	9.29×10^{-6}	144	1	0.111	3.587×10^{-8}	2.3×10^{-5}
1 yd^2	8,361	0.8361	8.36×10^{-7}	8.36×10^{-5}	1,296	9	1	3.23×10^{-7}	2.07×10^{-4}
1 mi^2	2.59×10^{10}	2.59×10^{6}	2.59	259	4.01×10^{9}	2.79×10^{7}	3.098×10^{6}	1	640
1 ac	4.05×10^{7}	4,047	4.047×10^{-3}	0.4047	6.27×10^{6}	43,560	4,840	1.563×10^{-3}	1

(3) 부피변환 (표준단위 : m^3)

단위	ml	liter	m^3	in^3	ft^3	gal	ac−ft	million gal
1 ml	1	0.001	10^{-6}	0.06102	3.53×10^{-5}	2.64×10^{-4}	8.1×10^{-10}	2.64×10^{-10}
1 liter	10^{3}	1	0.001	61.02	0.0353	0.264	8.1×10^{-7}	2.64×10^{-7}
1 m^3	10^{6}	10^{3}	1	61,023	35.31	264.17	8.1×10^{-4}	2.64×10^{-4}
1 in^3	16.39	1.64×10^{-2}	1.64×10^{-5}	1	5.79×10^{-4}	4.33×10^{-3}	1.33×10^{-8}	4.329×10^{-9}
1 ft^3	28,317	28.317	0.02832	1,728	1	7.48	2.296×10^{-5}	7.48×10^{-6}
1 gal	3,785.4	3.785	3.78×10^{-3}	231	0.134	1	3.069×10^{-6}	10^{-6}
1 ac−ft	1.233×10^{9}	1.233×10^{6}	1,233.5	75.27×10^{6}	43,560	3.26×10^{5}	1	0.326
1 m.gal	3.875×10^{9}	3.785×10^{6}	3,785	2.31×10^{8}	1.338×10^{5}	10^{6}	3.0684	1

(4) 유량변환 (표준단위 : m^3/sec)

단 위	m^3/s	m^3/day	liter/s	ft^3/s	ft^3/day	ac-ft/day	gal/min	gal/day	mgd
1 m^3/s	1	8.64×10^4	10^3	35.31	3.051×10^6	70.05	1.58×10^4	2.282×10^7	22.824
1 m^3/d	1.16×10^{-5}	1	0.0116	4.09×10^{-4}	35.31	8.1×10^{-4}	0.1835	264.17	2.64×10^{-4}
1 liter/s	0.001	86.4	1	0.0353	3,051.2	0.07	15.85	2.28×10^4	2.28×10^{-2}
1 ft^3/s	0.0283	2,446.6	28.32	1	8.64×10^4	1.984	448.8	6.46×10^5	0.646
1 ft^3/d	3.28×10^{-7}	0.02832	3.28×10^{-4}	1.16×10^{-5}	1	2.3×10^{-5}	5.19×10^{-3}	7.48	7.48×10^{-6}
1 ac-ft/d	0.0143	1,233.5	14.276	0.5042	43,560	1	226.28	3.259×10^5	0.3258
1 gal/m	6.3×10^{-5}	5.451	0.0631	2.23×10^{-3}	192.5	4.42×10^{-3}	1	1,440	1.44×10^{-3}
1 gal/d	4.4×10^{-8}	3.79×10^{-3}	4.382×10^{-5}	1.55×10^{-6}	0.1337	3.07×10^{-6}	6.94×10^{-4}	1	10^{-6}
1 mgd	4.38×10^{-2}	3,785	43.82	1.55	1.337×10^5	3.07	694	10^6	1

* mgd : million gallon/day

(5) 속도변환 (표준단위 : m/s)

단 위	ft/s	mi/hr	m/s	km/hr	knots
1 ft/s	1	0.6818	0.3048	1.097	0.5925
1 mi/hr	1.467	1	0.447	1.609	0.869
1 m/s	3.281	2.237	1	3.6	1.944
1 km/hr	0.9113	0.6214	0.2778	1	0.54
1 knots	1.688	1.151	0.5144	1.852	1

(6) 압력변환 (표준단위 : mbar)

단 위	ft H_2O	in. Hg	mm H_g	mbar	kPa	psi	kg/m^2
1 ft H_2O(32°F)	1	0.883	22.42	29.89	2.989	0.4335	304.8
1 in. H_g(32°F)	1.133	1	25.4	33.86	3.386	0.4912	345.3
1 mm H_g(0℃)	0.0446	0.03937	1	1.333	0.1333	0.01934	13.6
1 milibar	0.0335	0.02953	0.7501	1	0.1	0.0145	10.2
1 kPa(N/m$\times10^3$)	0.335	0.2953	7.501	10	1	0.145	102
1 lb/in^2(psi)	2.307	2.036	51.71	68.95	6.895	1	703.1
1 kg/m^2	0.00328	0.002896	0.07356	0.09807	0.009807	0.001422	1

(7) 에너지변환 (표준단위 : Joule)

단 위	Btu	cal	J	kW·hr	ft·lb	Hp·hr
1 Btu(60°F)	1	252	1,055	0.000293	777.9	0.0003929
1 cal(15℃)	0.003969	1	4.186	1.163×10^{-6}	3.087	1.559×10^{-6}
1 Joule	0.0009482	0.2389	1	2.788×10^{-7}	0.7376	3.725×10^{-7}
1 kW·hr	3,413	860,100	3.6×10^6	1	2.655×10^6	1.341
1 ft·lb	0.001286	0.3239	1.356	3.766×10^{-7}	1	5.051×10^{-7}
1 Hp·hr	2,545	641,300	2.685×10^6	0.7457	1.98×10^6	1

* Btu : British thermal unit

(8) 질량변환 (표준단위 : kg)

질량 단위 명칭	크 기	질량 단위 명칭	크 기
그램(gram) 톤(ton) 카랏(carat) 파운드(pound) 슬러그(slug)	1g = 10^{-3}kg 1ton = 10^{3}kg 1ct = 200mg = 10^{-5}kg 1lb = 0.45359237kg 1slug = 14.5939kg	그레인(grain) 온스(ounce) 영국톤(ton) 미국톤(short ton)	1gr = 1/7000lb = 64.7989mg 1oz = 1/16lb = 28.3495g 1ton = 2240lb = 1016.05kg 1sh.ton = 2000lb = 907.15kg

(9) 힘변환 (표준단위 : Newton)

힘 단위 명칭	크 기	힘 단위 명칭	크 기
뉴톤(Newton) 파운달(poundal) 파운드중(pound force)	1N = 1kg·m/sec^2 1pdl = 0.138255N 1lbf = 4.44822N	다인(dyne) 킬로그램중 (kilogram weight)	1dyne = 1g·cm/sec^2 = 10^{-5}N 1kg = 9.80665N

(10) 동력, 공율 (표준단위 : watt)

동력, 공율 단위 명칭	크 기
킬로칼로리・매시 킬로그램중・미터・매시 피트・파운드중・매초 프랑스마력(metric horce power) 영국마력(British horce power)	1Kcal/hr = 1.16222W 1kgw·m/sec = 9.80665W 1ft·lbf/sec = 1.35582W 1P.S. = 75w·m/sec = 735.5W 1hp = 550ft·lbf/sec = 745.7W

(11) 온도변환

온도 단위	크 기	온도 단위	크 기	온도 단위	크 기
섭씨	℃ = 5/9(°F−32)	화씨	°F = 9/5(℃) + 32	캘빈	°K = ℃ + 273

(12) SI단위의 크기구분 접두어

접두어 명칭	기 호	크 기	접두어 명칭	기 호	크 기
엑사(exa)	E	10^{18}	데시(deci)	d	10^{-1}
페타(peta)	P	10^{15}	센티(centi)	c	10^{-2}
테라(tera)	T	10^{12}	밀리(milli)	m	10^{-3}
기가(giga)	G	10^{9}	마이크로(micro)	μ	10^{-6}
메가(mega)	M	10^{6}	나노(nano)	n	10^{-9}
킬로(kilo)	k	10^{3}	피코(pico)	p	10^{-12}
헥토(hecto)	h	10^{2}	펨토(femto)	f	10^{-15}
데카(deca)	da	10	아토(atto)	a	10^{-18}

B. 물의 성질

(1) 물의 성질

온도 (℃)	비중 s	밀도 ρ (g/cm^3)	증발열 L (cal/g)	점성계수 $\mu \times 10^{-3}$ ($N \cdot s/m^2$)	동점성계수 $\nu \times 10^{-6}$ (m^2/s)	증기압 P_v (mmHg)		
						(mmHg)	(mb)	(g/cm^2)
0	0.99987	0.99984	597.3	1.792	1.792	4.58	6.11	6.23
5	0.99999	0.99996	594.5	1.519	1.519	6.54	8.72	8.89
10	0.99973	0.99970	591.7	1.308	1.308	9.20	12.27	12.51
15	0.99913	0.99910	588.9	1.140	1.141	12.78	17.04	17.38
20	0.99824	0.99821	586.0	1.005	1.007	17.53	23.37	23.83
25	0.99708	0.99705	583.2	0.894	0.897	23.76	31.67	32.30
30	0.99568	0.99565	580.4	0.801	0.804	31.83	42.43	43.27
35	0.99407	0.99404	577.6	0.723	0.727	42.18	56.24	57.34
40	0.99225	0.99222	574.7	0.656	0.661	55.34	73.78	75.23
50	0.98807	0.98804	569.0	0.549	0.556	92.56	123.40	125.83
60	0.98323	0.98320	563.2	0.469	0.477	149.46	199.26	203.19
70	0.97780	0.97777	557.4	0.406	0.415	233.79	311.69	317.84
80	0.97182	0.97179	551.4	0.357	0.367	355.28	473.67	483.01
90	0.96534	0.96531	545.3	0.317	0.328	525.89	701.13	714.95
100	0.95839	0.95836	539.1	0.284	0.296	760.00	1013.25	1033.23

(2) 물의 점성계수(centipoise = 0.01poise = 0.01dyne·sec/cm^2)

t℃	0	1	2	3	4	5	6	7	8	9	10
μ	1.7921	1.7313	1.6727	1.6191	1.5674	1.5188	1.4728	1.4284	1.3860	1.3462	1.3077
t℃	11	12	13	14	15	16	17	18	19	20	21
μ	1.2713	1.2363	1.2028	1.1708	1.1404	1.1111	1.0828	1.0559	1.0299	1.0050	0.9810
t℃	22	23	24	25	26	27	28	29	30	–	–
μ	0.9579	0.9358	0.9143	0.8937	0.8737	0.8545	0.8360	0.8180	0.8007		

(3) 물의 표면장력(dyne/cm)

t℃	0	5	10	15	16	17	18	19
T	75.64	74.92	74.22	73.49	73.34	73.19	73.05	72.90
t℃	20	21	22	23	24	25	30	–
T	72.75	72.59	72.44	72.28	72.13	71.97	71.18	–

(4) 물의 밀도(g/cm^3)

t℃	0.0	0.1	0.2	0.3	0.4	0.5	0.6	0.7	0.8	0.9
0	0.000868	875	881	888	894	900	905	911	916	922
1	927	932	936	941	945	949	953	957	961	965
2	968	971	974	977	980	982	984	987	989	691
3	992	994	995	996	997	998	999	999	999	000
4	1.00000	000	000	999	999	998	997	996	995	993
5	0.99992	990	998	986	984	982	980	977	974	971
6	968	965	962	958	955	951	947	943	939	934
7	930	925	920	915	910	905	899	894	888	882
8	876	870	864	858	851	845	838	831	824	817
9	809	802	794	786	778	770	762	754	746	737
10	738	719	710	701	692	683	673	663	653	643
11	0.999633	623	612	602	591	580	570	559	549	536
12	525	513	502	490	478	466	454	442	429	417
13	404	361	378	365	352	339	326	312	299	285
14	271	257	243	229	215	200	186	171	156	142
15	127	111	096	081	066	050	034	018	003	986
16	0.998970	954	938	921	905	888	871	854	837	810
17	803	786	768	750	733	715	697	679	661	643
18	624	606	587	569	550	531	512	493	474	454
19	435	415	396	376	356	336	316	296	275	255
20	234	214	193	172	151	130	109	088	066	045
21	0.998023	002	980	958	936	914	892	869	847	824
22	0.997802	779	756	734	710	987	664	641	617	594
23	570	547	523	499	475	451	426	402	378	353
24	329	304	279	254	229	204	179	154	128	103
25	077	051	026	000	974	948	921	895	869	842
26	0.996816	789	762	736	709	682	655	627	600	573
27	545	518	490	462	434	406	387	350	322	294
28	265	237	208	179	151	122	093	064	035	005
29	0.995976	947	917	888	858	828	798	768	738	703
30	678	648	617	587	556	526	495	464	433	402

(5) 물의 동점성계수($\times 10^2 cm^2/sec$)

t℃	0.0	0.1	0.2	0.3	0.4	0.5	0.6	0.7	0.8	0.9
0	1.792	1.786	1.780	1.774	1.768	1.761	1.755	1.749	1.743	1.737
1	.731	.725	.719	.713	.707	.701	.696	.690	.684	.679
2	.673	.667	.661	.655	.650	.645	.639	.634	.629	.624
3	.619	.613	.603	.608	.598	.592	.582	.577	.572	.572
4	.567	.562	.557	.552	.542	.537	.537	.533	.528	.524
5	1.519	1.515	1.510	1.505	1.500	1.496	1.491	1.478	1.482	1.477
6	.473	.468	.464	.459	.455	.451	.446	.442	.438	.433
7	.428	.424	.420	.416	.412	.408	.403	.399	.395	.391
8	.386	.383	.379	.375	.371	.367	.363	.359	.355	.351
9	.346	.342	.339	.335	.331	.327	.323	.319	.315	.311
10	1308	1.304	1.300	1.296	1.293	1.289	1.285	1.282	1.278	1.274
11	.274	.267	.264	.260	.256	.253	.250	.246	.243	.240
12	.237	.233	.230	.226	.223	.220	.217	.214	.211	.207
13	.204	.201	.198	.194	.191	.185	.182	.178	.175	.175
14	.172	.169	.166	.162	.159	.156	1.53	.150	.147	.144
15	1.141	1.138	1.135	1.132	1.129	1.126	1.123	1.120	1.117	1.115
16	.112	.109	.106	.103	.100	.098	.095	.092	.089	.063
17	.048	.081	.078	.075	.072	.069	.067	.065	.062	.059
18	.057	0.55	.053	.050	.047	.045	.042	.040	.037	.035
19	.032	0.29	0.26	.024	.022	0.19	.017	.014	.012	.009
20	1.007	1.004	1.002	1.000	0.997	0.995	0.993	0.990	0.988	0.986
21	0.983	0.981	0.978	0.076	.974	.972	.969	.967	.964	.962
22	.960	.958	.955	.953	.951	.949	.947	.945	.942	.940
23	.938	.936	.934	.932	.929	.927	.925	.923	.921	.919
24	.917	.915	.913	.911	.909	.907	.905	.903	.901	.899
25	0.897	0.895	0.893	0.893	0.891	0.889	0.887	0.885	0.883	0.879
26	.877	.875	.873	.871	.869	.867	.866	.864	.862	.860
27	.858	.856	.854	.852	.850	.848	.846	.845	.843	.841
28	.839	.837	.835	.833	.832	.830	.828	.826	.825	.823
29	.821	.819	.818	.816	.814	.813	.811	.809	.808	.806
30	0.804	0.803	0.801	0.799	0.798	0.796	0.794	0.793	0.791	0.790

C. 암거설계양식

PROJECT :	STATION : ________	CULVERT DESIGN FORM
____________________	SHEET ___ OF ___	DESIGNER/DATE : ___ / ___ REVIEWER/DATE : ___ / ___

HYDROLOGICAL DATA

- ☐ METHOD
- ☐ DRAINAGE AREA : ☐ STREAM SLOPE :
- ☐ CHANNEL SHAPE : ____________
- ☐ ROUTING : ________ ☐ OTHER : ________

DESIGN FLOWS /TAILWATER.

R.I.(YEARS)	FLOW (m^3/s)	TW(m)

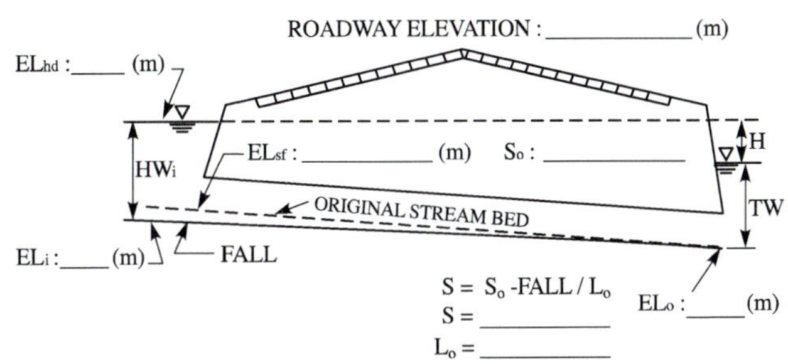

CULVERT DESCRIPTION : MATERIAL-SHAPE-SIZE-ENTRANCE	TOTAL FLOW Q (m^3/s)	FLOW PER BARREL Q/N (1)	HEADEAWATER CALCULATIONS												Control Headwater Elevation	Outlet velocity	COMMENTS
			INLET CONTROL				OUTLET CONTROL										
			HW_i/D (2)	HW_i	FALL (3)	ELhi (4)	TW (5)	d_c	$\frac{d_c+D}{2}$	h_o (6)	k_e	H (7)	EL_{ho} (8)				

TECHNICAL FOOTNOTES :

(1) USE Q/NB FOR BOX CULVERTS

(2) HW_i /D = HW/D OR HW_i /D FROM DESIGN CHARTS

(3) FALL = HW_i - (EL_{hd} - EL_{sf}) : FALL IS ZERO FOR CULVERTS ON GRADE

(4) EL_{hi} = HW_i + EL_i (INVERT OF INLET CONTROL SECTION)

(5) TW BASED ON DOWN STREAM CONTROL OR FLOW DEPTH IN CHANNEL

(6) h_o=TW or (d_c+D)/2 (WHICH EVER IS GREATER)

(7) $H=[1+k_e+(K_u n^2 L)/R^{1.33}]v^2/2g$ WHERE K_u = 19.63(29 IN ENGLISH UNITS)

(8) $EL_{ho} = EL_o + H + h_o$

SUBSCRIPT DEFINITIONS :

a. APPROXIMATE
f. CULVERT FACE
hd. DESIGN HEADWATER
hi. HEADWATER IN INLET CONTROL
ho. HEADWATER IN OUTLET CONTROL
i. INLET CONTROL SECTION
o. OUTLET
sf. STREAMBED AT CULVERT FACE
TW. TAILWATER

COMMENTS / DISCUSSION :

CULVERT BARREL SELECTED

SIZE : ____________

SHAPE : ____________

MATERIAL : ________ n : ________

ENTERANCE : ____________

D. 암거설계 CHART

D－1 : CHART 1

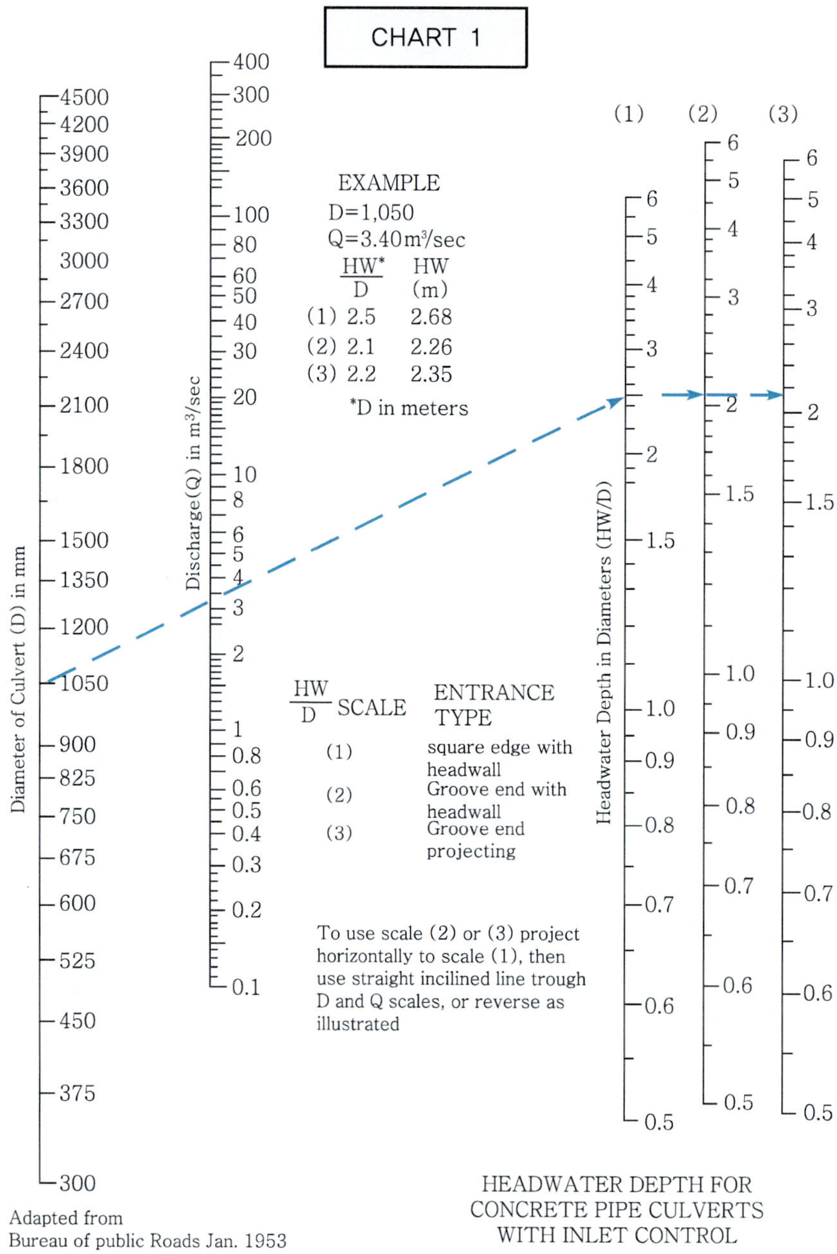

D－2 : CHART 3

$\frac{b}{D}$	$\frac{a}{D}$	$\frac{c}{D}$	$\frac{d}{D}$	ENTRANCE TYPE
0.042	0.063	0.042	0.083	A
0.083	0.125	0.042	0.125	B

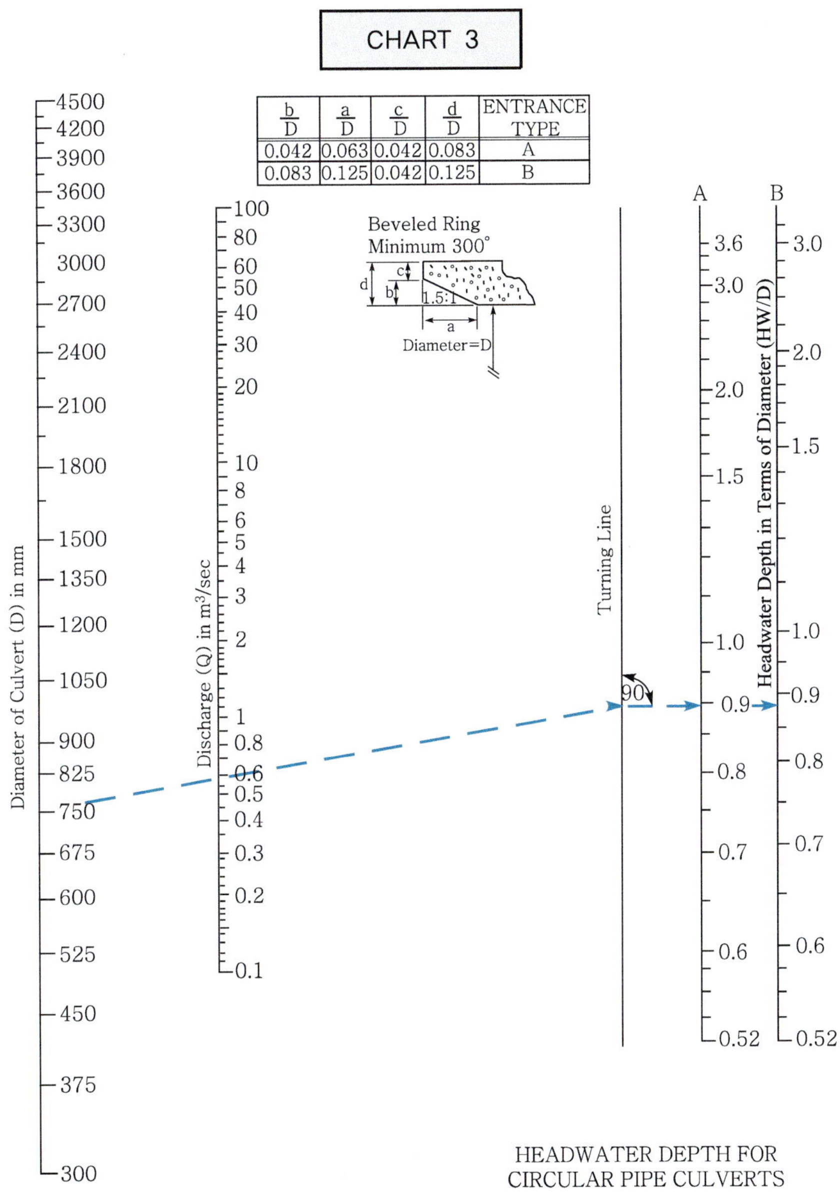

HEADWATER DEPTH FOR
CIRCULAR PIPE CULVERTS
WITH BEVELED RING
INLET CONTROL

Adapted from
Federal Highway Administrarion May 1973

D－3 : CHART 4

CHART 4

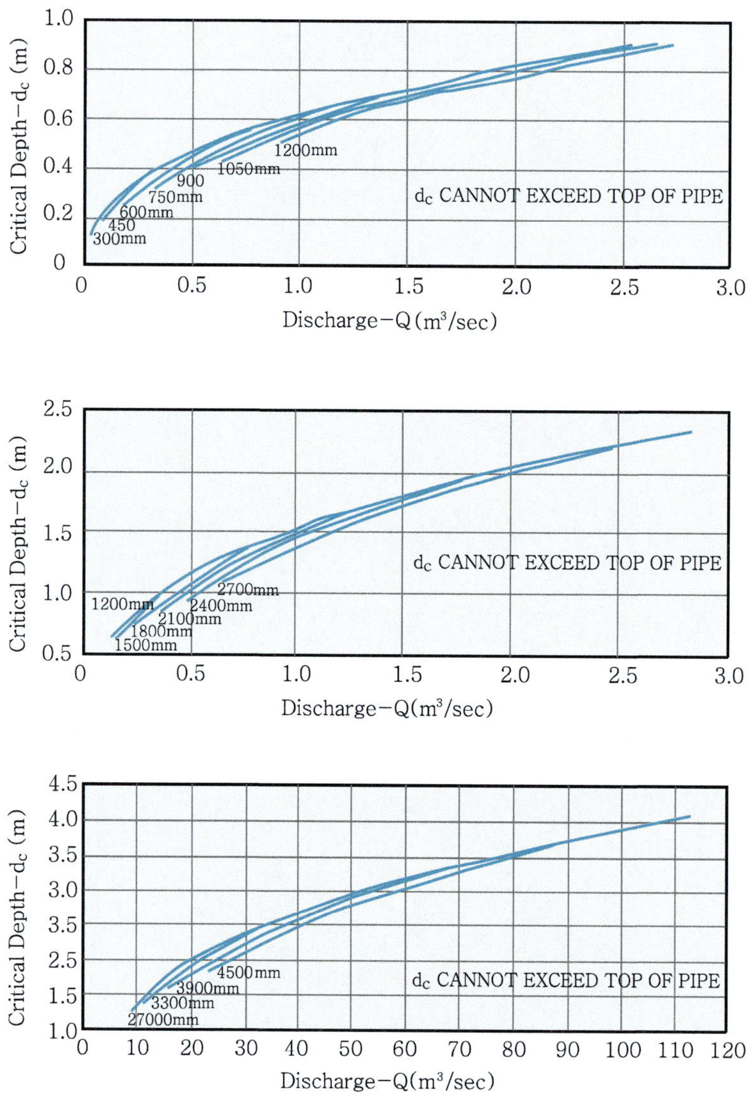

Adapted from Bureau of Public Roads　　　　Critical Depth－Circular Pipe

D-4 : CHART 5

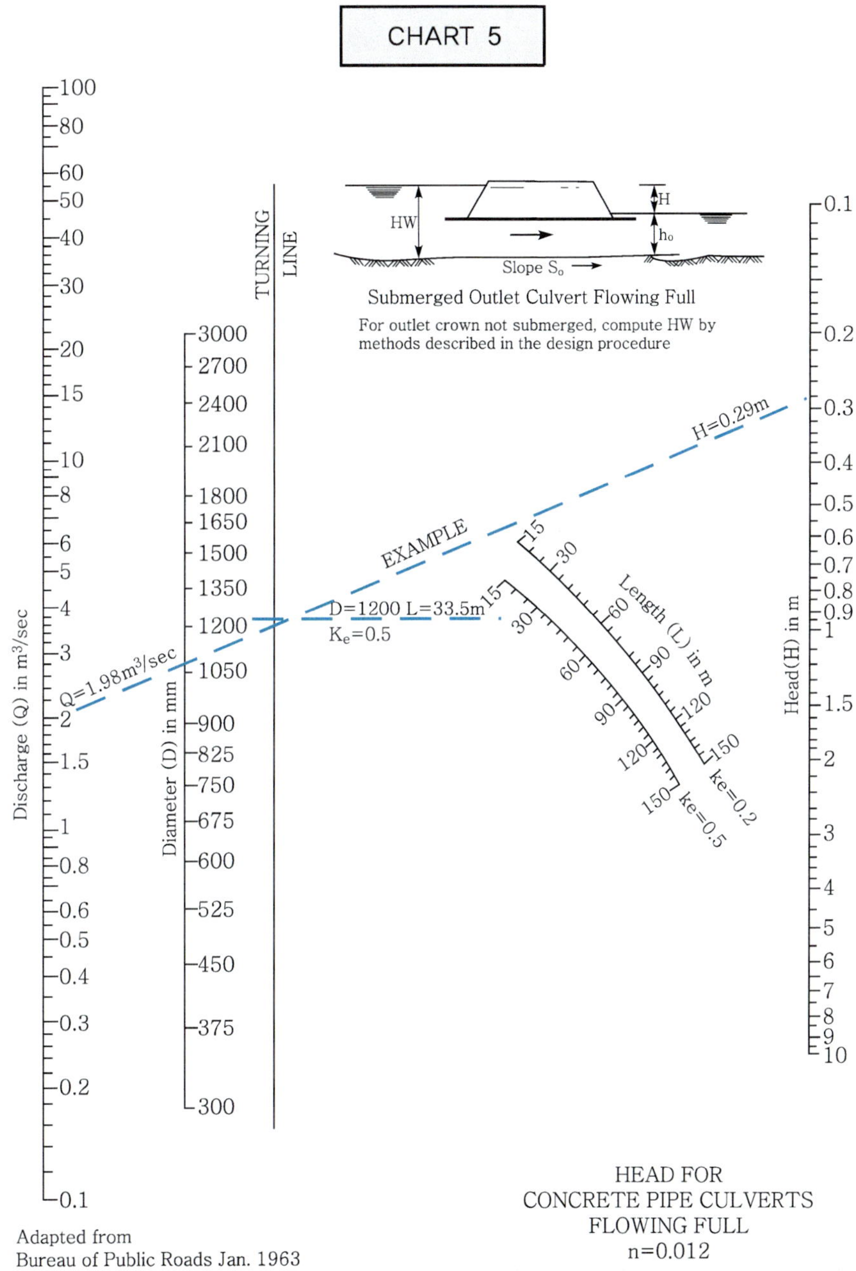
CHART 5
Discharge (Q) in m³/sec
Diameter (D) in mm
TURNING LINE
Head(H) in m
Length (L) in m
Submerged Outlet Culvert Flowing Full
For outlet crown not submerged, compute HW by methods described in the design procedure
HW
H
h₀
Slope S₀
EXAMPLE
Q=1.98m³/sec
D=1200 L=33.5m
Kₑ=0.5
H=0.29m
ke=0.5
ke=0.2
HEAD FOR
CONCRETE PIPE CULVERTS
FLOWING FULL
n=0.012
Adapted from
Bureau of Public Roads Jan. 1963

D－5 : CHART 6

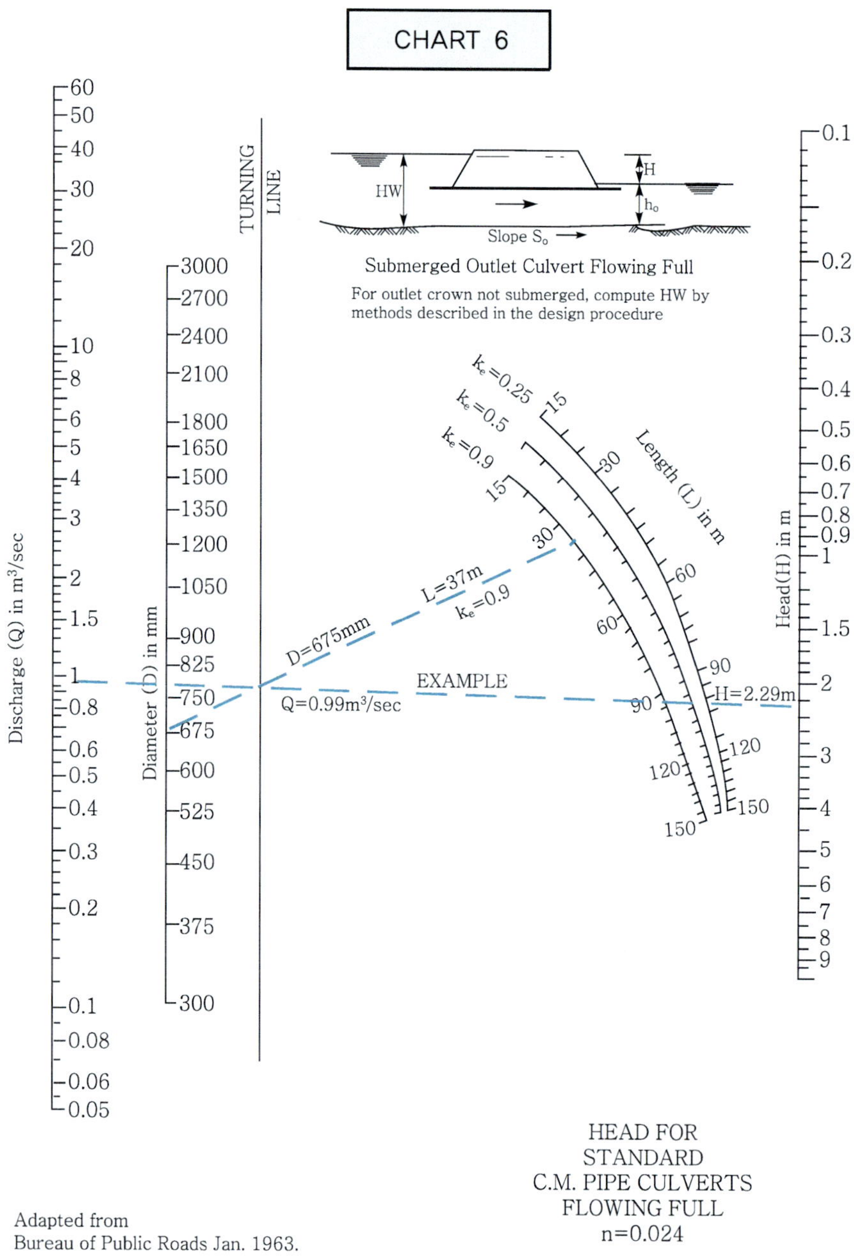
CHART 6
Discharge (Q) in m³/sec
60
50
40
30
20
10
8
6
5
4
3
2
1.5
1
0.8
0.6
0.5
0.4
0.3
0.2
0.1
0.08
0.06
0.05
Diameter (D) in mm
3000
2700
2400
2100
1800
1650
1500
1350
1200
1050
900
825
750
675
600
525
450
375
300
TURNING LINE
HW
H
h₀
Slope S₀
Submerged Outlet Culvert Flowing Full
For outlet crown not submerged, compute HW by methods described in the design procedure
kₑ=0.25
kₑ=0.5
kₑ=0.9
Length (L) in m
15
30
60
90
120
150
D=675mm
L=37m
kₑ=0.9
EXAMPLE
Q=0.99m³/sec
H=2.29m
Head(H) in m
0.1
0.2
0.3
0.4
0.5
0.6
0.7
0.8
0.9
1
1.5
2
3
4
5
6
7
8
9
HEAD FOR STANDARD C.M. PIPE CULVERTS FLOWING FULL n=0.024
Adapted from Bureau of Public Roads Jan. 1963.

D－6 : CHART 8

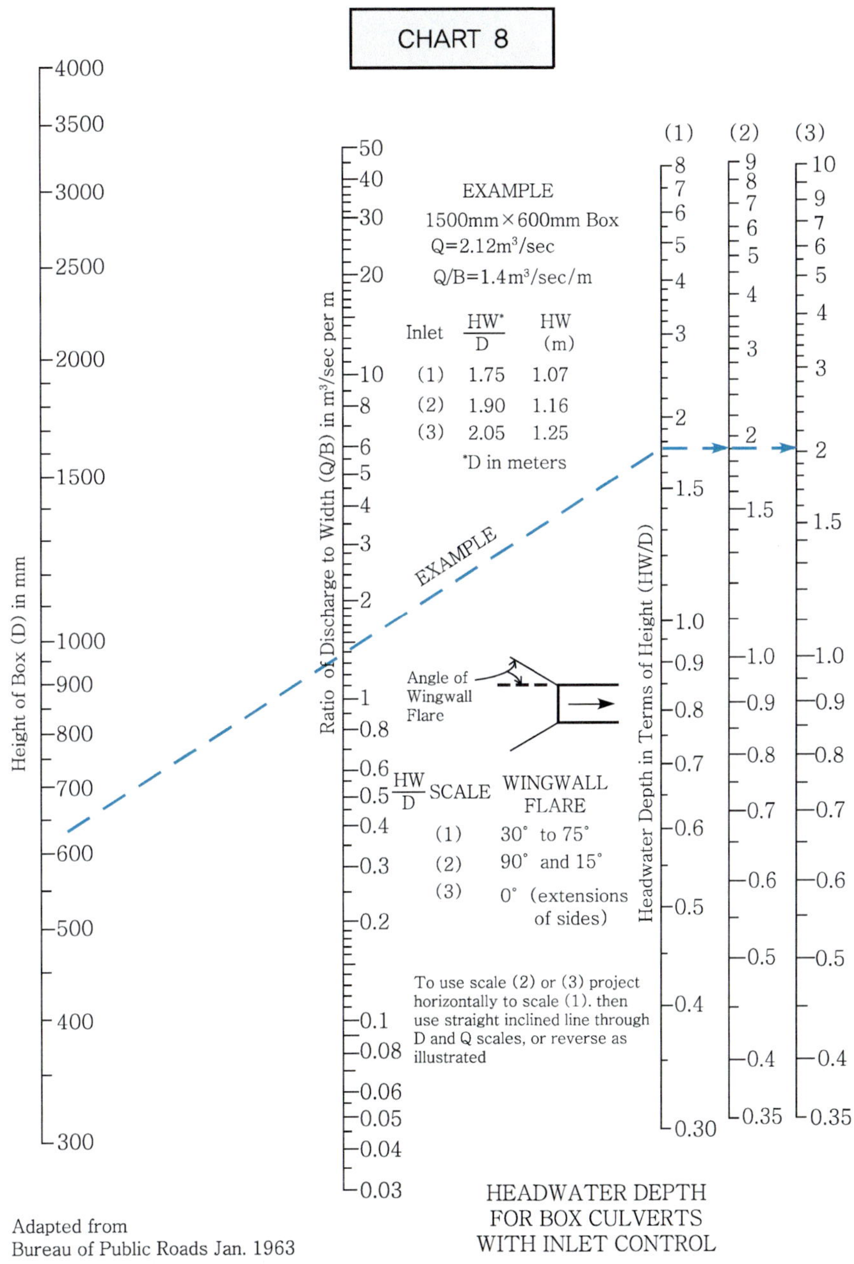
CHART 8
Height of Box (D) in mm
Ratio of Discharge to Width (Q/B) in m³/sec per m
Headwater Depth in Terms of Height (HW/D)
EXAMPLE
1500mm×600mm Box
Q=2.12m³/sec
Q/B=1.4m³/sec/m
Inlet HW*/D HW (m)
(1) 1.75 1.07
(2) 1.90 1.16
(3) 2.05 1.25
*D in meters
Angle of Wingwall Flare
HW/D SCALE WINGWALL FLARE
(1) 30° to 75°
(2) 90° and 15°
(3) 0° (extensions of sides)
To use scale (2) or (3) project horizontally to scale (1). then use straight inclined line through D and Q scales, or reverse as illustrated
HEADWATER DEPTH FOR BOX CULVERTS WITH INLET CONTROL
Adapted from Bureau of Public Roads Jan. 1963

D－7 : CHART 10

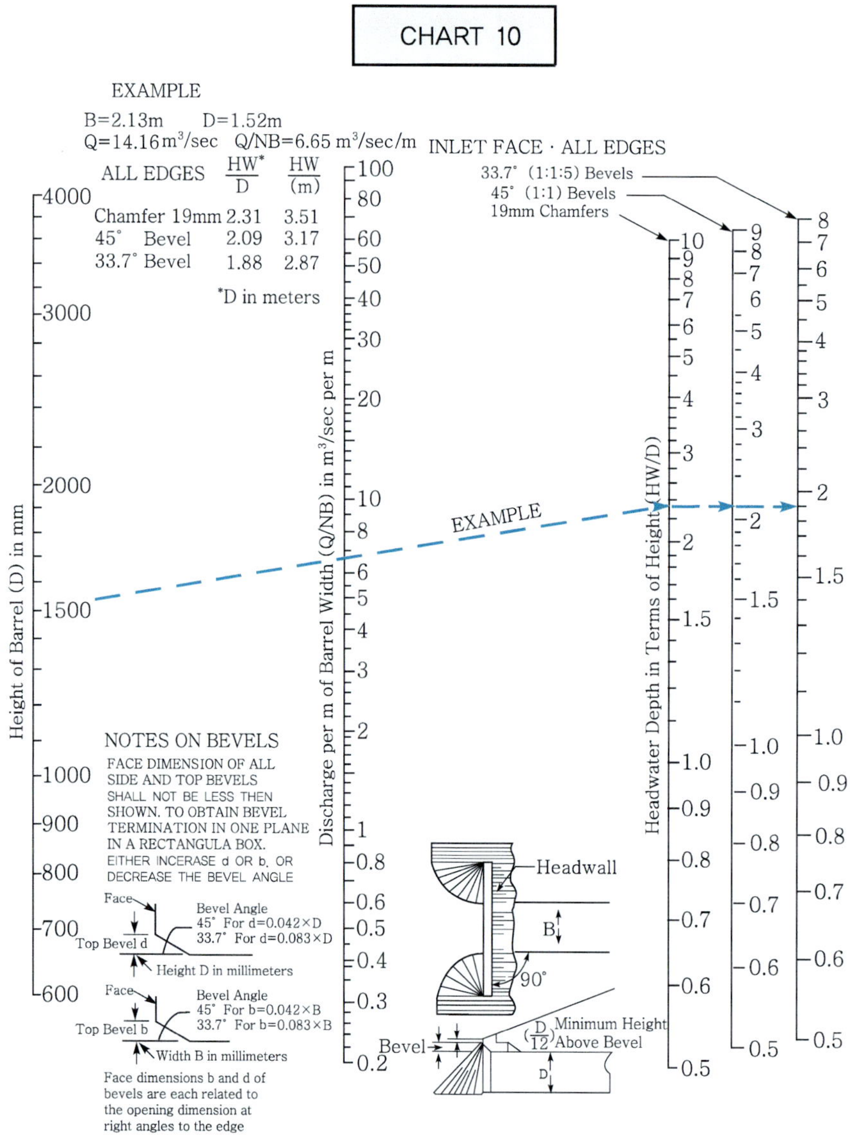

Adapted from
Federal Highway Adminisration
May 1973

HEADWATER DEPTH FOR INLET CONTROL
RECTANGULAR BOX CULVERTS
90° HEADWALL
CHAMFERED OR BEVELED INLET EDGES

D－8 : CHART 14

CHART 14

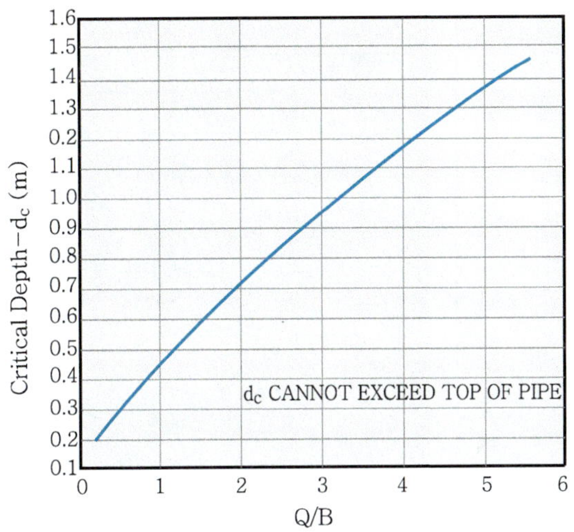

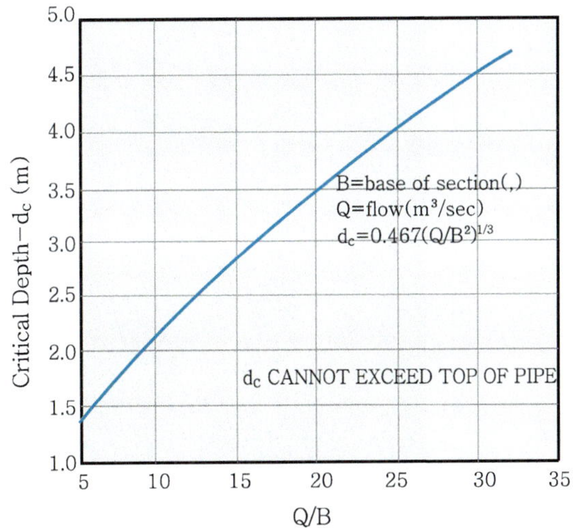

Adapted from Bureau of Public Roads

Critical Depth－Rectangular Section

D－9 : CHART 15

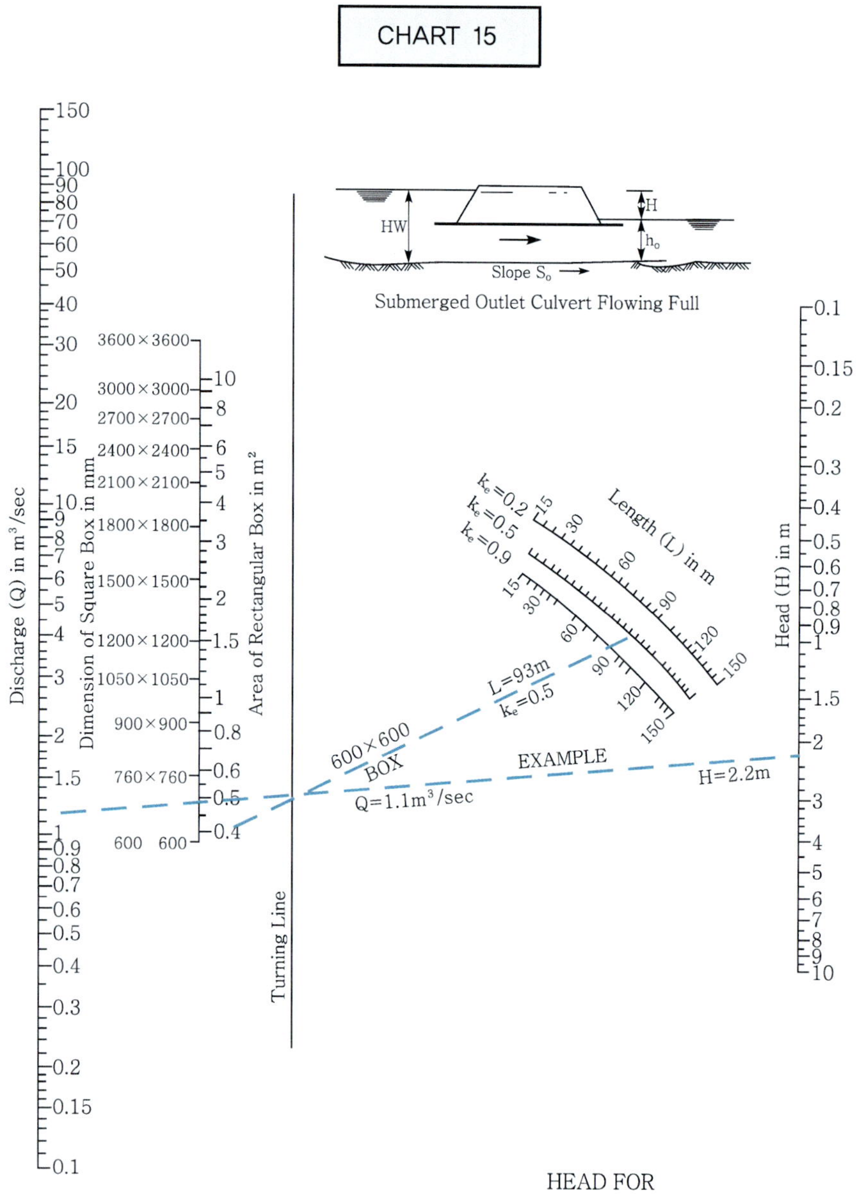

Adapted from
Burea of Public Roads Jan. 1963

HEAD FOR
CONCRETE BOX CULVERTS
FLOWING FULL
n=0.012

E. 방안지 및 확률지

방안지

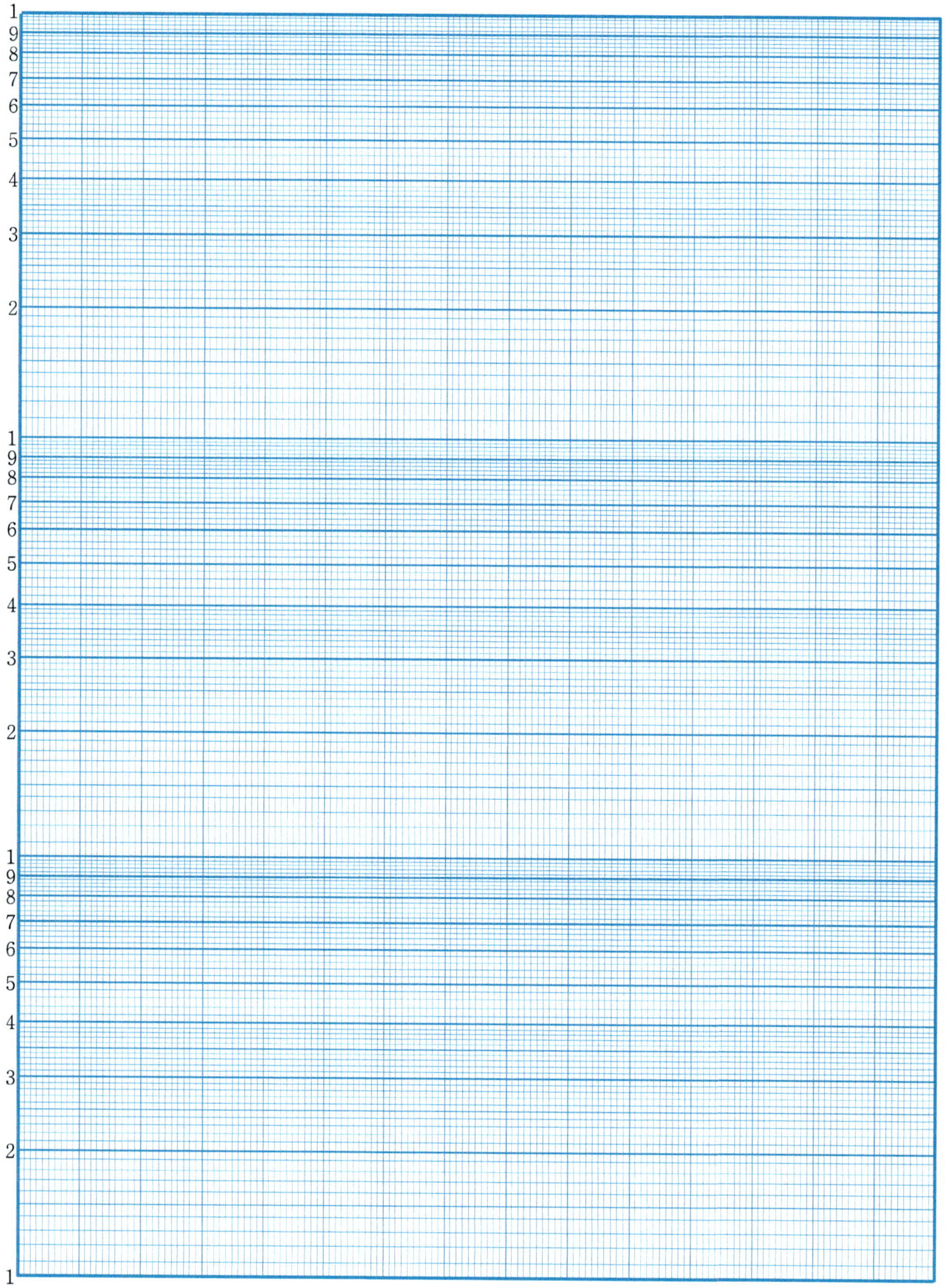

반대수지

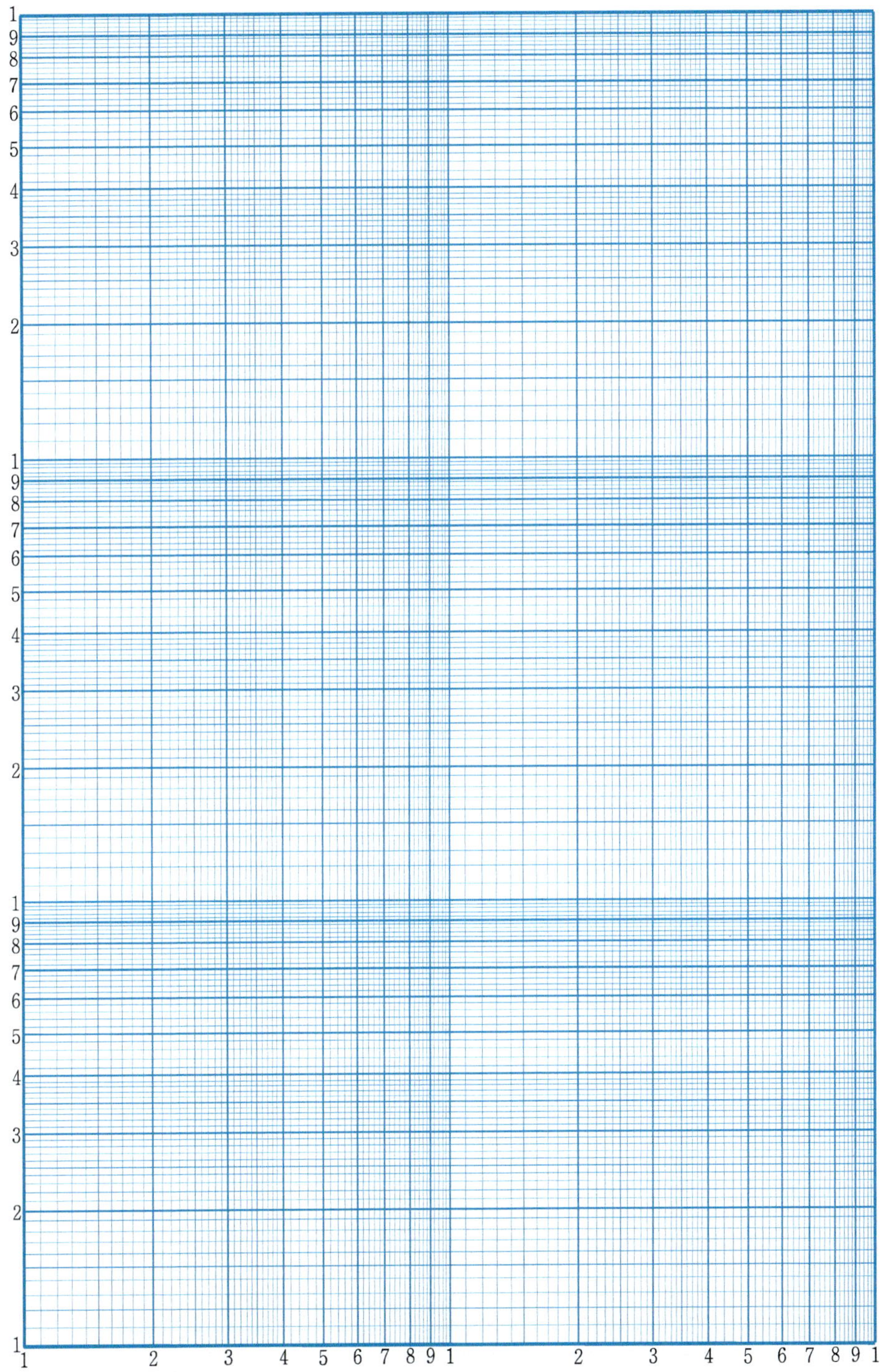

전대수지

0.01 0.1 0.5 1 2 5 10 20 30 40 50 60 70 80 90 95 98 99 99.5 99.9 99.99
99.99 99.9 99.5 99 98 95 90 80 70 60 50 40 30 20 10 5 2 1 0.5 0.1 0.01

정규확률지

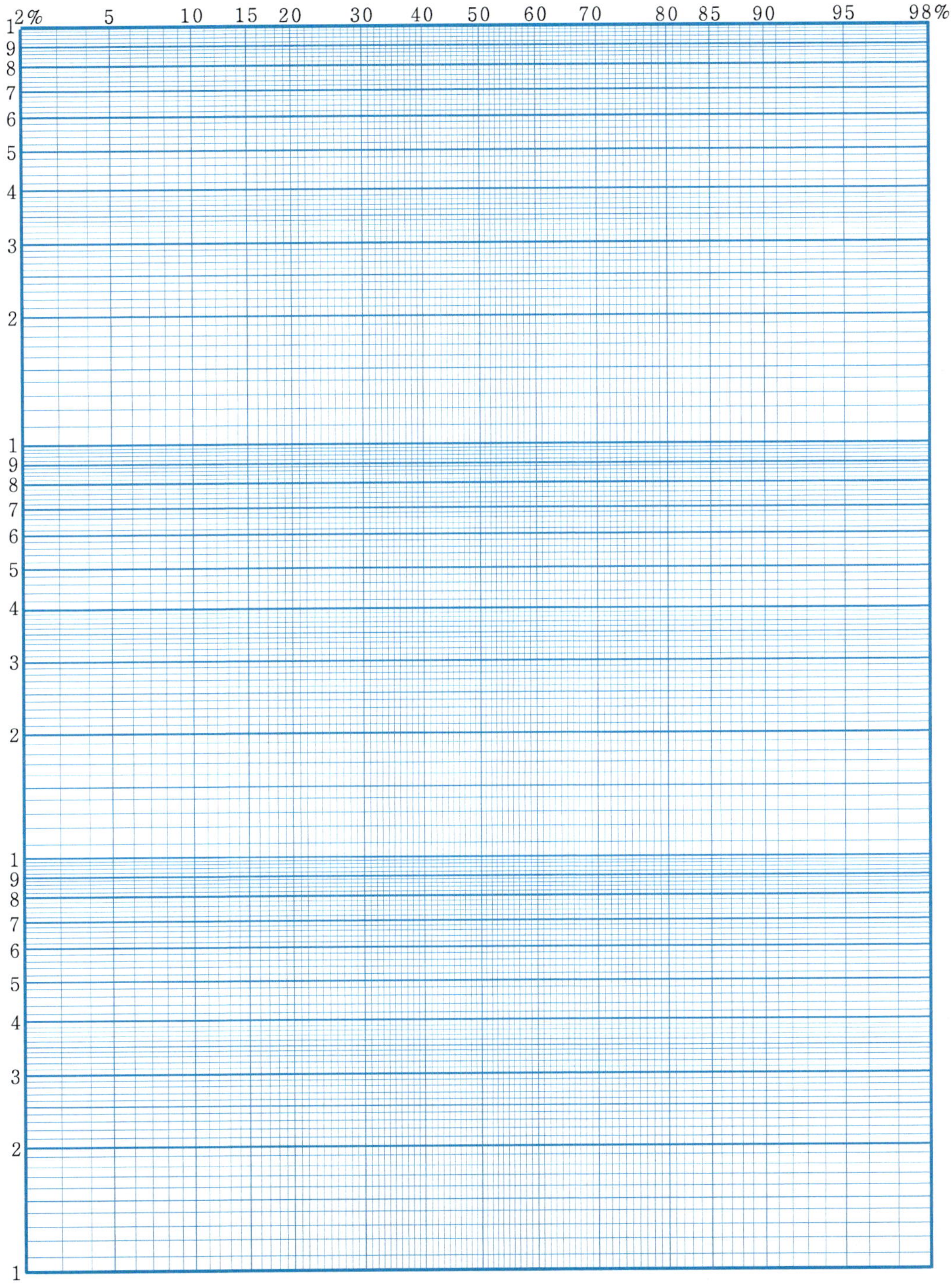
2% 5 10 15 20 30 40 50 60 70 80 85 90 95 98%
1 9 8 7 6 5 4 3 2
1 9 8 7 6 5 4 3 2
1 9 8 7 6 5 4 3 2
1

대수정규확률지

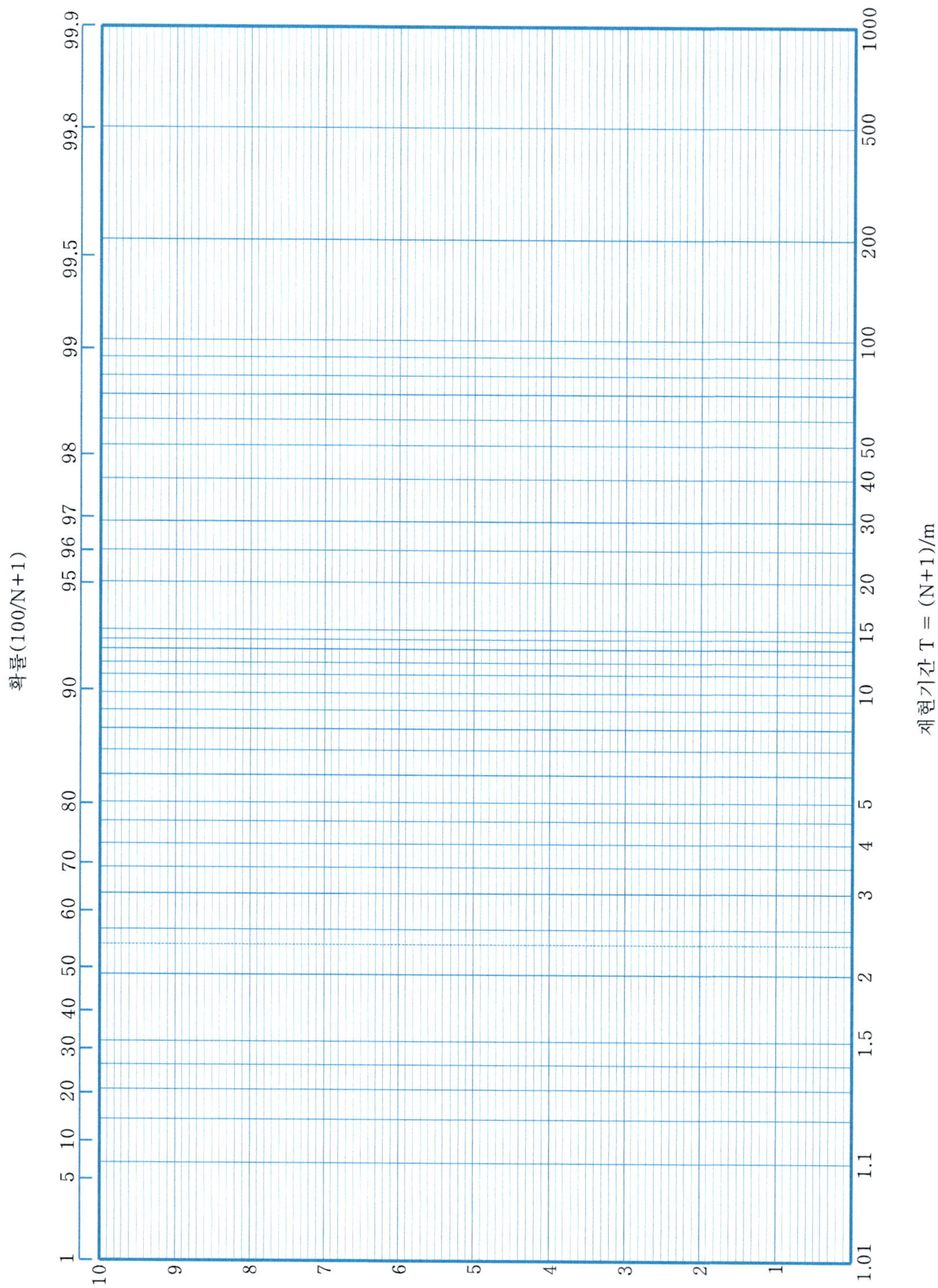

Type-Ⅰ 극치분포확률지(Gumbell 분포)

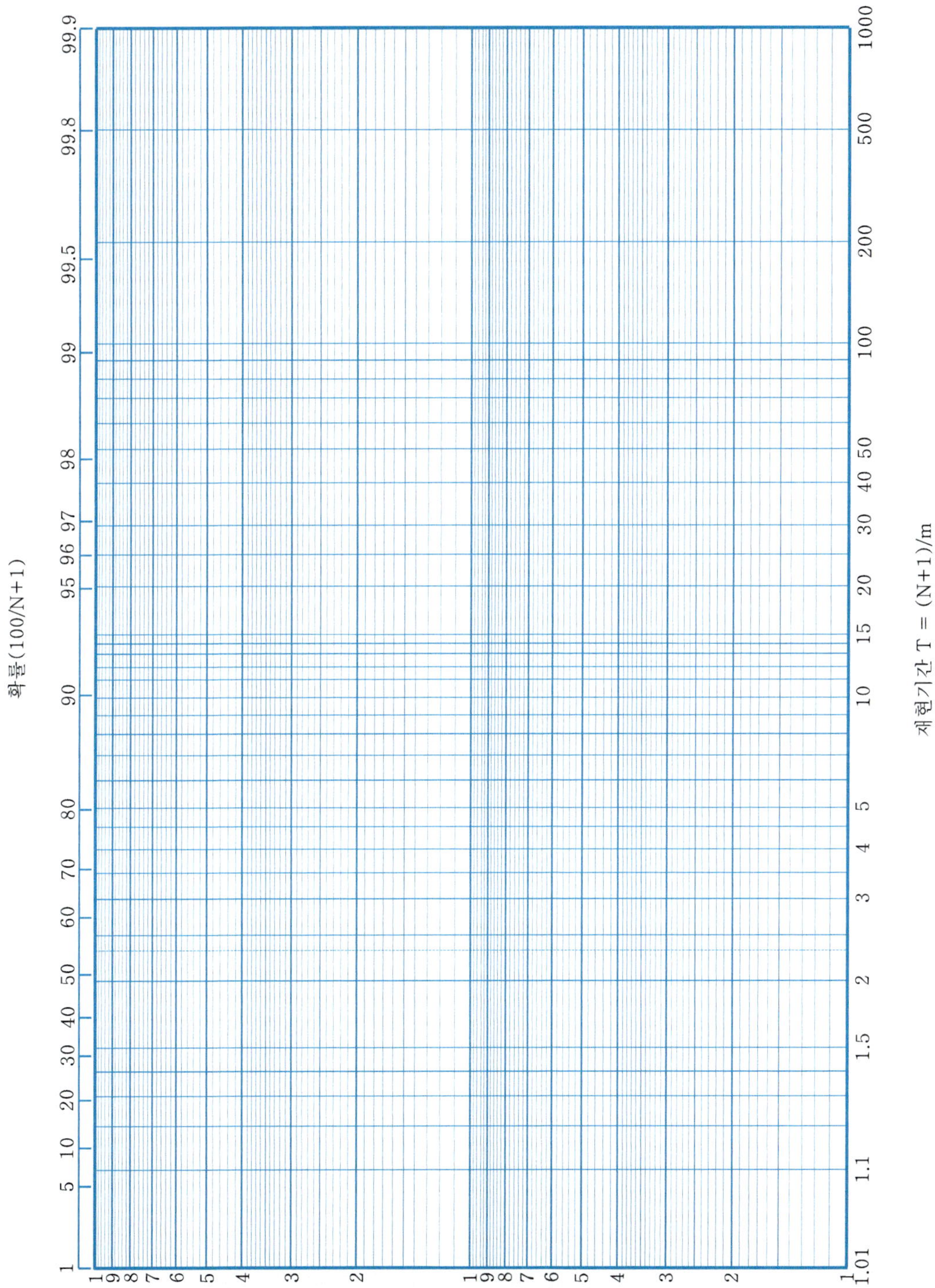

Type-Ⅲ 극치분포확률지(Weibull 분포)

F. Gamma함수

$$\Gamma(n) = \int_0^{\infty} e^{-x} x^{n-1} dx \quad ; \ \Gamma(n+1) = n\Gamma(n)$$

n	$\Gamma(n)$	n	$\Gamma(n)$	n	$\Gamma(n)$	n	$\Gamma(n)$
1.00	1.00000	1.25	.90640	1.50	.88623	1.75	.91906
1.01	.99433	1.26	.90440	1.51	.88659	1.76	.92137
1.02	.98884	1.27	.90250	1.52	.88704	1.77	.92375
1.03	.98355	1.28	.90072	1.53	.88757	1.78	.92623
1.04	.97844	1.29	.89904	1.54	.88818	1.79	.92877
1.05	.97350	1.30	.89747	1.55	.88887	1.80	.93138
1.06	.96874	1.31	.89600	1.56	.88964	1.81	.93408
1.07	.96415	1.32	.89464	1.57	.89049	1.82	.93685
1.08	.95973	1.33	.89338	1.58	.89142	1.83	.93969
1.09	.95546	1.34	.89222	1.59	.89243	1.84	.94261
1.10	.95135	1.35	.89115	1.60	.89352	1.85	.94561
1.11	.94739	1.36	.89018	1.61	.89468	1.86	.94869
1.12	.94359	1.37	.88931	1.62	.89592	1.87	.95184
1.13	.93993	1.38	.88854	1.63	.89724	1.88	.95507
1.14	.93642	1.39	.88785	1.64	.89864	1.89	.95838
1.15	.93304	1.40	.88726	1.65	.90012	1.90	.96177
1.16	.92980	1.41	.88676	1.66	.90167	1.91	.96523
1.17	.92670	1.42	.88636	1.67	.90330	1.92	.96878
1.18	.92373	1.43	.88604	1.68	.90500	1.93	.97240
1.19	.92088	1.44	.88580	1.69	.90678	1.94	.97610
1.20	.91817	1.45	.88565	1.70	.90864	1.95	.97988
1.21	.91558	1.46	.88560	1.71	.91057	1.96	.98374
1.22	.91311	1.47	.88563	1.72	.91258	1.97	.98768
1.23	.91075	1.48	.88575	1.73	.91466	1.98	.99171
1.24	.90852	1.49	.88595	1.74	.91683	1.99	.99581
						2.00	1.00000

○ 양의 큰 값 x에 대해 $\Gamma(x)$는 다음 식에 의한 값에 접근한다.

$$x^n e^{-x} \sqrt{\frac{2x}{x}} \left[1 + \frac{1}{12x} + \frac{1}{288x^2} - \frac{139}{51840x^3} - \frac{571}{2488320x^4} + \cdots\right]$$

G. 우리나라의 토양 분류

(정밀토양도 : NRCS 토양형)

토양부호	토양형	토양부호	토양형	토양부호	토양형	토양부호	토양형	토양부호	토양형	토양부호	토양형
AaB	A	BFD2	B	CaE2	A	CtD2	B	DlE2	C	DxB	C
AaC	A	BFE2	B	CaE3	A	CtE2	B	DjE2	A	DxC	C
AaD	A	Bg	D	CaF2	A	CTE2	B	DjF2	A	DxD	C
AbB	A	BG	A	CaF3	A	CuB	C	DkB	B	Dy	D
AdB	C	BH	D	CBC	A	CvE2	A	DKB	D	DyB	D
AdC	C	BhB	B	CbE2	D	CvF2	A	DkC	B	DYC	B
AgB	C	BhC	B	CcC	A	CvF3	A	DKC	D	DYD	B
AgC	C	BhD	B	CcD	B	Cw	A	DLB	B	DZB	B
AhB	A	BiB	D	CcE2	B	CXC	C	DlB	A	DzC	B
AkB	C	BiC	D	CcF2	B	CXD	C	DLC	B	DZC	B
AkC	C	BjB	B	CdB	C	CXE	C	DlC	A	DzD	B
AkD	C	BjC	B	CdC	C	CxE	B	DmB	A	DZD	B
Am	B	BKC2	B	Ce	A	CxF	B	DN	C	EaE2	B
AmB	B	BKD2	B	CfB	B	DA	D	DnB	D	EaF2	B
AmC	B	BLB	B	CGB	C	DBB	A	DnC	D	EgB	A
AnB	B	BlB	B	CGC	C	DBC	A	Do	C	EgC	A
AnC	B	BLC	B	CGD	C	DbE2	B	DoB	C	EgD	A
AnD	B	BlC	B	CgD2	D	DbE3	B	DoC	C	EoB	A
AnE	B	BLD	B	ChC	B	DbF2	B	DpE2	B	EoC	A
AoB	D	BlD	B	ChD	B	DbF3	B	DpE3	B	EoD	A
ArB	B	BlE	B	ChE	B	DcC2	D	DpE4	B	ErD3	A
ArC	B	Bm	D	CiB	D	DcD2	D	DpF2	B	ErE2	A
ArD	B	Bn	D	CiC	D	DD	D	DpF3	B	ErF2	A
ARD2	B	Bo	A	CjB	D	Dd	D	Dq	A	EsC2	A
ARE2	B	Bp	D	CjC	D	De	D	DQD	B	ESC2	A
AsC2	B	BqB	D	CkB	D	DEB	B	DrB	A	EsC3	A
AsC3	B	BqC	D	CkC	D	DEC	B	DRD2	B	EsD2	A
AsD2	B	BrE3	D	CkD	D	DED	B	DRD3	D	ESD2	A
AsD3	B	BsC	C	Cl	D	DEE	B	DRE2	D	EsD3	A
AsE2	B	Bt	D	ClB	D	DF	A	DsE2	A	ESD3	A
AsE3	B	BuC	B	CmE2	A	DfC2	C	DSF2	C	ESE2	A
AwB	C	BuD2	B	CmE3	A	DfD2	C	Dt	D	ESE3	A
AyB	D	Bv	A	CmF2	A	DfE2	C	DTB	B	ESF2	A
AyC	D	BwD	B	CmF3	A	DfF2	C	DTC	B	GaB2	D
BaB	D	BwE	B	Cn	D	DgC	C	DTD	B	GaC2	D
BbC2	D	BxC2	B	Co	C	DgC2	C	Du	D	GaD2	D
BbD2	D	BxD2	B	CpB2	D	DgD	C	DUC	B	GaD3	D
BbE2	D	BxE2	B	CpC2	D	DgD2	C	DUD	B	GbB2	D
BcB	D	BxE3	B	Cq	B	DgD4	C	DvC2	C	GbC	D
BcC2	D	ByB2	D	CrE	B	DgE	C	DvD2	C	GbC2	D
BcD2	D	ByC2	D	CrE2	B	DgE2	C	DvE2	C	GbD	D
BdB	C	ByC3	D	CrF	B	DgE4	C	DvF2	C	GbD2	D
BeB	B	ByD	D	CrF2	B	DgF2	C	DWB	C	GbE	D
BeC	B	ByD2	D	CsE	B	Dh	D	DwB	C	GbE2	D
BeD	B	ByE2	D	CsE2	B	DH	D	DWC	C	Gc	B
BfC2	D	BzB	D	CsF	B	DlC2	C	DwC	C	GcB	B
BFC2	B	BzC	D	CsF2	B	DlD2	C	DWD	C	GcC	B
BfD2	D	CaD2	A	CtC2	B	DlD3	C	DwD	C	Gd	D

토양부호	토양형	토양부호	토양형	토양부호	토양형	토양부호	토양형	토양부호	토양형	토양부호	토양형
GDB	D	GxD2	B	Hn	D	IjC	C	JfC	C	JvB	D
GdB	D	GxE	B	HN	A	IIC2	B	JFC	D	JvC	D
GDC	D	GxE2	B	Ho	D	IID2	B	JfD	C	JwB	D
GdC	D	GxE3	B	Hp	C	IIE2	B	Jg	A	JwC	D
GeE2	A	GxF2	B	HpE2	D	IIF2	B	JhB	B	JwD	D
GeE3	A	Gy	B	HpF2	D	Im	B	Ji	C	JwD2	D
GeF2	A	GYB2	D	Hq	D	ImB	B	JiB	C	JwE	D
GeF3	A	Gz	A	Hr	A	ImC	B	JiB	C	JxB	D
GfC2	B	Ha	D	HRB	B	InB	C	JiC	C	JxC	D
GfD2	B	HAC	B	HRC	B	Io	D	JiC	C	JXD	B
GfE2	B	HAD	B	HRD	B	IrD2	A	JiD	C	JXE	B
GfE3	B	HAE	B	Hs	C	IrE2	A	JjE	B	JzB	B
Gg	D	HbC2	B	HsB	C	IrE3	A	JjE2	B	JzC	B
Gh	D	HbD2	B	HSD2	D	IrF2	A	JjF2	B	JZC2	B
Gi	D	HbE2	B	Ht	D	IsC2	A	JkB	C	JZD2	B
Gj	D	HbE3	B	HT	C	IsD2	A	JkC	C	JZE2	B
GkB	D	HbF2	B	HtB	D	IsD3	A	JkD	C	JZF2	B
GkC	D	Hc	D	HU	D	IsD4	A	JIB	C	KAB	B
GkD	D	Hd	D	Hu	A	IsE2	A	JIC	C	KaC	A
GIB	D	HDB	D	HuB	A	IsE3	A	JID	C	KaD	A
GIB2	D	HdB	D	HuC	A	IsE4	A	JIE	C	KaE	A
GIC	D	HdC	D	HV	D	IsF2	A	JLE2	D	KBB	D
GIC2	D	He	D	HvB	D	IsF3	A	JLF2	D	KBC	D
GID	D	HEB	B	HvC	D	IvE2	A	JmB	B	KbC	A
GID2	D	HEC	B	Hw	A	IvF2	A	JmC	B	KbD	A
GM	A	HF	A	HxB	A	IwB	B	JmD	B	KbE	A
GmB	C	Hf	A	HXB	C	IwC	B	JnB2	D	KbF	A
GmC	C	Hg	B	HxC	A	IwD	B	JnC2	D	Kc	A
GmD	C	HgB	B	HXC	C	JAB	B	JnC2	D	KcB	A
GnE	A	HgC	B	HxD	A	JaC	A	JnD2	D	KdD2	B
GnE2	A	Hh	D	HXD	C	JAC	B	JoB	A	KDE2	B
GnF	A	HI	C	Hy	A	JaD	B	JoC	A	KdE2	B
GnF2	A	HiB	A	HYB	A	JaE	B	JoD	A	KDF2	B
GnF3	A	HIB	C	HYC	A	JaF	B	JoE	A	KdF2	B
Go	D	HiC	A	HZC2	D	Jb	D	Jp	A	Ke	A
GpB	D	HiD	A	HzE2	A	JBB	C	JqB	B	KfB	C
GpC	D	Hj	D	HzE3	D	JBC	C	JqC	B	KfC	C
Gq	A	HjB	C	HzF2	D	Jc	A	JrB	C	KfD	C
GQ	C	HJD	B	HzF3	D	Jd	A	JrC	C	KgB	B
Gr	D	HJE	B	IaB	C	Jd	A	JrD	C	KgC	B
GrB	D	Hk	A	IaC	C	JdB	A	JRF2	B	KgD	B
GsB	D	HKC2	B	IbB	A	JDE	B	JsE	C	KhB	D
GSB	D	HKD2	B	IbC	A	Je	C	JSE	C	Ki	C
GsC	D	HKE2	B	Ic	D	JeB	C	JsE2	C	KI	C
Gt	A	HI	A	IdB	B	JEB	C	JsF	C	KJB	C
GuC2	D	HLB	C	IdC	B	JeC	C	JSF	C	KjB	A
GuD2	D	HLC	C	IdD	B	JEC	C	JsF2	C	KJC	C
GvB	A	HLD	C	IfB	A	JeD	C	JTB	C	KjC	A
GvC	A	HM	C	IgB	C	JED	C	JTC	C	KjD	A
Gw	D	HmB	B	IgC	C	JfB	C	JuB	C	Kk	D
GxD	B	HMB	C	Ih	B	JFB	D	Jv	D	KkB	D

토양부호	토양형	토양부호	토양형	토양부호	토양형	토양부호	토양형	토양부호	토양형	토양부호	토양형
KkC	D	MbE	A	MtB	C	NoE2	C	OsF2	A	Px	A
KlE2	B	McC2	B	MtC	C	Np	C	OtC	D	PxB	A
KlF2	B	McD2	B	MtD	C	NrE2	A	OtD	D	Pz	A
KmB	C	McD3	B	MtE	C	NrE3	A	PaC	C	PzB	A
KmC	C	McE2	B	MuC	A	NrF2	A	PaD	C	PzC	A
KmD	C	MdD	C	MuD	A	NsD2	B	PaE	C	RB	D
KnC	A	MdD2	C	MuE	A	NsE2	B	PbC	D	RC	A
KnD	A	MdD3	C	MvE	C	NsE4	B	PbC2	D	RCS	A
KnE	A	MdD4	C	MVE2	B	NsF2	B	PbD	D	RgB	B
KoB	C	MdE	C	MvE2	C	NsF3	B	PbD2	D	RgC	B
KoC	C	MdE2	C	MvF	C	NtC2	B	PbE	D	RgD	B
KoD	C	MdE3	C	MVF2	B	NtD2	B	PcD	D	RgE	B
Kp	C	MdE4	C	MvF2	C	Nw	B	PcE	D	RiC	A
KqB	A	MdF	C	MvF3	C	NwB	B	PdB	C	RL	D
KQC2	B	MdF2	C	Mw	D	NwC	B	PdC	C	Rn	A
KQD2	B	MdF3	C	MwB	D	Ny	A	Pe	D	RO	D
KQE2	B	MeB	B	MxC2	D	OaE	A	PE	D	RrC	B
KQF2	B	MfB	A	MxC3	D	OaE2	A	PfB	B	RrD	B
KrB	B	MfC	A	MxD2	D	OaF	A	PfC	B	RrE	B
KrC	B	MfD	A	MxD3	D	OaF2	A	PfD	B	RS	A
KRC2	B	MfE	A	MxE2	D	Oc	D	PgB	D	RsC	B
KrD	B	MfF	A	MxF2	D	OcB	D	PgC	D	RsD	B
KRD2	B	Mg	C	My	A	OcC	D	PgD	D	RsE	B
KrE	B	MhC	B	MzC2	B	OdD	D	PH	D	SaB	C
KsD	B	MhD	B	MzD2	B	OdE	D	PhB	C	SAB	A
KsE	B	MhE	B	MzD3	B	OdF	D	PhC	C	SAC	A
KsF	B	MiB	A	MzE2	B	OdF2	D	PhD	C	SbC	B
KtC2	B	MiC	A	MzE3	B	OeB	C	Pi	D	SbD	B
KtD2	B	MiD	A	MzF2	B	OeC	C	PiB	D	SbE	B
KtE2	B	MiE	A	MZF2	B	OgB	A	PiC	D	ScB	B
Ku	D	Mj	A	NaC2	A	OgC	A	PjB	C	ScC	B
Kv	D	MjB	A	NaD2	A	OnC2	B	PJB	C	ScD	B
KvB	D	MjC	A	NaD3	A	OnC3	B	PjC	C	SCD2	D
Kw	B	MKB	B	NaE2	A	OnD2	B	PJC	C	SCE2	D
KxB	B	MKC	B	NaE3	A	OnD3	B	PJD	C	Sd	A
KxC	B	MlB	D	NaF2	A	OnD4	B	PkB	D	SD	B
KXF2	B	Mm	B	NbB	B	OnE2	B	PkC	D	SDB	B
KyB	B	Mn	D	Nc	C	OnE3	B	PL	D	SDC	B
KyC	B	MnB	D	Nd	A	OnE4	B	PoB	C	SDD	B
KyD	B	MnC	D	NfD2	D	OnF2	B	PoC	C	Se	B
KzD2	B	MoB	A	NfE2	D	OnF3	B	PoD	C	SE	B
KzD3	B	MoC	A	Ng	A	Oo	C	Pp	D	SfB	B
KzE2	B	MoD	A	NGB	C	Op	A	Pr	D	SFB	B
KzE3	B	Mp	D	NGC	C	OrB	C	Ps	B	SfC	B
KzF2	B	MqD2	C	NjD	A	OrC	C	PsB	B	SFC	B
lc	D	MqE2	C	NkB	A	OrD	C	PsC	B	SG	D
lh	B	MQE2	C	NkC	A	OsD2	A	PsD	B	SgC	A
Ma	C	MqF2	C	NmE	A	OsE	A	Pt	D	SgC2	A
MbB	A	MQF2	C	Nn	A	OsE2	A	Pu	A	SgC3	A
MbC	A	Mr	B	NoC2	C	OsE3	A	PuB	A	SgD	A
MbD	A	Ms	C	NoD2	C	OsF	A	PuC	A	SgD2	A

토양부호	토양형	토양부호	토양형	토양부호	토양형	토양부호	토양형	토양부호	토양형	토양부호	토양형
SgD3	A	SNF3	A	SwD	C	UdB	D	Wo	A	YiC2	A
SgD4	A	SoB2	B	SwE	C	UdC	D	WoB	A	YiD2	A
SgE2	A	SoC	B	SwF	C	UgC	D	WoC	A	YiD3	A
SgE3	A	SoC2	B	SxC2	B	UgD	D	WoD	A	YjB	C
SgE4	A	SoC3	B	SxC3	B	UgE	D	WrB	A	YjC	C
SgF2	A	SoC4	B	SXD2	B	UmC	B	WRE	A	YjD	C
SgF3	A	SoD	B	SxD2	B	UmD	B	WRF	A	YKB	C
Sh	C	SoD2	B	SxD3	B	UmE	B	WsC2	B	YkB	D
SH	C	SoD3	B	SxE2	B	UnC	B	WsD2	B	YKC	C
SiC	B	SoD4	B	SxE3	B	UnD	B	WsD3	B	YkC	D
SIC	B	SoE	B	SxF2	B	UnE	B	WsE2	B	Yl	A
SiD	B	SoE2	B	SyD2	B	UoB	B	WxB	D	YLB	C
SID	B	SoE3	B	SyE2	B	UoC	B	YaB2	A	YLC	C
SiE	B	SoE4	B	SyE4	B	UpB	D	YaC	A	Ym	D
SIE	B	SP	D	SZB	B	UpC	D	YaC2	A	YNB	D
SjC2	B	SpB	B	SzB	A	UrE2	B	YaC3	A	YnB	D
SjD2	B	SpC	B	SZC	B	UrF2	B	YaD	A	YNC	D
SjD4	B	SpD	B	SzC	A	UsD2	A	YaD2	A	YnC	D
SjE2	B	SqB	A	TaC2	B	UsE2	A	YaD3	A	YND	D
SjE4	B	SqC	A	TaD2	B	UsE3	A	YaD4	A	YoB	B
Sk	D	SqD	A	TaE2	B	UsF2	A	YaE2	A	Yp	C
SKC	A	SQE	A	TaE3	B	VaB	D	YaE3	A	YqB	C
SKD	A	SqE	A	TaF2	B	VaC	D	YbC2	A	YrB	D
SKE	A	SrB2	C	Tc	B	Vc	A	YbC3	A	YrC	D
SIB	B	SrC2	C	Td	D	VcB	A	YbC4	A	Ys	C
SLB	A	SRE2	A	TD	D	VgB	C	YbD2	A	YTB	B
SIC	B	SRE3	A	TeC2	D	VgC	C	YbD3	A	YtB	D
SLC	A	SRF2	A	TeD2	D	VgD	C	YbD4	A	YTC	B
SMC	A	SRF3	A	TeE2	D	VmB	D	YbE2	A	YtC	D
SMD	A	SsC	B	TgB	A	VmC	D	YbE3	A	YTD	B
SmD2	A	SsD	B	TgC	A	VnB	C	YcB	D	Yu	D
SmD3	A	SsE	B	TkC	D	VnC	D	YcC	D	YuB	D
SmD4	A	ST	D	TkD	D	Vo	D	YcD	D	YuC	D
SME	A	StC	B	TnB	C	VoB	D	YdB	D	Yv	D
SmE2	A	StD	B	TnC	C	Vp	C	YdC	D	YvB	D
SmE3	A	StE	B	TnD	C	W	D	YdD	D	Yw	D
SmE4	A	SuB	A	TnE	C	WaB	B	YeB	D	YwB	D
SMF	A	SuC	A	ToB	A	WaC	B	YeC	D	YwC	D
SmF2	A	SuD	A	ToC	A	WcB	A	YEE2	A	Yx	B
SmF3	A	SUE2	A	ToD	A	WdB	B	YEF2	A	YxB	B
Sn	C	SUF2	A	Tp	C	WdC	B	YF	D	YyC	B
SnB	C	SV	B	TpB	C	WgB	C	Yf	C	YZB	B
SNC2	A	SvD4	A	TpC	C	WiC	C	YgB	D	YzB	D
SNC3	A	SvE2	A	TrD2	B	WiD	C	YGB	D	YZC	B
SND2	A	SvE3	A	TrE2	B	WjE	A	YgC	D	YzC	D
SND3	A	SvE4	A	TrE3	B	WjF	A	YGC	D	ZtB	B
SND4	A	SvF2	A	Tt	B	WmB	B	YgD	D	ZZC	D
SNE2	A	SvF3	A	UBC	C	WmC	B	YH	C		
SNE3	A	SW	D	UbC	C	WnC2	B	YhC2	C		
SNE4	A	SwB	C	UBD	C	WnD2	B	YhD2	C		
SNF2	A	SwC	C	UbD	C	WnE2	B	YhE2	C		

H. 유사농도 분석 양식

H−1 : 수심적분 기록표

UNITED STATES DEPARTMENT OF INTERIOR

Geological Survey-Water Resources Division

SEDIMENT CONCENTRATION NOTES, DEPTH INTEGRATED SAMPLES (Comprehensive from)

Stream and location ______ Computed by ______ Checked by ______

	Date										
	Time										
	Gage height										
	Discharge										
	Temperature										
	Sampling Sta.										
WEIGHT OF SAMPLE	Gross										
	Tare										
	Net										
Container no.											
WEIGHT OF SEDIMENT	Gross										
	Tare										
	Net										
	D.S.Corr.										
	Net										
Conc. (ppm)											
pH											
SPECIFIC CONDUCTANCE	R (KCl)										
	R (sample)										
	Temp. ℃										
	Micromhos at 25℃										
DISSOLVED SOLIDS	Vol (ml)										
	Gross Wt.										
	Tare Wt.										
	Net Wt.										
	D.S. (mg/l)										

Form 9,265f (REV. 10·62)

H-2 : 점적분 기록표

Form 9,265g (REV. 10 · 62)

UNITED STATES DEPARTMENT OF INTERIOR

Geological Survey-Water Resources Division

SEDIMENT CONCENTRATION NOTES, POINT INTEGRATED SAMPLES

Stream and location ______________________ Computed by ______________ Checked by ______________

Date											
Time											
Gage height											
Discharge											
Sampling Sta.											
Temperature											
Sampling depth, ft											
Total depth, ft											
Filling time, sec											
WEIGHT OF SAMPLE	Gross										
	Tare										
	Net										
Filling rate, cc/sec											
Nozzle size											
Velocity, ft/sec											
Specific conductance											
Container no.											
WEIGHT OF SEDIMENT	Gross										
	Tare										
	Net										
	D.S.Corr.										
	Net										
Concentration (ppm)											

H-3 : BW관을 사용한 부유유사 입경분포 분석표

Form 9,265k (REV. 10 · 62)

UNITED STATES DEPARTMENT OF INTERIOR
Geological Survey-Water Resources Division
PARTICLE SIZE ANALYSIS, BOTTOM WITHDRAWAL TUBE METHOD

Tube no. ______ File no. ______

ANALYSIS DATA

Date ______ by ______ Portion used ______ Disp. agent ______ cc.

Dry sand before dry sieve: Gross ______ gm. Tare ______ gm. Net ______ gm.

Composite: No. bottles ______ Wt. sample ______ gm. Wt. sed. ______ gm. Mean conc. ______ ppm.

Tube: Temperature ______ ℃ Sed. ______ gm. Vol. ______ cc. Concen. ______ ppm.

Weight: Sand fract. ______ gm. BW fract. ______ gm. Total fract. ______ gm.

DISSOLVED SOLIDS: Volume. ______ cc. Dish no. ______ Gross ______ gm. Tare ______ gm. Net ______ gm. Conc. ______ mg/l.

TUBE WASH ______

TOTAL SAMPLE DATA

Stream ______
Location ______
Date ______ Time ______ G.H. ______
Station ______ Temp. ______ Observer ______
Spec. cond. ______ pH ______ Other ______
Water disch. ______ Computed by ______ Checked by ______

Remarks :

	WITHDRAWAL NO.	0	1	2	3	4	5	6	7	8	9	10
a	Clock time											—
b	Fall distance-cm	100	90	80	70	60	50	40	30	20	10	0
c	Settling time-min.											—
d	Volume-cc											
e	Container no.											
f	Weight · gm · Gross											
g	Weight · gm · Tare											
h	Weight · gm · Net											
i	Weight · gm · D.D. corr.											
j	Weight · gm · Net sediment											
k	Weight · gm · Cumulative											
ℓ	Depth factor 100/(b)	1.00	1.11	1.25	1.43	1.67	2.00	2.50	3.33	5.00	10.0	—
m	Sed. in susp. (k×ℓ)											—
n	% sed. in suspension											—
o	Time for 100cm (c×ℓ)											—

H-4 : Oden 곡선용지

Experimental Form, May 1967

Oden curve-BW Tube method

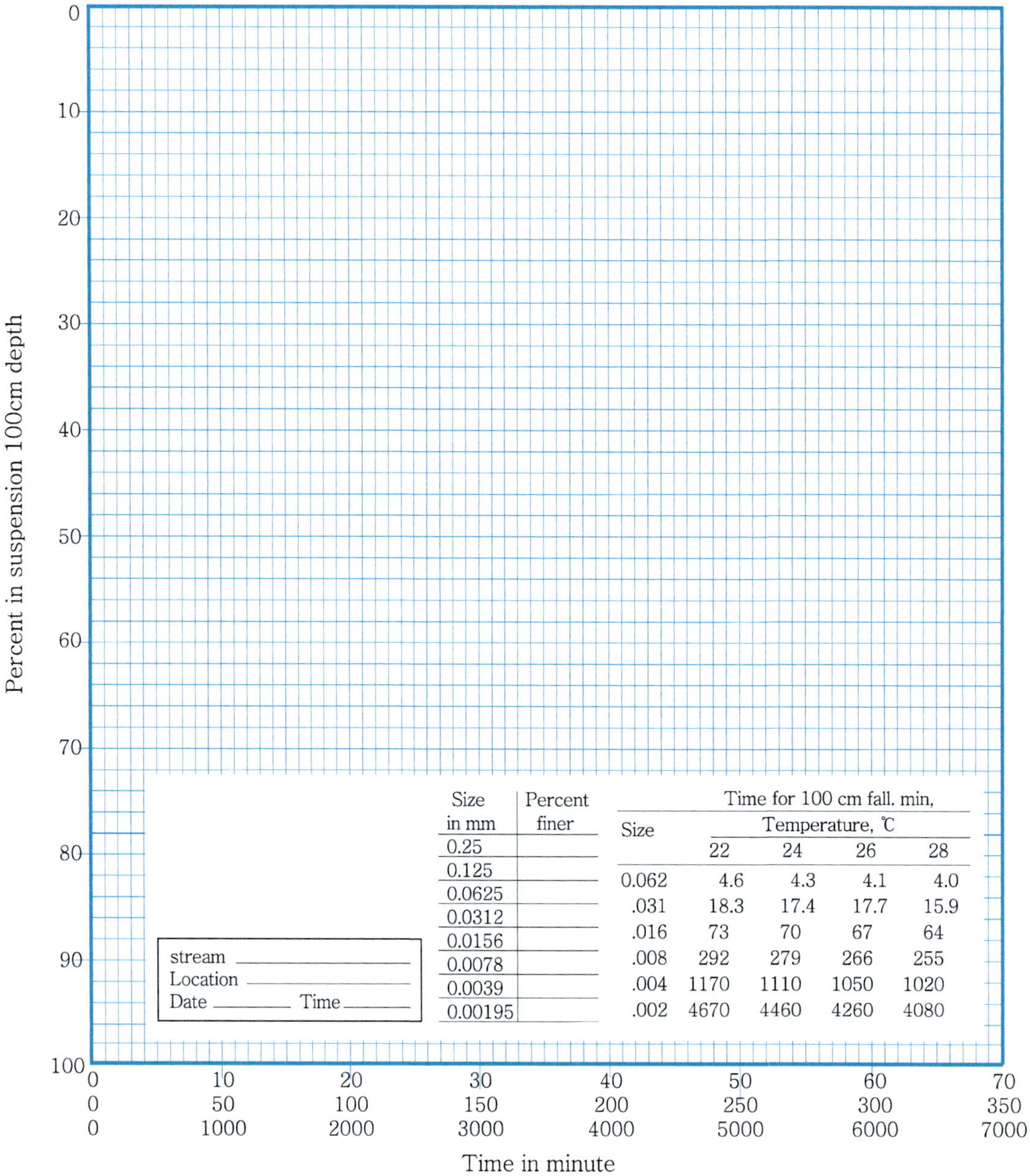

Size in mm	Percent finer
0.25	
0.125	
0.0625	
0.0312	
0.0156	
0.0078	
0.0039	
0.00195	

Size	Time for 100 cm fall, min, Temperature, ℃			
	22	24	26	28
0.062	4.6	4.3	4.1	4.0
.031	18.3	17.4	17.7	15.9
.016	73	70	67	64
.008	292	279	266	255
.004	1170	1110	1050	1020
.002	4670	4460	4260	4080

I. 우리나라 확률강우량도

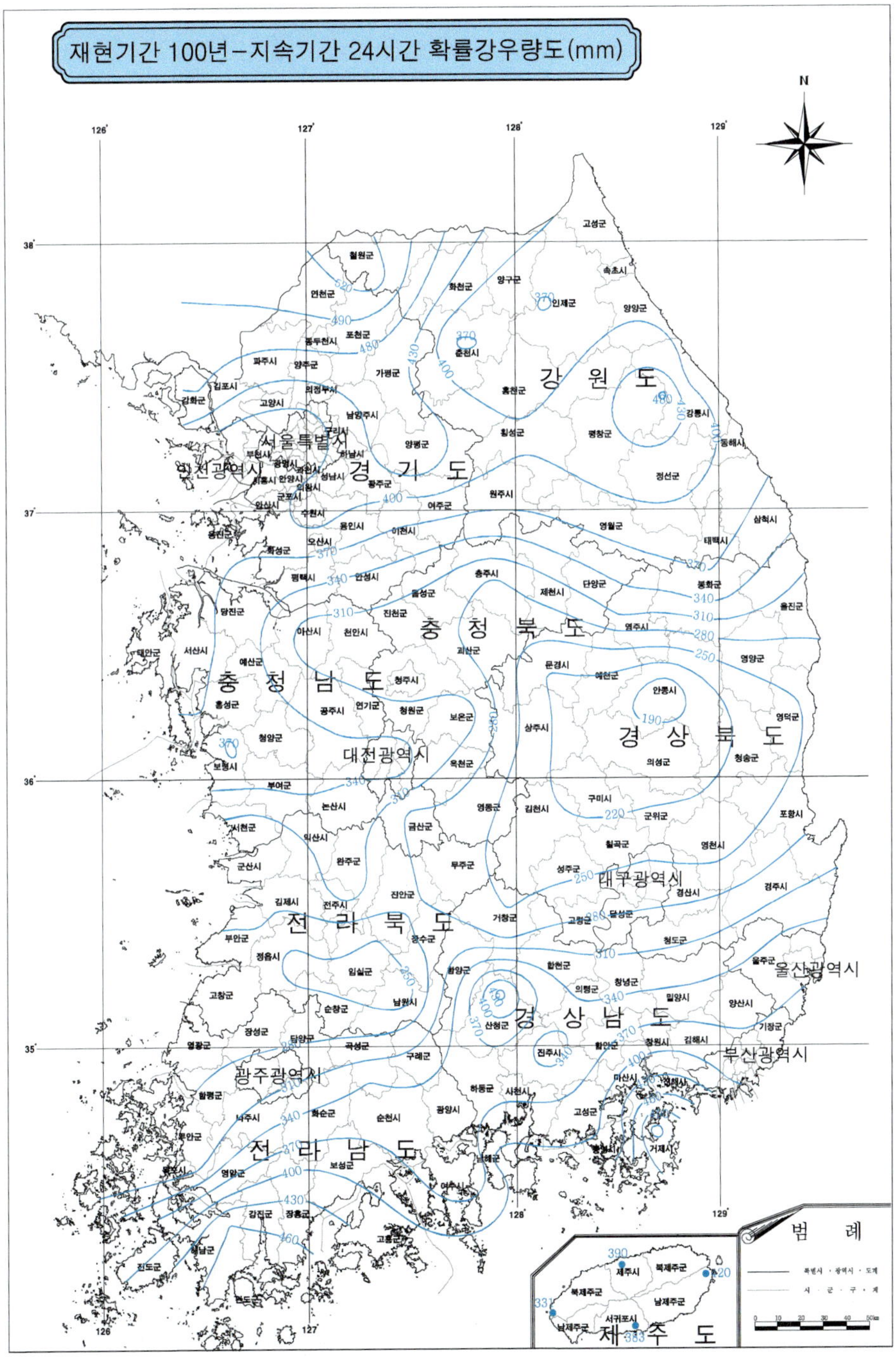

J. 우리나라 가능최대강우량도

전 계절 24시간 25㎢ 가능최대 강우량(mm)

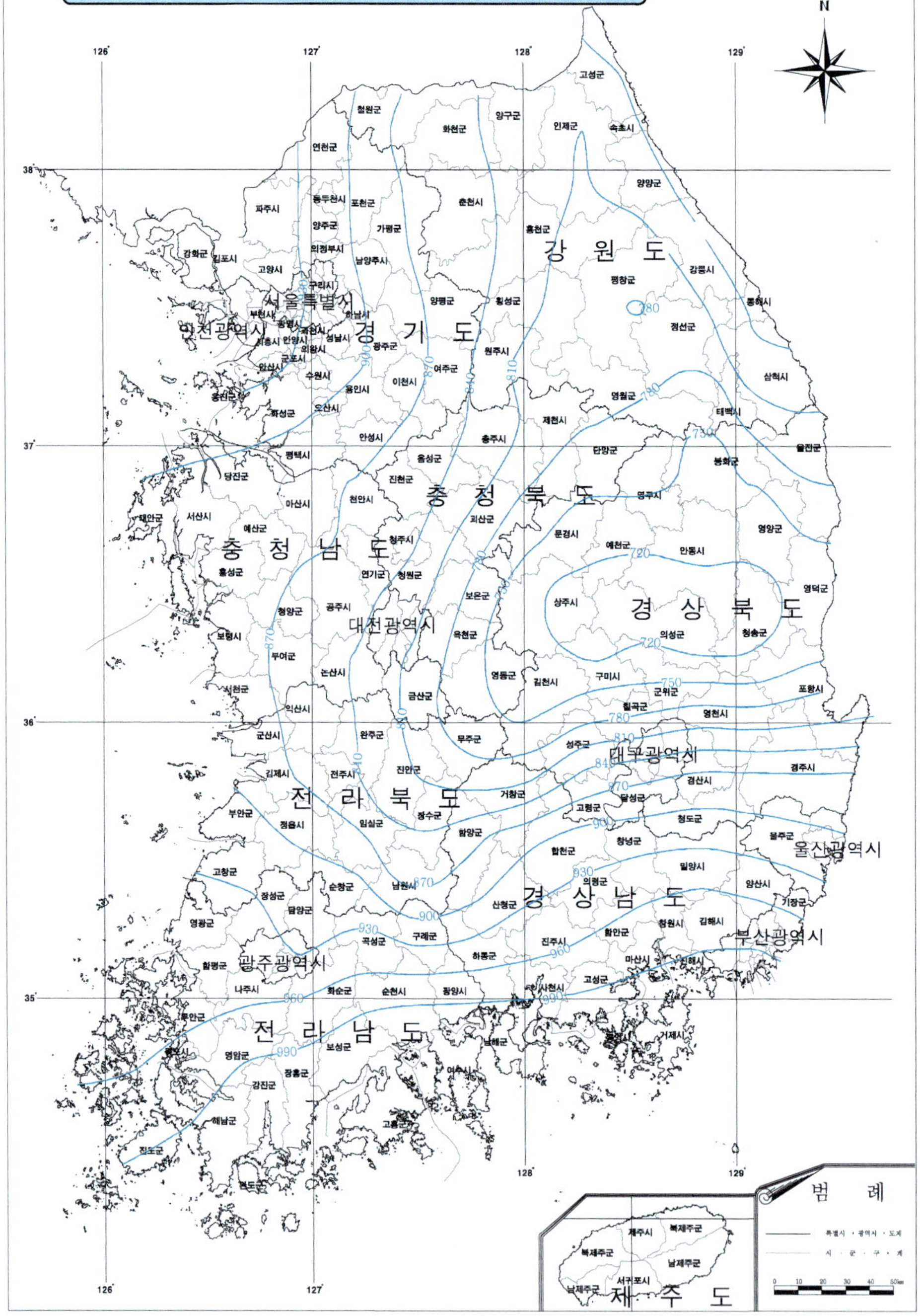

참고문헌

- 건설교통부, 댐시설기준, 1993.
- 건설교통부, 수문관측매뉴얼, 수자원국, 2004.
- 건설교통부, 수자원 계획의 최적화 연구(I)-용수수요 추정시스템 개발연구, 1997.
- 건설교통부, 수자원 계획의 최적화 연구(Ⅲ)-물공급 안전도 평가 및 용수수급 계획 체제 개발, 1999.
- 건설교통부, 1999년도 수자원관리기법개발연구조사보고서, 제1권 한국확률강우량도 작성, 2000.
- 건설교통부, 1999년도 수자원관리기법개발연구조사보고서, 제2권 한국 가능최대강수량추정, 2000.
- 건설교통부, 수자원장기종합계획(Water Vision 2020), 2001.
- 건설교통부, 수자원장기종합계획(2006~2020), 2006.
- 건설교통부, 하천시설기준, 1996.
- 건설교통부, 한국수자원공사, 물과미래, 2003.
- 국립방재연구소, 개발에 따른 토사유출량 산정에 관한 연구(1), 행정자치부, 1998.
- 국토연구원, 물부족 해소를 위한 수자원 관리방안 연구, 2001.
- 권오헌, 수자원공학, 제2판, 새론, 1995.
- 기상청, 한국기후표(1971~2000), 2001.
- 김동건, 비용편익분석, 박영사, 2004.
- 김태윤, 김상봉, 비용편익분석의 이론과 실제: 공공사업평가와 규제영향분석, 박영사, 2004.
- 박정환, 토양유실공식의 강우침식도분포에 관한 연구, 한국수자원학회 논문집, 제33권, 제5호, 2000.
- 선우중호, 수문학, 동명사, 1983.
- 송재우, 수리학, 구미서관, 2003.
- 수문조사실무편람, 농어촌진흥공사, 1994.
- 안상진, 수문학, 제2판, 구미서관, 2001.
- 안수한, 수리학, 동명사, 1988.
- 우효섭, 하천수리학, 청문각, 2001.
- 유지성, 통계학, 희중당, 1983.
- 윤용남, 수리학, 기초와 응용, 청문각, 2004.
- 윤용남, 공업수문학, 청문각, 1998.
- 윤태훈, 응용수문학, 청문각, 1997.
- 이재수, 자연재해의 이해, 제2판, 구미서관, 2004.
- 이재수, 수리학, 구미서관, 2007.
- 이재수, 수문학, 구미서관, 2006.
- 이종석, 하천공학, 새론, 2001.
- 이종형, 최신 상하수도 공학, 구미서관, 2004.
- 정종호, 윤용남, 수자원설계실무, 구미서관, 2002.
- 최영박, 지정환, 최신수리학, (주)교학사, 1997.
- 한국건설기술연구원, 하천 유사량 측정 방법, 수자원연구실, 1994.
- 한국수자원공사, 다목적댐 운영실무편람, 2003.

•한국수자원학회, 하천설계기준, 2002.
•행정자치부, 국립방재연구소, 홍수보험제도 도입방안 연구, 1998.

•Ackers, P., and White, W.R., Sediment Transport : New Approach and Analysis, Journal of the Hydraulic Engineering, Vol. 99, HY11, pp. 2041-2060, 1973.
•Akan, A.O., and Houghtalen, R.J., Urban Hydrology, Hydraulics and Stormwater Quality, John Wiley & Sons, New York, 2003.
•American Association of State Highway and Transportation Officials, INC., Highway Drainage Guidelines, Chapter IV(Design of Culverts), 444 North Capital St. N.W., Suite 249, Washington, D.C., 1992.
•Armando, L., Handbook of Hydraulic Engineering, John Wiley & Sons, New York, 1987.
•Biswas, A.K., History of Hydrology, Amsterdam: North-Holland Publishing Co., 1970.
•Bowen, I.S., The Ratio of Heat Losses by Conduction and by Evaporation from any Water Surface. Phys. Rev., Vol. 27, No. 6, pp. 779-787, 1926.
•Bras, R.L., Hydrology : An Inttroduction to Hydrologic Science, Addison Wesley, Publishing Company, New York, 1990.
•Brater E.F., King, H.W., Lindell, J.E. and Wei, C.Y., Handbook of Hydraulics, 7th Ed., McGraw-Hill, New York, N.Y., 1996.
•Brune, G.B., Collection of Basin Data on Sedimentation, U.S. Department of Agriculture, Soil Conservation Service, Milwaukee, Wisc., 1953.
•Cech, T.V., Principles of Water Resources, 2nd Ed., John Wiley & Sons, New York, 2005.
•Chaudhry, M.H., Open-Channel Hydraulics, Prentice Hall, Englewood Cliffs, New Jersey, 1993.
•Chin, D.A., Water-Resources Engineering, Prentice Hall, Upper Saddle River, New Jersey, 1999.
•Chow, V.T., Handbook of Applied Hydrology, McGraw-Hill, New York, N.Y., 1964.
•Chow, V.T., Maidment, D.R., and Mays, L.W., Applied Hydrology, McGraw-Hill, New York, N.Y., 1988.
•Chow, V.T., Open-Channel Hydraulics, McGraw-Hill International Book Company, Tokyo, Japan, 1981.
•Clark, C.O., Storage and the Unit Hydrograph, ASCE Trans. 110, pp. 1419-1446, 1945.
•Colby, B.R., Practical Computation of Bed material Dischargy, Journal of the Hydraulics Division, ASCE, Vol. 90, HY2, Proc, Paper 3843, pp. 217-246, 1964.
•Colby, B.R., Discharge of Sands and Mean Velocity Relationships in Sand-Bed Stream, Washington, D.C., 1964.
•Criddle, W.D., Methods of Computing Consumptive Use of Water, J. of Irrigation and Drainage Division., ASCE, Vol. 84, No. 1, pp.. 1-27, 1958.
•Cross, H., Analysis of Flow in Networks of Conduits or Conductors, Univ. of Illinois Bulletin No., 286, 1936.
•Downing, R.A., and Wilkinson, W.B., Applied Groundwater Hydrology, Clarendon Press, New York, 1991.

•Dunne, T., and Leopold, L.B., Water in Environmental Planning, San Francisco: Freeman and Co., 1978.

•Dzurik, A.A., Water Resources Planning, Rowman & Littlefield Publishers, Inc., 1990.

•Eagleson, P.S., Dynamic Hydrology, McGraw-Hill, New York, N.Y., 1970.

•FEMA, Flood Insurance Manual, 2003.

•French, R.H., Open-Channel Hydraulics, McGraw-Hill Bool Company, New York, N.Y., 1985.

•Golz , A.R., Handbook of Dam Engineering, Van Nostrand Reinhold Company, New York, N.Y., 1977.

•Green, W.H., and Ampt, G.A., Studies on Soil Physics. Part I: The Flow of Air and Water Through Soils, J. Agric. Sci., Vol. 4, No. 1, pp. 1-24, 1911.

•Gumbel, E.J., The Return Period of Flood Flows, The Annals of Mathematical Statistics, Vol. 12, No. 2, pp. 163-190, 1941.

•Haan, C.T., Statistical Method in Hydrology, Iowa State Univ. Press, Ames, Iowa, 1979.

•Harbeck, G.E., Water-Loss Investigations : Lake Mead Studies, U.S. Geol. Surv. Prof., Paper 298. pp. 29-37, 1958.

•Harbeck, G.E., and Meyers, J.S., Present Day Evaporation Measurement Techniques, Proc. ASCE, J. Hyd., Vol. 96, HY7, pp. 1381-1389, 1970.

•Henderson, F.M., Open Channel Flow, Macmillan Publishing Co., Inc., New York, N.Y., 1966.

•Hershfield, D.M., Rainfall Frequency Atlas of the United States for Duration from 30minutes to 24hours and Return Period from 1 to 100years, Tech. Paper 40, U.S. Dept. of Comm., Weather Bureau, Washington, D.C., 1961.

•Hillel, D., Rivers of Eden-The Struggle for Water and the Quest for Peace in the Middle East, Oxford University Press, New York, 1994.

•Hogg, R.V., and Craig, A.T., Introduction to Mathematical Statistics, 4th Ed., Macmillan Publishing Co., Inc., 1978.

•Horton, R.E., Drainage Basin Characteristics, Trans. American Geophysical Union, Vol. 13, pp. 350-361, 1932.

•Horton, R.E., Erosional Development of Streams and Their Drainage Basins : Geophysical Approach to Quantitative Morphology, Bull. Geol. Soc. Am., Vol. 56, pp. 275-370, 1945.

•Huff, F.A., Time Distribution of Rainfall in Heavy Storms, Water Resour. Res., Vol. 3, No. 4, pp. 1007-1019, 1967.

•Jain, S.K., and Singh, V.P., Development in Water Science 51, Water Resiurces Systems Planning and Management, Elsevier, New York, 2003.

•Jensen, M.E., and Haise, H.R., Estimating Evapotranspiration from Solar Radiation, J. Irrig. Drain. Div., Proc. ASCE, Vol. 89(IR4), pp. 15-41, 1963.

•Keifer, C.J., and Chu, H.H., Synthetic Storm Pattern for Drainage Design, J. Hyd. Div., Am. Soc. Civ. Eng., Vol. 83, No. HY4, pp. 1-25, 1957.

•Kirpich, Z.P., Time of Concentration of Small Agricultural Watersheds, Civ. Eng., Vol.10, No. 6, pp. 362, 1940.

•Linsley, R.K., and Franzini, J.B., Water Resources Engineering, 3rd Ed., International Ed., McGraw-Hill, Tokyo, 1979.

•Linsley, R.K., Kohler, M.A., and Paulhus, J.L.H., Hydrology for Engineers, SI Metric Ed., McGraw-Hill, New York, N.Y., 1988.

•Maidment, D.R., Handbook of Hydrology, McGraw-Hill, Inc., 1993.

•Mavis, F.T. and Laushey, L.M., Formula for Velocity at Beginning of Bed-Load Movement is Reappraised, Civil Engineering, ASCE, Vol. 19, No. 1, Jan., 1949.

•Mays, L.W., Stormwater Collection Systems Design Handbook, McGraw-Hill, 2001.

•Mays, L.W., Urban Stormwater management Tools, McGraw-Hill, 2004.

•Mays, L.W., 'Water Resources: An Introduction' in Water Resources Handbook, McGraw-Hill, New York, 1996.

•Mays, L.W., Water Resources Engineering, 2005ed, John Wiley & Sons, Inc. NJ, 2005.

•Miller, C.R., Determination of the Unit Weight of Sediment for Use in Sediment Volume Computation, U.S. Bureau of Reclamation Denver, Colorado, 1953

•Monteith, J.L., The Development and Extension of Penman's Evaporation Formula, in Application of Soil Physics, Ed. by Hillel, D., Academic Press, Orlando, Fla., pp. 247-253, 1980.

•Moody, L.F., Friction Factors for Pipe Flow, Trans. ASME, pp. 671, 1944.

•Nash, J.E., The Form of the Instantaneous Unit Hydrograph, IASH Publ. No. 45, Vol. 3, 1957.

•Penman, H.L., Natural Ecaporation from Open Water, Bare Soil and Grass, Proc. Royal Soc. London A., Vol. 193, pp. 120-146. 1948.

•Ponce, V.M., Engineering Hydrology, Prentice Hall, Upper Saddler River, NJ., 1980.

•Ponce, V.M., and Simons, D.B., Convergence of Four-Point Implicit Water Wave Model, ASCE, J. Hyd. Div., Vol. 104, HY7, pp. 947-958, 1978.

•Rao, A.R., and Hamed, K.H., Flood Frequency Analysis, CRC Press, New York, 2000.

•Raudkivi, A.J., Hydrology : An Introduction to Hydrological Processes and Modeling, Pergamon Press, New York, 1979.

•Rentro, G.W., and Adair, J.W., Engineering and Watershed Planning Unit Technical Guide No. 12, Soil Conservation Service, U.S. Department of Agriculture, Fort Worth, Tex., 1968.

•Rice, J.A., Mathematical Statistics and Data Analysis, Wadsworth & Brooks, California, 1988.

•Rouse, H., An Analysis of Sediment Transport in the Light of Fluid Tubulence, SCS, Report No. SCS-TO-25, U.S. Department of Agriculture, Washington, D.C., 1939.

•Rouse, H., Modern Conceptions of the Mechanics of Fluid Turbulence, Teansactions, ASCE, Vol. 102, No. 1965, pp. 463-453, 1937.

•Roberson, J.A., Cassidy, J.J. and Chaudhry, M.H., Hydraulic Engineering, 2nd Ed., John Wiley & Sons, Inc., New York, N.Y., 1998.

•Sherman, L.K., Streamflow from Rainfall by the Unit-Graph Method, Eng. News-Rec. 108, pp. 501-505. 1932.

•Shiklomanov, I., World Fresh Water Resources, in Water in Crisis(edited by Gleick, P.H.), Oxford University Press, New York, 1993.

•Shulits, S., The Schoklitsch Bed-Load Formular, Engineering, London, England, pp. 644-646, 1935.

•Simons, D.B. and Sent rk, F., Sediment Transport Technology, Water Resources Publications, Littleton, Colorado, 1992.

•Snyder, F.F., Synthetic Unit Graphs, Trans. Am. Geophys,. Union 19, pp. 447-454. 1938.

•Thomas, V.C., Principles of Water Resources, History, Development, Management, and Policy, 2nd ed, John Wiley & Sons, Inc. NJ, 2005.

•Transportation Research Board(TRB), Design of Sediment Basin, National Research Council, Washington, D.C., 1980

•Thompson, S.A., Hydrology for Water Management, A.A. Balkema, Rotterdam, Netherlands, 1999.

•U.S. Army Corps of Engineers, Application of Methods and Models for Prediction of Land Surface Erosion and Yield, TD-36, 1995.

•U.S. Army Corps of Engineers, Engineering and Design Hydropower, Engineer Manual, EM 1110-2-1701, 1989.

•U.S. Army Corps of Engineers, HEC-1, Flood Hydragraph Package, User's Manual, Hydrologic Engineering Center, 1990.

•U.S. Army Corps of Engineers, Hydrologic Engineering Requirements for Flood Damage Reduction Studies, Engineer Manual, EM 1110-2-1419, 1995.

•U.S. Army Corps of Engineers, Flood Runoff Analysis, Engineer Manual, EM 1110-2-1417, 1993.

•U.S. Army Corps of Engineers, Hydrologic Frequency Analysis, Engineer Manual, EM 1110-2-1415, 1994.

•U.S. Army Corps of Engineers, Risk-Based Analysis for Flood Damage Reduction Studies, Engineer Manual, EM 1110-2-1619, 1996.

•U.S. Army Corps of Engineers, The National Study of Water Management During Drought : A Research Assessment, IWR Report 91-NDS-3, 1991.

•U.S. Bureau of Reclamation, Design of Small Dams, 3rd Ed., U.S. Govt. Printing Office, Washington, D.C., 1988.

•U.S. Bureau of Reclamation, Hydraulic Design of Stilling Basin and Bucket Energy Dissipators, Engr. Monograph, No. 25, U.S. Supt. of Doc., 1958

•U.S. Census Bureaus, World Population Profile: 1998-Higlights, http://www.census.gov.ipc/www/wp98001.html, 2001.

•U.S. Department of Agriculture, Soil Conservation Service, A Method for Estimating Volume and Rate of Runoff in Small Watershed, Tech. Paper 149, Washington, D.C., 1973.

•U.S. Department of Agriculture, Predicting Rainfall Erosion Losses, Supersedes Agricultural Handbook No. 282, Predicting Rainfall-Erosion Losses From Cropland East of the Rocky Mountains, 1978.

•U.S. Department of Agriculture, Predicting Doil Erosion by Water: A Guide to Conservation Planning With the Revised Universal Soil Loss Equation(RUSLE), Agricultural Research Service, 1997.

• U.S. Department of Agriculture, Revised Universal Soil Loss Equation – User's Guide, Version 2, Agricultural Research Service, 2003.
• U.S. Department of Agriculture, Revised Universal Soil Loss Equation, Version 2, Agricultural Research Service, 2005.
• U.S. Department of Agriculture, Soil Conservation Service, Urban Hydrology for Small Watershed, Tech. Release No. 55, Washington, D.C., 1986.
• U.S. Department of Transportation, Hydraulic Design of Highway Culverts, Federal Highway Administration, Publication No. FHWA-NHI-01-020, 2005
• U.S. Department of Transportation, Urban Drainage Design Manual, Federal Highway Administration, Hydraulic Engineering Circular No. 22, 2nd Ed. 2001.
• Vanoni, V.A., Sedimentation Engineering, ASCE, Headquarters of the Society, New York, N.Y., 1975.
• Viessman, W., and Lewis, G.L., Introduction to Hydrology, 5th Ed., Prentice Hall, Upper Saddler River, NJ, 2003.
• Wallace, J.M., and Hobbs, P.V., Atmospheric Science : An Introductory Survey, Academic Press, New York, 1977.
• Wanielista, M., Kersten, R., and Eaglin, R., Hydrology : Water Quantity and Quality Control, John Wiley & Sons, Inc., New York, 1997.
• Ward, A.D., and Elliot, W.J., Environmental Hydrology, Lewis Publishers, New York, 1997.
• White, F.M., Fluid Mechanics, 2nd Ed,, McGraw-Hill, New York, N.Y., 1987.
• Wischmeier, W.H., and Smith, D.D., A Universal Soil Loss Equation to Guide Conservation Form Planning, Trans., International Congress on Soil Scirnce, Vil. 1, 1960.
• Wischmeier, W.H., and Smith, D.D., Predicting Rainfall Erosion Losses : A Guide to Conservation Planning, Agricultural Handbook No. 537, USDA, Science and Education Administration, Washington, D.C., 1978.
• Woolhiser, D.A., and Smith, R.E., and Goodrich, D.C., KINEROS, A Kinematic Runoff and Erosion Model: Documentation and User Manual, U.S. Department of Agriculture Research Service, ARS-77, Tcuson, AZ, 1990.
• World Meteorological Organization, The Dublin Statement on Water and Sustainable Development, http://www.wmo.ch/web/homs/icwedece.html, 2001.
• Yang, C.T., Incipient of Motion and Sediment Transport, Journal of Hydraulic Engineering, ASCE, Vol. 99, HY10, pp. 1679-1704, 1973.
• Yang, C.T., Unit Stream Power Equation for Gravel, Journal of Hydraulic Engineering, ASCE, Vol. 110, HY12, pp. 1783-1797, 1984.
• Yen, B.C., and Chow, V.T., Design Hyetographs for Small Drainage Structures, Proceedings, ASCE, JHD, Vol. 106, HY6, pp. 1055-1076, 1980.

찾아보기

ㄱ

ㄴ

ㅇ

ㅊ

저자 약력

이 재 수

고려대학교 공과대학 토목공학과 졸업(공학사)
고려대학교 대학원 토목공학과 졸업(공학석사)
미국 University of Iowa 대학원 토목환경공학과 졸업(공학박사)
미국 University of Washington 연구교환교수
전주대학교 공과대학장 역임

현재 전주대학교 토목환경공학과 교수
소방방재청 지역자율방재단 중앙지원단 위원
전라북도 지방하천관리위원회 위원
전라북도 지방건설기술심의위원회 위원
전라북도 재해영향평가심의위원회 위원
전라북도 사전재해영향성검토원원회 위원
전라북도 재해복구사업 사전심의위원회 위원
전라북도 녹색성장위원회 위원
전주시 설계자문위원회 위원
전주시 계약심의위원회 위원

저서 수문학(구미서관, 2006년)
수자원공학(구미서관, 2008년)
자연재해의 이해(제3판, 구미서관, 2010년)
토목유체역학(구미서관, 2011년)

수자원공학 정가 32,000원

저 자 : 이재수

발행인 : 임해진
발행처 : 도서출판 구미서관

발행 : 2008년 8월 29일 초 판 1쇄
2012년 8월 29일 초 판 2쇄
2019년 8월 14일 초 판 3쇄

등록 : 1979년 6월 29일 No.9–6호
주소 : 서울시 마포구 신촌로 2길 5–15 구미빌딩
전화 : 02–333–1101
팩스 : 02–335–2201
http://www.goomibook.com

ISBN 978–89–8225–654–7 (93530)